模拟电路
版图的艺术

[美] 艾伦·黑斯廷斯（Alan Hastings）著

严利人 梁仁荣 许军 译

|原书第3版|

THE ART OF ANALOG LAYOUT
Third Edition

机械工业出版社
CHINA MACHINE PRESS

图书在版编目（CIP）数据

模拟电路版图的艺术：原书第 3 版／（美）艾伦·黑斯廷斯（Alan Hastings）著；严利人，梁仁荣，许军译．北京：机械工业出版社，2025.5. --（信息技术经典译丛）. -- ISBN 978-7-111-78120-2

Ⅰ. TN710.02

中国国家版本馆 CIP 数据核字第 202525K5Y4 号

机械工业出版社（北京市百万庄大街 22 号　邮政编码 100037）
策划编辑：刘松林　　　　　　　　　　　　　责任编辑：刘松林
责任校对：王小童　杜丹丹　马荣华　张雨霏　景　飞　　责任印制：张　博
北京机工印刷厂有限公司印刷
2025 年 7 月第 1 版第 1 次印刷
185mm×260mm · 40 印张 · 1175 千字
标准书号：ISBN 978-7-111-78120-2
定价：169.00 元

电话服务　　　　　　　　　　　网络服务
客服电话：010-88361066　　　机　工　官　网：www.cmpbook.com
　　　　　010-88379833　　　机　工　官　博：weibo.com/cmp1952
　　　　　010-68326294　　　金　　书　　网：www.golden-book.com
封底无防伪标均为盗版　　　机工教育服务网：www.cmpedu.com

译者序

　　模拟集成电路是指对时间轴上连续变化的模拟信号进行放大、滤波、比较、转换等处理的集成电路，包括运算放大器、数据转换器（如 A/D、D/A 转换器等）、非线性放大器（如模拟乘法器、对数放大器等）、多路模拟开关、各种电源管理与控制电路等。与数字集成电路相比，模拟集成电路的工作电压通常略高一些，元器件种类稍多一些，对元器件参数的精度及其随温度变化的稳定性（尤其是某些关键元器件的匹配精度）要求也更高一些，对电磁耦合等引起的干扰也更为敏感。因此，模拟集成电路在其设计方法与工艺技术的发展过程中，也逐渐形成了具有自身特点的设计理念和工艺制造技术体系，这些都给模拟集成电路的制造商提出了更高的要求，同时也给模拟集成电路的设计师提出了更大的挑战。

　　本书作者是德州仪器（TI）公司的资深专家，他具有多年从事模拟集成电路研发的经历，在模拟集成电路的设计、制造及可靠性分析等领域积累了深厚的理论知识和丰富的实践经验。本书是第 3 版，在第 1 版和第 2 版的基础上，不仅新增了第 3 章的内容，而且根据模拟集成电路的最新发展对其他章节做了全面的补充、删改和完善，更加全面地介绍了模拟集成电路版图设计的各种技术细节及最新研究成果。本书首先介绍了半导体器件物理、模拟集成电路的典型制造工艺，以及常见器件的失效机理；其次着重探讨了各类无源元件（包括电阻、电容和电感）的寄生效应、版图设计及匹配性问题，以及不同类型的二极管、双极型晶体管和场效应晶体管的版图设计与典型应用；最后讨论了有关器件合并、保护环、静电防护结构，以及构造焊盘、组装管芯等专题知识。

　　本书可以用作集成电路科学与工程专业高年级本科生和研究生课程的授课教材，对于模拟集成电路的版图设计人员也极具参考价值。相信本书的出版一定会推动我国模拟集成电路领域的发展和卓越工程师的培养。

　　本书由清华大学集成电路学院的几位老师翻译，其中许军翻译了前言、致谢、第 1 章、第 2 章、第 4 章、第 5 章、第 8 章、第 9 章和附录，严利人翻译了第 3 章、第 6 章、第 13 章、第 14 章和第 15 章，梁仁荣翻译了第 7 章、第 10 章、第 11 章和第 12 章。全书最后由许军进行统稿。另外，石超对本书的翻译工作也做出了贡献。本书的翻译还得到了多位电路与版图设计工程师的鼎力协助，他们分别是朱玉娟、王彬、刘探探、陈守利、查志祥、易贝、韦广天、尹富楼、赵益飞等，在此也一并向他们表示衷心的感谢。

　　鉴于本书涉及的知识面广、内容浩繁，且译者的水平所限，再加上翻译、出版的时间非常紧迫，书中的错误和疏漏之处在所难免，敬请广大读者不吝指正。

至今，硅材料仍然是占主导地位的半导体材料，MOS 晶体管也仍然是最常见的有源器件之一。晶体管的栅极长度在不断缩短，每个管芯上的晶体管数量已经增长到几十万⊖。更先进的混合信号工艺已经开始使用镶嵌的铜互连工艺。基于准分子激光的扫描式光刻机已经在很大程度上取代了 I 线步进式光刻机。新建的晶圆片制造厂已经开始使用 12 in⊖（约 300 mm）的晶圆。浅沟槽隔离工艺在很大程度上取代了硅的局部氧化（LOCOS）工艺，同时还出现了很多更高功率和更高密度的封装技术。光学邻近效应的校正变得更加复杂，设计规则检查（DRC）的规则集现在有数千条规则。简言之，世界已经发生了变化，本书的前一版（以下简称第 2 版）也已经变得有些过时了。

当我在 2018 年年初开始修改第 2 版时，我很快就意识到我不能简单地添加几段或插入几张图片，但是，如果做太多的改动就会对本书的逻辑关系和连贯性造成不可挽回的损害。本书紧跟第 2 版的脚步，但是又是自成一体的作品，具有完整性和系统性。

下面概述本书各章内容，并对第 2 版的改动范围和改动内容进行简要说明。第 1 章讨论了器件物理，只做了一些微小的更新。第 2 章讨论了半导体工艺和制造，对硅刻蚀、隔离、晶圆片键合、化学机械抛光、单/双大马士革镶嵌铜互连、封装等内容进行了更新。新增了第 3 章，该章介绍了版图编辑器的基本原理、交换文件格式、设计规则和图形生成。第 4 章讨论了代表性工艺，保留了标准的双极型工艺和多晶硅栅 CMOS 工艺，尽管这些工艺已经不再普遍使用，但是这部分内容有助于读者理解这些工艺的原理，从中所学到的知识还可以应用于更复杂的工艺过程中。第 4 章还在第 2 版的基础上对于模拟 BiCMOS 工艺的内容进行了扩展，不仅仅局限于 CMOS 工艺，还涉及了 DMOS 晶体管的内容。

第 5 章对第 2 版的内容做了彻底修订，包括自加热效应和导电细丝、布莱奇（Blech）效应、竹节结构、电迁移、过电压应力测试（OVST）、人体金属模型（HMM）、潜在天线效应、RoHS 指令及其对封装材料的影响、巨型同位素效应、正偏置温度不稳定性（PBTI），以及高-低结阻挡少数载流子的流动。第 6 章讨论了电阻拐角的影响、硅化钛电阻的 C49 相与 C54 相，并对电压非线性和电导率调制进行了更详细的分析，新增了电阻的氢化与脱氢（涵盖锥形缺陷的影响）、薄膜电阻和可编程熔丝等，并对非易失性存储器的微调进行了更深入的讨论。第 7 章给出了描述边缘杂散电容的方程，讨论了降额使用非晶态电介质、结电容、抗反射涂层和横向通量电容，新增了沟槽电容和对集成电感的寄生效应的深入分析。

第 8 章对第 2 版的内容进行了实质性修改，新增了邻近效应的内容（包含光刻效应、阱邻近效应和微负载等），重点介绍了氢化效应，给出了计算阵列电容的公式，定量地解释了共质心版图的规则，引入了器件分段来说明分段长度的选择如何影响匹配，讨论了机械应力对电容的影响、热滞后和长期漂移。

第 9 章给出了埃伯斯-莫尔（Ebers-Moll）模型和小信号模型，对准饱和现象进行了更深入的讨论，给出了本征饱和电压，增加了柯克（Kirk）效应，展示了更多类型的基于 CMOS 工艺的双极型晶体管，讨论了截止频率 f_T 的意义和计算方法。第 10 章讨论了双极型晶体管的应用，包含了对安全工作区的更深入的分析 [包括正向偏置安全工作区（FBSOA）和反向偏置安全工作区（RBSOA）]，增加了典型的射频 SiGe 晶体管的版图布局，给出了机械应力对双极型晶体管的影响，以及压电结效应。第 11 章讨论了理想因子，给出了描述肖特基二极管特性的方程，更详细地探讨了功率二极管和多晶硅二极管，并举例说明

⊖　作者应该指的是早期集成电路或一些简单的电子设备包含的晶体管数量。——编辑注
⊖　1 in=0.0254 m。——编辑注

了模拟 BiCMOS 工艺。

第 12 章讨论了场效应晶体管，包括对小信号模型、速度饱和效应、短沟道效应和窄沟道效应的讨论，以及对器件跨导和阈值电压的更深入的分析，介绍了亚阈值导电，给出了亚阈值斜率因子，对非易失性存储器进行了扩展，最后介绍了结型场效应晶体管（JFET）。第 13 章讨论了 MOS 晶体管的应用，新增了许多内容，从讨论导通损耗和开关损耗开始，舍弃了以前版本中对金属化电阻的不准确分析，引入了三分之一律，讨论了栅传输延迟，对安全工作区进行了全新彻底的分析，即重点介绍了电热安全工作区和 Spirito 效应。该章还介绍了一种嵌入式部分叉指感测场效应晶体管，扩展了对 DMOS 晶体管的讨论，展示了介质 RESURF 和 V 形槽 MOS 晶体管，并对口袋注入的影响进行了更详细的讨论。该章新增了关于阱邻近效应和扩散长度的讨论，以及机械应力对 MOS 晶体管的影响，最后给出了压阻系数。

第 14 章是专题讨论，在保留第 2 版中器件合并和保护环的基础上有了很大扩充。该章专门介绍了 ESD 保护，并对许多具体的器件应用进行了说明和分析。第 15 章对第 2 版做了重大改变，以对数据库分割和层次结构的讨论开始，提供了关于数据库建设的一般性建议，讨论并举例说明了划片道框架，新增了焊料凸点和铜柱的使用，以及更多关于电迁移的内容。

艾伦·黑斯廷斯（Alan Hastings）

2022 年 3 月

致　谢

本书包含的信息是通过许多科学家、工程师和技术人员的辛勤工作收集的，我无法一一向他们中的绝大多数人表示感谢，因为他们的研究成果尚未公开发表。我已竭尽所能地引用了大量的基本发现和原理，但遗憾的是，在许多情况下，难以追溯这些信息的最初来源。

我要感谢德州仪器公司的同事，他们提出了诸多建议。我要特别感谢 Ken Bell、Walter Bucksch、Taylor Efland、Lou Hutter、Clif Jones、Alec Morton、Jeff Smith、Fred Trafton 和 Joe Trogolo，他们都为本书提供了重要信息。我还要感谢 Bob Borden、Nicolas Salamina 和 Ming Chiang 对我的鼓励，如果没有他们的鼓励，这本书可能永远也写不出来。

目 录

第 1 章

器 件 物 理

在 1960 年之前，大多数电子电路都依赖真空电子管。一台大批量生产的普通调幅收音机就需要用到 5 只真空电子管，而一台彩色电视机则需要用到不少于 20 只真空电子管。这些真空电子管既体积庞大又易碎，并且价格高昂。它们工作时还会散发大量的热，而且可靠性也很差。只要电子学系统还依赖于这些真空电子管，构建出包含几千个有源器件的系统就是一件几乎不可能实现的事情。

1947 年，双极结型晶体管的问世开启了固态电子学的革命。这些新器件体积小、价格低廉、坚固耐用、性能可靠。固体电路使得袖珍型的晶体管收音机、微型助听器、视听光盘播放器、个人计算机、移动电话以及其他数千种电子产品的开发成为可能，今天这些产品已经极大地改变了人们的生活。

固体器件通常是由表面含有某些掺杂区域的晶体材料构成的，这些杂质改变了晶体材料的电学特性，使其能够放大或调制电信号。要了解这种情况是如何发生的，就必须掌握有关器件物理方面的实用知识。本章不仅介绍了基本的器件物理知识，还介绍了几种重要的固体器件的工作原理。本书将在第 2 章介绍用于构建上述器件以及其他固体器件的制造工艺。

1.1 半导体

元素周期表按照原子序数将不同的元素排列成不同的行和列。具有类似属性的元素看起来都排列在彼此附近。例如，位于元素周期表左侧、中间和底部的大多数元素都是金属，这些元素很容易导热和导电，它们可以被打制成薄片或拉制成细丝，而且它们还显示出特有的金属光泽。位于元素周期表右上侧的所有元素都是非金属，它们中有些在室温下会蒸发，而另一些则保持为固体，但是所有这些元素都是热和电的不良导体。固体非金属很脆，而且缺乏金属的光泽。位于元素周期表中间偏右侧的一些元素为半导体，尤其值得注意的是硅和锗，其性质则介于金属和非金属之间。金属、半导体和非金属之间的性质差异源于它们各自原子外部电子结构的不同。

每个原子都包含 1 个带正电荷的原子核，原子核周围环绕着一团电子云。电子云中所包含的电子数量等于原子核中质子的数量，也等于该元素的原子序数。例如，硅的原子序数为 14，因此，硅的每个原子中含有 14 个电子。这些电子占据了一系列不同的壳层，这些壳层类似于洋葱外面的壳层。随着电子数量的不断增加，电子填充壳层按照从最内层向外的顺序进行。最外层也称为价壳层，它有可能保持未填满状态。占据最外层的电子称为价电子。1 个原子最多可以有 8 个价电子[⊖]。价壳层中电子的实际数量决定了一种元素的大部分性质。

元素周期表中的行称为周期，每个周期对应于 1 个壳层的电子填充。每个周期中最左边的元素具有 1 个价电子，而最右边的元素则具有满壳层的价电子。价壳层中填满 8 个电子的原子具有特别稳定的低能量状态，而具有未填满价壳层的那些原子相互之间竭力试图通过交换或共享电子，来使得每个原子都可以拥有 1 个完全填满的价壳层。静电吸引力在发生交换或共享电子的不同原子之间形成化学键。根据电子填充价壳层所采用的不同策略，将形成以下三种不同类型的化学键。

金属键发生在金属元素（例如钠）的原子之间。考虑一组非常邻近的钠原子，每个原子都有

⊖ 第一个壳层比其他壳层小，所以氢和氦最多可以有 2 个价电子。

1 个价电子围绕两个填满的内部壳层运行。设想一下，所有钠原子都抛弃了它们的价电子，则每个钠原子剩下来的最外层壳层现在都已经被电子填满了。被丢弃的电子被带正电荷的钠原子所吸引，但是由于每个钠原子现在都有 1 个完全填满的外壳层，没有哪个钠原子能够接纳它们。图 1.1a 展示了钠晶体某个局部区域的简化二维示意图，静电力使得钠原子保持在相同规则的晶格中，被丢弃的那些电子可以在晶格的空隙中自由地移动，这些自由电子的存在解释了钠晶体的许多性质。自由电子可以在电场的作用下自由地漂移，因此晶体很容易导电。自由电子也是导致该元素具有金属光泽及高热导率的原因。其他的金属也会形成类似的晶体结构，所有这些金属原子都是通过金属键结合在一起的。

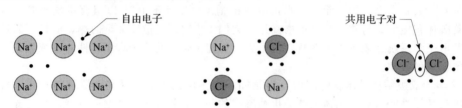

a) 一小部分以金属键结合的钠晶体　　b) 一小部分以离子键结合的氯化钠晶体　　c) 一个以共价键结合的氯分子

图 1.1　氯化钠晶体中不同类型化学键的简化二维示意图

离子键发生在金属原子和非金属原子之间。考虑 1 个钠原子与 1 个氯原子非常邻近的情形。钠原子具有 1 个价电子，而氯原子的价壳层恰好缺少 1 个电子尚未填满。钠原子可以将其价电子贡献给氯原子，通过这种方式，两者都可以拥有完全填满的外壳层。这种交换使得钠原子获得了 1 个净的正电荷，而氯原子则获得了 1 个净的负电荷。两个带相反电荷的原子(或离子)相互吸引，因此固态的氯化钠才能由排列在规则晶格中的钠离子和氯离子组成，最终形成晶体，如图 1.1b 所示。结晶的氯化钠是一种较差的导电体，因为它的所有电子都被限制在不同原子的壳层中。将氯化钠晶体溶解在水中会导致晶格分解为一些孤立的离子，这些带电的离子则可以在外加电场的作用下发生移动，因此溶液可以导电，而固态的氯化钠晶体则不能够导电。

共价键发生在非金属原子之间。考虑 2 个邻近的氯原子，每个氯原子只有 7 个价电子，但是每个氯原子都需要 8 个价电子才能填满其价壳层。假设这 2 个氯原子各自都为双方共享的一对共用电子贡献 1 个价电子，如图 1.1c 所示，那么此时每个氯原子都可以拥有 1 个由 8 个价电子完全填满的价壳层：其中 6 个是自己的价电子，另外 2 个是双方共享的价电子。因而这 2 个氯原子可以呈现出较低的能量状态，任何企图分离这 2 个氯原子的尝试都需要足够的能量，才能使它们恢复到以前的电子构型。因此，共享的这一对价电子使得 2 个氯原子紧密地结合在一起，形成了所谓的分子。每个共享的电子对称为共价键。由于分子中所有的电子都被其中的 1 个原子紧紧地束缚着，因此以共价键结合的材料不导电。分子通常是电中性的，因此相互之间几乎没有吸引力，这也就解释了为什么许多非金属元素，例如氯，在室温下会是气体。

半导体的原子相互之间必须形成多个共价键才能填满它们的价壳层。例如，每个硅原子只有 4 个价电子，还需要 4 个价电子才能完全填满其价壳层。可以假设 2 个硅原子把它们的价电子聚集在一起以获得填满的价壳层。但是实际情况下，这种现象并没有出现，原因在于 8 个紧密堆积在一起的价电子之间会强烈地相互排斥。实际情况则是，每个硅原子与其周围相邻的 4 个硅原子中的每个硅原子共用一对价电子。通过这种方式，价电子被分散到不同的位置，它们之间的相互排斥就达到了最小化。

图 1.2 展示了简化的硅晶体结构二维示意图，图中每个小圆圈代表 1 个硅原子，圆圈之间的每条线代表了由一对共用价电子构成的共价键。每个硅原子则拥有组成 4 个共用电子对的 8 个价电子。不同的硅原子之间通过共价键连接在整个分子网络中，硅晶体实际上就是 1 个巨大

的分子。由于这种分子是通过共价键结合在一起的，所以它通常比较牢固、坚硬，熔点也很高。硅的导电性非常差，因为它所有的(或者说几乎所有的)价电子都被硅原子束缚住了。

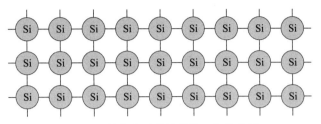

图 1.2 简化的硅晶体结构二维示意图

元素周期表中的列称为族。组成一族的所有元素都具有相似的价壳层构型，因此也表现出相似的物理和化学性质。硅属于第 14 族，器件物理学家传统上称之为第 Ⅳ 族 ⊖。第 Ⅳ 族中的所有元素都具有 4 个价电子。在所有的 Ⅳ 族元素中，碳所形成的共价键是最牢固的，金刚石就是碳的一种大分子形式，它是以强度和硬度而闻名的。纯的金刚石是一种电的绝缘体，因为它所有的价电子都被碳原子紧紧地束缚着。硅和锗形成的共价键稍微弱一些，原因在于它们存在填满的内壳层，这些内壳层部分地屏蔽了原子核对其价电子的作用。这些元素也形成了大分子晶体，它们表现出了非常微弱的导电性。这种特性也解释了为什么它们被称为半导体。锡既可以是半导电的大分子形态(通常称为灰锡，或记为 α-Sn)，也可以是导电的金属形态(通常称为白锡，或记为 β-Sn)。铅的性质十分接近金属。

1.1.1 产生与复合

半导体在常温下会表现出微弱但可测量的导电性，能够导电就意味着存在自由电子，这也就表明，一定有一些价电子已经以某种方式脱离了半导体晶格的束缚。已经有实验证明了这个事实。然而，除非电子获得了足够高的能量，否则它是无法脱离晶格束缚的。那么这些能量是从哪里来的呢？

根据经典热力学理论，热只不过是组成一个系统的所有不同粒子动能的随机分布而已。这些粒子之间的相互作用往往会重新分配其动能，直到每种可能存在的振动、转动和平动模式都拥有相同的平均能量，此时可以说该系统已经达到热平衡状态。热平衡系统的温度(或者更准确地说，热力学温度)与其振动、转动和平动模式的平均动能成比例，或者更简单地说，某个东西变得越热，组成它的粒子在亚微观尺度上的随机性运动就越剧烈。

硅晶体是由共价键连接的硅原子晶格所组成，其行为非常像一些小弹簧，当连接这些硅原子的共价键发生拉伸和收缩时，所有的硅原子都会来回振动。晶体的温度越高，这些晶格原子的振动就会越剧烈。这些振动相互之间还会有频繁的作用，有时它们会部分地相互抵消，有时它们又会叠加在一起产生更强烈的振动。在极少数的情况下，许多振动会组合在一起并产生能量非常高的振动，这种振动足以打破 1 个共价键。

从晶格中释放出 1 个价电子所需的能量通常称为带隙能量，或者简称为带隙。带隙能量越大，将晶格原子结合在一起的共价键就越强，热振动也就越难以打破这些共价键。因此，材料的电导率会随着其带隙能量的增大而减小。表 1.1 列出了几种 Ⅳ 族元素的相关特性。相比之下，在 25 ℃ 的温度下，任何可能的振动、转动或平动模式下的平均热能大约为 0.013 eV ⊖。自由电子可以在空间三个维度的方向上运动，因此其在 25 ℃ 的温度下具有大约 0.039 eV 的平均热能。

⊖ 这一传统是基于 1990 年之前使用的早期元素周期表。早期元素周期表使用罗马数字 Ⅰ～Ⅷ 以及 A 和 B 标记不同的族。

⊜ 1 eV ≈ 1.6×10⁻¹⁹ J。

表 1.1   几种 Ⅳ 族元素的相关特性

元素	原子序数	熔点/℃	25 ℃时的电导率/S·cm⁻¹	带隙能量/eV
碳(金刚石)	6	3550	约 1×10^{-16}	5.2
硅	14	1410	4×10^{-6}	1.1
锗	32	937	0.02	0.7
锡(灰锡)	50	232	5×10^{3}	0.1

每当 1 个电子离开晶格时,晶格中就会出现 1 个空位。以前拥有完全填满外壳层的 1 个原子现在就缺少了 1 个价电子,因此其带有 1 个净的正电荷。图 1.3 以一种简化的方式描述了这种情况。如果电离的原子从与其相邻的原子中再吸收 1 个电子,它也可以重新获得 1 个完全填满的价壳层,而这一点是很容易实现的,因为它仍然与 3 个相邻的原子共用电子对。此时电子的空位并没有消失,它只是转移到了相邻的原子上。空位通过从一个原子跳到另一个原子而在晶格中移动,这个移动的电子空位称为空穴。

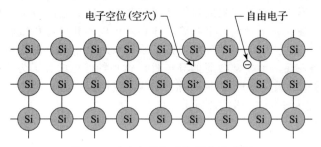

图 1.3   硅中电子移动的简化示意图

假设在硅晶体上施加电场,则带负电荷的电子就会向晶体的正极端移动。空穴的行为很像液体中的气泡,当气泡周围的液体向下流动时,气泡则会向上移动,与此类似,当价电子向正极端移动时,空穴则向晶体的负极端移动。因此空穴表现出的行为就好像它们是带正电荷的某种亚原子的粒子。

电子和空穴在晶体中运动的速率是通过迁移率这个物理量来度量的。在大多数半导体材料中,空穴的迁移率要低于电子的迁移率。例如,25 ℃时体硅材料中空穴的迁移率和电子的迁移率分别为 480 cm² · V⁻¹ · s⁻¹ 和 1350 cm² · V⁻¹ · s⁻¹。在所有其他条件相同的情况下,依赖电子导电的硅器件具有比依赖空穴导电的硅器件更高的开关速度。

任何能传输电荷的物质都可以被称为载流子。自由电子和空穴在半导体内部都可以起到载流子的作用。载流子从一个地方流动到另一个地方就构成了电流。电子向正电位处流动,产生电子电流。空穴则向负电位处流动,产生空穴电流。总的电流也就等于电子电流和空穴电流之和。这一概念也许可以通过一个例子来获得最好的说明。设想将一块硅晶体的右端相对于左端偏置为正。假设有 1 A 的空穴电流和 1 A 的电子电流分别流过这块晶体,其中空穴电流从右侧向左侧流动,因此代表 1 A 的常规电流从右侧向左侧流动。而电子则是从左侧向右侧流动,但是由于电子是带负电荷的,这也代表 1 A 的常规电流从右侧向左侧流动。因此总体来说就有 2 A 的常规电流从右侧向左侧流动。

载流子总是成对产生的,因为从晶格中去除 1 个价电子的同时就会产生 1 个空穴。只要晶格吸收能量,就有可能产生出电子-空穴对。热量显然是一种能量的来源,光则是能量的另一个来源。光是由称为光子的微小能量包所组成。光的波长越短,组成它的光子的能量就越高。波长短于 1100 nm 左右的光就可以在硅晶体中产生出电子-空穴对。作为对比,可见光的波长范围为 390~700 nm。每个具有足够短波长的光子都可以产生出 1 个电子-空穴对。任何超出产生载流子所需能量最小值的多余能量都会作为热量而耗散掉。光产生(Optical Generation)可能会引起暴露在强光下的集成电路裸芯片出现误操作。目前芯片级封装使用得越来越多,使得相机闪光灯都会导致集成电路因光产生而出现故障。从积极的一面来看，太阳能电池也可以利用光产生将太阳光的能量转化为电能。

正如载流子能够成对产生一样，它们也能够成对复合。载流子复合的确切机制取决于半导体材料的性质。在直接带隙半导体材料的情况下，复合是特别简单的。当电子和空穴在这样的半导体材料中相遇时，电子就会落入空穴中并修复断裂的共价键，这个过程中释放的能量则是以光子的形式辐射出去（见图 1.4a），因此，这个过程被称为辐射复合。发光二极管（LED）就是通过辐射复合而产生光的，光的波长或者颜色则取决于用于产生光的半导体材料的带隙能量。固态激光器同样也依赖于辐射复合。

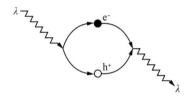 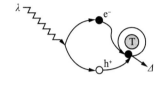

a）辐射复合，其中光子λ产生空穴 h⁺ 和电子 e⁻，它们相遇后复合又重新发射出 1 个光子   b）SHR 复合，其中某个载流子被陷阱 T 捕获，并在陷阱位置处与另一个载流子发生复合，同时释放出热量Δ

图 1.4　复合过程的示意图

硅和锗都是间接带隙半导体，在这些材料中，复合不仅涉及能量的变化，还涉及动量的变化。光子可以带走这个过程中释放的能量，但是无法带走动量。因此只有在电子与空穴发生复合的瞬间，具有准确振幅的随机热振动恰好与电子及空穴碰撞，才会发生辐射复合。这种碰撞是非常罕见的，以至于辐射复合在大多数间接带隙半导体中的作用微不足道。相反，间接带隙半导体中的载流子复合是通过另外一种复合机制发生的，该复合机制称为肖克莱-霍尔-里德（SHR）复合。这个过程只能发生在晶体缺陷或外来原子使得晶格发生扭曲的位置。这些位置通常被称为陷阱。陷阱可以瞬间捕获经过其附近的载流子，如图 1.4b 所示。由于陷阱可以吸收动量的变化，因此被捕获的载流子很容易发生复合。陷阱还能够吸收由复合释放出的能量，并将其作为热量释放。

有助于载流子复合的陷阱通常被称为复合中心。半导体中包含的复合中心越多，载流子从产生到复合之间的平均存在时间就越短，这个时间称为载流子的寿命，它的长短限制了固体器件的开关速度。载流子的寿命可以从几纳秒到数百微秒不等。复合中心有时也被故意添加到半导体材料中以提高开关速度。金原子可以在硅中形成高效的复合中心，因此高速的二极管和双极型晶体管有时会由含有微量金的硅晶体制成。然而，增强的复合效应也会影响器件的其他特性，例如双极型晶体管的电流增益就会受到影响。

金并不是唯一能形成复合中心的元素。许多过渡金属，例如铁和镍，也有类似的效果（虽然可能没有金那么高效）。某些类型的晶体缺陷也能够起到复合中心的作用。固体器件之所以必须由非常纯的单晶材料来制造，就是为了要确保某些器件（例如高增益的双极型晶体管）正常工作时载流子的寿命足够长。

1.1.2　非本征半导体

半导体的导电性取决于它们的纯度。绝对纯净的（或者称为本征的）半导体材料具有非常低的电导率，因为它们当中只包含了极少量热产生的载流子。添加称为掺杂剂的某些杂质可以大大增加半导体中载流子的数量。这些掺杂的（或者称为非本征的）半导体材料可以接近金属的导电性。轻掺杂的半导体材料可能仅包含十亿分之几的掺杂剂。由于掺杂剂的固溶性所限，即使是重掺杂的半导体材料中可能也只含有百万分之几百的掺杂剂。半导体对掺杂剂的极端敏感性使得制造出真正本征的半导体材料几乎是一件不可能的事情。因此实际的半导体器件几乎无一例外地完全是由非本征半导体材料制造的。即使考虑到这种现实的情况，半导体器件的制造也仍然需要真正超高的材料纯度和工作场所洁净度。

　　磷在硅中起掺杂剂的作用,当磷原子被掺入硅晶格中,就会占据原本会被硅原子占据的位置(见图 1.5)。磷是一种 V 族元素[⊖],它具有 5 个价电子。磷原子与其相邻的 4 个硅原子共有 4 个共享价电子。4 个共价键中的价电子对使得磷原子共有 8 个共享价电子,再加上剩下的 1 个未共享的价电子,磷原子总共有 9 个价电子。由于 8 个价电子就已经完全填满了价壳层,因此就没有第 9 个价电子的位置了。而热振动提供了足够的能量来克服第 9 个价电子和磷原子之间的微弱静电吸引力,因此该电子可以脱离磷原子的束缚,并在晶格中自由运动。在大约−170 ℃以下,热振动就不足以释放出所有的电子,此时掺杂剂就会变得无效(此时也称掺杂剂已经被冻结)。

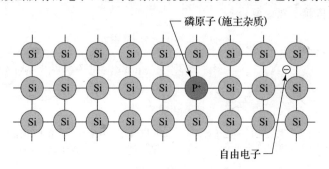

图 1.5　硅中掺磷的简化晶体结构

　　第 9 个价电子的缺失给磷原子留下了净的正电荷,这个正电荷并不构成空穴。空穴是通过从填满电子的价壳层中去除价电子而产生的电子空位。尽管磷原子带正电荷,但是它具有 1 个完全填满的价壳层,因此正电荷并不能从磷原子上转移出去。由于磷离子通过 4 个共价键固定在硅晶格中,它并不能移动,因此也就不能起到载流子的作用。半导体晶格中的每个磷原子都会产生 1 个自由电子和 1 个固定不动的带正电荷的磷原子。能够向半导体中增加自由电子的掺杂剂被称为施主或施主杂质。至少从理论上说,所有 V 族元素都可以用作施主杂质。在实践中,磷、砷和锑通常被用作硅晶体中的施主杂质。

　　掺杂有施主杂质的半导体中包含有大量的自由电子,但是很少有空穴。一些通过热产生形成的空穴仍然存在,但是它们的数量实际上会随着电子浓度的增加而减少,这是因为额外增加的电子数量增大了空穴遇到电子并与其重新复合的可能性。

　　掺有施主杂质的半导体被称为 n 型或 N 型半导体[⊖]。重掺杂的 N 型半导体有时记为 N⁺ 或 N+,而轻掺杂的 N 型半导体有时则记为 N[−] 或 N−,正负符号表示施主杂质的相对浓度,而不是半导体的电荷。N 型半导体仍然保持电中性,因为施主杂质原子增加的每个自由电子都被 1 个固定不动的带正电荷的施主离子中和。N 型半导体中电子的浓度超过空穴的浓度,因此电子构成 N 型半导体中的多数载流子,而空穴则构成少数载流子。本征半导体中的载流子既非多数载流子也非少数载流子,因为其电子和空穴的数量相等。

　　硼在硅中也起到掺杂剂的作用。硼是一种 III 族元素[⊜],它有 3 个价电子。当硼原子被掺入硅晶格中时,它就要试图与相邻的 4 个硅原子共享其价电子,但是由于它只有 3 个价电子,因此它无法形成第 4 个共价键,如图 1.6 所示。硼原子的周围只有 7 个价电子,由此形成的电子空位就构成了 1 个空穴,而且这个空穴是可以移动的,它很快就会离开硼原子。一旦空穴离开,硼原子就会因其价壳层中存在 1 个额外的电子而带有负电荷。该电子并不能自由移动,因此也不构成载流子。掺入硅晶体中的每个硼原子都会贡献 1 个带正电荷的空穴和 1 个固定不动的带负电荷的硼离子。

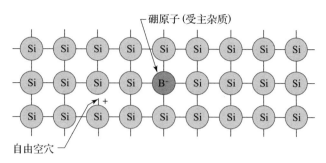

图 1.6 硅中掺硼的简化晶体结构

其他的 III 族元素理论上也可以接受电子并产生空穴，但是技术上存在的一些困难阻碍了其他 III 族元素在硅制造工艺中的应用⊖。任何用作掺杂剂的 III 族元素理论上都可以接受来自相邻原子的电子，因此这些元素被称为受主或受主杂质。掺杂有受主杂质的半导体被称为 P 型半导体。重掺杂的 P 型半导体有时记为 P＋，而轻掺杂的 P 型半导体有时则记为 P－。空穴是 P 型半导体中的多数载流子，电子则是少数载流子。表 1.2 总结了一些用于描述非本征半导体的术语。

表 1.2 一些用于描述非本征半导体的术语

半导体类型	掺杂剂类型	硅晶体实际的掺杂剂	多数载流子	少数载流子
N 型	施主杂质	磷、砷、锑	电子	空穴
P 型	受主杂质	硼	空穴	电子

半导体既可以掺杂受主杂质也可以掺杂施主杂质。数量较大的掺杂剂决定了半导体的掺杂类型和载流子的浓度。因此可以通过增加过量的施主杂质将一块 P 型半导体反转为 N 型半导体，也可以通过增加过量的受主杂质将一块 N 型半导体反转为 P 型半导体。例如，掺杂有 $1\times10^{17}\ cm^{-3}$ ⊜个硼原子和 $2\times10^{17}\ cm^{-3}$ 个磷原子的硅晶体中电子浓度为 $1\times10^{17}\ cm^{-3}$。故意添加相反极性的掺杂剂来反转半导体材料的导电类型被称为反型掺杂，大多数现代固体器件都是通过有选择地反型掺杂硅来形成一系列嵌套式的 P 型区和 N 型区。我们将在下一章中对这种做法进行更为全面的介绍。

如果反型掺杂达到极端情况，晶格最终将由排列在规则阵列中的相同数量的受主原子和施主原子组成，由此得到的晶体将具有非常少的自由载流子，并且看起来就像是本征半导体一样。这种化合物半导体实际上是存在的，最著名的例子就是砷化镓，它是一种由镓（III 族元素）和砷（V 族元素）组成的化合物。这类材料被称为 III-V 族化合物半导体，不仅包括砷化镓，还包括氮化镓、锑化铟等。许多 III-V 族化合物半导体是直接带隙半导体，其中一些被用来制造 LED 和半导体激光器。砷化镓也用于制造一些超高速的固体器件，包括超高速的集成电路。氮化镓可用于高速开关功率晶体管的制造。

还有一些其他类型的化合物半导体。II-VI 族化合物半导体是由相等数量的 II 族元素和 VI 族元素的原子组成的，这些元素占据了现代元素周期表的第 12 族和第 16 族，它们分别具有 2 个价电子和 6 个价电子。硫化镉就是一种 II-VI 族化合物半导体材料，长期以来一直被用于制造光电管。另一种被称为碲镉汞的 II-VI 族化合物半导体则被应用于红外探测器中。IV-IV 族化合物半导体也是存在的，最常见的例子就是碳化硅，可以用来制造快速的开关功率整流器。

诸如铝镓砷这样的化合物半导体材料可以通过改变组成这种半导体的各元素比例来精确调整半导体的电气特性。事实证明，这种材料在 LED 和太阳能电池等光电器件的开发中具有非

⊖ 例如，铟在 25 ℃时已基本上冻结。

⊜ 此处的 cm^{-3} 是 atoms/cm³ 的简写，表示每立方厘米中的原子个数。

常重要的价值。然而，制造工艺上的各种困难阻碍了化合物半导体材料在集成电路中的应用。似乎只有掺锗的硅晶体材料在大批量低成本的集成电路制造中获得了应用。因此本书将重点介绍硅器件。

1.1.3　扩散与漂移

经典的热力学理论指出，任何物体所包含的热能等于其所有粒子的动能之和。粒子运动的每一种可能的方式都构成了一个自由度，当一个物体中所有自由度平均包含相同数量的动能时，该物体就达到了热平衡，然后该物体就具有一个与每个自由度的平均动能成正比的绝对温度[⊖]。

半导体中载流子的表现行为和微观粒子一样，每个载流子都在随机方向上运动，直到它与晶格发生碰撞，或者更准确地说，直到它与穿过晶格的振动或晶格中的掺杂原子发生相互作用。每一次碰撞都有可能将动能从载流子转移给晶格，反之亦然。每一次碰撞也会使得载流子的运动向不同的方向发生偏离。反复的碰撞最终导致载流子发生杂乱无章的跳跃和颠簸，如图 1.7a 所示。载流子通常会以惊人的速度运动(在 25 ℃时电子运动的平均速度约为 200 km/s)，但是一般没有特定的方向。

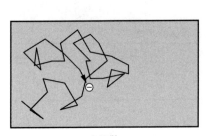
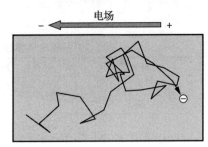

a) 扩散　　　　　　　　　　b) 叠加在扩散上的漂移，注意电子逐渐向正电位处的漂移

图 1.7　电子传导机制的比较

只要载流子在整个半导体中是均匀分布的，载流子的随机热运动就不会产生平均电流。也就是说，如果有一定数量的载流子碰巧都向左运动，那么平均而言，就会有相等数量的载流子向右运动。如果载流子的分布是不均匀的，这种情况就会发生巨大的变化。设想这样一种情形，有 20 个载流子位于某点的右侧，同时还有 10 个载流子位于该点的左侧。此时在该点右侧的 20 个载流子中，大约会有一半(比如说 10 个)载流子向左运动。而在该点左侧的 10 个载流子中，同样大约会有一半(比如说 5 个)载流子向右运动。这两者之间的差异就构成了 5 个载流子向左侧的净移动。这是扩散的一个实例。

扩散使得载流子从高浓度区域向低浓度区域流动。除非存在某种机制不断补充载流子的供应，否则扩散最终会或多或少地使得载流子重新达到均匀分布。扩散电流等于由扩散引起的载流子流的平均速率。在没有载流子补充的情况下，扩散电流会逐渐减小到零。

任何人都可以通过这样一个简单的实验来直观地认识扩散的过程。首先将一杯水静置几分钟，使其中的液体静止不动，然后加入一滴食用色素。当这滴色素慢慢沉入玻璃杯底部时，会留下一条彩色的痕迹。经过几小时之后，色素中的染料会逐渐扩散到整个液体中，这是因为染料分子会从高浓度区域扩散到低浓度区域。载流子的行为与染料分子完全相似，只是它们移动得更快，因为它们的质量要小得多。

载流子也会在电场的作用下运动。电场会把电子拉向一个方向，同时把空穴拉向另一个方向，这些作用力可以使载流子加速。如果载流子不与任何东西相撞的话，它们很快就会以惊人的速度运动。当然这种情形不可能发生，因为载流子会不断地与晶格碰撞。因此只有强烈的电

⊖　量子力学理论限制了低温度下可获得的自由度，但是这并不会对文中随后提出的论点产生实质性的影响。

场才会导致载流子瞬时速度出现任何可察觉的增大。例如硅晶体材料中任意两次晶格碰撞之间的平均时间大约等于 1 ps。因此在发生晶格碰撞之前，100 V/cm 的电场可以使得平行于电场方向的电子运动速度平均增加约 1.4 km/s，这大约是 25 ℃ 时电子平均热运动速度的百分之一。

尽管电场很少对载流子的瞬时速度产生太大的影响，但是它们确实可以对载流子的平均速度产生重要的影响。载流子的热运动是随机取向的，因此随着时间的推移载流子热运动速度平均值相互抵消为零。但是电场总是在相同的方向上加速载流子。回到前面的例子，均匀分布的电子平均热运动速度等于零。施加 100 V/cm 电场将使该平均速度增加大约 0.7 km/s。事实上，电场只是在载流子疯狂的随机热运动之上施加了一个微小的漂移运动，如图 1.7b 所示。通过施加电场引起的时间平均非零电流就被称为漂移。电子通常向正电位处漂移，而空穴则向负电位处漂移，载流子的漂移运动导致漂移电流。

载流子漂移通过某种材料的速率取决于外加电场的大小。对于从低到中等强度的电场来说，漂移电流与电场之间的关系保持为线性，由此又进一步导致了电流与电压之间的线性关系，即所谓的欧姆定律。

只要电场不超过大约 5 kV/cm，均匀掺杂的硅晶体就遵循欧姆定律。较大的电场会显著提高载流子的瞬时速度，运动速度超过典型热运动速度的载流子通常称为热载流子，"热载流子"这个术语事实上有点词不达意，因为这些载流子并非处于热平衡状态，因此温度的概念实际上并不适用于它们。尽管如此，瞬时速度的增加还是会导致热载流子与晶格振动之间发生更强烈的相互作用。因此热载流子的漂移速度不再随着电场强度的增加而线性增大，而是逐渐接近饱和速度的极限值，这种效应通常称为速度饱和，它会导致电阻器在外加高电压时不遵循欧姆定律。

载流子的迁移率线性地取决于两次晶格碰撞之间的平均时间，因此速度饱和效应降低了强电场下的表观载流子迁移率。其他几种机制也会降低载流子的迁移率，因为它们都会影响晶格碰撞的速率。在更高的温度下晶格振动的能量变得更高，这导致载流子之间的相互作用也变得更加频繁，因此载流子的迁移率会随着温度的升高而降低。载流子也会与晶格中的掺杂原子发生碰撞，因此高的掺杂浓度也会降低载流子的迁移率。半导体晶体表面附近的载流子会从该界面上反弹，因此晶体表面附近的载流子迁移率（通常称为表面迁移率）往往只有远离表面处载流子迁移率（通常称为体迁移率）的几分之一。

总之，载流子可以通过扩散或漂移这两种方式来流动。扩散通常发生在载流子浓度出现差异的地方，扩散电流与载流子浓度的差异成比例。漂移通常发生在任何存在电场的地方，漂移电流随着电场强度的增加而增大。如果同时存在电场和载流子浓度差异的话，则漂移和扩散可以同时发生，总电流则等于漂移电流和扩散电流之和。

1.2 PN 结

完全均匀掺杂的半导体材料很少有实际的用途。几乎所有的固体器件都是由多个 P 型区和 N 型区组成的，这些 P 型区和 N 型区之间的界面则被称为 PN 结，或者简称为结。

图 1.8a 展示了两片硅片，左边的 P 型硅片掺杂有受主杂质，因此包含有大量的空穴和极少量的电子，而右边的 N 型硅片则掺杂了施主杂质，因此包含有大量的电子和极少量的空穴。现在设想让这两块硅片紧密接触，并把它们以某种方式融合在一起，形成一个无缝无瑕的硅晶体。N 型硅与 P 型硅之间的接触表面通常称为冶金结，冶金结一侧的 P 型硅中含有过量的受主杂质，而另一侧的 N 型硅中则含有过量的施主杂质。由于掺杂剂原子在正常的室温下是不能移动的，因此冶金结的位置将保持固定不变。

接下来考察冶金结附近的空穴会发生什么变化。在两片硅片相互接触的瞬间，P 型硅中含有大量的空穴，而 N 型硅中含有极少量的空穴，因此空穴会从 P 型硅一侧扩散到 N 型硅一侧，如图 1.8b 所示。冶金结的两侧最初都是电中性的，空穴的扩散使得冶金结附近的 P 型硅中留下了局部的负电荷，而进入 N 型硅中的空穴同样形成了局部的正电荷。空穴是 N 型硅中的少数载流子，因此它们很快就会与电子发生复合，由此导致冶金结附近 N 型硅中出现的电子短缺维持了该区域的局部正电荷，如图 1.8c 所示。

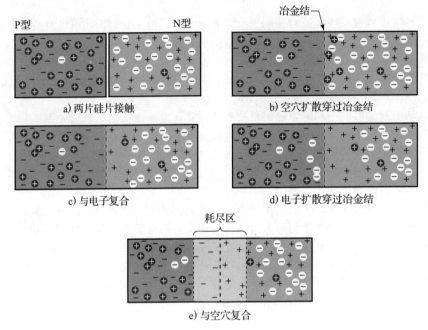

图 1.8　设想的 PN 结形成步骤(实际上，步骤 b～e 是同时发生的)

　　现在考察电子发生了什么变化。在两片硅片接触的瞬间，N 型硅含有大量的电子，而 P 型硅含有极少量的电子，因此电子会从 N 型硅一侧扩散到 P 型硅一侧。电子离开 N 型硅之后会留下局部的正电荷(见图 1.8d)，到达 P 型硅中的电子也代表了局部的负电荷，这些电子是 P 型硅中的少数载流子，它们也很快就会与空穴发生复合，但是由此导致 P 型硅中空穴的短缺则维持了该区域的局部负电荷，如图 1.8e 所示。

　　上面描述的过程实际上是同时发生的，空穴从 P 型硅中扩散到 N 型硅中并与电子复合，而电子从 N 型硅中扩散到 P 型硅中并与空穴复合，这两个过程都降低了冶金结附近的多数载流子浓度，因此 P 型硅一侧获得了局部的负电荷，而 N 型硅一侧获得了局部的正电荷。这些电荷的出现会在冶金结两侧产生电场，而这个电场又会引起空穴和电子的漂移电流。空穴从带正电荷的 N 型硅中漂移回到带负电荷的 P 型硅中，而电子则从带负电荷的 P 型硅中漂移回到带正电荷的 N 型硅中。

　　扩散电流仅仅取决于载流子浓度，但是漂移电流会随电场的变化而变化。在 P 型硅片与 N 型硅片相接触的那一刻，载流子开始越过界面进行扩散。这些扩散电流导致局部电荷出现在冶金结的两侧。随着这些电荷的逐渐积累，穿过结的电场强度会增大。不断增强的电场驱动越来越大的漂移电流，最终电场会变得如此强烈，以至于漂移电流恰好等于扩散电流，并且二者的方向相反。此时已经达到了平衡，即空穴的漂移电流恰好等于空穴的扩散电流，且二者方向相反；而电子的漂移电流也恰好等于电子的扩散电流，且二者方向相反(见图 1.9)。

　　PN 结上存在电场也就意味着 PN 结上存在电压差。这种被称为内建电势的差分电压在一定程度上取决于掺杂浓度和温度⊖。对于 25 ℃ 的温度下中等掺杂浓度的硅 PN 结来说，内建电势大约等于 0.7 V。内建电势将 PN 结的 P 型区相对于 N 型区偏置为负电势。

　　⊖　电压和电势指的是同一件事，即电场的标量势。

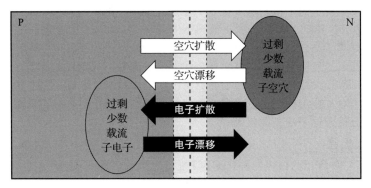

图 1.9　平衡状态下 PN 结两侧的过剩少数载流子分布和载流子电流的示意图

1.2.1　耗尽区

穿过 PN 结的强电场会迅速地将任何剩余的可动电荷扫出其影响区域,电子都漂移到结的 N 型区一侧,空穴则都漂移到 P 型区一侧。它们留下的硅区域中会出现载流子的耗尽,因此将其称为耗尽区,如图 1.10a 所示。早期的教科书中将其称为空间电荷层(SCL),因为其中存在着维持电场的带电掺杂剂原子。一个具体的数字实例可以帮助读者直观地了解耗尽区的尺寸,考虑一个两侧均匀掺杂且浓度均为 1×10^{16} cm^{-3} 的 PN 结,在 25 ℃时,其耗尽区在冶金结两侧均延伸大约 0.7 μm,其电场强度则从耗尽区边缘处的近似为零线性增大到冶金结处的 33 kV/cm 的峰值。该实例中使用了相对中等的掺杂浓度,更重的掺杂浓度将会减小耗尽区的宽度并增强耗尽区中的电场。

耗尽区

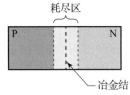

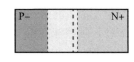

冶金结

a) 相等掺杂浓度的 P 型硅与　　b) 重掺杂的 P 型硅与轻掺杂的　　c) 轻掺杂的 P 型硅与重掺杂的
　　N 型硅之间　　　　　　　　　N 型硅之间　　　　　　　　　N 型硅之间

图 1.10　形成的耗尽区

耗尽区延伸到 PN 结任一侧的距离取决于掺杂浓度。P 型硅中的受主电荷必须等于 N 型硅中的施主电荷,因此耗尽区将在 PN 结的轻掺杂区一侧延伸的更远,如图 1.10b 和图 1.10c 所示。为了认识其中的差异,我们考虑一个这样形成的 PN 结,其 P 型硅一侧硼的掺杂浓度为 1×10^{16} cm^{-3},而 N 型硅一侧磷的掺杂浓度为 1×10^{18} cm^{-3}。该 PN 结两侧的耗尽区延伸到 P 型硅中的距离是延伸到 N 型硅中距离的 100 倍,这样才能在 PN 结两侧显露出相等数量的受主电荷和施主电荷。正如本实例所示,不相等的掺杂浓度通常导致 PN 结也是完全不对称的,以至于整个耗尽区的宽度也几乎全部延伸到 PN 结的轻掺杂区一侧。

尽管载流子不能在耗尽区停留任何时间,但是它们能够而且确实会穿过耗尽区。由于偶然的碰撞,有少量的载流子会获得一个比平均速度高得多的瞬时速度,这些载流子中的一些就有可能在电场将它们漂移回来之前成功地穿过耗尽区,因此电子会继续从 N 型硅向 P 型硅中扩散,空穴也会继续从 P 型硅向 N 型硅中扩散。这些载流子必须要快速运动,才有可能跨越耗尽区的电场,因此在任何时刻对其拍摄快照都只会捕捉到极少的载流子处于穿越耗尽区的过程中。所以尽管有电流流过耗尽区,但是其中的载流子还是几乎完全耗尽的。

成功扩散穿过耗尽区的多数载流子在到达另一侧时则成为少数载流子,这些所谓的过剩少数载流子的浓度是如此之低,以至于它们对 PN 结上存在的电场几乎没有什么影响。然而它们的存在维持了图 1.9 所示的平衡。电子从 PN 结的 N 型区一侧扩散到 P 型区一侧并被电场漂移回来，而空穴则从 PN 结的 P 型区一侧扩散到 N 型区一侧并被电场漂移回来。达到平衡时，空穴的漂移电流恰好等于空穴的扩散电流，且方向相反，而电子的漂移电流也正好等于电子的扩散电流，且方向相反。然而请注意，空穴电流和电子电流并不一定彼此相等。举例来看，如果 PN 结的 P 型区一侧比 N 型区一侧掺杂浓度更高，则空穴的扩散电流一定会超过电子的扩散电流。即使在这种不对称掺杂的结中，空穴的漂移电流仍然会等于空穴的扩散电流，同时电子的漂移电流也仍然会等于电子的扩散电流。

1.2.2　PN 结二极管

　　PN 结构成了一种有用的固体器件，称为 PN 结二极管。图 1.11 展示了 PN 结二极管的简化示意图和电路符号。顾名思义，二极管有两个端子，其阳极端连接到 PN 结的 P 型区一侧，而阴极端则连接到 PN 结的 N 型区一侧，这两个端子使得二极管能够连接到电路中。第一批商用的锗二极管，例如 1N34，就是在 20 世纪 40 年代末制造出来的。

　　PN 结的内建电势是无法用电压表来测量的。为了理解其中的原因，可以考虑一个包含了跨接在 PN 结二极管两端的电压表的电路，如图 1.12 所示。PN 结二极管的两端是由与硅相接触的金属组成的，正如 PN 结两端会出现内建电势一样，金属触点与硅的阳极端和阴极端之间也会出现两个接触电势。由于阳极和阴极的掺杂类型和掺杂浓

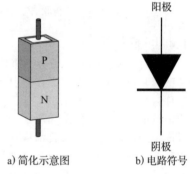

图 1.11　PN 结二极管

度有所不同，两个接触电势也有所不同。假设金属触点和 PN 结都保持在相同的温度下，接触电势 V_1 和 V_3 再加上内建电势 V_2 的总和就会恰好等于零。这个结果其实并不奇怪，假如这些电势最终没有相互抵消的话，那么就有可能从 PN 结二极管中提取出能量，这显然是违反热力学定律的。不过，接触电势和内建电势都是温度的函数，如果金属触点和 PN 结的温度不完全相同，则电势就有可能不再完全相互抵消，此时在 PN 结二极管的两端就会出现净电压，这种现象称为塞贝克(Seebeck)效应或热电效应⊖，塞贝克效应并不违反热力学定律，因为 PN 结二极管两端的温度差提供了能量的来源。

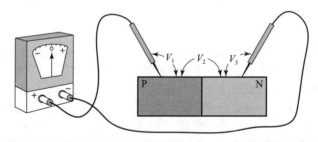

图 1.12　无法测出 PN 结内建电势的演示，接触电势 V_1 和 V_3 恰好抵消了内建电势 V_2

　　设想一下，我们在 PN 结二极管上连接一个可调电压源，并将其电压调整为 0 V，此时二极管就工作在零偏压下。假设二极管内部不存在温差，则内建电势和两个接触电势之和也等于零，因此这个电路中的所有电压源加起来为零，所以电路满足基尔霍夫电压定律。由于 PN 结两端的电压降正好等于内建电势，因此该 PN 结保持平衡。从阳极流到阴极的空穴扩散电流精确地平衡了从阴极流到阳极的空穴漂移电流，从阴极流到阳极的电子扩散电流也精确地平衡了

　　⊖　物理学家认为热电效应既包括塞贝克效应，也包括相反的珀尔帖效应，当电压施加到结上时，珀尔帖效应会产生温差。集成电路设计师经常会遇到塞贝克效应，但是很少看到珀尔帖效应。因此设计师通常将塞贝克效应和热电效应视为同义词。

从阳极流到阴极的电子漂移电流,穿过 PN 结的总电流为零,因此一个零偏置 PN 结二极管中的传导电流为零。

现在我们再设想一下,调整外部电压源,使得 PN 结二极管的阳极相对于阴极偏置为负,此时二极管处于反向偏置状态。随着反向偏压的增大,阳极内的空穴开始向阳极接触处漂移,当它们到达阳极接触点时,就会立即与来自金属中的电子发生复合。空穴在阳极内部的收缩会导致耗尽区往阳极内部进一步延伸。

阴极内的电子也会向阴极接触处漂移,当它们到达阴极接触点时,就会流入到金属引线内,然后流出到外部电路中。这个过程同样会使得电子在阴极中收缩,并导致耗尽区进一步延伸到阴极内部。

从阴极端流出的电子电流最终又通过阳极端返回。耗尽区的 P 型区一侧增加的负电荷恰好等于耗尽区的 N 型区一侧增加的正电荷。耗尽区内部的电场强度增大,由此又增大了 PN 结两端的电压。耗尽区宽度不断展宽,直到 PN 结两端的电压增加到足以抵消外部施加电压为止。此时整个环路的电压之和再次等于零,因此流过二极管的电流也终止。

实际上,采用非常灵敏的仪器还是能够检测到持续流过反向偏置 PN 结的微小电流,这个所谓的漏电流是通过耗尽区内载流子的热产生而形成的。假设 1 个电子-空穴对出现在耗尽区的中间,电子会向带正电的阴极漂移,空穴则向带负电的阳极漂移。当电子进入未耗尽的阴极时,必定有另一个电子通过阴极接触处离开,以保持其电中性。然后有 1 个电子进入阳极的接触点,并在那里与 1 个空穴复合,该空穴从阳极的消失则抵消了空穴从耗尽区往阳极的流入。因此每个出现在耗尽区内的电子-空穴对都导致了 1 个电子流过外部电路。因此漏电流与耗尽区内电子-空穴对的热产生率成正比。热产生率随着温度的升高呈指数形式增大,因此漏电流也随着温度的上升呈指数形式增长。温度每升高大约 8 ℃,流过硅 PN 结二极管的漏电流就会增大一倍。漏电流在非常高的温度下会变得特别大。硅集成电路通常设计为工作在 125~150 ℃ 的最高结温下,某些分立的硅器件可以工作在 250 ℃ 甚至 275 ℃ 的温度下。诸如碳化硅之类的宽带隙材料具有较低的热产生率,因此可以工作在甚至更高的温度下。其他的一些能量来源,包括光照和核辐射,也能够在半导体中产生电子-空穴对,因此也会引起漏电流。

现在我们设想一下将连接在 PN 结二极管两端的外部电压源反过来,使二极管的阳极相对于阴极偏置为正,此时二极管将处于正向偏置状态。随着正向偏压的增加,在阳极接触处就会产生出电子-空穴对。新产生的空穴增加了阳极中的空穴数量。随着阳极中填充的空穴越来越多,扩展到阳极中的耗尽区宽度就开始逐渐收缩。在阳极接触处产生的电子则流过外部电路并进入阴极。随着阴极中电子数量的不断增加,扩展到阴极中的耗尽区宽度也开始逐渐收缩。较窄的耗尽区必然包含较少的电荷,因此耗尽区中的电场也随之降低。

随着耗尽区中电场的不断降低,空穴与电子的漂移电流也逐渐减小。而空穴与电子的扩散电流并不依赖于电压偏置,因此也就不会减小。这样一来,扩散到阴极的空穴就会比漂移回阳极的空穴多,并且扩散到阳极的电子也比漂移回阴极的电子多$^{\ominus}$。因此 PN 结两侧的过剩少数载流子浓度就会增加,这些过剩少数载流子会与多数载流子发生复合。为了补充阳极中多数载流子空穴的数量,就必须在阳极接触处继续产生电子-空穴对。这个过程产生的空穴代替了由于穿过 PN 结的空穴扩散和空穴漂移之间的不平衡而损失的空穴。在阳极接触处产生的电子则通过外部电路流入到阴极,在那里它们代替了由于穿过 PN 结的电子扩散和电子漂移之间的不平衡而损失的电子。因此最终就会有一个恒定的电流流过外部电路。

图 1.13 展示了正向偏置 PN 结中的载流子流动。空穴从阳极接触处产生并流入,其中很大一部分从重掺杂的 P+ 硅中扩散到轻掺杂的 N− 硅中,同时有少量的空穴会漂移回来。因此净的空穴电流是从阳极流到阴极,并在那里与多数载流子电子发生复合。电子则从阴极接触处流入,其中一些补充了与空穴复合所消耗的电子,还有较少数量的电子从轻掺杂的 N− 硅中扩

㊀ 此处原文有误。——译者注

散到重掺杂的 P＋硅中，并在那里与多数载流子空穴发生复合，这个复合过程消耗的空穴必须由从接触处流入的空穴电流来补充。

图 1.13 中箭头的宽度描述了器件中各点流过的空穴电流和电子电流的相对大小。图 1.13 在某种程度上已经被简化了，因为它描述的所有复合都发生在单一位置上，而实际上复合是发生在耗尽区附近相当大范围的硅材料中。

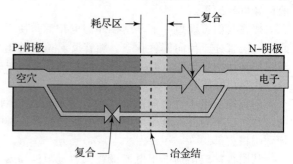

图 1.13　正向偏置 PN 结中的载流子流动

随着 PN 结二极管上正向偏置电压 V_F 的增加，流过它的电流 I_F 则呈指数形式增大，如图 1.14 所示。随着正向偏置电压接近内建电势的大小，该电流就会变得非常大。此时阳极和阴极的电阻也会变得很重要。外部施加电压的一部分就会降落在两侧未耗尽的硅材料上，而不是完全降落在耗尽区上。一旦这种情况开始出现，电流就不再随着施加的电压而呈指数形式增大，而是接近一个线性的渐近线。除了最极端的条件之外，在其他所有条件下 PN 结上都继续存在一个小电场，这个电场限制了扩散通过 PN 结的电流，但是因为有如此多的载流子穿过 PN 结的耗尽区，以至于该区域中的载流子浓度也会开始上升，因此该区域现在究竟是否真的仍是耗尽已经变得有争议了。

许多基础的教科书中指出，一个正向偏置的硅二极管两端会出现 0.7 V 的电压。仔细考察一下图 1.14 就会知道，严格地说，这个说法是不正确的，电流明显随着电压的升高而平稳地增大。然而考虑到电流-电压关系的指数性质，我们仍然可以说在 25 ℃下，当一个毫安量级的电流通过一个分立的 PN 结二极管时将产生大约 0.7 V 的电压降。在集成电路中更常见的是微安量级的电流在 25 ℃时通常会产生 0.6～0.65 V 的电压

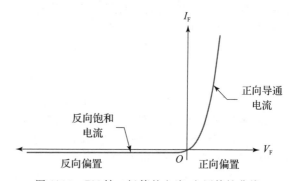

图 1.14　PN 结二极管的电流-电压特性曲线

降。PN 结二极管中的电压-电流关系也取决于温度。在给定的正向偏置电压下产生的电流随着温度的上升而呈指数形式增大，换句话说，维持硅 PN 结恒定电流时，其正向偏压随温度的上升而下降的速率约为 2 mV/℃。因此如果 25 ℃时某个电流在硅 PN 结二极管上产生 0.65 V 的电压降，那么在−40 ℃时相同的电流将产生 0.78 V 的电压降，而在 125 ℃时则会产生 0.45 V 的电压降。正偏电压随着温度的这种变化是可以预测的，也是可以重复的，因此电路设计师有的时候会使用正向偏置的 PN 结二极管作为温度传感器。

1.2.3　齐纳二极管

在反向偏置电压超过某个临界电压之前，反偏的 PN 结二极管只能传导很小的漏电流，一旦超过该临界电压，其电流就会急剧增大，如图 1.14 所示[⊖]。突然开始的显著反向导电被称为反向击穿。将一个 PN 结二极管偏置在超过其反向击穿电压的状态很容易导致其功耗过大并引起器件损坏。如果外部电路能够限制其电流过大，则 PN 结二极管就可以继续工作而不致损坏。一个适当设计的 PN 结二极管工作在反向击穿状态可以提供一个非常稳定的参考电压。

导致反向击穿的机制之一是所谓的雪崩倍增效应。考虑一个 PN 结处于不断增大的反向偏置电压下，其耗尽区会变宽，但是尚不足以阻止其内部电场的增大。不断增强的电场将载流子

⊖　此图有误，图中并未标出二极管的反向击穿特性。——译者注

加速到越来越高的速度，载流子运动得越快，其获得的动能也就越多。由于电子的有效质量要低于空穴，因此电子加速得更快，获得的动能也更多。最终，运动最快的电子聚集了足够多的能量，就会将 1 个价电子从晶格中撞击出来，这个过程称为碰撞电离，它能够产生出新的电子-空穴对。电场还会继续加速这些新产生的载流子，直到它们能够通过进一步的碰撞电离产生出更多的电子-空穴对。因此，单独一个载流子在穿越耗尽区的过程中就有可能产生出数千个额外的载流子。这个过程称为雪崩倍增，来源于谚语中的"由一个雪球引发的雪崩"。更高浓度的掺杂会增大晶格碰撞的速率，因而减少了载流子加速的时间，最终提高了触发雪崩倍增所需要的临界电场。当掺杂浓度从 1×10^{16} cm^{-3} 提高到 1×10^{18} cm^{-3} 时，硅材料的临界电场将从 200 kV/cm 左右增大到 2 MV/cm 左右。然而，由于轻掺杂硅中的耗尽区宽度要远大于重掺杂硅中的耗尽区宽度，因此硅材料中重掺杂区域之间 PN 结的击穿电压要比轻掺杂区域之间 PN 结的击穿电压低得多。雪崩击穿电压的范围可以从重掺杂硅的几伏一直到极低掺杂硅的数百伏甚至数千伏。由于高温下会发生更加频繁的晶格碰撞，因此击穿电压也会随着温度的升高而增加。例如，在 25 ℃时 7 V 的 PN 结雪崩电压随温度的变化率大约为 4 mV/℃。

　　另外一种导致反向击穿的机制，称为齐纳效应，实际上是发生在极高掺杂浓度 PN 结二极管中的一种电子隧道穿透形式。隧道穿透是一种量子力学过程，它允许粒子穿越短距离的障碍物，通常情况下比较轻的粒子隧道穿透的距离要大于比较重的粒子。齐纳效应主要依赖于几纳米的电子隧道穿透距离。在硅二极管中，齐纳导通电流等于击穿电压约为 5 V 时的雪崩导通电流。齐纳击穿机制在较低击穿电压下占主导地位，而雪崩击穿机制则是在较高击穿电压下占据主导地位。温度升高时齐纳击穿电压实际上会略有下降，这是因为在更高的温度下会有更多的价电子可以参与隧道穿透过程。

　　专门工作在反向击穿状态的 PN 结二极管称为齐纳二极管或雪崩二极管，具体名称取决于究竟哪种击穿机制占据主导地位。硅齐纳二极管的击穿电压通常小于 5 V，而硅雪崩二极管的击穿电压则通常大于 5 V。工程师传统上将所有的击穿二极管都统称为齐纳二极管，而不去考虑其实际的击穿机制究竟如何，这有可能会导致混乱，因为一个击穿电压为 7 V 的齐纳二极管实际上主要是通过雪崩击穿机制来形成导通电流的。

1.2.4　肖特基二极管

　　整流结也可以在半导体与金属之间形成。这样形成的结称为肖特基势垒，它们构成了肖特基二极管这种固体器件的基础。肖特基势垒与 PN 结有许多相似之处，但是它们之间也表现出了一些显著的差别。

　　以金属铝和轻掺杂 N 型硅之间形成的肖特基势垒为例，如图 1.15 所示，铝晶体中含有大量的电子，而轻掺杂 N 型硅中含有的电子则要少得多。因此，电子会从铝晶体中（电子数量很多）扩散到 N 型硅中（电子数量较少），这就表明会有过剩的多数载流子电子积聚在靠近金属-硅界面附近的 N 型硅一侧。然而由图 1.15 可知实际的情况恰好相反：电子实际上是从 N 型硅一侧流动到了铝晶体中！发生这种情况的唯一途径是给金属铝相对于 N 型硅施加了一个正向偏置电压，形成了一个较大的电场，由此产生漂移电流，将电子从 N 型硅中输运到金属铝中。早期的理论

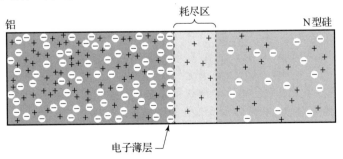

图 1.15　理想的肖特基二极管剖面示意图

研究认为，这个电场是由铝和 N 型硅拥有自由电子的强度不同而引起的，但是实际的测量结果并不完全符合这种简单化的理论。目前研究人员对于这种差异已经给出了多种不同的解释，但是事实仍然是，在铝和 N 型硅之间存在着显著的电压差，并且该电压差使得铝相对于硅为正偏置。

铝和硅之间的电场形成漂移电流，该漂移电流将电子从 N 型硅中输运到金属铝中。该漂移电流的大小超过了将电子从金属铝中输运到 N 型硅中的扩散电流，因此存在电子从硅向铝的净转移。电子从 N 型硅中的离去产生了一个与肖特基势垒相邻的耗尽区，而到达金属铝中的电子则堆积起来，并在铝和硅之间的界面处形成一层薄的负电荷。这层负电荷的积累部分抵消了铝和硅之间的原始电压差。漂移电流因此减小，直到其恰好等于电子的扩散电流，且方向相反。流过肖特基势垒的载流子现在达到了一种平衡状态。正如 PN 结中的情况一样，我们把无偏置肖特基势垒两端的电压降称为其内建电势。

当载流子从硅中转移到金属中时，它们就会留下一个耗尽区，该耗尽区确保了肖特基势垒可以起到整流器的作用。金属与半导体的某些组合还会形成这样的电场，即该电场可以导致多数载流子在硅材料中的积累，这类材料组合形成的肖特基势垒则不会表现出整流特性。我们将在下一节中更为详细地讨论这种欧姆特性的肖特基势垒。

肖特基二极管由具有整流特性的肖特基势垒组成，外加两个引出端以允许金属和半导体连接到外部电路中。轻掺杂的 N 型硅与许多金属以及具有金属键的化合物材料都可以形成具有整流特性的肖特基势垒。集成电路中使用的肖特基二极管通常是由轻掺杂的 N 型硅与硅化铂或硅化钯组成。N 型硅构成肖特基二极管的阴极，金属硅化物则构成其阳极。

在无偏置的肖特基二极管中，外部施加的电压、阴极接触电势以及内建电势之和等于零，因此不存在用于驱动电流通过该二极管的电压差。

考虑一个反向偏置肖特基二极管的情况，该二极管包含一个 N 型硅阴极和一个金属阳极。给其阴极施加一个相对于阳极的正偏置只会增大耗尽区的宽度，直到肖特基势垒两端的电压增加等于外部施加的偏置量，此时漂移电流和扩散电流再次平衡，唯一流经二极管的电流则是由耗尽区内的电子-空穴产生引起的漏电流。

接下来考虑一个正向偏置的肖特基二极管，它同样具有一个 N 型硅阴极和一个金属阳极。给其阴极施加一个相对于阳极的负偏置，将会减小耗尽区的宽度，这同时又降低了将电子从阳极输运到阴极的漂移电流$^\ominus$。由于扩散电流的大小保持不变，这就导致了电子从阴极到阳极的净流动，从而产生了一个从阳极到阴极的常规电流。流过正向偏置肖特基二极管的电流会随着温度的升高而呈指数形式增大。然而肖特基结典型的正向电压不仅取决于阴极的掺杂浓度，还取决于选择用来制作阳极的金属或金属化合物。大多数实用的肖特基二极管都具有比 PN 结二极管略低的正向电压。

比较肖特基二极管和 PN 结二极管揭示了一个关键的区别。PN 结二极管的工作依赖于过剩少数载流子的数量，因此它被称为少数载流子器件，而肖特基二极管的工作仅仅取决于多数载流子，因此被称为多数载流子器件。少数载流子器件的开关速度取决于过剩少数载流子复合的速度，而多数载流子器件的开关速度则没有这样的限制。因此肖特基二极管这样的多数载流子器件就可以工作在比 PN 结二极管这样的少数载流子器件高得多的开关速度上。

图 1.16 展示了我们讨论过的所有二极管的电路符号，二极管的默认符号使用直线来表示阴极，同时使用箭头来表示阳极。最初这个符号形象地描绘了一个晶体探测器，该器件是费迪南德·布劳恩(Ferdinand Braun)在 19 世纪 70 年代发明的，它是一个原始的肖特基二极管，由一个金属线(箭头所示)和一块方铅矿(线条所示)相接触构成。方铅矿主要由硫化铅组成，它是一种Ⅱ-Ⅵ族半导体。今天我们使用这个默认符号来表示 PN 结二极管，并对其阴极线条进行了修改，以描述其他类型的二极管，箭头现在表示通过正向偏置二极管的常规电流方向。在齐纳二极管的情况下，这个箭头可能会有歧义，因为齐纳二极管通常工作在反向偏置状态下，因

　　$\ominus$　此处原文有误。——译者注

此在观察者看来，这个符号好像是"完全弄颠倒了"。

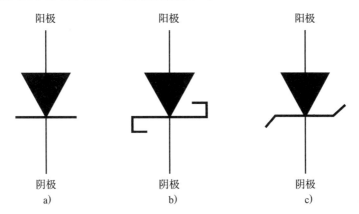

图 1.16 PN结、肖特基和齐纳二极管的电路符号，有些作者绘制此箭头时不做填充或只绘制半个箭头

1.2.5 欧姆接触

为了将不同的固体器件连接到电路中，必须在金属和半导体之间进行接触。在理想的情况下，这些接触点是完美的导体，但是在实践中，它们都是表现出具有小电阻的欧姆接触点。与整流接触点不同的是，这些欧姆接触点在正反两个方向上都能很好地传导电流。

如果半导体材料的掺杂浓度足够高，具有整流特性的肖特基势垒实际上也可以表现出欧姆导电特性。高浓度的掺杂剂原子使得耗尽区变得足够薄，以至于载流子即使在极低的电压下也可以很容易地双向隧穿通过耗尽区。此时整流效应就不会出现了，因为载流子利用隧穿效应有效地避开了肖特基势垒。

如果肖特基势垒上的电压导致多数载流子在半导体的表面积累，此时也可以形成欧姆接触。这些载流子堆积起来，在半导体与金属之间的界面上形成了一层薄薄的电荷。在 N 型半导体的情况下，该积累层由电子组成。耗尽区的缺乏阻碍了肖特基势垒维持一个电压差，因此任何外加电压都能够驱使载流子越过势垒。由于载流子可以在正反两个方向上任意流动，因此这种类型的肖特基势垒也能够起到欧姆接触的作用。

在实践中，当金属或金属化合物与轻掺杂的硅相接触时，通常可以形成具有整流特性的肖特基势垒，而当金属或金属化合物与重掺杂的硅相接触时，则可以形成欧姆接触。有关欧姆导电的准确机制其实并不重要，因为所有欧姆接触的表现行为基本相同。即使是轻掺杂的硅材料也可以通过在其接触点下方设置一个具有相同掺杂类型的重掺杂硅薄层而实现欧姆接触。如果将重掺杂硅层与合适的金属系统结合起来使用，则可以获得小于 $50 \ \Omega \cdot \mu m^2$ 的接触电阻率[⊖]。这个接触电阻率已经足够低，在大多数的应用中都可以忽略不计。

正如我们在1.2.2节中所述，不同材料之间的任何界面都会表现出接触电势。这一观察结果既适用于欧姆接触，也适用于 PN 结和整流肖特基势垒。因此内建电势可以被认为是跨越 PN 结或肖特基势垒的接触电势。如果电路中所有的接触点和结都保持在相同的温度下，那么它们的接触电势总和将为零。然而接触电势是温度的敏感函数，如果这些接触点或结中的某一个被保持在与其他器件不同的温度下，则其接触电势将发生偏移，并且接触电势的总和将不再等于零。接触电势随着温度的变化率，称为该接触的塞贝克系数，其数值通常介于 $0.1 \sim 1.0 \ mV/℃$ 之间[⊖]。许多集成电路的性能都取决于在 $1 \sim 2 \ mV$ 内匹配的电压，因此即使是自加热引起的微小温差也有可能会降低电路的工作性能。

⊖ 此处原文有误。——译者注
⊖ 与重掺杂硅相比，轻掺杂硅表现出具有更高的塞贝克电压。

1.3　双极型晶体管

双极型晶体管是 1947 年由约翰·巴丁(John Bardeen)和沃尔特·布拉顿(Walter Brattain)在贝尔实验室发明的。这种新器件的名字是依据跨导的倒数,即跨阻创造出来的。第一个晶体管原型是由一个三角形的塑料楔构成,其中的一个顶点周围包裹着金箔,然后再用剃须刀片将其切开。这个楔形物被打入一块锗片中,并用弯曲的回形针张紧,从而形成一个完整的晶体管。到了 1948 年末,威廉·肖克莱(William Shockley)用我们今天熟悉的一对背靠背的 PN 结取代了这个脆弱的装置,这就构成了一个双极结型晶体管(BJT)。旧的点接触型晶体管已经不再制造,因此大多数设计师现在可以互换使用"双极型晶体管"和"双极结型晶体管"这两个术语。

一个双极型晶体管是由三个半导体区域组成的,分别称为发射区、基区和集电区(见图 1.17),其中基区总是夹在发射区和集电区之间。NPN 型晶体管由 N 型发射区、P 型基区和 N 型集电区组成。类似地,PNP 型晶体管则是由 P 型发射区、N 型基区和 P 型集电区组成。在图 1.17 所示的理想化器件中,这三个区域中的每一个都是由均匀掺杂的矩形硅块构成的。

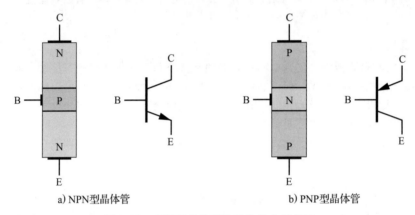

　　　　　a) NPN型晶体管　　　　　　　　　　　　　　b) PNP型晶体管

图 1.17　双极型晶体管的结构及电路符号

图 1.17 还展示了两种双极型晶体管在电路中的图形符号,这些符号来源于贝尔实验室最原始的晶体管外观,其中的垂直线条代表锗晶体,倾斜的发射区和集电区引线则代表塑料楔上金箔覆盖的两侧。

双极型晶体管的基区宽度很少会超过几微米,只有当两个结如此接近时,载流子才能够在被复合掉之前从一个结扩散到另一个结,因此流过一个结上的电流才会影响另一个结的特性。

图 1.17 所示理想晶体管的发射极-基极结和集电极-基极结看起来是完全相同的,显然我们可以在不影响器件性能的情况下交换集电极和发射极的引线。但是在实际的器件中,这两个结具有不同的掺杂浓度分布和几何形状,因此将它们互换会降低器件的性能。

双极型晶体管两个 PN 结中的每一个都可以工作在正向偏置或反向偏置状态,因此,双极型晶体管具有四个不同的工作区域,见表 1.3。

表 1.3　双极型晶体管的工作区域

工作区域	基区-发射区结	基区-集电区结	工作区域	基区-发射区结	基区-集电区结
截止区	反向偏置	反向偏置	反向放大区	反向偏置	正向偏置
正向放大区	正向偏置	反向偏置	饱和区	正向偏置	正向偏置

这四个工作区域中的每一个都可以通过考察两个 PN 结上载流子的流动情况来加以解释。最简单的情况就是截止区,其中的两个 PN 结都处于反向偏置状态。只有漏电流流过两个结,所以此时流过晶体管三个端子中任何一端的电流都很小。如果现在正向偏置基极-发射极结,则晶体管进入正向放大区,考虑一个 NPN 型晶体管的情况,当其基区-发射区结变为正向偏置

时，空穴将从基区流向发射区，而电子则从发射区流向基区。注入发射区的空穴成为少数载流子，它们很快就会与电子复合。注入基区的电子也成为少数载流子，但是这些载流子中的大多数在被空穴复合掉之前就会穿过薄基区扩散到集电区-基区耗尽层的边界处，如图 1.18 所示。在耗尽层强电场的作用下，到达这个耗尽层边界处的电子就会漂移穿过耗尽层。当它们到达集电区时，它们再次成为流向集电区端子的多数载流子。因此正向偏置基极-发射极结会导致电流从集电区流到发射区，这也就意味着处于正向放大区的双极型晶体管表现出了具有非零的跨导。当然还需要一些基极电流来补充因复合而损失掉的载流子，但是该电流通常要远小于集电极电流。

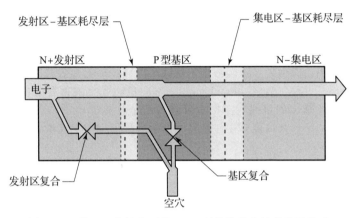

图 1.18 处于正向放大区的 NPN 型晶体管中的载流子流动

当我们把双极型晶体管的基区-发射区结反向偏置并同时使其基区-集电区结正向偏置时，就会使该器件处于反向放大模式。还是考虑一个 NPN 型晶体管的工作情形，当集电区-基区结正向偏置时，空穴就会从基区流入集电区，而电子则从集电区流入基区。注入集电区的空穴只是与电子发生复合，但是注入基区的大多数电子则会穿过基区到达反向偏置的基极-发射极结处。然后，它们通过漂移穿过基区-发射区耗尽层并进入发射区。一个工作在反向放大模式下的双极型晶体管的行为非常像一个工作在正向放大模式下的双极型晶体管，只是它们发射区和集电区这两端的作用互换了一下。我们在后面很快就会看到，这样往往会降低器件的性能。

当双极型晶体管的基区-发射区结和基区-集电区结同时变为正向偏置时，该双极型晶体管就进入了饱和。在这种工作模式中，发射区和集电区都向基区中注入少数载流子。流过发射区和集电区的净电流方向取决于施加在基区-发射区和基区-集电区结上的相对偏压大小。图 1.19 展示了处于饱和的 NPN 型晶体管中的载流子流动。外加的集电区-发射区电压 V_{CE} 为正值，这使得基区-发射区的正偏程度要超过基区-集电区的正偏程度，因此电流是从集电区一端流向发射区一端。另外还有明显的基极电流流入晶体管中，以补充发射区、基区和集电区中发生的大量载流子复合。第 9 章中还将对工作在饱和状态下的双极型晶体管进行更多的介绍。

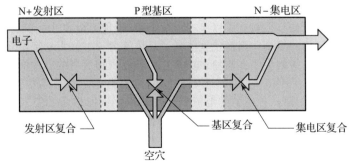

图 1.19 处于饱和区的 NPN 型晶体管中的载流子流动

1.3.1　正向电流增益

一个双极型晶体管能够实现的电流放大倍数等于其集电极电流与基极电流之比，这个比率也被赋予了各种不同的名称，包括正向电流增益和 β。同样，不同的教科书作者也使用了不同的符号，包括 β、β_F 和 h_{FE}。一个典型的经过精心设计的集成化 NPN 型晶体管可以表现出大约为 150 的 β 值。某些特殊器件的 β 值也可能会超过 10 000。在一个 CMOS 工艺中制备出的 NPN 型晶体管也可能表现出小于 10 的 β 值。一个熟练的电路设计师应该能够使用所有这些不同类型的晶体管来设计并制造出各种有用的模拟电路。

有两个因素限制了 β，即基区内的复合和载流子向发射区的注入。基区复合发生在两个耗尽层之间的基区部分，这部分基区通常称为准中性基区，或者更通俗地说就是中性基区，指在这部分基区中没有明显的电场存在。影响基区复合率的因素有三个：中性基区的宽度、基区掺杂分布和中性基区内复合中心的浓度。较薄的中性基区可以缩短少数载流子必须穿越的距离，从而降低其复合的概率。类似地，更轻掺杂的基区可以通过降低多数载流子的浓度来使得其中的复合概率达到最小。古穆尔数(Gummel number) Q_B 量化了上述两种效应，它是通过将基区掺杂浓度沿着穿过中性基区的直线对基区宽度进行积分计算获得的，在基区均匀掺杂的情况下，古穆尔数就等于基区掺杂浓度与中性基区宽度的乘积。正向电流增益 β 恰好与古穆尔数成反比。

饱和状态会使得双极型晶体管中相对轻掺杂的集电区内充满大量的少数载流子，而晶体管的开关速度主要就取决于这些载流子复合掉所需要的时间。历史上曾经采用金掺杂来故意增加晶体管中复合中心的数量，复合率的提高有助于加快晶体管的开关速度，但是付出的代价是降低了 β 值。金掺杂工艺曾经被用于生产著名的 7400 系列晶体管-晶体管逻辑(TTL)电路，但是低 β 值也阻碍了其在模拟电路中的应用。目前高速 CMOS 逻辑工艺和非饱和双极型逻辑工艺的发展已经使得掺金的双极型逻辑工艺变得完全不合时宜了。

双极型晶体管通常将中等掺杂浓度的基区与重掺杂的发射区相结合。对于 NPN 型晶体管而言，重掺杂的发射区向基区中注入较大的电子电流，而轻掺杂的基区向发射区中注入的空穴电流则要小得多。注入基区的电流与注入基区和发射区的电流之和的比率称为发射极注入效率。经过精心优化设计的双极型晶体管通常可以具有超过 0.995 的发射极注入效率。

经过设计优化的双极型晶体管使用了中等掺杂浓度的薄基区，该基区夹在重掺杂的发射区和轻掺杂的宽集电区之间。集电区轻掺杂使得集电区-基区耗尽层主要扩展到集电区一侧，同时限制了它向基区中的延伸。较宽的集电区-基区耗尽层允许晶体管工作在较高的集电极-发射极电压下，而不致触发基区-集电区耗尽层中的雪崩击穿。发射区和集电区的不对称掺杂有助于解释为什么经过设计优化的晶体管的反向电流增益(反向 β 值)通常会远低于其正向电流增益(正向 β 值)。典型的标准双极 NPN 型晶体管可能具有 150 的正向 β 值，但是其反向 β 值可能还不到 5。

电流增益 β 值在小电流下会由于耗尽层中的复合而减小。在中等电流下，这些微小的复合电流就会变得微不足道，β 值因此会继续攀升到由之前讨论的机制所决定的峰值点。由于大注入效应的影响，大电流下 β 值会再次下降。当基区内的少数载流子浓度接近多数载流子浓度时，基区中必须积累过量的多数载流子以保持电荷平衡(也称为电中性要求)。这些额外的多数载流子增加了中性基区内的复合，因而也就降低了晶体管的 β 值。大功率的双极型晶体管经常会工作在大注入条件下，否则为了提高输出功率它们就会占用更多的芯片面积。

PNP 型晶体管的行为大体上与 NPN 型晶体管的行为类似，只是其发射极-基极电压和集电极-基极电压的极性均相反，各端子的电流方向也相反，同时电子和空穴所扮演的角色也需要互换一下。PNP 型晶体管的 β 值通常要比具有类似尺寸和掺杂分布的 NPN 型晶体管的 β 值低，这是因为空穴的迁移率要低于电子的迁移率。PNP 型晶体管的性能还会经常遭受进一步的退化，因为工艺设计师通常会选择以牺牲 PNP 型晶体管的性能为代价来优化 NPN 型晶体管的性能。例如，在标准的双极型工艺中，用于构造 NPN 型晶体管基区的材料就会被用于构造

PNP 型晶体管的发射区，此时由于所获得的 PNP 型晶体管具有相对较低掺杂浓度的发射区，因此其发射极注入效率就会比较低。

1.3.2 电流-电压特性

通过绘制一系列与基极电流、集电极电流和集电极-发射极电压相关的曲线，我们可以图形化地描述双极型晶体管的性能。图 1.20 展示了集成化 NPN 型晶体管的典型的 I-V 特性曲线，其中纵轴给出了晶体管集电极的电流 I_C，而横轴则给出了晶体管集电极-发射极之间的电压 V_{CE}。多条曲线叠加在同一个坐标系中，每一条曲线代表不同的基极电流 I_B。这个所谓的曲线族展示了双极型晶体管许多有趣的特征。

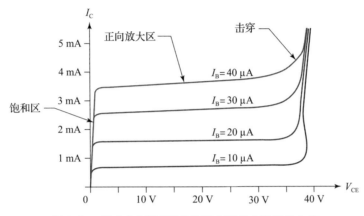

图 1.20　集成化 NPN 型晶体管典型的 I-V 特性曲线

饱和区位于曲线图的最左边部分，此处曲线突然向原点下降，这是因为需要额外的基极电流来支持基区-集电区结上的载流子注入。随着集电极-发射极电压的不断增大，器件进入正向放大区，此处基极电流的每次增加都会产生较大的集电极电流变化，因此曲线族中各个曲线的差异变得更大。换句话说，正向放大区的 β 值比饱和区中观察到的所谓强制 β 值要大得多。这一段曲线的轻微向上倾斜是由厄立(Early)效应引起的，因为随着集电极-基区结上反向偏置电压的不断增大，耗尽层会逐渐展宽，导致中性基区变窄，这样一来就会增大 β 值。厄立效应可以通过降低集电区的掺杂浓度来达到最小化，因为这样可以使得耗尽层主要扩展到集电区而不是基区中。

当集电极-发射极电压超过一定的数值时，集电极电流就会迅速增大，这种电流增大通常是由集电区-基区耗尽层中的雪崩倍增引起的，由此导致的集电区到基区的击穿效应限制了晶体管的最大工作电压。图 1.20 的曲线表明，这个特定的晶体管可以在高达 35 V 的电压下安全工作。工艺设计师很可能会将该器件降额到最大工作电压为 30 V 来使用，以便能够经受工艺和温度的起伏变化。

某些低压高增益的双极型晶体管则表现出了另一种类型的集电极到发射极的击穿，称为穿通效应。当集电区-基区耗尽层完全扩展穿过中性基区并与发射区-基区耗尽层相连时，就会发生这种类型的击穿。一旦发生这种情况，耗尽层中的电场就会直接将多数载流子由发射区扫到集电区，而与施加到基区端的偏置电压无关。大多数现代的双极型晶体管都经过设计优化，可以避免在集电区-基区结发生雪崩击穿之前出现基区穿通效应。

有一种称为特性曲线图示仪的仪器可以用来测量和显示双极型晶体管的 I-V 特性曲线族。典型的特性曲线图示仪是泰克公司在 1969 年推出的 Tektronix-576，它至今仍被人们广泛使用。任何人只要在 Tektronix-576 或其后来的替代产品上花几小时，都能够学到很多有关晶体管特性的知识。不过有一点要特别提醒大家注意：大多数特性曲线图示仪都能够产生足以致命的高电压！

1.4　MOS 晶体管

双极型晶体管能够放大基极-发射极电压的变化以产生集电极电流的变化,因此该晶体管的增益可以表示为跨导。双极型晶体管必须消耗基极电流才能维持其基极-发射极电压。相比之下,场效应晶体管(FET)则可以在不汲取任何输入电流的情况下产生跨导,这种革命性的器件实际上在 1925 年就已经获得了发明专利。然而直到 20 世纪 60 年代中期,由于制造工艺方面的困难,这种器件一直未能获得广泛的应用。

场效应晶体管的名称来源于:其输入端(称为栅极)通过在称为栅介质层(或简称为介质层)的绝缘层上施加电场来影响通过该晶体管中的电流。实际上并没有恒定的电流通过介质层。最常见的一种场效应晶体管使用二氧化硅作为栅介质层,早期版本的这种晶体管使用金属栅极,因此所形成的器件也被称为金属-氧化物-半导体场效应晶体管(MOSFET),或金属-氧化物-半导体(MOS)晶体管。尽管许多现代的 MOS 晶体管已经使用多晶硅(Poly)作为栅极,但是这些名称仍然在使用。MOS 晶体管使得现代的数字逻辑技术得以发展,它们已经基本取代了双极型晶体管,但是双极型晶体管仍然有其特定的应用场合。

最好还是先通过考察一种更简单的称为 MOS 电容的器件来理解 MOS 晶体管。该器件由两个电极组成,一个是金属,另一个是非本征的硅衬底,中间由一层二氧化硅隔开,如图 1.21a 所示。金属电极构成 MOS 电容的栅极,而硅衬底则构成背栅,也称为体或体电极。图 1.21a 所示的器件具有一个铝栅和一个由轻掺杂的 P 型硅衬底构成的背栅。设想一下我们在这个 MOS 电容的栅极和背栅之间施加外部电压 V_{GB}。如果我们将 V_{GB} 设置为零的话,此时铝栅和 P 型硅衬底之间会出现微小的电压差,究其原因可能是铝对自由电子的静电吸引力要比 P 型硅更强一些(当然实际情况要更加复杂)。因此栅极相对于背栅稍微呈现正偏置,这样就在栅介质层上形成了电场。将栅介质层上的电场减小到零所需的栅电压 V_{GB} 称为平带电压⊖。对于铝栅与轻掺杂的 P 型硅衬底背栅而言,其平带电压大约等于 -0.9 V。表 1.4 中列出了金属栅和多晶硅栅 MOS 电容的平带电压理论值。实际器件的平带电压值可能会略有变化,特别是在金属栅结构的情况下,原因在于栅介质层中或其表面可能会存在电荷(这也是上面提及的诸多复杂因素之一)。

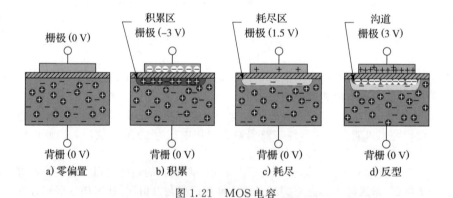

图 1.21　MOS 电容

表 1.4　金属栅和多晶硅栅 MOS 电容的平带电压理论值

	铝栅	N+ 多晶硅栅	P+ 多晶硅栅
P−背栅	-0.91 V	-0.93 V	0.12 V
N−背栅	-0.10 V	-0.12 V	0.93 V

注:其中硅衬底背栅掺杂浓度为 1×10^{16} cm^{-3},多晶硅栅掺杂浓度为 1×10^{18} cm^{-3},铝栅的功函数为 4.10 eV

⊖　"平带"这个术语是指所谓的能带图,它显示了允许的电子能量状态与位置及动量之间的关系。类似这样的图需要相当深入的解释,而且也不是理解基本的器件物理所必需的,因此本书对此不做进一步的讨论。

当把 MOS 电容偏置到平带电压时，其栅介质层上就不存在电场，因此背栅中的载流子既不会被吸引到栅极附近，也不会被排斥远离栅极。可见只要 V_{GB} 等于平带电压，栅极的存在就不会对背栅带来任何影响。

现在我们设想一下使得 V_{GB} 比平带电压更负，此时背栅中的多数载流子空穴就会向着栅介质层的方向漂移，这样一来就会在栅介质层的下方形成一层称为积累层的空穴薄膜，如图 1.21b 所示。目前常用的 MOS 电容就工作在积累模式。

与上面的情形相反，假如我们使得 V_{GB} 比平带电压更正，此时多数载流子空穴就会漂移远离栅介质层，刚开始只是降低了表面处的空穴浓度，但是随着栅极-背栅极之间的电压变得越来越大，最终会形成耗尽区，该耗尽区中的负电荷维持了栅介质层上不断增强的电场。此时 MOS 电容已经开始工作在耗尽状态下，如图 1.21c 所示。如果继续增大电压 V_{GB}，热产生的电子-空穴对就会在耗尽区电场的作用下开始漂移并分离，其中电子向栅介质层附近漂移，而空穴则向背栅方向漂移。当电压 V_{GB} 超过某个临界阈值时，就会立即有一层电子薄膜出现在栅介质层表面的下方。这层电子薄膜称为沟道，它的出现标志着 MOS 电容反型的开始，如图 1.21d 所示。MOS 晶体管中沟道刚开始出现时的栅电压称为阈值电压 V_t，铝栅/N－背栅衬底的 MOS 电容阈值电压通常为 0 V 左右。随着电压 V_{GB} 变得越来越高，沟道中的电子浓度不断增大，沟道中增加的负电荷维持了栅介质层上更高的电场。

MOS 电容的沟道反映了有关多数载流子和少数载流子通常规则的例外情形。图 1.21d 中 MOS 电容的背栅是 P 型硅衬底，因此我们预料其中空穴将是多数载流子。但是这条规则仅在体硅中成立，对于反型沟道则不成立。图 1.21d 中的反型沟道存在大量电子和极少量的空穴，因此这里电子必须是多数载流子。这种对通常规则的倒置也解释了为什么我们称这种工作模式为反型。

真实的 MOS 晶体管不仅包括栅极和背栅衬底，还包括在栅极两侧通过选择性地对硅进行反型掺杂而形成的两个附加区域，这些区域被称为源区和漏区[⊖]，如图 1.22a 所示。这种特定的结构称为 N 沟道 MOS 晶体管或简称 NMOS 器件，该器件的名称来源于构成其导电沟道的载流子极性。另一种类型的 MOS 晶体管则使用 N 型背栅衬底与 P 型源区及漏区的组合（见图 1.22b），该器件具有 P 型导电沟道，因此称为 P 沟道 MOS 晶体管或简称 PMOS 器件。

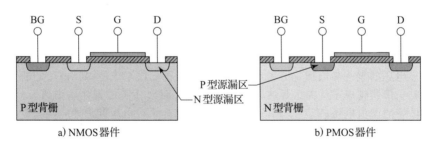

a) NMOS 器件   b) PMOS 器件

图 1.22 MOS 晶体管的剖面示意图
S—源极，G—栅极，D—漏极，BG—背栅

MOS 晶体管源区和漏区的区别取决于其偏置电压。在 NMOS 晶体管中，电压更高的一端起到漏区的作用；而在 PMOS 晶体管中，漏区的电压则要比源区更低。MOS 晶体管源区和漏极区的"身份"实际上是会随着电路中电压的起伏变化而来回交替变化的。

图 1.23a 展示了理想化的 NMOS 晶体管剖面示意图，其中有几个电压源连接到晶体管的引出端上。电压源 V_{BS} 给晶体管的背栅相对于其源极施加偏置电压，为了便于说明，我们先暂时设置 $V_{BS}=0$ V。第二个电压源 V_{DS} 使得漏极相对于源极偏置，在此我们将该引出端指定为

⊖ 附于其上的电极称为源极和漏极，下文中不做区分。

NMOS 晶体管的漏极这一事实也表明 $V_{DS} \geqslant 0$ V。第三个电压源(也是最后一个电压源)V_{GS} 则是对栅极进行偏置。

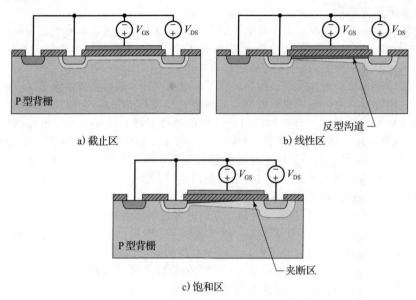

a) 截止区　　　　　　　　　　　　b) 线性区

c) 饱和区

图 1.23　处于不同工作区的 NMOS 晶体管

假如我们将栅-源电压 V_{GS} 设置为非常负的值，穿过栅介质层的电场则会把空穴吸引到硅衬底表面来以形成积累层，在源区-背栅结和漏区-背栅结的两侧分别存在耗尽区，此时没有电流流过零偏置的源区-背栅结，也几乎没有电流流过反向偏置的漏区-背栅结。漏极-背栅结耗尽区中产生的电子-空穴对会形成微小的漏电流，该漏电流由漏极流入并从背栅流出，但是这个电流太小了，我们通常都把它忽略。在这种情况下，晶体管被认为是工作在截止状态(截止区)。

现在设想一下，我们将栅极电压慢慢增大。首先积累层消失，然后耗尽层开始出现在栅介质层下方，该耗尽层随后与结周围已经存在的耗尽区融为一体。在源区附近，栅电极施加的垂直电场与源区形成的横向电场相结合，产生指向右下方的电场。在漏区附近，垂直栅电场与横向漏电场相结合，产生指向左下方的电场。而在其余部分的栅介质层之下，电场则垂直向下[一]。源区和漏区附近的电场阻止了电子向栅介质层下方耗尽区的扩散，晶体管继续保持截止状态。

随着栅极电压的进一步增加，电场最终会变得足够强，以至于使得背栅衬底的表面发生了反型，一层电子薄膜构成了从源区延伸到漏区的沟道，而恰好满足创建该沟道所需的栅-源电压则称为晶体管的阈值电压(V_t)[二]。MOS 晶体管的沟道几乎可以瞬间形成，因为电子可以从源区扩散过来。而 MOS 电容的沟道则需要相当长的时间才能形成，因为只有缓慢的热产生过程才能够提供反型层所需要的载流子。

一旦沟道形成之后，施加正的漏-源电压就会使这些载流子从源区往漏区漂移，如图 1.23b 所示。漏极电流的大小既取决于栅-源电压，也取决于漏-源电压，前者决定了可获得的载流子浓度，后者决定了载流子的漂移速度。只要漏-源电压维持在相对较低的值，漏极电流就会随着漏-源电压而线性增大，此时我们称晶体管工作在线性区。早期的教科书中有时也称之为三极管区域，因为漏极电流对漏-源电压的强烈依赖性让人们想起了真空电子管中的三极管的特性(参见 12.1 节)。

㊀　此处原文有误。——译者注
㊁　大多数教材使用符号 V_t 来表示阈值电压，也有少数人使用 V_T。后一种用法容易引起误会，因为双极型电路的设计师使用 V_T 来表示热电压(参见 9.1 节的介绍)。

一层耗尽区将反型沟道与中性背栅衬底分隔开，该耗尽区的宽度取决于沟道和背栅之间的电压差。外加正的漏-源电压会导致沟道漏端与背栅之间的电压差增大，由此加大了沟道漏端耗尽区的宽度。栅介质层上的电场由栅极的正电荷与沟道及背栅耗尽区内等量的负电荷来共同维持。当该耗尽区变得越宽，它所包含的负电荷也就越多，因此沟道需要包含的载流子(带负电荷的电子)也就越少，这就导致反型沟道的厚度从源端到漏端线性减小。为了使沟道中所有各点的电流能够保持相等，电子在沿着沟道漂移时会线性加速。在源端附近，大量的电子移动得比较缓慢；而在漏端附近少量的电子却移动得比较快。电流在沟道中所有各点处均保持不变。

随着漏-源电压的持续增大，最终就会达到这样一种状态，即晶体管漏端已经不再需要沟道电荷来维持该处的电场。一旦发生这种情况，晶体管漏端的沟道就会消失。器件物理学家称沟道此时已经被夹断，晶体管现在则工作在饱和区，如图 1.23c 所示。载流子现在从源区进入沟道，并沿着沟道逐渐被加速到夹断区，然后由夹断区中的横向电场将载流子漂移到漏区。此时漏极电压的任何一点增加都会增大夹断区上的横向电场，但是基本上不会影响沟道长度或其上的横向电场。因此漏极电流也不再随着漏-源电压而增加。事实上，随着漏-源电压的增加，夹断区还会略微变宽，因为必须要涵盖更多带电的掺杂剂离子才足以维持不断增大的横向电场。这样一来又使得反型沟道的长度稍微缩短，因此会导致漏极电流随着漏-源电压的增加而略微增大，这种现象称为沟道长度调制效应，类似于双极型晶体管中的厄立效应。

MOS 晶体管实际上还有第四种工作状态，称为亚阈值区或弱反型区。反型沟道实际上并不是瞬间就形成的，背栅衬底耗尽层表面的电子浓度是随着栅-源电压而逐渐增大的，其中部分电子会扩散到漏区附近的强电场中，并被该电场吸引到漏区形成亚阈值电流，该亚阈值电流在较低的栅-源电压下呈指数形式增长，而在较高的栅-源电压下则呈线性增长。阈值电压恰好标志着从指数增长到线性增长的转折点，它也是亚阈值区和线性区之间的分界线。当亚阈值电流下降到结的漏电流以下时，理论上也会出现截止区和亚阈值区之间的分界线。在实践中，当栅-源电压下降到阈值电压以下大约 $200 \sim 300 \, \mathrm{mV}$ 时，亚阈值电流就已经变得几乎可以忽略不计了。

和 NMOS 晶体管一样，PMOS 晶体管也具有相同的四个工作区，但是其各引出端的电压和电流极性则是相反的。表 1.5 中总结了两种不同类型的晶体管在不同工作区下的偏置条件。在此请注意，表 1.5 中给出的截止区和亚阈值区之间的分界线在某种程度上是随意指定的。

表 1.5　两种不同类型的晶体管在不同工作区下的偏置条件

工作区	NMOS	PMOS
截止区	$V_{GS} \leqslant V_t - 0.3,\ V_{DS} \geqslant 0$	$V_{GS} \geqslant V_t - 0.3,\ V_{DS} \leqslant 0$
亚阈值区	$V_t - 0.3 \leqslant V_{GS} \leqslant V_t,\ V_{DS} \geqslant 0$	$V_t \leqslant V_{GS} \leqslant V_t + 0.3,\ V_{DS} \leqslant 0$
线性区	$V_{GS} > V_t,\ 0 \leqslant V_{DS} \leqslant V_{GS} - V_t$	$V_{GS} < V_t,\ V_{GS} - V_t \leqslant V_{DS} \leqslant 0$
饱和区	$V_{GS} > V_t,\ V_{DS} > V_{GS} - V_t$	$V_{GS} < V_t,\ V_{DS} < V_{GS} - V_t$

1.4.1　阈值电压

大多数实用的 MOS 晶体管都被设计为当栅-源电压等于零时没有形成反型沟道，这类器件通常称为增强型 MOS 晶体管，或者简称为增强型晶体管。增强型 NMOS 晶体管的阈值电压为正值，而增强型 PMOS 晶体管的阈值电压则是负值。

由于绝大多数实用的 MOS 晶体管都是增强型器件，在实际工作中很多工程师就会忽略阈值电压的符号。例如，工艺工程师可能会说："增加背栅衬底的掺杂浓度可以导致 PMOS 晶体管的 V_t 从 $0.6 \, \mathrm{V}$ 增加到 $0.7 \, \mathrm{V}$。"掺杂浓度更高的 PMOS 背栅衬底显然更难以反型，因此 PMOS 晶体管的 V_t 实际上是从 $-0.6 \, \mathrm{V}$ 变成了 $-0.7 \, \mathrm{V}$。在这种情况下，我们通常可以根据讨论的背景来确定 PMOS 晶体管阈值电压的真实符号。那些对 MOS 晶体管经验不足的人可能会发现这种做法非常令人困惑，但是过了一段时间之后也就会习惯了。

　　还存在另外一种类型的 MOS 晶体管，即使当栅-源电压等于零时其沟道也已经形成，这种器件通常称为耗尽型 MOS 晶体管，或者简称为耗尽型晶体管。之所以选择这个术语，是因为栅-源电压的变化，对增强型晶体管而言能够改变其沟道反型的程度，而对耗尽型晶体管来说则能够使其退出反型状态并进入耗尽状态。耗尽型 NMOS 晶体管的阈值电压是负值，而耗尽型 PMOS 晶体管的阈值电压则为正值。所以当我们提到耗尽型 PMOS 晶体管的阈值电压时，就已经明确说明它不是增强型器件——耗尽型 PMOS 晶体管阈值电压的测量值为 0.4 V。表 1.6 总结了两种晶体管的阈值电压极性。该表中没有列出 $V_t=0$ 的条目，因为制造工艺的变化可能会导致这种晶体管要么表现为增强型要么表现为耗尽型。这种低阈值电压的晶体管实际上具有相当多的用途，特别是在低电压电路中。

　　MOS 晶体管的电路符号不仅要区分出 NMOS晶体管和 PMOS 晶体管，还必须区分出增强型器件和耗尽型器件。但是，目前尚没有一套 MOS 晶体管的电路符号得到大家的普遍认可。图 1.24 展示了用于增强型及耗尽型 NMOS 与 PMOS 晶体管

表 1.6　两种晶体管的阈值电压极性

	增强型模式	耗尽型模式
PMOS 晶体管	$V_t<0$	$V_t>0$
NMOS 晶体管	$V_t>0$	$V_t<0$

的常用电路符号，所有 NMOS 晶体管的漏极位于顶部，源极位于底部，栅极位于左侧，背栅（如果标出的话）位于右侧；所有 PMOS 晶体管的源极位于顶部，漏极位于底部，栅极位于左侧，背栅（如果标出的话）位于右侧。正式的四端符号在背栅引出端上设置了一个箭头，用来表示背栅的极性[○]。增强型晶体管符号中显示的与源极、漏极和背栅引线相连的是虚线，旨在表示在零栅-源偏置下没有形成沟道。而耗尽型晶体管的符号显示为实线，表示在零栅-源偏压下已经存在沟道。

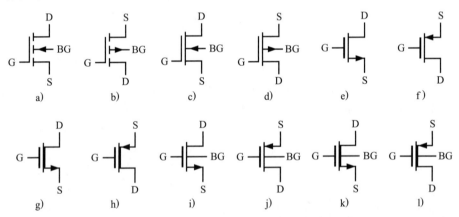

图 1.24　用于增强型及耗尽型 NMOS 与 PMOS 晶体管的常用电路符号。图 a~d 为正式的四端符号，图 e~h 为可选的三端符号，图 i~l 为可选的四端符号

　　上述正式的符号有一个严重的缺点，即它们认为器件的源极和漏极是可以互换的，这仅适用于对称的晶体管，其源区和漏区采用完全相同的掺杂和几何形状。非对称的晶体管则针对其各自的功能独立地优化源区和漏区。例如，许多器件使用轻掺杂漏区来增大漏极到源极的击穿电压，如果互换这类器件的源极和漏极就会降低其额定电压，这样做可能会导致灾难性的故障。因此很多集成电路设计师喜欢使用仙童(Fairchild)公司最早发明的能够明确区分源极和漏极的晶体管符号。图 1.24e~h 在源极引出端上设置了一个箭头来表示电流的方向，这些符号没有明确展示背栅的连接情况。图 1.24i~l 则试图通过添加一条背栅连线来弥补上述缺陷。有时，背栅连线会稍微向源极偏移，以便允许设计师将栅极连线直接穿过晶体管符号。在某些版本的符号中，垂直条不会延伸到源极和漏极引线之外。

　　○　之所以说这些符号是正式的，是因为它们是 ANSI/IEEE 标准 315-1986 的一部分。

许多因素决定了晶体管阈值电压的大小和极性。其中第一个因素是背栅到源极的电压。NMOS 晶体管的表观阈值电压会随着其背栅电压变得更负而不断增大。类似地，PMOS 晶体管的表观阈值电压也会随着其背栅电压变得更正而不断降低(也就是变得更负，或者正如某位设计师所说，变得"更大")。这种效应称为背栅调制，是因为沟道和背栅之间增加的电压差导致它们之间的耗尽区变宽。当耗尽区变宽时，耗尽区内的电荷就会增加。为了保持静电平衡，沟道中的电荷就会减少，这就导致阈值电压发生变化。电路设计师有时会利用背栅调制效应来有意识地改变晶体管的阈值电压。

背栅衬底的掺杂浓度也会影响阈值电压。更高掺杂浓度的背栅衬底通常需要更强的电场才能实现反型，因此阈值电压的大小会随着背栅衬底的掺杂浓度而增加。器件设计师经常调整栅介质层正下方的衬底掺杂浓度，来改变晶体管的阈值电压。不太明显的是，阈值电压还取决于所选择的栅极材料。不同的栅极材料具有不同的平带电压，这意味着由此形成的器件也具有不同的阈值电压(见表 1.4)。大多数现代的 MOS 晶体管都使用重掺杂的多晶硅作为栅电极。选择使用 N+或 P+掺杂的多晶硅作为栅电极会使得所制作出的晶体管阈值电压偏移量接近 1 V。

栅介质层也会影响阈值电压。较薄的栅介质层只需要较低的电压就能够产生相同的电场强度。随着现代数字逻辑电路的工作电压不断降低，栅介质层的厚度也在不断减小。然而由于电子的隧穿效应，厚度远小于 9 nm 的绝缘层已经开始出现漏电。许多先进的数字工艺采用具有更高介电常数的材料(如氧化铪)取代了传统的二氧化硅栅介质层。这些所谓的高 k 介质增强了由给定栅-源电压所产生的电场，因而允许使用更厚、漏电更少的栅介质层。也有一些作者使用绝缘栅场效应晶体管(IGFET)一词来指代所有类似 MOS 器件的晶体管，包括那些具有奇异栅极和介质材料的晶体管。

导致阈值电压变化的关键因素来源于栅介质层内部或其表面存在的过量电荷，这些电荷可能由离化的杂质原子、俘获的载流子或某些结构缺陷组成，它们的存在使得电场发生了变化，进而改变了阈值电压。今天最大的介质层电荷来源是由分布在硅-二氧化硅界面处的结构缺陷组成的，由此产生的表面态电荷通常是正电荷。从历史上看，钠离子沾污将所谓的可动离子引入栅氧化层中，这些离子会在外加偏压作用下发生漂移，并导致阈值电压随着时间而发生变化。现代的工艺制造技术已经能够最大限度地减少表面态电荷和可动离子的沾污(参见 5.2.2 节)。

1.4.2 电流-电压特性

MOS 晶体管的性能可以用一族类似于双极型晶体管的 I-V 特性曲线来形象地加以说明。图 1.25 展示了 NMOS 晶体管的 I-V 特性曲线，这族特定的曲线是通过将源极与背栅连接在一起获得的，其中的纵轴测量漏极电流 I_D，而横轴则测量漏-源电压 V_{DS}，每条曲线代表特定的栅-源电压 V_{GS}。这族曲线看起来与图 1.20 中所展示的双极型晶体管的特性曲线非常类似，只不过 MOS 晶体管的特性曲线是通过步进栅-源电压获得的，而双极型晶体管的特性曲线是通过步进基极电流获得的。

图 1.25 最左侧显示的是线性区，此处漏极电流随着漏-源电压线性增大。中间为饱和区，此处漏极电流几乎与漏-源电压无关。沟道长度调制效应的影响会导致漏极电流曲线略微向上倾斜。

图 1.25 右侧漏极电流突然上升的区域显示了漏-源之间的击穿。与双极型晶体管一样，这种击穿可以通过雪崩击穿或源漏穿通效应而发生。通常长沟道的 MOS 晶体管表现出雪崩击穿，因为夹断区内的碰撞电离会导致漏极电

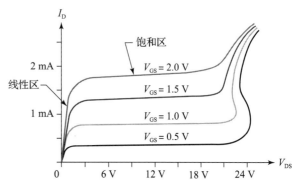

图 1.25　NMOS 晶体管的 I-V 特性曲线

流急剧增加,然后就会有大量电流流入 MOS 晶体管的背栅。每个 MOS 晶体管中都包含寄生的双极型晶体管,其源区构成该晶体管的发射区,背栅充当其基极,而漏区则充当其集电区。流入背栅的碰撞电离电流会将该寄生的双极型晶体管偏置到正向放大区,产生的附加电流会导致漏-源电压随着漏极电流的增加而降低,这种被称为折返的负阻状态导致图 1.25 中的漏极电流曲线在大电流下发生向左侧的弯曲。

短沟道的 MOS 晶体管可能会出现源漏之间的穿通效应。当增大的漏-源电压导致夹断区不断延伸穿过整个背栅衬底时,就会发生这种类型的击穿。一旦出现这种情况,无论施加到栅极的电压如何,多数载流子都会从源区流出,穿过耗尽区并流入漏区。穿通击穿通常不会将电流注入晶体管的背栅,因此特性曲线上不会表现出折返现象。

比较图 1.20 和图 1.25 的曲线表明,MOS 晶体管的饱和区对应于双极型晶体管的正向放大区,MOS 晶体管的线性区则对应于双极型晶体管的饱和区。当不同的研究小组开发出类似的技术时,往往就会产生这种混乱。由于这种截然不同的术语在各类文献资料中已经根深蒂固,只能适应这样的事实。

MOS 晶体管的工作原理仅仅依赖于一种类型的载流子,因此它们被认为是单极型器件。NMOS 晶体管利用电子传导电流,而 PMOS 晶体管则利用空穴传导电流。在这两种情况下,流过晶体管的电流都只是由多数载流子构成的,因此 MOS 晶体管并没有表现出双极型晶体管处于饱和区时所常见的载流子复合延迟现象。没有这种复合延迟效应极大地简化了高速 MOS 电路的构建。

硅 PMOS 晶体管的跨导值通常略低于同类型 NMOS 晶体管跨导值的一半,这是因为空穴的迁移率要远低于电子的迁移率。因此大多数功率型 MOS 晶体管都是 N 沟道器件。现代互补金属-氧化物-半导体(CMOS)逻辑将 NMOS 晶体管和 PMOS 晶体管结合在一起,它们形成的逻辑门电路仅在转换逻辑状态时才汲取电源电流。CMOS 逻辑电路已经构成了几乎所有的现代数字电子技术的基础。

1.5　结型场效应晶体管

MOSFET 可能是最流行的场效应晶体管,但是它并不是唯一的一种。图 1.26 展示了另外一种类型的场效应晶体管,称为结型场效应晶体管(JFET)。该器件使用反向偏置结两侧的耗尽区作为其栅介质层,由称为 N 型体区的轻掺杂 N 型硅组成,两个 P 型区分别从上方(称为栅极)和下方(称为背栅)扩散进入 N 型硅中。栅-体结与背栅-体结之间未耗尽的 N 型硅薄层构成了 JFET 器件的沟道区[⊖],而在体区两侧形成的连接则起到漏极和源极的作用。正如在 MOS 晶体管中那样,源极和漏极的区别取决于它们的偏置电压,N 沟道 JFET 的漏-源电压总是大于或等于零。

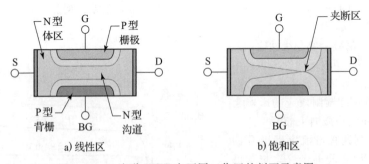

图 1.26　N 沟道 JFET 在不同工作区的剖面示意图

假设 N 沟道 JFET 的所有四个引出端都接地,在栅-体结和背栅-体结的两侧会形成耗尽

⊖　此处原文有误。——译者注

区，这些耗尽区一直延伸到轻掺杂的沟道中，但是它们实际上并不会相互接触。因此在源极和漏极之间还存在导电沟道。如果将漏极电压升高到源极电压以上，则电流就会沿着沟道流动，在 N 沟道的 JFET 中，该电流是由从源极漂移到漏极的电子所形成的。沟道漏端存在的较高电压增大了栅-体结和背栅-体结上的反向偏置，导致耗尽区宽度增大。只要两个耗尽区彼此尚未接触，导电沟道就仍然能够继续连接源极和漏极，漏极电流与漏-源电压成线性关系，此时我们称这个 N 沟道 JFET 工作在线性区。

进一步增大漏-源电压将会导致栅-体结耗尽区和背栅-体结耗尽区在晶体管漏极处相互接触并形成夹断区，一旦形成夹断区之后，漏-源电压的任何一点增加都只会增强夹断区内的电场。沟道长度几乎保持不变，因此漏极电流不再随着漏-源电压的增加而继续增大。此时 N 沟道 JFET 已进入饱和区。事实上，随着漏-源电压的增大，夹断区确实还会稍微变宽，由此导致的沟道长度轻微减小还会引起漏极电流的略微增加。这种沟道长度调制效应恰好对应于我们在 MOS 晶体管中所看到的那种沟道长度调制效应。

栅极和背栅极还会影响流过 JFET 沟道的电流。设想一下，将图 1.26 所示的 N 沟道 JFET 的背栅偏置到与源极相同的电压，并在栅极和源极之间连接电压源 V_{GS}，通过降低电压 V_{GS} 可以使得栅-体结两端的电压增大，由此导致栅-体结耗尽区进一步扩展到沟道中，这样一来就减小了沟道宽度并增大了其电阻。最终栅-体结耗尽区会在源极到漏极之间的所有点与背栅-体结耗尽区相接触，此时沟道停止导电，晶体管进入截止区。严格说起来，耗尽区并不能阻挡电流，而是耗尽区内的电场阻止了载流子从源极向漏极的流动。施加到栅极的负电压将阻塞沟道的耗尽区上的电压降低至低于源极的电压，因此避免了电子从源极向漏极的漂移。相比之下，处于饱和状态的 JFET 夹断区两端的电场实际上是将载流子从沟道拉向漏极。

刚好能够使得从源极到漏极的电流关断的栅-源电压称为夹断电压 V_P。N 沟道 JFET 的夹断电压是负值，而 P 沟道 JFET 的夹断电压则是正值。

从原理上说，JFET 的背栅对其沟道的影响与其栅极对沟道的影响是完全相同的。在实践中，栅极和背栅的掺杂分布可能会有所不同，由此会导致其中一个栅极对沟道施加的影响要比另一个栅极更强。在实际应用中，相对于其背栅来说，JFET 的栅极通常都被设计成对其工作性能具有更强的影响。

图 1.27 展示了 $V_P = -8\text{ V}$ 的 N 沟道 JFET 的 I-V 特性曲线，其背栅被偏置到与其源极相同的电压，纵轴代表流过晶体管的漏极电流 I_D，而横轴代表器件两端的漏-源电压 V_{DS}，每条曲线代表一个特定的栅-源电压 V_{GS} 值。我们注意到当 $V_{GS} = 0\text{ V}$ 时是存在沟道的，因此该 JFET 是耗尽型器件。降低 V_{GS} 值会导致流过器件的电流减小，直到达到关断电压，此时沟道中没有电流流过。在较低的漏-源电压下，漏极电流随着漏-源电压线性增大，这表明晶体管工作在其线性区。在较高的漏-源电压下，漏极电流不再快速增加，晶体管进入饱和区。由于沟道长度调制效应的影响，电流曲线略微向右上方倾斜。最后漏-源电压变得如此之大，以至于在夹断区中发生了碰撞电离，这个过程导致漏极电流呈指数形式增大，晶体管也因此经历了漏-源击穿。

某些 JFET 器件使用完全相同的漏极和源极几何结构及掺杂水平，人们可以互换这种晶体管的源极和漏极而不致影响其任何电学特性，这种器件称为对称型晶体管。其他 JFET 器件可能会使用不同的源极和漏极几何结构及掺杂水平，将这种非对称 JFET 的源极和漏极互换则会导致其工作特性出现差异。

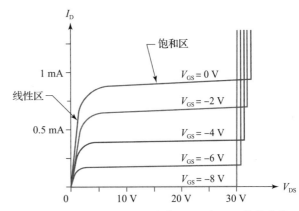

图 1.27　$V_P = -8\text{ V}$ 的 N 沟道 JFET 的 I-V 特性曲线

图 1.28 展示了 N 沟道 JFET 和 P 沟道 JFET 的电路符号，栅极引线上的箭头表示栅-体结的极性。当晶体管处于正常偏置时，其栅-体结始终保持反偏状态，且栅极引线中没有明显的电流流过，因此我们不能说这个箭头代表了流过栅极的电流方向。事实上，流过栅极引线的微小漏电流是沿着与箭头相反的方向流动的，箭头实际代表的是隔离栅极的 PN 结的方向。

图 1.28a 和 b 既没有显示 JFET 背栅的连接，也没有区分源极和漏极。图 1.28c 和 d 将代表栅极的短线偏向源极，以便识别哪个引出端是源极，哪个引出端是漏极。图 1.28e 和 f 则添加了一条额外的线来代表晶体管的背栅引出端。

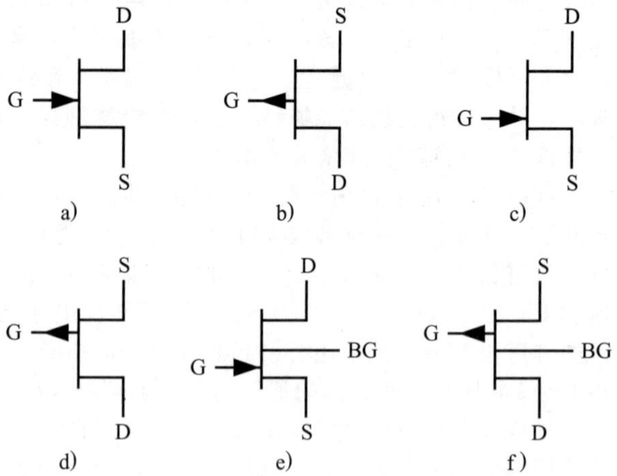

图 1.28　N 沟道 JFET 和 P 沟道 JFET 的电路符号。图 a 和 b 为正式的三端符号；图 c 和 d 为栅极偏移的三端符号，用于标识源极；图 e 和 f 为四端符号

1.6　本章小结

器件物理学是一门既复杂又处在不断发展中的科学，研究人员不断地开发出各种新器件并对已有的器件进行改进，这些正在进行的研究工作大多具有高度的理论性，远远超出了本书讨论的范围。上面给出的简单直观的解释提供了关于硅集成电路中最常用的几种固体器件工作原理方面的知识。希望深入学习更多器件物理知识的读者可以查阅本章末尾列出的所有参考文献。

本章强调了 PN 结中多数载流子和少数载流子导电的作用。反向偏置结上的电场阻止载流子在结上的扩散，正向偏置结会削弱这种电场，从而允许载流子在结上的扩散。随后这些载流子还会发生复合以形成持续的电流。PN 结二极管正是利用其正向电流和反向电流的差异实现了对信号的整流。

当两个 PN 结被放置在彼此非常靠近的位置时，由一个结发射的载流子就有可能在发生复合之前被另一个结收集。双极型晶体管就是由这样一对紧密间隔的 PN 结所组成的。晶体管的基区-发射区结两端的电压能够控制其集电极的电流，因而产生跨导。适当构造的双极型晶体管只需要很小的基极电流就能够控制较大的集电极电流。因此双极型晶体管既可以实现电流放大，也可以实现电压放大。

MOS 晶体管依赖于在绝缘栅介质层上施加的电场来调制半导体衬底背栅的导电性。通过在栅极上施加合适的电压可以使得背栅衬底实现反型，由此形成从源极到漏极的导电沟道。由于没有栅极电流，MOS 晶体管只能够构建出非常低功耗的 MOS 逻辑电路。

MOS 晶体管通过施加在栅介质层上的电场来调制半导体的导电性，JFET 器件与其类似，但是在这种器件中，栅介质层是由反向偏置的结组成的。JFET 器件代表了 MOS 晶体管的一种可能的替代方案。

PN 结二极管、双极型晶体管、MOS 晶体管以及 JFET 是四种最重要的有源固体器件，它们与电阻、电容等无源元件都是集成电路所需的必要元器件。下一章我们将研究如何在生产环境中制造这些器件。

习题

1.1　铝、镓和砷原子在本征砷化镓铝中的相对比例分别是多少？

1.2　一块理想的纯硅样品中精确地掺杂了 $10^{16}/cm^3$ 的硼原子和 $10^{16}/cm^3$ 的磷原子，这块掺杂的硅样品是 P 型还是 N 型？如果你试图在实验室里制造这样的样品，会出现什么样的结果？

1.3 一块硅样品中掺杂了 5×10^{16} cm^{-3} 的硼和 8×10^{16} cm^{-3} 的砷，哪一种载流子是多数载流子？其浓度是多少？

1.4 某些蓝色钻石是可以导电的，这些钻石中含有微量的硼，试解释其导电性的来源。

1.5 某个硅 PN 结二极管在 25 ℃ 时的漏电流为 1 pA，试问在 125 ℃ 时它的漏电流是多少？在 175 ℃ 时漏电流又是多少？

1.6 将一层 1 μm 厚的本征硅夹在 P 型硅和 N 型硅层之间，外面这两层硅都是重掺杂的，请绘图说明在所得结构中形成的耗尽区。

1.7 硫化镉光电管是由沉积在绝缘体上的硫化镉薄片组成的，利用引线连接到该薄片条的两端。当硫化镉薄膜暴露在光照下时，其电阻会大大降低。硫化镉（CdS）是一种化合物半导体，这个事实如何帮助解释该器件的特性？

1.8 采用某工艺可以将两个 N+ 区中的任何一个放置在 P- 区内，以形成齐纳二极管。所得二极管中的一个具有 7 V 的击穿电压，而另一个具有 10 V 的击穿电压。试推测造成这种差异可能的原因是什么？

1.9 当一个双极型晶体管的集电极和发射极引线互换时，该器件表现出了低得多的击穿电压。试解释其中的原因。

1.10 考虑两个具有重掺杂发射区的双极型晶体管，除了第二个晶体管的基区宽度是第一个晶体管的两倍，且第二个晶体管的基区掺杂浓度是第一个晶体管的一半，这两个器件在其他所有方面都是完全相同的。如果第一个晶体管的 β 值为 60，那么第二个晶体管的 β 值近似是多少？

1.11 某制造商难以实现与 NPN 型晶体管基区的低阻欧姆接触。一位工艺工程师建议增加适量的基区掺杂。为什么这会有所帮助？还可能需要进行哪些其他流程的更改才能采用此修复方法？

1.12 某个 MOS 晶体管的阈值电压为 -1.5 V，如果在其沟道区添加少量硼，其阈值电压就变为 -0.6 V，试问该晶体管是 PMOS 还是 NMOS？该器件是增强型还是耗尽型器件？

1.13 当栅介质层厚度为 200 Å（20 nm）时，某个耗尽型 PMOS 晶体管具有 0.5 V 的阈值电压，如果使其栅介质层厚度加倍，试问其阈值电压会增加还是减少？

1.14 某个 NMOS 晶体管的阈值电压为 0.5 V，该晶体管的栅-源电压 V_{GS} 被设置为 2 V，漏-源电压 V_{DS} 被设置为 4 V，试问将栅-源电压加倍后的影响与漏-源电压加倍后的影响有何不同？为什么？

1.15 在 25 ℃ 温度下某个硅 PN 结二极管在流过 25 μA 的正向工作电流时，其正向电压降为 620 mV。试问在相同的工作电流和 -40 ℃ 下，这个二极管的近似正向电压降是多少？在 125 ℃ 时其正向电压降又是多少？

1.16 两个 JFET 晶体管的不同之处仅在于它们的栅极和背栅之间的间隔距离，其中一个晶体管的这个间隔距离是另一个晶体管的两倍，试问这两个晶体管的电学特性在哪些方面会有所不同？

1.17 在长度为 1000 μm 的均匀掺杂单晶硅电阻上施加 30 V 的电压，请问该电阻会服从欧姆定律吗？为什么？

1.18 反向偏置的 PN 结的特征电容随着结两端电压的增加而减小，试解释形成这种电容的原因以及它为什么会随着电压而变化。

1.19 图 1.29 展示的是一种称为单结晶体管（UJT）的固体器件，其 B1 和 B2 引出端连接到一块轻掺杂 N 型硅条的两端，E 引出端连接到位于从 B1 到 B2 大约三分之一距离处的重掺杂的 P 型区上。PN 结两侧的耗尽区并没有扩展到轻掺杂 N 型硅中足够远的位置，因此也没有显著影响载流子从 B1 向 B2 的流动。如果 $V_{BB} = 10$ V，那么在大约多高电压 V_{EB} 的作用下，电流将会流入发射极引出端？

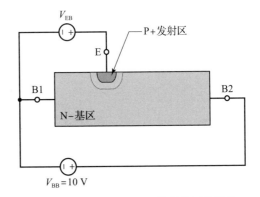

图 1.29　一种称为单结晶体管的固体器件

参考文献

[1] B. El-Kareth, *Silicon Devices and Process Integration* (Cedar Park, TX: Springer, 2009).

[2] I. E. Getreu, *Modeling the Bipolar Transistor* (Beaverton, OR: Tektronix, 1978).

[3] R. S. Muller and T. I. Kamins, *Device Electronics for Integrated Circuits,* 3rd ed. (J. Wiley, 2002).

[4] G. Parker, *Introductory Semiconductor Device Physics* (Boca Raton, FL: Taylor and Francis, 2004).

[5] C.-T. Sah, *Fundamentals of Solid-State Electronics* (Singapore: World Science Publishing, 1991).

[6] S. M. Sze and K. K. Ng, *Physics of Semiconductor Devices,* 3rd ed. (Hoboken, NJ: J. Wiley, 2007).

[7] Y. Tsividis and C. McAndrew, *Operation and Modeling of the MOS Transistor,* 3rd ed. (Oxford University Press, 2011).

半导体制造

各种不同类型的半导体器件已经在电子学领域应用了一个多世纪。最早的固体整流器是在19世纪末开发出来的。到了1947年，人们对半导体的物理原理有了充分的了解，这才使得约翰·巴丁、沃尔特·布拉顿和威廉·肖克莱构造出了第一个双极结型晶体管。再到1959年，杰克·基尔比(Jack Kilby)研制出了第一块集成电路芯片。

生产制造大批量可靠半导体器件的障碍主要来自技术层面，而不是来自科学原理。事实证明，对超纯材料和精确尺寸控制的需求令人望而却步。研究人员首先要努力让每一个器件都能正常工作，接下来他们还要设法大量的去复制它们，然后他们还要力争做到使其更小、更快、更便宜。工艺技术的发展直到今天仍然是有增无减。

本章简要概述了目前用于制造模拟和混合信号集成电路的工艺技术。第3章讨论了如何生成用于对集成电路进行图形化操作的几何数据。第4章考察了用于制造模拟集成电路的三个具有代表性的工艺流程。

2.1 硅制造工艺

集成电路通常是由硅材料制成的，硅是一种极为常见且分布广泛的元素，石英矿石就是完全由二氧化硅或硅石组成的。普通的砂子主要是由微小的石英颗粒组成的，因此其成分也主要是二氧化硅。

尽管硅的化合物非常丰富，但是元素形态的硅并不是天然产生的。我们可以通过在电炉中加热二氧化硅和碳来人工生产硅。碳与二氧化硅中所含的氧结合，留下了纯度略微提高一些的熔融硅。随着温度逐渐降低，大量微小的晶体形成并一起生长成细粒度的玻璃状灰色固体，这种形态的硅通常称为多晶硅，因为它含有大量的晶体颗粒。各种杂质以及无序的晶体结构使得这种冶金级的多晶硅并不适合用来制造半导体器件。

冶金级的多晶硅还可以进一步精炼，以便生产出非常纯的半导体级多晶硅。纯化过程通常是从粗硅转化为挥发性的化合物(例如三氯氢硅)开始的。经过反复的蒸馏之后，纯化的三氯氢硅被还原为单质硅，这个最终的产品是非常纯净的，但是它仍然是多晶硅。实际的集成电路只能由单晶硅材料制造，因此下一步就需要生长合适的单晶体。

2.1.1 晶体生长

晶体生长的原理说起来既简单又熟悉。假设我们将一些糖的晶体加入其饱和溶液中，然后让其慢慢蒸发。此时糖的晶体就起到晶体生长的籽晶作用，一层又一层的糖分子逐渐沉积在籽晶上，每一层糖分子都与下面的糖分子精确对齐，最终形成的晶体可以长得很大。

硅材料没有合适的溶剂，因此硅晶体必须在超过$1400\ ℃$的高温下从熔融的元素中生长出来，生长出来的晶锭直径达$20\ cm$，长度至少有$1\ m$，而且它们还必须具有近乎完美的晶体结构。所有这些要求都使得晶体的生长工艺在技术上非常具有挑战性。

生长半导体级单晶硅的常用方法称为切克劳斯基(Czochralski)直拉法，或者简称为直拉法，该工艺使用装有半导体级多晶硅料的石英坩埚，如图2.1所示。

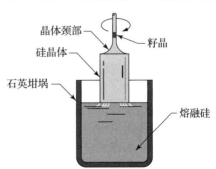

图 2.1 切克劳斯基直拉法

使用电炉升高坩埚的温度，直到所有的硅料熔化。然后稍微降低温度，并将籽晶插入到坩埚中。要仔细地控制熔体的冷却，使得硅原子层沉积在籽晶上。夹持籽晶的拉杆缓慢上升，使得只有生长晶体的下部与熔融硅保持接触。通过这种方式，可以从熔体中一厘米接着一厘米地拉出硅晶体。固定籽晶的拉杆轴缓慢地旋转以便确保均匀的生长。熔融硅的高表面张力使得晶体变形为圆柱形棒状，而不是预期的多面棱柱形。

需要仔细地控制直拉法的工艺条件，才能制备出所需纯度和尺寸的晶体。可以采用自动化系统来调节熔体的温度和晶体生长的速率。添加到熔体中的少量掺杂多晶硅决定了整个晶体的掺杂浓度。除了故意引入的掺杂剂外，来自石英坩埚中的氧元素也会溶解到熔融硅中，并最终进入生长的晶锭中。后续的热处理会导致这些氧在硅晶锭深处分凝成我们称之为氧沉淀的微观缺陷。事实证明，这些沉淀物在半导体器件的制造中是有用的，因为它们能够固定或吸收那些有可能影响器件正常工作的重金属杂质。

一旦晶体生长到足够大的尺寸，我们就可以将其从坩埚中取出并缓慢冷却到室温，由此生产出的单晶硅圆柱体通常称为硅晶锭。

2.1.2　晶圆片制造

由于集成电路都是制备在硅晶体的表面上，并且穿透硅表面的深度也不太深，因此通常我们需要将硅晶锭切割成许多称为晶圆片的薄圆形硅片。每一块晶圆片上都能够生产出数百、数千甚至上万个集成电路芯片。晶圆片越大，它能够容纳的集成电路芯片也就越多，由此产生的规模经济就越显著。现代化的工艺制造设备通常使用直径 200 mm(8 in)或 300 mm(12 in)的晶圆片。一个典型的硅晶锭的长度略大于 1 m，切割之后可以提供数百个晶圆片。

晶圆片的制造包括一系列的机械加工过程。首先将硅晶锭的两个锥形端切下来并丢弃，然后将剩余部分研磨成圆柱体，圆柱体的直径决定了最终晶圆片的尺寸。晶体取向是通过实验来确定的，并沿着硅晶锭的一侧研磨出一条平坦的带状平面。从硅晶锭上切割下来的每个晶圆片都会保留一个小平面，或者称为平边，据此可以明确地判定其晶体取向。200 mm 和 300 mm 直径的晶圆片则通过一个小缺口而不是这种平边来标记，以便在每个晶圆片上容纳更多的集成电路芯片。

在打磨好缺口或平面后，制造商会使用金刚石锯片将硅晶锭切割成独立的晶圆片。在这个过程中，有多达三分之一的昂贵硅晶体被加工成了毫无价值的硅尘埃，所得的晶圆片表面通常也会带有锯切过程引起的划痕和麻点。由于器件尺寸极其微小的集成电路往往需要特别光滑的表面，因此每个晶圆片的正面都必须经过抛光处理，该工艺采用机械抛光和化学抛光相结合的方法，由此形成的像镜面一样明亮的硅表面呈现出深灰色和特有的亚金属光泽。晶圆片经过抛光的一面被称为正面，而未抛光的一面则称为背面。使硅晶圆片背面处于粗糙状态不仅可以节省资金，而且有助于在后续的工艺处理步骤中吸收各种有害的杂质。

2.1.3　硅的晶体结构

每个晶圆片都构成了单个硅晶体的一个切片。晶圆片内部的晶体结构是我们的肉眼看不见的，但是有的时候它会以破裂晶圆片的图案表现出来。包括硅在内的许多单晶材料都倾向于沿着原子间化学键最薄弱的解理面分裂。例如，金刚石晶体可以通过采用钢楔尖锐地敲击来劈裂，一个定向准确的敲击可以将金刚石晶体分裂成两块，而且每一块都会显示出完美平坦的解理面。硅晶圆片同样能显示出这种带有一定特征的解理图案，尽管与过去那些尺寸更小、厚度更薄的晶圆片相比，现代 300 mm 直径的晶圆片已经更难显示出这些解理图案了。图 2.2 展示了(100)和(111)晶面的硅晶圆片解理图案。解理图案完美的直线和规则的角度揭示了隐藏在硅晶圆片内部的晶格取向。

图 2.3 展示了金刚石结构的硅晶体晶胞。18 个硅原子全部或部分位于一个称为晶胞的假想立方体的边界内，其中 6 个硅原子占据了立方体 6 个面的中心，另外 8 个硅原子占据了立方体的 8 个顶点，立方体的内部还有 4 个硅原子。并排放置的两个晶胞共享 4 个顶点处的硅原子

和 1 个面心处的硅原子。我们还可以在所有的侧面上放置额外的晶胞，以便在所有的方向上延伸晶体。

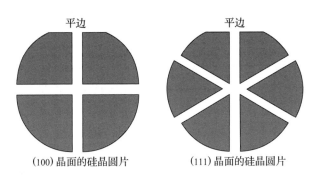

(100) 晶面的硅晶圆片　　　　　(111) 晶面的硅晶圆片

图 2.2　(100) 和 (111) 晶面的硅晶圆片解理图案

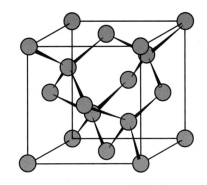

图 2.3　金刚石结构的硅晶体晶胞，显示出了改进的面心立方结构，为了显目起见，图中的 6 个面心原子显示为深灰色

当锯片切割硅晶锭以形成硅晶圆片时，所得表面相对于晶胞的取向决定了硅晶圆片的许多特性。例如，一个切口可以划过晶胞的一个表面，也可以斜向穿过晶胞。这两个切口暴露出的硅原子图案不同，在它们各自形成表面上的器件的电子特性也会有所不同。然而并非所有通过硅晶体进行的切割都必然不同。因为立方体的 6 个面彼此之间是无法区分的，因此在晶胞的任何面上进行的切割看起来与在其他面上进行的切割也是完全相同的。换句话说，平行于单位立方体的任何面切割的平面都会暴露出类似的表面。

我们可以将三个称为米勒指数的数字分配给穿过晶格的每个平面。例如，一个平行于单位立方体表面的平面称为 (100) 晶面，而一个对角穿过单位立方体并与其三个顶点相交的平面则称为 (111) 晶面 (见图 2.4)，硅晶圆片通常都是沿着 (100) 晶面或 (111) 晶面切割的。(100) 晶面在氧化时会表现出具有最低的表面态电荷密度，因此最适合用于 MOS 晶体管的制造。(111) 晶面的硅晶圆片传统上被用在标准双极型工艺中，最初选择这个晶向是因为它最容易外延生长，但是后来发现该晶向通过增加表面态电荷有助于抑制寄生 PMOS 晶体管导电沟道的形成。

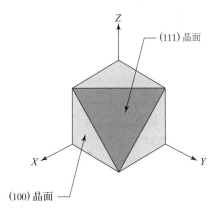

图 2.4　立方晶体 (100) 和 (111) 晶面的标识

方括号中包含的三个米勒指数则表示垂直于所示晶面的方向。例如，[100] 方向与 (100) 晶面垂直，[111] 方向则与 (111) 晶面垂直。附录 A 中解释了如何来计算这些米勒指数，并讨论了用来表示它们的不同符号。

2.2　图形化

硅晶圆片的制备只是集成电路生产制造的第一步，还有许多其他的工艺步骤需要将不同的材料淀积到硅晶圆片的表面，或者再将它们刻蚀掉。目前已经有各种复杂的淀积和刻蚀工艺技术，但是其中大多数都不是选择性的。非选择性的或全局性的工艺通常会影响到晶圆片的整个表面，而不是选定的部分区域。光刻技术可以利用光学方法复制出各种复杂的图形，这些图形可以用来选择性地阻挡淀积或刻蚀。在集成电路的制造工艺中需要广泛地使用光刻技术。

2.2.1 光致抗蚀剂

光刻工艺始于在晶圆片表面涂覆一层称为光致抗蚀剂(或者简称为光刻胶)的光敏材料,然后就可以将图像通过光学方法转移到光致抗蚀剂上,再利用显影剂就能够产生出所需的掩蔽图形。首先将晶圆片固定在转盘上(见图2.5),然后将几滴光致抗蚀剂溶液滴到晶圆片的中心,再以每分钟数千转的速度旋转晶圆片。光致抗蚀剂溶液黏附在晶圆片表面并逐渐扩展以形成均匀的薄膜涂层,多余的溶液则从高速旋转的晶圆片边缘飞出。光致抗蚀剂薄膜在几秒钟内就会变薄到最终厚度,其中的溶剂会迅速蒸发,只留下一层薄薄的光致抗蚀剂薄膜(光刻胶层)。

首先烘烤该涂层以去除最后的残余溶剂并硬化光致抗蚀剂以便于后续的工艺处理。涂覆了光致抗蚀剂的晶圆片对某些波长的光比较敏感,特别是对紫外线(UV)。光致抗蚀剂对波长较长的光则保持相对不敏感,尤其是红色、橙色和黄色,因此许多光刻设备及其周边环境使用特殊的黄色照明系统。

两种基本类型的光致抗蚀剂是通过曝光期间发生的化学反应来区分的。负性的光致抗蚀剂在紫外光的照射下会发生聚合反应,未曝光的负性光致抗蚀剂在某些有机溶剂中是仍然可以溶解的,而已经发生聚合反应的光致抗蚀剂则变得不可溶解。用合适的溶剂淹没晶圆片会

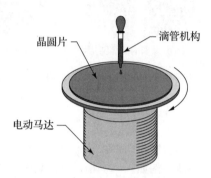

图 2.5 光刻胶溶液在晶圆片上的旋涂

导致光致抗蚀剂的未曝光区域溶解,而曝光区域则保持不受影响。与之相反,正性的光致抗蚀剂在紫外光照射下会发生化学分解,这些正性的光致抗蚀剂通常不溶于显影溶剂,但是曝光的部分由于发生了化学分解因而变得可溶,当晶圆片被合适的溶剂淹没时,曝光区域的光致抗蚀剂就会被冲走,而未曝光区域则保持有涂覆的光致抗蚀剂。负性的光致抗蚀剂目前很难准确地再现尺寸小于几微米的几何形状,因为它们在显影的过程中会发生轻微的膨胀。因此现代的光刻工艺主要依赖于正性的光致抗蚀剂。

2.2.2 曝光

早期的光刻工艺依赖于一种称为接触式光刻的技术。将一块称为光掩模(或掩模版)的玻璃板插入一台名为对准机的设备中,该玻璃板上分布有不透明和透明区域的图形。操作员将涂覆了光致抗蚀剂的晶圆片放置在掩模版的下方,并使用显微镜来验证掩模图形与涂胶晶圆片上对准标记之间是否对准。当操作员对于对准结果感到满意时,机器就将光掩模夹紧在晶圆片上,并开启一个强光灯,此时穿过光掩模上透明区域的光就对下面裸露的光致抗蚀剂进行曝光,如图2.6a所示。接触式光刻工艺可以复制低至约 $5\ \mu m$ 的特征尺寸,这对于20世纪70年代的制造工艺来说已经足够了。

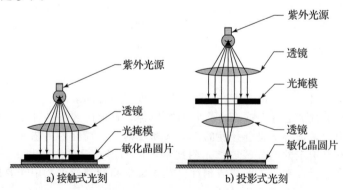

图 2.6 光刻简化示意图

一种称为投影式光刻的替代技术可以复制出具有更小特征尺寸的图形，利用透镜系统使光穿过光掩模，并在涂胶的晶圆片上形成图像，如图 2.6b 所示。透镜可以使光聚焦，因此可以复制出具有更小特征尺寸的图形。此外，投影式光刻技术消除了光掩模因夹在晶圆片上而受到的不可避免的损伤。

早期的投影光刻需要使用对准机。由于对准机对每一个晶圆片只进行一次曝光，因此必须使用带有整个曝光图案的光掩模来对晶圆片进行曝光。随着晶圆片尺寸的不断增大，这就变成了一个越来越难以满足的要求。20 世纪 80 年代，一种名为步进机的新一代光刻设备问世了。步进机使用一种称为倍缩式掩模的特殊类型掩模版，这种特殊的倍缩式掩模版上包含了成品晶圆片上一个小矩形区域的图形。步进机自动将倍缩式掩模对准晶圆片上一个位置并进行曝光，然后再移动到下一个位置。一个典型的光刻模式可能包括二十多次的单独曝光。操作员所需要做的就是将一卡塞盒的晶圆片装载到步进机上，剩下的工作就完全交给机器去自动完成。

步进机的引入也使得倍缩式掩模版的使用成为可能，倍缩式掩模版上的图案通常要大于它们在晶圆片上产生的图像。采用光学方法来缩小图像有效地降低了制备具有足够精确图案的掩模版的难度，因为当把图形投影到晶圆片上时，任何图形尺寸上的变化都会等比例减少，微小的缺陷也会完全消失。典型的光学倍缩比例包括 2∶1、5∶1，甚至 10∶1。用于这些用途的倍缩式掩模版分别称为 2X、5X 和 10X 的掩模版。

现代化步进机的制造也带来了许多技术挑战。仅举一个例子，用于对光致抗蚀剂进行曝光的光源就必须具有不超过图形最小特征尺寸几倍的波长，以便能够分辨出掩模版上的图像。高压汞弧灯在 436 nm（G 线）、405 nm（H 线）和 365 nm（I 线）处表现出光谱峰。目前大多数模拟集成电路晶圆厂都使用 I 线设备，但是先进的数字集成电路工艺则需要使用工作在 248 nm 和 193 nm 的准分子激光器，再结合相位衬度成像和液体浸没光学等技术，就可以形成小于 50 nm 特征尺寸的图形了。

2.2.3　显影

经过曝光处理的晶圆片还必须用合适的显影剂（通常是某种有机溶剂或这些溶剂的混合物）进行喷涂显影。该显影剂能够溶解正性光致抗蚀剂的曝光部分或负性光致抗蚀剂的未曝光区域。无论是哪一种情形，都会形成所谓的窗口区域，后续的淀积或刻蚀工艺就可以通过这些窗口选择性地作用到晶圆片上那些可见的位置。这个工艺步骤可以在一次操作过程中形成数十亿个独立的几何结构。

一旦完成了后续的选择性工艺，就可以通过使用更具有侵蚀性的溶剂混合物来剥离去除光致抗蚀剂。或者也可以在氧气气氛中通过反应性离子刻蚀工艺进行化学去除光致抗蚀剂，这一过程称为灰化（参见 2.3.2 节中的介绍）。还有一系列化学清洗操作可以去除晶圆片上可能残留的任何污染物。

许多重要的制造工艺需要能够承受高温的掩蔽层。由于大多数实用的光致抗蚀剂都是有机化合物，它们显然不适合承担这种任务。两种常用的高温掩蔽层材料是二氧化硅和氮化硅，这些材料可以通过适当的化学物质与硅表面的反应来形成，然后可以涂覆光致抗蚀剂并将其图形化，再利用刻蚀工艺在氧化物或氮化物薄膜上打开相应的窗口。现代的工艺加工技术大量使用氧化物和氮化物薄膜来作为高温淀积和扩散工艺的掩蔽层。

2.3　氧化层的生长与去除

二氧化硅（SiO_2）可以直接在硅晶圆片上生长，只需要在氧化气氛中加热硅晶圆片即可，得到的二氧化硅薄膜在机械强度上是坚固耐用的，而且能抵抗大多数常见的溶剂，但是它很容易溶解在氢氟酸溶液中。二氧化硅薄膜是非常好的电绝缘体，它们不仅可以用作金属导体之间的绝缘层，还可以用来制备电容器和 MOS 晶体管。二氧化硅和硅（100）晶面之间的低表面态电荷使得制造具有稳定且可预测阈值电压的 MOS 晶体管成为可能。二氧化硅对于硅集成电路制造工艺是非常重要的，所以我们常常把它简称为氧化层。

2.3.1　氧化层的生长与淀积

如果硅晶圆片暴露在空气中,大气中的氧气就会与硅发生反应,形成接近 1 nm 厚的氧化硅层,这种自然氧化物的厚度对于大多数的实际应用来说太薄了,但是我们可以通过在氧化气氛中加热硅晶圆片的方式来生长更厚的氧化层。如果使用纯的干燥氧气,则生长的氧化物薄膜称为干氧氧化层。图 2.7 展示了一个简化的氧化炉管示意图。首先将硅晶圆片放置在一个称为载片舟的石英玻璃支架上,然后将载片舟缓慢地推入包裹在电加热套中的石英炉管内。晶圆片的温度随着载片舟进入炉管加热区的中部而逐渐升高,流经炉管的干燥氧气通过每个晶圆片的表面。在高温下,氧气分子实际上可以通过氧化物薄膜扩散到达其下面的硅表面,并在那里和硅发生反应,因此氧化层会逐渐变厚。氧气分子透过氧化层扩散的速率会随着氧化层厚度的增加而逐渐减慢,因此生长速率会随着氧化时间的推移而逐渐降低。正如表 2.1 中所示,高温大大加快了氧化层的生长。晶体取向也会影响氧化速率,硅(111)晶面的氧化速度明显快于(100)晶面。一旦氧化层达到所需要的厚度(可以通过氧化时间和温度来测量),就可以把晶圆片慢慢地从炉管中取出。

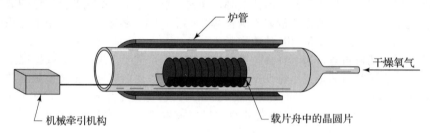

图 2.7　简化的氧化炉管示意图

湿氧氧化层的制备方式与干氧氧化层相同,但是需要将水蒸气注入氧化炉管中以加速氧化的过程。水蒸气在氧化层中的扩散速度较快,但是水分子分解释放出的氢原子会在氧化层中形成缺陷,从而降低氧化层的质量[⊖]。湿氧氧化工艺通常用于生长厚度比较厚的场区氧化层,该区域通常不会用来制造有源器件。

表 2.1　在未掺杂的硅表面热生长 0.1 μm 厚的氧化层所需的时间

生长条件	800 ℃	900 ℃	1000 ℃	1100 ℃
硅(100)晶面,干氧氧化	63 h	11 h	2.5 h	43 min
硅(111)晶面,干氧氧化	30 h	6 h	1.6 h	30 min
硅(100)晶面,湿氧氧化	2.8 h	43 min	9 min	
硅(111)晶面,湿氧氧化	1.7 h	25 min	6 min	

氧化时间还与压力成反比。例如,在 1000 ℃ 的温度和常压下,在硅(100)晶面上生长 1 μm 的湿氧氧化层大约需要 4 h。而在 5 个大气压下,大约只需要 50 min。因此一些集成电路制造商已经开始转向使用高压氧化设备来减少工艺加工时间或降低氧化工艺的温度。

非常薄的氧化层通常要求非常短的氧化时间,在传统的管式炉中不太容易制备厚度在 10 nm 左右的栅氧化层,因为很难快速地改变流过晶圆片表面的气体混合物。一种称为快速热氧化(RTO)的工艺通过使用大功率的卤钨灯可以在几秒钟内就能够将晶圆片的温度提高到 1050~1150 ℃。在这种条件下的干氧氧化工艺可以制备出厚度小于 10 nm 的高质量栅氧化层。

有的时候可能需要在硅以外的材料上形成二氧化硅薄膜,例如,二氧化硅薄膜经常被用作不同金属层之间的绝缘体,在这种情况下,就必须使用某种形式的淀积氧化物,而不是之前讨

⊖　由于湿氧氧化而引入的氢降低了悬挂键的浓度,但是也增加了其内部的固定氧化层电荷。因此,湿氧氧化和干氧氧化之间的差异并不像文中所述的那样简单。

论的热生长氧化层。淀积的氧化物可以通过气态硅化物与气态氧化剂之间的各种化学反应来形成。例如，二氯硅烷与一氧化二氮反应可以生成氮气、水蒸气、氯化氢和二氧化硅。更为常见的是，首先在晶圆片上旋涂一层有机硅化合物的溶液，随后通过加热晶圆片分解有机硅化合物，由此产生的氧化层通常称为旋涂玻璃（SOG）。一种典型的 SOG 配方是基于四乙氧基硅烷（TEOS），也称为正硅酸乙酯。

淀积的氧化物经常被掺杂以便能够改变其性质。例如，通过对二氧化硅进行磷掺杂可以形成磷硅玻璃（PSG），磷有助于固定钠离子，否则钠离子就有可能会迁移到栅介质层中。此外，磷硅玻璃还会在比纯的二氧化硅低得多的温度下发生软化。当人们希望消除图形化氧化物中的锐角时，这个特点就变得很重要了。通过加热磷硅玻璃可以降低其黏度，并利用其表面张力消除尖角，这一过程称为回流。然而已有经验表明，获得合适的回流温度所需要的磷含量可能会导致铝腐蚀。因此许多现代的 SOG 配方中都包括硼和磷两种杂质，以形成硼磷硅玻璃（BPSG）。典型的配方包括 4% 的硼和 4% 的磷，以实现 800～900 ℃ 的回流温度。

由于薄膜对光的干涉效应，氧化物薄膜都会呈现鲜艳的颜色。当光穿过透明的薄膜时，透射波前和反射波前之间的相消干涉会导致某些波长的光被选择性地吸收掉，不同厚度的薄膜会吸收不同颜色的光。薄膜干涉会导致肥皂泡上和水面的油膜中出现彩虹色。在早期集成电路芯片的显微照片上，我们可以看到各种生动的色彩，这也是薄膜干涉的效果。这些颜色有助于我们在显微镜下或显微照片中区分出集成电路的各个不同区域。二氧化硅薄膜的近似厚度通常可以通过氧化层颜色对比表来确定。不幸的是，现代的集成电路芯片在显微镜下观察时往往表现出很少的颜色变化，这种相对单调的外观是由于细线条光刻所要求的高表面平坦性所致，再加上没有深扩散导致硅表面形貌无起伏。采用先进金属化系统的集成电路芯片还会被密集的虚设金属图形所扰乱，这些虚设的金属图形使得人们根本无法看清下面的氧化层薄膜。

2.3.2　氧化层的去除

图 2.8 展示了氧化层生长与去除的步骤。首先在整个硅晶圆片表面生长一层薄氧化层，接下来，将正性光刻胶旋涂在晶圆片上，通过随后的烘焙去除最后残余的溶剂，并硬化光刻胶以便于后续的工艺操作。经过光刻曝光后，通过向晶圆片表面喷洒能够溶解曝光区域光刻胶的溶剂来对晶圆片进行显影处理，从而暴露出光刻胶下面的氧化层。此时已经图形化的光刻胶就可以用作腐蚀氧化层的掩蔽材料，氧化层的腐蚀也称为氧化层去除（Oxide Removal，OR）。在完成了上述工艺步骤之后，我们就可以把光刻胶最终剥离去除，只留下图形化的氧化层。

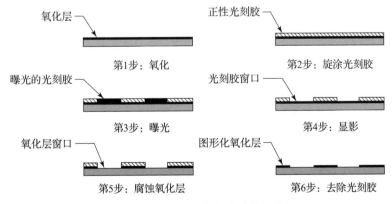

图 2.8　氧化层生长与去除的步骤

氧化层可以通过以下两种技术中的任何一种进行腐蚀，湿法腐蚀利用能够溶解氧化物的液体溶液，但是该溶液不会溶解光致抗蚀剂或其下方的硅，干法刻蚀则利用等离子体或化学蒸汽来完成相同的功能。一般说来湿法腐蚀方法更简单，但是干法刻蚀工艺能够提供更好的线宽控制精度。

大多数湿法氧化物腐蚀方法采用氟化铵缓冲的氢氟酸(HF)溶液,这种混合物有时也称为缓冲氧化物腐蚀液(BOE)。这种溶液很容易溶解二氧化硅,但是不会侵蚀硅晶圆片或有机的光致抗蚀剂。腐蚀工艺流程是:将晶圆片浸入到含有氢氟酸溶液的塑料罐中并停留一段指定的时间,然后将其取出并对晶圆片进行彻底的冲洗,以便去除所有氢氟酸溶液的痕迹。由于腐蚀液及其气态副产物都具有极高的毒性和腐蚀性,因此该工艺的操作过程需要特别谨慎并注意安全性。

湿法腐蚀是各向同性的,因为它们在水平方向和垂直方向上都是以相同的速率进行腐蚀的。腐蚀液在光致抗蚀剂的边缘下也会起作用,就会形成类似于图 2.9a 所示的倾斜侧壁。由于腐蚀必须持续足够长的时间,以确保所有打开的窗口都已经完全腐蚀干净,因此不可避免地会出现一定程度的过腐蚀。侧壁侵蚀的程度取决于腐蚀条件、氧化层的厚度和其他因素。由于这些因素的起伏变化,湿法腐蚀不能提供现代半导体工艺所要求的严格线宽控制。因此,工艺工程师开始转向使用气体或等离子体而不是液体腐蚀液的干法刻蚀方法。

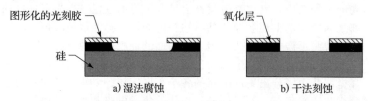

a) 湿法腐蚀　　　　　　　　　b) 干法刻蚀

图 2.9　各向同性的湿法腐蚀与各向异性的干法刻蚀的对比

干法刻蚀工艺主要有三类:反应性离子刻蚀、等离子体刻蚀和化学气相刻蚀。我们将以反应性离子刻蚀(RIE)为例来说明干法刻蚀的原理。在反应性离子刻蚀机中,通过低压气体混合物的无声放电形成高能量的带电离子分子团,称为反应性离子。刻蚀设备以较高的速度将这些离子向下轰击到晶圆片表面。由于这些离子都以相对陡峭的角度来撞击晶圆片,所以在刻蚀进行的过程中,垂直刻蚀速率要远大于横向刻蚀速率。反应性离子刻蚀的各向异性特性允许形成几乎垂直的侧壁,如图 2.9b 所示。图 2.10 展示了反应性离子刻蚀装置的简化示意图。

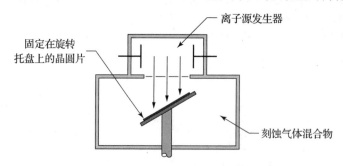

图 2.10　反应性离子刻蚀装置的简化示意图

RIE 系统中使用的刻蚀气体通常是由混合有惰性气体(例如氩气)的氟碳化合物(例如六氟乙烷)组成。由该混合物形成的反应性离子会优先选择性地攻击二氧化硅,而不会或很少侵蚀光致抗蚀剂和硅表面。不同的刻蚀气体混合物能够对包括氮化硅和硅在内的各种其他材料进行各向异性的刻蚀。等离子体刻蚀类似于反应性离子刻蚀,不同之处在于不存在加速反应性离子向晶圆片表面轰击的电压差,因此它们只是在等离子体中发生扩散而已。

现代集成电路工艺依赖于干法刻蚀技术来获得对亚微米几何形状的严格控制,这是任何其他技术都难以实现的。这些精细结构带来的更高的填充密度和更高的电路性能远远弥补了干法刻蚀技术增加的复杂性和成本。

2.3.3　氧化层生长与去除的其他效应

在一个典型的工艺制造流程中,晶圆片会反复地进行氧化和刻蚀以便形成连续的掩蔽层,这些多重的掩蔽氧化层会导致硅晶圆片表面变得高度不平坦。而现代的细线条光刻设备通常都具有非常窄的景深，如果硅晶圆片的表面形貌变得过于高低不平，我们就很难将光刻掩模版上的图形聚焦到光致抗蚀剂上。

考虑图 2.11 所示的晶圆片，硅晶圆片表面经过氧化、图形化和刻蚀，形成了一系列的氧化层窗口，如图 2.11a 所示。这种图形化的晶圆片再经过后续的热氧化就形成了图 2.11b 所示的剖面结构，之前去除氧化层后留下的窗口处最初就会氧化得非常快，而表面已经覆盖了氧化层的区域就会氧化得非常慢。热氧化过程中硅表面被侵蚀的程度大约是所生长氧化层厚度的45％[⊖]，因此之前氧化层窗口处的硅表面就会比周围已经覆盖氧化层处的硅表面后退到晶圆片中更深的位置，窗口处的氧化层厚度也将始终小于热生长开始时其上已经有一层氧化层的周边表面的厚度。氧化层厚度的差别和硅表面深度的差别结合在一起，就形成了一种称为氧化层台阶的表面不连续性特征。

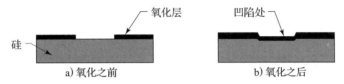

图 2.11　图形化氧化工艺对晶圆片形貌的影响

热氧化层的生长也会影响下面硅晶圆片中的掺杂水平。如果掺杂剂在氧化层中比在硅中更易于溶解，那么在热氧化的过程中，它将倾向于从硅中迁移到氧化层中，硅表面处的掺杂剂将会因此而变得越来越耗尽。硼在氧化层中就要比在硅中更易于溶解，因此它倾向于分凝到氧化层中，这种效应被称为硼吸收。相反，如果掺杂剂在硅中比在氧化层中更容易溶解，则不断推进的氧化层-硅界面会将掺杂剂推到其前面，由此导致硅表面附近掺杂浓度的局部升高。磷、砷和锑就倾向于分凝到硅中，从而随着氧化过程的继续会在表面积聚。对于磷这种情况，这种效应被称为磷堆积。图 2.12a 和图 2.12b 所示的掺杂分布分别说明了硼吸收和磷堆积。在这两种情况下，氧化之前的掺杂分布都是恒定的，并且表面附近不同的掺杂剂浓度仅仅是由于杂质分凝造成的。这几种不同杂质分凝机制的存在使得设计集成电路掺杂剂分布的任务变得更加复杂。

硅中的掺杂也会影响氧化层的生长速率。高浓度的砷或磷掺杂会大大提高硅的氧化速率，尤其是对于薄氧化层。高浓度的硼掺杂对氧化速率的影响较小，但是也仍然可以观测到。这些效应的发生是因为高浓度的掺杂引入了能够促进氧化的晶格空位，从而加大了氧化层的生长速率，这种效应也称为掺杂增强氧化。在某些早期的 BiCMOS 工艺中，场区氧化层在较深的 N+扩散区上会有所增厚（见图 2.13），这是掺杂增强氧化的一个实例。这种效应历史上曾经被用来减少淀积的元件与下层衬底之间的寄生电容。

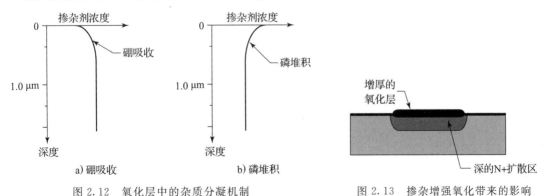

图 2.12　氧化层中的杂质分凝机制　　　　图 2.13　掺杂增强氧化带来的影响

⊖　这个值是硅的 P-B 比（Pilling-Bedworth ratio）的倒数，硅的 P-B 比大约等于 2.2。

2.3.4 硅的局部氧化

一种称为硅的局部氧化(LOCOS)的工艺技术使得我们能够选择性地生长出较厚的氧化层。该技术依赖于氮化硅(Si₃N₄)薄膜,该薄膜用于在热氧化的过程中充当高温的掩蔽层。氮化硅,也称为氮化物,通常是通过化学气相淀积(Chemical Vapor Deposition, CVD)工艺制备的,它需要通过多种气体混合物(例如硅烷和氨)来发生化学反应。然而氮化硅薄膜通常不能直接淀积在硅晶圆片上,因为在后续的加热过程中,二者热膨胀系数的失配会引起硅缺陷。因此,LOCOS工艺是从热生长一层称为衬垫氧化层的薄氧化层开始的,该衬垫氧化层可以保护硅表面,如图2.14所示。接着淀积一层较厚的CVD氮化硅薄膜,并将其图形化以便暴露出待选择性热氧化的区域。在随后的湿氧氧化工艺中,氮化硅薄膜将阻挡氧气和水汽的扩散,使得氧化过程仅仅发生在氮化硅薄膜的窗口区域。某些氧化剂会在氮化硅窗口的边缘下横向扩散一小段距离,由此形成一个特征性的弯曲过渡区,称为鸟嘴。氧化工艺完成后,氮化硅薄膜就会被剥离以便显露出图形化的氧化层。

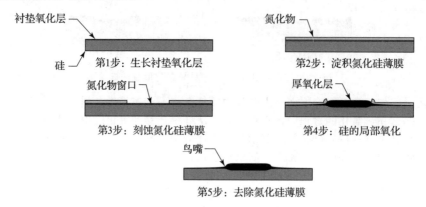

图 2.14 硅的局部氧化(LOCOS)工艺

CMOS和BiCMOS工艺采用LOCOS技术在晶圆片的非有源区上生长较厚的场区氧化物,未被场区氧化层覆盖的区域则称为凹槽区,因为它们在晶圆片的表面形成了浅的凹陷区,接下来就要在这些凹槽区中生长非常薄的高质量栅氧化层,以便形成MOS晶体管的栅介质。

一种称为白带(Kooi)效应的机制使得栅氧化层的生长变得更加复杂。用于加快湿氧LOCOS氧化工艺的水蒸气也会侵蚀氮化硅掩蔽层的表面并产生氨,其中部分氨就会在氮化硅掩蔽层的窗口边缘附近扩散透过衬垫氧化层,并与其下方的硅表面发生反应,然后再次形成氮化硅,如图2.15所示。由于这些氮化硅沉积物位于衬垫氧化层的下方,所以即使在LOCOS工艺中的氮化硅掩蔽层被剥离后,它们也仍然存在。在生长栅氧化层之前去除衬垫氧化层并不能消除这些氮化硅沉积物,因为这种选择性腐蚀是针对氧化层的而不是针对氮化硅的。在制备栅

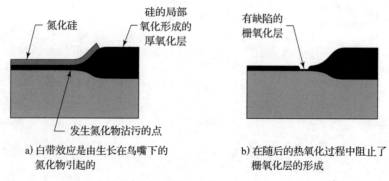

a) 白带效应是由生长在鸟嘴下的氮化物引起的

b) 在随后的热氧化过程中阻止了栅氧化层的形成

图　2.15

氧化层的过程中，氮化硅残留物起到了非故意 LOCOS 掩蔽层的作用，它们阻碍了凹槽区周边的氧化层生长，这些点处的栅氧化层可能厚度不够，因而无法承受完整的工作电压。白带效应可以通过首先生长一层薄薄的预栅氧化层然后将其剥离来规避。由于氮化硅氧化非常缓慢，这种预栅氧化层可以去除氮化硅残留物，并改善了随后立即生长的真正栅氧化层的完整性。

　　LOCOS 工艺可以对尺寸大于约 $0.6\ \mu m$ 的 MOS 晶体管形成有效的隔离，鸟嘴会阻碍小尺寸晶体管的制备。一种部分解决方案包括在氮化硅掩蔽层的窗口中生长厚氧化层之前先刻蚀部分氮化硅窗口中的硅，通过调整这种刻蚀的深度，可以使得场区氧化层的表面与凹槽区的表面对齐，从而使鸟嘴的尺寸达到最小化。采用这种完全凹陷的 LOCOS 工艺可以制备出尺寸小至 $0.4\ \mu m$ 的晶体管。至于尺寸更小的晶体管则需要使用浅沟槽隔离工艺(见 2.5.3 节的介绍)。

2.4　扩散与离子注入

　　早期的二极管和晶体管都是通过生长结工艺制造的，这种技术通过反复对生长中的半导体晶体进行反型掺杂来形成 PN 结。假设一个硅晶锭从 P 型熔体中开始生长，经过一段时间的生长之后，熔融硅被磷反型掺杂，接下来继续生长出来的就是 N 型硅了，PN 结也就在这两个区域之间出现了。通过连续的反型掺杂还可以形成额外的叠加结。可以将制备好的硅晶锭切割成硅晶圆片，然后再将每个晶圆片切割成称为管芯的正方形或矩形小块。经过封装之后，每个管芯都将成为一个生长结的 PN 结二极管。生长结工艺存在许多固有的问题，其中最严重的问题就是 PN 结实际上是终止于管芯切割的边缘，沾污和表面缺陷会导致整个暴露在外的耗尽区出现漏电流。已经尝试了多种淀积的薄膜材料，试图钝化半导体表面，从而消除这种漏电流，并取得了不同程度的成功。

　　让·霍尔尼(Jean Hoerni)1959 年在仙童半导体公司发明了平面制造工艺。图 2.16 展示了如何利用平面工艺来制造平面 PN 结二极管。首先热氧化 P 型硅晶圆片，然后利用光刻图形化工艺和刻蚀工艺来形成氧化层上的开口阵列。采用旋涂到晶圆片表面的磷硅玻璃充当掺杂剂源，然后在管式炉中加热硅晶圆片。磷扩散到暴露的 P 型硅衬底中以形成浅的 N 型扩散区。从炉管中取出硅晶圆片之后，通过短暂的腐蚀将掺杂的磷硅玻璃氧化物从窗口中清除。然后对晶圆片进行切割和封装，以形成单独的分立二极管。这些平面 PN 结二极管与它们的生长结竞争者相比表现出几个优点。首先，平面结的掺杂浓度和尺寸的控制精度要比生长结好得多。其次，结的边缘向上弯曲并与晶圆片的表面氧化层相交。这种结构提供了优越的钝化而不需要任何进一步的处理。

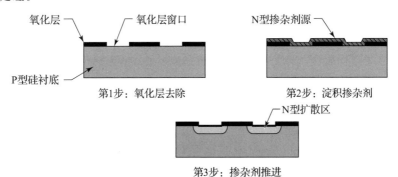

图 2.16　平面 PN 结二极管的制造

　　平面工艺也为在一个管芯上制备出多个独立的 PN 结打开了大门。通过将不同的工艺步骤正确地组合起来就可以制备出完整的电路。杰克·基尔比(Jack Kilby)和罗伯特·诺伊斯(Robert Noyce)认识到了这一事实，并在让·霍尔尼发明平面制造工艺的同一年各自独立地发明了集成电路。

2.4.1　扩散

掺杂剂原子可以像载流子一样通过热扩散穿过硅晶格（参见1.1.3节的介绍）。但是掺杂剂原子比载流子要重得多，与晶格的结合也更紧密，因此至少需要800~1250℃的高温才能获得足够大的扩散系数。一旦掺杂剂被推进到所需的结深，就必须将晶圆片冷却，此时掺杂剂原子就会被固定在晶格内。以这种方式形成的掺杂区就称为扩散区。

形成扩散区的过程通常包括两个步骤：初始淀积（也称为预淀积）和随后的推进（或驱入）。淀积包括加热与掺杂剂原子的外部源相接触的晶圆片，其中一些掺杂剂的原子就会从外部源扩散到晶圆片的表面，形成一个浅的重掺杂区。然后去除外部的掺杂剂源，再将晶圆片加热到更高的温度并持续较长的时间，此时淀积过程中引入的掺杂剂就会被进一步向下推进，以形成更深但是浓度略微降低一些的扩散区。如果需要非常重掺杂的区域，也可以在随后的推进过程中允许掺杂剂的外部源继续与硅晶圆片保持接触。

硅制造工艺中广泛使用的四种掺杂剂：硼、磷、锑和砷。只有硼是受主杂质，其他三个都是施主杂质。硼和磷的扩散速度相对较快，而锑和砷的扩散速度要慢得多（见表2.2）。在需要扩散速度较慢的情况下使用砷和锑是有利的，例如，在需要超浅结的情况下。即便是硼和磷，它们在低于800℃的温度下也不会发生明显的扩散，因此扩散工艺需要使用特殊的高温扩散炉。

表2.2　代表性结深度　　　　　　　　　　　　　　　　　　　　（单位：μm）

掺杂剂	950℃	1000℃	1100℃	1200℃
硼	0.9	1.5	3.6	7.3
磷		0.5	1.6	4.6
锑			0.8	2.1
砷			0.7	2.0

注：杂质源浓度$10^{20}/cm^3$，硅衬底浓度$10^{16}/cm^3$，15 min预淀积，1 h推进。

图2.17展示了一个使用三氯氧磷作为杂质源的磷淀积装置的简化示意图。一根长的石英炉管穿过一个由电炉丝环绕的加热区，由此在炉管的中部形成一个非常稳定的加热区。将硅晶圆片装载到载片舟中，再将其缓慢地推入炉管中部的加热区。然后将干燥的氧气通入装有液态三氯氧磷（其分子式为$POCl_3$）的烧瓶中。此时会有少量的$POCl_3$开始蒸发出来，并由通入的氧气流携带经过硅晶圆片的表面。$POCl_3$受热分解释放出的磷原子就会扩散到氧化层薄膜中，形成用作淀积杂质源的掺杂氧化层。经过足够长的时间完成杂质源的淀积后，将硅晶圆片从炉管中取出，剥离去除表面的掺杂氧化层（这一步工艺称为漂去氧化层）。然后再将硅晶圆片重新装载到另一个炉管中进行加热，以便进一步向下推进磷以形成所需的扩散区。如果需要非常高浓度的磷扩散区，那么在推进之前也可以不对晶圆片进行漂去氧化层处理。但是这样高浓度的掺杂很可能会引入很多不希望有的晶格缺陷。

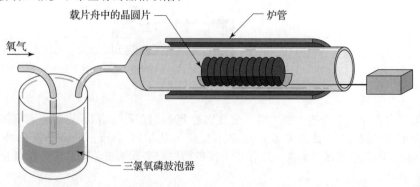

图2.17　使用三氯氧磷作为杂质源的磷淀积装置简化示意图

人们已经开发出了多种淀积的杂质源。典型的液态源包括三氯氧磷和三溴化硼，气态源诸如乙硼烷、磷化氢(磷烷)和砷化氢(砷烷)等都可以直接注入气流中。氮化硼的薄片可以放置在硅晶圆片之间，用作掺硼的固态源。在高温氧化的气氛中，会有少量的三氧化硼从这些薄片中溢出并扩散到相邻的晶圆片中。磷和砷也有类似的固态杂质源。还有各种专用的旋涂玻璃也作为掺杂剂源，它们都是液态源。将溶液旋涂在晶圆片上并烘焙以形成一层保形的涂层，该保形的涂层随后就可以用作淀积的杂质源。

这些淀积源目前都没有特别好的控制方法，即使使用可以精确计量的气态源，晶圆片周围的不均匀气流也不可避免地会引入掺杂变化。对于要求较低的工艺，例如标准的双极型工艺，这些杂质源都可以给出足够好的结果。现代的 CMOS 和 BiCMOS 工艺则需要比传统的淀积技术更精确地控制掺杂水平和扩散区的结深。离子注入(参见 2.4.3 节中的介绍)技术可以提供更好的掺杂精度，其代价是设备更加复杂和昂贵。然而，$POCl_3$ 扩散工艺也仍然用于某些 BiCMOS 工艺中，用来制备一些深度重掺杂的 N 型埋层区域。

2.4.2　扩散的其他效应

扩散工艺也受到很多限制。扩散只能在晶圆片的表面进行，这限制了可以制造的几何结构形状。掺杂剂扩散不均匀，因此形成的扩散区不具有恒定的掺杂分布。后续的高温工艺过程还会继续驱动之前已经淀积的掺杂剂，因此在工艺早期形成的结在后续的工艺过程中还会被推进得更深。掺杂剂也会在氧化层窗口的边缘下向外扩散，这会使得扩散图形的边界变得模糊。由于杂质分凝机制，扩散会与氧化相互作用，导致晶圆片表面掺杂水平的耗尽或增强。不同的杂质扩散之间甚至会存在相互作用，因为一种掺杂剂的存在会改变其他掺杂剂的扩散速率。这些复杂性使得扩散工艺比最初看起来要复杂得多。本节我们将讨论其中一些对版图设计有重要影响的效应。

扩散只能产生相对较浅的掺杂区域。实际可行的推进时间和推进温度将最大结深限制在大约 15 μm 的位置，大多数的扩散结会浅得多。由于扩散工艺通常使用氧化层作为掩蔽层来进行图形化掺杂，因此扩散区的剖面结构通常类似于图 2.18a 所示的情形。掺杂剂会以大致相同的速率向所有的方向扩散。扩散结因此会在氧化层窗口的边缘下方横向扩散相当于纵向结深大约80％的距离，这种称为外扩散的横向扩散会导致扩散区的最终尺寸超过氧化层窗口的尺寸。外扩散在显微镜下通常是不可见的，因为由薄膜干涉引起的氧化层颜色变化对应于氧化层台阶的位置，而不是最终扩散结的位置。

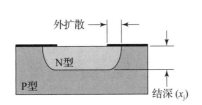

a) 剖面示意图

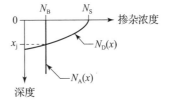

b) 沿着穿过氧化层窗口中心绘制的垂直线的理论掺杂分布

图 2.18　一个典型的平面扩散区。其中，N_S 为表面掺杂浓度，N_B 为背景掺杂浓度，$N_D(x)$ 为施主掺杂浓度随深度的变化，$N_A(x)$ 为受主掺杂浓度随深度的变化，x_j 为结深

扩散区的掺杂浓度分布是随着深度的不同而变化的。忽略杂质的分凝机制，掺杂浓度在硅表面处最高，并随着深度而逐渐降低。由此产生的掺杂分布既可以从理论上加以预测，也可以通过实验测量出来。图 2.18b 展示了沿着穿过氧化层窗口中心绘制的垂直线的理论掺杂分布，该掺杂分布假设了氧化层中的分凝效应可以忽略不计，但是实际情况并非总是如此。硼吸收可以显著减少 P 型扩散的表面掺杂浓度，甚至有可能使轻掺杂的 P 型扩散区反型为 N 型。杂质堆积效应不会导致表面反型，但是它也同样会影响表面的掺杂水平。

如上所述，杂质扩散系数可以因为其他掺杂元素的存在而发生改变。杂质磷尤其会引起一些问题，由于磷原子明显小于硅原子，因此硅晶格中掺入高浓度的磷会引起显著的晶格应变，这种应变会在重掺杂磷的区域内产生缺陷。这些缺陷中的一些会迁移到表面，在那里它们会引起掺杂剂增强的氧化。其他的缺陷则会向外或向下迁移到可以增大其他掺杂剂(例如硼)扩散系数的位置。这种机制的一个著名实例出现在 NPN 型晶体管中，因为它需要将重掺杂磷的发射区扩散到轻掺杂硼的基区中，从发射区向下迁移的缺陷加速了硼在下面基区中的扩散，这种现象称为发射区推进，如图 2.19a 所示。杂质砷不会引起发射区推进，因为它的原子大小与硅原子的大小基本相同。即使掺杂水平没有高到足以产生晶格缺陷的程度，一个扩散分布的尾部也可以与另一个扩散分布的尾部相交，使得 PN 结的位置发生移动。一个这样的实例出现在使用埋层的工艺中，图 2.19b 展示了 N 型埋层(NBL)使其上方 PN 结的位置发生了移动，这种效应有时称为 NBL 推进，类似于更为人所知的发射区推进。

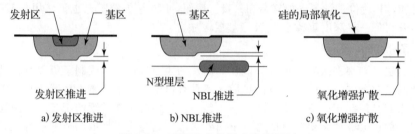

a) 发射区推进　　　　　b) NBL推进　　　　　c) 氧化增强扩散

图 2.19　可以改变扩散速率的机制

还有另外一种机制加速了掺杂剂在氧化层区域下方的扩散。氧化工艺会产生缺陷，其中一些缺陷会向其下方迁移，因而可以增强生长氧化层下方区域中掺杂剂的扩散，这种机制称为氧化增强扩散。它对所有的掺杂剂都有影响，并且在 LOCOS 场区氧化层下比在相邻的凹槽区下可以产生出更明显的深扩散，如图 2.19c 所示。

即使是最复杂的计算机程序也很难每次都准确地预测出实际的掺杂分布和结深，因为会发生很多的相互作用。工艺工程师必须开展实验，以找到在晶圆片上制造出特定组合器件的正确工艺菜单。工艺越复杂，这些相互作用也就越复杂，找到正确工艺菜单的难度也就越大。由于工艺设计需要花费大量的时间和精力，大多数公司只使用少数几种工艺来制造所有的产品。将新的工艺步骤集成到现有的工艺菜单中所遇到的困难也解释了工艺工程师不愿意轻易修改其工艺流程的原因。

2.4.3　离子注入

由于传统的扩散技术存在各种局限性，现代工艺广泛使用离子注入技术。离子注入机本质上就是一种专门的粒子加速器，用于加速掺杂剂原子，使其能够穿透硅晶体到达几微米的深度。离子注入工艺不需要高温，因此一层图形化的光致抗蚀剂也可以用作阻挡注入掺杂剂的掩蔽层。与传统的淀积和扩散工艺相比，离子注入工艺还允许我们更好地控制掺杂剂的浓度及其分布。

图 2.20 展示了一台离子注入机的简化示意图。整个机器工作在高真空环境中，首先由离子源产生出离化的掺杂剂离子束，这束离子束通过一个直线加速器，在此数万至数十万伏的高电压会将离子束加速到所需的能量。然后该离子束通过一个称为磁分析器的装置，在此装置内磁场会使得离子束沿着弯曲的路径发生偏转，其偏转半径取决于离子的质量。所需注入的离子先要穿过一个狭窄的狭缝，然后再从两个扫描电极之间通过，扫描电极将离子束来回扫过晶圆片的表面。

一旦离子进入硅晶格中，由于与周围晶格原子的碰撞，它们马上就开始减速。每次碰撞都会将动量从运动的离子转移到静止的原子上。离子束在释放能量时会发生散射，导致注入离子以一种类似外扩散的方式发生漫散射。硅原子也可能会被从晶格中碰撞出来，造成广泛的晶格损伤，必须通过随后的热处理(称为退火)来修复。有效的退火需要至少 600 ℃ 的温度。最终要

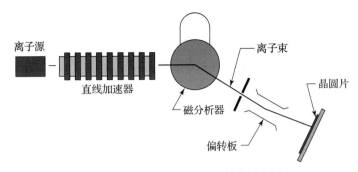

图 2.20 一台离子注入机的简化示意图

使得硅原子变得可移动，并且围绕注入区边缘处存在完整的硅晶体结构，可以用作晶体生长的籽晶。损伤从注入区的侧面和底部向中心和顶部逐渐被退火修复。在退火过程中，注入的掺杂剂原子逐渐占据晶格内的位置，这个过程称为杂质的激活，如果掺杂剂原子要贡献带电的载流子，这个激活的过程是必要的。存在两种类型的退火工艺。传统的退火工艺需要在 $800\sim1000\ ^{\circ}\!C$ 的管式炉中停留 $10\sim15\ min$，该工艺能够成功地消除晶格损伤并激活掺杂剂，但是也会导致一定程度的杂质扩散。另外一种称为快速热退火(RTA)的方法是使用一组卤钨灯在几秒钟内将晶圆片的温度升高到 $1000\sim1200\ ^{\circ}\!C$ 的高温。快速热退火只需要维持几秒钟的高温，因此不会像传统退火工艺那样引起太多的扩散。RTA 工艺对于制备现代 MOS 晶体管的超浅源区/漏区的注入是特别有用的。

离子注入形成的掺杂浓度与注入剂量成正比，而注入剂量则等于离子束电流与注入时间的乘积。由于这两个量都是可以精确测量的，因此离子注入工艺可以获得比 2.4.1 节中讨论的传统淀积技术更好的掺杂浓度控制。

离子注入通常会产生一个掺杂浓度分布，该掺杂浓度分布在硅表面下一定距离处达到峰值，峰值浓度出现的深度称为离子注入的射程，较大的注入射程需要更高的离子注入能量，并且也会形成更大的散射偏差。表 2.3 列出了使用选定的注入能量在硅中实现的各种掺杂剂的离子注入射程。磁分析仪根据离子的质量来选择离子，因此将选择掺杂元素的特定同位素。磷和砷只有一个稳定的同位素，而锑和硼则各有两种稳定的同位素，工程师通常选择含量最丰富的同位素进行离子注入。大多数离子注入工艺使用 $20\sim200\ keV$ 的能量，因此只能形成相对比较浅的注入射程，但是我们随后总是可以在传统的管式炉中进一步加热晶圆片，以驱动注入杂质往更深处扩散。或者，我们也可以使用能够工作在几兆电子伏特下的离子注入机来实现更大的注入射程。这些高能离子注入机可以用于对硅表面下几微米的区域进行反型掺杂，以便形成一个埋层。还可以通过堆叠在不同注入能量下进行的多次离子注入来定制注入杂质的浓度分布。通过在高能量下注入大剂量，然后在低能量下注入小剂量，还可以形成所谓的倒梯度掺杂分布，使得硅表面的掺杂浓度低于其下方的掺杂浓度。同样，通过在多个不同能量下注入相等的剂量，还可以形成几微米深的链式注入分布，其侧壁几乎垂直。

表 2.3 所选掺杂剂在硅晶圆片中的典型离子注入射程，它是以 eV 为单位的注入能量的函数

（单位：μm）

掺杂剂	10 keV	50 keV	200 keV	1 MeV
硼(^{11}B)	0.03	0.16	0.51	1.1
磷(^{31}P)	0.01	0.06	0.25	1.0
锑(^{121}Sb)		0.02	0.08	0.4
砷(^{75}As)		0.03	0.11	0.6

离子注入也可以利用图形化的淀积材料(例如多晶硅)做掩蔽层。当我们试图利用多次光刻

曝光方法制造某种结构时，不可避免地就会出现一些光刻对准偏差，采用这项技术就能够消除这种对准偏差，由此所形成的自对准结构就可以构造成非常紧密的尺寸容差。图 2.21 展示了利用离子注入形成的自对准 MOS 晶体管的源区/漏区。在薄栅氧化层的顶部淀积一层多晶硅并

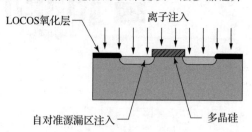

形成图形化的栅电极，这层多晶硅不仅构成 MOS 晶体管的栅电极，而且还同时用作源漏区离子注入的掩蔽层。多晶硅阻挡了栅电极处的离子注入，从而形成了精确对准的源区和漏区。源区和漏区与栅电极的对准仅仅受到注入离子束碰撞引起的少量散射的限制。如果不使用自对准离子注入技术，那么光刻对准偏差将需要有意地使栅电极与漏区重叠，这将大大增加栅-漏电容并降低开关速度。

图 2.21　利用离子注入形成的自对准 MOS 晶体管的源区/漏区

离子注入会受到一种称为通道效应的不良现象的影响。当我们从特定的角度来观察硅晶格时，就会发现不同硅原子排列之间会出现类似间隙的通道。当晶体稍微转动时，这些通道就会从视野中消失。通道在 (100) 和 (111) 两个方向上都会出现。如果离子束垂直入射在硅 (100) 或 (111) 晶面上，那么离子就可能在发生散射之前注入晶体内部深处，因此最终的掺杂剂分布将主要取决于离子束的入射角。为了避免出现这种困难，大多数的离子注入机都将离子束以偏离大约 $7° \sim 10°$ 注入晶圆片上。

离子注入机可以进行离轴注入这一事实已经被用来有意识地在器件栅极边缘下方形成注入区。图 2.22 显示了如何使用倾斜离子注入形成自对准 MOS 晶体管的轻掺杂源区/漏区。通常硅晶圆片要旋转起来，以便使得水平和垂直对准的晶体管都能够受到倾斜离子束的注入，当然我们也可以有意地将倾斜的离子注入限制在某一个方向上。这种技术可以用于创建两类晶体管，一类是垂直对准的，另一类是水平对准的，它们分别具有不同的器件特性。

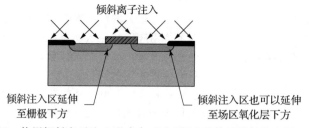

图 2.22　使用倾斜离子注入形成自对准 MOS 晶体管的轻掺杂源区/漏区

几乎所有的元素都可以注入硅晶体中，这种高度的灵活性带来了许多新颖的应用。例如，将氢注入晶圆片的背面可以增强杂质的吸杂，而将锗注入硅晶圆片中可以在传统的硅集成电路内部形成精确配比的 IV-IV 族化合物半导体的小区域。离子注入的多功能性和严格控制使其成为旧式淀积技术的一种非常有吸引力的替代方案。

2.5　硅的淀积与刻蚀

我们可以使用各种不同的技术在硅晶圆片上生长出纯硅薄膜或掺杂的硅膜。淀积在硅晶体上的硅原子通常都会试图与该晶体结构对齐。只要给定合适的温度和淀积速率，所制备出的薄膜就会构成下面晶体的向上延伸，此时我们就说这层薄膜是由单晶硅构成的。另外，落在非晶体材料表面 (如氧化层或氮化硅薄膜) 上的硅原子就会找不到与之对齐的晶格。晶体成核通常从随机点开始的，逐渐形成一团称为晶粒的微小共生晶体，这些晶粒的大小、形状和晶体取向各不相同，由这些硅颗粒聚集在一起形成的薄膜称为多晶硅薄膜或简称多晶硅。现代集成电路广泛使用单晶硅和多晶硅的淀积工艺。

研究人员已经为单晶硅和多晶硅开发了各种不同的刻蚀工艺。各向同性刻蚀工艺在所有的

方向上都均匀地刻蚀硅,而各向异性刻蚀工艺则在某一个特定的方向或一组方向上刻蚀硅。各向异性的硅刻蚀工艺实例包括 V 形槽的刻蚀和沟槽刻蚀,沟槽是许多现代 CMOS 和 BiCMOS 工艺隔离系统的重要组成部分。

2.5.1 外延

在合适的晶体衬底上生长单晶薄膜称为外延。衬底通常是由与待生长薄膜材料相同的晶体构成的,但是也可以使用具有类似晶格结构的其他材料。例如,高质量(100)晶向的硅薄膜通常是可以生长在(1102)晶向的蓝宝石表面上。这一点是相当令人惊讶的,因为蓝宝石晶体具有六边形而不是立方体的晶体结构,但是蓝宝石表面上氧原子的位置使得与它们结合的硅原子呈现(100)晶向的排列。蓝宝石制造的高成本使得这种蓝宝石上硅(SOS)晶圆片对于大多数应用来说都是令人望而却步的。绝大多数的硅外延都是在硅晶体表面上进行的。在硅(100)晶面上的淀积工艺可以毫无困难地进行,但是在硅(111)晶面上淀积高质量的硅膜则要困难得多。这个问题通常可以通过将晶圆片离轴几度进行切割来克服。

大多数现代的外延淀积工艺都采用某种形式的低压化学气相淀积(LPCVD)方法。图 2.23 展示了一个外延反应器的简化示意图。硅晶圆片被放置在石英炉管内的感应加热载体块上,晶圆片被加热到大约 1000 ℃,通入的二氯硅烷气体流过晶圆片的表面,当这种气体接触到热的硅晶圆片表面时,它就会分解形成氯化氢气体和硅,硅原子与裸露的硅表面发生化学键合,所得到的外延层薄膜(或简称外延层)并不需要抛光,因为它忠实地再现了下面硅晶体表面的形貌。外延生长的速率可以通过调节晶圆片的温度和反应气体混合物的组成来改变。如果引入气态的掺杂剂源,如磷化氢或乙硼烷,则还可以生长出掺杂的外延层,这一工艺过程有时称为原位掺杂。

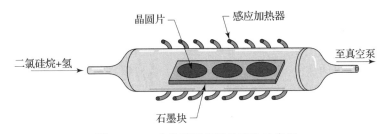

图 2.23 一个外延反应器的简化示意图

大多数现代的半导体工艺使用带有外延层的硅晶圆片,这种晶圆片包含了一层外延层,它是生长在称为衬底的传统直拉单晶切割的晶圆片上。外延层不需要具有与衬底相同的掺杂剂类型和掺杂浓度。例如,标准双极型工艺使用在 P−衬底上生长的 N−外延层,而大多数 CMOS 工艺使用在 P+衬底上生长的 P−外延层。还有许多其他的组合也是可能的,包括多个不同掺杂的连续层硅。

外延工艺也允许形成埋层。N+埋层(NBL)在大多数双极型工艺中起着至关重要的作用,因为它允许构建具有低集电极电阻的垂直 NPN 型晶体管。NBL 层还能够在 P−外延层的 CMOS 工艺中创建隔离的 NMOS 晶体管。这些优点是如此的显著,以至于大多数模拟双极工艺和 BiCMOS 工艺都包括 NBL,尽管这显著增加了晶圆片的成本。砷和锑是用于形成 NBL 的优选掺杂剂,因为它们的缓慢扩散速率使得在随后的高温处理期间埋层的向外扩散可以达到最小化。通常会选择锑而不是砷,因为锑在外延过程中表现出较少的横向扩散趋势(这种效应称为横向自掺杂)。另外,砷具有更高的固溶性,因此可以形成更高掺杂浓度的埋层。

图 2.24 展示了如何为标准双极型工艺制备 N 型埋层。初始材料是由轻掺杂的 P 型(111)晶向的硅晶圆片构成的,首先对晶圆片进行氧化,并在所制备的氧化层上形成图形化的窗口,然后通过窗口注入砷或锑,接下来对晶圆片进行短暂退火以消除注入损伤,可以在上述退火的过程中同时进行热氧化。由于窗口内裸露的硅比已经被氧化层覆盖的周围硅氧化得更快,因此硅

表面在窗口下方会受到轻微的氧化侵蚀。接下来，从晶圆片表面剥离去除所有的氧化层，并淀积 N—外延层，由此形成的结构就包含了埋在 N—外延层下面的图形化 N＋区域。

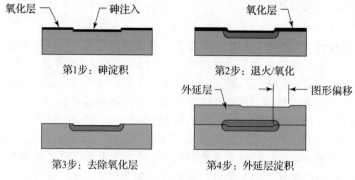

图 2.24　为标准双极型工艺制备 N 型埋层，显示了图形偏移

如前所述，在 NBL 退火期间的氧化会导致在氧化层窗口的周边形成轻微的硅表面不连续，外延层在晶圆片最终的表面上忠实地再现了这些不连续性。在显微镜下，由此产生的台阶形成了一个微弱可见的轮廓，称为 NBL 暗影，后续的光刻掩模版就与该不连续性的台阶图形对准。采用浅沟槽隔离(Shallow Trench Isolation，STI)的工艺不能使用 NBL 暗影作为对准标记，因为在 STI 淀积之后用于平坦化晶圆片的化学机械抛光(Chemical-Mechanical Polish，CMP)去除了这种很浅的表面不连续性。STI 工艺通常采用在埋层淀积之前就已经设置在晶圆片上的刻蚀对准标记，该对准标记刻蚀得足够深，以便确保在 CMP 抛光后仍然能够清晰可见。理论上可以利用 NBL 暗影作为对准标记的一些工艺过程也会选择刻蚀的对准标记。但是建立这样的对准标记需要一个额外的光刻工艺步骤，这也就是为什么许多工艺流程还会依赖于 NBL 暗影的原因。

NBL 暗影通常会从下方 NBL 扩散区的位置发生横向偏移，这种效应称为图形偏移，如图 2.24 所示。发生这种偏移的原因是因为外延层并不是垂直生长的，而是斜向上生长的。倾斜的准确角度取决于许多因素，包括淀积温度、气体组分、压力和衬底的晶体取向。硅(111)晶面上的图形偏移可以通过 4°左右的离轴切割晶圆片来实现最小化，这种取向也使得外延淀积的速率达到了最大化。硅(100)晶面上不会表现出可预测的图形偏移，除非对其进行离轴切割来促进硅晶格的单向生长。不依赖于 NBL 暗影对准的 STI 工艺通常使用沿着轴向切割的晶圆片。

2.5.2　多晶硅淀积

如果将硅淀积在非晶材料上，那么就不用按照下面的晶格来排列生长晶体，此时形成的硅薄膜是由很小的共生硅晶粒聚集而组成的，晶粒的尺寸取决于硅薄膜的厚度、淀积条件和退火时间，其直径的平均值通常在 $0.03 \sim 0.3 \, \mu m$。单个晶粒之间的边界表现出许多晶格缺陷，如果它们出现在耗尽区内部，就有可能会导致漏电流，因此 PN 结通常不会采用多晶硅来制作。多晶硅经常用来构造 MOS 晶体管的栅电极，因为它能够承受给离子注入形成的源漏区进行退火所需的高温，因此采用多晶硅栅电极允许我们构造出自对准结构的晶体管。由于磷具有固定离子沾污的能力，因此多晶硅的使用也改善了 MOS 晶体管阈值电压的控制能力(参见 5.2.2 节的介绍)。适当掺杂的多晶硅也可以用来制造淀积的电阻和电容，其寄生效应要比利用扩散区制造的电阻和电容更小。多晶硅电阻是特别有用的，因为现代的刻蚀技术可以制备出非常窄的线宽，并且晶粒晶界的存在实际上使得轻掺杂多晶硅的电阻率增大了一个数量级甚至更多，因此人们可以很容易地构建出具有数兆欧姆的多晶硅电阻，而扩散区电阻通常则限制在数十万欧姆内。

多晶硅的淀积工艺使用与硅外延工艺相同类型的反应器，但是通常使用硅烷作为反应物，以便能够获得栅电极、电阻和其他类似结构所需的微细晶粒薄膜。添加乙硼烷则能够获得原位掺杂的 P 型多晶硅，但是用于制备 N 型原位掺杂多晶硅的相应气体则会大大降低多晶硅的淀积速率并增大其可变性，因此 N 型掺杂的多晶硅都是通过首先淀积本征多晶硅，然后再利用杂质扩散或离子注入合适的掺杂剂而形成的。

图形化的多晶硅薄膜通常都是首先在整个硅晶圆片上淀积大面积的多晶硅薄膜，然后根据需要对其进行掺杂，接下来再对晶圆片进行涂覆光致抗蚀剂、光刻和刻蚀，以便选择性地去除多余的多晶硅。下一节我们将更详细地讨论硅的刻蚀工艺。

2.5.3　硅的刻蚀

研究人员已经为单晶硅和多晶硅开发了多种不同的刻蚀技术，其中包括各向同性的湿法腐蚀、各向异性的干法刻蚀和取向相关的湿法腐蚀。虽然所有这些工艺技术都能够去除硅，但是每一种技术都有其特定的优点和缺点，因此最好能够推荐用于特定的应用领域。

硅最常见的各向同性湿法腐蚀液是由氢氟酸、硝酸和乙酸的混合物组成的，硝酸可以氧化硅的表面，氢氟酸则去除形成的二氧化硅。这种腐蚀液各向同性地侵蚀硅，产生出与缓冲氧化层腐蚀液相同类型的侧壁侵蚀形貌（参见图 2.9a）。各向同性的湿法腐蚀液如今已经很少使用了，因为其侧壁侵蚀特性使得具有较小特征尺寸的图形难以制备出来。

硅也可以通过使用氟化气体如三氟甲烷的干法刻蚀工艺来去除。反应性离子刻蚀（RIE）通常要比等离子体刻蚀更受欢迎，因为它能够提供更高程度的各向异性特性，从而制备出更陡的侧壁，这种技术可以制备出现代 CMOS 晶体管所需要的非常窄的多晶硅栅电极几何结构。RIE还可以在单晶硅中刻蚀出具有几乎垂直侧壁和几乎平坦底部的沟槽，随后用淀积氧化物填充的宽浅沟槽（见图 2.25）代替先进 CMOS 工艺和 BiCMOS 工艺中的 LOCOS 氧化层。由于反应性离子刻蚀形成了几乎垂直的侧壁，这种浅沟槽隔离（STI）系统可以制造出沟道宽度小于 $0.1\ \mu m$的 MOS 晶体管。反应性离子刻蚀也可以制备出狭窄的深沟槽（见图 2.25），通过仔细地控制刻蚀条件，可以获得深度大于其宽度一个数量级的沟槽。这种深沟槽可以用来构建介质隔离系统（参见 2.6 节），或者刻蚀出完全穿过硅晶圆片的通孔以便创建所谓的硅通孔互连。

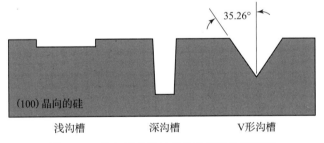

图 2.25　各向异性腐蚀单晶硅图形的剖面图

另外一种类型的湿法腐蚀硅工艺则是优先向下腐蚀以便暴露出 {111} 晶面，这种依赖于取向的腐蚀可以在硅(100)晶面上形成侧壁与垂直方向成 $35.26°$ 角的垂直 V 形凹槽，如图 2.25 所示。一种依赖于取向的湿法腐蚀液是由氢氧化钾溶解在丙醇溶液中构成的。由水平凹槽和垂直凹槽相交形成的 $270°$ 内角通常显示出对应于 {311} 晶面的小平面。如果不希望出现这种小的晶面，那么可以在光刻掩模版图形的对应角上插入一个小凸起。尽管最为人所知的是其在分立MOS 功率晶体管中的应用，但是取向相关的湿法腐蚀工艺也被用作下一节中讨论的介质隔离系统的基础。

2.6　隔离

集成电路需要有一些方法能够将电流限制在硅材料中某些选定的区域内，最早的解决方案称为结隔离，就是使用反向偏置的 PN 结来实现的。此外还开发了多种介质隔离方案，每一种方案都采用了不同的方法在包含有源器件的硅区域之间插入一种称为电介质的绝缘体。PN 结隔离具有低成本的优势，而介质隔离则提供了一些优势，使其能够主导某些利基市场，例如辐射加固的集成电路。本节将讨论用于制造集成电路的一系列隔离技术。

2.6.1　PN 结隔离

反向偏置的 PN 结可以阻挡多数载流子的传导，因此可以作为隔离系统的基础。用于制造集成电路的硅晶圆片成为其衬底，通过反型掺杂可以在该衬底的表面形成不同的隔离区。通常存在两种基本的选择：带有 N 型隔离区的 P 型衬底(见图 2.26a)或者是带有 P 型隔离区的 N 型衬底(见图 2.26b)。

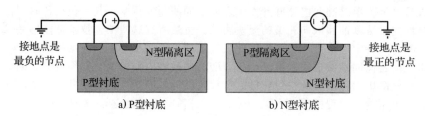

图 2.26　PN 结隔离极性的选择

在隔离区和衬底之间形成的 PN 结称为隔离结。为了使得隔离结能够实现它的预期功能，所有的隔离结必须始终保持反向偏置，这也就意味着 P 型衬底必须被偏置到低于曾经出现在隔离的 N 型区上最低电压的电压值。类似地，N 型衬底必须被偏置到比隔离的 P 型区上出现的最高电压更高的电压值。在任何一种情况下，衬底都能够有效地充当集成电路中的参考节点。P 型衬底通常比 N 型衬底更受欢迎，因为大多数的系统设计师都更喜欢负的接地参考点而不是正的接地参考点。

如果 PN 结隔离集成电路的引脚相对于其衬底不能得到正确的偏置，就有可能会使一个或多个隔离结处于正向偏置，未能正确偏置的隔离区可能会将少数载流子注入衬底中，这些载流子还会扩散到其他隔离的区域，进而导致集成电路以某种方式发生故障。也许集成电路只是经历了短暂的参数异常，例如稳压器输出电压的下降，或者它也可能会完全出现故障并自毁(参见 5.4.2 节)。

制造 PN 结隔离的最简单方法是将轻掺杂的扩散区向下深入推进到衬底中，以便构建出称为阱的隔离区，如图 2.27 所示。图 2.27a 所示为 N 型阱区隔离，其衬底是由轻掺杂的 P 型硅构成的。首先对硅晶圆片进行氧化并利用光刻和刻蚀工艺生成图形化的氧化层，以便在应该存在阱的地方打开窗口。然后通过氧化层窗口淀积或注入磷。接下来进行长时间的高温推进迫使磷向下扩散形成较深的轻掺杂 N 型阱，必要的阱结深度取决于该工艺预期的工作电压。40 V 工艺通常需要 6~10 μm 的阱结深度，该深度允许隔离结周围的耗尽区在全工作电压下能够向上延伸的足够远，且不会侵入到有源器件所在的最顶部 2~3 μm 的范围内。

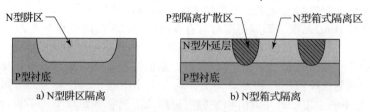

图 2.27　典型的 PN 结隔离系统

图 2.27b 展示了制造 PN 结隔离的一种替代方法——N 型箱式隔离。首先将轻掺杂的 N 型外延硅层淀积在轻掺杂 P 型硅衬底上，然后对硅晶圆片进行氧化和图形化，以打开将要形成 P 型隔离区处的窗口，然后将硼淀积或注入该窗口中。随后的长时间高温推进迫使该隔离区向下扩散，以便与来自下层衬底向上扩散的硼相遇，由此产生的结构被 P 型隔离扩散区包围的称为箱式的 N 型外延区组成。从历史上看，标准的双极型工艺很早就已经使用了 N 型箱式隔离

区(也称为 N 型隔离岛),而大多数的 CMOS 工艺则已经使用 N 型阱区隔离。

许多人混淆了阱区隔离和箱式隔离这两个术语。阱区通常是轻掺杂的扩散区,而箱式隔离区是由周围扩散区隔离的外延区。阱区是由具有不均匀掺杂分布的反型掺杂硅组成的,而箱式隔离区是由均匀掺杂的外延层组成的。某些混合结构难以进行简单的分类,因为它们可能结合了阱区和箱式隔离区的特点,然而大多数结构显然是属于其中的某一类或另一类。

2.6.2　介质隔离

电离辐射能够损害 PN 结隔离的完整性,当宇宙射线等高能粒子穿过反向偏置的 PN 结耗尽区时,就会撞击出来松散的价电子,从而产生电流脉冲。隔离 PN 结由于其尺寸较大,因而会更多地受到辐射感应电流的影响。因此,军事和航空航天领域的工程师一直在寻找能够替代 PN 结隔离的可选方案。

哈罗德·马纳斯维特(Harold Manasevit)在 1963 年开发了最早的一种介质隔离系统。他采用的工艺主要依赖于 α-氧化铝晶体作为隔离介质,其更广为人知的名称是蓝宝石,因此这种工艺也称为蓝宝石上硅(SOS)。以(1102)晶向的蓝宝石为衬底,外延淀积在该衬底上的硅薄膜呈现(100)晶向,经过光刻和图形化刻蚀工艺后选择性地去除部分区域的硅膜以便形成称为岛的隔离区。由于这些岛位于绝缘衬底上,因此无论如何偏置都不会发生衬底注入。电离辐射确实会在蓝宝石衬底中产生载流子,但是 SOS 电路通常可以承受比传统 PN 结隔离电路高一个数量级的辐射水平。现代超薄的 SOS 工艺可以制造出具有极低漏区寄生电容的 MOS 晶体管,因此尽管与传统的硅晶圆片相比,蓝宝石晶圆片的成本更高、尺寸更小,但是蓝宝石上硅集成电路仍然在某些高速产品中获得了应用。

在 20 世纪 60 年代末,获得合适蓝宝石衬底存在的困难促进了几种硅基介质隔离工艺的发展,例如背面成型工艺。图 2.28 展示了背面成型工艺中的硅介质隔离系统的制造步骤。首先在轻掺杂 N 型硅晶圆片的表面刻蚀出沟槽,最初的背面成型工艺为此目的使用了各向同性的腐蚀,而后来的改进则使用了依赖于取向的腐蚀液来产生 V 形槽,无论是哪一种情况,产生的凹槽通常都约为 25 μm 深。采用湿氧氧化工艺在带凹槽的晶圆片表面生长约 1 μm 的氧化层,然后在氧化层顶部沉积约 $200 \sim 250$ μm 厚的多晶硅。接下来将晶圆片翻转过来并进行背面研磨,直到填充多晶硅的凹槽与表面相交。单晶硅的剩余部分形成箱式隔离区(隔离岛),有源器件将驻留在该隔离区中。多晶硅则构成电学上非活性的衬底或支撑体,仅用于提供足够的刚性以便允许晶圆片后续的工艺加工处理。将箱式隔离区与衬底分隔开的氧化层称为埋入氧化层(BOX)。

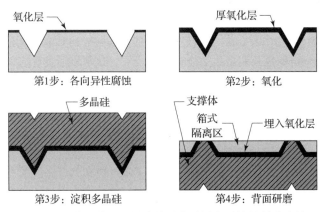

图 2.28　背面成型工艺中的硅介质隔离系统的制造步骤

尽管有几家制造商确实使用背面成型工艺生产了商业化的器件,但是它们都遇到了晶圆片非平面化的严重问题。由于各向同性腐蚀造成的沟槽宽度,该原始工艺也受限于极大的隔离间距带来的影响。如图 2.28 所示,随后改进的 V 形槽工艺虽然减小了隔离间距,但是并没有人真正解决晶圆片的弯曲问题。

　　介质隔离技术发展的下一步需要消除多晶硅支撑体。一种简单而优雅的解决方案称为注氧隔离(SIMOX)技术。图 2.29 展示了 SIMOX 介质隔离系统的制造步骤。首先在(100)晶向的硅衬底上以相对比较高的能量(例如 200 keV)大面积注入氧,氧离子会进入到硅衬底中一小段距离。由于大多数晶格损伤实际上发生在硅衬底表面的下方,因此随后的高温退火会形成大约 0.25 μm 厚(100)晶向的再结晶硅层,同时氧原子也与其周围的硅发生反应,形成大约 0.4 μm 厚的埋入氧化层。然后在表面硅层的顶部再生长 N−外延层,并使用各向异性的反应性离子刻蚀来切割出穿过外延层到达埋入氧化层的沟槽。将沟槽的侧壁氧化,再使用多晶硅回填沟槽,最后采用化学机械抛光(参见 2.7.4 节)去除表面多余的多晶硅,形成新的硅晶体表面。由此产生的结构由轻掺杂的 N 型箱式隔离区组成,该 N 型隔离区四周被深的隔离沟槽所包围,底部也被埋入氧化层所隔离。

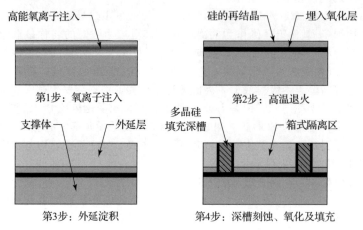

图 2.29　SIMOX 介质隔离系统的制造步骤

2.6.3　晶圆片键合

　　晶圆片的键合工艺是从准备好两个硅晶圆片开始的。首先将一块硅晶圆片氧化,然后将另一块硅晶圆片放置在其上面。接下来将这两片硅晶圆片加热到大约 300~500 ℃ 的高温就会使它们紧密地黏附在一起。晶圆片键合工艺产生了夹在两层厚硅片之间的埋入氧化物。这两个厚硅片中的一个必须被减薄,以便形成可以在其中制作有源器件的单晶硅薄膜层。研究人员已经提出了几种减薄键合晶圆片的方法,包括研磨与抛光程序、选择性湿法背面腐蚀技术(它终止于和 BOX 层相邻的重掺杂层上)。最巧妙的是一种称为晶圆片切割的工艺,该工艺涉及在其中一个晶圆片表面以下一定距离处制备出一个高度应变层,这可以通过注入氢或锗来实现。随后进行的热冲击将导致硅晶圆片沿着应变层裂开,并在埋入氧化层的顶部留下一层单晶硅薄膜。像 SIMOX 工艺一样,晶圆片切割只能制造出很薄的硅层。然而随后的外延淀积则可以制备出任何所需厚度的单晶硅层。

　　图 2.30 展示了使用晶圆片键合和切割技术制造介质隔离系统所需的工艺步骤。首先在 P＋晶圆片表面生长一层厚的湿氧氧化层,该晶圆片将成为最终的支撑衬底。然后将该晶圆片放置在石英加热炉中,并使其氧化层表面向上。接下来再将锗离子注入另一片 P−晶圆片表面的下方,并将该晶圆片放置在前述支撑衬底片的顶部,使得锗离子注入层朝下,加热这两片晶圆片使它们键合在一起。最后通过一个剧烈的热冲击使得上层晶圆片从锗应变层处分离,留下一层较薄的 P−单晶硅层在埋入氧化层的顶部。对新裸露出的表面进行回刻以去除受到锗沾污的硅层,再淀积一层 P−外延硅层在晶圆片的顶部以形成有源硅层。采用各向异性的反应性离子刻蚀形成抵达 BOX 层的深沟槽,再通过随后的侧壁氧化、多晶硅淀积和化学机械抛光完成整个深沟槽隔离系统。最终所得到的晶圆片与采用 SIMOX 技术制造的晶圆片非常相似。

　　介电隔离工艺目前正在经历着某种复兴,这是因为近期出现了两种新兴的技术发展趋势。

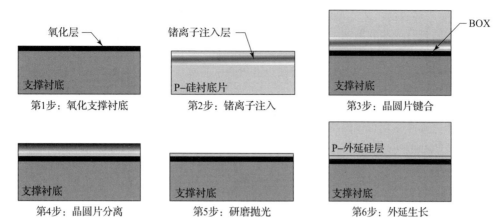

图 2.30 使用晶圆片键合和切割技术制造介质隔离系统所需的工艺步骤

对高压集成电路日益增长的需求刺激了多种硅介质隔离工艺技术的诞生,如 SIMOX 技术和晶圆片键合技术。这几种隔离工艺既可以承受数百伏的高电压,又不会消耗过多的管芯面积。与此同时,通过传统的器件等比例缩小技术来构建更快的 MOS 晶体管的难度越来越大,这导致人们对蓝宝石上硅作为构建所谓的全耗尽 MOS 晶体管的一种手段重新产生了兴趣。在可预见的未来,上述这些应用一定会鼓励介质隔离集成电路的持续发展。

2.7 金属互连

任何集成电路工艺的初始工艺步骤都涉及使用外延淀积、扩散、离子注入和硅刻蚀等技术在单晶硅衬底上制备出各种有源器件,这些工艺步骤构成了所谓的前道工艺(FEOL)。随后则是一系列的多晶硅淀积和金属沉积,并由淀积的介质材料将其分隔开,最终形成互连引线和各种无源元件,如电阻和电容。这些淀积物构成了所谓的后道工艺(BEOL)。本节介绍后道工艺中使用的各种工艺技术,并重点关注构建金属互连系统所需用到的技术。

图 2.31 展示了构建单层金属(SLM)互连系统所需的工艺步骤。FEOL 处理在晶圆片上留下了一层氧化层,对该氧化层的选定区域进行光刻和刻蚀等图形化操作,以便形成暴露出硅表面的氧化层窗口,在这些窗口处将要形成金属层与下面硅之间的接触。一旦打开了这些接触窗口,就可以淀积一层铝金属并对其进行光刻和刻蚀以便形成金属化互连引线的图形。裸露的铝线很容易受到机械损伤和化学侵蚀,因此必须在完成上述工艺的晶圆片上再淀积一层氧化物或氮化物薄膜作为保护层(PO),该保护层起到保形密封的作用,原理上类似于有的时候应用于印制电路板上的塑料保形涂层。在上述保护层上刻蚀出相应的窗口,以便裸露出铝金属化的特定区域,使得键合引线可以连接到制作完毕的集成电路上。

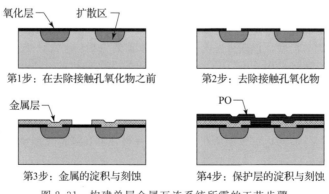

图 2.31 构建单层金属互连系统所需的工艺步骤

　　图 2.31 中所展示的工艺流程仅仅制备了一层金属互连引线，还可以依照一定的顺序淀积多层金属并对其进行光刻和刻蚀，以便形成多层金属互连系统。多层金属布线增加了集成电路的成本，但是可以实现更高密度的元件集成，从而减小了整体的管芯尺寸。现代数字逻辑集成电路需要用到五层甚至五层以上的金属布线以获得最大集成密度。大多数的现代模拟集成电路工艺则使用三层或四层金属布线，其中最上层的金属通常都增加厚度，以便能够承载更大的电流。

　　CMOS 工艺通常采用低电阻率的多晶硅来形成自对准 MOS 晶体管的栅电极，这种材料也可以作为一层额外的附加布线层。但是即使是电阻率最低的多晶硅，其电阻也仍然是金属电阻的许多倍，因此设计师必须注意避免将承载较大电流的信号线由长度较长的多晶硅来承担。模拟集成电路工艺有时会添加第二层多晶硅，以便形成淀积电容的顶电极，在这种情况下，也可以将额外的这层多晶硅作为另一层互连引线来使用。

2.7.1　铝

　　大多数金属化系统采用铝或铝合金来形成主要的互连引线层。铝的导电性几乎和铜或银一样好，而且它可以很容易地以薄膜的形式淀积并附着在半导体制造工艺中所使用的各类材料上。通过短时间的热处理就可以使得铝与硅之间实现合金化从而形成低电阻的接触。

　　早期的集成电路采用通过蒸发工艺沉积的纯铝金属，所使用的设备类似于图 2.32 所示的装置。晶圆片被固定在一个框架上，该框架将其裸露的表面朝向含有少量铝的坩埚。当加热坩埚时，就会有一些铝蒸发并沉积到晶圆片的表面。整个蒸发系统必须保持在高真空的状态，以防止铝蒸气在沉积到晶圆片上之前就被氧化。

　　通过短时间加热到 450 ℃ 左右可以在接触窗口下方形成一层极薄的铝掺杂硅层，这种称为烧结的工艺可以实现金属铝与 P 型硅之间的欧姆接触，因为在此工艺中铝起到了受主的作用。铝硅合金形成了一层很浅的重掺杂 P 型扩散区，该扩散区实现了金属铝与 P 型硅之间的连接。不太显而易见的是，当铝与重掺杂的 N 型硅接触时，

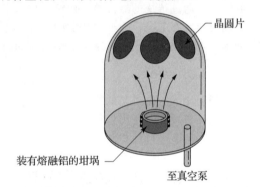

图 2.32　铝蒸发装置的简化示意图

也能够实现欧姆接触，此时在铝与硅接触处形成了 PN 结，但是该 PN 结的耗尽区非常薄，因此载流子可以隧穿通过该 PN 结。如果 N 型硅中的施主浓度降得太低，则将形成整流接触，因此在铝和轻掺杂的 N 型硅之间无法直接建立欧姆接触，此时增加一个浅的 N＋扩散区将使得能够与这些区域实现欧姆接触。

　　烧结工艺会导致少量的铝溶解到下面的硅中，硅衬底中也会有一些硅同时溶解到铝金属中，从而引起硅衬底表面的侵蚀。这种侵蚀过程并不均匀，它会在硅衬底表面形成了一系列的小凹坑。其中最深的凹坑可以完全穿透薄的扩散区及其下方的 PN 结，导致一种称为铝接触尖峰的失效机制。从历史上看，该现象是与 NPN 晶体管的发射区扩散一起被观察到的，因此也被称为发射区穿通。通过采用含有百分之几硅的合金来代替纯铝的金属化布线，可以最大限度地减少这种铝接触尖峰。如果沉积的铝已经被硅饱和了，那么至少在理论上它就不能再溶解硅了。在实践中，这种铝硅合金中的硅含量在烧结过程中会倾向于分离，这样就会留下不饱和的铝基体，该铝基体仍然会侵蚀下面的硅。通过仔细控制烧结时间和温度能够最大限度地减少这种影响。即便如此，硅的偏析也会形成小的成核，使得金属在高倍显微镜下呈现粗糙、卵石状的外观。

　　在 20 世纪 70 年代初，数字逻辑集成电路遇到了另一种失效机制。随着集成电路特征尺寸的逐渐缩小，流过金属化层的电流密度逐渐增大，最终接近 $1\,MA/cm^2$ 的电流密度。在如此巨大的电流密度下，运动电子的集体动量实际上已经可以移动金属原子，这会导致金属引线出

现开路或短路故障。这种机制被称为电迁移效应(参见 5.1.3 节)。通过在铝合金中添加百分之一的铜可以将抗电迁移的性能提高一个数量级。因此,大多数现代的铝金属布线系统实际是由铝-铜-硅或铝-铜合金组成的。

2.7.2　难熔金属

在两种材料之间插入一层以防止它们相互之间发生反应的层通常称为扩散阻挡层。在 20 世纪 70 年代后期,工艺工程师开始使用钨和钼等难熔金属作为掺铜铝和硅之间的扩散阻挡层。一种特别流行的选择方案是由钨和钛的合金组成的,其中含有大约 10% ～30% 质量的钛。淀积在接触窗口处的一层这样的难熔金属阻挡层(RBM)可以完全避免接触处的侵蚀。但是,难熔金属阻挡层与硅之间缺少合金化过程,因此往往会导致既高且不稳定的接触电阻,这个问题最终通过金属硅化物得到了解决(参见 2.7.3 节)。难熔金属阻挡层仍然在使用,因为它不仅可以充当铝和硅化物之间的扩散屏障,而且还解决了另外一个涉及台阶覆盖的关键问题。

接触窗口和通孔的侧壁会呈现出氧化层表面中的尖锐台阶。蒸发形成的铝薄膜不会各向同性地沉积,因此金属在跨过氧化层台阶的地方就会变薄,如图 2.33a 所示。金属引线横截面积的任何减少都会提高其电流密度并加速铝的电迁移,因此台阶覆盖成为制备铝接触点和通孔系统的关键考虑因素。工程师已经开发了多种不同的技术来改善在非常陡峭侧壁上的台阶覆盖,例如那些通过反应性离子刻蚀工艺在厚的氧化层上制备出的接触窗口侧壁。最简单的方法是调节侧壁本身的角度,这可以通过加热晶圆片直到氧化层发生软化和塌陷,以便形成一个倾斜的表面来实现。这个过程通常称为回流,如图 2.33b 所示。纯的氧化层只有在很高的温度下才能发生软化,这样就很难实现回流,因此可以通过在氧化层中添加磷和硼,以便降低其软化温度。根据掺杂剂的选择,所得到的掺杂氧化层薄膜通常称为磷硅玻璃(PSG)或硼磷硅玻璃(BPSG)。

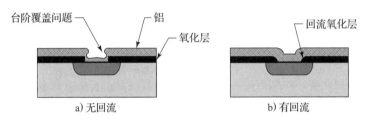

a) 无回流　　　　　　　　　　　b) 有回流

图 2.33　蒸发铝的台阶覆盖

回流大大提高了接触窗口处的台阶覆盖特性。然而它却不能应用于通孔,因为软化磷硅玻璃(PSG)或硼磷硅玻璃(BPSG)所需的高温会损坏铝金属。一种解决方案是使用几乎各向同性地沉积在陡峭侧壁上的难熔金属阻挡层,但是这类难熔金属阻挡层的高熔点使得蒸发它们变得不切实际,因此人们使用了一种称为溅射的低温工艺。图 2.34 展示了溅射设备的简化示意图,晶圆片放置在充满低压氩气的腔室内的平台

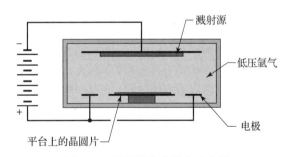

图 2.34　溅射设备的简化示意图

上,面对晶圆片的是构成一对高压电极之一的难熔金属阻挡层电极板。氩等离子体轰击难熔金属板,撞击松散的金属原子,使其沉积在晶圆片上形成一层金属薄膜。

如果台阶覆盖率是唯一的判断标准,那么铝就可以完全被难熔金属阻挡层所取代。但是,难熔金属的电阻率通常要比铝大得多。因此大多数金属系统会在一层薄的难熔金属阻挡层上面再重叠一层厚得多的铝金属层,其中较薄的难熔金属阻挡层确保在接触窗口或通孔的侧壁上有足够的台阶覆盖,而较厚的铝金属层则降低了引线的整体电阻。难熔金属阻挡层非常耐电迁

移，因此接触窗口侧壁和通孔的侧壁上较薄的铝金属层也不会带来电迁移的危险。

2.7.3　金属硅化物

元素硅与很多金属都会发生反应(包括铂、钯、钛、钴和镍)，它们会形成特定组分的化合物，这些金属硅化物既可以形成低电阻的欧姆接触，也可以在某些情况下形成整流的肖特基势垒，因此，硅化不仅改善了接触电阻特性，而且选择正确的硅化物也使得我们能够以很少的(甚至没有)额外成本制造出肖特基二极管。金属硅化物的电阻率甚至比掺杂最重的硅还要低得多，因此它们也可以用来降低特定区域的硅体电阻。大多数现代 MOS 工艺采用金属多晶硅化物(有时称为金属化多晶硅)来构成 MOS 晶体管的栅电极，因为金属多晶硅化物较低的电阻增大了栅电极的充电和放电速度。更先进的工艺还采用金属硅化物来覆盖晶体管的源区/漏区，以便降低晶体管源漏区的电阻。由于许多金属硅化物都是相对难熔的化合物，因此它们的沉积并不妨碍后续的高温热处理，例如源区/漏区离子注入后的退火。

图 2.35 展示了形成硅化铂接触所需的工艺步骤。在打开接触窗口之后，立即在整个晶圆片上溅射铂金属薄膜，然后加热晶圆片，以便使得相互接触的硅与铂发生反应以形成硅化铂(PtSi)，接下来使用硝酸和盐酸的混合物王水腐蚀去除未反应的铂，上述过程仅使得接触窗口处的硅成为金属硅化物。如果需要的话，还可以在完成多晶硅的图形化之后立即插入形成金属硅化物的工艺步骤，以便制备出金属多晶硅化物，或者在源区/漏区离子注入之后插入制备金属硅化物的工艺步骤，以便制造出覆盖源区、

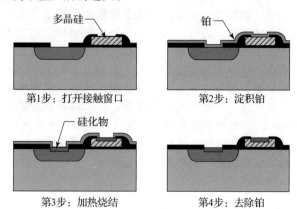

图 2.35　形成硅化铂接触所需的工艺步骤

漏区以及多晶硅的金属硅化物。在制备覆盖多晶硅的金属硅化物时，必须使用相应的掩模版避免多晶硅电阻形成硅化物，如果不这样做的话，硅化反应就会把所有的多晶硅都转化为低电阻的硅化物材料，从而也就不可能制造出阻值超过几千欧姆的电阻了。

硅化反应只能发生在硅与淀积的金属直接接触的地方，因此产生的金属硅化物与氧化层窗口或多晶硅的几何形状形成了自对准的结构，一些作者据此就把这种金属硅化物薄膜称为自对准金属硅化物或自对准硅化物。

典型的第 1 层金属硅化物系统是由仅在接触窗口内形成铂硅化物的最底层、难熔金属阻挡层的中间层和掺杂了铜的铝金属膜的最顶层组成的。难熔金属阻挡层用作铂硅化物和铝之间的扩散阻挡层，并且它还改善了接触窗口侧壁上的台阶覆盖。淀积一层氮化钛(TiN)薄膜是传统难熔金属阻挡层的替代方案，这是一种与难熔金属阻挡层具有大致相同性能的化合物材料。

金属化系统已经采用了多种金属硅化物。某些贵金属的硅化物，包括铂和钯的硅化物，能够形成肖特基二极管，这也是一种有用的元件。但是，这些贵金属的硅化物在相对比较低的温度下就会分解，因此限制了形成硅化物之后的工艺选择。某些难熔金属硅化物可以承受更高的温度，其中硅化钛最初受到大家的青睐，因为钛可以还原二氧化硅，因此即使在有薄的自然氧化物存在的情况下，硅化钛也有助于确保与硅形成低电阻的接触。然而研究人员随后却发现，当硅化钛引线的宽度小于 $1\,\mu m$ 左右时，其电阻率会显著增加，这个问题的出现是因为最初沉积形成的硅化钛是 TiSi 形态(称为 C49 相)，该形态在退火过程中转变为具有较低电阻的 $TiSi_2$ 形态(称为 C54 相)[⊖]。C49 - C54 相变伴随着硅化物晶粒尺寸的增大，如果引线尺寸不足以容纳

　⊖　C49 和 C54 是所谓 Strukturbericht 命名规则的两个实例，这些名称最早是由 1913 年创刊的、现在名为《结晶材料》(*Crystalline Materials*)的杂志引入的，旨在识别特定的晶体结构。

更大的晶粒，则不可能发生上述转变，这就导致具有较高电阻率相的持续存在。某些难熔金属硅化物，特别是镍和钴的硅化物，不经历相变过程，因此也就不会表现出依赖于线宽的电阻率增大。

金属多晶硅化物的电阻虽然仍然远高于金属的电阻，但是其电阻率已经低到足以使其成为一种有吸引力的互连材料。实际使用的时候要注意区分应用的场景。有限数量的多晶硅互连可以显著地增大数字逻辑集成电路的密度，因此许多数字标准单元包括大量的多晶硅互连，电路设计师在手工设计互连单元的时候也可以使用多晶硅互连来通过拥塞点，但是大多数自动化布线工具并没有被优化来正确地使用多晶硅互连。

2.7.4　钨插塞

随着接触孔的尺寸逐渐接近 1 μm，传统的铝接触窗口和通孔变得越来越不切实际。不仅铝线的台阶覆盖率下降到几乎为零，而且难熔金属阻挡层也开始出现台阶覆盖率的问题。为了能够用铝来填充亚微米的接触孔，研究人员已经尝试了多种工艺技术，包括高温淀积工艺和压力辅助填充工艺，但是这些方法都没有取得多大成功。

最终人们采用钨插塞技术解决了接触孔的填充问题。该工艺使用化学气相淀积(CVD)技术来淀积钨，而不是采用溅射方法。CVD 淀积工艺因其具有在不形成空洞的情况下能够填充窄孔的能力而引人注目，但是人们并没有找到可以用于 CVD 淀积铝的合适化合物，而六氟化钨和氢气的混合物却可以形成异常保形的钨层。图 2.36 展示了用于形成钨插塞通孔系统的工艺步骤。首先淀积一层难熔金属阻挡层或氮化钛，以促进钨与氧化物的黏附并保护下面的铝；其次淀积足够厚的钨层，以便完全填充通孔的开口并形成大致平坦的表面；最后将该表面抛光至氧化物，只留下填充有钨插塞的通孔。接下来，就可以在钨插塞上继续淀积第 2 层金属化布线了。

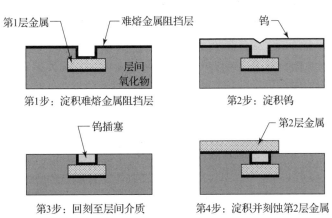

图 2.36　形成钨插塞通孔系统的工艺步骤

钨插塞工艺有几个优点。首先，厚的钨插塞确保了通孔或接触孔具有相对比较低的电阻连接；其次，通孔或接触孔上的金属平面在确保侧壁导电路径的前提下，消除了对其侧壁覆盖金属的需求；最后，版图设计人员现在可以将接触孔和通孔堆叠在一起。然而，钨插塞工艺通常要避免使用任意尺寸和任意形状的接触孔和通孔，并且它也确实增加了一些额外的工艺步骤使得工艺成本有所增加。因此，通常只有当接触孔或通孔尺寸缩小到大约 1 μm 以下时才会采用钨插塞技术。

2.7.5　介质

图 2.37 展示了 20 世纪 80 年代一个 CMOS 集成电路典型的双层金属(DLM)、单层多晶硅金属化系统的剖面示意图。厚的场区氧化层采用 LOCOS 工艺形成，而薄的氧化层则是利用常规的热氧化工艺在栅极和凹槽区上形成的，在这个薄氧化层上淀积一层磷掺杂的多晶硅薄膜并

使其图形化,然后在整个晶圆片上均匀地淀积一种称为多层氧化物(MLO)的薄硼磷硅玻璃(BPSG)。这层 MLO 用于隔离多晶硅并加大凹槽区上的热氧化层厚度。通过刻蚀 MLO 上的接触孔可以实现对多晶硅的接触,通过刻蚀 MLO 和薄的热氧化层的接触孔可以实现对凹槽区的接触。在回流以缓和接触孔侧壁的倾斜度之后,对接触孔进行硅化处理以降低其接触电阻。下一步淀积第 1 层金属化结构,该金属化结构由难熔金属阻挡层和后续更厚的铜掺杂铝金属层组成。在第 1 层金属化结构完成图形化之后,另一层淀积的氧化层构成了一个层间氧化物(ILO),该层间氧化物将存在于双层金属互连系统的两个金属层之间。现在通过 ILO 刻蚀出通孔,然后再淀积第 2 层金属,该金属层同样是由难熔金属阻挡层和其后的铜掺杂铝金属层构成的。最后的顶层是由一层具有压应力的氮化物构成的保护涂层(PO)。通过保护涂层刻蚀出第 2 层金属上的窗口以便键合引出线。该金属化系统一共需要 6 个光刻掩模步骤:多晶硅、接触孔、第 1 层金属、通孔、第 2 层金属和键合窗口的保护涂层去除(POR)。更先进的工艺还可以包括更多的金属层和多晶硅层,以及用于制备嵌入到互连系统中的电阻、电容和其他器件的各种不同的材料。

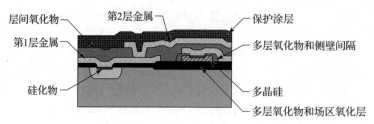

图 2.37　一个双层金属、单层多晶硅金属化系统的剖面示意图

图 2.37 所示的金属化系统中使用的层间氧化物是由低温淀积的氧化物组成的,如四乙氧基硅烷(TEOS)分解形成的氧化物。相对厚的层间氧化物有助于最小化导体层之间的寄生电容,但是它也会导致通孔开口中的台阶覆盖问题。如前所述,铝的淀积工艺基本上排除了回流工艺的使用,因此难熔金属阻挡层通常可以用于改善通孔开口内的台阶覆盖率。

在晶圆片上淀积的图形化层不可避免地会导致其表面高度发生变化,或者如工艺工程师所说的形貌变化,每一个增加的图形化层都会使表面形貌更加恶化。现代的细线条光刻技术通常具有非常窄的景深,很难容忍表面形貌的微小变化。因此在淀积另一层金属薄膜之前,必须采用特殊的技术使得表面恢复平坦化。这些平坦化技术中最简单的一种涉及反复使用一种旋涂玻璃(SOG)。SOG 以液态薄膜的形式旋涂在晶圆片上,其表面被液体的表面张力拉紧,这样一来表面凹陷处填充的 SOG 就比平均厚度要多,而表面凸起处填充的 SOG 就比平均厚度要少,因此每一层的 SOG 都在一定程度上降低了表面的不平坦性。抗蚀剂回刻平坦化工艺依赖于类似的对表面张力的应用,在晶圆片上旋涂一层光致抗蚀剂,然后烘烤使其硬化,这一层光致抗蚀剂并没有经历曝光图形化,晶圆片就被直接装载到等离子体刻蚀机中,该等离子体刻蚀机同时轰击光致抗蚀剂和氧化物,随着光致抗蚀剂的表面逐渐被刻蚀,慢慢就会露出越来越深处的氧化层,最高处的氧化层被刻蚀的时间最长,被去除的量也最多。

SOG 和光致抗蚀剂回刻平坦化工艺已经可以充分满足 20 世纪 80 年代和 90 年代初简单模拟集成电路金属化系统的要求。具有亚微米金属线条宽度与间距的更为先进的工艺则需要更严格的平坦化工艺,这些要求导致了化学机械抛光(CMP)技术的引入,这项技术使用一种由精细且柔软的磨料颗粒组成的碱性浆料,碱性溶液会侵蚀裸露的氧化层并使其软化,从而使得磨料颗粒可以将其擦除掉。CMP 工艺能够选择性地攻击氧化层表面上的最高形貌,同时使凹陷区域几乎不受影响。尽管 CMP 技术比 SOG 和光致抗蚀剂回刻工艺具有更多的优势,但是它并不完美。初始形貌中的大凹陷区域会在最终的表面上留下凹陷,因为柔性的研磨垫会浸入到凹陷区域中并将凹陷区域的氧化物擦除掉,这种效应被称为碟形塌陷,只有在相对比较大的范围(数百微米)才会变得更加明显。对付碟形塌陷最简单的办法是将一些未连接的金属阵列或多晶硅的几何图形添加到芯片上缺少这些材料的区域,这些所谓的虚拟几何图形可以在没有版图设计师协助的情况下自动产生出来。

图 2.38 展示了采用化学机械抛光(CMP)和钨插塞通孔工艺是如何结合在一起的双层金属、单层多晶硅金属化系统的剖面示意图。厚的场区氧化层是通过浅槽隔离形成的,其中的浅槽要首先腐蚀出来,然后再用氧化物填充,最后使用化学机械抛光将其抛光成光滑表面。在淀积多晶硅并对其进行光刻和图形化之后,将钛溅射到晶圆片上并通过退火形成硅化钛覆盖的源区/漏区和多晶硅区域,然后淀积并刻蚀多层氧化物(MLO)以便形成裸露出硅化钛的接触窗口。接下来淀积一层难熔金属阻挡层作为扩散的阻挡层并增强钨插塞与硅化物之间的黏附,然后淀积一层钨来填充通孔,随后采用化学机械抛光去除多余的钨并使表面恢复平坦化。接下来淀积第 1 层金属,它是由难熔金属阻挡层、铜掺杂的铝金属厚层和氮化钛(TiN)层组成的,其中的氮化钛层主要用作抗反射涂层(ARC),以便在随后的光刻图形化操作期间使得铝金属表面的光散射达到最小化。在对第 1 层金属进行图形化操作之后,淀积层间氧化物(ILO),并向下刻蚀通孔以裸露出第 1 层金属,再淀积一层难熔金属阻挡层覆盖通孔的侧壁,并通过淀积钨和回刻形成钨插塞。此时再对晶圆片进行一次 CMP 平坦化处理为淀积第 2 层金属做好准备,第 2 层金属同样是由初始的难熔金属阻挡层、厚的铜掺杂铝金属层和顶部的抗反射涂层组成的。最后淀积的一层具有压应力的氮化物层形成保护涂层,该保护涂层经刻蚀后可以在焊盘上形成引线键合窗口。上述后道工艺(BEOL)流程一共需要 6 层光刻掩模版(包括多晶硅、接触孔、第 1 层金属、通孔、第 2 层金属和保护涂层窗口),如果还需要没有覆盖硅化钛的多晶硅电阻的话,则再增加第七层光刻掩模版(屏蔽多晶硅化物)。与早期的铝通孔系统相比,上述流程的工艺步骤数量显著增加,但是钨插塞技术还是提供了许多优点,包括亚微米的金属线条宽度与间距、亚微米的接触孔与通孔开口、相互堆叠的接触孔与通孔,以及多晶硅及有源区的选择性金属硅化物工艺等。

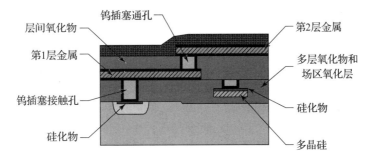

图 2.38 采用化学机械抛光和钨插塞通孔工艺的双层金属、单层多晶硅金属化系统的剖面示意图

所有的集成电路芯片都需要某种保护涂层。早期的工艺使用磷硅玻璃或含有拉伸应力的氮化物,近期的工艺更偏向于采用具有压应力的氮化物,因为这种材料非常坚硬牢固,并且不易受到钠离子等可动离子污染物的影响。然而也有一些新工艺已经恢复使用磷硅玻璃或混合的氮氧化物保护涂层,因为传统的等离子体淀积氮化硅对紫外线是不透明的。因此如果某个工艺中包括了紫外线可擦除器件的话,则不能使用传统的氮化物保护涂层(特殊的对紫外线透明的氮化物保护涂层也是存在的)。不管在哪一种情况下,保护涂层不仅能够保护集成电路芯片免受湿气和各种离子污染物的侵蚀,而且还能够提供一定程度的机械保护。裸露在外的铝金属引线也是非常脆弱的,即使是一张纸在其表面滑动都有可能给它造成破坏。当然这并不包括在晶圆片盒中的碳浸渍塑料薄膜层之间存放晶圆片的常见做法。

2.7.6 铜

在平面工艺出现后,铝一直是集成电路金属化系统的选择方案,这种金属表现出相对较低的电阻,它也很容易通过淀积形成薄膜,它还与氧化物及硅都能够很好地黏附,并且在采取了某些预防措施的情况下,它能够与硅直接形成欧姆接触。然而到了 20 世纪 90 年代末,晶圆片制造技术的不断进步已经将铝金属化系统推向了极限。当引线宽度缩小到亚微米尺寸或工作电流达到几十安培时，铝线的电阻尽管仍然很低，但是却变得至关重要了。在这种情况下，电迁移效应也变成了一个令人担忧的问题。铜的电阻率比铝要低 35%，其抗电迁移性能也比铝提高了一个数量级。因此，这时铜金属化系统开始取代传统的铝金属化系统。

两个严重的障碍推迟了亚微米铜金属化系统的引入。首先，铜很容易氧化，而且它也很容易通过扩散穿透过氧化层和硅，因此必须在铜布线与其周围层之间设置有效的扩散阻挡层，可以用于此目的最常见的材料就是氮化钽。其次，铜的干法刻蚀会留下难以挥发的残留物，这个问题最终通过一种名为大马士革图形化的全新技术得到了解决。

图 2.39 展示了用来制备单大马士革镶嵌铜金属化层所需的工艺步骤。为了便于说明，假设所讨论的金属层是构成三个连续互连层中的第二个互连金属层。第一步包括形成传统的钨插塞通孔和对所得到的表面进行 CMP 平坦化。接下来，淀积一层氧化物，该氧化物层最终将构成第二个层间氧化物层（ILO-2）。在这层氧化物上凡是需要铜引线的地方就刻蚀出沟槽，然后在晶圆片上溅射钽或氮化钽层形成扩散阻挡层。接下来淀积一层非常薄的 CVD 铜层以用作种籽层并完成后续剩余铜的电镀沉积。然后采用电化学机械抛光（ECMP）工艺去除第二个层间氧化物（ILO-2）上的所有铜，只留下嵌入在沟槽中的所谓大马士革铜的镶嵌金属线。最后在这层镶嵌铜的顶部淀积一层通常由氮化硅组成的绝缘扩散盖帽层，以防止铜扩散到接下来淀积的第三个层间氧化物（ILO-3）中。

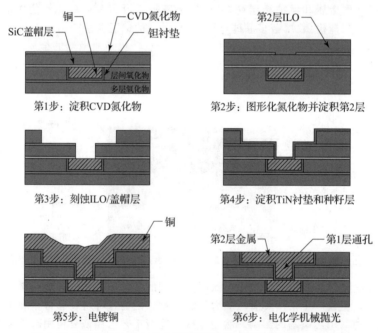

图 2.39　用来制备单大马士革镶嵌铜金属化层所需的工艺步骤

译者注：此图原文标注有误。

图 2.40 展示了另一种类型的大马士革镶嵌铜工艺，该工艺可以同时制备出铜金属层和铜插塞通孔。我们再次以 3 个连续金属层中的第 2 层为例，来说明这种双大马士革镶嵌铜工艺。第 1 步是通过 CVD 方式大面积淀积氮化物，该氮化物层将作为后续刻蚀沟槽的掩蔽层。接下来是大面积淀积氧化物层，该氧化物层最终将成为第 2 层 ILO。刻蚀这层氧化物形成沟槽，以便嵌入大马士革铜金属引线。选择合适的等离子体化学组分以便能够快速地侵蚀氧化物，但是只能缓慢侵蚀氮化物。因此沟槽终止于 CVD 氮化物层上。利用第二块光刻掩模版在 CVD 氮化物层上打开通孔的窗口，并增加一次各向异性的 RIE 刻蚀通孔处的氧化物直至裸露出第 1 层金属。然后淀积氮化钽扩散阻挡层和电镀铜的种籽层并完成铜的电镀，接下来利用电化学机械抛

光去除沟槽和通孔以外的所有铜。最后，再将一层氮化硅扩散盖帽层淀积在晶圆片的顶部，以防止铜扩散到第 3 层 ILO 中。

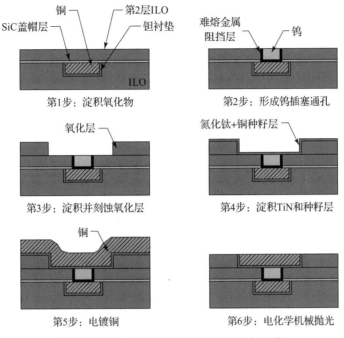

图 2.40　另一种类型的大马士革镶嵌铜工艺

　　双大马士革镶嵌铜工艺提供了电阻率较低的插塞通孔和接触孔，并不包含通常形成插塞所必需的钨淀积和刻蚀这两步独立的工艺。由于钨淀积相对比较慢，因此节省的时间可能有助于证明使用双大马士革镶嵌技术的合理性。

　　研究人员已经开发出了采用大马士革镶嵌工艺的具有几微米厚铜导电层的大电流金属化系统。然而 $5\sim25~\mu m$ 厚的铜层是在不引入超过几毫欧姆电阻的情况下承载数十安培电流所必需的，大功率铜引线工艺就是为了满足这些需求而开发的，它从一个经过充分工艺处理的晶圆片开始，该晶圆片上已经包括了一层保护涂层，但是该保护涂层上的窗口并不是构成键合引线的焊盘，而是构成到大功率铜引线的通孔。在晶圆片上溅射一层薄薄的铜作为种籽层，后续再电镀 $5\sim25~\mu m$ 厚的铜。在铜上先镀一薄层镍，然后再镀一薄层钯，用于抑制氧化并为引线键合提供合适的表面。通过简单的湿法腐蚀形成大功率铜引线的图案，如图 2.41 所示。该大功率铜引线的宽度和间距都是非常粗糙的，但是这并不重要，因为大功率铜布线只形成焊盘和大电流引线。厚的大功率铜引线降低了底层集成电路受到的引线键合力的影响，因此焊盘可以直接放置在有源电路上，并与大直径的铜线键合，而不用担心损坏。这种能力通常称为有源电路上的键合（BOAC）。

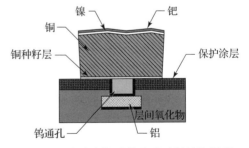

图 2.41　大功率铜引线及通过保护涂层到铝金属化层的通孔剖面示意图

　　大功率铜引线工艺也有几个缺点。首先，厚铜不具有与芯片其余部分相同的热膨胀系数，并且随着铜的厚度和管芯尺寸的增加，热引起的应力逐渐成为越来越严重的问题。其次，缺乏一层有效的绝缘涂层会导致晶圆片在切割过程中产生的碎片被卡在裸露的铜引线之间，引起间歇性的短路。第一个问题通常可以通过调节大功率铜引线的厚度来解决，第二个问题则需要采用图形化的聚酰亚胺充当绝缘涂层来解决。

另一种厚铜技术是用来构建铜柱的,它主要用于在不使用键合引线的情况下将芯片与其下方的基板连接起来。以前也开发过类似的技术,它是将焊料或涂有焊料的铜球沉积在焊盘上,以便使得可以将芯片直接焊接到电路板上,但是铜柱提供的接触尺寸则要小得多(目前可以小到 25 μm 左右)。该工艺从淀积和刻蚀厚铜开始,与上述系统非常相似,但是添加了一层 10 μm 厚的银锡合金覆盖层作为无铅焊料。然后将芯片倒置在基板顶部并加热以熔化银锡合金,从而将铜柱牢固地焊接到下面基板的铜引线上。这种基板基本上与传统的多层印制电路板相同,只是它要薄得多,并且通常会嵌入到一个塑料封装中。

2.8　组装

晶圆片的制造工艺通常以淀积一层保护涂层作为终点,但是仍然需要许多制造步骤才能完成集成电路的生产。由于大多数制造步骤对清洁度的要求不如晶圆片制造那么严格,因此它们通常都在一个称为组装/测试间的单独设施中进行。

图 2.42 是成品晶圆片的示意图,图中每个小方块代表一个完成的集成电路芯片。但是,并不是每一个集成电路芯片都能按预期工作。晶圆片周边的一些芯片由于受到夹持损伤或曝光不全而出现故障,而整个晶圆片上还会有一些零散的芯片会因为颗粒污染或硅缺陷而发生故障。典型的产品良率会随着晶圆片尺寸的增大和工艺清洁度的提高而增加。典型的 20 世纪 80 年代的集成电路平均良率约为 85%,而它们的现代同类产品良率通常会超过 90%。另外,客户往往期望百万分之一的缺陷率。因此每一个芯片在出售之前都必须经过测试。此外封装也会增加成本,因此许多管芯在组装之前都要在晶圆片级进行测试。

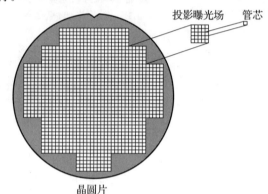

图 2.42　成品晶圆片示意图,图中显示 5×5 的投影阵列和阵列中的单个管芯

晶圆片级测试或晶圆片探测需要接触集成电路最上层互连金属上的特定位置,这些位置对应于保护涂层上的窗口。一组锋利的金属针(或称为探针)安装在一块称为探针卡的板上。自动测试设备(ATE)引导一种名为探针台的机器将晶圆片与探针卡对准并降低针头,直到它们接触到金属化层,然后就开始对集成电路芯片进行自动测试,这一过程通常只需要几秒钟。然后 ATE 记录测试结果,并移动晶圆片以便将探针对准下一个测试位置。早期的 ATE 系统通常一次只测试一个芯片,并在每个损坏的芯片上涂上一滴油漆来标记它。现代的 ATE 系统可以同时测试多个芯片,并且也不会在物理上给芯片"喷墨"了,而是完全依赖电子数据文件来记录结果。

一旦晶圆片经过测试之后,接下来就必须将其分离成单独的管芯。这个过程的第一步是进行机械研磨,以便将晶圆片减薄到所需的最终厚度,这一过程称为背面研磨。大多数晶圆片的原始厚度约为 250~750 μm,这样才能提供足够的刚度和强度,来应对工艺加工。芯片所需的最终厚度随着所选封装形式的不同而有所变化,但是通常芯片的厚度在 50~100 μm 之间。

下一步,将经过背面减薄处理的晶圆片固定在一层称为释放带的塑料薄膜上,该塑料薄膜固定在一个钢环上。采用金刚石划片刀在各个管芯之间划过,划片刀必须完全锯穿晶圆片,进入但不穿透下面的释放带,同时用二氧化碳饱和(以增加其导电性)的纯净水提供冷却并释放切割过程中产生的静电荷。划片刀在管芯的行和列之间穿过专门设计的大约 50~75 μm 宽的划片道,尽管有不少测试结构通常放置在划片道内,但是必须限制这些区域中的金属和氧化物的总量,以避免污染或损坏划片刀。一旦完成划片之后,带有黏附管芯阵列的释放带就可以用于芯片组装了。激光划片系统目前已经开始与机械划片刀展开竞争，因为激光划片系统允许使用更窄的划片道。激光划片系统使用激光束在划片道位置的硅深处产生缺陷区，然后轻微弯曲晶圆片就会导致其沿着缺陷区的路径断裂，从而分离开各个管芯。

2.8.1 组装与键合

芯片组装过程中的一些细节情况因封装性质的不同而有所差异。常规的封装都要采用通过冲压或刻蚀金属薄片制备的金属引线框架。图 2.43 展示了一个用于 8 引脚双列直插封装（DIP）的引线框架简化示意图。这种双列直插封装现在几乎已经过时了，但是许多其他类型的封装也都使用了非常相似的引线框架。引线框架最常用的材料是铜或者铜的合金，通常表面再镀一层

抗腐蚀且增加焊料黏附性的薄膜。铜并不是用于引线框架的理想材料，因为其热膨胀系数与硅的热膨胀系数差别较大。当封装的部件受到加热和冷却时，管芯和引线框架不同的热膨胀会产生对管芯性能有害的机械应力。但是，大多数具有类似于硅热膨胀系数的材料都具有较差的机械性能和电学性能，其中有些材料偶尔会用于特殊元件的低应力封装，其中被称为 Alloy42 的镍铁合金可能是最常见的。

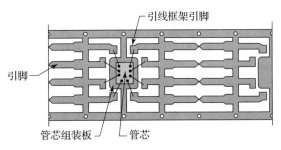

图 2.43　用于 8 引脚双列直插封装的引线框架简化示意图

通常使用环氧树脂将管芯固定到引线框架上，这种树脂通常填充有细碎的银粉，以提高其导热性。也存在一些替代的方法，可以在硅芯片和引线框架之间提供优异的热传导和电接触特性，但是其代价是带来更大的机械应力和更高的成本。例如，管芯的背面可以镀上一层金属或金属合金，并将其焊接到引线框架上。或者，可以通过在引线框架上放置一个称为金预制件的矩形金箔来形成一个金的共晶管芯粘接，加热管芯并将其与金箔摩擦，会形成一种称为共晶的低熔点合金，该合金可以在远低于实际黄金熔点的温度下将两者牢固地焊接在一起。另一种替代方案则是使用银浆的高压烧结。焊料、银烧结和共晶焊技术都可以在管芯背面和引线框架之间提供一个低电阻路径。导电环氧树脂虽然可以改善导热性，但是它们恐怕难以提供低电阻的连接。

传统的引线框架采用引线键合方法将管芯与引线框架引脚连接起来，键合只能在管芯的金属层通过保护涂层上打开的窗口处进行，该窗口足够大可以容纳键合引线，通常将其称为键合焊盘。用于晶圆片探测的探针卡也可以与键合焊盘接触，但是探针还可以与专门用于测试目的的焊盘接触，这类焊盘通常称为探针焊盘，以区别于面积较大的键合焊盘。

键合曾经是由操作人员借助双目显微镜手工进行的，他们通过调准键合线来构建每一个键合点，这个过程需要大量的操作人员，不但速度很慢，而且无论操作人员多么熟练，都会出现大量的错误键合点。因此到了 20 世纪 80 年代，大多数公司都开始使用光学识别来确定焊盘位置的自动引线键合机。早期的引线键合机都设计为使用金线键合，因为这种材料具有优异的导电性，又不会氧化，而且足够柔软，可以避免损坏底层的电路。传统上，键合线的直径是以密耳（mil）或千分之一英寸（in）为度量单位的，最常见的是直径 1 mil（直径标称值为 25 μm）的键合线。

最常见的金线键合技术叫作球形键合，键合机通过一根称为毛细管的细管馈入金线，图 2.44 展示了球形键合的工艺步骤，早期的球形键合机使用氢气火焰熔化金线末端以形成金球，但是今天这是通过电弧在一个称为电子点火烧球的过程中完成的（参见图 2.44，第 1 步）。一旦形成了金球之后，毛细管就开始向下压在焊盘上，金球在压力下变形，金和铝融合在一起形成焊点（第 2 步）。接下来，毛细管上升并移动到引线框架引脚附近（第 3 步）。毛细管再次下降，将金线压到引线框架引脚上，这将导致金与下面的金属形成合金，从而产生另一个称为针脚式键合的焊点（第 4 步）。毛细管从引线框架引脚上抬起，金线在其最薄弱的位置断开（第 5

步)。最后,一个金属打火杆移动到位,利用电弧熔化从毛细管伸出的金丝,形成另一个金球(第 6 步)。一种称为楔形键合的替代工艺省去了电弧烧球,而是使用一个小的楔形工具直接将金线压在焊盘和引线框架引脚上进行键合,所形成的针脚式键合类似于球形键合过程中形成的焊点,但是它们出现在键合引线的两端。自动键合机每秒钟可以非常精确地键合十根甚至更多的金线。

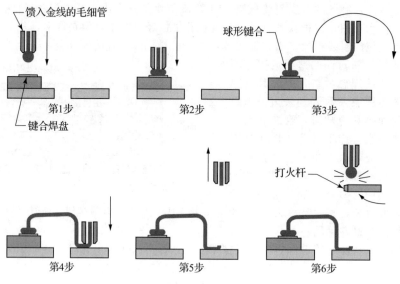

图 2.44　球形键合的工艺步骤

在整个 20 世纪,黄金仍然是键合引线的标准材料,但是 20 世纪末金价的快速上涨迫使人们将注意力集中到各种替代材料上。楔形键合的大直径铝线长期以来一直应用于分立的功率晶体管,但是铝太软,并不适合用来取代金。因此制造商转而使用铜线,但是这种材料容易氧化,因此其较细的直径上通常还包覆了一层钯以确保可键合性。直径低至 0.8 mil(20 μm)的钯包覆铜(PCC)引线和直径大至 2.0 mil(50 μm)的纯铜引线目前被广泛应用于集成电路的引线键合工艺。

球形键合工艺需要大约两到三倍于引线直径的方形焊盘,因此,一根直径 1 mil 的引线可以键合到边长大约为 50~75 μm 的方形焊盘上。引线直径比较小的楔形键合则需要类似尺寸的焊盘。图 2.43 展示了最终键合管芯的外观。尽管与引线框架引脚相比,1 mil 的键合引线看起来非常细,但是每一根键合引线仍然可以传导接近 1 A 的电流,键合引线准确的电流额定值取决于它们的长度和封装工作温度。在很多情况下,我们可以将两根甚至三根引线键合到同一个引线引脚上。焊盘的正确摆放是必要的,以避免键合引线彼此之间发生短路或与裸片的切割边缘发生短路。已有各种专有软件工具,可以用来验证键合引线的放置是否符合特定类型键合引线及引线框架的规则。

2.8.2　封装

早期的集成电路采用了最初为分立晶体管开发的封装结构,如 TO-3 和 TO-5 金属管壳以及 TO-220 塑料封装管壳,这些管壳价格昂贵,也不方便使用,而且还不能容纳超过 10 个引脚。1965 年,丹·福布斯等人(Dan Forbes、Rex Rice 和 Bryant Rogers)发明了一种 14 引脚陶瓷双列直插封装。20 世纪 70 年代和 80 年代,最少 6 个引脚最多 64 个引脚的塑料模压双列直插封装占据了主导地位,后来被设计成直接安装在印制电路板表面的较小封装替代。这些表面安装封装现在几乎完全取代了双列直插封装。表 2.4 中列出了具有代表性的塑封表面贴装封装,更小的芯片尺寸封装也开始在手机等高度小型化的便携式产品中得到了大量应用。

表 2.4　具有代表性的塑封表面贴装封装

名称	缩写形式	形态	名称	缩写形式	形态
小外形晶体管封装	SOT-23	两侧有鸥翼状引脚	薄四边形扁平封装	TQFP	四边有鸥翼状引脚
小外形集成电路封装	SOIC	两侧有鸥翼状引脚	四边形扁平无引脚封装	QFN	四边有电极触点
薄型收缩小外形封装	TSSOP	两侧有鸥翼状引脚	微型球栅阵列封装	μBGA	矩形球阵列
四边形扁平封装	QFP	四边有鸥翼状引脚			

塑料封装是通过一种称为转移模塑的工艺制成的，将模具夹在引线框架周围，并将加热的塑料树脂从下方强制压入模具中，塑料从模具周围涌出至管芯上，并以轻柔的循环方式将键合线从模具上抬起。用于集成电路的塑料树脂由填充了二氧化硅粉末的环氧树脂组成。多年来，制造商不断增加其中二氧化硅粉末的含量，以尽量降低塑料的热膨胀系数和由此对管芯带来的机械应力。现代的模塑化合物填充了大约 90% 的二氧化硅粉末，这种模塑料可以在大约 175 ℃ 的高温下固化 90 s 左右。

当成型过程完成之后，可以对引脚做进一步修剪并形成其最终的形状，这是在机械冲压机中通过一对特殊形状的模具来完成的，这些模具同时修剪掉各个引脚之间的连接并将其弯曲成所需的形状。以前完成这一步之后就要进行铅锡焊料浸渍或焊料电镀，但是 1996 年欧盟引入的有害物质限制指令(RoHS)在很大程度上终止了铅锡焊料在电子产品中的应用。现代的集成电路引脚要么镀有无铅的高锡焊料，要么镀有贵金属钯。

接下来，通过采用将标记代码打印到集成电路表面，或者采用激光将这些代码刻印到它们的表面，来对集成电路产品进行符号化。符号化总是要包括一个元件号，如果有足够空间的话，还应该包括一个识别生产日期的代码。现在还要对已完成封装的集成电路再进行一次测试，以确保其能够正常工作。如果之前已经进行了晶圆片级探测，那么最终测试可能只需要包括一组基本的测试，以确保引线键合不会导致任何开路或短路故障。更为常见的是，最终测试包括一系列广泛的室温条件测试。某些器件也可能会在高温或低温下接受额外的测试。最终测试使用一种名为测试夹具的装置来固定器件，并将它们插入自动测试设备的特殊插座中。与晶圆片的探测一样，通常每个器件完成这个过程只需要几秒钟。未通过最终测试的器件通常必须销毁，以防止它们落入造假者之手。通过了最终测试的器件则被包装在塑料管、托盘或卷轴中，以便分发给客户使用。

2.9　本章小结

戈登·摩尔(Gorden Moore)先生著名的定律预测微处理器中晶体管的数量每两年翻一番。从 1970 年到 2015 年，实际微处理器中晶体管的数量从大约 2000 个增加到了大约 100 亿个，所以到目前为止，摩尔先生或多或少被证明是正确的，这是工业化批量大生产历史上所取得的最非凡的成就之一。在这么大的时间跨度里，没有任何一项其他技术的性能曾经有过如此稳定的几何增长速率。摩尔定律并不直接适用于模拟电路，一方面是因为这类电路更大的设计复杂性阻碍了如此大量晶体管的充分利用，另一方面也是因为极小尺寸的晶体管在用作模拟电路元件时的表现并不佳。尽管如此，自 20 世纪 70 年代以来，模拟集成电路的设计和制造取得了长足的进步。

引发半导体产业革命的关键技术是能够同时制备出数百万、数十亿甚至未来可能达到数万亿几何图形的光刻能力。从 20 世纪 70 年代的 3 in(75 mm)硅晶圆片发展到今天的 12 in(300 mm)硅晶圆片，硅晶圆片尺寸的增长进一步促进了半导体产业经济的发展。下一章我们将研究将版图设计转换为用于光刻工艺掩模版的过程。

习题

2.1　当有压力施加到一片未知晶圆片的中心时，它分裂成了六个看似相同的部分。从这一现象的观察中你可以明确得出什么结论？还可以合理推断出什么结论？

2.2　绘制出一张类似于图 2.4 的图,并说明立方晶体的(100)晶面与(110)晶面之间的关系(如有必要的话,可以参阅本书的附录 A)。

2.3　假设一块光刻掩模版是由透明背景上的一个不透明的矩形组成的,采用负性光致抗蚀剂与该掩模版相结合来对晶圆片进行曝光,描述显影后留在晶圆片上的光刻胶图形。

2.4　假设一块硅晶圆片经历了以下的工艺处理步骤:
a)整个晶圆片表面均匀的氧化。
b)在硅晶圆片表面的氧化层上打开一个窗口。
c)再经过一次额外的氧化。
d)在步骤 b 所示窗口区域的氧化层中间再打开一个稍小一点的窗口。
e)再经过一次额外的氧化。
绘制出所得结构的剖面图,显示出硅晶圆片表面和氧化层表面的形貌,该图并不需要完全按比例绘制。

2.5　假设一块硅晶圆片均匀地掺杂有相同浓度的硼原子和磷原子,再经过长时间的热氧化之后,硅晶圆片的表面处是 N 型还是 P 型?为什么?

2.6　假设一块(111)晶面的硅晶圆片均匀地掺杂有 $1 \times 10^{16}/cm^3$ 的硼,然后对该晶圆片进行以下工艺处理步骤:
a)整个晶圆片表面均匀的氧化。
b)在硅晶圆片表面的氧化层上打开一个窗口。
c)硼和磷的淀积,每种杂质源的浓度均为 $1 \times 10^{20}/cm^3$,在 1000 ℃下先淀积 15 min,再推进 1 h。
假设两种掺杂剂相互不发生反应,也不与氧化物发生反应,绘制出所得结构的剖面图,标出所形成 PN 结的大致深度。

2.7　磷通过表面氧化层上一个 $5 \mu m \times 5 \mu m$ 的窗口扩散到一块(100)晶面轻掺杂的硅晶圆片中,如果所得结深为 $2 \mu m$,那么磷在硅晶圆片表面的扩散宽度是多少?

2.8　对(111)晶面的硅晶圆片进行离子注入是以 7°角轰击表面的离子束进行的,硅晶圆片本身也被切割成偏离[111]轴 2°,解释这两种故意偏离的目的。

2.9　如果覆盖在硅晶圆片上的氧化层表面被研磨得非常光滑,晶圆片的不同区域仍然表现出不同的颜色。N 型埋层(NBL)的暗影消失,取而代之的是从 NBL 内部区域到外部区域的颜色变化。解释这些观察到的现象。

2.10　绘制出以下金属化系统的剖面图:

a)通过 $0.5 \mu m$ 厚的氧化层上窗口形成 $0.2 \mu m$ 硅化钛并实现 $2 \mu m$ 的接触孔。
b)由 $0.2 \mu m$ 的难熔金属阻挡层(RBM)和 $0.6 \mu m$ 的铜掺杂铝金属膜构成的第 1 层金属。
c)$2 \mu m$ 宽、$0.3 \mu m$ 深的通孔,穿过高度平坦化的层间氧化层(ILO)。
d)由 $0.2 \mu m$ 的难熔金属阻挡层(RBM)和 $1 \mu m$ 的铜掺杂铝金属膜构成的第 2 层金属。
e)$1 \mu m$ 厚的压应力氮化硅钝化保护层。
假设硅化物表面与周围的硅表面齐平,并且铝金属在接触孔和通孔的侧壁上均减薄 50%,该剖面图应按比例绘制。

2.11　假设一个管芯的尺寸为 $1.5 mm \times 2.0 mm$,一个直径为 200 mm 的晶圆片上可以制造出大约多少个这样的管芯?假设 90% 的管芯能够正常工作,并且完成这样一片晶圆片的成本为 400 美元,计算每个能够正常工作管芯的成本。

2.12　给出适当的工艺方法以便能够制造出以下每一种扩散区:
a)一个浅的、重掺杂的 N 型源/漏扩散区。
b)一个深的、轻掺杂的 N 型阱扩散区。
c)一个深的、重掺杂的 N 型沉降扩散区。
d)一个重掺杂的砷埋层。
e)一个深沟槽周围重掺杂磷的侧壁。

2.13　请给以下每个工艺提供合适的硅化物:
a)最小多晶硅线宽为 $1 \mu m$ 的制造工艺,且需要肖特基二极管。
b)一种不包含肖特基二极管的工艺,其最小多晶硅线宽为 $2 \mu m$。
c)该工艺不需要肖特基二极管,但是能够制造出 $0.25 \mu m$ 线宽的多晶硅。

2.14　本章所描述的蓝宝石上硅(SOS)工艺呈现出一种严重的非平面拓扑结构,给出一种能够减少或消除这种非平面特性的方法。

2.15　提出的一种高压介质隔离工艺需要在 $1 \mu m$ 厚的掩埋氧化层上制备一层 $25 \mu m$ 厚的轻掺杂 N 型硅。作为一个额外增加的复杂性,还要在掩埋氧化层的正上方增加一个砷埋层。请给出一种可行的制造方法。

2.16　假设在一块(111)晶面的硅晶圆片上使用取向相关的氢氧化钾丙醇腐蚀剂,其结果会是什么样的?

2.17　金丝键合引线的成本较高是它们被铜键合线取代的主要原因。按照当前的黄金成本,估算一下键合一个具有 64 个引脚的集成电路所需直径为 1 mil(25.4 μm) 金丝键合引线的成本，假设每个引脚需要一根平均长度为 750 μm 的键合引线。使用直径为 0.8 mil 的铜线可以节省多少钱？ⓧ

2.18 如果戈登·摩尔定律能够一直持续到 2100 年，那么当年制造的一个典型的微处理器芯片可能会包含多少个晶体管？这种情况是否真的会出现？为什么？

参考文献

［1］ B. El-Kareth, *Silicon Devices and Process Integration* (Cedar Park, TX: Springer, 2009).

［2］ W. R. Runyan and K. E. Bean, *Semiconductor Integrated Circuit Processing Technology* (Reading, MA: Addison-Wesley, 1990).

［3］ P. van Zant, *Microchip Fabrication: A Practical Guide to Semiconductor Processing*, 6th ed. (New York, NY: McGraw-Hill, 2013).

［4］ S. Wolf and R. N. Tauber, *Silicon Processing for the VLSI Era, Vol. 1: Process Technology*, 2nd ed. (Lattice Press, 1999).

Ⓧ 此处原文有误。——译者注

第3章

版 图

集成电路从一开始就是依靠光刻技术来制作几何图形的。杰克·基尔比（Jack Kilby）的第一块集成电路使用了光刻技术在芯片上刻蚀出一个槽，作为隔离屏障。他的第一块光刻掩模版只是所需槽的照相底片。每曝光一次，就可以产生一个芯片。

规模化经济迅速将这一实验室处理方法转变为类似现代光刻技术的工艺。每个光刻掩模版都是由一块涂覆了感光乳剂的钠钙玻璃板构成的。每次曝光可以对一块 2 in 晶圆片进行整体性的图形化操作。通常以 400∶1 的倍率对电路图形母版进行照相复制，在每一个光刻掩模版上形成图形。

早期的电路图形母版都是手工制作的。设计师首先需要在绘图胶片上绘制图案。各层光刻掩模版上的几何图形都是以不同的颜色或独特的线型呈现出来的。设计师团队使用尺子和模板仔细地检查图样的尺寸误差，然后将图纸粘贴在绘图板上，再覆盖上一层红膜。这种红膜材料是由一层透明的红宝石色塑料薄膜附着在一层透明的无色基底层上而构成的。设计师使用一种机器（名为"坐标雕刻机"）中的锋利刀片切开红色薄膜层，但是保留透明的基底层不受损伤。不需要的红色膜碎片被小心翼翼地剥离掉，最终形成一个光刻掩模版的红膜母版。取出母版后，再换上一张新的红膜，设计师开始切割下一张红膜母版。这个过程需要非常小心，因为脆弱的红色塑料薄膜很容易被磨损或划伤。粗糙的操作也会使红色薄膜从基底层上脱落。设计师还可以使用一种名为"红宝石胶带"的自黏性透明红色胶带对母版进行微小的修补。

计算机辅助绘图（Computer-Aided Drafting，CAD）的潜在优势从一开始就是显而易见的，但是这项技术的发展还需要一定的时间。第一步是引入数字化仪。早期的数字化仪制造商包括 Calma 公司。一台典型的 Calma 数字化仪由一个倾斜的工作面构成，在工作面上可以粘贴一幅大至 48 in×60 in 的图纸。然后，操作员沿着安装在工作面上的一组导轨滑动光标，直到光标对准图纸中几何图形的顶点。按一下按钮，该点的电子坐标就会转移到打孔卡或磁带上。通过一连串的数字化操作，便可以生成完整的几何图形。一旦所有的几何图形都实现数字化之后，打孔卡或磁带就被送入平板绘图仪，例如 Calcomp745，该绘图仪将使用 4 片蓝宝石刀片来切割红膜母版。最后设计师仍然需要采用手工方法来剥离红色塑料膜。

下一步的改进是在视频终端上显示和编辑数据。1966 年，联合飞机公司（United Aircraft Corporation）的 Norden 分部开发出了第一套此类系统。包括德州仪器公司、国家半导体公司和摩托罗拉公司在内的多家制造商很快也推出了各自的专有系统。1971 年，Calma 公司推出了它的图形设计系统（Graphic Design System，GDS），该系统使用了一个 11 in 的 Tektronix 存储显像管。数据通过数字化仪输入，并实时地显示在存储显像管上。单色的矢量图形可以使用不同的行代码来显示多个掩模版的数据。然而，删除某个图形的唯一方法则是完全擦除整个显示屏，然后再重新绘制。

到了 20 世纪 70 年代初，光学图形生成技术开始取代红膜母版。该过程的第一步是进行图形分解，使用计算机程序将数字化仪输入的数据转换成一系列不同大小和取向的矩形。生成的数据文件被送入到图形发生器中，该图形发生器包含一组刀片，它们可以创建出矩形孔并旋转到任何所需要取向的角度。图形发生器读取数据文件并调整孔径，使其与第一个矩形相匹配。然后，用闪光灯曝光玻璃掩模版上的匹配区域（放大 10 倍），该掩模版通常称为母版（Reticle）。然后，图形发生器再调整其孔径以匹配下一个矩形，并重复这一过程，直到数据文件结束。最终的结果是形成一个带有集成电路图形的母版，它可以不断地进行光学复制、步进分布到最终的光刻掩模版上。

到了 1980 年左右，Calma 公司进一步完善了现代的版图编辑工作站。每台 GDSII 工作站都有一个巨大的金属外壳，其中包含一个 20 in 8 种颜色的 1280×1024 像素显示器（用于显示数据）和一个较小的单色显示器（用于显示文本）。每个工作站都配有键盘和绘图板。Data General 公司的一台小型计算机最多可以驱动四个工作站和一台绘图仪。虽然按照现代的标准来看，GDSII 软件的运行速度较慢，但是它支持现代版图编辑器所使用的大多数数据类型和操作。许多竞争性的公司，尤其是 Applicon 公司，都提供了类似的交钥匙编辑系统。然而，GDSII 数据交换格式已经成为（并且仍然是）整个行业的标准。

20 世纪 80 年代初，高精度的电子束光刻掩模版生成系统取代了光学图形生成系统。最著名的电子束系统是 Etec 系统公司生产的制造电子束工程系统（Manufacturing Electron Beam Engineering System，MEBES）。MEBES 硬件用电子束扫描整个母版，母版上涂覆有一层特殊的电子束敏感乳胶。20 世纪 90 年代末，扫描式准分子激光系统又取代了 MEBES，但是 MEBES 的文件格式仍在使用中。该格式仅支持矩形和梯形，因此，要将 GDSII 交换数据转换为 MEBES 数据，仍然需要进行图形分解的操作。尽管光学图形发生器在多年前就已经不再使用了，但是许多设计师仍然将这一步称为图形发生（Pattern Generation，PG）。类似地，也有一些人把这一步称作磁带输出（tapeout），因为最终的数据要一次性写入到九轨磁带中。

Calma GDSII 通过结合硬件加速和巧妙的汇编编码实现了非凡的性能。对于每一代计算机硬件，该技术都要求重新开发。因此，为通用工作站而开发的高级语言软件才是未来的发展趋势。第一个被广泛采用的通用工作站是 1980 年推出的阿波罗工作站。阿波罗工作站使用一种名为 Aegis 的专用操作系统和令牌环局域网。20 世纪 80 年代末，太阳微系统公司（Sun Microsystems）取代了阿波罗公司，成为工作站的主要供应商。Sun 工作站使用某一版本的 UNIX 操作系统和标准的以太网通信。到了 20 世纪 90 年代末，基于标准 PC 微处理器的通用 UNIX 机器又取代了 Sun 终端及其定制的处理器。

在工作站时代，有两家公司在集成电路设计软件市场占据了主导地位：明导公司（Mentor Graphics）和楷登电子公司（Cadence Design Systems）。如果只看基本的版图编辑器，Mentor 的 IC Station 和 Cadence 的 Virtuoso 提供的功能与 Calma 的 GDSII 基本相同。版图编辑是在 20 世纪 80 年代兴起的。与版图编辑器的增量式发展不同，软件开发人员全新开发了自动布局布线、验证、寄生参数提取等辅助工具。这些工具大大提高了版图设计师的工作效率，不过它们仍然无法取代基本的版图编辑器。

3.1 版图编辑器

为集成电路创建掩模版数据的过程称为版图设计或物理设计。用于此目的的软件工具称为版图编辑器。目前的版图编辑器包括 Cadence 的 Virtuoso、Mentor Graphics 的 IC Station、Tanner 的 L-Edit 以及 Silvaco 的 Expert。每家公司都提供了用户手册和教程，解释如何使用其软件。本节不涉及版图编辑器操作的具体细节，而是介绍所生成数据的性质。

3.1.1 坐标系

版图编辑器都使用右手二维笛卡儿坐标系。每个坐标由一对有序的数字组成，第一个数字代表沿 x 轴的位移，第二个数字代表沿 y 轴的位移。从屏幕上看，x 轴的正方向指向右侧，y 轴的正方向指向上方。这些轴线在图形生成过程中被映射到光刻掩模版上。沿着这些轴的距离以用户单位计量。

版图编辑器通常允许选择用户单位。大多数现代设计都使用微米（μm）作为用户单位。人们可能会认为名为"微米"的用户单位对应的物理距离是百万分之一米。实际情况是否如此，取决于图形生成时的选择。一些较早的设计使用密耳（mil）作为用户单位。如果将该用户单位与物理距离相对应，那么 1 mil 就等于千分之一英寸，即 25.4 μm。同样，实际情况是否如此取决于图形生成算法。

版图编辑器内部将坐标存储为整数,以避免出现舍入误差。版图编辑器会将以用户单位输入的每个数字乘以一个称为"数据库单位/用户单位比率"(DBU/UU)的常数,然后将结果舍入到最接近的整数。因此,如果用户输入的坐标为(11.3,14.5),而编辑器设置 DBU/UU 为 1000,那么它将在内部将这些坐标存储为(11 300,14 500)。

有一些实用程序可以将数据从一种 DBU/UU 比率转换为另一种,但是只有当新比率等于旧比率的整数倍时,才能安全地执行这一处理;否则,舍入误差可能会在相邻数字之间造成意想不到的间隙。因此,我们可以安全地将 DBU/UU 为 100 时编码的数据库转换为 DBU/UU 为 1000 的,但是反过来则不行。从一个用户单位转换到另一个用户单位时也会遇到类似的困难。如果我们假设 1 mil=25.4 μm,那么要将以 mil 编码的数据库转换为以 μm 编码的数据库,就需要将所有的坐标乘以系数 25.4。这就可能会带来舍入误差,这也是为什么一些公司历来倾向于将 1 mil 设置为 25 μm,而不是 25.4 μm。

现代的版图编辑器把与工艺相关的信息都存储在技术文件(Tech File)中。工艺设计师会创建一个默认的技术文件,该文件中包括用户单位和 DBU/UU 比率的默认选择。版图设计师应该很少(如果有的话)会更改这些数值。

3.1.2   网格

现代的工作站都使用鼠标作为指针设备。当用户移动鼠标时,光标就会在显示部分版图的窗口中移动。要输入特定的坐标,用户只需要将光标移动到预期位置并按下按钮。网格捕捉功能迫使光标只能停留在网格增量值整数倍的坐标上。用户可以将网格增量设置为与数据库单位下某整数相对应的任意值。例如,当 DBU/UU 为 1000 时,以 μm 为单位进行编码,用户可以将网格增量设置为 0.01 μm 或 0.001 μm,但是不能设置为 0.0001 μm。

版图设计师应当始终选择编码增量整数倍的数值作为网格增量。工艺流程设计师选择编码增量是为了确保在此网格上输入的坐标在图形生成过程中不会出现舍入误差。落在编码增量整数倍上的坐标也落在了最小网格上。大多数的版图设计规则都希望用户输入的所有坐标能够位于最小网格上。

3.1.3   形状

版图的基本组成部分是各种形状,也称为图形或几何图形。常见的图形包括矩形、多边形、圆形和路径。并非所有的编辑器都能够支持所有这些类型的图形,也并非所有的编辑器对这些图形的解释都相同。本节将讨论最常见的图形类型及其解释的特殊性。

每个形状都位于一个特定的层上。我们可以把这些层想象成一张张叠放在一起的透明薄膜。用于不同目的的形状位于不同的层上。位于任何给定图层上的图形都会使用相同的由用户选定的颜色、线条样式和填充样式的组合。例如,放置在接触孔(CONTACT)层上的图形可能代表接触孔窗口,用户可以选择将其显示为黄色实心的几何图形。版图编辑器内部使用整数的图层编号来指代不同的图层,但是用户则使用相应的图层名称(通常是一串字母数字组成的字符串)来指代不同的图层。工艺开发团队在构建技术文件时会指定默认的图层编号和名称。大多数用户不需要知道层号和层名之间的关系,但是在为转换程序编写控制文件时,这一点就变得很重要了。

1. 矩形

最简单的形状就是矩形,也称为方框。版图编辑器内部用一个图层编号和两个定义其左下角顶点和右上角顶点的坐标来表示一个矩形。图 3.1 显示了一个由坐标(0,0)和(5,3)定义的矩形。

矩形的边界由连接四个顶点的四条线段构成。该边界将矩形的内部与外部分隔开来。版图编辑器使用某种线条样式来绘制边界,并使用某种填充样式来填充矩形内部,两者均取决于矩形所在的层。

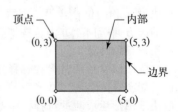

图 3.1   由坐标(0,0)和(5,3)定义的矩形

2. 多边形

一个多边形也称为一个边界或一个区域，其定义了该多边形的形
状。版图编辑器内部将一个多边形存储为一个图层编号和一个由三个或
更多个定义各顶点的坐标所组成的有序列表。一个多边形的边界由连接
其前后连续顶点的多个线段，再加上一个连接最后一个顶点与第一个顶
点的线段构成，如图 3.2 所示。

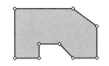

图 3.2　一个多边形

正交多边形的边平行于水平轴和垂直轴。正交图形有时也被称为曼哈顿几何图形，以类比
曼哈顿地区的矩形街道网格，而非正交图形有时则被称为布鲁克林几何图形，这源自布鲁克林
地区著名的曲折街道。低压 CMOS 工艺通常只允许正交几何图形，因为这大大简化了版图设
计规则的创建和达成。更高电压的工艺会使用一些非正交几何图形，以消除尖角，否则尖角会
增强电场并降低工作电压。

简单多边形的边界永远不会与其自身相交（见图 3.3a），尽管它有可能会折回碰触其自身
（见图 3.3b）。以这种方式碰触自身的多边形有时也称为半简单多边形。非简单多边形的边界
实际上会与其自身相交，如图 3.3c 所示。有几种算法可以找出几何图形的内部和外部区域。
这些算法在应用于简单图形和半简单图形时都能得到相同的结果，但是在解释非简单图形上却
不一定能够达成一致。因此版图中不应包含非简单几何图形。

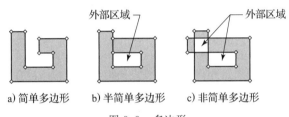

a) 简单多边形　　　b) 半简单多边形　　　c) 非简单多边形

图 3.3　多边形

简单多边形的每个顶点都有两个角：内角和外角。如果某个角小于 90°，则视为锐角。多
边形不应包含锐角，因为它们会违反 DRC 规则。锐角内角在矩形分解的处理中也会引起致命
的错误（参见 3.3.1 节）。

3. 圆形

版图编辑器会在其内部将圆形存储为图层编号、半径和中心点的坐标。编辑器利用这些信
息绘制圆形边界。由于传统上用于光刻掩模版生成的 MEBES 格式不支持圆形，因此圆形可能
会带来一些问题。于是，图形生成过程会将每个圆形分解为近似的多边形。许多版图设计师更
喜欢自己创建多边形来近似圆形，这样他们就能清楚地知道包含了几条边，以及这些边落在哪
里。大多数版图编辑器都包含一个选项，用于设置近似多边形的边数。该边数应始终选用 4 的
倍数，以确保生成的图形呈现出水平和垂直对称性。这样可以旋转或反射圆形，而不会影响圆
形的匹配。常用的圆形近似多边形的边数包括 32 和 64。

一个圆形的近似多边形总是包含偏离最小网格的顶点。因此，图形生成往往会使生成多边
形的形状略有扭曲。一些设计师担心这会造成圆形几何图形之间的不匹配。实际上，直径相同
的圆形近似多边形通常会以相同的方式发生扭曲。无论如何，我们完全可以用顶点位于最小网
格上的多边形来代替匹配的圆形，从而规避这个问题。

4. 路径

路径也称为中心线图形或导线，在绘制金属化图形时非常有用。版图编辑器内部将路径存
储为图层编号、宽度和两个或多个坐标的有序列表。这些坐标定义了路径的中心线，如图 3.4a
所示。路径的边界具有指定的宽度，并沿着指定的中心线。我们可以通过在每段中心线上画两
条平行于中心线的构造线来找到路径的边界，两条构造线相距中心线为宽度的一半。另一条构
造线穿过第一个顶点，并与第一个中心线段垂直。最后一条构造线穿过最后一个顶点，并垂直

于最后一个中心线段,如图 3.4b 所示。边界的所有顶点都位于构造线的交叉点上,如图 3.4c 所示。

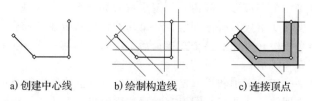

a)创建中心线　　　b)绘制构造线　　　c)连接顶点

图 3.4　构建路径边界的步骤

　　任何具有非简单边界的路径都被视为非简单路径。设计师应当避免创建非简单路径,原因与避免创建非简单多边形相同:不同的软件工具可能会以不同的方式来解释它们。类似地,设计师还应当避免绘制包含锐角的路径,因为这些锐角可能会导致宽度和间距违规。此外,锐角还可能会触发一种称为路径斜切的功能,它可以剪切掉路径边界的锐角外侧。并非所有的工具都能以相同的方式斜切路径,因此最好避免使用锐角。

　　路径的宽度应当始终等于编码增量 2 倍的整数倍。这一预防措施可以确保正交路径的两侧落在最小网格上。因此,大多数设计规则都规定金属层和多晶硅层的最小宽度为编码增量 2 倍的整数倍。基于设计规则的知识,我们可以利用这一事实来猜测某一工艺制程的编码增量。例如,如果所有设计规则都是 $0.05\ \mu m$ 的倍数,但是金属的最小宽度是 $0.35\ \mu m$,我们就可以放心大胆地猜测编码增量是 $0.025\ \mu m$,而不是 $0.05\ \mu m$,因为金属宽度应该是编码增量 2 倍的倍数。

　　非正交路径的边界包含偏离最小网格的顶点。图形生成过程中的舍入误差会稍微减小对角路径线段的宽度,在最小宽度路径的情况下,这会导致违反版图设计规则。传统上,工艺开发人员解决这一问题的方法是禁用非正交路径,或通过补充设计规则来弥补任何预期的不足。一些较新的版图编辑器提供了一个选项,可以改变路径边界的生成方式,以确保其顶点都位于最小网格上。

　　某些版图编辑器支持其他类型的路径末端。默认路径(或平头路径)的两端分别与中心线的第一个和最后一个顶点相交,如图 3.5a 所示。一种替换性选择是扩展路径,也称为偏移路径,其两端超出中心线的第一个顶点和最后一个顶点一半宽度的距离,如图 3.5b 所示。另外一种路径称为圆头路径,其两端是由以第一个和最后一个中心线顶点为中心的圆弧构成的,如图 3.5c 所示。不同的工具绘制圆头路径的方法略有不同,因此大多数版图设计师都避免使用它们。

a)平头路径　　　b)扩展路径　　　c)圆头路径

图 3.5　路径类型

　　有些版图编辑器还允许使用零宽度路径。这种路径是由一条没有边界的中心线组成的。零宽度路径没有内部区域,因此不会生成掩模数据。不支持零宽度路径的编辑器通常会为此提供另外一种形状,这种形状经常被称为"线"(Line)。

3.1.4　层次结构

　　版图编辑器将各种形状存储在称作单元的集合中。每个单元都有一个唯一的单元名称。用户可以创建单元、复制单元、编辑单元或删除单元。一个版图数据库通常是由特定设计中所使用的各种单元的集合组成的。数据库中的所有单元共享同一个技术文件,因此它们使用相同的图层定义和用户单位等。无论如何，每个单元都包含其自己的图形集合。

　　一个单元还可以包含一个或多个其他单元的实例。每一个这样的实例都包含一个坐标和一个单元名称。当版图编辑器遇到一个实例时，它就会引用已命名的单元并绘制其中的任何内容。这一过程被称为实例化，它大大简化了逻辑门等重复结构的创建。设计师无须单独绘制每个逻辑门，只需绘制一个逻辑门，然后在需要的地方放置逻辑门实例即可。

　　引用同一单元的多个实例有时会造成意想不到的困难。假设某个版图需要 6 个比较器副本。版图设计师创建了 1 个比较器单元，并放置了 6 个实例。现在，假设她必须编辑该比较器中的 1 个实例。她的编辑会同时影响到所有 6 个位置处的副本。在一个位置处进行的恰当的编辑有可能会在其他的位置处造成金属短路。通过复制单元、实例化所复制的副本并对其进行编辑，可以避免这一问题。

　　一个单元的实例中可以包含其他单元的实例，而这些单元中又可以包含更多单元的实例。通过这种方式，我们可以构建一个称作“树”的复杂层次结构。令人困惑的是，大多数设计师都会把这棵树想象成向下生长而不是向上生长，因此树的根部就被称为顶层单元。顶层单元代表了整个集成电路。

1. 变换

　　我们可以对实例进行各种变换，包括旋转、反射和放大。许多编辑器只支持图 3.6 中所示的 8 种所谓的正交变换，或曼哈顿变换。该图显示了每种变换对单元实例的影响，单元包含了字母 F 形状的多边形，其左下角位于原点。小菱形表示每个实例的位置。R0 以默认方向绘制实例。R90、R180 和 R270 则将实例按照逆时针方向连续旋转，增量均为 90°。MX 是相对于 X 轴的反射，

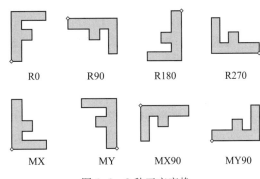

图 3.6　8 种正交变换

而 MY 则是相对于 Y 轴的反射。MX90 和 MY90 首先执行指定的反射，然后再将图形逆时针方向旋转 90°。这些变换都是正交变换，因为它们都不会将正交数据转换为非正交数据。

　　有些版图编辑器支持放大和非正交(任意角度)的旋转。这些功能很容易造成舍入误差，即使版图编辑器实现了这些功能，大多数版图设计规则也不允许使用它们。不过，这些操作对于构建复杂图形来说确实是很有用的。

　　版图编辑器还支持实例阵列。每个实例阵列由一个实例名称、一个坐标、代表阵列行/列数的两个整数以及代表行列间距的两个实数组成。实例阵列最初用于创建数字寄存器和存储器，但是也可以用于创建接触孔和过孔的矩形阵列。应用实例阵列的变换通常以阵列最左下角实例的原点为参考。例如，一个阵列围绕其最左下角实例的原点做旋转。

2. 引脚

　　原理图是电路的抽象图形表示，通过理想化的引线将理想化的电子器件连接起来构成。网表是一个文本文件，以一系列关于电子器件的陈述的形式来包含与原理图相同的信息。例如，下面的网表就使用了仿真程序 SPICE 的语法来描述图 3.7 中所示的与非(NAND)门：

```
.subcircuit NAND A B Y VSS VDD
M1 NMOS N1 B VSS VSS model=NMOS_1 w=1 l=0.5
M2 NMOS Y A N1 VSS model=NMOS_1 w=1 l=0.5
M3 PMOS Y B VDD VDD model=PMOS_1 w=1 l=0.5
M4 PMOS Y A VDD VDD model=PMOS_1 w=1 l=0.5
.ends
```

　　原理图中的 4 个晶体管在网表中各占一行。每一行以实例名称(M1～M4)开始，列出与该实例相关的所有信息。原理图中的引线成为节点名称(A、B、Y、VSS、VDD 和 N1)。MOS 晶体管的每个实例都引用了连接其漏极、栅极、源极和背栅极的 4 个节点。这 4 个参考点称为实

例的引脚。网表开头的 .subcircuit 语句定义了一个单元。它列出了单元名称(NAND)及其引脚
名称(A、B、Y、VSS 和 VDD)。

版图设计师可以创建出与图 3.7 所示原理图相
对应的版图单元。单元中的引脚使用一种称为 pin
的特殊形状来表示。版图编辑器内部会存储一个多
边形和一个图层编号,以表示引脚的位置。此外,
它还会存储一个表示引脚名称的文本字符串。大多
数版图编辑器还可以存储其他属性,例如引脚(信
息流)的方向。引脚方向的传统选择是"输入""输
出"和"输入/输出"。这些信息可以用于检查布线
错误。在原理图中,只要两个输出引脚通过一根引
线连接在一起,电路模拟器就会报告出错。

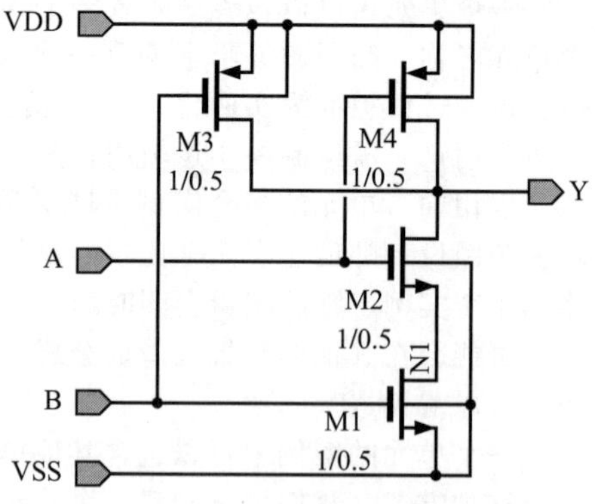

图 3.7 2 输入 NAND 门原理图

3. 参数化单元

大多数现代的版图编辑器都支持参数化单元或 Pcell。当用户放置一个 Pcell 实例时,编辑
器就会要求输入一个或多个参数值。例如,在放置 MOS 晶体管的 Pcell 时,用户可能需要输入
其沟道宽度和长度。每个实例的这些参数值都是单独存储的,因此更改一个实例的参数并不会
影响到其他实例。

不同的版图编辑器会以不同的方式来实现 Pcell。下面列出了一些常见的 Pcell 功能:

1)将一组对象在 X 方向、Y 方向或两个方向拉伸指定的距离。

2)包含或排除一组对象。

3)在 X 方向、Y 方向或两个方向上重复一组对象。

4)修改在创建实例时所放置的形状。

5)沿着参数化形状的边界重复对象。

6)关联某个参考点来放置对象。

Pcell 通常是通过编写软件子程序并将其绑定到特定的实例来创建的,但是有些版图编辑
器也包含图形输入工具,使得用户无须编写代码即可创建 Pcell。版图编辑器将单元中的各种
形状解释为对相应子程序的调用,并为用户创建必要的代码。

图 3.8 显示了使用同一个 Pcell 制作的 7 个 MOS 晶体管,这个例子体现了 Pcell 的巨大灵
活性。经过测试和验证的 Pcell 库大大减少了创建版图所需的时间和精力。设计合理的 Pcell 中
的尺寸总是能够通过设计规则检查,这大大减少了验证版图所需花费的时间。此外,如果
Pcell 体现了良好的设计实践,那么使用它们的版图也是同样如此。

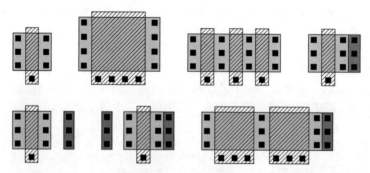

图 3.8 使用同一个 Pcell 制作的 7 个 MOS 晶体管,每个实例有不同的参数值

不过,Pcell 也有其局限性。首先,实现 Pcell 的软件例程只能在创建 Pcell 的版图编辑器环
境中运行。如果我们必须将设计从一个版图编辑器迁移到另一个版图编辑器上,则 Pcell 的每
个实例都会变成一个独特单元的实例,其中包含与一组特定 Pcell 参数相对应的形状。这些

"暴增"的 Pcell 之间没有任何联系，因此如果必须要对它们进行更改，就必须打开并编辑其中的每一个单元。

Pcell 的另一个问题出现在工艺开发团队修正错误或进行改进时，比如可能会提供一个转换程序来升级数据库，但是用户现在面临的问题是："我是应该让转换器更改原理图以匹配现有的版图呢，还是应该让转换器更改版图以匹配现有的原理图呢？"这两种选择都会带来问题。例如，假设一个更新过的电阻 Pcell 实现了 540 Ω/□ 的值，而原来使用的是 550 Ω/□，如果转换器改变版图中的 Pcell，那么这些电阻就会加长，肯定会出现间距违规（甚至直接短路）。另外，如果转换器改变原理图，那么电路设计人员就可能需要重新模拟该设计。

版图设计专家有的时候会使用定制的版图来代替 Pcell。一般来说，我们不应该仅仅因为 Pcell 看起来不整齐或者可以节省少量面积而将其替换掉。另外，如果使用 Pcell 会明显降低性能，那么就应该使用定制版图。一般来说，我们应该先实例化一个与所需版图尽可能相近的 Pcell，然后可以对其进行打散和编辑。可能还需要其他步骤，以便确保特定的版图编辑器能够正确地识别打散后暴增的数据。例如，在使用 Cadence VXL 时，应将暴增数据置于单元内，检查引脚是否已正确放置，然后编辑原理图实例以引用该版图单元。

3.1.5 交换文件格式

许多公司都在生产版图工具，但是没有哪两家公司对这些工具的具体工作方式达成一致。用户会希望能够将数据从一个工具迁移到另一个工具，甚至能够在不同供应商生产的工具之间迁移数据。因此，人们开发了多种文件格式来支持数据交换。每种工具都包含将其内部数据格式转换为一种或多种交换格式的实用程序，反之亦然。由于交换格式不支持 Pcell 等专有的功能，因此版图编辑器在写入交换文件之前必须将这些数据转换为原始的对象。

目前有三种主要的版图数据交换格式：CIF、GDSII 和 OASIS。转换器可以在这些格式之间转换数据。有些转换器还可以将数据转换为 Autocad DXF 文件，但是 Autocad 并非版图编辑器，而且在舍入误差和形状的正确转换方面存在重大的问题。本节将简要地介绍 CIF、GDSII 和 OASIS 的特点。

1. CIF

美国加州理工学院中间格式（Caltech Intermediate Format，CIF）最初是由伊凡·萨瑟兰（Ivan Sutherland）和罗恩·艾尔斯（Ron Ayres）于 1976 年开发的，不过现代工具通常支持的版本是 CIF2.0 版本。在 GSDII 成为事实上的行业标准之前，许多制造商都使用 CIF。尽管 CIF 已经过时，但是有些工具仍然支持 CIF。

CIF 支持矩形（称为框）、多边形、圆（灯）、路径（线）和实例（调用），不支持实例阵列、引脚和文本。坐标都是用整数来表示的，最初应该是 25 位带符号的整数，但是现代应用程序一般支持 32 位整数。CIF 始终以 μm 为单位表示数据，DBU/UU 比率为 100。图层是通过名称而不是数字指定的；只要不包含分号，任何文本字符串都可以用作名称。图层名称可以包含空格。CIF 矩形可以旋转到任何角度；旋转围绕矩形的中心进行。多边形没有设定最大顶点数，而且明确允许使用非简单图形。圆用中心和直径指定。路径默认使用圆头端点，但是应用程序可以对中心线数据进行不同的解释。单元（符号）是采用数字而不是名称来标识的。调用可接收支持任意角度旋转的旋转矢量，但是不支持放大倍率。

CIF 是一种文本格式，没有明确的行长限制，但是规范建议行长应当限制在 132 个字符以内，它允许跨行续写。

2. GDSII

Calma 公司创建了 GDSII 数据流格式，可以用来存储采用其 GDSII 版图编辑器创建的信息。由于 GDSII 能够以相对紧凑和易于处理的格式来表示大多数类型的数据，因此很快就被接受为一种交换格式。最常见的版本是 6.0 版，由 Calma 公司于 1982 年发布。1987 年，Calma 公司又对 GDSII 进行了小幅的扩展，以支持其 EDSIII 编辑器。这一扩展对使用该格式的其他公司没有影响。GDSII 数据流格式目前归 Cadence 设计系统公司所有，该公司已经将其注册为商标,并放宽了一些限制。

GDSII 数据流是一种二进制格式,它支持多边形(称为边界)、路径、实例(结构引用)和实例阵列(阵列引用)。坐标以 32 位带符号整数表示。文件包含以米为单位定义用户单位和数据库单位的字段,因此可以任意选择用户单位和 DBU/UU 比率。GDSII 不支持圆形,但是包含表示文本的方法。引脚仅作为附加到其他形状的属性数据得到支持。边界和路径最多可以包含 200 个顶点,但是边界的最后一个顶点必须与第一个顶点重合。非简单图形是隐式允许的。

GDSII 最初只支持 64 层,编号为 0~63。不过,每个形状也可以接收一个数据类型,该数据类型也可以是 0~63 之间的任意值。这些数据类型实际上起到了子图层的作用。大多数现代的应用程序都会将层和数据类型的范围扩展到 0~255。GDSII 不存储图层名称,因此转换工具通常需要一个控制文件,它可以将工具的内部图层名称映射到 GDSII 的图层和数据类型。

GDSII 路径支持 4 种路径类型。类型 0 的两端平齐,类型 1 的两端呈圆形,类型 2 的两端各扩展一半宽度,类型 3 的两端各扩展一个可变量。所有工具都能识别路径类型 0,大多数工具能识别路径类型 2;其他路径类型可能被某个特定的工具识别,也可能不被识别。GDSII 允许零宽度的路径。

结构以名称引用。这些名称最多可以包含 32 个字符,包括 A~Z、a~z、0~9、下画线、问号以及美元符号。大多数用户都会避免使用问号和美元符号,因为其他工具可能无法将其识别为有效的字符。

结构引用、阵列引用以及文本都可以旋转到任意角度,或以任意正的非零实数放大。角度以逆时针度数为单位。放大 2.0 将使从原点开始测量的所有尺寸增加一倍,而放大 0.5 将使所有尺寸减半。由于角度和大小都以实数存储,因此在处理过程中可能会出现舍入误差。大多数的工具都不支持任意角度的旋转和放大,因此应当谨慎地使用这些功能。阵列引用指定了 X 和 Y 的步进距离以及行/列数,范围为 1~32 767。整个阵列围绕最左下角实例的原点逆时针旋转。

如前所述,Cadence 已经放宽了上述的一些限制,现在允许在边界和路径中使用 8000 个顶点,层和数据类型数为 0~32 767,结构名最多可包含 65 534 个字符。其他的供应商则可能遵循也可能不遵循这些准则。

3. OASIS

开放式艺术品系统交换标准(OASIS)是由国际半导体设备和材料协会(SEMI)于 2001 年开始制定的。OASIS 希望通过特殊重复模式、增量(delta)运算符和内部数据压缩的组合,使文件大小比 GDSII 至少减少一个数量级。OASIS 还没有得到广泛的认可,但是它是目前唯一可以替代 GDSII 的开源标准。

OASIS 是一种二进制格式,它不是通过顶点来定义图形,而是通过指定相对于先前位置的位移的增量运算符来定义图形。OASIS 已经为正交和非正交几何图形定义了不同类型的 delta 运算符,包括一种专门用于 8 边形图形的运算符。坐标和增量是任意长度的带符号整数。用户单位为 μm,格式中包括了指定任何所需的 DBU/UU 比率的规定。各种重复运算符允许在不使用实例化的情况下紧凑地指定各种图形重复的模式。OASIS 支持图层和数据类型的方式与 GDSII 基本相同,但是并不限制层和数据类型的数量。不过,与 GDSII 一样,它也不直接支持图层名称。

OASIS 形状包括矩形、多边形、圆形、路径和其他一些特殊类型,如梯形。该标准还支持实例、阵列实例和文本。矩形由宽度、高度和重复模式指定。多边形对允许的顶点数量没有限制。虽然不禁止非简单图形,但是该标准并未规定内部识别算法。圆形由圆心、半径和重复模式表示。路径由半宽度、中心线点和重复模式指定。路径有三种类型:末端平齐、末端延长半宽和末端任意延长。OASIS 允许零宽度的路径。

OASIS 通过名称来引用单元。这些名称的长度不受限制,名称中除了空格和制表符之外,允许使用任何可以打印出来的 ASCII 字符。实例一个单元,称作"位置"单元,支持任意角度的旋转和放大。使用重复模式可以将任何实例转换为各种阵列实例。

3.2 设计规则

版图设计必须遵守一定的规则，才能制造出有功能的集成电路。例如，每个光刻掩模版上的形状必须足够大，并且相距足够远，以便光刻工艺技术能够分辨出这样的图形。同样地，扩散区之间必须留有足够的空间，以便允许外扩散和耗尽发生。工艺设计师将所有这些要求汇集成一套设计规则。

最初，版图设计师会采用人工方法来检查版图，他们拿着尺子和模板聚集在图纸周围，花费几个小时努力找出错误。有的时候首席设计师还会主持一次最终的"啤酒审查"，每发现一个错误，就奖励发现者一罐啤酒。但是，无论人们怎么努力，有些错误还是会被遗漏掉。

到了 20 世纪 70 年代末，多家公司开始开发计算机程序，以实现设计规则检查处理过程的自动化。这些程序通常会接受数字化存储在磁带上的版图，和存储在一组穿孔卡片上的规则文件。规则文件因此也被称为一组规则卡片。尽管穿孔卡已经淘汰了 30 多年，但是这一术语依然存留了下来。

现代的设计规则检查（Design Rule Checking，DRC）程序包括 Cadence Design System 公司的 Diva、Assura 和 Dracula、Mentor Graphic 公司的 Caliber，以及 Synopsis 公司的 Hercules。虽然这些程序都有自己独特的命令语法和功能集，但是它们的运行方式基本相同。首先，程序将版图数据库加载到内存中。然后，程序使用图形运算来生成规则工单所指定的任何附加层。最后，程序会使用规则工单中指定的规则检查不同的图层。任何违反规则的结果都会以图形的形式反馈给版图，这些图形被称为"诊断"，与适当的错误信息一起叠加在版图上。

早期的 DRC 程序将整个层次结构转换为多边形的集合，然后合并多边形以消除重叠区。这被称为展平验证。现代的 DRC 程序试图保留版图的层次结构，以便减少数据存储的需求并简化诊断表达。如果实施得当，分层验证的结果与展平验证相同。分层验证的运行速度通常会比展平验证快得多，但是如果版图中包含大量相互穿插的实例或叠加在实例上的大量布线，分层验证的运行速度就会大打折扣。

3.2.1 图形运算

图形运算可以从一个或多个图层中获取数据，并将其转换为放置在新图层上的数据。由于许多设计规则都涉及图形运算，因此本节将介绍基本的运算及其结果。更多详细信息，请参阅特定工具（如 Cadence Design System 公司的 Dracula 或 Mentor Graphic 公司的 Caliber）的用户手册。

1. 图形或（OR）

此运算接受两个输入层并创建一个输出层。两个输入层形状内部的任何一点都会出现在输出层上一个形状的内部。图形 OR 运算通常用加号（＋）来表示。因此，下述运算

```
ALLMOAT = NMOAT + PMOAT
```

就会创建一个名为 ALLMOAT 的新图层。在 NMOAT 或 PMOAT 图层上的形状内部的每个点都会出现在新的 ALLMOAT 层的形状内部，如图 3.9 所示。图形或（OR）运算是对称的；换句话说，A＋B 和 B＋A 运算的结果是相同的。图形或（OR）运算还有很多其他名称，包括合并和组合。

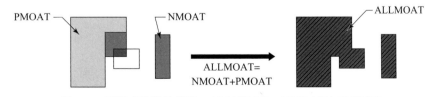

图 3.9 图形或运算示意图：ALLMOAT＝NMOAT＋PMOAT

2. 图形与(AND)

与图形或(OR)运算类似,图形与(AND)运算接受两个输入层并创建一个输出层。同时出现在两个输入层的形状内部的点,才会出现在输出层形状的内部。图形 AND 运算通常用星号(﹡)来表示。因此,下述运算

```
GATE = POLY * MOAT
```

就会创建一个名为 GATE 的新图层,该图层只包含同时位于 POLY 和 MOAT 内部的区域,如图 3.10 所示。与图形 OR 运算一样,图形与(AND)运算也是对称的:A﹡B 和 B﹡A 的结果相同。图形与(AND)运算对图形或(OR)运算有分配性:A﹡(B+C)和(A﹡B)+(A﹡C)的结果相同。图形与(AND)运算也称为交集或公域运算。

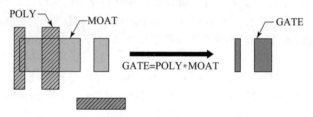

图 3.10　图形与运算示意图:GATE＝POLY﹡MOAT

3. 图形非(NOT)

该操作接受一个输入层并创建一个输出层。输入层图形内部的任何一点都会出现在输出层的外部,反之亦然。这种操作会导致图形内部向各个方向无限扩展。由此产生的图层被称为暗场,而不是明场(也称为亮场)。暗场必须转换成明场中的多边形,以便将数据导出到版图编辑器或交换文件格式中。DRC 程序可以允许用户指定暗场的边界,也可以简单地创建一个足够大的暗场边界,将所有区域都包含在内。

图形非(NOT)用反斜杠(\)表示,例如,下述运算

```
FIELD = MOAT\
```

使 MOAT 图形内部的每个点都位于 FIELD 图形的外部,反之亦然,如图 3.11 所示。图形非(NOT)也称为颜色反转,因为它可以用来反转光刻掩模版的透明区域和不透明区域。

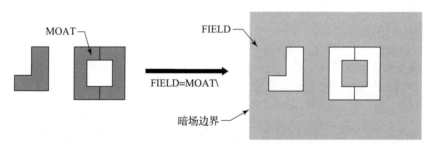

图 3.11　图形非运算示意图:FIELD＝MOAT \

4. 图形与非(ANDNOT)

许多 DRC 程序都提供图形 ANDNOT 运算,它可以理解为图形 AND 运算和图形 NOT 运算的组合。ANDNOT 运算的符号是减号(－)。A－B 运算的效果与 A﹡B \ 相同,但是通常执行速度会更快,而且不会产生暗场。例如,下述运算

```
FIELDPOLY = POLY - MOAT
```

创建一个名为 FIELDPOLY 的新图层,该图层由不在 MOAT 上的 POLY 区域组成,如图 3.12 所示。图形与非操作(ANDNOT)是非对称的:A－B 和 B－A 得到的结果是完全不同的。图形与非(ANDNOT)运算也称为减运算。

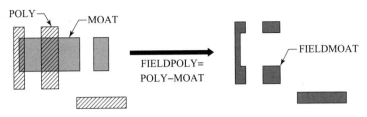

图 3.12　图形与非运算示意图：FIELDPOLY＝POLY－MOAT

5. 图形异或(XOR)

图形异或(XOR)运算接受两个输入层并生成一个输出层。在一个输入层而不在另一个输入层的区域内部的点，都将位于输出层的一个区域的内部。例如，下述运算

```
C = A xor B
```

产生的结果如图 3.13 所示。图形 XOR 运算是对称的，A xor B 得到与 B xor A 相同的结果。

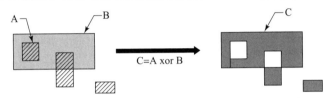

图 3.13　图形异或运算示意图：C＝A xor B

6. 尺寸调整

尺寸调整有两种类型，两者在一开始都是要将输入层上的所有数据复制到输出层，然后将其转换为不同的多边形集合(多边形之间不会相互搭接或覆盖)。其中，放大(oversize)运算会将每个多边形的边界向外移动指定的距离，从而放大多边形；缩小(undersize)运算则会将每个多边形的边界向内移动指定的距离，从而缩小多边形。在所有情况下，每个边界的每个线段都会垂直地移动指定的距离。因此，将一个边长 $2\ \mu m$ 的正方形放大 $1\ \mu m$，就会形成一个边长 $4\ \mu m$ 的正方形，而将一个边长 $2\ \mu m$ 的正方形缩小 $1\ \mu m$，就会使其消失。这些命令的代码如下：

```
METAL_OS = METAL oversized by 1.0
METAL_US = METAL undersized by 1.0
```

尺寸调整会产生意想不到的结果，尤其是在对同一数据进行一系列尺寸调整时。例如，请看图 3.14a 中的 U 形图形。将此多边形的尺寸放大 $1.0\ \mu m$ 会导致图形中的凹槽消失，如图 3.14b 所示。将生成的图形再缩小 $1.0\ \mu m$ 并不能恢复原始的图形，反而会生成近似矩形的形状，如图 3.14c 所示[⊖]。

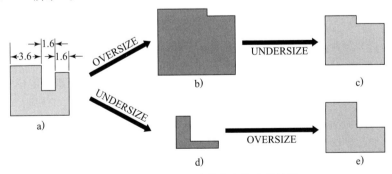

图 3.14　多边形尺寸放大和缩小的效果

⊖　此处原文有误。——译者注

现在，我们再来看看图 3.14a 中的 U 形图形在缩小 1.0 μm 时会发生什么。U 形右边的窄边消失了，变成了"L"形，如图 3.14d 所示。将生成的图形再放大 1.0 μm 后，同样也没有恢复原来的 U 形图形，取而代之的是一个 L 形的多边形，如图 3.14e 所示。

3.2.2　规则检查

规则检查从一个或多个图层中获取数据，并对其应用特定的设计规则。每次当它发现某位置处图形违反了设计规则时，它就会创建一个所谓的诊断图，并将其放入数据库中以标记对规则的违反。本节仅介绍最基本的规则检查的类型[⊖]。大多数 DRC 程序不仅支持种类繁多的规则检查，还支持许多修改其行为的选项。有关详细信息，请参阅相应的用户手册。

在实施规则检查之前，必须先合并搭接或覆盖的图形。即使图形在层次结构中占据不同的层级，也必须进行合并。对于展平验证来说，这一过程是最容易可视化的。首先，每个实例都会转化为一个多边形的集合，置于顶层。然后，同一图层上任何两个搭接或覆盖的多边形都会被合并成一个多边形。这个过程一直持续到同一层上没有两个多边形搭接或覆盖为止。只有在这一步完成后，才能开始进行规则检查。分层验证也涉及类似的合并过程。

1. 宽度

宽度检查验证给定图层上每个图形的所有尺寸是否等于或超过最小值。例如，规则

```
CONT width                    1.0 μm
```

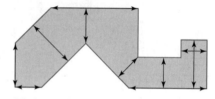

检查 CONT 图层上的每个图形，确保所有位置处的宽度至少为 1 μm。要横跨多边形内部的边界，对垂直于边界的每条线段进行宽度的测量，同时还要测量横跨多边形内部的顶点之间的宽度。图 3.15 显示了宽度规则所测量的各种尺寸。

图 3.15　宽度规则所测量的各种尺寸

在应用到包含圆和弧的多边形近似时，要求宽度检查测量顶点间的距离就会出现问题。这些非正交图形通常包含一些顶点，这些顶点之间的距离比指定宽度更近，但是却被形成钝内角的线段所包围。有些 DRC 程序会错误地将此类顶点报告为违规。这些程序通常会包含一些选项，可以帮助抑制此类误诊断的生成。

非正交路径也会给宽度检查带来问题。图形生成会将这些路径转换为多边形，并将生成的坐标舍入到最接近的数据库单位。这可能会使对角线路径段的宽度减少多达 1.4 个数据库单位。大多数 DRC 程序会将对角线段的要求宽度强制减少两个数据库单位，从而允许这种舍入误差。然而，这一安排并不包括在图形生成时可能出现的任何额外的舍入误差。如果担心这些误差，有时可以使用可变宽度路径来消除偏离网格的顶点。

某些工艺经过优化，只能创建特定尺寸的正方形接触孔和通孔。在宽度检查中添加"精确"（exact）一词意味着只有指定尺寸的正方形才能通过规则。因此，

```
CONT width                    1.0 μm exact
```

会将边长为 1 μm 正方形以外的任何图形标记为违规。

2. 间距

间距检查可以验证是否一个图层上的所有图形与另一个图层上的所有图形保持着最小间距。间距的测量是垂直于线段进行，以及直接在顶点之间进行的。例如，规则

```
NMOAT spacing to PMOAT        2.0 μm
```

规定 NMOAT 图层上的任何图形与 PMOAT 图层上的任何图形之间的最小间距为 2 μm。搭接或覆盖的图形就会违反最小间距的规则，除非是在规则中附加了"允许覆盖"（overlap okay）

⊖　本节使用的规则语法与 Chameleon 非常相似，Chameleon 最初是由德州仪器公司于 1976 年开发的验证程序，目前归 Cadence 设计系统公司所有。

字样，像下面这样：

```
NMOAT spacing to NWELL              9.5 μm, overlap okay
```

也可以对单个图层进行间距检查，方法是两次使用该图层的名称，如

```
NMOAT spacing to NMOAT              5.5 μm
```

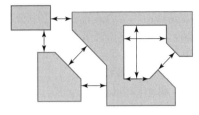

在这种情况下，该规则不仅适用于图层上两个图形之间的间距，也适用于同一图形的两个部分之间的间距，如图 3.16 右侧的多边形所示。在单个图形的间隙中测量的间距称为图内间距，而在两个独立图形之间测量的间距称为图间间距。应用于单个图层的间距检查通常同时执行图内间距和图间间距的检查。

图 3.16 应用于单个图层的间距规则测量的各种尺寸

弧的多边形近似可能会产生错误的图内间距诊断，因为它们包含的顶点彼此间的距离比指定宽度更近，但是却是被形成钝外角的线段所包围。某些 DRC 程序会错误地将此类顶点报告为"违反了指定的宽度"。

非正交路径也会在图内间距和图间间距检查时造成问题。当 DRC 程序将这些路径转换为多边形时，非正交线段之间的宽度最多可能减少 1.4 个数据库单位。大多数 DRC 程序会将应用于非正交线段的要求间距减少 2 个数据库单位。无论如何，正如宽度检查一样，这种安排并不能涵盖图形生成过程中可能出现的任何舍入误差。正确使用可变宽度的路径可以消除任何此类错误。

3. 覆盖

覆盖检查仅适用于一层上的图形全部或部分包围第二层上图形的情况。测量从第二层上每个被包围图形边界的每个线段垂直向外进行，以及从每个此类图形的每个顶点各个方向向外进行。如果第一层的图形没有完全包围第二层的图形，则会产生诊断，除非是在规则中添加"允许悬挑"(overhang okay)字样。例如，

```
METAL overlap CONT                  1.0 μm
```

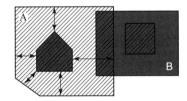

只要 CONT 图形与 METAL 图形搭接，且该 METAL 图形与 CONT 图形的各边没有至少 1 μm 的覆盖，就会产生违规。如图 3.17 右侧所示，一个 CONT 图形悬挑在一个 METAL 图形之上，会产生诊断。无论如何，完全不搭接 METAL 的 CONT 图形不会产生任何诊断。要找到这种孤零零的接触孔，可以添加以下规则：

图 3.17 规则"A 覆盖 B"测量的各种尺寸

```
CONT must touch METAL
```

在覆盖检查中附加"精确"(exact)字样，将导致任何不完全等于指定值的覆盖报告违规。该选项通常用于构建需要非常特殊版图才能正常运行的器件。

4. 悬挑

悬挑(overhang)检查仅适用于一个图层上的图形部分地覆盖第二个图层上图形的情况。首先创建两个图形相交处的多边形，然后从该多边形边界的每个线段垂直向外测量距第一层图形边界的距离。例如，

```
POLY overhang NMOAT                 1.0 μm
```

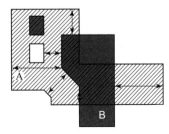

只要 POLY 图形与 NMOAT 图形的悬挑距离小于 1 μm，就会产生诊断。如果 POLY 图形的边缘完全位于 NMOAT 图形内，则不会产生诊断。图 3.18 显示了规则"A 悬挑

图 3.18 规则"A 悬挑 B"测量的各种尺寸

B"测量的各种尺寸。也可以在悬挑规则中添加"精确"(exact)字样。

3.2.3 设计规则构建

20世纪70年代,人们只需要对流程设计有一个最初步的了解,就能够创建出一套基本的设计规则。这种时代早已经一去不复返了。现在,专家利用各种复杂的建模技术和先进的规则生成软件,努力从现有工艺中汲取最大的性能。本节将不试图解释设计规则构建的所有复杂问题,而是概述所涉及的基本考虑因素,并举例说明这些考虑因素是如何影响一套极简单的版图规则的。

1. 最小特征尺寸

最小特征尺寸,也称为关键尺寸(Critical Dimension,CD),是指使用特定复杂级别的光刻技术进行图形化所能达到的最小尺寸。一般认为是根据恩斯特·阿贝(Ernst Abbe)所提出的公式来进行直接估计,最小特征尺寸不能小于光刻胶图形曝光波长的一半除以光学系统的数值孔径。这个公式相当准确地估计了千年之交时商业化光刻技术的能力。当时的设备通常可以实现不大于0.6的数值孔径。因此,365 nm波长工作的I线步进光刻机,可以成像的最小特征尺寸约为0.3 μm。最小特征尺寸对于给定层上可以获得的宽度和间距两者都给出了限定,因此,I线步进光刻机可以图形化0.3 μm的线条,间距也为0.3 μm。这代表了步进光刻机能力的极限。除非万不得已,明智的工程师绝不会将设备推向极限。这样的步进光刻机可能会相当可靠地完成0.5 μm的图形化工艺,但是如果将其推进到0.3 μm,则可能会遇到较大的问题。

为了提高现有光刻光源的性能,人们已经开发了多种技术。这些技术包括主动性的光学邻近校正、相移掩模、离轴照明和双重掩模等技术。然而,即使进行了所有这些改进,数字集成电路工艺在2000年之后不久还是超越了I线步进光刻机。如今,此类工艺通常依靠氟化氪(KrF)和氟化氩(ArF)准分子激光器,其工作波长为深紫外波段(DUV)的248 nm和193 nm。ArF准分子激光器能够图形化的特征尺寸可以低至50 nm以下。更低的波长则需要波长为13.5 nm的极紫外(EUV)光源。截至2020年,EUV光刻技术才刚刚开始应用于数字集成电路工艺线。

模拟集成电路工艺通常比数字集成电路工艺落后几代,因此I线步进光刻机在许多方面的表现仍然令人满意。不过,准分子激光扫描光刻机已经开始接管后面几代工艺中尺寸要求较高的步骤,特别是多晶硅的图形化。结合各种分辨率增强技术,这些机器至少还能够满足大多数模拟集成电路工艺未来十年之需。

大多数晶圆厂都会监控每个层最小图形所形成的线宽和间距。这通常需要添加特殊的关键尺寸图形,如图3.19所示。这些图形通常占据一个特殊单元,版图设计师将其作为实例放置在管芯上某个方便的位置。

图3.19 M-1金属层上的关键尺寸图形

2. 工艺偏差

理想情况下,刻蚀在晶圆片上的开孔应与用来进行图形化的图像相匹配。在实际操作中,过刻蚀通常会将开孔放大一些。这种效应是系统性的,也就是说,相似的开孔会放大相似的量。这种系统效应称为工艺偏差。干法刻蚀产生的偏差一般不超过被刻蚀层厚度的10%。集成电路上刻蚀的大多数层,厚度都小于1 μm,因此大多数工艺偏差都小于0.1 μm。即使是如此小的工艺偏差,也能够显著地改变现代亚微米图形的宽度和间距。

工艺设计师可以采取两种方法之一来处理工艺偏差。最明显的方法是在设计规则中简单地计入工艺偏差。例如,如果金属条每个边的工艺偏差为−0.05 μm,那么工艺设计师只需要将金属宽度设计规则增加0.1 μm,并将金属间距规则减少0.1 μm以作补偿。这种解决方案未考虑不同工艺设备可能产生不同工艺偏差的可能性。因此,大多数工艺设计师更倾向于在图形生成阶段进行工艺尺寸调整。例如,上述金属层的工艺尺寸可调整为+0.05 μm,这意味着该层上的所有图形每边都要扩大0.05 μm。这种工艺尺寸调整可以补偿工艺偏差,并确保绘制宽度为1 μm的线条,其制造宽度也为1 μm。更具优势的是,如果设备变化改变了工艺偏差,工艺设计师还可以改变工艺尺寸调整量，并重新运行图形生成算法，就可以制造出新的光刻掩模版。

实际上，工艺偏差并不是一个固定值，而是图形尺寸的函数。例如，较大的开孔刻蚀速度比较小的开孔更快一些，因此会呈现出更大的工艺偏差。单一的工艺尺寸调整就无法弥补这些图形依赖的效应。通常情况下，工艺设计师会应用工艺尺寸调整来修正最小宽度的图形，然后再根据需要为较大的图形添加额外的规则。例如，他们可能会应用工艺尺寸调整来修正最小尺寸的过孔，然后为较大过孔的金属覆盖提供单独的规则，以便计入增大的过刻蚀。

3. 线宽控制

所有的制造过程都会出现系统涨落和随机涨落。系统涨落称为工艺偏差，随机涨落称为工艺波动。光刻工艺误差的常见来源包括掩模版上图形宽度的变化、光刻胶厚度的变化以及图像聚焦的不完美。线宽控制相当于所有这些因素的最坏情况组合。一般来说，集成电路制造商认为线宽控制在最小特征尺寸的 10％左右即可令人满意。

工艺设计师在计算金属对接触孔的覆盖，或相邻源/漏扩散区间距等设计规则时，必须考虑线宽控制。多晶硅线宽控制也是窄电阻和短沟道 MOS 晶体管测试值涨落的一个主要来源。无论如何，相邻放置的类似器件的匹配，要比线宽控制所预示的好很多。出现这种情况的原因是，导致线宽控制的大多数因素都会以大致相同的方式影响相同的相邻元件。

4. 掩模版对准

用于晶圆片图形化的第二个光刻掩模版必须与第一个光刻掩模版所创建的图形对准。许多因素限制了对准的精度。光刻掩模版和晶圆片的热膨胀会导致偏差，这种偏差会随着距离的增加而增大，这种现象被称为累积差(run-out)。早期使用钠钙玻璃制造的光刻掩模版会出现几微米的累积偏差。熔融石英光刻掩模版的热膨胀要小得多，而光学缩小倍率又将其影响降至最低。尽管如此，累积偏差仍然是对准误差的一个主要来源。其他来源包括透镜变形、晶圆片不平整以及机械重复性限制等。大多数的制造商认为，最坏掩模版对准误差在最小特征尺寸20％以内是可以接受的。

由于用于晶圆片图形化的第二层光刻掩模版相对于第一层光刻掩模版，会出现光刻板对准误差，因此涉及这两层的间距、覆盖和悬挑的规则就必须包含足够的余量，以便考虑光刻掩模版的对准误差。

用于晶圆片图形化的第三个光刻掩模版可以与第一个或第二个光刻掩模版所创建的图形对齐。无论是对准哪一层，某些版图规则都会受到两个不同的光刻掩模版对准误差的影响。例如，假设光刻板 2 和光刻板 3 都对准光刻板 1。涉及第二层和第三层的间距、覆盖和悬挑的规则必须分别为光刻板 2 与光刻板 1 以及光刻板 3 与光刻板 1 的对准误差留出足够的余量。

光刻板对准误差不是线性相加的，因为其中有一些成分是随机量，而其他成分(如累积差)大多是系统性的。粗略计算，两个光刻板的对准误差合起来大约等于一个光刻板对准误差影响的 160％。

工艺设计师要仔细考虑如何对准每个光刻板，以便尽量减少对准误差对设计规则的影响。通常情况下，涉及两个不同层的大多数重要规则只会受到一个光刻板对准差的影响，而少数不太重要的规则就会受到两个光刻板对准差的影响。

5. 外扩散

扩散区的实际尺寸(由表面处冶金结的交点定义)总是要大于所对应的氧化层窗口尺寸。掺杂剂通常会向外横向扩散达到纵向结深的 80％左右(参见 2.4.2 节)。离子注入也会因杂散化而出现类似的横向扩散。因此，纵向结深为 5 μm 的 N 阱将向各个方向横向扩散 4 μm。一个绘制宽度为 10 μm 的图形，其制造宽度(根据冶金结位置测量)为 18 μm。扩散区的间距规则必须包含足够的余量，以便考虑外扩散效应。

外扩散也会降低较小扩散区内的掺杂浓度。这种效应被称为稀释效应，当扩散区的宽度小于其结深的 2 倍时，稀释效应就会变得非常明显。有些器件实际上利用了稀释效应，将比外扩散距离小得多的线条或方块的阵列图形化，这种稀释的图形可以将掺杂浓度降低到原来的 1/5，甚至更少。如果不希望出现明显的稀释，则版图规则就应该规定最小宽度至少要等于结深。

6. 耗尽区宽度

每个 PN 结附近都会形成耗尽区，这些耗尽区的宽度取决于掺杂浓度、杂质分布和外加的电压。大多数教科书中的简单方程无法准确预测实际扩散区附近耗尽区的宽度。历史上，人们使用劳伦斯-华纳曲线（The Lawrence-Warner curve）来估算这些宽度。如今，工艺设计师则依赖二维和三维的工艺模拟器来实现这一功能。表 3.1 给出了根据上述劳伦斯-华纳曲线得到的一些耗尽区宽度的近似值。表中省略的值代表了由于雪崩击穿效应而无法在所列电压下工作的情况。

表 3.1　假设峰值扩散浓度是本底浓度的 10^3 倍，温度为 25 ℃时，特定反偏电压下耗尽区宽度的标称值

本底 (原子数/cm³)	结深/μm	耗尽区宽度的标称值/μm			
		5 V	10 V	20 V	40 V
10^{15}	1	3	4	5	8
10^{15}	5	5	6	7	10
10^{16}	1	1.3	1.5	2	—
10^{16}	5	2	2.5	3	4
10^{17}	1	0.5	0.6		
10^{17}	5	1	1.2	—	—

表 3.1 中所列举的数值并没有考虑掺杂浓度的涨落变化或全部工作温度的范围，若要考虑这些因素，则还应增加至少 50% 的安全余量。

7. 实例

下面我们通过举一个实例来说明上述因素对设计规则的影响。由于实际的工艺过于复杂，因此我们将考虑一个假设的工艺，涉及单层扩散区和单层金属化。该工艺只需要用到表 3.2 中列出的 4 个光刻步骤。

若要计算得到这些层的设计规则，我们首先必须要考虑光刻设备的能力。假设该工艺使用的老一代步进光刻机能可靠地光刻 0.8 μm 的图形，线宽控制精度在 0.1 μm，光刻板的对准误差为 0.2 μm。

接下来我们需要了解有关 N 型扩散区的一些细节。假设这是一种重掺杂的磷扩散区，在硼掺杂浓度

表 3.2　示例工艺的光刻板

步骤	图层名称	掩模版名称
1	NDIF	N 型扩散区
2	CONT	接触孔
3	METAL	金属化层
4	POR	钝化保护层窗口

为 1×10^{16} cm⁻³ 的 P 型外延层中向下推进至 1.0 μm 深度。表 3.1 显示，耗尽区的宽度在 10 V 时为 1.5 μm，在 20 V 时为 2 μm。加上 50% 的安全余量，宽度分别为 2 μm 和 3 μm。几乎整个耗尽区的宽度都扩展在 PN 结较轻掺杂的一侧，在这种情况下就是 P 型外延层一侧。

步进光刻机可以图形化宽度仅为 0.8 μm 的 NDIF 氧化层窗口，但是如此窄的扩散区会产生相当大的稀释效应。我们可以将最小 NDIF 宽度增加到结深的 2 倍，即 2 μm，这样就能够将此类效应降至最低，规则如下：

```
NDIF width                    2.0 μm
```

两个 NDIF 扩散区之间的间距取决于几个因素。首先，我们必须考虑两个 NDIF 图形区的横向外扩散。每一个的外扩散量大约为结深的 80%，即 0.8 μm。接下来，我们必须加上两个耗尽区的宽度，如果两个 NDIF 区都工作于 10 V 的电压，则宽度为 4 μm；如果两个 NDIF 区工作于 20 V 电压，则宽度为 6 μm。至此，我们需要对两个图形添加线宽控制精度，我们将保守地假设线宽控制精度线性地增加到总计 0.2 μm。因此，最终的规则为

```
NDIF spacing to NDIF          5.8 μm {10 V}
NDIF spacing to NDIF          7.8 μm {20 V}
```

需要考虑的下一个图层是 CONT。步进光刻机可以图形化的最小宽度为 0.8 μm，但是铝在填充宽度小于约 1 μm 的孔时可能会出现问题。因此，我们将接触孔的宽度设定为 1.0 μm，

并保持所有接触孔都为这一宽度，以便最大限度地减少工艺偏差中与宽度有关的成分。于是，下一条规则为

```
CONT width                           1.0 μm exact
```

接触孔之间的最小间距等于最小特征尺寸(0.8 μm)和两个接触孔的线宽控制精度(0.2 μm)之和。因此，接触孔间距的规则为

```
CONT spacing to CONT                 1.0 μm
```

我们还必须考虑 NDIF 对 CONT 的覆盖。接触孔穿透前一步的 NDIF 氧化物窗口中的薄氧化层，因此孔边缘必须位于窗口的边缘以内。以零覆盖为基础，我们再加上线宽控制精度(0.2 μm)和光刻板对准误差(0.2 μm)，就得到了规则：

```
NDIF overlap CONT                    0.4 μm
```

下一层需要考虑的是金属。步进光刻机理论上可以对 0.8 μm 的金属线条和间距进行图形化，但是金属引线相对较厚，而且它们要穿越明显不平坦的表面。这些因素通常会使最小特征尺寸翻倍。在此基础上，我们还必须再增加 0.2 μm 的线宽控制精度，从而得出以下规则：

```
METAL width                          1.8 μm
METAL spacing to METAL               1.8 μm
```

金属对接触孔的覆盖也有自己的规则。铝接触孔要求用金属覆盖密封住，以防止在后续的加工中受到沾污。于是，我们从制造的覆盖量为零开始。加上两层的线宽控制精度(0.2 μm)和光刻板对准偏差(0.2 μm)，总的覆盖量为 0.4 μm。于是，规则成为

```
METAL overlap CONT                   0.4 μm
```

POR 层定义了用于压焊块的开窗。通常情况下，这一步骤采用简单的湿法腐蚀，需要相当大的最小窗口值。由于键合压焊块的宽度通常会超过 50 μm，因此我们可以简单地将 POR 的最小宽度设定为 10 μm：

```
POR width                            10.0 μm
```

两个 POR 窗口之间的间距必须包括湿法腐蚀过程中可能发生的最坏情况下的过刻蚀(可能为 1.0 μm)以及线宽控制精度(0.2 μm)。这些再加上我们所能设计的最小钝化保护层宽度(可能为 2 μm)。因此，规则成为

```
POR spacing to POR                   4.2 μm
```

POR 的金属覆盖必须考虑 POR 的过刻蚀(1.0 μm)、两层的线宽控制(0.2 μm)和光刻板对准偏差(0.2 μm)。因而，规则成为

```
METAL overlap of POR                 1.4 μm
```

8. 可缩放规则

从 20 世纪 70 年代中期到 90 年代中期使用的数字 CMOS 工艺都依赖于同一类型的自对准 CMOS 晶体管，因此使用的成套光刻板种类也相同。无论如何，最小栅长从 1975 年的大约 6 μm 缩小到了 1995 年的 0.5 μm。大量的学术研究展示了如何通过等比例调整掺杂水平、栅氧化层厚度以及工作电压来提高较小栅长下器件的性能。1977 年，林恩·康威(Lynn Conway)提出，如果所有尺寸都是缩放因子 lambda(λ)的倍数，则一套版图规则就可以用于多个技术节点的数字 CMOS 工艺。康威的原始规则包含了如下内容：

```
CONT width                           2 λ
CONT spacing to CONT                 2 λ
METAL width                          3 λ
METAL spacing to METAL               3 λ
METAL overlap CONT                   1 λ
```

版图设计师在使用可缩放规则时,只需要假定用户单位为 λ。在图形生成时执行的一种图形操作称作光学收缩(Optical Shrink),它可以对数据进行缩放,以便反映给定工艺的 λ 实际值。光学收缩之所以如此命名,是因为它对版图的影响与实际的光学缩放相同。它们通常以百分比的形式表示。例如,90% 的光学收缩可将所有尺寸乘以 0.9。因此,如果可缩放规则规定 λ=0.5 μm,则需要 50% 的光学收缩才能将用户单位 λ 转换为物理单位 μm。

模拟电路不存在通用的缩放定律。某些电路的性能会随着尺寸的缩小而提高,而另外一些电路的性能则会下降。虽然有些模拟集成电路是在采用可缩放规则的数字工艺中设计的,但是其版图并不能仅通过改变 λ 值就从一个工艺节点移植到另一个。相反,要在新的工艺中重新创建成功的设计,通常需要对电路进行大量的改动,并进行完全的版图再设计。

20 世纪 80 年代和 90 年代的许多模拟 CMOS 和 BiCMOS 工艺确实使用了一种有限形式的缩放。版图规则不是使用 λ,而是以 μm 为单位。在图形生成时,所有层都采用了 90% 的光学收缩。版图中的尺寸称为绘制尺寸,收缩后的真实尺寸称为硅尺寸。

90% 的光学收缩率源于一种用来开发等比例数字工艺的实践。从确定工艺到批量生产需要一年左右的时间。在此期间,光刻和加工设备的性能通常至少会提高 10%。因此,使用一套规则开发工艺并按照这些规则的 90% 进行生产已成为惯例。模拟 CMOS 和 BiCMOS 工艺通常以数字工艺为基础,因此有时会使用体现 90% 光学收缩的设计规则。

但是,90% 收缩率在应用于模拟工艺时会造成混乱。例如,版图规则可能以 $fF/\mu m^2$ 为单位来描述电容,但是它描述的是绘制微米还是硅微米?一个错误就可能会导致作为结果的电容出现大约 20% 的误差。这足以导致一个设计良好的电路不满足参数规范。

20 世纪 90 年代,当几项技术达到极限时,等比例缩小的 CMOS 时代也随之结束。这些技术包括铝通孔、LOCOS 隔离以及均匀掺杂沟道。设计师再也无法通过简单的光学收缩来重复使用现有的版图。这就消除了应用 90% 收缩的动力,导致其不再受到青睐。现代的版图规则通常是以 μm 为单位书写的硅尺寸。

3.3　图形生成

如前所述,第一批真正意义上的光刻掩模版是通过对红膜版进行光学微缩而得到的。通常,这些红膜版的绘制尺寸是实际尺寸的 400 倍。由于一次性光学微缩 400:1 需要很长的焦距(以至于实践中无法实现),因此红膜版实际上是分为两个接续的阶段来进行光微缩的。第一个阶段通常将红膜版缩小 40 倍,以便在称为母版(Reticle)的玻璃板上形成图形。然后,将该母版上的图案再缩小 10 倍,并在另一块玻璃板上进行步进分布的处理,形成步进式的主版(Stepped Master Plate)。然后以 1:1 比例对主版进行照相复制,制作出多个步进式的工作版(Stepped Working Plate)。由于 20 世纪 60 年代和 70 年代的接触式对准光刻机迫使精细的工作版乳剂图形与晶圆片直接接触,因此每块工作版的寿命都相对比较短,每块工作版只使用 5 或 10 次就会被丢弃。

20 世纪 70 年代,计算机技术的进步引发了光刻掩模版制造技术的两次革命。第一次革命使用光学图形生成技术,第二次革命开始使用光栅扫描的电子束系统,并继之使用光栅扫描的激光系统。

3.3.1　光学图形生成

数字化版图最初用来驱动平板雕刻机,机器上装有刀具用于切割红膜主版。光学图形发生器甫一出现,这些绘图仪就被淘汰了。由 GCA 公司生产的 D. H. Mann 系列图形发生器就是典型的代表。它们使用安装在旋转转塔中的两对叶片来形成一个矩形孔径,孔径的大小和方向由机电致动器控制。另外的致动器在水平和垂直方向上移动转塔。为了制作出一张母版,首先要在一片空白的玻璃板上涂覆感光乳剂,然后将其安装在转塔下方的平板上。接下来将数据文件输入到机器的控制器中。控制器读取文件的第一条记录,然后将转塔移动到指定位置,并调整孔径的大小和方向。闪光光源通过孔径和一系列的透镜投射过来,对母版上的一小块矩形进行曝光。控制器随后读取文件中的下一条记录，然后移动和调整转塔，并曝光另一个矩形。这个过程要重复几千次，最终才能形成完整的版图图像。

Mann 图形发生器使用自己的数据格式，称作 Mann 格式。每个母版都需要另外一个以 IBM 的 EBCDIC 文本格式存储的文件。该文件列出了在母版上建立图像所需的一系列矩形。然而，大多数数字化版图并不是完全由矩形组成的。此外，矩形在 Mann 文件中出现的顺序也决定了图形发生器创建母版的速度。于是，人们又创建了翻译器来将版图数据转换为 Mann 格式。这些翻译器通常内置于设计规则检查（DRC）程序中。

传统上，版图和光刻掩模版的生成是由不同的机构（如果不是不同公司的话）来负责的。制作光刻板的机构称为掩模车间。版图设计团队的最后一步是执行一个特殊的 DRC 工单，将版图设计转换成掩模车间所需要的格式（通常是 Mann 格式）。版图设计师将这一过程称为图形生成（Pattern Generation，PG），将用于执行这一过程的工单称为 PG 工单。

PG 工单执行很多重要的功能。首先，它将各种绘制图层组合起来，创建特定光刻掩模版所需要的数据。举个简单的例子，假设 CMOS 工艺定义了 3 个图层，分别称为 MOAT、NMOAT 和 PMOAT。在这三个图层中任何一层上绘制的图形都会在有源区反版上生成相应的图形。因此，PG 工单将包含以下形式的语句：

```
ALL_MOAT = MOAT + NMOAT + PMOAT
```

MOAT、NMOAT 和 PMOAT 被称为编码图层，因为这些图层是版图设计师用来输入（或编码）版图的。ALL_MOAT 是生成图层的一个例子，因为它是由 PG 工单创建而非设计师绘制的。版图中有时会遇到的第三种图层称为伪图层。这些伪图层是由设计师编码，但是并不直接影响光刻板图形。取而代之的是，它们向 DRC 程序传递信息，使其能够正确地检查编码图层上的数据（9.2.4 节讨论了此类应用）。根据定义，伪图层不影响图形生成过程。

下一步，PG 工单将进行必要的工艺尺寸调整。假设有源区图形需要 $+0.05\ \mu m$ 的工艺尺寸调整。相应的 PG 工单命令可能为

```
FINAL_MOAT = ALL_MOAT oversized by 0.05
```

第三步处理确定所需要的是暗板还是亮板。要理解这一步的意义，请回想一下存在两种类型的光刻胶。光照射到正胶上会使其能够溶解于显影液中。因此，光刻板上的透明区域会在正胶上形成窗口，如图 3.20b 所示。光照射到负胶上，会使胶发生聚合，变得不溶于显影液。因此，光刻板上的不透明区域会在负胶上形成窗口，如图 3.20c 所示。

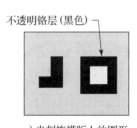 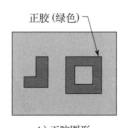 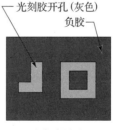

a) 光刻掩模版上的图形　　　　b) 正胶图形　　　　c) 负胶图形

图 3.20　图形间的关系

试想一下，我们希望用负胶对接触孔进行图形化。版图设计师将这些接触孔窗口绘制成多边形。因此，我们希望多边形的内部与氧化层的窗口相对应。使用负胶意味着多边形的内部对应于光刻掩模版的暗区。因此，版图中的图形与光刻掩模版上的图形相对应。这种光刻掩模版被称为亮场光刻掩模版，因为它由亮场上的不透明的图形组成。

现在想象一下，我们希望用正胶对相同的接触孔窗口进行图形化。版图设计师还是绘制多边形来表示接触孔氧化层去除区。但是，这些多边形的内部将与光刻掩模版上的透明区域相对

应。因此,光刻掩模版图像是版图数据的反转。由此产生的光刻掩模版具有暗场,因此称为暗场光刻掩模版。

有的时候,版图设计师绘制的不是窗口,而是窗口之间的区域。例如,人们绘制的是刻蚀后留在晶圆片上的金属引线的图形,而不是它们之间的空隙。因此,版图中多边形和路径的内部并不对应光刻胶上的窗口,而是不受影响的光刻胶区域。正胶层需要使用亮场光刻掩模版而非暗场光刻掩模版,以便将版图数据转换为所需的金属引线图形。表 3.3 总结了数据和光刻胶层的所有四种可能组合。

表 3.3　不同版图数据组合所需的光刻掩模版类型

版图数据表示	正胶	负胶
光刻胶窗口	暗场光刻掩模版	亮场光刻掩模版
窗口之间区域	亮场光刻掩模版	暗场光刻掩模版

PG 工单还必须指定生成每个母版的比例。例如,有人可能会希望使用 10 倍的母版。这种母版包含的图形是实际硅尺寸的 10 倍。一旦知道了母版的比例,我们就可以选择适当的地址单位(Address Unit,AU)。地址单位代表母版数据中允许的最小增量。因此,0.25 μm 的地址单位意味着母版数据中图形的坐标必须是 0.25 μm 的倍数。如果是 10 倍光学母版,那么尺寸调整后的版图数据的坐标必须是 0.025 μm 的倍数。这表明编码单位应该是 0.05 μm 的倍数,以便适应路径类型。工艺尺寸调整应该为 0.025 μm 的倍数。光学图形发生器通常使用 0.25 μm 左右的地址单位。

图形生成算法将实际版图数据分解成一系列出现在输出文件中的简单图形。光学图形发生器通常需要与 Mann 格式类似的数据,这些数据由旋转至不同角度的矩形组成。因此,转换过程被称为矩形分解。

矩形分解有一个严重的缺点,任何旋转矩形的组合都无法完全填充锐角内角。因此,版图设计师被告知要避免创建锐角内角,如果这些锐角内角不是隐藏在同一层其他图形内部的话。即使分解算法可以处理锐角,版图数据也不应包含外露的锐角内角,因为它们总是会违反设计规则。即使在制作标记和装饰性的"芯片艺术图形"时,也应遵守设计规则,因为晶圆厂可能会将这些结构误认为是有效的图形,并因其违反规则而搁置该批流片。

3.3.2　光刻技术进展

在光学图形生成技术彻底改变了母版生成技术的同时,实际的光刻工艺也发生了类似的转变。早期的接触式光刻机首先被接近式光刻机所取代,随后又被投影式光刻机所取代。这些新机器不再会使光刻掩模版与晶圆片直接接触,因此一个光刻掩模版可以对无数个晶圆片进行图形化。现在,掩模版制造车间可以放弃使用步进式母版了,代之以直接将母版步进分布到单一的一套工作版上。

图 3.21 展示了利用步进式工作版制作晶圆片图形的示例。主母版被步进式分布到平板上,形成一个矩形的管芯阵列。另一个包含所谓工艺控制结构图形的母版,在一些位置处代替了主母版,俗称插花(Plug)。插入这些插花图形后,晶圆厂就可以对每个晶圆片上多个位置处的测试器件进行测量。这些测量可以用于确保晶圆片得到正确的工艺处理,也能用于逐步调整工艺设备,以补偿随时间

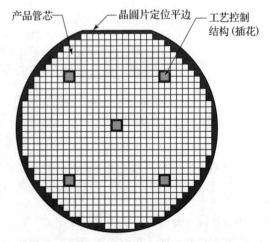

图 3.21　利用步进式工作版制作晶圆片图形的示例

而产生的漂移。通常情况下，会在重点位置放置四到五个插花图形，以便了解整个晶圆片上元器件性能的变化情况。

步进式工作版寿命的延长促使人们使用更昂贵的材料来获得更高的尺寸精度。脆弱的乳剂掩模被更为坚固的硬掩模所取代，后者使用氧化铁或后来的铬金属图形来阻挡光线。先用硼硅玻璃，后用熔融石英玻璃取代廉价的钠钙玻璃板，从而将掩模的热膨胀系数降低了一个数量级。新式光刻掩模版的成本是旧式的数倍，但是一套光刻掩模版通常可以用于芯片产品的整个寿命期。与此同时，光刻掩模版的尺寸也在不断增大。早期的集成电路通常是在 3 in(75 mm) 的晶圆片上制造的，随后出现了 4 in(100 mm) 和 6 in(150 mm) 的晶圆片。

下一个进步是摒弃了步进式工作版，转而采用直接在晶圆片上步进式分布(Direct Step on Wafer, DSW) 做图形化。人们可以使用制作步进式工作版的步进机来制作 DSW 母版，但是由于早期的步进机运行速度非常慢，因此这种做法并不常见。接近式曝光的光刻机每小时可以曝光 100 片晶圆片，而步进机每小时只能曝光 2~3 片晶圆片。更大的母版和更快的步进机最终缩小了性能差距，最终令接触式曝光的光刻机被淘汰。步进式工作版的消失也消除了晶圆片上放置插花工艺控制结构的可能性。由于新的大型母版通常包含一个管芯阵列的排布位置，一个显而易见的解决方案是用工艺控制结构代替阵列中的一处管芯位置。这种做法会浪费面积，因此一些工艺工程师转而将工艺控制结构放置在阵列的外边缘。步进曝光机使用成对的刀片挡板来确定每次曝光时要照亮的母版区域。在大多数曝光过程中，这些刀片挡板被调整为盖住工艺控制结构。而在某些曝光过程中，刀片挡板缩回到刚好露出工艺控制结构的位置。步进量相应地增加，从而在整个晶片上形成一个包含工艺控制结构的窄条。还有一种面积效率更高的解决方案，则是将工艺控制结构置于划片道之中。

在单个母版上排列多个设计方案的概念，即所谓的组合式母版，可以使得设计师能够使用单个晶圆批和一套光刻掩模版对多个版图进行评估。在此基础上，几个团队还可以分摊晶圆批和成套光刻掩模版的成本。这种做法最广为人知的例子是 MOS 实现服务 (Metal Oxide Semiconductor Implementation Service, MOSIS)。MOSIS 成立于 1981 年，是第一家晶圆片代工厂。换句话说，它是第一家不专门服务于单一公司的专有设计的晶圆厂。MOSIS 提供所谓的"多项目晶圆片"，它将多个设计方案整合到一个共同的晶圆片上。任何向它支付服务费的人都可以在这些多项目晶圆片上预订一个位置。它把来自多个设计方案的数据整合到一套组合式母版中，然后使用这些母版制造出多个晶圆片，再切割出管芯，然后将得到的芯片发送给付费者。各类学术机构尤其受益于 MOSIS 这样的服务，因为学生也能够制作出自己的集成电路。如今，许多集成电路制造商都在"转向无晶圆制造厂模式"，即从各个代工厂购买晶圆片产品。这些制造商通常会使用多项目晶圆片来降低芯片的开发成本。

从 1980 年到 2000 年，人们看到晶圆片直径一直在不断变大，而特征尺寸则一直在不断变小。到 2000 年，12 in(300 mm)晶圆片开始投入生产，最小特征尺寸为 0.25 μm。分步重复式曝光的晶圆片光刻机不断更新换代，从工作波长为 436 nm 的 G 线光源转向工作波长为 365 nm 的 I 线光源。数值孔径也从 0.35 增加到 0.6。进入 2000 年之后，准分子激光光源开始得到普及，扫描式光刻机开始取代步进式光刻机。扫描式光刻机只能曝光一个窄条，而非一个矩形的场。这种做法大大简化了光学系统的设计，但是需要母版和晶圆片同时做相反方向的移动，以便使得线形的曝光区扫描整个晶圆片。扫描式光刻机使用的缩比通常比步进式光刻机小，因此可以用 4 倍的扫描式光刻机来取代 5 倍的步进式光刻机。无论如何，扫描式光刻机仍然需要用到令人惊叹的工程技术，因为母版必须比晶圆片移动得更快更远，但是两者又必须相互跟踪同步至一个极小的公差范围以内。虽然制造 ArF 准分子激光扫描曝光机的技术比制造老式 G 线步进曝光机的技术要复杂得多，成本也要高得多，但是这两种机器使用的母版却非常相似。

3.3.3 制造电子束曝光系统

就在步进式曝光机取代接触式对准机的同时，一种用于制造母版的新技术突然出现。这项技术最初由贝尔实验室开发，被称为电子束曝光系统(EBES)，后来由 Etec Systems Incorporated

公司以制造电子束曝光系统(MEBES)的名义实现了商业化。其他几家公司也生产了类似的机器。

　　MEBES机器打破了以往的做法,使用电子束而不是光线来曝光图像。这项技术需要在真空腔室中操作,并使用电子光学系统而非普通的光学透镜。电子束不扫描曝光矩形的区域,它会在光刻掩模版上来回扫描,将图像光栅化,这与老式阴极射线管显示光栅化电视图像的方式非常相似。电子确实会有量子化的衍射效应,但是适当选择电子的能量可以分辨极其精细的特征尺寸。此外,电子束一次只照射一个点,消除了困扰高分辨光学系统的非线性效应。因此,MEBES技术很快就取代了光学图形发生技术,成为制作光刻掩模版的标准方法。

　　由于MEBES机器使用的是光栅成像而非孔径成像,人们可能会认为其数据文件支持任意的多边形数据。然而,Etec系统公司要求输入数据流由梯形组成,从而减少了在MEBES系统内对数据进行光栅化处理所需的计算量。每个梯形都有一个水平的顶线段和底线段,而梯形的两个边可以在很大的角度范围内任意倾斜。

　　为了支持各种专有的MEBES文件格式,研究人员开发了一类新的图形发生算法。这些算法使用梯形分解而非矩形分解。梯形分解不难填充锐角内角。此外,MEBES文件不需要通过图形排序来优化写入时间。相反,MEBES机器会在电子束实际开始图形化过程之前,将梯形数据转换为制作母版图像所需的光栅化数据。

　　虽然MEBES文件不会输入给光学图形发生器,但是大多数的版图设计师仍然会将准备MEBES数据的步骤称为图形生成(PG)。这一处理所需要的步骤与之前相同,首先组合来自多个图层的数据,然后实施工艺尺寸调整、收缩和亮暗颜色反转,最后进行梯形分解。用于光学图形生成和MEBES生成的PG工单的唯一真正区别,在于选择分解算法和输出格式的选项。

　　较新的母版图形化设备使用准分子激光束而非电子束。但是,这些系统仍然使用某种形式的光栅化,并且仍然需要梯形数据。事实上,其中的一些系统使用最后一代的MEBES文件格式(MEBES-5)作为输入。现在,许多光刻掩模版车间混合使用老式MEBES工具和新式的准分子激光扫描设备。版图设计师甚至都不知道哪种设备会用来实际处理PG数据。

3.3.4　光学邻近效应校正

　　光刻工艺组面临着在不购买更昂贵设备的情况下图形化更精细线条的无情压力。因此,人们开发出了各种策略,利用现有的设备制作出更精细的图形。其中最具影响的就是光学邻近效应校正(Optical Proximity Correction,OPC)。

　　光线会从狭窄开孔的边缘发生折射。当光束穿过母版上的窄孔并聚焦到光刻胶膜上时⊖,产生的图像不会完全再现窄孔的形状。取而代之的是,折射会使得图像模糊,导致拐角变圆。版图设计师很早就知道,在矩形的每个角上添加小的"狗耳朵"形状,可以部分地补偿拐角变圆。这些"狗耳朵"就是OPC图形原型的一个例子。

　　最简单版本的OPC只包括在每个图形的外角处做正方形加法,以及在每个内角处做相应的减法。OPC更具效力的版本可进一步提高分辨率,如图3.22b所示。工艺设计师可以模拟光线穿过母版图像的行为,并反复调整OPC图形以获得最佳性能;他们也可以编写一套规则,根据局部图形的长度、宽度和间距生成OPC图形。基于模型的方法理论上可以产生最好的结

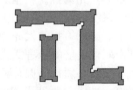

a)绘制图形示例　　　　　　b)添加OPC图形后的掩模版图形示例

图3.22　OPC

⊖　此处原文有误。——译者注

果，但是它需要巨大的数据处理能力，并且会产生出同样巨大的数据量。基于规则的 OPC 所需的数据处理能力则要小得多，产生的输出文件也同样小得多。因此，大多数工艺设计师更倾向于使用建模来推导出一套规则，然后指令所有的设计采用这些规则。

更先进的基于规则的 OPC 系统不仅包括随相邻图形间距而变化的顶角修正，还包括随着距离顶角的距离和相邻图形的间距而变化的可变间距。这些规则通常采用由建模确定的数值矩阵的形式，并在图形生成阶段通过特殊几何运算的组合加以应用。

用于制造模拟集成电路的工艺技术通常落后于数字集成电路工艺。模拟集成电路版图通常包含较少的 OPC，而所包含的 OPC 通常也没有数字集成电路版图那么强。目前，亚微米栅长的模拟集成电路至少会在栅电极的光刻掩模版上使用较轻的 OPC，也许在有源区的光刻掩模版上也会使用 OPC。使用大马士革金属化的模拟集成电路工艺也可以在金属层上使用 OPC。大多数其他层的最小特征尺寸都比较大，因此都不需要使用 OPC。

3.4　本章小结

在过去的 40 年中，工艺技术取得了惊人的飞跃发展。用于制造光刻掩模版的技术也是如此。模拟集成电路版图在复杂性和性能方面也经历了几次巨大的飞跃。从坐标图转换到数字化仪（数字化转换仪、数字化扫描仪、数字化绘图仪等），再从数字化仪跃升到完整的 CAD 系统，版图设计发生了翻天覆地的变化。大约从 1980 年开始，版图设计经历了缓慢而悄无声息的演变过程。硬件成本在稳步降低，而其提供的计算能力却在稳步提高。参数化单元、自动布线和验证引擎等软件工具都利用了计算能力的提高，以辅助简化版图处理和提高处理结果的品质。尽管如此，1980 年代的 Calma 操作员仍然可以在几天内学会使用现代版图编辑器。他们可能会惊叹于亚微米 BiCMOS 设计的精密性和复杂性，因为其有 30 多个光刻掩模步骤，但是他们在现代的工作站上推送多边形和放置实例时仍然会感到得心应手。

有一点并没有改变，1980 年代最优秀的版图设计师了解设计流程。他们可以解释每一个光刻掩模版的功能，可以画出每一个器件的剖面图，并解释它是如何工作的。我们这个时代最优秀的版图设计师在理解他们所使用的更复杂的器件和工艺方面还很吃力，但是如果他们想要制造出充分利用这些工艺优势的新一代集成电路，就必须要赢得这场斗争。我们在下一章将就三种在历史上有名的工艺，标准双极型工艺、多晶硅栅 CMOS 工艺和模拟 BiCMOS 工艺，通过考察所制备的器件和剖面图，来追溯工艺的演变过程。

习题

3.1 GDSII 格式将坐标存储为带符号的 4 字节整数，其值范围为 $-2^{31} \sim 2^{31} - 1$。假设一个 GDSII 文件使用 μm 为用户单位，而 DBU/UU 比为 10 000。试问可以绘制的最大正方形的宽度是多少（以 m 为单位）？假设用户单位表示物理上的 μm。

3.2 考虑由下列顶点列表所创建的封闭多边形。标注出哪些多边形包含锐内角、锐外角和非正交线段。进一步标注出是否有多边形是非简单图形。提示：可以在图纸上画出这些多边形。
a) (1,2),(7,2),(7,4),(4,4),(4,6),(1,6)。
b) (1,3),(7,3),(4,6),(1,6)。
c) (0,2),(8,2),(8,7),(6,7),(4,5),(2,7),(0,7)。
d) (1,3),(3,1),(6,4),(4,6)。
e) (1,2),(7,7),(1,7),(7,2)。

f) (1,1),(9,1),(9,4),(7,4),(7,3),(3,3),(3,5),(7,5),(7,4),(9,4),(9,7),(1,7)。

3.3 假设多边形 (3,3),(9,3),(9,5),(6,5),(6,9),(3,9) 占据 A 层，从 (5,4) 到 (8,7) 的正方形占据 B 层。画出下列图形运算所产生的图形：
a) A＋B。
b) A＊B。
c) A－B。
d) B－A。
e) A \ 。

3.4 给定一个多边形 (2,8),(2,14),(10,14),(10,10),(4,10),(4,8) 和同一层上的另一个多边形 (10,4),(16,4),(16,14),(12,14),(12,6),(10,6)，画出下列图形运算的结果：
a) 缩小（undersize）1 个用户单位。

b) 扩大(oversize)1个用户单位。

c) 缩小(undersize)1个用户单位,然后再扩大(oversize)1个用户单位。

d) 扩大(oversize)1个用户单位,然后再缩小(undersize)1个用户单位。

3.5 使用阿贝(Abbe)公式,估算出使用 436 nm 波长光和 0.35 数值孔径透镜的 G 线步进式曝光机可能成像的最小图形。你认为这台机器能够可靠地用于制造 0.65 μm 的 CMOS 工艺吗?为什么?

3.6 假设某种工艺使用一个相当重的掺杂扩散,将其向相反极性掺杂浓度为 10^{15} atoms/cm 的外延层中推进 5 μm。在下列反偏电压下工作的两个扩散区之间的最小间距应为多少?假设对外扩散距离设置 50% 的安全系数,线宽控制精度为每边 0.1 μm。提示:可以参见表 3.1。

a) 两个扩散区的反偏电压均为 20 V。

b) 一个扩散区的反偏电压为 10 V,另一个为 40 V。

c) 两个扩散区的反偏电压均为 40 V。

3.7 假设采用某种工艺制作多晶硅电阻。假设硅片上 POLY 和 CONT 的最小特征尺寸为 2 μm,METAL 的最小特征尺寸为 3 μm,每边线宽控制精度为 0.1 μm,光刻对准误差为 0.2 μm,请确定 POLY、CONT 和 METAL 图层所需要的规则。

3.8 有些工艺在制造过程的第一步就在硅片上刻蚀出对准标记。随后的光刻掩模版就可以对准至该标记。考虑一下接触孔和覆盖它们的金属光刻掩模版。金属的光刻掩模版应该对准到接触孔的光刻掩模版,还是对准到上述的对准标记?为什么?

3.9 假设 5 倍光学母版使用 0.25 μm 的地址单位(AU),下列哪些选项与此假设兼容?

a) 编码增量为 0.05 μm。

b) 编码增量为 0.1 μm。

c) 工艺的尺寸调整为 0.07 μm。

d) 工艺的尺寸调整为 0.2 μm。

3.10 一套版图规则以 0.1 μm 的倍数列出了所有尺寸。该工艺金属的宽度为 1.5 μm。该工艺的编码增量可能是多少?为什么?

3.11 如果多边形的顶点是锐角,那么矩形分解就不能成功地填充该多边形的内部。请画图说明导致此情形的原因。

3.12 使用 3.2 节中列出的可缩放规则,假设 $\lambda = 1.5$ μm。对金属进行 $+0.1$ μm 的加工尺寸调整(正值表示放大),并将得到的数据传输到 5 倍母版。在母版上看到的金属对接触孔的最小覆盖是多少(以 μm 为单位)?

3.13 平行板电容器的容量值随着其两板重叠区的面积呈线性变化。收缩 85% 会对这种电容器产生什么样的影响?

3.14 假设某集成电路的绘制尺寸为 1.6 mm × 2.2 mm。进一步地,假设相邻管芯之间必须有 100 μm 宽的划片道通过,而这些划片道尚未计入之前给出的绘制尺寸。在可用面积为边长 120 mm 的正方形的 10 倍光学母版上,可以放置多少个这样的集成电路管芯?

3.15 假设某个数据库包含了两层金属,直观上看起来完全相同。你可以对这两个金属层进行怎样的图形运算来最终证明它们确实完全相同?

参考文献

[1] A. B. Glaser and G. E. Subak-Sharpe, *Integrated Circuit Engineering* (Addison-Wesley: Reading, MA, 1977).

[2] W. R. Runyan and K. E. Bean, *Semiconductor Integrated Circuit Processing Technology* (Reading, MA: Addison-Wesley, 1990).

[3] K. Suzuki and B. W. Smith, eds., *Microlithography: science and technology, 2nd ed.* (CRC Press: Boca Raton FL, 2007).

[4] D. E. Weisberg, *The Engineering Design Revolution,* 2008 (accessed at http://www.cadhistory.net).

[5] A. M. Volk, P. A. Stoll, and P. Metrovich, "Recollections of Early Chip Development at Intel," *Intel Tech J.,* Q1 2001, pp. 1–12.

第4章

代表性工艺

在过去的 60 多年中，半导体制造工艺的发展非常迅速。第一个商业化的集成电路产品——德州仪器的 TI502，出现在 1960 年。这种双稳态的多谐振荡器是由两个封装在一起的互连芯片组成的，售价为 300 美元。随后工艺和电路方面的改进纷至沓来，导致芯片的价格暴跌，到了 20 世纪 60 年代中期，采用双极型工艺集成的逻辑电路比分立的逻辑电路具有了明显的优势。第一个模拟集成电路芯片 μA702 出现在 1963 年，该电路及其大多数更新换代产品，都是由为数不多的几个集成化的双极型晶体管和电阻构成的一个简单的放大器，用于制造该芯片的标准双极型工艺至今仍在使用。

集成双极型逻辑电路工作速度很快，但是其耗电量也很大。MOS 集成电路有希望成为低功耗集成电路的替代品。第一个商业化的 MOS 集成电路是一种移位寄存器，它是在 1964 年面世的。但是，20 世纪 60 年代金属栅极 MOS 工艺的工作速度非常缓慢，而且其晶体管还存在着难以预测的阈值电压漂移。到了 20 世纪 70 年代初，自对准多晶硅栅 CMOS 工艺的发展克服了这些问题。MOS 逻辑集成电路很快就开始取代双极型逻辑集成电路，并为微处理器和存储器芯片创造了广阔的新市场。这个时代的模拟 CMOS 集成电路经常宣称工作电流大大降低，但是标准的双极型集成电路通常在其他方面表现得更好。

到了 20 世纪 80 年代中期，客户要求在单个混合信号集成电路芯片上集成数字和模拟功能。新一代的合并双极型-CMOS(BiCMOS)兼容工艺就是专门为此类应用而开发的。BiCMOS 集成电路通常是由大量的 CMOS 晶体管组成的，并辅之以少量特殊的双极型和功率器件。

模拟集成电路的世界一直由这三种原型工艺主导：标准双极型工艺、多晶硅栅 CMOS 工艺和模拟 BiCMOS 工艺。尽管工艺制造技术一直在不断进步，但是目前的大多数工艺都是上述这三种原型工艺之一的"可识别后代"。因此本章将分析具有代表性的工艺实例的实现。

4.1 标准的双极型工艺

标准的双极型工艺是第一个用于大批量生产的模拟集成电路制造工艺，最初是由仙童(Fairchild)公司的杰伊·拉斯特(Jay Last)领导的团队于 1961 年开发成功的，用于制造数字逻辑集成电路[○]，事实证明，它也能够用来制造模拟集成电路。早期的运算放大器电路 μA702 和 μA709，以及稳压器电路 μA723 都是由仙童公司的罗伯特·维德拉(Robert Widlar)和戴维·塔伯特(Dave Talbert)开发成功的，此外还有仙童公司的戴维·弗拉加(David Fullagar)设计的 μA741 运算放大器电路，以及西格尼蒂克(Signetics)公司的汉斯·卡门辛德(Hans Camenzind)设计的 555 定时器电路。尽管这些器件代表了 60 年前的技术，但是其中的一些产品至今仍然在继续生产。

当前的电路设计已经很少继续采用标准的双极型工艺了，因为 CMOS 工艺可以进一步降低电源电流的消耗，而 BiCMOS 技术则能够提供卓越的模拟性能，各种先进的双极型和 CMOS 工艺可以带来更快的开关速度。但是，通过开发标准的双极型电路并经过不断打磨所获得的知识并不会过时。相同的器件在新的工艺中也会再次出现，同时还有许多相同的寄生机制、设计权衡和版图设计原则。

○ 这是 Fairchild Micrologic 公司 1961 年开发的原始工艺，它没有使用外延层或 N 型埋层，而是将 P+背面扩散的 N-晶圆片作为衬底。

4.1.1 基本特点

标准的双极型工艺以牺牲 PNP 型晶体管的性能为代价来优化 NPN 型晶体管的性能。NPN 型晶体管采用电子传导电流，而 PNP 型晶体管则依赖空穴传导电流。空穴较低的迁移率降低了 PNP 型晶体管的电流增益 β 和开关速度。给定等效的几何结构和掺杂分布，NPN 型晶体管的综合性能要比 PNP 型晶体管高出一倍。要想同时优化这两种不同类型晶体管的性能，就需要增加几个额外的工艺步骤，因此早期的工艺仅仅优化了 NPN 型晶体管的性能，完全没有考虑 PNP 型晶体管的性能。这个决定符合双极型逻辑电路的要求，因为它们仅仅包含一些 NPN 型晶体管和电阻、二极管等器件。当模拟电路最初也使用标准的双极型晶体管工艺来制造时，所用到的几种 PNP 型晶体管是利用现有的工艺步骤拼凑而形成的，尽管这些晶体管的性能相对比较差，但是它们也足以用来设计很多有用的电路。

标准的双极型工艺采用 PN 结隔离(Junction Isolation，JI)来避免在同一块衬底上的不同器件之间出现不希望有的电流流动。有源器件通常都位于淀积在轻掺杂 P 型衬底顶部的轻掺杂 N 型外延层中(参见 2.6.1 节)。采用深度 P+ 扩散区隔离环从 N 型外延层表面向下扩散推进，以便与下方的 P 型衬底相接触，由此实现把中间的 N 型隔离岛与其四周的 N 型硅外延层相隔离，如图 4.1 所示。采用这种隔离岛而不是阱的隔离方式，确保了初始材料中具有均匀且合理控制的掺杂水平。

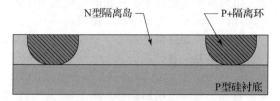

图 4.1 采用标准双极型工艺中 PN 结隔离系统的晶圆片剖面示意图

4.1.2 工艺顺序

标准双极型工艺技术的基线工艺包含 8 个光刻掩模版步骤。通过呈现从初始材料到最终完成晶圆片制造的整个工艺流程，我们可以清楚地解释这些工艺步骤中每一步的重要性。代表性的剖面结构示意图展示了这些工艺步骤。在考察这些剖面结构示意图(以及本书中所有其他的剖面示意图)的时候，请务必记住，为了清晰起见，垂直方向的比例至少被放大了两倍。此外，衬底的实际厚度也要比所绘出的尺寸厚得多，较厚的硅衬底是为了增强晶圆片的机械强度以防止其发生翘曲和破裂。

1. 初始材料

标准的双极型集成电路通常都是在晶向 P 型轻掺杂(111)的硅衬底上制造的，最初选择这种晶向是因为它能够使得直拉硅单晶锭的生长速度最快，并能最大限度地减少孪晶缺陷。意外的是，晶向硅晶圆片(111)的使用也增加了氧化层界面处的正表面态电荷密度，从而抑制了 N 型隔离岛表面寄生 PMOS 沟道的形成(参见 5.3.5 节)。传统上在切割晶圆片时，会将其向 [100]轴倾斜，按照离轴 4°的角度进行切割(参见附录 A)，以便最大限度地减少外延时的图形偏移并最大限度地提高外延淀积的速率。

2. N 型埋层

第一个工艺步骤是在晶圆片上生长一层较薄的氧化层。使用 N 型埋层(N-Buried Layer，NBL)的光刻掩模版对旋涂在该氧化层上的光刻胶进行图形化操作，在刻蚀氧化层打开硅表面的窗口之后，通过离子注入或热淀积方式将 N 型掺杂剂转移到晶圆片上。N 型埋层通常由砷或锑构成，因为这些元素具有比较低的扩散系数，限制了后续热处理过程中的杂质扩散。杂质淀积后的短暂热驱动推进有两个目的：其一，它可以通过退火消除晶格损伤；其二，它使少量的氧化层生长，在硅晶圆片表面造成了轻微的不连续性，如图 4.2 所示。这种不连续性随后会产生一个 N 型埋层图形的阴影，后续其他工艺步骤的光刻掩模版可以与之对准。

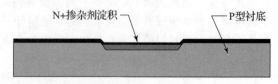

图 4.2 完成 N 型埋层注入及退火后的晶圆片剖面示意图

3. 外延淀积

在生长大约 $10\,\mu m$ 厚的轻掺杂 N 型外延层之前，先剥离去除保留在晶圆片上的氧化层。外延层的厚度将最终决定在此工艺上构造的 NPN 型晶体管集电极到发射极的工作电压，$10\,\mu m$ 厚度可以支持大约 40 V 的集电极到发射极工作电压。

在外延生长的过程中，表面的不连续性会沿着对角线方向不断向上发展。发展的方向通常与垂直方向大约成 45°，但是根据工艺条件的不同，发展角度有可能会发生很大的变化。假设晶圆片没有向平面倾斜，则图形会在与倾斜方向相反的[112]方向上移动。图 4.3 展示了外延淀积后的晶圆片剖面结构。

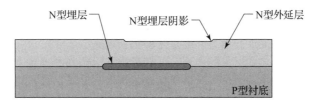

图 4.3　外延淀积后的晶圆片剖面结构，注意其中 N 型埋层阴影显示的图形移动

4. 隔离区扩散

接下来要对晶圆片再进行一次氧化，然后涂覆光致抗蚀剂，并使用隔离区光刻掩模版进行图形化操作。这一层光刻掩模版在与 N 型埋层阴影对准时必须刻意留有一定的偏移，以便校正 N 型埋层图形的移动。接下来进行高浓度的硼沉积和高温驱动，迫使 P＋隔离扩散区向下穿过整个外延层。在这个驱动的过程中也会发生氧化，形成一层薄薄的热氧化层覆盖隔离区窗口。在隔离结到达衬底之前，停止高温驱动；在后续的深度 N＋区推进过程中还会继续驱使 P＋隔离区向下进行剩余的扩散。图 4.4 展示了隔离区淀积和部分扩散推进后的晶圆片剖面结构。

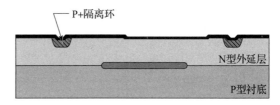

图 4.4　隔离区淀积和部分扩散推进后的晶圆片剖面结构

5. 深度 N＋下沉区

一种称为深度 N＋下沉区的深度重掺杂 N 型扩散区可以实现与 N 型埋层的低电阻连接。为了形成这个下沉区，首先必须涂覆光致抗蚀剂，并使用深度 N＋下沉区的光刻掩模版来对其进行图形化操作。然后进行大剂量的磷淀积，并在长时间的高温推进下形成深度 N＋下沉区。这个推进过程不仅使得深度 N＋下沉区向下扩散以便与向上扩散的 N 型埋层相遇，而且完成了 P＋隔离区的推进。允许有充足的时间使结的过驱动大约为 25％（图 4.5 中未显示这种过驱动）。如果没有这个过驱动，隔离扩散区和深度 N＋下沉区底部的掺杂浓度就会非常低。过驱动同时降低了隔离扩散区和深度 N＋下沉区的垂直电阻，并且它还避免了耗尽区横向穿透隔离扩散区的底部。在深度 N＋下沉区推进期间同时进行的湿氧氧化还形成了一层厚的氧化层，通常称之为厚场区氧化层。

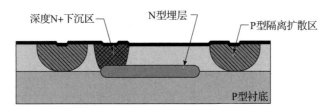

图 4.5　深度 N＋下沉区推进之后的晶圆片剖面示意图

在深度 N＋下沉区的推进过程中，深度 N＋下沉区和隔离扩散区都已经接近其最终的结

深度，如图 4.5 所示。在后续的工艺过程中，这些结还会稍微扩散得更深一些，但是与深度 N＋下沉区以及隔离扩散区相比，所有的后期扩散都是相当浅的，因此 N 型隔离岛在图 4.5 中看起来已经完全形成。N 型埋层区通常在隔离扩散区内部间隔一定距离，以便增大 N 型隔离岛与 P 型衬底的击穿电压。如果不这样做的话，由 N 型埋层和 P 型隔离扩散区的相遇形成的 N＋/P＋结将在大约 30 V 的电压下发生雪崩击穿。

6. 基区注入

接下来使用基区的光刻掩模版对旋涂在晶圆片上的光致抗蚀剂进行图形化操作。通过刻蚀氧化层形成穿过厚场区氧化层到硅表面的窗口。通过这些窗口进行的硼离子注入对 N 型外延层表面进行反型掺杂，以便形成 NPN 型晶体管的基区。离子注入可以实现精确控制基区的掺杂，从而最大限度地减少电流增益 β 的变化。早期的工艺采用杂质淀积而不是离子注入的方式来制备晶体管的基区，就很难准确地确定基区的掺杂水平。

随后的高温推进还可以起到退火的作用，能够消除注入损伤并确定基区的结深。驱动推进期间生长的氧化层又可以用作后续发射区杂质淀积的掩蔽层。基区注入也可以在隔离扩散区中进行，以便增加隔离扩散区的表面掺杂浓度，这种做法称为基区叠加隔离扩散区（Base Over Isolation，BOI），它能够极大地提高厚场区寄生 NMOS 晶体管的阈值电压，而不需要使用单独的沟道终止区。图 4.6 给出了基区扩散推进后的晶圆片剖面示意图。

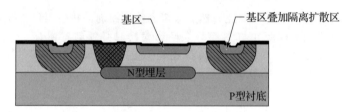

图 4.6　基区扩散推进后的晶圆片剖面示意图

7. 发射区扩散

再一次使用光致抗蚀剂涂覆晶圆片，并采用发射区光刻掩模版对晶圆片进行图形化操作。随后对氧化层进行刻蚀以便显露出即将形成 NPN 型晶体管发射区的窗口，以及必须与 N 型外延层或深 N＋下沉区进行欧姆接触的窗口。通过氧化层上的窗口进行磷的淀积来形成发射区的扩散。经常使用 $POCl_3$ 作为扩散的杂质源，因为使发射区掺杂浓度达到最大化要比精确控制其掺杂浓度更加重要。采用短暂的发射区扩散推进确定最终的发射区结深，从而也就确定了 NPN 型晶体管有源基区的宽度。

在发射极扩散区上生长的氧化层薄膜可以使其与随后的金属化绝缘。一些早期的工艺在此步骤中使用干氧氧化，但是较短的氧化时间导致所谓的薄发射区氧化层非常容易受到静电放电（ESD）损伤（参见 5.1.1 节）。新的标准双极型工艺采用湿氧氧化或随后的氧化层淀积工艺来形成不太容易受到 ESD 损伤的厚发射区氧化层。图 4.7 给出了发射区扩散推进后的晶圆片剖面示意图。

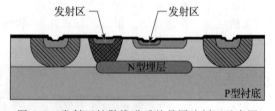

图 4.7　发射区扩散推进后的晶圆片剖面示意图

许多早期的标准双极型工艺需要进行发射区扩散试验，以便提供一个调节 NPN 型晶体管电流增益 β 的方法。通常是在进行基区注入之前，在一个批次的晶圆片中插入一个试验陪片，并在发射区杂质淀积完成之后取出上述陪片，并将其用于发射区扩散推进实验。通过分析试验陪片的性能，就可以设置实际的发射区扩散推进条件，使得所形成的 NPN 型晶体管电流增益 β 在目标值±50％的范围内。采用现代离子注入工艺形成的基区通常可以在没有发射区试验陪片的情况下获得这种水平的器件性能。

8. 接触孔氧化层去除

现在所有的扩散工艺都已经完成了，剩下的工艺步骤就是形成金属化系统和钝化保护涂层。这些步骤中的第一个步骤是形成与选定扩散区的接触孔。晶圆片上要再次涂覆光致抗蚀剂，然后使用接触孔的光刻掩模版进行图形化操作，并刻蚀氧化层以暴露出硅表面。这个工艺过程有时称为接触孔氧化层去除(Oxide Removal，OR)。

9. 金属化

在晶圆片上溅射一层铝-铜-硅合金，这种合金通常含有 2% 的硅以便抑制发射区的穿通，这种合金还含有 0.5% 的铜以便提高其抗电迁移的特性。标准的双极型工艺采用相当厚的金属化层，通常至少有 $10\ \mathrm{k\mathring{A}}(1\ \mu m)$ 厚，以便降低互连引线的电阻并改善电迁移性能。最后使用金属引线的光刻掩模版对晶圆片上的金属化层进行图形化处理并通过刻蚀形成金属互连系统。

10. 钝化保护层

接下来，在整个晶圆片上淀积一层较厚的压应力氮化硅，这种钝化保护层(Protective Overcoat，PO)可以防止机械损伤和化学污染。由于钝化保护层的淀积是在中等温度下进行的，因此它能同时完成对铝金属合金的烧结工艺。

将一层光致抗蚀剂涂覆到晶圆片上，并使用钝化保护层去除(POR)的光刻掩模版进行图形化处理。采用一种特殊的刻蚀工艺在钝化保护层上打开窗口，暴露出用于引线键合焊盘的金属化区域，这样就完成了最后的工艺步骤。图 4.8 给出了最终完成全部标准的双极型工艺处理步骤的晶圆片剖面示意图。

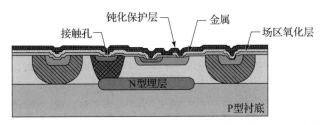

图 4.8　最终完成全部标准的双极型工艺处理步骤的晶圆片剖面示意图(该剖面图不包括键合焊盘的窗口)

4.1.3　可获得的器件

标准双极型工艺最初是为了生产垂直结构的 NPN 型晶体管和扩散电阻而开发的。采用相同的工艺步骤还可以制造许多额外的器件，包括两种不同类型的 PNP 型晶体管、几种不同类型的电阻和一种电容。这些器件构成了一个基本的元件集合，足以制造各种不同类型的模拟集成电路。4.1.4 节将介绍几个需要进一步扩展到基线工艺中的附加器件。

注意：描述标准双极型工艺的一些早期文件通常会以密耳(mil)为单位来表示尺寸。1 mil 等于 0.001 in。相关的转换关系为：$1\ \mathrm{mil}=25.4\ \mu m$，$1\ \mathrm{mil^2}=645\ \mu m^2$，$1000\ \mathrm{mil^2}=0.645\ \mathrm{mm^2}$。另外一个有时用来反映结深的古老单位是钠线(sodium line)，它等于钠原子光谱中 D 线波长的一半(1 钠线 = 0.295 μm)，因此，8 钠线基区的结深大约为 2.4 μm。

1. NPN 型晶体管

图 4.9 显示了带有深度 N+ 下沉区和 N 型埋层的 NPN 型晶体管版图和剖面示意图，NPN 型晶体管的集电区由 N 型外延层构成，NPN 型晶体管的基区和发射区由外延层中的连续两次反型掺杂构成。载流子从发射区向下扩散，通过其下方的薄基区垂直流到集电区。基区和发射区的结深之差决定了有效基区宽度。由于这些尺寸都是完全由扩散工艺决定的，因此它们不会受到光刻对准偏差的影响，从而允许该工艺制造出比其光刻对准偏差小得多的基区宽度。

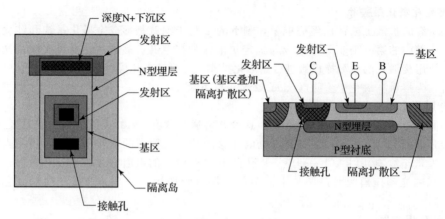

图 4.9 带有深度 N＋下沉区和 N 型埋层的 NPN 型晶体管版图和剖面示意图

集电区由位于重掺杂 N 型埋层顶部的轻掺杂 N 型外延层构成，轻掺杂外延层允许在不过度侵入中性基区的情况下形成较宽的集电区-基区耗尽层，这使得该晶体管能够承受相对较高的集电区-发射区电压，同时最大限度地减小厄立（Early）效应（参见 9.2 节）。N 型埋层和深度 N＋下沉区形成了从集电区接触到晶体管有源基区下方外延层部分的低电阻路径，通过增加这些工艺步骤可以将最小面积 NPN 型晶体管的集电区电阻降为 100 Ω 以下，并且大功率 NPN 型晶体管的集电区电阻也可以降为 1 Ω 以下。

重掺杂的 N 型埋层阻止了集电区-基区耗尽层的向下扩展，基区扩散的底部和 N 型埋层的顶部之间的距离决定了 NPN 型晶体管的最大工作电压，较厚的外延层可以获得更高的工作电压，其代价是增大了隔离扩散区的间隔。双极型工艺的最大工作电压通常是根据 NPN 型晶体管的雪崩电压来确定的，即基极开路时集电极到发射极的击穿电压 V_{CEO}，根据外延层厚度、基区结深和掺杂浓度的不同，V_{CEO} 的范围可以从小于 10 V 到大于 100 V 不等。

垂直结构的 NPN 型晶体管是通过标准双极型工艺制造的一种性能最佳的有源器件，它占用的面积相对较小，并且提供了相当好的器件性能。因此，电路设计师都会尽可能多地使用这种类型的晶体管。表 4.1 列出了 40 V 标准双极型工艺中的最小发射区 NPN 型晶体管的典型器件参数。

NPN 型晶体管也可以用作二极管，其特性取决于所选择的用来构成阳极和阴极的端子。当基区和集电区连接在一起构成阳极，而发射区构成阴极时，所

表 4.1 40 V 标准双极型工艺中的最小发射区 NPN 型晶体管的典型器件参数

参数	标称值
发射区面积设计值/μm^2	100
峰值电流增益(β)	150
厄立电压/V	120
集电区电阻（饱和时）/Ω	100
最大电流增益时的集电极电流范围/μA	$5\sim2\times10^3$
发射极-基极击穿电压，集电极开路(V_{EBO})/V	7
集电极-基极击穿电压，发射极开路(V_{CBO})/V	60
集电极-发射极击穿电压，基极开路(V_{CEO})/V	40

形成的二极管串联电阻最小，且开关速度最快，这种配置有时称为 CB 短路二极管，或按二极管方式连接的晶体管，它唯一的缺点是击穿电压低，等于晶体管的 V_{EBO}，通常大约为 7 V。另一方面，这种相对较低的击穿电压允许适当连接的晶体管当作一种有用的齐纳二极管使用。这种齐纳二极管的击穿电压会由于掺杂浓度的起伏以及表面效应而发生一些变化，因此应假设其至少有±0.3 V 的容差。

2. PNP 型晶体管

标准的双极型工艺无法制造出相互隔离的垂直结构 PNP 型晶体管，因为它缺乏 P 型隔离岛或阱。非隔离的垂直结构 PNP 型晶体管，称为衬底 PNP 型晶体管，可以采用衬底作为集电极来构建，该器件的集电极总是连接到管芯的衬底电势，而该衬底电势通常是接地（对于单电源

电路)或接负电源(对于双电源电路)。图 4.10 展示了衬底 PNP 型晶体管的版图和剖面示意图。

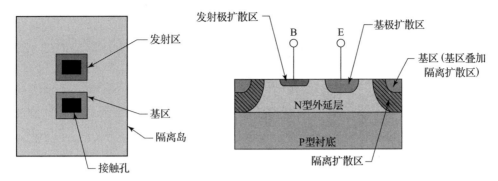

图 4.10　衬底 PNP 型晶体管的版图和剖面示意图，其中 P 型衬底构成其集电区，并通过衬底接触孔(图中未展示)进行连接

　　衬底 PNP 型晶体管的基区由 N 型隔离岛构成，发射区则是由垂直 NPN 型晶体管的基极扩散区构成的，集电极电流流过衬底和隔离扩散区，隔离扩散区的接触孔并不需要位于晶体管的旁边，因为所有的隔离扩散区都是通过衬底实现电学互连的。然而，隔离扩散区和衬底的电阻都是相当大的，因此与晶体管相邻放置的衬底接触孔有助于最大限度地减少衬底中的电压降(衬底去偏置)，否则就可能会损害电路的性能(参见 5.4.1 节)。

　　最终外延层厚度和基区结深之间的差值决定了衬底 PNP 型晶体管的基区宽度，因此，基区宽度不会受到光刻容差的影响。N 型埋层必须从衬底 PNP 型晶体管中省略掉，因为它的存在会严重降低衬底 PNP 型晶体管的电流增益。由于没有 N 型埋层，深度 N＋下沉区在衬底 PNP 型晶体管中也失去了作用。置于基极接触孔下方的发射极扩散区可以确保欧姆接触，同时也会使该处的氧化层变薄。通过计算标准双极型工艺中的外延层厚度和掺杂浓度可以优化垂直结构的 NPN 型晶体管性能，但是衬底 PNP 型晶体管的性能也令人惊奇地表现得很好(见表 4.2)。

表 4.2　典型的 PNP 型晶体管参数

参数	横向 PNP 型晶体管	衬底 PNP 型晶体管
发射区面积设计值/μm^2	100	100
基区宽度设计值/μm	10	—
峰值电流增益(β)	50	100
厄立电压/V	100	120
最大电流增益时的集电极电流范围/μA	5～100	5～200
发射极-基极击穿电压，集电极开路(V_{EBO})/V	60	60
集电极-基极击穿电压，发射极开路(V_{CBO})/V	60	60
集电极-发射极击穿电压，基极开路(V_{CEO})/V	45	45

　　缺少隔离集电极限制了衬底 PNP 型晶体管的多样化应用。另外一种横向 PNP 型晶体管以牺牲器件的部分性能换来了集电极的隔离。图 4.11 展示了一种具有最小几何结构的横向 PNP 型晶体管的版图和剖面示意图。这种横向 PNP 型晶体管的集电区和发射区都是由 N 型隔离岛中的基极扩散区构成的。与衬底 PNP 型晶体管的情况一样，N 型隔离岛用作晶体管的基区。横向 PNP 型晶体管的作用是从中心的发射区向周围的集电区横向产生的。两个基极扩散区之间的距离决定了该横向 PNP 型晶体管的基区宽度。横向 PNP 型晶体管的发射区和集电区是自对准的结构，因为只需要单个光刻掩模版及相关的工艺步骤就可以同时形成这两个区域。横向 PNP 型晶体管的基区宽度是可以被精确地控制的，因为在上述的自对准扩散之间也不存在光刻对准偏差。由于横向外扩散，晶体管的有效基区宽度会显著小于版图上设计的基区宽度，这

种考虑限制版图上基区宽度的设计值必须至少是基区结深的两倍。窄基区宽度的横向 PNP 型晶体管表现出较低的厄立电压和集电极-发射极击穿电压,而较宽的基区宽度则表现出降低的电流增益 β。

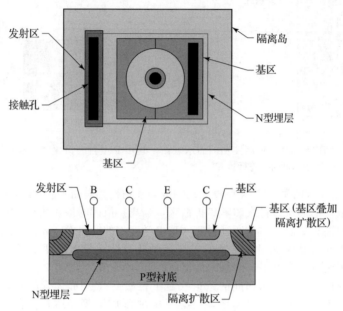

图 4.11　具有最小几何结构的横向 PNP 型晶体管的版图和剖面示意图,集电区在剖面图上出现了两次,因为它是环绕发射区的

横向 PNP 型晶体管发射区注入的载流子并不都是流到了预期的集电区,有一定百分比的载流子实际上流到了衬底。这种不期望发生的载流子传导路径构成了寄生的衬底 PNP 型晶体管。除非我们以某种方式抑制这种寄生晶体管效应,否则由发射区注入的大部分电流都将会到达衬底,并且横向 PNP 型晶体管将表现出非常低的表观电流增益 β。由于 5.4.5 节中所讨论的原因,N 型埋层可以阻断载流子向衬底的注入,从而提高横向 PNP 型晶体管的电流增益 β。

即使包含了 N 型埋层,横向 PNP 型晶体管的有效电流增益也仍然低于其古穆尔数所提示的电流增益,这是因为在氧化层和硅的界面处存在着大量的复合中心,特别是在(111)晶向的硅中。硅表面的复合率要远远超过其体内的复合率。横向 PNP 型晶体管中的大部分电流都是在表面附近流动,因此就会受到这些升高的表面复合率的影响。尽管有上述这些限制,在现代版本的标准双极型工艺中仍然可以获得 50 或更大的电流增益 β。横向 PNP 型晶体管的工作速度相当慢,这主要是由于其基区端具有较大的寄生结电容造成的。

横向 PNP 型晶体管和衬底 PNP 型晶体管都不构成垂直结构 NPN 型晶体管真正的互补器件。虽然二者都是非常有用的器件,但是各自也都有其缺点和局限性。电路设计师通常倾向于避免使有源信号通过横向 PNP 型晶体管,因为它们的频率响应比较差。衬底 PNP 型晶体管的工作速度要更快一些,但是由于缺乏隔离,其通用性较差。尽管如此,大多数以标准双极型工艺制造的模拟集成电路中至少会包含一些 PNP 型晶体管。表 4.2 中列出了在 40 V 标准双极型工艺中形成的 PNP 型晶体管的典型器件参数。

3. 电阻

标准双极型技术的基线工艺并不包含任何专门用来制造电阻的扩散区,但是几种不同类型的电阻都可以由用于其他目的的结构层来构成。实际的例子包括基区电阻、发射区电阻和夹断区电阻,这三种电阻都是利用相对比较浅的基区和发射区扩散形成的。

用于构建电阻的每种材料都具有一个特征的薄层电阻,该薄层电阻的定义为沿着相对侧边接触的正方形材料测量得到的电阻,薄层电阻通常以欧姆每平方为单位($\Omega/\square$)。均匀薄膜材料的薄层电阻可以根据其厚度和成分来进行计算，但是在扩散区的情况下，不均匀的掺杂浓度分布会使这些计算变得更加复杂化(参见 6.2 节)。在实践中，薄层电阻值最好是通过测量由所需材料制成的具有已知几何尺寸的样品电阻来确定。硅扩散区薄层电阻的典型值范围为 $5\sim5000~\Omega/\square$。

基区电阻由一条基区扩散带组成，该扩散带由 N 型隔离岛隔离并连接出来，以便反向偏置基区-外延层 PN 结，如图 4.12 所示。在实践中，N 型隔离岛通常连接到电阻的正极端，或者，它也可以连接到电路中被偏置到比电阻具有更高电压的任何点。设置在电阻下方的 N 型埋层可以避免 N 型外延层的垂直穿通限制其工作电压。无须增加深度 N＋下沉区，因为在正常工作期间 N 型外延层中流过的电流可以忽略不计。采用标准双极型工艺生产的大多数基区电阻的薄层电阻值介于 $150\sim250~\Omega/\square$ 之间保留。

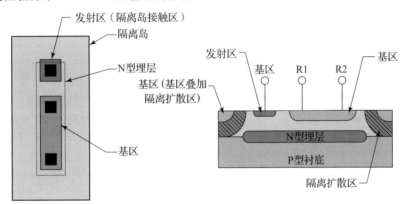

图 4.12　基区电阻的版图和剖面示意图

发射区电阻是由一条发射区扩散带构成的，该扩散带由封闭在 N 型隔离岛内的基极扩散区隔离，如图 4.13 所示。基极扩散区被连线引出以便反向偏置发射区-基区 PN 结，而 N 型隔离岛则被施加电压以便反向偏置基区-外延层 PN 结。实现这些目标的最简单方法是将基区连接到电阻的低电压端，并将隔离岛连接到高电压端。各种其他的连接方式也是可能的，只要两个结都没有进入正向偏置即可。N 型埋层通常被设置在基极扩散区的下方，以避免耗尽区穿透 N 型外延层。发射区的薄层电阻值相对比较低(典型值介于 $5\sim10~\Omega/\square$ 之间)，并且发射区-基区 PN 结的击穿电压将电阻两端的电势差限制在 6 V 左右。

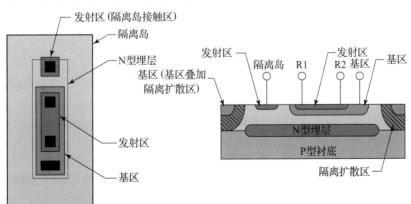

图 4.13　发射区电阻的版图和剖面示意图

夹断电阻是由基极扩散区和发射极扩散区组合形成的(见图 4.14)，发射区形成一个与基区薄带的中间区域相重叠的极板。接触孔占据从发射区极板下方延伸出来的基区薄带的两端，隔离岛和发射区极板都是 N 型的，因此它们在电学上是连接在一起的。隔离岛接触孔将它们偏置到略高于电阻的电压,以确保隔离有效。电阻的主体是由发射区极板下方的部分基极扩散区构成,这部分夹断的基区很薄,掺杂浓度也很低,因此其薄层电阻值可能会超过 5000 Ω/□,发射区-基区击穿电压将电阻两端的电势差限制在大约 6 V。众所周知,夹断电阻的可变性是远大于发射区电阻或基区电阻的,这种电阻还表现出严重的电压调制特性,当耗尽区向中性基区中扩展时往往会进一步夹断该电阻,使其起到了一个具有较大夹断电压的结型场效应晶体管(JFET)的作用。夹断电阻主要应用于启动电路和其他一些非关键性的领域,但是它们的许多缺点阻碍了其更广泛的应用。表 4.3 列出了发射区电阻、基区电阻和夹断电阻的参数。

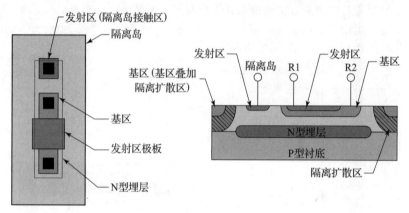

图 4.14　基区夹断电阻的版图和剖面示意图

表 4.3　发射区电阻、基区电阻和夹断电阻的参数

参数	发射区电阻	基区电阻	夹断电阻
薄层电阻/(Ω/□)	5	150	3 k
最小设计宽度/μm	8	8	8
击穿电压/V	7	50	7
可变性(宽度 15 μm)	±20%	±20%	±50% 甚至更多

4. 电容

标准的双极型工艺原先并没有设想要支持电容的制备,因为它所有用到的氧化层都很厚,很难用来制备任何实用的电容,除非是容量极小的电容。然而,基区-发射区结的耗尽层表现为 $0.8\ fF/\mu m^2$ 的电容,因此可以用来构建所谓的 PN 结电容(见图 4.15),该电容是由基极扩散区和发射极扩散区重叠组成,二者都设置在同一个隔离岛中。发射极扩散区与 N 型外延层隔离岛短路,使得基区-外延层结电容与基区-发射区结电容并联叠加。发射区极板必须相对于基区极板正向偏置,以保持基区-发射区结两端的反向偏置,并且电容两端的电势差不得超过

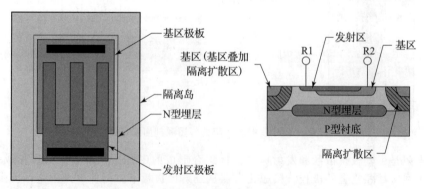

图 4.15　PN 结电容的版图和剖面示意图

大约 7 V 的发射区-基区击穿电压。由此所形成的电容会随着偏压和温度的改变而发生 ±50％ 或更多的变化。结电容经常用作反馈环路的补偿电容，在这种情况下，其单位面积具有的高电容量弥补了其过度可变性的缺点。

4.1.4　工艺扩展

标准的双极型工艺已经形成了大量的工艺扩展方案，其中最受欢迎的三种分别是上下对通扩散隔离、双层金属布线和高阻值薄层电阻。这三种工艺扩展都可以节省足够的管芯面积来抵消它们所需要额外光刻掩模版的成本。尽管相对而言，已经很少有现代的电路设计使用标准的双极型工艺，但是使用标准双极型工艺的电路很可能会用到其中一个或多个工艺扩展方案。

1. 上下对通扩散隔离

标准的双极型工艺采用较深的 P 型隔离区，向下扩散推进通过外延层到达下面的衬底，同时横向的外扩散也使得隔离区的宽度增加了 20 μm 甚至更多，这大大限制了不同器件集成在一起的紧密程度。增加 P 型埋层（PBL）可以减少横向外扩散的距离，从而允许更紧密的集成密度。P＋隔离扩散区从表面向下扩散，而 P 型埋层则是从外延层-衬底的界面向上扩散，如图 4.16 所示。这样一来每一次扩散都只需要穿过传统自上而下隔离扩散总距离的一半左右，因此横向外扩散的距离大约减小一半。

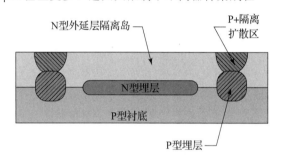

图 4.16　一个典型的上下对通扩散隔离系统的剖面示意图

上下对通扩散隔离确实也有其自身的缺点，横向自掺杂限制了 P 型埋层的注入剂量，因此最终的 P 型埋层会变得非常轻掺杂，并且上下对通扩散隔离的垂直电阻通常超过传统的自上而下隔离扩散。P 型埋层还需要增加额外的光刻工艺步骤和淀积工艺。上下对通扩散隔离通常可以将管芯面积减少 15％～20％，这足以补偿增加额外光刻工艺步骤的成本。因此，许多现代版本的标准双极型工艺都采用上下对通扩散隔离，同样的思想也被应用于需要采用深阱或下沉区来接触埋层的 BiCMOS 工艺中。

2. 双层金属布线

标准的双极型工艺起源于单层金属（Single-Level Metal，SLM）布线工艺，缺少第二层金属使得布线设计变得极为复杂。为了避免采用跳线的方式来进行交叉布线，可以采用扩散区形成低阻值的电阻，由此构成所谓的立交桥交叉布线或隧道交叉布线（参见 14.3.2 节）。很多器件也可以定制为包含交叉布线的结构，其代价是牺牲器件的性能和增大管芯的面积。单层金属布线设计需要对器件和电路的工作原理有深入的理解，同时也需要对电路的拓扑连接有直观的感觉。这些技能很难通过学习来掌握，现在很少有人敢声称自己已经掌握了这些技能。

双层金属（Double-Level Metal，DLM）布线可以增加到标准的双极型工艺中，其代价是增加了两个额外的光刻掩模版：连通孔和第二层金属。通常要减小第一层金属的厚度以方便实现平坦化。双层金属布线是一种非常有用的选择，尽管可能会有些昂贵。双层金属布线设计不再需要使用某些定制的器件，从而可望实现元器件的标准化，并大大减少版图设计的时间和工作量。由于金属化消耗了大量的面积，双层金属布线也可以将管芯面积减少 30％。几乎所有采用标准双极型工艺的新设计方案都采用了双层金属布线。

3. 高阻值薄层电阻

一些精确电阻在标准的双极型基线工艺中通常都是由基极扩散区制成的，由于这种材料的薄层电阻很少会超过 250 Ω/□，因此一个典型的管芯往往只能包含几个几十万欧的基区电阻。低电流电路通常需要比较大的电阻，这些电阻一般会比基极扩散区所能方便地提供的电阻更大，而且其精度要求又高于夹断电阻所能实现的精度。因此，工艺设计师就创建了一种扩展制造精确控制的高阻值薄层电阻（High-Sheet Resistance，HSR）的材料。

　　高阻值薄层电阻的离子注入区是由浅的、轻掺杂的 P 型注入区构成的,根据注入剂量和注入的结深,这种注入区的薄层电阻可以在 $1\sim10\ k\Omega/\square$ 之间,较大的薄层电阻值可能会受到电压调制效应的影响,因此大多数工艺都使用 $1\sim3\ k\Omega/\square$ 的高阻值薄层电阻离子注入区。

　　图 4.17 展示了具有高阻值薄层电阻的版图和剖面示意图,该电阻的主体由具有高阻值薄层电阻注入区构成,电阻两端小面积的基极扩散区是为了确保实现欧姆接触。该电阻占据一个 N 型隔离岛,并通过反向偏置的 P 型高阻区 - N 型隔离岛结实现隔离。N 型隔离岛通常连接到该电阻的正极端,就像基区电阻的情形一样。高阻值薄层电阻需要增加一个额外的光刻掩模版和相关的工艺步骤以及一次专门的离子注入。如果电路中包含阻值在 $100\sim200\ k\Omega$ 以上的电阻,那么这种工艺扩展就具有很好的成本效益。

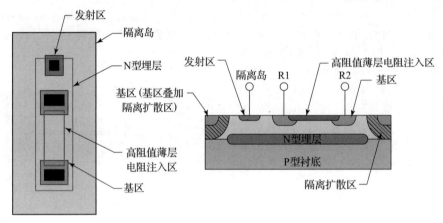

图 4.17　具有高阻值薄层电阻的版图和剖面示意图

4.2　多晶硅栅 CMOS 工艺

　　MOS 晶体管最初是由利连菲尔德(J. E. Lilienfeld)在 1926 年申请的专利中提出的,利连菲尔德以及他的任何直接继任者一直都未能制造出可以正常工作的器件,因为他们无法控制表面态的电荷。马丁·阿塔拉(M. M. Atalla)和姜大元(D. Kahng)最终在 1959 年成功地制造出了功能正常的 MOS 晶体管,他们采用硅作为背栅衬底,热氧化层作为栅介质,金属铝作为栅电极。萨支唐(C. T. Sah)和他在仙童(Fairchild)公司的同事在 1963 年开发了第一个切实可行的金属栅 MOS 晶体管制造工艺。美国无线电公司(RCA)在 1968 年推出了第一个商业化的金属栅 CMOS 制造工艺。

　　早期的金属栅 MOS 工艺表现出了几个严重的问题。可动离子污染会导致器件阈值电压不稳定,通过提高工艺的洁净度、覆盖磷硅玻璃保护层以及向氧化炉管中掺入氯(通常为三氯乙烯)来清除金属污染物,阈值电压的不稳定性才逐渐得到控制。MOS 栅电极也被证明特别容易受到静电放电(ESD)的影响,这不仅需要开发各种集成化的 ESD 保护器件,而且还需要在整个行业都采用严格的 ESD 控制实践。一旦克服了这两个问题,还有第三个问题需要解决,即金属栅 CMOS 逻辑电路的工作速度非常慢,这个问题的根源在于沉积的铝栅电极与其下方的源区/漏区之间存在较大的交叠区电容。

　　1963 年至 1966 年间,几个研究组的发明家相继开发了自对准栅极结构,最终解决了交叠区电容的问题,其中的主要贡献者包括休斯飞机公司的迪尔(H. Dill)和鲍尔(R. Bower);贝尔实验室的科尔文(R. Kerwin)、克莱因(D. Kline)和萨拉斯(J. Sarace);以及通用微电子公司的沃特金斯(B. Watkins)。形成自对准 NMOS 晶体管的典型工艺始于厚的场区氧化层的生长,随后在 NMOS 晶体管所在的区域生长一层薄的栅氧化层。接下来淀积多晶硅并将其图形化以形成晶体管的栅极(见图 4.18a),然后进行源区/漏区的磷离子注入(见图 4.18b)。多晶硅栅极阻挡了掺杂剂穿透到其下方的背栅区域,厚的场区氧化层也阻挡了掺杂剂穿透到场区中。最后一个短暂的退火工艺可以激活掺杂剂并确定最终的源漏区结深。

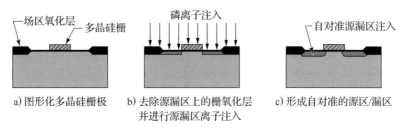

a) 图形化多晶硅栅极　　b) 去除源漏区上的栅氧化层　　c) 形成自对准的源区/漏区
　　　　　　　　　　　　　　并进行源漏区离子注入

图 4.18　制备自对准多晶硅栅 NMOS 晶体管

4.2.1　基本特点

多晶硅栅 CMOS 工艺已经得到优化，可以在同一个公共衬底上制造出互补的 PMOS 晶体管和 NMOS 晶体管，它并不是为了支持双极型晶体管的制造而开发的，而且它也只提供有限范围的一些无源元件。最初该工艺是为制造 CMOS 逻辑电路而开发的，后期经过一些细微的修改，该工艺也可以制造出有限范围的模拟集成电路。

多晶硅栅 CMOS 工艺和标准双极型工艺之间的一个关键区别在于衬底材料的选择，标准双极型工艺采用(111)晶向的硅，因为在这种取向下，硅最容易生长，生长速度最快。然而，(111)晶向的硅表面并不能与二氧化硅结构紧密对准。氧化层界面处的悬挂键会产生正的表面态电荷，这就会影响到 MOS 器件阈值电压的控制。多晶硅栅 CMOS 工艺采用(100)晶向的硅，它与氧化层结构的排列更加紧密对准，因此产生的表面态电荷要少得多。

多晶硅栅 CMOS 工艺还有一点不同于标准双极型工艺，即需要采用沟道终止注入，以避免在穿过厚场区氧化层的金属引线下形成我们不需要的寄生 MOS 晶体管。标准的双极型晶体管采用重掺杂的 P 型隔离扩散区来提高寄生 NMOS 晶体管的阈值电压，否则寄生 NMOS 晶体管就会在穿过隔离扩散区的金属引线下方形成。多晶硅栅 CMOS 工艺转而依赖于注入 P 型场区中的 P 型沟道终止注入。类似地，标准双极型晶体管采用(111)晶向的硅产生正的表面态电荷来防止寄生 PMOS 晶体管在穿过 N 型隔离岛的金属引线下方形成，而多晶硅栅 CMOS 工艺则依赖于注入 N 型场区表面的 N 型沟道终止注入。早期的多晶硅栅 CMOS 工艺采用硅的局部氧化(LOCOS)工艺来形成厚的场区氧化层，因为这种技术能够在尽量减小表面不平坦性的同时制备出小尺寸的晶体管。较新的低电压多晶硅栅 CMOS 工艺则采用浅沟槽隔离(Shallow Trench Isolation，STI)技术来制造更小尺寸的晶体管。这些低电压工艺采用较高的背栅衬底掺杂浓度，因此较少依赖于沟道终止注入来提高厚场区寄生晶体管的阈值电压。下面描述的工艺采用 LOCOS 氧化工艺与相对轻掺杂的背栅衬底相结合，因此仍然需要采用沟道终止注入。

现代的多晶硅栅 CMOS 工艺采用离子注入工艺来形成浅的、精确控制的源区/漏区，氧化物侧壁间隔层补偿了多晶硅栅极下方源区/漏区掺杂剂的横向外扩散，这种侧壁间隔层最初是由英国 INMOS 公司(现已被意法半导体公司收购)的莱登(W. D. Ryden)及其同事发明的，它们是通过在多晶硅栅极上各向同性地淀积和各向异性地刻蚀氧化物而形成的，沿着多晶硅几何结构的边缘保留的氧化物细丝形成侧壁间隔层，这些间隔层可以阻挡源区/漏区的离子注入，从而使源区和漏区稍微远离栅极。工艺设计师可以通过调整多晶硅的厚度以及用于形成间隔层的淀积和刻蚀条件来控制侧壁间隔层的厚度。适当的侧壁间隔层设计可以准确地补偿掺杂剂的横向外扩散，从而形成莱登所说的"零漏区重叠"。

阈值电压的选取构成了模拟和数字 CMOS 工艺之间为数不多的差异之一。工作电压为 5 V 或更高的早期一代数字 CMOS 工艺倾向于 0.8～0.9 V 的阈值电压，以确保±200 mV 的工艺起伏涨落不会产生显著的亚阈值泄漏电流。随着工作电压的不断降低，阈值电压也略微有所降低，并且阈值电压的控制水平也有所改进。1.8 V 的 CMOS 工艺可能会以大约 0.65 V 的阈值电压为设计目标，其阈值电压的控制精度为±100 mV。此外，模拟 CMOS 工艺总是以大约

0.7 V 的阈值电压为设计目标,以便提供用于电路正常运行的最大可能电压裕度。模拟 CMOS 工艺通常在 $V_{GS}=0$ V 时可以容忍微小的亚阈值泄漏电流,以便获得所需的电压裕度。

4.2.2 工艺顺序

本节描述了制造一个基线 4 μm/3 μm 模拟 CMOS 工艺所需的步骤。顾名思义,该工艺可以制备出最小沟道长度为 4 μm 的 NMOS 晶体管和最小沟道宽度为 3 μm 的 PMOS 晶体管,4 μm/3 μm 模拟 CMOS 工艺是一个只需要九个光刻掩模版步骤的简单工艺,因此它是对 CMOS 工艺技术的一个极好的介绍。4 μm/3 μm 工艺是在 20 世纪 80 年代开发的,但是它的许多特点与新工艺的特点非常相似。当我们考察下面展示的剖面示意图时,请记住它们在垂直方向上的尺寸可能被夸大了 3~5 倍。

1. 初始材料

CMOS 集成电路通常是在极重掺杂的 P 型(100)硅衬底上制造的,以便使其衬底的电阻率达到最小化,这种预防措施有助于通过最大限度地减少衬底的自偏置来使其对 CMOS 闩锁效应具有一定程度的免疫力(参见 5.4.1 节)。与标准的双极型工艺不同,离轴的硅晶圆片通常不用于多晶硅栅 CMOS 工艺。由于不存在埋层,因此图形偏移和失真问题不再受到关注。此外,外延工艺是在完全对准的(100)表面上进行的,这与在稍微倾斜的表面上进行的一样快且一致。

2. 外延层生长

从理论上说,也可以构建出不需要采用外延技术的多晶硅栅 CMOS 工艺,这种工艺将使用在惰性气氛中经过长时间高温退火的 P-硅衬底,以消除最上表面几微米硅中的氧沉淀,然后在这层无氧硅中制备 MOS 晶体管,一些低电压的数字 CMOS 工艺通常使用这种技术方案。

外延淀积允许使用 P+ 衬底,这大大降低了 CMOS 器件发生闩锁问题的严重性。此外,外延还可以非常精确地控制掺杂水平。因此,大多数多晶硅栅 CMOS 工艺会在 P+ 衬底上再外延生长一层厚度为 5~10 μm 的 P-掺杂的硅外延层。由于所有的产品都使用相同外延层的硅晶圆片,因此制造商可以从专门生产这种外延片的公司批量购买这种原始的硅晶圆片,这就使得硅晶圆片制造厂无须购买和运行外延层的生长设备,而这一点在历史上一直是使用外延工艺的主要障碍之一。

3. N 阱扩散

生长了一层外延层的晶圆片首先被热氧化,然后涂覆一层光致抗蚀剂并采用 N 阱的光刻掩模版对其进行图形化处理。通过刻蚀氧化层打开 N 型阱区的窗口,采用离子注入工艺通过该窗口淀积一定剂量的磷。再经过长时间的高温推进就可以形成具有一定深度的轻掺杂 N 型阱区,如图 4.19 所示。一个 20 V 工作电压的典型 CMOS 工艺,其 N 阱的结深大约为 5 μm。N 阱推进期间的热氧化过程给裸露的硅表面又覆盖了一层较薄的衬垫氧化层。

在一个 N 阱 CMOS 工艺中,NMOS 晶体管位于外延层中,而 PMOS 晶体管则位于 N 阱中,如图 4.19 所示。由于反型掺杂导致 N 阱内总的掺杂浓度增大,这略微降低了阱内载流子的迁移率。因此 N 阱工艺可以说是以牺牲 PMOS 晶体管的性能为代价优化了 NMOS 晶体管的性能。采用 N 阱

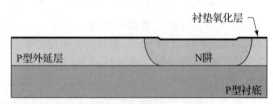

图 4.19 N 阱推进之后的硅晶圆片剖面示意图

CMOS 工艺的另一个更显著的好处是:集成电路工作的整个系统可以采用传统的多个电源相对于公共负极接地端正向偏置的安排,具有不同参考电源的 PMOS 晶体管分别占据独立的 N 阱,P 型衬底则连接到公共的负极接地端。

P 阱 CMOS 工艺则使用 N+ 衬底、N-外延层和 P 型阱区,制备的 NMOS 晶体管位于 P 阱中,而 PMOS 晶体管则在外延层中制备。该工艺以牺牲 NMOS 晶体管的性能为代价来优化 PMOS 晶体管的性能,但是由于电子具有更高的迁移率,因此 NMOS 晶体管的性能仍然显著

地优于 PMOS 晶体管。P 阱 CMOS 集成电路可以使用正极公共接地的多个负电源，具有不同参考电源的 NMOS 晶体管则可以分别占用不同的 P 阱，N 型衬底连接到公共的正极接地端。正极接地系统不如负极接地系统普遍，因此 N 阱工艺比 P 阱工艺更为常见。

4. 有源区掩模反版(场区)

多晶硅栅 CMOS 工艺采用厚的场区氧化层的原因与标准的双极型工艺的原因大致相同，就是它能够增大厚的场区寄生晶体管的阈值电压，并且还能够降低金属化层和下层硅之间的寄生电容。与标准的双极型工艺有所不同的是，基线的多晶硅栅 CMOS 工艺采用硅的局部氧化(LOCOS)技术来选择性地生长场区氧化层，在将要制备有源器件的区域只留下一层较薄的氧化层。管芯上生长局部厚氧化层的区域称为场区，而受到保护不被氧化的区域则称为有源区。

LOCOS 技术的具体工艺步骤如下。首先在前面 N 阱推进过程中留下的衬垫氧化层上淀积一层氮化硅，然后采用有源区光刻掩模版的反版对该氮化硅层进行图形化处理，并采用选择性刻蚀来去除场区上的氮化硅层，如图 4.20 所示。用于该步工艺的光刻掩模版称为有源区掩模反版，因为它通常是由有源区绘图层的颜色反转产生的。换句话说，有源区掩模反版就是在非有源区的地方(也就是场区处)打开窗口，而不是在有源区的地方打开窗口。

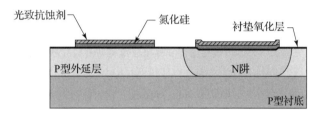

图 4.20　淀积了氮化硅并采用有源区掩模反版完成了光刻和刻蚀之后的晶圆片剖面示意图

用于 LOCOS 技术的氮化硅层必须位于一层薄的氧化层(称为衬垫氧化层)之上，因为氮化硅生长的条件会引起机械应力，从而导致硅晶格中的位错。衬垫氧化层提供了吸收应变并防止其损坏硅晶格的机械顺应性。

5. 沟道终止注入

CMOS 工艺通常会尽量降低晶体管的阈值电压，以便生产出实用的 MOS 晶体管。LOCOS 技术形成的厚场区氧化层会将厚场区寄生晶体管的阈值电压提高，但是通常也不会超过几伏，因此还必须有选择地在场区厚氧化层的下方注入掺杂剂，以便将厚场区寄生 MOS 晶体管的阈值电压进一步提高到金属引线的电压之上。P 型外延层场区需要进行 P 型掺杂的沟道终止注入，而 N 型阱区内的场区则需要进行 N 型掺杂的沟道终止注入。

沟道终止注入可以采用几种技术中的任何一种来实现，一种流行的选择是将大面积的硼注入与通过光刻实现的选择性磷注入相结合，其中的硼注入利用了刻蚀场区的 LOCOS 氮化硅层之后留下的光致抗蚀剂做掩蔽层，该掩蔽层暴露出即将进行沟道终止注入的场区窗口。所有这些场区都接受了大面积硼沟道注入(见图 4.21a)，这一工艺步骤可以把以第一层金属作为栅电极寄生 PMOS 晶体管的厚场阈值电压提高到该工艺的最大工作电压之上。

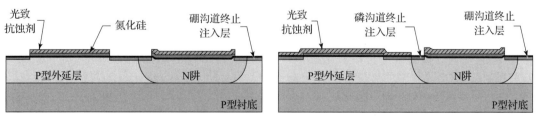

a) 大面积硼沟道终止注入后的晶圆片　　　　　b) 选择性磷沟道终止注入后的晶圆片

图　4.21

在硼沟道终止注入之后,并没有立即去除光致抗蚀剂,而是再涂覆一层光致抗蚀剂,并采用沟道终止掩模对其进行图形化处理,从而暴露出 N 型阱区中的场区,随后的磷沟道注入在这些区域中先补偿之前的大面积硼沟道注入,并把以第一层金属作为栅电极的寄生 NMOS 晶体管厚场阈值电压提高到该工艺的最大工作电压之上,如图 4.21b 所示。完成磷沟道注入之后,去除晶圆片上所有的光刻胶,为进行 LOCOS 热氧化做好准备。

6. LOCOS 工艺和预栅氧化

通常采用水蒸气氧化来增加 LOCOS 氧化的速率,或者也可以将氧化炉管中的气压升高到大气压的 5 倍或 10 倍。完成 LOCOS 氧化之后,采用合适的腐蚀液剥离氮化硅阻挡掩蔽层的残余物,此时的晶圆片剖面示意图如图 4.22 所示。有源区边缘的弯曲过渡区称为鸟喙,它是氧化剂在氮化硅薄膜边缘下横向扩散导致的结果。

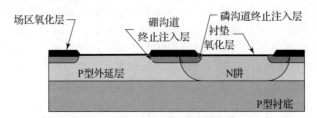

图 4.22 完成 LOCOS 热氧化工艺和氮化硅薄膜剥离后的晶圆片剖面示意图

如果在 LOCOS 热氧化过程中注入了水蒸气,白带效应(Kooi effect,参见 2.3.4 节)会在有源区边缘周围的衬垫氧化层下方产生氮化硅沉积物,因此必须采用预栅氧化以便去除这些沉积物。首先通过短暂的刻蚀去除薄的衬垫氧化层且基本上不会侵蚀厚的场区氧化层,再通过短暂的干氧氧化在有源区生长出一层预栅极氧化层(或称为牺牲栅极氧化层)。任何残留的氮化硅沉积物都会被逐渐氧化,只要预栅极氧化工艺持续足够长的时间,则所有的氮化硅沉积物最终都将被消耗掉。

7. 阈值电压调整

使用(100)晶向的硅有助于稳定 MOS 晶体管的阈值电压,但是背栅衬底的掺杂浓度和栅电极材料阻碍了在不进行阈值电压调整注入的情况下获得合适的阈值电压。例如,在一个 20 V 的 CMOS 工艺中未经调整的 PMOS 晶体管阈值电压可能在$-1.5\sim-1.9$ V 之间,而未经调整的 NMOS 晶体管阈值电压可能在$-0.2\sim+0.2$ V 之间。通过一次或两次阈值电压调整注入(也称为V_t调整注入)可以将阈值电压重新确定为所需的目标值,例如,将 NMOS 晶体管的阈值电压设定为 0.7 V,同时将 PMOS 晶体管的阈值电压设定为-0.7 V。

存在两种调节晶体管阈值电压的方法,第一种方法采用两次单独的离子注入,一次用于设置 PMOS 晶体管的V_t,另一次用于设置 NMOS 晶体管的V_t,采用两次注入的方法允许两个阈值电压的各自独立优化。许多早期的具有更高工作电压的 CMOS 工艺并不需要这种程度的灵活性,这类工艺就可以使用单次V_t调整注入来同时降低 PMOS 晶体管的阈值电压和增加 NMOS 晶体管的阈值电压。如果能够正确地进行这一次阈值电压调整注入,则两种类型的 MOS 晶体管都可以获得$0.7\sim0.9$ V 的标称阈值电压,如图 4.23 所示。

在晶圆片上涂覆一层光致抗蚀剂之后,采用V_t调整光刻掩模版进行图形化操作,在将要制备 MOS 晶体管的有源区上打开窗口,然后将硼离子穿透预栅极氧化层注入并掺杂到下面的硅表面中。完成了这一次阈值电压调整注入之后,则必须去除预栅极氧化层以便裸露出有源区中的硅表面。

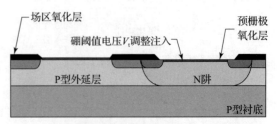

图 4.23 完成阈值电压调整注入之后的硅晶圆片剖面结构示意图

真正的栅极氧化层要使用干氧氧化工艺来使得表面态电荷和固定氧化层电荷达到最少。这个氧化工艺过程必须非常短暂，因为栅极氧化层通常都非常薄。15 V 工作电压的 MOS 晶体管通常需要 400 Å 的栅极氧化层，而 3.3 V 工作电压的晶体管则可能使用厚度小于 100 Å 的栅氧化层，该栅氧化层将构成 MOS 晶体管的栅介质，此外它还覆盖了稍后将要进行源区和漏区离子注入掺杂的区域。

8. 多晶硅的淀积与光刻

用于形成栅电极的多晶硅薄膜通常都是重掺杂磷，以便将其薄层电阻降低到大约 20 Ω/□ 至 40 Ω/□。尽管栅极引线一般不会传导直流电流，但是在开关过程的瞬态还是会产生大量的电流脉冲，因此低电阻的栅极多晶硅可以大大提高电路的开关速度。磷掺杂形成了与单次 V_t 调整注入相兼容的阈值电压，磷掺杂的栅极多晶硅还能够最大限度地减少由可动离子引起的阈值电压变化，并实现 ±0.1 V 至 0.2 V 的阈值电压控制精度。多晶硅首先以本征状态淀积，随后通过大面积的磷注入对其进行掺杂，因为原位进行的磷掺杂会降低其淀积速率。

淀积的多晶硅层现在必须使用多晶硅光刻掩模版进行图形化操作，如图 4.24 所示。多晶硅线条的宽度决定了 MOS 晶体管的沟道长度，这通常是给定 CMOS 工艺中的最小特征尺寸，这里介绍的这个相对原始的工艺支持 3 μm 的最小栅极长度，因此它就被称为 3 μm CMOS 工艺，或者，有的时候也把这个工艺称为处在 3 μm 的工艺节点。沟道长度小于 1 μm 的通常以纳米为单位(1000 nm＝1 μm)。因此，350 nm 工艺

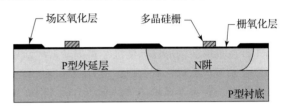

图 4.24　多晶硅淀积和图形化之后的晶圆片剖面结构，为清楚起见，沟道终止注入和阈值电压调整注入均未出现在本剖面图或后续的剖面图中

可以制造出 0.35 μm 的最小栅极长度。注意，小于约 250 nm 的工艺通常不是以栅极长度来命名的，而是以其他尺寸命名的，例如金属的半节距(即金属条的最小宽度与最小间距之和的一半)。

9. 源漏区离子注入

已经制备完成的多晶硅栅极现在可以充当掩蔽层，来实现自对准的 PMOS 晶体管和 NMOS 晶体管的源区/漏区离子注入。这些离子注入工艺可以按照任意顺序进行，在所展示的工艺流程中，首先进行 N 型源区/漏区(NSD)的离子注入，然后进行 P 型源区/漏区(PSD)的离子注入。

进行源区/漏区离子注入的第一步包括形成侧壁隔离层，首先在晶圆片上淀积一层正硅酸乙酯(TEOS)氧化物，然后采用反应性离子刻蚀去除这层氧化物，就会在多晶硅栅极两侧留下侧壁隔离层，这些侧壁隔离层会同时出现在 NMOS 晶体管和 PMOS 晶体管上。

进行 N 型源漏区离子注入的第一步是在晶圆片上涂覆一层光致抗蚀剂，然后使用 N 型源漏区的光刻掩模版进行图形化操作。再通过光致抗蚀剂上的窗口注入砷离子来形成浅的、重掺杂的 N 型源漏区。多晶硅栅极及其侧壁隔离层阻挡了栅极下方区域的这种离子注入，因此可以使得栅极到源极以及栅极到漏极的重叠区电容达到最小。

一旦 N 型源漏区的离子注入完成之后，就可以将晶圆片上的光致抗蚀剂残留物去除掉。进行 P 型源漏区离子注入的第一步也是在晶圆片是涂覆一层光致抗蚀剂，然后使用 P 型源漏区的光刻掩模版进行图形化操作。再通过光致抗蚀剂上的窗口注入硼离子来形成浅的、重掺杂的 P 型源漏区。与 N 型源漏区离子注入一样，P 型源漏区离子注入也是利用多晶硅栅电极实现自对准的，PMOS 晶体管同样也表现出了最小的栅-源和栅-漏重叠区电容。在完成了 P 型源漏区离子注入之后，需要再次将晶圆片上的光致抗蚀剂去除干净。

最后利用短暂的退火工艺激活注入的掺杂剂，并在源区和漏区表面生长一层薄的氧化层。图 4.25 给出了完成 N 型源漏区和 P 型源漏区离子注入及退火之后的晶圆片剖面结构示意图。

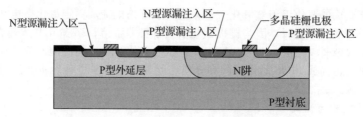

图 4.25　完成 N 型源漏区和 P 型源漏区离子注入及退火之后的晶圆片剖面结构示意
　　　　图,其中背栅衬底接触注入区紧邻源区以节省面积

10. 欧姆接触孔

尽管在源区/漏区退火期间同时进行了热氧化,但是覆盖在有源区上的氧化层仍然很薄,因此很容易被击穿。所以大多数工艺在进行接触孔的图形化操作之前会淀积多层氧化物(MLO)。这种多层氧化物会使有源区上的氧化层变厚,同时还会覆盖并绝缘裸露的多晶硅。此时金属引线就可以在有源区和多晶硅上穿行,而不会出现将氧化层击穿的风险。

在晶圆片上再次涂覆光致抗蚀剂之后,使用接触孔的光刻掩模版对接触孔区域进行图形化操作。在重掺杂的源区和漏区是很容易形成欧姆接触的,但是背栅衬底区的掺杂浓度太低,不允许直接形成欧姆接触。通过在背栅衬底接触孔及其周边添加 N 型源漏和 P 型源漏注入区可以克服这一困难。在重掺杂多晶硅上打开的接触孔则可以实现与栅电极的欧姆接触。

淀积的多层氧化物通常含有高浓度的硼和磷,因此被归类为硼磷硅玻璃(BPSG)。在完成了接触孔的刻蚀之后,短暂的高温回流可以使硼磷硅玻璃软化和塌陷,从而软化接触孔的侧壁几何形状,这也是该工艺流程的最后一个高温步骤。

11. 金属化

浅的 N 型源漏扩散区和 P 型源漏扩散区很容易导致结穿刺的问题,因此,多晶硅栅 CMOS 工艺通常采用硅化物接触来确保与源区/漏区的可靠欧姆接触,而不用担心会有过度侵蚀硅表面的风险。在接触孔中形成硅化铂之后,先在晶圆片表面溅射一层难熔金属阻挡层薄膜,然后再淀积一层较厚的铜掺杂铝金属薄膜。用光致抗蚀剂涂覆已经淀积了金属化薄膜的晶圆片,并使用金属引线的光刻掩模版对其进行图形化操作,然后利用反应性离子刻蚀去除不需要的金属薄膜以便形成互连引线的图形。多晶硅栅 CMOS 工艺的大多数版本还包括第二层金属布线,在这种情况下,淀积在第一层金属布线图形上的另一层氧化物可以使其与第二层金属布线绝缘,这个第二次淀积的氧化层通常称为层间氧化物(ILO)。利用某种形式的平坦化工艺可以使得由第一层金属图形引起的表面形貌起伏达到最小,以确保第二层金属布线有足够的台阶覆盖。通过在层间氧化物上刻蚀出的通孔可以连接到第二层金属布线,该第二层金属布线以与第一层金属布线大致相同的方式完成淀积和图形化操作。更为先进的工艺方案还可能会增加更多额外的金属层。

12. 钝化保护层

现在需要在最后一层金属布线上淀积钝化保护层,以提供机械保护并防止管芯遭受污染。钝化保护层必须能够抵抗可动离子的渗透,因此它通常是由较厚的硼磷硅玻璃(BPSG)、具有压应力的氮化硅层或两者的组合而构成的。

在用光致抗蚀剂涂覆晶圆片之后,使用钝化保护层去除(POR)的光刻掩模版对晶圆片进行图形化操作。再应用合适的刻蚀剂去除金属层上某些选定区域的钝化保护层(焊盘窗口),使得键合引线能够连接到集成电路中。图 4.26 展示了完成工艺制造的多晶硅栅 CMOS 晶圆片剖面结构示意图,为了简单起见,图中只显示了一层金

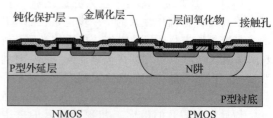

图 4.26　完成工艺制造的多晶硅栅 CMOS 晶圆片
　　　　剖面结构示意图

属，在所展示的局部管芯中并不存在焊盘窗口，该剖面图包括左侧的 NMOS 晶体管和右侧的 PMOS 晶体管。

4.2.3　可获得的器件

多晶硅栅 CMOS 工艺最初旨在制造出相对低电压工作的 NMOS 晶体管和 PMOS 晶体管，采用相同的工艺步骤还可以制造出其他几种元件，包括原始状态的 MOS 晶体管、衬底 PNP 型晶体管以及几种不同类型的电阻和电容等。将上述这些元器件组合在一起已经可以构造出相当多种类的模拟集成电路。4.2.4 节进一步考察了几种允许更高工作电压和更高集成度的工艺扩展方案。

1. NMOS 晶体管

图 4.27 展示了一个 NMOS 晶体管的代表性版图和剖面示意图，源区和漏区是由依据多晶硅栅电极自对准形成的 N 型源漏注入区组成的。由于 NMOS 晶体管的背栅衬底是由 P 型外延层(以及向下延伸的 P 型衬底)构成的，衬底的欧姆接触端就用作其背栅引出端。许多 P 型衬底接触单元的版图实际上包含了与 NMOS 晶体管直接相邻的独立背栅接触，即使这些接触并不是严格必要的。这些紧密相邻的背栅接触通过钳位外延层表面电势，提高了 CMOS 电路的抗闩锁特性，并且使用这样的 P 型衬底接触单元还可以形成一个衬底接触的明显区域，也不再要求版图设计师明确地对衬底接触孔进行编码操作。在 NMOS 晶体管的源极连接到衬底电势的情况下，使 P 型衬底接触孔紧挨着 N 型源区可以形成非常紧凑的版图。但是处于不同电势的 P 型衬底接触区和 N 型源区则不能彼此紧密相邻，因为这样得到的 P＋/N＋结会有较大的泄漏电流并且会在非常低的电压下发生击穿。

图 4.27 展示了一个 NMOS 晶体管的版图和剖面结构示意图。在 NMoat 层上绘制的图形可以同时在 N 型源漏区(NSD)和有源区(Moat)的光刻掩模版上生成图形。类似地，在 PMoat 层上绘制的图形也可以同时生成 P 型源漏区(PSD)和有源区(Moat)光刻掩模版上的图形。有源区的几何形状通常与生成它们的 NMoat 和 PMoat 层上的图形大小相同，而 N 型源漏区(NSD)和 P 型源漏区(PSD)的几何形状则略微偏大，以确保源区/漏区离子注入可以完全覆盖有源区窗口，即使在最坏情况下发生了光刻对准偏差。假设允许 1 μm 的对准偏差，几何运算代码如下：

```
PSD      = PMoat oversized by 1.0
NSD      = NMoat oversized by 1.0
Moat     = NMoat + PMoat
InvMoat  = Moat\
```

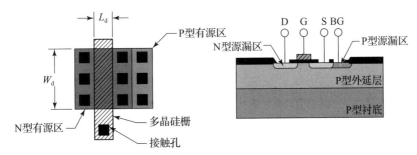

图 4.27　一个 NMOS 晶体管的代表性版图和剖面结构示意图，该晶体管的源极和背栅电极用金属引线(图中未显示)短路在一起

这种简单化的算法并不包括用于剪裁 P 型源漏区和 N 型源漏区相交区域的任何规定，良好的剪裁算法则要求具有相当复杂的程度(参见 12.2.1 节)。所生成的 InvMoat 层是一个颜色反转层，可以用来对硅的局部氧化(LOCOS)区域(即厚氧化层的场区)的窗口进行图形化操作。

阈值电压(V_t)调整注入的光刻掩模版和沟道终止注入的光刻掩模版也可以由绘制的层来生成，生成这些层的一组稍微简单一点的几何运算代码如下：

```
Vtadj = Moat
NChst = NWell oversized by 3.0
```

用于导出沟道终止层 NChst 的扩大尺寸操作增加了其尺寸,以便考虑 N 型阱区的横向外扩散。而阈值电压(V_t)调整注入区则不需要扩大尺寸,因为只有 MOS 晶体管的沟道区需要受到调整阈值电压注入,并且有源区将始终会覆盖沟道区至少十分之几微米,以避免鸟喙给沟道尺寸带来的不确定性。

图 4.27 中所展示的小接触孔阵列是 CMOS 工艺的特征,氧化层窗口的刻蚀速率取决于它们的尺寸和形状,并且随着接触孔尺寸的减小,这种刻蚀速率变化会变得越来越显著。通常的解决方案就是只允许采用特定尺寸的方形接触孔。较大的接触孔则是由最小尺寸接触孔的阵列组成,而不是采用较大尺寸的任意形状接触孔。

NMOS 晶体管设计的沟道长度 L_d 等于从器件源区一侧跨越多晶硅栅到达漏区一侧的距离。设计的沟道宽度 W_d 则等于多晶硅栅侧边接触源区的长度,对于上述版图结构而言,其数值也等于多晶硅栅侧边接触漏区的长度。与从器件的电学特性中提取的有效尺寸 L_{eff} 和 W_{eff} 相比,设计的尺寸就是出现在版图结构中的尺寸。尺寸的调整通常在图形的生成过程中实施,以便使得设计的尺寸大致上等于有效尺寸。

热电子退化效应限制了图 4.27 所示的简单 NMOS 晶体管只能工作在相对较低的漏-源电压下。工作在饱和区的 NMOS 晶体管沟道夹断区上存在的强电场会将电子加速到很高的速度,其中的一些电子就会穿透到其上覆盖的氧化层中,形成表面态电荷,并逐渐改变晶体管的阈值电压(参见 5.3.1 节)。

只有当一个工作在饱和区的 NMOS 晶体管处于相对比较高的漏源电压下时,才会发生热电子注入效应。在线性区中,漏源电压根本不可能增大到足以产生热电子的程度。而在截止区中则根本就不会形成传导电流,因此也不会出现热电子。用作开关的 NMOS 晶体管仅在开关瞬态期间会短暂地产生热电子。因此这就为 NMOS 晶体管设定了两种不同的工作电压限制,PN 结击穿电压和沟道穿通电压限制了晶体管源漏阻断电压的额定值,该额定值适用于作为开关使用的晶体管,而热电子退化效应则决定了略低一些的工作电压额定值,该额定值适用于持续工作在饱和区的晶体管(模拟集成电路中的许多晶体管就是如此)。

阈值电压(V_t)调整注入将 NMOS 晶体管的阈值电压从大约 0 V 调整到大约 0.7 V。阈值电压调整注入的掩蔽层也可以阻挡 NMOS 晶体管的调整阈值注入,从而形成具有大约 0 V 阈值电压的原始状态 NMOS 晶体管。这种低阈值电压的原始状态 NMOS 晶体管可以用于某些特定的模拟电路中,在这类电路中正常的阈值电压已经显得过高而不便于使用了。表 4.4 列出了典型的多晶硅栅 CMOS 器件参数。最小 NMOS 晶体管的沟道长度设计值为 4 μm,有助于最大限度地减小热电子退化效应,而在 5 V 或更低电压下工作的器件的沟道长度则可以短至 3 μm。

表 4.4　典型的多晶硅栅 CMOS 器件参数

参数	NMOS 晶体管	PMOS 晶体管
最小沟道长度/μm	4	3
栅氧化层厚度/Å	400	400
阈值电压(调整后)/V	0.7	-0.7
阈值电压(原始值)/V	0	-1.4
器件跨导($W_d/L_d=10/10$)/($\mu A/V^2$)	50	20
最大栅源电压/V	15	15
最大漏源电压(阻断)/V	15	15
最大漏源电压(工作)/V	7	15

2. PMOS 晶体管

图 4.28 展示了 PMOS 晶体管的代表性版图和剖面结构示意图，该器件位于作为其背栅衬底的 N 阱中。任何数量的 PMOS 晶体管都可以占据同一个 N 阱，只要它们的背栅衬底都连接到相同的电势。相对较深的 N 阱实质上会发生明显的横向外扩散，因此与之相关联的版图尺寸就会变得相当大，由此可见将多个 PMOS 晶体管合并在同一个 N 阱中也可以节省大量的版图面积。

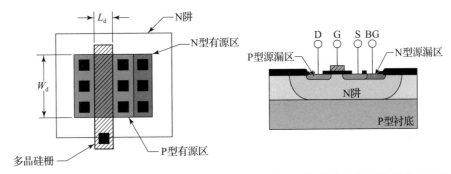

图 4.28　PMOS 晶体管的代表性版图和剖面结构示意图，该晶体管的源极和背栅电极
用金属引线（图中未显示）短路在一起

当 NMOS 晶体管的背栅固有地连接到衬底电势时，PMOS 晶体管的背栅则可以连接到大于或等于其源极的任何电压。不同的 PMOS 晶体管可以采用不同的背栅连接，只要它们位于不同的 N 阱中即可。由此可见 N 阱背栅衬底给模拟集成电路设计师提供了一个可以用来增强电路性能的额外自由度。

PMOS 晶体管也会受到热空穴退化效应的影响，但是这个要比热电子退化效应造成的麻烦更小一些，因为空穴的迁移率要比电子低，因此需要更大的漏源电压才能将空穴加速到足以将电荷注入氧化层中的速度，而 PN 结雪崩击穿电压和源漏穿通电压通常会将 PMOS 晶体管限制在热空穴退化效应基本上可以忽略不计的电压下。然而，高电压工作的 PMOS 晶体管则会遇到与 NMOS 晶体管类似的热载流子退化问题。

同样也可以通过屏蔽阈值电压调整注入来制造原始状态的 PMOS 晶体管，这种原始状态的 PMOS 晶体管具有很不方便使用的高阈值电压，通常都会超过 1 V。模拟集成电路设计师仍然可以找到适用于这种器件的应用领域，例如，大功率器件就可能会受益于高阈值电压，因为它在器件截止期间能够有效地抑制亚阈值导通电流。表 4.4 中列出了典型的 15 V 多晶硅栅 PMOS 晶体管的典型器件参数。

3. 衬底 PNP 型晶体管

在 N 阱工艺中唯一可用的双极型晶体管就是衬底 PNP 型晶体管。图 4.29 展示了衬底 PNP 型晶体管的版图和剖面结构示意图，其发射区由位于 N 阱中的 P 型源漏注入区构成，而 N 阱则充当了该 PNP 型晶体管的基区，插入到 N 阱中的 N 型源漏注入区则给 N 阱提供了良好的欧姆接触，该器件的集电区由 P＋衬底以及围绕 N 阱的 P 型外延层构成。

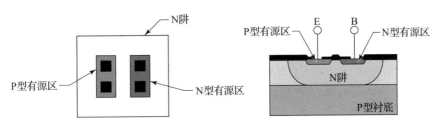

图 4.29　衬底 PNP 型晶体管的版图和剖面结构示意图，集电极通过衬底上接触孔（图中未显示）引出

尽管衬底 PNP 型晶体管没有得到很好的优化，但是只要其中 N 阱的掺杂浓度不要变得太高或者其源区/漏区的结深不要变得太浅，衬底 PNP 型晶体管就表现得相当好。这种基线 $4\ \mu m/3\ \mu m$ 工艺中衬底 PNP 型晶体管的电流增益 β 通常介于 $50\sim100$。更低电压的工艺则会使用更高掺杂浓度的 N 阱，因此 5 V 工作电压的 CMOS 工艺中衬底 PNP 型晶体管可能仅具有 $10\sim20$ 的电流增益 β。

由于衬底 PNP 型晶体管将电流注入衬底中，因此必须注意要提供足够多的衬底接触孔。集电极电阻的主要成分是由位于衬底接触孔下方的 P 型源漏扩散区与 P＋衬底之间的轻掺杂 P 型外延层构成的，大面积的衬底接触孔对于避免形成衬底偏置是非常必要的。一个典型的 CMOS 集成电路芯片通常会在划片道中包含足够多的衬底接触孔，以便能够处理 $10\sim20$ mA 的衬底电流。如果衬底电流超过了这个水平，那么就必须在管芯内部的空闲区域进一步填充衬底接触孔。

尽管横向 PNP 型晶体管理论上也可以在 N 阱工艺中构造出来，但是缺少 N 型埋层会使得衬底方向的注入保持在很高的水平上，因此这种晶体管通常表现出小于 1 的有效电流增益，这就大大限制了模拟电路设计师对这类器件的使用。

4. 电阻

多晶硅栅 CMOS 工艺中可以使用的四种电阻中最有用的是掺杂多晶硅电阻，如图 4.30 所示。尽管栅极多晶硅的薄层电阻仅为 $20\sim30\ \Omega/\square$，窄的条宽和间距仍然允许每单位面积有相当大的电阻。$2\ \mu m$ 的最小多晶硅宽度可以形成与标准双极型工艺中基区扩散电阻的面积效率相媲美的电阻。如果在工艺中再增加一块光刻掩模版来阻挡多晶硅电阻本体的栅极掺杂，则还可以获得更高的薄层电阻(参见 4.2.4 节)。

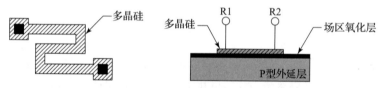

图 4.30　多晶硅电阻的版图与剖面结构示意图

图 4.30 所示的多晶硅电阻是由淀积在场区氧化层上的一根多晶硅条组成的，其两端的接触孔使其能够连接到电路中。因为该电阻是介质隔离的，所以电路设计师可以按照任何所需的方式对其进行偏置。多晶硅电阻可以承受相对于衬底比较高的电压(通常为 50 V 或更高)，并且也可以工作在衬底电势以下或最高正电源电压以上。较厚的场区氧化层还降低了电阻与下面衬底之间的寄生电容。氧化层隔离只有一个严重的缺点，就是它不太容易导热。功耗足够大的多晶硅电阻可能会因为自身诱发的退火效应而导致永久性的电阻变化。极端的功耗甚至可能会使得多晶硅电阻熔化或损坏，而类似尺寸的扩散电阻则远未达到遭受损坏的程度。这种特性使得我们可以构造出用于晶圆片级微调功能的多晶硅熔丝，但是它也会使多晶硅电阻在脉冲功率应用(如 ESD 保护电路)中成为问题。

图 4.31a 展示了通过接触一个带状 N 型源漏扩散区两端而形成的 N 型源漏扩散区电阻的版图和剖面结构示意图。N 型源漏区通常具有 $30\sim50\ \Omega/\square$ 的薄层电阻，相对比较浅的 N 型源漏扩散区的雪崩击穿电压将这种电阻的工作电压限制为不超过大约 20 V。类似的电阻还可以由 P 型源漏扩散区构成(见图 4.31b)，该电阻由 N 阱中所包含的一个带状 P 型源漏扩散区组成，该 N 阱必须偏置在电阻的电压之上以保持隔离，因此 N 阱必须连接到电阻的正极端或连接到更高的电压节点(例如正电源上)。P 型源漏扩散区电阻同样也受到有限的薄层电阻和相对比较低的击穿电压的影响。

另一种类型的电阻是由两端都有接触孔的带状 N 型阱区构成的，设置在这些接触孔下方的 N 型源漏扩散区是为了确保它们能够实现欧姆接触。考虑到 N 型阱区的横向外扩散，带状

N 阱电阻之间必须留有较大的间距，这部分地抵消了 N 阱的高阻值薄层电阻(其典型值通常大约为 2～5 kΩ/□)。众所周知，阱电阻具有较大的可变性，掺杂浓度和横向外扩散、耗尽区的电压调制以及表面效应的微小差异都可能会引起阱电阻的显著变化。版图设计方面采取适当的预防措施(如使用场板)，有助于最大限度地减小这些变化，但是大多数设计师还是更喜欢使用窄条的多晶硅电阻，而不是 N 阱电阻。表 4.5 总结了在典型的多晶硅栅 CMOS 工艺中可以用到的四种不同类型电阻的特性。

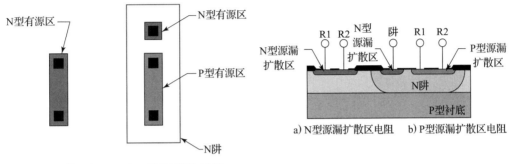

图 4.31　版图和剖面结构示意图

表 4.5　几种典型的电阻参数

参数	多晶硅	P 型源漏区	N 型源漏区	N 型阱区
薄层电阻/(Ω/□)	20	50	30	2 k
最小设计宽度/μm	2	3	3	5
击穿电压/V	>100	20	20	40
阻值偏差	±30%	±20%	±20%	±40%

5. 电容

用于制造 MOS 晶体管的栅极氧化层也可以用来构造电容，电容的一个极板由掺杂的多晶硅组成，另一个极板则为扩散区，通常是 N 型阱区。图 4.32 展示了一种 MOS 电容的版图和剖面结构示意图，400 Å 栅氧化层的电容大约为 $0.86\ fF/\mu m^2$。现代 CMOS 工艺对栅氧化层厚度的严格控制导致了±20% 的典型电容偏差，前提是阱电极的电位必须保持在多晶硅电极的电位以下至少 1 V [⊖]。未能在电容上保持足够的偏置电压将导致电容容量急剧下降(参见 7.2.2 节)。栅氧化层电容的主要缺点包括：下极板的寄生结电容过大和串联电阻过大，以及前面提到的与电压相关的电容变化。

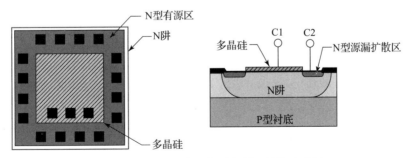

图 4.32　MOS 电容的版图和剖面结构示意图

⊖　此处原文有误。——译者注

4.2.4 工艺扩展

CMOS 工艺的扩展往往侧重于改进现有器件的性能，而不是增加新的器件。一组流行的工艺扩展方案通过抑制热载流子退化效应来提高器件的工作电压。另一个流行的工艺扩展方案则添加了一块阻挡多晶硅掺杂的光刻掩模版来构建具有高阻值薄层电阻的多晶硅电阻。那些想要获得更丰富模拟器件的人则应该考虑从纯模拟 CMOS 工艺转向模拟 BiCMOS 工艺(参见 4.3 节)。

1. 轻掺杂漏(LDD)晶体管

当工作在饱和区的 MOS 晶体管必须承受较高的漏源电压时，热载流子退化效应逐渐显现。典型的具有 3 μm 沟道长度和 400 Å(即 40 nm)栅氧化层的 NMOS 晶体管表现出 5~10 V 的工作电压，而类似尺寸的 PMOS 晶体管则具有 15~20 V 的工作电压。

热载流子退化的根本原因在于饱和状态 MOS 晶体管夹断区上的强电场。在传统的 CMOS 晶体管(也称为单一掺杂漏区晶体管，即 SDD)结构中，耗尽区不太可能在任何显著的程度上扩展到重掺杂的漏区中。如果漏极扩散被更轻地掺杂，那么耗尽区就有可能延伸到漏区以及沟道中，并且夹断区内的峰值电场也会降低。这种轻掺杂漏区(Lightly Doped Drain，LDD)的晶体管可以支持比 SDD 晶体管高得多的工作电压。沟道长度为 3 μm 的 400 Å 栅氧化层 LDD 结构的 NMOS 晶体管通常可以承受 12~15 V 的工作电压，使其或多或少地相当于 400 Å 的 SDD 结构 PMOS 晶体管。因此，大多数 10~20 V 的多晶硅栅 CMOS 工艺采用 LDD 结构 NMOS 晶体管和 SDD 结构 PMOS 晶体管的组合。

LDD 晶体管实际上使用两个漏极扩散区，一个在栅极边缘附近形成轻掺杂的漂移区，另一个在接触孔的下方形成更重掺杂的非本征漏区。重掺杂的非本征漏区降低了晶体管的漏极电阻，并使其能够具备与 SDD 晶体管相类似的导通电阻。一种用于形成 LDD 晶体管的工艺采用氧化物侧壁间隔层来自对准制备两个漏极扩散区。图 4.33 说明了采用氧化物侧壁间隔层制造 LDD 结构 NMOS 晶体管所需的工艺步骤。在对多晶硅栅极进行了图形化操作之后，立即对栅极多晶硅边缘进行自对准的浅注入，形成轻掺杂的漏区(也称为 N−S/D 或 NMSD)。然后在晶圆片上淀积一层各向同性的氧化层，并采用各向异性刻蚀去除大部分这种氧化物，最后在多晶硅栅极的两侧留下侧壁间隔层。利用侧壁间隔层进行第二次自对准注入，形成重掺杂的非本征漏区(N+S/D)。轻掺杂漂移区的宽度近似等于侧壁间隔层的宽度，通常为 0.5 μm 左右。

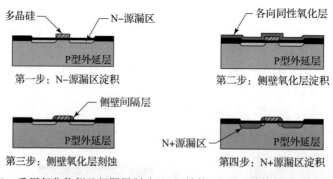

第一步：N-源漏区淀积　　第二步：侧壁氧化层淀积

第三步：侧壁氧化层刻蚀　　第四步：N+源漏区淀积

图 4.33　采用氧化物侧壁间隔层制造 LDD 结构 NMOS 晶体管所需的工艺步骤

只有 NMOS 晶体管的漏区需要采用 LDD 结构，但是并不存在一个简单的方法可以阻挡晶体管的源区形成侧壁间隔层，因此所得到的晶体管仍然是对称的，即晶体管的源极和漏极是可以互换的且不会影响晶体管的性能。PMOS 晶体管也同样制备出了氧化物侧壁间隔层，但是并没有形成轻掺杂的扩散区。由于 13.1.1 节中讨论的原因，在这些侧壁间隔层的下方形成了沟道，因此晶体管的沟道看起来似乎要比版图设计的尺寸略长一些。

上面介绍的 LDD 工艺制备的晶体管适合工作在 10~20 V 的电压下，如果所有的 NMOS 晶体管都接受两次源区/漏区注入的话(即 N−S/D 和 N+S/D)，则不需要增加额外的光刻掩模版。专门订购一块额外的光刻掩模版来选择性地阻挡某些晶体管的 N−S/D 注入会提供一些额外的好处。短沟道晶体管不需要采用 LDD 结构，因为它们在热载流子产生效应变得严重之前就会发生穿通。因此，N−S/D 漂移区对于短沟道低电压 NMOS 晶体管是没有任何用处的，去掉这个 N−S/D 漂移区之后，这些晶体管的沟道长度设计值可以减少 $0.5 \sim 1.0\ \mu m$。购买额外的光刻掩模版可能会对包含大量低压数字逻辑电路的设计产生重要的影响。

2. 高压漏区扩展晶体管

利用氧化物侧壁间隔层可以构造出工作电压高达大约 15 V 或 20 V 的相当传统的 NMOS 晶体管。更高的工作电压则需要采用不同的方法来构造轻掺杂的漏区，以防止发生雪崩击穿以及热载流子的产生。可以使用标准的 N 阱多晶硅栅 CMOS 工艺现有的光刻掩模版来构造实际的高电压晶体管，这些器件通常称为漏区扩展晶体管，这类晶体管的漏区不再与栅极形成自对准结构，因此它们通常表现出较大的重叠区电容，它们的电阻也比类似尺寸的 LDD 或 SDD 结构的晶体管大得多。然而，它们能够允许更高的工作电压，而且也不需要额外的光刻掩模版。

图 4.34 展示了一个漏区扩展 NMOS 晶体管的版图和剖面结构示意图，该晶体管采用 N 阱作为其漂移区，由于该 N 阱相对较深且掺杂浓度比较低，因此它具有比 N 型源漏区高得多的击穿电压。典型的 15 V 工艺使用击穿电压超过 40 V 的 N 阱。设置在 N 型阱区内的 N 型源漏注入区用作非本征的漏区。晶体管的源区是由没有添加 N 阱的 N 型源漏区构成的。因此，该器件是非对称晶体管的一个实例，因为其源区和漏区是不能够互换的，否则就会影响其额定的工作电压。

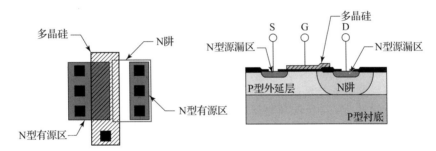

图 4.34　一个漏区扩展 NMOS 晶体管的版图和剖面结构示意图，背栅相对于衬底是公共的

高压 MOS 晶体管的栅极氧化层呈现出某种进退两难的局面，典型的工作电压为 15 V 的 CMOS 栅极氧化层厚度为 $300 \sim 400\ \text{Å}$，可以安全地处理不超过 20 V 的电压。单独的栅极氧化工艺可以让高压晶体管形成更厚的氧化层，但是需要更高的栅极电压才能充分地使其达到反型。更好的解决方案是仅在存在最高垂直电场的轻掺杂漏区上增加栅极氧化层的厚度。硅的局部氧化(LOCOS)工艺中的鸟喙提供了一种方便的方法来制备出这种场区的缓变结构。浅沟槽隔离(STI)也可以产生类似的结构，但是其更为陡峭的转变区使得控制场区缓变结构正下方硅中的电场更具有挑战性。

高压漏区扩展 PMOS 晶体管使用 P 型沟道终止注入来构造轻掺杂的漏区，我们将在 13.1.2 节中对这些器件进行讨论。

4.3　模拟 BiCMOS 工艺

随着模拟电路设计师在 20 世纪 70 年代逐渐熟悉了 CMOS 工艺，他们开始意识到 CMOS 晶体管在某些应用中的性能会优于双极型晶体管，而双极型晶体管则是在另外一些应用中的表现优于 CMOS。一种可以同时制造出双极型晶体管和 CMOS 晶体管的工艺，也就是 BiCMOS 工艺则可以两全其美。美国无线电公司(RCA)是 20 世纪 70 年代中期第一家将 BiCMOS 工艺商业化的公司。德州仪器(TI)公司则更进一步，他们在 20 世纪 70 年代末开发的 BiDFET™ 工艺中集成了横向 DMOS 功率器件以及双极型和 CMOS 晶体管。

在 20 世纪 80 年代中期,模拟 BiCMOS 工艺开始在现有的数字 CMOS 工艺的框架上逐渐构建出来,这种做法大大降低了开发成本,因为它允许复用现有的工艺设备和专业知识,在现有的工艺流程中插入最少数量的额外光刻掩模版步骤,以便创建出双极型和 DMOS 晶体管。这一策略使得模拟 BiCMOS 在过去 30 多年的时间里受益于多晶硅栅 CMOS 工艺的稳步改进。

模拟 BiCMOS 工艺无疑是非常复杂的,现代的实例通常需要 25~30 个光刻掩模版步骤,并且能够制造出 50 多种不同的电路元件。该工艺的成本很高,但是它也提供了多种功能并改善了器件性能。现代的模拟 BiCMOS 工艺可以在同一块衬底上制造出数万个数字逻辑门、多个高精度的数据转换器和高达 10 A 的电源开关。这类集成电路在从汽车到智能手机的各种产品中都有应用。

4.3.1　基本特点

截至 2020 年,大多数现代的模拟 BiCMOS 工艺仍然基于现有的多晶硅栅 CMOS 工艺流程,它们通常采用 P+(100)晶向的硅衬底与一个 P−外延层以及一个或多个阱扩散区的组合。N 阱可以用作垂直 NPN 型晶体管的集电极,阱与外延层之间的 PN 结可以将该晶体管与衬底隔离,这一技术被称为集电极扩散区隔离(Collector-Diffused Isolation,CDI)。

图 4.35 显示了一个集电极扩散区隔离的 NPN 型晶体管,该器件包含了传统 CMOS 工艺中所没有的三个额外附加的光刻掩模版步骤:N 型埋层(NBL)、深度 N＋下沉区和基区。工艺工程师、电路设计师和晶圆制造厂的经理一直在激烈地争论增加每一块光刻掩模版的必要性。在上述三块光刻掩模版中,N 型埋层可能引起管理层最大的恐慌。CMOS 晶圆制造厂通常会购买已经生长了外延层的晶圆片。

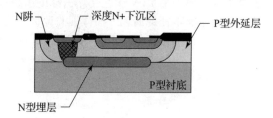

图 4.35　一个集电极扩散区隔离的 NPN 型晶体管

增加了 N 型埋层意味着一家这样的晶圆制造厂必须购买、安装并运行外延反应炉。当然从另一方面看,N 型埋层的引入也提供了许多优势,最明显的就是,它大大降低了 NPN 型晶体管的集电极电阻,从而允许 NPN 型晶体管工作在超过几百微安的电流下。其次不太明显的是,埋层可以防止晶体管在垂直方向发生穿通,由此可以增大晶体管的工作电压,此外它还提供了一种阻止空穴流到衬底的方法。利用 N 型埋层还能够构造出背栅不与 P＋衬底电势相连接的隔离 NMOS 晶体管。所有这些优点加在一起是如此引人注目,以至于几乎所有的模拟 BiCMOS 工艺都包括某种形式的 N 型埋层。

标准的双极型工艺使用深度 N＋下沉区来进一步降低 NPN 型晶体管的集电极电阻。许多早期的模拟 BiCMOS 工艺都为此增加了深度 N＋下沉区。如今,大多数的混合信号集成电路中的 NPN 型晶体管都不会工作在这么高的电流水平下,因此可以不采用深度 N＋下沉区。然而,深度 N＋下沉区还能够构建高效的少数载流子保护环(参见 5.4.2 节),正是因为这个原因,许多 BiCMOS 工艺继续保留深度 N＋下沉区。

许多器件设计师已经尝试使用从其他器件中借用过来的基极扩散区来构造模拟 BiCMOS 工艺的 NPN 型晶体管。一种方法是使用双扩散 MOS(即 DMOS)晶体管的背栅来构成 NPN 型晶体管的基区,轻掺杂的 DMOS 晶体管背栅可以形成高增益的垂直结构 NPN 型晶体管,但是它也会在 DMOS 晶体管内部形成高增益的寄生 NPN 型晶体管,同时还会增大背栅电阻。因此需要在 DMOS 晶体管的性能(特别是 BV_{DII})和 NPN 型晶体管性能之间做出折中考虑。另一种方法是使用 P 型外延层本身作为垂直结构 NPN 型晶体管晶体管的基区,由此形成的器件通常称为扩展基区晶体管,它将 N 型源漏区形成的发射区与 P 型外延层构成的基区以及 N 型埋层形成的集电区相结合,这种扩展基区晶体管由于缺乏漂移区而总是表现出较低的厄立电压(参见 9.3.3 节)。此外我们还尝试了其他一些方法,但是结果普遍令人失望。因此一个专门的基区注入层几乎肯定会胜过任何这些借用来的基区层。

大多数模拟 BiCMOS 工艺还制造了某种特殊的功率晶体管，它能够支持比简单 CMOS 晶体管更高的工作电压，横向 DMOS（即 LDMOS）晶体管已被证明特别适用于此目的，因为它只需要增加一个额外的光刻掩模版步骤，并且它可以针对较宽范围的漏源工作电压进行灵活的剪裁调整。图 4.36 是单个指状 LDMOS 功率晶体管的剖面结构示意图，DMOS 光刻掩模版用于通过一个共同的窗口注入砷离子和硼离子，随后的推进导致硼向外扩散超过砷，从而为 DMOS 晶体管构建出一个自对准的背栅。最终形成的器件沟

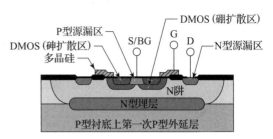

图 4.36　单个指状 LDMOS 功率晶体管的剖面结构示意图

道长度仅仅取决于推进的时间和温度。LDMOS 晶体管的源区由 DMOS 双扩散的砷扩散区构成，并通过 N 型源漏区实现欧姆接触。晶体管的漏区由环绕的 N 阱构成，同样也通过 N 型源漏区实现欧姆接触。正确地设置由 LOCOS 或 STI 工艺所形成的场区氧化层台阶的位置会使得该晶体管能够在远高于普通数字 CMOS 晶体管的漏源电压下工作。大多数工艺提供了一系列不同的 LDMOS 晶体管设计方案，每种设计方案都针对特定的工作电压进行了优化。或者，也可以设计一个功率器件单元（Pcell），它能够针对任何所期望的工作电压生成优化的版图，仅仅受到所涉及的 PN 结（特别是 N 阱到 DMOS 背栅和 N 阱到衬底）的击穿电压限制。

4.3.2　工艺顺序

本节介绍 21 世纪初一个典型的模拟 BiCMOS 工艺，其基线工艺使用 160 Å（16 nm）的栅氧化层来制造工作电压为 5 V 且最小沟道长度为 0.7 μm 的 CMOS 晶体管。工艺扩展添加了厚度为 80 Å（8 nm）的第二栅氧化层，可以制造出工作电压为 3.3 V 且最小沟道长为 0.35 μm 的 CMOS 晶体管。数字电路设计师根据不同器件在数字电路设计中所扮演的角色，通常将 3.3 V 器件称为核心晶体管，而将 5 V 器件称为 I/O 晶体管。模拟电路设计师则可以为这两种不同类型的晶体管分别找到大量的应用场景。

另一项工艺扩展则可以制造出具有高达 60 V 漏源工作电压的 LDMOS 晶体管。其基线工艺包括 N 型埋层、深度 N+ 下沉区以及为构建垂直结构 NPN 型晶体管而优化的单独基极扩散区。基线工艺还包括完整的金属硅化物、钨插塞接触孔和通孔、CMP 平坦化和双层铝金属化。该基线工艺需要 18 块光刻掩模版，如果包含 3.3 V 核心晶体管的话则需要 21 块光刻掩模版。具有重要数字电路的设计方案可能需要四层金属互连线，因此总共就需要 25 块光刻掩模版。这恰好落在现代模拟 BiCMOS 工艺典型的 25～30 块光刻掩模版数量的底端。

1. 初始材料

为该工艺选择的衬底材料是由 P+（100）晶向的硅衬底组成的。N 型埋层与 P+ 衬底的联合使用需要在工艺中插入额外的外延淀积步骤。如果没有这个额外的外延层，N 型埋层就会与 P+ 衬底直接相连，从而形成具有极低击穿电压的 N+/P+ 结。三个因素决定了介于 P+ 衬底与 N 型埋层之间外延层的厚度：下层 P+ 衬底的向上扩散、N 型埋层的向下扩散以及保持最大预期工作电压（在这种情况下为 60 V）所需的耗尽层宽度。第一个外延层生长在未图形化的晶圆片上，因此可以直接将生长了外延的晶圆片用作初始材料。

2. 刻蚀对准标记

首先采用各向异性的反应离子刻蚀工艺在硅晶圆片表面形成对准标记，以便后续的 N 阱光刻掩模版可以与之对准。这些对准标记除了用于光刻掩模版对准之外，没有任何别的用途，通常放置在划片道中。使用刻蚀形成的对准标记消除了对 N 型埋层阴影的需要，而各种先进的光刻设备通常都具有非常窄的景深，很容易受到 N 型埋层阴影的干扰。

3. N 型埋层

利用短暂的热氧化在晶圆片上生长出一层氧化物，然后使用 N 型埋层（NBL）的光刻掩模

版对该氧化层进行图形化操作,并且通过刻蚀打开通向硅表面的窗口。利用离子注入在这些窗口中沉积锑。最后在惰性气体环境中进行短暂的加热推进,同时可以消除晶格损伤。

4. 外延生长

完成 N 型埋层退火后,就可以去除氧化层,再将晶圆片返回到外延生长炉中,以便外延淀积大约 6 μm 厚的第二个 P 型外延层。完成外延生长后,N 型埋层阴影将横向移动一小段距离。图 4.37 是第二次外延淀积后的晶圆片剖面示意图。

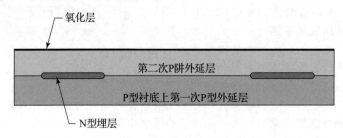

图 4.37　第二次外延淀积后的晶圆片剖面示意图

在第二次外延生长过程中,一些 N 型埋层中的掺杂剂会从晶圆片中溢出并重新淀积在其他地方,这种现象称为横向自掺杂。这一过程可能会导致在两个外延层之间的界面处形成 N 型的硅薄层,从而使相邻的 N 阱发生短路。通过使用锑代替砷作为埋层的掺杂剂,或者通过在减压下进行外延生长,可以最大限度地减少自掺杂。在上述这两种情况下,BiCMOS 工艺中的 N 型埋层掺杂浓度都可能要低于标准的双极型工艺中埋层的掺杂浓度。为了限制空穴通过 N 型埋层的渗透,N 型埋层的掺杂浓度必须要是 N 阱扩散区底部的掺杂浓度的五十倍以上。

5. N 阱注入

现在生长一层薄氧化层并使用 N 阱光刻掩模版对其进行图形化操作。通过离子注入将磷淀积到这些窗口中。采用短暂的高温推进退火消除注入损伤,并将磷向下扩散到 N 型埋层处。随后的高温步骤将完成 N 阱驱动。N 阱的掺杂分布代表了一种最佳的分布,这是在构造 3.3 V 和 5 V 工作电压的 PMOS 晶体管之间做出的折中考虑。只有当两个工作电压彼此相对接近时,才存在这种可行的折中方案。N 阱的掺杂分布还会影响许多其他器件,包括漏区扩展 NMOS、LDMOS、NPN 型晶体管以及横向 PNP 型晶体管。其中,横向 PNP 型晶体管由于采用了针对 3.3 V 和 5 V 工作电压的 CMOS 器件优化的 N 阱而遭受了最大的性能退化。相对较高的 N 阱掺杂浓度使得该器件电流增益 β 的标称值降低到了 20 左右。尽管模拟电路的设计师想要获得更高的电流增益,但是这需要额外的光刻掩版步骤才能实现。

6. P 阱注入

在先前的 N 阱推进过程中同时进行的氧化会在晶圆片上形成一层薄的氧化层。利用 P 阱光刻掩模版对该氧化层进行图形化操作。透过形成的窗口进行离子注入来淀积硼。再通过一次短暂的高温推进退火消除注入损伤,并驱使硼向下扩散一定的距离。随后的高温步骤将最终完成 P 阱的推进。

增加 P 阱注入对于将掺杂水平提高到适合构建 3.3 V 和 5 V 工作电压的 NMOS 晶体管的浓度是必要的。如果第二次生长的 P 型外延层就已经被掺杂到这么高的浓度,则其与 N 阱之间的结将在远低于该工艺的工作电压时就会发生击穿。增加这个 P 阱注入使得这个工艺成为一种双阱工艺。

正如在 N 阱的情况下一样,P 阱的掺杂分布也代表了在 3.3 V 和 5 V 晶体管最佳分布之间的一个折中。如果内核电路的电压低得多,内核的 NMOS 晶体管就会需要它们自己的 P 阱。因此,5 V/1.8 V 工艺可能会需要四次阱注入:5 V 工作电压 PMOS 器件的深 N 阱注入、5 V 工作电压 NMOS 器件的深 P 阱注入、1.8 V 工作电压 PMOS 器件的浅 N 阱注入和 1.8 V 工作电压 NMOS 器件的浅 P 阱注入。这样的四阱工艺确实是存在的,但是这些额外多出来的阱也增加了总的光刻掩模版数量和工艺成本。

与 3.3 V 晶体管相关的较高背栅掺杂浓度消除了在更高电压 CMOS 工艺中必须使用的专用沟道终止注入的需要，例如在 4.3.2 节中所描述的工艺。P 阱注入可以充当 P 型沟道终止注入的替代物。而 N 阱则已经被充分重掺杂，这就使得它不再需要任何额外的沟道终止注入，就可以达到例如 20 V 的寄生厚场阈值电压。

7. 深度 N＋下沉区

在之前 P 阱推进期间同时进行的氧化会在晶圆片上形成一层薄的氧化层，对该氧化层采用深度 N＋下沉区光刻掩模版进行图形化操作。然后在打开的窗口中淀积大量的磷，通常采用 POCl₃ 作为磷杂质的扩散源。现代的晶圆片制造厂不太喜欢使用 POCl₃ 这种化学品，因为它既有毒，又有腐蚀性，而且难以精确计量。这些制造厂更喜欢采用离子注入技术，但是为了防止空穴通过 N＋下沉区/阱的界面发生渗透，需要很高浓度的离子注入，这就导致很长的注入时间。随着工作电压的下降和阱浓度的上升，这个问题就会变得越来越严重。深的沟槽隔离最终在先进的 BiCMOS 工艺中提供了一种阻挡空穴横向扩散的替代方法。

完成深度 N＋扩散区的淀积之后，接下来要采用长时间的高温推进迫使该扩散区向下移动，直到它渗透到 N 型埋层中几微米，如图 4.38 所示。深度 N＋下沉区与 N 型埋层之间的这种重叠至关重要，因为它可以减小下沉区和埋层之间的垂直电阻，并将此处的掺杂浓度提高到足以抑制空穴渗透的水平。同时，深度 N＋扩散区的推进过程也使得 N 阱向下扩散进入到 N 型埋层中，并将 P 阱也向下推进到类似的深度。与深度 N＋下沉区一样，N 阱也应该穿透到 N 型埋层中一小段距离，以便最大限度地减小二者之间的电阻。P 阱的深度并不那么关键，但是更深的 P 阱确实有助于减小衬底接触孔和下面衬底之间的垂直电阻。

图 4.38　深度 N＋扩散区推进之后的晶圆片剖面结构示意图

8. 基区注入

将晶圆片上之前留下来的氧化层图形残余物完全去除之后，重新生长一层均匀的薄氧化层，并使用基区光刻掩模版对将该氧化物进行图形化操作，然后通过氧化层上的窗口注入硼离子形成 P 型区，该 P 型区随后在惰性气体环境下退火形成基区。图 4.39 显示了完成基区注入和退火工艺的晶圆片剖面结构示意图。

图 4.39　完成基区注入和退火工艺的晶圆片剖面结构示意图

基区注入是通过对中等掺杂的 N 阱进行反型掺杂实现的，这会降低集电极扩散区隔离（CDI）NPN 型晶体管的电流增益 β，因为这种方法提高了总的基区掺杂浓度，由此提高了基区的复合速率。这个缺点可以通过使用更薄和更低掺杂浓度的基区注入来部分地抵消，其代价仅仅是厄立电压会降低。典型的折中结果会导致 NPN 型晶体管具有 50 的标称电流增益和 100 V 的标称厄立电压。在更先进的工艺中，浅 P 阱通常用作 NPN 型晶体管的基区，这是一种不太理想的安排，因为倒梯度掺杂分布的浅 P 阱更倾向于横向传导而非垂直传导。然而，这种安排确实节省了一个光刻掩模版。

9. 逆有源区(或场区)

这种模拟 BiCMOS 工艺使用与 4.2 节中所描述的多晶硅栅 CMOS 工艺相同的 LOCOS 技术，其最小尺寸的核心晶体管($W/L=1/0.4$)大致上代表了传统 LOCOS 技术可以应用的最小尺寸。更小尺寸的晶体管通常就必须使用浅沟槽隔离技术，虽然工艺发生了变化，但是光刻掩模版和器件的剖面结构基本上保持不变。

形成 LOCOS 厚场氧化层的第一步是在晶圆片上热生长一层薄的衬垫氧化层，接下来是淀积一层更厚的 LPCVD 氮化硅。生长衬垫氧化层的目的是防止在氮化硅薄膜中产生的应力在硅表面形成缺陷。采用与有源区互补(即逆有源区，或场区)的光刻掩模版对氮化硅层进行图形化操作，通过刻蚀 LPCVD 氮化硅形成的窗口暴露出最终将要形成厚场区氧化层的区域(见图 4.40)。而管芯上保留了氮化硅的区域最终将成为有源区。这些有源区最明显的作用就是包容 CMOS 晶体管，但是双极型晶体管的基区也被放置在有源区内，以防止氧化增强扩散效应使得基区结深的可变性进一步加大。

因此，逆有源区(或场区)的光刻掩模版由 N 型有源区(NMoat)、P 型有源区(PMoat)和基区(Base)层组合的颜色反转形成。一个典型的生成算法如下所示：

```
Moat     = NMoat + PMoat + Base     * Combine all moats
Invmoat = Moat\                     * Color reversal
```

10. LOCOS 工艺与赝栅氧化层

LOCOS 氧化工艺可以采用水蒸气来增加氧化层的生长速率。之后，去除氮化硅层和下面的衬垫氧化层。再通过生长一层赝栅氧化层来去除任何残留的氮化硅残留物，以防止白带(Kooi)效应影响栅氧化层的完整性，如图 4.40 所示。

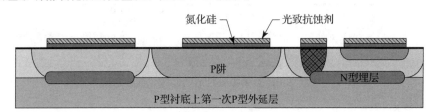

图 4.40　LOCOS 热氧化、氮化硅去除以及赝栅氧化层生长之后的晶圆片

11. 栅氧化层生长

在去除赝栅氧化层之后，利用干氧氧化为 5 V 的晶体管制备出厚度为 180 Å 的高质量栅氧化层。如果添加了可选的 3.3 V 工作电压的 CMOS 晶体管，则此步栅氧化工艺将需要进行适当的修改(参见 4.3.4 节)。5 V 晶体管不使用阈值电压调整注入，因为独立的 N 阱和 P 阱注入已经得到优化，可以为这些器件提供合适的表面掺杂浓度。

12. 多晶硅淀积、掺杂与图形化

接下来，在晶圆片上淀积一层 CVD 多晶硅，该多晶硅层构成 MOS 晶体管的栅极、多晶硅电阻的主体以及 MOS 电容的上电极。多晶硅栅电极还需要进行额外的掺杂，最简单的方法是用磷大面积地掺杂多晶硅，但是，这种方法会导致在 3.3 V 工作的 PMOS 晶体管中形成所谓的掩埋沟道(参见 12.2.4 节)。掩埋沟道器件表现出亚阈值导通电流增大，并且随着背栅衬底掺杂浓度的增加，这个问题会变得更糟。因此，理想的解决办法是 PMOS 晶体管采用 P 型掺杂的多晶硅栅极，而 NMOS 晶体管则采用 N 型掺杂的多晶硅栅极，这可以通过使用原位的硼掺杂来实现。因此图形化的磷注入就可以掺杂 NMOS 晶体管的多晶硅栅极，而在 PMOS 晶体管上则留下轻掺杂的 P 型多晶硅。用来形成 PMOS 晶体管的 P 型源漏区注入将增加该多晶硅栅极的掺杂浓度。另一种方案是使用另一个光刻掩模版步骤来用硼重掺杂 PMOS 晶体管的多晶硅栅极。如果不使用该光刻掩模版，则可以使用原位掺杂的多晶硅来构建中等阻值薄层电阻率

和高阻值薄层电阻率的多晶硅电阻。如果使用该光刻掩模版，则可以淀积本征的多晶硅，随后采用硼或磷进行大面积掺杂，这种掺杂的多晶硅既可以单独用来构建电阻，也可以与 P 型源漏区注入或 N 型源漏区注入组合起来构建电阻。

在完成了多晶硅薄膜的淀积之后，就可以在晶圆片上淀积一层 TEOS 氧化层，并使用 N 型栅电极(Ngate)光刻掩模版进行图形化操作，然后通过刻蚀形成 TEOS 氧化层上的窗口，以暴露将要接受磷掺杂的多晶硅区域。在实践中，该区域包括所有 NMOS 晶体管的栅极区域和中等薄层电阻率或高阻值薄层电阻率的多晶电阻主体。对该区域注入磷，然后使用多晶硅栅电极的光刻掩模版对多晶硅薄膜进行图形化操作并进行刻蚀。图 4.41 展示了完成多晶硅淀积和图形化操作之后的晶圆片剖面结构。

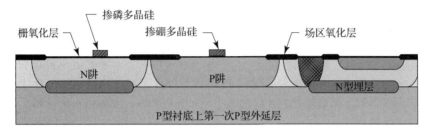

图 4.41　完成多晶硅淀积和图形化操作之后的晶圆片剖面结构

13. 源漏区注入

工作电压为 5 V NMOS 晶体管和工作电压为 5 V PMOS 晶体管都需要轻掺杂漏区，以便充分地降低夹断区中的峰值电场，从而避免出现热载流子退化现象。为了形成 N 型的轻掺杂漏区，首先采用光致抗蚀剂涂覆晶圆片，并使用 N－源漏区(N－S/D)光刻掩模版对晶圆片进行图形化操作。然后采用低剂量的磷注入，依据 NMOS 晶体管的多晶硅栅电极实现自对准的浅结轻掺杂 N 型源漏区。接下来去除剩余的光致抗蚀剂，重新采用光致抗蚀剂涂覆晶圆片，并使用 P－源漏区(P－S/D)光刻掩模版进行图形化操作。采用低剂量的硼注入，依据 PMOS 晶体管的多晶硅栅电极实现自对准的轻掺杂 P 型源漏区。

下一步则是形成侧壁间隔层，它使得重掺杂的源/漏扩散区与多晶硅栅电极发生一定的偏移。首先采用 CVD 方法各向同性地淀积一层氮化硅薄膜，然后各向异性地刻蚀氮化硅，以便沿着多晶硅几何结构的边缘留下氮化硅的侧壁，这些侧壁就构成了间隔层。

再次将光致抗蚀剂涂覆到晶圆片上，并使用 N＋源漏区(N＋S/D)光刻掩模版对其进行图形化操作。采用浅的砷离子注入形成重掺杂的 N＋源漏区，该注入区与侧壁间隔层形成自对准结构，而不是与多晶硅栅极形成自对准结构。N 型源漏区注入也会影响到 NMOS 晶体管多晶硅栅极，但是由于多晶硅已经被重掺杂，这就使得额外的掺杂剂几乎没有什么影响。由此形成的源漏结构既包含重掺杂的 N 型源漏区，也包括延伸到侧壁间隔层下方的一个微小的轻掺杂区，如图 4.42 所示。N 型源漏区注入还同时用作集电极扩散区隔离(CDI)的 NPN 型晶体管的发射区和横向 PNP 型晶体管的基极接触区。

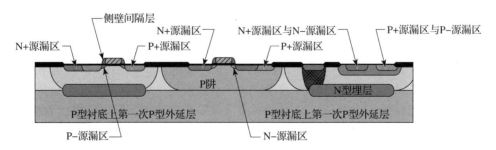

图 4.42　源漏区离子注入和退火后的晶圆片剖面结构示意图

再一次去除晶圆片上的光致抗蚀剂，重新涂覆一层光致抗蚀剂并使用 P＋源漏区（P＋S/D）光刻掩模版进行图形化操作。现在依据侧壁间隔层进行自对准的浅硼注入，形成重掺杂的 P 型源漏区。P＋源漏区注入同样也增加了 PMOS 晶体管多晶硅栅极的掺杂浓度。P 型源漏注入还形成了用于集电极扩散区隔离的 NPN 型晶体管非本征基极接触区，以及用于横向 PNP 型晶体管集电极和发射极的类似接触区。

最后，利用一个短暂的退火工艺消除所有源区/漏区的离子注入损伤，并将这些注入区向下推进到所期望的结深，同时还将 P＋源漏掺杂剂向下推进通过 PMOS 晶体管的多晶硅栅电极。图 4.42 展示了退火后晶圆片的剖面结构示意图。

14. 金属硅化物

在 P 型多晶硅与 N 型多晶硅相邻接的地方就会出现 PN 结，这种结出现在 N 型栅电极（Ngate）层几何图形的边缘与多晶硅相交的任何地方。相对较重的掺杂浓度以及晶界处晶体缺陷的存在导致这些结的漏电问题相当严重，但是它们仍然影响通过多晶硅的电流。形成金属硅化物就可以使这些 PN 结短路，同时还可以降低多晶硅电阻，这对于 PMOS 晶体管的栅电极来说尤其重要，因为它们的掺杂浓度没有 NMOS 晶体管的多晶硅栅电极的掺杂浓度那么高。源漏区裸露的表面也形成了金属硅化物，以便减小源区电阻和漏区电阻，由此所形成的晶体管则具有金属包覆层的源漏区。

金属硅化物多晶硅的低电阻特性，使得在没有硅化物屏蔽光刻掩模版的帮助下仅能构造出具有最低薄层电阻率的多晶硅电阻。然而在现代的模拟集成电路中几乎总是会用到兆欧姆量级的电阻，因此硅化物屏蔽光刻掩模版就构成了基线工艺流程的一个组成部分。

金属硅化物工艺始于在整个晶圆片上淀积一层 TEOS 氧化层。将光致抗蚀剂旋涂在晶圆片上，并使用硅化物光刻掩模版进行图形化操作。然后将需要形成硅化物的多晶硅和有源区表面选择性地去除 TEOS 氧化层，再去除光致抗蚀剂，并在晶圆片表面溅射一层金属钴的薄层。利用快速热退火形成一硅化钴（CoSi），再使用硫酸和过氧化氢（即双氧水）的混合溶液进行湿法腐蚀去除未反应的钴。第二次快速热退火则进一步将一硅化钴转化为二硅化钴（CoSi₂）。

15. 接触孔制备

在完成了金属硅化物的制备之后，在整个晶圆片上淀积一层厚的多层氧化物（MLO）层，并使用化学机械抛光（CMP）进行平坦化处理，然后使用接触孔光刻掩模版进行图形化操作，并通过刻蚀多层氧化物形成接触孔窗口。在整个管芯上淀积一层薄的氮化钛衬垫，然后通过 CVD 方法在接触孔中填充一层较厚的金属钨。这个工艺依赖于六氟化钨的分解，如果没有氮化钛衬垫的存在，上述反应过程中产生的氟就会腐蚀氧化物。由于氮化钛也是导电的，因此它不会影响通过接触孔的电流。再使用一次化学机械抛光（CMP）工艺从多层氧化物的表面去除多余的钨和氮化钛，只在接触孔内留下钨的插塞。

16. 金属化

完成了平坦化工艺之后，就可以淀积第一层金属化系统，这层金属化系统是由一个金属钛薄层、一个氮化钛薄层、一个掺铜的厚铝层以及一个氮化钛覆盖层组成，其中最底层的金属钛薄层用于增强粘附性，氮化钛薄层用作防止钛和铝反应的扩散阻挡层，掺铜的厚铝层是主要的导电层，最上面的氮化钛层既用作后续钨插塞通孔工艺的刻蚀停止层，又用作金属光刻步骤中的抗反射涂层（Antireflective Coating，ARC）。氮化钛对紫外线是透明的，但是通过调整抗反射涂层的厚度，入射波前和反射波前之间的相消干涉就可以大大降低表面的反射率。

使用第一层金属（Metal-1）的光刻掩模版对第一层金属进行图形化操作。接下来，在晶圆片上淀积一层较厚的层间氧化物（ILO），并使用化学机械抛光（CMP）进行平坦化处理。然后使用通孔（Via）光刻掩模版来刻蚀通孔，并按照与填充接触孔相同的方式用钨塞填充通孔。接着采用第二层金属（Metal-2）光刻掩模版对第二层金属进行图形化操作。作为可选项，可以通过重复通孔和金属化的工艺步骤来增加更多额外的金属化层。

首先在已完成的金属化系统上覆盖一层较厚的硼磷硅玻璃，其上再覆盖一层较厚的具有压应力的氮化硅，然后采用钝化保护层去除(POR)光刻掩模版在上述保护层上开孔，以便暴露将要构成键合焊盘和测试焊盘的顶层金属区域。图 4.43 展示了完成晶圆片工艺步骤的剖面结构示意图。

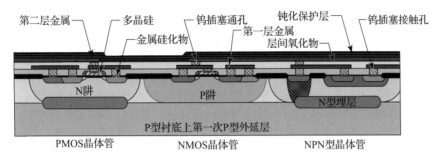

图 4.43　完成晶圆片工艺步骤的剖面结构示意图，图中展示了第一层金属和第二层金属

4.3.3　可获得的器件

多晶硅栅 CMOS 工艺中所有可获得的标准器件也存在于模拟 BiCMOS 工艺中，这些器件包括 NMOS 晶体管和 PMOS 晶体管、衬底 PNP 型晶体管、多晶硅电阻和栅氧化层电容。模拟 BiCMOS 工艺中可获得的额外器件包括 DMOS 晶体管、垂直 NPN 型晶体管和横向 PNP 型晶体管。本节我们将讨论这些器件代表性实例的结构，并给出它们的电学特性列表。

1. NMOS 晶体管

图 4.44 展示了在模拟 BiCMOS 工艺中构建的 NMOS 晶体管的版图和剖面结构示意图。源区和漏区是由依据多晶硅栅极自对准的 N－源漏注入区和依据侧壁间隔层自对准的 N＋源漏注入区组成的。下列代码是用于这些层的图形生成算法的一个简化版本：

```
PSD        = PMoat oversized by 0.3    {P+S/D layer}
NSD        = NMoat oversized by 0.3    {N+S/D layer}
PMSD       = PSD                       {P-S/D layer}
NMSD       = NSD                       {N-S/D layer}
InvMoat    = (PMoat + NMoat)\          {Inverse moat layer}
```

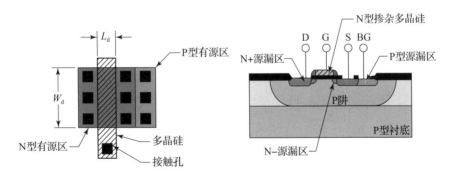

图 4.44　在模拟 BiCMOS 工艺中构建的 NMOS 晶体管的版图和剖面结构示意图，该晶体管的源区和背栅衬底通过金属(图中未示出)短路在一起

这种简化的算法只处理 NMOS 晶体管和 PMOS 晶体管，并且它也不剪裁由扩大运算产生的 P 型源漏区(PSD)和 N 型源漏区(NSD)的重叠区域。有关更复杂的剪裁算法的详细信息，请参见 12.2.1 节。该算法创建的逆有源区(InvMoat)层用于形成 LOCOS 场区厚氧化层的图形窗口。

NMOS 晶体管的背栅衬底是由与衬底相连的 P 阱区组成的，因此，管芯上的所有衬底接触孔都可以用作该晶体管的背栅衬底连接端。将衬底接触孔直接放置在 NMOS 晶体管的邻近处，通过钉扎外延层的表面电势可以提高 CMOS 电路的抗闩锁性能，这也有助于确保在自动生成的数字化版图设计方案中包含足够多的背栅衬底接触孔。P 阱(Pwell)层并不是专门设计出的图形层,它是由图形生成算法使用如下的几何运算从设计的 N 阱(Nwell)层图形导出的:

```
PWell      = (NWell oversized by 4.0)\
```

NMOS 晶体管设计的沟道长度 L_d 等于从器件的源区侧到漏区侧跨越多晶硅栅的距离,设计的沟道宽度 W_d 则等于接触晶体管源区侧的多晶硅栅边长,或者等效地,也等于接触晶体管漏区侧的多晶硅栅边长。与实际硅器件的有效尺寸 L_{eff} 和 W_{eff} 相比,设计尺寸是在版图中出现的尺寸。尺寸调整通常在图形生成过程中实施,以便使得设计的尺寸大致等于有效尺寸。表 4.6 中列出了典型的 5 V 电压 CMOS 器件参数。请注意,表中没有指定各自工作电压和阻断电压的额定值,因为采用轻掺杂漏区注入可以最大限度地减少热载流子的产生,这使得晶体管可以在其最大阻断电压下工作。

表 4.6　典型的 5 V 电压 CMOS 器件参数

参数	NMOS	PMOS
最小沟道长度/μm	0.7	0.7
栅氧化层厚度/Å	160	160
阈值电压/V	0.7	-0.7
器件跨导($W_d/L_d=10/10$)/(μA/V^2)	100	40
最大栅源电压/V	7	7
最大漏源电压/V	7	7

2. PMOS 晶体管

图 4.45 展示了 PMOS 晶体管的代表性版图和剖面示意图,该器件位于作为其背栅衬底的 N 阱中,设置在该 N 阱内部的 N 型埋层降低了有源区和背栅衬底接触孔之间的横向电阻,并且如果源区/漏区与 N 阱发生正偏,还能够抑制空穴从 PMOS 晶体管向下流到衬底中。多个 PMOS 晶体管可以占据同一个 N 阱,只要它们的背栅衬底都连接到相同的电势。

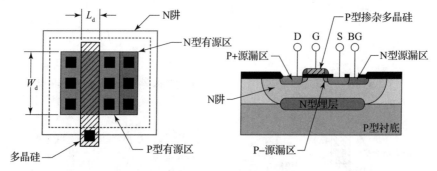

图 4.45　PMOS 晶体管的代表性版图和剖面示意图,该晶体管的背栅衬底和源区采
用金属(图中未示出)短路在一起

PMOS 晶体管的源区/漏区包含与多晶硅栅极形成自对准的 P－源漏注入区和与氧化物侧壁间隔层形成自对准的 P＋源漏注入区,所形成的轻掺杂漏区结构最大限度地减少了热空穴的注入,并且允许晶体管的工作电压等于其阻断电压(见表 4.6)。

PMOS 晶体管的栅极由淀积的 P 型掺杂多晶硅构成,该多晶硅栅极又进一步被 P 型源漏区注入掺杂,这就要求 N 型栅电极(NGate)光刻掩模版必须将构成 PMOS 晶体管栅电极的多晶硅排除在外,用于实现此操作的代码如下所示:

```
NGate      = (PSD incremented by 3.0)\
```

　　适当的尺寸调整对于避免 N 型掺杂剂通过多晶硅扩散到 PMOS 晶体管的有源栅极区域是非常必要的,由于多晶硅的晶粒结构能够大大加速了掺杂剂的外扩散,因此尺寸调整的幅度要比单晶硅所需的幅度大得多。完整的图形生成算法还要求 N 型栅电极(NGate)光刻掩模版必须将构成多晶硅电阻的区域排除在外。

3. DMOS 晶体管

　　高压晶体管要求较短的、适度掺杂的背栅衬底和较宽的、轻掺杂的漂移区,将背栅扩散到漂移区中就能够很方便地实现,反之如果将漂移区扩散到背栅衬底中就不太容易实现。双扩散的 MOS(DMOS)晶体管就是采用这种方法来形成短沟道、耐高压的晶体管,这类晶体管通常被优化用作功率器件。

　　就像更传统的轻掺杂漏区(LDD)晶体管一样,DMOS 晶体管依赖于两个扩散区的自对准,利用硼和砷通过相同的窗口扩散到轻掺杂的 N 型硅中就可以制造出一个 N 沟道的 DMOS 晶体管。由于硼会比砷更快地向外扩散,这样就可以形成一个中等掺杂的 P 型区域,该 P 型区域包围一个较浅的且较重掺杂的 N 型区域。重掺杂砷的内核区就构成了 DMOS 晶体管的源区,而周围中等掺杂的硼扩散区就构成了背栅衬底(见图 4.46),晶体管的沟道长度等于硼注入区和砷注入区表面向外扩散距离之差,这完全取决于掺杂浓度和扩散时间。

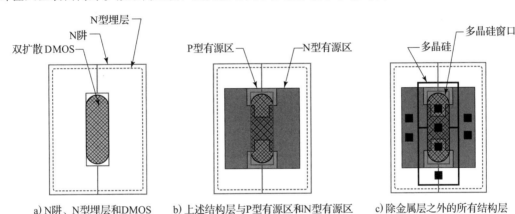

图 4.46　低压横向双扩散 DMOS 晶体管版图的形成

　　背栅周围的轻掺杂 N 型区起到 DMOS 晶体管漂移区的作用,在这种情况下,N 型阱区构成了漂移区,并且 N 型源漏注入(NSD)使得该区域能够形成欧姆接触。栅电极由多晶硅组成,多晶硅淀积在背栅衬底的表面,并且有部分淀积在漂移区上。有源区图形的定位使得鸟嘴出现在栅电极下方的垂直漏-栅电场接近允许最大值的位置,鸟嘴的正确定位对于确保栅极氧化层的完整性和最小化导通电阻都是至关重要的。类似地,从鸟嘴到 N 型源漏注入区的间距必须仔细调整,以便最大限度地减小漂移区的横向电阻,同时确保横向电场尚未变得足够大而产生热电子。这种结构通常称为横向双扩散 MOS(LDMOS)晶体管,因为电流是横向流过漂移区的。

　　图 4.46 所示的 DMOS 晶体管采用设置在 DMOS 扩散区内部的 P 型源漏注入区插塞来实现背栅衬底的接触,为了使该方案能够按照所描述的方式正常工作,DMOS 扩散区中的 P 型源漏注入区必须比砷成分扩散得更深且掺杂浓度更重。或者,也可以在 P 型源漏注入区插塞下方的 DMOS 扩散区中形成孔,以便允许它们仅接触深阱(DWell)注入区中的硼成分。这些 P 型源漏注入区插塞与晶体管源极接触的 N 型源漏注入区插塞穿插在一起。设置在晶体管任一端的 P 型源漏注入区插塞抑制了晶体管在这些点的作用,因为 DMOS 扩散区端的弯曲倾向于降低它们的击穿电压。表 4.7 列出了横向双扩散 DMOS 晶体管的器件参数。13.2.3 节更详细地讨论了 DMOS 晶体管的设计。

表 4.7　横向双扩散 DMOS 晶体管的器件参数

参数	数值	参数	数值
有效沟道长度/μm	0.8	最大栅-源电压/V	7
阈值电压/V	1.2	最大漏-源电压/V	30
器件跨导/(μA/V^2)	100	最大漏-衬电压/V	30

4. NPN 型晶体管

图 4.47 展示了带有深度 N+下沉区和 N 型埋层的 NPN 型晶体管的版图和剖面示意图,该晶体管的集电区由 N 阱区构成,基区和发射区(由 N 型源漏注入区构成)依次扩散到该 N 阱区中。在晶体管有源区的下方包含了 N 型埋层,同时还增加了一个深度 N+下沉区来尽可能减小集电极电阻。在深度 N+下沉区的顶部叠加了 N 型源漏注入,以确保实现欧姆接触。以类似的方式,P 型源漏注入也确保了与相对低掺杂基区的欧姆接触。该晶体管的总体外观与图 4.9 所示的标准双极型晶体管非常相似,但也存在一些细微的差别。

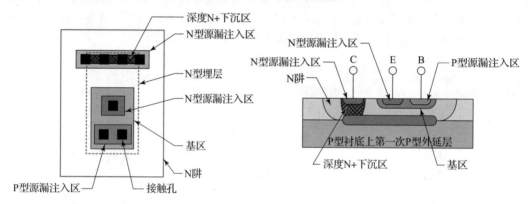

图 4.47　带有深度 N+下沉区和 N 型埋层的 NPN 型晶体管的版图和剖面示意图

由于发射区采用较浅的 N 型源漏区注入,晶体管的电流增益降低到只有 50 左右(参见 9.3.1 节),也可以实现更高的电流增益 β,但是前提是要降低器件的其他特性参数或增加额外的工艺步骤。

如果在集电极接触孔下方不设置深度 N+下沉区的话,则呈现梯度掺杂分布的阱区就会表现出相对比较高的集电极电阻,该电阻会导致晶体管从饱和区到正向有源放大区的软过渡(参见 9.3.2 节)。即使端口电压表明不会发生饱和,晶体管也有可能出现内部饱和(参见 9.1.4 节)。增加深度 N+下沉区就可以防止这些问题的发生,但是它确实也增大了器件的尺寸。

模拟 BiCMOS 工艺中的 NPN 型晶体管性能虽然不如标准的双极型晶体管,但是它仍然足以满足许多应用要求(见表 4.8)。即使考虑到器件间的间距,最小尺寸的 NPN 型晶体管也要比 CMOS 晶体管大一个数量级。再增加一些工艺步骤将能够制备出更小尺寸的双极型晶体管,但是现代模拟 BiCMOS 电路通常并没有包含足够多的双极型晶体管来证明额外增加的费用是合理的。

表 4.8　模拟 BiCMOS NPN 型晶体管的器件特性

参数	数值
发射区面积设计值/μm^2	9
峰值电流增益(β)	50
厄立电压/V	50
高电流增益的工作电流范围/μA	1~100
发射极-基极击穿电压,集电极开路(V_{EBO})/V	15
集电极-基极击穿电压,发射极开路(V_{CBO})/V	40
集电极-发射极击穿电压,基极开路(V_{CEO})/V	30

5. PNP 型晶体管

模拟 BiCMOS 工艺中可以构建衬底 PNP 型晶体管和横向 PNP 型晶体管,衬底 PNP 型晶体管与图 4.29 所示的多晶硅栅 CMOS 工艺中的 PNP 型晶体管非常相似。此外,横向 PNP 型晶体管是模拟 BiCMOS 工艺中所独有的，图 4.48 展示了其版图和剖面结构示意图。

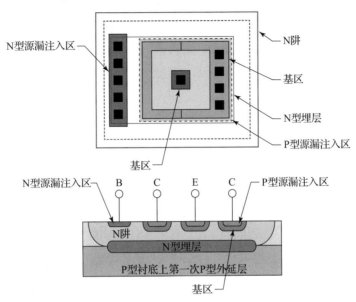

图 4.48　模拟 BiCMOS 工艺中构建的一个典型横向 PNP 型晶体管的版图和剖面结构示意图

横向 PNP 型晶体管采用基区扩散来形成其发射区和集电区，两者都位于充当其基区的 N 阱中。增加 N 型埋层有几个目的，首先，它起到终止耗尽区的作用，使得横向 PNP 型晶体管能够承受更高的工作电压，而不会发生穿通。其次，它阻断了穿通击穿，从而允许使用基区注入而不是 P 型源漏注入。更大深度的基区注入增强了发射区的侧壁注入，并因此增大了电流增益 β。N 型埋层还通过反射垂直向下移动的空穴来帮助实现衬底注入电流的最小化。如果没有 N 型埋层，横向 PNP 型晶体管将表现出小于 10 的表观电流增益 β。

额外增加的离子注入必须围绕着接触孔，因为 N 型阱区和基极扩散区的掺杂浓度都太低，无法直接形成良好的欧姆接触。P 型源漏注入区的矩形图形中包含发射区和集电区，较厚的 LOCOS 氧化层避免了 P 型源漏注入导致发射区与集电区发生短路的问题。类似地，N 型源漏注入区使得连接 N 阱的欧姆接触得以实现。通常不需要设置深度 N＋下沉区，只有在较大尺寸的晶体管中需要传导比较大的基极电流时才有必要设置。

最小几何尺寸的横向 PNP 型晶体管可以获得超过 50 的峰值电流增益。细线条光刻允许比标准双极型晶体管更窄的基区宽度，并大大减少了最小发射区的面积。随着发射区面积的减小，其周长与面积的比率不断增大，这就增强了所期望的载流子的横向注入并减少了不期望的载流子的垂直注入。阱的梯度掺杂特性形成掺杂浓度梯度，促使载流子向下漂移并远离表面，从而减少了表面复合损失。使用(100)晶向的硅而不是(111)晶向的硅也减少了表面复合。所有这些因素叠加在一起，使得能够构建出具有高电流增益 β 的横向 PNP 型晶体管。一些具有相对低掺杂阱的早期工艺实现了峰值电流增益高达 500 的横向 PNP 型晶体管。具有重掺杂阱区的这种特定的模拟 BiCMOS 工艺则会降低横向 PNP 型晶体管的电流增益 β，但是该器件与标准的双极型器件相比仍然表现得相当好。

6. 电阻

模拟 BiCMOS 工艺中最有用的电阻是由多晶硅构成的，图 4.49 展示了三种类型多晶硅电阻的版图，它们提供了很宽范围的薄层电阻值。图 4.49a 所示的低薄层电阻率(LSR)电阻就是只由一条覆盖了金属硅化物的多晶硅构成的，硅化物将其薄层电阻降低到大约 5 Ω/□。图 4.49b 所示的中等阻值薄层电阻率(MSR)电阻则使用 P 型源漏注入层来阻挡整个电阻的 N 型栅极注入，此外它还使用了另一个设计层 SiBlk 来阻挡电阻主体形成金属硅化物。电阻的两端(称为端头)形成了金属硅化物,以便确保钨插塞接触点与多晶硅之间实现欧姆接触。中等薄层电阻率电阻的薄层电阻取决于 P 型源漏注入的掺杂浓度和多晶硅的厚度,其典型值通常等于 200 Ω/□左右。图 4.49c 所示的高阻值薄层电阻率(HSR)电阻则使用 HSR 设计层来屏蔽对电阻主体的 N 型栅极(Ngate)注入,且不增加任何额外的掺杂。生成 NGate 光刻掩模版层的几何操作现在变为

```
NGate      = (((PSD - NWELL) incremented by 3.0) + HSR)\
```

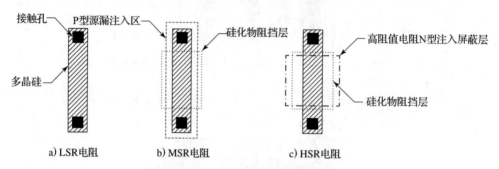

图 4.49　三种多晶硅电阻的版图

允许电阻端头从 HSR 几何结构的两端延伸出来,从而存在足够的掺杂浓度以形成欧姆接触。硅化物阻挡层(SiBlk)几何结构阻挡电阻主体形成硅化物,但是允许其端头形成金属硅化物,因为在没有硅化物存在的情况下,钨塞很难与硅形成可靠的接触。在栅极注入掺杂之前先进行的大面积磷注入确定了 HSR 的薄层电阻。电路设计师通常希望有相对比较高阻值的 HSR 电阻,但电阻的可变性也是随着其薄层电阻的增大而增大的,因此 1 kΩ/□的折中值已经选择用于这类电阻。表 4.9 中总结了三种多晶硅电阻的器件特性。

表 4.9　三种多晶硅电阻的器件特性

参数	低值电阻(LSR)	中值电阻(MSR)	高值电阻(HSR)
薄层电阻/(Ω/□)	5	200	1 k
最小设计宽度/μm	0.35	0.35	0.35
可变性	±20%	±20%	±30%

7. 电容

用于制造 MOS 晶体管的栅极氧化层也可以用来构建电容,该电容的一个极板由覆盖有金属硅化物的掺杂多晶硅组成,另一个极板则由 N 阱组成。该电容器的版图与图 4.32 中所展示的多晶硅栅 CMOS 工艺中对应的电容版图非常相似。

4.3.4　工艺扩展

基线的模拟 BiCMOS 工艺可以制备出最小栅极长度为 0.7 μm、工作电压为 5 V 的 CMOS 晶体管,这些器件在许多模拟电路应用中表现良好,但是它们尺寸太大且工作速度太慢,无法满足数字电路设计的需求。由三个额外的光刻掩模版步骤组成的工艺扩展创建了工作电压为 3.3 V、最小沟道长度为 0.35 μm 的 CMOS 晶体管。这些晶体管经过优化,可以用于数字电路中的核心逻辑,但是模拟电路设计师也可以找到它们的应用领域。5 V 晶体管可以用作 I/O 器件,以便形成核心晶体管与外部 5 V 电路之间的接口。

另一项工艺扩展是将介质隔离(DI)技术添加到模拟 BiCMOS 工艺中,尽管介质隔离技术相对比较昂贵,但是它提供了一些独特的优势。介质隔离技术中使用的深沟槽比传统的结隔离技术占用更少的面积。介质隔离技术还提供了针对少数载流子注入以及衬底噪声耦合的卓越保护。

还存在许多其他对模拟 BiCMOS 工艺的扩展技术,实际的例子包括双层多晶硅电容、金属-绝缘体-金属(MIM)电容、薄膜电阻、低阈值电压(V_t)以及耗尽型 CMOS 晶体管、掩埋齐纳管等。后面的章节中我们将讨论其中的许多扩展技术。

1. 3.3 V 电压的 CMOS 晶体管

为了使成本达到最小化，3.3 V 晶体管借用了尽可能多的现有光刻掩模版，这种重复使用降低了器件性能。这里描述的工艺扩展使用了一组独立的阱来构建其所有的元件，增加的两个专门为 3.3 V 电压 CMOS 晶体管设计的浅阱将显著地减少阱的横向外扩散，从而增大了核心逻辑的集成密度。然而，只要数字逻辑电路并不主导整个设计，添加这些额外光刻掩模版的成本就超过了收益。大多数模拟 BiCMOS 电路设计中只有不到一半的芯片面积会用于数字逻辑电路，因此重复使用现有的阱在经济上是有意义的。3.3 V 电压的 NMOS 晶体管还可以借用现有的 N 型埋层，以帮助降低横向的背栅衬底电阻。

因此工艺扩展中增加了一块光刻掩模版的工艺步骤，以形成 80 Å 的栅氧化层。图 4.50 展示了腐蚀和再生长的工艺步骤，它始于在所有的有源区上生长一层赝栅氧化层。在去除了赝栅氧化层之后，才开始生长真正的栅氧化层。然而，在栅氧化层尚未达到 160 Å 的全厚度之前，这步氧化工艺在中途就被中断了，如图 4.50a 所示。然后在晶圆片上旋涂光致抗蚀剂，并使用低压MOS 晶体管（LVMOS）的光刻掩模版进行图形化操作，在光致抗蚀剂中打开的窗口暴露出 3.3 V 晶体管所在的区域（见图 4.50b），通过短暂的腐蚀去除这些区域的栅氧化层，最后去除光致抗蚀剂并继续进行栅氧化，直到低压 MOS 晶体管（LVMOS）窗口中的栅氧化层生长到 80 Å 的厚度，而这些窗口以外的栅氧化层则会继续增厚，最终达到 160 Å 的厚度，如图 4.50c 所示。

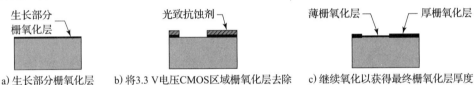

生长部分　栅氧化层　　　　光致抗蚀剂　　　　　薄栅氧化层　　　厚栅氧化层

a) 生长部分栅氧化层　　b) 将3.3 V电压CMOS区域栅氧化层去除　　c) 继续氧化以获得最终栅氧化层厚度

图 4.50　腐蚀和再生长的工艺步骤

3.3 V 晶体管需要两次阈值电压调整注入，以便将其阈值电压提高到 0.6 V，该目标值代表了在低工作电压下的完全增强和最小亚阈值泄漏电流之间的折中。阈值电压调整注入还增加了沟道掺杂浓度，从而延缓了短沟道器件中的穿通击穿。

3.3 V 晶体管和 5 V 晶体管可以分别受益于各自的轻掺杂漏区结构，然而如果我们愿意接受5 V 晶体管最小沟道长度的略微增加，那么这两种类型的晶体管可以共享相同的轻掺杂漏区注入。

图 4.51 展示了一对 3.3 V 电压 CMOS 晶体管的版图。这些器件使用了与其 5 V 对应器件相同的绘图层。低压 MOS 晶体管（LVMOS）绘图层上编码的矩形包围了 3.3 V 电压的晶体管，该单个绘图层生成了三个新的光刻掩模版：用于 3.3 V 晶体管栅氧化层的 LVGOX、用于3.3 V 电压 NMOS 晶体管阈值电压调整的 NVT 和用于 3.3 V 电压 PMOS 晶体管阈值电压调整的 PVT。用于导出这些层的简化几何运算代码如下：

```
AllMoat  = NMoat + PMoat + Moat
LVGOX    = (AllMoat*LVMOS) oversized by 0.2
NVT      = (NMoat*Poly*LVMOS) oversized by 0.2
PVT      = (PMoat*Poly*LVMOS) oversized by 0.2
```

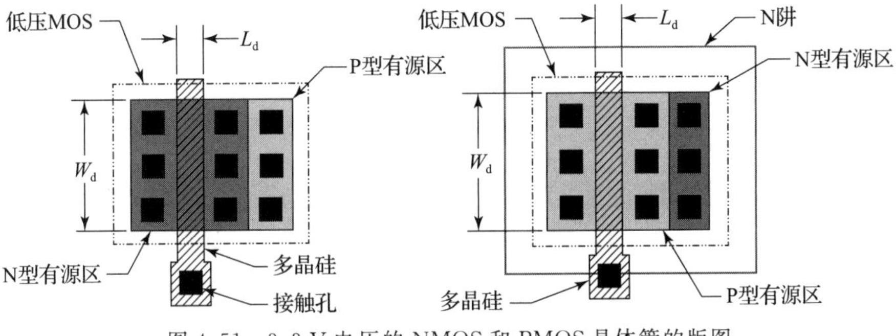

图 4.51　3.3 V 电压的 NMOS 和 PMOS 晶体管的版图

表4.10列出了典型3.3V电压CMOS晶体管的器件参数,3.3V器件的工作电压裕度小于5V器件,因为它们是由稳压效果良好的电源驱动的内核器件,而不是可能经历热插拔或电缆短路形成瞬态脉冲的I/O器件。

表 4.10 典型 3.3 V 电压 CMOS 晶体管的器件参数

参数	NMOS 晶体管	PMOS 晶体管
最小沟道长度/μm	0.35	0.35
栅氧化层厚度/Å	80	80
阈值电压/V	0.6	-0.6
器件跨导($W_d/L_d=10/10$)/$(\mu A/V^2)$	180	70
最大栅-源电压/V	3.6	3.6
最大漏-源电压/V	3.6	3.6

2. 介质隔离技术

介质隔离技术传统上需要使用诸如蓝宝石之类的绝缘衬底,这类衬底是非常昂贵的,它们的晶体结构并没有与硅的晶体结构精确匹配,并且它们的热膨胀系数与硅的热膨胀率也相差得非常大,因此在热循环过程中就会引起机械应力问题。晶圆片键合技术消除了所有这些问题,当与深沟槽隔离(DTI)技术相结合时,晶圆片键合提供了一种简单、相对低应力、高度平坦的介质隔离系统。

采用深沟槽隔离技术可以节省管芯面积,否则管芯面积就会被外扩散区和耗尽区消耗,节省的面积大小取决于人们选择将深沟槽放置在哪里。图4.52展示了采用深沟槽隔离终止垂直NPN型晶体管的四种方法,每个剖面图都有不同的深沟槽位置。所有四个晶体管都包含一个由N型源漏注入区构成的发射区,该发射区扩散到一个P型的基区中,而该基区又包含在一个由N阱构成的集电区内。图4.52a展示了最保守的结终端方案,其中所有的结都远离深沟槽,在图示的情况下,N阱延伸到了沟槽之外,而N型埋层在沟槽之外停止(译者注:图中未显示N型埋层)。这种结终端方案可以确保沿着沟槽侧壁不会发生击穿。晶体管周围的N阱边缘在推进过程中会继续向外扩散。这种安排实际上比传统的结隔离需要占用更多的面积,因此它不是一种受欢迎的选择方案。

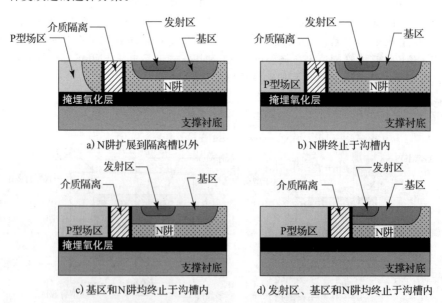

a) N阱扩展到隔离槽以外

b) N阱终止于沟槽内

c) 基区和N阱均终止于沟槽内

d) 发射区、基区和N阱均终止于沟槽内

图 4.52 采用深沟槽隔离终止垂直 NPN 型晶体管的四种方法

图 4.52b 展示了一种稍微激进一些的结终端方式，其中结终止在沟槽内，但是并没有靠着沟槽。在这种特殊情况下，构成集电区的 N 阱终止在整个沟槽的中间。由于沟槽刻蚀发生在 N 阱推进之前，因此这种安排避免了 N 阱掺杂剂扩散到沟槽外部。N 型埋层继续在沟槽附近停止，因为埋层在外延期间会稍微有一些横向扩散。因此，如果 N 型埋层终止于沟槽中间，则在刻蚀之后可能会在沟槽边界之外留下少量的砷或锑。这种结终端方案极大地提高了器件的集成密度，同时也尽可能降低了引入的风险。

图 4.52c 描述了一种更为激进的结终端方式，它允许结与沟槽的侧壁相交。在这个特定的例子中，基区和 N 阱几何图形的边缘都绘制在沟槽的中间，因此集电区-基区结与沟槽侧壁相交。这种安排通过消除基区和隔离槽之间原本存在的间隔来节省更多的面积。然而，以这种方式终止于沟槽的结有时会表现出异常低的击穿电压或过量的泄漏电流。

图 4.52d 展示了最激进的结终端方式，它允许多个结与同一沟槽的侧壁相交。在该晶体管中，集电区-基区结和发射区-基区结都与沟槽的侧壁相交。除了击穿问题之外，由于沿着侧壁的表面复合效应这种类型的器件的电流增益 β 会降低。

在上面讨论的四种结终端方案中，图 4.52b 的结终端方案代表了在节省面积和潜在工艺开发风险之间的合理折中。即使考虑到介质隔离节省的面积，高压器件本身也会占用较大的面积。因此，图 4.52c 和 d 中更为激进的方案对于大多数模拟 BiCMOS 工艺来说仅仅提供了边际优势。这些方案更适合于高速低电压工艺，其中极其紧凑的晶体管结构不仅节省了管芯面积，还减小了器件电容并提高了开关速度。

介质隔离模拟 BiCMOS 晶圆片的制造始于在 P＋衬底上淀积并致密化大约 $1\,\mu m$ 厚的氧化层。然后将一片 P－晶圆片键合在这层氧化层的顶部，并将其裂解开，最后在 $1\,\mu m$ 厚的掩埋氧化层(BOX)上形成一层薄的有源层。在化学机械抛光之后，晶圆片经历热氧化。利用 N 型埋层(NBL)光刻掩模版进行图形化操作，选择性地形成大剂量锑注入或砷注入的 N 型埋层。再利用短暂的热处理激活掺杂剂并退火修复晶格损伤。在退火过程中生长的氧化层就会在 N 型埋层区与管芯的其他区域之间产生表面不连续性。退火后，去除晶圆片表面的氧化层，并将其放置在外延反应腔中，用来沉积大约 $6\,\mu m$ 厚的轻掺杂 P 型硅。N 型埋层周围的表面台阶在外延生长过程中会向上发展，形成供后续光刻掩模版步骤对准使用的表面不连续性。图 4.53 展示了完成外延工艺之后的晶圆片剖面图。

接下来，在晶圆片表面生长一层较薄的衬垫氧化层，随后通过 CVD 淀积一层较厚的氮化硅层。使用深沟槽(DT)光刻掩模版对该氮化硅层进行图形化操作，并且利用高度各向异性的等离子体刻蚀在氮化硅窗口下方形成沟槽。通过短暂的热氧化沿着沟槽的侧壁形成一层绝缘氧化层。再利用额外的 CVD 氧化物使该氧化层变厚，使其能够承受该工艺的全部工作电压。然后用多晶硅填充沟槽，并使用 CMP 工艺将多余的多晶硅抛光掉，CMP 工艺还将表面的氮化硅层去除掉并使晶圆片表面实现平坦化。图 4.54 展示了平坦化之后晶圆片的剖面图。

后续的工艺就按照 4.3.2 节中所描述的路线继续往下进行。表 4.11 将介质隔离 (DI)BiCMOS 工艺的前几个步骤与 PN 结隔离(JI)BiCMOS 工艺的相应步骤进行了比较。带阴影的条目对于介质隔离的工艺流程是独一无二的，这个流程需要一个额外的光刻掩模版工艺步骤来制造深沟槽。

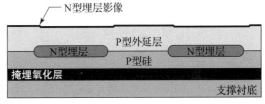

图 4.53　完成外延工艺之后的晶圆片剖面图

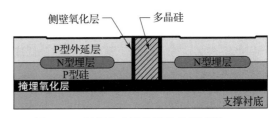

图 4.54　平坦化之后晶圆片的剖面图

表 4.11　介质隔离(DI)和 PN 结隔离(JI)BiCMOS 工艺在深度 N＋淀积之前的比较

光刻掩模版	PN 结隔离(JI)BiCMOS	介质隔离(DI)BiCMOS
		晶圆片键合
1. N 型埋层(NBL)	第一层外延生长 N 型埋层淀积与退火 第二次外延生长	N 型埋层淀积与退火 外延生长
1a. 深槽(DT)		氮化硅淀积 沟槽的光刻与刻蚀 沟槽填充与平坦化 衬垫氧化层生长
2. N 阱(N-well)	N 阱的淀积与推进	N 阱的淀积与推进
3. 深度 N＋(Deep-N＋)	深度 N＋区的淀积与推进	深度 N＋区的淀积与推进

　　作为介质隔离 BiCMOS 工艺可以制造的组件类型的一个例子，可以考虑图 4.55 中完全隔离的垂直结构 NPN 型晶体管。该晶体管占据了一个隔离的 N 阱，其底部由 N 型埋层构成。设计的 N 阱沿着隔离沟槽的中心线终止，因此该器件使用图 4.53b 中所示的结终端方案。晶体管的其余部分看起来与图 4.47 中的 PN 结隔离 NPN 型晶体管非常相似。为了避免在沟槽的四个角处出现刻蚀和平坦性的问题，在沟槽中插入了四个相对较大半径的弯曲面。介质隔离 BiCMOS 晶体管的器件特性与 PN 结隔离晶体管的器件特性非常相似，只是集电极和其他器件之间的击穿电压取决于沟槽氧化层侧壁的厚度，并且很容易超过 60 V。

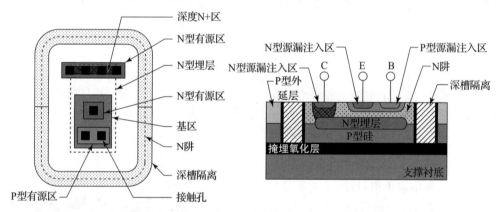

图 4.55　介质隔离 BiCMOS 工艺中垂直结构 NPN 型晶体管的版图和剖面图

4.4　本章小结

　　本章考察了三种具有代表性的工艺：用于早期双极型集成电路的标准双极型工艺、用于早期 MOS 集成电路的多晶硅栅 CMOS 工艺，以及融合了双极型和 CMOS 工艺最佳特点的模拟 BiCMOS 工艺。今天市场上销售的大部分低成本、高集成度的模拟集成电路都是基于这三种工艺的变化。

　　下一章我们将讨论集成电路的故障缺陷。版图设计技术通常在确定某个给定集成电路是否可靠工作方面起着重要的作用。因此，版图设计师需要意识到可靠性的问题，并采取适当的措施来最大限度地提高他们所创建的集成电路芯片的质量。

习题

　　这些练习题大多数都涉及根据附录 B 的版图设计规则构建的器件版图，也包括采用足够的金属来覆盖接触孔并满足设计规则。任何版图编辑器都可以用来解决这些问题。

4.1 设计出图 4.9 所示的标准双极 NPN 型晶体管的版图,采用最小尺寸的正方形发射区。

4.2 按比例绘制出习题 4.1 中所创建的标准双极 NPN 型晶体管的剖面图,假设外延层厚度为 $10\,\mu m$,N 型埋层从外延-衬底冶金结向上扩散 $3\,\mu m$,N 型埋层自外延-衬底冶金结向下扩散 $4\,\mu m$,隔离结深度为 $12\,\mu m$,深度 N+ 区的结深为 $10\,\mu m$,基区结深为 $2\,\mu m$,发射区结深为 $1\,\mu m$。如有必要,可以假设横向外扩散等于结深的 80%。表面不平坦性、氧化层以及金属系统则无须考虑。

4.3 设计出图 4.11 所示的标准双极横向 PNP 型晶体管的版图,使用最小尺寸的发射区和最小可能的基区宽度,并将发射极的金属延伸至与集电区内边缘重叠 $2\,\mu m$ 处。

4.4 依据图 4.12 所示的实例,设计一个 $500\,\Omega$ 标准双极工艺中的基区电阻版图,使电阻条的宽度为 $8\,\mu m$,并在该电阻允许的宽度范围内加大接触孔的宽度。

4.5 依据图 4.14 所示的实例,设计一个 $25\,k\Omega$ 标准双极工艺中的基区夹断电阻版图,假设所有的电阻都来自发射区下方的基区扩散部分。设计基区条宽度为 $8\,\mu m$,并将发射区延伸到基区条的侧面以外至少 $6\,\mu m$。N 型埋层应覆盖基区的夹断区域至少 $2\,\mu m$。

4.6 设计一个类似于图 4.15 所示的标准双极型工艺中的三指状结电容版图,使每个指状发射区在基区中延伸 $50\,\mu m$ 的长度,且发射区应延伸超出基区至少 $6\,\mu m$,其他尺寸均取最小尺寸。

4.7 设计一个类似于图 4.17 所示的阻值为 $20\,k\Omega$ 的高阻值薄层电阻率电阻版图,使电阻条宽度为 $8\,\mu m$,接触孔的宽度应与电阻条宽度相同。假设基区端头的电阻可以忽略不计,并仅根据位于两个基区端头之间的高阻区长度来计算电阻。虽然这并不完全正确,但是已经足以完成本练习题。

4.8 设计一个 $25\,\Omega$ 的发射区电阻版图,发射区条宽为 $10\,\mu m$,包括单独的基区和隔离区接触孔,以及所有必要的金属化系统。

4.9 依据图 4.27 所示的实例,设计一个沟道宽度为 $10\,\mu m$、长度为 $4\,\mu m$ 的 NMOS 晶体管版图,包括所有必要的金属化系统。

4.10 绘制习题 4.9 中所构建的 NMOS 晶体管剖面图,假设 N 阱结深为 $6\,\mu m$,P 型源漏注入区和 N 型源漏注入区结深均为 $1\,\mu m$,栅氧化层厚度为 $350\,Å(0.035\,\mu m)$,多晶硅栅厚度为 $3\,kÅ(0.3\,\mu m)$。忽略 V_t 调整注入和沟道终止注入,必要时可以假设横向外扩散等于结深的 80%,不需要考虑表面的平坦性、场区氧化层以及金属化系统。

4.11 依据图 4.28 所示的实例,设计一个沟道宽度为 $7\,\mu m$、长度为 $15\,\mu m$ 的 PMOS 晶体管版图,包括所有必要的金属化系统。

4.12 依据图 4.31b 所示的实例,设计一个 $200\,\Omega$ 的 P 型源漏注入区电阻版图,使该电阻的宽度取最小值,并将阱的接触孔与电阻的某一端连接以节省面积。

4.13 依据图 4.32 所示的实例,设计一个 $3\,pF$ 的双层多晶硅电容版图,包括所有必要的金属化系统。假设多晶硅接触孔和通孔均可以位于任一层多晶硅的顶部。

4.14 依据图 4.47 所示的实例,设计一个 BiCMOS 工艺中 NPN 型晶体管的版图,N 型埋层应覆盖基区至少 $2\,\mu m$,使用最小尺寸的发射区,并包括所有必要的金属化系统。

4.15 假设习题 4.10 中给定的尺寸,按照适当比例绘制出练习题 4.14 中 NPN 型晶体管的剖面图。假设 N 型埋层从位于硅表面下 $7\,\mu m$ 处的第一外延层和第二外延层之间的界面向上扩散 $3\,\mu m$,向下扩散 $2\,\mu m$。此外,假设深度 N+ 扩散区的结深为 $5\,\mu m$,基区结深为 $1.5\,\mu m$。不需要考虑表面的不平坦性、场氧化层和金属化系统。

4.16 参考图 4.48,设计一个 BiCMOS 工艺中横向 PNP 型晶体管的版图,假设其具有最小尺寸的正方形发射区和最小基区宽度。N 型埋层应覆盖收集区的外边缘至少 $1\,\mu m$,并应延伸到 N 型有源区中至少 $2\,\mu m$。该版图包含所有必要的金属,也包括一个发射区场板,并且应覆盖尽可能多的裸露基区。

4.17 采用标准的双极型版图设计规则,设计图 4.56a 所示的电阻-晶体管逻辑或非门电路的版图。将 Q_1 和 Q_2 放在同一个隔离岛中。假设 Q_1 和 Q_2 的发射区都是最小尺寸。将 R_1 放在自己的隔离岛中,隔离岛的接触孔连接到 V_{CC} 上。提供至少一个衬底接触点,并采用基区环绕该接触点,该基区可以接触,但是不能延伸到相邻的隔离岛中。标记出所有的输入端和输出端。

4.18 采用多晶硅栅 CMOS 版图设计规则对图 4.56b 所示的 CMOS 或非门进行版图设计,每个晶体管的 W 和 L 值在电路图上都是以分数的形式表示出来,7/4 表示设计的沟道宽度为 $7\,\mu m$,设计的沟道长度为 $4\,\mu m$。

将所有的 PMOS 晶体管放置在一个公共的阱中,并将该阱连接到 V_{DD}。提供至少一个衬底接触点。标记出所有的输入端和输出端。

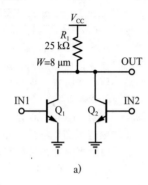

a)

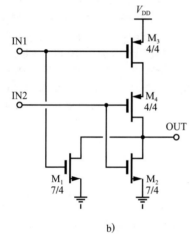

b)

图 4.56　习题 4.17 和习题 4.18 的电路

4.19 设计图 4.55 所示的介质隔离 BiCMOS 工艺的 NPN 型晶体管版图,采用最小尺寸的发射区,并包括所有必要的金属化系统。在隔离岛中设置尽可能多的 N 型埋层。有关深沟槽隔离(DTI)层的版图设计规则如下:

a) 深沟槽隔离区宽度　　　　 $6 \mu m$(准确值)

b) 深沟槽隔离区转角中　　 $15 \mu m$(准确值)
心线半径

c) 深沟槽隔离区与 N 型　　 $2 \mu m$
埋层间距

d) N 阱延伸到深沟槽隔　　 $3 \mu m$(准确值)
离区内

e) 深沟槽隔离区与深度　　 $6 \mu m$
N+区间距

f) 深沟槽隔离区与基区　　 $4 \mu m$
间距

g) 深沟槽隔离区与 P 型　　 $2 \mu m$
有源区间距

h) 深沟槽隔离区与 N 型　　 $2 \mu m$
有源区间距

4.20 按比例绘制出习题 4.19 中深沟槽隔离的 NPN 型晶体管的剖面图,假设其尺寸与习题 4.15 相同。假设掩埋氧化层(BOX)的上边缘位于表面下方 $12 \mu m$ 处,掩埋氧化层厚度为 $1 \mu m$。假设深沟槽宽度为 $4 \mu m$,且具有 $2 k\text{Å}(0.2 \mu m)$ 厚的侧壁氧化层,其余部分由多晶硅填充。无须考虑表面的不平坦性、场区氧化层和金属化系统的细节。

第5章

失 效 机 理

集成电路芯片通常有难以察觉的设计缺陷，这些缺陷很容易导致芯片失效。制造商通常在器件制造完成之后依靠一系列质量保证措施来发现这些缺陷，但这种方法耗时且成本高，往往需要重新设计才能修正这些缺陷。因此电路设计师必须竭尽全力识别并消除这些缺陷。

为了识别集成电路中的各类缺陷，我们首先必须了解它们背后的失效机理。这些缺陷可能涉及系统定义、电路设计、封装或测试方法等，也可能由版图设计问题引起。本章探讨了与版图设计相关的失效机理，并讨论了消除或减少这些缺陷的方法。

5.1 电过应力

当向某个电子元器件施加过高电压或过大电流时，就可能出现电过应力（Electrical OverStress，EOS）。设计合理的集成电路在其参数表额定值范围内正常工作时，不应出现过大的电过应力。正确的版图设计在确保不出现电过应力方面发挥着重要作用。本章将讨论四种基本的电过应力机理，这些电过应力机理都或多或少地与版图设计相关，它们分别是自加热、导电细丝的形成、电迁移以及时间相关的介质击穿。然后我们再利用这些机理来解释静电放电损伤和天线效应。

5.1.1 自加热

电子电路会产生热量。鉴于许多现代的电子产品都采用紧密封装的组件，也不提供强制的空气冷却，因此其内部温度有可能会上升到极端数值。集成电路封装管壳外部（但是仍然位于其所在组件内部）的温度称为环境温度。商业应用通常规定环境温度范围为 $0 \sim 70\ ℃$；工业应用通常涉及在恶劣气候下的室外工作，因此其环境温度范围通常是从 $-40 \sim 85\ ℃$；而军事应用则更为极端，其环境温度范围为 $-55 \sim 125\ ℃$；汽车应用的最低环境温度通常会降低至 -40 ℃，最高温度可高达 $85 \sim 150\ ℃$，具体则取决于集成电路在汽车内的位置。

集成电路内部的功耗使其温度高于环境温度，大多数模拟集成电路和功率集成电路都是设计为可以在高达 $125\ ℃$ 或 $150\ ℃$ 的内部温度（称为结温）下工作的，一块集成电路芯片可以安全耗散的功率大小取决于其封装的特性。我们考虑以下等式：

$$T_{\mathrm{J}} = T_{\mathrm{A}} + \theta_{\mathrm{JA}} P_{\mathrm{D}} \tag{5.1}$$

式中，T_{J} 为芯片中的结温；T_{A} 为环境温度；P_{D} 为集成电路的功耗；θ_{JA} 为从芯片内部（结温处）到外部（环境温度处）的热阻；θ_{JA} 在很大程度上取决于电路板的布局设计和空气的流动情况。没有任何散热装置的小型表面贴装型封装通常会表现出超过 $150\ ℃/W$ 的热阻，因此它能够安全地耗散掉的功耗一般不会超过 1 W。

功率集成电路采用具有裸露金属表面的特殊封装管壳，其设计目的就是将热量传导到外部的散热器，这种金属管壳表面的温度称为管壳温度，我们可以使用以下方程式：

$$T_{\mathrm{J}} = T_{\mathrm{C}} + \theta_{\mathrm{JC}} P_{\mathrm{D}} \tag{5.2}$$

式中，T_{C} 为管壳温度；θ_{JC} 为从芯片内部（结温处）到管壳的热阻。与 θ_{JA} 不同的是，无论电路板的布局设计和空气的流动情况如何变化，θ_{JC} 的值通常都保持相对恒定。功率集成电路封装管壳的热阻 θ_{JC} 通常都小于 $10\ ℃/W$，此类封装管壳必须安装在散热器上。印制电路板上几平方厘米的铜块就可以耗散掉一两瓦的功耗。超出这个范围就必须使用带散热片的散热器和强制空气冷却。

1. 失效机理

PN 结的泄漏电流随着温度的上升呈指数形式增大，温度每升高 8 ℃ 泄漏电流就大约增大一倍。在 125 ℃ 时仅等于 1 nA 的泄漏电流在大约 205 ℃ 时就会达到 1 μA。由于许多模拟集成电路都是设计工作在微安级的电流水平上，因此我们可以预料当温度超过大约 175 ℃ 时其泄漏电流的增大就会导致电路参数发生显著的偏移，而当温度超过大约 200 ℃ 时其电路功能就有可能会出现故障。尽管泄漏电流本身太小，尚不足以直接毁坏集成电路，但是电路功能故障也可能会触发传导更大电流的器件，这些增大的电流进一步提高了器件的结温。在足够高的温度下，热激发产生的载流子数量就会超过掺杂产生的载流子数量，此时硅就已经转变成了本征的状态，而处于本征状态的半导体器件很快就会被不再受控的大电流所引起的过热给烧毁。硅的本征温度随着其掺杂水平的变化而变化，对于 $10^{15}/cm^3$ 的掺杂浓度，其本征温度大约等于 325 ℃，而对于 $10^{16}/cm^3$ 的掺杂浓度，其本征温度大约等于 450 ℃。大多数集成电路中掺杂区域的杂质浓度都在这个范围内，因此将一块正在工作的硅集成电路加热至 450 ℃ 的高温就很可能会毁坏它。

大多数功率集成电路都包含有热保护电路，其设计目的就是在结温上升到破坏性水平之前禁用这些功率集成电路。这些热保护电路通常在最高工作结温以上 25 ℃ 左右就被激活，因此集成电路参数表中可能规定其最高结温为 125 ℃，而热关断的阈值温度则为 150 ℃。大多数器件在其整个有效工作寿命内都可以在其额定的最高结温下正常工作，通常假设其有效寿命为 100 000 h(约 11.4 年)。这类功率集成电路在热加速失效机理摧毁它之前，有可能在更短的时间(可能只有 1000 h)内承受更高的热关断温度。

许多失效机理都遵循斯万特·阿伦尼乌斯(Svante Arrhenius)在 1889 年首次提出的数学关系，阿伦尼乌斯关系可以用方程式的形式表示为

$$R = k_r e^{-E_a/(kT)} \tag{5.3}$$

式中，R 为失效发生的速率；k_r 为速率常数；E_a 为激活能；k 为玻耳兹曼常数(8.62×10^{-5} eV/K)；T 为绝对温度$^{\ominus}$。每一种失效机理都有自己的速率常数和激活能。有很多自然现象也遵循阿伦尼乌斯关系，其中比较著名的实例包括蟋蟀的鸣叫和萤火虫的闪光。

可靠性工程师通常采用失效的中间时间 t_{50} 来表示阿伦尼乌斯关系，其下标是指有 50% 的样本在这段时间内会失效，于是阿伦尼乌斯关系就变成

$$t_{50} = A_{50} e^{E_a/(kT)} \tag{5.4}$$

式中，A_{50} 是一个常数，它取决于失效机制的特性。通过将 A_{50} 替换为任何所需单位百分比的适当常数，我们就可以推广使用该方程来预测该单位百分比的故障率。存在多种基于样本测试方法来预测该常数的统计技术。

阿伦尼乌斯关系还可以用来预测温度将如何加速给定的失效机制。假设我们已经知道在给定温度 T_1 的失效时间为 t_1，则在另一个温度 T_2 的失效时间 t_2 则等于

$$t_2 = t_1 e^{\frac{E_a}{kT}\left(\frac{1}{T_2} - \frac{1}{T_1}\right)} \tag{5.5}$$

激活能通常以电子伏特(eV)为单位，大多数失效机制的激活能数值介于 0.5～1.5 eV。

2. 预防措施

自加热效应可以使管芯中的某一部分温度高于其他部分，一种特别简单的情况涉及一个长度为 L、宽度为 W 的矩形功率器件，如果器件的尺寸远小于管芯的厚度(通常大约等于 250 μm)，则器件中心位置的温升 ΔT 等于

$$\Delta T = \frac{\ln\left(\frac{4L}{W}\right)}{\pi \kappa L} P_D \tag{5.6}$$

$\ominus$　绝对温度以开尔文(K)为单位测量。要将摄氏温度转换为开氏温度，只需要加 273 即可，因此 25 ℃ 等于 298 K。

式中，$L \geqslant W$；κ 为硅的热导率[大约为 1.3 W/(cm·℃)]。例如，一个边长为 25 μm 且耗散功率为 100 mW 的方形功率半导体器件将会经历大约 14 ℃ 的温升。

淀积形成的电阻器，包括金属电阻、多晶硅电阻和薄膜电阻，则会经历更大的温度升高，因为它们通常位于氧化层表面，而氧化层则是一种较差的热传导材料。当一个淀积的电阻宽度为 W 且其薄层电阻为 R_s 时，电流 I 流过该电阻所引起的温升 ΔT 为

$$\Delta T = \frac{I^2 t_{ox} R_s}{\kappa W^2} \tag{5.7}$$

式中，t_{ox} 为电阻下方氧化层的厚度；κ 为该氧化层的热导率[大约为 0.011 W/(cm·℃)]。通过进一步整理该方程，可以得到传导最大连续电流 I_{max} 时所需要的最小电阻宽度 W_{min} 为

$$W_{min} = I_{max} \sqrt{\frac{t_{ox} R_s}{\kappa \Delta T}} \tag{5.8}$$

多晶硅电阻和薄膜电阻具有很强的抗电迁移特性(参见 5.1.3 节)，因此其电流处理能力仅受到自加热效应的限制。设计师通常假设 ΔT 的值相当小，可能只有 5 ℃，以避免热梯度导致其附近金属引线的电迁移计算失效。更高数值的 ΔT 可以用于不太频繁的脉冲信号。建议 ΔT 的最大值为 50 ℃，以最大限度地减少热效应引起的机械应力。

持续时间小于大约 1 μs 的电流脉冲并不遵循式(5.7)和式(5.8)所描述的规律，因为电流存在的时间尚不足以使热量从电阻器传导到周围材料中。不允许传热的情况通常被认为是绝热的，在这种情况下，自加热效应受到能量耗散的限制，对于一个持续时间为 τ 的矩形电流脉冲 I_{max} 来说，最小电阻器的宽度 W_{min} 为

$$W_{min} = \frac{I_{max}}{t_R} \sqrt{\frac{\rho \tau}{d c_V \Delta T}} \tag{5.9}$$

式中，ΔT 为允许的温升；t_R 为电阻器的厚度；ρ 为电阻率；d 为密度；c_V 为体积比热。多晶硅的体积比热大约为 1.66 J/(℃·cm³)，而铝的体积比热大约为 2.42 J/(℃·cm³)(参见 14.4.3 节)。

自加热效应也限制了键合引线的载流能力，这些导线会将热量耗散到周围的模塑化合物中，但是这种材料是热的不良导体，因此导线也会将大量的热量传导到管芯和引线框架上。由此可见，键合引线的温度在其末端最低，而在其中间则最高。表 5.1 列出了两种键合引线的最大允许电流，这些键合引线具有不同的长度，并且都嵌入到二氧化硅填充的环氧模塑化合物中。铜丝引线可以比金丝引线传导更大的电流，因为铜具有更低的电阻率和更高的热导率。由于引线框架和管芯的热沉效应，短导线比长导线可以承载更多的电流，表 5.1 中假设引线框架和管芯处于与模塑化合物相同的温度。表 5.1 不仅适用于直流电流，而且也可以应用于频率至少为几千赫兹的均方根交流电流。

表 5.1　两种键合引线的最大允许电流，假设模塑化合物的热导率为 0.65 W/(m·℃)，最大温升为 75 ℃

（单位：A）

材料	直径/μm	键合引线长度/mm			
		1	2	5	10
金丝引线	25	1.8	1.3	1.1	1.0
	33	2.8	1.9	1.5	1.3
	50	5.9	3.6	2.5	2.2
铜丝引线	25	2.2	1.5	1.2	1.1
	33	3.4	2.2	1.7	1.5
	50	7.2	4.3	2.9	2.5

5.1.2　导电细丝的形成

一块集成电路芯片的热烧毁通常都涉及熔化。二氧化硅在 1600 ℃ 才会熔化，而硅在 1400 ℃

左右就会熔化，不过其他材料的熔点则没有那么高。例如，铝和硅之间的接触在大约 580 ℃ 时就会失效，这是因为此时硅和铝之间形成了液态共晶物[⊖]。只有桥接两个导体的细丝材料才需要通过熔化来毁坏管芯，当我们对一些失效单元进行显微镜检查时往往就会发现这种细丝的存在。

1. 失效机理

我们已经提出了几种机制来解释导电细丝的形成，其中最简单的机制涉及本征导电。当掺杂的硅材料超过其临界温度时，热激发产生的载流子数量就会超过掺杂产生的载流子数量。此时温度的任何一点升高都会导致总的载流子浓度按照指数规律增大，从而使得其电阻按照指数规律降低。如果硅材料的某些部分比其他部分更热，那么这部分硅材料就会传导更多的电流。额外增大的电流会导致额外增加的自加热效应，从而进一步提高该区域的温度。这样就会进一步降低电阻并使得电流进一步集聚。电流在几十微秒内就会收缩成一个很窄的细丝，从而迅速导致过热并熔化硅材料。

非本征硅材料的临界温度通常都会超过 350 ℃。首先必须有某种其他机制将芯片中的某个局部区域的温度升高到该临界温度以上，然后本征导电才能进一步导致导电细丝的形成。已经确定了两种机制可以在低得多的温度下引起电流的局部集聚。一旦硅材料达到了临界温度，随后的本征导电就一定会导致其烧毁。

这两种机制中的第一种被称为热烧毁，最早是在双极型晶体管中被发现的。双极型晶体管基极-发射极电压的温度系数约为 $-2 \, \mathrm{mV/℃}$。如果晶体管的基极-发射极电压保持恒定且其两端电阻较小的话，则 $10 \sim 15 \, ℃$ 的温度升高就会使得晶体管的集电极电流增大一倍[⊜]。假设一个双极型功率晶体管某个区域的工作温度高于其他区域，则该区域的基极-发射极电压就会比较低，且该区域会传导大部分的集电极电流。局部集聚的电流将晶体管的该区域进一步加热，最终导致电流收缩成一个所谓的热点。有几种原因可以限制热点的崩溃，其中最重要的原因是大注入导致晶体管电流增益 β 的降低。如果电流增益 β 下降得足够快，热点就可能会稳定在较高的温度上，但是并不会立即造成晶体管的毁坏。然而，如果温度上升得太高，或者热点中的电流变得太大，其他的成丝机制就会取而代之。热点的形成和热烧毁都需要时间，通常需要几十微秒至几百微秒。一种类似的烧毁机制称为斯皮里托效应(Spirito Effect)，主要发生在具有非常高跨导的 MOS 晶体管中，在这种情况下，晶体管阈值电压的负温度系数促成了导电细丝的形成。

第二种导电细丝的形成机制，称为电成丝烧毁或雪崩烧毁，最好通过实际的例子来进行解释。我们考虑一个由夹在两个 N＋扩散区之间的均匀掺杂 N－区组成的电阻，设想一下，将一个电流源连接到这个电阻的两端，该电流源就会在 N－区域产生电压降，进而在其中形成均匀的电场，该电场驱使电子从阴极漂移到阳极的速度刚好足以传输所需的电流，如图 5.1a 所示。电流越大，则电子必须漂移得越快，如图 5.1b 所示。然而，速度饱和效应限制了电子的漂移速度。当发生速度饱和效应时，就必须有额外的电子从阴极的 N＋扩散区流入，以补充已经存在于 N－区中的电子，如图 5.1c 所示。这些额外补充进来的电子代表了一种空间电荷，它会使得电场在 N－区中线性增大，在阳极 N＋扩散区的边缘处达到最大值。电流越大，维持这个电流所需的空间电荷也就越多，由此形成的电场也就越大。电阻两端的电压降就会升高以支持更大的电场。因此，一旦发生速度饱和，电阻就会增大。

如果电流继续增大，那么最终与阳极 N＋扩散区相邻处的电场就会达到雪崩倍增所需的临界电场强度。此时倍增产生的电子流向阳极，而空穴则通过硅 N－区流回阴极，这个过程称为雪崩注入。空穴就会中和硅 N－区内的部分空间电荷，从而导致电阻两端的电压出现相应的下降，如图 5.1d 所示。如果该结构中任何部分的电流密度达到了触发雪崩注入所需的水平，

⊖ 共晶是一种混合物，在任何由相同几种物质组成的混合物中，其比例给出的熔化温度最低。

⊜ 使集电极电流翻倍所需的确切温升 ΔT 取决于绝对温度 T_{J}，即 $\Delta T \approx 0.03 \, T_{\mathrm{J}}$。

则该部分的电阻就会突然减小，这就会引起电流的局域化，进而导致导电细丝的形成，如图 5.1e 所示。雪崩的发生通常需要几纳秒才能形成空穴，之后导电细丝则会在不到 1 ns 的时间内形成。即便是一个非常快速的瞬态过程，例如 ESD 事件，也可能会引起电成丝烧毁（或雪崩烧毁）。

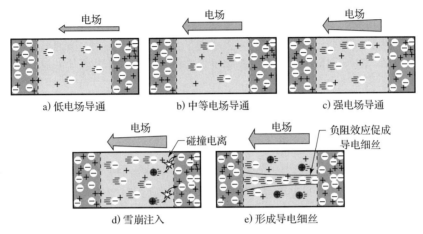

图 5.1　一个 N-电阻发生雪崩烧毁的过程

许多研究人员并没有清晰地区分热烧毁和雪崩烧毁，他们把这两种机制都归结为二次击穿。我们可以通过使器件经受非常短的大电流脉冲来确定哪种机制占据主导地位，如果在几纳秒内就发生二次击穿，则是雪崩烧毁占据主导地位；如果需要数微秒才发生二次击穿，则是热烧毁占据主导地位。

2. 预防措施

无论导电细丝是如何形成的，我们都可以通过在电流路径中插入串联电阻来防止它生成，串联电阻能够有效地产生负反馈，这个负反馈作用抵消了引起电流局域化的正反馈，我们把这种技术称为镇流电阻作用。9.1.3 节中解释了如何使用镇流电阻来保护双极型晶体管免受二次击穿的影响，而 13.2.1 节则描述了镇流电阻如何防止 MOS 晶体管出现类似的问题。

尽管导电细丝的形成通常被认为是一件坏事，但是设计师实际上已经将其投入使用，一种名为齐纳变阻器的元件就是利用齐纳二极管中形成的导电细丝将其转化为非易失性存储元件，6.6.2 节中介绍了这种器件的结构和编程方法。

5.1.3　电迁移

早在 20 世纪 60 年代初，集成电路的制造商就开始遇到在芯片长时间工作后芯片内部铝引线开路的问题，这些故障通常仅发生在承载的电流密度超过大约 1×10^5 A/cm^2 的铝引线中，考虑到集成电路铝布线的横截面积极小，因此即使是相对较小的电流也有可能超过这一阈值，并最终导致铝线开路故障，研究人员将这种现象命名为电迁移效应。

1. 失效机理

在金属中漂移的电子会不断地与原子发生碰撞，随着电流密度的逐渐增大，这些碰撞也会变得更加频繁，因此施加在原子上的作用力也会随之增大。在足够高的电流密度下，这种所谓的电子风就会变得如此强烈，以至于原子也开始发生移动，由此产生的金属原子位移会导致金属内部形成空隙并逐渐聚集，最终将金属引线切断。同时，因空隙而置换出的金属原子会堆积形成称为小丘的凸起或挤出形成称为树突的晶须。

早期的集成电路金属化系统使用纯的蒸发铝膜，尽管这种材料外观均匀，但是它是由一团称为晶粒的共生晶体组成的。铝的电迁移主要发生在相邻晶粒之间的边界上，当原子发生移动时，就会在金属中积聚机械应力，这种应力会阻碍金属原子的流动，如果铝引线足够短，这种应力实际上有可能会终止电迁移效应的发生，这种现象称为布莱奇效应（Blech Effect），表现出电迁移效应的最大铝引线长度称为布莱奇长度,该长度与流过导线中的电流密度呈反比例关系。对于氮化钛顶部的纯铝引线,其布莱奇长度大约等于 1200 A/cm 除以引线中的电流密度(以 A/cm² 为单位)。已知典型的铝引线最大工作电流密度为 $5×10^5$ A/cm²,因此其布莱奇长度等于 24 μm。布莱奇长度在很大程度上取决于金属的性质及其制造细节。

如果铝引线的长度超过了布莱奇长度,则位移原子产生的机械应力就会增加,直到最终超过金属的屈服极限。某一个空隙的形成通常是从三个晶粒相互接触的点开始的,这个空隙的出现减轻了铝引线中该点的应力,但是却将其集中到了其他地方,因此空隙的形成往往会导致一连串的故障,从而迅速地切断铝引线。这种情况通常称为成核主导失效,一般发生在没有难熔金属阻挡层的铝金属系统中。

电迁移现象也遵循阿伦尼乌斯关系,但是它也取决于电流的大小。J. R. 布莱克(J. R. Black)研究了这种关系,并提出了一个后来被称为布莱克定律的公式:

$$t_{50} = \frac{A_{50}}{J^n} e^{E_a/(kT)} \tag{5.10}$$

式中,t_{50} 为失效的中值时间;A_{50} 为相应的比例常数;J 为流过金属导线的电流密度;E_a 为激活能;k 为玻耳兹曼常数;T 为绝对温度。在布莱克的原始方程中,电流指数 n 被设置为 2,该方程假设成核主导失效。后来的实验表明,某些金属系统经历了生长主导的失效,其中空隙的生长比其成核需要更长的时间。采用难熔金属阻挡层和钨通孔的某些铝金属化系统经历了生长主导的失效,很多铜金属化系统也是如此。对于生长主导的失效,其电流指数 n 等于 1。电流指数也有可能取其他数值,例如,电流指数大于 2 时可以表明金属内部的热梯度正在加速电迁移过程。

铝发生电迁移效应的激活能约为 0.7 eV,而铜的激活能则为 0.8 eV。其他金属的激活能介于 0.5~1.5 eV。具有较低熔点的金属通常表现出较低的激活能。例如,高锡焊料具有大约 0.5 eV 的激活能,并且非常容易发生电迁移失效。

2. 预防措施

布莱克和其他可靠性物理学家的研究工作最终导致了工艺的改进,由此极大地改善了金属化系统抵御电迁移效应的能力。第一个改进措施是在铝金属化系统中添加 0.5%~4% 的铜,掺杂铜的铝引线表现出了比纯铝引线大一个数量级以上的失效时间。有关专家仍然在争论关于这种改进的确切原因,但是它似乎涉及铜在晶粒边界的积累。现代的干法刻蚀工艺很难去除含铜量超过 0.5% 的铝合金,因此这是最常见的掺铜浓度。采用具有压应力的钝化保护层能够将金属化系统限制在一定的压力下,由此可以抑制空隙的形成并进一步延缓电迁移失效。极窄的金属引线反而表现出具有更强的抗电迁移特性,这是因为发生了所谓的竹节效应,即单个晶粒完整地生长在金属引线上,这导致一系列晶界与金属引线相交,就如同一系列竹节一样,如图 5.2 所示。电流垂直于这些晶粒边界流动,因此金属原子的移动相对较少。由于铝的晶粒直径约为 0.25 μm,因此只有非常窄的铝引线才能从竹节效应中受益。

a) 表现出典型晶粒结构的金属引线

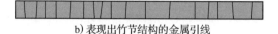

b) 表现出竹节结构的金属引线

图 5.2

铜引线的电迁移现象优先发生在表面,铜和周围材料之间的黏附性决定了电迁移的速率。在金属的大马士革镶嵌工艺中,顶部的表面已经被证明是特别有问题的。为了解决这个问题,已经提出了各种不同覆盖层的方法,其中,选择性淀积的钴目前看来是最有前景的。人们还尝试了用其他金属(如锰或钯)来掺杂铜,以提高其电迁移寿命。寿命提高的机制似乎涉及晶粒边界处的偏析,就像铜掺杂铝的情况一样。

对于 105 ℃ 下给定的电迁移寿命来说,铜金属化系统通常可以传导的电流密度至少是铝金属化系统的五倍。然而实验表明,铜互连的性能在很大程度上取决于其制造工艺的细节。此外，大多数铜金属化系统表现出生长主导的失效，而大多数铝金属化系统则表现出成核主导的失效。生长主导的失效具有较小的电流指数，导致铜相对于铝的优势在高温下逐渐减小，而在大约 175 ℃ 以上的温度下，铝实际上可能要优于铜。

工艺改进可以最大限度地减少电迁移，但是仍然存在一些最大电流密度的值，一旦超过这些数值的话就会有失效的风险。因此，工艺设计师为每个工艺都指定了一组电迁移的规则。大多数模拟集成电路工艺的电迁移规则并未考虑布莱奇效应或其他几何尺寸相关的机制，但是它们规定了在特定温度和激活能下的最大电流密度。例如，铜掺杂铝引线的规则通常规定在 105 ℃ 和激活能为 0.7 eV 时的最大电流密度为 5×10^5 A/cm^2。于是版图设计师就可以使用下述公式：

$$J_2 = J_1 \exp\left\{ \frac{E_a}{nk}\left(\frac{1}{T_2} - \frac{1}{T_1} \right) \right\} \tag{5.11}$$

在已知温度 T_1 时的电流密度 J_1 的前提下，确定温度 T_2 时的电流密度 J_2，其中的玻耳兹曼常数为 $k = 8.62 \times 10^{-5}$ eV/K，T_1 和 T_2 是绝对温度。

给定电流密度 J 之后，我们可以基于最小金属厚度 t_{min}，并使用下述公式来计算承载一个恒定电流 I_{max} 所需要的金属引线宽度 W_{min}：

$$W_{min} = I_{max} / (J t_{min}) \tag{5.12}$$

某些金属化系统包括诸如钛或钨之类的难熔金属阻挡层或诸如氮化钽之类的扩散阻挡层，在这种情况下，t_{min} 应该只包括铝或铜的厚度，因为几乎所有的电流都流过这层金属，其他材料具有高得多的电阻率并且仅传导非常小的电流。如果铝或铜引线中出现空隙，那么其他材料仍将传导电流，但是其电阻会增大，并且由于空隙而移位的金属就会形成小丘或枝晶，从而可能导致与相邻引线发生短路。

接触孔和通孔抗电迁移的能力取决于金属化系统的性质。电流必须在铝接触孔或通孔的侧壁上向上或向下流动，台阶覆盖会使得侧壁上的金属层变薄，在计算金属层的厚度 t_{min} 时也必须考虑这种变薄。例如，具有 50% 台阶覆盖率的 10 kÅ 厚的金属层，其侧壁金属层的厚度只有 5 kÅ。只有面向电流方向的侧壁才会传导比较大的电流，金属引线末端的接触孔主要通过面向引线的一侧传导电流（见图 5.3a），放置在两个引线之间的接触孔可以在其两侧传导电流（见图 5.3b），如果在某个金属引线的末端放置一对通孔，则只有前一个通孔的正面会传导大量的电流，如图 5.3c 所示。那些能够使用有限元电流密度分析软件（例如 Silicon Frontline 公司提供的 R3D 分析软件）的人可以用它来获得金属化系统内部电流密度的更准确估算值，尤其针对那些具有复杂几何形状的金属化系统。

 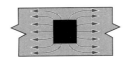 

a) 电流流过金属引线末端的接触孔　　　b) 两段金属引线之间的接触孔　　　c) 金属引线末端的一对通孔

图　5.3

如果铝金属化系统包括难熔金属阻挡层，则可以忽略接触孔和通孔中的台阶覆盖影响。即使空隙切断了铝引线的侧壁，难熔金属阻挡层也会继续传导电流，这种局部空隙不太可能置换出足够多的金属来形成小丘，难熔金属阻挡层本身也具有极强的抗电迁移特性。

与铝金属化系统结合使用的钨插塞通孔工艺有可能在铝引线自身或在铝-钨接触界面处表现出电迁移失效。铝引线内部的故障对这种通孔的稳健性设置了上限。为了分析计算这种故障，我们可以假设电流沿着面向电流方向的侧面流入通孔，并且电流流过这些侧面下方金属的整个深度。出现在铝-钨界面处的故障更难量化，电子风会使金属原子向电子流的方向移动，钨比铝具有更强的抗电迁移特性，因此人们可以预料到在传统的电流流入钨插塞的地方会比电流流出的地方更快地出现空隙。难熔金属阻挡层（Refractory Barrier Metal，RBM）的存在会使这种情况变得更加复杂。当电流从上层金属流到下层金属时，下方(而不是上方)带有难熔金属阻挡层的钨插塞将更容易受到电迁移效应的影响，反之亦然，实验结果已经证实了这种不对称的行为。

以上所有的讨论都假定电流是恒定的，频率超过大约 10 kHz 的纯交流电流在金属引线中传输时就很少观察到因电迁移效应而失效的情况，这很可能是因为在某个方向上流动的电子风减轻了在另一个相反方向上流动的电子风所产生的应力。已经观察到脉冲的单向电流遵循以下方程描述的规律：

$$t_{\text{pulse}} = \begin{cases} t_{\text{DC}}/D, & f < 1/\tau \\ t_{\text{DC}}/D^2, & f > 1/\tau \end{cases} \tag{5.13}$$

式中，t_{pulse} 为占空比 D 的脉冲单向电流的失效时间；t_{DC} 为相同峰值大小的恒定直流电流的失效时间；f 为脉冲波形的频率；τ 为空隙的复合时间(通常大于 0.1 ms)。大多数功率应用都能够满足 $f > 1/\tau$ 的条件，因此 50% 的占空比将使得失效时间延长到原来的四倍。已知铝引线的电流指数大约为 2，则传导占空比为 50% 的脉冲电流的铝引线宽度只需要设计并制作成传导相同直流电流的铝引线宽度的一半即可。

5.1.4 时间相关的介质击穿

如果我们给一个电容器的两端施加一个逐渐增大的电压，该电容器就会在某个时刻突然短路。目视检查会显示出其中出现了微小的"针孔"缺陷——此处介质出现熔化，导致电容器的两个电极发生短路。单个电容器的击穿电压会由于制造工艺的改变而有所变化，但是其平均击穿电压通常会随着介质层厚度的改变而线性变化。因此当电场增大到超过某个临界值(称为介质击穿强度)时，介质击穿看起来就会立即发生。晶体管栅极氧化层的介质击穿强度通常认为大约等于 11 MV/cm。但是非常遗憾的是，这种氧化层击穿的观点实在是有点过于简单化了。

我们可以设想一下，在一个 MOS 电容的两端连接一个小的电流源。当给这个电容充电时，其两端的电压会逐渐上升，直到电场接近其介质击穿强度。然而此时电介质并不会立即发生击穿，而是只有当一定量的电荷通过后才会发生击穿，这个电荷量称为击穿电荷 Q_{BD}，它与栅极的面积呈线性关系。回到给氧化层施加电压的情形，更仔细的观察表明，在电场达到临界值之前电流一直保持为零，此后电流呈指数形式增加。即使电压稍微超过临界值，也会驱动如此大的电流通过氧化层，因此击穿几乎是瞬间发生的。

那么，氧化层是一直保持其完整性直到击穿的那一刻，还是在电荷通过时就已经开始稳定退化了？为了回答这个问题，我们假设通过 MOS 电容流过一个很少的电荷增量，每次流过电荷增量之后，我们利用在栅极氧化层上施加一个小电压并测量流过它的电流来评估栅极氧化层的完整性。最初这个漏电流等于零。在一定量的电荷流过氧化层之后，就会出现微小的漏电流，并且该电流随着注入电荷量的增加呈指数形式增大。

如果我们在已经出现泄漏的氧化层上保留一个小电压，则泄漏电流就会随着时间呈指数形式的增加，并最终导致介质层击穿。如果初始的泄漏电流足够小，则击穿可能会延迟数小时、数天甚至数月之后才发生，这种延迟的失效机制就称为时间相关的介质击穿(Time-Dependent Dielectric Breakdown，TDDB)。

另一种类型的时间相关介质击穿发生在相对比较厚的氧化层上，其外加电场略小于其介质击穿强度，尽管最初没有电流流过，但是在经过一段时间之后，开始慢慢出现泄漏电流，然后泄漏电流逐渐加速增大并最终导致介质击穿。这一观察结果表明，发生了两种不同类型的介质击穿失效，一种是由电流的流过而引起的，另一种则是由于强电场的存在而引起的。

1. 失效机理

所有导致介质击穿的机制都涉及某种形式的隧道穿透效应。量子力学使用一个三维空间的波函数来表示一个粒子，该波函数的幅度仅在一定体积的空间内与零有明显的不同。随着粒子的移动，这个体积会移动它的位置并且其大小也会发生膨胀。当这个粒子与某个物体发生相互作用时，其波函数就会坍缩为一个点，然后再次开始膨胀。在任何给定点发生这种坍缩的概率与该点波函数的幅度成正比(或者更准确地说,与该点波函数幅度的平方成正比)。固体中的电子必须具有一定的能量才能在固体中自由运动,这个能量在绝缘体中比在导体中或半导体中要高得多。如果电子不具有这个能量,那么它的波函数就不会坍缩,否则就会违反能量守恒定律。因此在半导体或金属中自由运动的电子无法进入到相邻的绝缘体内部,因为它缺乏足够的能量进入到绝缘体中。但是这并不能阻止电子的波函数穿过绝缘体进入到远处的半导体或导体中,在那里电子还可以再次出现。由于波函数的幅度仅在很短的距离内可以明显地偏离零,因此随着绝缘体厚度的增加,波函数在远处坍缩的可能性会迅速减小。这个过程称为直接电子隧道穿透,它允许在几十埃的距离上产生显著的电流。空穴要比电子更重一些,而重粒子波函数的膨胀速度要比轻粒子慢,因此电子的隧道穿透通常要远远超过空穴的隧道穿透。

在先进的 CMOS 工艺中使用的非常薄的栅极氧化层表现出了显著的直接电子隧穿,事实上,这种通过 15～20 Å 氧化层的隧穿电流已经可以与逻辑开关转换产生的平均电流相媲美。然而直接电子隧穿并不会损坏薄氧化层,因为电子的波函数并不能在其中坍缩。

自由电子的波函数可以在能级等于或小于自由电子能级的陷阱存在的位置发生坍缩,这些陷阱通常出现在氧化层大分子网络的连续性发生中断的地方。干氧氧化层中含有相对较少的此类陷阱,而淀积的氧化层和湿氧氧化层中则含有较多的此类陷阱。图 5.4 展示了这种陷阱辅助隧道穿透效应是如何发生的,图 5.4a 显示了一个直接电子隧穿事件,其中的电子从未出现在氧化层中,图 5.4b 显示了一个陷阱辅助隧穿事件,其中的电子首先从氧化层的一侧隧穿到氧化层中心附近的陷阱,然后再从该陷阱隧穿到氧化层的另一侧,这种类型的陷阱辅助隧穿可以穿透大约 30 Å 的距离。大多数氧化层中都没有包含足够多的陷阱,因此无法让电子穿透过更远的距离,但是如果陷阱的数量足够多,那么其中几个陷阱也有可能会排列成一条穿过氧化层的渗流路径。

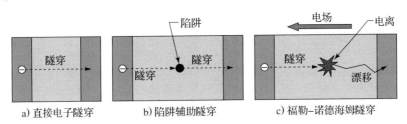

图 5.4　几种隧穿机制

如果介质层上存在强电场,则会出现第三种隧穿机制,称为福勒-诺德海姆(Fowler-Nordheim)隧穿,简称 F-N 隧穿。如果电子通过隧道进入到这样的电场中,它所获得的能量与电场强度和电子行进距离的乘积成正比。给定足够强的电场,电子就可以获得足够的能量,使得其波函数在氧化层内部发生坍缩。图 5.4c 说明了这一过程,首先电子隧穿通过一小段距离进入到栅极氧化层中,到达它拥有足够能量使其波函数发生坍缩的点,然后它再漂移通过剩余的距离。强电场会将这些漂移的电子加速到很高的速度,随后的晶格碰撞还会产生出大量的电子-空穴对,这些雪崩产生的载流子对于流过氧化层的总电流是有贡献的。

众所周知,F-N 隧穿过程会在栅极氧化层中产生陷阱。阳极空穴注入(Anode Hole Injection,AHI)模型假设空穴会形成这些陷阱,由于二氧化硅是一种无定形材料,其中的某些原子占据的位置不够理想,因此它们的键就会发生应变。如果某个空穴从应变的键中窃取一个电子,那么原子就可能会稍微移动一点位置,从而防止空穴的离开和键的重组,这个过程有效地产生了一个陷阱。一旦在氧化层中形成了足够多的陷阱,随机的概率就决定了其中的一些陷阱将会排列形成一条渗流路径。在强电场存在的情况下,这条渗流路径的建立又会进一步刺激其附近的 F-N 隧穿过程,从而形成更多的渗流路径。因此电流首先局限在一个点上流过,该点最终发生短路并形成一个针孔缺陷。阳极空穴注入模型进一步假设,由氧化层负极表面附近俘获的空穴形成的正空间电荷会导致电场的局部增强,从而加速这种失效机制。根据阳极空穴注

入模型预测的失效中间时间 t_{50} 为

$$t_{50} = \tau e^{G/E} \tag{5.14}$$

式中，τ 为参考寿命；G 为电场加速因子；E 为穿过氧化层的电场强度。电场加速因子通常约等于 3.5×10^5 MV/m，并且仅仅随着温度的改变而发生微弱的变化。鉴于式(5.14)的形式，阳极空穴注入模型通常也称为 $1/E$ 模型。厚度为 t 的介质层在电场 E 的作用下其两侧的电压 V 为

$$V = E \cdot t \tag{5.15}$$

约瑟夫·麦克弗森(Joseph McPherson)提出了一个具有竞争性的 E 模型，该模型也称为热化学模型或麦克弗森模型，它强调了非晶态氧化层中应变硅-氧键的存在。硅和氧具有不同的电负性，由此导致硅-氧键的极化。因此施加强电场会增加那些极化与电场相反的键的应变度。随着电场的不断增强，应变度也会不断增大。最终，应变度最高的键就很容易因随机热振动而发生断裂，断裂的键就会形成陷阱，进而产生渗流路径，并通过阳极空穴注入触发击穿。该模型预测的失效中间时间为

$$t_{50} = \tau e^{-\gamma E} \tag{5.16}$$

式中，τ 为参考寿命；γ 为电场加速因子，通常等于 $2.5 \sim 3.5$ MV/cm，并且它还与绝对温度 T 成反比。

人们可能会认为，预测的失效时间方程的差异会揭示阳极空穴注入模型或麦克弗森模型是否符合实验数据。事实上，曲线拟合技术通常可以使得实验数据与任意一个模型实现近似的拟合。厚氧化层工作在相对比较低的电场应力下的情况是特别有问题的，因为这种情况下要开展一些决定性的实验往往需要非常长的时间。

总结一下目前的理解和认识，出现时间相关的介质击穿是由于介质内部形成的陷阱，这些陷阱要么是 F-N 隧穿的结果，要么是强电场作用于非晶态介质层中的应力键的结果。一旦介质层中陷阱的密度变得足够大，就会出现由陷阱的随机排列形成的渗流路径，并且即使在低电场下也会形成泄漏电流。在强电场下的进一步操作还会形成额外的渗流路径，并最终导致灾难性的介质击穿。

2. 预防措施

各种形式的介质击穿都是由施加在栅极氧化层或其他绝缘层上的过电压引起的，因此其解决方案也是显而易见的，即不要施加过高的电压。但是，要确定这个过高的电压值是一件非常困难的事情。介质层的厚度以及施加在其上的电场都不可能是完全均匀的，介质层总是具有较薄的区域和较厚的区域，电场也可能向某些点聚集，例如导体的尖锐边缘处，氧化层中陷阱的初始分布也会有所不同，因此可靠的操作需要留有较大的安全裕度。较厚的介质层实际上要比稍薄的介质层更加脆弱。对于 $300 \sim 500$ Å 的干氧氧化层，通常允许的最大电应力约为 $3.5 \sim 4$ MV/cm，而对于较薄的氧化层，其允许的最大电应力通常约为 $4 \sim 4.5$ MV/cm。

工艺制造过程中的各种问题都可能会在氧化层中引入一些薄弱点，这既可能是由于局部区域的变薄，也可能是由于过多的陷阱浓度。栅极氧化层由于其厚度极薄而特别脆弱，因此栅氧化层的完整性(Gate Oxide Integrity，GOI)问题就是现代 CMOS 和 BiCMOS 晶圆厂面临的最困难的挑战之一。即使有最严格的控制，这个工艺过程偶尔也会产生出一些带有缺陷的材料。这种材料看起来是完全正常的，但是只要它的栅氧化层经历长时间的电应力，其中的少数晶体管就会出现故障。

一种名为过电压应力测试(Over-Voltage Stress Testing，OVST)的技术可以在 GOI 缺陷到达客户之前将其检测出来，该技术采用一个精确控制的过电压事件来对栅氧化层施加应力，其中测试电压可能等于最大工作电压的两倍，但是仅仅施加一次，并且仅仅施加一小段时间(通常为 100 ms)。如果一个芯片中的任何器件因 OVST 而出现故障，则该芯片就会被淘汰。如果一个晶圆片上的几个芯片未能通过 OVST，则整个晶圆片就会变得可疑并报废。如果一个批次中有几个晶圆片未能通过 OVST，则整个批次的所有晶圆片都将报废。

在 OVST 测试中，并不需要为了检测出 GOI 问题而对每个脆弱的栅极氧化层都施加压力，

只要其中有相当一部分受到了应力，当晶圆片存在 GOI 问题时，就必定会有一些单元出现故障，晶圆片也就必定会被淘汰。这一事实使得我们也可以对许多栅极氧化层不可访问的模拟集成电路或混合信号集成电路进行 OVST 测试。

某些其他因素也会削弱介质层的质量。很多重金属原子会干扰氧化层的生长，并形成一些降低氧化层完整性的薄弱点。大多数工艺会使用直拉法生产出来的硅衬底，来自二氧化硅坩埚的氧原子就会溶解在直拉法生产的硅衬底中。如果将这种硅衬底加热到 1000 ℃ 以上并维持数小时，氧原子就会聚集在局部区域，形成称为氧沉淀的氧化物斑点。这些沉淀物能够将重金属杂质原子束缚或吸合在衬底内，并防止它们迁移到硅晶圆片的表面，在那里它们就可能会引起栅极氧化层的完整性问题。

经过长时间高温推进的重掺杂 N＋扩散区也可以起到吸杂剂的作用，深 N＋扩散区和 N 型埋层也都能够以这种方式起作用。我们可以在包含所有栅氧化层区域的一定范围内，通过对深 N＋扩散区或 N 型埋层区域进行编码来改善器件栅氧化层的完整性。最大的有效吸杂距离通常约等于 $100~\mu m$。对于那些无法受益于氧沉淀的工艺，例如许多介质隔离工艺，我们可以简单地添加一个深 N＋扩散步骤来提高其栅氧化层的完整性。在这种情况下，版图设计规则可以强制要求在 MOS 晶体管的附近设置一些块状或带状的深 N＋扩散区，即使这些扩散区在电性能上不起任何作用。

深 N＋扩散区能够吸收重金属杂质的事实表明，在深 N＋扩散区上生长的氧化层将具有较差的完整性。高掺杂浓度引起的晶格应变也会导致硅晶体内的位错，从而影响氧化层的生长。尽管某些工艺允许在深 N＋扩散区上生长电容的氧化层介质，但是所制备器件的氧化层完整性要比在轻掺杂硅上生长的差。因此采用深 N＋扩散区上生长的氧化层作为电容的介质是不太明智的选择。

还有一种情况也会导致场区氧化层可能要比预期结果脆弱得多，这涉及浅沟槽隔离（STI）工艺中多晶硅下方的场区氧化层。如果一个外部引入的颗粒在刻蚀过程中落入到沟槽中，则该颗粒就会将其下方的硅掩蔽，使其免受刻蚀，这样就会在完成刻蚀的沟槽底部留下一块圆锥形的硅突出体，这种锥形缺陷的存在大大降低了 STI 氧化层的完整性。金属层就不会具备与多晶硅几乎相同程度的脆弱性，因为在多晶硅的图形化工艺完成之后又淀积了额外的多层氧化物。LOCOS 场区氧化层不易受到锥形缺陷带来的影响，因此它可以在比类似厚度的 STI 氧化层所承受电压高得多的电压下工作。

前面提到的热生长氧化层的最大耐受电场可以达到 $3.5 \sim 4.5~\text{MV/cm}$，这是基于在 125 ℃下其工作寿命达到十万小时的假设条件，假设阳极空穴注入模型适用的话，如果一定面积的氧化层能够在时间 t_1 内承受最大电场 E_1 的作用，那么相同面积的氧化层能够承受最大电场 E_2 作用的时间 t_2 为

$$t_2 = t_1 \mathrm{e}^{G\left(\frac{1}{E_2} - \frac{1}{E_1}\right)} \tag{5.17}$$

如果麦克弗逊模型适用的话，那么上面这个方程就变为

$$t_2 = t_1 \mathrm{e}^{\gamma(E_1 - E_2)} \tag{5.18}$$

半导体器件领域的可靠性物理学家通常认为，随着时间的推移，累积的电介质失效遵循威布尔（Weibull）分布。如果面积为 A_1 的电介质可以正常工作的时间为 t_1，那么面积为 A_2 的电介质可以正常工作的时间 t_2 则为

$$t_2 = t_1 \left(\frac{A_1}{A_2}\right)^{1/\beta} \tag{5.19}$$

式中，β 是一个称为威布尔斜率的常数。在很多情况下，威布尔斜率近似等于 2。我们可以将上述方程联立以便得到将最大允许电场与介质层面积相关联的公式。如果面积为 A_1 的介质层能够在一定时间段内承受 E_1 的电场，则面积为 A_2 的介质层在相同的时间段内能够承受 E_2 的电场。基于阳极空穴注入模型，电场 E_2 可以通过下式计算求得

$$E_2 = \frac{1}{(1/E_1) + \ln\left(\dfrac{A_2}{A_1}\right)/(\beta G)} \tag{5.20}$$

如果基于麦克弗逊模型的话，则相应的计算公式变为

$$E_2 = E_1 + \frac{\ln(A_1/A_2)}{\beta \gamma} \tag{5.21}$$

我们可以利用式(5.17)~式(5.21)，根据其面积及其占空比，在比其余部分更高的电压下来操作一个电路中某一部分的栅介质或电容介质(参见7.1节)。

5.1.5　静电放电

几乎任何形式的摩擦都会产生静电。举例来说，如果你在干燥的天气里拖着脚走过地毯，然后再去触摸一个金属的门把手，一个肉眼可见的火花就会从你的手指跳到门把手上。在地毯上蹭脚的动作会将人体的电容充电到 10 kV 甚至更高，这样的高电压会产生可见的电火花和可察觉的电冲击。如果某人的身体只充电到 1 kV，那么就不会发生电火花或电冲击，但是这么高的电压仍然有可能毁坏一个未加保护的集成电路芯片。

20 世纪 70 年代初，电子行业开始意识到静电放电(ESD)带来的危害，不仅一些器件在传递和搬运的过程中会被毁坏，而且一些看似并未受到损伤的器件在经过很多小时的工作后也会出现失效故障。为了应对这个问题，电子行业引入了标准化的 ESD 处理程序，这些措施目前包括将集成电路储存在防静电的包装盒中，以及只能在受到静电控制的工作台上处理未封装的器件等常规预防手段。这种类型的典型工作台包括一个静电消散工作台面、操作员使用的接地腕带和一些静电消散工具。这些预防措施一起将静电势降低至不超过几百伏。即使这些相对比较低的电压它仍然能够损坏那些未加保护的集成电路，因此制造商还要插入一些特殊的保护结构来抵消低电压的 ESD 事件。

对任何一块集成电路的评估都包括提交一个单元样本去进行标准化的 ESD 测试，目前已经有三种这样的测试方法被广泛地应用于集成电路。人体模型(HBM)采用如图 5.5a 所示的电路，当按下开关时，已充电到指定电压的 150 pF 电容将通过 1.5 kΩ 电阻对被测器件(Device Under Test，DUT)进行放电。理想情况下，每一对引脚都要独立地测试 ESD 的敏感性。在实践中，大多数的测试方案只指定有限数量的引脚组合，以便减少测试时间。每一对引脚都必须经历一系列的正脉冲和负脉冲，例如三个正脉冲和三个负脉冲，元器件在经受了 ESD 冲击后必须仍然能够满足技术规范的要求。到了 20 世纪 80 年代初，许多电子产品的客户开始要求集成电路必须能够承受 2 kV 的人体模型测试，作为行业标准，这种电压的测试一直维持到 2010年。正是在这一年，ESD 目标级别行业委员会发布了一份白皮书，敦促将集成电路默认的人体模型测试额定值降低到 1 kV。该委员会认为，现代 ESD 管控实践不需要更高电压的 ESD 保护，并且满足 2 kV 要求的 ESD 保护器件也不必要地增加了芯片的面积和制造成本。此后，大多数电子行业的厂家都同意接受 1 kV 的人体模型测试作为标准额定值，这个标准放松的主要动机是保护先进 CMOS 器件免受 ESD 损伤的难度越来越大。许多客户仍然要求使用能够实际提供 2 kV 人体模型防护测试标准的工艺流程。

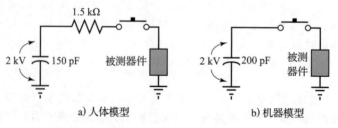

图 5.5　ESD 测试电路

大约在 1970 年前后日立公司提出了另一种 ESD 放电模型，该模型后来被错误地称为机器模型（Machine Model，MM），尽管它最初是用来代表人体模型的一种极端情况。图 5.5b 显示了机器模型的电路，它最初由一个 200 pF 的电容组成，将其充电到指定的电压电平，并在没有任何限流电阻的情况下直接对被测器件进行放电。在实践中，从待测器件上看到的电压波形取决于电路中的寄生电感，测试人员通过调试测试仪器来重复出标准的电压波形，该电压波形取决于大约 750 nH 的串联电感。到了 20 世纪 80 年代初，许多客户都要求器件同时满足 200 V 的机器模型和 2 kV 的人体模型标准，这一要求引起了很大的争议，目前大多数权威机构都认为机器模型测试是多余的，应该完全取消掉。

第三种 ESD 测试方法称为带电器件模型（Charged Device Model，CDM），专门用来模拟处置集成电路的机械设备的放电。带电器件模型测试有几个不同的版本，图 5.6 展示了电场感应带电器件模型测试仪的简化示意图，将集成电路芯片倒置在一个厚度为 0.38 mm 的 FR4（一种用于制作印制电路板的绝缘材料，通常采用玻璃纤维增强的环氧树脂材料制成）基片上，该基片位于一块金属板上，该金属板通过一个 100 MΩ 的电阻连接到高压电源上。一旦待测器件充电到指定的测试电压，一个自动控制的低阻抗探针就开始接触器件的某个引脚，从而启动带电器件模型对地进行放电。在规定的电压下，按顺序对每个引脚分别进行正向和负向的冲击测试。目前的做法通常规定在 500 V 下进行带电器件模型测试，但是 ESD 目标级别行业委员会建议将其降至 250 V，这同样是对保护先进工艺技术变得日益困难的一个无奈做法，客户通常要求能够实现这个目标的集成电路具有 500 V 的带电器件模型测试性能。

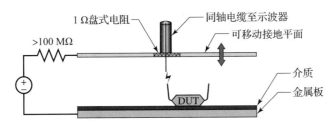

图 5.6　电场感应带电器件模型测试仪的简化示意图

第四个也是最近提出的 ESD 测试方法是人体金属模型（Human-Metal Model，HMM），它试图模拟人体持有金属仪器的静电放电过程。人体金属模型测试使用的测试电路类似于 IEC-61000-4-2 系统级 ESD 测试所定义的测试电路，该测试电路与图 5.5a 中所示的电路相匹配，只是电阻从 1.5 kΩ 降低为 330 Ω，已经定义了各种不同的电应力水平，其中最常见的是 8 kV，这显然是一项比人体模型更加艰巨的测试，通常只有那些需要连接到人类可接触到的插座或插头的器件引脚才有必要接受这一级别的测试。

1. 失效机理

静电放电可以触发各种失效机制。发生 ESD 事件期间的瞬态电压有可能会使薄氧化层击穿，或者更隐蔽地，它们也可能会使这些氧化层受到损伤，从而形成一个"行走的伤员"器件。这个器件有可能会成为某个产品的一部分，该产品甚至可能就是一台生命维持设备。在完美地运行了数百或数千小时之后，它可能会突然毫无征兆地出现故障。集成化的 ESD 保护结构可以保护 CMOS 和 BiCMOS 器件栅介质免受静电放电的影响，包括与带电器件模型相关的短暂大电流脉冲。尽管人们通常认为标准的双极型工艺对于氧化层损伤不太敏感，但是如果连接到外部引脚的金属引线穿过发射区薄氧化层的话，静电放电还是会给发射区上的薄氧化层带来损伤。除非金属引线连接到发射极扩散区，否则不得将金属引线设置在薄的发射区氧化层上，或者使用较厚的发射区氧化层也可以避免这个问题。大多数现代版本的标准双极型工艺都使用较厚的发射区氧化层。

PN 结也可能由于电致成丝而受到静电放电的损伤。具有金属硅化物源区/漏区的现代 CMOS 晶体管是特别脆弱的，因为它们的硅化物包覆层消除了漏区电阻，而漏区电阻本来是可以对器件起到镇流作用的。CMOS 工艺中的 ESD 器件也很难防止这种类型的失效，因为它们自身的工作也依赖于相同的硅化物包覆层源区/漏区。

如果导电细丝碰到接触孔，也会损坏集成电路。由电子风驱动的熔融金属流经导电细丝处的熔融硅，就会形成永久性的短路。即使导电细丝没有碰到接触孔，其中的硅也可能熔化并再结晶，形成一个陷阱填充的硅损伤区，最终引起反向偏置 PN 结的泄漏，这种机制导致了在接受 ESD 测试的器件中经常出现的应力后泄漏。幸运的是，导电细丝的形成不会导致延期失效。

在发生 ESD 事件期间，电阻也可能会过热和失效。ESD 事件的持续时间是如此之短，以至于热量能够保持在电阻内部。因此电阻的坚固性主要取决于其体积。薄膜电阻是出了名的脆弱，因为它们的体积极小。出于同样的原因，多晶硅电阻也是有点脆弱的。最坚固的电阻器是由深的轻掺杂扩散区(例如阱区)构成的。

ESD 事件还可以触发本章稍后讨论的其他几种机制，包括热载流子注入效应(参见 5.3.1 节)和雪崩诱导的电流增益退化效应(参见 5.3.3 节)。

2. 预防措施

现代集成电路通常都包含了与其焊盘相连接的 ESD 保护器件。由于 ESD 冲击可能发生在任何两个引脚之间，人们可能会认为每对可能的引脚都需要有自己的 ESD 保护器件，这种设计方案是非常不切实际的，除非电路的引脚数就是最少的。如果我们能够确定一个合适的参考节点，使得所有引脚都可以钳位到该参考节点，那么这样的安排就没有那么复杂了。然后，从每个引脚连接到该参考节点的一个 ESD 器件就能够提供完整的保护。如果(通常情况下)参考节点也连接到某个引脚，则该引脚就不需要自己单独的 ESD 保护器件。任何两个引脚之间的 ESD 冲击最多会通过两个 ESD 器件。ESD 器件的网络将钳位两个引脚相对于基准节点的电压。在大多数集成电路中最明显的参考节点就是衬底。图 5.7 展示了连接到衬底环路的四个 ESD 器件如何保护一个简单的五引脚运算放大器。

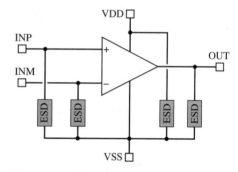

图 5.7　五引脚运算放大器的 ESD 保护方案

与 ESD 器件的连线必须在不产生过大电压降的情况下能够承载较大的电流，2 kV 人体模型的冲击能够产生大约 1.3 A 的峰值电流。为了将其电压降限制在至多几伏的范围内，任何两个焊盘之间的金属化电阻必须不超过大约 2 Ω。我们通常将 ESD 器件放置在它们所要保护的焊盘附近，因此从每个 ESD 器件到其焊盘的连线都是非常短且比较宽的，而公共参考节点的金属化连线则通常采用环绕整个管芯周边环路的形式。

某些焊盘不需要 ESD 保护器件，因为它们与可以保护自己的器件相连接。功率晶体管通常是能够自我保护的器件。一个给定工艺的 ESD 规则应当明确可以自我保护的器件类型及其最小尺寸。

人们可能会认为，通过独立的压焊线连接到同一引脚的多个焊盘不需要单独的 ESD 保护器件，在实践中，只有当我们采用宽金属线将管芯上的多个焊盘连接在一起时，这个结论才是正确的。如果多个焊盘并没有在管芯上连接在一起，那么键合引线的电感就会阻止连接到某个焊盘的 ESD 保护器件在发生带电器件模型事件期间保护另一个焊盘不受静电放电的影响。

某些电路设计可能需要额外的 ESD 器件来保护特定的引脚组。例如，图 5.7 所示的运算放大器就可能需要在其输入引脚 INP 和 INM 之间连接一个额外的 ESD 器件，以保护其输入晶体管免受过大的差分电压的冲击。

某些集成电路可能会包含返回到不同参考节点的子电路，例如模拟接地和数字接地，在这种情况下，每个子系统都需要在其焊盘和参考节点之间设置 ESD 器件，并且还必须在不同的参考节点之间连接额外的 ESD 器件。这种设置的缺点是，出现在两个引脚之间的电应力冲击可能会通过三个甚至更多个 ESD 器件，必须增大这些 ESD 器件的尺寸，以便使得其电阻上的电压降达到最小。

理想的 ESD 器件在通常情况下是不会传导电流的，除非其两端的电压已经达到了超出正常工作电压的阈值，此时它将传导电流而不会进一步增加其两端的电压。有时我们也可以构建出近似于这种行为的保护器件，但是它们都需要有较大的面积来耗散其中产生的高功率水平。依赖于快速折返或速率触发的替代保护策略可以形成更小的保护结构，但是如果不太谨慎的使用这类结构也有可能会导致电路出现故障。14.4 节介绍了各种实用的 ESD 保护器件，并讨论了它们的优点和局限性。

5.1.6　天线效应

等离子体工艺，包括干法刻蚀和灰化处理，都会在晶圆片的表面沉积电荷。裸露的导体材料会收集这些电荷并将其注入薄栅介质中。即使注入的电荷尚不足以引起薄栅介质的瞬间击穿或时间相关的介质击穿，它也会通过增加氧化层中的固定电荷来改变 MOS 晶体管的阈值电压，这种失效机制通常称为等离子体工艺诱导损伤（Plasma Process-Induced Damage，PPID），或者更形象地将其称为天线效应。

1. 失效机理

天线效应的电荷的准确来源目前仍然存在一些争议。等离子体本身含有相同数量的正电荷与负电荷，但是其各处的电荷密度还是会出现局部的波动。交流激发可以瞬间就在不同质量的粒子之间形成电荷分离。相邻管芯的几何结构可能会在更大程度上阻挡各向同性的电子通量，而不是阻挡各向异性的离子通量，这种效应称为电子阴影，这些相关的机制将电荷淀积到晶圆片上。

天线效应的影响取决于所涉及的工艺步骤的性质。以多晶硅的刻蚀工艺为例，在刻蚀的初始阶段，多晶硅仍然是一个完整的片状薄膜，电荷通过光致抗蚀剂上所有的开口处到达多晶硅表面，此时各种局部波动相互抵消，工艺诱发的损伤相对还比较小。随后在进一步的刻蚀工艺过程中，各个独立的多晶硅几何结构相互之间发生分离，由于多晶硅仍然暴露在等离子体环境中，因此每个多晶硅几何结构现在都会吸收其周边环境中的电荷，这些电荷就会向位于各多晶硅下方的某处薄栅氧化层中注入。因此，一个给定的多晶硅几何结构的脆弱性取决于该多晶硅几何结构的周边长度与其下方薄栅氧化层区域面积的比率（通常称之为周长天线比）。该周长天线比越大，则工艺诱发损伤的风险就越高，一旦超过某个阈值，这个风险就会变得令人无法接受。典型的多晶硅周长天线比的阈值为 $100\ \mu\mathrm{m}^{-1}$。

使用氧等离子体去除光致抗蚀剂，称为灰化工艺，也会导致工艺诱发的损伤。在灰化工艺的后期，当大部分的光致抗蚀剂已经被去除时，电荷就会淀积在下层结构的整个表面上。如果我们考虑多晶硅图形化之后的灰化情况，此时电荷就会淀积在所有相互独立的多晶硅几何结构的表面。每个多晶硅几何结构都会收集到与其表面积成比例的电荷量，并向位于其下方某处的薄栅氧化层中注入电荷。因此，一个给定的多晶硅几何结构对工艺诱发损伤的脆弱性取决于该多晶硅几何结构的面积与其下方薄栅氧化层区域的面积之比（通常称之为面积天线比）。该面积天线比越大，面临工艺诱发损伤的风险也就越高。典型的多晶硅面积天线比的阈值是 500。

每个导电层在经历刻蚀工艺和随后的灰化工艺过程中，都会面临着容易受到天线效应影响的问题。因此，每个导电层都有其自身允许的周长天线比和面积天线比。我们来考虑第 2 层金属的情况，在刻蚀工艺的后期，各个第 2 层金属的几何结构已经彼此分离，然而，这些几何结构还有可能通过第 1 层金属或多晶硅层连接在一起。因此，天线效应还不能在逐个几何结构的基础上进行评估。相反，我们必须将电学上连接在一起的各种几何结构的集合定义为一个节点。在第 2 层金属的刻蚀期间，每个节点收集的电荷量正比于该节点暴露在等离子体中的第 2 层金属的外围周长，并且它通过与该节点相连接的多晶硅向其下方的所有薄栅氧化层中注入电荷。因此，某节点的第 2 层金属的周长天线比等于该节点中第 2 层金属的总周长除以与该节点相连接的多晶硅下方的薄栅氧化层面积。类似地，由灰化引起的工艺诱发损伤则取决于第 2 层金属的面积天线比，该比率定义为某节点的第 2 层金属的总面积除以与该节点相连接的多晶硅下方的薄栅氧化层面积。

围绕上面定义的天线规则的有效性还存在着很多争论。一个问题涉及在刻蚀过程中随着整块导体逐渐分离成独立的几何结构而带来的损伤。窄间距的刻蚀清除时间必定晚于宽间距的刻蚀清除时间，因此由最小间距分隔的一组相邻的几何结构在与周边的几何结构分开之后，仍将保持连接在一起。所以我们需要为整个导体组定义一个天线规则，即使这些几何结构在刻蚀工艺完成之后并不属于同一节点，我们把这种现象称为潜在天线效应。我们可以采用扩大或缩小的操作将相邻的几何结构合并成一个整体，由此来编写针对潜在天线效应的天线规则。也有一些研究人员报告了 PMOS 晶体管和 NMOS 晶体管栅氧化层脆弱性的差异，至少在某些情况下，P+ 多晶硅栅的使用似乎会增大工艺诱发损伤，这可能是硼扩散到栅氧化层中产生的缺陷所致。

2. 预防措施

天线比率超出版图设计规则允许值的任何节点都必须重新进行设计，所需采取的具体技术措施取决于涉及的层次。在多晶硅的情况下，可以采用插入金属跳线的方法来降低天线的比率。我们来考虑图 5.8a 中所示的情况，该设计方案中包含一个非常长的多晶硅引线，该多晶硅引线穿过了一个最小尺寸的 MOS 晶体管 M_1，这个多晶硅几何图形的天线比率是相当大的。我们可以将一个短的金属跳线插入到 M_1 旁边的多晶硅引线中，就能够把多晶硅分割成两个几何图形，一块是比较小的覆盖栅氧化层的图形，另一块是比较大的不覆盖栅氧化层的图形，因此这块比较大的多晶硅图形也不代表其更易受损伤，如图 5.8b 所示。金属跳线的插入降低了覆盖 M_1 栅氧化层的多晶硅图形的天线比率，由此构成了更稳健的版图设计方案。

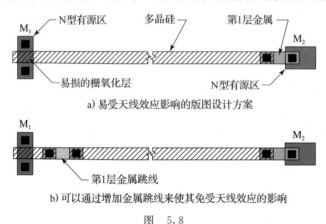

a) 易受天线效应影响的版图设计方案

b) 可以通过增加金属跳线来使其免受天线效应的影响

图　5.8

包含金属层的节点也可能会与 PN 结相连，这样一来，其上收集到的电荷就有可能在造成栅氧化层损伤之前通过 PN 结泄放掉。考虑 P 型衬底工艺中的 N 型源漏区与 P 型衬底之间 PN 结的情况，该 PN 结可以避免节点上的电压下降到低于衬底电位一个二极管的正向导通压降。此外，如果栅氧化层上的最大工作电压不超过 N 型源漏区/P 型衬底之间 PN 结雪崩击穿电压的 1.5 倍左右，则该 PN 结也可以将节点的正电压钳位到安全值。然而，如果没有发生齐纳击穿，从而导致 PN 结反向漏电流不可接受，那么正常工作时 PN 结的雪崩击穿电压一般不会降低到 6 V 以下，因此工作电压为 3.3 V 或更低的 CMOS 工艺在进行等离子体工艺期间不能依赖 PN 结的雪崩击穿来钳位正电压。实验结果已经表明，与 N 型源漏区/P 型衬底结以及 P 型源漏区/N 型阱区结同时相连接的节点能够受到保护免受工艺诱发损伤。N 型源漏区/P 型衬底结可以钳位负电压偏移，而 P 型源漏区/N 型阱区结则可以钳位正电压偏移。P 型源漏区/N 型阱区结正向偏置到 N 型阱区中，这又使得 N 型阱区/P 型衬底结反偏，实验表明，这个 PN 结在等离子体工艺过程中能够泄放惊人的电流。很显然，等离子体发出的紫外光在 N 型阱区/P 型衬底结周围的耗尽区中也会产生电子-空穴对，这种机制只有在金属和多晶硅都不能阻挡紫外线到达 N 型阱区/P 型衬底结时才会起作用，此外，N 型阱区的面积也必须足够大才能产生出足够多的光电流。因此，很多工艺不仅定义了涉及金属和栅氧化层的天线规则，还定义了涉及金属和扩散区的天线规则。如果某个节点违反了金属/栅氧化层的天线规则，我们需要检查其金属/扩散区的天线规则，只有当该节点也违反了这其中的一个规则时，才会形成一个错误。

我们可以通过跳线穿过更高层的金属来消除涉及低层金属的天线违规。采用跳线法无法消除涉及顶层金属的天线违规，此时必须插入 PN 结才能将工艺诱生的电荷泄放掉。如果没有其他器件可以利用的话，一种称为天线二极管的特殊结构可以提供所需要的 PN 结，图 5.9 分别展示了具有 N 型有源区和 P 型有源区的两种天线二极管。N 型有源区天线二极管由设置在 P 型衬底中的一个 N 型有源区构成，而 P 型有源区天线二极管则由设置在一个浮空的 N 型阱区中的一个 P 型有源区构成。P 型有源区天线二极管需要依靠紫外线来照射 N 型阱区/P 型衬底结，因此除了连接到 P 型有源区的引线之外，任何其他的金属或多晶硅都不得在该二极管上或其边缘附近几微米内走线。如果工艺中使用了虚拟金属或虚拟多晶硅，则应在 P 型有源区天线二极管上绘制适当的虚拟阻挡层，并将其向外延伸出等于或大于阱结深度的距离，以避免虚拟图形遮蔽了 N 型阱区/P 型衬底结。

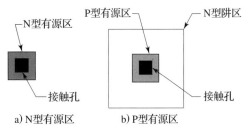

图 5.9　两种天线二极管

5.2　沾污

塑封的集成电路很容易受到某些特定污染物的影响。假设一个器件已经正常制造出来，那么塑料封装内部最初存在的污染物水平是非常低的。现代的模塑化合物都是经过精心配制的，以便阻挡各种外部污染物的渗透，但是没有一种塑封料是坚不可摧的。污染物可以沿着金属引脚和塑封料之间的界面渗入，也可以直接渗透穿过塑封料本身。现代的塑封集成电路面临的两个主要污染问题是干式腐蚀和可动离子沾污。

5.2.1　干式腐蚀

铝如果暴露在水蒸气和离子污染物中就会受到腐蚀，铜如果暴露在水蒸气和氧气中也会受到腐蚀。通常只需要极微量的水就可以引发这种所谓的干式腐蚀。由于水蒸气、氧气和离子污染物几乎无处不在，因此集成电路必须依靠塑封结构才能保护它们免受腐蚀。早期的塑料模压化合物防潮性能非常差，现在的模压复合材料已经有所改善，但是污染物最终还是会渗透到任何塑封结构中。

所有现代的集成电路芯片表面都覆盖着一层钝化保护层，可以起到二次防潮的作用。钝化保护层上还必须打开一些窗口，以便键合引线能够连接到管芯上，同时也让探针能够接触到探针垫。熔丝有的时候也需要额外的开口。此外，钝化保护层也不可能覆盖管芯的边缘。以上这几点都反映了各种污染物抵达金属化区域的一些潜在路径。

1. 失效机理

铝是一种反应性很强的金属，但是它能够迅速地形成一层致密、不可渗透且附着力很强的氧化铝薄膜，从而保护金属免受进一步的侵蚀。只有当某种东西将铝表面的氧化层去除了，腐蚀才会发生。磷含量超过 5% 的磷硅玻璃就具有腐蚀风险，因为水蒸气与磷硅酸盐反应会形成亚磷酸和磷酸，这些酸首先侵蚀氧化铝，然后侵蚀其下层的金属。只要有足够的时间，它们就可以完全将铝金属腐蚀掉。如果同时添加一些硼，则磷硅玻璃中的磷含量可以适当降低，而且还不会影响其回流特性。所得到的硼磷硅玻璃（BoroPhosphoSilicate Glass，BPSG）即使在潮湿的情况下也不易腐蚀铝金属化系统。很多现代的集成电路工艺已经采用氮化物保护层取代了磷硅玻璃保护层，因为氮化物保护层具有更强的耐腐蚀特性。

卤化物离子在有极微量水存在的情况下也会腐蚀铝。普通的食盐（氯化钠）就提供了丰富的氯离子来源，渗透到集成电路中的水分会将氯离子输送到芯片的表面，在那里它们就会侵蚀任何裸露出的铝金属化系统。

多溴阻燃剂在 20 世纪末得到广泛使用，这类化合物在超过 250 ℃ 的温度下就开始分解，并释放出溴离子，这就会导致类似于氯离子引起的腐蚀问题。欧盟于 2003 年通过的《有害物质限制指令》(RoHS)限制了多溴联苯醚的使用。模塑化合物制造商对此的反应则是从其配方中去除了所有的多溴阻燃剂。具有讽刺意味的是，一家制造商用红磷取代了这类化合物。尽管使用了据称可以钝化磷元素的涂层，但是腐蚀诱发的失效还是很快就发生了。今天的模塑化合物既不使用卤化有机物，也不使用红磷，但是它们仍然很容易受到外部环境中的水蒸气、氧气和氯化物的影响。

2. 预防措施

尽管沾污问题似乎完全超出了版图设计师的控制范围，但是我们仍然可以采取多种措施来最大限度地降低钝化保护层的脆弱性。设计师应尽量减小钝化保护层上所有开口的数量和面积，投入批量生产的管芯上就不应包含任何非制造工艺所绝对必需的开口，如果设计师还希望包含一些额外的测试垫用来进行芯片的评估，那么这些测试垫的钝化保护层去除就必须占用一个特殊的测试垫钝化保护层去除掩模。当产品投入生产时，则应重新制作一个钝化保护层去除掩模，以便"关闭"所有的测试垫开口。

金属应该在所有四边上与键合焊盘的开口相重叠，重叠量应足以补偿光刻对准偏差。金属键合焊盘将保护其下方的氧化层免受水蒸气和其他污染物的侵入。多晶硅熔丝或金属熔丝处的钝化保护层开口面积应尽可能小，除了熔丝本身外，其他任何类型的电路都不应出现在上述钝化保护层的开口内或其附近。

如果键合引线使用铜线而不是金线，则必须考虑使用镀钯的铜线而不是纯铜线，镀钯的包覆层能够最大限度地减少高温下引线的腐蚀。当使用更细直径的键合引线时，这一考虑就显得尤为重要，因为腐蚀到一定深度会给小直径的键合引线带来不成比例的更大影响。

5.2.2 可动离子沾污

大多数离子污染物在低于 500 ℃ 的温度下不可能依靠扩散通过二氧化硅。然而，某些碱金属离子，包括锂、钠和钾，即使在室温下也可以自由移动。氢离子在相对比较低的温度下也可以在硅中移动。钠是迄今为止最麻烦的可动离子，因为它几乎无处不在。

1. 失效机理

可动离子沾污会导致 MOS 晶体管的阈值电压随着时间发生漂移。图 5.10a 展示了一个被钠离子沾污的 NMOS 晶体管的栅氧化层。带正电荷的钠离子最初分布在整个栅氧化层中，也存在相同数量的负电荷，但是与钠离子不同的是，这些负电荷在正常的工作温度下是保持不动的。

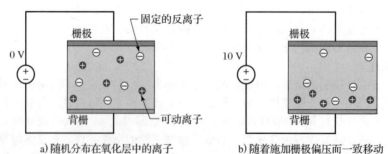

a) 随机分布在氧化层中的离子　　　　b) 随着施加栅极偏压而一致移动

图 5.10　偏压下可动离子的行为

图 5.10b 显示了相同的栅介质层施加正栅极偏压后的情形。钠离子向负偏置的背栅漂移，留下了固定的负电荷。沟道附近正电荷的存在降低了 NMOS 晶体管的阈值电压，阈值电压偏移的幅度取决于氧化层中存在的钠离子数量以及之前的热处理，因为暴露于高温中会固定部分

的钠离子。发生偏移所需的时间取决于温度、偏压以及与氧化层相邻的材料。在高温下，偏移可能在不到 1 s 的时间内就能基本完成，而在室温下则可能需要几个小时。

可动离子引起的阈值电压偏移可以通过在高温下（例如，200～250 ℃）短时间的烘烤未施加偏置的器件来得到恢复。但是，这种恢复只是暂时性的。一旦重新施加偏置，器件的阈值电压就会再次发生偏移。

2. 预防措施

在工艺制造过程中，一些可动离子会不可避免地被混入到集成电路中。通过使用高度纯化的化学制品和特殊的加工技术，我们可以将这种污染源降至最低。MOS 工艺通常会采取一些非同寻常的步骤来保持工艺的洁净度，但是仅凭这些步骤并不能完全消除器件阈值电压的变化。目前已经开发了几种专门针对可动离子污染的预防对策。

金属栅 CMOS 器件的制造商曾经试图通过向栅氧化层中添加磷来稳定其阈值电压，因为磷能够以某种方式固定或吸收钠离子。早期的研究人员认为钠离子被静电吸引到附着在磷原子上的非桥接氧原子上，但是最近的研究结果对这些非桥接氧原子的存在提出了质疑，而是提出了其他的假设机制。磷的稳定消除了由可动离子污染引起的与时间相关的阈值电压偏移，但是具有讽刺意味的是，它本身也引入了类似的偏移。与磷原子相关的电荷在强电场的作用下可以略有移动，这种现象称为介质极化或浸润。因此即使不存在可动离子，磷掺杂的栅氧化层也会表现出很小的阈值电压偏移。由介质极化引起的阈值电压偏移幅度是高度一致的并且相对比较小，通常不超过几毫伏。最近人们已经使用磷掺杂的多晶硅栅电极来代替磷掺杂的栅氧化层。多晶硅中的磷能够将钠离子固定在氧化层与多晶硅的界面处，且不会引入显著的介质极化。

另一种工艺改进是将气态的氯源引入到氧化炉管中，最初使用的是氯气和氯化氢，但是很快就被毒性和腐蚀性更小的化合物取代，如三氯乙烯和三氯乙烷。氯原子似乎能够在氧化层和硅的界面处分凝出来，在此它们可以捕获并中和各种可动离子。

现代的集成电路制造厂在消除成品硅晶圆片中可动离子方面已经做得非常出色了，在这些工厂中生产的多晶硅栅 CMOS 晶体管由于可动离子而表现出的阈值电压偏移已经远小于 1 mV。然而透过封装渗入的水蒸气仍然可以携带来自外部环境的钠离子，改进的封装材料可以减缓但是并不能完全阻止这一过程，因此钝化保护层在保护集成电路免受可动离子污染方面仍然起着至关重要的作用，钝化保护层通常是由对可动离子相对不可渗透的氮化硅组成，或者是由能够固定离子的磷硅玻璃组成。

钝化保护层上的任何一个开口都代表了可动离子进入到管芯中的一个潜在途径。钝化保护层上最明显的开口是用于引线键合焊盘、探针垫和测试垫的开口，设计规则要求金属层在这些开口处留有足够的重叠余量，以确保光刻未对准时也不会通过氮化硅保护层上的开口裸露出氧化层。污染物可能会沿着金属和钝化保护层之间的界面渗入到氧化层中，因此大多数设计规则鼓励设计师"关闭"批量生产晶圆片上的测试垫开口，这通常需要制作两个单独的钝化防护层光刻掩模，一个在测试垫上有开口用于芯片的实验室评估，另一个没有这些开口则用于产品的大生产。

某些使用熔丝的制造工艺也需要在熔丝上方的钝化保护层上开口，这些开口同样代表了污染物可能进入的途径。因此熔丝应该尽量远离任何敏感的模拟电路，尤其是要求相互匹配的 MOS 晶体管。

划片道代表了可动离子进入到氧化层中的另一种可能的途径。划片道是设置在相邻管芯之间未使用的条状硅区，以便为切割锯片在其间通过留出空间。早先的工艺需要裸露出硅的划片道，因为金属可能会污染锯片，而氧化层和钝化保护层也往往会开裂和脱落。带有钨插塞通孔或大马士革镶嵌铜金属化的新工艺则省略了划片道上的接触孔和通孔开口，但是它们通常保留了在钝化保护层上的开口，因为该层的厚度使得其特别容易开裂和脱落。

一种设置在管芯外围的特殊结构称为划片密封环，它可以减缓水蒸气和可动离子等污染物侵入到层间介质和场区氧化层中的速度，划片密封环还能够阻止裂纹穿透到硅有源区中。

图5.11a展示了单层金属CMOS工艺中一个典型的划片密封环结构，该结构主要由围绕管芯有源区的带状窄接触孔组成，这个接触孔必须是一个连续的带状环，中间没有任何中断的缝隙，因此它可以阻止可动离子通过场区氧化层的横向扩散。设置在接触孔上方的金属和设置在接触孔下方的P型扩散区使得它还可以兼作衬底的接触。这种设计安排非常方便，因为构成划片密封环一部分的金属板增加了通常包围管芯的衬底接地环的宽度，因而也就降低了其接地电阻。

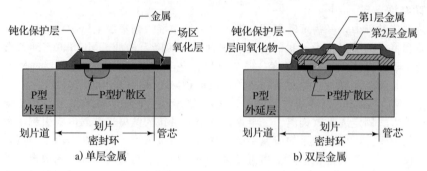

图5.11　CMOS或BiCMOS工艺的划片密封环结构，在某些情况下也可以在划片道上设置其他的扩散区

图5.11a所示的划片密封环还包含了第二个污染屏障，该屏障通过将钝化保护层延伸到划片道的裸硅上而形成。任何试图穿透划片密封环到达氧化层的可动离子首先必须向下越过这个翻盖，然后在到达管芯有源区之前还要通过连续的接触环。使用氮化硅或氮氧化硅作为钝化保护层的工艺通常禁止这些材料与裸硅之间的直接接触，因为由此产生的机械应力会在硅中产生缺陷。但是这个工艺包括一个特殊的例外，即钝化保护层可以向下翻盖到划片道中，因为它相对远离任何有源器件。

图5.11b展示了用于双层金属CMOS工艺的划片密封环，该密封环包含了第三道屏障，第三屏障由正好放置在接触环内部的连续通孔环组成。该通孔环可以防止污染物通过金属层之间的层间氧化物扩散。具有附加金属层的工艺要求在每对相邻金属层之间具有通孔环，如果版图设计规则允许接触孔和通孔重叠，那么通孔环和接触孔环可以位于彼此之上。

图5.11所示的划片密封环可以保护几乎所有的管芯，但是衬底的接触孔环可能需要不同类型的扩散区，这主要取决于具体的工艺流程。例如，标准的双极型工艺可以使用隔离区和基区扩散的组合，而不是P型源漏区。隔离区可能会延伸到有源管芯的边缘，因为大多数的设计师都会使用衬底接触来包围管芯。无论使用的扩散区掺杂类型和程度如何，划片密封环的功能都将保持不变。

介质隔离工艺通常采用一个或多个深沟槽隔离环作为其划片密封环的一部分，这些环实际上并不是为了阻止可动离子的进入，而是为了防止掩埋氧化层（Buried Oxide，BOX）和表面硅层之间的分离，这种界面相对比较弱，因为晶圆片的直接键合并不能形成完美的分子结合。锯切划片和组装过程中产生的应力会导致层间分离，这种分离通常从管芯边缘开始并向内部发展。隔离密封环可以在层间分离侵入到管芯的有源区之前协助阻止这种分离。由于尖角会导致应力集中，因此通常在隔离环的拐角处采用大半径的圆角。

5.3　表面效应

许多失效机制发生在硅表面，或者更准确地说，是发生在硅和其上面覆盖的氧化层之间的界面处。其他的机制还涉及层间氧化物与氮化物钝化保护层之间的界面，或钝化保护层与塑料密封剂之间的界面。所有这些失效机制，统称为表面效应，要么涉及表面陷阱的产生，要么涉及电荷沿着界面的移动。实际的例子包括热载流子注入、偏置温度不稳定性、齐纳蠕变、雪崩诱发的电流增益退化以及电荷扩展。

表面效应会导致在外加偏置条件下的参数逐渐偏移。这种偏移发生的速度可能会有巨大的差别，在某些情况下，这种偏移发生在不到1 s的时间内，而在另外一些情况下，则有可能会持续数月甚至数年。这种参数偏移会在取消外加偏置后停止，并在重新施加偏置时恢复参数偏移。

由表面效应引起的参数偏移可以通过将受影响的单元从环境中移出并在高温下烘烤这些单元来恢复。这种无偏置条件的烘烤通常需要 150～300 ℃ 的温度，持续十分钟到几个小时。上述温度范围的低端温度将逆转电荷的扩展，而接近上限的温度将部分逆转陷阱诱导的效应。一旦我们将这些单元再次置于偏置状态，其参数偏移就会重新出现。

5.3.1　MOS 晶体管中的热载流子注入

一个电子大约需要 3.1 eV 的能量才能越过硅-氧化层界面，而一个空穴则大约需要 4.8 eV 的能量。在低电场下，这两种极性的载流子都与晶格处于热平衡状态，因此被称为热平衡载流子。热平衡载流子的能量是随机分布的，其平均值等于 $3kT/2$，其中 k 是玻耳兹曼常数($86\ \mu eV/K$)，T 是以开尔文为单位的绝对温度。在 25 ℃(298 K)时，平均的热运动能量大约为 30 meV。很少有载流子具有超过 10 倍的平均热运动能量，因此几乎没有处于热平衡状态的载流子能够穿透硅-氧化层界面。

强电场可以很快地加速载流子，使得它们在晶格碰撞之间建立起可观的速度，因此这些载流子获得了远大于其平均热运动能量的平均动能，这样的载流子我们通常称之为热载流子。这个术语实际上属于用词不当，因为温度的概念仅对处于热平衡状态的系统适用，而所谓的热载流子与晶格之间并没有处于热平衡状态。

几兆伏每厘米的电场就可以产生出少量的热载流子，其能量足以越过硅-氧化层界面，这种机制称为热载流子注入(Hot-Carrier Injection，HCI)，它可以引起 MOS 晶体管的跨导和阈值电压发生永久性的偏移。

1. 失效机理

在 MOS 晶体管中可以出现几种不同的热载流子注入机制，其中最重要的是沟道热载流子(Channel Hot-Carrier，CHC)注入。我们考虑一个工作在饱和区中的 NMOS 晶体管(见图 5.12)，其漏源电压的绝大部分出现在夹断区，这个短距离内的大电压意味着存在强电场，该电场在漏区-背栅冶金结界面处达到峰值。在足够高的电场作用下，流过夹断区的电子就会变成热载流子。当这些热电子与晶格发生碰撞时，它们就会产生出额外的电子-空穴对，其中的空穴向下漂移穿过耗尽区并通过衬底背栅流走，而大多数电子则漂移到漏区，但是有少量的电子则会以足够高的能量被散射出晶格，并穿透硅-氧化层界面。这些所谓的幸运电子会穿过栅介质，由此形成的栅电流则远小于背栅电流，通常要比衬底背栅电流低 3～5 个数量级。背栅电流很容易测量出来，因此广泛用于量化热载流子注入的程度。然而，产生衬底背栅电流和栅极电流的机制是不同的，因此热载流子注入引发的各种效应不一定与注入的背栅总电荷呈线性关系。

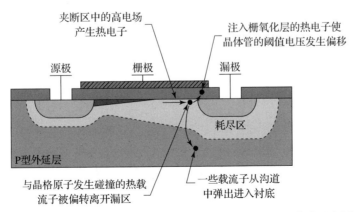

图 5.12　一个 NMOS 晶体管中沟道热载流子产生机制的简化示意图

上述讨论意味着注入栅氧化层中的载流子主要是由电子组成的。实际上，电子和空穴都会注入栅氧化层中，但是具体每一种载流子的注入量则因其栅-源电压和漏-源电压的不同而有所变化。考虑一个工作在较大漏-源电压下的 NMOS 晶体管的情况，当栅-源电压略低于阈值电压时，亚阈值电流开始往夹断区中注入少量的电子，这些电子被加速到较高的速度，并通过碰撞电离产生出额外的空穴和电子，空穴被加速流回源区。此时夹断区相对于栅极被偏置在相对比较高的电压，因此垂直方向的电场会将这些空穴推向氧化层界面。耗尽区中的空间电荷降低了空穴越过氧化层界面所需的能量，这种现象称为能带弯曲[⊖]。强电场的存在也降低了通过所谓的肖特基效应越过界面所需的能量，这些机制加在一起使得空穴注入栅氧化层中的数量超过电子的注入。在这些条件下，就会有一个常规的电流从栅极流出。随着栅极电压的升高，垂直方向的电场逐渐减小，空穴的注入也逐渐减少。此外，由于流过夹断区的电流增大，电子的注入有所增加，因此常规电流现在变成往栅极流入了。当栅极电压接近漏极电压时，横向电场减小，电子的注入也随之减少。

沟道热载流子注入也会发生在 PMOS 晶体管中。由于硅中空穴的迁移率明显低于电子，因此在 PMOS 器件中支持沟道热载流子注入所需的电场大约是 NMOS 器件中所需电场的两倍。一旦发生碰撞电离，电子就开始往衬底背栅处漂移，同时电子和空穴都有可能被散射到栅氧化层中。在较低的栅-源电压下，电子优先注入 PMOS 器件的栅氧化层中，原因与空穴注入 NMOS 器件的栅氧化层相同。空穴的注入在较大的栅-源电压下则会变得更加显著。

总之，NMOS 器件比 PMOS 器件更容易受到沟道热载流子注入的影响，因为电子比空穴具有更高的迁移率。然而，NMOS 和 PMOS 器件都可以表现出沟道热载流子，只有当漏-源电压超过某个由载流子极性、掺杂水平和漏区几何形状共同确定的临界值时，才会出现热载流子。超过该阈值，热载流子电流会随着漏-源电压的增加而不断增大。栅-源电压也起着一定的作用，当栅-源电压等于漏-源电压的大约 40% 时，栅极电流将达到其最大值，在更高的栅极电压下，栅极电流则会减小。

在 MOS 晶体管中还可能发生其他几种不同类型的热载流子注入，其中，漏区雪崩热载流子(Drain Avalanche Hot-Carrier，DAHC)注入是特别令人感兴趣的，因为它就发生在电可编程只读存储器(EPROM)的晶体管中。当一个 MOS 晶体管工作在雪崩击穿状态时，其漏区-衬底背栅结耗尽层上的强电场通过碰撞电离会产生出大量的热空穴和热电子，某些热载流子散射脱离晶格原子，并被推动越过硅-氧化层界面进入栅氧化层中。漏区雪崩热载流子注入通常发生在正常工作时漏-源电压比较高的 MOS 晶体管中，其效果是进一步增加了沟道热载流子效应带来的影响。

热载流子注入栅氧化层中会通过多种机制对器件造成损伤。第一种(可能也是最主要的)机制就是脱氢。无序的大分子氧化物网络无法与(100)晶面的硅晶格精确对准，氧化层中的某些原子占据了一些导致它们无法与硅晶体中邻近原子相结合的位置，从而产生了带有不成对价电子的三价硅原子，这被称为悬挂键。在工艺制造的最后阶段，通常利用氢迁移穿过氧化层并与这些悬挂键反应形成硅-氢键。但是当受到大量连续的热载流子冲击时这些硅-氢键就会发生断裂，因此热载流子注入通过脱氢沿着硅表面再生出大量的悬挂键。第二种机制涉及氧化层中的电子捕获，形成了局部的负电荷。第三种机制涉及氧化层大分子中应变硅-氧键的断裂。器件物理学家还在继续争论这些不同机制之间的相对重要性，因为这些机制对于 NMOS 晶体管和 PMOS 晶体管的作用是有所不同的。

热载流子注入降低了 NMOS 晶体管的跨导，这种效应在线性区中最为明显，此时沟道在陷阱位置的下方扩展，因此会受到其中电荷的影响。PMOS 晶体管的跨导在线性区和饱和区中都会发生漂移，但是漂移的程度小于 NMOS 晶体管。PMOS 晶体管的跨导既有可能降低也有可能增加，一般认为这些漂移涉及界面陷阱引起的迁移率降低和氧化层中负电荷的积累。在

⊖ 这个说法是不准确的。——译者注

NMOS 和 PMOS 晶体管中，阈值电压的漂移并不是与总的栅极注入电荷呈线性关系的。在很多情况下，阈值电压首先向负电压方向漂移到较低甚至较负的电压，然后再往正电压方向漂移。最初向负电压方向漂移可能是因为热载流子使悬挂键脱氢，并形成了氧化层中的固定正电荷。热电子注入后就中和了这些正电荷，使得阈值电压又恢复到原始值。进一步的热电子注入又给陷阱加载电子，并使得阈值电压比原始值增大了几十甚至几百毫伏。

通过栅氧化层注入的电流也会引起器件特性的退化，其退化机制与时间相关的介质击穿机制相同（参见 5.1.4 节）。在大多数情况下，在与时间相关的介质击穿效应引发灾难性的失效之前，会发生显著的器件特性退化。

2. 预防措施

热载流子退化可以通过限制器件工作区、修改器件结构甚至简单地加大器件沟道长度来达到最小化，我们将对这些方法进行简要的讨论，因为它们主要涉及电路和器件的设计，而不是版图的设计。

第一种方法涉及限制器件的工作区，以便使得热载流子效应引起的参数偏移达到最小。首先我们必须将器件参数的漂移量化为时间、漏-源电压 V_{DS} 和栅-源电压 V_{GS} 的函数。对于 NMOS 晶体管，通常的方法是测量在不同的 V_{DS} 和 V_{GS} 条件下将器件线性区跨导降低 10% 所需要的时间，该数据通常显示为允许的工作时间（或占空比）随 V_{DS} 及 V_{GS} 变化的等高线图，如图 5.13 所示。我们也可以根据其他标准来构建类似的显示工作时间的图，例如以 10 mV 的阈值电压漂移量作为判据。

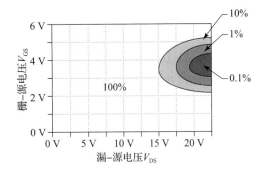

图 5.13　NMOS 晶体管允许的占空比与 V_{DS} 及 V_{GS} 的关系图，工作时间定义为线性区跨导降低 10% 所需的时间（假设工作寿命为 100 000 h）

模拟电路中的某些晶体管对于阈值电压漂移是特别敏感的，例如，比较器中输入差分对的两个晶体管就经常工作在不同栅极电压的情况下，如果这些晶体管中发生热载流子注入，它们就会经历不同的阈值电压漂移，从而产生输入失调电压。电路设计师可以通过插入共源共栅结构来均衡匹配晶体管上的漏-源电压，使得这个问题得到缓解。

第二种方法涉及重新设计晶体管的结构，以降低夹断区中的峰值电场，这是漏区工程的一个实例。可以降低衬底背栅的掺杂浓度，以便允许夹断区进一步延伸到衬底背栅中，这会进一步加剧沟道长度调制效应，并且也需要增大最小允许的沟道长度。这个问题可以通过仅在漏区附近降低衬底背栅的掺杂浓度来达到最小化，该方法将夹断区限制在一个相对明确的空间体积内，这个体积在较低的漏-源电压下就能够完全耗尽。降低表面电场（RESURF）晶体管（参见 13.1.5 节）就利用了这一概念。

另一种类型的漏区工程就是降低漏区掺杂浓度，这使得耗尽区能够进一步延伸到漏区而不是沟道中，从而在不改变衬底背栅掺杂浓度的情况下减小峰值电场，所获得的器件可以保持短沟道，并且不会带来更严重的沟道长度调制效应，也不会导致器件安全工作区的减小，然而较低的漏区掺杂浓度确实会增加导通电阻。这种漏区工程的实例包括轻掺杂漏区（Lightly Doped Drain，LDD）和双掺杂漏区（Double-Doped Drain，DDD）晶体管（参见 12.2.7 节）。

还有一种类型的漏区工程主要侧重于减少热载流子对悬挂键的影响，在氘气氛而不是氢气氛中对硅晶圆片进行退火可以将热载流子退化的速率降低到原来的十分之一甚至更少，氘是氢的一种同位素，其原子量是氢的两倍，其质量的增加导致氘通过一种称为巨型同位素效应的机制强烈抵抗热载流子激发的解吸。氘退火晶体管的阈值电压和跨导比传统的氢退火器件稳定得多。但是，需要采用特殊的密封设备来避免昂贵的氘气损失。另外研究人员还提出了一种涉及向栅氧化层中添加少量氮的替代方法。

减少热载流子注入影响的第三种(也是最后一种)方法就是简单地延长晶体管的沟道长度,由于热载流子注入仅发生在漏区附近,因此随着器件沟道长度的增加,对阈值电压和跨导的总体影响也会减小。通过将沟道长度增加 $0.5\sim2\ \mu m$,我们通常可以获得额外几伏的工作电压裕度。

5.3.2 齐纳蠕变及其逆转

电路设计师习惯性地将任何工作在反向击穿状态的 PN 结二极管称为"齐纳二极管"。如果击穿发生在表面附近,通常情况下都是这样,则该器件称为表面齐纳二极管。大多数这样的器件都具有超过 6 V 的击穿电压,因此它们主要是通过雪崩击穿机理来传导电流的。热载流子注入有可能导致表面齐纳二极管的雪崩击穿电压随着时间发生变化。经典的例子涉及一个由标准双极型工艺中基极-发射极结所形成的齐纳二极管。这种器件的击穿电压随着注入总电荷的增加而增大,这种现象被称为齐纳蠕变。蠕变率(即电压对电荷的导数)随着电荷的增加而不断减小,最终击穿电压逐渐收敛到比初始击穿电压高几百毫伏的数值上,如图 5.14a 所示。

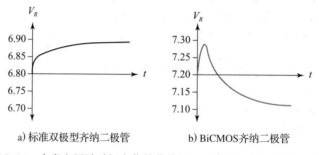

a) 标准双极型齐纳二极管   b) BiCMOS齐纳二极管

图 5.14 击穿电压随时间变化的曲线图,二者均工作在恒定电流下

在 BiCMOS 工艺中形成的表面齐纳二极管也表现出了击穿电压的偏移,但是这种偏移通常包含了一个在标准双极型器件中所没有的拐点,也就是说其击穿电压不是逐渐收敛到一个最终值上,而是先增大到一个最大值,然后再开始下降,如图 5.14b 所示。这种下降的速率逐渐减慢,并且击穿电压逐渐逼近一个比初始击穿电压低几百毫伏的最终值。击穿电压随着注入电荷的增加而下降的现象称为齐纳逆转(或回退)。

采用 $0.7\ \mu m$ BiCMOS 工艺中的 N 型源漏区与深阱扩散区形成的二极管已经被观察到出现了 $200\sim300\ mV$ 的蠕变,然后回退了 $300\sim500\ mV$。在极特殊的情况下,研究人员已经观察到了几伏的击穿电压蠕变。看起来两个完全一模一样的齐纳二极管也可以表现出截然不同的击穿电压蠕变特性。

1. 失效机理

在一个采用标准双极型工艺形成的齐纳二极管中,存在发射极扩散区被推进到更低掺杂浓度的基极扩散区中的现象,如图 5.15a 所示。由于基极扩散区在表面处的掺杂浓度最高,因此耗尽区在此处变窄,器件表现为表面齐纳击穿。二氧化硅中的大分子网络与(111)硅晶面之间

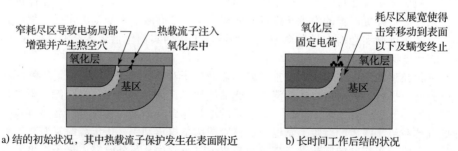

a) 结的初始状况,其中热载流子保护发生在表面附近   b) 长时间工作后结的状况

图 5.15 齐纳蠕变经典模型的简化示意图

的位错产生了大量的悬挂键，这些悬挂键在多晶硅淀积和欧姆接触烧结过程中已经被氢原子钝化。但是注入的热载流子能够打破这些硅-氢键并再生出悬挂键，于是这些悬挂键就可以捕获空穴。在齐纳二极管阳极上方出现的正电荷将导致其耗尽区在表面处变宽，如图 5.15b 所示。这种变宽反过来又导致齐纳二极管蠕变。最终，所有的硅-氢键都被打破，氧化层中固定的正电荷收敛到一个最终值。因此，蠕变放缓并最终停止。研究人员已经观察到几百毫伏的总偏移，他们在无偏压条件下采用 200～250 ℃ 的烘烤将部分地(但不是完全地)逆转这些器件中的齐纳蠕变。在某些情况下，室温下长时间保持无偏压状态的器件中也已经出现了部分的齐纳蠕变逆转现象。

　　研究人员发现，脱氢过程中释放的氢还可以扩散到硅中，氢原子可以较弱地与硼掺杂原子结合，一旦发生这种情况，硼原子就不再电离，因此 P 型硅的有效掺杂浓度就会降低，这种机制称为氢补偿，它已经被用于解释在某些过程中观察到的齐纳蠕变和随后几伏的齐纳逆转现象。表面雪崩击穿产生的热载流子可以解吸氧化层-硅界面处的氢原子，由此形成的一些氢离子会扩散到耗尽区中，在那里它们会与硼离子络合，从而降低了 P 型掺杂浓度，导致耗尽区展宽，并增大雪崩击穿电压。当击穿转移到表面以下时，就不再释放出更多的氢，弱的硼-氢络合物也会逐渐分解。由此导致耗尽区变窄，击穿电压回落。在接近 100 ℃ 的温度下工作在低电流的器件中，这种效应影响的程度似乎是最严重的。在一块集成电路中，当测试焊盘上钝化保护层的开口已经通过更换掩模而关闭之后，就会开始出现齐纳蠕变和随后几伏的齐纳逆转现象。钝化保护层通常是由淀积的下层氧化物和上层具有压应力的氮化物组成。金属系统使用了合成气体进行退火处理，该工艺已知会增加层间氧化物中的氢含量。但是如果不把测试焊盘上钝化保护层的开口关闭的话，这些氢原子就可能已经通过测试焊盘开口处裸露的氧化物侧壁逸出了。

　　某些采用钛钨难熔金属阻挡层或硅化钛改造过的工艺已经表明可以减小齐纳蠕变。这个减小的原因尚不确定，可能是氢原子在到达氧化层界面处之前就已经被吸除掉。

2. 预防措施

　　热载流子注入仅发生在表面齐纳二极管中。包含高能离子注入或埋层的结构可以将雪崩击穿限制在氧化层界面以下一微米或更深的区域(参见 11.1.2 节)，这种埋入式齐纳二极管就不会表现出齐纳蠕变或齐纳逆转现象。

　　埋入式齐纳二极管构成了某些高精度电压基准源的基础。雪崩击穿电压呈现正的温度系数，而齐纳击穿电压呈现负的温度系数。选择合适的掺杂浓度可以生产出击穿电压为 5～6 V 的二极管，并且其击穿电压随温度变化非常小，这种类型的埋入式齐纳二极管称为电压基准源二极管。

　　场板已被建议作为稳定表面齐纳二极管的一种手段。场板就是一个施加了特定偏置电压的导体板，它可以给位于其下方的氧化层建立电场，以便控制硅中载流子的耗尽或积累，场板实际上也构成了 MOS 电容器的栅电极。相对于 P 型衬底扩散区施加正向偏置电压的场板倾向于耗尽 P 型衬底的表面。场板还可以展宽现有的耗尽区，并驱使雪崩击穿位置由表面处移动到表面以下。

　　构造一个场板控制的基区-发射区齐纳二极管的通常方法涉及将场板连接到发射极，但是，发射区-基区之间的击穿电压还是太低了，尚不足以使得该场板能够对基区-发射区结的耗尽层产生显著的影响，实验结果也证实了上述分析。不过我们仍然建议增加一个发射极场板，以便缓解电荷扩展效应(参见 5.3.5 节)，该场板应当由与发射极相连的第 1 层金属构成，并将其延伸到所绘制发射区边缘以外几微米处，以便包容发射区外扩散和边缘杂散场的影响。如果有必要的话，还可以将基区接触孔向外移动，以便为发射极场板腾出空间，如图 5.16 所示。

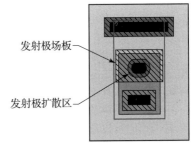

发射极场板

发射极扩散区

图 5.16　应用于标准双极型结构中基区-发射区齐纳二极管的发射极场板

另一种类型的场板是由第1层金属构成的一个环形结构，该环形结构并不与发射极相连，而是连接到一个独立的高压电源上。通过施加足够高的电压就应该能够驱使雪崩击穿发生在表面以下，从而最大限度地减少齐纳蠕变和齐纳逆转现象。然而，目前似乎还没有任何能够证明这种独立偏置场板有效性的实验证据发表出来。

5.3.3 雪崩诱发的电流增益退化

双极型晶体管的基区-发射区结发生雪崩击穿可以显著地降低其电流增益，并非所有的晶体管都同样容易受到这种效应的影响，例如，标准的双极型垂直 NPN 型晶体管就比相应的横向 PNP 晶体管更容易受到影响，多晶硅发射极晶体管通常也比扩散发射区晶体管更容易受到影响。有人也观察到基区-集电区结的雪崩击穿也会降低某些器件的电流增益。这种电流增益的退化通常在低电流下比在高电流下更为明显，例如，某个分立的 NPN 型晶体管小电流下的放大倍数下降了接近 80%，而其大电流的放大倍数仅下降了大约 12%。电流增益的退化量随着反向偏置结上注入电荷总量的增加而增大，并逐渐接近某个极限值。无偏置的烘烤至少可以部分地逆转雪崩诱发的电流增益退化。对于分立的 NPN 型和 PNP 型晶体管，在 250 ℃ 下无偏置的烘烤两分钟可以逆转 60% 的退化，而在 300 ℃ 下烘烤五分钟则可以逆转 95% 的退化。

1. 失效机理

导致上述效应的机制与在 MOS 晶体管中引起热载流子注入效应(参见 5.3.1 节)以及齐纳蠕变(参见 5.3.2 节)的机制相同。沿着氧化层界面产生的陷阱可以起到复合中心的作用，它们能够增大表面复合速率。当这些陷阱出现在发射区-基区结耗尽层上方时，它们就会不成比例地影响小电流下的放大倍数。

虽然垂直的 PNP 型晶体管也经常表现出雪崩诱发的电流增益退化，但是标准双极型工艺中的横向 PNP 型晶体管通常没有这种现象，这种免疫特性可能是由于横向的 PNP 型晶体管在发生雪崩击穿之前已经出现了基区穿通。

多晶硅发射极晶体管(参见 9.3.5 节)的行为与扩散发射区晶体管有所不同。多晶硅发射极晶体管的发射区扩散非常薄，其正上方是单晶硅和多晶硅发射极接触窗口之间的界面，沿着该界面存在一些悬挂键，并且这些悬挂键和沿着氧化层-硅界面处分布的悬挂键一样都已经被氢钝化。与之不同的是，扩散发射区晶体管只有发射区-基区结耗尽层的周边位于表面附近，这种差异解释了为什么多晶硅发射极晶体管比扩散发射区晶体管更容易受到雪崩诱发的电流增益退化效应的影响。

在某些多晶硅发射极晶体管中已经观察到了另外一种形式的电流增益变化，在这些器件中，经历了集电极大电流下工作之后的器件，其中等电流下的电流增益会略有增大，这种效应似乎是由氢迁移到多晶硅发射极的界面处引起的，氢可能会束缚悬挂键，从而减少界面处的复合。当然也并非所有的多晶硅发射极晶体管都表现出了这个效应。

2. 预防措施

多晶硅发射极晶体管中导致电流增益退化的陷阱也可以被掺杂剂原子钝化，因此发射区多晶硅的掺杂浓度越高，晶体管就越不容易受到雪崩诱发的电流增益退化效应的影响，而且砷掺杂似乎比磷掺杂更加有效。增加掺杂浓度可以减少但是并不能完全消除雪崩诱发的电流增益退化效应。

要想避免雪崩诱发的电流增益退化，最好的办法就是绝对不要使基区-发射区结的反向工作电压超过其击穿电压 V_{EBO} 的大约 75%。多晶硅发射极晶体管特别容易受到这种失效机制的影响，因此永远不要使其工作在超过几伏的 V_{EBO} 下。

连接到引脚的基区-发射区结很容易受到静电放电(ESD)冲击引起的电流增益退化效应的影响，我们可以通过增加特殊的 ESD 保护钳位电路来保护发射区-基区结(参见 14.4.2 节)。有的时候还可以重新设计电路，以避免将基区-发射区结连接到引脚上。

5.3.4 负偏置温度不稳定性

表面效应还导致另一种形式的长期变化，这种变化主要影响 PMOS 晶体管，每当栅极相对于源极和背栅被负偏置时，该机制就会导致 PMOS 晶体管的阈值电压向下漂移（也就是变得更负），而且高温还会加速这种机制，因此称之为负偏置温度不稳定性（Negative-Bias Temperature Instability，NBTI）。虽然阈值电压漂移是 NBTI 最突出的特征，但是器件的跨导也会因此而降低。

可以通过在高温下烘烤无偏置的器件来使其 NBTI 效应得到部分或完全逆转。然而，最近的一些观察表明，即使在 25 ℃ 下，部分的 NBTI 漂移也会在去除偏压的几秒钟内消失，长期以来这种所谓的 NBTI 恢复一直被人们忽视了，因为它恰好发生在从测试电路中取出器件到测量其电气参数的这个时间段内。NBTI 恢复可以解释交流激励产生出比直流激励更少的 NBTI 漂移量的观察结果，器件无偏置条件下经历的这段时间使得有外加偏置条件下产生的漂移部分被逆转。

当栅极相对于源极和背栅被正偏置时，在 NMOS 晶体管中也已经观察了到一种类似的机制，称为正偏置温度不稳定性（Positive-Bias Temperature Instability，PBTI）。PBTI 主要影响使用高 k 栅介质的先进晶体管结构，在使用常规氧化层栅介质的多晶硅栅晶体管中仅观察到较小的阈值电压漂移。总之，NBTI 和 PBTI 被认为是偏置温度不稳定性（Bias Temperature Instability，BTI）的两种形式。

1. 失效机理

导致 NBTI 的机制尚不完全清楚。研究人员普遍认为，硅-氢键是受到氧化层-硅界面处的空穴与其他一些反应物的共同攻击而破坏的，另外这些反应物的身份尚不清楚，一些研究人员倾向于是制造过程中将水分子结合到了氧化层中，而另外一些研究人员则倾向于是各种工艺过程中释放出的氢离子或分子氢，例如硅衬底中硼-氢络合物的离解。无论反应的准确细节如何，它都会产生悬挂键，这些悬挂键既可以起到复合中心的作用，又可以起到捕获电子或空穴的陷阱作用。捕获的载流子属性取决于在界面上投射的电场。在耗尽型或增强型的 PMOS 晶体管中，这些陷阱被产生净正电荷的空穴占据，这些电荷的累积就会将器件的阈值电压漂移到更负的数值上。上述这种反应显然是可逆的，这也就解释了 NBTI 恢复的原因。

NMOS 晶体管也表现出 NBTI 引起的阈值电压漂移，但是这些漂移通常要比在 PMOS 晶体管中观察到的阈值电压漂移小得多。界面陷阱的行为由于氧化层-硅界面上存在的电场不同而有所差异，在 PMOS 晶体管中积累的是陷阱捕获的正电荷，而在 NMOS 晶体管中出现是陷阱捕获的负电荷。对于这两种晶体管来说，位于氧化层深处的陷阱则都会产生正电荷。这两种机制在 PMOS 晶体管中是相互叠加的，而在 NMOS 晶体管中则是彼此抵消的。

与早期具有较厚栅氧化层的 CMOS 工艺相比，现代亚微米 CMOS 工艺更容易受到 NBTI 效应的影响，这在很大程度上是由于器件设计师非常激进地增大给定薄栅氧化层上的电场强度，以避免采用过薄的栅氧化层所导致的隧穿诱发栅极泄漏电流。双掺杂多晶硅栅极的引入同样也加剧了 NBTI 效应的影响，因为原先单掺杂多晶硅栅极形成的掩埋沟道 PMOS 器件现在被表面沟道的 PMOS 器件所取代，这就使得空穴更加靠近氧化层的界面。更先进的多晶硅栅 CMOS 工艺经常使用氮氧化硅栅介质而不是纯的二氧化硅栅介质，由于氮氧化硅具有比二氧化硅更高的介电常数，因此允许使用稍厚一些的栅介质，这样就可以使得隧穿诱发的栅极泄漏电流减小。此外，硼通过氮氧化硅的扩散速度也比通过二氧化硅的扩散速度慢，因此氮氧化硅栅介质也不太容易被 P 型掺杂的多晶硅栅扩散出来的硼穿透。但是，氮氧化硅栅介质比纯二氧化硅栅介质表现出更多的 NBTI 效应。

在某些 PMOS 晶体管中，当其栅极相对于其源极和背栅被偏置为正电压时，也曾经观察到了正偏置温度不稳定性（PBTI），这种现象似乎与在多晶硅栅和氧化层之间界面处产生的氧化层固定正电荷有关，具体的过程类似于前面介绍过的有关 NBTI 的过程。氮氧化硅栅介质看起来同样也要比纯二氧化硅介质表现出更差的 PBTI 效应，而且 NMOS 晶体管似乎要比 PMOS 晶体管受到的影响更小。在采用高 k 栅介质的先进 MOS 结构中已经遇到了一种不同形式的 PBTI 效应，栅介质中的电子俘获显然在这种现象中起着主导作用。

2. 预防措施

研究人员已经提出了多种不同的工艺处理技术来减小 NBTI 效应,其中一个提议涉及氮退火,众所周知,这项技术可以显著地增强器件对热载流子注入的抵抗力,实验表明对于 NBTI 效应来说,这项技术也略有益处。这一观察结果支持了氢离子或氢分子参与了 NBTI 的理论。但是,这项技术带来的性能改进似乎太小,在经济上没有吸引力。

另一项预防措施是在栅氧化层中添加少量的氟。氟似乎缓和了氧化层-硅界面处键的畸变,从而减小了能够产生悬挂键的应变。硅-氟键也取代了硅-氢键,而硅-氟键要比硅-氢键更加牢固,因此也不太可能被打破。

模拟电路设计师应该仔细检查他们设计的电路,以便找出工作在不同栅-源电压下的匹配 PMOS 晶体管。二者电压的差别越大,偏置温度不稳定性对晶体管栅-源电压失配的影响也就越显著,器件长时间或在较高温度下工作也会增加问题的严重性。一旦发现并确认存在容易受到影响的器件,电路设计师应该更改电路的设计,既可以取消不合理的设计,也可以将需要匹配的晶体管偏置在完全相同的条件下,使其经历完全相同的退化。一些电路模拟软件也可以对 NBTI 和 PBTI 效应进行建模,这样也可以帮助我们识别容易受到影响的晶体管。

5.3.5 寄生沟道与电荷扩展

任何导体都有可能使其下方的硅发生反型。导体与绝缘层的某些特定的组合,例如栅极氧化层上的多晶硅,就是被故意设计成能够使得硅发生反型以便形成 MOS 晶体管。其他的一些组合,例如厚的场区氧化层上的金属,人们并不希望它们引起硅的反型,但是在足够高的电压下它们也会引起硅的反型。通过这种方式形成的反型层就称为寄生沟道。

在厚的场区氧化层下方形成导电沟道所需的阈值电压称为厚场阈值电压(V_{TF})。对于导体层与其下方硅的每一种组合都存在一个独立的厚场阈值电压。工艺设计师试图通过增大场区氧化层的厚度以及使用沟道终止注入来提高表面掺杂浓度等方法,将这些厚场阈值电压提高到该工艺的工作电压之上。表 5.2 列出了一个工作电压为 20 V 的 CMOS 工艺典型的厚场阈值电压。

表 5.2 一个 20 V 双层金属 N 阱 CMOS 工艺的厚场阈值电压

厚场阈值电压	栅电极	介质	背栅	典型值
多晶硅栅 NMOS	多晶硅	TOX	N 型阱	$V_{TF} > 15$ V
多晶硅栅 PMOS	多晶硅	TOX	P 型外延层	$V_{TF} < -15$ V
栅为第 1 层金属的 NMOS	第 1 层金属	TOX+MLO	N 型阱	$V_{TF} > 30$ V
栅为第 1 层金属的 PMOS	第 1 层金属	TOX+MLO	P 型外延层	$V_{TF} < -30$ V
栅为第 2 层金属的 NMOS	第 2 层金属	TOX+MLO+ILO	N 型阱	$V_{TF} > 50$ V
栅为第 2 层金属的 PMOS	第 2 层金属	TOX+MLO+ILO	P 型外延层	$V_{TF} < -50$ V

注:TOX—厚场氧化层,MLO—多层氧化物,ILO—金属层间氧化物。

多晶硅具有相对比较低的厚场阈值电压,因为其下方只有厚的场区氧化层。第 1 层金属位于厚的场区氧化层和多层氧化物的组合之上,因此具有高得多的厚场阈值电压。较高层金属的厚场阈值电压通常会远高于该工艺的工作电压。

即使在没有导体的情况下,有时也会形成沟道,这是由于一种称为电荷扩展的机制,该机制涉及静电荷沿着不同材料之间界面的横向移动。本节我们将讨论导体下方寄生沟道的形成以及电荷扩展形成的寄生沟道。

1. 失效机理

为了使得寄生沟道能够传导电流,必须满足以下 6 个条件:

1) 必须存在一个低掺杂的硅区域,起到衬底背栅的作用。
2) 必须存在一个相反掺杂的区域,起到源区的作用。

3）必须存在另一个相反掺杂的区域，起到漏区的作用。

4）必须有一个导体或一些静电荷位于源区和漏区之间，起到栅电极的作用。

5）栅-源电压必须接近或超过对应的厚场阈值电压（包括体效应在内，如果有的话）。

6）必须存在一个不等于零的漏-源电压。

上述这些条件最好通过一些实例来加以说明。图 5.17a 展示了标准双极型管芯上的一个寄生的 PMOS 晶体管，N 型外延层隔离区构成了这个寄生 PMOS 晶体管的背栅，外延层内的基极扩散区可以作为其源区，P 型隔离区可以作为其漏区，在厚的场区氧化层上穿过基区和 P 型隔离区的金属引线则可以充当其栅极。如果基极扩散区和第 1 层金属引线之间的电压差超过了第 1 层金属栅寄生 PMOS 晶体管的厚场阈值电压，就会形成寄生沟道。如果基极扩散区上的电压超过了衬底电势，则就会有电流流过这个寄生沟道。

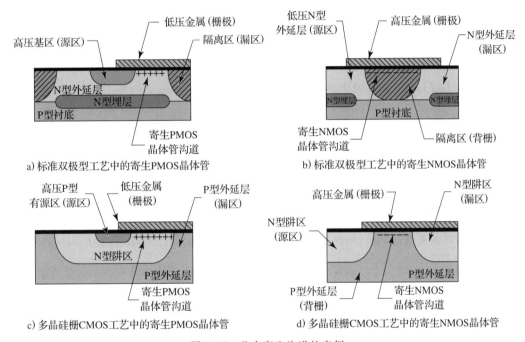

a) 标准双极型工艺中的寄生PMOS晶体管　　　　b) 标准双极型工艺中的寄生NMOS晶体管

c) 多晶硅栅CMOS工艺中的寄生PMOS晶体管　　　d) 多晶硅栅CMOS工艺中的寄生NMOS晶体管

图 5.17　几个寄生沟道的实例

图 5.17b 展示了标准双极型管芯上的一个寄生的 NMOS 晶体管，两个相邻器件之间的 P 型隔离槽起到该寄生 NMOS 晶体管衬底背栅的作用，两边的 N 型外延层分别起到源区和漏区的作用，在厚的场区氧化层上跨越 P 型隔离槽的第 1 层金属引线则充当其栅极，如果金属和某一侧外延层之间的电压差超过了该寄生金属栅 NMOS 晶体管的厚场阈值电压，就会形成寄生沟道。如果两侧外延层的电位不相同，就会有电流流过寄生沟道。

图 5.17c 展示了多晶硅栅 CMOS 工艺中的一个寄生的 PMOS 晶体管，N 型阱区起到该寄生 PMOS 晶体管衬底背栅的作用，阱内的一个 P 型有源区起到源区的作用，周围的 P 型外延层起到漏的作用，在厚的场区氧化层上从 P 型有源区跨越 N 型阱区延伸到 P 型外延层的多晶硅引线构成其栅极[⊖]。如果 P 型有源区和多晶硅之间的电压差超过寄生多晶硅栅 PMOS 晶体管的厚场阈值电压，就会出现寄生沟道。如果 P 型有源区的电压超过衬底电势，就会有电流流过寄生沟道。

图 5.17d 展示了多晶硅栅 CMOS 工艺中的一个寄生的 NMOS 晶体管，P 型外延层（或 P 型阱区）起到该寄生 NMOS 晶体管衬底背栅的作用，两个相邻的 N 型阱区起到其源区和漏区的作

⊖　原文有误，图中为金属引线作为其栅极。——译者注

用，在厚的场区氧化层上从一个 N 型阱区跨越 P 型外延层延伸到另一个 N 型阱区的第 1 层金属引线构成其栅极，如果金属引线和其中一个低压 N 型阱区之间的电压差超过第 1 层金属栅寄生 NMOS 晶体管的厚场阈值电压，就会出现寄生沟道。如果两个 N 型阱区之间存在电压差，就会有电流流过寄生沟道。

人们可能会设想，假如没有栅电极的存在，就不可能形成沟道，但是事实已经证明情况并非如此。静电荷能够在绝缘层的表面积累，这些电荷就会在横向电场的作用下从芯片的一个区域漂移到另一个区域，这种现象称为电荷扩展。如果在管芯的某个轻掺杂区上方积累了足够多的电荷，则该区域也可以发生反型并形成寄生沟道。

受电荷扩展效应影响的集成电路最初运行良好，但是在特定偏压下维持一段时间后，本来没有明显导电路径的电路节点之间就开始有电流流过了，在大多数情况下，这些电流的大小不超过几微安。高温下如果施加一定的偏压操作就会加速电荷的扩展，而无偏压的烘烤则可以消除这些电荷。电荷扩展效应导致的寄生沟道总是桥接在相邻的 P 型区之间，与使用氧化层进行钝化保护的器件相比，使用氮化硅做钝化保护层的器件似乎更容易受到电荷扩展效应的影响。

研究人员假设，电荷扩展效应涉及捕获电荷在层间氧化物和氮化物钝化保护层之间，或者在钝化保护层和塑封材料之间的横向移动。造成这种现象的电荷一直没有得到确认，但是水蒸气的进入大大加速了电荷扩展，这一事实已经形成了一个普遍的共识，即可能涉及某种"与水相关的"带负电荷的物质。尽管没有实验证据支持这一结论，但是许多设计师还是简单地假设电子导致了电荷的扩展效应。

图 5.18a 展示了易受电荷扩展效应影响的标准双极型管芯中某个区域的截面示意图。N 型隔离岛中的基区被偏置到高电压，因此可以起到寄生 PMOS 晶体管源区的作用，图中没有导体可以用作栅极，负电荷(图中显示为电子)分散在二氧化硅-氮化硅界面上，这些电荷被吸引到包含 P 型扩散区的高压区域(见图 5.18b)，这些负电荷的局域化分布导致了下面 N 型外延层表面形成了一个寄生的反型沟道。

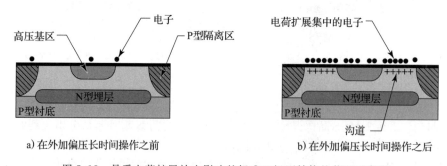

a) 在外加偏压长时间操作之前　　　　　　b) 在外加偏压长时间操作之后

图 5.18　易受电荷扩展效应影响的标准双极型结构的截面示意图

有很多表现出电荷扩展效应的芯片，其内部并不包含工作电压达到或超过其中寄生 PMOS 晶体管厚场阈值电压的电路。例如，在工作电压小于 10 V 的单层金属标准双极型电路中已经检测到了电荷扩展效应，而其内部包含的金属栅寄生晶体管的厚场阈值电压已经超过了 42 V。很多设计人员想知道在这种条件下，形成寄生沟道所需的高电压是如何积累起来的。最可能的答案是：可动离子沾污放大了电荷扩展效应的影响。图 5.19 展示了钠离子放大的假设机制。最初，可动离子(此处假定为钠离子)均匀分布在整个氧化层中(见图 5.19a)，固定的负电荷也均匀分布在氧化层中，导致氧化层整体上保持电中性。积累在氮化硅-二氧化硅界面上的负电荷将可动离子吸引到了该界面处(见图 5.19b)，留下不可移动的负电荷。由于这些固定负电荷比界面处的负电荷更靠近硅表面，因此它们对硅表面的影响更大。钠离子的存在放大了电荷扩展效应的影响。

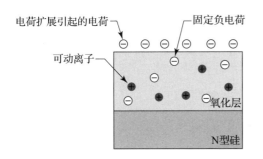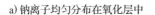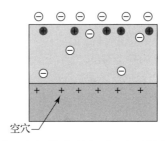

a) 钠离子均匀分布在氧化层中   b) 钠离子移动到氮化硅界面处，留下的固定负电荷
更靠近硅表面，因而产生寄生沟道

图 5.19　钠离子放大的假设机制

更纯净的化学试剂和更好的工艺制造技术已经大大降低了可动离子的浓度，尤其是在
CMOS 和 BiCMOS 工艺中。大多数现代 CMOS 和 BiCMOS 工艺的电路设计师可能从未听说过
"电荷扩展"这个词，但是这并不意味着它不再存在了。高压集成电路在偏压下长时间工作后
有时还会出现泄漏电流，经过无偏压的烘烤之后，这些泄漏电流就会消失。在大多数情况下，
当器件被拆除封装后，这些泄漏电流也会消失，这就表明，引起寄生沟道的电荷并不是存在于
氮化硅-二氧化硅界面处，而是存在于钝化保护层和塑料密封剂之间的界面处。已有研究发现，
即使是最纯净的模塑化合物中也含有少量的可动离子，例如钠离子和氯离子，这些可动离子污
染物可能是高压器件中导致电荷扩展效应的原因。最近对用现代版的标准双极型工艺制造的新
型稳压器中电荷扩展效应的观察表明，电荷扩展效应不仅发生在低于 40 V 的工作电压下，而
且在拆除封装的过程中就消失了。

2. 针对标准双极型设计方案的预防措施

标准的双极型设计方案很容易受到两种类型寄生沟道的影响：跨越隔离区的寄生 NMOS
沟道和跨越 N 型外延层的寄生 PMOS 沟道。如果要抑制寄生 NMOS 沟道的形成，则可以通过
在隔离区上叠加基极扩散区来提高其表面掺杂浓度。这种基区叠加隔离区（Base Over Isolation，
BOI）结构不会消耗额外的管芯面积，因为隔离区所需的间隔要大于浅基区所需的间距。因此，
BOI 可以和隔离区重合，甚至可以稍微大一些。并非所有的标准双极型工艺都需要采用基区叠
加隔离区，某些工艺已经具有足够高的隔离区表面浓度，即使在不采用基区叠加隔离区的情况
下也能够有效抑制寄生 NMOS 沟道的形成。

所有标准的双极型设计方案都很容易受到电荷扩展效应形成的寄生 PMOS 沟道的影响。
电压（相对于衬底）超过顶层金属栅寄生 PMOS 晶体管厚场阈值电压的任何 P 型区都需要采用
场板、沟道终止注入或两者组合形式的保护。保守的设计师通常将标准双极型工艺的厚场阈值
电压至少降额 25% 使用，例如，假设顶层金属栅寄生 PMOS 晶体管的最低厚场阈值电压是
40 V 的话，那么保守的设计实践就会将任何操作电压（相对于衬底）达到或超过 30 V 的 P 型区
列入需要保护的范围之内。

金属引线也能够在标准的双极型设计方案中形成寄生的 PMOS 晶体管沟道。与电荷扩展
效应形成的沟道不同，金属引线下的沟道只要有足够高的电压就能够导电。图 5.20 展示了寄
生 PMOS 沟道版图设计实例，该沟道是由于金属引线跨越一个高压大电阻（HSR）而形成的，
电阻所在的 N 型外延层连接到电压 V_{cc}，该电压 V_{cc} 的大小超过了寄生 PMOS 晶体管的厚场阈
值电压，穿过上述电阻的第 1 层金属引线（具有低电压）就会感应出从该电阻到其周围 P 型隔离
区的寄生沟道。

具有低表面浓度的 CMOS 工艺通常使用沟道终止注入来提高厚场阈值电压。标准的双极
型工艺并不包含任何专门的沟道终止注入，但是其发射极扩散区可以设置在选定的外延层区
域，以实现相同的目的，图 5.21a 中就展示了两个具有最小宽度的带状发射极扩散区是如何

切断在低压金属引线下形成的寄生沟道，用于此目的的扩散区称为沟道终止区。沟道终止区必须延伸出金属引线足够远，以允许两次光刻对准偏差，同时还必须能够阻挡从金属引线边缘辐射的边缘杂散电场，该延伸段的长度应该至少等于两次光刻对准偏差加上两倍的氧化层厚度。

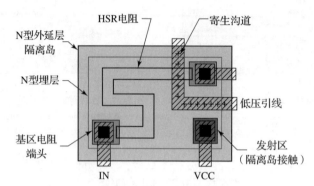

图 5.20　寄生 PMOS 沟道版图设计实例

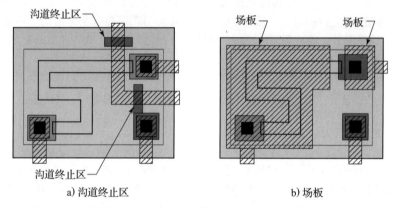

a) 沟道终止区　　　　　　　　　　　　　　b) 场板

图 5.21　避免标准双极型工艺中形成寄生 PMOS 沟道的两种方法

有些设计人员把沟道终止区也称为"保护环"，但是该术语已在本书中其他地方使用(参见5.4.2 节)。还有些设计人员则将其称为沟道终止区，以便使得其与 MOS 工艺中使用的沟道终止注入区有所区别。

图 5.21a 中所示的沟道终止区本身并不能阻止电荷扩展效应，即使沟道终止区完全包围了蛇形迂回电阻，寄生沟道仍然可以在其匝之间实现桥接。如果在不同匝之间也设置额外的沟道终止区，沿着电阻侧面形成的寄生沟道仍然可以改变阻值。

设置场板可以全面地防止寄生沟道的形成和电荷扩展效应带来的影响。场板是由设置在易受影响的扩散区上方的导电层构成的，该导电层必须外加适当的偏置以便能够抑制寄生沟道的形成。图 5.21b 展示了图 5.21a 中高方阻(HSR)电阻的场板设置情形，低压引线已经重新布线，以便允许第 1 层金属构成的主场板覆盖电阻的主体，该场板连接到电阻的正极端，连接到电阻负极端的金属引线也被放大，以便形成另一个场板，该场板覆盖延伸到主场板之外的另一个电阻端头。两个场板都必须延伸出电阻区范围足够远的距离，以便容忍外扩散、光刻对准偏差和边缘杂散电场的影响，容忍边缘杂散电场的延伸余量应等于金属下方氧化层厚度的两倍。

场板在寄生沟道的至少某一部分上形成栅电极，同时场板被偏置以防止寄生晶体管的栅源电压超过其厚场阈值电压。场板还可以起到静电屏蔽的作用，以防止其上方的任何电荷对其下方的硅带来影响。因此低压的第 2 层金属引线可以自由地穿过第 1 层金属构成的场板。场板不仅可以阻止寄生沟道的形成，而且还可以抑制由电荷扩展效应或更高层金属引线引起的电导率调制。与低阻抗节点(例如接地点)相连接的场板还可以阻挡上覆引线与下层硅之间的电容性噪声耦合。由于场板易于实现，也不需要扩大 N 型外延层隔离岛的面积，还能提供全面的保护，因此它们通常比沟道终止区更受欢迎。

大多数场板之间都有间隙，其中仍然有可能形成寄生的导电沟道。抑制寄生沟道形成的第一种方法是通过延伸场板或使场板边缘凸出，来使得其间隙尽可能长和窄(见图 5.22a [⊖])，穿过间隙的横向电场往往会扫走静电荷。第二种方法是用短的沟道终止区来桥接间隙(见图 5.22b)，用于此目的的带状发射区应与场板充分重叠，以便允许光刻对准偏差。外扩散实际上会使发射区在场板下方进一步延伸，因此可以忽略其影响，边缘的杂散电场也可以忽略不计。第三种方法是使用不带间隙的第 2 层金属场板，如图 5.22c 所示。

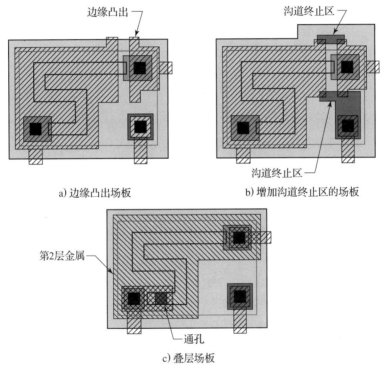

a) 边缘凸出场板   b) 增加沟道终止区的场板

c) 叠层场板

图 5.22 几种改进的场板设计方案

图 5.21 和 5.22 所示的电阻说明了在 N 型外延层隔离岛中设置场板的另一个重要原理：连接到最高电位的场板应覆盖尽可能多的器件。场板的电压越高，就越能强有力地抑制寄生 PMOS 沟道的形成。匹配电阻可能会受益于一种略微不同的场板策略，该策略试图补偿由两个场板引起电阻主体的电导率调制效应(参见 8.2.9 节)。

图 5.23 展示了一个局部场板实例，该蛇形折叠电阻的两端分别连接到高电压和低电压，电阻的高压端需要防止电荷扩展效应，而低压端不需要。局部场板应尽可能多地延伸到电压降至厚场阈值电压以下的点。在图 5.23 所示电阻的情况下，尽可能多的电阻主体已经被场板覆盖，以便能够提供较大的安全裕度。

图 5.24 展示了多集电极横向 PNP 型晶体管选择性场板的实例。发射区、基区和一个集电区都工作在足够高的电压下，可以保证场板有效，而另一个集电区工作在低电压下，因此发射区场板从发射区向外延伸，穿过基区裸露的表面，到达刚好超过集电区内边缘的点，它需要刚

⊖ 原文有误。——译者注

好与集电区重叠,以便解决光刻对准偏差问题。该场板保护横向 PNP 型晶体管裸露基区不受电荷扩展效应的影响,该区域对电荷扩展效应特别敏感,因为在其反型之前出现的电导率调制和耗尽效应都会显著地影响横向双极型 PNP 晶体管的电流增益和击穿电压。垂直电场可能会驱赶多数载流子远离表面,由此导致的古穆尔(Gummel)数减小会引起电流增益的成比例增大,对于工作电压在 5 V 以下的横向 PNP 型晶体管来说,研究人员已经观察到了其电流增益增加了 30% 以上,其中第 1 层金属的寄生 PMOS 晶体管厚场阈值电压超过了 40 V。

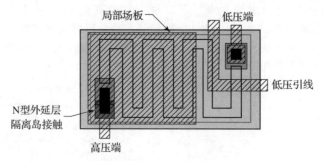

图 5.23　局部场板实例

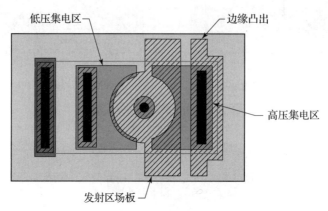

图 5.24　多集电极横向 PNP 型晶体管选择性场板的实例,其中一个为低压集电极,另一个为高压集电极

另一个场板从高电压集电区延伸出来,以阻挡可能在两个集电区之间形成的任何寄生导电沟道,或者从高电压集电区延伸到隔离区。该场板应伸出高压集电区一段距离,该距离等于两层之间的光刻对准偏差与基区外扩散之和。集电区场板和发射区场板均需要边缘凸出。低压集电区则不需要设置场板。

版图设计师应当定期常规性地对所有 P 型区设置场板,场板偏置在 N 型外延层电压之上,至少要超出最上层金属对 N 型外延层厚场阈值电压值的大约 2/3。工艺洁净度的提高降低了电荷扩展需要的发生率,但是场板的设置几乎不需要花费精力,也不占用面积。无论是否发生电荷扩展效应,金属引线仍然可以诱发寄生沟道。设计师应当确定所有 P 型区都工作在最低层金属对 N 型外延层厚场阈值电压值的大约 2/3 以上,然后检查每个区的附近是否有任何可能引起寄生沟道的金属引线。如果设计仅采用单层金属,则可以通过以下两种方式之一消除寄生沟道:将引线从高压 P 型区移开,或者在其下方设置沟道终止区。如果设计采用两层或更多层金属,则可以将有问题的引线转移到更高层的金属,以利用其更高的厚场阈值电压,或者允许在引线和硅之间设置场板。

应当给每个横向的 PNP 型晶体管设置场板,以覆盖其发射区和集电区之间裸露的基区,该场板应连接到发射极端,并与集电区有充足的重叠区,以确保基区表面的完全覆盖,除非相邻的集电区金属阻止了这种情况,并且也不存在使集电区接触进一步远离发射区的空间。该场板绝对不应该被省略掉，因为影响横向 PNP 型晶体管电流所需的电荷量要远小于使硅反型所需的电荷量。

3. 针对 CMOS 和 BiCMOS 设计方案的预防措施

具有轻掺杂阱的 CMOS 和 BiCMOS 工艺通常使用沟道终止注入来将第 1 层金属的厚场阈值电压提高到工作电压以上，但是寄生沟道仍然可能在多晶硅引线下方或连接到高压器件（如漏区扩展晶体管）的金属引线下方形成。

任何工作电压超过厚场阈值电压的 P 型区都有可能充当寄生 PMOS 晶体管的源区，应当仔细检查通过该 P 型区附近的所有引线（包括多晶硅和金属）是否有可能形成寄生沟道。这样的寄生沟道可以通过重新设计布线来消除，使得引线不从高压 P 型区桥接到任何其他 P 型区，或者，也可以在具有更高厚场阈值电压的高层金属上来重新设计有问题的引线。

图 5.25a 展示了一个多晶硅引线形成寄生 PMOS 沟道的实例，该多晶硅引线构成厚栅氧化层晶体管的栅极，其栅源电压超过了多晶硅栅寄生 PMOS 的厚场阈值电压，多晶硅引线穿过背栅（即 N 型阱区）延伸到相邻的隔离区中。我们可以通过将多晶硅引线缩回到 N 型阱区中来抑制寄生沟道的形成，如图 5.25b 所示）。N 型阱区对于多晶硅所需的最小覆盖等于耗尽区侵入 N 型阱区的距离，减去 N 型阱区向 P 型外延层的外扩距离，加上多晶硅与 N 型阱区之间的光刻对准偏差，再加上边缘杂散场的余量（相当于多晶硅下氧化层厚度的两倍）。更简单地说，N 型阱区对多晶硅的覆盖量应该与 N 型阱区对 P 型有源区的覆盖量相同，再加上一两微米。这种简化依赖于这样一个事实，即外扩散、耗尽区及两层光刻对准偏差都被归入到 N 型阱区对 P 型有源区的覆盖量中一并考虑了。

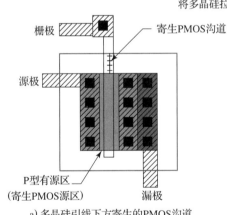
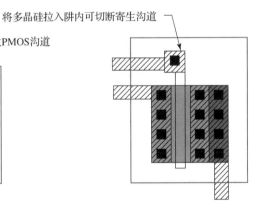

a) 多晶硅引线下方寄生的 PMOS 沟道

b) 可以通过将多晶硅引线拉入到 N 型阱区内来消除寄生 PMOS 沟道

图　5.25

金属引线下方的寄生 PMOS 沟道可以通过重新设计有问题的引线或将其设置在具有更高厚场阈值电压的高层金属上来消除。其他的解决方案还包括在有问题的金属引线和硅之间插入场板，或在金属引线下方设置沟道终止区。场板通常比沟道终止区更容易插入，场板只需要由最小宽度的多晶硅或较低层的金属条组成，该导体层在违规引线下方交叉，并延伸到足够远的任一侧，以考虑对准偏差和边缘杂散电场的影响，该场板应偏置在等于或高于 N 型阱区的电压上。为了构建沟道终止区，可以采用最小宽度的 N 型有源区来切断违规引线，该沟道终止区必须延伸到违规引线两侧足够远，以考虑对准偏差和边缘杂散电场带来的影响。

当有工作电压超过寄生 NMOS 厚场阈值电压的引线穿过轻掺杂的 P 型外延层或 P 型阱区时，就会形成寄生 NMOS 沟道，这种情况最常发生在以多晶硅或第 1 层金属布线的高压引线下方，寄生 NMOS 晶体管的源区和漏区可以由 N 型阱区或 N 型有源区构成。用来消除这些寄生 NMOS 沟道的方法类似于前面针对寄生 PMOS 晶体管所讨论的那些方法。

能够制造出具有稳定阈值电压的CMOS晶体管所需要的工艺洁净度已经最大限度地减少了钠离子放大效应的影响,因此除非管芯中某些部分的工作电压超过了顶层金属的厚场阈值电压,否则电荷扩展效应很少会发生。现代CMOS和BiCMOS工艺通常具有超过50 V的顶层金属厚场阈值电压。

电荷扩展效应仍然可以在高压CMOS或BiCMOS工艺中发生,最常见的机制是塑封材料中引入的离子污染物聚集在钝化保护层的顶部,并横向移动到管芯的高压区。使硅表面反型所需的电压远远超过顶层金属的厚场阈值电压,通常都在200 V以上。高压晶体管的漏区-背栅结上方电荷的积累会逐渐降低其击穿电压,这个所需的电压要比使硅表面反型所需的电压低得多。如果场板下方的氧化层能够承受高电压的话,那么使用顶层金属作为保护器件的场板就足够了。某些功率器件的制造工艺还在钝化保护层表面专门淀积了一层较厚的大功率铜布线,由于钝化保护层及其下多个层间氧化物的存在,这层大功率铜布线可以工作在非常高(相对于硅衬底)的电压下。如果没有这层大功率铜布线,则工艺工程师可能就会被迫使用一种半绝缘的保护涂层来释放表面电荷。

5.3.6　衬底影响

一块介质隔离集成电路的衬底或支撑体通过掩埋氧化层(BOX)与表面的硅层实现了电绝缘。然而,施加在衬底上的偏压仍然能够影响制作在表面硅层中的器件。衬底、掩埋氧化层和表面硅组成的三明治结构形成了一个MOS晶体管,衬底充当这个晶体管的栅极,掩埋氧化层充当栅介质,表面硅层充当衬底背栅。衬底和表面硅层之间的电压差产生电场,该电场可以耗尽或增强表面硅层的底部,这种影响称为衬底影响或支撑体影响。

1. 失效机理

使用P型表面硅层的介质隔离芯片的衬底应连接到最低电压的引脚,对于单电源的电路来说,该引脚就是接地端。只要满足这种连接关系,衬底的影响就不会带来任何问题。如果衬底没有接地,或者在工作过程中接地端因某种原因断开了,就会有静电荷积聚在衬底上,这些电荷会导致表面硅的耗尽。由于从晶体管向下延伸的耗尽区和从掩埋氧化层向上延伸的耗尽区相交,高压结构的击穿电压可能就会降低。研究人员观察到了电源电流的泄漏,尽管导致这些泄漏电流的机制尚未阐明。衬底的影响经常表现的类似电荷扩展效应,因为它也需要一定的时间才能积累足够的静电荷来引起失效症状。

2. 预防措施

通过与衬底建立可靠的连接,可以消除衬底带来的影响。许多介质隔离工艺并不提供从管芯顶部到衬底的连接手段,因此必须通过所谓的背面接触从引线框架实现衬底接触。要成功地实现背面接触,必须满足三个要求。首先,必须去除晶圆片背面的氧化层,可以通过背面研磨来剥离这层氧化物,但是一些工程样品并未经过背面研磨,就会保留这层背面氧化物。其次,必须使用导电材料将管芯粘接到引线框架上,可供选择的材料包括金共晶预制件、芯片焊料附件以及填充银的导电环氧树脂,大多数制造商都选择填充银的环氧树脂,虽然环氧树脂芯片贴装通常不能提供可靠的欧姆接触,但是它可以避免大电压积累在衬底上。最后,必须在芯片安装底座和最低电压引脚之间建立电气连接,实现这种连接有两种方法:向下键合线和融合引线框架。

向下键合线包括从引线指连接到芯片安装底座的键合线,芯片安装底座通常被压在引线指的水平面以下以容纳管芯。向下键合需要相当大的安装底座空间来容纳毛细管,并且它们容易受到塑模化合物和芯片安装底座之间脱层引起的切断影响。在组装过程中,我们可以通过使用两个向下键合线来检测脱层:一个从引线指到芯片安装底座,另一个从芯片安装底座到与该引线指相关的焊盘,如图5.26a所示。任何一个向下键合线的切断都会中断引线指和焊盘之间的连接,导致立即且明显的电气故障。但是,组装后的测试并不能检测出由于电路板组装或现场最终产品工作期间的热循环而导致的延迟故障。有时我们会使用具有粗糙表面的安装底座的引线框架来最大限度地减少脱层。

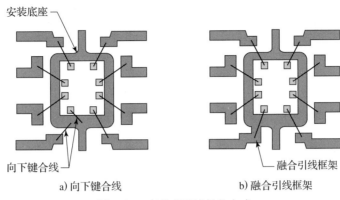

安装底座

向下键合线

融合引线框架

a) 向下键合线　　　　　　　　　　　　b) 融合引线框架

图 5.26　实现背面接触的方式

实现背面接触的一种优越方法是使用融合引线框架，该引线框架中的某个适当的引线直接连接到芯片安装底座上，如图 5.26b 所示。融合引线框架可以确保引脚和芯片安装底座之间的电接触。一般而言，必须为每一种产品定制一个融合引线框架。刻蚀引线框架的广泛使用大大降低了定制引线框架的开销成本。

一些介质隔离工艺包括了从管芯顶部接触衬底的规定，这种设置通常采用硅通孔的形式，这些通孔是通过深沟槽刻蚀工艺选择性地刻蚀穿过表面硅层和掩埋氧化层而形成的，然后使用重掺杂的多晶硅来回填沟槽，以便建立与衬底的电接触。如果需要的话，还可以对沟槽的侧壁进行氧化，以便使得硅通孔与周围的表面硅层绝缘。然后，在用多晶硅填充沟槽之前，采用各向异性刻蚀去除沟槽底部的氧化层。硅通孔通常需要一个额外的掩模步骤。因此，与向下键合线或融合引线框架相比，它们的使用增加了整体器件成本。

5.4　少数载流子注入

所有的集成电路中都会包含一些由其固有结构所形成的寄生器件，这些寄生器件并不是电路的工作原理所必需的。这些寄生器件的存在可能会降低电路的性能或导致故障。每当有少数载流子被无意地注入反向偏置 PN 结附近时，就会出现寄生的双极型晶体管效应。寄生的双极型晶体管由于能够形成正反馈回路并导致持续的电路故障而变得声名狼藉，这种现象称为闩锁。本节将讨论少数载流子注入的原因、影响以及各种预防措施。

5.4.1　少数载流子注入

一个寄生的双极型晶体管包含两个 PN 结，这两个 PN 结正常情况下都是反向偏置的，一旦使得其中任意一个 PN 结变为正向偏置，就会激活这个寄生的晶体管。施加到集成电路各个引脚上的瞬态电压有时可能就会使得某些这样的 PN 结变为正向偏置。考虑图 5.27a 中所示的 PMOS 晶体管，该晶体管的漏区连接到引脚，其背栅（N 型阱区）连接到电源。将漏区引脚的电压拉升到电源电压之上就会正向偏置 P 型有源区/N 型阱区结，并将空穴注入 N 型阱区中，这些空穴中的一部分会扩散穿过阱区，到达反向偏置的 N 型阱区/衬底结。从电特性的角度来说，将引脚电压拉升到电源电压之上就会激活寄生的 PNP 型晶体管，与该引脚相连接的 P 型有源区就可以充当其发射区，N 型阱区则充当其基区，P 型外延层构成其集电区，这个寄生的晶体管把空穴电流注入衬底中。

图 5.27b 展示了 NMOS 晶体管的对应情况，其漏区连接到引脚，NMOS 的背栅由连接到地电平的 P 型外延层构成。将漏区引脚的电压拉到地电平以下就能够正向偏置 N 型有源区/P 型外延层结，并将电子注入 P 型外延层中，这些电子中的一部分会扩散穿过 P 型外延层到达相邻的反向偏置 PN 结处，例如围绕相邻 N 阱的 PN 结。从电特性的角度来说，将引脚电压拉到地电平以下就会激活寄生的 NPN 型晶体管，与该引脚相连接的 N 型有源区就可以充当其发射

区，P型外延层则充当其基区，相邻的N型阱区充当其集电区，将上述引脚电压拉到地电平以下就会将电子电流注入N型阱区中。

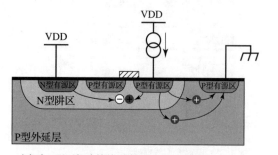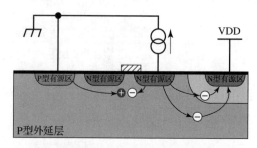

a) 把与P型区相连接的引脚电压拉升到电源电压之上　　　　b) 把与N型区相连接的引脚电压拉到地电平以下

图 5.27　非故意少数载流子注入的来源

即使是设计得当的应用电路也有可能会在不经意间将某些引脚的电压拉到电源电压之上或地电平以下，我们以一个带有通用串行总线(Universal Serial Bus，USB)端口的产品为例来加以说明，带有该输出端口的集成电路使用 PMOS 和 NMOS 晶体管来驱动其数据线，当用户将电缆插入该端口时，残余电荷就会短暂地将某个数据线的电位拉到电源电压之上或地电平以下。电压瞬变的其他来源还包括多个电源的时序切换、闪电或短路引起的瞬态扰动、螺线管或继电器的感应跳变以及快速时变电路节点的电容耦合。

任何与引脚相连接的硅区域都有可能向相邻的区域注入少数载流子。更简单地说，与引脚相连接的扩散区就有可能注入少数载流子。把一个足够大的电阻与引脚相串联可以将少数载流子注入限制在没有危害的水平，但是我们很难确定究竟多少是"足够大的电阻"。大多数实用型的电路可以承受瞬间的翻转，但是不能承受持续的闩锁。闩锁效应通常是由负的瞬态脉冲触发的，这类脉冲需要从某个扩散区中吸收至少 $100\,\mu A$ 的电流，由于 ESD 器件中的 PN 结通常会将引脚电压钳位到 $-1\,V$ 左右，可见 $10\,k\Omega$ 的串联电阻通常就能够防止闩锁效应的发生。因此通过小于 $10\,k\Omega$ 电阻连接到引脚的扩散区就可能会触发闩锁效应。小电流的模拟电路有的时候甚至更敏感，研究人员已经观察到即使串联了 $100\,k\Omega$ 的电阻也未能避免闩锁效应的情况。因此，许多设计师更喜欢使用 $50\,k\Omega$ 甚至 $100\,k\Omega$ 作为阈值，超过该阈值将不会发生闩锁效应。

与开关电路相连接的电容也能够将内部节点的电压拉到电源电压之上或地电平以下。考虑如图 5.28 所示的定时电路，NPN 型晶体管 Q_1 连接到施密特触发器 S_1 的输入端，电路产生的时间延迟取决于电容 C_1、电流源 I_1 和 S_1 的上阈值。通过打开 Q_1 来使该电路复位，在复位期间，电压 V_1 下降到 S_1 的下阈值以下，导致其输出电压突然从电源电压转换为地电平，电容器 C_1 将该电压阶跃变化耦合回 V_1，迫使该节点电压瞬时低于地电平。当 Q_1 与相邻的 CMOS 逻辑门电路之间没有设置充分的保护环和衬底接触时，一个不足 $1\,pF$ 的电容就能够触发 CMOS 逻辑门电路的闩锁。

肖特基二极管也可以将少数载流子注入其阴极一侧，对于那些采用 PN 结保护环的肖特基二极管来说尤其如此，但是即使是带有场板的肖特基二极管也可以在正向大电流水平下向其阴极注入少量的空穴电流(参见 11.1.4 节)。因此，将肖特基二极管与其他元件合并可能会导致由少数载流子注入引起的电路故障。

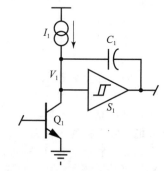

图 5.28　集成电容可能导致与其相连接的 N 型扩散区发生少数载流子注入的实例

5.4.2 闪锁效应

闪锁效应包括由正反馈引起的任何持续性的电路故障,CMOS 闪锁涉及 CMOS 工艺固有的两个寄生双极型晶体管构成的环路。还有一些其他形式的闪锁,包括困扰纯双极型电路的闪锁,以及有源而非寄生器件形成部分正反馈回路的闪锁。本节首先讨论 CMOS 闪锁效应,然后再考察几个其他类型的闪锁实例。

图 5.29a 展示了一个 N 阱 CMOS 结构的局部剖面示意图,该结构中包含了一个 PMOS 晶体管 M_2 和一个与之相邻的 NMOS 晶体管 M_1,该剖面图上方还示意性地画出了两个寄生的双极型晶体管,M_1 的源区充当寄生的横向 NPN 型晶体管 Q_N 的发射区,P 型外延层构成其基区,M_2 所在的 N 阱则充当其集电区。M_2 的源区构成了寄生的横向 PNP 型晶体管 Q_P 的发射区,N 阱构成其基区,P 型外延层则用作其集电区。图 5.29b 展示了以更常规的方式绘制的这两个双极型晶体管的电路图,其中的电阻 R_1 和 R_2 分别代表 N 型阱区和 P 型外延层的分布电阻,这两个电阻正常情况下会将这两个双极型晶体管都偏置在截止状态。

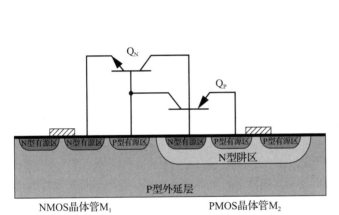
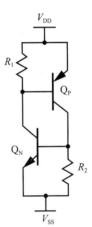

a) CMOS 管芯的剖面示意图,展示了构成两个寄生双极型晶体管 Q_N 和 Q_P 的扩散区及其互连关系

b) 包括阱区电阻 R_1 和衬底电阻 R_2 的等效电路图

图 5.29

假设某个瞬态电流注入 N_2 节点[⊖],如果电阻 R_2 两端的电压变得足够大,则晶体管 Q_N 就开始导通,Q_N 的集电极电流流过 R_1,如果 R_1 两端的电压也变得足够大,则 Q_P 也开始导通,Q_P 的集电极电流流过电阻 R_2,如果该电流在 R_2 两端也产生足够大的电压降,则两个晶体管在瞬态结束后将继续导通。整个环路的电流增益等于 NPN 型和 PNP 型晶体管的电流增益 β_N 和 β_P 的乘积,为了实现电路闪锁,必须满足以下三个条件:

1) 两个晶体管都必须偏置到正向放大(或反向放大)区。

2) 在一定的集电极电流范围内,两个晶体管电流增益的乘积 $\beta_N \beta_P$ 必须大于 1。

3) 电源必须能够提供维持闪锁所需的充足电流。

如果满足这些条件,通过两个寄生双极型晶体管的集电极电流将一直增加,直到大电流导致 β 下降使得 β 的乘积下降为 1,然后电路就处于一种平衡状态并一直保持不变,除非电源被切断并重新启动(或者,正如电路设计者所说,电源被重启)。

无论是 R_1 还是 R_2 两端的电压都可以触发 CMOS 电路的闪锁,这两个电阻上的电压是由漂移电流引起的。根据定义,多数载流子的数量远远超过少数载流子,因此漂移电流主要是由多数载流子构成的,这也就意味着 R_1 两端的电压是由流过 N 阱的电子电流引起的,R_2 两端

⊖ 原文图中并未标出 N_2 节点。——译者注

的电压则是由流过 P 型外延层和衬底的空穴电流引起的。当某个寄生电阻的两端出现了明显的电压时，就会发生自偏置效应。R_1 两端的电压代表 N 阱出现了自偏置，R_2 两端的电压代表 P 型衬底出现了自偏置。

CMOS 闩锁通常由少数载流子注入、产生的少数载流子漂移通过反向偏置的 PN 结以及随后的阱或衬底去偏置来触发。因此，可以通过以下四种对策中的任何一来避免发生闩锁：

1) 避免发生不必要的少数载流子注入。

2) 在不需要的少数载流子到达反向偏置的 PN 结之前就收集它们。

3) 在少数载流子到达反向偏置的 PN 结之前就将其复合掉。

4) 通过降低 N 阱电阻或 P 型衬底电阻来使得自偏置效应达到最小化。

版图设计师可以使用上述任何一个对策或者所有的对策来降低集成电路对闩锁的易感性，这些对策的最终成败只能通过实际测试集成电路来证明。为了进行闩锁效应测试，首先在每个电源引脚上串联插入电流表。在施加一个指定幅度、极性和持续时间的电流脉冲之前，记录下各个电源的电流。典型的测试是施加 100 mA 的电流，并持续 50 ms 的时间。允许电源电流稳定下来，然后进行第二次测量。如果任何电源的电流增加了某个指定的幅度(典型值为 10%)，则很可能就发生了闩锁效应。必须对正反两个极性的电流脉冲进行测试，各种不同的标准给出了测试程序的附加细节。

如果发生了闩锁效应，则可以使用微光显微镜(EMMI)⊖ 来确定故障点的确切位置。硅中的少数载流子主要是间接复合的，因此并不发光。然而，还是存在一个较小的晶格振动同时与电子和空穴发生碰撞的概率，从而允许直接复合和光子发射。因此，硅中载流子的复合会发出非常微弱的红外光。微光显微镜可以检测出这种光，并生成能够显示复合发生位置的图像。设计师可以使用这些信息来定位引起并维持闩锁效应的器件，进而能够修改版图设计并消除闩锁问题。

四层结构的晶闸管是最早利用闩锁效应的一种半导体器件，CMOS 闩锁则是在其之后称为 SCR 闩锁的一个更普遍的实例。如果相关的寄生 NPN 型和 PNP 型晶体管电流增益 β 的乘积超过 1 并且满足所需要的偏置条件，则任何一个剖面图中包含 PNPN 四层结构的集成电路都有可能发生锁存。考虑在标准双极型工艺的同一个 N 型隔离岛中合并了一个横向 PNP 型晶体管和一个垂直 NPN 型晶体管的结构，如果横向 PNP 型晶体管处于饱和状态，空穴就会从其发射区流到垂直 NPN 型晶体管的基区，这两个器件的电流增益乘积肯定会大于 1；如果垂直 NPN 型晶体管能够输出足够大的电流来使得 N 型隔离岛发生自偏置，就很容易发生闩锁效应。

有的时候，在没有晶闸管结构存在的情况下也可能会发生闩锁效应，其中一个特别臭名远扬的例子就是集电极集成了一个场板保护肖特基二极管的垂直 NPN 型晶体管，只要有充足的电流通过肖特基二极管，注入 N 型隔离岛中的空穴就会流向基区，如果形成的基极电流超过了预驱动电路抽取的能力，则电路就会发生闩锁效应。

5.4.3 自偏置效应

我们可以通过将环路的电流增益降低到 1 以下或者通过抑制触发条件来防止闩锁效应的发生。降低环路电流增益需要增大器件的间距或插入少数载流子保护环(参见 5.4.4 节)。如果没有经过实际的制造和测试，环路的电流增益是很难量化的。因此版图设计师还试图抑制触发闩锁的条件，这些尝试通常涉及衬底、阱区和隔离岛的去偏置，设计师通常可以通过将这些结构中的分布电阻降低到不超过几欧姆来避免闩锁效应的发生。

有限元分析方法可以准确地预测分布电阻的大小，但是它对这类分布电阻的特性几乎没法给出直观的认识。此外，简化的数学模型则可以提供以牺牲准确性为代价的直观认识。本节我们将使用简单的闭合形式数学模型来研究三种常见类型的分布式电阻。

⊖ EMMI(或 emmi)是量子焦点仪器公司(QFI)的商标。这种技术也被称为光发射显微镜。

1. 重掺杂底层之上薄的轻掺杂层

自偏置通常发生在相同类型的重掺杂底层之上薄的轻掺杂层内，一些实际的例子包括：

1）P＋衬底上淀积形成的一层 P－外延层。

2）N＋埋层上淀积形成的一层 N－外延层。

3）一个 N－阱区向下扩散与一个 N＋埋层对接。

4）一个倒梯度掺杂的阱区。

图 5.30 描绘了重掺杂底层上的轻掺杂层模型，一个厚度为 t 且均匀电阻率为 ρ 的轻掺杂层位于电阻可忽略不计的重掺杂底层之上。通过接触点 C_1 注入的多数载流子电流被远处的接触点 C_2 抽取。我们通常可以将实际接触层下方的重掺杂扩散区建模为等电位表面，从而可以用实际接触层的尺寸来取代这些扩散区的尺寸。电流首先从 C_1 向下流动到底层，然后从底层向上流动到接触扩散区 C_2，远离 C_1 或 C_2 的所有点都假定与底层具有相同的电压。因此，在这些点处的自偏置仅取决于 C_2 和底层之间的电阻。面积为 A_{dif} 的接触扩散区和底层之间的垂直电阻 R_V 为

$$R_V = \frac{\rho t}{A_{dif}} \tag{5.22}$$

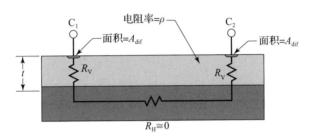

图 5.30　重掺杂底层上的轻掺杂层模型

式(5.22)的前提条件是 $A_{dif} \gg t^2$。如果这个不等式不成立，那么实际电阻将略小于式(5.22)所计算的结果。为了使得垂直电阻低于某个给定值 R_V，我们可以使用上述公式来给所需的总接触扩散区的面积 $\sum A_{dif}$ 设置一个上限：

$$\sum A_{dif} < \frac{\rho t}{R_V} \tag{5.23}$$

假设闩锁效应的测试电流为 100 mA，最大允许的自偏置电压为 0.3 V，则电阻 R_V 不得超过 3 Ω，这可能需要相当大的接触区面积，例如，当 $\rho = 10\ \Omega \cdot cm$ 且 $t = 10\ \mu m$ 时，则接触区的面积至少为 0.33 mm²。

实际版图设计中经常使用许多小接触孔的分散阵列，而不是几个大的接触孔的分散阵列。厚度为 t 且电阻率为 ρ 的薄层上通过半径为 r_{dif} 的圆形接触区实现的垂直电阻 R_V 为

$$R_V = \frac{\rho}{2\pi r_{dif}} \arctan\left(\frac{2t}{r_{dif}}\right) \tag{5.24}$$

式中，$\arctan(x)$ 返回一个以弧度为单位的角度值，式(5.24)可以用来计算接触面积为 A_{dif} 的任何较小且相对紧凑的接触扩散区的近似电阻，方法是将其视为相等面积的小圆形接触扩散区，其半径为

$$r_{dif} = \sqrt{A_{dif}/\pi} \tag{5.25}$$

分散阵列的小接触孔具有比相等面积的单个大接触孔明显更小的电阻，例如，如果 $A_{dif} = 10\ \mu m^2$，$t = 10\ \mu m$，$\rho = 10\ \Omega \cdot cm$，则小接触孔将仅具有相等面积大接触孔电阻的 13%。为了充分获得分散小接触孔的优点，小接触孔必须彼此间隔至少 $2t$ 的距离。

诸如逻辑门之类的标准单元通常都包含小的衬底接触孔，因此通过这些单元的布局设计可以形成小接触孔的分散阵列。如果该工艺包含 P＋衬底，则可以通过用大的衬底接触孔来填充未使用的区域，从而显著降低总的衬底电阻。数字电路设计师传统上采用旁路电容来填充未使

用的空间。如果衬底电阻超过了1Ω，则可以考虑用衬底接触孔而不是旁路电容来填充这些未使用的区域。

到目前为止，我们的讨论忽略了接触孔的位置。接触孔附近的电压与底层的电压不同，这种邻近效应很难量化，但是在近距离内会变得非常显著。设计师有的时候会通过在某个结构的周围设置一圈接触孔来利用邻近效应，通过其周边注入多数载流子电流。这种结构的实例包括倒梯度掺杂的阱和包含埋层的阱，这种结构内的掺杂梯度迫使少数载流子流向侧壁，然后这些载流子就从阱区的周边流出。设置在阱区周围的环形衬底接触孔则可以收集很大一部分的该电流，环形接触孔应尽可能靠近流出载流子的阱区。较宽的接触孔表现出较小的电阻，因而可以收集更多的电流，但是当接触孔的宽度超过轻掺杂层厚度的一半时，增加接触孔宽度的效果就会逐渐减小。

版图设计师有时会尝试使用设置在器件周围的接触孔来最大限度地减少器件下方的自偏置，只有当器件的横向尺寸没有远远超过轻掺杂层的厚度时，这个方法才比较有效，否则，底层要比周边的接触孔起着更重要的作用。

用于和重掺杂底层上薄的轻掺杂层实现接触的版图设计规则可以总结如下：

1）在所有方便的地方设置小的接触孔。

2）尽量用额外的接触孔去填充未使用的区域。

3）考虑使用带接触孔的环形多数载流子注入结构。

2. 较厚的轻掺杂衬底

某些工艺使用较厚的轻掺杂衬底，这种衬底的分布电阻与重掺杂衬底上薄的轻掺杂外延层的分布电阻有很大的不同，从而产生了截然不同的版图设计指南。

在厚的轻掺杂衬底上的两个接触孔之间的电阻 R 强烈地取决于接触孔的尺寸，但是仅微弱地取决于它们之间的距离，因为较大的分离允许电流更深入地渗透到轻掺杂材料中。考虑两个半径为 r_{dif} 的圆形接触孔，在电阻率为 ρ 的无限厚平板上相隔距离为 d（在其中心点之间测量，见图5.31a），则两个接触孔之间的电阻 R_{SP} 为

$$R_{SP} = \frac{\rho}{2r_{dif}}\left[1 - \frac{2}{\pi}\arcsin\left(\frac{r_{dif}}{d}\right)\right] \tag{5.26}$$

式中，$\arcsin(x)$ 返回一个以弧度为单位的角度值，例如，在电阻率为 $10\,\Omega\cdot cm$ 的衬底上两个相距很远的直径为 $10\,\mu m$ 的接触孔之间的电阻为 $1\,k\Omega$，但是当两个接触孔的中心距缩短为 $20\,\mu m$ 时，二者之间的电阻则下降为 $840\,\Omega$。

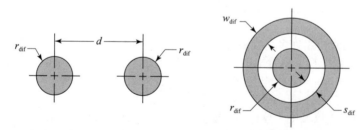

a）两个圆形接触孔　　　　b）一个环形接触孔包围一个同心的圆形接触孔

图5.31　文中讨论的接触孔版图

另一个版图设计包括半径为 r_{dif} 的圆形接触孔，由宽度为 w_{dif} 的同心环形接触孔包围（见图5.31b）。如果两个接触之间的间距等于 s_{dif}，则二者之间的电阻为

$$R_{sp} = \frac{\rho}{4(r_{dif}+s_{dif}+w_{dif})r_{dif}}\left[1 - \frac{2}{\pi}\arcsin\left(\frac{r_{dif}}{r_{dif}+s_{dif}}\right)\right] \tag{5.27}$$

在一个电阻率为 $10\,\Omega\cdot cm$ 的衬底上，一个直径为 $10\,\mu m$ 的接触孔，被一个 $5\,\mu m$ 宽的环形接触孔包围，该结构在 $5\,\mu m$ 的间隔下表现出 $110\,\Omega$ 的电阻，而对于 $100\,\mu m$ 的间隔，其电阻减

小到 22 Ω，出现这种违反直觉的结果是因为环形接触孔面积的增加抵消并超过了间距增大带来的影响。

式(5.26)和式(5.27)也可以用来近似估算方形几何结构的电阻，只需要利用式(5.25)计算出方形接触孔的等效半径 r_{dif} 即可，至于方形的环状接触孔条宽 w_d 和间距 s_{dif} 则与圆形几何形状的含义完全相同。

仅当相关结构的尺寸小于轻掺杂层的厚度时，上述计算所得的电阻值才比较准确。一个典型的集成电路芯片最终的(背面经研磨之后)衬底厚度为 250 μm，因此上述方程仅适用于计算接触孔间距在 200 μm 以内的电阻。这意味着衬底接触孔应当分散在整个版图设计方案中，以便所有结构距离最近接触孔的距离都不超过 100～200 μm。在空间允许的范围内每个接触孔的面积还应该尽可能设计的大一些。

许多设计师直观地认为，他们应该将载流子的注入源和易受攻击的结构用衬底接触孔环绕起来，因为"更紧凑意味着更低的电阻"。上述分析表明，这种推理是有缺陷的。相反，应该确保衬底接触孔位于大约 100 μm 的范围内，并使这些接触孔尽可能大。

用于较厚的轻掺杂衬底的接触孔版图设计规则可以总结如下：

1）将衬底接触孔设置在与所有器件的距离不超过管芯厚度一半的位置。

2）在空间允许的前提下将每一个衬底接触孔的面积尽可能设计的大一些。

3）接触孔之间的距离超过管芯厚度的一半时几乎不带来任何好处。

3. 薄层

许多分布式电阻涉及通过薄层的电流，该薄层可能与下面的硅隔离，也可能位于轻掺杂硅的顶部，从而也可以将其视为隔离。具体的实例包括：

1）一个不带埋层的隔离岛。

2）一个不带埋层、也不具有倒梯度掺杂分布的阱区。

3）位于掩埋氧化层之上的一层表面硅层。

4）P－衬底上的一个 P 型阱区。

薄层的分布电阻取决于接触孔的尺寸和间距。考虑两个半径为 r_{dif} 的圆形接触孔，在厚度为 t 且电阻率为 ρ 的薄层上相隔距离为 d(在其中心之间测量)，如图 5.31a 所示。如果 $t < r_{dif}$，则两个接触孔之间的电阻 R_{SP} 为

$$R_{SP} = \frac{\rho}{\pi t} \ln\left(\frac{2d}{r_{dif}}\right) \tag{5.28}$$

如果 $t > r_{dif}$，则电阻 R_{SP} 为

$$R_{SP} \approx \frac{\rho}{2r_{dif}} + \frac{\rho}{\pi t}\left[\ln\left(\frac{d}{2t}\right) - 0.116\right] \tag{5.29}$$

当满足 $t = r_{dif}$ 时，这两个方程并不完全一致。表 5.3 列出了几种薄层厚度和接触孔中心间距的电阻。当厚度变得小于接触孔直径时，电阻迅速增大；当电阻是接触孔之间间距的函数时，它仅会缓慢增大。

表 5.3　电阻率为 10 Ω·cm 的薄层上两个直径 10 μm 的圆形接触孔之间的电阻值
[选定薄层厚度和接触孔间距(从中心到中心的测量值)]

接触孔之间的电阻值/kΩ　薄层厚度/μm　接触孔间距/μm	1	2	5	∞
20	6.6	3.3	1.3	1.0
50	9.5	4.7	1.9	1.0
100	11.7	5.9	2.3	1.0
1000	19.1	9.6	3.8	1.0

另一种感兴趣的情况涉及宽度为 w_{dif} 的环形接触孔,包围半径为 r_{dif} 的圆形接触孔,两者相隔距离为 s_{dif},如图 5.31 所示。当满足 $t < r_{dif}$ 和 $s_{dif} > t$ 的条件时,两个接触孔之间的电阻 R_{SP} 为

$$R_{SP} \approx \frac{\rho}{8\pi t} + \frac{\rho}{2\pi t} \ln\left(\frac{s_{dif} + r_{dif}}{r_{dif}}\right) + \frac{\rho}{2\pi(s_{dif} + r_{dif})} \tag{5.30}$$

表 5.4 列出了这种同心结构在几个不同的薄层厚度和接触孔间距下的电阻,其中薄层上的电阻随着接触孔间距的增加而增大,而厚层上的电阻则正好相反,这是因为薄层中的收缩效应。检查表 5.3 和表 5.4 中的数据表明,无论接触孔的大小如何,远距离的接触孔对薄层的分布电阻几乎没有影响。

表 5.4　电阻率为 $10\,\Omega \cdot cm$ 的薄层上 $10\,\mu m$ 宽的环形接触孔与 $10\,\mu m$ 直径的同心圆接触孔之间的电阻值[所定薄层厚度和接触孔间距(从边缘到边缘的测量值)]

接触孔之间的电阻值/$k\Omega$ ＼ 薄层厚度/μm 接触孔间距/μm	1	2	5	∞
5	1.3	0.71	0.38	0.11
10	1.9	0.98	0.46	0.1
100	4.9	2.4	0.1	0.022

薄层大大增强了邻近效应。环形接触孔聚集了注入其中的大部分多数载流子,只要其宽度至少等于薄层厚度的一半。因此,我们总是应该用环形接触孔包围多数载流子的注入源,以便使得自偏置效应达到最小化。然而,环形接触孔并不能防止由少数载流子注入引起的自偏置。大多数少数载流子在发生复合之前就能够扩散到环形接触孔之外。例如,电子在发生复合之前可以穿过电阻率为 $10\,\Omega \cdot cm$ 的 P 型硅的平均距离约为 $800\,\mu m$。因此,接触孔必须分散在薄层上,以便可以提供多数载流子来支持复合。

用于较厚的轻掺杂衬底的接触孔版图设计规则可以总结如下:

1) 在所有注入多数载流子的结构周围设置环形接触孔。

2) 将这些环形接触孔设置在尽可能靠近注入结构的位置。

3) 如果可能的话,使环形接触孔的宽度为薄层厚度的一半。

4) 将额外的小接触孔分散在周围各处,使得它们之间的距离不要超过薄层厚度的 $20\sim50$ 倍。

标准双极型工艺采用轻掺杂的衬底与重掺杂的隔离扩散区相结合的方案。如果隔离扩散区占据了大部分的管芯面积,那么也可以将其作为薄层来处理。否则,它通常是由一些带状的窄条组成的,这些窄条分隔开了更大面积的隔离岛。注入这些隔离岛中的少数载流子会横向流动到隔离扩散区,隔离扩散区的典型薄层电阻为 $10\,\Omega/\square$ 至 $20\,\Omega/\square$。电流现在由多数载流子构成,它们沿着隔离区流动,直到到达接触孔。衬底接触孔应该设置在每个注入源的周边,以便最大限度地减少隔离区的自偏置。从隔离岛注入轻掺杂衬底中的少数载流子在复合之前会扩散相当长的距离。隔离扩散区的垂直电阻大约为 $3\sim5\,k\Omega/\mu m^2$,因此隔离条带网络可以充当一个相当有效的接触孔系统,与轻掺杂衬底相连。接触孔应当分散在隔离条带网络中,以最大限度地减小其内部的横向电阻。

标准双极型工艺中有关衬底接触孔的版图设计规则可以总结如下:

1) 围绕多数载流子注入源设置尽可能多的衬底接触孔。

2) 最大限度地减小多数载流子注入源周围的衬底接触孔金属化中的任何间隙。

3) 在空间和布线允许的情况下,在整个管芯中分散各个衬底接触孔。

5.4.4　保护环

少数载流子在发生复合之前可以扩散传输数百甚至数千微米,在这个距离内的任何反向偏置结都可以收集其中的一些载流子,导致器件参数偏移,并可能触发闩锁。衬底、隔离岛和阱区的接触孔不能阻止少数载流子的流动,它们最多可以防止由多数载流子流入以支持复合而引起的自偏置。但是,一种称为少数载流子保护环的特殊结构则可以用来阻止少数载流子(大多数设计师简单地称这些结构为保护环),它们既可以收集少数载流子,也可以阻挡少数载流子的流动,因此,少数载流子保护环可以分为以下四种类型:

1) 电子收集保护环(Electron-Collecting Guard Ring,ECGR)。

2) 电子阻挡保护环(Electron-Blocking Guard Ring,EBGR)。

3) 空穴收集保护环(Hole-Collecting Guard Ring,HCGR)。

4) 空穴阻挡保护环(Hole-Blocking Guard Ring,HBGR)。

收集保护环使用反向偏置的 PN 结来收集流入到其耗尽区中的少数载流子,而阻挡保护环则使用高-低结来阻挡少数载流子的流动。高-低结是由相同掺杂类型的轻掺杂硅层与重掺杂硅层相接触形成的。考虑 N+/N- 高-低结的情况,由于 N+区包含比 N-区更高浓度的电子,因此电子就会从 N+区扩散到 N-区,由此引起的电荷分离就会产生电场,该电场逐渐增强,直到电子从 N-区向 N+区的漂移恰好等于并抵消了电子从 N+区向 N-区的扩散。由此产生的内建电势将 N+区相对于 N-区偏置为正,这种内建电势阻止空穴从 N-区流向 N+区,因此,N+/N-高-低结起到了空穴阻挡保护环的作用。

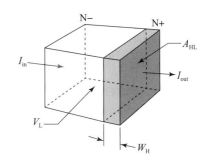

图 5.32　一个理想的高-低结的几何示意图

可以使用图 5.32 所示的简化几何模型来分析高-低结的有效性,图 5.32 左侧的反向偏置结将少数载流子电流 I_{in} 注入轻掺杂区(图中显示为无阴影区)中,这些少数载流子中的一部分复合掉了,而另一些则作为电流 I_{out} 流过高-低结,电流的渗透比 P 为

$$P = \frac{I_{out}}{I_{in}} = \frac{AD_H\tau_L}{W_H V_L}\left(\frac{N_L}{N_H}\right) \tag{5.31}$$

式中,A 为高低结的结面积;D_H 为重掺杂区中少数载流子的扩散系数;τ_L 为轻掺杂区中少数载流子的寿命;W_H 为重掺杂区的宽度;V_L 为轻掺杂区的体积,N_H 为重掺杂区的掺杂浓度;N_L 为轻掺杂区的掺杂浓度。渗透比有效地反映了总的少数载流子注入电流中通过高低结逸出电流所占的比例。

作为应用式(5.31)的一个实例,我们来考虑 N 型埋层与 N 型隔离岛之间的渗透比,正方形 N 型隔离岛的边长为 25 μm,假设轻掺杂的 N 型隔离岛深度为 10 μm,掺杂浓度为 $3 \times 10^{14}/cm^3$,再假设 N 型埋层厚度为 5 μm,掺杂浓度为 $1 \times 10^{18}/cm^3$,对这些区域的掺杂浓度来说,$\tau_L \approx 0.7 \mu$s,$D_H \approx 4.4 cm^2/s$。将这些数据代入式(5.31)中可以得到 $P = 0.0018$,这意味着大约 0.2% 的注入电流越过了 N 型埋层界面处的高-低结。

如果 N_H/N_L 的比值超过约 100,则这样的高-低结通常可以用作有效的空穴收集保护环。在大多数使用 P+衬底的工艺中,P-外延层和 P+衬底之间的高-低结有效地阻挡了少数载流子电子进入到衬底中。类似地,大多数工艺中的 N 型埋层和深度 N+区也可以有效地阻止空穴逃离 N 型阱区或 N 型隔离岛。但是某些现代的低压 BiCMOS 工艺使用了非常高浓度的阱区(表面浓度 N_L 大于 $1 \times 10^{18}/cm^3$),此时它们的深度 N+区就无法构成有效的高-低结了。

1. 电子收集保护环

电子收集保护环(ECGR)由 N 型区组成,该 N 型区收集通过相邻 P 型区扩散过来的少数载流子电子,这些保护环通常用于收集注入 P 型外延层或 P 型阱区中的电子,图 5.33a 展示了在标准的双极型工艺中构造的电子收集保护环的剖面示意图。所有可能的 N 型层都包括在保护环中,以使其掺杂和结深达到最大化。电子收集保护环在标准的双极型工艺中仅仅是边际有效的,因为电子可以通过流经轻掺杂衬底来绕过它们。通过将保护环直接放置在注入源的附近,并使其尽可能宽一些,可以部分地抵消这一缺点。

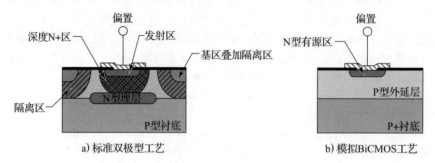

a) 标准双极型工艺   b) 模拟BiCMOS工艺

图 5.33   电子收集保护环的剖面示意图

由相对低电阻层(例如发射区、N 型有源区、深度 N＋区以及 N 型埋层)组成的接地保护环通常可以抵御电流高达 100～200 mA 的闩锁测试,前提是接地保护环的所有位置都通过金属直接接地。单层金属布线设计通常需要在金属布线中留有间隙以便允许其他引线通过,这种间隙的存在就会增大接地电阻,使得保护环更有可能形成自偏置并重新注入电子。与接地的保护环相比,连接到电源的保护环可以承受更多的自偏置,但是前提是电源必须能够提供必要的电流。在更高的电压下,保护环的功耗也是一个需要关注的问题。在所有的情况下,连接到保护环的金属引线宽度都必须足够宽,以便能够处理几十(甚至可能上百)毫安的预期瞬态电流,而不会出现过度的温升。

图 5.33b 展示了在模拟 BiCMOS 工艺中构建的电子收集保护环,该保护环同样也包含了所有可用的 N 型层。P＋衬底的存在大大提高了电子的收集效率,因为可以将电子限制在 P 型外延层中。包含深度 N＋区的接地保护环通常可以抵御 100～200 mA 电流的闩锁测试。如果该工艺中不包含深度 N＋区,则保护环应连接到电源电压上以抵消自偏置。更高的电源电压会使保护环抵御闩锁的能力进一步增强,但是也会增大功耗。

如果把图 5.33 所示的这种保护环与 P＋衬底组合起来使用,则可以将电子电流减少到原来的 1/100～1/10。图 5.34 展示了一种用于轻掺杂 P－衬底的改进型电子收集保护环,这种结构不是将保护环直接连接到电源电压或接地,而是将其连接回衬底,从而使多数载流子电流在保护环下方流动,该电流可以产生一个阻止少数载流子流动的电场,从而提高收集效率。该结构只能防止电子不向一个方向流动,在图 5.34 所示的情况下就是从右到左,发明人声称其衰减倍数超过一百万。

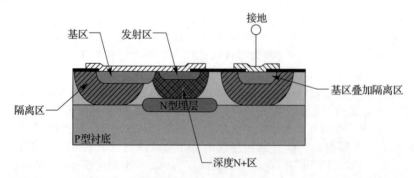

图 5.34   一种改进型电子收集保护环的剖面示意图,该结构在标准双极型工艺
中可用于收集注入衬底中的电子

电子收集保护环沿着管芯边缘延伸的部分提供的益处很小,但是我们可以使用 L 形或 U

形的保护环，这些保护环尽可能在靠近管芯边缘的位置终止，图 5.35 就显示了 L 形电子收集保护环 T₃ 的实例，该保护环包围了连接到焊盘的两个隔离岛 T₁ 和 T₂。

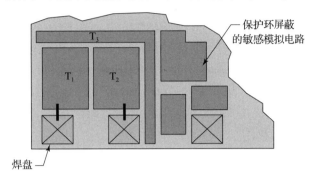

图 5.35　L 形电子收集保护环 T_3 的实例

2. 电子阻挡保护环

电子阻挡保护环(EBGR)是由 P＋/P－高-低结组成的，该高-低结围绕着将电子注入衬底的结构。穿过 P－外延层一直向下延伸到 P＋衬底的深 P＋注入区就能够构建出这样的保护环，然而很少有工艺同时包含 P 型埋层(PBL)和足够高浓度的深 P＋注入区。因此设计师主要还是依赖于电子收集保护环。

3. 空穴收集保护环

空穴收集保护环(HCGR)由 P 型区构成，该 P 型区收集通过相邻的 N 型区扩散过来的少数载流子空穴，这些相邻的 N 型区包括 N 型阱区或 N 型隔离岛等。图 5.36 展示了采用标准双极型工艺构造的空穴收集保护环的剖面示意图，它是由放置在含有 N 型埋层的 N 型隔离岛中的一个 P 型隔离环构成的，P 型隔离扩散区底部的掺杂浓度尚不足以将 N 型埋层完全补偿并实现反型，因此其终止于埋层的顶部。

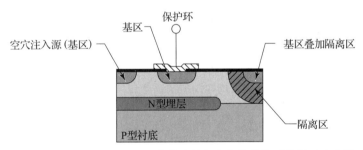

图 5.36　采用标准双极型工艺构造的空穴收集保护环的剖面示意图

设想一下，这个结构中心的基极扩散区将空穴注入周围的 N 型隔离岛中，N 型埋层和 N 型隔离岛之间的高-低结阻止了空穴垂直向下流到衬底中，因此它们就开始横向扩散，直到抵达收集它们的 P 型隔离环，外部环形的 N 型隔离岛和 N 型埋层将 P 型隔离环与衬底隔离。这种类型的空穴收集保护环可以应用于任何可能将空穴注入 N 型隔离岛中的 P 型器件中。

图 5.36 所示的空穴收集保护环还可以连接到与封闭的 N 型隔离岛相同的电势，但是基极扩散区相对比较大的电阻表明自偏置可能是一个问题。空穴收集保护环也可以接地，这使得形成自偏置的可能性大大降低，代价是将隔离岛的最大电压限制为 P 型隔离区或 N 型埋层结的击穿电压。在较高的 N 型隔离岛电压下，功耗也可能会成为一个问题。

对于放置在同一个 N 型隔离岛或阱中的不同器件之间的交叉注入，经常可以采用基极扩散区来使其达到最小化。考虑两个横向 PNP 型晶体管占据同一个 N 型隔离岛，如果其中一个晶体管处于饱和状态，那么它发射的载流子就会有一部分被另一个晶体管收集，由此导致的集电极电流增加可能会干扰电路的正常工作。可以通过将每个器件设置在其自己的 N 型隔离岛中来防止交叉注入，但是这样一来就会浪费很多面积，因为不同隔离岛之间必须留有较大的间距。更为紧凑的一种解决方案就是采用一种称为 P 型条带的空穴收集保护环，如图 5.37 所示。

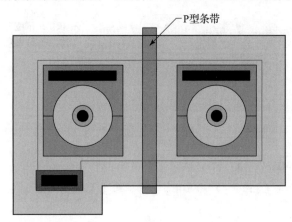

图 5.37　一个用于防止两个横向 PNP 型晶体管之间交叉注入的 P 型条带的实例

一个 P 型条带就是设置在两个晶体管之间的一个基极扩散区条带，条带的每一端都延伸到 P 型隔离区中足够远，以保证电接触，这种安排在不需要接触孔的情况下实现了 P 型条带与 P 型隔离区的电连接。如果需要的话，也可以将衬底接触孔设置在 P 型条带的两端，即 P 型条带与 P 型隔离区相交的位置。假设 P 型条带左侧的横向 PNP 型晶体管进入了饱和状态，并开始向 N 型隔离岛中注入空穴，要使这些空穴能够到达右侧的横向 PNP 型晶体管处，它们就必须首先穿过 P 型条带的下方。构成条带的基极扩散区进入到外延层中也有一定的深度，因此留给载流子在其下方通过的空间就很小。大部分的空穴都将被 P 型条带收集并流向接地端。P 型条带下方的 N 型埋层则为流过 N 型隔离岛的基极电流提供了一个低阻抗的路径。

P 型条带有许多应用。双极型电路中经常会包含由具有公共基极端的横向 PNP 型晶体管构成的电流镜，这些晶体管经常会占用一个公共的 N 型隔离岛，但是如果一个晶体管进入饱和状态，则相邻晶体管中流过的电流就会增大，设置在饱和晶体管和相邻器件之间的 P 型条带则可以使这种类型的交叉注入达到最小化。另一个常见的应用包括一个 NPN 型晶体管驱动一个横向或衬底 PNP 型晶体管，其中 NPN 型晶体管的集电极与 PNP 型晶体管的基极合并，少数载流子的交叉注入可以通过触发该结构内固有的晶闸管来启动闩锁，而设置在晶体管之间的 P 型条带则可以抑制闩锁的发生。

倒梯度掺杂阱的底部构成了一个高-低结，如果其掺杂浓度的差异足够大，这种高-低结就可以将空穴限制在 N 阱内，因此我们可以使用 P 型有源区来构造空穴收集保护环，浅的 P 型离子注入的有源区应尽可能加宽，以便提高收集效率。在理想情况下，其宽度应该和阱深一样。然而即使是最小宽度的 P 型有源区保护环也能够收集一些注入的空穴，并改善闩锁的免疫能力。

4. 空穴阻挡保护环

空穴阻挡保护环(HBGR)是由 N+/N- 这样的高-低结环绕着一个注入空穴的结构所组成的。标准的双极型工艺可以使用深度 N+ 区和 N 型埋层来构建一个空穴阻挡保护环，图 5.38 展示了这种防护环的剖面示意图，绘制的 N 型埋层应延伸到绘制的深度 N+ 区的外侧边缘，以便在深度 N+ 区和 N 型埋层相遇的点处达到最高掺杂浓度。深度 N+ 区保护环必须完全包围注入源，因为任何间隙都会打开一条通道，使得被限制的空穴可以通过该通道逃逸。图 5.38 所示的空穴阻挡保护环也构成了一个低电阻的 N 型隔离岛接触孔。大功率的双极型晶体管经常利用这一事实。

在标准的双极型工艺中，空穴阻挡保护环在防止闩锁方面要比电子收集保护环有效得多。大多数的电路设计方案中都会同时包括这两种类型的保护环，但是如果空间有限，则应优先考虑空穴阻挡保护环。

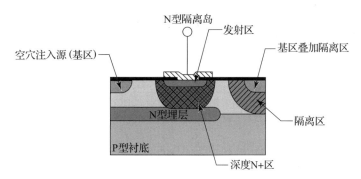

图 5.38 标准双极型结构中的空穴阻挡保护环剖面示意图

模拟 BiCMOS 工艺也可以使用深度 N+区和 N 型埋层来构建空穴阻挡保护环，然而只有当它们的掺杂浓度超过 N 阱掺杂浓度大约两个数量级时，这些保护环才能令人满意地阻挡空穴。早期的模拟 BiCMOS 工艺通常满足这一标准，但是近期新的低电压工艺可能就不满足这个要求了。早期的工艺通常使用低掺杂浓度的深 N 阱来构建相对高电压的器件，而近期的新工艺则使用针对低电压数字逻辑优化的重掺杂浅阱。此外，许多近期的新工艺已经放弃了使用三氯氧磷（$POCl_3$）的预沉积，而更倾向于采用离子注入工艺，这就需要较长的注入时间才能注入足够的掺杂剂，以便建立功能良好的空穴阻挡保护环，因此有关成本和吞吐量方面的考虑也可能会影响到保护环的性能。

采用深沟槽隔离的新型模拟 BiCMOS 工艺经常会使用深沟槽代替深度 N+注入区来构造有效的空穴阻挡保护环。垂直方向的传导路径既可以被 N 型埋层阻断，也可以被阱内足够陡峭的倒梯度掺杂浓度分布阻断。深沟槽要比深度 N+注入区占用更少的面积，因为不需要考虑横向外扩散或耗尽区的余量。与其他类型的阻挡保护环一样，沟槽不得含有任何可以让空穴逃逸的空隙，绘制的 N 型埋层区边缘应当向外延伸超出绘制的深沟槽区外边缘，以便确保 N 型埋层在其与沟槽相遇的位置能够保持其应有的掺杂浓度。

5.5 本章小结

本章讨论了集成电路中常见的一些失效机理，表 5.5 总结了失效机理、典型症状和建议的纠正措施。即使是粗略地看一眼，我们也可以看出这个论题的跨学科性质。某些失效机制主要是电学方面的，而另外一些则涉及化学或电化学过程，某些失效机制需要借助器件物理方面的知识来分析，而另外一些则是有关工艺和封装技术方面的问题。

表 5.5 失效机理、典型症状和建议的纠正措施

失效机理	典型症状	纠正措施
天线效应	与大尺寸导体相连接的小尺寸栅氧化层发生的延迟失效	插入较高层的金属跳线；增加钳位二极管
雪崩诱发的电流增益退化	发射区-基区结击穿后的电流增益下降	避免过高的发射区-基区反向偏置电压
电荷扩展	长时间高压工作后电路产生泄漏电流；无偏压烘烤后恢复正常	降低可动离子浓度；增加沟道终止区和场板
侵蚀	断路失效或漏电；被水蒸气加速	采用氮化硅保护层；尽量减小保护层上的窗口
自偏置和少数载流子注入	闩锁，特定偏置下的参数漂移	尽量增加衬底和阱的接触；分散版图上接触孔的位置；将接触孔设置在注入源附近；增加保护环
介质击穿	立即或经过一段延时后就会形成穿过绝缘体的短路	使用较厚的介质；降低电压；按 OVST 条款进行筛选；引入吸杂剂结构改善 GOI；避免在深度 N+区上生长的氧化层用于电容

（续）

失效机理	典型症状	纠正措施
电迁移	长时间工作后，尤其是在高温下，会出现断路或短路	采用掺锰的铜线或掺铜的铝线；加宽引线或并联多根引线；添加额外的接触孔和通孔；使用更多或更大直径的键合线
静电放电	栅氧化层立即或延迟后短路，结短路或漏电，引线熔断开路	增加 ESD 保护器件；不要在发射区薄氧化层上进行布线设计
形成导电细丝	导致 MOS 或双极型晶体管短路	给每个单元增加镇流电阻，增大扩散区对接触孔的覆盖用于内部镇流
热载流子注入	MOS 晶体管饱和区阈值电压出现漂移，无偏压烘烤后恢复	限制漏源电压；采用 LDD 结构；采用长沟道器件
可动离子沾污	阈值电压在偏置电压下出现漂移，无偏压烘烤后恢复	使用磷硅玻璃保护；采用多晶硅栅 MOS 结构；尽量减小钝化层上窗口；采用合适的划片道密封
寄生沟道	高压电路出现漏电	使用(111)硅来阻止 PMOS 沟道；在隔离区中叠加基区扩散；增加沟道终止注入；采用沟道终止区；增加场板
自加热	键合线或淀积的薄膜电阻熔化，欧姆接触损伤	增加额外的键合引线；使用更宽的淀积电阻；用扩散电阻代替淀积电阻
衬底影响	介质隔离器件出现参数漂移	增加硅通孔连接衬底；使用融合引线框架或向下键合线连接导电管芯
齐纳蠕变/齐纳逆转	击穿电压发生漂移；无偏压烘烤后恢复	采用掩埋结构的齐纳二极管(如果可能的话)

习题

5.1 一个 TO-220 封装的热阻 θ_{JC} 为 4 ℃/W，如果该封装中集成电路芯片的最高额定结温为 150 ℃，那么在不超过商业应用温度范围限制的情况下，管芯最多可以耗散多少瓦的功率？如果是军用应用的温度范围，管芯最多可以耗散多少瓦的功率？

5.2 某个器件在结温 $T_J = 125$ ℃时的额定工作寿命为 100 000 h，但是它同时也包含一个标称阈值为 150 ℃的热保护电路。如果该器件主要的失效机制是激活能为 0.7 eV 的电迁移效应，那么如果该器件在热关机的边缘运行，其预期寿命会变成多少小时？

5.3 一个低方阻(薄层电阻值为 20 Ω/□)的多晶硅电阻中流过 3 mA 的电流，如果该电阻位于 15 kÅ(1.5 μm)厚的氧化层上，那么该多晶硅电阻条的宽度必须有多宽才能将自加热效应引起的温度上升限制在不超过 5 ℃？

5.4 计算出在 100 ns 时间内承载 1.5 A 的静电放电(ESD)电流所需要的铝引线宽度，假设铝引线的厚度为 10 kÅ(1 μm)，铝的体积比热为 0.9 J/(g·℃)，铝的质量密度为 2.7 g/cm³，铝的电阻率为 2.7 μΩ·cm。假设待测器件初始温度为 25 ℃，最终温度不得超过 300 ℃。

5.5 假设某个功率晶体管的源极使用三根直径为 33 μm、长度为 800 μm 的铜键合线连接到一个引脚，而该晶体管的漏极使用两根直径为 33 μm、长度为 700 μm 的铜键合线连接到另一个引脚，试问该晶体管大约能传导多少电流而不会使其键合引线过热？

5.6 某个掺铜的铝金属系统形成了 12 kÅ(1.2 μm)厚的金属层，假设该金属系统表现出了 0.7 eV 的电迁移效应激活能，并且在 105 ℃下最大允许电流密度等于 5.5×10⁵ A/cm²，那么为了要在 125 ℃下能够传导 10 mA 的电流，该金属引线至少必须有多宽？

5.7 使用习题 5.6 中给定的假设条件，如果必须在 125 ℃下传导 500 mA 的峰值单向电流，占空比为 10%($d = 0.1$)，则需要制作多宽的金属引线？

5.8 如果考虑到栅氧化层的完整性，必须将 200 Å(20 nm)厚的栅氧化层上最大电场限制在 3.8 MV/cm，以便在 125 ℃下能够正常工作 100 000 h，那么可以在该氧化层上施加的最大电压是多少？

5.9 如果阳极空穴注入(AHI)模型适用于习题 5.8 的栅氧化层，且参数 $G = 400$ MV/cm，该氧化层在 1 min 内能承受的最高电压是多少？

5.10 如果习题 5.8 的最大电场是针对面积为 1 mm² 的栅氧化层计算得到的，那么如果阳极空穴注入（AHI）模型适用的话，$G = 400$ MV/cm，$\beta = 1.7$，面积为 100 μm^2 的栅氧化层能承受的最高电压是多少？

5.11 某工艺为最顶层的金属布线确定了有关天线效应的面积天线比和周长天线比规则，其最大允许比值分别为 1000 μm^{-1} 和 400 μm^{-1}。假设 1 μm 宽的金属引线连接到面积为 0.7 μm^2 的栅氧化层上，在不接触其他栅氧化层或 PN 结的情况下，该金属引线的最大允许长度是多少？为了简单起见，假设该导线不包含弯曲部分。

5.12 提出一种用于双层金属布线标准双极型工艺的划片道密封结构，绘制出该结构的剖面示意图，并解释其中每个组成部分的用途。

5.13 某个 NMOS 晶体管的最大允许漏-源电压为 30 V，该器件工艺中包括可用于将该晶体管的背栅与衬底相隔离的埋层。当实现隔离时，一旦漏-源电压超过大约 20 V 时，就会出现约等于漏极电流 10% 的背栅电流。试解释导致这种背栅电流的最可能原因。

5.14 一位客户退回了一个使用齐纳二极管作为参考电压源的模拟集成电路，因为其中的参考电压会随着时间的推移而逐渐增大。请推荐一种测试方法，以帮助确定齐纳二极管是否应对此故障负责。

5.15 假设在某个标准的双极型工艺中，发射极扩散区和金属之间的最大光刻对准偏差为 0.8 μm，并且 N 型外延层上的厚场氧化层为 12 kÅ（1.2 μm）厚。用作沟道终止区的带状发射极扩散区应该延伸到金属引线之外多远处？

5.16 在某个标准的双极型工艺中，高方阻电阻（HSR）注入区的最大外扩散等于 1.5 μm，高方阻电阻注入区和金属之间的最大光刻对准偏差为 0.8 μm，N 型外延层上的厚场氧化层厚度为 12 kÅ（1.2 μm）。场板应延伸出高方阻电阻注入区以外多远，才足以提供防止电荷扩展效应的保护？

5.17 设计一个阻值为 15 kΩ、宽度为 8 μm 的高方阻电阻的版图，采用单层金属对该电阻进行充分的场板保护，包括必要的边缘凸出，场板应延伸出高方阻电阻注入区以外至少 6 μm，场板还应延伸出基区以外至少 8 μm。

5.18 修改习题 5.16 中的版图，以便包括由发射极扩散区构建的沟道终止区。假设沟道终止区必须与场板重叠 4 μm。

5.19 采用标准的双极型工艺设计一个具有最小尺寸圆形发射区几何结构的横向 PNP 型晶体管，其中发射区和集电区均为全场板覆盖，并为基极金属化留出空间。假设发射区场板必须与集电区重叠 2 μm，集电区场板必须伸出集电区以外 8 μm。

5.20 连接到厚氧化层 PMOS 晶体管栅极的多晶硅引线工作在足够低的电压下，可以将其下方的 N 型阱区反型。如果多晶硅下方的厚场氧化层厚度为 8 kÅ（0.8 μm），并且 N 阱对于 P 型有源区的最小覆盖为 4 μm，则为了确保寄生沟道不会将 PMOS 晶体管桥接到隔离区的话，N 型阱区对多晶硅的最小覆盖必须是多少？

5.21 假设某个 N 阱 CMOS 工艺使用电阻率为 12 $\Omega \cdot cm$ 的 P 型外延层，该外延层的有效厚度为 8 μm。采用该工艺设计的逻辑门中使用了边长为 3 μm 的正方形衬底接触孔，如果我们将这些接触孔建模为圆形接触孔的分散阵列，每个圆形接触孔的面积为 9 μm^2，则一共需要多少个这样的接触孔才能将衬底电阻降低到 3 Ω？

5.22 设计一个沟道宽长比为 2000/5 的 PMOS 晶体管版图，并将该晶体管分解成足够多的折叠叉指单元，以便获得大致正方形的纵横尺寸比。构造一个环绕该 PMOS 晶体管的空穴收集保护环。

5.23 举例说明将两个最小尺寸的标准双极型横向 PNP 晶体管分隔开的 P 型条带，该 P 型条带应延伸至隔离区至少 4 μm，以确保器件的电气连接特性。

5.24 某些失效的器件已经被拆开封装（去盖）以便进行显微镜检查，请给以下各观察结果提出至少一种失效机制与之相匹配：

a) 焊盘上的金属痕迹已经熔化断开。

b) 焊盘上有绿色沉积物覆盖。

c) 一个最小尺寸 NMOS 晶体管的栅氧化层在某一点上破裂，使得多晶硅栅与下面的外延层发生短路。

d) 在一个大的 NPN 型晶体管的基区上出现一个薄而暗的导电细丝，晶体管的基极-集电极结出现短路。

e) 在高温下工作数小时后，两个引脚之间开始流过几微安的泄漏电流，去除密封材料后泄漏电流消失。

参考文献

[1] J. W. McPherson, *Reliability Physics and Engineering: Time-to-Failure Modeling* (New York, NY: Springer, 2010).

[2] R. R. Troutman, *Latchup in CMOS Technology* (New York, NY: Springer Science, 1986).

[3] E. Takeda, C. Y. Yang, and A. Miura-Hamada, *Hot-Carrier Effects in MOS Devices* (San Diego, CA: Academic Press, 1995).

[4] M. White and J. B. Bernstein, *Microelectronics Reliability: Physics-of-Failure Based Modeling and Lifetime Evaluation,* JPL Publication 08-5 (Pasadena, CA: Jet Propulsion Laboratory, 2008).

[5] *Failure Mechanism of Semiconductor Devices,* Publication T04007BE (Panasonic, 2009), accessed at http://www.semicon.panasonic.co.jp/en/aboutus/reliability. html.

第6章

电 阻

电阻是一种消耗电能的电气元件。因为电阻不能产生电能，只能消耗电能，所以电阻被认为是无源元件。电阻相对容易集成，且有很多用途。虽然集成电阻的阻值允差相对较大（约为 $\pm 20\%$），但是集成电阻相互之间的匹配特性非常好（通常优于 $\pm 0.1\%$）。模拟集成电路的设计师广泛使用匹配电阻。

大部分工艺提供多种不同的电阻材料以供选择，每种材料的电阻都有其合适的特定应用。电路设计师为每个电阻都选择了最适合的材料，并且通常也指定了合适的电阻宽度。此外，电阻物理结构的其他方面也会影响它的工作特性。本章讨论了电阻的设计，并回顾了各种工艺中可用的不同类型的电阻。第 8 章则提供了有关匹配电阻结构的更多信息。

6.1 电阻率与方块电阻

恒定电流流经导体时，会在导体两端产生电压降。在大多数情况下，电压随电流呈线性变化。1781 年，亨利·卡文迪什（Henry Cavendish）发现了这种关系，但是他没有公开这个结论。1827 年，乔治·欧姆（Georg Ohm）发表了他对这种关系的研究结论，这个结论现在被称作欧姆定律，其用方程式表达如下：

$$V = I \cdot R \tag{6.1}$$

式中，V 为导体两端的电压降；I 为流经导体的电流；R 为比例常数，也称为导体的电阻。欧姆定律是载流子与导体晶格之间相互碰撞的结果（或者更准确地说，是晶格缺陷和振动）。这些碰撞限制了载流子的漂移速度。如果电场不是很强，并且载流子浓度保持不变，那么漂移速度就会随着电场线性变化。这意味着通过电阻的电流是其两端电压降的线性函数。如果一个导体具有恒定的、正数的并且非零的阻抗，我们就称之为欧姆导体。如果一个导体的阻抗随着电压变化而变化，这种导体就会被认为是非线性的。在实践中，大多数的集成电阻至少都会表现出一点非线性的特性（参见 6.3.3 节）。

国际单位制（SI）将欧姆（Ω）定义为电阻的标准单位。我们还可以使用前缀来表示更大或者更小的数量级。表 6.1 列出了电子工程师常用的前缀、SI 符号以及在电路模拟程序 SPICE [⊖] 中使用的符号。

表 6.1 某些国际单位制（SI）

前缀名	值	SI 符号	SPICE 符号	前缀名	值	SI 符号	SPICE 符号
atto-	10^{-18}	a	—	milli-	10^{-3}	m	M
femto-	10^{-15}	f	F	kilo-	10^{3}	k	K
pico-	10^{-12}	p	P	mega-	10^{6}	M	MEG
nano-	10^{-9}	n	N	giga-	10^{9}	G	—
micro-	10^{-6}	μ	U	tera-	10^{12}	T	—

在给定电阻尺寸以及成分的情况下可以计算出电阻的阻值。每种材料都有其特定的电阻

⊖ 缩写词 SPICE 代表 Simulation Program with Integrated Circuit Emphasis，是人们最熟悉和广泛使用的电路模拟器。SPICE 最早发布于 1972 年，是由拉里·纳格尔（Larry Nagel）等人在美国加州大学伯克利分校彼得森（D. O. Pederson）教授的指导下开发的。

率，通常以 Ω·cm 为单位。导体的电阻率很低，而掺杂的半导体则有适中的电阻率(见表 6.2)。绝缘体的体电阻率几乎是无穷大的。体电阻率通常是指通过单位体积材料测量得到的电阻率，而不是通过其表面测量得到的电阻率。绝缘体的表面电阻率取决于环境条件，通常会比相应的体电阻率小得多。

表 6.2 某些均质材料的电阻率

材料	电阻率/Ω·cm (在 25 ℃时)	材料	电阻率/Ω·cm (在 25 ℃时)
铜，块状	1.7×10^{-6}	硅化钛，薄膜，C54 相	1.5×10^{-5}
金，块状	2.4×10^{-6}	二硅化钴，薄膜	1.5×10^{-5}
铝，薄膜	2.7×10^{-6}	一硅化镍，薄膜	1.1×10^{-5}
铝，2%硅，薄膜	3.8×10^{-6}	N 型硅($N_d=10^{18}$ cm^{-3})	0.25
钛钨(40%钨)，溅射	7.5×10^{-5}	N 型硅($N_d=10^{15}$ cm^{-3})	48
氮化钛，溅射	4.3×10^{-5}	硅，本征	2.5×10^{5}
硅化铂，薄膜	3.0×10^{-5}		

无应力单晶硅的体电阻率是各向同性的，换句话说，体电阻率在所有方向上都是相同的[⊖]。由于载流子与晶体表面的相互作用，浅扩散电阻可能会表现出轻微的各向异性。位于机械应力作用下的扩散电阻会表现出与方位相关的电阻率变化(压阻率)。由于晶粒取向效应，多晶硅薄膜电阻通常在垂直方向电阻率和横向电阻率之间存在着较大差异，但是这些变化通常包含在接触电阻中(参见 6.3.4 节)。在实践中，所有这些方向效应都是很小的，只有在构建精确匹配的电阻时，它们才会变得重要(参见第 8 章)。

图 6.1 显示了一个均匀掺杂材料的电阻，它的电阻率为 ρ，形状为矩形厚片。电阻两端为理想的导体接触。如果矩形厚片的长度为 L，宽度为 W，厚度为 t，则其电阻值 R 为

$$R=\rho\frac{L}{Wt} \qquad (6.2)$$

各种扩散层通常都可以建模为具有恒定厚度的薄膜，但是它们的电阻率会随着版图的深度而发生变化。因此，通常将其电阻率和厚度合并为一个单位，称为方块电阻(或薄层电阻)R_s。在均质材料中，$R_s=\rho/t$。因此，电阻值的公式可以改写为

$$R=R_s\left(\frac{L}{W}\right) \qquad (6.3)$$

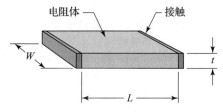

图 6.1 均匀掺杂材料的电阻

电阻值通常由 L/W 的比值来确定，这是一个无量纲的量，习惯上采用方块(□)这样一个虚拟的单位来表达。长度和宽度相等的电阻包含 1 个方块；长度是宽度两倍的电阻则由两个方块电阻串联组成，以此类推。方块电阻 R_s 的单位通常为欧每方块(Ω/□)。电阻的阻值可以用所包含的方块数乘以方块电阻得到。例如，一个电阻包含 10 个方块，而材料的方块电阻为 150 Ω/□，则其电阻值为 1.5 kΩ。

某个扩散电阻的结深为 x_j，其方块电阻可以通过下面的公式计算得到：

$$R_s=\left(\int_0^{x_j}\frac{\mathrm{d}x}{\rho(x)}\right)^{-1} \qquad (6.4)$$

对于真实的扩散剖面来说，我们很难利用这个积分式来估算方块电阻。不过我们可以根据欧文曲线来获得理想扩散电阻的方块电阻，但是实际的扩散并不一定与理想扩散的剖面相匹配。在实践中，扩散电阻的方块电阻通常由实验测量获得，而不是由计算得到。

⊖ 硅在立方系统中结晶形成晶体，并且所有无应力的立方晶体都表现出各向同性的电导率。

6.2　电阻的版图

图 6.2 所示为一个简单的集成电阻版图，其中包括一个矩形条状电阻材料，它的两端带有接触孔。低电阻的接触材料有效地将其与下面的电阻材料短接在一起。几乎所有电流都从接触孔的内边沿（面朝电阻体的一边）流出。因此，电阻的绘制长度 L_d 就等于接触孔两个内边沿之间的长度。同样，电阻条的宽度称为绘制宽度 W_d。给出了绘制长度和绘制宽度，就可以利用式(6.3)求出电阻的近似值。但是，由于实际中存在很多影响因素，因此集成电阻并不像图 6.1 所示的电阻那样简单。光刻和刻蚀会引起氧化层窗口轻微的扩张或收缩。横向扩散会使电阻变宽，从而减小了它的阻值。接触孔附近电流的不均匀性也会增加阻值。只有对每种因素进行分析评估，才能知道要获得精确预测电阻值时，需要考虑哪些因素。

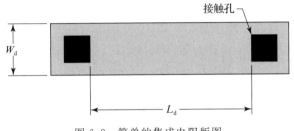

图 6.2　简单的集成电阻版图

一个电阻的有效宽度 W 和长度 L 可以通过绘制宽度 W_d 和长度 L_d 来计算，公式如下：

$$W = W_d + W_b \tag{6.5}$$
$$L = L_d + L_b \tag{6.6}$$

式中，W_b 和 L_b 分别为宽度和长度在工艺制造过程中的偏差（参见 3.2.3 节）。将式(6.5)和式(6.6)代入式(6.3)，就可以得到

$$R = R_s \left(\frac{L_d + L_b}{W_d + W_b} \right) \tag{6.7}$$

因为一般电阻的长度都是远大于其宽度的，所以宽度偏差 W_b 对阻值的影响也要远大于长度偏差 L_b 的影响。一个扩散电阻的典型宽度偏差等于它自己扩散结深的 20%。例如，结深为 $1.25\ \mu m$ 的基区电阻将会由于横向扩散而产生 $0.25\ \mu m$ 的宽度偏差。对于一个 $5\ \mu m$ 宽的基区电阻，其宽度偏差将使其阻值减小 5%，这个阻值偏差已经足以需要考虑校正。可以通过实验测量一组不同宽度的电阻得到宽度偏差。版图规则有时会包括宽度偏差列表，如果能够获得这些数据的话，就应该将其应用到电阻尺寸的设计当中。

式(6.7)假设了电流均匀流经导体。但是在图 6.2 所示的版图中，接触孔并没有扩展占据整个电阻终端，因而违反了这种假设。当电流接近接触孔时会向内聚集，从而使得实际电阻值比利用长度和宽度计算出的预测值稍大。这种横向的电流不均匀效应可以采用下面的公式计算[⊖]：

$$\Delta R = \frac{R_s}{\pi} \left[\frac{1}{k} \ln \left(\frac{k+1}{k-1} \right) + \ln \left(\frac{k^2-1}{k^2} \right) \right] \tag{6.8}$$

式中，$k = W/(W - W_c)$，W 为式(6.5)中电阻的有效宽度，W_c 为接触孔的宽度。ΔR 反映了由于电阻两端电流的不均匀性而引发的电阻值增加。例如，当电阻的宽度为 $5\ \mu m$，两端的接触孔宽度均为 $3\ \mu m$ 时，电阻值会比利用式(6.7)计算值大 0.05 个方块。由于大多数电阻都至少包含 10 个方块，所以由此因素引起的电阻值变化小于 1%，因此可以忽略不计。

当电流流入和流出电阻接触孔时，在垂直方向上也是不均匀的。电流趋向于向上沿着电阻的表面流出，因而电流会向接触孔内侧聚集。这种电流的聚集会使得整体的电阻值略微增加。

⊖　该公式仅当 $W_c \gg W - W_c$ 时才严格成立。

这种集聚效应通常考虑为电阻与金属之间接触电阻的一部分(参见 6.3.4 节)。当一个电阻的长度等于或大于其 20 倍厚度时,这个误差也可以忽略。

总之,宽度偏差通常很重要,而电流的不均匀效应相对来说是次要的。设计师应该使电阻足够长,来减弱电流不均匀效应的影响,从而无须校正。精密电阻则要使用长度至少为 $10\ \mu m$ 的多个电阻段来构成。

大电阻经常被设计成折叠状,因此被称为蛇形电阻或者曲折电阻。这些电阻通常采用矩形拐角(见图 6.3a)而不是圆形拐角(见图 6.3b)。圆形拐角有时被用于高压电阻中,因为尖锐的拐角会降低电阻的击穿电压。在高压情况下,接触孔后面的尖锐拐角也应该设计成圆角。

电流并非均匀地流经蛇形电阻的拐角处,矩形拐角的方块电阻增加约 0.56 方块。忽略工艺偏差和末端效应,图 6.3a 中所示的电阻值为

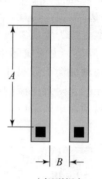
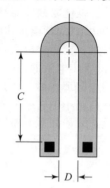

a) 矩形拐角 b) 圆形拐角(圆形拐角中,假设间距 D 等于电阻宽度 W)

图 6.3 蛇形电阻的版图

$$R = R_s \left(\frac{2A + B}{W} + 1.12 \right) \tag{6.9}$$

每个矩形拐角大约贡献 1/2 个方块电阻,这是被经常引用的规则,即一个矩形拐角等于半个方块。这种假设所暗含的轻微误差很少会产生实际的影响。事实上,存在一个更准确的方程,这个方程可以解释宽度不等的线段电阻。图 6.4 为一个由宽度为 W 的线段和宽度为 aW 的线段相交形成的拐角。带阴影的矩形将使电阻增加 N 个方块,其中 N 的表达式为

$$N = \frac{1}{a} - \frac{2}{\pi} \ln \left(\frac{4a}{a^2 + 1} \right) + \frac{a^2 - 1}{\pi a} \arccos \left(\frac{a^2 - 1}{a^2 + 1} \right) \tag{6.10}$$

式中,arccos(•)给出一个以弧度为单位的角度。通过这个方程可知两个等宽段之间的拐角会增加 0.5587 个方块电阻。

图 6.3b 中的半圆部分将增加 2.96 个方块电阻。忽略工艺偏差和末端效应,这种结构的阻值为

$$R = R_s \left(\frac{2C}{W} + 2.96 \right) \tag{6.11}$$

有一些电阻非常窄,以致如果不违反设计规则,接触孔将无法放入电阻内部。这时通常增大电阻的两端,在接触孔周围形成端头,从而解决以上问题。由于其形状特点(见图 6.5),这种结构被称作狗骨电阻或哑铃电阻。狗骨电阻的绘制长度 L_d 为两个接触孔之间的距离,绘制宽度 W_d 为电阻体区的宽度,利用式(6.7)可以计算出电阻的近似值。电阻两端的弯曲效应对其电阻值的影响可以用与简单条状电阻相同的方式处理。

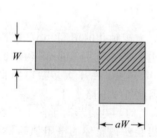

图 6.4 宽度为 W 的线段和宽度为 aW 的线段相交形成的拐角

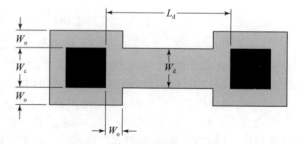

图 6.5 一个狗骨电阻示例版图

电流的横向不均匀流动对狗骨电阻的影响与条状电阻有所不同。对于条状电阻(见图 6.2),电流对接触孔是向内聚集,电阻的有效值增加。但是对于狗骨电阻,当电流进入端头时则向外散开,因而电阻的有效阻值减小。使接触孔宽度 W_c 等于电阻宽度 W_d,以及减小电阻端头的内边到接触孔外边的距离 W_o,可以减弱这种效应。表 6.3 列出了两个狗骨电阻端头(电阻的两端各有一个)的电阻校正因子 ΔR。

狗骨电阻的校正因子 ΔR 通常小于 0.3 方块,因为大多数的狗骨电阻都会使用小于绘制宽度一半的端头重叠区长度。

表 6.3 狗骨电阻的校正因子 ΔR

W_o	W_c	ΔR
W_d	W_d	$-0.7\square$
$W_d/2$	W_d	$-0.3\square$

狗骨电阻的布局不如条状电阻或蛇形电阻那样稠密,如图 6.6 所示。很多设计师认为狗骨电阻要比同样宽度的条状电阻或蛇形电阻更精确。的确,狗骨电阻由于非均匀电流引起的误差要小于条状电阻或蛇形电阻,但是这实际上并不能提高电阻的精度。匹配电阻总是应该设计成完全同样的结构,只要各部分的布局相同,是否使用狗骨电阻并不重要。

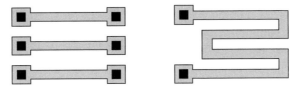

图 6.6 狗骨电阻和蛇形电阻示例,可以看出狗骨电阻两端大的端头会降低布局密度

6.3 电阻值的变化

影响电阻值的因素有很多,最主要的影响因素包括工艺变化、温度变化、非线性与电导率调制,以及接触电阻。其他的次要影响因素主要影响电阻的匹配,包括方向、应力和温度梯度、热电效应、刻蚀速率的不一致性、N 型埋层推结、电压调制、电荷扩展、氢补偿以及磷硅玻璃极化,对于这些次要影响因素,我们将在第 8 章中讨论。

6.3.1 工艺变化

电阻的阻值主要取决于其方块电阻和电阻的尺寸。方块电阻随着薄膜厚度、掺杂浓度、掺杂分布和退火条件的波动而变化,此外电阻的尺寸也会由于光刻偏差、横向扩散的差异以及不均匀的刻蚀速率而发生变化。

晶圆厂通常会指定可以控制的极限范围,方块电阻必须控制在此范围内。对于大多数类型的电阻来说,这些阻值的误差极限通常在 ±20%～±25%。但是对于高阻值的多晶硅电阻和基区夹断电阻来说,误差极限范围则增加到 ±50%。晶圆厂通过嵌入在每块晶圆片上的工艺控制结构来监测方块电阻值,任何超过这些控制极限范围的晶圆片将被报废处理。

工艺的线宽控制精度等同于某个给定材料有效宽度的变化范围。对于像多晶硅这样的薄膜淀积层,线宽控制精度通常等于该层最小特征尺寸的 ±10%。因此,如果一个 CMOS 工艺能够制造 0.25 μm 的栅长,则很可能实现大约 ±0.03 μm 的多晶硅线宽控制。对于扩散层,线宽控制通常等于最小特征尺寸的 ±10% 加上 ±5% 的结深。因此,对于一个结深为 1.5 μm 的标准双极型基区电阻,如果使用的光刻设备分辨力为 1 μm 的话,其制造出的基区电阻线宽可以控制在大约 ±0.2 μm。

如果已知方块电阻可以控制在 ±δR_s(以百分比表示),并且线宽控制在 ±δW,则电阻值的允差 ±δR(以百分比表示)可以利用下式计算求得:

$$\delta R \approx \left(\frac{\delta W}{W} + \frac{\delta R_s}{100\%} \right) \cdot 100\% \tag{6.12}$$

式中,W 是电阻的有效宽度。较窄电阻的阻值会由于线宽控制表现出更大的变化。考虑用多晶硅制作的电阻，其方块电阻变化为 $\pm 20\%$，且线宽控制为 $\pm 0.05\ \mu m$。一个 $0.5\ \mu m$ 宽的电阻的允差即为 $\pm 30\%$，而一个 $1\ \mu m$ 宽的电阻的允差则为 $\pm 25\%$，一个 $10\ \mu m$ 宽的电阻的允差则只有 $\pm 21\%$。

非常窄的电阻可能会表现出比式(6.12)更大的变化。如果多晶硅电阻的宽度减小到它们晶粒直径的大小，其方块电阻就会急剧增大。此时单个晶粒可以完整地生长在多晶硅引线上，这一现象被称为竹节效应(参见 5.1.3 节)。晶粒边界阻碍了电流在它们之间的流动，尤其是在多晶硅的掺杂浓度低于 $1 \times 10^{18}\ cm^{-3}$ 时。由于绝大多数多晶硅薄膜的晶粒直径不会超过 $0.1\ \mu m$，因此当多晶硅电阻的宽度大于 $0.25\ \mu m$ 时，电阻将很少会受到竹节效应的影响。

当硅化钛电阻的宽度减小到 $0.2\ \mu m$ 以下时，其电阻值也会急剧增大，在这种窄线段中硅化物不能从最初沉积的 C49 相再结晶到低电阻率 C54 相，因为没有足够的空间来容纳较大的 C54 晶粒(参见 2.7.3 节)。因此，硅化钛的电阻率将保持在 C49 相特征的 $80 \sim 100\ \mu \Omega \cdot cm$ 的较高值，而不是 C54 相特征的 $13 \sim 20\ \mu \Omega \cdot cm$。这个现象限制了低阻值硅化钛电阻的宽度，使得其宽度不能小于 $0.25\ \mu m$。此外，即使面积在微米级或更小范围的硅化钛的宽度超过了 $0.25\ \mu m$ 也不会再结晶。这种现象要归因于在三个晶粒之间的交叉点开始的再结晶过程。非常小范围的硅化物可能不包含合适的三重交叉点，因此就不会发生再结晶。

当扩散电阻的宽度接近其结深时，扩散电阻的阻值也会增加，因为横向扩散降低了这种窄电阻中的掺杂浓度(这种现象称为稀释效应)。宽度偏差 W_b 精确地模拟出了在宽扩散电阻中横向扩散对宽度的影响，但是这个宽度偏差模型在宽度小于结深两倍的扩散电阻中是不适用的，使用这个模型将会低估阻值的变化。

当允差和非自加热效应将决定电阻器的宽度时，我们可以将这些信息总结为一套设计指南:

1) 在允差不重要的情况下，电阻的宽度可以使用版图设计规则里允许的最小宽度。

2) 当需要中等精度的允差时，电阻的宽度可以使用版图设计规则里允许最小宽度的 2 倍或 3 倍。多晶硅电阻的宽度不要小于 $0.3\ \mu m$，扩散电阻的宽度不要小于 2 倍的结深。不要使用具有非常高方块电阻的多晶硅电阻($R_s > 5\ k\Omega/\square$)或者夹断电阻，因为它们通常比其他电阻具有更大的阻值变化。

3) 当需要高精度的允差时，可以考虑采用修调方案(参见 6.6.2 节)。不要使用宽度小于 $0.5\ \mu m$ 的多晶硅电阻，也不要使用任何类型的轻掺杂电阻(具有高方块电阻的多晶硅电阻、阱电阻、外延层电阻或者夹断电阻)，因为这些电阻表现出明显的电阻值随电压变化的特性(参见 6.3.3 节)。

6.3.2 温度变化

电阻率实际上是温度的非线性函数，但是除非需要相当高的精度，或者工作在很宽的温度范围内，否则线性近似就已经足够了。电阻随温度的变化可以通过下式求得:

$$R(T) = R(T_0)[1 + \alpha(T - T_0)] \qquad (6.13)$$

式中，$R(T)$ 为在期望温度 T 下的电阻值;$R(T_0)$ 为在温度 T_0 下的电阻值;α 为电阻的温度系数(Temperature Coefficient of Resistance，TCR)。由于 α 是一个很小的数，大多数设计师都采用百万分之一每摄氏度(ppm/℃)来表示电阻的温度系数。在这种情况下，我们在使用式(6.13)之前，就应该先将其值除以 10^6。表 6.4 列出了几种常见集成电路材料的典型温度系数。大多数材料的温度系数对杂质的存在和工艺条件的变化很敏感，多晶硅电阻的温度系数对工艺条件的变化尤其如此。

表 6.4 常见集成电路材料的典型温度系数($T_0 = 25\ ℃$，仅在 $-40 \sim 125\ ℃$ 范围内有效)

材料	TCR/(ppm/℃)	材料	TCR/(ppm/℃)
铝，块状	3800	铜，块状	4000
金，块状	3700	二硅化钴，$1.2\ k\text{Å}$	3000
$160\ \Omega/\square$ 的基区扩散电阻	1500	$7\ \Omega/\square$ 的发射区扩散电阻	600

（续）

材料	TCR/(ppm/℃)	材料	TCR/(ppm/℃)
5 kΩ/□ 的基区夹断电阻	2500	2 kΩ/□ 的高方块电阻注入区（注硼）	3000
500 Ω/□ 的多晶硅（4 kÅ 掺磷）	−1000	25 Ω/□ 的多晶硅（4 kÅ 掺磷）	1000
10 kΩ/□ 的 N 阱	6000		

　　大多数电阻材料都表现出正的温度系数，这是由于在较高温度下晶格散射增强导致载流子的迁移率降低。高方块电阻的多晶硅电阻是个例外，因为它的电阻主要取决于晶界，而更高的温度会增加载流子通过隧穿或去俘获来越过这些边界的可能性。

　　在需要更高精度的情况下，可以使用非线性电阻率对温度的二次函数近似表达式，此时 $R(T)$ 的方程就变为

$$R(T)=R(T_0)[1+\alpha_1(T-T_0)+\alpha_2(T-T_0)^2] \tag{6.14}$$

式中，α_1 为电阻的线性温度系数；α_2 为电阻的二次温度系数。二次系数通常比线性系数小得多，但是当温度发生较大变化时，它仍然会对电阻产生巨大的影响，这个二次系数通常以 ppm/℃^{2} 为单位，在式(6.14)中使用该系数之前需要将其值除以 10^6。

　　电阻的温度系数通常通过对测量数据进行最小二乘回归的统计运算来确定。该技术在特定的温度范围内对特定方程的系数进行了优化。因此，由式(6.14)导出的 α_1 的值不一定等于由式(6.13)导出的 α 的值。如果这些系数在其推导的温度范围以外使用，也可能会发生不准确的情况。对于具有显著非线性温度变化的元件来说，在其温度范围以外使用就会非常不准确。

　　电路设计师有的时候故意在电路中使用具有特定温度系数的电阻。随温度变化很小或没有变化的电阻尤其珍贵。有的时候设计师会试图平衡一个电阻的正温度系数和另一个电阻的负温度系数。这种方案通常采用串联或并联低方块电阻和高方块电阻的多晶硅电阻来实现。但是，高方块电阻的多晶硅的温度系数在很大程度上取决于工艺加工条件。考虑到大多数的晶圆厂并不监测电阻的温度系数，设计师拿到产品后可能会发现它的变化远比预期值要大。由于并联电阻与串联电阻的特性不同，因此可以找到对温度系数或者阻值变化相对不敏感的串并联网络。如果设计师找不到一个自然具有低温度系数的集成电阻，那么这样的电阻网络或许有用。

6.3.3　非线性与电导率调制

　　理想电阻上的电压与电流呈线性关系。实际电阻总是呈现出某种程度的非线性，换句话说，它们的电阻值随施加电压变化而变化。非线性（也称为电压调制）源于几个因素，包括自加热效应、强场速度饱和以及（在 PN 结隔离的硅电阻中出现的）耗尽区的侵入。

　　非线性使得关于电阻的任何讨论都变得非常复杂。图 6.7a 展示了一个线性电阻两端的电压 V 与流经它的电流 I 之间的关系。欧姆定律定义了电阻 $R=V/I$。这个阻值是恒定的，等于直线的斜率。图 6.7b 显示了一个非线性电阻两端的电压变化。欧姆定律仍然可以应用，但是由此得到的电阻不再是常数，也不等于曲线的斜率。电阻 $R(I)=V/I$ 称为绝对电阻、静态电阻或直流电阻。曲线的斜率等于导数 dV/dI，称为增量电阻 $r(I)$。增量电阻也称为动态电阻或小信号电阻。后面除非另有特别说明，否则应始终假设电阻都是指的绝对电阻而不是增量电阻。

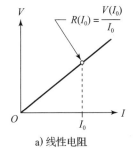
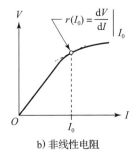
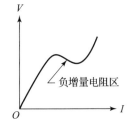

a) 线性电阻　　　　　　　　　b) 非线性电阻　　　　　c) 具有负增量电阻区域的非线性电阻

图 6.7　电压与电流关系曲线

　　各种电阻通常都被认为是无源元件，也就意味着它们可以耗散功率，但是不可能产生功率。无源电阻不能具有负的绝对电阻，但是它可以具有负的增量电阻区域，如图 6.7c 所示。用作电阻的元件通常不会在其允许的工作电压和电流范围内表现出负增量电阻。

　　电压调制效应可以用一个二次方程式来进行建模：

$$R(V) = R(V_0)[1 + \beta_1(V - V_0) + \beta_2(V - V_0)^2]　\tag{6.15}$$

式中，$R(V)$ 为在端对端电压差 V 下的绝对电阻值；$R(V_0)$ 为在某个参考电压差 V_0（该电压差通常为零）下的绝对电阻；β_1 为电压调制的线性系数；β_2 为电压调制的二次系数。β_1 通常以百万分之一每伏特（ppm/V）来表示，β_2 通常以百万分之一每伏二次方（ppm/V²）来表示。在式(6.15)中使用此类数值之前，应将其除以 10^6。β_1 和 β_2 的数值通常利用在特定电压范围内收集的电阻数据进行最小二乘回归来计算得到。当存在显著二次系数的情况下，在此电压范围外式(6.15)的精度将变得不准确。

　　任何具有明显温度系数的电阻都会因自加热效应而遭受电压调制。考虑一个宽度为 W 且方块电阻为 R_s 的多晶硅电阻的情况，将式(5.7)和式(6.13)组合起来得到二次电压调制系数 β_2：

$$\beta_2 \approx \frac{\alpha t_{ox} R_s}{\kappa R_0^2 W^2}　\tag{6.16}$$

式中，α 为式(6.13)中使用的电阻温度系数；R_s 为电阻的方块电阻；R_0 为其在可忽略的电压差下的电阻；W 为其宽度；t_{ox} 为其下方氧化层的厚度；κ 为该氧化层的热导率，对于二氧化硅氧化层而言，其热导率大约等于 0.013 W/(cm·℃)。严格来说，式(6.16)应该使用 $R(T)$ 而不是 R_0，但是在低功耗水平下，二者的差异可以忽略不计。考虑一个 10 kΩ、5 μm 宽的电阻，该电阻由 500 Ω/□ 的多晶硅制成，温度系数为 −1000 ppm/℃，位于 1 μm 厚的场氧化层顶部。该电阻的电压调制系数为 −1.5%/V²。电阻随着电压的增加而减小，这是由于该电阻具有负温度系数。

　　当电子在高于 0.2 V/μm 的电场强度、空穴在高于 0.6 V/μm 的电场强度下时，由于速度饱和效应，硅中载流子的迁移率将减小。这时，电阻的阻值变成非线性。假设安全系数为 2，为了避免非线性，需要防止电阻两端电压超过 V_{max}，则最小的电阻长度 L_{min} 为

$$L_{min} = (10 \ \mu m/V) \cdot V_{max}，\text{对于 N 型硅材料}　\tag{6.17}$$

$$L_{min} = (3.3 \ \mu m/V) \cdot V_{max}，\text{对于 P 型硅材料}　\tag{6.18}$$

　　如果多晶硅电阻的长度太短，以至于在单个多晶的颗粒上出现了一定的电压降，那么多晶硅电阻也会表现出非线性。这种情况下，晶粒之间势垒区域的电阻将成为电阻两端电压降的函数。如果电阻的长度至少为单个晶粒直径的 1000 倍，那么这种非线性就可以忽略。典型的多晶硅薄膜的晶粒直径为 0.05 μm，当多晶硅电阻的长度超过大约 50 μm 时，其阻值就不会出现非线性。实际上，即使对于长度较短的电阻，例如 10 μm，其非线性也不会很严重。

　　在轻度掺杂的扩散电阻中也会出现电压非线性，因为耗尽区会侵入电阻体内。图 6.8 展示了基区夹断电阻的横截面。耗尽区朝着电阻的高压端方向展宽，因为那里的反向偏压最大。换句话说，电阻在高压端比在低压端更窄。这种现象被称为夹断，它会导致电阻随施加的电压而发生变化。基区电阻的典型电压系数为 $\beta_1 = 100$ ppm/V，对于具有高方块电阻的电阻来说，其典型的电压系数为 $\beta_1 = 2.5\%$/V。基区夹断电阻的典型电压系数为 $\beta_1 = 6\%$/V 和 $\beta_2 = 2\%$/V²。该夹断电阻的阻值在电压 5 V 时几乎翻倍。基区夹断电阻的电压调制效应非常明显，因此这些电阻最好参照结型场效应晶体管去建模（参见 12.4 节）。

　　高阻多晶硅电阻比类似薄层电阻的扩散电阻掺杂浓度高，因为它们大部分的电阻率源于晶界效应。例如，1 Ω·cm 的磷掺杂多晶硅的掺杂浓度约为 1×10^{18} cm⁻³，这是 1 Ω·cm 的磷掺杂单晶硅得到的浓度的 200 倍。因此在所有其他因素相同的情况下，1 Ω·cm 的磷掺杂多晶硅表现出的耗尽区侵入只有相应的单晶硅的 0.5%。

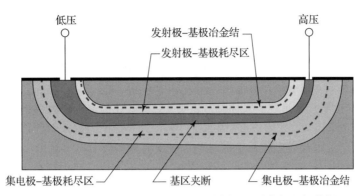

低压　发射极–基极冶金结　高压
发射极–基极耗尽区

集电极–基极耗尽区　基区夹断　集电极–基极冶金结

图 6.8　基区夹断电阻的横截面，显示出耗尽区对本征基极的侵入

电阻的阻值也会因为电阻和相邻导体区域之间的电压差变化而变化，这种效应被称为电导率调制。它首先在标准的双极型工艺中被注意到，在双极型工艺中，电阻的阻值根据电阻和包围电阻的隔离岛之间的电压差变化而发生变化。这种所谓的隔离岛调制类似于 MOS 晶体管的背栅调制。隔离岛调制可以使用式 (6.15) 来建模。例如，某个 700 $\Omega/\square$ 的 P 型电阻表现出 $\beta_1 =$ 1000 ppm/V 和 $\beta_2 = -20$ ppm/V^2 的隔离岛调制电压系数。发射极电阻的隔离岛调制效应基本上可以忽略，而轻掺杂的高值电阻和基区夹断电阻表现出非常明显的隔离岛调制效应。隔离岛调制的概念可以扩展到其他类型的扩散和注入电阻中。包围电阻的任何 PN 结隔离区域可以统称为体区，并且任何这样的电阻都可以表现出体调制效应。例如，CMOS 工艺中的 N 阱电阻就会表现出体调制效应。

另一种形式的电导率调制发生在导线与电阻交叉时。导线和电阻表面之间产生的电场会引起载流子积累或耗尽现象，类似于 MOS 晶体管中出现的积累或耗尽现象。这种形式的电导率调制会导致标准的双极型工艺中 2 k$\Omega/\square$ 的高值电阻产生 0.1%/V 的变化。精确的高值电阻应采用场板屏蔽，以最大限度地减少由电导率调制引起的变化。建议使用分裂场板（参见 8.2.9 节），因为它们可以减少由于夹断而产生的非线性，并且减少导线穿过电阻而产生的电导率调制的影响。由于基区电阻和发射区电阻表面掺杂浓度比较高，所以其上面覆盖导线的调制效应可以忽略不计。由于夹断基区扩散层的发射极场板已经将夹断电阻与覆盖的金属导线屏蔽，所以夹断电阻同样也不受影响。因为多晶硅电阻比相对应的扩散电阻掺杂浓度更高，所以方块电阻为 1 k$\Omega/\square$ 或者更小的多晶硅电阻在很大程度上也不受电导率调制效应的影响。

6.3.4　接触电阻

每个电阻至少包含两个接触孔，每个接触孔都会增加电阻的阻值。增加的电阻部分是由于形成接触的两种材料之间具有势垒，部分是由于接触处的电流聚集。若一个接触孔增加的电阻为 R_c，接触孔的宽度和长度分别为 W_c 和 L_c（W_c 的方向与电阻的宽度方向相同）：

$$R_c = \frac{\sqrt{R_s \rho_c}}{W_c} \coth(L_c \sqrt{R_s/\rho_c}) \tag{6.19}$$

式中，R_s 是电阻材料的方块电阻值；ρ_c 是一个比例常数，称作接触电阻率，它的单位是 $\Omega \cdot \mu m^2$。这个方程同时考虑了电流聚集效应和势垒电阻。表 6.5 中列出了几种接触系统的典型接触电阻率。由于接触电阻非常强烈地依赖于工艺条件，所以这些数值仅供粗略的设计参考。

早期工艺采用的铝–铜–硅金属系统表现出显著的接触电阻，特别是对于轻掺

表 6.5　几种接触系统的典型接触电阻率

接触系统	接触电阻率/ $\Omega \cdot \mu m^2$
铝（2% 硅，0.5% 铜）与 160 $\Omega/\square$ (111) 基区	750
难熔金属阻挡层与 160 $\Omega/\square$ (111) 基区	2500
硅化铂与 160 $\Omega/\square$ (111) 基区	1250
铝（2% 硅，0.5% 铜）与 5 $\Omega/\square$ (111) 发射区	40
硅化钛与 (100) N 型源漏区	30
硅化钛与 (100) P 型源漏区	100

杂的材料,例如 $160\ \Omega/\square$ 的基区扩散层。难熔金属阻挡层的使用不仅导致接触电阻增加,而且由于难熔金属阻挡层与硅之间缺乏合金化,以及工艺加工条件的不同,这种接触电阻的起伏变化也大大增加。将硅化物放置在阻挡层金属下方不仅可以降低接触电阻,还可以最大限度地减小接触电阻的变化。所以几乎所有现代的接触系统都使用某种形式的硅化物。

考虑一个 $1\ \text{k}\Omega$ 的基区电阻,该电阻采用 $8\ \mu\text{m} \times 8\ \mu\text{m}$ 接触孔。在标准的双极型工艺中,接触孔采用铝-铜-硅金属接触系统。式(6.19)表明每个接触孔的电阻增加了 $43\ \Omega$。因此两个接触孔的电阻阻值增加了 $86\ \Omega$,大约占电阻阻值的 9%。如果标准的双极型工艺中基区电阻的每段电阻小于 10 个方块,则每段电阻需要采用过大的接触孔来避免由于接触电阻而导致的阻值过度变化。在这种情况下,通常最好并联放置几个较长的电阻段,而不要使用狗骨电阻端头来增大接触孔。

6.3.5　氢化与脱氢

多晶硅电阻在高温下长时间工作时,其电阻值有时会缓慢增加。这种类型的阻值漂移在高阻的 P 型多晶硅电阻中最常发生,其阻值会发生百分之几的变化。通常,电阻需要高温工作数百甚至数千小时才能逐渐稳定到其最终值。

对于只掺杂硼的高值电阻来说,阻值漂移似乎是由晶界中悬空键的脱氢引起的。晶界包含大量的悬空键,这些悬空键充当陷阱。氢通常是多晶硅沉积的副产物。此外,等离子体氮化物(例如用于钝化保护层)已知含有大量的氢,其中一些在退火过程中离解,并通过层间氧化物迁移。氢与悬空键反应,从而消除晶界的陷阱。剩下的这些陷阱将会捕获载流子。由此产生的局部空间电荷起到阻碍载流子流动的潜在势垒的作用。因此氢化降低了多晶硅的方块电阻。但是,沿着晶界的硅-氢键并不都是同样强的。这些键中大约有 1% 的键能仅为 0.5 eV 左右。高温或热载流子就会破坏这些弱键,使得陷阱再生,并增大多晶硅的电阻率。这种由于脱氢而引起的漂移可能会导致高达百分之几的电流下降。

通过在多晶硅中掺杂磷,可以最大限度地减少氢化。与硼不同,磷在晶界处分离;和氢类似,它也能束缚悬空键。因此,含有掺杂磷浓度比硼浓度更高的高值 N 型多晶硅电阻表现出更低的脱氢漂移。然而,硼含量高于磷的高值 P 型多晶硅电阻实际上比仅掺杂硼的相同电阻率元件具有更大的漂移。研究人员将此归因于在晶界处形成硼磷复合物,从而产生了空穴陷阱。这些复合物可以用与悬空键相同的方式进行氢化,但是产生的键非常弱(键能大约为 0.3 eV),并且在高温下很容易发生脱氢。

6.4　电阻的寄生效应

实际的电阻器不仅会给电路中增加电阻,还会给电路中增加一些电容,扩散电阻还会增加 PN 结电容。这些不需要的电路元件称为寄生元件。为了对电阻进行精确建模,就必须使用包含适当尺寸寄生元件的子电路。版图设计师对这些所谓的子电路模型很感兴趣,因为它们解释了各种类型电阻的局限性。

图 6.9 显示了多晶硅电阻的横截面。多晶硅的四周都被氧化物包围,这种氧化物是一种几乎没有泄漏的优秀绝缘体。然而,氧化物也可以充当电容的电介质。假设没有金属导线穿过多晶硅电阻,唯一显著的寄生电容就是电阻和其下面硅衬底之间的寄生电容。多晶硅电阻下方的场氧化层通常具有大约 $0.05\ \text{fF}/\mu\text{m}^2$ 的电容率(参见 7.1 节)。忽略边缘效应,电容的面积就等于多晶硅的面积。因此,具有 1000 个方块、$1\ \mu\text{m}$ 宽的电阻的总寄生电容大约为 50 fF。该电容沿着电阻均匀分布。图 6.10a 中的简单 π 形模型将该分布电容表示为两个理想电容 C_1 和 C_2,每个理想电容等于总分布电容的一半。图 6.10b

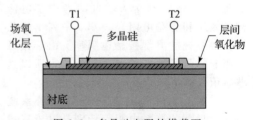

图 6.9　多晶硅电阻的横截面

显示了一个更精确的双 π 形模型,其中的 C_1 和 C_3 分别等于总分布电容的四分之一,C_2 等于总分布电容的二分之一,R_1 和 R_2 各自等于总电阻的一半。

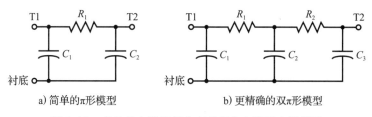

a) 简单的 π 形模型　　　　　　　b) 更精确的双 π 形模型

图 6.10　多晶硅电阻近似分布的寄生电容子电路模型

越过多晶硅电阻的导线会引入额外的寄生电容。典型的层间氧化物的电容率与场氧化层的电容率基本相同,约为 $0.05\ \text{fF}/\mu\text{m}^2$。这样,当 $1\ \mu\text{m}$ 宽的导线越过 $1\ \mu\text{m}$ 宽的电阻时,大约产生 $0.05\ \text{fF}$ 的耦合电容。即使是这样微小的电容也足够扰乱一个精密的模拟电路。假设它耦合到对地总电容为 $0.1\ \text{pF}$ 的高电阻节点。金属引线上的 $2\ \text{V}$ 的峰-峰电压方波将在高电阻节点上产生 $1\ \text{mV}$ 的干扰信号。这足以将音调注入传声器的放大器中或导致 16 位数据转换器丢失多位的分辨率。这个例子说明了为什么版图设计师在设计数字信号通路经过模拟电路时必须非常小心。如果两根导线长距离彼此并排(或相互重叠)布线,电容耦合就会变得更差。在极端情况下,数字信号之间的电容串扰实际上会导致功能故障。

图 6.11 显示了扩散电阻的简化横截面。一个或多个反偏 PN 结将该电阻与衬底隔离开。在该示例中,衬底是一个 N 型外延层隔离岛。在其他工艺中衬底也可能是由一个阱形成的。需要衬底接触来保持电阻上的 PN 结处于必要的反向偏置。

一个扩散电阻的主要寄生效应为反偏 PN 结,其中一个结位于电阻和隔离岛之间,另一个结则位于隔离岛和衬底之间。这些结形

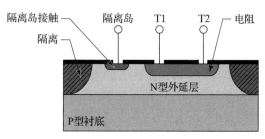

图 6.11　扩散电阻的简化横截面

成的分布结构通常用 π 形模型建模。图 6.12 描述了图 6.11 中扩散电阻的两个单 π 形电路模型。

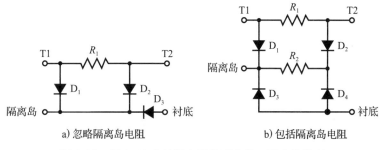

a) 忽略隔离岛电阻　　　　　　　b) 包括隔离岛电阻

图 6.12　图 6.11 中扩散电阻的两个单 π 形电路模型

图 6.12a 所示的子电路包含 1 个理想电阻和 3 个二极管,其中 D_1 和 D_2 分别表示整个电阻-隔离岛 PN 结的一半,而 D_3 则代表整个隔离岛-衬底 PN 结。只要隔离岛的电阻远小于电阻 R_1,这种子电路模型就具有相当的精确度。在隔离岛电阻较大时,选用图 6.12b 所示的子电路模型将更加精确。这个模型中包含的电阻 R_2,可用于为隔离岛电阻建模,此外还包含两个二极管 D_3 和 D_4,用于为隔离岛-衬底 PN 结的分布特性建模。

与扩散电阻相关的反向偏置 PN 结也会导致一些不良影响。最明显的是,它们会在电阻与其隔离岛之间产生电容,如果该隔离岛自身没有与衬底相连接的话,它们还会在隔离岛和衬底

之间产生电容。更隐蔽的是，当隔离岛连接不当或者发生意外的瞬变时，这些二极管可能会进入正向偏置。这就可能会触发闩锁效应(参见 5.4.2 节)。即使没有发生闩锁效应，大电流也会流过隔离岛接触区。因此，扩散电阻隔离岛的偏置需要仔细考虑。图 6.13 所示的三种隔离岛偏置方案说明了用于连接 P 型电阻隔离岛的几种常见方法。在这些原理图中，我们用与电阻平行的线段来表示电阻的隔离岛连接关系。

由电阻 R_1 和 R_2 构成的电阻分压器可以使用尽可能简单的偏置，两个电阻的隔离岛都连接到电源 V_{CC}，V_{CC} 为电阻分压器供电。这种连接使得两个隔离岛均反向偏置，但是每个电阻到隔离岛的电压差不同，从而导致两个电阻的隔离岛调制效应的程度也有所不同。由于隔离岛调制效应是非线性的，由此导致电阻分压器的分压比也会随着电源电压的变化而变化。

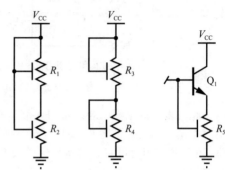

图 6.13　几种偏置隔离岛和 P 型扩散电阻的方法

由电阻 R_3 和 R_4 构成的分压器显示了一种抵消隔离岛调制效应的体连接方法。如果两个电阻值相等，即 $R_3 = R_4$，则中点处的电压正好等于 $V_{CC}/2$。这种连接可以确保两个电阻的隔离岛电压差相等，从而使两个电阻的隔离岛调制一样。这种技术可以扩展到包括不等值的电阻，方法是将它们分成多个相同(或几乎相等)阻值的部分，每个部分占据自己的隔离岛区域。但是，多个单独的隔离岛比单个隔离岛需要占用更多的空间。最下面电阻的隔离岛-衬底 PN 结的泄漏和少数载流子收集也是需要关注的问题。

R_5 描述了另外一种偏置电阻隔离岛的方法。假设晶体管 Q_1 始终处于导通状态，电阻 R_5 所在的隔离岛被偏置到比电阻正端高一个发射结电压降的电位。这种连接显示了隔离岛既不与电阻相连也不与电源相连的许多种可能结构中的一种。像其他所有结构一样，这种连接可能会使电阻-隔离岛 PN 结正偏。假设晶体管导通，这样 R_5 就会被偏置在比地高几伏的电位上。如果 Q_1 的基极被突然拉低，电阻-隔离岛结就会出现短暂的正偏。对于既不与电阻器正端相连接也不与电源相连接的情况，应仔细分析可能存在的偏置问题。

隔离扩散电阻的反偏 PN 结也可能会受到雪崩击穿的影响。对于发射区电阻和基区夹断电阻尤其要注意，因为在标准的双极型工艺中，基区-发射区结经常在 7 V 左右发生雪崩。这类电阻不要在超过 2/3 的电阻-隔离岛结额定电压下工作。如果某个电阻的偏压超过这个值，那么该电阻应当由多个置于单独隔离岛中的部分构成。

与反向偏置 PN 结相关的耗尽区具有显著的电容，该电容随反向偏置电压非线性变化，通常为 $1 \sim 5 \, \text{fF}/\mu\text{m}^2$。该值大大高于与沉积电阻相关的电容，因为耗尽区域通常比沉积的氧化层薄，并且硅的相对介电常数也高于氧化物。

电路设计师更喜欢使用沉积电阻而不是扩散电阻，因为沉积电阻没有结，从而可以较少考虑寄生效应。然而，沉积材料(如多晶硅)的方块电阻及其温度系数并不像特定的扩散电阻那样理想。此外，扩散电阻可以承受比类似面积的沉积电阻更高的功率耗散，因为扩散电阻与硅紧密接触，而沉积电阻通过氧化物与硅隔离，氧化物的导热性要比硅材料差得多。因此，扩散电阻仍然经常应用，特别是在 ESD 电路中。

6.5　不同类型电阻的比较

大部分工艺针对不同的应用提供了多种电阻，本节比较了第 4 章中列出的各种类型的电阻，还讨论了另外几种针对特殊应用的电阻。

6.5.1　基区电阻

标准的双极型工艺中提供了基区电阻(见图 4.12)。模拟 BiCMOS 工艺中也提供了一个类似的基区电阻，这个基区电阻使用一个单独的基区扩散层形成。标准双极型工艺中的基区方块电阻的典型值范围在 $100 \sim 200 \ \Omega/\square$，该电阻的表面浓度通常在 $1 \times 10^{18} \sim 5 \times 10^{18} \ cm^{-3}$ 之间。低于这个浓度，接触电阻是会有问题的，对于使用难熔金属阻挡层来防止结尖峰的工艺尤其如此，但是在难熔金属阻挡层下方并没有使用硅化物。经验表明，这种工艺容易产生具有非常高的基区接触电阻的批次。此外，硅化物接触点的接触电阻要略低一些且更加一致。模拟 BiCMOS 工艺中基区电阻通常在电阻的两端进行 P 型源漏区掺杂，以降低其接触电阻。标准的双极型工艺中并不存在适合此目的的层。

基区扩散层最适合制作 $50 \ \Omega \sim 20 \ k\Omega$ 范围内的电阻。更大的电阻可以采用更小面积的高值电阻来制作，但是基区扩散层相比高值电阻有几个优点。基区扩散层的通常比高值电阻更容易控制，并且基区扩散层的掺杂浓度较高，从而使得隔离岛的调制效应达到最小化。由于这些原因，尽管需要额外的面积，但是精确的电阻通常由基区扩散层而不是高值电阻构成。

对于隔离岛电压超过工艺最上层金属厚场阈值电压 2/3 的基区电阻，就应当使用场板，以防止电荷扩展（参见 5.3.5 节）。金属线可以穿过低压电阻，而不会引起明显的电导率调制。但是电容耦合仍然是一个问题，特别是当基区扩散层上的氧化物比隔离岛上的厚场氧化物要薄得多时。而模拟 BiCMOS 工艺中的基区电阻不太容易受到此问题的影响，因为其基区扩散层的电阻上添加了多层氧化物，会使得基区扩散层上的氧化物变厚，而且 BiCMOS 工艺的尺寸也明显小于标准双极型工艺的尺寸。但是仍然要考虑重新布局有噪声干扰的导线，以便使它们不会与基区电阻发生交叉。

基区电阻必须占据一个合适的体区，它是由标准双极型工艺中的 N 型外延层隔离岛或模拟 BiCMOS 工艺中的 N 阱组成的。在上述任何一种情况下，如果可以使用与体区等电势的 N 型埋层，则应添加尽可能多的 N 型埋层以降低横向电阻。N 型埋层可以通过提供有效地将噪声分流到体接触的低电阻路径，来实现同一个体区内相邻电阻之间的噪声耦合达到最小。N 型埋层还使得可能导致电阻-体区结正向偏置的自偏置效应达到最小。N 型埋层的几何结构应当与精确匹配的电阻充分重叠，以便确保这些电阻的所有部分都位于 N 型埋层之上，从而经历相同量的 N 型埋层推进。这种重叠也应足以确保 N 型埋层阴影不会与任何电阻的体区相交。N 型埋层覆盖基区 $5 \sim 8 \ \mu m$ 通常就可以实现这些目标。

标准的双极型工艺里经常会将基区电阻以及其他器件合并到一个公共的隔离岛中。基区电阻不应与可能有少数载流子注入隔离岛的器件合并，例如工作在饱和区的横向 PNP 型晶体管。如果由于空间限制而必须合并这样的隔离岛，可以考虑在两个器件之间设置一个 P 型条带的收集环（参见 5.4.4 节）。基区电阻可以安全地与有多数载流子注入隔离岛的器件（例如 NPN 型晶体管）合并。这样做的前提是隔离岛包含 N 型埋层和至少一个连接埋层的小的深度 N+ 下沉区。下沉区的存在减小了隔离岛和埋层之间的垂直接触电阻，减小了大约 $10 \ k\Omega \cdot \mu m^2$ ⊖。如果隔离岛里只有电阻，则可以省略深度 N+ 下沉区以节省空间。

基区电阻是标准的双极型基线工艺中最好的通用型电阻，它们在 BiCMOS 工艺中的应用要少得多，因为多晶硅电阻的寄生效应更小，占用的面积也更小。

6.5.2 发射区电阻

标准的双极型工艺中提供了发射区电阻，如图 4.13 所示。发射区扩散层的掺杂浓度非常高，因此它们的方块电阻通常在 $2 \sim 10 \ \Omega/\square$，并且它们的接触电阻也很小。由于它们的方块电阻较低，发射区电阻仅适用于零点几欧姆到几百欧姆的电阻。更小的电阻通常是由金属制成的，而更大的电阻则是由基区电阻或高值电阻制成的。发射区电阻的电压非线性最小，因为耗尽区侵入发射区扩散层的距离可以忽略不计，并且发射区电阻率的温度系数相对较低。此外，发射区电阻的体调制效应也可以忽略不计。

⊖ 各层的垂直电阻通常以电阻乘以面积为单位给出，将该值除以给定实例的面积，即可获得其电阻。

发射区电阻与其上面所布导线间的电容耦合较为明显。使用薄发射区氧化层[⊖]工艺所产生的氧化层电容率可达 $0.7\ \mathrm{fF}/\mu m^2$，而使用厚发射区氧化层工艺电容率则可达 $0.2\ \mathrm{fF}/\mu m^2$。薄发射区氧化层在发生静电放电(ESD)时容易损坏，所以与外部的引脚相连的导线除非与发射区扩散层相连，否则不要穿越薄氧化层发射区。

发射区电阻必须放置在一个合适的隔离岛内。通常的做法是发射区电阻制作在基区扩散层内，基区扩散层又制作在一个隔离岛内，如图 4.13 所示。当使用这种结构时，基区扩散层必须连接到与发射区电阻相等或更低的电位上，基区所在的隔离岛则必须连接到与基区相等或更高的电位上。这可以通过将基区扩散层连至电阻的低压端、将隔离岛连至电阻的高压端来实现。发射区电阻的偏压不能超过发射区-基区雪崩击穿电压的 2/3。可以通过将电阻分割成几部分，每部分位于各自的基区中来满足这种限制。

发射区电阻并非一定要制作在基区内。从图 6.14 中可以看出，一个发射区电阻也可以直接制作在隔离岛内。虽然没有反向偏置的 PN 结将发射区和隔离岛分开，但是电流几乎都是流过低阻的发射区扩散层，而不是高阻的隔离岛。因此，该结构的电阻近似等于发射区扩散层的电阻。省略基区隔离岛可以节省大量的面积，但是每个隔离岛中只能放置一个电阻。这种版图布局特别适合用作隧道连接的发射区电阻。隧道连接或交叉连接电阻是一种低阻值的电阻，它可用于仅包含一层金属的芯片上交叉布线。

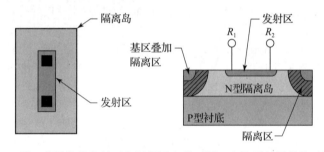

图 6.14　另一种风格的发射区电阻版图和截面图，去掉了包围的基区扩散层
　　　　以节约面积(与图 4.13 相比较)

在模拟 BiCMOS 工艺中可以构建发射区电阻，这些电阻可以直接放置在 P 型外延层中。在标准的双极型工艺中，这种无隔离岛的发射区电阻也可以用包含发射区电阻的基区代替整个隔离岛来构建，但是这种做法将限制发射区电阻上的电压不超过发射区-基区击穿电压的 2/3。我们可以在单个隔离岛上的单个基区中集成多个发射区电阻。

在标准的双极型工艺中，发射区电阻常用于功率 NPN 晶体管的镇流电阻，也可以用作检流电阻。它们也被用作单层金属设计的跳线，由于多层金属工艺的广泛使用，将发射区电阻用作跳线的这种做法并不像以前那样普遍了。

6.5.3　基区夹断电阻

基区夹断电阻主要在标准的双极型工艺中制作，如图 4.14 所示。在 BiCMOS 工艺中也可以通过其他的 P 型扩散层来制作基区夹断电阻，例如深阱(DWell)。在标准的双极型工艺中，基区夹断电阻的典型方块电阻为 $2\sim10\ \mathrm{k\Omega/\square}$，且允许紧凑的版图布局。然而，基区夹断电阻的方块电阻随工艺变化 $\pm50\%$ 甚至更多。这种方块电阻的变化和纵向 NPN 型晶体管的 β 值一样，因为这两个值都取决于古穆尔(Gummel)数。受横向扩散(稀释效应)的影响，较小宽度的基区夹断电阻的方块电阻值会急剧变大。

基区夹断电阻具有非常极端的非线性，因此它们更适合建模为结型场效应晶体管，而不是

⊖　假设在 1000 ℃下经过一小时的发射区推进，形成了 500 Å 的发射区薄氧化层，随后在 900 ℃下经过 45 min 的湿氧氧化得到最终 2 kÅ 的发射极厚氧化层。

电阻。非线性特性会导致它们的电阻在 0~5 V 的电压范围内翻倍，并且它们的隔离岛调制效应更加极端。因此，夹断电阻通常不能进行精确的匹配，除非它们使用完全相同的部分，并且每个部分都放置在自己的偏置隔离岛中，以消除隔离岛调制效应。即使采取了这种预防措施，由于短距离内掺杂和结深的变化，看似相同的夹断电阻之间仍有可能存在高达 ±5% 的失配。

与发射区电阻一样，基区夹断电阻不应工作在大于发射极-基极雪崩击穿电压的 2/3 下。可以通过分割电阻，并将每段电阻放置在偏置于每段正端的单独隔离岛中来规避此限制，但是这样也会大大增加电阻消耗的面积。

总之，基区夹断电阻主要用于非关键且需要制造紧凑型高值电阻的地方。虽然在某些模拟 BiCMOS 工艺中可以制作基区夹断电阻，但是使用这些工艺的设计师通常会更喜欢使用多晶硅电阻。

6.5.4　具有高薄层电阻值的电阻

高值薄层电阻(HSR)的注入电阻可以作为大部分标准双极型工艺的扩展。这种注入电阻的方块电阻大小为 $1~10\ \text{k}\Omega/\square$，其值取决于注入剂量、结深以及随后的退火条件。这种高值电阻的温度系数通常等于几千 ppm/℃。可以采用不完全退火来使得高值电阻的温度系数达到最小值。高值电阻可以通过注入少量的浅硼到 N 型外延层隔离岛中获得，如图 4.17 所示。高值电阻的注入结深通常不超过 $0.5\ \mu\text{m}$，且其表面掺杂浓度通常约为 $2\times10^{18}\ \text{cm}^{-3}$。这种相对较低的表面掺杂浓度将导致较高的接触电阻，所以需要使用基区端头来接触高值电阻的两端。图 6.15 显示了一个高值电阻的版图，该电阻的阻值为

$$R = R_s\left[\frac{L_d+L_b}{W_d+W_b}\right]+2R_h \tag{6.20}$$

式中，R_s 为高值电阻的方块电阻；W_d 为电阻的绘制宽度；L_d 为电阻的绘制长度。绘制长度通常在基区端头的内边缘之间测量。宽度偏差 W_b 是由形成电阻主体的高值电阻注入区向外横向扩散导致的。长度偏差 L_b 是由基区端头向外横向扩散导致的，通常为负值。长度偏差通常等于基区结深长度的 20% 左右，约为 $-0.5\ \mu\text{m}$。因为基区端头电阻 R_h 与高值电阻的方块电阻无关，所以需要单独计算。由于电流

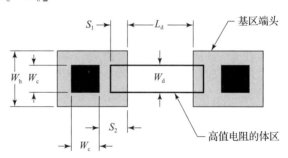

图 6.15　高值电阻的版图

的不均匀性，所以基区端头电阻 R_h 很难估算，近似的计算公式为

$$R_h = kR_{sb}\left[\frac{S_2+W_{hb}/2}{W_h+W_{hb}}\right] \tag{6.21}$$

式中，R_{sb} 为基区的方块电阻；W_h 为基区端头的宽度；W_{hb} 为基区电阻宽度的宽度偏差；S_2 为高值电阻体区方向的基区端头接触上交叠的基区长度；常数 k 考虑了电阻中电流的非均匀性；其典型值为 0.7，有时为了配合布线将端头拉长，这时 k 值可取为 1。

众所周知，高压的高值电阻很容易发生电荷扩展效应。高值电阻的方块电阻远大于基区电阻的方块电阻，因此电流较小，并且漏电的影响被放大。对于所有工作电压超过顶层金属的厚场阈值电压 2/3 的高值电阻来说，都需要仔细地设置场板。薄的轻掺杂高值电阻注入区也很容易受到电压调制效应的影响。例如，由于隔离岛调制效应，连接到 20 V 电源的合并隔离岛的高值电阻分压器的分压比就会发生几个百分比的偏移。如果将电阻分为等值的几段，每段放置在连接到电阻正极端的各自隔离岛中，并且每段的场板(如果有的话)也连接到该段的正极端，则同样的分压器就能够正常工作。隔离岛调制效应在高值电阻中比在基区电阻中要严重得多，

　　因此如果将基区电阻转换为高值电阻，则原先与基区电阻配合良好的隔离岛合并就可能会导致不可接受的误差。

　　电导率调制效应也会影响高值电阻。单层金属设计中导线经常必须布在高值电阻之上。此时，如果导线与电阻之间的电压差超过几伏的话，就会发生电导率调制效应。由于基区扩散层的电导率调制效应远小于高值电阻，所以设计师可以将基区端头延长，使得导线从基区端头而不是高值电阻注入区上通过。有时高值电阻太短，而必须越过它的导线又太多，这时也可以通过延长基区端头来解决。延长基区端头的电阻可以使用式（6.21）来近似估算，此时常数 k 值可以取为 1。图 6.16 展示了一个延长基区端头的高值电阻，这用于防止金属导线从电阻体区上走线。

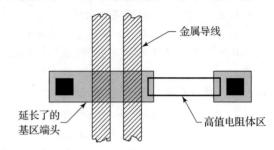

金属导线

延长了的基区端头

高值电阻体区

图 6.16　延长基区端头的高值电阻

　　高值电阻注入层很浅，从而将高值电阻的雪崩击穿电压限制为平面结击穿电压的一小部分。大多数高值电阻仅能承受 20～30 V 的电压。相比而言，基区电阻，无论其掺杂浓度多高，所能承受电压的典型值都为 50～60 V。把高值电阻的拐角都做成圆角可以减小这些位置的电场强度，进而可以将击穿电压提高几伏。把高值电阻分成多段，每一段或每几段置于独立的隔离岛中，每个隔离岛连至其内部电阻的正端，还可将高值电阻的工作电压进一步提高。这种结构不仅可以使电阻可承受的工作电压达到隔离岛-衬底结的击穿电压，而且可以减小非线性特性。但是，这样做会占用过多的版图面积。

　　与基区电阻一样，高值电阻的下方也必须设置 N 型埋层，这样可以防止隔离岛的自偏置效应。无论有没有 N 型埋层，浅注入的高值电阻的方块电阻在实质上并没什么变化，但是高值电阻受到 N 型埋层阴影的影响比基区电阻更大。在保证其他器件不向共享的隔离岛中注入少数载流子的情况下，高值电阻可以和这些器件共用隔离岛。

　　高值电阻注入层使得其方块电阻的阻值范围较宽。较小的方块电阻（例如 1 kΩ/□）几乎没有价值，因为其成本较高，却不能节省足够的芯片面积。较大的方块电阻（例如 5 kΩ/□）特别容易受到电导率调制效应的影响。电荷扩展可能导致这些电阻的阻值随着电导率调制效应而发生漂移，除非给它们设置合适的场板。因此，最佳的方块电阻为 2 kΩ/□ 左右，这样既可以节省大量面积，又不必过于担心电导率调制效应。

　　要在有限的芯片面积里制作大量的电阻时，高值电阻是很有用的。它不像基区夹断电阻那样易变，并且其方块电阻也远大于基区电阻。标准的双极型工艺会大量地使用高值电阻。CMOS 和 BiCMOS 工艺中却很少使用专门的高值电阻，因为掺杂的多晶硅提供了一种更好的选项，多晶硅电阻既没有寄生的 PN 结，而且多晶硅电阻的最小宽度更窄，可以获得更高的电阻密度。

6.5.5　外延层夹断电阻

　　外延层夹断电阻类似于基区夹断电阻，因为它是由一层夹在两个 PN 结之间的轻掺杂硅层组成的，由此可以增加其方块电阻。在这种情况下，轻掺杂区域是由夹在衬底和基区扩散层之间的 N 型外延层组成的，如图 6.17 所示。衬底掺杂在形成隔离岛扩散的过程中会向上扩散，以产生 5～20 kΩ/□ 的有效方块电阻。外延层夹断电阻通常使用允许的最小宽度来构建，以进一步利用稀释效应来增加其方块电阻。这种电阻具有 ±50% 甚至更高的工艺偏差。

　　外延层夹断电阻会表现出极端的电压调制效应，因此最好将其视为结型场效应晶体管来处理（参见 12.3.2 节），它们有时也被称为外延场效应晶体管。基于 40 V 标准双极型工艺构建的外延层夹断电阻的夹断电压通常在 -20～50 V 之间。当电压超过夹断电压之后，流过电阻的电流基本上就与该电压无关。

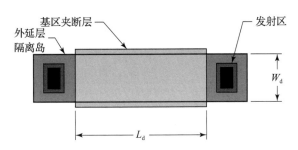

图 6.17　外延层夹断电阻(外延层结型场效应晶体管)的版图

外延层夹断电阻几乎专门用于启动电路中,以提供小的启动电流。这些器件的低夹断电压实际上有利于此应用,因为它限制了器件在较高工作电压下的电流消耗。这些启动器件的版图通常以蛇形布局,以便获得较小的电流。虽然设计师在 CMOS 和 BiCMOS 工艺中也可以通过使用基区扩散层或浅 P 阱夹断深 N 阱来构建类似的器件,但是更小且更好控制的启动器件通常可以由耗尽型 MOS 晶体管或较窄的高值多晶硅电阻来实现。

6.5.6　金属电阻

尽管金属的方块电阻很小,但是这并不意味着其不重要。标准双极型工艺中的金属厚度为 $10\sim15$ kÅ($1\sim1.5$ μm),其方块电阻为 $20\sim30$ mΩ/□。CMOS 和 BiCMOS 工艺中的低层级金属厚度为 $3\sim5$ kÅ($0.3\sim0.5$ μm),其方块电阻为 $50\sim90$ mΩ/□。CMOS 和 BiCMOS 工艺中的最上层金属通常比其他层级金属要厚,在一些工艺中甚至比标准双极型工艺中的金属还要厚。对于提供厚的顶层金属选择的 CMOS 和 BiCMOS 工艺尤其如此,1 μm 厚的铝是一种常见的选择,有时甚至可以使用更厚的顶层金属。厚的功率铜也可以用于制造阻值高达几百毫欧的检测电阻。

金属电阻的典型阻值为 50 mΩ~50 Ω。这个范围的电阻可以用于构造电流敏感电路和大功率双极型晶体管的镇流电阻。金属电阻可以布成一条直线,也可以布成折叠状。电阻应位于场区氧化层的上面,以避免氧化层台阶引起金属厚度及电阻的变化。在使用化学机械抛光工艺来实现平坦化的 CMOS 和 BiCMOS 工艺中,这种预防措施就变得不那么重要了,因为它在很大程度上消除了氧化层台阶。

在多层金属工艺中,金属电阻可以使用任何一层金属来构建。甚至可以并联多个金属层来降低电阻并提高电流处理能力,但是必须采用足够多的通孔,以便将通孔的电阻降低到金属电阻的一小部分,这样才可以防止因通孔电阻变化降低电阻的允差。

金属电阻上的精确电压检测需要使用两对导线。一对通过电阻传导电流,而另一对用于检测电阻两端的电压。这些导线对通常称为电流导线和电压导线,或者称为载流导线和检测导线。载流导线中的电压降不会改变检测导线上的电压差,并且检测导线中也不会出现明显的电压降,因为它们仅传导很少的电流,有时甚至没有电流流过。检测导线与载流导线连接的点称为星形连接或星形节点。据说这种具有载流和检测导线的器件结构在开尔文勋爵威廉·汤普森(William Thompson)提出来之后就被称为开尔文连接,因为他在 1861 年首次构思了这个概念。

图 6.18a 给出了金属电阻开尔文连接的一种方式,电阻由单层金属构成,检测点是连接电阻边缘处的简单抽头。绘制出的电阻长度 L_d 是在检测导线的内侧边之间测量得到的。如果载流导线在连接附近出现弯曲或宽度变化,不均匀的电流将影响器件的电阻。通过在出现弯曲或宽度改变之前,将载流导线延伸到至少两倍电阻宽度的距离,可以将这种影响降至最低。如果做不到这一点,还可以使用有限元分析程序(例如 Silicon Frontline 公司的 R3D)来精确地计算出几何形状的电阻阻值,或者使用调整或微调来补偿误差。

图 6.18b 显示了另一种版图布局,该布局使用第二层金属进入电阻的中心。检测导线占据上层金属层,以避免将非平面特性引入金属电阻。这种布局对星形节点附近的非均匀电流不太敏感。

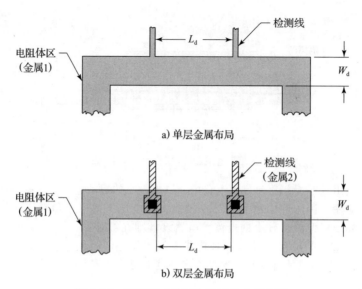

图 6.18　两种形式的开尔文连接金属电阻

金属电阻通常比较宽,以至于可以忽略其宽度偏差效应。金属的方块电阻通常变化大约 $\pm20\%$,要比其他类型的电阻略好一些。然而,晶圆厂不一定会监测金属的方块电阻,并且在出现了金属电阻超过控制限值的情况下,也没有警告。

许多设计师倾向于将金属电阻用于电流检测电路。金属电阻不仅能够以最小的电压降处理大电流,而且其电阻率的温度系数接近 3300 ppm/℃,这个数值很重要,在 25 ℃时,它的温度系数为正值,这使得电阻电压与绝对温度(Voltage Proportional To Absolute Temperature, VPTAT)成正比。现有的电路可以产生几十毫伏非常精确的 VPTAT 电压。结合金属检测电阻,它们提供了一种简单且相对温度不变的电流测量方法。

6.5.7　多晶硅电阻

在数字工艺中,对于使用 N 型多晶硅栅电极的 NMOS 和 PMOS 晶体管来说,通常采用大面积的 N 型离子注入。对于同时需要 N 型和 P 型多晶硅栅电极的数字工艺,通常淀积本征或轻掺杂的 P 型多晶硅,并采用 N 型源漏区注入和 P 型源漏区注入对其进行选择性掺杂。无论哪种情况,多晶硅栅电极的方块电阻通常约为 25~50 Ω/□。大多数数字工艺会使用多晶硅化物,以进一步将方块电阻降至 2~5 Ω/□。模拟工艺通常会添加硅化物阻挡掩模,以便获得方块电阻为 25~50 Ω/□的普通多晶硅,但是这个方块电阻值仍然很低,因此大多数这样的工艺还构造了大约 500 Ω/□的高值多晶硅电阻。有几种制作高值多晶硅电阻的方法,对于大面积掺杂的多晶硅栅电极工艺,可以通过添加一个多晶硅注入阻挡掩模来调整工艺,然后可以利用原位硼掺杂对多晶硅进行轻掺杂(参见 2.2.5 节)或利用大面积注入进行轻掺杂。多晶硅注入阻挡掩模可以选择性地制作低阻值栅极多晶硅。双掺杂型栅极工艺可以使用 N 型源漏区和 P 型源漏区注入掩模来选择性地形成 N＋和 P＋栅极多晶硅。使用类似的技术可以得到 5 kΩ/□的方块电阻,或者更高的超高阻值电阻。这些所谓的超高阻值电阻以增加可变性为代价提供了兆欧量级的电阻。

当掺杂水平超过 5×10^{20} cm^{-3} 时,磷掺杂多晶硅的电阻率约为 400 $\mu\Omega\cdot$cm,硼掺杂多晶硅的电阻率约为 2 m$\Omega\cdot$cm。多晶硅在较低的掺杂水平下,其电阻率会显著增加,这个效应对磷掺杂的多晶硅影响最大,在 1×10^{16} cm^{-3} 处,该多晶硅的电阻率几乎达到 1 M$\Omega\cdot$cm,比相同掺杂浓度的单晶硅电阻率高 5 个数量级以上。多晶硅电阻率的急剧上升源于几种机制。第一,晶界处的载流子被捕获减少了单个晶粒内的掺杂。第二,晶界处形成了耗尽区,补偿了被捕获载流子的电荷。这些耗尽区产生了类似于在接触孔中的势垒,较低的掺杂浓度导致耗尽区变宽并且使界面电阻增加。第三，磷会在晶界处以非电活性的形式偏析，从而降低了晶粒内的有效掺杂浓度。所有这些影响都取决于晶粒尺寸和退火条件，因此轻掺杂多晶硅比重掺杂多晶硅表现出更大的工艺涨落。所以 500 Ω/□ 的多晶硅通常变化不超过 $\pm 20\%$，而 5 kΩ/□ 的多晶硅则很容易就会发生 $\pm 50\%$ 的变化。设计师有时会错误地将高阻值多晶硅的可变性归因于其低掺杂浓度，但是真正的原因是淀积工艺和退火条件的变化。

重掺杂多晶硅具有较小的正温度系数，例如，4 kÅ(0.4 μm)、70 Ω/□ 的多晶硅的温度系数大约为 500 ppm/℃。温度系数在较低的掺杂水平下会变为负值，例如，4 kÅ、500 Ω/□ 的多晶硅的温度系数约为 -1000 ppm/℃，10 kΩ/□ 多晶硅电阻的温度系数可以降至 -7000 ppm/℃。

由于晶格散射，大多数材料在较高温度下表现出正的温度系数(参见 1.1.3 节)。此外，由于晶界效应的影响，大部分轻掺杂多晶硅的电阻率随着温度的升高而减小。更高的温度不仅会释放出被捕获的载流子，而且还通过增加具有较大热运动能量的载流子数量来帮助载流子克服势垒。这些效应也解释了高阻值多晶硅电阻具有负温度系数的原因。

选择适当的掺杂浓度和退火条件可以生产出具有非常低温度系数的多晶硅。对于 4 kÅ 的多晶硅薄膜，这种零温度系数(0TC)的条件大约发生在 200～300 Ω/□ 附近。工艺条件的变化通常会导致温度系数变化 ± 100 ppm/℃，并且还会出现一个小的二次温度系数。

多晶硅电阻的温度系数取决于淀积条件，并且可能还会以意想不到的方式变化。例如，很多晶圆片制造厂会沿着反应器炉管方向倾斜温度分布，以抵消反应气体的逐渐耗尽。该技术形成了所谓的梯度多晶硅或斜温多晶硅。这种梯度多晶硅的晶粒结构根据晶圆片在晶片舟中的位置而发生变化。这种变化对于重掺杂的多晶硅栅几乎没有什么影响，但是对于高阻值多晶硅来说，它可能就会导致不同晶圆片之间的显著变化。理想情况下，模拟集成电路晶圆片制造厂应当在其多晶硅反应炉中采用均匀的温度分布，以便形成所谓的等温多晶硅。当然，并不是所有的晶圆厂都会遵循这种做法。

图 6.19 显示了一个由轻掺杂 N 型多晶硅构成的高阻值多晶硅电阻。电阻的两个端头都进行了 N 型源漏区注入，以便降低其两端头的接触电阻。N 型源漏区注入应覆盖住多晶硅，使得整个宽度上的电阻端头都有注入。高阻值多晶硅电阻的总电阻可以通过将其分成体区和两个端头，然后计算每部分的电阻后得到，用公式来表示，高阻值多晶硅的电阻 R 为

$$R = R_{\mathrm{s}} \left[\frac{L_{\mathrm{d}} - 2L_{\mathrm{b}}}{W_{\mathrm{d}} + W_{\mathrm{b}}} \right] + 2R_{\mathrm{h}} \left[\frac{L_{\mathrm{h}} + L_{\mathrm{b}}}{W_{\mathrm{d}} + W_{\mathrm{b}}} \right] \tag{6.22}$$

式中，R_{s} 为用于制作电阻体区的多晶硅方块电阻；R_{h} 为用于制作端头的多晶硅方块电阻；L_{h} 为端头注入区与接触孔的交叠长度。与扩散形成的高阻值电阻不同的是，多晶硅电阻的体区与端头交界处的电流是均匀的，这是因为二者具有相同的宽度。接触孔处的电流非均匀性可以用与扩散电阻相同的方法进行分析(参见 6.2 节和 6.3.4 节)。

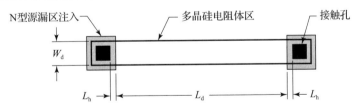

图 6.19　由轻掺杂 N 型多晶硅构成的高阻值多晶硅电阻

宽度偏差 W_{b} 用来表示在曝光和刻蚀多晶硅的过程中发生的尺寸变大或缩小效应，这个偏差可以达到接近 1 μm 的程度，因此对于窄多晶硅电阻有很明显的影响。出于同样的原因，由于线宽控制的差别，窄电阻也会呈现出较大的工艺变化。大部分工艺可以将多晶硅的尺寸控制在最小特征尺寸的 10% 以内。增加电阻的宽度可以使线宽的变化对其影响达到最小化。非常窄的多晶硅电阻也可能会因为竹节结构或硅化钛未能实现良好的再结晶，而表现出阻值增加的现象(参见 6.3.1 节)。

　　长度偏差 L_b 反映出 N 型源漏区注入侵入电阻体区的长度。因为电阻的长度通常比其宽度大得多，所以这一项的影响与宽度偏差相比，对电阻值的影响要小很多。但是，长度偏差也会对极短的电阻产生显著的影响。

　　多晶硅电阻通常应置于场区氧化层之上，而不是在薄的栅极氧化层之上。这样可以减小电阻和衬底之间的寄生电容。在某些 BiCMOS 工艺中，可以在电阻下面制作深度 N+层，杂质的增强氧化作用可以使其场区氧化层变厚。然而，由于担心平坦度或氧化层质量，并非所有工艺都允许将电阻放置在深度 N+层之上。

　　多晶硅电阻的功率处理能力要远小于扩散电阻，因为包围多晶硅的氧化层具有较低的热导率(参见 6.3.3 节)。过热会永久性地改变多晶硅的电阻率及其温度系数。这种效应已经被用于对多晶硅电阻进行电微调(参见 6.6.2 节)。

　　许多数字工艺将栅极多晶硅的整个表面形成金属硅化物。目前用于此目的的硅化物包括硅化钛、硅化钴和硅化镍。它们的电阻率为 $14\sim20\ \mu\Omega\cdot cm$，通常在多晶硅的顶部形成大约 $500\ Å(50\ nm)$ 的硅化物，最终得到的多晶硅化物的方块电阻为 $3\sim4\ \Omega/\square$。在许多模拟集成电路应用中，多晶硅化物不能提供足够高的电阻，因此还必须添加一个特殊的掩模来阻挡电阻体区形成硅化物。图 6.20a 显示了一个采用硅化物阻挡掩模的电阻示例，该结构的电阻可以利用式(6.22)来计算，需要单独计算出未形成硅化物的体区电阻和形成硅化物的端头电阻，但是端头处硅化物的方块电阻非常小以至于经常被忽略。如果长度偏差 L_b 也被忽略的话，则计算公式变为

$$R = R_s\left[\frac{L_d}{W_d + W_b}\right] \tag{6.23}$$

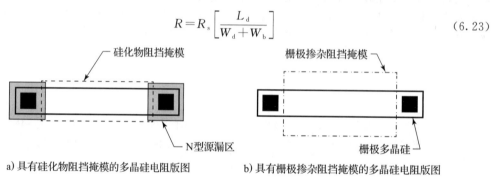

a) 具有硅化物阻挡掩模的多晶硅电阻版图　　　　b) 具有栅极掺杂阻挡掩模的多晶硅电阻版图

图　6.20

　　在大多数模拟应用中，即使没有形成硅化物，栅极多晶硅的电阻率也仍然太低。因此，大面积掺杂栅极多晶硅的工艺必须通过添加栅极掺杂阻挡掩模来修改。图 6.20b 显示了一个典型的使用这种掩模的电阻版图。该电阻的体区由淀积在接近本征状态的多晶硅组成，然后用低剂量的磷或砷进行大面积注入。随后形成低阻值栅极多晶硅的注入也减小了高阻值电阻端头区的电阻率。栅极掺杂阻挡掩模上的几何图案可以防止该注入影响高阻值电阻的体区。图 6.20b 中假设只有接触孔处形成了硅化物，如果工艺中包含多晶硅化物，那么电阻还必须包含硅化物阻挡掩模上的几何图案。

　　由于沿着晶界的迁移率增强，大多数杂质(包括砷和磷)在多晶硅中扩散的速度要比在单晶硅中快。栅极掺杂阻挡掩模在多晶硅电阻体区上必须要有大的重叠，以便确保快速移动的掺杂剂不会侵入电阻体区中。但是，同样的效应会导致几微米的长度偏差 L_b。研究人员发现，在多晶硅中注入氧或氮可以降低掺杂剂的迁移率。此技术可以最大限度地减少长度偏差，从而减少了所需的栅极掺杂阻挡掩模覆盖在多晶硅上的重叠部分。

　　现代工艺可以制造出非常紧密间隔的窄多晶硅线。这种能力允许在相当小的区域内集成许多兆欧量级的多晶硅电阻。然而，制造如此密集的小间距电阻也使得它们很容易受到层间氧化物(ILO)击穿的影响。因此，现代工艺实施了多晶硅间距的电压相关规则。不遵守这些规则可能会导致由时间相关的介质击穿引起的延迟故障。尽管有基于逐节点标注相关电压规则的检查

程序，但通常也很难获得模拟电路所需的电压数据。一种更简单的方法是使用等于模块工作电压的多晶硅间隔，不考虑多晶硅电阻相邻匝数之间的间距。对于所有宽度和长度相同的电阻段来说，两个相邻段之间的最大电压 ΔV 为

$$\Delta V = \frac{2V_d}{N} \tag{6.24}$$

式中，V_d 为电阻两端的电压；N 为它所包含的段数。例如，在分为 6 段的电阻上施加 6 V 电压，则段与段之间最大电压为 2 V。式(6.24)可以使设计师能够快速地确定不同电阻段之间适用的间距。

锥形缺陷可以在多晶硅下方的浅沟槽隔离（STI）氧化物中引起时间相关的介质击穿（Time-Dependent Dielectric Breakdown，TDDB）故障。与金属层不同的是，STI 和多晶硅之间的附加氧化物相对较少。因此，锥形缺陷(参见 5.1.4 节)可以相对接近多晶硅，已经观察到它具有低于 20 V 的击穿电压。放置在 LOCOS 氧化层上的多晶硅电阻则没有表现出这种失效机制，因为 LOCOS 氧化物中不存在锥形缺陷。如果考虑锥形缺陷，我们可以使用过压应力测试来发现锥形缺陷，或者也可以将高压多晶硅电阻分段集成到多个隔离岛或阱中，这样使得每个隔离岛或阱中的 STI 氧化物不会超过锥形缺陷击穿的阈值电压。

大多数工艺中可以用到的最佳电阻是多晶硅电阻。即使多晶硅的方块电阻仅为扩散电阻的一半或三分之一，但是更窄的多晶硅条可以形成更小的版图。多晶硅电阻没有隔离岛调制效应，电导率调制效应也远小于扩散电阻。不能使用多晶硅电阻的唯一原因是高功耗，这时候扩散电阻就是首选，要想得到极高精度的电阻时可以选择薄膜电阻。

6.5.8　N 型源漏区电阻和 P 型源漏区电阻

在 CMOS 或 BiCMOS 工艺中，扩散电阻可以采用 N 型源漏区或 P 型源漏区注入层形成(见图 4.31)。这些电阻的方块电阻为 $20\sim50\ \Omega/\square$，N 型源漏区和 P 型源漏区注入层的掺杂浓度很高，以至于它们所表现出的电压调制效应和电导率调制效应都几乎可以忽略。然而，N 型源漏区和 P 型源漏区都属于浅注入，其侧壁的弯曲效应导致其雪崩击穿电压相对较低。位于 P 型外延层中的 N 型源漏区电阻受到 N 型源漏区/P 型外延层之间击穿电压的限制，但是在模拟 BiCMOS 工艺中通常可以使用 N 阱、深度 N+区或者深沟槽环绕 N 型埋层，形成一个 P 型外延层隔离岛。位于这种隔离岛中的 N 型源漏区电阻就可以工作在相对于衬底较高的电压下。位于同一 N 阱中的多个 P 型源漏区电阻则会受到 P 型源漏区/N 阱之间击穿电压的限制，除非将其分别置于多个独立的 N 阱中，它才可以工作在相对较高的电压下。

某些工艺会在有源区表面形成硅化物以减小它们的电阻。除非使用硅化物阻挡掩模，否则硅化物会将有源区的方块电阻降低到 $2\sim5\ \Omega/\square$。在这种情况下，电阻端头会留下硅化物，这种电阻的阻值可以采用式(6.22)来计算。

N 型源漏区电阻和 P 型源漏区电阻并不常用，因为大部分 CMOS 工艺和 BiCMOS 工艺提供了具有相同或更大方块电阻的多晶硅电阻。N 型源漏区电阻和 P 型源漏区电阻经常会用于 ESD 器件中，因为它们的寄生二极管可以起到钳位作用。扩散电阻可以比多晶硅电阻耗散更大的功率。当然，这种考虑也主要适用于在瞬态抑制器件和 ESD 钳位中使用的电阻。

6.5.9　N 阱电阻

有的时候需要在缺乏高阻值多晶硅的 CMOS 工艺中制造大电阻。此时这种大电阻可以通过一条 N 型带状阱区来制备，N 型阱区的两端采用 N 型有源区来实现欧姆接触，如图 6.21a 所示。就其本身而言，深 N 型阱区表现出高达 $10\ \mathrm{k}\Omega/\square$ 的方块电阻，而用于低压 CMOS 晶体管的浅 N 型阱区则具有较低的电阻，其典型的方块电阻为 $1\ \mathrm{k}\Omega/\square$，我们可以通过采用 P 型扩散区(如 P 型有源区)来夹断部分 N 型阱区，从而增大其方块电阻，如图 6.21b 所示。P 型有源区夹断层将显著地增大不采用倒梯度掺杂分布的 N 型阱区的方块电阻，因为它抵消了这种阱的最高浓度掺杂区，由此产生的夹断阱区的方块电阻可以达到 $20\ \mathrm{k}\Omega/\square$，并且由此产生的器件

将表现出严重的非线性特性,类似于外延层夹断电阻的特性(参见 6.5.5 节)。此外,P 型有源区夹断层对于具有倒梯度掺杂分布的 N 型阱区方块电阻的影响则相对较小,因为这种阱的最高浓度掺杂区位于 P 型有源区以下。

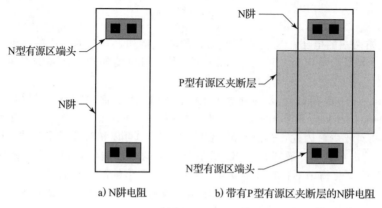

a) N阱电阻　　　　　　　　　b) 带有P型有源区夹断层的N阱电阻

图　6.21

没有夹断层的 N 阱电阻与基区夹断电阻有许多相同的应用。它们呈现出相似的工艺可变性和体调制效应,但是 N 阱电阻可能具有更大的温度系数。N 阱电阻在没有夹断层的情况下,应始终被场板覆盖,以避免由于上覆导体的电导率调制而引起不希望发生的电阻变化。带有夹断层的 N 阱电阻则不受这种影响,因为夹断层起到了场板的作用。

绘制 N 阱电阻版图时要注意,绘制的图形宽度至少必须是结深的 2～3 倍,否则阱不可能达到其全部结深和掺杂。由于横向扩散效应,图形宽度没有达到结深 2～3 倍的 N 阱电阻将表现出更高的方块电阻。与其他深扩散一样,这些效应不会随着宽度线性缩放,因此也就无法使用恒定的宽度偏差来精确建模。实际上,当图形宽度小于约 2 倍结深时,图形宽度偏差取决于绘制的宽度。可以将更宽的 N 阱电阻划分为多个并联连接的非常窄的条带,以便利用横向扩散效应来故意增加阱电阻,同时最大限度地减少由非常窄的几何形状引起的可变性,这是杂质稀释的一个例子。

6.5.10　薄膜电阻

集成电阻通常是由针对其他应用而优化的材料制作的,因此它们的性能不如选用专用电阻材料制作的分立电阻。采用额外的工艺步骤可以淀积针对构造电阻而优化的材料薄膜,由此形成的薄膜电阻可以实现小于 100 ppm/℃ 的温度系数,其工艺变化小于 ±50 ppm/℃。尽管薄膜的方块电阻通常变化在 ±20%,但是通过激光校正(参见 6.6.2 节)可以制备出允差为 ±0.05% 甚至更好的器件。薄膜电阻表现出很少甚至没有电导率调制效应,但是与其他沉积电阻一样,它们只能处理有限的功率。与多晶硅不同,大多数薄膜材料表现出最小的老化效应。薄膜电阻是精密模拟集成电路中亟需的元件,但是它们需要至少一个额外的掩模步骤来制造,并且由于微调过程所需要的特殊设备和额外的测试时间,激光修调显著增加了成本。

第一种集成薄膜电阻是由镍铬合金制成的,镍铬合金是一种镍和铬比例不同的合金,这些合金的低电阻率要求使用极薄的薄膜来获得合理的方块电阻。某些使用这类电阻的器件在长时间工作后开始出现开路故障,这些故障最终被追溯到水蒸气引起的电化学腐蚀。20 世纪 70 年代使用的氧化物钝化保护层非常容易被水蒸气渗透,而今天使用的氮化物保护层则基本上不会被水蒸气渗透。此外,现代激光修调也不会损害保护层的完整性。

制造商还尝试了钽薄膜电阻。钽在含有氮的气氛中淀积,形成了由不同比例的钽和氮化钽组成的薄膜,这种薄膜比镍铬合金更不容易受到腐蚀,但是它的方块电阻仍然太低,还无法满足大多数模拟电路设计师的要求(见表 6.6)。

表 6.6　薄膜材料的典型特征

材料	电阻率/mΩ·cm	方块电阻/(Ω/□)	温度系数/(ppm/℃)
镍铬合金	0.1	20～200	50～100
钽	0.2	20～200	−100～−150
铬硅合金	1～20	100～2000	0～−150

使用一种名为铬硅合金的材料可以获得更高的方块电阻，铬硅合金由铬和一氧化硅的混合物快速蒸发而成。这种材料是陶瓷和金属的复合材料（金属陶瓷）。根据混合物中铬的百分比及其淀积条件，铬硅可以表现出较宽的电阻率变化范围。铬硅合金薄膜可以具备数百欧甚至数千欧的方块电阻。

形成薄膜电阻的最简单方法只需要一个掩模步骤。薄膜淀积发生在其中一个金属层之前。为了便于说明，假设这是第 2 层金属。在通孔图形化之前，先在晶圆片上淀积薄膜材料，使用薄膜电阻的掩模进行图案化，并使用合适的刻蚀工艺进行刻蚀。然后按照通常方式形成通孔和第 2 层金属。该工艺需要使用铝通孔和不会侵蚀薄膜材料的湿法刻蚀。图 6.22a 展示了这种类型的电阻。两端的接触点由金属层覆盖在电阻体区的两端组成。金属应该向电阻体内延伸足够长的距离，以确保掩模对准偏差不会造成电阻端头未被覆盖的现象。薄膜电阻的阻值可以利用式（6.22）来计算。

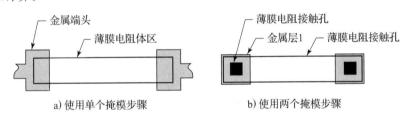

a) 使用单个掩模步骤　　　　b) 使用两个掩模步骤

图 6.22　两种类型的薄膜电阻

单掩模薄膜电阻工艺有几个缺点。第一，紧挨着薄膜电阻的金属层不能用于在薄膜电阻上布线；第二，该工艺与钨插塞通孔工艺不兼容；第三，也许是最严重的一点，现代的干法刻蚀技术没有表现出足够的选择性去除金属且不会严重影响下面的薄膜。

形成薄膜电阻的另一种方法是使用两个掩模步骤，如图 6.22b 所示。假设像以前一样，在刻蚀通孔之前淀积薄膜材料。然后使用薄膜电阻掩模对薄膜电阻主体进行图案化。这个步骤之后，在晶圆片上再淀积一层氧化物。再使用薄膜接触孔掩模形成与连接薄膜的接触孔。为了防止干法刻蚀侵蚀这层薄膜，在刻蚀到该层之前就必须停止刻蚀。再利用短暂的湿法腐蚀就可以去除最后零点几微米的氧化物，从而完成接触孔的制备。适当配制的湿法腐蚀液将表现出对氧化物的高选择性，因此不会侵蚀薄膜材料。虽然湿法腐蚀是各向同性的，但却可能会过腐蚀接触孔窗口。但是这种腐蚀的持续时间较短，能够将过腐蚀量限制在可控的范围内。一旦完成了薄膜接触孔的腐蚀，就可以按通常的方式形成通孔。

薄膜电阻表现出最小的温度变化和优异的长期稳定性。激光微调可以将其阻值调整到小于±0.5% 的允差。因此，精密的模拟集成电路广泛使用薄膜电阻。然而，它们的额外成本阻碍了大众市场上的产品使用它们。即使是使用薄膜电阻的产品也可能会包含其他类型的电阻，以便利用其不同的方块电阻，或处理更高的功率水平。

6.5.11　不同类型电阻的小结

表 6.7 列出了标准双极型、多晶硅栅 CMOS 和模拟 BiCMOS 工艺中典型电阻的参数（参见第 4 章）。假设标准双极型工艺的工作电压为 40 V，并提供 2 kΩ/□ 的高阻值电阻。假设多晶硅栅 CMOS 使用重掺杂 N 型多晶硅栅极和硅化物接触制造最大工作电压为 15 V 的 4 μm NMOS 晶体管和 3 μm PMOS 晶体管。假设模拟 BiCMOS 工艺使用单独的基区和多晶硅化物，并制造

5 V 的 NMOS 晶体管和 PMOS 晶体管作为其更高电压的 CMOS 产品。请注意，这些工艺具有非常不同的工艺特征尺寸，标准双极型工艺是比多晶硅栅 CMOS 更早的工艺，而多晶硅栅CMOS 工艺又早于模拟 BiCMOS 工艺。

表 6.7　标准双极型、多晶硅栅 CMOS 和模拟 BiCMOS 工艺中典型电阻的参数。标有星号（∗）的是扩散电阻，因此必须适当地偏置以保持隔离。标有匕首符号(†)的电阻具有较大的电压调制效应，并不适合大多数的应用

工艺	电阻类型	典型方块电阻/(Ω/□)	典型工艺允差/(±%)	典型工作电压/V
标准双极型工艺	基区电阻*	150	20	40
	发射区电阻*	5	20	5
	高阻值电阻*	2000	30	40
	基区夹断电阻*	3000	50†	5
	外延层夹断电阻*	10 000	>50†	40
	金属电阻	0.03	30	40
多晶硅栅 CMOS 工艺	栅极多晶硅电阻	20	30	40
	高值多晶硅电阻	500	30	40
	P 型源漏区电阻*	50	20	15
	N 型源漏区电阻*	30	20	15
	N 阱电阻*	2000	40†	40
	金属电阻	0.05	20	40
模拟 BiCMOS 工艺	低值多晶硅电阻	5	20	40
	中值多晶硅电阻	200	20	40
	高值多晶硅电阻	1000	30	40
	基区电阻*	400	20	30
	N 阱电阻*	1500	40	40
	N 阱夹断电阻*	5000	50†	30
	金属电阻	0.05	20	40

6.6　调整电阻值

人们经常会看到微型的可调电阻散布在印制电路板上。通过手动或自动调整这些可调电阻可以使得电路在制作完成后具有更高的精度。模拟集成电路也会大量使用可调电阻来应对工艺变化和补偿设计的不确定性。晶圆片制造中所固有的相当大的工艺不确定性可以通过调整每个集成电路上的一个或多个电阻值来部分地抵消。这种技术称为修调技术，既可以用探针在晶圆片上进行，也可以在最终的测试中进行。利用测试程序测量每个单元，并对其进行修调，然后再次测量，以确保修调已起到正确的作用。

电路设计充满了不确定性，因此经验丰富的电路设计师通常会留出调整元件值的空间。然后制作并评估一批材料样品。根据结果，对单个掩模版(或多个掩模版)进行更改来调整特定元器件的值，这个过程称为调整，它会影响随后使用新掩模版制造的所有单元的值。这与修调形成对比，在修调中，每个单元都会接受个性化的调整。

6.6.1　可调电阻

对集成电路来说，大多数修改都会影响到较多的掩模层。可调电阻是这条规则的一个例外。如果电阻设计得当，只需要修改一层掩模就可以调节电阻值。可调电阻可以从根本上显著降低获得完全参数化集成电路的成本和时间，设计师设置可调电阻到合理的值，并制造大量材料。在到达调整电阻所需的步骤之前，从该批次中取出一部分晶圆片。剩余的晶圆片用于评估设计，然后对电阻进行调整，并制造出一个新的掩模。由于只有一个掩模版发生更改，并且不需要启动新的晶圆片，所以第二遍的成本远低于第一遍，并且所需的时间也更少。

调节电阻有四种常用方法：滑动接触孔、滑动端头、长号式滑动和金属选择。每种技术都涉及不同的掩模，不同类型的电阻也需要不同的调节技术。

1. 滑动接触孔

滑动接触孔是最简单的调节电阻的类型。图 6.23 展示了两种类型的滑动接触孔。

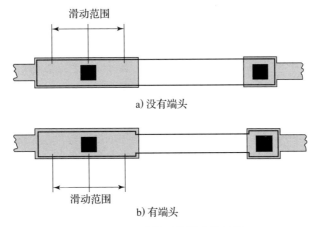

图 6.23　两种类型的滑动接触孔

滑动接触孔最易于应用在无端头的电阻上，如图 6.23a 所示。电阻的体区延长，使得接触孔可以向内或向外滑动。接触孔所需的金属板也要延长，使得无论接触孔移动到哪里，金属板都能将其覆盖。这种预防措施不需要制造新的金属掩模版来进行调节。滑动接触孔的初始位置应该位于滑动范围的中点。

如果电阻带有扩大的端头，制作滑动接触孔就稍显困难。但是只要端头材料和体区材料的电阻率相同，仍然可以制作滑动接触孔，如图 6.23b 所示。但是端头必须扩大以容纳滑动接触孔，这会给计算阻值带来麻烦。可以假设电阻由两段电阻串联而成，一段窄的和一段宽的，从而可以得到电阻的近似值，总电阻等于两段电阻之和。两段电阻连接处的不均匀电流会引入一个小误差，但是这个可以忽略不计，因为电阻是可以调节的。滑动接触孔会将较宽的段移除或增加一定的长度。接触孔的移动不会显著地改变电流，除非接触孔移动到靠近端头的内端。

滑动接触孔适用于体区和端头材料相同的电阻，例如标准双极型工艺中的基区电阻和发射区电阻。如果端头采用低方块电阻的材料，滑动接触孔的作用就会大打折扣，例如大部分方块电阻超过 $200\ \Omega/\square$ 的电阻。滑动接触孔只能略微地改变这种电阻的阻值，因为它只能在形成端头的低电阻材料内移动。这种电阻通常是通过滑动端头而不是接触孔来调节其电阻的。

2. 滑动端头

图 6.24 显示了在左端带有滑动端头的电阻版图。电阻体区由高阻材料构成，例如高值电阻注入区或高阻多晶硅。端头由低阻材料构成，以便确保形成欧姆接触。通过将端头延伸至电阻体内可以减小其阻值。如果提供足够的空间则可以将端头拉回，这样就可以通过将端头移向接触孔来增大电阻的阻值。

滑动端头电阻可以看作是由两个独立的电阻串联而成的，一个表示电阻体区，另一个表示端头。尽管电流的非均匀性会给计算带来一点误差，然而因为电阻可能仍然需要调整，所以可以忽略这点误差。

滑动端头通常用于调节 HSR 注入电阻、

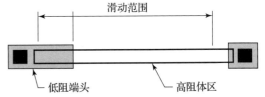

图 6.24　在左端带滑动端头的电阻版图

高值多晶硅电阻和具有硅化端头的多晶硅电阻。它还可以调节夹断电阻，尽管电路设计师很少在应用中使用它。

3. 长号式滑动

折叠电阻可以通过向内或向外滑动拐弯处来调节，这项技术通常称为长号式滑动。这种调节可以改变电阻的总长度而不改变其包含的拐弯处数目，如图 6.25 所示。这里要在电阻附近处留下空间以便允许对电阻进行扩展。如果电阻占据隔离岛或位于阱区内，那么这些区域也必须包括允许电阻滑动的空间。

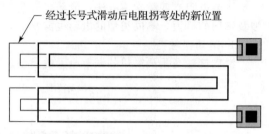

经过长号式滑动后电阻拐弯处的新位置

图 6.25　使用长号式滑动进行调整的电阻

4. 金属选择

一种允许对电阻进行有限调节的方法是将电阻分成多段。可以将大部分电阻段串联以形成初始电阻，少数部分未连接电阻段作为备用。这些备用的电阻段内包括由足够的金属覆盖的接触孔，以便满足设计规则。总电阻可以使用一个新的金属层掩模版，通过添加或删除电阻段来调节。这种调节方法的灵活性受到电阻段连接方式和数目的限制。然而，这些分段既可以并联连接，也可以串联连接，从而提供了比备用分段数量更多可能的组合。此外，金属选项还可以与另一项技术相结合，例如使用滑动端头，从而使用两个新的掩模版就可以提供非常宽的调整范围。

6.6.2　微调电阻

可以使用熔丝、齐纳击穿管、非易失性存储器、多晶硅电阻的电修调和激光修调来对电阻进行微调。使用熔丝、齐纳击穿管和非易失性存储器可以进行非连续性微调，而多晶硅电阻的电修调和激光修调允许连续性微调，这仅仅取决于可用测试设备的分辨率。

1. 熔丝

熔丝是一种由导电材料制成的窄的连接线，其最初表现为低阻特性。它可以利用大电流进行编程或熔断。经过熔断编程之后，熔丝就表现出高阻特性。集成电路中的可编程熔丝可以采用镍铬合金、铝或多晶硅来制成。

最早的可编程熔丝是使用厚度为 $150 \sim 200$ Å 的镍铬合金薄膜制成的，这些熔丝用于早期的可编程只读存储器(Programmable Read-Only Memory，PROM)中。事实证明，镍铬合金不仅易受电化学腐蚀的影响，而且还容易受到一种称为熔丝再生长机制的影响，在这种机制中，编程为高电阻状态的熔丝随后还会返回到低电阻状态。研究人员发现镍铬合金熔丝的编程机制包括熔化金属合金，通过熔融金属的运动产生空隙，以及通过流体动力学的不稳定性传播空隙。在空隙特别窄的熔丝中已经观察到熔丝的再生长，由此引发强电场并导致电弧溢出或离子迁移。缓慢上升的编程电流脉冲也与熔丝再生长的某些情况有关。

可编程只读存储器(PROM)使用镍铬合金熔丝将编程电流降低到允许封装后微调的水平。此外，早期的模拟集成电路在晶圆片上将有电流通过的探针放置在熔丝附近进行微调。这种技术可以提供足够的电流来熔断铝导线。因此，模拟集成电路一开始使用的是铝熔丝。由于铝熔丝比镍铬合金熔丝厚得多，在对熔丝进行编程的过程中会引起钝化保护层开裂使其失效。这些裂纹还可能会传播到其他电路上。于是工艺工程师决定在铝熔丝上加入一个小的窗口，这要比放任其发生不受控制的开裂更为可取。尽管开窗口消除了钝化保护层的裂纹问题，但是开窗口也会使得排出的铝液溅到晶圆片表面以及相邻的探针上。随着时间的推移，铝沉积堆聚在探针上就会引起短路，这就需要组装/测试现场的工作人员定期地对正在工作的探针卡进行清洁处理。

金属熔丝也可以采用铝线下方淀积的难熔金属阻挡层系统来实现。大部分电流最初流经铝线，铝就会熔化形成空洞，并通过熔丝上方的窗口溅出。紧接着难熔金属阻挡层在传导电流的作用下发生蒸发。

CMOS 工艺还提供了另一种熔丝材料，即多晶硅。大多数早期的 CMOS 和 BiCMOS 工艺并没有采用金属硅化物完全覆盖多晶硅，因此熔丝可以简单地由一段最小宽度的重掺杂多晶硅条组成。这些工艺通常会使用比较厚的多晶硅薄膜，熔融硅内的空隙形成也会导致钝化保护层开裂，因此，在多晶硅熔丝上也要设置窗口。与铝熔丝不同的是，多晶硅熔丝不会飞溅到探针上，组装/测试时不用担心需要清洁探针卡。

硅的熔点为 1410 ℃，要比铝的熔点 660 ℃ 高很多。如果编程脉冲缓慢上升，多晶硅就有可能会在熔化前发生断裂。这种断裂会留下极窄的缝隙，很容易导致再生长。导致多晶硅熔丝再生长的确切机制尚不清楚，但是采用上升时间极短（小于 25 ns）的编程电流脉冲，就可以消除熔丝的断裂，并使其熔断后再生长的可能性降至最低。

全金属硅化物多晶硅的引入导致了另外一种潜在编程机制的发现。通过较长时间的低电流（而不是用足够大的电流通过熔丝去熔化它）可以引起硅化物内部发生电迁移效应，使得多晶硅内的掺杂重新分布。这种机制不会产生开路，而是使得熔丝电阻从相对较低的值（可能为 500 Ω）变化成较高的值（可能是 1 MΩ）。由于不会形成空隙，所以这种机制不会引起钝化保护层发生开裂。P 型硅产生的编程电阻似乎要高于 N 型硅，尽管产生这种差异的原因尚不清楚。

金属硅化物多晶硅也可以按照传统的方式采用更高的电流水平来实现编程。除非多晶硅熔丝的尺寸与钝化保护层的厚度相比非常小，否则材料熔化形成的空隙仍然会使保护层发生开裂。最小宽度小于 0.5 μm 的熔丝通常不会引起钝化保护层开裂，因此不需要在熔丝上方开窗口。这种"封闭"的熔丝比"开孔"的熔丝更可取，因为钝化保护层上的任何开口都可能会让污染物到达下面的氧化层。

金属熔丝和多晶硅熔丝都仍然在生产的器件中使用。多晶硅要优于铝，因为它需要的编程电流更低，并且，在较新的工艺中，它不需要在熔丝上设置窗口。铝熔丝在那些不含多晶硅的工艺中仍有使用。

图 6.26a 展示了一个典型的金属熔丝实例，即一段中间窄两头宽的金属导线。覆盖在熔丝上的钝化保护层上有一个小的窗口，允许编程中蒸发的金属溢出，使得钝化保护层在熔丝熔断的过程中不会开裂。这种熔丝的未编程电阻只有零点几欧，而编程电阻则几乎是无穷大。编程通常是在紧邻熔丝焊盘上的探针之间施加 5 V 电压并持续 1 ms 来实现的。驱动该电压的电流应能达到几百毫安，电流的上升时间应当尽可能快，并且在任何情况下都应小于 1 ns。用于编程熔丝的焊盘通常不进行压焊键合，因此只要求它们的面积能够实现探针可靠地接触其表面即可。为了区别键合焊盘，这些焊盘有时也称为探针焊盘或修调焊盘，而键合焊盘通常需要更大的宽度和间距。有些工艺允许电路位于修调焊盘的下面，这样大大减小了未使用的硅片面积，使得修调焊盘下方的面积也能被利用起来。修调焊盘必须位于探针可触及的位置，所以它们经

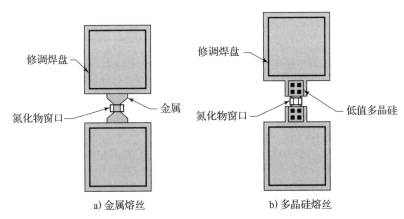

a) 金属熔丝　　　　　　　　　b) 多晶硅熔丝

图 6.26　版图

常被安排在芯片的外围。焊盘连接到熔丝的引线宽度至少是熔丝宽度的 5 倍，因此熔丝通常位于修调焊盘的附近。减少修调焊盘的数量可以节省芯片面积，从而降低集成电路的成本。如果将多个熔丝串联或并联，使它们能够共享修调焊盘，则可以使所需的修调焊盘数目达到最少，如图 6.27 所示。

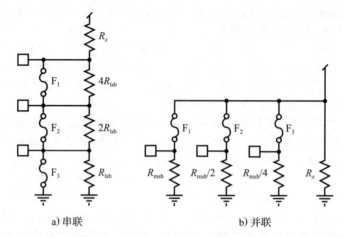

图 6.27　两种不同的二进制权重因子修调方案（两种情况下都假设接地焊盘可用于部分熔丝的编程）

图 6.26b 中展示了一种多晶硅熔丝的结构。该熔丝使用工艺中可以用到的最低阻值的多晶硅。多晶硅熔丝像电阻一样被放置在中间窄两头宽的最小宽度段上，要确保两个端头充分接触以确保在编程过程中不会发生接触损坏。尽管图示的熔丝在钝化保护层处有开孔，但是并非所有的多晶硅电阻都需要这样的开孔。开孔可以省略最好，因为它为可移动的离子污染物提供了入口。编程过程是在相邻的修调焊盘上用探针施加电压脉冲。通常施加 1 ms 的 5～15 V 电压就可以对多晶硅熔丝进行编程，该电压通常可以驱动 50～150 mA 的电流流过熔丝。电流脉冲的上升时间要尽可能短，最好小于 25 ns。

钝化保护层上有窗口的熔丝不适用于在塑封后进行编程，因为塑料会密封开口从而阻止熔融材料的溢出。在编程过程中，塑料也可能会烧焦，导致熔丝处发生泄漏。钝化保护层上没有开窗口的熔丝则可以在塑封后进行编程，但是对大编程电流的需求通常会使得设计紧凑的编程电路变得困难。这就是早期可编程只读存储器（PROM）使用非常薄的镍铬合金熔丝的原因。

编程过程会引起连接熔丝的电路出现相当大的电压。这些瞬态电压效应会使发射极-基极结发生雪崩击穿或者破坏栅氧化层。电路设计师可以通过将熔丝设置在电阻最不容易受到干扰的一端来减小熔丝编程瞬态电压效应的影响。例如，Brokaw 带隙基准中需要进行修调的电阻连接在 NPN 型晶体管的发射极和地之间。用于修调的电阻应放置在接地的一端，设计师可以将剩余的电阻插在微调电阻和发射极-基极结之间。此外，微调过程中要确保最靠近发射极的焊盘上的电压足够低，防止发射极-基极结发生雪崩击穿。

通常需要多个熔丝来获得所需的微调分辨率。电路设计师通常会采用二进制权重修调方案，其中连续的熔丝遵循 $1:2:4:\cdots:2^N$ 序列，其中 N 是熔丝的总数。大多数二进制权重修调网络包含 3～6 个熔丝。每一个熔丝都对应修调码二进制数中的一位。具有最小影响（或权重）的熔丝对应修调码的最低有效位（Least-Significant Bit，LSB），具有最大权重的熔丝对应最高有效位（Most-Significant Bit，MSB）。

存在两种不同类型的二进制权重电阻网络。如果电阻上的电压需要微调，那么电阻应该串联，加权阻值为 $R_{\rm lsb}:2R_{\rm lsb}:4R_{\rm lsb}:\cdots:2^N R_{\rm lsb}$，如图 6.27a 所示。如果流过电阻的电流需要微调，那么电阻就应该并联，加权阻值为 $R_{\rm lsb}:R_{\rm lsb}/2:R_{\rm lsb}/4:\cdots:R_{\rm lsb}/2^N$，如图 6.27b 所示。适当的网络选择确保了连续修调码之间的差异总是相同的（或者如电路设计师所言，网络被均匀加权）。

熔丝的数量取决于所需的分辨率。理想情况下，修调网络应该能将电阻修调到最低有效位权重的一半。现实中没有哪个修调网络能够达到这种分辨率，大多数设计师都假设分辨率等于最低有效位的权重。那么要在 X 范围内获得 δX 分辨率，所需的位数 N 为

$$N = \mathrm{ceil}\left[3.32\log\left(\frac{X}{\delta X}\right)\right] \tag{6.25}$$

式中，上限函数 $\mathrm{ceil}(x)$ 将参数向上取整（沿绝对值增大的方向）。例如，为了在 $\pm5\%$ 的修调范围内获得 $\pm0.25\%$ 的分辨率，就需要 4 个比特位。因此，如果我们希望对标称值为 100 kΩ 的电阻进行在 $\pm5\%$ 的范围内的串联调整，我们将使用一个 95 kΩ 的主电阻以及总值为 10 kΩ 的 4 个串联的二进制权重电阻。这些串联电阻的阻值分别为 R_{lsb}、$2R_{\mathrm{lsb}}$、$4R_{\mathrm{lsb}}$ 和 $8R_{\mathrm{lsb}}$，其总电阻为 $15R_{\mathrm{lsb}}$。因此，$R_{\mathrm{lsb}} = 10/15 \text{ kΩ} \approx 667 \text{ Ω}$。

分辨率超过 6 位的二进制权重修调网络就很难创建了，因为各个电阻之间的匹配误差可能累积超过 1 个 LSB 的值。这个问题的解决方案是将另一个修调网络与第一个修调网络相串联；然后使用第二个网络去纠正第一个网络中潜在的错误。例如，假设第一个网络由值为 $R_{\mathrm{lsb}} \sim 256R_{\mathrm{lsb}}$ 的 8 个比特位组成。这个网络可能会产生一个 $\pm3\mathrm{LSB}$ 的匹配误差。因此，由 3 个电阻组成的第二个网络，其阻值为 $R_{\mathrm{lsb}} \sim 4R_{\mathrm{lsb}}$，可以与第一个网络串联。第一个网络用于将电阻修调到期望的目标值 4LSB 以内，第二个修调网络将该阻值调整到目标值的 $\pm1\mathrm{LSB}$ 以内。或者，连续电阻之间的比率可以减小到略低于 2:1。这种非二进制权重修调网络仍然可以通过二分查找算法进行修调（详见下文所述）。

一个精确的修调方案通常要求很小的 LSB 电阻值，而太小的电阻则很难把握它的精度。由于它们承受了过大的编程电流，在修调过程中还可能会过热。可以通过并联几个电阻段来构造较小的电阻，但是一旦电阻值太小，这就变得不切实际了。一种名为差分修调的技术可以实现任意小的修调电阻。这种方案中每个修调位使用两个电阻而不是一个电阻。两个电阻并联，而熔丝保持不变。熔断熔丝时，一个电阻断开而只剩下另一个电阻单独导电。图 6.28 给出了一个用于 LSB 的差分修调实例。电阻 R_{B} 总是保持连接状态，熔断熔丝断开电阻 R_{A} 的连接。因此，熔断熔丝使得修调网络的串联电阻偏移 ΔR 为

$$\Delta R = \frac{R_{\mathrm{B}}^2}{R_{\mathrm{A}} + R_{\mathrm{B}}} \tag{6.26}$$

熔丝修调方案一般需要将修调焊盘设置在芯片的周围，但是精密电阻通常位于芯片内部一定距离处，以便使得机械应力达到最小化。这样就需要采用长导线将位于芯片边缘处的熔丝和位于芯片中间的电阻连接起来。这些导线不仅浪费芯片面积，而且还会从其他电路中引入噪声。如果有 CMOS 晶体管的话，则可以将其用作微调电阻的开关。然后可以使用熔丝远程驱动这些晶体管。由于穿过芯片的导线现在承载很小的电流甚至没有电流，因此可以使用最小的线宽。需要注意的是，CMOS 晶体管的导通电阻必须远小于它们并联的微调电阻。许多设计师使用 CMOS 晶体管，其宽长比与分段电阻的阻值成反比。例如，电阻值为 R_{lsb}、$2R_{\mathrm{lsb}}$ 和 $4R_{\mathrm{lsb}}$ 的电阻将分别使用尺寸为 $4W/L$、$2W/L$ 和 W/L 的 MOS 晶体管桥接。这种设置确保了施加在每个电阻段上的开关导通电阻具有相同的误差百分比。

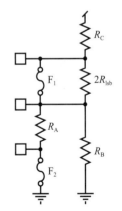

图 6.28　用于 LSB 的差分修调实例

图 6.29 显示了一个包含多种改进的远程修调方案。MOS 晶体管 $M_1 \sim M_3$ 可以选择性地短路电阻 $R_1 \sim R_3$。每个 MOS 晶体管都可以使用测试焊盘 $T_1 \sim T_3$ 及 T_G 并通过熔丝 $F_1 \sim F_3$ 进行编程。每个熔丝分别接收来自 MOS 晶体管 $M_4 \sim M_6$ 的小电流，这几个晶体管和晶体管 M_7 构成电流镜。未熔断的熔丝通过产生可忽略电压降的小电阻 R_{S} 将此电流传导至接地点。熔断的

熔丝则无法传导该电流,导致节点 $N_1 \sim N_3$ 上的电压上升到大致等于驱动电流镜的电源电压。

电阻 R_S 防止电流在编程期间流到芯片的接地端,因为它会产生瞬态电压降,从而干扰电路的运行,并且还需要一些时间才能稳定下来。通过将 R_S 插入修调网络中,可以实现在不干扰电路运行的情况下进行熔丝修调。例如要熔断熔丝 F_1,电流需要从测试焊盘 T_1 流到 T_G。反相器 $X_1 \sim X_3$ 应当由干净的电压源供电,以便确保 $F_1 \sim F_3$ 控制线上的噪声不会进入电阻 $R_1 \sim R_3$ 上。

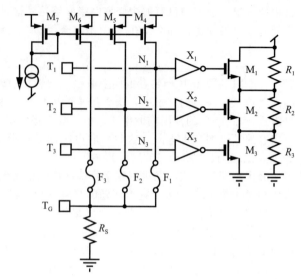

图 6.29　包含多种改进的远程修调方案

只要足够仔细,就可以设计出一种远程修调方案,该方案能够实现对多晶硅熔丝的超前修调。例如,图 6.29 中的反相器 $X_1 \sim X_3$ 可以由在低压下切换状态的比较器来取代。测试程序可以在多晶硅熔丝上施加一个小电压,这将导致电路显示它被熔断,但是实际上它并没有熔断。这项技术允许在实际编程之前测试特定修调代码的结果。必须小心确保在超前微调熔丝的过程中其两端的电压不要过大。

超前修调消除了预编译修调代码的需要,我们可以使用所谓的二分查找算法。假设一组 N 个熔丝修调串联连接的电阻,熔断一个熔丝就会导致总电阻增加。算法首先检查电阻是否过高,如果是,则不考虑该单元。然后,对 MSB 进行超前编程,并检查电阻是否仍然太高。如果是,则继续保持 MSB 的状态;否则,舍弃它。对每个连续的位执行相同的检查。如果在检查 LSB 之后阻值仍然太低,则该单元仍被舍弃;否则,就采用由该算法所确定的代码对熔丝进行编程。

二分查找算法可以用于编程非二进制权重的修调网络,只要每个连续比特的权重不超过前一位比特权重的两倍。非二进制权重网络可以从不精确的修调网络中获得任意级别的精度,因为它们能够有效地将备用比特合并到修调代码中。一种流行的非二进制权重修调模式使用的权重之比为 $1:2:4:6:12:24:36:72:144\cdots$。通过这种方式可获得的分辨率仅受到工作期间电阻变化的限制,电阻变化由热或机械应力梯度,或电阻值自身的长期漂移引起。这些效应通常将修调电阻的精度限制在不超过 $\pm 0.05\%$(经过修调的薄膜电阻可能会达到 $\pm 0.01\%$)。

2. 齐纳击穿管

齐纳二极管可以用作修调熔丝的替代品。齐纳管在电路正常工作时处于反偏状态,并且每个齐纳管两端的电压不能超过发射结击穿电压的三分之二。在这些条件下,齐纳二极管表现出高阻态。当一个大的反向电流通过齐纳二极管时,局部过热会穿过 PN 结形成一个金属导电细丝,从而使其短路。该导电细丝的存在导致齐纳电阻下降到大约 $10\,\Omega$。对齐纳管进行编程的行为称为击穿,因此这些齐纳管被称为击穿齐纳管或齐纳击穿管。

图 6.30 显示了采用标准双极型工艺制作的齐纳击穿管的版图和截面图。该版图与小尺寸的 NPN 型晶体管的结构基本相同。集电极和发射极连接在一起构成齐纳管的阴极,基极作为阳极。因为这种器件作为齐纳管使用,所以只有很小甚至没有电流流过它的集电极接触孔,因此深度 N+区可以从该结构中省略以节省空间。在版图规则允许的情况下,发射区和基区接触孔应该尽可能互相靠近以利于击穿发生。图 6.30 展示的版图在基区扩散层内部使用单独的发射区,除此之外,还有一种版图结构是将发射区延伸超过基区扩散层从而与集电极短路。

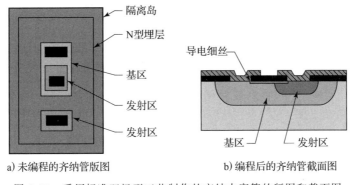

图 6.30 采用标准双极型工艺制作的齐纳击穿管的版图和截面图

不同的设计师提出了各种各样的替代版图结构。一些设计师更喜欢使用圆形发射区而不是方形或矩形发射区，他们认为这种结构会在稍低的电流下击穿，并且形成的导电细丝总是出现在发射极扩散区最接近基极接触孔的地方。有些设计师会在发射区金属面向基极接触孔的位置制作一个小的三角形凸起，希望该凸起能够进一步减小熔断电流。有人声称这种凸起可以延伸到比版图规则允许更接近基区金属的地方，且不会带来不当的成品率损失，并且，它的存在能够使击穿电流降低大约 10%。但是考虑到齐纳击穿管的掺杂会沿着发射区周边有较大的起伏，由此导致齐纳击穿管击穿电压有较大变化，因此这种微小的改进不值得冒任何成品率损失的风险。

图 6.31 展示了另一种齐纳击穿管的版图，其中包括一个尖的基极扩散区，刚好与圆形发射极的扩散区重叠。导电细丝会在基区与发射区交叠的接触点处形成。这种类型的结构可以将熔断电流降低 20%～30%。

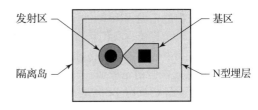

图 6.31 另一种齐纳击穿管的版图

对齐纳击穿管进行编程涉及强迫一个大的反向电流流过二极管，从而使基极-发射极 PN 结发生雪崩。大约 250 mA 的编程电流就会导致发射极-基极耗尽区内的局部区域过热，形成导电细丝（参见 5.1.2 节）；并且还会导致熔融的导电细丝发生流动，最终穿过发射区和基区接触孔之间的间隙，如图 6.30b 所示。

齐纳击穿管最早是在铝线下方未设置难熔金属阻挡层的工艺中实现的。在这些工艺中，编程过程形成的导电细丝是由硅铝合金组成的。即使导电细丝一般是在发射极扩散区距离基极接触孔最近的地方形成的，齐纳击穿也能稳定可靠地发生。当难熔金属阻挡层设置在铝和硅之间时，这种情况就会改变。实验表明，由此形成的齐纳管可以发生击穿，但是难度较大。编程电流几乎加倍，而且很多材料无法可靠地击穿。这个问题可能是在有难熔金属阻挡层存在的情况下形成的不均匀导电细丝结构引起的。因此齐纳击穿管不应在使用难熔金属阻挡层或形成了金属硅化物接触孔的工艺上实施。

与熔丝不同的是，齐纳击穿管不需要在钝化保护层上开窗口。这不仅消除了污染物进入芯片的潜在途径，还增加了封装后修调芯片的可能性。虽然封装后的修调已经得到了应用，但是为此目的所需的大功率器件也限制了其适用范围。

齐纳击穿管的编程过程通常需要驱使 100～250 mA 的电流流过齐纳管并维持几毫秒。一些测试工程师更喜欢使用 100～250 mA 的初始脉冲持续 0.5～1 ms，然后使用 30～60 mA 的较低电流脉冲持续 2～3 ms。初始脉冲形成导电细丝，第二个脉冲则进一步降低其电阻，且不会使相邻的金属或硅出现过热现象。

齐纳击穿管提供了超前编程技术。测试程序可以使用最终编程的相同探针来短路一个给定的齐纳击穿管。可以使用二分查找算法来找到合适的代码，然后就可以逐个对齐纳击穿管进行编程。

极短的发射极电阻也可以采用与齐纳二极管相同的机制进行击穿。可以通过尝试调节齐纳击穿的过程来提供无限的可调节性。由于熔融的导电细丝只能以有限的速度移动，理论上可以在导电细丝完全桥接接触孔之间的间隙之前终止编程过程。在实践中，导电细丝移动的速度很快且不稳定，因此很难控制编程过程，所以并不推荐将该方案用于生产。

3. 非易失性存储器

很多 CMOS 和 BiCMOS 工艺可以制造出某种形式的非易失性存储器（Non-Volatile Memory，NVM）来存储数字化信息。实际的例子包括电可编程只读存储器（EPROM）和电可擦除可编程只读存储器（EEPROM），二者在第 12 章中都有具体讨论。与熔丝和齐纳击穿管不同，非易失性存储器只需较小的电流即可编程，并且适用于封装后修调的应用。非易失性存储单元也很紧凑，因此设计师可以根据需要使用任意数量的非易失性存储单元。与之相比，熔丝和齐纳击穿管的面积就比较大，以至于一个典型的设计方案中使用最多不超过 10 个。

图 6.32 展示了使用非易失性存储器修调电阻的典型电路。该示例显示了修调串联连接的电阻，并联连接的电阻也是可以修调的。MOS 晶体管 $M_1 \sim M_3$ 连接在每个修调电阻 $R_1 \sim R_3$ 之间。接通晶体管就会使其相关的修调电阻短路。MOS 晶体管的导通电阻必须比相关的修调电阻的导通阻抗小得多。差分修调可能特别适用于低阻值的修调电阻。反相器 $X_1 \sim X_2$ 和缓冲器 X_3 由干净的本地电源供电，以确保噪声不会从编程线路中耦合到电阻网络中。X_3 使用缓冲器而不是反相器的目的是确保电阻的初始未编程阻值位于修调范围的中间而不是位于一个极端。这使得我们可以使用未修调的器件进行初始评估，其中电阻的准确值几乎无关紧要。

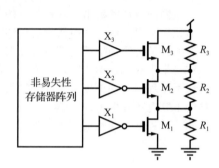

图 6.32　使用非易失性存储器修调电阻的典型电路

4. 多晶硅电阻的电修调

大电流会导致低阻多晶硅的电阻发生不可逆变化。假设多晶硅电阻的掺杂浓度超过了大约 1×10^{20} cm^{-3}，则电流密度超过 1×10^6 A/cm^2 的脉冲就将导致多晶硅的电阻值永久变低。同时，电阻的温度系数也会变得不那么负。对多晶硅电阻施加一系列这样的脉冲，其电阻值可以降低到初始值的 50%。掺杂磷、砷和硼的多晶硅电阻都会表现出这种现象（没有关于掺杂锑的多晶硅电阻的相关信息）。电路设计师可以利用这种现象来不断地修调多晶硅电阻或调整其温度系数。但是，不可能在不影响其温度系数的情况下单独调节多晶硅的薄层电阻，反之亦然。

一旦通过施加电流降低了多晶硅的电阻率，就可以通过施加稍微低一点电流密度的脉冲来使其电阻率再次增加。与初始的电阻降低相比，这种恢复通常要发生得更慢一些，因此也就需要更多的脉冲。此外，电阻通常不可能恢复到完全相同的初始值。施加更大的电流脉冲则可能会起到反作用，即导致电阻再次降低。

已经有研究人员提出，给电阻编程的大电流脉冲会在晶界处引起局部变热，而晶界处的电阻要比晶粒内部电阻大。足够大的电流会导致硅在晶界处局部熔化，当熔化的硅冷却时，杂质都集中在由液态最后向结晶态转化的部分。这将导致晶界内电阻值的净减小，因此多晶硅的电阻下降。晶界效应也使得多晶硅电阻的温度系数变为不太负的数值。施加小电流脉冲实际上不会熔化晶界处的硅，但是可以将其加热到发生掺杂剂热扩散的程度，这将使得晶界恢复到更接近其原始的状态，从而增大多晶硅的电阻值。

多晶硅电阻的电修调提供了一种可用于封装后微调其电阻值的替代方法。通过使用持续时间逐渐缩小的脉冲，可以有效地将电阻修调到任何所需的精度。然而修调过程也会改变电阻的温度系数，因此，该技术不适用来构建非常精确的电阻比。

5. 激光修调

另外一种修调方法是使用激光来改变薄膜电阻的阻值。激光束可以引起局部变热，从而改变薄膜材料的晶粒结构和均匀性，最终导致其电阻增加。对于硅铬电阻而言，局部变热将铬分凝成多个窄的细丝，它们相互之间被电阻率更大的材料隔开。虽然钝化保护层完好无损，但是在其下方受到激光束照射的区域会形成一个小气泡。更高的功率等级实际上有可能烧蚀薄膜材料，但是这也使保护层有断裂的风险。

用于修调的激光器通常是 Q 开关掺钕钇铝石榴石（Nd：YAG）激光器，它能以几千赫的重复频率产生极短的脉冲。激光束的每个脉冲都会轰击一个直径约为 $5\sim10\,\mu m$ 的斑点，通过扫描激光束可以轰击一系列这样的斑点，由此形成一条分辨力约为 $0.02\,\mu m$ 的路径。我们可以通过扫描激光束来切断电阻，从而实现对电阻段网络的离散调整。或者，也可以连续监测电阻的阻值（或电路中间接依赖于电阻的其他参数），直到获得所需要的阻值时就停止修调。连续修调可以达到更高的分辨率，但是它也会改变电阻的温度系数，因为电流持续流过被激光束热量改变的部分材料。温度系数的变化与修调引起的电阻增量成正比，但是传统的薄膜电阻材料变化很少会超过 $100\,ppm/℃$。离散式修调完全避免了这个问题的出现，因为电流仅流过未被激光束改变的电阻。

图 6.33a 显示了一种常见的连续修调薄膜电阻。激光束首先横向穿过电阻，当电阻值增加到目标值的 90% 左右时，修调算法就会将激光束沿着电阻的长度方向移动。这种纵向切割使得电阻值的增加更为平缓，因而可以获得更高的修调分辨率。这种修调技术可以实现小于 $\pm0.1\%$ 的误差，但是要求电阻的宽度至少为 $30\sim50\,\mu m$。图 6.33b 展示了另外一种常用于连续修调的版图。离散式修调通常采用类似于图 6.33c 和图 6.33d 所示的环形或梯形网络。电阻的阻值将取决于其被切割的段数。薄膜材料离散网络中的各段可以做得尽可能窄，但是为了使激光束每次只切割一段，它们的间隔必须在 $10\,\mu m$ 左右。

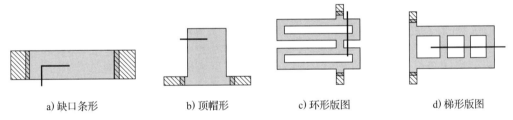

a) 缺口条形　　　　b) 顶帽形　　　　c) 环形版图　　　　d) 梯形版图

图 6.33　激光修调薄膜电阻的四种方案（粗黑线表示激光束穿过电阻的路径）

激光也可以用来切割金属及多晶硅的连接。激光能够穿透钝化保护层，将金属或多晶硅加热到汽化的温度点。由此产生的压力冲破了钝化保护层并使汽化的材料喷溢出去。激光烧蚀产生的极端温度和压力使得切割非常干净，且飞溅最少。用于激光修调的网络类似于熔丝修调的网络，只是它们不需要修调焊盘。与熔丝修调不同的是，激光修调不会因电学应力过大问题破坏敏感电路。

用于激光烧蚀修调的连接线宽度非常关键。过窄的连接线可能无法成功烧蚀，因为没有足够的材料来产生可以使得保护层裂开所需要的压力。非常宽的连接线则需要多次激光轰击，并且容易飞溅。典型的激光烧蚀连接线约为 $1\,\mu m$ 宽、$15\,\mu m$ 长。这些连接线必须远离相邻的电路，以防止激光损坏其他器件，$10\sim15\,\mu m$ 的间距通常就足够了。

尽管激光修调可以对薄膜电阻进行极其精确的调整，但是其使用也会大大增加生产成本。激光修调设备不仅成本高昂，而且运行缓慢。激光切割通常以 $10\sim30\,mm/s$ 的速度进行。激光可能会干扰电路的工作，在每次对电阻进行增量调整后都需要几毫秒的延迟，才能够使得所需要的参数稳定下来。广泛使用激光修调可能会使得最终测试增加几秒的时间。因此，激光修调仅用于绝对需要高精度的产品。

6.7　本章小结

电阻是模拟集成电路中最常见的无源元件。对于标准的双极型工艺，使用基区或发射区电阻均可以获得低阻值的电阻,而高阻值电阻通常要使用高阻值的注入电阻。极低值电阻可以使用铝金属化层制造,而夹断结构则可以提供高阻值的电阻,其代价是具有较大的非线性和较大的允差。CMOS 和 BiCMOS 工艺通常会提供性能优于扩散电阻的掺杂多晶硅电阻,因为它们没有扩散电阻所固有的寄生 PN 结效应。用于栅极的重掺杂多晶硅可以提供低阻值的电阻。大多数模拟工艺也提供高阻值的多晶硅电阻,尽管可能需要额外增加 1~2 个光刻掩模版步骤。金属电阻仍然可以用作非常低阻值的电阻,在没有高阻值多晶硅电阻的情况下,有时也会使用阱电阻以获得高阻值的电阻。薄膜电阻具有极佳的精度和温度稳定性,但是其制作成本更高。

大多数电阻的阻值可以利用其宽度和长度经过简单的计算得到。考虑到工艺尺寸调整和横向扩散,需要增加一个宽度修正因子。在折叠电阻中,每个 90° 拐角大约增加半个方块电阻。除了最短的电阻之外,对接触孔附近电流非均匀性的校正通常可以忽略。

调节电阻的方式有滑动接触孔、滑动端头、长号式滑动以及金属选择。修调方式则有熔丝、齐纳击穿管以及非易失性存储器和激光修调。

习题

6.1 假设铝的电阻率为 $2.8\ \mu\Omega \cdot cm$,那么厚度为 $7\ k\text{Å}$(即 $0.7\ \mu m$)的铝薄膜方块电阻是多少?

6.2 假设某个磷掺杂多晶硅的方块电阻为 $20\ \Omega/\square$,顶部覆盖了 $4\ k\text{Å}$ 电阻率为 $15\ \mu\Omega \cdot cm$ 的硅化钛。试问该多晶硅化物的方块电阻是多少?提示:可以将多晶硅和金属硅化物视为两个电阻并联。

6.3 假设一个标准双极型工艺中的基区电阻为 $2\ k\Omega$,其方块阻值为 $160\ \Omega/\square$,该基区电阻宽度均匀且等于 $8\ \mu m$,有两个 $5\ \mu m \times 5\ \mu m$ 的接触孔。计算由下列因素引起的电阻值变化:

a) 宽度偏差为 $0.4\ \mu m$。

b) 靠近接触孔附近电流的非均匀流动。

c) 接触电阻,假设是由含有 2% 硅和 0.5% 铜组成的铝硅铜合金实现接触的。

6.4 在标准双极型工艺中,绘制一个具有最小宽度的 $20\ k\Omega$ 折叠型基区电阻的版图,使其两端的两个接触孔尽可能相互接近。假设宽度偏差为 $0.4\ \mu m$,忽略拐点以外的其他误差来源。电阻的隔离岛尽量接近正方形。

6.5 依据 6.3 节中给出的指导原则,并假设要求具有中等精度,给出下列各种类型电阻的推荐宽度:

a) 标准双极型工艺中的基区电阻。

b) 标准双极型工艺中的高阻值电阻。

c) 模拟 BiCMOS 工艺中的多晶硅电阻,其最小宽度为 $1\ \mu m$。

6.6 如果一个 $2\ k\Omega/\square$ 的高阻值电阻在 25 ℃时的电阻为 $34.4\ k\Omega$,假设其电阻的温度系数为 $2200\ ppm/℃$,计算其在 125 ℃时的电阻值,其电阻值变化的百分比是多少?

6.7 假设一个 $200\ \Omega/\square$ 的多晶硅电阻必须承受 $5\ V$ 的电压降,在需要考虑电压非线性效应之前,该电阻可取的最短长度是多少?请同时考虑自加热和颗粒度的影响。

6.8 绘制一个宽度为 $8\ \mu m$、阻值为 $30\ k\Omega$ 的高阻值电阻版图。考虑宽度偏差、基区端头电阻以及接触孔电阻的影响。假设宽度偏差为 $0.2\ \mu m$,长度偏差为 $-0.5\ \mu m$,基区宽度偏差为 $0.4\ \mu m$。接触孔开口处使用的金属为硅化铂(PtSi)。在设计该电阻时,计算出每一种影响因素引起的电阻值变化。

6.9 绘制一个折叠型高阻值多晶硅(poly-2)电阻的版图,要求电阻的宽度为 $2\ \mu m$,电阻值为 $150\ k\Omega$。式(6.21)中的常数 k 为 0.7。考虑拐角的影响,但是忽略所有其他的校正因子。

6.10 设计一个 $5\ k\Omega$ 的标准双极型工艺中的基区电阻,采用滑动接触孔方式实现对电阻值进行 $\pm 10\%$ 的调节。电阻的绘制宽度为 $8\ \mu m$,假设其宽度偏差为 $0.4\ \mu m$。考虑拐角的影响,但是忽略所有其他的校正因子。

6.11 设计一个 $25\ k\Omega$ 的标准双极型工艺中的高阻值电阻,采用滑动端头方式实现对电阻值进行 $\pm 20\%$ 的调节。假设电阻的宽度为 $8\ \mu m$,宽度偏差为 $0.2\ \mu m$。考虑拐角的影响,但是忽略所有其他的校正因子。

6.12 设计一个多晶硅(poly-2)电阻,其阻值为 $50\ k\Omega$,宽度为 $2\ \mu m$。采用长号式滑动对电阻值进行 $\pm 25\%$ 的调节。使用对应的文本层标记滑动区域。考虑拐角的影响,但是忽略所有其他的校正因子。

6.13 设计一个多晶硅熔丝。使用最小宽度的条状多晶硅(poly-1)作为熔丝,在熔丝上方的钝化保护层上设置一个 5 μm×5 μm 的窗口。熔丝两端的接触由至少 9 个接触孔和 9 个通孔组成的阵列构成。金属与钝化保护层窗口的距离至少为 2 μm。假设修调焊盘需要在钝化保护层上有 75 μm×75 μm 的窗口。

6.14 绘制一个由 4 个电阻构成的串联二进制权重网络，其中最小的电阻值为 5 kΩ。假设这些电阻都是由宽度为 4 μm 的多晶硅（poly-2）构成的。所有电阻都是由一个或多个 10 kΩ 的电阻分段构成的。假设电阻的宽度偏差为 0.2 μm，并忽略所有其他的校正因子。将一个由 4 个多晶硅熔丝构成的阵列（在习题 6.13 中已经完成的设计）与电阻相连接以实现电阻的修调网络。

6.15 绘制一个标准双极型工艺中的齐纳击穿管版图。假设发射区接触孔的宽度为 8 μm，其他尺寸都采用最小值。假设修调焊盘需要在钝化保护层上有 76 μm×76 μm 的窗口。隔离岛和 N 型埋层可以位于修调焊盘的下方。

6.16 对于图 6.28 所示的差分修调网络，当熔丝 F_2 熔断后，要求电阻值变化为 20 Ω，由此确定电阻 R_A 和 R_B 的值。在修调期间，假设各个电阻上流过的电流不得超过 5 mA 的标准值，并且修调电压最高为 5 V。

6.17 假设某个电阻的线性温度系数为 700 ppm/℃，其二次温度系数为 60 ppm/℃^{2}。如果该电阻在 100 ℃ 时的阻值为 4700 Ω，那么在 125 ℃ 时其阻值是多少？

6.18 假设要制作一个数/模转换器（DAC），其中包含 1024 个串联电阻，每个电阻的长度为 5 μm，宽度为 1 μm，全部由硅化钛覆盖的多晶硅构成。对所得器件的测试表明，电阻表现出双峰分布。它们的电阻值几乎完全相同，只有极少数随机分散的电阻具有很高的阻值。推测发生这种情况的原因以及可以采取的纠正措施。

6.19 众所周知，由于高温下氢的吸附作用，硼掺杂的多晶硅电阻通常会表现出往高阻值方向的长期漂移，那么在硼掺杂的多晶硅电阻上覆盖一个金属挡板是否会减轻或增大这种影响？

参考文献

［1］ D. T. Comer, "Zener zap anti-fuse trim in VLSI circuits," *VLSI Design,* Vol. 5, #1, 1996, pp. 89–100.

［2］ R. D. Jones, *Hybrid Circuit Design and Manufacture* (New York: Marcel Dekker, 1982).

［3］ T. Kamins, *Polycrystalline Silicon for Integrated Circuit Applications* (Boston, Kluwer Academic Publishers), 1988.

第7章

电容与电感

电容是能够将能量储存于电场中的元件。集成电路中很少会集成容量超过若干纳法（nF）的电容。即便如此，电路设计师也可以使用集成电容来实现反馈环路的补偿，设计定时器、滤波器、数据转换器以及许多其他电路。大多数模拟集成电路中都会用到至少数个电容。

电感则能够将能量储存于磁场中的元件。片上集成电感的电感量通常非常小并且会造成能量损耗，因此电感在集成电路中很少有实际用途。但是，在一些高频电路中有时确实会在滤波器和阻抗匹配网络中使用集成电感。

电阻、电容和电感都不产生能量，因此被称为无源元件。电阻消耗能量，但是理想的电容和电感并不消耗能量。与电阻不同的是，这两种所谓的无功元件能够交替地吸收和释放能量。

7.1 电容

假设两个导电表面相互正对，并隔开一定距离。如果电荷量为 Q 的电荷从一个表面移动到另一个表面，两个表面的电势差变化量为 V，则它们的关系满足：

$$Q = C \cdot V \tag{7.1}$$

式中，比例常数 C 称为电容[⊖]。电容值为正值，但是其值夜可能会随着电压而发生变化，也就是我们常说的非线性[⊖]。国际单位制（SI）中将法拉第（简称法，F）定义为电容的标准单位。片上集成电容的容量通常为皮法（pF）量级。

第一个平行板电容叫作莱顿瓶，是由 E. G. 冯·克雷斯特（E. G. Von Kleist）在 1745 年，和皮特·范·米森布鲁克（Pieter Van Musschenbroek）在 1746 年分别独立发明的。莱顿瓶使用玻璃瓶作为介质。本杰明·富兰克林（Benjamin Franklin）是最先将矩形的玻璃平板夹在两个金属箔电极中间的人之一，他将该想法归功于约翰·斯密顿（John Smeaton）。

图 7.1 是一个简单的平行板电容。它由两块被称为电极（Electrode）的导电平板和一层被称为介质（Dielectric）的绝缘薄膜材料构成。两个电极位于介质的两侧并与介质相接触。假设两电极的尺寸相同并且严格正对放置。如果电极的尺寸远远大于绝缘介质的厚度 t，则电容值 C 符合下述公式：

$$C = \frac{\varepsilon A}{t} \tag{7.2}$$

式中，A 为电极的面积；ε 为比例常数，通常称为介质的介电常数（Permittivity）。真空介电常数也称作自由空间的介电常数，其值等于 8.854 pF/m，该值是一个基本常数并且绝对不变，实际上它表示其自身存储在电场中的能量。其他介质的介电常数都远大于真空中的介电常数，因为介电材料的电荷会在电场中移动位置，从而存储额外的能量。

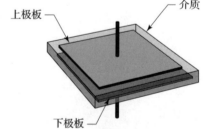

图 7.1　简单的平行板电容

某种介质的相对介电常数（Relative Permittivity）ε_r 符合以下公式：

$$\varepsilon_r = \frac{\varepsilon}{\varepsilon_0} \tag{7.3}$$

式中，ε 为介质材料的介电常数；ε_0 为真空介电常数。一些文献用希腊字母 κ 或者拉丁字母 k 来表示相对介电常数。表 7.1 列出了集成电路中几种常见材料的相对介电常数和介电强度。有些条目给出了范围值，因为这些材料的特性和淀积条件有关。材料有时会被分类为高 k（High-k）材料或者低 k（low-k）材料，高 k 材料的介电常数远大于二氧化硅，低 k 材料的介电常数远小于二氧化硅。氧化铪就是一种常见的用于先进 CMOS 晶体管的高 k 材料，其介电常数约为 25。具有更高介电常数的材料也是存在的，例如，钛酸钡陶瓷拥有超过 10 000 的介电常数。但是，这种高 k 陶瓷的介电常数会随着电压和温度的改变而发生显著变化。

表 7.1　集成电路中几种常见材料的相对介电常数和介电强度

材料		相对介电常数（$\varepsilon_0 = 1$）	介电强度/（MV/cm）
硅		11.8	30
二氧化硅（SiO_2）	干氧	3.9	11
	PECVD	4.9	$3 \sim 6$
	TEOS	4.0	10
氮化硅（Si_3N_4）	LPCVD	$6 \sim 7$	10
	PECVD	$6 \sim 9$	5

注：TEOS—正硅酸乙脂，LPCVD—低压化学气相淀积，PECVD—等离子增强化学气相淀积。

一些材料表现出与取向相关的介电常数，也称为双折射率。表 7.1 中的材料都不是双折射的，除非它们被置于不对称的机械应力下，并且即使这样它们的双折射率也很小。因此，集成电路的设计师可以安全地假设集成介质材料的介电常数是不取决于取向的。

考虑一个极板面积为 $0.1\,mm^2$、中间介质是厚度为 200 Å（$0.02\,\mu m$）的干氧氧化层薄膜的电容，如果介质的相对介电常数为 3.9，那么其电容量等于 170 pF。这个例子也解释了为什么在集成电路中集成几百皮法或者更高容量的电容是非常困难的。

降低电介质厚度能够增加电容量，但是对于给定的电势差，这也会导致相应的电场增强。当电场强度超过电介质的介电强度极限，电介质就会被快速击穿并导电。为了防止上述现象产生，施加在电介质两端的电场必须限制在一个最大安全电场强度 E_{max} 之下，其中 E_{max} 远小于介电强度极限。给出 E_{max} 和最小电介质厚度 t_{min}，我们可以使用以下公式计算出最大允许工作电压 V_{max}：

$$V_{max} = t_{min} \cdot E_{max} \tag{7.4}$$

因此，一个 200 Å 厚的、最大安全电场强度 $E_{max} = 5\,MV/cm$ 的干氧氧化层薄膜，能够安全地工作在 10 V 电势差下。

某些电介质是由多种不同材料形成的薄膜组成。例如 ONO 复合电介质就是由两层二氧化硅夹一层氮化硅所组成的三明治结构，其中二氧化硅比氮化硅更薄一些。由两种材料所形成的复合电介质，其等效的相对介电常数 ε_r 为

$$\varepsilon_r = \frac{t_1 + t_2}{\left(\dfrac{t_1}{\varepsilon_{r1}}\right) + \left(\dfrac{t_2}{\varepsilon_{r2}}\right)} \tag{7.5}$$

式中，t_1 和 t_2 为两种材料各自的总厚度；ε_{r1} 和 ε_{r2} 分别为它们的相对介电常数。例如，相对介电常数为 7.5、厚度为 200 Å 的氮化物夹在两层相对介电常数为 3.9、厚度为 50 Å 的氧化物薄膜中间，那么该复合电介质的等效相对介电常数为 5.7。

集成电路中的电容有很多种。通常氧化物电容使用二氧化硅作为它的电介质，而氮化物电容则使用氮化硅作为它的电介质。ONO 电容则使用氧化物-氮化物-氧化物所形成的复合电介质。双层多晶硅电容使用多晶硅层作为电极，双层金属电容则使用两层金属层作为电极，金

属-氮化钛电容使用一层金属和一层氮化钛作为电极。MOS 电容是由一层淀积的栅极、单晶硅背栅和夹在中间的氧化层组成。虽然它们的名字多种多样，但是所有的这些结构本质上都是薄膜平行板电容。除此之外，在集成电路中也会出现其他几种电容。横向通量电容利用了近距离放置的导体之间所形成的侧面电场。沟槽电容使用的电介质层是在深槽侧壁或者底部通过淀积或者生长所形成的。结电容使用反偏结附近的耗尽层作为它的电介质。7.1.3 节中详细讨论了这几种电容。

在电路原理图中，有许多不同的符号可以用来表示电容。图 7.2a 显示了通用电容的标准符号，该符号通常由注释补充，说明电容的类型、电容的容量以及每个电极的组成。图 7.2b 显示了最初用于管状金属箔电容的符号，这些电容的电极由金属箔组成，其电介质由塑料膜或蜡纸制成。当这些材料被卷起来形成管状电容时，最终有一个金属箔层留在外面。符号中的弯曲板就表示连接到这个所谓的外部金属箔(Outside Foil)的电极。电路设计者通常将外部金属箔接地，使其起到静电屏蔽的作用，该符号已被广泛用于具有两个不同种类电极的电容。图 7.2c 中的符号有时用于表示结电容。带箭头的极板表示结电容的 P 型电极(阳极)，另一个极板表示 N 型电极(阴极)。

1. 边缘杂散电容

图 7.3 显示了平行板电容周围的电场。其中曲线指向电场的方向，它们的间距表示电场强度(间距越近表示电场强度越高)。延伸到极板以外的那部分电场称为边缘电场(Fringing Field)。该边缘电场会产生一个边缘杂散电容(Fringing Capacitance)，与式(7.2)所计算的电容相加，形成平行板电容的总容值。

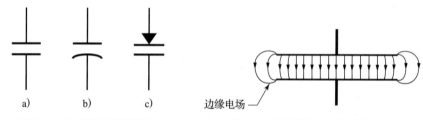

图 7.2　电容的原理图符号　　　　图 7.3　平行板电容周围的电场

为了计算平行板电容的边缘杂散电容 C_F，假设极板周长为 P，极板厚度为 t_e，电介质厚度为 t，其介电常数为 ε，则

$$C_F \approx \frac{\varepsilon P}{\pi}\left[\ln\left(\frac{2eP}{t}\right)+\frac{1}{2}\ln\left(1+\frac{4t_e}{t}\right)\right] \tag{7.6}$$

式中，e 为欧拉常数，其值近似为 2.718。式(7.6)也可用于计算具有一个有限板和一个无限板的电容的边缘杂散电容，此时需将 t 设为实际电介质厚度的一半。

考虑一个双层多晶硅电容，其上极板是一个 5 μm^2 的正方形，下极板位于下方并且面积更大。如果上电极厚度为 5 kÅ，电介质是厚度为 200 Å 的氧化物，其相对介电常数为 3.9，则通过式(7.2)可以求得该平行板电容的容量为 43.1 fF，而式(7.6)会在此基础上增加 2.6 fF 的边缘杂散电容。如本例所示，除了一些极小的电容外，边缘杂散电容对其他电容几乎没有影响。

有一种情况边缘杂散电容将变得非常重要，就是又长又窄的条带状导体和其下方导电平面之间所形成的寄生电容。这种情况与金属导线在厚场氧化层上的布线极为相似。万·德·梅伊斯(Van de Meijs)和佛克马(Fokkema)提供了下面的公式，用来计算在无限导电平面上方高度 h 处，宽度为 W，厚度为 t 的导线的单位长度电容为

$$\frac{C}{L}=\varepsilon\left[\left(\frac{W}{h}\right)+0.77+1.06\left(\frac{W}{h}\right)^{0.25}+1.06\left(\frac{t}{h}\right)^{0.5}\right] \tag{7.7}$$

括号中的第一项表示引线下的电容，而其他项表示边缘杂散电容。该公式的提出者表示，当 $W/h \geqslant 1$ 且 $0.1 \leqslant t/h \leqslant 4$ 时，该公式的计算结果精度在 ±2% 以内；当 $W/h \geqslant 0.3$ 且 $4 \leqslant t/h \leqslant 10$

时，计算结果精度在 ±6% 以内。考虑一条 1 μm 宽、5 kÅ 厚的金属线放置在场氧化层之上，其中场氧化层的厚度为 8 kÅ。由式 (7.7) 可知，其边缘杂散电容约占该引线总寄生电容的 60%。

寄生布线电容在构造同步数字逻辑电路时变得极其重要。未能正确计算这些电容可能会产生时钟上升沿或下降沿延时，从而违反触发器和锁存器的建立和保持时间。这种定时冲突可能导致逻辑执行不稳定或根本不执行。这种电路的布局验证包括提取寄生布线电阻和电容，然后将其反馈到仿真中，这一过程称为寄生参数的反向注释。大多数寄生提取算法依赖于校正因子表，这些校正因子考虑了不同导电层之间的电容。这些校正因子可以使用诸如式 (7.7) 的方法进行近似分析推导；但在实践中，它们通常是通过有限元分析来计算求得的。在考虑寄生布线电容的影响时，模拟电路设计者通常使用寄生参数的反向注释来评估其影响。寄生参数的反向注释工具通常不能进行完整的有限元分析，因此不能准确地计算形状较为复杂的功率金属中的压降。它们也不能准确地预测相对较远的引线之间的电容。为了实现上述目的，电路设计者应该改为使用诸如 Silicon Frontline 的 F3D 之类的有限元分析工具。

2. 降额使用非晶态电介质

在长时间的电应力作用下非晶态电介质的介电强度会降低，导致一种称为时间相关的介质击穿 (TDDB) 现象。可靠性工程师必须将电介质中的最大允许电场 E_{max} 降低到远低于其介电强度的数值，以确保 TDDB 不会导致太多故障。他们首先从采用相关的电介质构建的实际器件中收集实验数据，然后将这些数据拟合到一个理论模型中，该模型将故障时间与电场强度联系起来。为此经常使用两种模型。阳极空穴注入 (AHI) 模型预测，失效时间将随电场的倒数呈指数级增长。麦克弗森 (McPherson model) 模型预测，故障时间将随电场呈指数级增长。由于它们各自的数学形式，这两个模型有时分别被称为 $1/E$ 模型和 E 模型 (参见 5.1.4 节)。通过选择合适的寿命和电场加速因子值，许多实验数据集都可以令人满意地拟合到其中的一个模型。

尽管每个人都希望集成电路永远不会出现故障，但是现实要求客户必须接受一定的失效率。传统上，这些失效率是根据失效时间 (Failure In Time, FIT) 来确定的，一个 FIT 意味着每个器件工作 10^9 h 后发生一次失效故障。目前的行业实践为所有形式的 TDDB 分配了大约 10 个 FIT。某些客户 (尤其是汽车公司) 要求更低的失效率。可靠性工程师必须将可用的 FIT 分配给所有类型的电介质。例如，采用薄氧化层核心逻辑和厚氧化层 I/O 晶体管的 CMOS 工艺可能将 9 个 FIT 分配给薄氧化层，将 1 个 FIT 分配给厚氧化层。然后，可靠性工程师将估计每种氧化层的总面积——可能是 0.1 mm² 的薄氧化层和 0.01 mm² 的厚氧化层——并使用 TDDB 模型为每种氧化层选择合适的最大电场。

与数字电路相比，模拟电路中所使用器件的种类、电压范围和工作状态更加多样化，这使得可靠性工程师很难正确地为各种电介质分配最大电场强度。因此，他们通常做出非常保守的估算。如果模拟设计者能够获得必要的信息，他们就可以自己进行相应的降额运算，从而能够在远高于"一刀切"规则所规定的最高电压下使用更小面积的电介质。

AHI 降额方程为

$$F_2 = F_1 \left(\frac{A_2}{A_1}\right) \left(\frac{d_2}{d_1}\right)^{\beta} \exp\left[\beta G \left(\frac{1}{E_2} - \frac{1}{E_1}\right)\right] \tag{7.8}$$

式中，F_1 是面积为 A_1 的电介质在电场 E_1 下，占空比为 d_1 时的失效率 (以失效时间 FIT 计)；F_2 是面积为 A_2 的电介质在电场 E_2 下，占空比为 d_2 时的失效率。占空比测量的是电场作用于电介质的时间的比例。如果电场一直作用于电介质，则 $d=1$；如果电场有一半的时间作用于电介质，那么 $d=0.5$，以此类推。β 和 G 分别是被叫作威布尔斜率和场加速度因子的常数，它们都是通过对实验数据的统计分析所确定的。要想使用式 (7.8)，我们必须要知道威布尔斜率和场加速度因子，以及特定电场强度和温度下的失效率。

麦克弗森降额方程为

$$F_2 = F_1 \left(\frac{A_2}{A_1}\right) \left(\frac{d_2}{d_1}\right)^{\beta} \exp\left[\beta\gamma(E_2 - E_1)\right] \tag{7.9}$$

式中，γ 为麦克弗森模型中的场加速度因子。除 γ 外，该式中的所有项都与式(7.8)中的意义相同。

通过一个例子将使降额方程的使用更加清楚。假设有一种工艺制造了一个 120 Å 厚的氧化层，该氧化层在 4.5 MV/cm ⊖ 电场强度下，并且当 $\beta=2.0$、$\gamma=3.5$ cm/MV 时，其失效率为 1 FIT/mm²。而电路设计者希望将 1000 μm^2 的上述氧化层以 10% 的占空比工作在 6 MV/cm 的电场强度下。通过式(7.9)可以看出，这只会增加 0.36 FIT 的器件失效率，这个结果很可能是可以接受的。

需要注意的是，式(7.8)和式(7.9)不适用于诸如硅等晶体介质，因为这些材料没有时间相关的介电击穿性质。造成这种差异的根本原因在于它们的晶体介质的晶格是完全规则的，因此其所有晶键都具有相似的强度。而非晶体大分子的晶格网络只是近似规则的，这导致其中一些晶键比其他晶键更弱，更容易断裂。最弱的晶键会逐步断裂，进而导致了时间相关的介质击穿。

3. 结电容

结电容使用反偏结周围的耗尽区作为其电介质。硅的介电常数和介电强度大约是氧化硅的 3 倍，因此集成电路中结电容比氧化物电容具有更大的单位面积容值。然而，结电容具有极强的非线性，这种非线性导致其应用以及参数定义复杂了许多。

PN 结的电容由两个独立分量相加而得，这两个独立分量被称为耗尽层电容和扩散电容。耗尽层电容模拟了存储在耗尽区内的电荷，而扩散电容模拟了存储在 PN 结两侧过剩的少数载流子中的电荷。反偏结几乎没有扩散电容。结电容几乎总是工作在反偏状态，因此它们的电容仅由耗尽电容组成。

耗尽层电容总是被定义为动态电容，而不是绝对电容。图 7.4 展示了结电容的电荷 $Q(V_R)$ 和反偏电压 V_R 的函数关系图。绝对电容 $C(V_R)$ 等于电荷与电压之比：

$$C(V_R) = \frac{Q(V_R)}{V_R} \qquad (7.10)$$

而动态电容 $c(V_0)$ 则等于电荷对电压的导数：

$$c(V_0) = \frac{dQ(V_R)}{dV_R}\bigg|_{V_0} \qquad (7.11)$$

线性电容的绝对电容和动态电容相等，而非线性电容的绝对电容和动态电容并不相同。这种情况类似于动态电阻和绝对电阻的情况(参见 6.3.3 节)。

当使用结电容时，人们通常会详细说明它们的零偏置结电容 c_{j0}。对于一个较大的平面结，有

$$c_{j0} = \frac{A\varepsilon}{x_{j0}} \qquad (7.12)$$

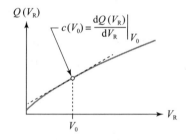

图 7.4　结电容的电荷 $Q(V_R)$ 与反偏电压 V_R 的函数关系图

式中，A 为该平面结的面积；ε 为硅的介电常数；x_{j0} 为零偏置下耗尽区的宽度。当浓度为 N_H 的重掺杂层和浓度为 N_L 的轻掺杂层之间形成一个突变平面结时，有

$$x_{j0} \approx \sqrt{\frac{2\varepsilon}{qN_L}\phi_b} \qquad (7.13)$$

式中，q 为单个电子的电荷(1.60×10^{-19} C)；内建电势(built-in potential)ϕ_b 为

$$\phi_b = V_T \ln\left(\frac{N_H N_L}{n_i^2}\right) \qquad (7.14)$$

式中，V_T 为热电压；n_i 为硅中的本征载流子浓度(25 ℃时为 9.65×10^9 cm⁻³)。热电压 V_T 为

$$V_T = \frac{kT}{q} \tag{7.15}$$

式中，k 为玻耳兹曼常数（1.38×10^{-23} J/k）；T 为绝对温度，单位为开尔文。在 25 ℃，即 298 K 时，热电压约为 26 mV。

图 7.5 为典型平面扩散结的三维示意图。掺杂物向下扩散时，也向外扩散，形成弯曲的侧壁。这些侧壁彼此相交形成圆形拐角。

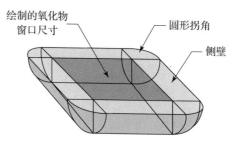

图 7.5 典型平面扩散结的三维示意图。平面结向外扩散会形成超过绘制的氧化物窗口的侧壁和圆形拐角

因此，扩散结的面积由三部分组成：底面面积——近似等于图 7.5 中灰色部分所示的氧化物窗口的面积；侧壁面积——与所绘图形的周长成正比；圆形拐角的面积。将侧壁近似为部分圆柱体并忽略圆形拐角，则平面扩散结的总面积近似为

$$A_{total} \approx A_d + \frac{\pi}{2} x_j P_d \tag{7.16}$$

式中，A_d 和 P_d 为氧化物窗口的绘制面积和周长；x_j 为扩散结深度。

另一种确定侧壁电容的方法是使用经验公式：

$$c_{j0} = c_a A_d + c_p P_d \tag{7.17}$$

式中，面积电容 c_a 表示单位面积的动态零偏电容，周长电容 c_p 表示与周长相关的单位长度动态零偏电容。这两个电容值是通过测量两个或多个面积 A_d 与周长 P_d 各不相同的实际电容，并采用称为最小二乘回归的统计方法来确定的。

结电容是标准双极型工艺设计的重要部分，因为基础的标准双极型工艺缺乏薄氧化层用作电容的电介质。发射结的单位面积容值最大。在基区为 2 μm 深且方块阻值为 160 Ω/□ 的 40 V 标准双极型工艺中，通过实验测量得到的数据是 $c_a = 0.82$ fF/μm^2，$c_p = 2.8$ fF/μm。

结电容习惯上采用两种各有优点的版图布图方式。平板状电容（见图 7.6a）可以最大化结面积，而梳状电容（见图 7.6b）可以最大化结周长。如果发射区叉指之间的间距 S_f 满足如下条件，则梳状电容的单位面积容值将比平板状电容大：

$$S_f < \frac{2c_p}{c_a} \tag{7.18}$$

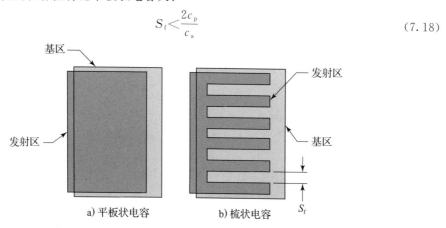

a) 平板状电容   b) 梳状电容

图 7.6 结电容的两种不同布图方式（为了清晰起见，图中忽略了隔离岛、N 型埋层、接触孔和金属层）

与平板状布图方式相比，大多数版本的标准双极型工艺可以通过梳状布图方式获得较高的电容。因此，梳状电容在早期的模拟版图中比较常见。它们很少出现在基于 CMOS 和 BiCMOS 工艺的设计中，因为薄膜电容可以提供几乎同样的容值，并且不会像结电容那样受到非线性和电压偏置的限制。然而，除非允许大电流流过结电容，否则反偏结的介电击穿并不会引起灾难性的失效。这个优势使得结电容被认为更适用于某些应用场景。

7.1.1　电容量的变化

在集成电路中，由于工艺变化、电压调制和温度变化等原因，电容值可能发生很大变化。很多引起电容偏差的次要因素只有在构建精确匹配的电容时才变得很重要，包括静电场和边缘效应、不均匀的蚀刻速率以及掺杂浓度和薄膜厚度的梯度。对这些影响较小的因素的分析参见第 8 章。

1. 工艺变化

薄膜电容和结电容受工艺变化影响很大，但原因各不相同。MOS 电容的电介质含有一层生长在单晶硅上的二氧化硅薄膜。这层薄膜的厚度很少超过 500 Å，在最先进的工艺中，它可以小于 20 Å。由于硅氧共价键的长度约为 1.6 Å，所以最薄的栅氧化膜厚度不超过几十个原子。为了精确控制栅极氧化物的厚度和成分，人们开展了大量的研究工作。现代 CMOS 工艺通常可将栅极氧化物电容的偏差控制在 ±20% 以内，有些工艺甚至可以控制在 ±10%。厚度远小于 50 Å 的栅极氧化物由于电子隧穿效应而开始漏电。当栅极氧化物的厚度小于 40 Å 时，这个问题变得更加严重。通常，解决这个问题的办法是用介电常数更高的材料代替氧化物。最简单的解决方案是使用带有相对少量的氮(不超过总原子数的 10%)的氮氧化硅，因为它与标准的多晶硅栅极工艺兼容。氮氧化物电容的工艺控制方法与采用纯氧化物作为电介质电容的工艺控制方法非常相似。

与栅氧化层相比，在多晶硅或金属电极上淀积或生长电介质更不易控制。淀积形成的电介质，其介电常数通常取决于薄膜厚度和淀积条件。ONO 电容的电介质尤其容易变化，因为制作它需要三步工艺，包括下层多晶硅电极的热氧化、随后的氮化物淀积，以及最后的表面氧化。典型的 ONO 电容至少呈现 ±20% 的工艺偏差。采用纯氧化物或氮化物作为电介质的电容工艺偏差相对较小。

标准双极型工艺中的结电容通常由基极和发射极扩散形成。发射结的耗尽区宽度与许多因素有关，包括基区掺杂浓度分布、发射结的深度以及侧壁曲率。在平板状版图布局的电容中，这些因素至少会引入 ±20% 的偏差。与平板状版图布局的电容相比，梳状版图布局的电容偏差更大，因为边缘杂散电容受发射结深度影响要比面积电容更严重，并且也更容易受到表面效应和线宽变化所带来的影响。通常情况下，梳状版图布局的电容会呈现至少 ±30% 的工艺偏差。这还没有包括电压调制或温度变化的影响。

2. 电压调制

结电容使用耗尽的硅作为其电介质。耗尽区的宽度会随着电压的变化而急剧变化，导致电容值也跟着变化。耗尽层电容是一种与电压相关的动态电容，其公式为

$$c_j = c_{jo} \left(1 - \frac{V_F}{\phi_b}\right)^{-m} \tag{7.19}$$

式中，V_F 为施加在结上的正向电压(从阳极到阴极测量得到的电压)；ϕ_b 为内建电势；m 为梯度因子的常数，其变化范围为 0.5(突变结)～0.33(线性缓变结)。大多数扩散结的梯度因子约为三分之一。

实际上，有些电路利用了结电容的电压调制特性，将其用作由电压控制的可变电容。在结电容上施加直流偏置电压可调整其动态电容，进而用于小信号应用，例如，调整 LC 网络的谐振频率。以这种方式使用的结电容被称为变容器(或变容二极管)。

式(7.19)表明，当正向偏压等于内建电势时，耗尽层电容的容量将变得无限大。实际上，耗尽层电容的容值会在内建电势附近上升到一个有限的峰值然后减小，如图 7.7 所示。正偏区电容产生的峰值没有太大的实际意义，因为即使相对较小的正偏电压也会导致 PN 结在高温下的过度导通。

由于耗尽的原因，使用多晶硅电极的电容也会表现出电压调制效应。虽然栅极多晶硅通常会被重掺杂($N \approx 1 \times 10^{20}$ cm^{-3})，但耗尽区仍然可以向多晶硅中延伸 1～2 nm，这足以导致采用较薄电介质的多晶硅电容的电容值发生显著变化。

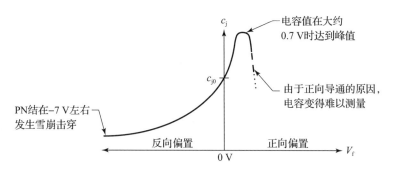

图 7.7　PN 结的耗尽电容 c_j 随施加偏置电压变化的曲线图

更准确地说，在多晶硅一侧形成的耗尽区的宽度 w_d 为

$$w_d = \frac{\varepsilon}{q N_P t} V \tag{7.20}$$

式中，ε 为电容电介质的介电常数；t 为其厚度；q 为单个电子的电荷(1.60×10^{-19} C)；N_P 是多晶硅的掺杂浓度；V 是电容电介质上的电压。多晶硅电容的动态电容为

$$c = \frac{\varepsilon A}{t + w_d \left(\dfrac{\varepsilon}{\varepsilon_{Si}} \right)} \tag{7.21}$$

式中，A 为电极面积；ε_{Si} 为硅的介电常数。对于两个极板具有相同掺杂极性的多晶硅电容，一个极板耗尽而另一个极板积累，因此无论施加的电压极性如何，该公式都适用。在不太可能的情况下，两个电极具有相反的掺杂极性，然后同时耗尽，则 w_d 等于两个耗尽区宽度的总和。

例如，考虑一个双层多晶硅电容，其极板掺杂了浓度为 $N_d = 5 \times 10^{19}$ cm^{-3} 的砷，其电介质由厚度为 200 Å、介电常数为 3.9 的淀积氧化物组成。如果该电容在 4.5 MV/cm 的最大电场强度下工作，则会产生厚度为 19 Å 的耗尽区。此时，该电容的动态电容会从平带的 1.73 fF/μm^2（没有耗尽区，电容仅由电介质决定）减小到 1.67 fF/μm^2。

MOS 电容也表现出很强的电压调制效应。图 7.8 展示了 NMOS 电容的动态栅极电容与栅极背栅之间电压的关系。这种类型的示意图通常被称为电容-电压示意图或 C-V 示意图。PMOS 电容的 C-V 示意图与 NMOS 类似。

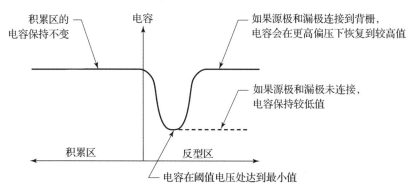

图 7.8　NMOS 电容的电容-电压(C-V)示意图。注意，反型区的表现取决于源极和漏极如何连接

当 MOS 电容工作在积累区时，多数载流子从体硅中被吸引并积聚在栅氧化层下面形成一个薄层。该结构可以被看作是一个电容，其电极分别是栅极和积累层，电介质是栅氧化层。深度积累时，该结构的动态电容为

$$c_{ox} = \frac{W L \varepsilon_{ox}}{t_{ox}} \tag{7.22}$$

式中，W 和 L 为晶体管的有效宽度和长度；ε_{ox} 为氧化层的介电常数；t_{ox} 为它的厚度。

随着栅极与背栅之间电压增大，积累层减弱并消失，耗尽区形成然后变宽，最终会形成反型层。此时电容达到最小值 c_{min}，其计算公式为

$$c_{min} = \frac{WL}{\dfrac{t_{ox}}{\varepsilon_{ox}} + \sqrt{\dfrac{4V_T}{q\varepsilon_{Si}N_B}\ln\left(\dfrac{N_B}{n_i}\right)}} \tag{7.23}$$

式中，V_T 为热电压；q 为单个电子的电荷；ε_{Si} 为硅的介电常数；N_B 为沟道区域的背栅掺杂浓度(这里假设为常数)；n_i 为本征载流子浓度。

在没有源/漏区域的情况下，载流子仅由热生成产生。反型层可能需要几百毫秒才能达到平衡状态。如果没有源/漏区，就没有方法接触反型层，耗尽区下面准电中性的背栅会继续充当电容的下电极。通过选取适当极性的掺杂物，进而形成源/漏区，可以为反型层的形成提供载流子来源，并消除了反型层形成过程中的时间延迟。这些源/漏区还提供了一种对反型层进行电气接触的方法。一旦形成反型层，耗尽区就不会显著扩大，因此电容保持在其最小值 c_{min}。如果源/漏极存在并连接到背栅，那么一旦反型层形成，电容就会开始再次上升。当反型层完全形成时，电容恢复到其最大值 c_{ox}。

电路设计师更喜欢将 MOS 电容工作在深度反型或深度积累的状态下，以最大化电容值和最小化电压调制效应。深度反型意味着，对于 NMOS 来说，$V_{GS} \gg V_t$；而对于 PMOS 来说，$V_{GS} \ll V_t$。深度积累意味着，对于 NMOS 来说，$V_{GS} \ll V_{FB}$；而对于 PMOS 来说，$V_{GS} \gg V_{FB}$。平带电压 V_{FB} 最好通过实验得到的电容-电压(C-V)示意图来推断，但对于沟道附近掺杂浓度固定的背栅，V_{FB} 可以通过下面的方程计算：

$$V_{FB} = V_t - 2V_T\ln\left(\frac{N_B}{n_i}\right) - \frac{t_{ox}}{\varepsilon_{ox}}\sqrt{4q\varepsilon_{Si}N_BV_T\ln\left(\frac{N_B}{n_i}\right)} \tag{7.24}$$

背栅掺杂浓度为 1×10^{17} cm^{-3} 的 NMOS，如果其氧化物厚度为 200 Å，则其平带电压会比阈值电压低约 1.8 V。因此，如果该 NMOS 的阈值电压为 0.7 V，则其平带电压为 -1.1 V。式(7.24)不包含处于氧化物-硅界面处的或氧化物内部的任何电荷。

超过 V_t 或 V_{FB} 的过驱动电压越大，MOS 电容值越接近 c_{ox}。为了将电压调制效应降至最低，我们至少需要 $0.5 \sim 1.0$ V 的过驱动电压。即使采用了这种预防措施，也几乎不可能将 MOS 电容的电压调制程度降低到双层金属电容或金属-氮化钛电容的水平。

3. 温度调制

对于薄膜电容来说，其容值受温度的影响大部分来源于其介电常数随温度的变化：对于氧化物薄膜来说，其介电常数随温度的变化率约为 $+20$ ppm/℃；对于氮化物薄膜来说，其介电常数随温度的变化率约为 $+12$ ppm/℃。结电容表现出显著的正温度系数，因为它们的耗尽区会随着温度升高而变薄。由式(7.14)可知，耗尽区宽度取决于两个与温度相关的量：热电压 V_T 和本征载流子浓度 n_i。n_i 对于温度的经验公式为

$$n_i = 5.29 \cdot 10^{19}\left(\frac{T}{300}\right)^{2.54}e^{-6726/T} \tag{7.25}$$

该式可结合式(7.12)~式(7.14)来计算结电容随温度的变化。例如，对于一个突变结，$N_L = 1 \times 10^{17}$ cm^{-3}，$N_H = 1 \times 10^{19}$ cm^{-3}，其耗尽区宽度在 -40 ℃和 125 ℃时分别为 11.8 μm 和 10.5 μm，所以该结电容的两点线性温度系数约为 $+600$ ppm/℃。较高的掺杂浓度可以降低温度依赖性，而较轻的掺杂浓度则会增加温度依赖性。

由于多晶硅栅电极的耗尽效应比较小，双层多晶硅电容随温度变化很小。鉴于双层多晶硅电容的容值变化在耗尽效应影响下不会超过 10%，它们的温度系数通常低于 50 ppm/℃。

7.1.2 电容的寄生效应

所有集成电路中的电容都有显著的寄生效应。特别是，寄生电容会将至少一个(通常是两个)电极耦合到集成电路的其他部分。如果电极是由硅而不是金属制成的，它们也会表现出显

著的分布电阻。

对于具有两个淀积电极的电容，例如双层多晶硅电容，图 7.9a 展示了其含有寄生元件的子电路模型。C_1 代表了该电容结构的期望值。C_2 代表了下电极与其下面硅材料之间的寄生电容，在这里假定这个硅材料为 P＋衬底上的 P－外延层。C_3 代表了与上电极相关的寄生电容，如果有金属引线在上电极上方通过，则该寄生电容会变得十分显著。

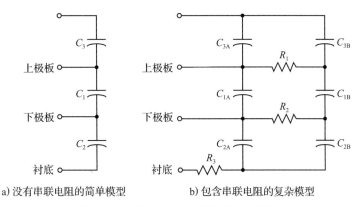

a) 没有串联电阻的简单模型　　　　　　b) 包含串联电阻的复杂模型

图 7.9　双层多晶硅电容的子电路模型

多晶硅电极的串联电阻会对高频电路产生显著的影响。图 7.9b 所示的子电路模型包含了这个串联电阻，该模型把电容 $C_1 \sim C_3$ 分解成 π 结构。电阻 R_1 模拟了上极板的串联电阻，电阻 R_2 模拟了下极板的串联电阻，R_3 模拟了 P＋衬底上 P－外延层的电阻。对于该模型，有

$$C_{1A} = C_{1B} = \frac{C_1}{2} \tag{7.26}$$

$$C_{2A} = C_{2B} = \frac{C_2}{2} \tag{7.27}$$

$$C_{3A} = C_{3B} = \frac{C_3}{2} \tag{7.28}$$

寄生串联电阻 R_1 也模拟了电介质损耗。变化的电场会迫使电介质内的原子移动，从而导致这些损耗。这些原子在电介质内的移动并非完全没有损耗。而且每当电场极性反转时，还会产生额外的电介质损耗，因此 R_1 随频率增加而增加。氧化物和氮化物表现出非常低的电介质损耗，这意味着它们的寄生串联电阻在非常高的频率下仍然可以保持恒定。

在采用了扩散电极的电容模型中，需要将寄生电容替换成二极管。这些二极管在正常工作状态下保持反向偏置。即便如此，高温时流过它们的漏电流会变得非常明显。当这些二极管发生短暂的正向偏置时，流过它们的电流会更大。如果这些电容没有添加适当的保护环，就可能引起闩锁现象。

图 7.10a 展示了发射结电容的子电路模型。发射极电极通常连接到隔离岛上，使得发射结和集电结并联。集电结电容对该结构的总容值只贡献了一小部分。二极管 D_1 和 D_2 模拟了并联的发射结和集电结，二极管 D_3 和 D_4 模拟了集电极-衬底结[⊖]。电阻 R_1 代表了基极极板的分布电阻，其阻值由于发射极扩散所导致的夹断效应而显著增加。发射极电阻与基极电阻相比可以忽略不计。电阻 R_2 模拟了衬底的分布电阻。该模型不包括上层金属和发射极之间的寄生电容，如果需要的话，可以采用理想电容为这些寄生电容建模。

图 7.10b 是 MOS 电容的子电路模型。该结构的电容采用两个压控电容 C_1 和 C_2 进行建模，每个电容值为总电容值的一半。R_1 模拟了下电极的分布电阻：当 MOS 电容被设计工作在积累区时，该电阻来源于积累层和相邻的接触孔；当 MOS 电容被设计工作在反型区时，假定源/漏

⊖　此处原文有误。——译者注

极与背栅连接到相同的电位,则该电阻来源于相邻源/漏极接触孔之间的沟道。R_2 模拟了栅极电阻,与 R_1 相比通常可以忽略不计。二极管 D_1 和 D_2 代表衬底与背栅之间形成的隔离结(假设隔离结存在)。电阻 R_3 模拟了衬底电阻。如果该电容未与衬底隔离开,则 D_1 和 D_2 就不存在。图 7.10b 中 R_1、C_1 和 C_2 上的斜线表示这些元件的值会随电压变化。

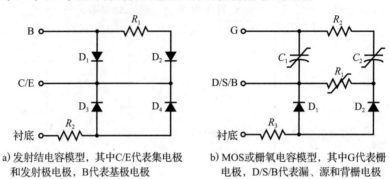

a) 发射结电容模型,其中C/E代表集电极　　b) MOS或栅氧电容模型,其中G代表栅
　　和发射极电极,B代表基极电极　　　　　　电极,D/S/B代表漏、源和背栅电极

图 7.10　子电路模型

7.1.3　不同类型电容的比较

所有工艺都可以制造至少一种类型的电容。标准双极型工艺可以制造发射结电容。包含双层金属的工艺也可以使用层间氧化物作为电介质制造双层金属电容。一些标准的双极型工艺包含可选层,从而可以制造含有较薄淀积电介质的 MOS 电容或双层金属电容。CMOS 工艺总是可以制造 MOS 电容以及使用层间氧化物作为电介质的金属-多晶硅电容。使用两层或多层金属的工艺也可以使用层间氧化物作为电介质制造双层金属电容。模拟 CMOS 和 BiCMOS 工艺通常包含更多的层次来制造淀积电容,其采用的电介质经过专门优化,可以实现高单位面积容值,低电压调制以及最小的温度变化,例如双层多晶硅电容、金属-多晶硅电容、双层金属电容和金属-氮化钛电容。

每种类型的电容都有其独特的优缺点。本节将介绍各种常见的电容,并分析它们代表性的版图和剖面图,以及讨论每种电容结构的相对优缺点。

1. 结电容

发射结电容可以在标准双极型工艺中制造(见图 4.15),也可以在那些采用扩散发射极而不是多晶硅发射极的模拟 BiCMOS 工艺中制造。这些结电容可以提供优异的零偏动态单位面积容值(通常为 $0.8 \, \mathrm{fF}/\mu\mathrm{m}^2$)。但当 $V_{BE} = -1 \, \mathrm{V}$ 时,其电容值会降至零偏动态电容值的 75% 左右;当 $V_{BE} = -5 \, \mathrm{V}$ 时,其电容值会降至零偏动态电容值的 50% 左右。在大多数电路中,发射结电容会工作在若干伏特的反向偏置下,因此其单位面积容值通常在 $0.5 \, \mathrm{fF}/\mu\mathrm{m}^2$ 左右。在给定的工作电压下,结电容的工艺偏差可达 $\pm 30\%$。结电容随温度变化相对适中,其变化率通常在 $+500 \sim +700 \, \mathrm{ppm}/℃$ 之间。

在绘制发射结电容的版图时,版图设计者必须决定使用平板状版图布局(见图 7.6a)还是梳状版图布局(见图 7.6b)。如果面积电容和周长电容已知,那么我们可以使用式(7.18)来确定面积最为紧凑的版图布局。由于未夹断的基极区域位于相邻的发射极叉指之间,梳状版图布局通常比平板状版图布局具有更小的寄生串联电阻。因此,对于要求低寄生电阻的应用,即使不能做到像平板状版图布局那样紧凑,我们也通常使用梳状版图布局。为了尽可能地最小化寄生电阻,我们可以在每对发射极叉指之间放置接触孔,但这将大大增加电容的面积。图 7.11 给出了一种版图布局,在低电阻和紧凑性之间实现了合理折中。该版图布局采用了含有多个较短叉指的脊柱状结构,其中共用的脊柱部分含有接触孔,发射极与发射极之间的距离会在最小距离要求之上额外增加几个微米。

发射结电容通常位于隔离岛内。隔离岛需要添加接触孔，以确保集电结在工作过程中保持反偏。通过添加隔离岛接触孔，当把集电结和发射结并联时，可用电容值会少量增加。对隔离岛的接触可以通过简单地将发射极平板延伸到基极平板之外来实现，如图 4.15 所示。此时，集电极-衬底结成为一个连接到阴极（发射极极板）的寄生元件。在结电容中添加 N 型埋层没有任何意义，这实际上会导致由集电极-衬底结所形成的寄生电容增加，因此大多数版图都省去它。

如果阳极连接到衬底电位，则基极扩散区可以延伸到隔离区里，如图 7.11 所示。因此，基极接触孔可以放置在隔离区里以节省面积。

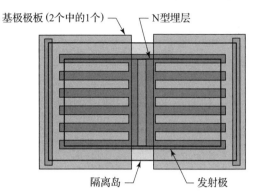

图 7.11　基极极板扩展进入隔离岛的结电容

该电容含有两组叉指结构，这两组叉指结构从中间共用的隔离岛/发射极接触区向两侧发散。这种布局减小了叉指的长度，从而最小化寄生电阻。

为了确保足够的安全裕量，一般应避免让结电容的工作电压超过其击穿电压的 75%。发射结电容的击穿电压通常在 6.8 V 左右，这意味着其最大工作电压约为 5 V。

将结电容工作在正向偏置下会显著增加其容值。许多电路设计者已经试图利用这一现象。在室温下，发射结通常可以被正向偏置在 400 mV 左右，而不会产生过多的漏电流。发射结偏置电压的温度系数约为 2 mV/℃。因此，电容上允许的正向偏置电压在 125 ℃ 将降至仅有 200 mV。当然，无论温度如何变化，我们可以在电容上一直保持 200 mV 的恒定偏置。但是与在不同温度下采用相应的最佳偏置电压相比，采用固定偏置电压的收益有限。

许多早期标准双极型工艺可以采用将金属平板放置在发射结电容上的版图布局方式，以利用发射极扩散区和金属平板之间所形成的额外电容。在采用薄发射极氧化物的工艺中，该电容的容值非常大。大多数现代标准双极型工艺使用较厚的发射极氧化物，几乎不提供额外的电容。

在发射区-隔离区漏电不严重的工艺中，我们可以将结电容置于隔离区之上。由于隔离区向外扩散的距离比发射区远得多，因此在绘制版图时，我们可以将发射极扩散区的边缘与隔离岛的边缘重叠在一起。这项技术可以提供 100~500 pF 的结电容，而且很少甚至不增加管芯面积。发射极的方块电阻很低，可以在发射极金属引线中留下间隙，从而允许第 1 层金属布线穿过电容。虽然人们经常在 CMOS 和 BiCMOS 工艺中制作结电容，但是电路设计者通常更喜欢使用 MOS 电容，因为当 MOS 电容被偏置在积累区或强反型区时，它们表现出极小的电压调制效应。MOS 电容也不会受到结漏电的影响。如果想在 CMOS 或 BiCMOS 中构造结电容，比较明显的候选方案包括在浅 P 阱中注入 N 型源漏区，在专门的基区中注入 N 型源漏区，在深 P 阱中注入 N 型源漏区，在浅 N 阱中注入 P 型源漏区。与 MOS 电容相比，一个更加倾向于结电容的可能原因是：结电容可以展现出齐纳二极管特性并能够对施加电压进行钳位。

2. MOS 电容

MOS 电容可以被设计工作在积累区或反型区。为了方便讨论，工作在这两种状态下的电容分别被称为积累层电容和反型层电容。积累层电容采用栅极和背栅作为其电极，而反型层电容则采用栅极和源极作为其电极。源极电极由一个或多个紧邻栅极的源/漏扩散区组成。如果背栅采用 N 型掺杂，那么源极就采用 P 型掺杂，反之亦然。

表 7.2 列出了 4 种 MOS 电容及其最佳偏置电压，根据不同的工作状态采用栅极与背栅之间的电压 V_{GB} 或栅极与源极之间的电压 V_{GS}。工艺文件应给出阈值电压 V_t。平带电压 V_{FB} 理论上可以通过式(7.24)计算得到，但在实践中，查阅实际测量的 C-V 曲线通常是更好的选择。表 7.2 中的每个条目或加或减了 0.5 V，这个数值代表了使电容进入积累或强反型状态所需的

最小过驱动电压。如果没有这个过驱动电压,器件的电容值将不能达到栅氧电容所对应的全部容值。即使在 0.5 V 的过驱动电压下,MOS 电容仍可能比栅氧电容所对应的全部容值低 10%。如果希望最小化电压调制效应,最好使用至少 1 V 的过驱动电压。

表 7.2　4 种 MOS 电容及其最佳偏置电压

类型	背栅极性	最佳偏置电压
积累区 NMOS	N 型	$V_{GB} < V_{FB} - 0.5\ V$
反型区 NMOS	N 型	$V_{GS} > V_t + 0.5\ V$
积累 PMOS	P 型	$V_{GB} > V_{FB} + 0.5\ V$
反型区 PMOS	P 型	$V_{GS} < V_t - 0.5\ V$

CMOS 工艺可以制造表 7.2 中列出的全部 4 种类型的 MOS 电容。它们的相对优点取决于工艺特性。在下面的论述中,我们假设该工艺使用 P 型衬底。

对于某些应用,如果电容一端连接到衬底电位,而另一端的偏置电位高于衬底,则 NMOS 反型层电容和 PMOS 积累层电容是最佳选择。MOS 结构的大多数寄生电容与其硅电极相关。如果将硅电极连接到低阻抗节点(如衬底地),那么这些寄生电容将无关紧要。

对于某些应用,如果电容一端连接到一个正电源,而另一端的偏置电位低于电源电位,则 PMOS 反型层电容是最佳选择,因为它的源和背栅可以连接到低阻抗的电源。某些工艺可以制造隔离型 NMOS 积累层电容,它们也有上述优点并适用于此类应用。

对于某些应用,如果电容两端既不连接电源也不连接到地,并且必须最小化低电位电极上的寄生电容,则 PMOS 反型层电容效果最佳。栅极接低电位,源极接高电位。背栅既可以连接到源极,也可以连接到正电源。如果衬底有噪声或者管芯上的其他电路可能会将电子注入衬底,则后一种接法更好,因为这种接法可以将噪声和收集到的少数载流子与电容隔离开来。

对于某些应用,如果电容两端既不连接电源也不连接到地,并且必须最小化高电位电极上的寄生电容,可能的选择包括 PMOS 积累层电容和隔离型 NMOS 反型层电容(如果工艺提供)。如果衬底有噪声或者担心衬底注入问题,则隔离型 NMOS 反型层电容是最佳选择,因为其隔离背栅可以连接到合适的低阻抗节点。

由于 MOS 电容的容量在耗尽区急剧下降,NMOS 和 PMOS 电容在偏置电压极性会发生变化的应用中都不能较好地工作。对于此类应用,最佳选择是采用一对反向并联(背对背)的 PMOS 反型层电容,其中每个电容的容量等于所需总容量的一半。这两个电容的背栅应连接到各自的源极。在 C-V 曲线中,在阈值电压附近由耗尽层导致的容量急剧下降的幅度,可以通过两个电容的相互补偿作用达到减半的效果,这便可以最小化电容值在任何给定电压下的损失。

MOS 电容的设计依赖于版图规则。这其中最重要的一条规则涉及如何在 MOS 电容的栅极有源区上放置多晶硅接触孔。有一些工艺的版图规则禁止这种操作。在这种情况下,反型层电容的最佳设计方式类似于对应的 MOS 晶体管的设计方法,栅极有源区的四周会布满源/漏接触孔。栅极形成一个电极,源极和漏极一起形成另外一个电极。背栅通常与源极相连,以消除背栅调制效应,从而使电容进入强反型状态所需的电压最小。

如果接触孔只放置在较长多晶硅叉指的一端,其栅极电阻会非常大。栅极多晶硅叉指的电阻和电容沿其长度方向分布,但是它们可以被模拟为集总电阻和集总电容的串联组合。集总电阻等于多晶硅叉指两端之间电阻的三分之一,集总电容等于多晶硅叉指的总电容。与只在多晶硅叉指的一端放置接触孔相比,在多晶硅叉指的两端放置接触孔,可以将集总电阻减小至四分之一。通过改变栅极叉指的宽长比,或者将器件拆分成更多段,可以进一步减小集总电阻。

电容下面的反型层也具有很大的电阻。测量方法与 MOS 晶体管相同,假设栅极的宽度为 W,长度为 L。在长度方向上测量到的端到端沟道电阻 R_{ch} 近似为

$$R_{ch} \approx \frac{L}{W k'(V_{GS} - V_t)} \tag{7.29}$$

式中，k' 为工艺跨导(参见 12.1.1 节)。该电阻沿沟道的长度方向分布，其集总等效值遵循已经给出的多晶硅电阻的计算规则。通过比较沟道电阻和栅极电阻，可以帮助我们选择适当的宽度和长度。例如，如果栅极电阻远大于沟道电阻，那么版图设计者应该减小 W 并增大 L，或者将电容分成更多段。

如果工艺的版图规则允许在栅极有源区上放置多晶硅接触孔，那么最优版图结构将如图 7.12a 所示。栅极由一个矩形多晶硅组成，并嵌入在一片 P 型有源区中。一组接触孔将栅极连接到第 1 层金属板上，从而几乎消除了栅极电阻。围绕栅极四周的一圈 P 型有源区接触到四边的反型层，使得沟道电阻最小。拉长该结构可以进一步减小沟道电阻。如果电容变得又细又长，则我们总是可以将它分成许多段。图 7.12a 也展示了与电容所在 N 阱连接的背栅接触。该背栅端口通过第 1 层金属连接到电容的源极(图上未显示)。

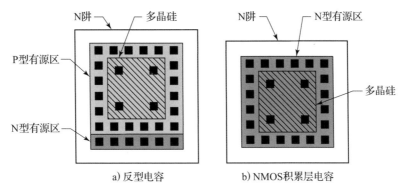

a) 反型电容　　　b) NMOS积累层电容

图 7.12　在栅极有源区上放置多晶硅接触孔的 PMOS 电容的版图

在图 7.12a 中，栅极上的接触孔阵列相当稀疏。采用更密集的接触孔对降低器件的串联电阻几乎没有作用。但是在接触孔的刻蚀过程中，更多数量的接触孔会增加收集到的总电荷。在极端情况下，由于天线效应(参见 5.1.6 节)，栅氧化层可能会被损坏。过多数量的接触孔也会增加版图验证和掩模图案生成过程中的计算负担。因此，将接触孔之间的间距扩大至版图规则最小值的几倍更为明智。

图 7.12b 展示了一个 NMOS 积累层电容，其栅极有源区放置了多晶硅接触孔。栅电极周围的 N 型有源区环起到背栅接触的作用。它紧邻栅电极，因此可以最小化接触孔和积累层之间的寄生电阻。如果工艺的版图规则不允许在栅极有源区上放置多晶硅接触孔，那么多晶硅需要被设计成长条形，并在任意一端添加接触孔。最终的版图看起来非常像一个 MOS 晶体管，除了 N 型有源区或 P 型有源区的极性与通常使用的相反，这是因为该器件没有用源/漏电极，而是使用背栅作为其电极。

图 7.13 展示了一种使用标准双极型工艺制造的 MOS 电容版图和剖面图。使用一层额外的电容掩模版，我们可以通过刻蚀和再生长制造工艺形成一层薄氧化物，来用作电容的电介质。电容的下电极由嵌在隔离岛内的发射极扩散区组成。上电极由第 1 层金属板组成。得益于发射极表面掺杂浓度超过 10^{20} cm^{-3}，由此形成的任何耗尽区的厚度都可以忽略不计，该结构的容量几乎与氧化物电容相同。该电容大部分的电压调制和温度变化都是由其隔离岛-衬底结之间的寄生电容引起的。如果可能的话，应将发射极端口(图 7.13 中的 C1)连接到电路中的低阻抗节点，以最小化该寄生电容的影响。在没有专门的电容氧化物掩模版的情况下，我们也可以采用这种结构。但是这样形成的发射极氧化物电容，其单位面积容量要低得多，特别是如果该工艺采用较厚的发射极氧化层(通常也是如此)。

MOS 电容的发射极极板可以直接在标准双极型工艺中的隔离扩散区内形成，但是由此产生的 N+/P+ 结具有很大的寄生电容，而且经常会有过多的漏电流。将电容的发射极端口连接到地，可以解决这两个问题。

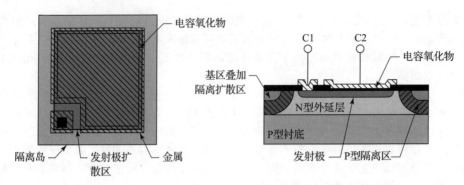

图 7.13 使用标准双极型工艺制造的 MOS 电容版图和剖面图

此外，电容的发射极极板也可以制作在与金属电极相连的基极区域内。该结构将发射结电容与发射极氧化物电容并联，以获得更高的单位面积容量，通常可以超过 $1.5\ \mathrm{fF}/\mu m^2$。这种结构的电容被称为夹层电容或堆叠电容。与结电容类似，堆叠电容的容量变化极大，并且击穿电压较低。它们主要被用作补偿电容和电源旁路电容。

标准双极型电容的氧化层厚度通常为 $1\sim2\ \mu m$，可承受 $60\sim100\ V$ 的额定电压。施加在氧化层上的电场强度小于 $1\ MV/cm$，这个值看似很小，但是我们还需要考虑发射极掺杂浓度对氧化物完整性的影响。高掺杂浓度会导致机械应变进而造成晶格缺陷。这些缺陷会提高氧化速率，但也降低了最终生成的氧化物的完整性。因此，与采用较轻掺杂浓度的发射极扩散区相比，此时工艺工程师会使用更厚的氧化物来制作电容的氧化层，并将其规定在更低的工作电压下。

现代模拟 BiCMOS 工艺很少采用专用的发射极扩散区，所以它们通常不能制造类似于标准双极型工艺中的 MOS 电容。如果一个工艺包含深 N+ 下沉区，那么它就可以取代发射极扩散区，由此最终形成的结构可以几乎达到标准双极型工艺中类似结构一样的性能。图 7.14 展示了一种早期 BiCMOS 工艺中深 N+ MOS 电容的版图和剖面图。该器件使用栅极氧化物作为其电介质。掺杂增强氧化效应通常使该电介质比 MOS 晶体管中的栅极氧化层厚 $10\%\sim30\%$。深 N+ 下沉区的表面掺杂浓度通常低于发射极扩散区的掺杂浓度，这减轻了我们对氧化层完整性的担忧(但不能消除)。有些工艺不允许在深 N+ 扩散区上放置电容氧化层。另一些工艺则会降低电容的额定电压，以尽量降低 TDDB 失效率。深 N+ 扩散区通常制作在 N 阱内，以减小下电极和衬底之间的寄生电容。如果某些应用可以接受较大的寄生电容以及较低的深 N+/P 型外延层的结击穿电压，则不需要这种预防措施。

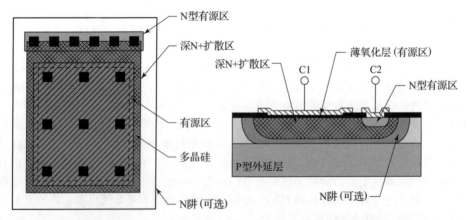

图 7.14 早期 BiCMOS 工艺中深 N+ MOS 电容的版图和剖面图

虽然模拟 BiCMOS 工艺中深 N+ 扩散区的掺杂浓度比标准双极型工艺中发射极扩散区的掺杂浓度更低，但是仍然比 N 阱的掺杂浓度高得多。因此，与传统 MOS 电容相比，深 N+ MOS

电容表现出更小的电压调制效应。在全部工作电压范围内，深 N+ MOS 电容值的变化通常不会超过 5%。例如，一个深 N+ MOS 电容，其 N+ 扩散区表面磷的掺杂浓度为 4×10^{19} cm^{-3}，并在 N+ 扩散区上淀积了厚度为 450 Å 的氧化层，则该电容的电压调制系数为 450 ppm/V 和 80 ppm/V^2。深 N+ MOS 电容尤其适用于电容两端电压变化很大或极性反转的应用。

无论采用何种结构，MOS 电容的两个电极都不能完全互换。MOS 电容的下极板总是由具有大量寄生结电容的扩散区或反型层组成。这种耗尽型寄生电容只能通过将电容的下极板连接到低阻抗节点（如电源或者地）来消除。电容上极板由淀积电极组成，具有相对较小的寄生电容。电路设计者通常要对 MOS 电容选取合适的接法，从而将它们偏置在所需要的工作区域，并将它们寄生电容带来的影响降至最小。因此，版图设计者应密切关注 MOS 电容的接法，并确保它们符合电路设计者的设计意图。

3. 双层多晶硅电容

结电容和 MOS 电容都采用扩散区作为其下电极。隔离该扩散电极的反偏结有显著的寄生电容，并限制了电容的工作电压范围。如果两个电极都由淀积材料制成，那么就可以克服上述限制。一些 CMOS 和 BiCMOS 工艺已经含有多个多晶硅层，这样就能使用最少的额外工艺步骤来制造双层多晶硅电容。例如，一些工艺会大面积掺杂栅极多晶硅，并增加用于构造高值电阻的第 2 层多晶硅。多晶硅栅极可以作为双层多晶硅电容的下电极，而通过注入适量掺杂所形成的电阻多晶硅可以用作电容的上电极。显然，可用于形成上电极的掺杂物包含 N 型源漏区注入和 P 型源漏区注入，以及任何专门用于构建电阻的掺杂注入。产生最低方块电阻的掺杂物（或掺杂物的组合）可以构建最好的电容，因为重掺杂不仅可以减小串联电阻，而且还可以最大限度地降低由多晶硅耗尽所导致的电压调制。

20 世纪 90 年代后期，典型双层多晶硅电容的制造流程使用栅极多晶硅来形成下电极，再通过增加工艺步骤来制造电介质和上电极。首先，栅极多晶硅在近本征态下淀积形成并用磷进行重掺杂。作为双层多晶硅电容的下极板，栅极多晶硅也会通过栅极掺杂来减小表面耗尽和电压调制。在栅极多晶硅制作形成之后，经过一个短暂的热氧化过程会在多晶硅表面生长出约 40 Å 的氧化物。然后，将晶圆转移到化学气相淀积反应炉中，在氧化物上淀积一层氮化物。再经过另一个短暂的热氧化过程后，氮化物表面会生长出一层氧化物，从而形成氧化物-氮化物-氧化物（ONO）结构的电介质。20 世纪 90 年代的工艺工程师更加青睐 ONO 结构电介质，因为采用 ONO 结构电介质的电容的单位面积容量与采用纯氮电介质的电容几乎相同，而且不会出现困扰那个时代的氮化物电介质介电完整性问题。电介质堆叠完成后，在上面淀积第 2 层多晶硅从而形成电容的上电极。随后第 2 层多晶硅会被尽可能地重掺杂以减小电压调制。在第 2 层多晶硅制作形成后，电容的制作也最终完成。除了用于构建 MOS 晶体管和电阻的掩模版之外，上述工艺流程还需要一个额外的掩模版。图 7.15 展示了最终形成器件的版图和剖面图。

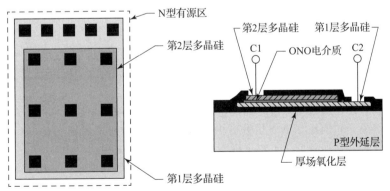

图 7.15　最终形成器件的版图和剖面图，也是介质材料为氧化物-氮化物-氧化物的双层多晶硅电容的版图和剖面图。因为栅极多晶硅是 N 型的，而且在第 1 层多晶硅制作形成之后，电容电介质形成之前进行的 N 型源漏区注入只增加了下极板掺杂浓度，所以整个电容都被包围在 N 型源漏注入区中

上述电容制作过程有几个缺点。其中之一是由类似于氧化物侧墙隔离机制形成的多晶硅纵梁(Poly Stringer)(参见 4.2.1 节)。由于第 2 层多晶硅几乎各向同性地淀积,甚至跨越由制作第 1 层多晶硅所导致的台阶。因此在第 2 层多晶硅中,紧邻第 1 层多晶硅的几何结构垂直厚度最大。而用于去除第 2 层多晶硅的干法刻蚀具有高度的各向异性,因此最厚的部分最后才被去除。不充分的过度刻蚀会将第 2 层的多晶硅细丝留在第 1 层的多晶硅几何结构的外部边缘。这些纵梁会造成一些问题。最明显的是对于两个相邻的第 2 层多晶硅几何结构,如果它们跨越了第 1 层的多晶硅台阶,那么这两个相邻结构之间可能会发生短路。更微妙的是,与 MOS 管栅电极相邻的多晶硅纵梁还会导致 MOS 晶体管参数的缓慢漂移。在夹断区域产生的热载流子不但会被注入氧化物中,也会被注入多晶硅纵梁中。随着电荷在这些纵梁上不断积累,它们会开始改变 MOS 晶体管的工作特性。

另一个问题涉及采用 ONO 结构电介质导致电容值在高频下的变化。由于高频时(10 MHz及以上)氧化物-氮化物界面的静态电荷没有完全重新分布,因此该复合介质展现出了明显的迟滞效应。这种迟滞现象称为介电吸收(Dielectric Absorption)、介电弛豫或介电浸润。如果电容的容量必须不随频率变化而变化,那么单层电介质(如纯氧化物或纯氮化物)优于复合电介质。对于采用氧化物电介质的电容,其单位面积容量通常较小,但这并不总是缺点。较大的极板面积可以改善匹配度,因此低容量的介质材料可用于提高小电容的匹配度。纯氮化物电介质难以在保证足够介电完整性的情况下通过淀积制备,但现代的工艺设备可以胜任这项任务,事实上许多较新的工艺已经使用纯氮化物电介质而不是 ONO 结构电介质。

ONO 结构电介质也具有不对称的击穿特性。电介质的击穿过程至少一部分是由电容负极的电子发生福勒-诺德海姆(Fowler-Nordheim)隧穿效应所推动。ONO 结构电介质中的下氧化层是由第 1 层多晶硅通过热氧化所形成的。由于不同晶面的氧化速率不同,热氧化过程增加了多晶硅表面的粗糙度。这种微观的不规则性,即所谓的粗糙度,会强化电场强度并降低诱发福勒-诺德海姆隧穿效应所需的电压。因此,具有 ONO 结构电介质的双层多晶硅电容,在下极板偏置电压低于上极板时的击穿电压要低于下极板偏置电压高于上极板的情况。在某些案例中,已发现的击穿电压的差异可达 50%。在多晶硅上生长的纯氧化物电介质会经历同样的粗糙表面产生过程,因此也具有不对称的击穿电压。

较新的模拟 BiCMOS 工艺通常使用纯氮化物电介质以避免电荷捕获以及电介质表面粗糙度所带来的问题。我们可以通过改变两个多晶硅层的制造顺序来消除多晶硅纵梁。典型的现代双层多晶硅电容制造流程会先在近本征状态下淀积第 1 层多晶硅,随后对其选择性地掺杂。然后由 CVD 氮化物组成的电容电介质会在多晶硅上淀积形成。第 2 层多晶硅也在近本征状态下淀积,并在随后进行相应掺杂。之后先对第 2 层多晶硅进行图案化处理并刻蚀,然后才是第 1 层多晶硅。这种操作顺序只会移除未被第 2 层多晶硅所覆盖的区域中的第 1 层多晶硅,但这足以满足所有正常应用所需。由于第 2 层多晶硅在淀积时不存在第 1 层多晶硅台阶,因此不会形成第 2 层多晶硅纵梁。

在两个极板都是重掺杂的情况下,双层多晶硅电容的电压调制相对较小。对于非硅化双层多晶硅电容,其电压调制的典型值是 150 ppm/V。双层多晶硅电容的温度系数也取决于其电压调制效应,典型值不超过 250 ppm/℃。

虽然氧化物台阶不应该与双层多晶硅电容发生交叠,但使用早期 BiCMOS 工艺的设计者有时会将这些电容完全包围在深 N+ 扩散区内。磷的重掺杂加速了局部氧化(LOCOS),并生成了较厚的场氧化层,从而降低了电容下极板和电容所在衬底之间的寄生电容。但版图的布局规则并不总是允许这种设计方法,因为它会造成晶圆表面结构形貌增高,并使随后的平坦化过程变得更加困难。与采用局部氧化(LOCOS)的工艺不同,该技术不适用于采用浅槽隔离(STI)的工艺,因为沟槽深度并不依赖于掺杂浓度。

在某些情况下,双层多晶硅电容的下极板由硅化多晶硅(Silicided Poly)组成(也称为多晶硅化物)。多晶硅化物几乎消除了下电极中的耗尽层,但是并不会大幅降低电容的电压调制,因为上电极仍然会发生耗尽。如果将硅化多晶硅电容分为相等的两个子电容，并将它们反向并联，则其中一个子电容的电压调制可以在很大程度上抵消另一个子电容的电压调制。研究人员已经报告了这种电容实例，可以实现 2 ppm/V 的电压调制系数。

4. 双层金属电容

金属和金属化合物含有极高浓度的自由载流子以至于在它们内部无法形成可测量的耗尽区。因此，带有金属电极的电容不会因为耗尽而受到电压或温度的影响。假设电介质的介电常数不随电场强度或温度显著变化，那么电容几乎不随电压和温度变化。许多模拟电路都需要非常稳定的电容。因此，大多数模拟 CMOS 或 BiCMOS 工艺会制造某种形式的具有金属电极的电容。这些器件被称为双层金属电容或金属-绝缘体-金属（MIM）电容。

在标准集成电路工艺流程中，制造双层金属电容最显而易见的方法是在两层金属铝之间淀积一层薄薄的氧化物。遗憾的是，大多数采用化学气相淀积的氧化物在淀积状态下表现出较差的介电完整性。在淀积完成后，通过 800～1000 ℃ 下的热处理，可以提高它们的介电完整性。这一步骤称为致密化，可以允许有限的黏弹性回流进而消除陷阱和应变键。铝线工艺不能承受 400～450 ℃ 以上的温度。如果不进行致密化处理，则必须大大降低氧化物的额定电压以确保其可靠性。这使得铝-氧化物-铝电容无法实现较高的单位面积容值。

一种制造高密度双层金属电容的方法是使用难熔金属阻挡层作为下电极。在通常的工艺流程中，在淀积第 1 层金属铝之前，首先进行难熔金属阻挡层的淀积。在淀积并刻蚀难熔金属阻挡层之后，将夹层氧化物淀积在该层金属上。之后在氧化物上刻蚀开孔，露出难熔金属阻挡层。此后再淀积一层薄氧化物并进行致密化处理，以形成电容电介质。接触孔会被同时刻蚀到难熔金属阻挡层和硅上。第 1 层铝形成双层金属电容的上电极。这种电容需要两个额外的掩模版步骤：一个是为下极板制作难熔金属阻挡层；另一个是制作电容电介质。难熔金属阻挡层也可被设计用作短距离连线，这种做法被称为局部互连。其好处是可以部分抵消该掩模版的成本。

另一种方法是使用硅化多晶硅来形成下电极。许多金属硅化物，包括钛、钴和镍的硅化物，都具有足够的难熔性，可被致密化。为了形成硅化物电容，首先淀积多晶硅，并进行硅化与图案化处理。之后在多晶硅上淀积层间氧化物（ILO）。通过在 ILO 上刻蚀出开孔露出电容下极板，便可以淀积薄氧化物电介质并致密化。接触孔会被同时刻蚀到硅化多晶硅和硅上。第 1 层金属构成了电容的上电极。这种电容仅需要一个额外的光刻掩模版步骤来产生电介质。采用同样的结构，我们可以使用氧化物以外的电介质来增加单位面积容量。常见的例子包括 ONO 结构电介质和氮化物电介质。硅化物-氧化物-金属电容可以实现 2～4 ppm/V 的电压系数。对于电介质采用 600 Å 厚的氮化物、两个极板分别为硅化物和氮化钛的电容，可以实现分别为 −13 ppm/V 和 −4 ppm/V^2 的一阶、二阶电压系数，其温度系数为 39 ppm/℃。

氮化物电容的残余电压调制在很大程度上归因于由硅-氢键引起的介电常数变化。这些硅-氢键的存在也会降低介电完整性。在采用 ONO 结构的堆叠电介质中，硅-氢键的含量要低得多。调整淀积条件或在氧化亚氮环境中进行淀积后的退火可消除这些硅-氢键，从而产生电压调制较小且击穿电压较高的氮化物电介质。

还有一种类型的双层金属电容会在图案化之前在金属上涂覆抗反射涂层（ARC）。有一种 ARC 是由氮氧化硅组成，其中氮氧化硅是一种透明非晶绝缘体。紫外光在晶圆图案化过程中，会产生反射波峰。通过调节 ARC 的厚度和折射率，可以确保紫外光反射波峰的相消干涉。在光刻过程中，使用 ARC 有助于预防由扭曲的精细图案所导致的反射。由于 ARC 是绝缘体，通常在金属图案化后会将其剥离。淀积的氮氧化硅即使没有致密化也表现出优异的介电完整性。因此，我们可以使用金属铝作为下电极，ARC 作为电介质，淀积金属材料（例如氮化钛）作为上电极来构建电容。在典型的工艺流程中，首先在一层金属层上淀积 ARC，如图 7.16a 所示。然后淀积氮化钛（TiN）并将其图案化，以形成电容的上电极，如图 7.16b 所示。之后再对金属进行图案化（见图 7.16c），并淀积层间氧化物（ILO）。当刻制通孔穿过 ILO 时，氮化钛顶部的通孔会接触电容的上电极,而不是下方的金属层,如图7.16d所示。这种电容需要一个额外的掩模版来对上电极进行图案化,并且可以插入任意两个金属层之间。例如,ARC电容可以放置在第2层金属之上。这样形成的ARC电容就可以放置在使用多晶硅和第1层金属相互连接的其他电路上。

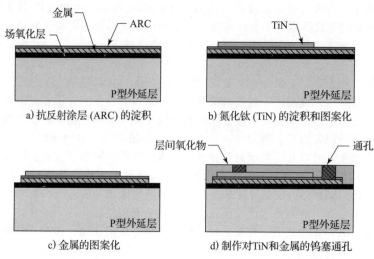

a) 抗反射涂层(ARC)的淀积　　　　b) 氮化钛(TiN)的淀积和图案化

c) 金属的图案化　　　　d) 制作对TiN和金属的钨塞通孔

图7.16　使用抗反射涂层(ARC)作为电介质的双层金属电容的制作步骤

5. 堆叠电容

我们也可以采用层建氧化物(ILO)作为电介质制作电容。这种氧化物的厚度约为$5\sim10$ kÅ,因此在不做致密化处理的情况下,我们也能获得可接受的额定电压。事实上,ILO的额定电压通常超过工艺中任何其他淀积介电材料的额定电压。相邻的两层金属层(例如第1层金属和第2层金属)可构成电容电极,并且不需要额外的掩模版步骤。然而,ILO极厚,这也意味着其单位面积容量较低。对于采用10 kÅ厚夹层氧化物电介质的电容,制作1 pF电容需要占据近30 000 μm^2(0.03 mm^2)的面积。

多层金属相互交叠可以形成堆叠电容,从而部分解决单位面积容量较低的问题。图7.17给出了一个金属-金属-多晶硅堆叠电容的实例。这种堆叠电容由两个部分并联而成:下半部分由多晶硅、第1层金属和二者之间的夹层氧化物构成,上半部分则由第1层金属、第2层金属和二者之间的夹层氧化物构成。假设两个夹层氧化物厚度相同,则堆叠电容的单位面积容量是简单双层金属电容的两倍。如果工艺支持更多的金属层,那么就可以利用它们进一步增大堆叠电容的容值。

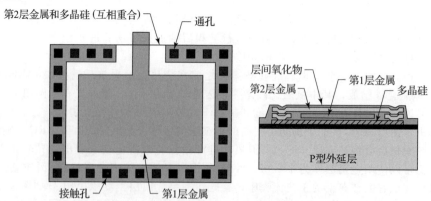

图7.17　金属-金属-多晶硅堆叠电容的实例

在采用铝制接触孔和通孔的工艺中，堆叠电容通常采用图 7.17 所示的版图结构。由于无法在铝制接触孔上叠加通孔，电容外围的接触环采用交错的接触孔、通孔阵列将多晶硅电极与第 2 层金属电极连接起来。采用钨插塞接触孔的工艺允许叠加通孔和接触孔，因此堆叠电容的接触环可以将接触孔、通孔阵列叠加，而不需要错开。

堆叠电容的两个极板通常存在截然不同的寄生效应。在图 7.17 所示的堆叠电容中，第 1 层金属位于其他两个电极之间，几乎没有寄生电容。此外，由于多晶硅极板会通过多层氧化物（MLO）与衬底耦合，多晶硅/第 2 层金属电极具有相对较大的寄生电容。如果工艺中含有两个以上的金属层，那么多晶硅/第 2 层金属电极也会与任何穿过其上方的引线发生电容耦合。为了尽量减小寄生影响，设计者在为堆叠电容选择合理的连接方式时要格外注意。

另一种类型的堆叠电容结合了双层多晶硅电容和栅氧电容。这种结构将两个薄层电介质并联，从而能够产生极高的单位面积容值。与金属-金属-多晶硅电容类似，该电容的两个极板也具有截然不同的寄生效应。夹在金属与硅之间的多晶硅极板几乎没有寄生电容。而由于存在反向偏置的 N 阱/衬底结，N 阱/多晶硅极板具有较大的寄生电容，并且可能与其上方的金属导线形成较小的寄生电容。

6. 横向通量电容

到目前为止讨论的所有电容均产生垂直于管芯表面的电场。也有一些电容产生的电场方向平行于管芯表面。这些电容被称为横向通量电容（Lateral Flux Capacitor），尽管由横向通量产生的容量通常只占其总电容的一部分。图 7.18a 展示了一种横向通量电容的剖面图，该电容由在三层金属上交错的条形导体阵列形成。所有标注"A"的条形导体连在一起构成一个电极，所有标注"B"的条形导体连在一起构成另一个电极。A 电极的每个电极条都被 B 电极的电极条包围。同样，B 电极的每个电极条也都被 A 电极的电极条包围。每个电极条与其上下的电极条形成垂直电场，与其两侧的电极条形成横向电场。这种结构的总电容等于垂直电容与横向电容之和。这种版图布局有时被称为水平条形横向通量电容。当相邻金属线的间距小于夹层氧化物的厚度（通常等于 $5 \sim 10 \, kÅ$ 或 $0.5 \sim 1 \, \mu m$）时，它与传统的堆叠电容不相上下。横向条形电容仅利用了单个维度的横向通量。图 7.18b 展示了一种垂直条形布局：在每个金属层上采用最小尺寸的方块，并将它们通过通孔堆叠在一起，从而形成了数个垂直支柱。所有标注"A"的支柱都通过另一层金属上的对角线型引线连接在一起（未在图中示出）。标注"B"的支柱也同样通过对角线型引线连接在一起。这种结构有时被称为垂直条形横向通量电容，它受益于两个维度的横向通量，但是付出了垂直通量的代价。当横向金属-金属间距变得明显小于 ILO 厚度时（在一些现代工艺中正是如此），垂直条形结构电容的性能要优于水平条形结构电容。

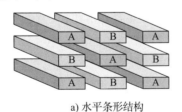

a）水平条形结构　　　　b）垂直条形结构

图 7.18　横向通量电容

图 7.19 显示了编织结构的横向通量电容，它由三层金属分别构成的条形导体阵列交叉叠加形成：第 1 层与第 3 层金属采用横向阵列，第 2 层金属则采用纵向阵列。所有标注"A"的条形导体连在一起构成电容的一个电极，所有标注"B"的条形导体连在一起构成另一个电极。对于属于同一电极的条形导体，该结构会在不同金属层的交叉处设置通孔，从而将它们连接起来。这种版图布局通常被

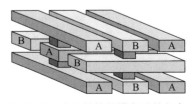

图 7.19　编织结构的横向通量电容

称为编织结构，可以扩展到四层或更多的金属层。虽然采用编织结构并不会比采用水平条形布局获得更高的容量，但通过将通孔分布在整个结构中，可以降低电容的寄生串联电感。在频率非常高的情况下，编织结构的优势会变得更加明显。

还有一类横向通量电容采用了分形结构，可以最大限度地扩大金属电极几何形状的外围，从而增加电容的横向通量分量。与横向通量电容中常用的窄条形电极相比，分形电极的电阻通常要低得多。此外，我们可以通过改变所用的精确分形来对串联电阻与电容密度做折中处理。

7. 沟槽电容

平行板电容本质上是一种二维结构。即使是横向通量电容，也只在管芯表面占据很薄的一层。真正的三维结构可以在给定的硅片面积上实现高得多的电容量。干法刻蚀可以形成侧壁几乎垂直的深沟槽。当这些沟槽用于隔离应用时，其侧壁会被氧化，并在沟槽内重新填充多晶硅。侧壁氧化物实际上表现为一种电介质，被夹在沟槽外的单晶硅与沟槽内的多晶硅之间。1974 年，角男秀夫(Hideo Sunami)意识到采用这种结构可以缩小当时动态随机访问存储器(Dynamic Random-Access Memory，DRAM)所用电容的面积。沟槽电容的电容密度取决于沟槽的纵横比，即深度与宽度之比。现代深沟槽刻蚀技术可以产生极高的纵横比，从而提供极大的单位面积容值。例如，对于间距为 7 μm、深度为 1270 μm 的沟槽，研究人员通过对其侧壁淀积 35 nm 的低压化学气相淀积(LPCVD)氮化物，可以实现 58 nF/mm^2 的电容密度。采用这种结构的电容可以实现比平行板电容至少大三个数量级的容量。由于该结构采用了相对的低 k 电介质，其电容密度优势更加显著。

通过在单晶硅上刻蚀出沟槽，氧化其表面，并在其内部填充重掺杂的多晶硅，可以形成最简单的沟槽电容。沟槽周围的单晶硅构成电容的一个电极，另一个电极则由沟槽内部填充的多晶硅构成。这种结构存在两个缺点。首先，电容的一个电极会与衬底连接在一起。其次，由于制造其他器件需要中度掺杂的外延层，与衬底相连的电极会呈现出过大的电阻。解决上述电阻过大的问题有三种方法。第一种方法可以从表面向下推结深 P＋扩散区，并与下面的 P＋衬底连接。第二种方法可以在沟槽的侧壁中进行 P＋注入，从而将表面处的 P 型源漏注入区与下面的 P＋衬底连接起来。第三种方法是通过图案化刻蚀流程去除电容中部分沟槽的电介质衬垫，并将这些沟槽改作下沉区使用。

图 7.20 展示了一个深沟槽电容的版图和剖面图，该电容采用 P＋侧壁注入来降低与衬底间垂直方向的电阻。每个沟槽的横截面均为圆形，全部沟槽排布成六角形阵列以获得较高的填充密度，如图 7.20a 所示。通过淀积氮化硅形成沟槽电介质衬垫，然后再在沟槽内重新填充多晶硅并用硼进行原位重掺杂。这个多晶硅层在抛光后会与硅表面高度一致。覆盖整个阵列的 P 型源漏注入区提供了一种接触每个沟槽周围的深 P＋侧壁注入的途径，如图 7.20b 所示。采用这种结构的沟槽电容需要一个额外的掩模版步骤。

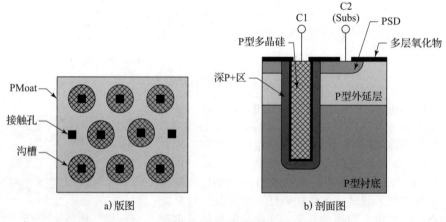

a)版图　　　　　　　b)剖面图

图 7.20　深沟槽电容

　　图 7.20 中的简单沟槽结构在其顶部和底部都有相对尖锐的拐角。这些拐角会增大电场强度，导致该结构的工作电压降低。实际上，大多数深沟槽的底部都会被或多或少地圆形化处理，从而大大降低了此处的电场强度。如有必要，还可以增加一个额外的刻蚀步骤，来对沟槽顶部的尖锐拐角做圆形化处理。

　　更复杂的沟槽结构会将同心多晶硅电极依次淀积到同一沟槽中。这种典型结构的制造方法需要首先形成适当的深沟槽阵列。生长在沟槽侧壁上的较厚的淀积氧化物会将电容与周围的硅隔离开。在淀积一层重掺杂的多晶硅后，再淀积一层薄的氮化硅。最后，沟槽内的剩余空间由掺杂浓度更高的多晶硅填充。氮化硅薄层构成电容的电介质，电介质两侧的多晶硅则构成电容的两个电极。沟槽侧壁上淀积的厚氧化物可以尽可能降低外部多晶硅电极与衬底之间的寄生电容。

　　通过依次淀积多个同心电容层可以进一步提高上述复杂结构沟槽电容的容值。这种典型结构的制造方法首先需要刻蚀一个沟槽，并在沟槽侧壁淀积一层厚氧化物。在淀积一层多晶硅后，再继续淀积一层薄的氮化物、另一层多晶硅和另一层薄的氮化物。最后，用多晶硅填充沟槽中的剩余空间。两个薄氮化物层构成了两个同心电容的电介质。将最内层的多晶硅插塞与最外层的多晶硅层相连，可以使得这两个同心电容并联。与前面讨论过的更简单的单层沟槽电容相比，这种结构可以实现其两倍的容量。多个同心电容可以实现极高的单位面积容量，目前已经可以达到 $0.4\ \mu\text{F/mm}^2$。

8. 可用电容类型汇总

　　表 7.3 列出了标准双极型工艺、多晶硅栅 CMOS 工艺和模拟 BiCMOS 工艺中(如第 4 章所述)的典型电容特性。假设标准双极型工艺具有 40 V 的工作电压、6.8 V 的发射结击穿电压以及较厚的发射极氧化物。假设制造 CMOS 晶体管的多晶硅栅工艺具有厚度为 400 Å 的栅极氧化物以及 15 V 的最大工作电压。其中的双层多晶硅电容采用 ONO 电介质，堆叠电容包含多晶硅、第 1 层金属和第 2 层金属。假设模拟 BiCMOS 工艺可制造两组 CMOS 晶体管，一组具有厚度 160 Å 的栅极氧化物以及 7 V 的最大工作电压，另一组具有厚度 80 Å 的栅极氧化物以及 3.6 V 的最大工作电压。再假设其中的横向通量电容由多晶硅、第 1 层金属和第 2 层金属组成。需要注意的是，这些工艺具有非常不同的工艺特征尺寸：标准双极型工艺比多晶硅栅 CMOS 工艺早得多，而多晶硅栅 CMOS 工艺又要比模拟 BiCMOS 工艺早。

表 7.3　标准双极型工艺、多晶硅栅 CMOS 工艺和模拟 BiCMOS 工艺中的典型电容特性。标有星号(*)的器件是结型电容，因此必须适当偏置才能保持隔离，标有匕首(†)的器件会表现出显著的电压变化特性

工艺类型	电容类型	典型电容值/(fF/μm^2)	典型工艺偏差/($\pm$%)	典型工作电压/V
标准双极型工艺	发射结电容*	0.8	50†	5
	发射极氧化物电容	0.07	30†	40
多晶硅栅 CMOS 工艺	栅氧电容	0.86	20†	15
	双层多晶硅电容	1.3	25	15
	堆叠电容	0.05	30	40
模拟 BiCMOS 工艺	厚栅氧电容	2.2	20†	7
	薄栅氧电容	4.3	20†	3.6
	氮化钛电容	3.1	20	7
	横向通量电容	0.07	30	40

7.2　电感

　　流过导体的电流会在其周围产生磁场。如果通过导体的电流发生变化，那么周围磁场中储存的能量也会发生变化。根据能量守恒定律，磁场中增加的能量必须从导体中减去，从而导致导体长度方向上的压降与电流的时间变化率成正比。可用公式表示为

$$V = L \frac{\mathrm{d}I}{\mathrm{d}t} \tag{7.30}$$

式中，$\mathrm{d}I/\mathrm{d}t$ 为电流 I 的变化速率；V 为随电流变化而产生的电压；L 为电感的比例常数。作为一种电路元件，电感可以通过设计提供已知的、可控的电感量。迈克尔·法拉第和约瑟夫·亨利分别在 1831 年和 1832 年独立发现了电感的概念。然而，也有证据表明，威廉·斯特金(William Sturgeon)已经在 1825 年制造出了第一个铁心螺线管电感并将其用作电磁铁。

国际单位制(SI)将亨利(H)定义为电感的标准单位。1 H 是一个非常大的电感量。典型的集成电感只有几十纳亨(nH)。当频率低于 100 MHz 时，如此小的电感几乎没有什么实际用途，所以传统的模拟电路不使用集成电感。某些射频(RF)集成电路会工作在 1 GHz 或更高的频率下，尽管存在局限性，集成电感仍被许多射频集成电路采用。

在计算电感量时，不仅要考虑给定导体周围的磁场，还要考虑该磁场与和给定导体形成闭合回路的回流线之间的耦合。因此，大多数分析公式并不计算单根导线的自感，而是计算完整电路的总电感，也称为回路电感。例如，对于悬挂在大量非导电材料中的圆环形导线(见图 7.21a)，其电感量为

$$L = \mu r \left[\ln\left(\frac{8r}{a}\right) - 1.75 \right] \tag{7.31}$$

式中，r 为圆环半径(以导体的中心线为基准测量)；a 为导线半径。磁导率 μ 量化了磁场传递给回路周围材料的能量。真空磁导率，即自由空间磁导率，其值等于 $1.26\ \mu\mathrm{H/m}$。其他材料的相对磁导率 μ_r 则为

$$\mu_r = \frac{\mu}{\mu_0} \tag{7.32}$$

式中，μ_0 为真空磁导率。用于制造集成电路的大多数材料，它们的相对磁导率非常接近 1。在某些射频工艺中，被称为铁氧体的高磁导率陶瓷可以用于制造集成电感。此外，采用合封形式的电感也被开发出来：可将铜质螺旋线圈夹在铁氧体平板之间，或将铜质螺线管嵌入载有铁氧体的塑封料中。

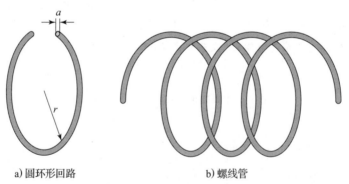

a) 圆环形回路　　　　　　　　b) 螺线管

图 7.21　典型电感的几何形状

式(7.31)可以粗略地估算焊线产生的电感。典型焊线的直径为 25 $\mu\mathrm{m}$，长度约为 1 mm。对于线径为 25 $\mu\mathrm{m}$、圆环直径为 1 mm 的焊线，其电感值约为 5.6 nH。这表明每根焊线都会产生几纳亨的电感。在电流快速摆动的电路中，即使这样微小的电感也会造成显著的压降。例如，开关转换器的栅极驱动器在导通时，通常会流过至少 1 A 的峰值电流，其上升和下降时间为 10～20 ns，这表明其电流摆动率 $\mathrm{d}i/\mathrm{d}t > 5 \times 10^7\ \mathrm{A/s}$。5 nH 的电感在这一电流摆动下会产生至少 0.25 V 的压降。对于与驱动器输出相连的扩散区，这个压降会导致其电位高于电源或低于地。因此，在栅极驱动器和其他高速输出结构中，尤其需要缜密地设计保护环(参见 5.4.4 节)。开关转换器和其他高速电路可以受益于采用焊点或铜柱替代焊线的封装。采用这些器件的印制电路板需要仔细布局，并密切关注各种电路路径的环路区域，例如在开关转换器中，从栅极驱动器的电源旁路电容经过驱动器到功率晶体管，再经过接地回到电容所形成的环路。

分立电感通常由多圈绝缘保护的铜质"电磁线"缠绕在环形铁氧体磁心上，形成所谓的螺线管结构。对于这种螺线管电感，几乎所有的磁通量都围绕着磁心，其电感值为

$$L = \mu \frac{N^2 r^2}{D} \tag{7.33}$$

式中，N 为环形线圈的线圈匝数；r 为一匝线圈的半径(以线圈中心线为基准测量)；D 为环形线圈的直径(以环形线圈中心线为基准测量)。需要注意的是，电感值会随着匝数的平方增加。这是因为每匝线圈产生的磁场不仅通过该匝本身，还会通过其他 N 匝线圈。这意味着通过在高磁导率磁芯上绕上许多匝线圈，我们可以获得非常大的电感值。工作频率为 60 Hz 的叠层铁心电感通常具有几亨利的电感量。

螺线管结构的线圈(见图 7.21b)很难集成。设计者通常采用平面螺旋电感来进行替代。最简单的例子采用了如图 7.22a 所示的螺旋状导体。在低层金属层上使用焊线或跳线，可以到达螺旋线圈的最内圈。圆形螺旋电感在制造掩模版时难以数字化，因此大多数设计者使用八边形螺旋电感(见图 7.22b)或方形螺旋电感(见图 7.22c)。在给定电感值的情况下，圆形螺旋电感的串联电阻最小，而方形螺旋电感的串联电阻最大。

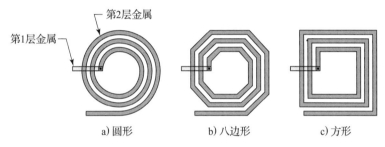

第2层金属

第1层金属

a) 圆形　　　　b) 八边形　　　　c) 方形

图 7.22　平面螺旋电感的几何形状

平面螺旋电感采用多匝线圈的效果不如螺线管电感，这主要是由于两个原因。第一，平面电感中的线圈直径并不相同，内圈直径较小因而电感值较小。第二，较大的外圈产生的磁场并不全部通过较小的内圈(反之亦然)。因此，磁耦合产生的电感倍增效应会被削弱。

研究人员提出了许多用于计算平面螺旋电感的计算公式。下面的经验公式适用于方形和八边形螺旋电感，并具有合理的精度：

$$L = \mu \frac{K_1 N^2 (d_o + d_i)}{2\left(1 + K_2 \dfrac{d_o - d_i}{d_o + d_i}\right)} \tag{7.34}$$

式中，N 为电感线圈的圈数；d_o 为电感线圈的外直径；d_i 为电感线圈的内直径；K_1 和 K_2 为常数。对于方形平面电感，$K_1 = 2.34$，$K_2 = 2.75$；对于八边形平面电感，$K_1 = 2.25$，$K_2 = 3.55$。内径 d_i 可以通过以下公式计算：

$$d_i = d_o - 2Np \tag{7.35}$$

式中，p 是金属线中心间距，其值等于线圈宽度和相邻线圈间距之和。例如，一个直径为 300 μm 的方形平面电感，共有 10 圈，线圈宽度为 9 μm，相邻线圈间距为 1 μm，则电感的内直径等于 100 μm。假定 $\mu_r = 1$，则电感值约为 18.6 nH。这个例子反映了在不使用高磁导率磁芯材料的情况下可以集成的电感量。

图 7.22 中的电感是不对称器件，因为电感的一端连接到螺旋线圈的外部，另一端连接到内部，并且螺旋线圈两端的电气特性并不相同。在螺旋线圈中插入跳线可消除这种不对称性，如图 7.23 所示。差分电路(也叫作平衡电路)会极大地受益于对称电感的使用。

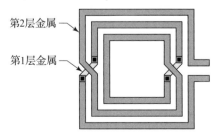

第2层金属

第1层金属

图 7.23　对称方形平面螺旋电感

不仅如此,对称性也能降低电感结构内部的损耗,因此单端或不平衡的电路设计也能从对称电感的使用中获益。

除了简单的电感外,我们也可以构建多个电感,并使它们相互之间产生磁性耦合。作为耦合电感最常见的例子,变压器是一种双绕组磁性元件,可以用来将能量耦合到隔离屏障的另外一端。对于工作在不同阻抗下的电路,变压器也可以实现它们之间的能量传递。集成变压器的应用有限,因为它们比单个电感更容易受到各种寄生损耗机制的影响。不过,它们在某些射频集成电路中会被用作功率合成器与平衡器(Balun)。

7.2.1　电感的寄生效应

实际使用的集成电感,其电感值很少超过 100 nH。只有在非常高的频率下,这种低电感值的电感才有用。遗憾的是,在高频下工作会加剧这些器件固有的寄生效应。这意味着集成电感很难达到分立电感的性能。但是对于某些特定应用,集成电感的性能可以满足要求,因此会被合理采用。本节介绍了集成电感的寄生效应,并简要讨论了减轻寄生效应的方法。

电感总是存在一定的寄生串联电阻,也被称为绕组电阻。设计者通常将绕组电阻分为直流电阻(DC Resistance,DCR)和交流电阻(AC Resistance,ACR)。直流电阻等于用恒定电流测量到的串联电阻。交流电阻等于使用交流电流测量时观察到的附加绕组电阻。大多数关于交流电阻的理论讨论都基于正弦电流假设。许多应用(如开关稳压器)会产生高度非正弦电流。要进行精确分析,就必须使用傅里叶变换将这些电流分解为正弦波之和,并分别计算每个正弦波分量的交流损耗。电感绕组中消耗的总功率等于直流损耗和所有适用的交流损耗之和。

直流电阻的计算公式为

$$\mathrm{DCR} = \rho \frac{L}{A} \tag{7.36}$$

式中,ρ 为绕组材料的电阻率;L 为绕组的长度,A 为绕组的横截面积。集成电感的直流电阻比分立电感大得多,因为集成电路中的金属线要比绕组线细得多。通常可用的最细的绕组线是 ♯40AWG(美国线规),其横截面积为 0.005 mm²(5000 μm²)。如果一个集成电感的线圈由五层厚度为 8 kÅ 的金属层堆叠而成,则每层线圈需要达到 1250 μm 的宽度才能获得同样的横截面积。更糟糕的是,集成电路中铝薄膜的电阻要比铜质绕组线高 60% 左右(参见表 6.2)。

降低直流电阻的方法包括使用更宽的线圈、将多层金属层堆叠在一起或使用厚金属层(最好是厚铜层)。最好的版图布局采用宽的厚顶层金属形成螺旋线圈,并将其他金属层堆叠在一起形成短跳线。

当时变磁场穿过导电材料时,会在其中产生循环电流。这些涡流的大小取决于磁场强度的时间变化率以及导电材料的电阻。频率越高,涡流损耗就越大。电阻率的影响要更为复杂,因为高电导率和高电阻率材料中的涡流损耗都低于中等电阻率材料。

多种类型的涡流损耗共同构成了绕组电阻的交流分量。其中,趋肤效应可能是最为熟知的。导体中的时变电流会产生时变磁场,而时变磁场又会在导体内部产生涡流,这些涡流会部分抵消产生这些涡流的电流。这种抵消现象在导体表面附近最小,并随着深度的增加呈指数倍增大。因此,高频电流只在导体表面附近流动。在导体表面下某处,时变电流密度会降至表面电流密度的 1/e 或约 37%,此处距导体表面的距离等于趋肤深度。趋肤深度 δ 为

$$\delta = \sqrt{\frac{\rho}{\pi f \mu}} \tag{7.37}$$

式中,ρ 为导体的电阻率;μ 为导体的磁导率;f 为时变电流的频率。薄膜铝的趋肤深度在 1 GHz 时约为 2.3 μm。因此,在频率远低于 1 GHz 的情况下,趋肤效应对集成电路中的金属层几乎没有影响。在此频率以上,厚金属层会开始表现出显著的交流电阻。

多圈电感中出现的邻近效应也是由涡流造成的。每当两个导体彼此相邻,其中一个导体中的时变电流会在另一个导体中诱发出涡流。这些涡流导致沿同一方向流动的电流各自集中并相互远离,而沿相反方向流动的电流也会各自集中但会相互靠近。无论哪种方式,电流集边都会

减少导体的有效面积，从而增加其交流电阻。随着线圈数目的增加，特别是绕组层数的增加，邻近效应造成的损耗也会越来越大。由于邻近效应，通常我们很少构建多层平面电感。

第三种类型的涡流损耗发生在集成电感下方的硅衬底上。电感产生的磁场会穿透进入硅衬底中，并在其中产生涡流。如果衬底的电阻率非常高或非常低，那么产生的涡流损耗就可以忽略不计，但是通常情况下并不是这样。衬底涡流损耗是形成集成电感大部分交流电阻的主要因素。

显而易见，减小衬底涡流损耗的一个方法是在轻掺杂的硅上制造电感。这通常需要使用电阻率超过 10 Ω·cm 的硅衬底，并且最好是超过 100 Ω·cm。但是使用这种轻掺杂衬底也会引起其他问题，如衬底的自偏置效应与闩锁效应。

一个相对彻底的解决涡流损耗问题的方法是在电感下方的硅片上刻蚀出一个大空腔。刻蚀这种空腔的技术已经被开发用于制造微机电系统（Micro-Electromechanical System，MEMS）。然而，刻蚀空腔所需的额外步骤不仅增加了生产成本，而且通常还需要 CMOS 或 BiCMOS 晶圆厂可能不具备的特殊设备和专业技能。

另一种可能的解决方案是在电感下方淀积一层相对较厚的非导电高磁导率材料。磁通量会优先穿过这个磁性屏蔽层而不是穿入硅衬底。通常集成电路中使用的材料都不适合构建磁性屏蔽层，因此需要额外的淀积与掩模版步骤。由于假定屏蔽材料不导电，因此不会产生任何涡流损耗。然而，它在磁化和退磁的过程中会产生所谓的磁芯损耗。这些磁芯损耗随着频率的增加而增大，一般在 100 MHz~10 GHz 之间会变得难以接受。采用高磁导率的屏蔽材料使得构建电感值更大的电感变得可行，因此研究人员对构建这种结构电感的可能性进行了研究。

大多数集成电感的制造工艺都没有采用任何上述技术来减小涡流损耗。因此在高频时，这些电感会产生严重的衬底涡流损耗。通过使用较高的金属层来构建电感，使其尽可能远离硅衬底，可以略微降低衬底涡流损耗。例如，如果希望在两层金属工艺中构建平面螺旋电感，则螺旋线圈应占据第二金属层，而连接最内圈的短跳线应占据第一金属层。

图 7.24 给出了一个集成电感的简单集总模型，该集成电感制作在中等掺杂浓度的硅衬底上。串联电阻 R_s 包括直流和交流绕组电阻。考虑到趋肤效应和邻近效应，单层螺旋电感中的电流集边在频率超过某个临界频率 f_{crit} 时就会变得非常显著：

$$f_{crit} = \frac{pR_s}{2\mu w^2} \qquad (7.38)$$

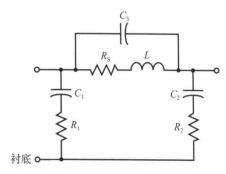

图 7.24　集成电感的简单集总模型

式中，p 为金属线的中心间距，等于金属线宽度 w 与金属线间距的总和；R_s 为金属的方块电阻。例如，假设用金属线中心间距为 $10\ \mu m$、金属线宽度为 $9\ \mu m$、厚度为 $5\ k\text{Å}$ 的铝来制造螺旋电感。如果铝的方块电阻为 $50\ m\Omega/\square$，那么 $f_{crit} = 2.4\ GHz$。

对于一个内圈直径近似等于外圈直径 1/3 的电感，其有效串联电阻 R_w 为

$$R_w = R_{DC}\left[1 + \frac{1}{10}\left(\frac{f}{f_{crit}}\right)^2\right] \qquad (7.39)$$

式中，R_{DC} 为绕组直流电阻，可根据方块电阻和几何因子计算求得。电感的总串联电阻等于绕组电阻与一个模拟衬底涡流损耗的电阻之和。

电路设计者经常使用品质因数 Q（Quality Factor）来量化电阻损耗对无功元件的影响。Q 被定义为一个周期内的最大储能值与能量损耗的比值。对于一个具有串联电阻 R_s 的电感 L，其品质因数为

$$Q = \frac{2\pi f L}{R_s} \qquad (7.40)$$

　　这个公式可以反映出有关 Q 值的两个重要结论。第一,寄生串联电阻越小, Q 值越大。第二, Q 值会随着频率的上升并到达一个峰值,之后由于交流电阻的影响, Q 值会开始下降。集成电感的峰值品质因数范围约为 $1\sim40$ 。与之形成对比的是,分立的空心电感很容易实现 100 或更高的品质因数。

　　由于存在寄生电容,电感实际上会转换为一个 LC 串联谐振网络。在低频情况下,该谐振网络的阻抗主要呈现感性。在较高频率下,阻抗的容性分量变得非常显著。在串联谐振频率(Series Resonant Frequency, SRF)处,电容和电感的电抗相等。而在 SRF 以上,该谐振网络的阻抗会主要呈现容性。因此,实际电感的串联谐振频率表明了其工作频率的上限。集成平面电感的 SRF 通常远高于 1 GHz。

　　图 7.24 模型中的寄生电容 C_1 、 C_2 和 C_3 很难用简单的公式来精确计算,衬底电阻 R_1 和 R_2 也是如此。因此电路设计者通常依靠有限元分析程序来分析集成电感。三维有限元分析程序将电感划分为较小的多边形区域,并评估每个区域内的磁场和磁通量以及电场和电通量。只要三维多边形网格可以被划分地足够精细,那么计算结果将与最终实际电感的性能高度匹配。全三维建模的极端计算需求导致了各种简化版本的产生,通常称为 2.5D 建模。典型的用于集成磁性元件分析的有限元分析程序包括 Ansys 公司的 HFSS 和 Keysight 公司的 EMPro。

7.2.2　电感的结构

　　集成电感是最难制作的元件之一。虽然任何版图设计者都能绘制平面螺旋结构的电感,但分析其性能通常需要使用专门的有限元分析工具。一些此类工具会根据设计要求自动生成版图布局,然后对其性能进行严格分析。借助此类工具的迭代设计方法可以快速收敛到电感的最佳版图布局。MIDAS 就是此类工具的一个实例。关于此类工具的细节超出本书讨论范围,但我们仍可提出一些一般性意见。

　　那些寻求在标准 CMOS 或 BiCMOS 工艺中集成电感的设计者可能会发现涡流损耗是最大的挑战。大多数这样的工艺会采用中等电阻率的外延层,并将它们淀积在低电阻率的衬底上。在这些工艺中很难制造出质量因数超过 5 或 10 的电感。如果不愿意彻底改变工艺,我们仍然有可能将电感在硅表面上进一步抬升。要实现这一目标,最好的办法是在所有标准金属层次之上淀积一层专门的厚金属层来构建电感。如果有可能,这层金属层应淀积在钝化层之上。在钝化层与淀积金属层之间插入图案化的聚酰亚胺可以进一步将电感抬升至更高的高度。我们也可以在电感和下面的硅之间插入金属屏蔽层。这种屏蔽层会导致寄生电容增加,但却大大降低了电感的寄生串联电阻,从而提高了它的 Q 值。适当地对屏蔽层开槽可以减少其中的涡流损耗,如图 7.25 所示。开槽间金属条宽度的选择必须确保式(7.38)所表示的临界频率高于电感的工作频率。硅化多晶硅集合了两点优势:屏蔽层的电阻低,从绕组到屏蔽层的寄生的电容最小。

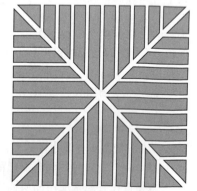

　　采用更厚的金属线可以降低电感的串联电阻,从而提高其品质因数。获得更厚的金属线的一种方法是采用通孔将多层金属并联在一起。这种方法显然与尽可能采用最高层金属制作电感以减小容性寄生效应的方法相矛盾。尽管如此,对于具有四层或者五层金属的工艺,我们通常可以把最上面的两层或三层金属结合在一起,从而提升电感的性能。许多射频工艺含有一层用于制作电感的特殊金属层。该金属层的厚度通常为 $2\sim5\ \mu m$,可能由铜或铝构成。它要么位于其他金属层之上,要么(如前所述)位于钝化层之上。采用这种厚金属层可以同时将绕组电阻与寄生电容最小化。

图 7.25　放置在集成电感下方的开槽接地屏蔽层

　　目前,最好的集成电感可以提供 $10\sim100$ nH 的电感值,其品质因数在几吉赫兹(GHz)的频率下约为 40。为了提高这些指标,人们进行了大量研究。但如果不采用如 MEMS 刻蚀技术或高磁导率材料薄膜淀积技术等工艺扩展方法，能否取得重大进展尚存疑问。即使是采用这些技术，也不太可能制造出能够高效率地处理大功率的集成电感。研究人员通过在 CMOS 工艺中增加两个厚金属层，可以制造出一个完全集成的，最高功率为 0.27 W，效率为 75% 的降压转换器。这个例子反映了目前集成电感在处理大功率方面所能达到的性能水准。将分立电感与集成电路合封，可为实现更高性能提供一条可行途径。

集成电感的设计准则

多数版图设计者从来都不需要绘制集成电感。只有专门从事 RF 设计的人员才可能用到集成电感。这些设计者可能从不通过手工方式计算电感值，反而通常会采用计算机建模的方式来设计他们所需要的电感。以下一般设计准则可以为寻求优化集成电感版图布局的设计者提供一些有用的建议。

1) 使用所提供的具有最高电阻率的衬底。电阻率低于 $10\ \Omega \cdot cm$ 的衬底会产生严重的涡流损耗，会在高频下造成品质因数严重降低。如果衬底的电阻率可供选择，那么应该选择尽可能高的电阻率。需要注意的是，在整个版图布局中应使用保护环并分散排布衬底接触孔，以尽量降低产生衬底去偏置效应和闩锁效应的可能性。

2) 尽可能采用最高金属层制作电感。电感的体区应该尽可能位于最高的金属层中。连接到最内圈的跳线应该制作在电感体区的下面，而不是上面。这些措施有助于减小电感体区的寄生电容，并可略微降低衬底涡流损耗。

3) 考虑将两层或三层金属层并联在一起形成电感体区。如果工艺不提供最上层的厚金属层选项，则可考虑将几个薄金属层使用通孔并联在一起，构成电感体区的线圈。这样可有效地降低金属的方块电阻，并增加电感的 Q 值。电感体区的任何部分都应该避免使用第 1 层金属，因为第 1 层金属过于接近衬底，会造成寄生电容增大。

4) 使所有未与电感连接的金属线远离电感。未连接电感的金属导线应尽可能远离电感，以减小杂散磁场引起的电压。如有可能，金属导线与电感之间的距离至少保持在最终电感宽度的一半，如果空间允许，这个距离可以更远。设计者有时会在平面电感的中心空档处放置电路，以减小整体管芯尺寸，但这样做也会造成电感的 Q 值降低。

5) 避免使用过宽或过窄的金属线。对于工作在 $1\sim3\ \text{GHz}$ 频率下的电感，金属线的最优宽度约 $10\sim15\ \mu m$。导线较窄，则绕组电阻过大；导线较宽，则趋肤效应和邻近效应造成的损耗过大。式(7.38)也能为选取金属线最佳宽度提供一些指导。

6) 采用尽可能窄的线圈间距。电感线圈间距越小，各线圈间的磁耦合越强，从而具有更大的电感值和更高的品质因数。减小线圈间距有助于增大线圈金属宽度，从而(在一定范围内)减小绕组电阻。窄线圈间距会增大绕组间的电容，但这对单层平面电感无关紧要。

7) 尽量减少电感层数。在多层电感中，邻近效应会造成严重损耗。但是，层间的绕组电容通常才是更严重的障碍。多层电感的串联谐振频率比单层电感低得多，这通常会限制电感的总金属层数，因此在实际设计中只采用单层或两层金属来构建电感。注意，将多层金属通过通孔并联在一起只构成一个绕组层。

8) 不要让线圈填满整个电感。螺旋线圈产生的磁场在电感中心处最强。如果在这个区域内也制作线圈，就会对其产生严重的涡流损耗和电流拥挤效应。电感的内圈直径应至少是电感金属线线宽的 5 倍。对于较大的电感，其线圈内径应至少等于外径的三分之一。

9) 不要在电感上方或下方放置金属层或者多晶硅层(开槽的屏蔽层例外)。在不采用径向槽切割以阻断涡流的情况下，放置在电感上方或下方的导电板会产生很大的涡流损耗。在电感上方或下方经过的金属导线也会与电感产生我们所不期望的电容、电感耦合。因此，所有与电感无关的引线都应围绕电感布局，而不经过电感上方或下方。此外，还应移除电感附近的虚拟金属层和多晶硅层，并确保其他虚拟金属层和多晶硅层与电感的距离不低于电感宽度的一半。如果金属密度规则要求在这一区域内放置金属层或多晶硅层，则应合理选取虚拟器件的大小和位置，以尽量降低涡流损耗。

10）不要把结放在电感下方。结靠近电感时会产生不期望的器件间相互影响。从电感耦合到结的高频交流信号会被整流，从而导致寄生损耗或向扩散区注入我们所不期望的电流。适用于未连接到电感的金属线的规则同样适用于结。

11）采用短而直的电感导线。电感导线也有其自身的寄生效应，所以应该尽可能减小导线的长度和面积。电感导线应尽可能采用最高的金属层，以减小相对于衬底的寄生电容。

7.3 本章小结

电容不像电阻那样容易集成。除非使用钛酸盐等特殊材料或沟槽电容等三维结构，否则考虑到成本因素，在一个管芯上只能集成几纳法的电容。然而，即使是几皮法的电容也足以满足许多应用的需求，这些应用包括定时器、电容分压器、开关电容滤波器和电荷再分配数据转换器。

集成电容通常分为两类：一类使用绝缘薄膜作为电介质，另一类使用反偏结。与结电容相比，合理构建的薄膜电容表现出较小的电容变化与寄生效应，但通常需要额外的工艺步骤。大多数标准双极型工艺能够利用基础工艺流程制作发射结电容，也可以通过工艺拓展提供 MOS 电容。CMOS 工艺总是可以提供 MOS 电容，因为可以直接将 MOS 晶体管当作电容使用。这种器件的容值会在平带电压和阈值电压之间发生下降，因此需要仔细设定其偏置条件。许多 CMOS 和 BiCMOS 工艺还提供双层多晶硅或双层金属电容，它们采用由氧化物、氮化物或两者的某种组合形成的薄膜作为电介质。虽然制作这种电容会增加工艺的复杂性和成本，但是它极为优异的性能值得这样的投入。

电容的绝对精度相对较差。掺杂浓度与结深的变化会使结电容产生高达±30％的偏差。对于薄膜电容，尺寸变化引入的偏差可能为±10％。电容很难被修调，因为常用的修调结构会引入过多的寄生电阻和电容。如果必要，可对多数类型的电容采用激光修调（参见 6.6.2 节）。但是大多数电路均采用修调电阻或修调电流源的方式来补偿电容的变化，或者采用只对电容匹配度敏感，而对电容绝对值不敏感的电路结构。

电感比电容更加难以集成。集成电路中一般只能集成 100 nH 左右的电感，并且品质因数很低。而当电感被制作在中等电阻率的衬底上时，它的品质因数会更低。尽管存在这些缺点，集成平面电感仍在射频集成电路中实现了多种应用。

习题

7.1 假设相对介电常数为 3.9 的热氧化膜能够安全地承受 5×10^6 V/cm 的电场，那么承受 15 V 的工作电压需要多厚的氧化膜？该薄膜的单位面积电容量是多少（单位为 fF/μm^2）？

7.2 对于由 60 Å 厚的干氧、220 Å 厚的等离子淀积氮化层和另一层 50 Å 厚的干氧组成的复合电介质，假设氧化硅的介电常数为 3.9，氮化硅的介电常数为 6.8，则该复合电介质的相对介电常数是多少？电场承受能力方面，如果薄氧化物能承受 5 MV/cm，厚氧化物能承受 3 MV/cm，氮化物能承受 5 MV/cm，那么这种复合电介质能承受多大的工作电压？与具有相同工作电压的纯氧化物电介质电容相比，采用该复合电介质的电容可将容量提高多少（用百分比表示）？

7.3 假设第 2 层金属上的钝化层由 5 kÅ 厚的淀积氧化物和 15 kÅ 厚的等离子增强化学气相淀积氮化物组成。又假设第 1 层金属和第 2 层金属之间的层间氧化物厚度为 12 kÅ。如果在钝化层上淀积一层厚的电源铜层，并假设铜层和第 1 层金属之间没有第 2 层金属，那么该铜层和第 1 层金属之间的电容是多少？假设所用氧化物的性能与 TEOS 氧化物相似，那么构建一个 1 pF 的电容需要多大的面积？假设这种厚电介质只能承受 3 MV/cm 的电场强度，那么这个电容能承受多大的电压差？

7.4 计算下述器件的近似零偏结电容。器件由扩散进入 P 型外延层中的方形 N 型源漏区构成，假设用于 N 型源漏区注入的氧化层窗口大小为 10 μm×20 μm，N 型源漏区结深等于 0.9 μm，N 型源漏区掺杂浓度等于 10^{19} cm^{-3}，P 型外延层的掺杂浓度等于 5×10^{16} cm^{-3}。计算结果应包含侧壁电容效应。

7.5 一个结电容的绘制面积为 $5800\ \mu m^2$，绘制周长为 $300\ \mu m$，零偏结电容等于 6.45 pF。另一个结电容的绘制面积为 $3000\ \mu m^2$，绘制周长为 $670\ \mu m$，零偏结电容等于 4.92 pF。这种类型结电容的面积电容和周长电容分别是多少？对于这种类型的结电容，为了使梳状版图布局比平板状版图布局具有更高的单位面积容值，其叉指间的间距应该是多少？

7.6 使用附录 B 中的标准双极型工艺的版图规则，绘制零偏电容为 10 pF 的结电容版图。假设 $C_a = 0.082\ fF/\mu m^2$，$C_p = 2.8\ fF/\mu m^2$，说明你选择版图布局形式（梳状或平板状）的理由。

7.7 绘制容值为 5 pF 的标准双极型薄氧电容的版图。采用特殊的工艺拓展，可以制作厚度为 450 Å、相对介电常数等于 3.9 的氧化层。薄氧层掩模版 TOX 的版图规则如下：
a) TOX 宽度 $10\ \mu m$
b) EMIT 与 TOX 的交叠 $4\ \mu m$
c) METAL 与 TOX 的交叠 $4\ \mu m$

7.8 绘制一个双层多晶硅电容，确保其最小容量不低于 20 pF。使用间距 $10\ \mu m$ 的稀疏接触孔阵列来连接第 2 层多晶硅极板，并采用 N 型源漏区注入对其进行掺杂。至少在三边与第 1 层多晶硅极板形成接触。版图中应包括所有必需的金属引线。

7.9 根据附录 B 中的基础 CMOS 工艺规则，绘制由 PMOS 晶体管构成的、容量为 5 pF 的 MOS 电容。假设该电容工作在反型区，在不超过 $20\ \mu m$ 的条件下选取合适的沟道长度使得下极板电阻最小。使用间距 $10\ \mu m$ 的稀疏接触孔阵列来连接多晶硅极板。

7.10 修改习题 7.9 中的电容，使其工作在积累区 [⊖]。

7.11 采用附录 B 中的 CMOS 工艺规则，估算采用最小宽度并且长度为 $20\ \mu m$ 的第 1 层金属引线的边缘杂散电容。假设金属引线厚度为 8 kÅ，并且附近不存在其他金属几何结构，引线下方的氧化物厚度为 $1.2\ \mu m$。边缘杂散电容占引线总电容的比例是多少？

7.12 绘制一个水平条形横向通量电容。确定该结构的尺寸，使电容的垂直与横向分量（忽略边缘场）等于 4.7 pF。假设所用工艺含有三层厚度为 8 kÅ 的铝金属层。另假设金属层之间的 ILO 厚度为 8 kÅ，硅与第 1

层金属之间的 MLO 厚度为 15 kÅ，氧化物的介电常数为 3.8。在电容主体外，用通孔来连接各金属层。使用如下的版图规则：
a) METAL1 宽度 $0.25\ \mu m$
b) METAL1 与 METAL1 的间距 $0.2\ \mu m$
c) VIA1 宽度 $0.2\ \mu m \times 0.2\ \mu m$（精确尺寸）
d) METAL1 与 VIA1 的交叠 $0.05\ \mu m$
e) METAL2 宽度 $0.25\ \mu m$
f) METAL2 与 METAL2 的间距 $0.2\ \mu m$
g) METAL2 与 VIA1 的交叠 $0.05\ \mu m$
h) VIA2 宽度 $0.2\ \mu m \times 0.2\ \mu m$（精确尺寸）
i) METAL2 与 VIA2 的交叠 $0.05\ \mu m$
j) METAL3 宽度 $0.25\ \mu m$
k) METAL3 与 METAL3 的间距 $0.2\ \mu m$
l) METAL3 与 VIA2 的交叠 $0.05\ \mu m$

7.13 某射频工艺采用 15 kÅ 厚的顶层金属铝制作电感。该金属层的版图规则如下：
a) TMET 宽度 $1\ \mu m$
b) TMET 间距 $0.8\ \mu m$
计算方形平面电感的尺寸，使得在 1.5 GHz 的频率下可实现 30 nH 的电感值。绘制该电感版图。

7.14 假设在不改变版图规则的情况下，将习题 7.13 中的 TMET 层增厚到 25 kÅ。这会带来哪些好处？

7.15 功率器件工艺在钝化层上使用较厚的功率铜层。厚度为 $10\ \mu m$，该铜层的版图规则如下：
a) METCU 宽度 $12\ \mu m$
b) METCU 与 METCU 的间距 $12\ \mu m$
绘制一个外径为 $500\ \mu m$、匝数等于 4 的圆形平面电感。由最内圈开始向外绘制。采用适当的线宽构建线圈。在选定线宽后，首先对 L 型引线进行数字化处理。为线圈的最内圈选取合适的半径，并以此半径将 L 型引线的直角转换为圆角。将引线的一端延伸一段距离，并沿与第一个直角转弯相同的方向（顺时针或逆时针）绘制第二个直角。在此前半径的基础上增加 $12\ \mu m$，再用这个新的半径将第二个直角转换为圆角。移动含有第二个圆弧的引线，使其与含有前一个圆弧的引线相连。重复此过程四次，就可完成一圈线圈。继续采用这样的方法，直到完成所有线圈。上述结构的电感值约为多少？集肤效应会在什么频率下开始变得显著？

⊖ 此处原文有误。——译者注

参考文献

［ 1 ］ I. Bahl, *Lumped Elements for RF and Microwave Circuits* (Boston, MA: Artech House, 2003).

［ 2 ］ B. El-Kareh and L. N. Hutter, *Silicon Analog Components: Device Design, Process Integration, Characterization and Reliability* (New York: Springer, 2015), pp. 378–396.

［ 3 ］ F. W. Grover, *Inductance Calculations* (Mineola, NY: Dover Publications, 2004).

［ 4 ］ T. H. Lee, M. del Mar Hershenson, S. S. Mohan, H. Samavati, and C. P. Yue, "RF passive IC components," in W.-K. Chen, ed., *Analog Circuits and Devices* (Boka Raton, FL: CRC Press, 2003), p. 2–1 ff.

［ 5 ］ V. Leus and D Elata, "Fringing field effect in electrostatic actuators," *Technical Report ETR-2004-2* (Haifa, Israel: Technion—Israel Institute of Technology, 2004).

［ 6 ］ A. Scuderi, E. Ragonese, T. Biondi, and G. Palmisano, *Integrated Inductors and Transformers: Characterization, Design and Modeling for RF and mm-Wave Applications* (Boca Raton, FL: CRC Press, 2010).

电阻和电容的失配与匹配

集成电阻和电容通常表现出 $\pm 20\%\sim\pm 30\%$ 的误差，这比相同类型分立器件的误差要大得多，后者的误差通常只有 $\pm 5\%$ 甚至更低。但是，集成器件之间的一致性要比其误差好得多。为了实现集成器件之间的一致性而特殊构建的集成器件组称为匹配器件，描述匹配器件之间一致性的准确度称为匹配度。集成电阻的匹配度可以达到 $\pm 0.1\%$，在某些情况下甚至可以达到 $\pm 0.01\%$。集成电容的匹配度可以比肩集成电阻，甚至更好。

有很多机制都可能会降低集成器件的匹配度，其中大部分已被人们熟知和理解，并且版图设计师已经想出了一些方法来尽量降低它们的影响。本章探讨电阻和电容的失配与匹配，其中大部分内容也适用于其他器件的失配与匹配，比如双极型晶体管（参见 10.2 节）、二极管（参见 11.3 节）和 MOS 晶体管（参见 13.2 节）。

8.1 失配

两个器件之间的失配值等于它们测量值比率与预期值比率求差之后再除以预期值比率。如果测量值为 x_1 和 x_2，预期值为 X_1 和 X_2，则其失配值 δ 为

$$\delta = \frac{(x_2/x_1)-(X_2/X_1)}{(X_2/X_1)} = \frac{X_1 x_2}{X_2 x_1} - 1 \tag{8.1}$$

例如，在某集成电路中有一对 $10\ \mathrm{k\Omega}$ 的匹配电阻，在封装完成之后对它们进行测量，测量值分别为 $12.47\ \mathrm{k\Omega}$ 和 $12.34\ \mathrm{k\Omega}$，则它们的失配值 δ 等于 $0.011(1.1\%)$。

不同单元中的相同器件之间的失配，使用同样的测量方法用式(8.1)计算会得到不同的失配值。理想情况下，我们应当测量每一个单元，无论它们是已经被封装的还是将要被封装的。由所有单元组成的群体被称为总体，对总体进行测量的结果被称为总体统计。通常我们只能获得总体的子集，例如在一个特定晶圆片批次中的所有单元。这样的子集称为样本，通过样本测量得到的结果称为样本统计。

小样本会受到采样误差的严重影响，所以小样本不具备总体代表性。例如，考虑一个由 1000 个红色玻璃球和 1000 个绿色玻璃球组成的总体。如果我们随机从中取出 2 个玻璃球，那么有 25% 的概率会取到两个红色玻璃球，有 25% 的概率会取到两个绿色玻璃球，还有 50% 的概率会取到红色和绿色玻璃球各一个。显然，采用更大的样本量进行统计会更加严谨。在分析连续变量（比如失配）时，测试样本量不能低于 30 $^{\ominus}$。

偏差(Bias)包括除采样误差以外的任何导致样本不能代表总体的因素。避免偏差的最好方法是从总体中随机采样，但是在制造环境中这几乎是不可能实现的。其次是从总体中随机抽取尽可能多的部分。从某个批次的晶圆片抽取样本时，遵循以下准则有助于最大限度地降低采样偏差：

1) 至少抽取 30 个样本单元（越多越好）。

2) 尽可能从多个不同的晶圆片中抽取样本，其中每片晶圆片应提供相同数量的样本单元。

3) 选取同批次中不同位置的晶圆片。通常我们会根据晶圆片在晶舟中所处的位置对它们进行编号。如果需要抽取 3 片晶圆片，那么应从晶舟的前部、中部以及后部各取一片。

4) 从每个晶圆片中的随机位置选取样本单元，但是应避免最靠近晶圆片边缘的位置：该

$\ominus$　采样需要最少 30 个单元的理论被广泛引用，但是尚缺乏理论基础。

位置的样本单元通常没有实现完整的光刻，因此往往存在缺陷。

　　5) 避免选择错误加工和返工的晶圆片，因为它们不能正确地反映典型工艺流程。

　　6) 考虑采用与量产时相同的引线框架和塑封材料对样本进行封装。这样由封装带来的影响就会与量产时基本一致。

　　在选好样本并完成对所有样本的测量后，我们必须对所得数据进行分析。相关的统计学理论超出了本书讨论范围，但是我们会在下面的讨论中对相关概念做简要说明。

　　假设样本包含 N 个单元，根据式(8.1)求得它们的失配值分别是 $\delta_1, \delta_2, \delta_3, \cdots, \delta_N$。失配值可能是正数也可能是负数，为了得到有效的统计结果，必须保留每个失配值的正负号。基于这组样本失配值，我们可以求得平均失配值 m_δ。该平均值被称为样本均值，即

$$m_\delta = \frac{1}{N} \sum_{i=1}^{N} \delta_i \tag{8.2}$$

式中，$\sum$ 函数对所有的 δ_i 进行求和。在计算出样本均值后，我们就能够确定样本的标准差 s_δ 为

$$s_\delta = \sqrt{\frac{1}{N-1} \sum_{i-1}^{N} (\delta_i - m_\delta)^2} \tag{8.3}$$

　　样本均值 m_δ 用于衡量系统失配，系统失配是总失配中以相同方式影响所有单元的部分。例如，一对多晶硅匹配电阻，它们的预期阻值分别是 2 kΩ 和 4 kΩ。假设每个电阻都采用条状版图布局，其两端各有一个接触孔。如果这两个电阻接触孔之间的体区阻值分别为 2 kΩ 和 4 kΩ，接触孔的阻值为 50 Ω，则它们的最终阻值分别是 2.1 kΩ 和 4.1 kΩ。根据式(8.1)，可以计算出这两个电阻之间的失配等于 2.4%。这是一种系统失配，因为它以相同的方式影响每一对匹配电阻。与大部分系统失配一样，通过合理的版图布局可以消除上面由接触孔电阻所导致的失配。如果把阻值为 4 kΩ 的电阻拆分成两个串联的 2 kΩ 电阻，那么其最终阻值是 4.2 kΩ，此时就不存在系统失配了。在本章的后面部分，我们将会讨论如何通过合理的版图设计来使得各种系统失配达到最小化。

　　标准差量化了由工艺加工条件或材料特性波动引起的随机失配。这些波动是实际制造过程中不可避免的一部分。每个样本单元会经历不同的波动，因此表现出不同的失配。观察随机变化最好的方法是构建直方图。图 8.1 显示了 30 对(虚构的)电阻失配值 δ 的直方图。构成直方图的每个柱状条称为直条或组距(Bin)，直条的高度与落入其中的样本数量成正比。换句话说，直条的高度代表了失配值在该直条上下限内的样本单元数量。

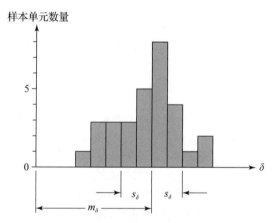

图 8.1　30 对(虚构的)电阻失配值 δ 的直方图，m_δ 表示失配值的平均值，s_δ 表示失配值的标准差

　　标准差有效地衡量了失配值围绕其均值的离散程度。标准差越大，失配值越离散。

　　为了衡量随机失配的大小，人们最常采用所谓的 6-σ 随机失配，其值等于 ±6 倍的样本标准差[⊖]。例如，如果样本标准差为 0.12%，则 6-σ 随机失配值等于 ±0.72%。整个 6-σ 失配值介于数据上限(Upper Data Limit，UDL)和数据下限(Lower Data Limit，LDL)之间。UDL 和 LDL 分别为

　　⊖　采用六倍标准差来设定数据上下限的方法是由六西格玛原则推广开来的。"六西格玛"是摩托罗拉的商标之一。这个术语有些用词不当，因为统计学家使用"σ"来指代的是总体标准差，而六西格玛原则是基于样本的标准差。

$$\text{UDL} = m_\delta + 6s_\delta \tag{8.4}$$

$$\text{LDL} = m_\delta - 6s_\delta \tag{8.5}$$

例如，如果样本均值 m_δ 等于 -0.35%，样本标准差 s_δ 等于 0.12%，那么 $6-\sigma$ 失配值的下限与上限分别为 -1.07% 与 0.37%。在没有严重采样偏差的情况下，总体中绝大多数样本的失配值都应该落在上述界限之内。

严格来说，精度（Precision）和准确度（Accuracy）这两个术语不能互换。精度指的是测量值之间的差异，而准确度指的是测量值与某个理想目标值之间的差异。失配衡量的是准确度，而不是精度（失配的理想目标值是 0%）。许多电路设计者和数据手册编写人员通常口语化地使用类似"精密元件"和"精密电路"等表达方式，但它们真正传递的含义是"准确元件"和"准确电路"。

8.2　失配的原因

随机失配来源于器件尺寸、掺杂浓度、氧化层厚度以及其他影响元件值的参数的微小波动。尽管这些波动不能被完全消除，但是通过合理地选取元件值与器件尺寸可以将波动的影响降至最低。采用某些版图布局预防措施也可以最大限度地减小随机失配。

系统失配来源于工艺偏差、接触孔电阻、电流的不均匀流动、扩散区的相互作用、机械应力、温度梯度以及一系列其他原因。对于大多数类型的系统失配，已经研发的各种版图设计布局技术可以最大限度地降低它们的影响。

8.2.1　随机变化

所有的集成器件在尺寸及结构组成上都表现出微小的不规则性。这些不规则性会导致器件参数的随机变化。集成电阻与电容本质上是二维结构器件。这种二维结构中的不规则性分为两类：一类只发生在器件边缘，是与周长相关的变化，并与器件的周长呈比例关系；另一类则发生在整个器件内部，是与面积相关的变化，并与器件的面积呈比例关系。

统计学理论表明，器件的某些参数与面积、周长相关的变化可以采用下面的公式来建模：

$$s = m\sqrt{\frac{k_A^2}{2A} + \frac{k_P^2}{2P}} \tag{8.6}$$

式中，m 和 s 分别为该器件参数的平均值和标准差，而我们希望用器件的有效面积 A 和有效周长 P 来量化它们。虽然理想情况下，我们应该用器件的有效尺寸去计算有效面积和周长，但实际上大多数匹配器件的尺寸足够大，采用其绘制尺寸进行计算即可。比例常数 k_A 和 k_P 分别叫作器件的面积匹配系数与周长匹配系数。这些系数的大小由器件的性质决定。看起来相似的器件往往会表现出完全不同的匹配系数。例如，由于受到晶界效应的影响，高值多晶硅电阻可能要比低值多晶硅电阻具有更大的匹配系数。同样，由不同工艺所制造的具有相似特性的器件，它们的匹配系数也可能差异显著。例如，由不同工艺所制造的具有相似方块阻值的多晶硅电阻，它们的匹配系数可能非常不同。即使是在相同工艺上所制造的同种器件，如果晶圆片制造厂不同，那么考虑到它们的设备差异，这些器件通常也会具有不同的匹配系数。由于晶圆片制造厂很少监控匹配系数，上述情况通常很难被发现。在某些情况下，从同一批次中的不同晶圆片上所抽取的样本单元可能也会表现出不同的匹配系数。例如，采用倾斜式多晶硅制程（参见 6.5.7 节）所制造的多晶硅电阻就可能出现这种情况。

两个类型相同，但是元件值不一定相同的器件，它们之间失配的标准差 s_δ 为

$$s_\delta = \sqrt{\left(\frac{s_1}{m_1}\right)^2 + \left(\frac{s_2}{m_2}\right)^2} \tag{8.7}$$

式中，m_1 和 m_2 为每个器件该参数的平均值；s_1 和 s_2 为该参数的标准差。将式（8.6）代入式（8.7）中可以得到

$$s_\delta = k\sqrt{\frac{k_A^2}{2A_1} + \frac{k_P^2}{2P_1} + \frac{k_A^2}{2A_2} + \frac{k_P^2}{2P_2}} \tag{8.8}$$

式中，A_1 和 A_2 为两个器件的有效面积；P_1 和 P_2 为它们的有效周长。如果这两个器件尺寸相同，则式(8.8)可以简化为

$$s_\delta = \sqrt{\frac{k_A^2}{A} + \frac{k_P^2}{P}} \tag{8.9}$$

在很多情况下，式(8.9)中的面积项对失配起主导作用，所以式(8.9)可以简化为

$$s_\delta = \frac{k_A}{\sqrt{A}} \tag{8.10}$$

该式表明，随机失配与器件面积平方根的倒数成比例关系。这种关系有时也称为佩尔格罗姆定律(Pelgrom's Law)。接下来我们将会进一步阐述适用于集成电阻及电容的佩尔格罗姆定律的具体形式。

1. 电容

考虑平行板电容的情况，我们感兴趣的参数显然是电容的容量。如果忽略系统偏差，则电容的平均值等于其标称值 C。此外，电容值还与有效区域面积 A 成正比。基于以上两点，式(8.10)可以写为

$$s_\delta = \frac{k_C}{\sqrt{C}} \tag{8.11}$$

式中，k_C 为电容的面积匹配系数。该式表明了电容值与其随机失配之间的平方关系：如果要将随机失配减半，我们需要将电容值增至原来的 4 倍。如果要将电容的随机失配降到非常低的程度，通过增大面积所带来的改进会逐渐递减。当通过增大电容面积所带来的改进不再明显时，采用修调电容的方式更为节省面积。

式(8.11)仅适用于两个容量相等的匹配电容。一个更加通用并适用于计算容量分别为 C_1 和 C_2 的两个电容之间失配的公式为

$$s_\delta = k_C \sqrt{\frac{C_1 + C_2}{2C_1 C_2}} \tag{8.12}$$

对式(8.12)进行分析可以发现，在两个匹配电容中，容量较小的电容造成了大部分的失配。这不利于实现大容量比的匹配电容。如果为了确保合理的匹配度而把较小的电容设计得足够大，则另一个电容也会变得极大，以致我们无法接受。有些设计师试图通过串联方式来构造较小的电容，从而规避这个问题。令人遗憾的是，由于电容的寄生效应，通过串联方式来构建一个容量确定并可控的电容非常困难。使用寄生参数反向标注可以合理地估算寄生电容的标称值，但是这些寄生参数随层间氧化物以及多层氧化物厚度的变化很难量化，而且这些氧化层厚度的变化与电容电介质厚度的变化并不一致。如果可能，应尽量避免使用需要匹配电容实现大容量比的电路。如果确定需要实现大容量比，可以考虑修调其中一个电容。

2. 电阻

考虑一个简单的矩形电阻，该电阻的有效区域面积 A 等于其长度 L 乘以宽度 W。类似地，其电阻值 R 等于方块阻值 R_S 乘以长度 L 再除以宽度 W。结合这些关系可以得到

$$A = \frac{R}{R_S} W^2 \tag{8.13}$$

将式(8.13)代入式(8.10)可得

$$s_\delta = \frac{k_R}{W} \sqrt{\frac{1}{R}} \tag{8.14}$$

式中，k_R 为电阻的面积匹配系数。式(8.14)表明了决定电阻匹配的两个基本关系。首先，随机失配值与电阻值的平方根成反比，这与决定电容匹配的关系相同。其次，随机失配与电阻宽度成反比。若想得到同样的失配值，低值匹配电阻要比高值匹配电阻具有更大的宽度。

式(8.14)仅适用于两个阻值相同的匹配电阻。一个更加通用并适用于计算阻值分别为 R_1 和 R_2 的两个电阻之间失配的公式为

$$s_\delta = \frac{k_R}{W}\sqrt{\frac{R_1 + R_2}{2R_1 R_2}} \tag{8.15}$$

与电容的随机失配值类似，上述关系表明两个电阻之间的随机失配值主要取决于两个电阻中阻值较小的电阻。这就使得设计用于实现大分压比的电阻分压电路更加复杂。例如，一个分压比为 10∶1 的分压电路由一个 100 kΩ 的电阻和一个 10 kΩ 的电阻串联构成，该分压电路的失配主要由其中的 10 kΩ 电阻决定。通过增加两个电阻的宽度可以减小随机失配，但是其代价是面积的大幅度增加。或者，我们可以以多个并联的等值电阻段来构造其中较小的电阻。如果 R_1 和 R_2 是两个电阻，R_1 由单个电阻段构成，R_2 由 N_2 个阻值为 $N_2 R_2$ 的电阻段并联构成，则它们的随机失配值为

$$s_\delta = \frac{k_R}{W}\sqrt{\frac{1}{R_1} + \frac{1}{N_2^2 R_2}} \tag{8.16}$$

对于刚刚讨论的分压比为 10∶1 的情况，相比于使用单个 10 kΩ 电阻段，将 R_2 改为由两个 20 kΩ 的电阻段并联，可以将整体的失配值近似减半。这种方法所需要的面积远小于将两个电阻的宽度同时加倍。或者换一种说法，R_2 采用两个电阻段并联的形式可有效地将其宽度加倍，而不会影响较大阻值电阻 R_1 的宽度。

匹配系数 k_R 取决于所考虑电阻的性质。对于多晶硅电阻，一种理论模型对其匹配系数预测如下：

$$k_R = d_g \sqrt{\eta R_S} \tag{8.17}$$

式中，R_S 为多晶硅电阻的方块阻值；d_g 为多晶硅晶粒的平均直径；η 为一个无量纲常数，其典型值约等于 2。式(8.17)只适用于电阻宽度远大于平均晶粒直径的情况；否则，竹节效应会开始介入，导致多晶硅电阻的匹配情况变得不确定(参见 6.3.1 节)。多晶硅晶粒的直径会受淀积条件和后续热处理的影响而变化，但是通常会小于 0.1 μm。因此式(8.17)可适用于最小宽度略小于 0.3 μm 的多晶硅电阻。

8.2.2　工艺偏差

由于在光刻、刻蚀、扩散和注入过程中，图形会收缩或者膨胀，因此在硅晶圆片上制造出的几何图形尺寸永远不会与版图中的绘制尺寸完全一致。假如工艺没有采用光学收缩或者工艺尺寸校正，则工艺偏差(Process Bias)x_b 等于测量尺寸 x 与绘制尺寸 x_d 之差，即

$$x_b = x - x_d \tag{8.18}$$

在版图布局设计较差的器件中，工艺偏差会引入严重的系统失配。设想有两个匹配的多晶硅电阻，它们的绘制宽度分别为精确的 2 μm 和 4 μm。假设由多晶硅刻蚀引入的工艺偏差为 -0.100 μm，则这两个电阻实际的宽度比例等于 $(2-0.100)/(4-0.100)=0.487$。这表示存在大约 2.6% 的系统失配。

在版图的布局设计中将电阻拆分成多个宽度相同的电阻段，可以使电阻对宽度偏差不敏感。例如，如果我们必须设置一对宽度分别为 2 μm 和 4 μm 的电阻，那么宽度为 4 μm 的电阻可以由两个宽度为 2 μm 的电阻段并联组成。这两个电阻的实际宽度比例就等于 $(2-0.100)/\{2\times(2-0.100)\}=0.5$。

工艺偏差也会影响电阻的长度。许多电阻的长度取决于它们接触孔的位置。假设这类电阻中的某一种，其接触孔的宽度偏差为 -0.200 μm。接触孔各边会因此向内收缩 0.100 μm，使得电阻两个接触孔间的距离增加了 0.200 μm。如果我们尝试匹配长度分别为 20 μm 和 40 μm 的两个电阻，则由 $+0.200$ μm 的长度偏差导致的失配值等于 $(2+0.200)/(40+0.200)=0.503$。这表示存在大约 0.5% 的系统失配。如果两个电阻都由相同长度的电阻段构成，那么电阻的长度偏差就不会影响到它们的电阻比例。如果前面例子中长度为 40 μm 的电阻由两个长度为 20 μm 的电阻串联组成，那么它们的电阻比例就变为 $(20+0.200)/\{2\times(20+0.200)\}=0.500$。采用相同长度的电阻段也可以消除由接触孔电阻以及电阻末端电流不均匀流动所引起的系统失配。

8.2.7节解释了如何将任意阻值的匹配电阻拆分成由最佳尺寸的电阻段所形成的阵列。

电容也会因工艺偏差而产生系统失配。假设有一对双层多晶硅电容,其中一个尺寸为 $10\ \mu m \times 10\ \mu m$,另一个尺寸为 $10\ \mu m \times 20\ \mu m$,它们多晶硅宽度的刻蚀偏差都为 $-0.100\ \mu m$。那么 $10\ \mu m \times 10\ \mu m$ 的电容其实际面积等于 $(10-0.100) \times (10-0.100)$,即 $98.0\ \mu m^2$;另一个电容的实际面积等于 $(10-0.100) \times (20-0.100)$,即 $197\ \mu m^2$。这两个电容的比率等于0.497,系统失配约为0.6%。

理论上,当匹配电容具有相等的面积-周长比时,它们对工艺偏差就会变得不敏感。对于容量相等的两个电容,采用相同的形状就可以使它们对工艺偏差不敏感。如果匹配电容的容量呈简单整数比,则每个电容都可以由完全相同的子电容组成阵列。例如,为了匹配3 pF和5 pF的电容,可以把它们排成子电容为1 pF的电容阵列。有多种技术可以构造非整数比的匹配电容。图8.2展示了其中一种技术,假设容量较小的电容 C_1 为正方形,其绘制尺寸为 $W_1 \times W_2$,那么容量较大的电容 C_2 可以构造成矩形,它的长度 L_2 和宽度 W_2 分别为

$$L_2 = \frac{C_2}{C_1}\left(1 + \sqrt{1 - \frac{C_1}{C_2}}\right) W_1 \tag{8.19}$$

$$W_2 = \frac{C_2}{C_1}\left(1 - \sqrt{1 - \frac{C_1}{C_2}}\right) W_1 \tag{8.20}$$

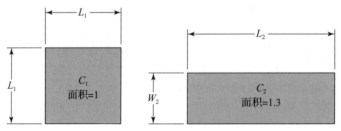

图8.2　采用相同面积-周长比的方法匹配电容

该技术的一个缺点是 W_2 和 L_2 都不等于 W_1,这使得将较大的电容排入由较小电容组成的阵列中变得更加困难。建议设置 $W_2 = W_1$ 作为替代方案,并对较大的电容添加辅助特征以调整其面积-周长比。其中一种方法是在较大的电容上开孔或开槽,另一种方法是在较大的电容上增加一个凸出的柄脚。

8.2.3　邻近效应

上一节讨论的工艺偏差看似与器件结构的几何形状无关。事实上,大多数半导体制造工艺对目标结构周围的环境比较敏感,而且工艺偏差也会根据周围环境的性质发生变化。最突出的邻近效应案例包括光刻邻近效应、刻蚀速率变化以及扩散区相互作用。

1. 光刻邻近效应

光刻图案化过程容易受到多种邻近效应的影响,其中大部分源自光的波动性。光会在掩模图像的边缘发生衍射。相长干涉与相消干涉会导致最终生成图像中的空间强度发生变化。上述空间强度变化不仅是关于被图案化几何形状的函数,也是关于相邻几何形状位置与尺寸的函数。衡量该效应最常用的参数称作疏密光刻偏差,它等于孤立线条与等宽等间距密集线条阵列中某一线条的宽度之差。当线宽大于 w_{min} 时,疏密光刻偏差非常小,这里 w_{min} 为

$$w_{min} = \frac{\lambda}{NA} \tag{8.21}$$

式中,λ 为晶圆图案化过程所采用的光的波长;NA 为透镜系统的数值孔径。因此,对于采用365 nm波长以及数值孔径为0.6的I线步进式光刻机来说,在处理 $0.6\ \mu m$ 以上的线宽和线距时,几乎不会出现疏密光刻偏差。实际上,当线宽和线距低于约两倍的最小特征尺寸时,疏密光刻偏差就会变得非常显著。版图设计师通常将匹配电阻以工艺允许的最小间距排布成密集的

线形阵列。受疏密光刻偏差的影响，该阵列两端电阻的宽度会发生变化。消除这种效应最简单的方法是在阵列两端添加额外的电阻段。这些额外的电阻段被称为虚拟电阻。虚拟电阻段与相邻电阻段的间距应等于匹配电阻段的内部间距。但是，虚拟电阻并不需要与匹配电阻宽度一致才能使疏密光刻偏差最小；相反，虚拟电阻的宽度只需要不低于由式(8.21)计算出的最小宽度即可。因此，许多设计师会使用比匹配电阻阵列中单元电阻宽度更窄的电阻作为虚拟电阻。因为虚拟电阻并不是组成电路的一部分，所以不需要接触孔，如图 8.3a 所示。如果虚拟电阻足够宽，也可以在不增加器件面积的情况下添加接触孔，如图 8.3b 所示。

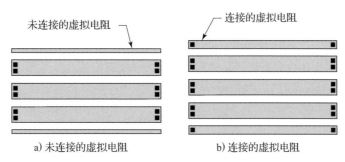

未连接的虚拟电阻　连接的虚拟电阻

a) 未连接的虚拟电阻　　　　　　　　b) 连接的虚拟电阻

图 8.3　虚拟电阻连接方式案例

大部分设计师会采用连接的虚拟电阻，以避免设计规则发生误判：糟糕的设计规则检查文件可能会错误地将未连接的(或者只有一个接触孔的)虚拟电阻段判定为违反设计规则的结构。由于来自相邻器件的热载流子注入，未连接的多晶硅结构可能会积累静电荷。如果发生这种情况，电导率调制效应就可能会使阵列中的末端电阻段与中心电阻段产生失配。因此如果空间足够，就应该在虚拟电阻上添加接触孔，并谨慎地将虚拟电阻连接到合适的电路节点。切勿将虚拟电阻连接到可能会向匹配电阻注入噪声的电路节点，或可能会被虚拟电阻的寄生电容干扰的电路节点。为了确定虚拟电阻的最佳连接方式，应始终咨询电路的设计师。

另一种光刻效应被称为水平-垂直偏差，或者 H-V 偏差。光源中的光学像散与像差会导致水平方向和垂直方向的线条具有轻微不同的光刻工艺偏差。H-V 偏差会导致不同方向的窄电阻之间出现显著的失配。因此，即便无法将匹配电阻相邻放置，也应该确保它们方向一致。

当光刻胶在晶圆片上旋涂时，相邻的几何形状会干扰液体光刻胶的自由流动，这会产生另一种光刻邻近效应。在对某给定层次进行图案化之前，如果存在较高的几何形状，它们会阻挡光刻胶的流动，从而导致附近几何形状宽度的变化。例如，目前已经发现由于多晶硅线宽的变化，双层多晶硅电容会影响其边缘约 30 μm 范围内的 MOS 晶体管的匹配。由于在晶圆片旋转过程中在晶圆片不同位置产生的离心力不同，上述影响在晶圆片中心附近最不明显，而在晶圆片边缘附近会变得较为显著。可能的解决方案包括将需要匹配的几何图形远离会对周围器件产生不利影响的结构，或者使用多层光刻胶工艺以使光刻胶厚度平整化。

2. 刻蚀速率变化

很多电阻和电容都是通过刻蚀淀积薄膜(如掺杂多晶硅)而形成的。刻蚀速率在某种程度上取决于周围结构的几何形状。这种效应称为微负载效应。微负载效应涉及待刻蚀几何图形邻近位置开口的尺寸。开口越大，越容易与刻蚀剂接触，也更易于反应副产物逃逸。刻蚀过程必须持续到最小的开口也被刻蚀完成，这会造成较大的开口发生过刻蚀。由于不存在绝对各向异性的刻蚀工艺，因此与较小的开口相比，较大开口的侧壁被刻蚀得更多。这会导致疏密刻蚀偏差，使得孤立线条结构比密集阵列中的线条结构更窄。

在多晶硅干法刻蚀过程中导致微负载效应的另一种机制也已经被确认。每个开口周围的垂直侧壁都会被钝化，其钝化材料由两种物质组成：一种是刻蚀反应产生的再淀积聚合物，另一种是由等离子体溅射出的邻近表面材料。上述钝化过程会导致多晶硅的形状逐渐变窄，尤其是在邻近较大开口的多晶硅侧壁上，这种现象更为明显。

相对于匹配电容，刻蚀速率变化对匹配电阻的影响更大，因为电阻通常要比电容窄得多。刻蚀速率变化通常会导致电阻阵列中最外侧电阻的宽度略窄于其余电阻，如图 8.4 所示。

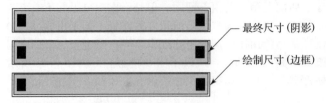

最终尺寸(阴影)

绘制尺寸(边框)

图 8.4　刻蚀速率变化对本应匹配的多晶硅电阻阵列的影响。相对于暴露较少的内边缘，
阵列两侧电阻的外边缘暴露更多，会发生过刻蚀

极小的刻蚀速率变化也会造成严重的系统失配。假设我们各向异性刻蚀 $10 \text{ kÅ}(1 \mu\text{m})$ 的多晶硅薄膜到 90% 的程度，由此形成宽度为 $0.1 \mu\text{m}$ 的钻蚀。疏密刻蚀偏差仅相当于上述钻蚀的一小部分，可能每侧只有 $0.02 \mu\text{m}$。尽管该值很小，但是对于单元电阻宽度为 $1 \mu\text{m}$ 的电阻阵列而言，其两侧电阻与内部电阻之间就会存在 2% 的误差。

通过引入虚拟电阻(见图 8.3)可以将刻蚀速率变化对电阻阵列的影响降至最低。然而已经有测量结果表明，刻蚀速率的变化并不仅仅影响电阻阵列的最外侧电阻段。虽然最外侧的电阻段确实产生了最大的变化，但在从阵列两侧向内至少延伸 $10 \mu\text{m}$ 的范围内，都可以测出刻蚀速率变化所带来的影响。为了实现尽可能高的匹配度，电阻阵列两侧的虚拟电阻应各占据至少 $10 \mu\text{m}$ 的宽度范围。阵列中的所有电阻段(包括虚拟电阻与有效电阻)都应具有相同的宽度和间距。此外，所有电阻段的长度也应相同，并且每个电阻段需要延伸并超过其有效部分至少 $10 \mu\text{m}$。显然，在电阻阵列四周填充 $10 \mu\text{m}$ 的虚拟电阻会消耗很大面积。因此，上述方法建议只用于要求最为严苛的应用场景。对于要求适中或者较低的应用，使用与匹配电阻宽度相同的虚拟电阻即可。

淀积电容也会受到刻蚀速率变化的影响，但是因为电容的宽度要比电阻大得多，所以通常电容受到的影响较小。即便如此，准确匹配的电容阵列仍然需要虚拟电容。电容阵列的形状通常是正方形或者矩形，并由正方形或者矩形的单位电容组成。阵列最外侧的行与列中的电容被用作虚拟电容。图 8.5 是一个典型的电容阵列案例，其中所有电容的下电极由一整片第 1 层多晶硅构成，同时该下极板也被用作静电屏蔽层。每个电容的尺寸仅取决于上极板的几何形状，在本例中电容的上极板由第 2 层多晶硅构成。

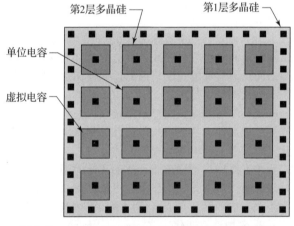

第2层多晶硅　　　　　第1层多晶硅

单位电容

虚拟电容

图 8.5　虚拟电容与有效电容相同的匹配电容阵列

图 8.5 中内部的 6 个电容构成实际的匹配阵列，而最外围的 14 个电容被用作虚拟电容。随着阵列中实际匹配电容数量的增加，虚拟电容占总电容的比例会相应降低。

尽管电路或版图设计师通常会将虚拟电容与有效电容设计得完全一致，但是实际上虚拟电容只需要向阵列内部延伸至刻蚀速率变化所能影响到的距离即可。因此，对于由刻蚀速率变化所导致的不利影响，如果测量结果显示其向阵列内部延伸的距离不超过 $10 \mu\text{m}$，那么左右两侧的虚拟电容就不需要占据超过 $10 \mu\text{m}$ 的宽度，顶部和底部的虚拟电容也不需要占据超过 $10 \mu\text{m}$ 的高度。除了匹配要求最严苛的应用外，采用较小宽度的虚拟电容就可以满足几乎所有的电容匹配需求。

在任何情况下，都应将虚拟电容连接到电路中的某个节点。我们应谨慎选择该节点，因为横向寄生电容会将此虚拟电容耦合到阵列中与它相邻的其他器件上。在实际设计中，设计师通常会将电容间隔几微米并在电容阵列的上方与下方添加静电屏蔽层，以最大限度地减小横向寄生电容。这样大部分的静电通量就会耦合到其中一个静电屏蔽层，而不会耦合到相邻的器件上。在图 8.5 所示的阵列中，下屏蔽层为第 1 层多晶硅，可以增加一片第 2 层金属作为上屏蔽层。通常这两个屏蔽层会连在一起，并且所有的虚拟电容可以连接到这两个屏蔽层上。这种连接方式非常适用于阵列中所有电容的一端连接到某个低阻节点（如模拟地）的情况。在这种情况下，静电屏蔽层就可以连接到上述低阻节点，而使得将该屏蔽层耦合到周围电路的寄生电容变得无关紧要。对于部分或全部电容的两端均未连接到低阻节点的电容阵列，在设计时需要仔细分析，确保横向寄生电容不会引入过多失配。对于这类电容的设计，寄生参数反向标注可以帮助我们发现预料之外的问题。

3. 扩散区相互作用

形成扩散区或注入区的掺杂原子并不都停留在它们对应结的边界内。考虑在 N 型外延层内进行 P 型扩散的情况。在扩散区中心，受主杂质的浓度远远超过施主杂质的浓度，因此该区域被称为 P 型区。从扩散区中心向外延伸，受主杂质的浓度逐渐降低，而施主杂质的浓度保持不变。在冶金结处，受主杂质的浓度刚好等于施主杂质的浓度。在冶金结外，受主杂质的浓度低于施主杂质的浓度，这部分区域就变为 N 型区。在冶金结外相当一段距离处，尽管受主杂质的浓度低于施主杂质的浓度，但是受主杂质的浓度仍然相当可观。超出冶金结的杂质部分被称为扩散区尾部。由于注入过程中的杂质蔓延以及杂质在退火和后续热处理过程中的向外扩散，注入区也存在尾部。

两个相邻扩散区的尾部会相互交叉。假设两个扩散区的极性相同，则每个扩散区的尾部都会侵入另一个扩散区的体区，并提高其掺杂浓度。假设这两个扩散区位于与它们极性相反的衬底中，则扩散区的尾部会降低背栅的掺杂浓度，那么由扩散区与背栅形成的结的内建电势的大小也会因此降低。这反过来又轻微减弱了耗尽区对这两个扩散区的侵入。因此，与仅有其中一个扩散区的情况相比，这两个扩散区都会呈现稍小的方块阻值和稍大的宽度。而如果两个扩散区的极性相反，那么就会导致完全相反的情形。在这种情况下，每个扩散区的尾部都会侵入另一个扩散区的体区，并对其造成部分反掺杂。与仅有其中一个扩散区的情况相比，这会导致两个扩散区都呈现稍大的方块阻值和稍小的宽度。注入区尾部与扩散区尾部具有完全相同的效果。

扩散区相互作用对匹配的影响与之前讨论的刻蚀速率变化对匹配的影响类似。例如，疏密扩散偏差会导致匹配电阻阵列两侧的电阻比其内部电阻宽度略窄且方块阻值略大。在阵列两侧增加虚拟电阻（见图 8.6），可以消除由此导致的系统失配。这些虚拟电阻的宽度通常与有效电阻相同，因此基于宽度的稀释效应对有效电阻和虚拟电阻具有相同的影响。然而，当扩散区的宽度超过其结深的 3～4 倍时，该稀释效应对扩散区尾部的影响就可以忽略不计。因此，如果阵列中有效电阻段的宽度超过其结深的 3～4 倍，则虚拟电阻的宽度只需选取有效电阻段结深的 3～4 倍即可。例如，对于结深为 2 μm 的基区电阻，所需虚拟电阻的宽度不超过 6～8 μm。

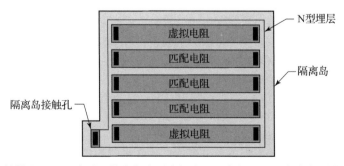

图 8.6 基区扩散电阻匹配阵列，其中包含了虚拟电阻。虚拟电阻通常会与隔离岛接触孔相连

　　扩散电阻阵列中的虚拟电阻通常具有与有效电阻段完全类似的端头和接触孔，并且它们与有效电阻段的距离就等于有效电阻段之间的距离。虚拟电阻通常被偏置到包围它们的隔离岛电位上。

　　通过调整版图画法经常可以最小化扩散区的相互作用，而且不会造成明显面积损失。例如，图 8.7a 给出了一种不合理的折叠电阻版图。该电阻不仅拐角处的间距不一致，而且其基区端口紧挨着电阻的体区。图 8.7b 中的版图布局将电阻的基区端口向外移至略超出阵列体区，从而解决了上述问题。因为更紧凑的折叠结构可以补偿外移基区端口所消耗的面积，这种修改方法几乎不需要增加额外的面积。

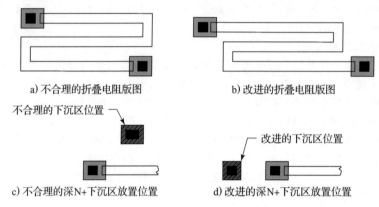

a) 不合理的折叠电阻版图　　　　　　　　b) 改进的折叠电阻版图

c) 不合理的深N+下沉区放置位置　　　　　　d) 改进的深N+下沉区放置位置

图 8.7　减小扩散区相互作用的可能方法

　　图 8.7c 中的版图布局设计展示了另一种扩散区的相互作用。一个高值电阻被合并到一个隔离岛内，同时该隔离岛含有一个深 N＋下沉区。该深 N＋扩散区被放置在紧邻电阻体区的位置。与大多数其他类型的扩散区相比，深 N＋扩散区横向扩散更远，因此会有一个很长的扩散区尾部。图 8.7d 给出了一种更加稳妥的版图布局设计，将深 N＋下沉区放置在电阻端口的后面，以确保其远离电阻体区。

　　还有一种机制会产生类似于扩散区相互作用的效果：在高能离子注入过程中，例如制造倒梯度阱的工艺，离子会在光刻胶边缘发生散射。离子从光刻胶边缘散射的距离可能超过 1 μm。这些散射离子的能量相对较低，因此只能掺杂到与光刻胶相邻的硅表面浅层区域。由于上述机制，阱边缘附近较浅扩散区的掺杂浓度可能会出现不规则变化，这个效应被称为阱邻近效应(Well Proximity Effect，WPE)。在使用高能离子注入制造较浅倒梯度阱的低压工艺中，阱邻近效应尤为显著。将匹配的扩散区电阻放置在阱内距阱边缘内至少 2～3 μm 处，可以避免由阱邻近效应造成的失配。

8.2.4　互连线寄生效应

　　导线通常具有足够大的电阻与电容，导致由它们互连的器件之间存在显著的失配。幸运的是，采用合理的版图设计可以大大减小上述失配。

　　考虑连接阻值为 1 kΩ 的电阻段所用跳线的影响。如果跳线采用方块电阻为 50 mΩ/□、最小宽度为 0.5 μm 的金属，则长度为 100 μm 的跳线会使电阻段的阻值增加 1％。如果不同的电阻段采用不同长度的跳线，则很容易累积几个百分点的失配。通过这个例子可以说明，在使用阻值为 1 kΩ 或更小的电阻段构建电阻阵列时，设计师应密切关注导线电阻。在构建非常准确匹配的电阻阵列时，设计师更应始终考虑导线电阻。

　　使用较长的电阻段可以最小化跳线电阻带来的影响。然而，增加电阻段的长度会将紧凑的阵列转变成为细长型的阵列。这样的阵列不但难以布局，而且对梯度引起的失配极为敏感(参见 8.2.7 节)。如果阵列中包含不完整的电阻段，并且它们的长度都接近完整电阻段，则采用过长的电阻段也会导致更难找到合理的布局方案(参见 8.2.7 节)。

另一种方法是尽量减小单个跳线的电阻。常见的措施包括将阵列中相互连接的电阻段排布在相邻位置、增加跳线宽度以及使用多个通孔来代替单个通孔。这些改变非常容易实现，而且往往对跳线电阻有重大影响。

最准确的解决方案是修改跳线，使得每个电阻段因跳线电阻所增加的阻值与其自身阻值成比例。如果所有的电阻段阻值相同，那么所有的跳线也应具有相同的阻值。这种方法实际上是使跳线成为电阻段的一部分，从而消除跳线引入的失配。短跳线可以通过插入凸起来增加长度，长跳线则可以通过增加宽度减小其阻值。如果某些跳线含有通孔，那么其余跳线也应相应地插入通孔，如图 8.8 所示。通孔电阻具有显著的随机变化，但可以在通常只需要一个通孔的位置上放置多个通孔，以最小化其影响。

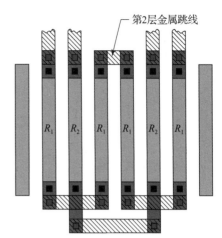

图 8.8 在每条跳线中插入通孔有助于匹配跳线电阻，从而改善整体的电阻匹配度。添加额外的通孔可以降低通孔电阻的随机变化，进一步提高整体匹配度

版图设计师也应仔细检查连接电阻阵列与电路其余部分的引线。如果这些引线需要承载电流，则其电阻也会引起失配。引线越长，它们导致的失配就越大。承载电流的引线应尽可能短且直，以最小化其电阻的影响，必要时也可增加该引线的宽度。在某些特定情况下，开尔文连接（参见 15.4.4 节）可能会非常有效。

匹配电容也会由于互连寄生效应产生系统失配。例如，厚度为 7.5 kÅ，宽度为 1 μm 的金属引线穿过厚度为 10 kÅ 的场氧化层，则该引线寄生电容的电容率约为 0.13 fF/μm，其中大部分是边缘杂散电容（参见 7.1 节）。因此，对于长度为 100 μm 的引线，其寄生电容值约为 13 fF，是 1 pF 电容值的 1.3%。

显然，我们可以通过使用更大的电容来最小化引线电容的影响。但是基于空间考虑，或者因为电路本身需要固定容量的电容，增大电容的方法通常并不可行。相反地，大多数设计师在构建准确匹配的电容阵列时，都会通过调整互连线来使阵列中每个单位电容都具有相同的引线电容。有两种方法可以实现上述目标：插入凸起，如图 8.9a 所示；插入死路分支，如图 8.9b 所示。

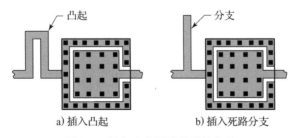

a) 插入凸起   b) 插入死路分支

图 8.9 增加电容引线长度的方法

当尝试匹配引线寄生电容时，应尽可能使所有引线的宽度相同，以确保它们的边缘杂散电容能够匹配。如果可能，匹配引线与其他金属几何图形的间距应至少增至 2 μm，以最小化横向边缘杂散电容。如果一条引线必须穿过另一个金属几何图形，则对所有匹配引线都应该进行同样的操作。可能的话，匹配电容附近不应放置虚拟金属，以最小化其引入的不确定性。寄生参数反向标注可以帮助我们验证引线寄生电容是否确实与预期一致。设计者有时会在匹配电容上覆盖一层被称为静电屏蔽层的金属板。例如，可以将一个双层多晶硅电容阵列放置在一块第

2层金属板下方,并将第1层金属和多晶硅用作引线,实现互连。第2层金属板应连接到低噪声、低阻抗的节点,比如模拟地。静电屏蔽层在理论上可以阻止更高金属层引线产生的电场对静电屏蔽层下方电路的影响,反之亦然。实际上,我们很难在屏蔽层中实现一个足够低阻抗的连接,因此高频信号可以通过容性耦合的方式在一定程度上穿过屏蔽层。决不能让噪声信号(比如数字时钟信号)引线穿过采用了静电屏蔽层的电路;相反,噪声信号引线应避开静电屏蔽区域,并与之保持足够的距离,以确保边缘杂散电场对电容几乎没有影响。通常保持 $3\sim4\ \mu m$ 的距离即可。

虽然采用静电屏蔽层增加了引线寄生电容,但也确实减小了计算寄生电容过程中的不确定性。电场再也不能投射到引线上方并将它们耦合在一起;相反,垂直方向的电场会终止于静电屏蔽层。通过这种简化方法,在寄生参数反向标注中计算边缘杂散电场的准确度可以得到显著提高。

8.2.5　N 型埋层影像

如 2.5.1 节所述,图案化的 N 型埋层(NBL)经热氧化后留下的表面不连续性,会通过在气相外延过程中淀积形成的单晶硅向上传递。通过光学显微镜,我们可以观察到由此产生的表面不连续性,尤其是在有横向光照的情况下。上述图案被称为 N 型埋层影像,通常可以用作后续扩散工艺流程的对准标记。

工艺工程师很早就意识到衬底中存在的表面不连续性并不总能真实再现于最终的硅表面。在外延层生长过程中,不连续性经常会发生横向移位(见图 8.10a),这种效应被称为图案移位。N 型埋层影像各边的移位距离有时并不相同,这就会导致图案失真,如图 8.10b 所示。偶尔,表面不连续性在外延层生长过程中还会完全消失,造成图案冲失,如图 8.10c 所示。

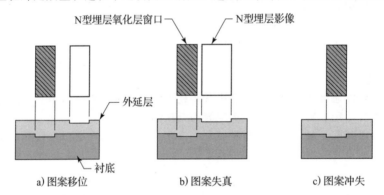

图 8.10　外延层对表面不连续性的影响(图中上方的矩形是相关几何图形
的俯视图,下方其为对应结构的剖面图)

图案移位、失真与冲失是同一根本现象的不同表现。在气相外延过程中,硅原子吸附在硅表面并横向移动,直至找到合适的位置以融入处于生长过程中的晶格内。晶格与表面不连续处交叉会形成暴露的微台阶,促使晶体沿某一特定方向生长,并导致表面形貌随着外延层生长的进行而发生横向移位。(111)晶面的晶圆片会产生相对严重的图案移位与失真,将晶圆片平面围绕⟨110⟩轴倾斜约 4° 可以最小化图案移位与失真。在(100)晶面的晶圆片中,图案失真非常严重,但是不会出现图案移位。使用略微倾斜的(100)晶面的晶圆片可以最小化图案失真,但是会引入图案移位。

图案移位的幅度取决于被吸附原子的迁移率和晶向。更高的压力、更快的生长速率以及在反应物分子中采用氯取代基都会导致图案移位增大,而更高的温度则利于减小图案移位。采用二氯硅烷对倾斜 4° 的(111)晶面晶圆片进行 LPCVD 淀积,会沿⟨211⟩轴在与晶圆片倾斜相反的方向上引入 50%～150% 外延层厚度的图案移位;而在相似条件下采样四氯化硅,则会引入 100%～200% 外延层厚度的图案移位。由于涉及非常多的变量,最好通过实验确定图案移位的方向与幅度。工艺工程师可以将这些信息提供给有需要的版图设计师。

有些工艺需要与图案化的埋层对准。当在这样的工艺中对匹配器件进行排布时,图案移位就会成为一个潜在问题。如果 N 型埋层影像与器件相交,就可能会干扰该器件的制造过程,从而引入细微的系统失配。并非所有器件都同样容易受到 N 型埋层影像的影响。淀积电容与淀积电阻很少被放置在 N 型埋层上方,因此它们很少与 N 型埋层影像相交。此外,扩散电阻通常被放置在含有 N 型埋层的阱或隔离岛内,而图案移位会造成 N 型埋层影像的移动并与电阻体区相交。浅层扩散电阻(如标准双极型工艺中的高值电阻)非常容易受到图案移位的影响。

图 8.11 显示的是 4 个匹配的基于标准双极型工艺的基区电阻,它们被放置在一个含有 N 型埋层的隔离岛内。如果图案移位的方向向右,则 N 型埋层影像可能会与最左侧的电阻相交,从而改变其阻值。有几种方法可以避免上述情况发生。最简单的方法是移除电阻下方的 N 型埋层。虽然这种方法消除了 N 型埋层影像,但是也不必要地增加了隔离岛电阻,而且穿通击穿还可能导致基区电阻的允许工作电压降低。更好的方法是能够了解图案移位的方向与幅度。如果 N 型埋层影像向右移位,则应扩大 N 型埋层左侧边缘与器件的重叠部分,以确保 N 型埋层影像不会与器件相交。在计算所需的重叠部分时,应将掩模误差考虑在内。

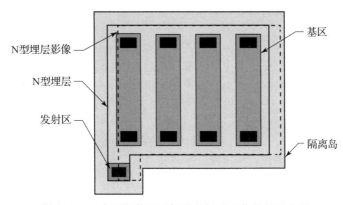

图 8.11　4 个匹配的基于标准双极型工艺的基区电阻

采用浅沟槽隔离(STI)的工艺不会出现 N 型埋层影像。这是因为在 STI 淀积形成后,化学机械抛光(CMP)工艺会对晶圆片表面做平坦化处理,去除了晶圆片表面的浅层不平整处。后续与图案化埋层对准的掩模步骤会使用刻蚀的对准标记来完成。刻蚀对准标记具有足够的深度,不会被 CMP 完全擦除。这些标记通常被放置在划片槽或其他无源区域,因此不会影响器件匹配。因为任何可能形成的 N 型埋层影像都会在 CMP 工艺中被抛光掉,所以 CMP 工艺通常无须再将晶圆片倾斜来最小化 N 型埋层影像带来的图案失真。

8.2.6　氢化效应

在某些工艺流程中,尤其是淀积氮化硅时,氢原子会被引入集成电路中。由化学气相淀积工艺形成的具有压应力的氮化硅中包含 4%~40% 的氢原子(该百分比是氢原子占薄膜总原子数的比例)。在随后的高温处理过程中,一部分氢原子会变得游离,并通过扩散的形式穿过氧化层到达硅表面。氢原子与悬挂键会在硅表面发生反应,这一过程被称为氢钝化。上述过程消除了由悬挂键产生的陷阱以及与这些陷阱相关的表面态电荷。氢钝化对集成电路产生了很多积极影响。例如在 20 世纪 70 年代,压应力氮化硅保护层的引入降低了表面复合态的密度,使得横向 PNP 的增益可以大幅增加。类似地,氢钝化可以降低 MOS 晶体管中阈值电压的随机失配与 $1/f$ 噪声。$1/f$ 噪声也称为闪烁噪声,代表了器件内部电压或电流的随机波动。$1/f$ 噪声是载流子被俘获与释放的结果,其大小会随着频率降低而增大。

氢钝化也会影响掺杂多晶硅的电阻率。高阻多晶硅的电阻率主要归因于晶界效应,而晶界效应有一部分由晶界界面处的悬挂键造成。扩散到高阻多晶硅中的氢原子可以钝化这些晶界,最多可使方块电阻值减小30%。对于采用硼掺杂的高阻多晶硅电阻,目前已知晶界脱氢会造成其向更高阻值方向的长期漂移(参见 6.3.5 节)。

扩散到硅中的氢原子可与硼原子反应,形成一种弱键复合物。该反应被称为氢补偿,它既消除了与硼原子相关的负电荷,也消除了通常由硼原子产生的自由空穴。对于采用硼掺杂的硅来说,氢补偿有效地降低了它的掺杂浓度。人们很早就知道这种现象会发生在体硅中,但是在掺硼多晶硅因氢化发生的方块电阻变化中,它似乎也起到了微小的作用。研究人员还发现了一种影响施主原子的氢补偿机制,但是它似乎并不会显著改变 N 型掺杂硅的电阻率。总之,氢化效应可以降低高阻多晶硅电阻的方块电阻,也可以轻微增加低阻掺硼多晶硅电阻的方块电阻。

氢原子不能通过扩散穿过金属铝。此外,金属系统中使用的某些材料实际上会吸收氢原子,这种现象被称为吸氢效应。因此,多晶硅电阻上方金属板或引线的存在会严重影响其电阻率。目前已经发现在金属化与非金属化多晶硅电阻之间,可以存在高达 10% 的系统失配。此外,在距离金属几何图形几微米处也观察到了多晶硅电阻率的微小变化,这也可能是由吸氢效应产生的氢原子浓度梯度所致。使制造完成的晶圆片在大约 400 ℃ 的温度下进行长时间退火,有助于完成氢化并最小化氢原子浓度梯度。但是在亚微米 CMOS 工艺中,由于源、漏结深过浅,很难实现完全退火。因此与早期工艺相比,这些工艺通常会表现出更明显的由氢化效应造成的失配。

对电阻阵列中的电阻段进行互连,会引入显著的由金属化引起的失配。图 8.12a 中的电阻阵列给出了一种常见的互连方式,其中连接部分电阻段的跳线会"内折"到电阻上方以节省面积。各个电阻段上方金属含量的不同会造成失配。图 8.12b 中的电阻阵列展示了另一种互连方式,其中的跳线采用"外折"方式,以最小化覆盖在电阻上方的金属。实验表明,即便对内折互连方式采取了某些预防措施(例如,通过添加虚拟金属线来匹配内折阵列中每个电阻段的金属覆盖率),采用外折互连方式仍可以获得更好的匹配度。但是因为在外折阵列中可能会引入在内折阵列中本可以避免的通孔,所以外折阵列也有其自身失配。8.2.4 节讨论了如何最小化这种由通孔引起的失配。

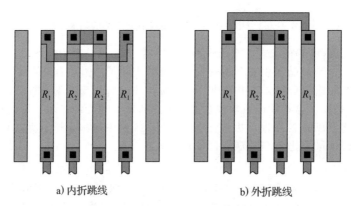

a) 内折跳线   b) 外折跳线

图 8.12   电阻阵列互连方式的比较

还有另一种方法可以减小由金属化引入的失配,就是将第 1 层金属板尽可能大面积地覆盖多晶硅电阻阵列,并且只让含有接触孔的电阻端头从金属板下方露出来。这样第 2 层金属跳线就可以内折到第 1 层金属屏蔽层的上方,而不会引入由氢化效应导致的失配。采用第 2 层金属板作为屏蔽层与采用第 1 层金属板作为屏蔽层作用类似。但是由于距离硅表面更远,第 2 层金属板在防止氢原子横向侵入其边缘下方的效果稍差。

如果在多晶硅电阻阵列上方放置了金属屏蔽层,则应对其进行电气连接,避免发生容性耦合及静电积累。该屏蔽层应连接到电路中的低阻节点,其电压不随连接到该点的电阻而变化。如果阵列由高阻多晶硅电阻构成,则应合理选取屏蔽层的偏置电压,以免产生过度的电压调制效应。

如果多晶硅电阻阵列上方没有金属屏蔽层，则应注意不要在阵列上方排布金属走线。如果可能，匹配电阻段的上方在任何时候都不应排布任何金属引线。穿过电阻段之间的引线对匹配的影响要小于直接排布在电阻段上方的引线，但是短程吸杂效应仍然会造成一些失配。为了实现最佳匹配效果，不应在未放置屏蔽层的电阻阵列上方走线，甚至也不应在电阻段之间走线。此外，如果所用工艺使用了虚拟金属，则应在未加屏蔽层的电阻周围设置合适的虚拟金属阻挡层，阻止虚拟金属出现在该电阻附近。应该在所有金属层上阻止虚拟几何图形的生成。如果这些限制看起来过于烦琐，则可以考虑在电阻上方放置金属屏蔽层。

虽然单晶硅电阻的电阻率基本上不受氢钝化的影响，但是在浅层掺杂硼的高阻电阻可能会由于氢补偿而表现出微小的阻值变化。适用于多晶硅电阻的保护措施同样也适用于单晶硅电阻，可以避免其阻值因氢化效应发生变化。

8.2.7 温度

许多集成元件的电学特性会随着温度的变化而变化。例如，大部分集成电阻的温度系数为 1000 ppm/℃ 或者更大（参见表 6.4）。功率器件可以很轻松地在整个管芯上造成数 10 ℃ 的温度差异。幸运的是，我们已经开发出了构建匹配电阻的技术。通过采用这些技术，即使电阻本身具有较大的温度系数，也可以使它们阻值的比率几乎不随温度变化。这些技术也适用于大多数其他类型的集成元件。

1. 热梯度

集成的功率器件会成为热源。傅立叶定律指出，热量会从较热的区域向较冷的区域流动，其传导速率与单位长度的温差成比例，并可由下式表达：

$$Q = -\kappa \nabla T \tag{8.22}$$

热通量密度 Q 的单位是 W/cm^2，用来衡量流过单位面积的热量。热梯度 ∇T 的单位是℃/cm，表示温度对距离的变化率。等式中的负号表示热量从较热的区域向较冷的区域流动。比例常数 κ 是热导率。对于一个给定的热通量，热导率越大，温差就越小。表 8.1 列出了一些集成电路中常用材料在 25 ℃ 时的热导率。

表 8.1 集成电路中常用材料在 25 ℃ 时的热导率

材料	热导率/[W/(cm·℃)]	材料	热导率/[W/(cm·℃)]
合金 42(58%铁，42%镍)	0.11	硅	1.56
铜合金	3.0～3.6	二氧化硅	0.013
芯片黏合剂(填充银的环氧树脂)	0.08～0.20	银烧结芯片黏合剂	0.80
环氧树脂塑封材料	0.008～0.021	无铅焊料(3%金，0.5%铜)	0.59

为了准确预测整个管芯的温度分布，我们必须在三维空间中进行傅立叶定律的有限元分析。分析结果通常以等温线图的形式展示，如图 8.13 所示。在此图中，我们假想了一个含有单个功率晶体管的管芯，并将其封装在带有散热片的功率型封装中。图 8.13 中的曲线称为等温线，表示了管芯表面所有温度相等的点。每条等温线都代表一定的温度增量，例如可能是 5 ℃。功率器件中心处的温度最高，并从这一点向外逐渐降低。

等温线图不仅显示了整个管芯表面的温度分布，还显示了相应的热梯度。等温线密集代表热梯度大，等温线稀疏则代表热梯度小。热梯度的方向总是垂直于等温线，并从较低的温度指向较高的温度。

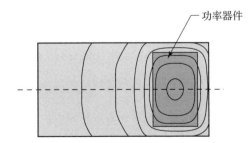

图 8.13 功率型封装中只有一个主热源的管芯的等温线图，虚线表示其热分布的对称轴

由图 8.13 可知,功率器件附近的热梯度远大于离功率器件较远处的热梯度。尤其对于功率型封装中的管芯,上述结论几乎总是成立,因为这类功率型封装会有意促使热量垂直传递。例如,贴片式功率型封装可能会在最下方添加一个与其塑封体底部平齐的焊盘。这个暴露的金属焊盘会被焊接到印制电路板上的覆铜区域。热量会通过管芯、黏合剂与焊盘传递到电路板上。这种方式能够有效地帮助管芯散热,从而确保管芯上远离功率器件的区域工作在与印制电路板几乎相同的温度。由于受到功率器件下方垂直路径上的热阻影响,功率器件本身的工作温度会更高。垂直方向的热传导能力越好,管芯在满额功率工作时产生的横向热梯度就越大。

在没有散热装置的封装中,热量不会优先在垂直方向上传递。由于管芯的导热性,热量会在整个管芯上传导,使其温度升高。然后热量会通过具有较差导热性的塑封材料逐渐向外部环境传导。塑封材料实际上起到了隔热层的作用。只要管芯内部的功耗不发生波动,整个管芯基本等温。功率波动将导致热瞬变,并传导到整个管芯。这些由热瞬变导致的热梯度会与散热型封装内的静态热梯度一样严重。

2. 质心

假设一个集成元件的不同部分工作在不同温度下。每一部分都会做整体产生增量式的贡献,因此可以将整个元件通过对其各部分采用加权平均的方式来建模。几乎在任何情况下,我们都可以找到一个平均温度,使其对集成元件的影响与任意给定的温度分布相同。

在考虑集成元件的平均温度时,我们通常会做四个简化假设。第一,假设该集成元件占据一个有效区域,且该有效区域由管芯表面一个或多个连续平面区域组成。第二,假设有效区域的任何部分都对元件特性有相同的贡献,并且有效区域之外的任何区域都不会对元件特性有任何影响。第三,假设所有电气参数都随温度线性变化。第四,假设温度与位置呈线性变化,换句话说,假设热梯度恒定。如果可以满足所有这些假设,则该集成元件的平均温度等于在其有效区域的质心点所测得的温度。

二维图形的质心点等于其内部所有点的位置的几何平均值。虽然存在可以计算质心点的公式,但是对于集成电路版图中所遇到的各种形状,我们很少需要用到它们。我们可以采用质心对称原理,即一个图形的质心位于其所有对称轴上。任何一条能将一个图形分成两个镜像对称图形的线都是一个对称轴。在图 8.14a 中,两条虚线表示了图中矩形的两条对称轴,它们将该矩形平分。该矩形的质心位于两条对称轴的交点。类似地,图 8.14b 中的狗骨形电阻也被两个对称轴平分,其质心位于这两个对称轴的交点。

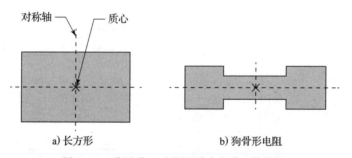

a) 长方形   b) 狗骨形电阻

图 8.14 采用质心对称规则确定质心的位置

两个等值匹配电阻之间的失配 ΔR 为

$$\Delta R = \alpha R d_{CC} \nabla T_{CC} \tag{8.23}$$

式中,R 为两个等值匹配电阻在它们质心中点处所测温度下的电阻值;α 为电阻的线性温度系数;d_{CC} 为两个质心之间的距离;∇T_{CC} 为两个质心之间沿轴线的热梯度。

根据式(8.23),可以通过四种方法来尽可能降低温度引起的失配。第一,具有较低温度系数的电阻将表现出较低的失配。第二,将电阻放置在热梯度较低的位置可以降低它们之间的失配。第三,选定电阻方向,使热梯度方向垂直于它们的质心轴线,可以最大限度地减小失配。

第四，质心之间的距离越小，失配就越小。如果能使它们的质心精确重合，理论上这种由温度造成的失配就会消失。

3. 共质心版图

如果某个元件由多个分段组成，则该元件的质心可能落在这些分段的有效区域之外。例如，由两个串联且并排放置的电阻段构成的电阻，其质心位于这两个电阻段的中间。如果我们能把两个匹配元件中至少一个拆分成多段，就能使它们的质心重合。图 8.15a 给出了采用这种版图布局方式的一个例子。图中每个电阻由两个相同的电阻段串联构成。其中一个电阻的电阻段被标记为 A，另一个的被标记为 B。虚线表示对称轴，并平分这两个电阻，因此这两个电阻的质心都落在×处。一组匹配器件如果通过这种方式实现了质心重合，则称它们具有共质心。

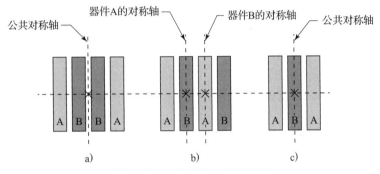

图 8.15　一维共质心阵列实例

由于共质心版图中匹配器件质心间的距离为零，则根据式(8.23)的预测，其由温度引起的失配等于零。实际上由于非线性因素的影响，通常共质心版图仍会存在微小失配。通过合理地设计与排布共质心阵列，通常可将这些残余失配降至可忽略的水平。

图 8.15 展示了三个共质心版图实例，其中匹配器件的所有分段沿一维排布形成阵列。在这种类型的版图结构中，因为一个器件的分段会与另一个器件的分段相互穿插，就像两只手的手指相互交叉一样，所以它被称为叉指阵列。图 8.15a 展示的叉指阵列包含两个器件，每个器件都由两个相同的分段组成。如果这两个器件分别用字母 A 和 B 表示，那么这种排布方式遵循 ABBA 叉指结构。一条对称轴将这个叉指结构平分为两个镜像对称的图形：AB 和 BA。A、B 两个器件的质心必须位于该对称轴上。第二条对称轴沿水平方向穿过阵列。这个水平对称轴源于各个分段的对称性，而不是叉指结构的对称性。

因为器件 A 的分段占据阵列的两端，而器件 B 的分段位于阵列内部，所以采用 ABBA 叉指结构的阵列需要虚拟器件。有些设计师更喜欢使用 ABAB 阵列(见图 8.15b)，因为这种结构中的每个器件都有一个分段位于阵列的一端，而另一个分段位于阵列的内部。然而，这种排布方式不能完全消除对虚拟器件的需求，因为在设计中不能保证阵列两端面对的是相似的几何图形，而刻蚀速率变化和扩散区相互作用又取决于相邻几何图形的排布。此外，在 ABAB 叉指结构中，A、B 两个器件并不具有共质心。它们的质心会相隔一段距离(该距离也被称为节距，等于单个分段的宽度与相邻分段的间距之和)。如果在阵列两端都放置虚拟器件，那么 ABBA 叉指结构会比 ABAB 叉指结构具有更好的匹配度。

不同尺寸的器件也能构成共质心版图。图 8.15c 是一个采用 ABA 结构来实现 2:1 这一比例的示例。其他许多整数比也可能实现相应的共质心版图布局，尤其是如果我们愿意以串联与并联相组合的方式来连接器件的分段。这种串联-并联相组合的连接方式在电阻阵列中比较常见。但是在电容阵列中这种连接方式极为少见，因为串联电容会因上、下极板的寄生差异而产生失配。因此，大多数电容阵列仅由并联的电容块构成。表 8.2 列出了适用于含有一条对称轴的阵列的叉指结构示例。在左边一列中，器件包含的分段数最少。中间和右边两列在与左边一列保持相同比例的同时，增加了额外的分段数量。

表 8.2 适用于含有一条对称轴的阵列的叉指结构示例

ABBA	ABABBBABA	ABABABBBABABA
ABCCBA	ABCABCCBACBA	ABCABCABCCBACBACBA
ABCDDCBA	ABCDABCDDCBADCBA	ABCDABCDABCDDCBADCBADCBA
ABA	ABAABA	ABAABAABA
ABABA	ABABAABABA	ABABAABABAABABA
AABAA	AABAAAABAA	AABAAAABAAAABAA
AABCBAA	AABCBAAAABCBAA	AABCBAAAABCBAAAABCBAAAABCBAA

版图设计师必须经常从头开始创建共质心阵列。通常的做法是围绕一个共同的对称轴来成对放置器件分段。为了确保存在共同的质心，器件的每对分段都必须满足以下条件：

1) 这两个分段必须属于同一个器件。

2) 每个分段对器件值的影响必须相同。

3) 每个分段与对称轴的距离必须相等。

除了成对的分段外，还可以根据需要将一个分段放置在阵列正中间。对称轴会平分这个位于阵列正中的分段。

举一个采用上述准则的例子。考虑一个阻值为 25 kΩ 的电阻，它由两个标记为 S 的 10 kΩ 电阻段串联以及两个标记为 P 的 10 kΩ 电阻段并联构成。串联电阻段对整个电阻的影响与并联电阻段不同。因此，串联电阻段与并联电阻段都必须围绕对称轴对称放置。可能的叉指结构包括 SPPS 和 PSSP，但不包括 SSPP 或者 PPSS。另一个例子为一个阻值为 8.333 kΩ 的电阻由两个标记为 Q 的 10 kΩ 电阻段并联和三个标记为 R 的 10 kΩ 电阻段并联构成。Q 电阻段对整个电阻阻值的影响与 R 电阻段不同。由于 R 电阻段的个数为奇数，因此其中一个必须放置在阵列中心，其他两个则围绕阵列中心对称放置。两个 Q 电阻段也必须围绕阵列中心对称放置。因此会有两种可能的叉指结构，即 QRRRQ 与 RQRQR。如果上述两个例子中的电阻必须相互交叉，那么一种可能的排布形式是 SPRQRQRPS。有时，两个器件的质心不可能完全重合，我们应尽量使它们彼此靠近。

存在一组方程可以计算任意电阻网络的质心，无论其中的电阻段是如何连接的。假设一个阻值为 R 的电阻由 N 个任意连接的电阻段构成，这些电阻段的阻值分别为 $R_1, R_2, R_3, \cdots, R_N$ 且它们的质心坐标分别为 $(X_1, Y_1), (X_2, Y_2), (X_3, Y_3), \cdots, (X_N, Y_N)$，那么电阻 R 的质心坐标 (X_R, Y_R) 为

$$X_R = \frac{\sum \left(\dfrac{\mathrm{d}R}{\mathrm{d}R_i} \cdot X_i \right)}{\sum \dfrac{\mathrm{d}R}{\mathrm{d}R_i}} \tag{8.24}$$

$$Y_R = \frac{\sum \left(\dfrac{\mathrm{d}R}{\mathrm{d}R_i} \cdot Y_i \right)}{\sum \dfrac{\mathrm{d}R}{\mathrm{d}R_i}} \tag{8.25}$$

前面讨论的共质心版图仅采用了一维阵列排布方式。共质心版图也可以采用二维阵列的方式进行排布。图 8.16a 展示了两个匹配器件，每个器件由两个分段构成，所有分段排成两行两列。这种排列方式通常被称为交叉耦合对。电阻很少排列成交叉耦合对，因为这样形成的阵列通常会又细又长。但是电容可以通过采用正方形或者接近正方形的子电容块，形成紧凑的交叉耦合对。如果匹配器件的尺寸足够大，可以方便地拆分成四个或者更多的分段，则交叉耦合对可以进一步拆分成图 8.16b 所示的结构。这种二维叉指结构可以在两个维度上无限延展。

表 8.3 列出了二维共质心阵列的叉指结构。表中的每一行包含了一种给定结构的四个示例，其中包括最简单的阵列、一维阵列形式的延展以及二维阵列形式的延展。虽然可能会有许

多更精细的延展形式，但是大多数二维阵列通常只包含两个尺寸相同的器件，它们要么采用交叉耦合对形式排布，要么是交叉耦合对形式的简单延展。

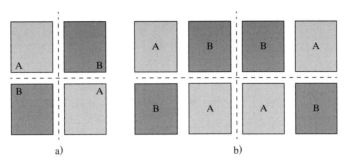

图 8.16　二维共质心阵列实例

表 8.3　二维共质心阵列的叉指结构

AB	ABBA	ABBA	ABBAABBA
BA	BAAB	BAAB	BAABBAAB
		ABBA	BAABBAAB
			ABBAABBA
ABA	ABAABA	ABAABA	ABAABAABA
BAB	BABBAB	BABBAB	BABBABBAB
		ABAABA	BABBABBAB
			ABAABAABA
ABCCBA	ABCCBAABC	ABCCBAABC	ABCCBAABC
CBAABC	CBAABCCBA	CBAABCCBA	CBAABCCBA
		ABCCBAABC	CBAABCCBA
			ABCCBAABC
AAB	AABBAA	AABBAA	AABBAA
BAA	BAAAAB	BAAAAB	BAAAAB
		AABBAA	BAAAAB
			AABBAA

并不是所有叉指结构的匹配度都一样好。表 8.4 中列出了四条用于构建共质心版图的规则，匹配度最高的结构应遵循所有这些规则。重合性规则表明匹配器件的质心应该重合或者近似重合。这条规则至关重要，因为由式(8.23)可知，线性温度变化导致的失配与质心之间的距离成正比。任何不满足重合性规则的结构都不应该被选用。因此，ABBA 结构优于 ABAB 结构，而 ABAB 结构要优于 AABB 结构。

表 8.4　四条用于构建共质心版图的规则

规则	内容
重合性	匹配器件的质心应至少近似重合。理想情况下，质心应精确重合
对称性	阵列应至少关于 X 轴、Y 轴近似对称。理想情况下，阵列应关于 X 轴、Y 轴精确对称
分散性	如果可能，一个较大阵列应尽可能拆分成多个小阵列，并且每个小阵列都应满足重合性与对称性规则。如果可以实现上述拆分，则大阵列就不需要再满足这些规则，仅需子阵列满足即可
紧凑性	阵列(或者每个子阵列)应该尽可能紧凑

根据对称性规则，匹配阵列应关于 X 轴、Y 轴对称。实现对称是满足重合性规则最简单、

最可靠的方法。当然，也可以构建非对称的共质心阵列。例如阵列 $A_PA_PDB_SB_SA_SA_SDB_PB_P$，其中 S 代表串联的器件分段，P 代表并联的器件分段，D 代表虚拟器件。通过式(8.24)，我们可以证明该阵列确实为共质心阵列。但是基于稍后即将揭示的原因，通常不鼓励使用这种类型的阵列。

根据分散性规则，应将器件的分段尽可能多地组成子阵列，并且这些子阵列本身需要满足重合性与对称性规则。例如，ABBAABBA 结构比 AABBBBAA 结构更好，因为前者包含两个 ABBA 子阵列，且每个子阵列都满足重合性与对称性规则。用这种方法将阵列拆分成子阵列，可以显著提高匹配度。为了理解上述结论，我们考虑函数 $F(x)$ 可以展开为关于任意点 a 的泰勒级数：

$$F(x)=c_0+c_1(x-a)+c_2(x-a)^2+c_3(x-a)^3+\cdots \tag{8.26}$$

式中，c_0、c_1、c_2、$c_3\cdots$ 为泰勒级数的系数。如果我们将温度梯度对匹配器件比例的影响表示为关于它们共同质心的泰勒级数展开，则重合性规则会确保 $c_0=c_1=0$。如果温度梯度或器件的温度系数为非线性，或两者皆为非线性，则由二次项与高阶项组成的残余部分(Residue)将不为零。实际上，泰勒级数中高阶项的影响会随着指数的增加而逐渐减弱。因此，上式中的二次项 $c_2(x-a)^2$ 可能在残余部分中占主导地位。该残余部分的大小取决于 $(x-a)^2$ 的值，它与各个器件分段到质心的距离的平方成正比。这就支持了一个具有一般性的观点：作用在共质心版图上的非线性因素造成的残余失配与阵列尺寸的平方成正比。通过将整个阵列拆分成更小的子阵列，且每个子阵列本身就是共质心阵列，我们就可以减小残余失配。例如，阵列 ABBAABBA 包含两个子阵列，每个子阵列的跨度都是 AABBBBAA 阵列总宽度的一半。因此前者每个子阵列的残余失配都是后者的四分之一，前者总的残余失配是后者的二分之一。举另一个例子，现考虑如下阵列：

ABAB   ABBA

BABA   BAAB

ABAB   BAAB

BABA   ABBA

左侧的阵列包含 9 个交叉耦合对，而右侧的阵列只包含 4 个。这意味着左侧阵列比右侧阵列表现出更高的分散性，因而提供了极好的匹配性。

当阵列中包含 3 个及以上的器件时，可以考虑将最重要的器件放在一起，在较大阵列中形成一个共质心的子阵列。例如，ABBACCABBA 结构是匹配器件 A 与 B 的最佳整体结构。此外，得益于两个 ACA 子阵列，BBACAACABB 结构对于匹配器件 A 与 C 会更好。

器件分段之间的间隔意味着面积浪费。阵列越分散，浪费的面积就越大。如果一个匹配阵列只能占据某个固定面积，则增加器件的分段数就会减小有效区域的总面积，从而增大随机失配。此外，减少器件的分段数又会增大由梯度导致的失配。某个特定的分散程度可以提供最佳匹配效果，但是几乎不可能通过计算找出这个最优解。当存在较大的热梯度与应力梯度时，提高分散性会更为有利。在没有显著梯度的情况下，采用如 ABBA 或 AB/BA 这种非常简单的结构就可以提供最佳匹配效果，因为它们在遵守重合性与对称性规则的同时还提供了尽可能大的有效面积。如果不存在任何梯度，则共质心阵列的匹配度并不会优于非共质心阵列。

假设所有子阵列都符合重合性与对称性规则，则每个子阵列都可以被视为一个独立阵列。这意味着只要所有子阵列满足重合性与对称性规则，那么整个阵列就可以不用再满足这两条规则。

紧凑性规则源自分散性规则，这是由于任何阵列(或子阵列)所具有的残余失配与该阵列所跨越距离的平方成正比。阵列(或子阵列)越紧凑，其匹配度就越好。

现在我们可以利用分散性与紧凑性规则去评估非对称阵列 $A_PA_PDB_SB_SA_SA_SDB_PB_P$。为了实现更高的匹配度，阵列应采用 $A_PB_PB_PA_PA_SB_SB_SA_S$ 结构。此结构不需要插入虚拟器件，且其形成的两个子阵列($A_PB_PB_PA_P$ 与 $A_SB_SB_SA_S$)都完全符合重合性与对称性规则。虽然整个阵列并没有符合这两条规则，但是这没有关系，只要每个子阵列都符合这些规则即可。这个分析过程说明了前面提出的观点，即对称阵列通常优于非对称阵列。

前面讨论的共质心阵列消除了式(8.26)中泰勒级数的线性项。还有一些阵列可以消除其中的高阶项。例如，图 8.17a 中的阵列含有 4 个电阻段，可以消除线性项以及大部分二次项。图 8.17b 中的八边形阵列既消除了线性项，也消除了二次项。虽然这些阵列确实提供了更好的匹配度，但是它们也有明显的缺点。这两个阵列都不够紧凑。即使我们明确要求它们不必遵循紧凑性规则，这些版图布局仍然会占据大量面积。八边形阵列还包含了非曼哈顿形式的器件分段。这类器件只能在支持任意角度旋转的编辑器中创建然后再旋转到所需角度。或者，我们可以仔细地对这些旋转分段在所需角度下做数字化处理。即便如此，有些版图规则完全不支持非曼哈顿形式的几何图形。在实际设计中，二维共质心阵列几乎可以满足所有应用场景。

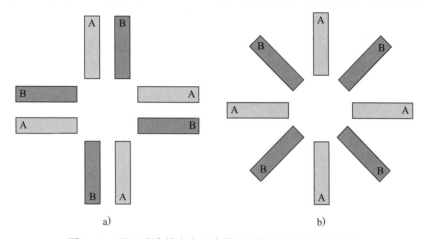

图 8.17　可以消除梯度失配中线性项与二次项的阵列示例

4. 电阻分段拆分

电阻几乎都是细长条形的器件。因此，匹配电阻通常采用一维叉指阵列形式的版图布局。要创建这样的阵列，首先要确定组成该阵列的所有电阻。匹配电阻总是成组出现，任何一组内的所有器件都应位于同一阵列中。电路设计师通常会指定匹配器件的分组，并将这些信息以原理图注释的形式传递给版图设计师。

之后，版图设计师必须选定器件分段的最小宽度、最小长度与最小面积。在做这些决定的时候，我们会基于匹配性能与工艺能力进行考虑，但是最终主要是靠个人判断。

由于多种原因，与宽电阻相比，窄电阻的失配更大。随着电阻宽度减小，与周长相关的随机变化会变得更加显著。由于晶粒取向效应，当多晶硅电阻的宽度接近平均晶粒直径时，其阻值变化会增大。在窄电阻中，疏密刻蚀偏差也变得更加严重。如果空间允许，匹配电阻的宽度不应小于版图规则所允许最小宽度的 150%。如果希望实现更准确的匹配，则电阻宽度不应小于版图规则所允许最小宽度的 300%。

非常短的电阻段不适合用作匹配目的。由于向外扩散效应会优先沿着晶界方向产生，具有低阻值引出端的短多晶硅电阻可能会出现更多的随机变化。接触孔电阻的随机波动可能会进一步增大低阻值短电阻的失配。如果可能，匹配电阻段的长度不应小于版图规则所允许最小长度的 3 倍。为了实现准确匹配，电阻段的最小长度不应小于版图规则所允许最小长度的 5 倍。

采用硅化钛材料的低阻值多晶硅电阻也需要确保一个最小的电阻段面积。硅化钛先在 C49 相下淀积，然后在随后的退火过程中会再结晶为 C54 相。这个处理过程会将其电阻率从 $80 \sim 100\,\mu\Omega \cdot cm$ 降至 $13 \sim 20\,\mu\Omega \cdot cm$(参见 6.3.1 节)。再结晶过程从成核位置(晶粒间界的三叉结点)开始。小面积的硅化钛可能因为找不到合适的成核位置而无法再结晶。无法再结晶的概率与硅化物的面积成反比。当硅化物的面积小于几个平方微米时，这个问题就会变得非常严重。

基于上述原因,版图规则通常要求每个硅化钛电阻段的面积要大于等于某个最小值。当设计中含有大量此类电阻时,我们可能需要提高最小面积要求,以获得可接受的失效率。在由许多小电阻构成的阵列再串联形成的数/模转换器中,人们已经观察到这个问题。失效单元表现出电阻段阻值的双峰分布,其中一些异常电阻段的阻值会是主分布中平均阻值的3~5倍。这种类型的失效不会发生在硅化钴或硅化镍材料中,因为它们在淀积后不需要进行再结晶。

通常来说,在考虑到器件分段尺寸以及可用于完成版图的时间等限制的基础上,匹配阵列应被划分为尽可能多的共质心子阵列。构建复杂的匹配阵列非常烦琐,因此我们不应浪费时间去完善一个不需要很高准确度的匹配阵列。为了获得最佳匹配效果,应提高共质心子阵列的数量,直到器件分段长度降低至所允许的最小值,或者直到子阵列的宽长比接近1∶1。如果子阵列足够多,那么可以将它们排布成二维阵列而不是一维阵列。通过这个方法,我们就可以创建一个更为紧凑的阵列。该阵列具有更高的对称性,并通过部分抑制式(8.26)中的二次项残余部分提高了匹配度。

对于任意整数比(含有两个及以上整数)的阵列,我们都能找到最佳的叉指结构。对于比例关系可以用两个小于或等于5的整数之比来表示的阵列,表8.5给出了最佳叉指结构示例,其中比例为5∶3的叉指结构非常有趣,因为它是一个非共质心阵列。该阵列含有两种共质心子阵列(ABA和ABABA),并在左右两边对称性地各放置了一组。得益于分散性与紧凑性规则,与仅使用单组结构相比,重复性地使用这些结构将得到更好的匹配效果。

尽管可以将表8.5扩展到更大的整数比,但是大多数版图设计师还是倾向于构建近似共质心的结构。要做到这一点,对于比例关系为任意整数比M∶N的阵列,首先将M+N个电阻段排成一行。接下来要对每个电阻段进行标记,以便可以清晰地看出每个电阻段分别属于哪个电阻。然后对这些电阻段进行重新排列,使每个电阻的电阻段尽可能均匀地分布在整个阵列中。例如,要构建一个比例关系为9∶5的阵列,先从结构AAAAAAAAABBBBB开始,然后分散排布这些电阻段直到形成一个看起来比较对称的结构,如ABAABAABABAABA。尽管该结构并不是共质心结构,但是A、B两个器件质心之间的距离远小于结构本身的宽度,这对于大多数应用来说已经足够了。

表 8.5　最佳叉指结构示例

比例	结构	比例	结构
1∶1	ABBA	4∶3	ABABABA
2∶1	ABA	5∶1	AAABAAAABAAA
3∶1	AABAABAA	5∶2	AABABAA
3∶2	ABABA	5∶3	ABAABABAABABAABA
4∶1	AABAA	5∶4	ABABABABA

对于阻值差别很大的电阻,在为它们构建阵列时,阻值较小的电阻会导致不成比例的大量随机失配。如果这个问题很严重,那么可以通过串并联组合来增加阻值较小电阻的面积。例如,我们希望构建一个阻值比例为9∶1的电阻分压器,其中阻值较小的电阻通常由一个单独的电阻段构成。我们可以将两个这样的电阻段并联,然后再将它们与另一对同样并联的电阻段串联。这样形成的电阻网络,其阻值与一个单独的电阻段相同,但是面积会是它的4倍,而随机失配则是它的一半。由此形成的叉指结构具有9∶4的比例关系,或者可以表示为AABAABABAABAA。

对于具有整数比的匹配电阻,如果其比值(低阻值电阻与上高阻值电阻之比)并非相对较小,则我们无法通过阻值相同的电阻段互连来构建相应的匹配阵列。因此,我们必须借助一些其他方案,其中会包含不同阻值的电阻段。由于体区电阻与引出端电阻缺乏相关性,大多数这样的方案都会引入系统失配。但是,通过仔细选取电阻段的阻值可以在很大程度上减小这个失配。

一种排布具有非整数比匹配电阻的方法是为每个电阻选用不同长度的电阻段。例如，两个电阻共同排布成一个阵列，第一个电阻的所有电阻段都具有一个长度，而第二个电阻的所有电阻段都具有另一个长度。电阻段的两个引出端应延长或缩短相同的长度，以保持对称轴仍位于阵列中央。该技术实施简单，并易于优化。然而这种方法不太适用于狗骨形电阻段，因为我们必须在任意两个长度不同的电阻段之间插入虚拟电阻，如图 8.18a 所示。在阵列中插入大量的虚拟电阻不仅浪费面积，还会加剧由非线性导致的失配。类似的问题也会出现在需要覆盖阻挡层的电阻上。如果这些层次与相邻的电阻段相交，则必须在不同长度的电阻段之间插入虚拟电阻，如图 8.18b 所示。

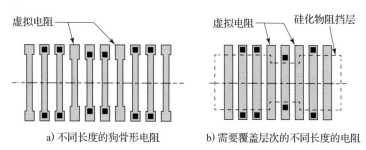

a) 不同长度的狗骨形电阻　　　　b) 需要覆盖层次的不同长度的电阻

图 8.18　需要在阵列中插入虚拟电阻的情况（注意穿过每个阵列的对称轴）

为了评估使用不同长度电阻段所带来的影响，我们可以计算分段敏感度 S。对于两个电阻 R_M 与 R_N，S 为

$$S = \left| \frac{N}{R_N} - \frac{M}{R_M} \right| \tag{8.27}$$

式中，R_M 为由 M 个电阻段所构成电阻的阻值；R_N 为由 N 个电阻段所构成电阻的阻值，竖线表示取表达式的绝对值。S 值越大，电阻对非比例误差（如电阻端头的阻值）就越敏感。

通过使用简单的电子表格，我们可以轻松地评估分段敏感度。在第一列中填入 $N = 1, 2,$ $3, \cdots$，第二列则是将 N 值代入下式计算所求得的最佳 M 值：

$$M = \mathrm{round}\left(\frac{NR_M}{R_N} \right) \tag{8.28}$$

式中，函数 $\mathrm{round}(x)$ 会将括号内的参量通过四舍五入取整。第三列是通过式（8.27）计算得到的 S。通过这组数据，我们可以创建分段敏感度 S 对于电阻段数量 N 的函数关系图。图 8.19 就展示了分段敏感度 S 与电阻段数量 N 的函数关系。

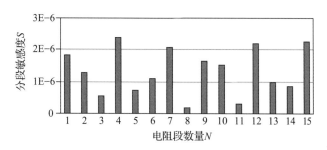

图 8.19　分段敏感度 S 与电阻段数量 N 的函数关系，其中 $R_M = 200 \mathrm{~k\Omega}$，$R_N = 146 \mathrm{~k\Omega}$

根据图 8.19 中所展示的数据，当 N 等于 3、8 或 11 时，匹配效果最好。可以根据方块阻值的大小以及可用区域的形状来决定最合适的 N 值。例如，我们可以用 8 个 18.25 kΩ 的电阻段构成 R_N，用 11 个 18.18 kΩ 的电阻段构成 R_M。

在另一种用于非整数比电阻的排布技术中，我们假设每个电阻中都有一个不完整电阻段，除此之外所有的电阻段长度相同。这些不完整电阻段用来调整总体阻值以实现所需的非整数比例。如果我们需要构造电阻 R_M 和 R_N，假设电阻 R_M 由 M 个目标阻值为 R_0 的电阻段串联，再加上一个目标阻值为 jR_0 的不完整电阻段构成，其中 $0<j<0$；此外，假设电阻 R_N 由 N 个目标阻值为 R_0 的电阻段串联，再加上一个目标阻值为 kR_0 的不完整电阻段构成，其中 $0<k<0$。那么它们的分段敏感度 S 为

$$S=\left|\frac{N+1}{N+k}-\frac{M+1}{M+j}\right| \tag{8.29}$$

我们仍然可以通过构建电子表格来评估这个分段敏感度。第一列为电阻段目标阻值 R_0 的范围，接下来的四列分别是通过以下公式计算求得的 M、N、j 与 k 的值：

$$M=\mathrm{trunc}\left(\frac{R_M}{R_0}\right) \tag{8.30}$$

$$N=\mathrm{trunc}\left(\frac{R_N}{R_0}\right) \tag{8.31}$$

$$j=\frac{R_M}{R_0}-M \tag{8.32}$$

$$k=\frac{R_N}{R_0}-N \tag{8.33}$$

式中，函数 $\mathrm{trunc}(x)$ 会将括号内的参量向下取整。

最后一列是通过使用式(8.29)计算求到的 S 值。利用这些数据，我们可以绘制 S 值对电阻段阻值 R_0 的函数关系图。对于一组具有特定阻值 R_M 与 R_N 的电阻，图 8.20 展示了分段敏感度 S 与电阻段阻值 R_0 的函数关系。在图中显示的范围内，R_0 存在两个最佳值：$R_0=10.34\ \mathrm{k\Omega}$ 和 $R_0=10.64\ \mathrm{k\Omega}$。如果我们选择前者，那么 $M=19$、$N=14$、$j=0.342$、$k=0.120$。这意味着 R_M 由 19 个阻值为 $10.34\ \mathrm{k\Omega}$ 的电阻段与一个阻值为 $0.342\times10.34=3.54\ \mathrm{k\Omega}$ 的不完整电阻段构成，R_N 则由 19 个阻值为 $10.34\ \mathrm{k\Omega}$ 的电阻段与一个阻值为 $0.120\times10.34=1.24\ \mathrm{k\Omega}$ 不完整电阻段构成。在对电阻分段时，使不完整电阻段的长度接近完整电阻段的长度，可以得到较好的效果。但是从上面这个例子中可以看出，采用某些其他不完整电阻段的组合可能会达到更好的效果。

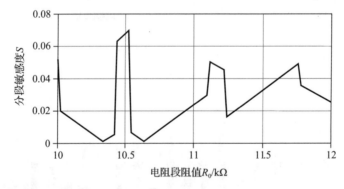

图 8.20　分段敏感度 S 与电阻段阻值 R_0 的函数关系，$R_M=200\ \mathrm{k\Omega}$，$R_N=146\ \mathrm{k\Omega}$

5. 根据热源位置排布电阻阵列

利用前两节讨论的原理来精心构建共质心阵列，可以将热梯度的影响降至最低。然而，即使是最好的共质心阵列也不能完全消除由热梯度引起的非线性的影响。将阵列放置在热梯度较小的位置，可以减小上述非线性的影响。如果能够选取共质心阵列的位置，使其一条对称轴与热分布的某条对称轴重合，那么就可以进一步降低剩余非线性的影响。

大多数管芯只包含少数的主要热源。这些热源通常是大尺寸的双极型功率晶体管或 MOS 功率晶体管。只要有可能，就应该将这些器件放置在管芯的对称轴上，从而使管芯的对称轴同时成为热分布的对称轴，如图 8.13 所示。重要的匹配电阻应尽可能远离所有主要热源。热梯

度通常根据与功率器件边缘的距离呈指数式递减。在管芯下方具有裸露的散热片或散热焊盘的封装中，热梯度会以极快的速率降低。如果所用封装没有散热片或散热焊盘，则热梯度降低的速率较慢。

考虑管芯中含有一个热源的情况，如图 8.21a 所示。理想情况下，该管芯中的功率器件应占据管芯的一端，并且关于管芯的某一条对称轴对称。这种排布方式可以将热源与关键匹配器件隔开更远，因此要好于将功率器件放在管芯中心的排布方式。同样在理想情况下，匹配器件应放置在管芯中远离功率器件的一端。然而，我们将在 8.2.8 节说明，管芯中心附近的机械应力梯度最低，而在管芯边缘附近的机械应力梯度要高得多。因此这就需要我们进行折中考虑。最佳排布方式是将匹配器件放置在管芯中未被功率器件占据部分的中心附近，如图 8.21a 所示。为了增大功率器件与匹配器件之间的距离，有时可以将管芯拉长并使其长宽比达到 1.3 甚至 1.5。虽然拉长管芯会增加机械应力，并因此加剧了应力梯度，但是热梯度减小对匹配度的改善效果可能会超过机械应力增加所带来的不利影响。

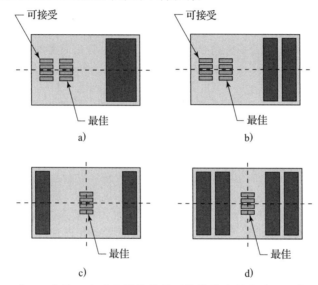

图 8.21　在含有 1 个、2 个及 4 个功率器件情况下的管芯布局方式，以实现最佳热匹配效果。
图中深灰色矩形为功率器件，虚线为根据具体排布形式所形成的对称轴

虽然图 8.21a 所示的布局方式只包含一个功率器件，但是它可以很容易地扩展为包含两个功率器件的布局方式。理想情况下，应将两个功率器件在管芯的一端前后紧挨放置，并使它们位于管芯的同一对称轴上，如图 8.21b 所示。但是，这种布局方式通常会使功率器件的布线或焊盘位置的摆放更为复杂。大多数设计会将两个功率器件放置在管芯中与匹配器件相反的一端，并各自占据一个相邻的角落。这种布局方式的优点是尽可能拉大了热源与匹配器件之间的距离。但是，一旦这两个功率器件的功耗不同，热分布就会变得不对称。另一种可能适用于两个热源的布局方式如图 8.21c 所示。在这种布局方式中，功率器件被分别放置在管芯的两端，而匹配器件被放置在管芯的中央。如果功率器件与匹配器件之间的距离不小于 0.5 mm，那么采用这种布局方式就能获得令人满意的结果。该布局方式的优点在于，无论两个功率器件的功耗相同还是不同，都会存在一条不变的热对称轴。同时该布局方式将匹配器件放置在管芯中心，而那里的应力梯度最低。

图 8.21c 所示的布局形式可以进一步扩展，从而包含更多的功率器件。图 8.21d 展示了一个包含四个功率器件的示例。在这种布局方式中，常见的问题是功率器件与位于管芯中心的匹配器件之间的距离不够远。通过将管芯的长宽比提高到 1.5∶1 甚至 2∶1，可以部分解决这个问题。即使是大长宽比也不会对位于管芯中心关键器件的匹配度造成太大影响。对于长宽比超过 1.5∶1 的管芯，如果其长边尺寸超过 3∼4 mm，那么在焊接或金共晶键合的过程中就会存

在一定风险。这种细长形的管芯会在其拐角处积累剪切应力，进而可能对其金属系统或键合线造成机械性损伤。这种损伤通常会发生在热循环或热冲击测试中，而这两种测试是器件质量认证标准流程的一部分。在管芯表面覆盖环氧树脂可以在一定程度上增加其机械顺从性，从而降低了剪切应力，并允许管芯采用稍大一些的宽长比。

前面讨论的与热梯度有关的原理也同样适用于其他类型的梯度。机械应力梯度将在 8.2.8 节中讨论。氧化层厚度、多晶硅厚度与掺杂浓度等工艺参数也会产生梯度。这些梯度在过去曾经相当显著，但是经过工艺技术的改进，它们现在已被降至次要考虑因素。氧化物厚度的变化可能会导致电容在较大距离上的微小变化，而解决这个问题最好的方法是确保共质心的电容阵列具有足够的分散性。类似地，为了最小化多晶硅厚度变化导致的失配，可以将电阻段按叉指结构排布。扩散区的浓度梯度对现代集成电路似乎没有影响。

6. 热电效应

电阻表现出两种不同类型的热变化。其中一种由电阻材料的温度系数引起，采用共质心版图布局技术能够在很大程度上消除这类热变化的影响。另一种则是由塞贝克效应(Seebeck Effect)引起的，也叫热电效应。如 1.2.2 节所讨论的，只要两种不同材料相互接触，就会产生一种被称为接触电势的电压差。而金属-半导体结的接触电势是温度的强相关函数。如果电阻两端的接触孔所处温度不同，则在电阻两端会出现一个净电势差 E_T，并可表示为

$$E_T = S \Delta T_C \tag{8.34}$$

式中，S 为塞贝克系数；ΔT_C 为电阻两端接触孔之间的温度差。接触孔的塞贝克系数会随着材料、掺杂浓度与温度变化。由铝和硅形成的欧姆接触，其塞贝克系数的典型值约为 $50 \sim 500 \, \mu V/℃$。与轻掺杂硅相比，重掺杂硅的塞贝克系数更小，因此接触孔通常会在重掺杂硅上形成。在金属引线与硅之间引入硅化物或其他导电材料对塞贝克系数没有影响。对于铜和硅之间形成的接触孔，以及铝和类似掺杂硅之间形成的接触孔，它们的塞贝克系数几乎相同。如果塞贝克系数为 $100 \, \mu V/℃$，那么 $1℃$ 的温差就可以产生 $0.1 \, mV$ 的电势差。虽然这个电势差看起来不大，但是某些类型的电路极易受到小电压偏差的影响。例如，在采用双极型晶体管的电流镜中，$0.1 \, mV$ 的发射结电压偏差会导致 0.4% 的电流失配。因此，几度的温差就会影响到某些类型的双极型电路的功能。由于 MOS 晶体管的跨导比双极型晶体管更小，MOS 电路通常比双极型电路具有更低的敏感度。

因为热电效应源于每个电阻段两端的温度差，所以共质心版图无法将其消除。如果电阻阵列中电阻段连接地不合理，这个问题就会更加严重。在图 8.22a 所示的阵列中，每个电阻段上产生的热电势会共同相加，导致在整个电阻上产生了一个更大的电压差。对电阻段采用图 8.22b 所示的连接方式重新连接，则可以抵消单个电阻段的热电势。

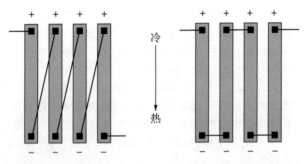

a) 不合理的电阻段连接方式   b) 合理的电阻段连接方式很大程度
导致了热电势相加   上消除了热电效应的影响

图　8.22

为了完全消除热电势的影响，电阻应由偶数个电阻段串联构成，其中一半沿一个方向连

接，另一半则沿另一个方向连接，如图 8.22b 所示。如果电阻由奇数个电阻段串联构成，就会有一个电阻段不能配对。如果可能，关键的匹配电阻应由偶数个电阻段构成，而不太关键的匹配电阻允许含有单个未配成对的电阻段。

折叠电阻的两个接触孔应尽可能靠近，以最大限度地降低热电效应的影响。图 8.23a 所示的折叠电阻的接触孔间的距离过大，从而表现出过大的热变化。采用图 8.23b 所示的版图布局方式，会使电阻的接触端靠得更近，从而减小了热变化并可以改善匹配特性。此外，这种布局方式容易受到未对准误差的影响。如果电阻体区相对电阻的接触端发生了向下偏移，则电阻长度的增量会是未对准误差的 2 倍。上述影响可以通过将电阻的两个接触端相对放置来消除。通过这种方式，如果未对准误差导致的偏移使得电阻从一个接触端伸出的长度增加，那么电阻从另一个接触端伸出的长度就会相应减小。图 8.23c 展示的版图布局方式消除了未对准误差的影响，同时也将电阻的接触孔紧密放置在一起。

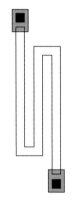 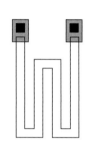 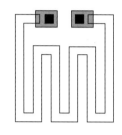

a) 高阻值电阻的接触孔相距　　　b) 将接触孔靠近放置，可以最　　　c) 将接触孔靠近并相对放置，
　较远，容易受到由热电效　　　　小化热电效应，但会引入由　　　可以同时解决这两个问题
　应引起的偏差影响　　　　　　　未对准误差导致的失配

图　8.23

8.2.8　机械应力与封装漂移

硅具有压阻特性，这意味着它的电阻率在机械应力作用下会发生变化。因此，应力变化会使电阻产生失配。电容也会受到机械应力的影响。机械应力会改变电容的物理尺寸与其电介质的介电常数。这两种机制很大程度上可以相互抵消，因此电容的应力敏感度远低于电阻。

机械应力既有方向也有大小。机械应力的方向必须相对于某个坐标系来进行测量。对于集成电路来说，我们显然会选择笛卡尔坐标系，并使其 X 轴、Y 轴与管芯的边缘对齐，如图 8.24a 所示。相对于这两个坐标轴，任意一点的应力都可以分解为六个分量。位于管芯表面所在平面内的三个分量通常要比其他分量大得多。围绕管芯表面上的点 (x_0, y_0)，可以绘制一个微小的正方形。图 8.24b 展示了作用在这个正方形上的三个应力。法向应力 σ_x 由作用在正方形左右两边的一对大小相等且方向相反的作用力产生。σ_x 为正值代表拉伸应力，这意味着方向相反的作用力试图将正方形的两边拉开。σ_x 为负值代表压缩应力，这意味着方向相对的作用力试图将正方形的两边推到一起。第二个应力分量 σ_y 是沿 Y 轴作用的法向应力，它也可以是拉伸应力或压缩应力。第三个应力分量 τ_{xy} 为剪切应力，该应力与正方形的边相平行，而不是与之相垂直，它由四个大小相等，方向两两相反的作用力组成（在图中标记为 τ_{xy} 和 τ_{yx}）。正方形左侧的作用力试图将它向下推，而右侧的作用力试图将它向上推。类似地，正方形顶部的作用力试图将它向右推，底部的作用力试图将它向左推。在 X-Y 平面中，点 (x_0, y_0) 处的应力可完全由 σ_x、σ_y 和 τ_{xy} 确定。如果要将这种分析方法扩展到三维，则需要增加法向应力 σ_z 以及剪切应力 τ_{xz} 和 τ_{yz}。

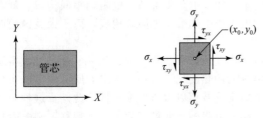
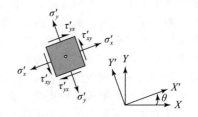

a) 管芯的坐标系　　b) X-Y平面中，点(x_0,y_0)所在处的应力　　c) 新坐标系X'-Y'相对原X-Y平面旋转了一个角度θ，原X-Y平面中的点(x_0,y_0)在X'-Y'平面中对应的应力

图　8.24

机械应力各个分量的值取决于坐标轴的选择。坐标轴发生旋转，应力分量就会发生变化。图8.24c就展示了这样一个例子，说明如何通过将X轴与Y轴旋转一个角度θ，使原先的应力分量$(\sigma_x,\sigma_y,\tau_{xy})$转换成对应新坐标轴$X'$、$Y'$的新应力分量$(\sigma'_x,\sigma'_y,\tau'_{xy})$。如果坐标系旋转的角度$\theta$为

$$\theta=\frac{1}{2}\arctan\left(\frac{2\tau_{xy}}{\sigma_x-\sigma_y}\right) \tag{8.35}$$

则剪切应力τ'_{xy}和τ'_{yx}变为零，法向应力σ'_x和σ'_y变为

$$\sigma'_x=\frac{\sigma_x+\sigma_y}{2}+\sqrt{\left(\frac{\sigma_x-\sigma_y}{2}\right)^2+\tau_{xy}^2} \tag{8.36}$$

$$\sigma'_y=\frac{\sigma_x+\sigma_y}{2}-\sqrt{\left(\frac{\sigma_x-\sigma_y}{2}\right)^2+\tau_{xy}^2} \tag{8.37}$$

这些法向应力被称为主应力。对于任意角度θ，都存在一个最大正值(或最小负值)的法向应力，并被称为最大主应力。对于任意角度θ，都存在一个最小正值(或最大负值)的法向应力，并被称为最小主应力。需要注意的是，压缩应力的最小主应力的绝对值可能会大于与其对应的最大主应力的绝对值。

集成电路受到的机械应力主要来源于封装。封装材料的热膨胀系数通常与硅不同。因此，温度变化会导致封装与管芯产生不同程度的膨胀。这种尺寸变化(称为应变)会在集成电路中产生应力，因这些应力所导致的参数变化被称为封装漂移。

以往人们通常使用密封金属罐封装与侧面钎焊型陶瓷封装以最大限度地减小封装漂移。虽然金属与陶瓷的热膨胀系数比硅大(见表8.6)，但是可以采用具有足够弹性的管芯粘贴材料来最小化由膨胀产生的应力。但是，金属罐封装与陶瓷封装体积大、笨重，并且昂贵。客户更喜欢使用塑料封装或芯片级封装，而这两种封装都会对管芯施加更大的机械应力。

表8.6　几种用于集成电路封装的材料的热膨胀系数(CTE)

材料	热膨胀系数/(ppm/℃)	材料	热膨胀系数/(ppm/℃)
合金42(58%铁，42%镍)	4.5	印制电路板	12～18
陶瓷，基于氧化铝	6.9～7.5	硅	2.6
铜合金	16～18	二氧化硅	0.5
环氧树脂型塑封材料	8～35		

现代集成电路大多采用塑料封装。大多数的塑封材料都基于环氧树脂，其热膨胀系数(Coefficient of Thermal Expansion，CTE)约为70 ppm/℃。二氧化硅填充物可用于稳定这些树脂的机械特性(例如收缩率)，并降低它们的热膨胀系数。早期的塑封材料含有大约70%的填充物，其热膨胀系数约为30 ppm/℃。现代低应力的塑封材料会含有90%甚至更多的填充物，其热膨胀系数约为8～10 ppm/℃。这些热膨胀系数仅适用于温度低于所谓的玻璃化转变温度

的情况。对于大多数基于环氧树脂的塑封材料，它们的玻璃化转变温度是在 120～190 ℃ 之间。超过这个温度，它们的热膨胀系数可能会增加到 4 倍以上。在功率集成电路的封装中，如果使用了具有较低玻璃化转变温度的塑封材料，则上述情况可能会成为一个令人担忧的问题。

大多数塑封材料会在 150～200 ℃ 的温度下固化。在集成电路冷却下来后，这些塑封材料要比硅收缩得更多。由于集成电路的横向尺寸远大于其纵向尺寸，因此最强烈的应力会发生在管芯表面所处的平面上。在低于固化温度时，由于管芯所受应力为压缩应力，所以它的最小主应力要大于其最大主应力。最小主应力沿径向指向管芯内部，并在其中心处最强。这意味着压缩应力中的法向应力分量 σ_x 和 σ_y（见图 8.24b）会在管芯边缘附近减小，并在拐角附近几乎消失。剪切应力分量 τ_{xy} 在管芯拐角处最大，并沿管芯对称轴几乎减小为零。管芯拐角处的剪切应力极为强烈，可能会损坏该区域内水平或垂直方向的金属线。由于作用在管芯边缘处的压缩应力，在紧靠管芯边缘的区域内也会存在强烈的应力梯度。这些局部应力梯度会被限制在不超过若干倍管芯厚度的距离内。

1. 填充物引起的应力

除了由塑封材料的整体收缩而产生的大范围管芯应力之外，在塑封材料中存在填充颗粒，还会导致发生微小的应力波动。这些由填充物引起的应力具有随机分布的特点，因此会导致随机的封装漂移。相比之下，塑封材料的整体收缩主要会造成系统性封装漂移。

大约在 2000 年之前，人们使用的二氧化硅填充物中含有大量的二氧化硅碎屑，其平均颗粒直径为 15～150 μm。如果这些填充物颗粒中恰好有一个落在关键器件的上方，并且具有方向朝下的锐利边缘，则 Z 轴方向上的压缩应力 σ_z 会迫使该颗粒的边缘穿入管芯表面，从而产生巨大的局部应力。该局部应力实际上可能会导致金属层碎裂，这一现象在使用多孔低 k 电介质的集成电路中尤其显著。上述问题迫使人们重新配制塑封材料，使得填充物只含有圆形颗粒。同时，为了降低封装应力，人们也会采用更高的填充量。据观察，早期的塑封材料造成的失配，其标准偏差可高达 2%。与采用旧配方的塑封材料相比，现代低应力塑封材料可以将由填充物引起的应力降低 2～3 倍。

封装后修调通常被认为是解决封装漂移的最佳方案，特别是对于由填充物引起的应力造成的封装漂移。但是，封装后修调的作用往往被夸大了。室温下的初始封装漂移确实可以通过修调来消除。但是封装漂移与温度强相关，封装漂移随温度产生的变化可能与其在 25 ℃ 时的初始值相当。

多温度修调可用于预测封装漂移对温度的依赖性，并对其进行补偿。这通常需要将芯片送入分选机两次：第一次是在室温下，第二次是在较高的温度下（比如 125 ℃）。

器件长时间在高温下工作时，我们会观察到其参数逐渐发生漂移。即使双温度修调也无法补偿上述漂移。这种长期漂移部分源于一种被称为应力松弛的现象。对非晶体材料施加机械应力会造成黏弹性流动，并使得应力逐渐降低。这种松弛现象最早在玻璃管液体温度计中被发现，并被称为长期变化。塑封材料中的大部分应力松弛发生在高温运行过程中的前一两个小时。另一个可能导致长期漂移的原因是环氧树脂的不完全固化。大多数塑封材料在固化过程中会略微收缩，从而产生额外的压缩应力，其大小取决于塑封材料的固化程度。未完全固化的器件在随后暴露于高温时会继续固化，收缩应力也会因此增加。

还有一种可能造成长期漂移的机制涉及塑料封装材料对水的吸收。大多数塑封材料具有明显的吸湿性，在吸水后会发生膨胀。上述膨胀现象会导致管芯上的压缩应力松弛。因此，对于采用塑料封装的器件，其封装漂移会随着水分吸收而逐渐减小。将该器件置于高温环境中（高于 100 ℃）烘烤以排出水分，可暂时扭转这种效应。

黏弹性流动不仅会导致参数的长期漂移，还会引起一种被称为热滞后的现象。与长期漂移一样，这个现象最早也是在玻璃管液体温度计中发现的，并被称为"零度的暂时下降"。对于采用塑料封装的器件，如果先在常温下测量它的封装漂移，然后对其加热，并在其冷却至常温时再次测量，则其封装漂移不会恢复到之前测得的值。相反，由于塑料封装尚未完全收缩至之前的体积，封装漂移会略微减小。热滞后现象大多会在几个小时内消失。

任何减小应力的措施也都能减小封装漂移与长期漂移。一种减小由填充物导致的应力的方法是采用具有弹性的管芯保护层。为了有效减小应力，保护层的厚度应至少等于填充颗粒的直径，或者至少为 10～30 μm。采用滴管式的硅胶与聚酰亚胺以及图案化的聚酰亚胺薄膜都取得了极佳的效果。一组研究人员的报告称，在使用 10 μm 厚的聚酰亚胺保护层之后，随机封装漂移减小了 3 倍。位于钝化层上方 10～15 μm 厚的功率铜金属层也可被用作有效的管芯保护层。然而，这些保护层并不能显著地降低应力梯度。

为了减小由填充物导致的应力影响，人们还开发出了两种版图布局技术。第一种技术采用多个器件互连，并使这些器件之间的距离相对较远，从而使得我们所关注的电气参数成为各个器件相应参数的平均值。只要各个器件之间的距离不小于 50～100 μm，那么由填充物引起的应力就只会影响到其中一个器件而不会影响到其他器件。

第二种技术需要构造多个匹配器件阵列，然后在封装之后选择其中失配最小的器件阵列。该技术也被提倡用于减小由其他机制导致的随机失配，因为与增加器件尺寸（或独立器件的数量）以满足佩尔格罗姆定律(Pelgrom's Law)相比，这种技术需要的面积更小。以上这两种技术都可以与低应力塑封材料和管芯保护层结合起来使用，以进一步减小由填充物造成的失配。

功率型封装需要管芯与引线框架（管座）之间具有良好的热传导能力以尽可能地减小热量积累。功率型封装的管芯黏接剂包括银填充的环氧树脂、焊料、银烧结或者金共晶。银填充的环氧树脂的热传导能力与电传导能力不如上述其他选择，但是某些环氧树脂具有足够的弹性，可以吸收由管芯与引线框架之间热失配造成的应力。环氧树脂的传统替代品是金共晶键合。一条被称为金预制件的薄金箔被放置在管芯与管座之间。当加热到约 400 ℃ 时，金箔会与两种材料形成合金。在很大程度上，金的成本迫使人们放弃使用金共晶粘接，转而使用焊料粘接。焊料通常在 185～225 ℃ 之间熔化。金共晶与焊料都非常坚硬，并且凝固点都非常高。因此，使用这两种粘接方法中的任意一种都会产生很大的应力梯度。由于操作温度超过了 200 ℃，银烧结也会产生显著的应力。

可以采用热膨胀系数与硅相近的材料来制作引线框架或管座，以减小由金属性的管芯黏接剂引起的应力。长期以来，钼一直被用于粘接大尺寸的高功率分立器件。合金 42 是一种含镍约 42% 的镍铁合金，由于成本低廉，曾广泛应用于通孔插入式引线框架。这种材料也具有相对较低的热膨胀系数，但是它较为易碎且其导热性和导电性较差。尽管铜的热膨胀系数较高，但是现代大多数引线框架仍由铜构成。

2. 应力对电阻的影响

如前所述，硅具有压阻特性，这意味着其电阻率会随其所受应力而变化。如果仅考虑作用在管芯表面所在平面内的应力，对于在无应力作用下阻值为 R 的电阻，由应力造成的偏移量 ΔR 为

$$\Delta R = R(\pi_L \sigma_L + \pi_T \sigma_T + \pi_{LT} \tau_{LT}) \tag{8.38}$$

纵向应力 σ_L 等于沿电阻长度方向的法向应力。横向应力 σ_T 等于沿电阻宽度方向的法向应力。表面剪切应力 τ_{LT} 表示作用在管芯表面所在平面中的剪切应力。三个压阻系数 π_L、π_T 和 π_{LT} 被用来量化这三种应力分量对电阻阻值的影响。这些系数会随晶轴与掺杂极性而变化。对于集成电路设计中经常遇到的晶向，表 8.7 列出了与之对应的 π_L 与 π_T 的值。单晶硅的 π_{LT} 值为零，多晶硅的 π_{LT} 值较小。π_L 与 π_T 的值呈现 -4000 ppm/℃ 左右的温度系数。当掺杂浓度超过大约 1×10^{18} cm^{-3} 时，这些压阻系数及其温度系数都会逐渐减小。

N 型(100)硅片沿〈100〉轴会表现出最大的压阻系数，而沿〈110〉轴会表现出最小的压阻系数。对于(100)硅片，其中一条〈110〉轴与晶圆的主平边或缺口相平行，另一条〈110〉轴垂直于主平边或缺口，如图 8.25 所示。因为管芯通过参照晶圆的平边来排列，所以其 X 轴和 Y 轴与晶圆的〈110〉轴一致。因此在(100)硅片中，如果 N 型扩散电阻与注入电阻在版图中水平或垂直摆放，那么它们将会表现出最小的应力敏感度。

表 8.7　25℃下硅的压阻系数(单位为 10^{-11} Pa^{-1})，表中单晶硅的值适用于掺杂
浓度小于 1×10^{18} cm^{-3} 的情况；表中多晶硅的值为峰值

纵向	P 型硅		N 型硅	
	π_L	π_T	π_L	π_T
(100)硅片，⟨100⟩晶向	6.6	-1.1	-102	53.4
(100)硅片，⟨110⟩晶向	71.8	-66.3	-31.2	-17.6
(111)硅片，任意方向	71.8	-22.8	-31.2	29.7
多晶硅，任意方向	24	-10	-16	9.5

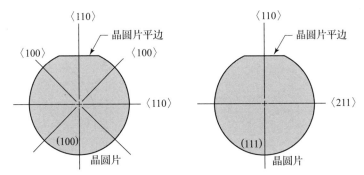

图 8.25　在(100)硅片与(111)硅片中确定晶向。与采用晶圆片平边来确定晶向不同，8 in
和 12 in 晶圆片会采用以⟨110⟩轴为中心的一个小缺口来确定晶向

　　P 型(100)硅片沿⟨110⟩轴表现出最大的压阻系数，沿⟨100⟩轴表现出最小的压阻系数，其中⟨100⟩轴与晶圆平边成 45°。因此在(100)硅片中，如果 P 型扩散电阻和注入电阻在版图中与 X 轴或 Y 轴成 45°，那么这些电阻将表现出最小的应力敏感度。但是由于具有 45°的图形很难被数字化，大多数设计师还是会将这些电阻垂直或水平摆放，即便这种排布方式不能使电阻的应力敏感度最小化。

　　(111)硅片的压阻系数不随方向变化。在(111)硅片中，扩散电阻和注入电阻通常沿 X 轴或 Y 轴摆放，因为这种排布方式能使图形的数字化更加简单，而且应力梯度本身通常就关于这些轴对称。

　　多晶硅的压阻系数也不随方向发生变化。虽然每个晶粒都表现出取向效应，但是由于单个晶粒的取向具有随机性，因此这种取向效应就会相互抵消。即使晶粒表现出倾向某一垂直方向的取向性，这种取向效应的相互抵消仍然适用，而且情况常常如此。在掺杂浓度大约为 1×10^{19} cm^{-3} 时，多晶硅的压阻系数达到峰值。而当掺杂浓度较低时，由于晶界效应开始主导多晶硅晶粒内部的电阻，多晶硅的压阻系数会迅速减小。因此，与单晶硅电阻以及低阻值多晶硅电阻相比，中等阻值和高阻值多晶硅电阻会具有更低的应力敏感度。

　　与硅相比，薄膜电阻的压阻特性要更加不明显。例如，镍铬合金的纵向压阻系数在 $8.9\times10^{-12}\sim1.3\times10^{-11}$ Pa^{-1} 之间，横向压阻系数在 $5\times10^{-13}\sim1\times10^{-12}$ Pa^{-1} 之间。硅铬合金是一种金属陶瓷，其压阻系数大概会比镍铬合金大一个数量级[⊖]。

　　在(100)硅片与(111)硅片中制作的管芯，其表面的应力分布非常相似。在这两种情况下，最大的应力分量都是管芯表面所在平面中的法向应力。主应力都是压缩应力，这意味着它们均为负值，因此最小主应力的绝对值要大于最大主应力的绝对值。模拟与实测结果都表明，最小主应力相对管芯中心呈径向分布。此外，应力的绝对值会在管芯中心附近较宽范围内保持最大，并在接近管芯边缘处迅速减小。根据模拟与实测结果，在管芯边缘附近会有异常效应发

⊖　没有发现铬硅的数据，但是其他金属陶瓷厚膜的应变系数约为 20。

生。实际上，应力的绝对值可能会在即将到达管芯实际边缘之前突然增大。这些异常现象是由作用在管芯边缘垂直面上的压缩力造成的。这些压缩力会横向延伸，其延伸的距离与管芯厚度相当。管芯的厚度通常约为 $250\,\mu m$。但在较薄的贴片式封装中，厚度为 $75\,\mu m$ 或更低的管芯也并不少见，即便是厚度低至 $50\,\mu m$ 的管芯现在也很常见。对于管芯中的最小主应力，图 8.26 中不包含异常边缘效应。这些曲线（称为等压线）代表了管芯表面具有相同最小主应力的点。

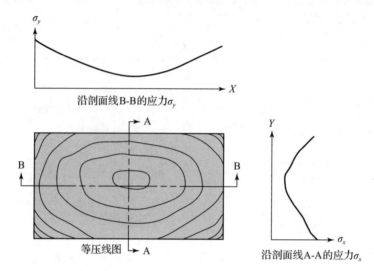

图 8.26　对于采用典型环氧树脂黏接剂的管芯，表示其表面最小主应力分布情况的等压线图，以及沿剖面线 A-A 与 B-B 的最小主应力分布图。由于主应力为压缩应力，因此图中的值越低表示其值越负，或压缩应力越大

　　由于最小主应力呈径向分布，其沿管芯水平轴方向的分量为 σ_x，沿管芯垂直轴方向的分量为 σ_y。根据前面的讨论，这两种应力分量都是压缩应力，所以每条曲线上凹陷区代表应力最显著的区域。测量结果表明，峰值应力产生在管芯中心，并随着管芯尺寸增加而增大。峰值应力也会随着塑封材料的热膨胀系数增大而增大。对于早期的塑封材料，其峰值应力的典型值在 $-100\sim-200\,MPa$ 之间[⊖]。如此大的应力会显著改变电阻的阻值。举例来说，如果将多晶硅电阻放置在管芯中间处附近，且此处的压缩应力分量 $\sigma_L=\sigma_T=-100\,MPa$，那么该电阻的阻值将会降低 4%。

　　对采用塑料封装的管芯进行模拟实验，相应结果也表明剪切应力在管芯大部分区域都比较低，但在拐角附近会迅速上升。这一观察结果解释了为何在管芯的拐角处最有可能发生分层以及金属损坏。但是，剪切应力对沿$\langle100\rangle$、$\langle110\rangle$和$\langle211\rangle$轴摆放的电阻没有影响。

　　等压线最密集的区域对应的应力梯度最大。这意味着管芯中心附近的应力梯度最小，管芯边缘附近的应力梯度较大，而管芯拐角处的应力梯度最大。由于匹配受应力梯度而不是应力绝对值的影响，因此匹配阵列的最佳摆放位置位于管芯中心附近。由于管芯边缘附近的应力梯度较大，应避免在此放置匹配阵列。如果必须将匹配器件沿管芯的边缘放置，则最好将它们摆放在管芯较长边的中间处。绝对不能将匹配器件放置在管芯的拐角附近，因为这些位置的应力梯度最大且很难预测。

　　在(100)硅片上，由于压阻系数会随角度而变化，电阻阻值随应力的变化会表现出关于管芯轴线的四重对称性。对于 N 型单晶硅电阻，当其沿管芯的 X 轴与 Y 轴摆放时阻值变化最小，沿 45°对角线摆放时阻值变化最大。而 P 型单晶硅电阻的阻值变化情况正好与之相反。在这两种情形中，电阻阻值的变化都关于 X 轴与 Y 轴对称。这表明应力梯度也会具有相似的对称性。

　　⊖　帕斯卡（Pa）是压强的国际制单位。海平面上的标准大气压大约是 100 kPa，所以 100 MPa 大约等于 1000 个大气压。

匹配阵列的最佳放置位置位于管芯的对称轴上并且靠近管芯中心，如图 8.27 所示。在 (111) 硅片上，压阻系数不随方向变化。但是基于版图布局的对称性以及易于绘制的考虑，还是建议优先沿管芯的对称轴摆放匹配阵列，如图 8.27 所示。一些学者认为，应力分布关于 ⟨211⟩ 轴比关于 ⟨110⟩ 轴的对称性更好。但是考虑到 (111) 硅片的压阻系数及弹性不随其表面方向而变化，似乎没有明显的理由能说明存在这种差异。

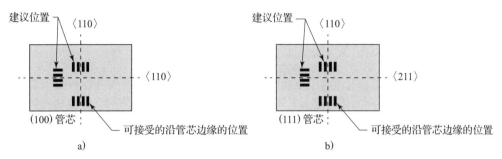

图 8.27 在 (100) 与 (111) 硅片上，推荐放置准确匹配的共质心阵列的位置

管芯上的应力分布还取决于它的尺寸和形状。较大尺寸的管芯通常比较小尺寸的管芯表现出更大的应力。应力大小往往也随长宽比的增加而增加，因此在面积相似的情况下，细长的管芯要比方形的管芯表现出更强的应力。如前所述，封装在决定应力大小方面也起到了重要作用。许多早期的管芯黏接剂具有良好的弹性，有助于吸收由管芯和引线框架之间的热膨胀系数差异造成的应力。现代的管芯粘接材料更加坚硬，通常会将大量的应力耦合到管芯上。焊料粘接与金共晶键合也都非常坚硬，会将很大的应力耦合到管芯上。所谓的芯片级封装取消了引线框架，并采用焊球或凸点将芯片焊接到印制电路板上。管芯与印制电路板热膨胀系数的差异，会对最外侧的几排焊球产生强烈的应力。尤其是最外侧拐角处的焊球，其所受应力最强。表 8.8 提供了针对不同封装类型所建议的管芯长宽比。

表 8.8 针对不同封装类型所建议的管芯长宽比

封装	管芯黏接剂	管芯尺寸	建议长宽比	最大长宽比
金属管壳	环氧树脂	任意值	2:1 或更小	任意值
密封陶瓷	环氧树脂	任意值	2:1 或更小	任意值
塑料封装	环氧树脂	$\leqslant 10\ mm^2$	1.5:1 或更小	3:1
	环氧树脂	$> 10\ mm^2$	1.5:1 或更小	2:1
	焊料或共晶	$\leqslant 10\ mm^2$	1.5:1 或更小	2:1
	焊料或共晶	$> 10\ mm^2$	1.5:1 或更小	1.5:1
芯片级封装	焊球或凸点	任意值	1.5:1 或更小	2:1

考虑在含有明显热源的管芯上放置匹配电阻的情况。管芯中有的位置由应力导致的失配最小，有的位置由温度导致的失配最小。在这些位置中，我们必须折中考虑。例如，在包含单个热源的管芯上，最佳的折中位置通常位于穿过热源的管芯对称轴上，并在热源边缘与管芯远侧边缘的中间处。

研究人员已经注意到，通过将尺寸相同的水平电阻段与垂直电阻段串联连接，可以大幅降低电阻的压阻特性，同时使其对主应力的方向不敏感。研究人员还建议使用 L 形电阻段来构造关键的匹配电阻。以这种方式构造的电阻，其纵向与横向压阻系数均为

$$\pi = \frac{\pi_L + \pi_T}{2} \tag{8.39}$$

实际上，采用 L 形电阻段很难排布成紧凑的共质心阵列。更好的解决方案是使用两个相同的共质心阵列，其中一个以垂直方向放置，另一个以水平方向放置。每个电阻都由相等数量的

水平电阻段与垂直电阻段构成。对于(100)硅片上的 P 型单晶硅电阻与(111)硅片上的 N 型单晶硅电阻,这种排布方式可能会带来更显著的优势。

3. 机械应力对电容的影响

机械应力也会影响电容的容值,这种现象是压电效应中的一种。与单晶硅电阻甚至多晶硅电阻相比,集成电容的应力敏感度要小得多。然而对于一些敏感电路(包括某些依赖电容匹配的数据转换器),压电电容效应引起的变化仍足以对其造成影响。

假设薄膜电容在无应力作用下的容值为 C,只考虑作用在管芯表面所在平面上的应力,则由其导致的电容量偏移量 ΔC 为

$$\Delta C = C\xi(\sigma_x + \sigma_y) \tag{8.40}$$

式中,纵向应力 σ_x 等于沿穿过电容一条轴线方向的应力,横向应力 σ_y 等于沿穿过电容第二条轴线(与第一条轴垂直)方向的法向应力,压电电容系数 ξ 则量化了应力对电容量的影响。该系数是关于介电材料与晶圆片表面晶向的函数。然而,它并不取决于电容相对于管芯 X 轴、Y 轴的方向。

关于压电电容系数的数据很少。但是计算表明,在(100)硅片表面上的干氧薄膜具有大约 5.8×10^{-13} Pa^{-1} 的压电电容系数,在(111)硅片表面上的干氧薄膜具有大约 4.6×10^{-13} Pa^{-1} 的压电电容系数。与单晶硅的压阻系数相比,上述几个压电电容系数值小了几个数量级。

鉴于电容对应力的敏感度远低于电阻,因此通常可将电容放置在管芯中相对不那么理想的位置。然而对于必须准确匹配的电容,我们仍应采用共质心版图布局。对匹配电容采用共质心版图布局只会额外增加很少的面积,但它不仅可以大幅度减小任何可能存在的应力梯度所造成的影响,还能最小化任何其他可能存在的梯度所带来的影响(例如氧化层厚度梯度)。

8.2.9 电场

电场能够影响电阻的阻值与电容的容量。电场可以耗尽或积累电阻中的载流子,从而改变其阻值。类似地,将电容极板耦合到其他电路节点的杂散电场,可能会导致电容量发生意想不到的变化。更普遍的情况是,杂散电场还可能会将噪声耦合到高阻抗节点。

电场通过一些特定机制影响电阻匹配与电容匹配。本节对这些特定机制做相应介绍。其中影响电阻匹配的机制包括电导率调制、电荷分散与介电吸收。影响电容匹配的机制包括容性耦合与介电吸收。

1. 电压调制

大多数电阻都是由具有相对较高阻值的材料(例如掺杂浓度较低的硅)制成的。电场能够显著改变这些材料中的载流子浓度(参见 1.4 节)。如果电场吸引来了多数载流子,则会发生积累现象,电阻值就会减小;如果电场排斥走了多数载流子,则会发生耗尽现象,电阻值就会增大。这两种效应都是电导率调制(参见 6.3.3 节)的例子,而电导率调制是电压调制的一种形式。

对于扩散电阻与注入电阻,反偏结会将它们与周围的硅隔离开。反向偏压越大,耗尽区就会向电阻内部延伸得越深,电阻值也就会越大。电阻周围的硅称为体区,因此这类电压调制也被称为体区调制。

在标准的双极型工艺中,扩散电阻与注入电阻通常位于隔离岛内。因此体区调制在标准的双极型工艺中通常也被称为隔离岛调制。在标准的双极型工艺中,方块电阻为 160 Ω/□ 的基区扩散电阻通常表现出 0.1%/V 的隔离岛调制;而对于方块阻值为 2 kΩ/□ 的高阻值注入电阻,其隔离岛调制会达到几个百分点每伏。如果匹配电阻具有不同的体区偏置电压,那么它们之间就会产生失配。

为了消除隔离岛调制引起的失配,必须使匹配电阻的电阻-体区电压彼此相等。两个相同的匹配电阻,如果它们工作在相同的电压下,那么它们可以共用一个隔离岛。而如果这两个匹配电阻工作在不同的电压下,则它们需要各自单独的隔离岛。针对这种情况,图 8.28 展示了一种典型的版图布局。每个高阻值电阻由两个电阻段构成,并且每个电阻段都位于各自的隔离

岛内。每个隔离岛都与其内部电阻段的正极相连。这种连接方式不仅能确保每个电阻段都具有相同的电阻-隔离岛电压，还能确保每个电阻段的隔离结都保持反偏。

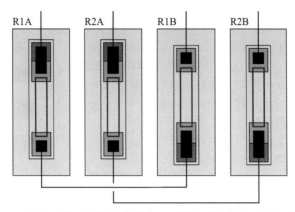

图 8.28   两个高阻值电阻的连接方式，采用这种连接方式可以消除由热
电效应和隔离岛调制引起的失配

　　如果电阻值不同且工作电压也不相同，情况就更为复杂。假设所有电阻都由等宽、等长（或几乎等长）的电阻段构成。如果每个电阻的电阻段个数为 $N_1, N_2, N_3, \cdots$，则每个电阻都可以被再细分为若干个电阻段小组，每个小组由 G 个电阻段构成，其中 G 是 $N_1, N_2, N_3, \cdots$ 的任意公因数。每一组中的所有电阻段必须置于一个单独的隔离岛内。举例来说，假设两个电阻 R_1 和 R_2 分别包含 4 个和 8 个电阻段。4 是 4 和 8 的公因数。因此，可以按 4 个电阻段为一组的方式，对 R_1 和 R_2 这两个电阻进行细分。R_1 由一个含有 4 个电阻段的小组构成，而 R_2 由两个含有 4 个电阻段的小组构成。将 R_2 的两组电阻段分别放在 R_1 两侧就可以构成共质心版图。

　　为隔离岛确定合适的偏压需要深刻地理解电路的设计指标与电路的设计方案，所以这通常被认为是电路设计师而不是版图设计师的职责。电路设计师应当在原理图中仔细标注隔离岛的连接方式以及特殊的匹配需求。对于某些电阻，可能它们其中每个（每组）电阻段都需要单独的隔离岛。这些电阻在原理图中应表示为串联电阻段的形式，并且每个电阻段都有各自独立的隔离岛标注。如果隔离岛的连接不明确或者看起来似乎有错误，版图设计师就应当在器件布局设计之前与电路设计师协商确认。

　　很多应用可以容忍少量的电压调制，因为由此产生的失配为系统性失配，并且至少在原理上可以预估。此外，通过采用方块电阻相对较低的材料（如方块电阻为 160 Ω/□ 的基区扩散区），电压调制通常可以降至微不足道的程度。这意味着匹配的基区电阻通常可以合并到同一个隔离岛内。这不仅节省面积，而且还会使共质心版图更为紧凑。

　　由于电阻率调制，穿过电阻的引线也会影响电阻的阻值。一般来说，不与匹配电阻连接的引线就不应当穿过匹配电阻。这些引线不仅会形成导致电阻值发生改变的电场，而且还会由于不同引线氢化效应的差异而导致失配（参见 8.2.6 节）。此外，如果引线与电阻之间的电压发生波动，容性耦合还会对高阻抗节点注入我们并不需要的信号。电路设计师通常将这种效应称为噪声耦合或噪声注入（参见 15.3.4 节）。在这里，"噪声"包括任何我们不需要的时变信号，其中也包括那些非随机信号。

　　低阻值电阻（如标准双极型工艺中的发射区电阻、基区电阻）几乎不受电导率调制的影响。而高阻值注入电阻则不然。对于方块电阻为 2 kΩ/□ 的高阻值电阻，如果其上方穿过了第 1 层金属，就会产生 0.1%/V 的电导率调制。对于由金属走线造成的电导率调制，其影响取决于三个因素：①引线与其下方电阻之间的电压差；②夹层氧化物的厚度；③引线与电阻交叠的面积。对于连接高阻值电阻的引线，由于它与电阻体区之间的电压差非常小，并且它们交叠的面积也很小，因此这条引线能够安全地穿过与之相连的接触点附近的电阻体区。如果金属引线完全穿过高阻值的电阻阵列,就会造成显著失配。这是因为其他电阻段的工作电压可能与引线电压极为不同,并且也因为引线穿过了很多电阻段。尽管存在上述缺点,但是在只使用单层金属连线的版图布局中,这种布线方式往往不可避免。在图 8.28 所示的高阻值电阻阵列中,电阻段 R_{1A} 与 R_{1B} 采用了内折跳线来连接,这样就可以将连接电阻段 R_2 的引线从其左边端口引出。

图 8.29 中的跳线与每个电阻段以完全相同的方式交叠。采用这种措施有助于最小化由氢化效应造成的失配。然而遗憾的是,由于电导率调制的存在,仅仅一根引线穿过这些电阻段就会造成一定程度的失配。如果有可能,一定不要在重要的匹配电阻阵列上方走线。

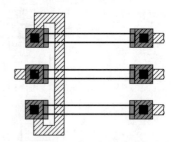

图 8.29 基于单层金属工艺的叉指高阻值电阻阵列的一部分,并在电阻段之间采用了内折跳线

一种被称为静电屏蔽或法拉第屏蔽的技术可以帮助电阻隔离其上方引线的影响。在电阻与其上方引线之间插入一层金属层,就可以构成这种屏蔽层。举例来说,为了屏蔽第 2 层金属对多晶硅电阻的影响,可以在多晶硅电阻与第 2 层金属之间插入第 1 层金属作为静电屏蔽层。在含有电阻的电路中,法拉第屏蔽层通常会被连接到某个参考节点。这个参考节点通常是地。但是对于某些电路,它们被设计成相对于某个电源电压工作。在这种情况下,通常就会选择该电源作为参考节点。由于静电屏蔽层仍然会与其下方电阻中的至少一部分存在电压差,采用静电屏蔽层并不能完全避免电导率调制的影响。然而,采用静电屏蔽层可以避免这样一种由电导率调制造成的影响,即由其他电路通过电压调制的方式将不必要的噪声注入电阻中。静电屏蔽层也能最小化电阻中由其他节点通过容性耦合所引入的噪声。静电屏蔽层能完全阻断直流信号的影响,并可以大幅度减小低频信号的影响。但是对于高频信号或具有快速压摆率的信号,则另当别论。由于压摆率极快,数字逻辑开关信号的边沿尤其难以阻断。即便在敏感电阻上方插入了静电屏蔽层,也不要在其上方穿过数字逻辑信号引线。但是静态逻辑信号引线是个例外,因为静态逻辑信号引线对应的信号状态在电路工作期间不会发生改变。静态逻辑信号引线在模拟与混合信号系统中极为普遍。例如,将非易失性存储器连接到各种电路元件的引线通常就属于静态逻辑信号引线(它们通常只在上电过程中发生一次信号转换)。对于为静态逻辑信号引线驱动电路供电的电源,如果其本身没有明显的噪声波动,则静态逻辑信号引线可以安全地穿过对噪声高度敏感的电阻。即便如此,最好还是在电阻与此类信号引线之间插入静电屏蔽层。这不仅可以避免电导率调制,还能够避免由氢化效应造成的电阻值差异。

图 8.30 展示了一个用于多晶硅电阻匹配阵列的静电屏蔽层实例。多晶硅电阻阵列的两侧都有虚拟电阻且屏蔽层与虚拟电阻都接到了地线上。引线可以穿过被屏蔽的电阻,而不会引起电阻的电导率调制,也不会向电阻注入噪声。需要注意的是,任何导体周围都存在着边缘杂散电场。为了防止边缘杂散电场绕过屏蔽层而耦合到电阻上,所有引线都应当与屏蔽层边缘保持足够的距离。使静电屏蔽层超出引线导体部分 $2 \sim 3\ \mu m$,就可以阻断大部分的边缘杂散电场。

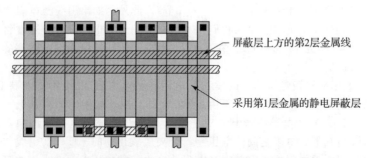

屏蔽层上方的第2层金属线

采用第1层金属的静电屏蔽层

图 8.30 用于多晶硅电阻匹配阵列的静电屏蔽层实例

图 8.30 中的静电屏蔽层覆盖了整个电阻阵列。每个电阻段上的电压略有不同。只要整个阵列的电压差很小，且多晶硅电阻的方块电阻相对适中，那么整个阵列共用一个屏蔽层即可。如果多晶硅电阻的方块电阻超过大约 500 Ω/□，或者整个阵列的压差超过几伏，那么阵列共用的静电屏蔽层自身就会造成电导率调制，而这是我们所不期望的。在这种情况下，应当将静电屏蔽层划分为若干个独立部分，并分别覆盖在每个电阻段上，然后再将它们与它们所覆盖的电阻段相连。连接到高阻抗节点的静电屏蔽层对高频信号无效，但是对低频信号、静态逻辑信号等类似信号仍然有效。考虑到边缘杂散电场以及由未对准导致的偏差，每个电阻段的静电屏蔽层应超出电阻段本身 2～3 μm。由于分段式的静电屏蔽层通常难以构建，并且会浪费大量面积，通常更简单的做法是对干扰信号重新布线从而绕过电阻阵列。

衬底也会向淀积的电阻与淀积的电容中注入噪声。为了尽可能降低这种耦合噪声源的影响，一种方法是在器件下方设置阱或隔离岛，并将其连接至地或者低阻抗电源。阱或隔离岛可以有效地成为电阻或电容下方的静电屏蔽层。对于耦合噪声特别敏感的电阻和电容，可以在其上方与下方均设置屏蔽层。设置在淀积器件下方的深 N＋下沉区可以用作极为有效的下静电屏蔽层，这是因为它的掺杂浓度很高，其阻值仅为阱或隔离岛阻值的一小部分。掺杂剂导致的增强氧化还可能会使深 N＋区与淀积器件之间的场区氧化层变厚，从而减小容性耦合。

2. 电荷分散

5.3.5 节详细讨论了电荷分散背后的机制。简要来说，电路在工作时会向管芯上方的氧化层中注入热载流子。虽然其中大部分最后会返回硅中，但是仍有一些热载流子会积累在夹层氧化物与氮化物保护层形成的界面中，或积累在钝化层与塑封材料形成的界面中，成为被俘获的负电荷。这些负电荷会在电场的作用下横向移动。这些逐渐积累的负电荷不仅可以导致沟道的形成（如第 5 章中所述），而且还会引起电导率调制。高阻值匹配电阻如果工作在高电压下（相对于衬底），会对这种形式的电导率调制特别敏感。因为高阻值单晶硅特别容易受到电导率调制的影响，并且电阻本身的正电位会吸引这些造成电荷分散的可移动负电荷。如果被可移动离子所污染，电荷分散的影响会进一步放大。

采用静电屏蔽层可以消除由电荷分散造成的电导率调制。屏蔽层还可以作为场板，避免在高压阱或隔离岛内形成反型沟道。应当将场板连接到与电阻体区电位相差不大的电位上，以最小化体区调制。最常见的连接方法是将场板与包含匹配电阻的阱或隔离岛相连。如果静电屏蔽层的连接点不能与电路中的参考节点形成低阻抗路径，就不应当将噪声信号穿过该屏蔽层。就其本身而言，电荷分散的发生过程非常缓慢，因此不会向电路中注入交流噪声。

图 8.31 展示的电阻阵列与图 8.28 相同。每个电阻段都有其独立场板，以避免受到电荷分散的影响。场板边缘要超出电阻段足够远，以避免沟道的形成。图中未在场板的缝隙间添加沟道终止注入，因为邻近的扩散区会导致扩散区相互作用，并可能会干扰匹配。尽管扩散型高阻值电阻（如图 8.31 所示的电阻）的匹配度与淀积电阻不相上下，但是如果大量使用这类电阻，那么由其中独立隔离岛与场板所需面积导致的成本，实际上可能要高于通过添加额外的掩模步骤来制造薄膜电阻的成本。

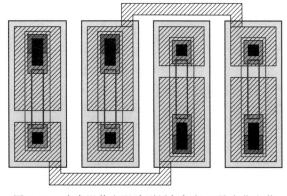

图 8.31 为高阻值电阻阵列添加场板以最小化电荷分散的影响

3. 介电吸收

电荷在绝缘体内的移动也能产生静电场，这种现象称为介电吸收或介电浸润。这种效应起初也被称为剩余电荷，并最早由科尔劳施（Kohlrausch）于 1854 年给出了合理解释。在外部电场的作用下,电介质(如钠钙玻璃)中的电荷会缓慢地重新分布,从而降低了电介质内电场的有效强度。如果外部电场突然移除,这些电荷并不能立即将恢复到初始状态。相反,随着这些电荷逐渐移动,一个电场会缓慢地重新出现。这个新电场与原来的电场极性相同,但是强度更小。

含有可移动离子(如钠)的氧化层,由于其中可移动的离子会从不可移动的相反电荷中分离,更容易受到介电吸收的影响。这种效应通常需要几分钟或几个小时才能达到平衡,即便在高温下也是如此。随着介电吸收的进行,电介质内的电场会逐渐减弱。在与氧化层接触的电阻中,由介电吸收导致的电导率调制也会逐渐减弱。因此在受到可移动离子污染时,高阻值电阻在偏置下会发生长期漂移。

在二氧化硅中掺入磷可以有效地固定碱金属离子(参见 5.2.2 节)。在受到碱金属离子污染时,磷硅玻璃要比未掺磷的氧化层表现出更低的介电吸收水平。然而遗憾的是,磷酸基团本身具有极性,并且在电场的作用下会轻微移动。因此,虽然磷硅玻璃与硼磷硅玻璃具有较低的介电吸收水平,但是这也会使得它们对与其相邻的电阻造成的电导率调制具有时间相关性。

介电吸收通常出现在高阻值单晶硅电阻中,因为这类电阻特别容易受到电导率调制的影响。在某个标准的双极型工艺(采用了重掺杂磷的硼磷硅玻璃)中,对于其中方块电阻为 $2\,k\Omega/\square$ 的高阻值电阻,由介电吸收引起的阻值变化大约为 0.1%。

对于必须将电荷准确维持一段时间的电容,介电吸收也会影响到它们。众所周知,时间常数较大的模拟积分器就非常容易受到影响。而其他类型的电路,包括模拟浮栅电路,也可能会受到介电吸收的影响。

对于介电吸收来说,采用场板并不是万能之计。实际上,采用场板会刻意地在夹层氧化物上引入电场,反而可能会造成介电吸收加剧。此外,移除场板又会使得电阻更容易受到电荷分散的影响。对于上述难题,最好的解决方案是避免在要求高准确度的电路中使用高阻值单晶硅电阻,尤其是对于必须要在这些电阻上施加较大电压的情况。如果上述方案无法实现,那么我们就应该采用分离式场板。图 8.32 展示了采用分离式场板的案例,其中的高阻值匹配电阻对与图 8.31 中所示类似。

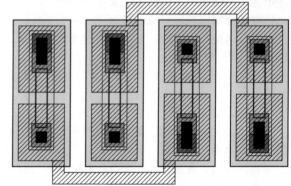

图 8.32 对于高阻值电阻阵列,采用分离式场板可以减小由介电吸收引起的长期漂移以及电荷分散

分离式场板与传统场板的区别在于缝隙的位置。在传统场板中,需要尽可能将场板的大部分连接到电阻的一端,从而最大限度地抑制沟道的形成。分离式场板的缝隙位于电阻体区的正中间,这样其中一半电阻所承受的电场就与另一半电阻所承受的电场大小相等、方向相反。其中一半电阻所受介电吸收的影响在很大程度上会被另一半电阻所受的影响抵消。分离式场板还能减小由两个二分之一场板的电导率调制导致的非线性。分离式场板也可以在共用隔离岛的电阻上实现,但是每个电阻段都需要各自的场板。

对于扩散电阻,当其方块电阻超过 $1\,k\Omega/\square$ 且要求其匹配度必须优于 ±0.5% 时,建议采用分离式场板。对于基区电阻,因为其方块电阻较低,介电吸收的影响通常可以忽略不计,所以基本上不需要分离式场板。对于多晶硅电阻,当方块电阻小于几千欧每方块时,也不需要分离式场板。

一种更普遍的现象被称为介电弛豫,介电吸收实际上是一种非常缓慢的介电弛豫现象。对于任何相对介电常数大于 1 的电介质,它们在外加电场的作用下都会表现出一定程度的极化。而这种极化过程总是滞后于电场的施加,其中的时间延迟被称为介电弛豫时间。在高质量的电介质(如栅氧化层)中,大分子网络的介电弛豫时间可以忽略不计。而在复合材料(如 ONO 堆叠电介质层)中,电荷会沿着不同材料的界面移动,这就会导致介电弛豫时间达到微秒级。在 TEOS 衍生氧化物中也发现了类似效应。而在采用生长氧化层或 LPCVD 淀积氧化层的电容中,这些效应则不会出现。因此对于依赖准确匹配电容的高频电路(例如电荷再分配型数据转换器)来说,这两种电容是更好的选择。

8.3　匹配规则

前面几节讨论了会导致失配的各种机制。理想情况下,我们可以利用这些知识为每个工艺制定一套可量化的规则。这样,版图设计师就可以基于这些规则来构建匹配器件,并具有我们所期望的任意准确度。遗憾的是,在任何给定的工艺中几乎都不存在可量化的匹配规则。即便存在,它们也只适用于某个特定工艺。因此,本节提出一套可适用于大多数工艺的定性规则。在缺少更多可量化规则的情况下,采用这些规则可以设计出令人相对满意的版图。

在随后的规则中,我们会采用低度匹配、中度匹配与高度匹配这几个术语来表示由低到高的匹配准确度。这几个术语的含义如下:

1) 低度匹配表示 $\pm 1\%$ ~ $\pm 5\%$ 的失配,这是根据式(8.4)与式(8.5)计算求得的。基于 10 年工作寿命、-40~125 ℃ 的结温以及采用传统塑料封装等假设,上述指标对应了 $6-\sigma$ 统计结果。低度匹配较为容易实现,可以满足大多数的通用模拟电路。

2) 中度匹配表示 $\pm 0.1\%$ ~ $\pm 1\%$ 的失配。除了最严苛的应用场景外,中度匹配几乎可以满足其他所有的应用。实现中度匹配,我们需要对相当大面积的器件进行精心的布局设计。

3) 高度匹配表示 $\pm 0.01\%$ ~ $\pm 0.1\%$ 的失配。该等级的匹配度只适用于极为特定的应用,例如某些类型的数据转换器。实现高度匹配不仅需要大量的管芯面积,还需要我们对版图的所有细节关注入微。与任何类型的电阻相比,淀积电容都更容易达到这个等级的匹配程度。

有人可能会质疑 $\pm 0.01\%$ 的准确度是否真的是一个很高的指标。毕竟任何性能优秀的万用表都至少能显示六位半,并因此具有超过百万分之一的分辨率。然而,分辨率并不等同于准确度。即便是最好的八位半数字电压表,也很难维持高于 $\pm 0.001\%$ 的准确度[○]。从这个角度来看,$\pm 0.01\%$ 的匹配准确度确实极为出色。

8.3.1　电阻匹配规则

构建低度匹配的电阻较为容易,只需要大概关注版图布局即可。实现中度匹配的电阻需要相当大的面积以及精心设计的版图布局。实现高度匹配通常要求使用薄膜电阻,并对其进行激光修调以减小面积(参见规则 3)。在存在显著热源(如功率器件)的情况下,电阻很难保持高度匹配。对于采用塑料封装的器件,为了验证其在经历热循环与长期高温工作后是否仍然能够保持高度匹配,还需要进行大量的测试。

以下总结了最重要的用于设计匹配电阻的规则[○]。

1) 匹配电阻应当由同种材料构成。由于工艺偏差,由不同材料构成的电阻通常会表现出不低于 $\pm 20\%$ 的失配。单温度修调可以使这些电阻在某个温度下实现匹配。但是随着温度变化,这些电阻间可能会产生 $\pm 5\%$ 甚至更高的失配。因此,即便是低度匹配的电阻也需要由同种材料构成。某些材料的匹配特性要优于其他材料。薄膜材料的特性极佳,其温度系数小于 150 ppm/℃,面积匹配系数小于 0.5 % · μm,并且基本上没有电压调制。镍铬合金对应力非常不敏感($\pi_L \approx 1 \times 10^{-11}$ Pa^{-1}),而硅铬合金会稍逊于镍铬合金。多晶硅足以满足中度匹配需求。对于厚度为 4 kÅ 且方块电阻为 500 $\Omega/\square$ 的 N 型多晶硅薄膜电阻,其典型的温度系数大约为 1500 ppm/℃,典型的面积匹配系数大约为 2 % · μm,并且具有较小的电导率调制以及适中的压阻系数($\pi_L = -4.5 \times 10^{-11}$ Pa^{-1})。与多晶硅电阻相比,扩散电阻与注入电阻的匹配系数可

○ Keysight 3458A(也被称为 Agilent HP3458A)八位半万用表在一年内的额定精度为 ± 8 ppm($\pm 0.0008\%$);可以通过一个特殊选项将其额定精度提高至 ± 4 ppm。

○ Tsividis 提供了一个包含 10 条通用匹配规则的列表,其中的条目对应了第 1、2、3、5、6 与 13 条规则。

能要更好一些,但是其他特性较差。举例来说,在标准的双极型工艺中方块电阻为 160 Ω/□ 的基区电阻,其温度系数大约为 1500 ppm/℃,隔离岛调制约为 100 ppm/V,纵向压阻系数为 7.2×10^{-11} Pa^{-1}。而对于方块电阻为 2 kΩ/□ 的高阻值注入电阻,由于其温度系数大约为 3000 ppm/℃,隔离岛调制高达 2%/V,甚至难以实现中度匹配。

2) 匹配电阻段应当具有相同的宽度。由于宽度偏差,具有不同宽度的电阻之间会出现系统失配。修调只能部分补偿这些失配,因为电阻边缘附近的材料通常与其中心不同。例如,与其中心相比,扩散电阻边缘处的掺杂浓度要更低一些。这些差异会影响电阻的温度变化以及电导率调制等特性。如果必须构建具有不同宽度的匹配电阻,可以考虑将多个宽度相同的电阻段并联来构造其中宽度更大的电阻。

3) 匹配电阻的面积应当足够大。只需简单地增加电阻的面积,就可以将随机失配减小到我们所期望的任何程度。而当匹配要求更加严格时,随机失配在总失配中的占比必须变得更小,以便为其他更棘手的失配来源留出空间。因此在低度匹配的电阻中,随机失配在总失配中的占比可以超过 75%。但是在中度匹配的电阻中,随机失配的占比不应超过 50%。而在高度匹配的电阻中,随机失配的占比不应高于 25%。对于方块电阻为 500 Ω/□ 的多晶硅电阻,其典型的面积匹配系数为 $k_A = 2\%·\mu m$。这意味着一对匹配准确度为 ±1% 的电阻需要占据大约 500 μm^2 的面积,一对匹配准确度为 ±0.1% 的电阻则需要占据 0.12 mm^2 的面积,而一对匹配准确度为 ±0.01% 的电阻则需要占据 46 mm^2 的面积。薄膜电阻的面积匹配系数通常小于 0.5%·μm。这意味着一对匹配准确度为 ±0.01% 的薄膜电阻需要占据 2.9 mm^2 的面积。正如这些数字表明,实现高度匹配几乎都需要修调。如果两个匹配电阻的阻值不同,那么阻值较小的电阻会贡献大部分的失配(参见 8.2.1 节)。如果两个电阻的阻值相差很大,则应当考虑采用多个电阻段并联的方式来构造阻值较小的电阻。

4) 匹配电阻应当足够宽。与较宽的电阻相比,与宽度相关的效应对较窄的电阻影响更大。若给定工艺没有提供具体规则,则低度匹配电阻的宽度应当至少是最小线宽的 150%,中度匹配电阻的宽度应当至少是最小线宽的 200%,而高度匹配电阻的宽度应当至少是最小线宽的 400%。举例来说,如果多晶硅的最小线宽等于 0.5 μm,那么低度匹配电阻的宽度应当至少是 0.8 μm,中度匹配电阻的宽度应当至少是 1 μm,而高度匹配电阻的宽度应当至少是 2 μm。需要注意的是,宽度极窄的多晶硅电阻可能会因为竹节结构开始出现而发生更大的变化。开始出现竹节结构的确切节点取决于薄膜厚度与退火条件,但是通常会在 0.3 μm 以下。

5) 匹配电阻段应当具有相同的几何形状。由于拐角与末端效应的存在,不同长度或形状的电阻无法实现准确匹配。因此,匹配电阻应当由一组具有相同电阻段的阵列构成。对于低度匹配的电阻,可以允许电阻段具有不同的长度。对于给定应用,在通过敏感度计算找到了相对不敏感的电阻段长度组合的前提下,中度匹配与高度匹配的电阻也可以使用具有不同长度的电阻段。与其他几何形状相比,我们更倾向于采用笔直的长方形条状电阻段,因为它们的形状最为简单,所以由几何形状引起的失配最小。

6) 匹配电阻应当沿着同一方向设置。方向不同的电阻容易因机械应力而产生失配。因此,即使是低度匹配的电阻也应采用相同的排布方向。绝大多数电阻最好水平或垂直放置,因为沿着这两个方向排布最为简单。(100)硅片中的 P 型单晶硅电阻,当其沿 45° 方向排布时具有最小的压阻系数。但是在 CMOS 与 BiCMOS 工艺中,设计师通常更喜欢使用多晶硅电阻,而不是由 P 型源漏注入所形成的电阻。沿着 45° 方向排布的结构很难构建,并且可能会违反版图设计规则。

7) 匹配电阻应当相互邻近放置。由于在整个管芯上存在各种梯度,匹配电阻间的失配会随着其间距增加而增大。对于低度匹配的电阻,其间距不应超过几百微米。如有可能,应当将它们按叉指形式排布并形成一个共质心阵列。这一点尤为重要,尤其是在可能出现较大热梯度或应力梯度的情况下,例如:

● 面积较大的管芯(特别是面积大于 15 mm^2 的管芯)。

- 功耗较大的管芯(特别是功耗大于 250 mW 的管芯)。
- 采用散热式封装中的管芯。
- 采用焊料、银烧结或金共晶粘接的管芯。
- 靠近管芯边缘的匹配电阻(特别是在管芯边缘 250 μm 以内)。
- 靠近主要热源的匹配电阻(特别是在热源附近 250 μm 以内)。

针对中度匹配要求,匹配电阻至少应当彼此相邻放置。而如果上述情形中的任何一条发生,则必须将它们以叉指形式排布并形成共质心阵列。对于高度匹配的电阻,应当始终采用共质心版图布局。以上列出的所有情形都会在某种程度上对高度匹配的电阻造成不利影响。

8) 电阻阵列应当采用叉指结构。如有可能,匹配电阻应当采用叉指形式排列并形成共质心阵列。匹配准确度越高,合理的叉指排列就越重要。匹配阵列应当由相同的电阻段构成(倾向采用简单的条状矩形),并遵循共质心版图规则(参见表 8.4)。对于高度匹配,我们需要特别注意表 8.4 中的这四条规则。由于高度匹配阵列的尺寸较大,因此分散性尤为重要。将阵列细分为较小的共质心单元以最大限度地减小残余部分中的二次项极为关键。我们应当尽量避免使用不完整电阻段。如果必须使用不完整电阻段,则需要计算分段敏感度并尽可能将其减小。不完整电阻段不应只放置在阵列的一端,而应当在阵列两端均等排布。这样就可以确保不完整电阻段与完整电阻段位于同一条对称轴上,如图 8.18 所示。如果阵列中包含的电阻段过多,阵列可能会变得过于细长而难以并入整体版图。在这种情况下,可以将电阻段拆分成多个子阵列或者小组,只要每个小组都遵循共质心版图布局的所有规则即可。

9) 应在电阻阵列两端设置虚拟器件。对于低度匹配的扩散电阻或注入电阻,通常不需要添加虚拟器件。对于低度匹配的淀积电阻,应在阵列两端各设置一个具有最小宽度的虚拟器件。对于任何类型的中度匹配电阻,都需要在阵列两端各设置一个虚拟电阻,并使其具有与匹配电阻相同的宽度。而对于高度匹配的淀积电阻,我们可能需要在阵列两端设置多个虚拟器件,以确保阵列两端的虚拟电阻跨越的距离足够大(通常为 5~10 μm)。所有电阻段(无论是虚拟电阻还是匹配电阻)之间的间距都必须完全相等。对于中度匹配电阻,应当将其两端延伸拉长,使得它们超出电阻有效区域的距离至少是电阻最小绘制宽度的 3 倍。而对于高度匹配电阻,也应当将其两端延伸,并超出电阻有效区域至少 5 倍的最小绘制宽度。如果对电阻有效区域的构成有任何疑惑,那么可以测量电阻两端最内侧接触孔的内边缘之间的距离。如果阵列中包含任何不完整电阻段,则应当使其两端延伸出电阻的有效区域,并与相邻的完整电阻段对齐。

10) 避免采用过短的电阻段。非常短的电阻容易被接触端电阻过度影响,因而产生更大的阻值变化。对于低度匹配电阻,其长度应当至少为版图规则所允许最小长度的 3 倍。对于中度匹配,应将其长度增至版图规则所允许最小长度的 5 倍。而对于高度匹配,应将其长度至少增至版图规则所允许最小长度的 10 倍。对于高度匹配的多晶硅电阻,其总长度至少应是晶粒直径的 1000 倍,以最小化由晶界效应导致的非线性。如果晶粒直径不可知,则使多晶硅电阻的总长度不低于 200 μm,应该可以满足要求。对于串并联电阻网络,在我们所关注的节点之间通常存在一条最短路径。该串并联网络的总长度等于其最短路径上串联电阻段的长度之和。

11) 合理连接匹配电阻以消除热电效应。串联电阻段采用合理的连接方式可以消除热电效应。对于任何一组给定的串联电阻段,合理的连接方式会使其中一半电阻段中的电流方向与另一半电阻段中的电流方向相反。为了实现最佳的匹配效果,应当使每一组串联电阻段尽可能包含偶数个电阻段。有时,我们会将一对低度匹配电阻以折叠电阻的形式相邻摆放。在这种情况下,每个电阻的两个接触孔应当相互靠近,从而最小化在它们之间产生的热电势。如果这两个折叠电阻完全相同,则应当将它们以相同方向排布从而消除掩模未对准所引起的失配。如果这两个折叠电阻并不完全相同,则应当将每个折叠电阻的接触孔相对排布以消除掩模未对准所引起的失配,如图 8.23c 所示。

12) 匹配电阻应当尽量设置在管芯中的低应力区域。管芯中心处的应力梯度最小。而随着逐渐靠近管芯边缘，应力梯度会急剧增加。从管芯中心向外延伸一段距离（至少等于管芯中心到其边缘的一半）会形成一片较大的低应力梯度区域，这里便是设置匹配电阻的最佳区域。由于应力梯度在管芯极度边缘处与拐角处最大，因此这些位置是摆放匹配电阻的最差区域。对于低度匹配的电阻，不应将它们放置在管芯拐角处，或距管芯边缘 $50\sim100~\mu m$ 的区域内。对于中度匹配的电阻，应当尽量将它们设置在管芯的内部区域。但是在确保它们距离管芯边缘至少 $100\sim250~\mu m$ 的情况下，也可以将中度匹配电阻设置在管芯某一边的中点附近。对于高度匹配的电阻，应当尽可能将其设置在管芯中心附近，并始终远离管芯边缘与拐角。

13）匹配电阻应当远离功率器件。"功率集成电路"一词通常是指最大功耗至少为 1 W 的集成电路。在功率集成电路中，构造高度匹配电阻极为困难。如果一定要做此尝试，那么所用电阻材料的温度系数应当小于 500 ppm/℃，而且越低越好。匹配电阻与功率器件应当位于管芯的同一条轴线上。应将功率器件设置在管芯的一端，并将匹配电阻靠近管芯另一端设置。在热梯度与应力梯度之间，我们必须折中考虑。因此，在管芯中心与距离功率器件最远的边缘之间大约四分之三的位置，是设置匹配电阻的最佳之处。可以考虑将管芯的长宽比拉大至 2∶1 左右，从而使匹配电阻进一步远离功率器件。应当密切关注匹配电阻的共质心版图布局。对于中度匹配电阻，应当使其远离功耗达到数瓦的功率源，并且最好将其设置在管芯的另一侧。应当对中度匹配电阻仔细地进行叉指排列以最小化热梯度的影响，并尽可能将它们沿着（或靠近）功率器件的一条对称轴放置。在已经仔细进行了叉指排列的情况下，可以将低度匹配电阻放置在距离功率器件（数瓦功耗）几百微米的范围内。虽然很多管芯不被认为是功率集成电路，但是其中也存在功率器件。即便是功耗为 250 mW 的功率器件，在将高度匹配电阻与其集成在一起时，也需要确保它们之间具有足够的距离。同时还应密切关注匹配电阻的共质心版图布局，以及它们相对功率器件对称轴的位置。在满足下列条件的情况下，可以将中度匹配电阻靠近功耗较小的功率器件放置：匹配电阻排列成叉指阵列，并且位于功率器件的对称轴上，同时匹配阵列的宽度不得超过功率器件的宽度。如果可能，匹配电阻与功率器件之间的距离应当遵循"每毫瓦对应每微米"的规则。但是实际上，按上述规则的一半甚至四分之一通常就可以满足需求。只要遵循这些准则，就可以将低度匹配电阻与功耗较小的功率器件相邻放置。然而在不影响版图其他方面的情况下，谨慎的做法还是将匹配器件与功率器件分开。

14）理想情况下，匹配电阻应当设置在管芯的对称轴上。整个管芯上的应力分布关于其对称轴对称。因此，应当始终将高度匹配电阻阵列放置在管芯的某条对称轴上。由于单晶硅要比薄膜材料对机械应力更为敏感，因此应当尽可能将中度匹配的单晶硅电阻设置在管芯的对称轴附近。如果设计中包含很多需要匹配的单晶硅电阻，那么应将最关键的电阻设置在最佳位置上。由于薄膜材料的压阻系数足够低，因此不需要将它们设置在管芯的对称轴附近，但是应当避开管芯的极度边缘处与拐角处。可以将低度匹配电阻设置在任何位置，管芯的极度边缘处与拐角处除外。

15）需要考虑电导率调制效应。与淀积电阻相比，单晶硅电阻受电导率调制的影响更大。这是因为将单晶硅电阻与其周围硅隔开的耗尽区会侵入单晶硅电阻内。方块电阻越大，电导率调制就越严重。由于隔离岛调制，甚至很难构建中度匹配的高阻值电阻（方块电阻为 $2~k\Omega/\square$）。虽然可以采用基区（方块阻值为 $160~\Omega/\square$）来构建中度匹配电阻，但如果工艺提供了淀积电阻，则它们几乎总是更好的选择。对于中度匹配的多晶硅电阻，只要其方块电阻不超过每方块几百欧姆，我们一般就可以忽略电导率调制。如果方块电阻更大，则可以考虑对中度匹配的多晶硅电阻使用场板。对于高度匹配电阻，最好采用方块电阻不超过每方块几百欧姆的薄膜材料。镍铬合金作为一种金属，几乎不受电导率调制的影响。

16）折叠电阻只适用于低度匹配电阻。对于具有非常高阻值的电阻，通常会采用折叠电阻的排布形式。有时版图设计师会将几个折叠电阻相互嵌套，从而构造出叉指形式的版图布局。虽然该技术确实有助于最小化某些来源的失配，但是由其他来源造成的失配仍然存在。不同于上述情形，中度匹配电阻应当以阵列形式构成，即便必须采用狗骨形电阻段来组成这些阵列。

为了构建高度匹配电阻，我们几乎总是采用具有足够宽度的简单矩形电阻段。

17) 应当将匹配的淀积电阻设置在同样厚度的场区氧化层之上。设置在不同厚度场区氧化层上的多晶硅电阻，由于淀积形成的多晶硅薄膜厚度不同，会导致它们具有不同的方块电阻。因此，设置在 N 阱上的多晶硅电阻与设置在 P 阱上的多晶硅电阻可能并不匹配。如果工艺中没有使用化学机械抛光(CMP)对场区氧化层进行平坦化处理，则这种失配可能会超过 $\pm 1\%$。即便对场区氧化层进行了 CMP 处理，多晶硅电阻间仍然会存在少量失配。匹配的多晶硅电阻也不应跨越氧化层台阶。即便是对低度匹配电阻，这些预防措施也都适用。具有更高准确度的匹配电阻至少应远离有源区边缘 $5\ \mu m$。LOCOS 氧化层中的鸟嘴会向有源区的绘制边缘逐渐变薄，该过渡区可能会延伸几微米。浅沟槽隔离(STI)具有陡峭的过渡区较，但是机械应力会从其边缘向外辐射几微米，由此产生的应变可能会影响电阻的匹配。

18) 避免 N 型埋层影像与匹配的扩散电阻或注入电阻相交。N 型埋层影像不应与任何高度匹配的扩散电阻或注入电阻相交，也不应与中度匹配的高阻值电阻相交。如果 N 型埋层影像移位的方向未知，那么应当使 N 型埋层对电阻的各边充分覆盖。如果 N 型埋层影像移位的幅度未知，那么 N 型埋层对电阻覆盖的范围至少应是最大外延层厚度的 150%。在采用浅沟槽隔离(STI)的工艺中不存在 N 型埋层影像。

19) 延伸栅极掺杂阻挡层掩模，并使其远超出匹配的多晶硅电阻。某些多晶硅电阻会使用栅极掺杂阻挡层掩模。由于晶界的存在会加速栅极掺杂的扩散，因此需要将栅极掺杂阻挡层掩模的边缘向外延伸，并使其远超出电阻体区。对于低度匹配电阻，向外延伸的距离可以采用设计规则所给出的间距。而对于更高准确度的匹配电阻，应当采用设计规则所给间距的 150% 作为向外延伸的距离，以确保向外扩散的栅极掺杂不会影响到匹配电阻。

20) 考虑对扩散电阻或注入电阻使用场板或静电屏蔽层。对于任何匹配的扩散电阻或注入电阻，如果其工作电压超过了顶层金属厚场阈值电压的 50%，都需要使用场板。为了避免因电荷分散引起的电导率调制所导致的长期漂移，所有方块电阻不小于 $500\ \Omega/\square$ 的中度匹配的扩散电阻或注入电阻都需要使用场板。所有高度匹配的扩散电阻或注入电阻也都需要使用场板。

21) 在未加场板的情况下，未与电阻连接的引线应当避免穿过匹配电阻。由于电导率调制或氢化效应的影响，穿过电阻的引线会导致电阻值发生漂移。在没有容性噪声耦合问题的情况下，未连接到匹配电阻的引线通常可以穿过方块电阻不大于 $500\ \Omega/\square$ 的低度匹配电阻。这通常意味着低频模拟信号线或静态数字信号线可以穿过此类电阻，而高频模拟信号线与动态数字信号线则不可以。在引线与电阻之间添加场板可以最大限度地减小噪声耦合，但是前提是该场板连接到了电路中的低阻抗节点(如模拟地)。对于中度匹配电阻，未与其连接的引线不应在其之上穿过。如果有可能，即使是连接到匹配电阻的引线也不应穿过它们。如果能将场板连接到一个阻抗足够低的节点，那么在中度匹配电阻上方添加场板后，就可以允许引线从它们穿过。如果场板所连接的节点阻抗过高，则可能会出现容性噪声耦合的问题。多晶硅电阻也容易受到氢化效应的影响而产生失配。对于中度匹配的多晶硅电阻，应当在其体区上方尽可能多地覆盖场板，或者防止所有金属(包括虚拟金属图形)穿过其中有效电阻的体区。高度匹配的多晶硅电阻需要添加金属场板，以最小化氢化效应的影响。该场板应当采用第 2 层金属。为最小化金属边缘下的横向氢化侵蚀，应当将该场板扩展延伸从而使其在各个方向超出电阻有效体区至少 $10\ \mu m$。第 1 层金属引线不应穿过位于场板下方的电阻有效体区。

22) 避免匹配电阻产生的功耗过大。匹配电阻产生的功耗会造成热梯度，从而导致失配。作为一条指导原则，对于高度匹配的电阻，应该避免其产生大于 $1\sim 2\ \mu W/\mu m^2$ 的功耗。而对于中度匹配电阻，则允许其产生更大的功耗。对于淀积电阻，可以采用式(5.7)来计算电阻阵列内部的大致温升，由该温升导致的阻值漂移不应超过其预期失配中的一小部分。

23) 需要考虑互连金属引线上的压降。流经电阻段互连金属线的电流极易产生足够大的压降，从而对高度匹配电阻造成影响。理想情况下，应当确保每条金属线和每种类型通孔的阻值与所期望的电阻阻值成比例。举例来说，如果 R_A 的阻值等于 R_B 阻值的两倍，那么第 1 层金

属引线对 R_A 贡献的阻值应该等于它对 R_B 贡献的阻值的两倍,第1层金属通孔对 R_A 贡献的阻值应该等于它对 R_B 贡献的阻值的2倍,并依此类推。众所周知,铝通孔的阻值极易变化(这一点需要引起我们的注意)。因此,铝通孔对每个电阻阻值变化的贡献不应超过匹配电阻预期失配中的一小部分。无论我们希望获得何种程度的匹配,都应当仔细检查与电阻连接的引线,以防止由其他电路注入的电流引起预料之外的压降。如果上述压降可能会造成问题,那么应当考虑使用开尔文连接(参见15.4.4节)来将其消除。对于高度匹配的电阻,我们几乎总是需要仔细排布其开尔文连接,包括考虑由必须流经检测引线的电流(无论多小)所导致的任何压降。

24) 确保准确匹配的扩散电阻或注入电阻远离其他扩散区。所有扩散区的尾部都会远超出冶金结。离子注入由于向外蔓延也会远超出相应的冶金结。对于低度匹配电阻,可以将其尽可能靠近其他扩散区与注入区放置,只要它们之间的距离符合版图规则。但是更高准确度的匹配电阻则应当远离其他扩散区与注入区,通常将它们的距离保持在版图规则所允许最小值的150%即可。

25) 准确匹配的多晶硅电阻不应靠近较大面积的双层多晶硅电容。许多工艺会淀积两层多晶硅,然后对其依次刻蚀从而形成双层多晶硅电容。因此,对第1层多晶硅的刻蚀会发生在第2层多晶硅图案化之后。那么为了对第1层多晶硅进行图案化处理而旋涂的光刻胶就必然会围绕第2层多晶硅中的几何图形流动。设置在较大面积电容附近的电阻可能会处于这些电容的阴影中,并因此被一层更薄的光刻胶覆盖。为了避免上述效应,应当使匹配的多晶硅电阻远离多晶硅电容放置。沿着匹配电阻绘制一条穿过双层多晶硅电容的直线,并沿着此直线测得第2层多晶硅的宽度;应当确保匹配的多晶硅电阻与多晶硅电容之间的距离不小于这个宽度。

8.3.2　电容匹配规则

合理构造的电容可以获得任何其他集成元件所无法比拟的匹配度。在采用塑料封装的集成电路中,氧化层介质电容的匹配度可以达到 $\pm 0.01\%$,甚至 $\pm 0.001\%$。这类电容通常被用于构造具有 14～17 位相对精度的单片式数据转换器[⊖]。

不同类型的电容可以实现不同等级的匹配准确度。结电容不适于匹配应用场景,因为其耗尽区宽度会随着温度发生较大变化。对于 MOS 电容,当其工作电压超过其积累区或反型区的阈值几伏时,可以实现中度匹配。采用多晶硅栅的 MOS 电容的性能最终会受到多晶硅耗尽效应的限制。然而,与 MOS 电容背栅相关的较大寄生电容以及结漏电限制了这些器件的使用。双层多晶硅电容可以解决这些问题,但是其上极板耗尽仍然是一个限制因素。具有金属特性的极板(包括氮化钛以及各种金属硅化物)几乎不受耗尽效应的影响。因此,具有金属硅化物下极板的多晶硅-金属电容有可能实现高度匹配。与其他电介质相比,生长氧化层或低压化学气相淀积(LPCVD)氧化层通常具有更低的介电松弛水平,因此更受青睐。与采用较薄电介质的电容相比,采用较厚电介质的电容通常具有更小的随机电容失配。因此,用于匹配应用的最佳形式的电容应当采用一种三明治结构:将较厚的 LPCVD 氧化层夹在两个具有金属特性的极板之间。这类电容对温度与机械应力相对不敏感,但准确匹配的电容仍应采用共质心版图布局技术。

以下总结了在构造采用淀积极板的匹配电容时需要遵循的最重要规则。

1) 匹配电容应当尽可能采用相同的几何图形。由于宽度偏差与边缘杂散电容的影响,不同尺寸的电容之间会存在失配。因此,匹配电容应当尽可能采用具有相同尺寸以及形状的极板。很多电路需要整数比的电容,例如 1:2:4:8 这样的比例。实现这种比例的最佳方法是采用一组相同的电容块(也可被称为单位电容)来构建相关电容。较大的电容应由多个(数量与容值成正比)单位电容并联构成。单位电容尽量不要串联,因为上下极板寄生电容之间的差异会造成系统失配。如果必须要将单位电容串联连接,设计师通常会对其微调,以最小化寄生效应的影响。另一种构造串联电容的方法是采用两个并联的子电容作为单位电容,其中每个子电

⊖　相对准确度不包含参考电压的变化。对于重复性信号,采用失配整形技术可以实现较高的相对准确度。

容的上极板都连接到另一个子电容的下极板。这种构造方式有时被称为反并联连接。通过采用这种技术，设计师可以确保串联电容的每个极板与并联电容的每个极板都具有相同的寄生电容。有些电路需要非整数比的电容。非整数比的电容应当由单位电容阵列与一个非单位电容构成。非单位电容应当与单位电容具有相同的面积周长比，其尺寸可通过计算确定（参见 8.2.2节）。中度匹配的电容通常由单位电容阵列构成，而高度匹配的电容更是必须如此。

2) 对于准确匹配的电容，其几何图形应当采用正方形（或近似正方形）。与周长相关的效应是电容产生失配的主要来源之一。因此，周长-面积比越小，可以实现的匹配准确度就越高。在所有矩形几何形状中，正方形具有最小的周长-面积比，因此可以实现最佳匹配效果。为了构建中度匹配电容，可以采用具有中等长宽比（2∶1 或 3∶1）的矩形电容。但是在构建高度匹配电容时，一定要选用正方形电容。应避免采用具有奇特形状的电容：与周长相关的效应不与周长成精确的比例关系，因此即便是在仔细匹配了面积-周长比的情况下，我们也无法完全消除与周长相关的效应的影响。此外，拐角附近的光学邻近效应修正（OPC）并不完全可重复。因此，与具有更多拐角、更为复杂的几何形状相比，具有较少拐角的简单几何形状要更受青睐。

3) 匹配电容的面积应当尽可能大（在符合实际情况的前提下）。至少在理论上，只需要简单地增大电容面积，就可以将电容的随机失配降低到我们所期望的任何水平。当失配要求变得更加严苛时，随机失配应只占总失配中的一小部分，以便为其他来源的电容变化留出裕量。因此，对于低度匹配的电容，随机失配在总失配中的占比可以不低于 75%。但是对于中度匹配的电容，随机失配的占比应下降至不超过 50%。而对于高度匹配的电容，随机失配的占比不应超过 25%。对于 10 V 工作电压的双层多晶硅电容，其典型面积匹配系数 $k_A = 2$（% · μm）。这意味着一对匹配度为 ± 1% 的电容需要占据约 500 μm^2 的面积，一对匹配度为 ± 0.1% 的电容需要占据约 0.12 mm^2 的面积，而一对匹配度为 ± 0.01% 的电容则需要占据约 46 mm^2 的面积。从该例中可以看出，实现高度匹配的电容通常需要修调。应将较大的电容拆分成较小的单位电容并将它们交叉耦合排布，从而消除梯度（尤其是电介质厚度梯度）的影响。由于小电容受与周长相关效应的影响过大，而大电容受梯度的影响过大，因此对于单位电容存在一个理想尺寸。对于几种 CMOS 工艺中的正方形电容，其最佳尺寸介于 20 μm × 20 μm 与 50 μm × 50 μm 之间。对于高度匹配的电容，应将其拆分成近似这些尺寸的单位电容。由于上述预防措施几乎不会消耗过多的面积，版图布局也较为容易，因此这样中度匹配的电容通常也能从这些措施中受益。而对于低度匹配的电容，由于其本身面积不大并且也不需要非常准确，因此将其拆分成单位电容阵列通常没有实质性帮助。

4) 应将匹配电容相互邻近放置。电介质厚度梯度是电容变化的重要来源之一。匹配电容应当总是相互邻近放置，即便是那些只需要低度匹配的电容也应如此。单位电容阵列应紧凑排布，无论是其行还是列。例如，如果需要 32 个单位电容，那么可以考虑使用 4 × 8 形式的阵列；或者可以构造一个 5 × 7 形式的阵列，其中有三个单位电容不会被用到。上述单位电容阵列应当具有相同的行间距以及相同的列间距，但是其行间距与列间距不必相同。

5) 应将匹配的淀积电容设置在具有相同厚度的场区氧化层上。设置在不同厚度场区氧化层上的电容会表现出不同的寄生电容。此外，这些电容的电介质厚度也可能略有差异。这是因为化学机械抛光不能完全消除原有形貌的不平整性，这就使得对场氧化层的平坦化处理并非十分完美，因而造成了上述电介质厚度的差异。所有的匹配电容（包括只需要低度匹配的电容）都应考虑这一点。由于有源区边缘导致的效应会从该边缘向外延伸一段距离，中度匹配的淀积电容应当与有源区边缘至少保持 5~10 μm 的距离。LOCOS 场区氧化层中的鸟嘴会向有源区的绘制边缘逐渐变细，其过渡距离最长为几微米。浅沟槽隔离（STI）中的氧化层不会表现出这种变化，但是它们会在与其相邻的硅中产生很大的应力，由此导致的应变可能会影响附近的电容。由于形貌的不平整性以及与下方金属结构间的寄生相互作用，设置在较高金属层上的电容也会存在失配。这些影响通常很小，并且不会影响低度匹配的电容。但是对于具有更高准确度的匹配电容，不应在其下方采用更低层次的金属进行布线。更为正确的做法是将较低层次的金属层以及多晶硅层(如果适用的话)从电容下方移除,或者较低层次的金属层应以连续实心板的形式存在于电容下方。

6)应当考虑寄生电容对电路的影响。电容的每个极板都存在寄生电容。这些寄生电容从来不会完全相同,而且往往会耦合到电路中的不同节点上。因此,我们需要仔细考虑匹配电容的排布方向。双层多晶硅电容或多晶硅-金属电容的下极板会通过一个相对较大的寄生电容耦合到电容下方的衬底。设计师应考虑将该极板连接到一个低阻节点(如模拟地),或通过在电容下方添加扩散区使其与衬底隔离。在 CMOS 工艺中,该扩散区通常由一个 N 阱构成,并通过 N 型有源区接触孔连接。在 BiCMOS 工艺中,通过在 N 阱下方增加 N 型埋层以及在 N 型有源区接触孔的下方增加深 N+ 下沉区,可以提升该阱的隔离效果。当衬底中可能出现显著的噪声注入时(例如开关转换器应用),上述防范措施尤为重要。

7)匹配电容阵列的四周应设置虚拟电容。任何匹配电容阵列的四周都应当设置虚拟电容。这些虚拟电容不仅能最大限度地减小刻蚀速率的变化,还能屏蔽电容与相邻电路的静电耦合。对于中度匹配的电容,如果其上方覆盖了静电屏蔽层,则虚拟电容的宽度不必超过设计规则所允许最小宽度的三倍。如果电容上方没有覆盖静电屏蔽层,则需要具有更大宽度的虚拟电容,因为边缘杂散电场可以轻易地在所有方向上延伸 $10\sim30\ \mu m$。对于高度匹配的电容,需要在其四周设置与单位电容完全相同的虚拟电容。阵列中虚拟电容与匹配电容之间的间距应与匹配电容之间的间距完全相同。虚拟电容的两个极板都应连接到电路中合适的节点,以防止在极板上积累静电荷。所有的有效电容通常会共用一个连接到低阻抗节点的下极板。在这种情况下,可以将下极板扩展至包含虚拟电容,并可将这些虚拟电容的上极板连接到同一电路节点。

8)应对匹配电容添加静电屏蔽层。添加静电屏蔽层可以提供三项好处。第一,添加静电屏蔽层可以将边缘杂散电场限制在电容阵列内,因此在电容阵列中不需要虚拟电容跨越较宽的距离。第二,添加静电屏蔽层可以允许引线穿过电容而不会引入失配或导致噪声注入。第三,添加静电屏蔽层可以避免相邻电路的静电场耦合到匹配电容。所有中度匹配与高度匹配的电容都应当采用静电屏蔽层。即便是低度匹配的电容,也会受益于静电屏蔽层的引入。如果不采用虚拟电容,则应当将静电屏蔽层向外延伸并超出电容阵列边缘 $3\sim5\ \mu m$。噪声信号,特别是数字逻辑信号,不应穿过添加了静电屏蔽层的电容。这是因为即便静电屏蔽层存在,这些信号与电容之间仍然会发生某种程度的噪声耦合。

9)电容阵列应当采用交叉耦合的排布形式。电容阵列适合采用交叉耦合式的版图布局。这是因为阵列中的单位电容可以很容易地通过紧凑的正方形或近似正方形的几何形状来实现。电容阵列通常含有几行、几列的单位电容。即便是在两个匹配电容具有相同容值的情况下,也可以通过将每个电容拆分成两个子电容来构造非常紧凑的交叉耦合阵列。交叉耦合式的版图布局消除了由电介质厚度梯度造成的影响,而电介质厚度梯度是电容失配的主要来源。对于较大的匹配阵列,通常很难将各个器件的质心完美重合。在这种情况下,确保匹配器件的质心近似重合基本就可满足要求。可以考虑将较大的电容拆分成两个以上的子电容,从而增加交叉耦合阵列内的分散性。

10)应当考虑与电容相连引线的电容。将匹配电容连接到电路中的引线自身也存在电容。当我们必须构建中度匹配或高度匹配的电容阵列时,需要对上述电容给予关注。为了保证匹配度,我们不仅要匹配单位电容,还要匹配单位电容间互连引线的电容以及单位电容与其他电路元件间的引线电容。为了获得最佳匹配效果,我们应在互连引线网络的上方设置静电屏蔽层以抑制边缘电场。引线与其相邻金属的间距应当至少等于该引线上下导电层之间氧化层厚度的 $2\sim3$ 倍,从而最小化横向寄生电容。如果无法满足上述间距要求,那么应当考虑在每条电容引线的两侧设置屏蔽线,以提供已知的且可控的横向寄生电容。对于每个单位电容,都应当仔细匹配其引线的纵向与横向总电容。很多版图与原理图一致性检查工具(LVS)具有反向标注功能,可以自动计算出相关的寄生电容。对于两个单位电容,如果其中某个电容的引线电容相对较小，则可在该电容的引线上插入凸起或死路分支，直至这两个单位电容的引线电容匹配。

11) 应当采用较厚的同质电介质，而非较薄的电介质或者复合电介质。与较薄的电介质相比，较厚的电介质通常会表现出更小的随机变化。而与复合电介质相比，同质电介质通常会表现出更小的随机变化。这是因为制造复合电介质需要多个工艺步骤，而每个工艺步骤都会造成一部分与该步骤相关的随机变化。在构建具有相对较小容量的高度匹配电容时，上述考虑尤为重要。

12) 应当将高度匹配电容放置在低应力梯度区域。虽然大多数集成电容对应力的敏感度远低于集成电阻，但是它们确实会因应力而产生微小的容值变化。采用合理的共质心版图布局技术通常足以消除应力的影响。对于高度匹配的电容，将其设置在不受大应力梯度影响的管芯区域也会更为有利。最好将此类电容设置在管芯中心附近。而无论如何，它们都应当至少与管芯边缘保持几百微米的距离。具有高介电常数的电介质(如钛酸盐)会表现出压电效应，即在电介质上的机械应力变化会导致存储在电容中的电荷发生相应的偏移。与采用低 k 电介质(如氧化物或氮化物)的常用集成电容相比，这类电容对应力的影响更为敏感。

13) 应当使高度匹配电容远离功率器件。除了钛酸盐等具有高介电常数的材料外，大多数电介质的介电常数随温度变化不大。但是它们的介电常数会倾向于与其体积变化成反比。这两种效应之间的差异足以导致电容的容量随温度产生轻微变化。对于采用多晶硅极板的电容，其与电介质相邻的多晶硅极板中的耗尽区宽度也会随着温度发生变化。这类电容的温度系数可能会高达 $50\sim100$ ppm/℃。因此，高度匹配电容(尤其是采用多晶硅极板的电容)不应紧邻功率器件放置。

8.4　本章小结

大多数集成电路包含大量的匹配电阻，有些也会包含匹配电容。版图设计师应当确定哪些元件必须匹配，以及相应的匹配准确度。根据这些信息，我们可以构建管芯的平面布局图，其中应当显示功率器件与匹配器件的相对位置关系。应将匹配度最高的器件放置于管芯的对称轴上，并远离管芯边缘、管芯拐角以及功率器件。即便管芯中没有功率器件，出于对应力影响的考虑，仍然应当将最敏感的匹配器件放置在管芯中心附近。在绘制芯片版图之前进行初步的管芯布局规划，不仅能够简化版图中电路的搭建与互连，还能够提高电路性能。

电阻与电容的匹配准确度取决于其版图布局的优异程度。对于两个具有较大阻值的电阻，如果其版图布局非常随意(尺寸与形状不同，排布方向不同，并且相隔一定距离)，则很容易产生几个百分点的失配。对于同样的电阻，如果将其合理地排布成叉指阵列，那么它们之间的匹配度肯定可以优于±0.5%，甚至可能优于±0.1%。

对于任何给定的版图，我们很难预测其可能实现的匹配准确度。在实际中，由于几乎无法获得用于定量评估器件匹配度所需的硬性数据，版图设计师必须基于有限的信息做出决策。尽管这个过程较为困难，甚至有时会令人沮丧，但是通过遵循本章所讨论的原则，设计师可以大幅提升很多电路的性能。

习题

8.1 有一对设计容量分别为 5 pF 与 2.5 pF 的电容。对 10 组电容单元进行测试得到以下 10 对测量值：(5.19 pF, 2.66 pF)、(5.21 pF, 2.67 pF)、(5.19 pF, 2.65 pF)、(5.23 pF, 2.66 pF)、(5.21 pF, 2.68 pF)、(5.12 pF, 2.67 pF)、(5.25 pF, 2.68 pF)、(5.15 pF, 2.63 pF)、(5.21 pF, 2.61 pF)、(5.28 pF, 2.61 pF)。那么这两个电容之间最差情况下的 $6-\sigma$ 失配值是多少？

8.2 有一批晶圆片共有 12 片，其中各片编号分别为 $1,2,3,\cdots,12$，现在可以用作确定失配实验的样本。详细说明从该批次晶圆片中选出 30 个单元作为有代表性样本的操作流程。

8.3 一对容量为 3 pF 的电容，现在测得它们的失配值具有 0.17% 的标准偏差。那么两个结构相似的电容必须要做成多大，才能确保它们在最差情况下的 $6-\sigma$ 失配值达到 ±0.5%？假设可以忽略系统失配。

8.4 某设计中包含一对宽度为 $3\ \mu m$ 的电阻,现在测得它们的失配值具有 0.32% 的标准偏差,同时测得的系统失配为 $+0.10\%$。假设系统失配不随宽度变化,为了达到 $\pm 1\%$ 的 $6-\sigma$ 失配值,电阻的宽度应当取何值?

8.5 假设方块电阻为 $500\ \Omega/\square$,根据本章所讨论的规则将下面的匹配电阻拆分成电阻段。在每种情况中,说明每个电阻包含的电阻段数目与电阻段阻值。
a) $10\ k\Omega$ 和 $15\ k\Omega$。
b) $7.5\ k\Omega$ 和 $11\ k\Omega$。
c) $3.66\ k\Omega$ 和 $11.21\ k\Omega$。
d) $75.3\ k\Omega$ 和 $116.7\ k\Omega$。

8.6 假设单位面积电容为 $1.7\ fF/\mu m^2$,根据本章所讨论的规则将下面的匹配电容拆分成单位电容。说明每个器件包含的单位电容数目、单位电容量及它们的尺寸。
a) $4.0\ pF$ 和 $8.0\ pF$。
b) $1.8\ pF$ 和 $4.2\ pF$。
c) $3.7\ pF$ 和 $5.1\ pF$。
d) $25\ pF$ 和 $25\ pF$。

8.7 为下列各种类型的电阻选择最佳排布方向:
a) 标准双极型工艺中的高阻值电阻。
b) 模拟 BiCMOS 工艺中的 N 阱电阻。
c) P 型多晶硅电阻。
d) 镍铬合金薄膜电阻。

8.8 为一对阻值分别为 $R_M = 166\ k\Omega$ 和 $R_N = 131\ k\Omega$ 的电阻,绘制类似图 8.19 所示的电阻段敏感度图表,其中 $1 \leqslant N \leqslant 20$。在上述范围内,哪种分段方式最为准确?

8.9 为下列各种情况设计一维叉指结构:
a) 两个电阻,比例为 $4:5$。
b) 两个电阻,比例为 $2:7$。
c) 三个电阻,比例为 $1:3:5$。
d) 四个电阻,比例为 $1:2:4:8$。

8.10 考虑在(100)硅片中所制造的轻掺杂 P 型电阻,并假设该电阻以垂直方向放置。如果存在 $200\ MPa$ 的纵向压缩应力以及 $150\ MPa$ 的横向压缩应力,该电阻的阻值会偏移多少(相对初始值的百分比)?在受到这种应力时,它的阻值是增大还是减小?

8.11 绘制一个电阻分压器的版图,该分压器由两个阻值为 $3\ k\Omega$,宽度为 $8\ \mu m$ 的基区电阻构成,并将它们设置在同一隔离岛内。最终绘制的版图应包含所有必要的金属连线,以及一条用于连接隔离岛的独立引线。

8.12 绘制一个电阻分压器的版图,该分压器由两个阻值为 $75\ k\Omega$,宽度为 $8\ \mu m$ 的高阻值电阻构成。

8.13 假设习题 8.12 中的分压器是某个管芯的一部分,且该管芯的尺寸为 $2150\ \mu m \times 1760\ \mu m$。上述尺寸并不包含划片槽和划封,在本习题中可以暂时忽略它们的影响。绘制一个与上述管芯具有相同尺寸的矩形,并将分压器设置在可以实现最佳匹配特性的位置。假设本设计中不包含明显热源。

8.14 重复习题 6.14,绘制电阻版图以至少实现中度匹配。其中一个电阻通常包含一个单独的电阻段。用含有偶数个 $10\ k\Omega$ 电阻段的串并联网络代替上述电阻。

8.15 假设习题 8.14 中的修调网络是某个管芯的一部分。该管芯的有效面积为 $5.3\ mm^2$,并且功率晶体管占据了其中的 $3.6\ mm^2$。该管芯面积不包含划片槽和划封,也不需要在本习题中考虑它们的影响。为该管芯选择一个合适的长宽比,并绘制一个具有其所需面积的矩形。在版图中放置另一个矩形来表明功率器件的位置。代表功率管的矩形可以选择等于或小于 $3:1$ 的任意长宽比。然后将修调网络放置在管芯上的最佳位置。将修调焊盘放置在尽可能靠近管芯边缘的位置,但是所有金属与管芯边缘的距离至少为 $8\ \mu m$。

8.16 采用模拟 CMOS 工艺中的双层多晶硅电容构造一个电容阵列。这些电容具有如下容量:$0.5\ pF$、$1\ pF$、$2\ pF$、$4\ pF$ 和 $8\ pF$。假设所有电容共用第 1 层多晶硅极板,并将每个电容的第 2 层多晶硅极板的引出端通过引线引出到该阵列的边缘。复制单位电容作为虚拟器件,并采用第 2 层金属作为屏蔽层来覆盖整个阵列。为了确保准确匹配,可以采取任何所需的其他措施。

8.17 对于一个采用塑料 SOIC 封装的集成电路,其某个参数出现了封装漂移。该参数封装漂移的平均值等于 -1.6%,标准偏差等于 0.07%。聚酰亚胺保护层是否可以显著降低整体封装漂移?为什么?

8.18 给定一个总面积为 $12\ 000\ \mu m^2$ 的矩形,绘制一个电阻分压器的最佳版图。该分压器由两个第 2 层多晶硅高阻值电阻构成,它们的阻值分别为 $8.3\ k\Omega$ 与 $83\ k\Omega$。

8.19 对于给定的高准确度多晶硅电阻阵列,是应该在该阵列周围绘制虚拟金属阻挡层,还是应该用一片第 2 层金属板来覆盖它们,并在此结构上绘制关于第 1 层金属的阻挡层?说明每种方案的优点和缺点。

8.20　某位设计师在绘制阻值为 50 Ω 的金属多晶硅化物电阻时，由于电阻宽度只够在两端各放置一个接触孔，他非常担心接触孔电阻的随机变化对整体电阻的影响。该设计师建议在电阻两端的第一个接触孔后面再设置第二个接触孔，其理论是两个接触孔电阻平均值的变化要小于单个接触孔电阻的变化。请对上述建议进行评价，是否还有更好的选择？

参考文献

［ 1 ］　W. F. Davis, *Layout Considerations,* unpublished manuscript, 1981.

［ 2 ］　W. A. Lane and G. T. Wrixon, "The design of thin-film polysilicon resistors for analog IC applications," *IEEE Trans. Electron Devices,* Vol. 36, #4, 1989, pp. 738–744.

［ 3 ］　M. Pelgrom, H. Tuinhout, and M. Vertregt, "A designer's view on mismatch," in A. H. M. van Roemund, *et. al.,* eds., *Nyquist AD Converters, Sensor Interfaces, and Robustness: Advances in Analog Circuit Design* (New York: Springer Science, 2013), pp. 245–267.

［ 4 ］　A.-R. Ragab and S. E. A. Bayoumi, *Engineering Solid Mechanics: Fundamentals and Applications* (Boca Raton, FL: CRC Press, 1998).

第9章
双极型晶体管

点接触晶体管是 1947 年由约翰·巴丁(John Bardeen)和沃尔特·布拉顿(Walter Brattain)在美国电话电报公司的贝尔实验室研发出来的。第一个原型器件是由一块 N 型锗片构成的，其中两个金电极非常靠近并形成接触。为了获得必要的微小间距，他们将金箔包裹在一块塑料楔的尖端，并用剃须刀片将其切开，然后用一个弯曲的回形针形成的弹簧将塑料楔压在锗片上。巴丁和布拉顿以及威廉·肖克莱(William Shockley)因这一发现共同获得了 1956 年的诺贝尔物理学奖。几乎与此同时，两位德国物理学家赫伯特·马塔雷(Herbert Mataré)和海因里希·韦尔克(Heinrich Welker)1948 年在巴黎也独立地发明了点接触晶体管。

双极型晶体管源于 1939 年罗素·奥尔(Russel Ohl)发明的 PN 结。威廉·肖克莱认识到，少数载流子可以穿透点接触晶体管所使用的锗片表面，而不是像巴丁和布拉顿最初认为的那样仅仅流过锗片表面。因此肖克莱后来被称为是少数载流子注入现象的发现者。戈登·蒂尔(Gordon Teal)第一个开发出了工业化制造单晶锗的工艺，这是波兰化学家扬·切克劳斯基(Jan Czochralski)在 1917 年开创的晶体生长技术的一种变通。摩根·史克斯(Morgan Sparks)与蒂尔合作，通过从坩埚中拉制锗晶体时对其进行连续的掺杂，从而构建出了生长结的晶体管。

硅双极型晶体管是由莫里斯·塔尼巴恩(Morris Tanenbaum)于 1954 年在贝尔实验室开发的。同年，戈登·蒂尔在得克萨斯仪器公司(TI)做出了一种类似的晶体管，正是这种器件不久之后成为第一个投入商用的硅晶体管。扩散结由卡尔文·富勒(Calvin Fuller)引入，并于 1955 年由塔尼巴恩(Tanenbaum)用于创建双极结型晶体管。得克萨斯仪器公司的杰克·基尔比(Jack Kilby)和仙童(Fairchild)半导体公司的罗伯特·诺伊斯(Robert Noyce)在 1958 年～1960 年间开发出了平面型的集成电路。

J. R. 皮尔斯(J. R. Pierce)发明了"晶体管"这个术语。人们对选择这一术语也提出了几种不同的解释，但是皮尔斯本人表示，这个术语源于"跨阻"(Transresistance)一词，它代表的是人们更为熟悉的跨导(Transconductance)的倒数。

在 20 世纪 80 年代之前，双极型晶体管一直主导着模拟集成电路的设计。那个年代成熟的双极型工艺生产的大量晶体管在各种模拟应用中表现良好，而采用金属栅的 MOS 晶体管则不然，它们的阈值电压变化不稳定，跨导和输出电阻也比较低，并且非常脆弱。模拟集成电路设计师在很大程度上认为它们是仅仅适合用来构建数字逻辑的劣质器件。

工艺设计人员也在逐渐改进 MOS 晶体管。多晶硅栅消除了阈值电压变化，并大大降低了重叠电容。更好的漏极工程提高了器件的可靠性。降低的工作电压和关键尺寸提高了器件的跨导和输出电阻，同时也改善了匹配特性。到了 2000 年左右，MOS 晶体管已经普遍超过了双极型晶体管。模拟集成电路的设计师逐渐接受了 MOS 电路设计，双极型晶体管反而被归入了少数的专业化应用领域。

工业界从双极型向 MOS 型转变，学术界也是如此。今天电气工程专业的学生会学习很多有关 MOS 晶体管的知识，而很少学习有关双极型晶体管的知识。电路设计师在某些应用中仍然会使用双极型晶体管，包括带隙参考电压源、跨导线性电路、温度传感器、脉冲功率电路和 ESD 保护电路。双极型晶体管能够比 MOS 晶体管更好地完成这些功能，以至于大多数现代的模拟集成电路工艺仍然可以制造出这两种不同类型的器件。专门的锗硅(SiGe)双极型和双极型-CMOS(BiCMOS)兼容工艺也应用于超高速电路，尽管在某些应用中 CMOS 工艺现在与这些工艺相比也具有竞争力了。

本章首先介绍双极型晶体管的特性，然后讨论其电流增益 β 的变化、雪崩击穿、热烧毁以及器件的饱和特性。本章剩余的部分则考察小信号双极型晶体管的版图设计。第 10 章将介绍双极型晶体管的匹配和大功率双极型器件的设计。

9.1 双极型晶体管的工作原理

双极型晶体管具有四个不同的工作区，它们分别是截止区、正向放大区、反向放大区和饱和区。表 9.1 总结了双极型晶体管的偏置条件。其中 V_{BE} 表示基极–发射极电压，而 V_{BC} 则表示基极–集电极电压。

表 9.1 双极型晶体管的偏置条件

工作区	NPN 型晶体管	PNP 型晶体管	工作区	NPN 型晶体管	PNP 型晶体管
截止区	$V_{BE} \leqslant 0$，$V_{BC} \leqslant 0$	$V_{BE} \geqslant 0$，$V_{BC} \geqslant 0$	反向放大区	$V_{BE} \leqslant 0$，$V_{BC} > 0$	$V_{BE} \geqslant 0$，$V_{BC} < 0$
正向放大区	$V_{BE} > 0$，$V_{BC} \leqslant 0$	$V_{BE} < 0$，$V_{BC} \geqslant 0$	饱和区	$V_{BE} > 0$，$V_{BC} > 0$	$V_{BE} < 0$，$V_{BC} < 0$

正向放大区和反向放大区的特征在于电流增益 β_F 和 β_R。正向放大的电流增益 β_F，通常也简称为 β，它等于工作在正向放大区的集电极电流 I_C 与基极电流 I_B 的比值。反向放大的电流增益 β_R 则等于工作在反向放大区的发射极电流 I_E 与基极电流 I_B 的比值。

双极型晶体管模型中经常出现的另一个参数是热电压 V_T，其值等于

$$V_T = \frac{kT}{q} \tag{9.1}$$

式中，k 为玻耳兹曼常数（1.381×10^{-23} J/K）；q 为电子的电荷（1.602×10^{-19} C）；绝对温度 T 通常以开尔文表示。要将摄氏度转换为开氏温度，只需增加 273.2 即可。25 ℃ 时的热电压大约等于 26 mV。

双极型晶体管的第一个完整的数学模型是由埃伯斯（Ebers）和莫尔（Moll）在 1954 年开发出来的。构成该模型的三个方程分别为

$$I_C = I_S(e^{V_{BE}/V_T} - e^{V_{BC}/V_T}) - \frac{I_S}{\beta_R}(e^{V_{BC}/V_T} - 1) \tag{9.2}$$

$$I_E = I_S(e^{V_{BE}/V_T} - e^{V_{BC}/V_T}) + \frac{I_S}{\beta_F}(e^{V_{BE}/V_T} - 1) \tag{9.3}$$

$$I_B = I_E - I_C \tag{9.4}$$

式中，I_S 为饱和电流，这个量取决于发射极–基极结的面积，因此有时也用乘积 $A_E J_S$ 来代替，其中 A_E 是有效的发射极面积，而 J_S 则是饱和电流密度。发射极存在侧壁，这就使得有效的发射极面积与绘制的发射极面积之间不可能存在一种简单的数学关系。两个具有相同几何形状的发射极并联在一起的有效面积是一个发射极有效面积的两倍，前提是它们相互之间不会影响各自周围的电流。如果多个发射极放置在同一个基区内，且彼此紧密相邻，则它们的耗尽区就会彼此接近甚至相交，这就会导致它们有效的发射极面积减小。

埃伯斯–莫尔模型（E-M Model）适用于所有的四个工作区，这对于计算机模拟是非常方便的。电路设计师通常会进行正向放大区的手工计算，如果他们再忽略掉漏电流，那么他们就可以进行以下的简化计算：

$$I_C = I_S e^{V_{BE}/V_T} \tag{9.5}$$

$$I_B = \frac{I_C}{\beta_F} \tag{9.6}$$

$$I_E = I_C + I_B \tag{9.7}$$

图 9.1a 展示了与式（9.5）～式（9.7）相对应的大信号混合 π 模型，该模型由从集电极到发射极连接的跨导 G_M 和从基极到发射极的二极管 D_1 组成。二极管是用来对基极–发射极结进行

建模的，而跨导则是用来对集电极端的少数载流子收集效应进行建模的。

a) 一个偏置在正向放大区的NPN型晶体管的大信号混合π模型　　b) NPN型晶体管的小信号等效电路模型

图　9.1

双极型晶体管需要一个恒定的基极电流来维持其集电极的导通，许多人因此认为它是一种电流控制型的器件。这一点是存在争议的，因为二极管 D_1 的存在意味着其基极-发射极电压与其基极电流之间具有一一对应的关系。因此人们也完全有理由宣称双极型晶体管是一个具有有限输入电阻的电压控制型器件。

电路设计师经常希望知道一个电路是如何对叠加在大得多的直流信号上的交流小信号作出响应的。这种情况适用于所谓的小信号近似，其中的交流信号被假设为在直流工作点附近的一个无穷小的正弦扰动，并且电路中的所有非线性元件都已经做了线性化的等效替换。图 9.1b 显示了 NPN 型晶体管的小信号等效电路模型，在该模型中，小写字母表示的参数代表交流小信号参量。大信号模型中的非线性跨导 G_M 由线性化的跨导 g_m 代替，二极管 D_1 由线性化的电阻 r_π 代替。这些元件的参数值分别为

$$g_m = \frac{I_C}{V_T} \tag{9.8}$$

$$r_\pi = \frac{\beta_F + 1}{g_m} \tag{9.9}$$

那些对 MOS 晶体管的熟悉程度要超过双极型器件的人可能会发现式(9.8)的形式非常令人惊讶。一个双极型晶体管的跨导仅仅取决于其集电极电流，而不依赖于其任何一项器件尺寸参数。此外，双极型晶体管的跨导也超过了相同工作电流下任何 MOS 晶体管的跨导，这也是双极型晶体管时常被优先于 MOS 器件使用的原因之一。

热电压和饱和电流都会随着温度的变化而改变，这些因素共同导致形成恒定集电极电流所需要的基极-发射极电压呈现出大约 $-2\,\mathrm{mV/℃}$ 的温度系数。集电极电流是基极-发射极电压的敏感函数，因此两个双极型晶体管之间存在 1℃ 的温差就会导致其集电极电流之间的失配达到 8%，这相当于集电极电流的温度系数达到了 80 000 ppm/℃！这种巨大的温度系数对于双极型晶体管的匹配设计以及双极型功率晶体管的设计都具有深远的意义。

9.1.1　电流增益的变化

双极型晶体管的初步讨论通常假设其正向电流增益 β 保持不变。β 实际上会随着温度、集电极电流以及集电极-发射极电压的改变而发生变化。所有这些因素都会显著地影响晶体管的工作。

正向电流增益 β 的温度系数主要是由发射极注入效率随温度的变化引起的。当发射区的掺杂水平低于 $10^{19}\,\mathrm{cm^{-3}}$ 左右时，这种影响较小。在较高的发射区掺杂水平下，β 随着温度的升高而增大。对于发射区掺杂水平为 $5\times10^{20}\,\mathrm{cm^{-3}}$ 的标准双极 NPN 型晶体管，在 $-40\sim125℃$ 的温度变化范围内，正向电流增益 β 可以增加多达 3 倍。β 的正温度系数是大功率 NPN 型晶体管热烧毁的一个促成因素(参见 10.1.3 节)。标准的双极横向 PNP 型晶体管由于其发射区掺杂浓度较低，因此其 β 随温度的变化相对较小。

正向电流增益 β 也会随着集电极电流的改变而发生变化。图 9.2 展示了小信号 NPN 型晶

体管和横向 PNP 型晶体管的 β 随集电极电流变化的曲线。NPN 型晶体管的 β 在较宽的集电极电流变化范围内保持相对恒定，这在一定程度上证明了 β 为常数的假设是合理的。NPN 型晶体管的 β 在发射极电流密度超过 $10\ \mu A/\mu m^2$ 的大电流水平下开始出现下降，类似的 β 下降也发生在发射极电流密度低于 $10\ pA/\mu m^2$ 的极低电流水平下。大电流下的 β 衰减是由于大注入效应引起的，而小电流下的 β 衰减则是由几种不同的机制引起的，包括耗尽区内以及硅与二氧化硅界面处的复合，以及短发射区效应(参见 9.3.1 节)。NPN 型晶体管发射极-基极结的雪崩会严重降低其小电流下的 β，因为这会产生额外的表面陷阱，从而增加耗尽区的复合(参见 5.3.3 节)。

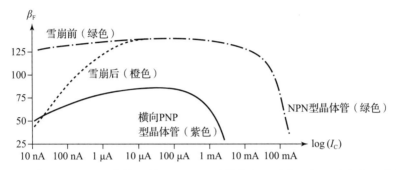

图 9.2　小信号 NPN 型晶体管和横向 PNP 型晶体管的 β 随集电极电流变化的曲线图，
图中橙色标记的曲线显示了发射极-基极雪崩对 NPN 型晶体管 β 的影响

　　横向 PNP 型晶体管的 β 曲线与 NPN 型晶体管的 β 曲线有很大不同。横向 PNP 型晶体管不仅具有较低的峰值 β，而且还表现出更明显的大电流和小电流 β 衰减。造成这些差异的原因有三个：①PNP 型晶体管的发射区比 NPN 型晶体管的发射区掺杂浓度低得多，因此 PNP 型晶体管表现出较低的发射极注入效率，这就降低了其峰值 β。②横向 PNP 型晶体管中载流子在表面附近的流动增大了表面复合，从而加剧了其小电流下的 β 下降。③横向 PNP 型晶体管较低的基区掺杂浓度导致在相对比较低的电流水平下就开始发生大注入效应，由此进一步加剧了大电流下的 β 下降。大电流下 β 下降和小电流下 β 下降的区域经常彼此重叠，导致 β 曲线出现明显的峰值。表现出这种峰值的晶体管在峰值 β 点实际上是工作在大注入模式下，这会使得某些类型电路的设计变得更加复杂化。

　　由于集电极-基极结的耗尽区会侵入中性基区中，因此 β 也会随着集电极-发射极电压的改变而发生变化，这种机制称为厄立(Early)效应，它会导致 β 在集电极-发射极电压较高时增大。图 9.3 展示了双极型晶体管的 I-V 特性曲线图。厄立效应导致正向放大区中的曲线轻微地向上倾斜。如果将这些曲线向外延长，直到每条曲线都与 X 轴相交，则其交点都大致重合。交点处的电压 V_A 被称为厄立电压。厄立电压越大，则厄立效应的影响程度就越小。标准的双极 NPN 型晶体管通常具有大约 150 V 的厄立电压。

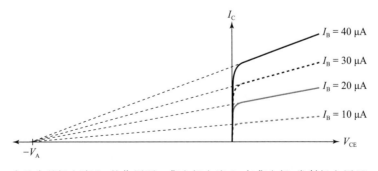

图 9.3　在几个基极电流 I_B 的作用下，集电极电流 I_C 与集电极-发射极电压 V_{CE} 的关系
曲线，显示了厄立效应以及如何通过曲线外推求得厄立电压

晶体管的正向电流增益 β 可以表示为

$$\beta(V_{CE}) = \beta_0 \left(1 + \frac{V_{CE}}{V_A} \right) \tag{9.10}$$

式中，β_0 为外推到 $V_{CE} = 0$ 的 β 值。式(9.10)只是一个近似表达式，因为厄立电压实际上会随着集电极-发射极电压的改变而略有变化。

厄立效应还导致双极型晶体管表现出一个有限的输出电阻。在晶体管的小信号模型中，输出电阻是由从集电极连接到发射极的电阻 r_o 构成的，其阻值为

$$r_o = \frac{V_A}{I_C} \tag{9.11}$$

由于输出电阻限制了一个双极型晶体管可以获得的电压增益，因此电路设计师通常更喜欢具有较高厄立电压的器件。增大厄立电压的两个明显的方法就是增大基区宽度或提高基区的掺杂水平。这两种行为都会增大古穆尔(Gummel)数，从而降低 β。因此以这两种方式获得的厄立电压增加都是以相应的 β 降低为代价的。这也就解释了为什么器件设计师经常会使用 β 和厄立电压 V_A 的乘积作为品质因数。为了提高 βV_A 的乘积，我们必须提高发射极的注入效率，并采用更低掺杂浓度的集电极，或者减少复合。

9.1.2 雪崩击穿

双极型晶体管的最大工作电压最终受到各种击穿机制的限制，包括雪崩击穿、基区穿通和二次击穿。无论发生哪一种情况，首先都会限制器件的工作电压。双极型晶体管的击穿电压传统上是从发射极到基极(V_{EB})、从集电极到基极(V_{CB})以及从集电极到发射极(V_{CE})测量得到的。测量器件的击穿电压时，多余的引出端通常保持开路(未连接)。获得的击穿电压称为 V_{EBO}、V_{CBO} 和 V_{CEO}，其中的"O"就表示第三端为开路状态(Open)。这些击穿电压通常是在中等电流水平下测量得到的，例如 1 mA 的电流。

集电极开路时从发射极到基极的击穿电压 V_{EBO} 等于发射极-基极结的雪崩击穿电压。对于采用标准双极型工艺中构建的垂直结构 NPN 型晶体管来说，其 V_{EBO} 通常等于 7 V 左右，该击穿电压对于不同工艺和环境温度基本保持相对恒定，因此一个偏置在发射极-基极结击穿状态的 NPN 型晶体管就构成了一个有用的齐纳二极管。然而，发射极-基极结的雪崩击穿通常发生在表面附近，因此会引起雪崩诱导的 β 退化(参见 5.3.3 节)。多晶硅发射极晶体管特别容易受到这种机制的影响，它们发射极-基极结的反偏电压就不应超过其 V_{EBO} 额定值的一半。表面雪崩击穿电压往往也会随着时间而发生漂移(称为齐纳蠕变及其逆转，参见 5.3.2 节)。

发射极开路时从集电极到基极的击穿电压 V_{CBO} 相对比较大，因为基区和集电区都是低掺杂的。标准的双极型工艺常见的版本中包括 V_{CBO} 从 20 V 到 120 V 不等的多种垂直结构 NPN 型晶体管。这些器件的击穿电压足够高，以至于其侧壁曲率迫使击穿发生在次表面，且不会出现雪崩诱导的 β 退化。标准双极型工艺中的横向 PNP 型晶体管使用基区扩散来形成其发射区和集电区，因此其 V_{EBO} 和 V_{CBO} 在数值上均与 NPN 型晶体管的 V_{CBO} 相等(但是极性是相反的)。由于击穿发生在次表面，横向 PNP 型晶体管通常也不会出现雪崩诱导的 β 退化现象。再结合这些器件具有相对较大的 V_{EBO}，这就使得它们成为各类放大器和比较器输入级的热门选择。

β 倍增效应会导致基极开路时从集电极到发射极的击穿电压 V_{CEO} 会明显小于 V_{CBO}。当集电极-基极电压尚远低于 V_{CBO} 时就会开始出现低水平的碰撞电离，如果此时基极端保持开路，则流入基区的碰撞电离电流就会把晶体管偏置到正向放大区，该电流乘以 β，由此得到的集电极电流又会引起额外的碰撞电离。在某个电压点上，这个正反馈机制就得以自我维持。发生这种情况时，晶体管的击穿电压实际上就会降低，这种现象被称为电压折回(或负阻效应)。图 9.4 中标记为 V_{CEO} 的曲线就显示了快速折回的特征标记。从原点向右追踪曲线，集电极电流刚开始仅包含微小的漏电流。随着电压变得越来越大，以至于碰撞电离又产生了额外的集电极电流，于是曲线开始越来越陡地向上倾斜。最终电压就会达到一个称为触发电压的最大值。超过这一点，更大的电流实际上就会导致电压下降，从而产生一个以负动态电阻为特征的折回区，在这个折回

区内不存在稳定的工作点。随着电压下降,碰撞电离效应不断减弱,晶体管中性区的电阻现在逐渐占主导地位,曲线开始向上向右弯曲,器件随之退出负动态电阻区。在该点处的最低电压称为维持电压。V_{CEO} 就等于集电极-发射极击穿曲线的触发电压,相应的维持电压称为 $V_{CEO(sus)}$。

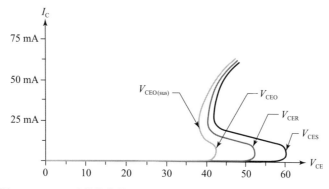

图 9.4 NPN 型晶体管的 V_{CEO}、V_{CER} 和 V_{CES} 的理想化曲线示意图

集电极到发射极的击穿电压可以通过将基极与发射极相连接来增大。此时碰撞电离形成的电流可以从基极端流出,晶体管将继续保持在截止状态,而不会进入正向放大区。然而,从基极端流出的电流必须首先通过中性基区,因此在基区电阻上就会产生电压。如果碰撞电离的电流变得足够大,则该电压也会将晶体管偏置到正向放大区,并且将发生电压折回现象。因此基极与发射极短路时从集电极到发射极的击穿电压 V_{CES} 高于 V_{CEO},但是低于 V_{CBO}。

图 9.4 中间的曲线表示当基极通过一个电阻连接到发射极时,从集电极到发射极的击穿电压为 V_{CER} $^{\ominus}$。外接电阻减少了可以用来将晶体管偏置到正向放大区的碰撞电离电流数值。V_{CER} 取决于外接电阻的大小。对于小电阻,其值接近 V_{CES};而对于大电阻,其值则接近 V_{CEO}。

PN 结隔离的双极型晶体管总会有一个区和衬底之间具有一个额外的反向偏置结。标准双极工艺中的垂直结构 NPN 型晶体管具有一个反偏的集电区-衬底结,而横向结构 PNP 型晶体管则具有一个反偏的基区-衬底结。这些结都具有它们各自的击穿电压,其数值通常等于或大于 V_{CBO}。由于这些击穿电压通常都比较高,因此它们很少会成为电路设计中的限制因素。然而对于那些相对于正电源线而不是相对于衬底接地端偏置的电路来说,它们仍然可以限制其最大工作电压。

9.1.3 NPN 型晶体管的饱和

当一个双极型晶体管的发射极-基极结和集电极-基极结同时处于正向偏置时,该双极型晶体管就进入了饱和状态。双极型功率晶体管通常就工作在饱和状态下,以便降低其集电极到发射极的饱和电压 $V_{CE(sat)}$,并最大限度地减少功耗。然而,饱和也会带来一系列潜在的问题。

采用介质隔离的双极型晶体管的饱和会降低其 β 并延长其关断时间,该关断时间也称为反向恢复时间。正向偏置的集电极-基极结会在两个方向上同时注入少数载流子。在 NPN 型晶体管中,空穴会扩散到中性的集电区中,而电子则会扩散到中性的基区中,大量过剩的少数载流子很快就会积累在集电极-基极结的两侧。基区中过剩电子的复合增大了基极电流,由此降低了 β。现在假设外部电路突然迫使基极-发射极之间的电压为零,此时过剩的少数载流子分布仍然存在,随着它们的不断复合,就会继续消耗多数载流子。因此多数载流子电流继续流动,直到所有的少数载流子都被复合掉为止。由于大多数现代的 NPN 型晶体管都采用轻掺杂的集电极漂移区,它们的反向恢复时间很容易就达到几微秒的量级。反向恢复时间限制了工作在饱和区的双极型晶体管的开关速度。而 MOS 晶体管作为多数载流子器件,则没有这种反向恢复延迟。

PN 结隔离的 NPN 型晶体管表现出与介质隔离的晶体管相同的反向恢复时间问题,但是它

$\ominus$ V_{CER} 也用来指代当基极-发射极结施加反向偏压时的集电极-发射极击穿电压,但该击穿电压更多地被称为 V_{CEX}。

们也表现出了另一个潜在的问题。图 9.5 展示了采用标准双极型工艺制造的一个典型的 NPN 型晶体管的剖面结构示意图。有关该结构的一些结论也适用于在 P 型衬底上制造的其他结隔离的垂直结构 NPN 型晶体管，包括模拟 BiCMOS 工艺中的集电极扩散区隔离（Collector-Diffused Isolation，CDI）NPN 型晶体管。

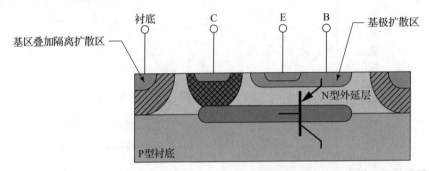

图 9.5　采用标准双极型工艺制造的一个典型的 NPN 型晶体管的剖面结构示意图，它展示了寄生 PNP 型晶体管的存在。流过寄生 PNP 型晶体管的大部分电流实际上是横向流到了隔离扩散区

　　PN 结隔离的使用引入了由 P 型衬底和隔离扩散区构成的第四端。只要中性集电区中没有过剩的少数载流子，反向偏置的集电极-衬底结就能够将该晶体管与集成电路的其余部分完全隔离。但是当该晶体管的集电极-基极结处于正向偏置时，它就会将空穴注入中性的集电区中，其中就会有一些空穴在被复合掉之前扩散到反向偏置的隔离结。因此处于饱和状态的 NPN 型晶体管的一部分基极电流就会流过集电区并进入衬底中，这种现象称为衬底注入。

　　可以使用一个 PNP 型晶体管来对衬底注入现象进行建模，该器件通常称为寄生的 PNP 型晶体管，因为它是伴随着所需要的器件（在本例中就是垂直结构的 NPN 型晶体管）而形成的一个不需要的器件。垂直结构 NPN 型晶体管的集电极-基极结构成寄生 PNP 型晶体管的发射极-基极结，NPN 型晶体管的隔离结（具体来说，就是隔离扩散区与 N 型外延层之间的侧壁结）则构成寄生 PNP 型晶体管的集电极-基极结。

　　衬底注入会带来几个不良的后果。首先，由于基极驱动电流向衬底的分流，PN 结隔离的 NPN 型晶体管不可能像介质隔离的 NPN 型晶体管那样被驱动到深饱和状态。因此 PN 结隔离的 NPN 型晶体管往往比介质隔离的 NPN 型晶体管具有更高的 $V_{CE(sat)}$ 饱和电压。一个处于饱和状态的 NPN 型晶体管还会向衬底注入电流，这就有可能导致衬底偏置并触发闩锁（参见 5.4.2 节）。如果晶体管的基极驱动电流超过几毫安（就像功率晶体管中经常出现的情况一样），这种情况可能就需要添加保护环。或者，也可以将基极驱动电路设计为一旦晶体管开始饱和就减少基极驱动电流。10.1.4 节简要讨论了这种有源的抗饱和钳位结构。

　　饱和也会导致一种麻烦的现象，称为基极电流分流。当某个晶体管进入饱和状态时，它的一些基极电流就会流过集电极-基极结，而不是流过发射极-基极结。这种电流的分流就会降低基极-发射极的电压。垂直结构的 NPN 型晶体管特别容易受到这种效应的影响，因为其发射区的掺杂浓度要高于其集电极漂移区的掺杂浓度，导致其基极-集电极结两端的内建电势会略小于基极-发射极结两端的内建电势。许多电路会并联连接多个晶体管的基极-发射极结，如果某个晶体管进入饱和状态，它就会比其他的晶体管汲取更多的基极电流。

　　图 9.6 展示了由三个完全相同的 NPN 型晶体管构成的简单电流镜，其中的电流源 I_{BIAS} 为二极管连接方式的晶体管 Q_1 供电。所有三个晶体管的基极-发射极电压都是完全相同的，因此它们也汲取完全相同的集电极电流，前提是这三个晶体管都工作在正常的有源放大区中。现在假设晶体管 Q_3 进入饱和区，其大量的基极电流被分流到寄生 PNP 型晶体管 Q_P 中，导致 Q_3 的基极-发射极电压减小。因此其他晶体管的基极-发射极电压也会减小，从而将电流 I_2 减小到等于 I_3。注意，I_3 并不是 Q_3 的集电极电流 I_{t3}，而是该集电极电流 I_{t3} 与隐藏在该器件内部的寄生 PNP 型晶体管的基极电流之和。请注意，当电流镜中的一个 NPN 型晶体管饱和时，其他

晶体管的输出电流就会减少。

　　电路设计师已经开发出了几种用于抑制基极电流分流的方法,包括基极镇流电阻和肖特基钳位。基极镇流电阻需要将匹配的电阻插入每个晶体管的基极引线中,如图 9.7 所示。这些基极镇流电阻应当与其各自晶体管的发射极面积成反比。例如,如果 Q_2 的发射极面积是 Q_1 的 2 倍,那么 R_2 就应该等于 R_1 电阻值的一半。基极镇流电阻通过引入局部负反馈来避免电流分流。如果其中的任何一个晶体管开始饱和,其基极-发射极电压就会下降,并开始汲取更多的基极电流,这就会增大其基极镇流电阻两端的电压降,从而使基极电流恢复平衡。通常情况下饱和晶体管基极镇流电阻两端出现的电压不会超过 $50 \sim 100$ mV。

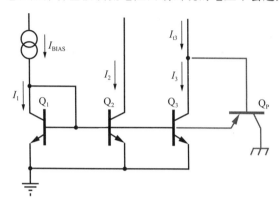 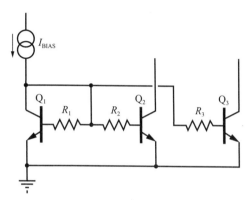

图 9.6　由三个完全相同的 NPN 型晶体管构成的简
　　　　单电流镜,其中的 Q_P 表示存在于垂直结构
　　　　NPN 型晶体管 Q_3 中的寄生 PNP 型晶体管

图 9.7　将基极镇流电阻应用于图 9.6 的电路中

　　扩散形成的基极镇流电阻不得与其所保护的 NPN 型晶体管位于相同的隔离岛内,因为这样的镇流电阻本身就会与隔离岛形成正向偏置,如图 9.8 所示。实际上,寄生的 PNP 型晶体管只不过是从该结构的左侧移动到了右侧。

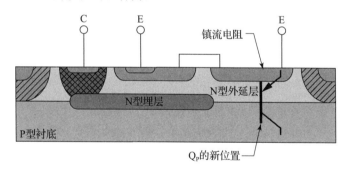

图 9.8　基极镇流电阻与它所保护的 NPN 型晶体管位于同一个隔离岛时会失去作用

　　晶体管基极-集电极结两端的钳位二极管也可以防止其进入饱和。该钳位二极管必须具有比基极-集电极结更低的正向电压。只有少数类型的肖特基二极管,特别是那些由硅化铂或硅化钯构成的二极管,具有这种必要的特性。图 9.9a 显示了肖特基钳位二极管与 NPN 型晶体管基极-集电极结的并联连接方式,由此构成的肖特基钳位 NPN 型晶体管通常使用图 9.9b 所示的电路表示符号。肖特基钳位二极管为电流提供了替代的

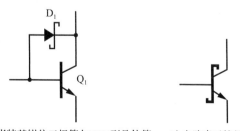

a) 肖特基钳位二极管与NPN型晶体管　　b) 电路表示符号
　　基极-集电极结的并联连接方式

图　9.9

路径，否则电流将流过正向偏置的基极-集电极结。肖特基钳位 NPN 型晶体管不会经历饱和特性带来的延长关断时间，也不会向衬底中注入电流。肖特基钳位 NPN 型晶体管曾经广泛用于双极型逻辑电路中，例如低功耗的肖特基钳位晶体管-晶体管逻辑（Low-power Schottky-clamped Transistor-Transistor Logic，LSTTL）电路中的 74LS 系列逻辑门。11.1.4 节中还将进一步详细讨论肖特基钳位晶体管的版图设计。

饱和 NPN 型晶体管在与其他器件合并时也可能会引起问题。当晶体管饱和时，其正向偏置的基极-集电极结会将少数载流子空穴注入共享的 N 型隔离岛（或阱）中，这些载流子可能会被其他的反向偏置结所收集。14.1 节中将会更加详细地讨论这些类型的问题。

9.1.4 横向 PNP 型晶体管的饱和

图 9.10 展示了一个利用标准双极型工艺构造的横向 PNP 型晶体管的剖面示意图。外延层隔离岛用作器件的基极，设置在隔离岛中心的基极扩散区小插塞构成其发射极，集电极则是由围绕发射极插塞的环形基极扩散区组成。横向 PNP 型晶体管的工作取决于由发射极注入的空穴找到它们通向集电极的通路，而不是通向下面的衬底或隔离区的侧壁。一些空穴由发射极的侧壁注入，并直接渡越到相邻的集电极，如晶体管 Q_L 所示。然而，也有一些空穴是从发射极扩散区的底部向下注入，它们穿透 N 型埋层，最终到达衬底。还有一些空穴从环形集电极的下方掠过并到达隔离扩散区的侧壁。这些不希望出现的传导路径都可以利用寄生的衬底 PNP 型晶体管 Q_{P1} 来进行建模分析。如果该横向 PNP 型晶体管进入了饱和区，则集电极的外侧壁就会再次把空穴注入隔离岛中，然后这些空穴最终流向隔离区的侧壁。这种不希望出现的传导路径可以利用寄生的衬底 PNP 型晶体管 Q_{P2} 来进行建模分析。

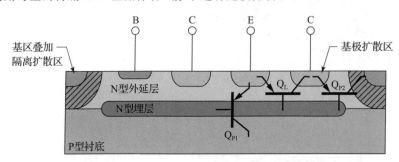

图 9.10 利用标准双极型工艺构造的横向 PNP 型晶体管的剖面示意图，展示了寄生的衬底 PNP 型晶体管 Q_{P1} 和 Q_{P2}

如果晶体管设计不当或进入了饱和区，其总的发射极电流中的很大一部分就可能会损失到衬底上。这些损失可以通过集电极的效率 η_C 来进行量化，η_C 的表达式为

$$\eta_C = \frac{I_C}{I_E - I_B} \tag{9.12}$$

式中，I_C、I_E 和 I_B 分别是集电极、发射极和基极端的电流，且假设其均为正值。一个设计恰当的横向 PNP 型晶体管在远离饱和区的工作状态下通常应表现出超过 95% 的集电极效率。在很多情况下，这个效率甚至会超过 99%。这样的高效率意味着存在某种机制阻碍空穴在垂直方向上传导到衬底。N 型埋层的存在形成了一个高-低结（参见 5.4.4 节），其内建电势就会排斥试图向下扩散的空穴。假设 N 型埋层的掺杂浓度足够高，则实际上就没有空穴能够穿透 N 型埋层到达衬底。那些试图从环形集电极下方流动到达隔离区侧壁的空穴则必须穿过相当长的横向距离，且不得进入集电极-基极结的耗尽区中。考虑到图 9.10 所示的剖面图大大夸大了垂直方向的尺寸，对于一个工作在较低集电极-发射极电压下的典型横向 PNP 型晶体管来说，通常只有不到 5% 的注入空穴能够从其集电极下方逸出。更高的 V_{CE} 电压则会驱使集电极-基极耗尽区更深地进入隔离岛中，从而进一步提高集电极的收集效率。

总之，标准双极工艺中横向 PNP 型晶体管的高集电极效率取决于 N 型埋层的使用，由此形成阻断寄生衬底 PNP 型晶体管垂直传导的高低结。省略这层 N 型埋层则会严重降低集电极效率，通常会低于 0.5。

横向 PNP 型晶体管的饱和区特性与垂直 NPN 型晶体管的饱和区特性有显著差别。当一个横向 PNP 型晶体管进入饱和区时，其发射极电流不会改变，其集电极电流会减小，这部分减小的集电极电流多数流向了隔离区。这个工作在饱和区的横向 PNP 型晶体管的基极电流会略有增加，因为图 9.10 中的寄生晶体管 Q_{P2} 通常会具有相对比较大的电流放大倍数（即 β 值，β 值超过 100 并不罕见）。因此并不会发生基极电流过大的现象，并且主要的问题是衬底注入过多。如果这是一个问题，则可以考虑采用肖特基钳位二极管或空穴阻挡保护环结构。

9.2 标准双极型小信号晶体管

标准的双极型工艺最初是设计用来构建数字逻辑电路的，这类电路中包含的 NPN 型晶体管通常从其典型的 5 V 电源中汲取的电流不会超过几十毫安。由于需要尽可能微小且高速的晶体管，因此在 20 世纪 70 年代的条件下，这也就意味着晶体管占用的面积不会超过几千平方微米，其开关速度介于 10～100 MHz。

罗伯特·维德拉(Robert Widlar)等模拟电路设计师很快就意识到，标准的双极型工艺也可以用来创建模拟集成电路，这些电路中使用的大多数双极型晶体管要求其 BV_{CEO} 的额定值不超过 40～60 V，集电极额定电流不超过几十毫安。应用于这些领域的分立双极型晶体管通常称为小信号晶体管。通过使用稍厚一些的外延层，利用标准的双极型工艺就可以很容易地构建出所需的小信号 NPN 型晶体管。通过重新组合利用 NPN 型晶体管中的各结构层也可以创建出可接受的 PNP 型晶体管。本节我们就来讨论这些晶体管的设计和版图布局。

9.2.1 标准双极型垂直 NPN 型晶体管

仙童(Fairchild)半导体公司开创的标准双极型工艺旨在创建小信号垂直结构的 NPN 型晶体管，该工艺的许多特点都优化了这种器件的性能，其中包括重掺杂发射极扩散区、精确控制的基极扩散区、较厚的轻掺杂 N 型外延层、重掺杂 N 型埋层以及重掺杂的深度 N＋下沉区，如图 9.11 所示。

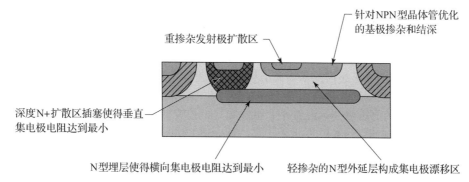

图 9.11　标准双极型工艺中垂直 NPN 型晶体管的主要特点

标准双极型工艺中的垂直结构 NPN 型晶体管发射极扩散区采用磷进行重掺杂，以便使其发射极的注入效率达到最大。允许的最高掺杂浓度受到将较小的磷原子结合到刚性的硅晶格中所引起的应变限制，过度的应变可能会导致相邻原子层之间的横向位移。掺杂剂沿着这些滑移缺陷就会迅速扩散，因此穿透基极的滑移缺陷就可能导致从集电极到发射极的短路，这种类型的失效传统上称作发射区管道。研究表明，通过将发射区的薄层电阻设置在大约 4 Ω/□ 以上，就可以使得发射区的管道达到最小化(假设发射极-基极的结深为 2 μm 左右)。用砷或锑取代一部分磷也可以最大限度地减少应变，因为这些较重的掺杂剂原子的尺寸比磷原子更接近于硅。

基极扩散区决定了垂直结构 NPN 型晶体管的电流增益(β 值)和厄立电压(V_A)。典型的标准双极型工艺可以制造出具有大约 20 kV 的 βV_A 乘积的垂直结构 NPN 型晶体管。如果选择 β 的标称值为 200 的话，则厄立电压 V_A 的数值将等于大约 100 V。基极扩散区通常大约 3 μm 深，其薄层电阻为 100～200 $\Omega/\square$。基区的掺杂浓度从发射极-基极冶金结处的大约 10^{17} cm^{-3} 变化到集电极-基极冶金结处的大约 10^{15} cm^{-3}。这种缓变的掺杂分布是基区掺杂剂从表面向下扩散的结果，它形成了一个弱电场，有助于少数载流子漂移穿过基区。它减少了载流子通过基区所需的时间，从而增大了晶体管的最高工作频率。发射极-基极耗尽区附近提高的基区掺杂浓度也有助于抑制大注入效应的发生。

标准双极型工艺中 NPN 型晶体管的中性基区宽度大约为 1 μm，这种相对较宽的基区宽度有助于减少 β 值的变化。即便如此，在大约 1990 年之前实施的标准双极型工艺通常会在进行正式的发射极推进之前首先对一个发射极先导晶圆片进行测试。先对先导晶圆片进行标准的发射极推进，随后进行测试以确定得到的 β 值。然后调整正式批次的发射极推进条件，以获得所需的 β 值。即使采取了这种预防措施，由于晶圆片之间的变化和单个晶圆片上的梯度分布，β 值通常也会变化±50%。随着工艺技术的改进，特别是离子注入基区的使用，最终消除了对发射极先导晶圆片的需求。然而，大多数现代版本的标准双极型工艺仍然规定了大约±50%的 β 值起伏。

基极扩散区必须具有足够高的表面掺杂浓度以确保实现欧姆接触，因为在该工艺中不存在浅的 P＋扩散区。典型的表面掺杂浓度达到 5×10^{17} cm^{-3} 时就足以确保可靠的基极接触，但是所得到的接触电阻相对较大(通常为 750 $\Omega\cdot\mu m^2$ 左右)。标准双极型工艺的某些变通会在基区接触窗口处形成高阻值的注入区，其目的是减薄基极氧化层，使得发射极接触孔不会像其他情况下那样被严重过刻蚀。低掺杂的高阻值注入区对基极扩散区的表面掺杂浓度几乎没有影响。

NPN 型晶体管的集电极由三个不同的区域组成，它们分别是轻掺杂的 N 型外延层、N＋埋层(NBL)和可选的深度 N＋下沉区。轻掺杂的外延层构成晶体管的所谓漂移区，而 N 型埋层和深度 N＋下沉区则构成了非本征的集电极。漂移区的目的是允许集电极-基极耗尽区主要扩展到集电极中而不是扩展到基极中。早期的研究人员建议使用几乎本征的漂移区，但是很难控制非常低的掺杂浓度，因此标准双极型工艺中通常使用磷掺杂浓度大约为 2×10^{15} cm^{-3} 的 N 型外延层。

在更高的集电极外加电压下，集电极-基极耗尽区将会完全扩展至整个薄外延层。由于耗尽区不可能显著地穿透到重掺杂的 N 型埋层内，因此耗尽区中的电场就会比使用较厚外延层时增长得更快。较薄的外延层因此就降低了集电极的击穿电压 V_{CBO} 和 V_{CEO} 的值，而较厚的外延层则能够在一定程度上增大这些击穿电压。最终，即使耗尽区没有扩展到 N 型埋层处，集电极-基极冶金结处的电场也会达到临界击穿强度。工艺设计师可以采取下面两种方法中的任何一种来进一步增大集电极-基极的击穿电压：第一种方法采用更轻掺杂的漂移区来加大耗尽区的宽度；第二种方法则使用更深、更轻掺杂的基极扩散区。通过增大基区宽度并降低基区掺杂浓度，可以保持古穆尔数恒定。更深的基极扩散区增大了侧壁的曲率半径，并将击穿电压提高到更接近平面结击穿电压的理论值。许多标准双极型工艺提供了几种不同的外延层厚度选择，有些还提供了多个不同的基极扩散区工艺方案。通过这种方式，这种标准双极型工艺可以制造出具有最低保障值 V_{CEO} 的晶体管，该额定电压值可以在 15～200 V 之间任选。从历史上看，模拟电路最流行的选择是在 40 V 左右。

大多数标准双极型工艺会选择外延层厚度和掺杂浓度的一种组合，以确保其集电极-基极的耗尽区在晶体管达到最大集电极-发射极电压之前扩展到 N 型埋层的界面处。我们把所得到的这种 NPN 型晶体管称为具有穿通型的集电区。对穿通型集电区的宽度和掺杂浓度进行优化可以提高晶体管的最大工作频率，并使得实现特定 β 值和击穿电压所需的晶体管总面积达到最小。

漂移区的存在导致晶体管呈现出两个不同的饱和区，如图 9.12 所示。较陡的部分称为硬饱和，较平缓的部分则称为准饱和。为了理解准饱和的原因，首先必须考虑正向放大区与饱和区之间的实际边界在哪里。宽的低掺杂漂移区具有较大的电阻，流过漂移区的集电极电流因此会产生显著的电压降，最终导致集电极-基极耗尽区两端的电压明显小于集电极和基极引出端之间的电压差。晶体管已经进入了饱和状态，但是其端电压似乎意味着晶体管还处于正向有源导通状态。图 9.12 中虚点线左侧的所有点都处于饱和状态。这是关于准饱和状态真实性质的第一条线索：它始于晶体管内部的饱和。

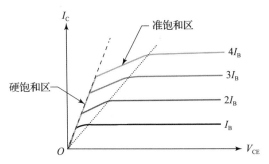

图 9.12　集电极电流 I_C 随集电极-发射极电压 V_{CE} 变化的关系图，展示了硬饱和区与准饱和区

饱和意味着少数载流子从基极注入集电极。由于漂移区的掺杂浓度比较低，会出现大注入效应。过剩空穴浓度实际上就会超出最初由于掺杂而存在的电子浓度。此时就会吸引额外的电子聚集在一起以平衡过剩空穴的电荷。由于空穴在扩散到漂移区时会发生复合，因此高载流子浓度的区域仅从耗尽区向外延伸很短的距离，在这个区域内，额外的载流子显著增加了电导率，这种现象称为电导率调制效应。随着集电极-发射极引出端电压的减小，注入漂移区的基极电流就会增大，电导率调制区也会随之变宽，最终它就会穿透整个漂移区。该点对应于将准饱和区与硬饱和区分开的膝点。集电极电流在准饱和区继续下降，因为注入集电极的空穴不再可用于支持基极复合电流。准饱和现象对于工作在大电流密度下的高压晶体管的影响最为严重。然而标准双极型工艺中的 NPN 型晶体管也确实会出现少量的准饱和现象，这通常是以比较圆滑的膝点形式将正向放大区与饱和区分开。

电路设计师有时会把双极型晶体管当作开关来使用，当这种晶体管处于"导通"状态时，它就工作在饱和区，此时这种晶体管两端的饱和电压 $V_{CE(sat)}$ 为

$$V_{CE(sat)} = V_{B'E'} - V_{B'C'} + V_{RE} + V_{RB} + V_{RC} \tag{9.13}$$

式中，$V_{B'E'}$ 和 $V_{B'C'}$ 分别是实际的基极-发射极结和基极-集电极结两端的电压；V_{RE}、V_{RB} 和 V_{RC} 分别是准中性发射区、准中性基区以及准中性集电区上的压降。在小电流下，V_{RE}、V_{RB} 和 V_{RC} 的值均可以忽略不计，并且晶体管工作在小注入条件下，其饱和电压为

$$V_{CE(sat)} = V_T \ln\left(\frac{\beta_F}{\beta_R} \cdot \frac{\beta_R + \beta_{force} + 1}{\beta_F - \beta_{force}}\right) \tag{9.14}$$

式中，β_F 和 β_R 分别是晶体管在正向放大区和反向放大区测得的电流增益值；β_{force} 是所谓的强制 β，它等于饱和时测得的集电极电流与基极电流的比值，β_{force} 的典型值为 $5\sim10$。根据式(9.14)计算得到的饱和电压有时称为本征饱和电压，因为它并不依赖于准中性上的电压降。当集电极电流接近零时，本征饱和电压并不会降至零，而是会接近 $V_{CE(sat)min}$，它可以通过将式(9.14)中的 β_{force} 设置为零来求得：

$$V_{CE(sat)min} = V_T \ln\left(\frac{\beta_R + 1}{\beta_R}\right) \tag{9.15}$$

典型的垂直结构 NPN 型晶体管的反向电流增益 β_R 约为 1，因此在 25 ℃时，其最小本征饱和电压约为 18 mV。因此将垂直结构的 NPN 型晶体管用作电压采样的开关是一个拙劣的选择，因为它会引入显著的偏移。通常会使用横向的 PNP 型晶体管，因为它们具有比垂直结构的 NPN 型晶体管高得多的反向电流增益 β_R，因而可以获得更低的最小本征饱和电压。也可以使用集电极与发射极互换的垂直结构 NPN 型晶体管，以获得较低的本征饱和电压。

在更大的电流下，饱和电压 $V_{CE(sat)}$ 开始上升，这是因为非本征发射区和非本征集电区电阻上的压降已经不可忽略。最后当电流变得如此之大，以至于进入了准饱和区，此时饱和电压就会急剧上升。对于 $V_{CEO} = 40$ V 的标准双极型晶体管，触发进入准饱和区所需的临界电流密度

通常等于 $30 \, \mu A/\mu m^2$ 左右。如果提供的基极驱动电流不足，则上述临界电流密度也会下降。为了获得最佳的结果，强制 β(即 β_{force})不应超过正向放大区 β 值的十分之一。

漂移区的加入也使得双极型晶体管很容易受到一种称为柯克(Kirk)效应或基区扩展效应机制的影响。通常我们假设载流子穿过耗尽区的速度非常快，以至于它们在耗尽区内的浓度可以忽略不计。然而对于一个工作在集电极大电流条件下的 NPN 型晶体管来说，有这么多的电子穿过集电极-基极耗尽区，以至于它们也代表了一部分不可忽略的空间负电荷。该电荷累加到冶金结基极侧的受主负电荷上，同时也从集电极侧的施主正电荷中减去。因此在集电极大电流条件下，耗尽区将从准中性基区中收缩，并进一步扩展到准中性集电区中。如果电流进一步增大，就会达到这样一种状态，即电子的空间电荷完全抵消了冶金结集电区侧的施主正电荷。一旦发生这种情况时，耗尽区就会跨越整个漂移区，只有当它接触到重掺杂的 N 型埋层时才会终止。该耗尽区内的空间电荷被积聚在 N 型埋层边缘的一层电子抵消。因此峰值电场突然从集电极-基极冶金结附近移动到 N 型埋层边缘的高-低结处。在发生这种情况的同时，准中性基区的有效边缘也推进到了集电区。基区的这种突然加宽会降低晶体管的 β 值并增大基区渡越时间，从而降低器件的开关速度。这种工作条件的突然改变就被称为柯克效应。柯克效应发生的起始点大致上对应于大多数应用中允许的集电极电流密度上限，超过了这个起始点之后，器件的 β 值与最高工作频率都会下降。触发柯克效应的临界电流密度随着漂移区掺杂水平的下降而减小，这也就解释了为什么高压双极型晶体管必须在相对比较低的集电极电流密度下工作。由于标准的双极型晶体管是相对低电压的器件，这类晶体管中的大电流 β 值滚降现象通常更多地归因于基区的大注入效应而不是基区扩展效应。然而，柯克效应仍然会导致标准双极型晶体管的开关速度在集电极大电流密度下降低。

N 型埋层起到两方面的作用。首先，它限制漂移区的范围并防止集电极-基极耗尽区穿透到衬底。其次，它减小了从发射区下方到集电极接触孔下方的横向电阻。N 型埋层通常是由砷掺杂或锑掺杂构成的，因为这两种掺杂剂的扩散速度都比磷慢得多。这两种掺杂剂的原子要比磷的原子更接近硅原子的大小，因此 N 型埋层的掺杂浓度可以非常高而不会产生滑移缺陷。N 型埋层通常具有大约 $1 \times 10^{19}/cm^3$ 的峰值掺杂浓度和介于 $30 \sim 50 \, \Omega/\square$ 之间的薄层电阻。

深度 N+ 下沉区提供了一条从集电极接触孔到埋层的低电阻连接路径。深度 N+ 下沉区通常由表面浓度大约为 $5 \times 10^{19} \, cm^{-3}$ 的磷扩散区构成，它被向下推进到外延层厚度的大约 120% 位置处。这种高掺杂浓度可能会产生滑移缺陷，但是这些缺陷对器件的性能几乎没有影响，因为掺杂剂向外的扩散会远远超过这些缺陷。从表面到 N 型埋层单位面积(μm^2)的垂直电阻通常等于 $2 \sim 5 \, k\Omega$ 左右。要确定某个给定器件的垂直电阻，可以将单位面积的垂直电阻除以深度 N+ 下沉区的设计面积。由于外扩散的影响，面积较小的深度 N+ 下沉区可能会表现出比该计算值更高的电阻。一个最小面积的标准双极 NPN 型晶体管的非本征集电极电阻通常等于 $100 \, \Omega$ 左右，其中大约一半是 N 型埋层的横向电阻，另一半则是深度 N+ 下沉区的垂直电阻。如果省略了深度 N+ 下沉区，晶体管仍然可以工作，但是其集电极电阻会显著增大。没有深度 N+ 下沉区的典型最小面积标准双极 NPN 型晶体管的集电极电阻大约为 $1 \, k\Omega$。

小信号 NPN 型晶体管的构建

小信号 NPN 型晶体管通常采用方形或矩形发射区。图 9.13 展示了两种 NPN 型晶体管，这两个实例都包含了上一节中所讨论的各种特性，这两个晶体管的不同之处仅在于其基区和发射区接触孔的位置。图 9.13a 的结构将发射区放置在集电极和基极接触孔之间，形成集电极-发射极-基极(CEB)的版图结构。图 9.13b 的结构将基区接触孔放置在集电极和发射极接触孔之间，形成集电极-基极-发射极(CBE)的版图结构。CEB 的版图结构将发射极和集电极接触孔放置得更近一些，从而可以略微降低一些集电极的电阻。因此在所有其他因素相同的情况下，CEB 版图结构要优于 CBE 版图结构。但是二者的差异是如此之小，以至于许多设计师经常互换使用这两种版图结构。使用一种风格的晶体管来代替另一种风格的晶体管通常可以简化单层金属条件下的布线设计。

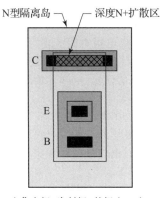

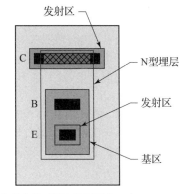

a) 集电极–发射极–基极 (CEB) b) 集电极–基极–发射极 (CBE)

图 9.13 两种 NPN 型晶体管

电路仿真软件通常假设晶体管的"大小"与其有效的发射区面积成比例。这与绘制的发射区略有不同。实际的发射极–基极结包括侧壁以及底面。此外,发射区与管芯表面的交点位于形成它的氧化层窗口之外。发射极–基极结表面的所有部分都参与导电,但是它们对导电的贡献并不相等,因为基区的掺杂浓度随着深度而发生变化。因此在绘制的发射区面积和有效的发射区面积之间并不存在简单的定量关系。绘制的发射区越大,有效的发射区面积也越大,但是二者之间这种关系的比例小于线性,尤其是对于发射区面积比较小的晶体管。

发射区的尺寸也影响垂直 NPN 型晶体管的 β 值,因为横向注入穿过发射区侧壁的载流子比垂直注入穿过发射区底面的载流子进入了更高掺杂浓度的基极区域。因此横向传导的载流子比垂直传导的载流子会经受更多的复合。陷阱沿着氧化层界面的存在进一步增大了横向注入载流子的复合。由于侧壁在小面积发射结中所占的比例要比大面积发射结大,因此小面积发射结晶体管的 β 值就会比大面积发射结的低。较大的发射区面积也会驱动其更深地进入基极扩散区中,从而减小中性基区的宽度。利用标准的双极型运算放大器工艺制作了两个 NPN 型晶体管,一个发射结为 $25~\mu m \times 25~\mu m$,另一个发射结为 $38~\mu m \times 89~\mu m$,测量结果表明,面积较小的晶体管的峰值 β 为 290,面积较大的晶体管的峰值 β 为 520。大多数小面积的 NPN 型晶体管采用正方形或略微拉长的矩形发射区,以便有效地利用可用的空间,同时保持较高的面积与周长比。

组成 NPN 型晶体管的所有其他几何图形都是相对于发射区几何图形来放置的,从发射区的接触孔开始。发射极扩散区应在所有侧面上等距离地覆盖发射极接触孔,以确保均匀的横向电流流动。为了尽量减小发射极的电阻,接触孔通常会占据尽可能多的发射区面积。在具有浅发射区或轻掺杂发射区的器件中,发生在大面积发射极接触孔下方的额外复合会降低发射极的注入效率,进而降低其 β 值。标准双极工艺中的 NPN 型晶体管几乎不受这种影响,因为它们的发射区相对较深且掺杂浓度较高。

基极扩散区必须在所有侧面上充分地覆盖发射区,以避免横向穿通。基区对发射区的覆盖还必须包括为两层光刻掩模版之间对准偏差留的余量。为了节省空间,基极接触孔通常仅沿着晶体管的一侧设置,并且通常被拉长以占据基极扩散区的整个宽度。这种预防措施可以在不增加晶体管面积的前提下显著地降低基极电阻。

P+隔离区的外扩散决定了外延层隔离岛对基极扩散区的最小覆盖,这也是标准双极型工艺中的最大间距之一。上下对通扩散隔离可以将这个间距减小大约三分之一(参见 4.1.4 节)。另外一些更新奇的技术(如深沟槽隔离)还可以进一步减小这个间距。基极扩散区设置在隔离岛的一端,集电极接触孔则设置在另一端。通常会增加深度 N+下沉区以减小集电极电阻。由于深度 N+下沉区会横向扩散相当长的距离,因此增加深度 N+下沉区会显著地增大晶体管的尺寸,这也迫使深度 N+下沉区必须设置在相对远离基区和隔离扩散区的位置。深度 N+下沉区通常被延长到隔离岛宽度允许的范围,以便尽量减小集电极的电阻。在深度 N+ 下沉区上叠加发射极扩散区可以使其场氧化层变薄,并允许同时刻蚀出所有的接触孔。

隔离岛应包含尽可能大的 N 型埋层,不仅可以降低集电极电阻,还可以阻止耗尽区穿通,并最大限度地减少晶体管处于饱和区时的衬底注入。设计的 N 型埋层几何图形应当至少与设计的深度 N+ 下沉区几何图形相接触(如果不是略微重叠的话),这样才能够最大限度地减小它们之间的电阻。

有的时候为了节省面积,在小电流的 NPN 型晶体管中就会省略了深度 N+ 下沉区。如果一个晶体管中不包括深度 N+ 下沉区,那么其包围集电极接触孔的发射极扩散区应该尽可能地扩大,以便降低垂直方向的集电极电阻。即便如此,人们也应该预料到这样得到的晶体管将具有数千欧姆的集电极电阻。

对标准的双极 NPN 型晶体管的版图设计有许多修改方案,尤其是对于单层金属布线工艺。缺少第 2 层金属迫使设计师将互连引线穿过晶体管。CEB 和 CBE 版图结构的选择性使用允许对引出端的顺序进行一些重新排列,并且通常不需要跨接一个或多个信号。也可以通过拉伸晶体管的尺寸以允许一个或多个引线在其两个引出端之间走线。图 9.14a 展示了一个典型的拉伸集电区晶体管,其中的集电极和基极的接触孔已经分开,以允许引线在它们之间通过。这种修改略微增大了集电极电阻,并显著增大了集电极与衬底之间的电容。目前尚无法采取任何措施来消除增大的电容,但是可以通过延长深度 N+ 下沉区来使得增加的电阻达到最小。传统上,包围集电极接触孔的发射极扩散区也被拉长以最小化集电极电阻。然而,将发射极扩散区扩展到实际的深度 N+ 下沉区之外几乎没有提供额外的益处。在使用薄发射极氧化层的工艺中,将发射极扩散区扩展到未连接的金属引线下方不仅会增加显著的电容,而且可能会在无意中引入 ESD 的风险(参见 5.1.4 节)。

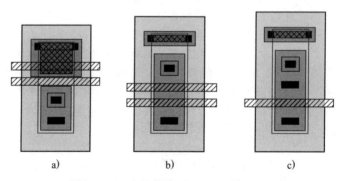

图 9.14 三个拉伸的 NPN 型晶体管实例

图 9.14b 展示了一个拉伸基区的晶体管,该晶体管的基区被拉长了,以便允许引线在基极和发射极的接触孔之间通过。拉长的基区几何图形导致基极电阻增大和集电极-基极结电容增加。拉伸基区通常比拉伸集电区更能降低电路的性能,因此在非绝对必要的情况下应当尽量避免使用这种器件结构。图 9.14c 展示了一种不同类型的拉伸基区晶体管,其中有一根引线穿过基极扩散区。这种设置不仅增加了集电极-基极结电容,而且在两个基极接触孔之间插入了相当大的电阻。假设基区的薄层电阻为 160 $\Omega/\square$,图示晶体管两个基极接触孔之间的电阻大约等于 200 Ω。

双层金属布线(DLM)在很大程度上消除了对拉伸晶体管以及桥接隧道的需求。双层金属布线还减小了管芯面积,因为金属跳线和通孔可以位于其他器件的顶部。因此双层金属布线允许使用相对较少的标准化版图,这些版图结构可以准确地建模。多层金属布线系统的广泛实现几乎完全消除了拉伸器件的使用,但是这种器件结构仍然适用于某些特定的应用场合,例如,在第 2 层金属必须充当光屏蔽的光电器件中,或者在上层金属专用于大功率电源引线的功率器件中。

存在几种按比例放大 NPN 型晶体管尺寸的方法，所有这些方法都是寻求在不过度降低器件性能的前提下增大发射极的面积。这是一个难以实现的目标，需要针对不同的应用采用不同的策略。比较简单的方法包括扩大发射区面积，同时保持相同的整体几何形状（见图 9.15a），由此形成的器件有时也称为紧凑型发射区晶体管。由于增大了发射区的面积与周长比，该器件表现出了较高的 β 值，但是它也有显著的缺点。由于发射区下方受到挤压的低掺杂基区具有大约 2~10 kΩ/□ 的薄层电阻，该电阻引入了不需要的相移，并大大降低了晶体管的开关速度。更微妙的是，在更高的电流水平下，它会导致电流的非均匀流动。发射区最靠近基极接触孔的部分会承受最高的基极-发射极偏压，因此该处也就会比发射极远离基极接触孔的部分注入更多的载流子。图 9.15b 形象地说明了这种效应，称为电流集聚或发射极电流集边效应。我们只需要记住仅仅 18 mV 的自偏置电压就可以使得发射极的电流密度翻倍，由此可以更充分地理解其严重性。电流集聚效应使得大部分的传导电流发生在靠近基极接触孔附近，从而减小了发射区的有效面积。这种效应使得器件的匹配复杂化，降低了 β 值，也使得晶体管更容易发生二次击穿。

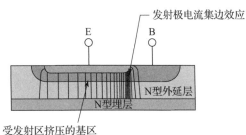

a) 一个紧凑型发射区NPN型晶体管的版图　　b) 该器件有源区的剖面示意图，展示了发射极电流集边效应的影响

图　9.15

另外一种版图设计方案采用窄长条的发射区或指状发射区。沿着每个指状发射区的两侧设置基极接触孔，这样有助于最大限度地减小基极电阻并提高开关速度，如图 9.16a 所示。该晶体管相对较小的发射区面积与周长比，导致其 β 值比图 9.15a 所示结构的 β 值更低。更糟糕的是，这种窄长条发射区的晶体管在发射极电流密度超过几 $\mu A/(\mu m)^2$ 的情况下很容易受到一种称为热烧毁的故障机制的影响（参见 10.1.1 节）。

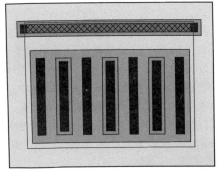

a) 窄长条发射区晶体管　　　　b) 等效的最小尺寸双基极晶体管版图

图　9.16

图 9.15a 所示的紧凑型发射区晶体管在低速至中等速度下要求高 β 值的应用场合中表现最佳，而图 9.16a 所示的窄长条发射区晶体管则可以工作在更高的频率下，但是表现出的 β 值偏低。最小几何尺寸的晶体管也可以采用在窄条发射区两侧平行设置基极接触孔的方案，从而形成所谓的双基极晶体管（见图 9.16b），其实这个名称是不确切的，因为该结构中并没有两个基

区,而是有两个基区的接触孔。该器件的基极电阻大约等于图 9.14 中所示的单基极版图结构的四分之一。紧凑型发射区晶体管和窄条发射区晶体管在较大的发射极电流密度下的表现都很差,因此功率器件通常使用其他结构(参见 10.1.2 节)。

9.2.2 标准双极型衬底 PNP 型晶体管

标准双极型工艺最初用于制造数字逻辑集成电路。电路设计师能够仅仅使用一种双极型晶体管就构造出所有必要的逻辑门。由于电子比空穴更容易运动,他们就选择使用 NPN 型晶体管而不是 PNP 型晶体管。因此标准的双极型工艺就优化制造了垂直结构的 NPN 型晶体管,但是并没有互补的 PNP 型晶体管。然而最初用来构建 NPN 型晶体管的各层也可以用来创建一种称为衬底 PNP 的垂直结构 PNP 型晶体管。这种晶体管并没有实现完全隔离,因为它采用 P 型衬底作为其集电极,它的基区则是由 N 型外延层构成,它的发射区则是由 NPN 型晶体管的基区构成,如图 9.17 所示。由于这些层次都没有针对 PNP 型晶体管各自的要求进行优化,因此该晶体管的性能受到一定影响。此外,衬底 PNP 型晶体管不需要额外的工艺步骤,因此在标准的双极型设计中增加这种 PNP 型晶体管,除了需要额外占用一些管芯面积之外,不会增加任何其他成本。

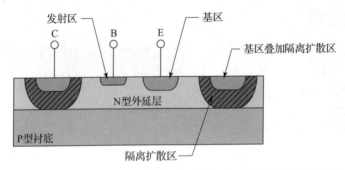

图 9.17 在标准双极型工艺中制造的典型衬底 PNP 型晶体管的剖面示意图

标准双极型工艺中的各种扩散工艺步骤因其在垂直结构的 NPN 型晶体管中所扮演的角色而得名。这些相同的扩散工艺在衬底 PNP 型晶体管中起着非常不同的作用。一个衬底 PNP 型晶体管的发射区是由基极扩散区构成的,而其基区则是由 N 型隔离岛通过发射极扩散区上接触孔引出的。工艺设计师当初并没有意识到这些工艺步骤还会被用来制造 PNP 型晶体管,因此没有预料到这些工艺名称后来会引起一些混乱。

标准双极型工艺中的发射区表面掺杂浓度通常会超过 $1\times10^{20}/\text{cm}^3$,而基极扩散区的表面浓度通常大约为 $5\times10^{17}/\text{cm}^3$。这个较低的基极扩散区掺杂浓度显著地降低了衬底 PNP 型晶体管的发射极注入效率,而掺杂浓度更低的 N 型外延层则在一定程度上抵消了这个问题,但是它也降低了大注入效应的起始电流密度。衬底 PNP 型晶体管的 β 值通常在大约 $1\ \mu\text{A}/\mu\text{m}^2$ 时开始出现滚降,而垂直结构 NPN 型晶体管的 β 值可能在 $30\ \mu\text{A}/\mu\text{m}^2$ 时才出现滚降。由于基极扩散区的电阻率远高于发射区,因此一个最小发射极面积的衬底 PNP 型晶体管通常表现出 $100\ \Omega$ 的发射极电阻,而一个 NPN 型晶体管只有 $10\ \Omega$ 的发射极电阻。由于衬底 PNP 型晶体管的工作电流通常比较低,因此其发射极电阻也没有带来多少问题。

标准的双极型工艺通常采用相对低掺杂的 N 型外延层。在隔离扩散区的长时间推进过程中,硼就会从衬底中向上扩散,由此导致衬底 PNP 型晶体管的古穆尔数低于外延层厚度给出的结果。但是 β 的峰值仍然取决于所选择的外延层厚度,这又取决于 NPN 型晶体管所要求的 V_{CEO} 额定值。利用 40 V 工艺构建的衬底 PNP 型晶体管在集电极电流密度略低于 $2\ \mu\text{A}/\mu\text{m}^2$ 时通常表现出的峰值 β 为 100 左右。

衬底 PNP 型晶体管的集电极由 P 型衬底和 P+隔离扩散区的串联组成。低掺杂的衬底增大了晶体管的厄立电压和 V_{CEO} 的额定值。集电极上的压降对衬底 PNP 型晶体管基本上没有太大影响，因为它通常都工作在相对比较高的集电极-发射极电压下。然而衬底的自偏置可能会干扰其附近其他器件的工作。标准的双极型电路设计通常不会碰到衬底的自偏置问题，只要每个衬底 PNP 型晶体管的集电极电流不超过 1 mA 左右，并且总的衬底电流不超过大约 10 mA。只要在衬底 PNP 型晶体管的附近设置了充足的衬底接触孔，标准的 P+隔离扩散区就可以应对 10 mA 左右的衬底电流。对于任何注入电流超过 1 mA 的衬底 PNP 型晶体管，都应该在其周围设置额外的衬底接触孔。或者，衬底 PNP 型晶体管也可以用横向 PNP 型晶体管来代替，只要它工作在正向放大区，或者只要它包含在一个阻挡空穴的保护环内，就不会引起衬底的自偏置。

衬底 PNP 型晶体管主要通过垂直的导电通路传导电流，因此其饱和电流与发射极面积成比例。与垂直结构的 NPN 型晶体管一样，也有多种因素影响了这种等比例缩放的线性度，这些因素包括杂质的外扩散、横向传导电流以及基极扩散区的掺杂分布。精确匹配的衬底 PNP 型晶体管应当使用完全相同的发射极几何图形。如果需要不同尺寸的匹配晶体管，那么大尺寸的晶体管应当使用多个单位发射极的晶体管来构建，并且这些发射极之间应该留有足够的间距，使得它们之间存在几微米的未耗尽基区（N 型外延层）。

小信号衬底 PNP 型晶体管的构建

最简单的衬底 PNP 型晶体管由一个包含发射极扩散区和基极扩散区的 N 型隔离岛构成，如图 9.18a 所示。N 型隔离岛用作晶体管的基极，基极扩散区用作其发射极，晶体管的基极引出端下方的发射极扩散区使得 N 型隔离岛可以通过欧姆接触孔引出。这种晶体管的增益会随着其发射极面积与周长比的不同而有所变化，这种变化在很大程度上是由于横向注入的载流子必须通过更远的距离才能到达隔离扩散区，而垂直注入的载流子则只需通过较近的距离就可以到达衬底。此外横向注入的载流子还会受到沿着氧化层-硅界面处的缺陷所带来的额外复合。另外，较大的基极扩散区也会更深地推进到外延层中，从而使得衬底 PNP 型晶体管的基区宽度变窄。总之，更大、更紧凑的发射极结构会导致器件具有更高的 β 值。

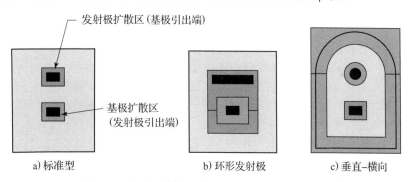

图 9.18　各种不同类型衬底 PNP 型晶体管的实例

图 9.18a 所示的晶体管是通过首先设置一个由基极扩散区构成的方形或矩形发射极来构建的。其基极引出端则是由设置在发射极几何图形一侧的一个矩形发射极扩散区构成的，它与发射极几何图形之间隔开最小允许的基极-发射极间距。发射极扩散区的宽度只需要足够容纳最小宽度的接触孔即可。由于标准双极型工艺使用低掺杂的衬底，因此每个衬底 PNP 型晶体管附近至少应设置一个衬底接触孔。理想情况下，这个衬底接触孔应该紧邻衬底 PNP 型晶体管，但是金属布线的约束经常会迫使这个衬底接触孔与晶体管相隔一定的距离。只要集电极电流不超过 1 mA 左右，这种情况也是可以容忍的。一旦集电极电流更大就存在衬底和隔离扩散区自偏置的风险。遇到这种情况最好通过将衬底接触孔设置在尽可能多的衬底 PNP 型晶体管附近来缓解。

图 9.18b 展示了另外一种衬底 PNP 型晶体管的版图，其中的发射极是由一个矩形的基极扩散区构成的，该基极扩散区的所有侧面都被一个窄条状的环形发射极扩散区所包围。该环形

发射极扩散区的设计图形与基极扩散区的设计图形相接触但是又不重叠。该环形发射极扩散区提高了衬底 PNP 型晶体管侧壁发射结的内建电压，由此阻止了电流的横向传导。这种发射极扩散区环绕的晶体管在低电流密度下的 β 值要高于图 9.18a 所示的标准衬底 PNP 型晶体管。而在更高的电流密度下，这一优势消失了，因为此时基极扩散区的正向偏置电压足够高，足以向环形发射极扩散区中注入大量的载流子。这个环形发射极扩散区还可以起到沟道终止区的作用，以防止横向表面沟道的形成。尽管环形发射极扩散区结构有一些优点，但是大多数版图设计中都没有使用它，因为它比图 9.18a 所示的结构占用更多的空间，而且后者在大多数应用中已经表现出足够高的增益。如果使用环形发射极扩散区结构，则该环形结构与基极扩散区接触孔之间的间隔必须等于或超过垂直结构 NPN 型晶体管中发射极与其基极接触孔之间的间距。

图 9.18c 所示的器件有时被称为墓碑状或教堂状 PNP 型晶体管，这是基于其独特的 N 型外延层隔离岛形状。它也被称为垂直-横向 PNP 型晶体管，因为它试图同时利用垂直和横向这两个方向的电流传导能力。这种晶体管的发射极是由圆形插塞状的基极扩散区构成的。N 型外延层隔离岛图形以半圆弧的形式围绕着发射极穿过，该半圆形的中心与发射极的圆心基本上位于同一点。另外还有一个环形的基极扩散区也围绕着 N 型外延层隔离岛，并在版图设计规则允许的范围内与隔离岛发生重叠。该环形基极扩散区有助于抵消隔离扩散区最外侧的高电阻。垂直-横向 PNP 型晶体管中电流的横向传导是从用作其发射极的基极扩散区插塞向外流动到用作其集电极的半圆环状基极扩散区。电流传导也发生在从发射极底部垂直向下流动到下面的衬底上。一个拉长的垂直-横向 PNP 型晶体管还可能会包含一个从基极接触孔下方延伸到发射极附近的带状 N 型埋层，该带状 N 型埋层降低了拉长晶体管的基极电阻。但是该 N 型埋层也不能太靠近发射极，否则就会影响载流子的垂直传导。如果尚无关于该间距的版图设计规则，作为近似值，可以使用外延层隔离岛覆盖 N 型埋层值的一半。

垂直-横向 PNP 型晶体管应当采用类似于横向 PNP 型晶体管的场板，该场板应当完全覆盖外延层隔离岛半圆形一端裸露的表面，并应在金属间距规则允许的范围内尽量向基极接触孔延伸。未能给这种晶体管正确地设置场板可能会引起不希望出现的漏电流现象以及小电流下的 β 退化现象(参见 9.2.3 节)。普通的衬底 PNP 型晶体管通常也应该设置场板，但是环形发射极扩散区结构不需要设置场板，因为它起到沟道终止区的作用。

理论上，垂直-横向 PNP 型晶体管应当比标准的衬底 PNP 型晶体管具有更高的 β 值，因为已经通过尽量减小中性基区宽度并结合使用基区场板对横向电流传导路径进行了优化。但是在实践中，图 9.18b 所示的结构通常优于垂直-横向 PNP 型晶体管，因为它抑制了横向电流传导，而主要依赖于更高效的垂直电流传导。

图 9.19 展示了一个较大的衬底 PNP 型晶体管的版图。与图 9.16a 所示的大尺寸垂直结构 NPN 型晶体管一样，该器件采用叉指结构的发射极条带和基极条带。每个发射极由一个相当宽(25 μm 左右)的带状基极扩散区构成。由于 PNP 型晶体管在相对比较低的电流密度下就会表现出 β 值的滚降，因此通常不会出现热点和二次击穿，并且发射极宽度仅仅受到基极扩散区下方夹断区电阻的限制。由于这个夹断区的薄层电阻可能会超过 10 kΩ/□，因此带状发射极的宽度不宜超过 25～50 μm。基极接触区由设置在相邻两个带状发射极之间的发射极扩散区构成。如果需要的话，还可以在晶体管的两侧设置两个额外的发射极扩散区，以进一步降低基

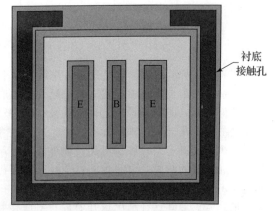

衬底接触孔

图 9.19 较大的衬底 PNP 型晶体管的版图，采用两个宽发射极条带和单个窄基极条带的大电流

极电阻。环绕晶体管的大衬底接触区有助于限制衬底的自偏置效应。图 9.19 中所示的接触区尚不能处理晶体管未饱和时超过几毫安的衬底电流，如果要处理该结构所能达到的最大集电极电流，则需要采用更宽的接触区。图中的衬底接触区已经沿着晶体管的顶部发生中断，以便允许发射极和基极引线通过第 1 层金属引出。如果可以使用双层金属工艺，则衬底接触区应在晶体管周围形成一个完整的闭环，以便最大限度地减少集电极电阻。

9.2.3　标准双极型横向 PNP 晶体管

尽管标准双极工艺无法制造出相互隔离的垂直结构 PNP 型晶体管，但是它确实提供了一种由设置在隔离岛中两个独立基极扩散区构成的隔离横向 PNP 型晶体管。H. C. Lin 在 1963 年发明了这种器件。这些扩散区中的一个充当发射极，另一个则充当集电极。当发射极-基极结施加正向偏置时，空穴就会横向扩散到集电极。横向晶体管比垂直器件工作速度慢，并且它们通常具有较低的电流放大倍数（β 值）。尽管没有什么办法能够提高它们的工作速度，但是通过适当的设计还是可以大大改善其电流放大倍数的。版图设计师还可以通过改变基区宽度来调整其性能，较宽的基区可以提高厄立电压，其代价是会牺牲一定的 β 值，而较窄的基区则可以提高 β 值，其代价是要牺牲一些厄立电压。β 和厄立电压的乘积则保持为近似的恒定值。

横向 PNP 型晶体管的 β 值取决于至少五个不同的因素：发射极注入效率、基区掺杂浓度、基区复合率、基区宽度和集电极效率。版图设计师只能控制最后两个因素。横向 PNP 型晶体管的发射极由于采用掺杂浓度不高的基极扩散区来构成，因此其发射极注入效率受到了很大的影响。更低掺杂浓度的 N 型外延层则抵消了低掺杂基极扩散区的影响，但是它也导致大注入效应在相对比较低的电流密度下就开始出现。因此当单个最小发射极流过的电流超过大约 $100\ \mu A$ 时，其 β 值就开始出现滚降，在发射极电流达到大约 $250\ \mu A$ 时 β 值降至 10 以下。增加一个深度 P+ 扩散区（参见 10.1.3 节）可以增大发射极侧壁面积和发射极注入效率，从而将有用的工作区扩展到单个最小发射极流过大约 $0.5\ mA$ 的电流。

标准双极工艺中的横向 PNP 型晶体管由于采用(111)硅晶面而遭受了复合率提升的影响。同样的表面态既可以增大厚场阈值电压，也可以起到降低表面少数载流子寿命的复合中心作用。在采用氧化物作为保护层的早期工艺中，横向 PNP 型晶体管的峰值 β 通常小于 10。引入具有压应力的氮化物作为保护层可以导致其峰值 β 急剧增大。早期的压应力氮化物工艺实现了超过 50 的峰值 β，而采用现代工艺的相同器件 β 值有时甚至超过了 500。这种 β 值的增加主要是由于硅烷和氨反应形成氮化物保护层时释放的氢，一部分这种释放的氢被捕获在保护层下面的氧化层中，在随后的欧姆接触烧结过程中，这些氢就会向下扩散到硅表面并束缚悬挂键，从而消除大部分的表面复合中心。一旦理解了这一机制，通过在氮氢混合气体的气氛中进行欧姆接触烧结处理，就可以使得具有氧化物保护层的横向 PNP 型晶体管 β 值得到同等的提高。

横向 PNP 型晶体管设计的基区宽度等于用作其发射极和集电极的基极扩散区之间的间隔（即图 9.20 所示的尺寸 W_{B1}）。在表面正下方流动的少数载流子穿过的实际表面基区宽度为 W_{B2}。由于基极扩散区的外扩散和耗尽区往中性基区中的侵入，W_{B2} 明显小于设计的基区宽度 W_{B1}。其他的少数载流子则流过表面下方的弯曲路径，这些弯曲路径的实际基区宽度则大于设计的基区宽度（如图 9.20 所示，即 W_{B3}）。横向 PNP 型晶体管的有效基区宽度应当是从发射极流到集电极的所有少数载流子穿过的基区宽度的加权平均值。这种计算的复杂性排除了任何简单形式的闭合解，并且已有的解也无法给晶体管设计提供深入的指导。尽管如此，还是可以得出两个大致的观察结果。首先，用于计算穿通的有效基区宽度是在中性基区的最窄部分测量出来的，该部分位于表面（W_{B2}）。该基区宽度等于设计的基区到基区的间距减去基区外扩散距离的两倍，再减去耗尽区对 N 型外延层的侵入。不需要留有对准偏差的余量，因为是同一张掩模同时形成发射极和集电极，或者换句话说，发射极和集电极是自对准形成的。其次，有效基区宽度会大大超过表面处的实际基区宽度，这会导致 β 值与基区宽度设计值倒数的比例小于线性。例如，如果基区宽度设计值为 $8\ \mu m$ 的晶体管峰值 β 为 80，那么基区宽度设计值为 $16\ \mu m$ 的晶体管峰值 β 将大于 40。

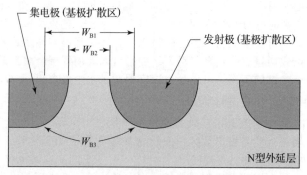

图 9.20　横向 PNP 型晶体管的剖面图,描绘了文中讨论的基区宽度的三种不同测量结果:设计
的基区宽度 W_{B1}、表面的实际基区宽度 W_{B2} 和表面下方的有效基区宽度 W_{B3}

设计师早就知道,将 N 型埋层设置在横向 PNP 型晶体管发射极的下方会增加其 β 值。这种增加是因为 N 型埋层通过在发射极和衬底之间插入高-低结提高了收集效率(参见 9.1.4 节)。只要横向 PNP 型晶体管不进入饱和状态,只有一小部分(通常小于 1%)注入的空穴会到达隔离区的侧壁。具有浅集电极区域的晶体管,例如利用模拟 BiCMOS 工艺中 P 型源漏注入区构建的晶体管,就可能会遭受更大的侧壁损耗。不过即使在这种情况下,此类损失也很少会超过 10%。

小信号横向 PNP 型晶体管的构建

横向 PNP 型晶体管传统上包含一个小圆形插塞状的基极扩散区,周围环绕一个较大的环形基极扩散区,如图 9.21 所示。中心的插塞状基极扩散区用作晶体管的发射极,而周围的环形基极扩散区用作其集电极。这种结构可以确保发射极注入的几乎所有载流子在到达隔离区侧壁之前都会被集电极拦截。这种横向 PNP 型晶体管的表观反向 β 值总是比其正向 β 值小得多。在反向工作模式中,外部的环形基极扩散区变成发射极,并且注入载流子的大部分朝向隔离区侧壁发射,而不是朝向器件中心的小圆形插塞状基极扩散区发射。因此,尽管发射极和集电极的掺杂分布相同,但是横向 PNP 型晶体管仍然是一个非常不对称的器件。

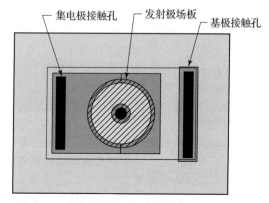

图 9.21　带有发射极场板的横向 PNP 型晶体管版图

传统的横向 PNP 型晶体管采用设置在集电极圆孔内的圆形发射极来构造。即使版图编辑器能够支持真实的圆形和弧形,在图形生成过程中,这些圆形和弧形也总是会被分解成多边形的近似图形(参见 3.1.3 节)。与其让图形生成算法来完成这种分解,大多数的版图设计师更喜欢直接使用多边形近似图形来设计晶体管。完整圆形中的线段数量应当可以被四整除,以便确保围绕 X 轴和 Y 轴的图形对称。对于大多数应用来说,建议使用具有 32 条边或 64 条边的圆形近似多边形。

环形的几何图形(见图 9.21 所示的集电极)既可以编码为两个相互接触的独立几何图形,也可以编码为单个的几何图形。单个几何体弯曲之后与其自身相接触,形成一个有时被称为半简单几何体的图形。某些早期的图形生成算法难以处理半简单几何体的图形,因此传统的版图设计师倾向于将横向 PNP 型晶体管的集电极设计为两个几何图形,而不是一个。现代的版图设计软件处理半简单几何体的图形已经没有任何困难,因此设计师可以选择以任何一种方式对集电极图形进行编码设计。

如前所述，一个横向 PNP 型晶体管的峰值 β 与其有效基区宽度成反比。从发射极周边注入的载流子比从其底面注入的载流子穿行的距离更短。因此，小直径发射区比大直径发射区具有更短的有效基区宽度。这也就意味着小直径发射区比大直径发射区能够提供更高的 β 值。类似地，圆形发射区将比相同宽度的方形发射区具有更高的 β 值。标准双极工艺中的横向 PNP 型晶体管通常采用圆形发射区，其大小刚好足以包含一个最小尺寸的圆形接触孔。集电极则由一个矩形的基极扩散区构成，其中心有一个圆孔。发射区就位于这个圆孔的中心。设计的基区宽度等于集电极中心圆孔的半径与圆形发射区半径之差。集电极的一侧向外延伸的足够长，可以在其内部设置接触孔。尽管自偏置效应发生在集电极的周边，但是这只会导致晶体管的有效饱和电压略有增加。如果这引起了担忧，则可以增加额外的集电极接触孔以减少自偏置效应。一般来说，这些额外的接触孔所占用的空间是不值得的。

横向 PNP 型晶体管的集电极位于构成其基区的隔离岛中。添加到隔离岛一端的带状发射极扩散区用作基区的接触。通常不需要深度 N+ 下沉区，因为横向 PNP 型晶体管中的基极电流很少会超过几十微安。如果空间比较宝贵，即便是最小尺寸的基区接触也都足够了。此外，横向 PNP 型晶体管必须包含尽可能大的 N 型埋层，以便使得不需要的衬底注入达到最小，同时使得 β 值达到最大。至少设计的 N 型埋层区应完全覆盖发射极并延伸到集电极图形的内边缘。

图 9.21 中还展示了一块金属场板，该场板覆盖了发射极和集电极之间 N 型隔离岛的裸露部分，它能够避免由于电荷扩展以及与相邻集电极的场相互作用而发生不希望的耗尽或积累。如果没有场板的话，横向 PNP 型晶体管的 β 值会随着表面电势而发生波动。垂直施加到裸露基区上的电场将会导致多数载流子浓度的增加或减少，而多数载流子浓度的改变又会调节晶体管的古穆尔数，并最终调节晶体管的 β 值。场区氧化层中可动离子的存在会大大增加由表面电荷所引起的不稳定性程度。可动离子沾污还会导致可动离子在电场作用下相对缓慢的漂移，进而引起时间相关的 β 值变化。使用场板可以防止不可预测的表面电场到达中性基区裸露的表面，因此可以稳定晶体管的 β 值。

缺少场板的横向 PNP 型晶体管通常会在表面势远低于最高金属层的厚场阈值电压时表现出异常的电流-电压特性。特别地，集电极电流可以在特定的集电极-发射极电压处呈现出阶跃性的增加。这种现象已经在标准双极工艺中的横向 PNP 型晶体管上观察到，其集电极-发射极电压仅为 5～10 V，而该工艺标称的厚场阈值电压超过 40 V。正确设计的场板将消除这种现象以及 β 值的波动。场板必须连接到晶体管的发射极，并应当完全覆盖发射极设计图形与集电极设计图形之间裸露的 N 型外延层。场板还应当与集电极设计图形的边缘重叠，使得金属与基极扩散区之间即使出现对准偏差也不会将外延层表面裸露出来。预留 2～3 μm 的重叠区应该就足够了，因为基极扩散区的外扩散还会缩小集电极开口的尺寸。

一个最小发射极的横向 PNP 型晶体管占据的版图面积要比一个最小发射极的 NPN 型晶体管大得多。一个横向 PNP 型晶体管还可以再进一步分隔为几个更小的具有公共基极和公共发射极的晶体管。图 9.22a 就展示了这种具有分离集电极的横向 PNP 型晶体管的一个简单实例。该晶体管包含两个分离的集电极段，每个集电极段占据的发射极周边略小于一半。由于发射极在所有方向上均匀地注入载流子，因此每个集电极接收到总注入电流的相等份额，该器件表现的行为就好像它实际上是两个相互独立的晶体管，每个晶体管有效发射极的大小是正常横向

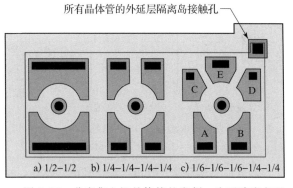

所有晶体管的外延层隔离岛接触孔

a) 1/2-1/2　　b) 1/4-1/4-1/4-1/4　　c) 1/6-1/6-1/6-1/4-1/4

图 9.22　分离集电极晶体管的实例。为了清晰起见，图中省略了场板

PNP 型晶体管的一半。图 9.22b 所示的晶体管进一步推广了这种集电极的分离，该晶体管包含了四个四分之一大小的集电极，而不是两个二分之一大小的集电极。分离集电极晶体管也可以包含多个不同尺寸的集电极。例如，图 9.22c 所示的晶体管就包括了三个六分之一大小的集电极和两个四分之一大小的集电极。

只要各个集电极都具有完全相同的几何形状，并且相对于发射极对称放置，这些集电极都将在大约±1%的精度范围内相互匹配。图 9.22a 和图 9.22b 中相互分离的集电极都符合这些标准，因此它们相互之间匹配得相当准确。图 9.22c 中相互分离的集电极并非都具有完全相同的几何形状，因此它们彼此之间不会精确匹配。集电极 A 和集电极 B 会相互匹配，集电极 C 和集电极 D 也会相互匹配。但是集电极 E 则不会匹配集电极 C 和集电极 D，因为前者与后者的几何形状并不完全相同。类似地，集电极 A 和集电极 C 之间的比率也不完全等于 3：2，同样是因为这两段具有完全不同的几何形状。

分离集电极的多个支路经常用于构造电流镜。一个简单的 1：1 电流镜可以由具有两个半边集电极的分离集电极晶体管构成，其中一个集电极连接回公共基极，形成参考晶体管 Q_{1A}（见图 9.23a），另一个集电极则用作输出晶体管 Q_{1B}。这种设计方案可以大大节省芯片面积，但是它的匹配精度没有两个相邻设置的独立横向 PNP 型晶体管那样好。采用发射极简并（参见10.2.2 节）技术并不能改善分离集电极电流镜的匹配，因为两个晶体管共享一个公共发射极。许多电路示意图通过将多个集电极引线设置在单个基极条上来描绘分离集电极晶体管，如图 9.23b 所示。分离集电极之间的电流比例传统上由设置在每个集电极引线旁边的数值来表示。基极引线穿过晶体管并不代表有多个基极引出端，而是表示到同一基极引出端的两个独立连线。使用这种原理图表示方法，图 9.23a 所示的电路就简化成了图 9.23b 所示的更加紧凑的原理图，即便没有原先那么直观。

某些设计师更喜欢采用由方形集电极环包围的方形发射极来设计横向 PNP 型晶体管，这种横向 PNP 型晶体管比之前讨论的圆形器件结构更容易实现数字化，但是由于从发射极拐角到集电极拐角的对角线传导路径长度更大，因此其基区宽度会略有增加。有些设计人员会在方形集电极图形中对开口的四个拐角进行圆角处理，以便使得基区宽度不会在这些拐角处增大。这将部分地（但也不是完全地）补偿电流传导路径长度的差异。图 9.24 展示了两种方形横向PNP 型晶体管的版图设计实例。

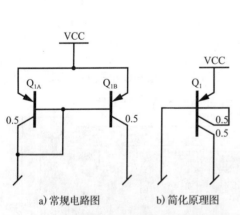

a) 常规电路图　　　　b) 简化原理图

图 9.23　采用分离集电极横向 PNP 型晶体管构建的 1：1 电流镜电路示意图

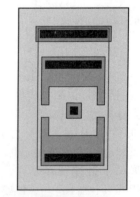

a) 最小发射极器件　　b) 1/2-1/2 分离集电极器件。为了清晰起见，图中省略了场板

图 9.24　两种方形横向 PNP 型晶体管的版图设计实例

方形分离集电极晶体管由于缺乏径向对称性，在要求精确匹配的条件下，设计师只能使用二分之一集电极和四分之一集电极的器件结构，除此之外，其他结构都无法满足精确匹配的要求。除了这个限制之外，所有适用于圆形分离集电极 PNP 型晶体管的设计规则也同样适用于

方形分离集电极器件的构造。在各种情况下，发射区都应保持尽可能小，并且场板也应该完全覆盖发射极设计图形和集电极设计图形之间裸露的 N 型外延层表面。

有些设计师声称横向 PNP 型晶体管的电流与设计的发射极面积成比例，而另外一些设计师则认为它们与设计的发射极周长成比例。实际情况介于这两个极端之间，因为某些载流子是从发射极侧壁注入的，而另外一些载流子则是从其底面注入的。使用大的方形或圆形发射极会大大降低晶体管的 β 值。细长条状的发射极可以拥有相对较大的面积，而且有效基区宽度不会增加太多，如图 9.25a 所示。这种细长条发射极的横向 PNP 型晶体管很容易让人从其发射极的形状联想到"热狗"的外形，因此有时也称其为"热狗"晶体管。

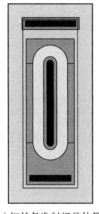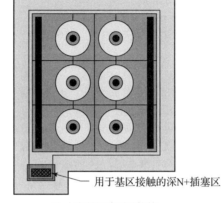

用于基区接触的深 N+ 插塞区

a) 细长条发射极晶体管　　b) 小发射极阵列晶体管

图 9.25　大电流横向 PNP 型晶体管

细长条发射极晶体管的面积和周长都以大约相同的倍率增加，因此关于晶体管的电流是与面积还是周长成比例的争论在很大程度上就成为了一个学术性的问题。由于结侧壁效应、电流集聚效应以及其他的系统性失配源，细长条发射极晶体管不可能与圆形发射极晶体管实现匹配。细长条发射极晶体管的 β 值会随着其发射极的延长而略有下降，尽管这种下降比发射极形状为扩大的正方形时的下降要小得多。这种下降是由载流子沿着发射极条的长度向下运动对有效基区宽度的贡献造成的。图 9.25a 所示的晶体管具有相对较大的集电极电阻，这可能会影响晶体管的匹配，并在较低的集电极-发射极电压下降低晶体管的表观 β 值。如果对此觉得有问题的话，可以将集电极接触孔沿着集电极的长边设置。

也可以通过排列多个最小尺寸的发射极来形成更大的晶体管，如图 9.25b 所示。由于每个发射极单元的形状与最小发射极晶体管的形状完全相同，因此该发射极阵列晶体管的电流处理能力与其所包含的发射极数量成比例。这种类型的大电流器件通常会交错排列相邻的发射极列，以便实现更密集的六边形排列方式（参见 10.1.3 节）。

在实际应用图 9.25 所示的横向 PNP 型晶体管时，尽管按面积缩放和按周长缩放都给出了大致相同的结果，但是按周长缩放可以更自然地扩展到分离集电极晶体管的情况。每个分离集电极起到一个独立晶体管的作用，其大小取决于所面对的发射极周长所占的比例。采用细长条发射极的分离集电极晶体管也可以遵循相同的原理。因此大多数设计师都是通过设计发射极周长来缩放横向 PNP 型晶体管。

假设横向 PNP 型晶体管依据周长按比例缩放，它们可以以 μm 为单位分配数值，也可以分配一个归一化的数值并使得最小尺寸发射极的数值为 1。许多设计师更喜欢后一种方案，因为它提供了可立即识别的数值。在处理分离集电极晶体管时，还会出现更复杂的问题：分离集电极的大小是基于其所包含完整圆的分数，还是基于其面向所包含发射极的集电极设计周长的分数？大多数设计师更喜欢第二种方法，因为它通常会产生简单的整数分数，如图 9.20 和图 9.21 所示。这种方法可以总结为以下公式：

$$A_C = \frac{P_E}{P_{EU}} \cdot \frac{P_C}{\sum P_C} \tag{9.16}$$

式中，A_C 是分配给某个横向 PNP 型晶体管集电极的大小；P_{EU} 是最小尺寸发射极或单位发射极的周长；P_E 是一个或多个实际发射极的周长；$\sum P_C$ 是面向发射极的所有集电极周长之和；P_C 是考虑中的面向发射极的集电极周长。

9.2.4 高压双极型晶体管

通常我们假设一个双极型工艺的最大工作电压等于其 NPN 型晶体管最高工作电压 V_{CEO} 额定值和其 PNP 型晶体管最高工作电压 V_{CEO} 额定值中的较低者。在标准的双极型工艺中，垂直 NPN 型晶体管通常会在横向或衬底 PNP 型晶体管之前发生击穿。因此 NPN 型晶体管的 V_{CEO} 就决定了该工艺的最高工作电压。垂直 NPN 型晶体管的 V_{CEO} 与其基极-集电极结底部平面的雪崩击穿电压 V_{CBOP} 之间满足以下关系：

$$V_{CEO} = \frac{V_{CBOP}}{\sqrt[n]{\beta_{max}}} \tag{9.17}$$

式中，β_{max} 代表器件的峰值 β；雪崩倍增因子 n 通常位于 $3 < n < 6$ 的范围内。低 β 值的器件通常具有更高的 V_{CEO} 额定值，但是 β 标称值低于 50 左右也会限制器件的适用性。因此大多数工艺都依赖于较高的基极-集电极平面结击穿电压来获得足够高的 V_{CEO} 额定值。漂移区的宽度决定了 V_{CBOP}，即外延层的厚度越大，相应的击穿电压就越高，最高可以达到外延层掺杂决定的极限值。隔离扩散区以及深度 N+ 下沉区的深度都必须增大以便与外延层厚度的增大保持一致，但是工艺中的其他步骤均保持不变。标准双极型工艺的制造商经常会提供几种不同的外延层厚度和掺杂浓度的选择，每一种都对应于一种方便的工作电压，例如 20 V、40 V 或 60 V。如果某种工艺提供了额定电压的选择，请务必使用尽可能低的额定电压，以便能够最大限度地减小隔离区的间距。

寄生沟道的形成和电荷扩展效应在更高的电压下会成为越来越严重的问题。由于钠离子的放大作用，电荷扩展效应可能会在略低于最高金属层厚场阈值的工作电压下引起较低的泄漏电流。在小电流下工作且需要精确匹配的电路特别容易受到这些泄漏电流的影响，因此需要仔细地设置场板和沟道终止区。在超过最低互连层(多晶硅或金属)厚场阈值的电压下，即使没有钠离子的放大作用，穿过硅表面的引线也会导致其下方的硅发生反型。采用场板和沟道终止区可以防止表面反型导致电路故障(参见 5.3.5 节)。无论工艺的工作电压是多少，横向 PNP 型晶体管的基区裸露表面都应当采用场板保护。对于外延层场效应晶体管以及其他各种依赖于紧邻氧化层界面极低掺杂区的器件也是如此。

任何结的击穿电压都取决于其曲率，曲率越大，击穿电压就越低。所有图形化的扩散结和注入结都具有一个特征性的侧壁曲率。较深的结具有较小的侧壁曲率，因此表现出比浅结具有更高的击穿电压。侧壁弯曲的影响可能会非常显著，例如，由于侧壁弯曲，平面结击穿电压为 120 V 的基极-集电极结实际上可能仅在 60 V 下就会击穿。观察到的浅结击穿电压通常取决于设计的几何图形，因为几何图形拐角处的曲率要大于侧壁的曲率。观察到的这种扩散区的击穿电压随着几何图形最小角度的减小而减小。内角和外角都可能会影响击穿电压的额定值。结深约为 2 μm 的基极扩散区由于 90° 拐角可能会导致击穿电压降低 10%～20%，而浅的高值电阻扩散区可能会出现更大的降低。

设计师有时必须将基区或高值电阻扩散区的工作电压推高到接近其各自的极限值，在这种情况下，矩形几何图形的 90° 顶点就成为了一个不利因素。设计师可以用一个与两邻边相切的小圆弧(称为圆角)或一个小的对角面(称为倒角)来圆润每个这样的拐角。圆角的半径应当至少为结深的 150%，45° 倒角应当具有相似的线段长度。外角和内角都应当有倒角或圆角。圆角的性能略优于倒角，因为它们甚至不包含倒角中相对钝的 135° 顶点。

图 9.26 展示了包含圆角的 NPN 型晶体管的两个实例。图 9.26a 所示的晶体管仅在基极扩散区的角上包含圆角，这些就足以获得完整的 V_{CBO}，并且也是真正必要的。有些设计师也会对

晶体管的隔离岛进行圆角化处理，但是隔离扩散区太深，以至于这些圆角对隔离扩散区/衬底结的击穿电压几乎没有影响，而该击穿电压实际上是由 N 型埋层决定的。上下对通隔离扩散可能会受益于圆角，因为它采用了比传统隔离扩散区更浅的扩散区。这些圆角也可以略微减小集电极-衬底结电容。图 9.26b 展示了一个 NPN 型晶体管的基区图形、N 型埋层图形和隔离岛图形的圆角化处理。传统上，较大的圆角是以同心中心绘制的，以便保持恒定的间距。

a) 仅在基区包含圆角   b) 在基区、N 型埋层和隔离扩散区上都包含圆角

图 9.26 包含圆角的 NPN 型晶体管的两个实例

电路设计师有时会尝试采用一些特殊的电路拓扑结构来扩展器件的额定电压。例如，设计师可能会尝试通过在基极和接地线之间插入电阻来提高垂直 NPN 型晶体管 V_{CE} 的额定值。该器件从来不会在 V_{CEO} 状态下工作，而是在电阻相对较低的 V_{CER} 状态下工作。这是一种可疑的做法，因为晶圆片制造厂很少会指定或管控晶体管 V_{CER} 的评级。由于从 V_{CER} 到 $V_{CEO(sus)}$ 的快速恢复，超过其 V_{CER} 额定值的晶体管很可能会发生灾难性的故障。因此最好采用具有较高工作电压的工艺，而不要试图去扩展较低的工作电压。

电压识别层

高压器件的版图设计通常需要增大某些扩散区之间的间距以适应更宽的耗尽区。通常需要修改的间距包括基区-基区、高值电阻扩散区-高值电阻扩散区、基区-高值电阻扩散区、基区-隔离扩散区以及高值电阻扩散区-隔离扩散区。可能需要调整的其他间距包括集电极-基极（其中集电极定义为集电极接触孔周围的发射极扩散区）、集电极-隔离扩散区、N 型埋层-隔离扩散区、深度 N+下沉区/隔离扩散区以及深度 N+下沉区/基区。尽管人们总是可以将所有这些间距设计为它们最高电压值所要求的间距，但是这样一来会浪费大量空间。另一种选择是确定需要增加间距的位置，然后仅在需要的地方付诸实施。

识别电压高低的传统方法是采用称为电压识别层的特殊层。每个电压水平都需要一个依据规则定义的电压识别层，只有最高的电压除外，它不需要识别层。例如，假设版图设计规则定义了 20 V、40 V 和 60 V 的条目，则需要两个电压识别层，一个用于 20 V，另一个用于 40 V。这些识别层可以称为 V20 和 V40。

最简单的方法是将整个器件囊括在电压识别层内。被 V20 层包围的 NPN 型晶体管就按照 20 V 的规则进行检查，如图 9.27a 所示。而被 V40 层包围的晶体管则将按照 40 V 的规则来进行检查。既没有被 V20 层包围、也没有被 V40 层包围的晶体管则将按照 60 V 的规则来进行检查。注意，电压识别层并不会以任何方式改变掩模数据，它们只是改变设计规则检查（DRC）软件解释版图数据的方式。因此，电压识别层是伪图层的实例（参见 3.3 节）。

为了确保将适当的电压识别层应用于每个器件，可以给每个适用的电压水平定义一个单独的示意符号。电路设计师可以根据需要设置这些器件的实例，并且版图与电路原理图一致性检查（Layout-Versus-Schematic，LVS）程序也会验证版图中的相应结构被包围在适当的电压识别层内。然后设计规则检查（DRC）程序还会进行检查，以确保器件内的间距符合适当的电压相关规则。

还可以采用另外一种替代的方式：将各种器件的电路符号中包括一个指定其额定电压的参数。当用户使用这样的电路符号时，他们可以从其允许值的列表中选择适当的额定电压。然后设计规则检查软件就可以提取该参数，并使用该参数来验证是否已经在器件上对适当的电压识别层进行了编码。

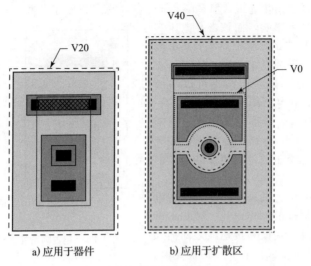

a) 应用于器件　　　　b) 应用于扩散区

图 9.27　应用电压识别层的两种技术

一种更复杂的方法是将电压水平分配给定义扩散区边界的各个线段。要按照规则定义的最高电压来检查属于 N 型扩散区的每个线段，除非该扩散区接触到某个电压识别层，在这种情况下，则按照与该层相关联的规则来检查该 N 型扩散区。与此类似，要按照规则定义的最低电压来检查属于 P 型扩散区的每个线段，除非该扩散区接触到某个电压识别层，在这种情况下，则按照与该层相关联的规则来检查该 P 型扩散区。图 9.27b 展示了这种编码方案应用于一个双集电极横向 PNP 型晶体管的实例。通过绘制一个包围外延层隔离岛边界的 V40 窄路径，将隔离岛标识为 40 V。图 9.27b 还将顶部的集电极标识为 0 V，并将底部的集电极标识为 40 V。设计规则检查软件就可以使用电压识别规则来确定外延层隔离岛对每个集电极的基极扩散区具有适当的覆盖。

9.2.5　超高电流增益(超 β)NPN 晶体管

采用标准双极型工艺制造的垂直结构 NPN 型晶体管通常表现出大约 200 的峰值 β。这个相对较高的 β 值仍然不足以满足某些特定的应用要求。考虑一个低输入电流运算放大器的情况，如果该放大器使用每侧偏置电流为 50 μA 的 NPN 型差分对输入级，则每侧的输入偏置电流将分别等于 250 nA。考虑到工艺条件和温度的涨落变化，这些电流都可以接近 1 μA。这种大小的电流对于高阻抗输入电路来说是令人难以接受的。已经提出了几种消除基极电流的技术，但是并不完善。

正如我们在 1.3.1 节中所述，双极型晶体管的 β 值与其古穆尔数成反比(古穆尔数定义为基区掺杂浓度沿着中性基区电流线的积分)。在具有平面结和恒定基区掺杂浓度的理想化垂直结构晶体管的情况下，古穆尔数等于基区掺杂浓度和中性基区宽度的乘积。不幸的是，双极型晶体管的厄立电压也与古穆尔数成比例，因此 β 值的任何增加都是以厄立电压的相应降低为代价的，这也就意味着具有高 β 值的晶体管将具有低的厄立电压，并且还将由于基区穿通效应而遭受较低的击穿电压。

某些版本的标准双极型工艺提供了一种工艺扩展，可以生产出具有极高 β 值的 NPN 型晶体管，这种器件通常称为超 β 晶体管。典型的超 β 晶体管的峰值 β 为 5000，其厄立电压只有 2～3 V。这种晶体管可以使用形成较浅基区的替代基区掩模来制造，或者(更常见)使用形成更深发射区的替代发射区掩模来制造。由于基区掺杂随深度增加而减小，这两种方法不仅减小了基区宽度，还减小了基区掺杂。

假设超 β 晶体管使用替代发射区掩模来制造。该工艺步骤发生在基区推进之后，常规发射区图形化操作之前。在需要制备超 β 发射区的地方刻蚀出氧化层窗口，并将磷注入或扩散到这些窗口中。然后进行部分推进，以便将磷向下推进到最终超 β 发射区一半结深的位置。在推进的过程中，同时在超 β 发射区上生长一层氧化物。然后进行常规发射区的光刻、刻蚀和磷的注入（或扩散）。最后，常规发射区的推进将超 β 发射区和常规发射区向下推进到它们各自的全结深处。图 9.28 展示了标准晶体管和超 β 晶体管的剖面结构示意图。注意，图中超 β 发射区比标准发射区的结深更深。

超 β 晶体管的极窄基区宽度是非常难以控制的。因此，超 β 晶体管的 β 值、厄立电压和集电极到发射极工作电压的变化都是远大于常规 NPN 型晶体管的相应的参数。过度的可变性和低工作电压将超 β 晶体管限制在少数特殊的应用中，最引人注目的则是低电流放大器和比较器的输入级。

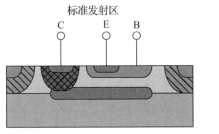

图 9.28　标准晶体管和超 β 晶体管的剖面示意图

CMOS 晶体管已经在很大程度上取代了超 β 晶体管。MOS 晶体管的栅极氧化层厚度只要大于 75 Å 左右，其栅极电流基本上就为零。MOS 晶体管确实也有其自身的一些局限性，MOS 差分对的输入失调电压通常超过类似尺寸的双极型差分对，此外 MOS 晶体管的 $1/f$ 噪声特性通常也比双极型晶体管差得多。$1/f$ 噪声也称为闪烁噪声，它是由电流的随机变化而引起的，其大小与频率成反比。研究人员至今仍在争论有关 MOS 器件闪烁噪声的确切原因，不过它看起来似乎（至少部分）起源于氧化层界面处载流子的捕获和释放。MOS 晶体管不充分的热退火会留下这些高浓度的陷阱，由此导致特别过度的 $1/f$ 噪声水平。NMOS 晶体管在历史上一直具有特别严重的 $1/f$ 噪声问题。双极型晶体管和 JFET 晶体管则表现出低得多的 $1/f$ 噪声水平，因此有利于构建低噪声的放大器和比较器。

9.3　CMOS 与 BiCMOS 工艺中的小信号双极型晶体管

数字 CMOS 工艺是经过优化专门用于构建 CMOS 逻辑电路的。现代数字多晶硅栅极 CMOS 工艺通常需要两种厚度的栅极氧化层，一种用于低电压的内核 CMOS 逻辑电路，另一种用于高电压的输入/输出(I/O)CMOS 电路。因此数字 CMOS 工艺的元件集包括内核电路中的 NMOS 和 PMOS 晶体管、I/O 电路中的 NMOS 和 PMOS 晶体管以及用于 I/O 晶体管的 ESD 器件。现代多晶硅栅极 CMOS 工艺采用金属硅化物技术以降低多晶硅和有源区的电阻。硅化物技术避免了多晶硅电阻的形成，因此使该工艺对模拟电路设计毫无用处。

很多人都曾试图将多晶硅栅极 CMOS 工艺应用于模拟电路设计。几十年来，人们一直在争论各种方案的优缺点。最后，所提出的各种应用需求决定了形成可行的模拟工艺所必需的修改方案。大多数的此类工艺可以分为以下四种类型：模拟 CMOS 工艺、模拟 BiCMOS 工艺、功率 BiCMOS 工艺和高速 BiCMOS 工艺。

模拟 CMOS 工艺增加了一块阻挡形成硅化物的掩模，并定义了一些额外的模拟电路元件。选择性地阻挡硅化物的形成使得能够制造出多晶硅电阻。不需要增加额外工艺步骤的模拟电路元件包括原生 CMOS 器件、漏区扩展 CMOS 器件、栅极氧化层电容以及某些形式的非易失性存储器。P 型衬底模拟 CMOS 工艺中唯一可实现的双极型晶体管就是衬底 PNP 型晶体管，这种晶体管的性能还有很多不足之处，尤其是在现代具有重掺杂浅阱的工艺中。尽管有其局限性，但是模拟 CMOS 工艺可以非常廉价地将各种不同类型的模拟电路与高密度的数字逻辑电路集成在一起。

模拟 BiCMOS 工艺增加了图形化的 N 型埋层。添加该工艺步骤之后允许构造出完全隔离的双极型晶体管。传统的方法是将 N 型埋层与现有的 N 阱扩散区相结合，从而构建出集电极扩散区隔离的 NPN 型晶体管和横向 PNP 型晶体管。内核 CMOS 器件工作在 5 V 或更高电压下的早期工艺通常可以制造出峰值 β 超过 50 的 NPN 型晶体管。大多数模拟 BiCMOS 工艺提供了一些额外的工艺扩展，如薄膜电阻、淀积形成的电容、耗尽型 MOS 晶体管以及深度 N＋下沉区，这种深度 N＋下沉区对于构建保护环是非常有帮助的。这些工艺在 20 世纪 80 年代和 90 年代非常流行，但是今天它们在很大程度上已经被更复杂的新版 BiCMOS 工艺所取代。

功率 BiCMOS 工艺类似于模拟 BiCMOS 工艺，但是还包括了用于构建横向 DMOS 晶体管的工艺扩展。通过正确地选择漏极工程，这些 DMOS 晶体管可以支持 5～100 V 以上的工作电压。现代低压的 DMOS 晶体管通常用于制造导通电阻小于 5 mΩ 的功率器件。需要一些特殊的金属化扩展工艺和定制的封装技术才能充分地利用这些器件。尽管双极型晶体管不是功率 BiCMOS 工艺开发的重点，但是构建 DMOS 晶体管所需的那些工艺通常同样可以用来构建集电极扩散区隔离的 NPN 型晶体管，或许也可以用来构建横向 PNP 型晶体管。

高速 BiCMOS 工艺提供了高度优化的双极型晶体管，该器件能够将极端的开关速度与卓越的参数性能相结合。这些工艺中的大多数能够制造出互补的双极型晶体管，这意味着 NPN 型晶体管和 PNP 型晶体管具有大致相当的性能。这些晶体管无一例外地使用多晶硅发射极，并且大多数晶体管至少采用部分氧化物隔离。20 世纪 90 年代末，锗硅(SiGe)工艺技术的引入将器件的工作频率提高到了 50 GHz 甚至更高。尽管主要是针对射频应用，但是这些工艺还是为相对高频的模拟电路设计提供了某些优势(参见 9.3.5 节)。

9.3.1 模拟 CMOS 工艺中的 PNP 晶体管

从理论上说，任何 N 阱 CMOS 工艺都可以采用 N 阱作为基极，同时采用设置在 N 阱内的 P 型有源区作为发射极来构建出衬底 PNP 型晶体管，该晶体管的基极通过与 N 阱相接触的 N 型有源区引出，P 型衬底则用作集电极。在早期的 10 V 多晶硅栅极 CMOS 工艺中构建的衬底 PNP 型晶体管可以获得超过 100 的峰值 β，而在低压 CMOS 工艺中则仅能获得较低的峰值 β，因为 N 阱的掺杂浓度必须随着沟道长度的减小而不断增加，以便使得沟道长度调制效应达到最小并防止器件穿通。虽然阱的结深也在减小，但是尚不足以阻止衬底 PNP 型晶体管基区古穆尔数的上升。利用深亚微米 CMOS 工艺制造的衬底 PNP 型晶体管，其 β 值通常不会超过 1。

现代 CMOS 工艺还减少了源极注入区和漏极注入区的结深，以便使得其横向外扩散达到最小。注入浅发射极中的少数载流子可以完全扩散穿过它到达发射极接触孔。由于在接触孔处几乎瞬间就发生复合，因此净效应就是使得发射区中的少数载流子浓度梯度变陡。这相应地增加了从基区注入发射区的电流量。这种短发射区效应很容易使人联想起在 PN 结二极管中观察到的类似现象[⊖]。短发射区效应导致 β 根据设置在发射区的接触孔(或硅化物)的数量而发生变化。接触孔或硅化物越多，则 β 值就越低。可以通过减少发射极接触孔的数量来使得短发射区效应达到最小。如果有必要的话，可以使用硅化物阻挡掩模来防止除发射极接触孔正下方以外的所有地方形成硅化物。在这些晶体管工作的小电流条件下，发射极电阻通常不构成任何问题。

CMOS 工艺中的衬底 PNP 型晶体管通常采用 P 型有源区构成相对较小的方形发射极，单个接触孔位于该发射极的中心。如果需要的话，可以在除了该接触孔下方以外的所有位置设置硅化物阻挡层，如图 9.29 所示。如果发射极非常小，接触孔的最小硅化物重叠区可能会避免硅化物阻挡层覆盖发射极的任何位置，在这种情况下，硅化物阻挡层就不起任何作用了，完全可以将其省略掉。

⊖ 少数载流子可以扩散到接触点的二极管称为短基区二极管。

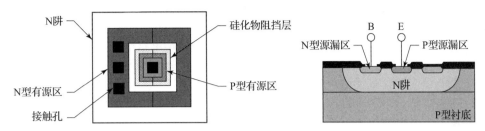

图 9.29　CMOS 工艺中衬底 PNP 型晶体管的版图与剖面图

发射极位于 N 阱构成的晶体管基极内，基极接触区由环绕发射极的 N 型有源区组成。这种环形结构最大限度地减小了基区电阻。通常只需要沿着 N 型有源区环的一侧进行接触，因为 N 型有源区的薄层电阻远小于发射极下方夹断阱区的薄层电阻。

如果需要一个大于最小面积的发射极，可以考虑使用一个或多个最小宽度的带状发射极，而不是一个大正方形的发射极。最小宽度的带状发射极可以使晶体管的基极电阻最小化，并且它还允许硅化物阻挡掩模覆盖（相对较远的）发射极接触孔之间的发射极部分。细长条发射极的电阻对于晶体管在微安电流水平下的工作几乎没有任何影响。

较新的 CMOS 工艺通常采用兆电子伏的离子注入来创建倒梯度阱掺杂分布。这样的掺杂分布允许使用非常浅的阱，因为它们抑制了垂直方向的穿通击穿。它们还可以最大限度地减少侧向阱电阻，这有助于提高闩锁免疫力。倒梯度阱产生了一个类似于 N 型埋层在标准双极型工艺中形成的高-低结。该结的存在阻止了如图 9.29 所示衬底 PNP 型晶体管的形成，但是它能够构造出横向 PNP 型晶体管以及垂直-横向 PNP 型晶体管。

图 9.30 展示了一个横向 PNP 型晶体管的版图与剖面图，该晶体管采用一个环状的多晶硅来定义中性基区。该环状多晶硅不仅形成了一个狭窄的自对准中性基区，而且同时也对这个基区覆盖了场板。该环状多晶硅应连接到晶体管的发射极以抑制沟道的形成。覆盖在环状多晶硅之上的有源区和 P 型源漏注入区在其内部形成了一个 P 型有源区插塞，同时在其外部形成了一个环状的 P 型有源区。环状多晶硅内部的 P 型有源区用作晶体管的发射极，其外部的 P 型有源区则构成集电极。发射极应尽可能小，以便使得从其底面注入的载流子穿过的有效基区宽度能够达到最小。尽管由于短发射区效应，发射极的硅化物将会降低 β 值，但是在接触孔上所需的重叠硅化物很可能会妨碍对发射极上有效硅化物的阻挡。

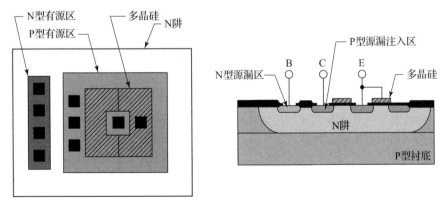

图 9.30　横向 PNP 型晶体管的版图与剖面图

这种横向 PNP 型晶体管的增益取决于两个相反的因素：采用较窄的环状多晶硅来自对准发射极和集电极可以形成较窄的基区设计宽度，而防止穿通所需的阱掺杂浓度提升则抵消了窄基区的大部分好处。某些 CMOS 工艺可以获得 50～100 的增益。

横向 PNP 型晶体管的集电极效率取决于阱的倒梯度部分与其上方低掺杂部分之间的掺杂

浓度差异。在大多数情况下，这种掺杂浓度差异足以产生超过 0.9 的集电极效率。人们也可以在不使用倒梯度阱的工艺中构建横向晶体管，但是它们通常仅表现出 0.1～0.2 的集电极效率。尽管这种晶体管的性能较差，但是也存在一些使用该类器件的电路拓扑结构。

窄基区宽度既能够使得自对准的横向 PNP 型晶体管获得较高的 β 值，同时也会使其表现出相对比较低的厄立电压。可以增加基区宽度以降低 β 值为代价来提高厄立电压。电路设计师经常采用与集电极-基极电压降相匹配的拓扑结构来尽量减小厄立效应的影响，从而使用最小基区宽度来获得尽可能高的 β 值。

9.3.2 浅阱晶体管

很多工艺都能够制造出具有不同额定电压的两种类型 CMOS 晶体管。早期的工艺可能支持 5 V 的内核 CMOS 和 15 V 的输入/输出(I/O)CMOS 器件。在近期的新工艺中，这些电压可能分别为 1.5 V 和 5 V。通常会采用多阱工艺以满足不同晶体管的需求。低压的内核晶体管通常会比高压的 I/O 晶体管占据更浅且掺杂浓度更高的阱。这样的工艺至少需要三个阱：一个用于 I/O 中 PMOS 器件的深 N 阱、一个用于内核 PMOS 器件的浅 N 阱和一个用于内核 NMOS 器件的浅 P 阱。该工艺还可能包括一个用于 I/O 中 NMOS 器件的深 P 阱，这样就使其成为了四阱工艺。

一个浅的重掺杂 P 阱和一个更深且更轻掺杂的 N 阱可以组合起来，以便形成一个 NPN 型晶体管。该器件的发射极由一个 N 型有源区的插塞构成，其中心有一个单独的接触孔。该发射极位于由浅 P 阱构成的基极内，而该基极则通过一个 P 型有源区插塞或环形区与金属实现接触。集电极由深 N 阱构成，该深 N 阱包围浅 P 阱，并通过另一个 N 型有源区插塞(或环形区)与金属实现接触。图 9.31 展示了在三阱 CMOS 工艺中制造的浅阱 NPN 型晶体管的版图与剖面图。

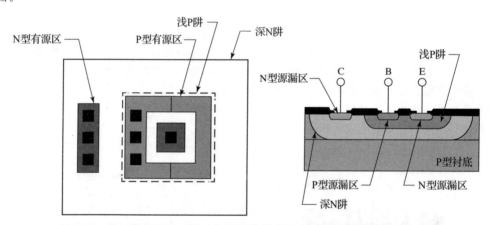

图 9.31 在三阱 CMOS 工艺中制造的浅阱 NPN 型晶体管的版图与剖面图

浅阱晶体管相对比较薄且低掺杂的基区是由浅 P 阱对深 N 阱的部分区域进行反型掺杂形成的。如果浅 P 阱没有表现出倒梯度掺杂分布，那么得到的晶体管就是一个垂直结构的器件。这种器件在 15 V 模拟 BiCMOS 工艺中的应用实例已经取得了远远超过 100 的峰值 β。浅阱晶体管的厄立电压通常要略低于一个优化的集电极扩散区隔离的 NPN 型晶体管的厄立电压(后者一般具有单独的基区注入)，并且其基极电阻通常也略高，但是这些缺点都不足以严重损害器件的有用性。

横向 NPN 型晶体管也可以使用倒梯度的浅 P 阱来制造。只要发射极是最小尺寸的正方形或细长条形，这样的晶体管仍然可以表现出相对比较高的 β 值。现在已有 β 值高达 1000 且集电极效率超过 0.99 的 CMOS 工艺横向 NPN 型晶体管的实例。

浅阱晶体管面临两个主要问题：基区穿通和表面沟道的形成。基区之所以可能会发生穿通，是因为深 N 阱底部的掺杂浓度非常低。即使是 1 MeV 的磷注入也只有大约 1.1 μm 的注入深度，因此必须利用传统的埋层来实现较深位置的倒梯度掺杂分布。表面沟道的形成也可能会带来问题，因为浅阱 NPN 型晶体管的基区表面是利用浅 P 阱来反型掺杂深 N 阱而形成的，再加上硼和磷在界面处不同的分凝效应，表面就可能会变得足够低掺杂，从而引起反型。寄生沟道可以通过添加沟道终止注入区、场板或两者结合来抑制。沟道终止注入区由围绕发射极的一圈 P 型有源区构成，该 P 型环还可以兼作基区接触。场板则是由第 1 层金属构成的，该金属板与发射极相接触，并向周围的环形 P 型有源区上延伸 $1 \sim 2\,\mu m$。沟道终止注入区和场板都被推荐添加到各种浅阱晶体管上。

浅阱晶体管缺乏低电阻的非本征集电极，例如标准双极 NPN 型晶体管中所提供的 N 型埋层和深度 N+ 下沉区。浅阱晶体管的集电极电阻因此可以达到几千欧姆。幸运的是，这些晶体管大多数都是应用于集电极电阻很少会引起问题的小电流电路中。

9.3.3 模拟 BiCMOS 工艺中的 NPN 晶体管

早期模拟 BiCMOS 工艺中的 CMOS 晶体管一般工作在 $10 \sim 20\,V$ 的电压下，通常使用较深且相对低掺杂的 N 阱，因此比较适合用来构建集电极扩散区隔离(CDI)的 NPN 型晶体管(参见 4.3.3 节)。这些晶体管需要在工艺中添加 N 型埋层(NBL)，以防止 N 阱的穿通击穿。N 型埋层还将非本征集电极电阻的横向分量降低到可以忽略的程度。大多数模拟 BiCMOS 工艺也提供深度 N+ 下沉区，既可以作为其标准工艺流程中的一部分，也可以作为一个工艺选项。在集电极接触区中设置深度 N+ 下沉区插塞，既能够降低本征集电极电阻的垂直分量，又使得集电极扩散区隔离的 NPN 型晶体管能够工作在大电流条件下。省略掉这个深度 N+ 下沉区会将集电极电阻提高到大约 $1\,k\Omega$，并将限制器件仅能工作在不超过 $1 \sim 2\,mA$ 的电流下。这对于大多数的模拟电路是足够的，但是不适用于双极型的静电放电(ESD)保护器件。

现代 CMOS 工艺通常将 $5\,V$ 的 I/O 晶体管与低压的内核晶体管相结合，只要这些电压之间的差异不是特别大，两种类型的晶体管就可以共享相同的阱，这样的工艺缺乏以前用来制备浅阱 NPN 晶体管集电极的深阱。该工艺可以采用图 9.32 所示的扩展基区版图，这个晶体管的发射极由一个 N 型有源区插塞构成，其基区由设置在 P 型外延层隔离岛中的浅 P 阱构成，并通过一个 P 型有源区插塞实现与金属的接触。集电极由一圈深度 N+ 下沉区构成，该下沉区被向下推进，直到与 P 型隔离岛下方的 N 型埋层接触为止。

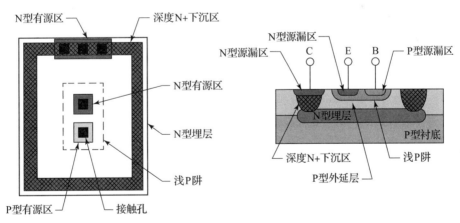

图 9.32　一个扩展基区 NPN 型晶体管的版图与剖面图

P 型外延层和浅 P 阱一起构成该晶体管的基区。P 型外延层能够有效地起到漂移区的作用，允许耗尽区向上延伸到基极，而不是向下延伸到更高掺杂浓度的 N 型埋层。浅 P 阱起到穿通终止层的作用，并且它还可以避免晶体管具有过低的厄立电压。但是 P 阱额外的掺杂浓度也增大了基区的古穆尔数，因此降低了晶体管的 β 值。

从扩展基区晶体管中消除浅 P 阱就形成了外延基区晶体管，该器件的 β 值要明显高于扩展基区晶体管,但是它表现出较低的厄立电压,其集电极到发射极的额定电压也受到穿通击穿的限制。较低的基区掺杂浓度将导致大注入效应在非常低的电流水平下就开始出现,在发射极电流密度仅为 $0.1\,\mu\mathrm{A}/\mu\mathrm{m}^2$ 时,外延基区晶体管 I_C 随 V_BE 的变化曲线就开始偏离线性。

外延基区 NPN 型晶体管裸露的基区表面必须用场板覆盖,以防止寄生沟道的形成,通常需要对基区除用作接触区的 P 型有源区以外的所有区域覆盖场板。场板必须紧邻设计的环形深度 N+下沉区,不过由于存在外扩散,二者并不需要重叠。

DMOS 晶体管的双扩散阱(DWell)也可以用来构建 NPN 型晶体管。图 9.33 展示了一个采用 DMOS 工艺制作的 NPN 型晶体管的版图与剖面图。双扩散阱中的 N 型部分用作发射极,P 型部分用作基极,而周围的 N 阱则用作集电极。实际上,DMOS 器件结构中固有的寄生 NPN 型晶体管已经被重新利用起来。该器件具有一个能够增强其注入效率的重掺杂发射区、一个适度掺杂的能够降低其古穆尔数的薄基区,以及一个能够尽量减小厄立效应的低掺杂宽集电区。这个采用 DMOS 工艺制作的 NPN 型晶体管的性能可以接近传统的集电极扩散区隔离的 NPN 型晶体管。

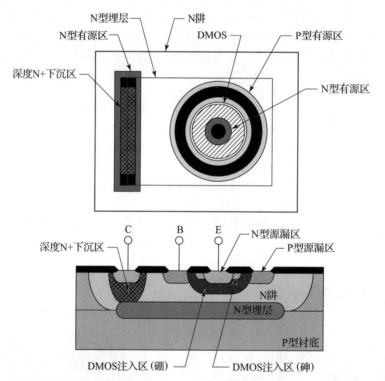

图 9.33　采用 DMOS 工艺制作的 NPN 型晶体管的版图与剖面图,图中省略了多晶硅场板

图 9.33 中的版图使用圆形双扩散阱注入来形成基区和发射区。设计的发射区面积等于双扩散阱的图形面积。发射区通过一个 N 型源漏区中心插塞实现与金属电极的接触,基区通过一个环绕 DMOS 注入区的 P 型源漏区实现与金属电极的接触。双扩散阱的硼注入区必须与其周围的 P 型源漏区充分重叠,以便容忍对准偏差。这通常要求两个注入区实际上彼此邻接。非本征集电极由 N 型埋层和深度 N+下沉区构成,这和传统的集电极扩散区隔离的 NPN 型晶体管中的情形是相同的。

在传统 DMOS 结构中的 P+背栅衬底接触区和 N+砷注入区之间出现了一个 P+/N+结。在传统的 DMOS 晶体管中,可能导致该结出现泄漏电流的电势是无关紧要的,因为源极总是与背栅短接在一起。而在 DMOS 工艺制备的 NPN 型晶体管中情况并非如此,因为这些扩散区构成了器件的基极和发射极。我们可以通过减少 DMOS 工艺中的砷注入剂量来避免泄漏电流,但是现在必须将 N 型源漏注入添加到源区，以便与相对低掺杂的砷注入区实现欧姆接触。

图 9.33 所示的结构省略了通常覆盖双扩散阱注入的有源区几何结构，而是允许厚场氧化层在其上生长。掺杂剂的分凝和氧化增强扩散导致砷发射极更深地进入硼基极，从而减小了晶体管的基区宽度。在 DMOS 注入区上进行的场区氧化因此增大了 DMOS 工艺制备的 NPN 型晶体管的 β 值。

所有采用 DMOS 工艺制备的 NPN 型晶体管都包含一个连接在集电极与发射极之间的寄生 DMOS 晶体管。图 9.33 所示的结构中并没有显示抑制这种寄生晶体管所需的多晶硅栅电极，该多晶硅电极用作覆盖中性基区裸露表面的场板，从而避免寄生沟道的形成。多晶硅必须与双扩散阱注入区充分重叠，以便考虑其外扩散及对准偏差的影响。该场板必须与晶体管的发射极相连接。

9.3.4 模拟 BiCMOS 工艺中的横向 PNP 晶体管

早期的模拟 BiCMOS 工艺也可以利用由深 N 阱与 N 型埋层相交而形成的高-低结来构造横向 PNP 型晶体管。图 4.48 展示了采用专门的基极注入区构建的一种典型的横向 PNP 型晶体管，这种器件可以表现出惊人的高 β 值。相对较浅的基极扩散阱允许晶体管的发射极和集电极设置得非常近。同时，阱的浓度分布特性(得益于注磷的沟道终止注入区)有助于增大基区表面最窄处的穿通电压。大多数少数载流子注入发生在晶体管的深处，由于阱和基极扩散区的浓度梯度特性，此处基极-发射极结的内建电势降低，因此较高的表面掺杂水平也不会过度地增大晶体管的古穆尔数。阱的浓度分布特性——再次得益于注磷的沟道终止注入区——产生了一个电场，该电场会迫使少数载流子向下远离氧化层界面。由于硅(100)晶面的低表面态电荷特性，克服了该电场作用的载流子仍然会经历相对低水平的表面复合。浅扩散可能具有的小特征尺寸允许我们构建非常小的发射区(通常每边长为 $2 \sim 5 \ \mu m$)。这样小的发射极增加了由发射极侧壁注入的少数载流子的比例，同时也减小了从底面注入的载流子行进的距离。所有这些因素的共同作用，使得横向 PNP 型晶体管的峰值 β 实际上可能超过集电极扩散区隔离的 NPN 型晶体管的峰值 β。这种高峰值 β 也有助于扩展可用的工作电流范围，允许每个最小发射极传导高达 $100 \ \mu A$ 的电流，同时保持 β 值在 20 左右。模拟 BiCMOS 工艺中横向 PNP 型晶体管较小的单元尺寸使得我们能够构造出相对面积更小的横向 PNP 型功率晶体管。

发射极尺寸对于模拟 BiCMOS 工艺中横向 PNP 型晶体管的 β 值有着非常强烈的影响，部分原因是穿过发射极底面注入的载流子必须比穿过发射极侧壁注入的载流子行进得更远。阱的梯度掺杂分布还产生了一个弱电场，该弱电场导致少数载流子向下漂移到 N 型埋层/N 阱的界面处。该电场还可以避免界面向集电极有效地反射少数载流子，如果基区是均匀掺杂的话就会出现这种情况。只要有可能的话，模拟 BiCMOS 工艺中的横向 PNP 型晶体管应当尽量采用最小尺寸的发射极。较大的晶体管则应该使用阵列型的发射极，而不是采用细长条的发射极。

P 型源漏区注入也可以形成横向 PNP 型晶体管的发射极和集电极。浅结的源漏区注入减小了晶体管的尺寸，但是也会降低集电极效率，因为相当大比例的少数载流子会在浅结集电极的下方通过并逃逸到 N 阱的侧壁。凹陷的厚场氧化层和遮蔽 P 型源漏集电极的 N 型沟道终止注入区，以及给少数载流子上施加向下漂移电场的梯度掺杂阱，都会加剧这个问题。如果必须使用 P 型源漏区形成的横向 PNP 型晶体管，则可以通过加宽集电极或使用深度 N+ 下沉区环绕整个晶体管以形成空穴阻挡保护环来提高它们的收集效率。

三阱或四阱工艺的浅 P 阱也可以用来替代专门的基极注入区。浅 P 阱的结深与专门的基极注入区结深基本相当，因此浅 P 阱晶体管也可以实现相对较高的集电极效率和 β 值。浅 P 阱表现出比基极扩散区高得多的薄层电阻，但是这可以通过在集电极内设置一个环形的 P 型有源区来克服。只需要环形 P 型有源区的一部分实现与金属的欧姆接触即可，因为 P 型有源区的薄层电阻远低于浅 P 阱的薄层电阻。

较新的亚微米工艺通常会去掉深 N 阱，而将所有的 CMOS 晶体管都放置在浅阱中。基于这些浅双阱 CMOS 工艺的模拟 BiCMOS 工艺经常会使用 N 型埋层和深度 N+ 下沉来构建隔离岛。或者,深度 N＋下沉区也可以由磷的掩埋隔离层(BIso)来取代,它可以与浅 N 阱相结合形成上下对通隔离。在上述这两种情况下,浅 N 阱都不会完全扩散到 N 型埋层处,因此在二者之间还保留有一层 P 型外延层,该 P 型外延层可以用来构建垂直-横向 PNP 型晶体管。图 9.34 展示了模拟 BiCMOS 工艺中采用浅 N 阱作为基极构建的垂直-横向 PNP 型晶体管的版图和剖面图,其发射极由设置在用作其基极的浅 N 阱内的 P 型有源区小插塞构成。沿着浅 N 阱一侧的带状 N 型有源区用作其基极的接触区。集电极则是由一个环绕基极的 P 型外延层隔离岛构成,该隔离岛通过 N 型埋层与衬底隔离。由浅 N 阱和掩埋隔离层组成的环形区将集电极与其周围的 P 型外延层分隔开。磷的掩埋隔离层会向上扩散并与浅 N 阱相交,最终形成晶体管的隔离岛。设置在隔离区和浅 N 阱基极之间的环形浅 P 阱用来降低晶体管的集电极电阻,浅 P 阱内的 P 型有源区环则用来提供集电极的欧姆接触[⊖]。

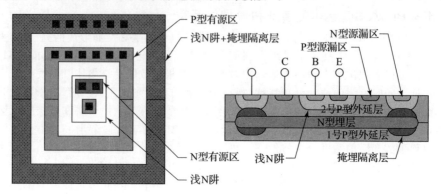

图 9.34　模拟 BiCMOS 工艺中采用浅 N 阱作为基极构建的垂直-横向 PNP 型晶体管的版图与剖面图

　　垂直-横向 PNP 型晶体管的另一个问题涉及浅 N 阱和 N 型埋层之间的穿通击穿。如果我们没有以某种方式增加 P 型外延层掺杂浓度的话,则垂直-横向 PNP 型晶体管集电极到发射极的额定电压可能都不会超过 5 V。最简单的解决办法是增加一次低剂量大面积的 P 型埋层(PBL)注入,这层形成 P 型埋层的硼注入是在沉积顶部外延层之前完成的,该 P 型埋层提高了分隔浅 N 阱与 N 型埋层的 P 型层掺杂浓度,从而增大了穿通电压。这个大面积 P 型埋层的掺杂浓度必须保持相对较低,以防止 P 型埋层- N 型埋层之间击穿电压的过度降低。这就限制垂直-横向 PNP 型晶体管集电极到发射极的额定电压只有 10～20 V 左右,不过这对于大多数应用来说已经足够了。由于 P 型埋层是通过大面积注入形成的,因此并不需要增加额外的掩模步骤。

9.3.5　高速双极型晶体管

　　最早的双极型逻辑电路工作速度非常慢,因为它的晶体管会工作在饱和状态。一旦某个双极型晶体管进入饱和状态,其基区和集电区就会充满少数载流子。此时即使基极-发射极电压突然降至零,其集电极电流也会继续流动,直到这些少数载流子完全复合掉。少数载流子的平均寿命主要取决于掺杂浓度。由于双极型晶体管的集电极漂移区是轻掺杂的,集电极中的少数载流子通常具有较长的寿命。对于标准的双极 NPN 型晶体管,这个寿命通常大约为 1 μs。因此处于饱和状态的 NPN 型晶体管不可能达到大约 1 MHz 以上的开关速度。这种较低的开关速度限制了早期电阻-晶体管逻辑(Resistor-Transistor Logic,RTL)电路的接受度。

　　提高饱和型逻辑电路开关速度的一种方法是用金掺杂晶体管。金原子引入的额外复合中心降低了少数载流子的寿命,从而提高了饱和型逻辑电路的开关速度。然而,降低少数载流子寿命也会减小晶体管的 β 值。此外,任何炉管只要处理过掺金材料就会受到金的污染,也就无法再用于任何其他目的。

　　⊖ 图 9.34 中并未显示浅 P 阱。——译者注

在金掺杂的局限性变得显而易见之后，设计师开始尝试改变逻辑电路的拓扑结构以避免进入饱和状态。最早的方法之一是在晶体管的基极-集电极结上设置肖特基二极管（参见 9.1.4 节）。74LS00 系列低功率肖特基钳位晶体管-晶体管逻辑（Low-power Schottky-clamped Transistor-Transistor Logic，LSTTL）电路就采用了这一技术。更为激进的方法是通过限制电路中信号的动态摆幅范围来完全消除饱和。采用这种方法的最著名的数字逻辑电路类型之一就是发射极耦合逻辑（Emitter-Coupled Logic，ECL）电路，其后期的版本开关速度可以达到 500 MHz 以上。尽管高速数字逻辑电路现在几乎只使用 CMOS 晶体管而不是双极型器件，但是数字电路设计的先驱技术仍然在模拟电路的设计中得到应用。

非饱和双极型晶体管的最大工作速度传统上采用单位增益截止频率 f_T 来表示，该频率定义为晶体管的小信号电流增益等于 1 的信号频率。在小注入条件下，截止频率为

$$f_T = \frac{1}{2\pi\left[\left(\dfrac{C_{jc}+C_{je}}{g_m}\right)+\tau_F\right]} \tag{9.18}$$

式中，C_{jc} 和 C_{je} 分别为集电极-基极耗尽层电容和发射极-基极耗尽层电容；g_m 为由式(9.8)给出的晶体管跨导；τ_F 为正向渡越时间的参数。由于跨导是集电极电流的线性函数，在大电流条件下，正向渡越时间主导式(9.18)，截止频率 f_T 则变为

$$f_T \approx \frac{1}{2\pi\tau_F} \tag{9.19}$$

有关正向渡越时间的一个稍微简化的表达式为

$$\tau_F = \tau_E + \tau_{BE} + \tau_B + \tau_{BC} = \frac{W_E^2}{2\beta V_T \mu_h} + \frac{x_{BE}}{2v_{sat}} + \frac{W_B^2}{2V_T \mu_e} + \frac{x_{BC}}{2v_{sat}} \tag{9.20}$$

考察式(9.20)中的每一项可以深入了解如何才能构建出高速的双极型晶体管。发射极延迟 τ_E 表示从基区注入的少数载流子穿过发射区到达发射极接触处所需的时间，它取决于准中性发射区宽度 W_E、小信号电流增益 β 值、热电压 V_T 以及空穴的迁移率 μ_h。式(9.20)假设 N 型发射区是均匀掺杂的。现代的高速双极型晶体管通常采用极薄的发射区来尽量减小发射极延迟。

基极-发射极耗尽区延迟 τ_{BE} 表示载流子通过基极-发射极耗尽区宽度 x_{BE} 所需的时间，该耗尽区中的强电场将载流子加速到它们的饱和速度 v_{sat}，基极-发射极耗尽区通常很薄，因此其引入的延迟时间可以忽略。

基极延迟 τ_B 决定了一个构造良好的高速双极型晶体管的正向渡越时间，该延迟时间表示少数载流子通过基区所需的时间。式(9.20)有些简单化，因为它假定了均匀的基区掺杂分布。基极延迟在很大程度上取决于准中性基区宽度 W_B，因此高速双极型晶体管都采用尽可能薄的基区。基极延迟还取决于少数载流子的迁移率，对于 NPN 型晶体管来说也就是电子的迁移率 μ_e。方程中基极延迟这一项的存在解释了人们对砷化镓双极型晶体管的长期兴趣，因为与硅材料中只有 1500 cm² · V⁻¹ · s⁻¹ 的电子迁移率相比，GaAs 材料中电子的迁移率可以达到 8500 cm² · V⁻¹ · s⁻¹ 左右。

集电极-基极耗尽区延迟 τ_{BC} 表示载流子穿过集电极-基极耗尽区所需的时间。由于该耗尽区宽度 x_{BC} 通常要比发射极-基极耗尽区宽度大得多，因此该延迟时间有可能变得相当大。集电极-基极耗尽区相对比较窄的低压晶体管通常会表现出比具有较宽耗尽区的高压器件更小的延迟时间。

当集电极电流变得足够大以至于引发大注入效应时，截止频率 f_T 的数值就会下降，因为柯克效应（参见 9.2.1 节）会导致准中性基区的宽度增大，由此增大了基极延迟时间。这一现象解释了为什么 f_T 在中等集电极电流下达到其最大值，并在较高电流下出现衰减。由于电容效应，f_T 在较低的电流下也会出现衰减，如式(9.18)所示。因此存在一个最佳集电极电流，使得 f_T 达到其最大值。

截止频率是在实际电路中很少遇到的条件下测量得到的。另一个优质因子则是最大振荡频率 f_{max}，它定义为晶体管的功率增益等于 1 时的信号频率。对于给定的 f_T，我们可以利用以下方程来确定其 f_{max}：

$$f_{max} = \sqrt{\frac{f_T}{8\pi R_b C_{jc}}} \tag{9.21}$$

式中，R_b 为晶体管的基极电阻。由于大多数实际电路的工作速度都受到基极电阻的强烈影响，因此许多研究人员和电路设计师都认为 f_{max} 是比 f_T 更有意义的一个表示晶体管最大工作频率的参量。

1. 泡发射极与泡发射极-基极晶体管

构建高速晶体管的一种方法是使用更小的发射极。发射极的横向尺寸影响被夹断基区的电阻、基极-发射极电容 C_{je} 和基极-集电极电容 C_{jc}。减小发射极尺寸的明显方法是缩小发射极接触孔的尺寸，但是光刻技术限制了接触孔的大小。一种称为泡发射极的技术可以将接触孔与发射极扩散区形成自对准，由此几乎完全消除了发射区对接触孔的覆盖，形成了通常所说的泡发射极晶体管。图 9.35a 展示了传统的垂直结构 NPN 型晶体管的版图，而图 9.35b 则展示了对应的泡发射极晶体管。

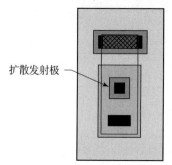

扩散发射极

泡发射极

a) 传统的垂直结构NPN型晶体管版图　　b) 对应的泡发射极晶体管

图 9.35　对比

泡发射极技术采用传统的发射极沉积方法。在随后的发射区推进过程中会形成一层薄的发射极氧化层。接触孔的光刻掩模版上并不包括任何发射极接触孔的几何图形。薄发射极氧化层因此在接触孔的刻蚀期间保持被光致抗蚀剂覆盖。接下来将光致抗蚀剂去除，并进行一次大面积的腐蚀，腐蚀时间刚好足以去除薄的发射极氧化层。可以经常使用选择性地腐蚀磷掺杂氧化物的腐蚀剂来使对基区表面氧化层的侵蚀达到最小。发射极掺杂剂向其扩散窗口之外的横向外扩散理论上提供了足够大的覆盖区以防止基极-发射极发生短路。在实践中这个覆盖区非常小，以至于横向穿通就会导致显著的良率损失。研究人员已经开发了多种技术来略微增大一些发射区对泡发射极接触孔的覆盖。例如，有的时候会采用侧壁隔离层来稍微缩小一点泡发射极形成的接触孔尺寸。

更为激进的方法是使用泡发射极窗口来形成与发射极自对准的基极扩散区，由此得到的泡发射极-基极（Washed-Emitter-Base，WEB）晶体管具有三个独立的基极区域：一个位于发射极正下方的本征基区，一个位于基极接触孔下方的非本征基区，还有一个则连接前两者的连接基区，如图 9.36 所示。首先注入连接基区和非本征基区，然后在硅上生长或沉积一层氧化物。在这层氧化物上刻蚀出发射极窗口，并通过该窗口完成砷和硼的一个组合注入。硼原子比砷原子轻，因此穿透得更深，并且在后续的退火工艺中扩散得也更多。这些机制导致在发射极下方形成了一个薄的但是相对重掺杂（$N_A \approx 1 \times 19\ cm^{-3}$）的本征基区。然后利用接触孔光刻掩模形成到非本征基区的接触孔，再利用泡发射极工艺形成到砷注入的发射极的接触孔。薄的、适度掺杂的连接基区则提供了非本征基区与本征基区之间的电气连接。

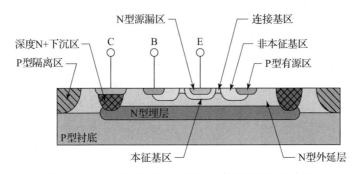

图 9.36 泡发射极-基极（WEB）晶体管的剖面示意图

2. 多晶硅发射极晶体管

基极延迟 τ_B 构成了高频晶体管正向渡越时间的主要部分。减少基极延迟的一种方法是使用尽可能窄的中性基区宽度。由于不可能以足够的精度控制两个深扩散之间的结深差以实现可接受的基区宽度控制，因此浅基极也就意味着浅发射极。有两个因素限制了传统发射极扩散区的结深不可过浅。首先，形成金属硅化物会消耗一定厚度的硅，因此发射极的结深必须足够深，以确保形成硅化物之后不会导致基极-发射极短路。其次，短发射极效应会降低浅发射极晶体管的 β 值。可以通过增加发射极掺杂浓度来补偿降低发射极结深带来的影响，但是一种称为带隙变窄的现象限制了重掺杂的有效性。对于 20 世纪 70 年代中期的工艺设计师来说，这些效应似乎将发射极的结深限制在最小为 $0.3~\mu m$ 左右。

IBM 公司在 1977 年组建的一个研究团队决定尝试使用多晶硅作为掺杂源来制造浅结发射极。令他们感到惊讶的是，他们发现由此形成的晶体管竟然以某种方式克服了短发射极效应的限制。这类器件后来被称为多晶硅发射极晶体管，它们实现了以前不可能实现的高速和高 β 值的结合。

图 9.37 展示了一个具有多晶硅发射极的 NPN 型晶体管的版图与剖面图，该晶体管在基区扩散推进完成之前与普通的 NPN 型晶体管基本相同，只是其基区扩散非常浅并且进行高浓度掺杂。接下来通过光刻和刻蚀去除了发射极窗口的氧化层，并在该窗口上淀积并图形化一层掺砷的多晶硅。短暂的高温退火工艺导致砷从多晶硅扩散到裸露的单晶硅中，形成与发射极窗口自对准且极浅的重掺杂发射极扩散区。多晶硅随后也用作接触其下方本征发射极的引线。

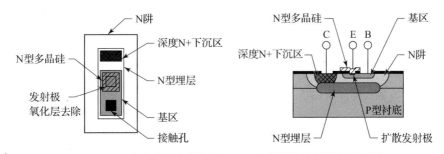

图 9.37 具有多晶硅发射极的 NPN 型晶体管的版图与剖面图

多晶硅发射极器件具备泡发射极工艺的所有优点，而没有任何对应的缺点。多晶硅发射极以与泡发射极工艺相同的方式实现了与氧化层窗口的自对准。然而该窗口并不经受任何后续的刻蚀，因此多晶硅发射极晶体管比泡发射极晶体管更不容易受到横向穿通的影响。类似地，多晶硅在本征发射极上方的存在允许形成金属硅化物，而不必担心出现垂直穿通。

然而真正具有重大意义的发现是，多晶硅和单晶硅之间的界面不会像金属-硅接触界面那样引起少数载流子的几乎瞬间复合。相反，多晶硅的界面实际上似能够反射少数载流子。这种反射机制能够将发射极注入效率提高到远高于类似掺杂浓度和尺寸的常规发射极的注入效率。因此多晶硅发射极晶体管可以实现比相应的扩散发射极晶体管高得多的 β 值。

研究人员已经提出了多种不同的机制来解释少数载流子从多晶硅界面的反射。多晶硅中晶粒边界的存在可能会起到一定的作用，但是最关键的因素似乎是界面本身的特性。即便是最微量的氧气与硅之间在室温下也会发生反应，从而在任何裸露的硅表面上都会形成一层薄薄的天然氧化层。除非在淀积多晶硅之前采取某些特殊的措施来去除这种天然氧化层，否则它就会夹在多晶硅和单晶硅之间。形成这层界面氧化层的精确工艺制造条件似乎对多晶硅发射极的注入效率具有强烈的影响。无论多晶硅界面确切的工作机制如何，它们都会影响少数载流子电子和少数载流子空穴。因此 NPN 型和 PNP 型晶体管都可以受益于多晶硅发射极。

多晶硅发射极也确实具有某些缺点。多晶硅界面处的悬挂键会被工艺制造过程中引入的氢部分钝化。如果晶体管的基极-发射极结工作在雪崩状态或其附近，热载流子就会解吸附这些氢原子并再生出悬挂键。这些悬空键会增大发射极复合并降低晶体管的 β 值。多晶硅发射极界面非常靠近基极-发射极结，这也就解释了多晶硅发射极晶体管对雪崩诱导的 β 值退化效应的高度脆弱性(参见 5.3.3 节)。某些多晶硅发射极晶体管在中到大的正向电流下工作时，也会表现出 β 值的永久性增加，这显然是因为这些电流会移动硅中的氢原子，使其流动到多晶硅界面处并钝化悬挂键。可以通过电路设计使得晶体管发射极-基极结上不会经历显著的反向偏置，从而避免雪崩诱导的 β 值退化效应。1~2 V 的反向偏压通常是可以接受的，而更高的反向偏压则不可接受。通过增加多晶硅的掺杂浓度，可以最大限度地减少正向导通状态下 β 值的不稳定性，因为这降低了界面处的悬挂键密度。

多晶硅发射极晶体管的多晶硅界面很容易因为局部过热而损坏。因此这类晶体管比传统的双极型晶体管更容易受到电过应力(EOS)和静电放电(ESD)的损伤。通过采用两级 ESD 防护器件，再加上钳位二极管以防止基极-发射极结的反向偏置应力，就可以成功地保护多晶硅发射极晶体管免受 EOS 和 ESD 的损伤。

多晶硅发射极的优点明显大于缺点。实际上，所有现代的高速晶体管都采用了某种形式的多晶硅发射极，以提供尽可能小的发射极几何图形，同时能够使用极薄且相对重掺杂的本征基区。接下来的两节中将要讨论的氧化物隔离晶体管和锗硅(SiGe)晶体管建立在多晶硅发射极提供的好处之上。

3. 氧化物隔离晶体管

部分或完全的氧化物隔离可以显著地降低结电容，由此可以实现更快的晶体管工作频率。如果外延层足够薄，则常规的局部硅氧化(LOCOS)工艺就可以完全穿透外延层以分隔相邻的隔离岛，而不需要采用隔离扩散区。鸟喙的存在限制了这种结构可以缩小的尺寸，因此近期的新工艺通常采用浅槽隔离(STI)技术来代替 LOCOS 氧化层。无论采用哪种方式，隔离扩散区的消除不仅通过消除隔离扩散区侧壁结降低了集电极-衬底电容，而且还缩小了集电极尺寸。图 9.38a 展示了 NPN 型晶体管的版图和剖面图，其中的基极扩散区邻接 LOCOS 氧化层。图 9.38b 展示了一种更为激进的结构，其中发射极也与氧化层邻接。这种侧壁包围发射极晶体管通常要求比 LOCOS 所能提供的更陡峭的转变，但是它们也可以使用浅槽隔离技术来构造。

由于难以制造终止于氧化层侧壁上的基极-发射极结，侧壁包围发射极晶体管尚未得到广泛的应用。沿着氧化层界面分布的悬挂键引起的复合率增强已经被证明是一件非常棘手的事情，氧化层界面也很容易形成所谓的管道缺陷，这种缺陷能够使 PN 结发生短路。虽然大多数现代的工艺不采用侧壁包围发射极结构，但是确实有许多这样的工艺在 LOCOS 或 STI 氧化层上终止基区。

图 9.38 所示晶体管的主要缺点是其基极接触孔与发射极之间的间隔相对比较大，这个分离增大了基极电阻(因为基极电流必须流得更远才能到达接触孔)和基极-集电极电容(因为增大了基极-集电极结的面积)。这些缺点可以通过使用原理上类似于泡发射极-基极(WEB)晶体管的自对准基极来补救。一种构建自对准基极的方法涉及增加第 2 层多晶硅，由此形成的器件结

构称为单一自对准(Single Self-Aligned,SSA)或超级自对准(Super Self-Aligned,SSA)晶体管。图 9.39 展示了这种类型的代表性器件。

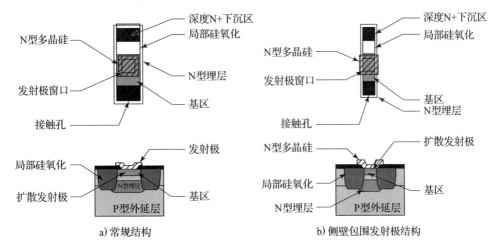

a) 常规结构　　　　　　b) 侧壁包围发射极结构

图 9.38　部分氧化物隔离的 NPN 型晶体管

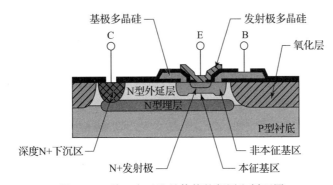

图 9.39　单一自对准晶体管的版图和剖面图

图 9.40 展示了制造双层多晶硅自对准晶体管的关键步骤,即直接在本征基区下方和 N 型埋层上方形成一个选择性注入集电极(Selectively Implanted Collector,SIC)区域。由于离子注入工艺存在的通道效应导致很难制造出极薄的基区。在基区下方注入形成的 SIC 区反型掺杂基区杂质分布的尾部,从而有效地形成较浅的基区。SIC 注入区还将柯克效应的触发推高到更大的电流水平,从而允许晶体管在更大的电流下工作,这也增大了晶体管的跨导和截止频率 f_T。通过采用选择性注入,较高的集电极掺杂浓度不会出现在非本征基区下方,因此不会过度增大集电极-基极电容。但是,SIC 注入区也限制了集电极-基极耗尽区向漂移区更深的扩展,因此降低了器件的厄立电压和集电极-发射极击穿电压。现代高速双极型晶体管通常具有 1.5～2 V 的工作电压。

双层多晶硅自对准晶体管的制造始于 N 型埋层的形成和 P 型外延层的生长。先注入一个 N 阱,然后再注入一个深度 N+下沉区。利用 LOCOS 氧化形成场区氧化层(或者,也可以采用浅槽隔离技术),图 9.40a 显示了所得结构的剖面图。然后淀积一层 P+多晶硅并刻蚀形成基极接触,这层 P+多晶硅与单晶硅表面接触并由此定义了基区的边界。最后透过多晶硅上的窗口进行高能量的 N 型注入以形成自对准 SIC 注入区,如图 9.40b 所示。

透过 P+多晶硅上的窗口进行的浅 P 型注入则形成了本征基区,该注入将掺杂限定在晶体管的中性基区内。本征基区注入与从 P+多晶硅环往下扩散形成的 P+非本征基区重叠,从而起到与泡发射极-基极(WEB)晶体管连接基区相同的作用,并充当真正的本征基区。

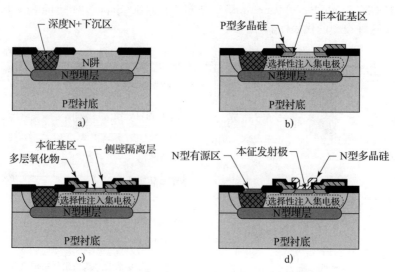

图 9.40　制造双层多晶硅自对准晶体管的关键步骤

　　基区注入完成之后，在 P＋多晶硅窗口的内边缘制作一个侧壁隔离层，如图 9.40c 所示。该侧壁隔离层将 P＋多晶硅与随后淀积的 N＋多晶硅分离。N＋多晶硅构成多晶硅非本征发射极，短暂的退火导致砷从 N＋多晶硅扩散到下面的单晶硅中，由此形成的浅 N＋区构成了晶体管的本征发射极，如图 9.40d 所示。然后在完成的晶体管上淀积传统的金属系统。图 9.41 展示了完整的双层多晶硅自对准晶体管的版图和剖面图。相关文献中描述了该工艺的许多变通应用。

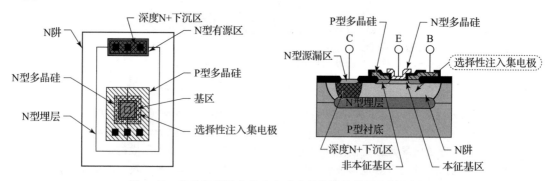

图 9.41　完整的双层多晶硅自对准晶体管的版图和剖面图

　　尽管上文中没有描述，但是大多数超级自对准(SSA)晶体管使用沟槽隔离来减少集电极的侧壁电容。某些设计方案走得更远，实际上使用沟槽窗口作为自对准窗口，并透过该自对准窗口来形成基极和发射极。

4. 锗硅异质结双极型晶体管

　　高速硅双极型晶体管的发展似乎终止于上一节中描述的单一自对准晶体管。进一步的速度提升将需要一些能够增大载流子穿过中性基区速度的手段。实现这一目标显然可见的唯一方法是使用化合物半导体，但是实际上所有这些化合物半导体材料都与硅不兼容。20 世纪 80 年代末，超高真空化学气相淀积(Ultra-High-Vacuum Chemical Vapor Deposition，UHVCVD)技术的发展最终解决了这一难题。UHVCVD 可以在没有交叉污染的情况下将一种半导体材料淀积在另一种之上，这项技术创造了一种由硅和锗的混合物组成的新型 IV - IV 化合物半导体，称为锗硅(SiGe)技术。

　　假设两层 SiGe 层具有相同的掺杂浓度但是不同的锗组分。由于它们晶格结构的差异(或者更具体地说，由于它们带隙能量的差异），在这两层之间就会出现净的接触电势。UHVCVD可以制备出具有连续变化锗组分的 SiGe 层，以这种方式形成的锗组分梯度可以用在双极型晶体管的基区中建立电场，该电场能够增大少数载流子穿越基区的速度，同时尽量降低多数载流子向发射极的反向注入。通过适当调整锗组分梯度可以构建出具有某些所需特性组合的双极型晶体管：较短的基区渡越时间、较大的 β 值和较高的厄立电压。目前高速双极型工艺中的大多数工作都依赖于 SiGe 技术的一些变通应用。

图 9.42 展示了锗硅 NPN 型双极型晶体管的关键制造步骤。该结构采用局部硅氧化（LOCOS）与扩散区隔离技术而不是沟槽隔离，但是它仍然展示了用来制造锗硅层的技术。该工艺从 N 型埋层的制备和 P 型外延硅的生长开始。深度 N+ 下沉区提供到集电极的低电阻连接。局部硅氧化工艺制备的场区氧化层定义了将要形成基极和发射极的窗口，以及集电极接触孔的类似窗口。再将多晶硅淀积在整个晶体管上，随后对其进行刻蚀以便形成基极窗口。透过该窗口进行高能离子注入形成自对准的选择性注入集电极（SIC）。然后剥离基极窗口中的薄氧化层，显出裸露的硅，如图 9.42a 所示。利用 UHVCVD 淀积形成一层硼掺杂的 SiGe 层，随后与下面的多晶硅一起进行堆叠刻蚀。接下来在 SiGe 层的顶部沉积一层氧化物和一层氮化物，如图 9.42b 所示。刻蚀这两层绝缘介质形成发射极窗口，淀积掺砷的多晶硅以便形成多晶硅发射极。再对该多晶硅层进行刻蚀，并终止在下面淀积的氮化硅上，如图 9.42c 所示。然后制备出侧壁隔离层，并形成基极 SiGe 层和发射极多晶硅的接触孔。图 9.42d 展示了完成后的器件结构，图中没有包含金属化层。

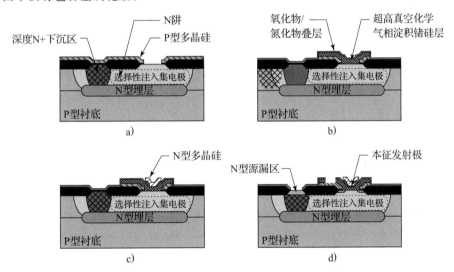

图 9.42　锗硅 NPN 型双极型晶体管的关键制造步骤

SiGe 晶体管通常被认为是异质结双极型晶体管（Heterojunction Bipolar Transistor，HBT）的实例，因为它们包含介于两种不同半导体材料之间的结，在这个案例中，就是硅材料和锗硅材料。有些人认为使用这个术语具有误导性，因为引入锗是为了在基区中形成电场，而不是为了形成突变的异质结，但是仅仅在结的两侧存在不同的半导体材料就足以证明使用"异质结"一词是合理的。

近年来新型的 SiGe 晶体管通常将碳掺入 UHVCVD 淀积的元素混合物中。低至百分之零点几的碳就可以显著地减少硼的外扩散，并能够形成非常陡峭的掺杂浓度梯度，并抑制硼向SiGe 基区之外的扩散。硅、锗和碳的混合物通常表示为 SiGe:C 这样的符号。

SiGe 晶体管早期的发展主要集中在 NPN 型晶体管上，因为与空穴相比，电子的迁移率更高。不过研究人员也已经成功地使用低温工艺技术制造出了高性能的 PNP 型 SiGe 晶体管，因为低温工艺技术可以最大限度地减少器件发射极中相对容易移动的硼的扩散。这种进步应该能够创造出真正互补型的 SiGe 技术。

当前最新一代的锗硅 NPN 型晶体管已经获得了超过 500 GHz(0.5 THz)的最高振荡频率(f_{max})。然而硅基 CMOS 器件也已经证明了超过 200 GHz 的 f_{max} 数值。因此一个合理的问题就出现了:如果 CMOS 器件的性能已经几乎可以与之匹配,为什么还要付出额外的成本和工艺复杂性来使用 SiGe 双极型器件呢?答案是 CMOS 器件相对于双极型器件存在两个根本的缺点。首先,对于给定的电流水平,它具有较低的跨导,这就限制了人们从 CMOS 电路获得的原始增益,它会大大低于从双极型电路所能实现的原始增益。其次,CMOS 晶体管是表面器件,因此会受到更高水平闪烁噪声(也称为 $1/f$ 噪声)的影响,闪烁噪声会显著提高本底噪声,从而降低射频(RF)放大器的灵敏度。因此,SiGe-BiCMOS 技术在通信设备的 RF 应用部分具有优势,而 CMOS 技术则在数字电路的设计中占主导地位。

9.4 本章小结

双极型晶体管是一种用途极其广泛的器件,但是也有其局限性。设计不当的双极型晶体管可能会在重负载条件下由于热失控或二次击穿而突然失效。处于饱和状态的双极型晶体管还可能会将电流注入衬底中,从而引起相邻电路的自偏置,并导致灾难性的闩锁故障。这些问题给电路设计师带来了很大麻烦,但是它们都可以通过正确的电路设计和器件版图设计来克服。

双极型晶体管分为三大类:小信号晶体管、高速晶体管和功率晶体管。小信号晶体管针对高密度集成而非功率处理能力进行了优化,这类器件主要用于模拟信号处理和控制电路,在这些电路中,小信号晶体管因其具有高跨导和优异的器件匹配特性而特别受到重视。这类晶体管还能够提供较低的闪烁噪声和指数形式的电流-电压关系,这使得设计师能够构建出各种有用的模拟功能块,例如带隙参考源和跨导线性电路。通过标准的双极型工艺制造出了第一个集成化的小信号双极型晶体管,该工艺的各种变通版本仍用于各种成本大于性能的传统产品。BiCMOS 工艺结合了双极型晶体管和 CMOS 晶体管的优点,为设计师提供了两全其美的效果。

高速的双极型晶体管继续在扰乱人们对其即将消亡的预测,而 CMOS 器件则似乎总是接近超越它们的性能,但是一次又一次的技术突破又使得双极型晶体管始终保持在高速射频放大器设计的前沿。目前 CMOS 器件在数字电路设计中占据主导地位,但是其较高的噪声和较低的跨导限制了其在放大器设计中的应用。

下一章将讨论功率双极型晶体管的设计和版图布局,以及在双极型电路中获得性能匹配所需要注意的事项。第 11 章将通过各种不同类型的集成二极管来结束双极型器件的讨论。

习题

9.1 −55 ℃时热电压 V_T 的数值是多少?在 125 ℃时其数值又是多少?

9.2 某个 NPN 型晶体管的饱和电流 I_S 为 3.5×10^{-15} A,当其在 10 μA 的集电极电流和 25 ℃的结温下工作时,该晶体管的基极-发射极电压是多少?它的小信号跨导是多少?

9.3 一个 PNP 型晶体管的厄立电压 V_A 为 −160 V,如果在外推到零集电极-发射极偏置电压下其 β 值为 220,那么在 −20 V 的集电极-发射极电压下的 β 值是多少?

9.4 一个横向 PNP 型晶体管的发射极电流为 110 μA,集电极电流为 98 μA,基极电流为 7 μA,该晶体管的电流增益和集电极收集效率分别是多少?

9.5 请为图 9.7 所示的电路选择基极一侧的镇流电阻。假设 $I_{BIAS}=100 \, \mu$A,要求设计的镇流电阻能够使得处于深饱和状态的晶体管不会消耗超过 10% 的 I_{BIAS} 电流。假设 NPN 型晶体管的 V_{BE} 在进入深饱和状态时最大下降 100 mV。

9.6 使用习题 9.5 中计算出的电阻值和附录 B 中给出的标准双极型工艺版图设计规则来设计图 9.7 所示电路的版图。假设所有三个晶体管的发射极面积均为最小。R_1、R_2 和 R_3 均使用 6 μm 宽的高阻值电阻(HSR)。将晶体管 Q_1、Q_2 和 Q_3 并排放置,并合理安排三个基极镇流电阻的位置以满足相互匹配的要求。证明你对 R_1、R_2 和 R_3 外延层隔离岛偏置电压的选择是合适的。

9.7 设计一个最小尺寸的标准双极型 NPN 晶体管的版图,包括一个深度 N+下沉区。构建一个类似的器件,但是省略上述深度 N+下沉区。为所有必要的金属化布线留出空间。假设这两个器件的面积均等于其各自外延层隔离岛的面积,那么省略深度 N+下沉区之后减少的面积占多大的百分比?

9.8 按照 CEB 的版图结构,设计一个具有拉伸集电极的标准双极型晶体管版图,允许三条最小宽度的引线在其集电极和发射极之间通过,晶体管应具有最小尺寸的发射极。假设工艺中使用厚的发射极氧化层,将集电极电阻降至最低。

9.9 设计一个具有窄发射极条的标准双极型晶体管的版图,该晶体管具有四个最小宽度的指状发射极,每个指长 $100~\mu m$。沿着晶体管的一侧设置一个深度 N+下沉区,并确保 N 型埋层完全覆盖深度 N+下沉区,以便最大限度地减少集电极电阻。版图需要包括所有必要的金属化布线,以便将晶体管连接到电路中。

9.10 分别采用标准型、环形发射极和垂直-横向结构这三种版图设计风格,构造出应用标准双极工艺的最小尺寸衬底 PNP 型晶体管版图,并为所有必要的金属化布线留出空间。仅对于垂直-横向晶体管,提供一个与设计的集电极重叠 $2~\mu m$ 的发射极场板。

9.11 构造一个具有分离集电极的横向 PNP 型晶体管,该晶体管包含四个四分之一大小的集电极,它们环绕一个最小尺寸的圆形发射极。设计版图时请为所有必要的金属化布线留出空间,并包含一个与设计的集电极重叠 $2~\mu m$ 的发射极场板。

9.12 构造一组合并的 PNP 型晶体管,它们占用一个公共的隔离岛。其中一个晶体管具有一个长度为 $20~\mu m$ 的长条发射极,而另一个晶体管则包含两个二分之一大小的集电极,它们环绕一个最小尺寸的圆形发射极。设计版图时请为所有必要的金属化布线留出空间,并包含与集电极重叠 $2~\mu m$ 的发射极场板。

9.13 修改习题 9.12 的版图,使得场板仅覆盖长条发射极晶体管的集电极和分离集电极晶体管两个集电极中的一个,并将场板与集电极重叠至少 $6~\mu m$。在不扩大隔离岛面积或将金属延伸到隔离岛设计边界之外的前提下,使用法兰结构尽可能延长所有寄生沟道的长度。

9.14 使用标准双极型器件的版图设计规则构建一个高压 NPN 型晶体管。假设该晶体管使用深度 N+下沉区,且具有最小尺寸的发射极。在基极扩散区上使用半径为 $4~\mu m$ 的圆角。

9.15 构造一个类似于图 9.29 所示的 CMOS 衬底 PNP 型晶体管,省略其中的金属硅化物阻挡层(假设该工艺仅在接触孔处形成金属硅化物)。使用最小尺寸的发射极,并且仅仅沿着晶体管的一侧设置集电极接触孔。假设发射极场板不是必需的,版图必须包含所有其他所需的金属化布线。

9.16 采用最小尺寸发射极构建一个类似于图 9.30 所示的 CMOS 横向 PNP 型晶体管。设计一个场板与此发射极相连,并将场板在集电极上至少延伸 $1~\mu m$。版图需要包括所有其他必要的金属化布线。

9.17 使用模拟 BiCMOS 工艺的版图设计规则,设计一个类似于图 9.32 所示的扩展基区 NPN 型晶体管的版图。使用基区(BASE)而不是浅 P 阱,并将 N 型埋层延伸到深度 N+下沉区的外侧边缘。使用最小尺寸的发射极,且版图需要包含所有必要的金属化布线。

9.18 使用模拟 BiCMOS 工艺的版图设计规则,设计一个类似于图 9.31 所示的浅阱 NPN 型晶体管的版图。使用最小尺寸的发射极,版图需要包含所有必要的金属化布线。对于浅 P 井,请使用以下附加的规则:

a) 浅 P 阱(SPWELL)宽度 $4.0~\mu m$

b) 浅 P 阱(SPWELL)与浅 P 阱(SPWELL)间距 $9.0~\mu m$

c) P 型有源区(PMOAT)与浅 P 阱(SPWELL)间距 $4.0~\mu m$

d) 浅 P 阱(SPWELL)覆盖 P 型有源区(PMOAT) $1.0~\mu m$

e) N 型有源区(NMOAT)与浅 P 阱(SPWELL)间距 $3.5~\mu m$

f) 浅 P 阱(SPWELL)覆盖 N 型有源区(NMOAT) $1.5~\mu m$

g) N 阱(NWELL)覆盖浅 P 阱(SPWELL) $4.0~\mu m$

9.19 采用模拟 BiCMOS 工艺构建一个类似于图 9.34 所示的垂直-横向 PNP 型晶体管,不同之处在于使用深 N 阱与 N 型埋层相接触,而不是使用浅 N 阱和掩埋隔离的组合。将 N 型埋层延伸到深度 N+下沉区的

外侧边缘。使用最小尺寸的发射极,并包括所有必要的金属化布线。对于浅 N 型井,请使用以下附加的规则:

a) 浅 N 阱(SNWELL)宽度　　　4.0 μm

b) 浅 N 阱(SNWELL)与浅 N 阱(SNWELL)间距　　9.0 μm

c) P 型有源区(PMOAT)与浅 N 阱(SNWELL)间距　　3.5 μm

d) 浅 N 阱(SNWELL)覆盖 P 型有源区(PMOAT)　　1.5 μm

e) N 型有源区(NMOAT)与浅 N 阱(SNWELL)间距　　4.0 μm

f) 浅 N 阱(SNWELL)覆盖 N 型有源区(NMOAT)　　1.0 μm

9.20 采用模拟 BiCMOS 工艺构建一个最小尺寸多晶硅发射极 NPN 型晶体管。在名为发射

极接触孔(ECONT)的层上绘制发射极接触孔。假设常规的多晶硅(POLY)层就适合用来形成多晶硅发射极。版图需要包括所有必要的金属化布线。有关 ECONT 层的设计规则包括:

a) 发射极接触孔(ECONT)宽度　　2.0 μm

b) 多晶硅(POLY)覆盖发射极接触孔(ECONT)　　1.0 μm

c) 基区(BASE)覆盖发射极接触孔(ECONT)　　2.5 μm

d) P 型有源区(PMOAT)与发射极接触孔(ECONT)间距　　3.0 μm

e) P 型源漏区(PSD)与发射极接触孔(ECONT)间距　　3.5 μm

f) 发射极接触孔(ECONT)覆盖接触孔(CONT)　　0.5 μm

参考文献

［1］ J. D. Cressler and G. Niu, *Silicon-germanium Heterojunction Bipolar Transistors* (Boston, MA: Artech House, 2002).

［2］ A. B. Grebene, *Bipolar and MOS Analog Integrated Circuit Design* (New York, NY: John Wiley and Sons, 1984).

［3］ I. E. Getreu, *Modeling the Bipolar Transistor* (Beaverton, OR: Tektronix, 1978).

第10章

双极型晶体管的应用

与 MOS 晶体管相比，双极型晶体管具有更高的跨导、更好的匹配性能和更低的器件噪声。此外，利用双极型晶体管的指数型电流-电压关系可构建许多新颖和有用的电路。双极型功率晶体管目前仍然应用于脉冲功率电路中，例如在双极型和 CMOS 工艺中使用的大多数 ESD 器件。

在功率型晶体管中，即使微小的缺陷也可能导致器件很容易发生二次击穿或热烧毁。本章首先讨论功率双极型晶体管中的失效机理、版图布局，以及其具体应用。

本章其次介绍如何确保双极型晶体管精确匹配，包括工作在不同电流密度下的器件，以产生与绝对温度成比例的电压和电流；最后探讨双极型晶体管匹配规则。

10.1 功率双极型晶体管

上一章讨论了小信号晶体管的版图设计。这类器件通常采用最小尺寸的发射极，以节省面积并增强高频性能。对于小信号晶体管而言，最小尺寸的发射极是可以接受的，因为这些器件很少会传导超过几毫安的电流。更大的电流则需要采用更大尺寸的发射极。

功率晶体管通常会工作在大注入条件下，以最小化其占用的面积。这意味着它们的 β 值比小信号晶体管要低。通常选择 β 值为 10 作为可接受的最小值。在尽可能的情况下，对于功率应用，应当优先选择 NPN 型晶体管而不是 PNP 型晶体管，因为 NPN 型晶体管本身的 β 值比结构相似的 PNP 型晶体管要高，而且许多工艺进一步优化了 NPN 型晶体管。其中一部分优化包括增加基区掺杂浓度并减小中性基区宽度。较高的基区掺杂使得晶体管能够在进入大注入之前传导更大的电流，这也意味着对于一个给定的 β 值，增加了晶体管工作在大注入条件下能够传导的电流。由于其相对较重的基区掺杂和较高的峰值 β 值，标准的功率 NPN 型晶体管通常可以传导高达 $10\sim20\ \mu A/\mu m^2$ 的发射极电流密度。

PNP 型晶体管通常采用衬底作为其集电极。由于衬底掺杂浓度相对较低，在衬底自偏置成为问题之前，该晶体管不能传导超过几毫安的电流。标准的横向双极型 PNP 晶体管可以传导更大的电流，但是它们的基区由相对比较低掺杂的 N 型外延层组成。因此，在大注入导致其 β 值降低至 10 以下之前，横向 PNP 型晶体管也不能处理超过 $5\sim10\ A/m(\mu A/\mu m)$ 的单位发射极周长电流。

小信号 NPN 型晶体管的版图布局足以满足最高 10 mA 左右的电流和最高 100 mW 左右的功率。超过这一极限后，这些版图设计会越来越容易受到由大电流和高功率引起的失效机理的影响。这些问题在处理 100 mA 或 500 mW 以上的晶体管中变得尤为严重。特殊的版图布局设计可以成功地处理超过 10 A 的电流和超过 100 W 的功率。要成功构建这样的版图布局，必须首先理解困扰双极型晶体管的失效机理。

10.1.1 双极型功率晶体管的失效机理

在设计功率双极型晶体管时最常见的三个问题是发射极自偏置、热失控和发射极电流集中。这三个问题都会因受到大电流和高功率的影响而越来越严重。

1. 发射极自偏置

发射极自偏置是指功率双极型晶体管中由于非本征基区、发射区以及它们各自引线中的压降引起的非均匀电流分布。双极型晶体管的高跨导使得其对基极-发射极的偏置电压变化非常敏感。较小的发射极或基极电压降就可能导致极端不均匀的电流分布。晶体管的某些区域可能传导很少的电流甚至几乎不导电,而其他区域则可能导电过多。这些过载的晶体管区域很容易发生热烧毁和二次击穿。

图 10.1 显示了由四个相同的指状发射极通过金属连接在一起的功率晶体管版图布局,同时显示了一个等效的集总元件原理图,其中 $Q_1 \sim Q_4$ 代表四个指状发射极, $R_1 \sim R_3$ 代表将这些电极连接在一起的金属引线电阻。考虑任意两个等效的集总元件晶体管,如果它们的基极-发射极电压之差为 $\Delta V_{BE} = V_{BE2} - V_{BE1}$,则它们发射极电流的比值 η 为

$$\eta = \frac{I_{C2}}{I_{C1}} = e^{\Delta V_{BE}/V_T} \tag{10.1}$$

式中,热电压 V_T 在 25 ℃时等于 25.7 mV。图 10.1 中晶体管的非均匀电流分布可以通过假设发射极电流均等分配,计算电阻两端的电压降,并在式(10.1)中使用这些电压降的总和来估计。举例来说,假设 $R_1 = R_2 = R_3 = 10 \ m\Omega$,晶体管导通电流为 400 mA。如果每个指状发射极的导通电流为 100 mA,则三个电阻上的电压降分别为 1 mV、2 mV 和 3 mV。这三个电压之和为 6 mV。这个电压降对应的发射极电流比为 1.26,或者换句话说,最右边的发射极导通电流是最左边的发射极电流的 1.26 倍。这个结果只是一个估算,因为计算开始时假设电流均匀分配,后来证明并非如此。可以通过使用估算的电流重新计算电压降,并再次应用式(10.1)来得到更准确的结果。经过几次迭代显示,最右边的发射极导通电流实际上是最左边的发射极导通电流的 1.24 倍。这个计算仍然是一个近似值,因为图 10.1 中的等效电路图是一个高度简化的集总元件模型。要想获得真正准确的结果,需要采用有限元分析技术来开发数百个独立的电阻和晶体管的网状网络,并使用数值分析方法来求解这个网络。然而,图 10.1 简化模型的结果足以证明,在一个导通电流不到 1 A 的功率晶体管内部,发射极自偏置可以极大地重新分配电流。

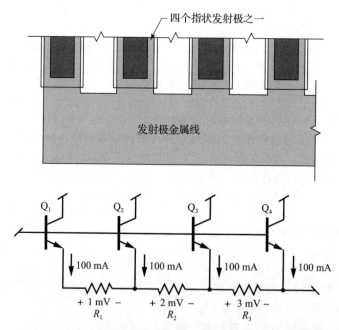

图 10.1　一个具有四个指状发射极的功率 NPN 型晶体管的版图和等效电路图,图中列出的数值对应于正文中给出的计算结果

一种称为发射极镇流电阻的技术可以大大地减少发射极自偏置的影响。发射极镇流电阻涉及在连接单个发射极片段的引线中插入发射极电阻,或者直接在发射极片段内部插入电阻。图 10.2 显示了在图 10.1 中插入四个发射极镇流电阻 $R_{E1} \sim R_{E4}$ 的等效电路图。随着通过各个发射极引线的电流增加,这些电阻上的电压降也会增大。这些电压降的增大减少了各个晶体管

发射极条上的基极-发射极电压，从而降低了流过它们的电流。因此，这些镇流电阻产生了局部负反馈，最大限度地减小了发射极自偏置的影响。

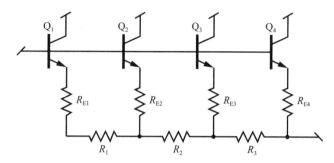

图 10.2　使镇流电阻与图 10.1 中分割开的功率晶体管相连。$R_{E1} \sim R_{E4}$ 分别为 Q1～Q4 的发射极镇流电阻

发射极镇流的影响可以通过基本电路分析和式（10.1）进行迭代计算。表 10.1 给出了图 10.2 电路的计算结果，假设温度为 25 ℃，总的发射极电流为 400 mA。

表 10.1　对于选定的 $R_{E1} \sim R_{E4}$ 和 $R_1 \sim R_3$，计算得到的 I_{E4}/I_{E1} 比值，$T_J = 25\ ℃$

$R_{E1} \sim R_{E4}$ 的取值 均为此列值	$R_1 \sim R_3$ 的取值均为下行值				
	5 mΩ	10 mΩ	25 mΩ	50 mΩ	100 mΩ
0 mΩ	1.12	1.24	1.65	2.39	4.04
50 mΩ	1.10	1.20	1.53	2.13	3.47
100 mΩ	1.09	1.17	1.45	1.96	3.07
250 mΩ	1.06	1.12	1.31	1.65	2.39
500 mΩ	1.04	1.08	1.20	1.42	1.89
750 mΩ	1.03	1.06	1.15	1.31	1.65
1000 mΩ	1.02	1.05	1.12	1.25	1.51

一个被广泛接受的规则表明，发射极镇流电阻应该产生 2～3 倍热电压的电压降，即在 25 ℃ 时电压降为 50～75 mV。对于如图 10.2 所示的电路而言，依据这个规则，理想的发射极镇流电阻应该在 500～750 mΩ 之间。从表 10.1 可以看出，这个发射极镇流电阻的阻值能够控制发射极自偏置效应，允许从一个发射极条到另一个发射极条之间的金属互连电阻最高可达 25 mΩ。尽管更大的发射极金属化电阻理论上可以通过相应增加的镇流电阻来抵消，但是在实践中，这种结构中的电压降会迅速变得不可接受。如果不能将两个发射极条之间的总发射极自偏置限制在 100 mV 以下，那么很可能需要重新设计该晶体管。可行的方法包括改变器件的宽长比、增加更多的焊盘、使用额外的金属化层或者使用更厚的金属化层（如较厚的功率铜制程工艺）。

发射极自偏置还可能发生在单个发射极条内部，这种情况被称为指内自偏置。随着电流流经发射极，电压降逐渐积累。因此，从发射极的一端可以看到较大的发射极-基极电压和与另一端相比更大的导通电流。沿着长发射极条的自偏置实际上可能比它们之间的指间自偏置更具挑战性。对于像图 10.3 中那样窄的发射极条，从一端到另一端的电压降不应超过约 5 mV。假设一个宽度恒定的发射极引线沿着发射极延伸，并且假设相等的电流沿着其长度的每一部分流入发射极引线，则从发射极接触的一端到另一端的总电压降 ΔV_{BE} 为

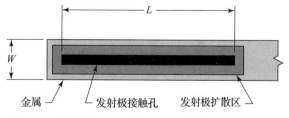

图 10.3　显示式（10.2）中 L 和 W 的单层金属发射极条版图

$$\Delta V_{\text{BE}} = \frac{LR_{\text{S}}I_{\text{E}}}{2W} \tag{10.2}$$

式中，R_{S} 表示金属引线的薄层电阻；W 为发射极金属引线的宽度；L 为发射极接触孔的长度；I_{E} 代表通过发射极的总电流。例如，假设一个发射极引线由长度为 300 μm、宽度为 30 μm 且薄层电阻为 12 mΩ/$\square$ 的铝材料构成，并且通过该引线传导 50 mA 的电流。根据式(10.2)，沿着该发射极条的自偏置电压为 3 mV。虽然这个计算没有考虑自偏置导致的发射极电流重新分布，但是它的确证明了指内自偏置问题的严重性。

为了减少指内自偏置，应该采用至少两层金属化层的工艺。然后，发射极指条能够通过成行的过孔连接到上层金属。一个大的第 2 层金属矩形将会显著地减少指条上的电压降，尤其是如果可以使用一组焊盘阵列从这个矩形上的多个点抽取电流。如果只有一层金属化层可用，仍然可以缩短并加宽发射极指条。这不仅最大限度减小了指条长度，而且还允许使用更宽的金属引线。或者，晶体管可以采用更多数量的与原始引线相同宽度的较短发射极指条，或者采用分布式发射极镇流电阻(参见 10.1.2 节)来限制发射极指条内的自偏置。

2. 热失控

为了确保可靠运行，双极型晶体管必须在一定限制范围内工作。其集电极电流不能过大，以免危及金属连接或焊线损坏。其集电极-发射极电压不能超过其雪崩击穿电压的额定值。其功率耗散也不能过大，以免器件超过允许的最大结温，对于集成的功率双极型晶体管而言，最大结温通常为 125～175 ℃。这些限制加起来共同定义了所谓的安全工作区(Safe Operating Area，SOA)，在该区域内晶体管可以可靠地运行。更准确地说，它们定义了正向偏置安全工作区(Forward-Bias Safe Operating Area，FBSOA)，界定了正向有源区的工作范围。

双极型晶体管的正向偏置安全工作区特性通常以集电极电流与集电极-发射极电压的图形绘制。电压和电流通常以对数坐标的刻度绘制，使得相等耗散功率的点沿着对角线分布。图 10.4 显示了典型的 NPN 型功率晶体管的正向偏置安全工作区。实线曲线下方的区域代表连续运行的安全工作区域。横穿该区域顶部的水平线表示允许的最大集电极电流。该区域右侧的垂直线标记了允许的最大集电极-发射极电压，这个电压值通常由基极开路时集电极-发射极的击穿电压决定，即 V_{CEO}。界定该区域右上侧边界的对角线标记了允许的最大连续功耗。图 10.4 中还有一个标记为"二次击穿"的限制线，我们将在下面进行讨论。

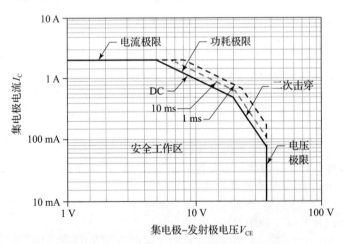

图 10.4 典型的 NPN 型功率晶体管的正向偏置安全工作区

功率晶体管有时仅会传导短暂的脉冲电流。这种脉冲模式的工作通常可以将安全工作区扩展到更高的功率水平，因为单个短脉冲不会像连续工作那样将结温加热得那么高。图 10.4 中的虚线描述了对于不同持续时间脉冲，SOA 限制的弛豫情况。这些弛豫情况仅适用于晶体管在脉冲之间有足够时间冷却的条件。在实际应用中，这通常意味着占空比（晶体管导通的时间与其周期的比例）不能超过 5%～10%。

早在 1958 年，人们就发现一些双极型晶体管在高电流水平下的安全工作区出现了缩小的现象。研究人员将这一现象称为二次击穿。他们很快追踪到问题的根本原因是晶体管内部发生的一种热不稳定性。假设一个具有大面积方形发射极的双极型晶体管突然开始消耗大量功率。发射极边缘产生的热量可以沿着横向和纵向方向上传递，但是发射极中心产生的热量只能沿着纵向传递。因此，发射极的中心部分变得比边缘部分更热。双极型晶体管的基极-发射极电压具有约为 −2 mV/℃ 的负温度系数，因此即使是几度的温度差异也会导致显著的发射极自偏置效应。因而，发射极中心开始传导大部分电流。流经发射极这一部分的电流导致其变得更加炽热。在发射极中心，参与传导电流的区域不断缩小。这种机制被称为热失控，最终导致几乎所有的集电极电流都流经发射极中心的一个极小区域，形成所谓的热点。

如果热点的温度达到 450 ℃ 左右，集电极-基极耗尽区内产生的热量将为晶体管提供额外的基极驱动。除非外部电路限制了集电极电流，否则热点将继续塌缩，直到温度变得如此之高以至于硅（或相邻的金属化层）发生熔化。在实际应用中，金属通常在硅熔化之前就发生熔化了。这对于那些在接触区没有设置金属硅化物或难熔金属阻挡层的旧工艺尤为明显。铝和硅形成共晶，其熔点为 578 ℃。在用铝实现欧姆接触的器件中，铝共晶通常沿着氧化物表面的正下方从一个接触点到另一个接触点被拉成丝状结构。电子与铝原子碰撞产生的力，有时被称为电子风，推动金属穿过间隙。通常在显微镜下可以观察到所形成的丝状结构，表现为穿过晶体管基区的一条暗线。含有难熔金属阻挡层或金属硅化物的接触器件也会形成丝状结构，但是需要更高的温度，由此导致的对芯片的大规模损坏通常会妨碍对丝状结构的光学识别。

并非所有的热点都会立即具有破坏性。随着热点的塌缩，增加的电流密度会引起大注入。由此产生的 β 值滚降会导致基极电流的增加，而该增加的电流必须流过晶体管的基极电阻。如果基极电阻足够大，热点的大小将在温度和电流密度达到具有破坏性水平之前稳定下来。然而，这种稳定热点的存在是危险的，它会使晶体管承受过大的负荷，从而使其容易受到电迁移和其他受温度加速的失效机制的影响。

第二种可能导致灾难性故障的原因涉及导电成丝（参见 5.1.2 节）。如果热点内的电流密度变得非常大，触发了雪崩注入，那么导电成丝将会发生。形成的细丝中硅的体积非常小，几乎立即就会熔化。在 ESD（静电放电）冲击 NPN 型晶体管时，通常会形成这样的丝状体。如果丝状体未达到金属区域，那么局部损伤区域仅充当泄漏通道。这种丝状体的形成解释了为什么某些器件引脚在 ESD 冲击后会出现低水平的泄漏。如果丝状体到达发射极接触区，金属就会被电子风的力吹扫穿过结区，从而形成短路。

二次击穿始终是由某种形式的发射极自偏置失效引起的，因此通过增加足够的发射极镇流电阻可以预防二次击穿（或者至少将其推到更高的电流水平）。10.1.2 节讨论了一些专门设计的晶体管版图，这些晶体管版图通过使用发射极镇流电阻和分布式发射极镇流来抑制二次击穿，改善正向偏置安全工作区。

3. 发射极电流集中

对于晶体管而言，特别具有挑战性的应用是用于开关感性负载。当晶体管关断时，电感会迫使电流继续流过晶体管，尽管集电极与发射极之间的电压不断上升。高集电极电流和高集电极-发射极电压的结合很容易导致器件失效。为了保证安全，晶体管的集电极电流和集电极-发射极电压必须保持在安全的工作区域内。由于关断过程发生得非常快，时间和功耗在确定该安全工作区域时均不起任何作用。然而，对基极-发射极结施加反向偏置有可能会增大或减小器件允许的电流。尽管大多数应用在关断过程中实际上并不会施加反向偏置，但是这个事实导致了关断安全工作区被称为反向偏置安全工作区（Reverse-Bias Safe Operating Area，RBSOA）。

晶体管的反向偏置安全工作区特性曲线通常绘制为集电极电流与集电极-发射极电压的关系图。但是与正向偏置安全工作区图形不同，这两个参量通常使用线性刻度的坐标来绘制。在

图 10.5 中，曲线下方的区域代表在 $V_{BE}=0$ V 时的安全工作区。水平线表示晶体管可以安全传导的最大电流。右侧的倾斜线表示晶体管在较低集电极-发射极电压下可以承受的最大电压。随着电流的增加，这个最大电压值会减小，并且其轨迹与基极短路时集电极-发射极电压的击穿电压(V_{CES})曲线相同。图 10.5 中虚线显示了通过将基极-发射极结反向偏置可以实现增大反向偏置安全工作区。

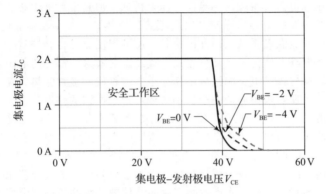

图 10.5 一个典型的 NPN 型功率晶体管反向偏置安全工作区

对一个给定的晶体管，它在关断期间所能承受的电流水平通常比其在导通时中能承受的电流要小得多。这种减小是由发射极电流集中(Emitter Current Focusing)现象引起的。理想情况下，当晶体管导通时，发射极电流应该在整个晶体管中均匀分布，如图 10.6a 所示。然而，要关断晶体管，必须从发射极下方的中性基区中抽取电荷。被夹断的基区电阻阻碍了从发射极中心下方抽取电荷。因此，发射极的外围首先关闭，中心最后关闭。在关断的最后阶段，几乎所有的电流均流过发射极中心的一个相对较小的区域，如图 10.6b 所示。如果集电极电流过大，那么这个电流密度将超过触发雪崩注入所需的阈值。此时，将形成导电细丝，晶体管将被损坏。

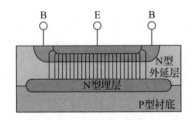 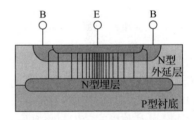

a) 开始关断时，发射极下方的电流分布　　b) 关断接近结束，发生发射极电流集中时的电流分布

图 10.6

通过重新设计发射极以有利于外围周边传导电流，可以显著提升双极型晶体管的反向偏置安全工作区性能。一种方法是采用许多小的方形发射极。另一种方法则是使用"空心发射极"(hollow emitter)，其中的发射极采用环绕基极接触的窄环形图案。这两种方法都牺牲了发射极的镇流特性，以便减小被夹断的基区电阻。一般来说，很难同时优化单个晶体管的正向偏置安全工作区和反向偏置安全工作区的性能。

10.1.2 标准双极型功率 NPN 晶体管

标准双极型工艺最初只提供单层金属化层。缺乏额外的金属化层将使功率晶体管的设计变得非常复杂。尽管大多数现代工艺都提供了额外的金属化层，但是，早期的单层金属布线工艺为人们提供了很好的入门介绍，展示了在双极型晶体管中分配功率所遇到的固有困难。

功率晶体管的版图设计取决于应用的性质。重要的考虑因素包括要求的电压、电流和功率水平，以及晶体管是以线性模式还是开关模式工作。在线性模式下工作的晶体管长时间保持在正向有源区，这样的晶体管必须承受大的集电极-发射极电压降，并同时传导大的集电极电流。晶体管的正向偏置安全工作区是非常重要的。这些晶体管还必须占用足够的面积来散发所产生的热量。一般来说，标准的双极型功率 NPN 器件工作在线性模式下，其发射极功耗不应超过大约 $150\ \mu W/\mu m^2$，发射极传导的电流也不应超过大约 $10\ \mu A/\mu m^2$。这些都是保守的指导规则，通过采用足够的镇流电阻和散热措施，功率晶体管可以工作在这些应力水平的数倍条件下。

开关模式晶体管要么工作在没有电流流动的截止状态下，要么工作在集电极-发射极电压降保持较小的饱和状态下。开关晶体管仅在短暂的开关转换期间消耗大量的功率。在开关器件中，平均功耗与工作频率成线性比例关系。在几百千赫兹或更低频率下的功耗通常不足以触发形成热点和热失控。然而，开关晶体管在关断过程中非常容易发生发射极电流集中现象。因此，对于开关模式的标准双极型 NPN 功率晶体管，保守的设计限制其电流密度在大约 $20\ \mu A/\mu m^2$ 左右。开关晶体管的反向偏置安全工作区特性通常比正向偏置安全工作区特性更重要。

驱动纯电容负载（如 MOS 器件的栅极）的晶体管仅在短的持续时间脉冲中传导电流。这种脉冲模式的晶体管类似于开关模式器件，不同之处在于它们的电流脉冲在负载耗尽能量时结束，而这一点发生在控制电路关断晶体管之前。因此，只要不发生实际的导电细丝，脉冲模式晶体管就不会受到发射极电流集中现象的影响。这些晶体管也不会受热失控的影响，因为热点无法在不到几微秒的时间内形成和局域化。大多数脉冲模式应用依靠高电流 β 值滚降和集电极电阻来限制其传导电流。只要脉冲持续时间不超过 $1\ \mu s$，脉冲之间的间隔不少于 $250\ ns$，并且平均（均方根）发射极电流密度不超过 $20\ \mu A/\mu m^2$，这种做法就可以接受。脉冲模式功率晶体管的金属化层应遵循 5.1.3 节中描述的间歇电流的电迁移规则。

1. 叉指发射极晶体管

最古老的集成功率晶体管，即叉指发射极晶体管，目前仍然在使用，因为相比于其他类型的功率双极晶体管，它能够在更高的频率下的工作。图 10.7 给出了一个采用单层金属标准双极型工艺构建的叉指发射极晶体管的版图。

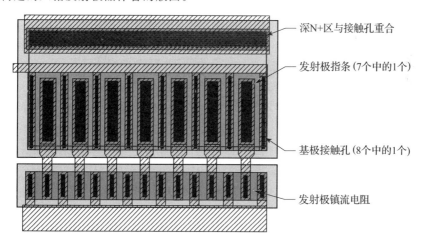

图 10.7　采用单层金属标准双极型工艺构建的叉指发射极晶体管的版图，每个发射极指都有一个独立的镇流电阻，金属化层用交叉阴影表示

这个晶体管由多个发射极指条组成，每个指条都有其专用的发射极镇流电阻。所有的镇流电阻都由一个单独的发射极扩散区条带形成，并放置在单独的隔离岛中。发射极扩散区与隔离岛之间没有隔离，因为从一个指条到另一个指条的微小电流泄漏不会造成损害。每个发射极指条与一对并联的镇流电阻相连，每个镇流电阻包含大约一个发射极扩散方块。假设最小的发射极薄层电阻为 $5\ \Omega/\square$，这样可以提供 $2.5\ \Omega$ 的镇流电阻给每个发射极指条。在 $20\ mA$ 的发射极电

流下，这个电阻将提供大约 50 mV 的压降。因此，每个发射极指的尺寸应设计为大约 20 mA。

叉指发射极晶体管极易受到指内自偏置的影响。使用式(10.2)计算得到的沿着每个发射极指条的电压降不应超过 5 mV。相比于少量长发射极指条，大量短的发射极指条更为可取。同时，发射极指条的宽度也会影响器件的性能。增加发射极指条的宽度会加宽其下方被夹断的基极区域。由此导致基极电阻增加，这会减缓开关速度，并增大发射极电流集中效应。最快、最稳定的结构应采用尽可能窄的发射极指条，但是很难在如此窄的发射极指条上获得足够的金属来防止自偏置。双层金属结构可以消除，或者至少大大减少了指内自偏置，但是窄的发射极指条仍然不能充分利用可用面积。因此，大多数设计人员会在发射极宽度上做出权衡，通常控制在 8～25 μm。同时，发射极的接触孔面积应尽可能大，以便最小化发射极电阻。

沿着每个发射极指条的两侧都设置有基极接触孔，可以降低发射极电阻并实现更快的开关速度。最外侧的发射极指条也必须在两侧有基极接触孔，以确保它们与其他发射极指条一样快速地关断，从而最大限度地减少发射极电流集中和二次击穿的可能性。对于大多数设计，最小宽度的基极接触孔即可满足要求。在高电流密度下运行的功率晶体管可能会遭受足够的 β 值滚降，从而需要更宽的基极金属化层。通过计算可以判断给定的版图布局是否会出现显著的基极引线自偏置。如果该结构出现超过 2～4 mV 的基极自偏置，就应该重新设计以减少基极金属化电阻。图 10.7 中的梳状基极金属化层比图 10.8 中的蛇形基极金属化层产生的电阻小得多。然而，许多单层金属设计不适合使用梳状基极金属化层。

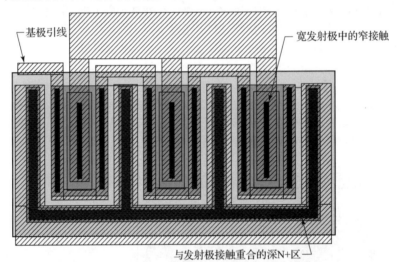

图 10.8　一个宽发射极指条窄接触孔功率晶体管的版图。图中虽然没有显示
发射极镇流电阻，但是很容易添加。金属化层采用交叉阴影表示

图 10.7 所示的晶体管仅沿着一侧包含深 N+区，对于通常在 0.5 V 或更高的集电极-发射极电压下工作的线性模式器件来说，这应该足够了。而对于开关型晶体管，情况就不同了，因为其效率在很大程度上由饱和电压决定，饱和电压等于饱和状态下晶体管的集电极-发射极电压。过大的饱和电压会导致过多的功耗。开关型晶体管导通大电流时的集电极电阻等于其垂直方向的深 N+区电阻和横向的 N 型埋层电阻之和，柯克(Kirk)效应通常在高电流工作时消除了 N 型外延层的漂移区电阻。增加深 N+沉降区的面积可以减少其垂直电阻。沉降区的宽度应至少是外延层厚度的两倍，以最大限度地减少向外扩散的影响。通过沿着更长的外围区域连接 N 型埋层或减小沉降区与晶体管中心之间的距离，可以减少横向 N 型埋层电阻。在晶体管的两侧设置沉降区可以将 N 型埋层电阻减少四倍，而在晶体管周围形成连续的深 N+环可以进一步降低该电阻。N 型埋层应至少延伸到所绘制的深 N+沉降区的外边缘，以确保两者之间的连接具有最小电阻。

在功率晶体管周围形成一个连续的深 N+ 环可以形成一个空穴阻挡保护环，在饱和状态下最大限度地减少衬底注入。当 NPN 型晶体管饱和时，超过维持饱和所需的所有基极驱动电流都会通过寄生的 PNP 型晶体管流向衬底。保护环不能防止额外的基极驱动电流的注入，但是它可以阻止大部分这种电流进入衬底。10.1.5 节讨论了将基极电流限制在保持饱和时所需的最小值的几种技术。

人们可能会预期随着晶体管尺寸的增大，N 型埋层的横向电阻会增加。实际上，它保持近似恒定，因为随着晶体管尺寸增大，N 型埋层的宽度和长度都会增加。可以通过增加晶体管的长宽比来降低 N 型埋层电阻；一个长而纤细的器件将比一个紧凑的器件具有更低的电阻。考虑到横向 N 型埋层电阻最多只有几欧姆，只有最大电流的晶体管才能真正受益于细长的长宽比。

叉指型发射极晶体管的正向偏置安全工作区相对较差。发射极镇流电阻将有很大帮助，但是在单个发射极指条内仍可能发生自偏置和形成热点。因而这种结构不太适合线性应用。但是，窄发射极指条有助于在关断期间中最大限度地减少电流拥挤。因此，这种晶体管的反向偏置安全工作区特性优于许多其他结构。开关应用通常采用具有大量相对较短发射极的叉指型发射极晶体管，每个发射极都配备自己的镇流电阻。窄发射极指条下方相对较低的基区夹断电阻有助于提高开关速度。低的基极电阻还改善了该器件在非钳位感性负载安全工作区条件下的鲁棒性。

2. 宽发射极条窄接触孔晶体管

叉指型发射极晶体管使用窄的发射极指条来降低基极电阻并控制发射极的电流集聚。这种结构的低基区电阻提高了晶体管的最大振荡频率 f_{max}（参见 9.3.5 节）。窄的发射极指条对发射极的电流集聚非常敏感。发射极自偏置导致电流集中在每个指条的出口端，而热梯度将电流集中在晶体管的中心。在任何一种情况下，离发射极金属化层最远的指条末端处都会缺乏电流。离散的镇流电阻可以有助于确保每个指条传导大致相同的电流，但是它们无法防止指内自偏置。因此，即使是镇流良好的叉指型发射极晶体管也有可能在高电流水平下产生热点。

如果每个发射极指条还能够再以某种方式划分成大量单独的镇流部分，那样就没有任何一个部分能够比其他部分传导更多的电流。这个概念被称为分布式发射极镇流。威廉·肖克利（William Shockley）开创了这个概念。他建议在发射极接触孔和金属化层之间放置一层电阻材料。制造这个分布式镇流层需要进行工艺扩展。简单地，也可以通过在宽发射极中设置窄的发射极接触孔来实现分布式发射极镇流。图 10.8 展示了由此获得的宽发射极指条窄接触孔的晶体管结构。

宽发射极指条在窄接触孔之上的重叠部分产生了等效于镇流电阻的分布式网络。这个网络部分由发射极电阻组成，部分由被夹断的基极电阻组成。发射极电阻在发射极的外围最大，而在窄接触孔正下方的中心处最小。相反，基极电阻在外围最小，在中心处最大。这两种镇流形式是相辅相成的，即两者是互补的。在低电流下，基极电阻几乎没有影响，电流在发射极指条的宽度方向上均匀分布。随着电流增加，在被夹断的基极区域中的自偏置导致传导向发射极指条的外围转移。在此情形下，电流必须流过更大的发射极电阻。由此产生的发射极电压降阻止了电流向发射极外围重新分布的趋势。基极侧和发射极侧的分布式镇流一起确保了电流在整个发射极指条宽度上相对均匀地传导。这种发射极镇流是沿着发射极指条长度方向分布的，因此它保护了器件的所有区域免受发射极自偏置和热点形成的影响，其结果也极大地改善了晶体管的正向偏置安全工作区。

通过假设注入只发生在发射极的最外边缘，可以大致估算采用宽发射极窄接触孔结构产生的发射极镇流的效果。那么，由发射极电阻产生的发射极侧的镇流电压 ΔV_E 为

$$\Delta V_E = R_{SE} W_O^2 J_E \tag{10.3}$$

式中，R_{SE} 为发射区的薄层电阻；W_O 为发射区对接触孔的覆盖；J_E 为用来确定晶体管尺寸的发射极电流密度。例如，如果 $R_{SE} = 5\ \Omega/\square$，$W_O = 15\ \mu m$，$J_E = 20\ \mu A/\mu m^2$，则发射极侧的镇

流电压 $\Delta V_E = 23$ mV。

同样，通过假设所有发射极传导电流只发生在发射极接触孔的边缘，可以获得对基极镇流效果的评估。基极侧的镇流电压 ΔV_B 将为

$$\Delta V_B = \frac{R_{SB} W_O^2 J_E}{\beta} \tag{10.4}$$

式中，R_{SB} 为被夹断的基区薄层电阻；β 表示器件的放大倍数。在大电流工作条件下，被夹断基区的薄层电阻会大大降低，因为大注入增加了基区中的载流子浓度。柯克效应还可能会增大基区宽度。假设 $R_{SB} = 200$ $\Omega/\square$，$W_O = 15$ μm，$J_E = 20$ $\mu A/\mu m^2$，$\beta = 25$，在这些条件下，$\Delta V_B = 36$ mV。

上述计算表明，发射区应该覆盖接触孔 $10 \sim 30$ μm。这些值与传统上用于构造宽发射极窄接触孔晶体管的覆盖值非常接近。更大的覆盖会不必要地降低晶体管的频率响应，而更小的覆盖则可能无法提供足够的分布式镇流效果，来防止热点的形成。工作在极端条件下的晶体管可能还会受益于额外的指间镇流，这类似于图 10.7 中所示的叉指型发射极晶体管所使用的镇流电阻。

还有一些设计人员使用梯形发射极接触孔，从宽的低电流端到窄的高电流端逐渐变细。这种设计在发射极指条的高电流端提供了额外的镇流，以抵消金属化中压降的影响。然而，金属和发射极薄层电阻之间缺乏匹配使得这种类型的设计存在问题，因此大多数宽发射极窄接触孔的晶体管被改为采用最小宽度的接触孔。

窄接触孔不得延伸到宽发射极指条的末端。相反，发射极对窄接触孔末端的覆盖应该等于它对接触孔侧边的覆盖。不遵守这个注意事项将会导致指条末端的分布式发射极镇流电阻失效，并使其容易形成热点。

图 10.8 中的晶体管采用多个基极区域，它们之间具有深 N+ 区的叉指结构。这种结构最大限度地减小了集电极电阻，但是其代价是增加了面积并使得引线的版图布局变得复杂。在单层金属布线设计中，基极引线必须在集电极金属引线和发射极金属引线之间蜿蜒穿过晶体管。蛇形的基极引线增加了其额外长度，可能会导致显著的基极侧自偏置。即使采用分布式镇流电阻，晶体管中金属化层上的电压降也不应该超过 5 mV 或 10 mV。通过连接蛇形引线的两端，可以将基极自偏置减少约 4 倍。采用双层金属的版图设计经常会使用梳状或网格状的排列来减小基极金属化层上的电压降。

宽发射极条窄接触孔晶体管具有优异的正向偏置安全工作区特性，因此是线性应用的绝佳选择。其反向偏置安全工作区特性较差，因此这种结构很少用于开关应用。然而，它已经被应用于栅极驱动器，其中电容负载在晶体管关断之前完全放电。这类脉冲模式应用不会受到热稳态安全工作区(SOA)的限制。宽发射极并不会像人们预期的那样导致开启时间的严重退化，因为在发射极外围会发生相当大的导通。在脉冲模式应用中，这种结构导致的缓慢关断时间并不重要，其原因是晶体管的关断发生在电容负载完全放电之后。

3. 圣诞树晶体管

另一种类型的功率 NPN 型晶体管版图因其发射极几何结构的奇特形状而被戏称为圣诞树晶体管，如图 10.9 所示。这种发射极结构由一个中心脊组成，三角形尖头通过用作镇流电阻的发射极窄条连接到该中心脊。发射极的所有部分在低电流下都是导通的。在较高电流下，基极侧自偏置迫使传导向外围边缘推进。此时，发射极电流流经嵌入在发射极结构中的镇流电阻。该器件具有大量的发射极镇流电阻，能够强烈抵抗热点形成。然而，它在关断期间却极易受到电流集聚的影响。在关断的最后阶段，几乎所有的传导都发生在发射极中心脊的下方。由于该中心脊仅占整个发射极的一小部分，因此在关断的最后阶段电流密度变得非常大，从而可能导致导电细丝现象。

圣诞树晶体管具有出色的正向偏置安全工作区特性，这表明它在线性应用中应该表现良好。在历史上，它被广泛用作线性电压调节器的串联传输器件和线性音频功率放大器的输出

级。然而，在尝试将其应用于开关用途时，人们却发现其反向偏置安全工作区特性较差。因此圣诞树器件绝不能应用于开关或脉冲模式工作中。

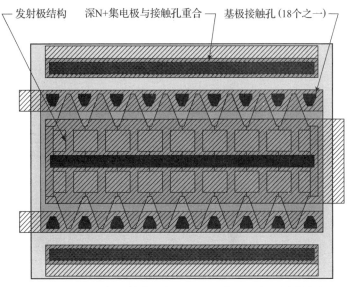

图 10.9　一个圣诞树晶体管的版图。金属化层以交叉阴影线表示

　　H 型发射极结构与圣诞树器件的不同之处在于它没有连续的中心发射极脊，如图 10.10 所示。发射极的有源部分同样由尖头组成，但是这些尖头已经被加宽成梯形。每个尖头通过一条窄的发射极扩散区条带连接到发射极接触孔，该扩散区条带起到镇流电阻的作用。由于梯形尖头非常宽，发射极脊的部分几乎不导通电流，因此被省略掉了。发射极脊的其余部分被发射极的"H"形开口分隔，这也是该器件名称的来源。H 型发射极晶体管提供的发射极面积略大于圣诞树发射极，但是也增加了夹断基区电阻。一种结构相对于另一种结构的相对优势取决于基区掺杂、发射区掺杂以及整个晶体管的版图布局。例如，将一排排发射区阵列（Emitter Bank）隔开相当长的距离，就可以大大减小它们之间的热相互作用。对于 H 型发射极晶体管，将具有相邻的发射区阵列以及间隔大约 $400\ \mu m$ 的发射区阵列进行比较，结果表明加大间隔使正向偏置安全工作区特性提高了 3 倍。在这个特定的例子中，预驱动电路占据了发射区阵列之间的空间。

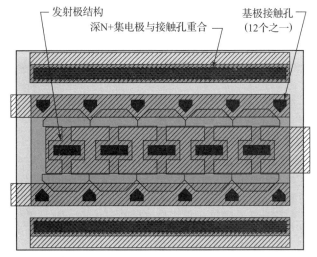

图 10.10　H 型发射极晶体管的版图

4. 十字形发射极晶体管

这种结构有时被称为十字形发射极晶体管，它代表了宽发射极窄接触孔结构的一种进化发展，该结构旨在寻求结合额外的发射极镇流，而不会进一步降低晶体管的反向偏置安全工作区。该器件的发射极由一系列十字形片段组成，这些片段首尾相连，形成一个连续的发射极指条，如图 10.11 所示。基区接触孔则位于这些十字架臂膀之间小缺口处。

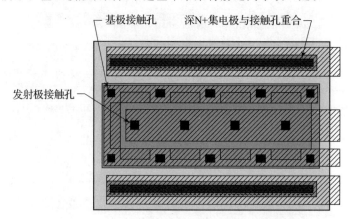

图 10.11 一个十字形发射极晶体管的版图

为了获得额外的镇流效果，十字形发射极的宽度已被加大(通常达到大约 125 μm)。窄的发射极接触孔也被一系列小的正方形或圆形接触孔所取代，这些接触孔位于每个十字架的中心。所有的发射极电流都必须流过这些接触孔，产生了一种三维分布式的镇流效应，这个效应比宽发射极窄接触孔结构产生的二维镇流效应要高效得多。十字形发射极器件结合了宽发射极窄接触孔晶体管和圣诞树器件的最佳特性。十字形晶体管具有出色的正向偏置安全工作区特性，但是与大多数其他采用分布式发射极镇流的设计一样，其反向偏置安全工作区性能远远达不到采用最小宽度发射极指条结构的器件所能实现的性能。

十字形结构也存在两个缺点。十字形结构的第一个缺点是：发射极接触孔的尺寸较小，容易受到电迁移的影响。实际上，存在一些缓解情况。大多数标准的双极型工艺使用难熔金属阻挡层(Refractory Barrier Metal, RBM)来提高接触孔的侧壁覆盖率。难熔金属阻挡层的抗电迁移能力比铝要高得多。铝在接触孔侧壁可能会形成空洞，但是难熔金属阻挡层则可以继续承载电流。此外，电子通量是被引导进入接触孔的，而不是从接触孔中流出。因此，电迁移往往会将金属从周围表面转移到接触孔，而不是将接触孔中已有的金属推开。最后，布莱奇效应(Blech effect)效应(参见 5.1.3 节)可能会限制接触孔周围相对较小区域内发生电迁移的可能性。

十字形结构的第二个缺点是：其相对紧凑的设计可能在高功率水平下导致局部过热。面积利用率较低的晶体管实际上更加牢靠，因为它们可以提供更多的面积来使热量传递并流向散热器。解决这个困境的一个可能方法是将功率晶体管分成多个部分，并将它们相互间隔开，正如 H 型发射极晶体管所描述的那样。

5. 选择一种功率晶体管版图布局

表 10.2 总结了四种标准的双极型功率 NPN 晶体管的版图布局。叉指发射极晶体管虽然具有较高的开关速度，但是不太适用于线性应用。圣诞树晶体管和 H 型发射极晶体管在线性应用中均表现良好，但是都不适合用于开关或脉冲模式应用。十字形发射极晶体管在开关应用中表现最佳。宽发射极条窄接触孔晶体管代表了最好的全面折中方案，并在几乎所有的应用中都表现得相当不错。

表 10.2　四种标准的双极型功率 NPN 晶体管的版图布局

	叉指发射极晶体管	宽发射极条窄接触孔晶体管	圣诞树晶体管	十字形发射极晶体管
FBSOA	一般[①]	良好	优秀	优秀
RBSOA	优秀	良好	差	良好
频率响应	优秀	良好	差	一般
版图紧凑性	差	良好	良好	优秀
发射极感测便捷性	优秀	一般	差	差

① 假设每个指状发射极单独设置镇流电阻，否则即为"差"。

10.1.3　标准的双极型功率 PNP 晶体管

在标准的双极型晶体管中，功率 PNP 型晶体管有两个候选者，即衬底 PNP 型晶体管和横向 PNP 型晶体管。这两种器件都有明显的缺点，无法作为功率器件普遍采用。然而，某些电路绝对需要使用功率 PNP 型晶体管。因此，本节将讨论将功率 PNP 型晶体管集成到标准的双极型工艺中所面临的挑战。

1. 功率衬底 PNP 型晶体管

虽然功率衬底 PNP 晶体管的面积利用率不如垂直结构的功率 NPN 型晶体管高，但是比功率横向 PNP 型晶体管要紧凑得多。较短的导通路径和较低的集电极-基极电容也使得衬底 PNP 型晶体管能够在更高频率下工作，而功率横向 PNP 型晶体管则不能。如果某种应用需要具有集电极接地的功率 PNP 型晶体管，那么衬底 PNP 型晶体管是显而易见的选择。然而，典型的标准双极型管芯的衬底接触系统不可能在没有形成过度自偏置的情况下还能够处理超过几十毫安的电流。因此，功率衬底 PNP 型晶体管通常需要接触管芯的背面。

背面接触引发了几个问题。相对较低掺杂的标准双极型晶体管衬底引入了显著的电阻。因此，硅晶圆片必须尽可能薄。通常，经过背面研磨后的硅晶圆片厚度约为 $250~\mu m$，可以减小至 $50~\mu m$，前提是遵循适当的处理预防措施。通常用于安装功率器件而填充的银环氧树脂对于背面接触来说电阻过大。人们曾经使用金焊料来将硅与引线框架进行共熔键合，但是现在对于大多数应用来说这样做太昂贵了。如今采用焊接安装成为首选。这个工艺需要在背面研磨后沉积背面金属化层。典型的背面金属化系统由薄的钛粘附层、较厚的镍湿润层和更厚的电镀焊料层组成。分层会带来严重的可靠性威胁，因为它干扰了垂直热流，并因此产生了不可预测的横向热梯度，这可能导致器件不匹配或产生热点。分层通常发生在黏附层和硅之间。通常的解决方案包括先经过彻底清洁，然后进行原位氩离子溅射以去除残留的氧化层，最后再沉积黏附层。最近，银烧结技术已成为焊料安装的一种可行替代方案。与焊料安装类似，银烧结也需要使用适当的背面金属化系统。背面接触需要向下键合到安装焊盘，或者使用熔丝引线框架，其中一个或多个引线直接连接到安装焊盘。封装设计人员通常更倾向于熔丝引线框架，因为模具塑料分层剥离可能导致向下键合脱落。熔丝引线框架通常是为特定产品定制设计的，但是刻蚀引线框架技术的发展使其成为一种经济实惠的选择。最后，也许是最严重的挑战涉及由机械应力产生的不匹配。焊接或银烧结安装中缺乏机械顺应性极大增加了由硅和引线框架的热膨胀系数差异所产生的机械应力。适当放置关键匹配的组件并采用共质心几何布局技术可以帮助克服这个挑战(参见 10.2.4 节)。

衬底 PNP 型晶体管可以使用为垂直结构 NPN 型晶体管开发的任何发射极结构，它通常使用叉指发射极设计，因为衬底 PNP 型晶体管明显的 β 值滚降使其比垂直 NPN 型晶体管更不容易发生热失控。如果需要发射极镇流电阻，由于基极扩散区具有相对高的薄层电阻，宽发射极条窄接触孔晶体管可以很容易地提供。

2. 功率横向 PNP 型晶体管

功率横向 PNP 型功率晶体管对管芯面积的利用非常低效，因为在不严重降低 β 值的情况下，不能增大它们发射极的尺寸。因此，这些晶体管通常采用大量以正方形或六边形阵列中排

列而成的最小几何图形发射极，如图 10.12 所示。六边形阵列允许稍微更密集的堆积。大多数
高功率横向 PNP 型晶体管在器件边缘周围
使用连续的深 N＋环来接触 N 型埋层。这
个深 N＋环不仅用作基极接触，而且还充
当空穴阻挡保护环，当晶体管处于饱和状
态时最大限度地减少衬底注入。

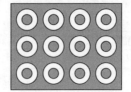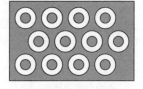

a) 正方形阵列的发射极　　　　b) 六边形阵列的发射极

典型的最小发射极横向 PNP 型晶体管在
其 β 值降至 5 以下之前只能承受 $0.25\sim1$ mA
的电流，这大约是功率晶体管可接受的最

图 10.12　功率横向 PNP 型晶体管的基极图案

低值。因此，横向 PNP 晶体管可能包含 100 个或更多单独的发射极。大电流下的 β 值滚降实
际上起到了镇流的作用。该晶体管的任何部分一旦导通电流过大，则其 β 值就将减小，从而防
止形成热点。因而，横向 PNP 型晶体管根本不可能导通足够大的电流，以致出现二次击穿。
除此之外，由于基极-外延层结比基极-发射极结要深得多，所以该结更加坚固，由此产生的
PNP 型晶体管变得几乎坚不可摧。

在 20 世纪 70 年代和 80 年代，功率横向 PNP 型晶体管被广泛用于构建低压差（Low
Drop-Out，LDO）稳压器。这些器件在 20 世纪 90 年代大部分被 PMOS 晶体管的 LDO 所替代。
然而事实证明，PMOS 晶体管的 LDO 要比 PNP 型晶体管的 LDO 脆弱得多，而且它们无法将
输出电阻保持在输入至输出差分电压那么低的水平。因此，尽管看起来令人惊讶，PNP 型晶
体管的 LDO 仍然存在相当大的市场。

PNP 型晶体管 LDO 稳压器的流行促进了一种工艺扩展的研发，该工艺扩展创建了特殊的
深 P＋扩散区。这种扩散区既比常规的基区扩散区深，掺杂浓度也更高，如图 10.13 所示。掺
杂浓度的增加提高了横向 PNP 型晶体管的发射极注入效率，而更深的结确保了更大比例的发
射极注入来自侧壁。深 P＋区横向晶体管的大电流 β 值下降速度没有基区横向晶体管那么快。
因此，深 P＋区横向晶体管可以工作在比基区横向晶体管大两到三倍的电流密度下。使用深
P＋区构建的典型直径为 10 μm 的发射极器件，其 β 值在大约 $200\sim500$ μA 范围内降至其峰值
的一半，而同等的基区横向器件则为 $100\sim200$ μA。虽然这种性能提升似乎看起来相对较小，
但是功率横向 PNP 型晶体管的尺寸主导了 PNP 型晶体管 LDO 的版图布局，电流传导能力提
升三倍意味着能够将管芯尺寸减小一半以上。深 P＋区工艺扩展仅需要单一掩模，因此成本相
对较低。

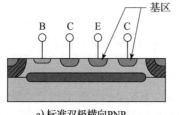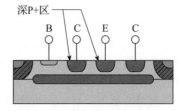

a) 标准双极横向PNP　　　　b) 深P+横向PNP

图 10.13　代表性横截面的比较

10.1.4　先进的功率双极型晶体管

所有为标准双极型晶体管开发的功率晶体管版图布局都可以移植到任何集电极扩散区隔离
（CDI）的模拟 BiCMOS 工艺中。图 10.14 显示了一个 CDI 宽发射极条窄接触孔的晶体管。该器
件最明显的改进源于采用双层金属化层。额外的金属层允许基极接触孔完全环绕每个发射极指
条，而使用单层金属时，它们只能包围每个发射极指条的两个或三个侧面。完整的基极接触孔
环确保了发射极外围的所有部分均有相等的贡献。完整且不间断的深 N＋环不仅可以用作低电
阻集电极接触，还起到了空穴阻挡保护环的作用。发射极电流从窄的发射极接触孔流向它们两

侧的过孔。通过这些过孔，电流到达覆盖晶体管顶部的第 2 层金属。该层通过最小化第 2 层金属的电阻来减小发射极的自偏置。基极金属引线由覆盖基极接触孔的第 1 层金属网格组成。基极电流通过设置在发射极第 2 层金属和环绕集电极的第 2 层金属之间的第 2 层金属跳线从晶体管中流出。如有必要，第二个基极引线可以从发射极板的另一侧引出。集电极金属化层由覆盖集电极接触孔的完整第 1 层金属环和覆盖晶体管三侧集电极的 U 形第 2 层金属组成。沿着集电极接触孔内边缘的过孔允许电流利用两个金属化层。集电极引线可以从晶体管的任何一侧引出，除了发射极引线所在的那一侧。如果该工艺包含额外的金属化层，则最好利用这些金属化层来加厚发射极和集电极上的第 2 层金属结构。所有这些变化都可以移植到采用多层金属化层的标准双极型设计之中。

图 10.14 所示的结构已用于制造 MOSFET 栅极驱动器的脉冲功率晶体管。由于结合了低占空比和分布式的发射极镇流电阻，这类晶体管可以安全地处理超过 $150\ \mu A/\mu m^2$ 的电流密度。这类晶体管使用 $8\sim12\ \mu m$ 的发射极与基极交叠，并且至少有 $8\ \mu m$ 宽的连续深 N+ 区沉降环。N 型埋层应该将深 N+ 沉降区与其外侧边缘重叠，以最大限度地减小电阻，并确保足够的掺杂浓度以阻挡少数载流子的流动。

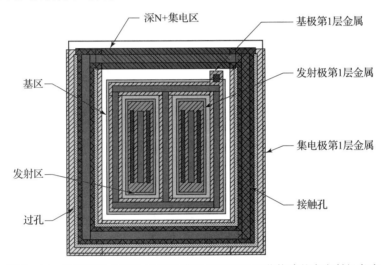

图 10.14 采用双层金属化层 CDI 模拟 BiCMOS 工艺构建的宽发射极条窄
接触孔晶体管，图中未显示第 2 层金属的图案

目前，研究人员对双极功率晶体管的兴趣已转向射频（RF）功率放大器设计，主要在于使用锗硅（SiGe）功率晶体管来代替传统的硅功率晶体管。射频功率晶体管通常在非常高的电流密度下工作，发射极的电流密度大约为 $100\ \mu A/\mu m^2$。选择如此高的发射极电流密度有几个原因。首先，SiGe 器件中低电流下的 β 值滚降通常非常严重，迫使电路设计人员将其设计在高发射极电流密度下工作以获得可用的电流增益。这种 β 值滚降通常在发射极电流密度为 $10\ \mu A/\mu m^2$ 甚至更高时发生。由于沿着多晶硅/单晶硅界面上的缺陷，其基极-发射极耗尽区的复合比传统的硅晶体管高了几个数量级。还存在一种涉及硼穿透到发射极多晶硅中的额外机制，该机制实际上可能会主导低电流下的 β 值滚降。这个被称为硼穿透的问题可以通过在多晶硅中插入一层碳掺杂的锗硅薄膜来实现最小化。

在 Ⅲ-V 族化合物半导体异质结双极型晶体管中，由于其工作在大电流密度下，热点的形成引起了许多麻烦。这些热点通常是稳定的，但是极高的电流密度会导致 β 值滚降，这就造成了有效 β 值会随着热点的形成、坍缩和最终稳定而急剧减小。这种现象有时被称为电流崩溃。基极侧的镇流电阻在异质结晶体管中特别有效，因为其 β 值会随着温度的升高而减小。此外，传统的硅功率晶体管通常采用发射极侧的镇流电阻，因为其 β 值随温度的增加而增大。

锗硅晶体管的性能介于传统的硅功率晶体管和异质结双极型功率晶体管之间。SiGe 晶体

管的 β 值通常随着温度的升高而减小,这表明需要使用基极侧的镇流电阻。然而,SiGe 功率器件也已经被成功设计出具有发射极侧镇流电阻。基极侧镇流的主要问题是必须采用旁路电容将高频基极驱动信号传输到基极电阻周围,以防止基极-发射极电容和基极-集电极电容导致器件 f_T 出现不可接受的降低。发射器侧镇流的主要问题是它会消耗大量功率,从而降低了射频放大器的功率效率。另一种有时被提倡的方法是避免镇流,将功率晶体管细分为彼此之间距离相当远的多个小单元。以这种方式细分晶体管可以更有效地将有源器件的微小体积与其周围更大的硅体积耦合在一起,从而使热点更难形成和坍缩。

　　射频晶体管中的镇流电阻几乎总是采用薄膜电阻而不是扩散电阻,因为与扩散区相关的寄生电容非常大。多晶硅是构造镇流电阻的首选材料。最流行的配置是所谓的蜂窝状的版图布局,其中大量相对较短且非常窄的发射极指条单独配备镇流电阻。单个发射极的尺寸必须尽可能小,以最大限度地减小极薄本征基区的发射极夹持效应。典型的版图布局包括宽度约为几微米、长度可能为 $10\sim20\ \mu m$ 的发射极指条,这些指条与基极接触孔相互交叉排列。通过将微小的发射极区域的阵列紧密地排列在一起,可以进一步减小被夹持的基极电阻。每个发射极区域由一个接触孔定义,单层发射极多晶硅覆盖所有的接触孔。通常,接触孔按交替行排列,形成非常密集的微小发射极阵列,从而使得器件的整体尺寸最小化。这反过来又最小化了晶体管的寄生电容。

　　图 10.15a 展示了射频锗硅功率晶体管的版图,图 10.15b 展示了其剖面图。该器件由形成于低掺杂本征基区中的微小多晶硅发射极阵列组成。隔离是通过深槽刻蚀来实现的,即依次刻蚀穿过上层 N 型外延层、N 型埋层和下层 P 型外延层,最终到达下面的 P+衬底。斜向沟槽侧壁的倾斜离子注入区起到深 N+沉降区的作用。然后对侧壁进行氧化处理,以使沉降区与用于填充侧壁的多晶硅之间绝缘。采用各向异性的氧化层刻蚀将沟槽底部的氧化物衬垫层去除,从而使得用于填充沟槽的硼掺杂多晶硅与 P 型衬底接触。基极是通过一个非本征基区实现接触的,该非本征基区桥接在基极接触孔和多晶硅发射极下方的本征基区之间。发射极本身由重掺杂的 N 型多晶硅形成,该多晶硅与本征基区上方的单晶硅接触。选择性注入集电极(SIC)被设置在紧贴着本征基区的下方,以抑制柯克效应对基区的外推。在氧化层隔离工艺中,可以创建类似的器件,其中掩埋的氧化层消除了集电极/衬底结的电容。

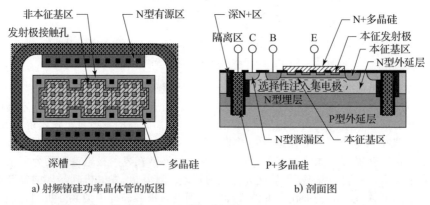

图 10.15

10.1.5　饱和检测与限制

　　垂直 NPN 型晶体管和横向 PNP 型晶体管在饱和状态时都会向衬底中注入空穴。衬底注入既会浪费功率,又会导致衬底自偏置,甚至可能引起器件闩锁。有多种技术可以抑制衬底注入,比如通过在少数载流子到达衬底之前拦截它们,或者从一开始就避免晶体管进入饱和状态。大多数这些技术需要专门的版图布局设计。

　　考虑横向 PNP 型晶体管的情况。该器件的发射极不断地将空穴注入基极。晶体管达到饱和状态时将导致这些空穴转移到衬底。功率横向 PNP 型晶体管可以注入数十甚至数百毫安的衬底电流。这种幅度的电流很容易产生足够的自偏置，从而触发闩锁。

图 10.16a 展示了一种阻止少数载流子到达衬底的方法。该晶体管围绕着隔离岛的外边缘引入了一个连续不间断的深 N+ 环，该环与底部的 N 型埋层融合，形成一个空穴阻挡保护环，该保护环完全封闭了横向 PNP 型晶体管的基区。空穴必须克服由此保护环形成的高-低结，才能够到达衬底(参见 5.4.4 节)。深 N+ 区和 N 型外延层之间，以及 N 型埋层和 N 型外延层之间的掺杂浓度比值为 100∶1 或更大，这足以将衬底注入降低到可接受的水平。

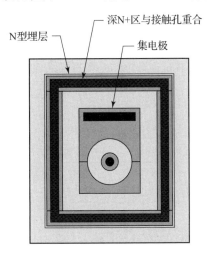
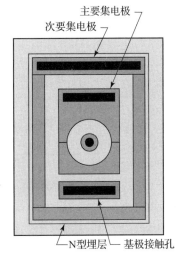

a) 带有深N+环的晶体管　　　　　　b) 带有次要集电极的晶体管

图 10.16　为减少衬底注入而修改的横向 PNP 型晶体管的两个示例

图 10.16b 展示了另一种防止衬底注入的方法。所示器件包含了一个完全环绕其集电极的基区扩散环，该环形区构成了一个次要集电极。只要环形区域内的主要集电极未饱和，则很少有空穴到达次要集电极，因此它几乎不导通电流。当主要集电极饱和时，从其外围再注入的空穴将传输到次要集电极。只要次要集电极本身未饱和，它就会收集主要集电极无法吸收的大部分电流。次要集电极有时也称为环形集电极，因为它通常采取包围主要集电极的环形形式。此外，部分环形区域，甚至一个小的方形次要集电极也能收集一些电流。

次要集电极可以执行以下几种功能之一。当接地时，它表现为收集空穴的保护环。或者，它也可以连接到所包围晶体管的基极引线。当晶体管饱和时，它收集的载流子增加了基极电流并降低了表观的 β 值，直到它恰好足够支持主要集电极提供的电流。这种连接方式在占用更少面积的同时，提供了与深 N+ 环大致相同的功能。

在支持横向 PNP 型晶体管的模拟 BiCMOS 工艺中，也可以构建次要集电极。次要集电极应该由相对较深的扩散区来形成，例如专用基区或浅 P 阱，而不是 P 型源漏区，因为后者的注入通常过浅，无法充当有效的集电极。模拟 BiCMOS 工艺中的次要集电极通常比标准双极型晶体管的效果要差，这是由于阱掺杂梯度引起少数载流子向下漂移。可以通过使用 P 型外延环作为次要集电极来克服这种效率低下的问题。

次要集电极还可以用作饱和检测器。一旦主要集电极饱和，电流就开始流过次要集电极，而一旦主要集电极脱离饱和，则电流就停止。次要集电极可用于动态控制基极驱动，以防止主要集电极发生饱和。动态抗饱和电路可以抑制基极驱动以减少发射极电流，而不是将多余的电流导入地。实现这种连接最简单的方式是将次要集电极连接到基极，如上面讨论的那样，但是它也可以被连接到预驱动电路中的其他点，例如连接到驱动环形晶体管的达林顿(Darlington)对的基极。这种连接会产生一个负反馈环路，除非得到适当的补偿，否则可能会变得不稳定。

需要注意的是，由于不存在针对这种结构的器件模型，因此很难准确预测次要集电极的相移，尽管明显会出现显著的时间延迟。如果只需要相对较小的电流，用于饱和检测的次要集电极并不需要完全包围整个基极。

饱和的 NPN 型晶体管也会将电流注入衬底。小信号晶体管很少注入足够的电流，因此需要采用抗饱和环，但是功率晶体管则是另一回事。任何消耗超过几毫安基极驱动电流的饱和 NPN 型晶体管都需要某种形式的防护，以避免出现衬底注入。第一个(也是最好的)解决方案是围绕集电极外围的深 N+ 环，该环不仅起到空穴阻挡保护环的作用，而且还同时降低集电极电阻。

在 NPN 型晶体管的集电极内放置一个基极扩散区，可以收集少数载流子，并可以充当饱和检测器，如图 10.17 所示。功率开关晶体管经常使用动态抗饱和电路来测量馈送到晶体管的基极驱动电流。对于接地发射极晶体管而言，构建其抗饱和电路是蛮有挑战性的，因为用作检测器的基极扩散区必须工作在非常接近地的电位。配置了抗饱和电路的 NPN 型晶体管仍然应该使用空穴阻挡保护环来防止瞬变，因为抗饱和电路并不能快速响应。

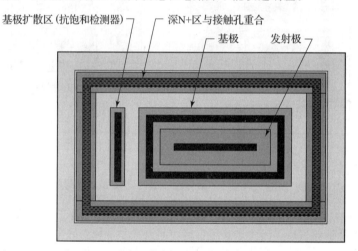

图 10.17　一个 NPN 型功率晶体管，包含一个用作空穴阻挡保护环的
完整深 N+ 环和一个用作饱和检测器的基极扩散区

对于具有次要集电极或深 N+ 保护环的晶体管，目前还没有业界广泛接受的电路符号。图 10.18 展示了一组电路符号。粗的基极线代表功率晶体管，或更一般地说，任何需要特殊版图设计的晶体管，如图 10.18a 所示。NPN 型晶体管的集电极引线上有一条对角斜线表示存在深 N+ 沉降区(见图 10.18b)，横向 PNP 型晶体管的基极引线上也有类似的对角斜线表示存在深 N+ 沉降区，如图 10.18c 所示。在横向 PNP 型晶体管的集电极引线加上一个小环表示添加了次要集电极(见图 10.18d)，而在 NPN 型晶体管的集电极引线加上一个类似的环表示有一个设置在集电极内部作为饱和检测器的基极扩散区，如图 10.18e 所示。

a) 功率NPN
型晶体管

b) 集电极周围有深
N+环的功率NPN
型晶体管

c) 基极周围有深N+
环的横向PNP型
晶体管

d) 具有次要集电极
的横向PNP型晶
体管

e) 具有饱和检测器的
NPN型晶体管

图 10.18　电路符号

10.2 匹配双极型晶体管

许多模拟电路包含匹配的双极型晶体管。电流镜和电流传输器使用它们来复制电流，放大器和比较器使用它们来构建差分输入级，基准源电路使用它们来创建已知的电压和电流，吉尔伯特(Gilbert)超线性电路使用它们来执行模拟计算。所有这些应用都依赖于晶体管之间集电极电流和基极-发射极电压的精确匹配，有时可能是相同尺寸的晶体管，有时也可能是不同尺寸的晶体管。

NPN 型晶体管集电极电流与发射极面积成比例，但是实际的发射极面积并不等于绘制的发射极面积。实际的发射极面积取决于工艺条件以及绘制的发射极面积和几何形状。尺寸和发射极面积之间的关系也不是线性的。因此，几乎不可能匹配具有不同发射极尺寸或形状的晶体管。然而，使用相同单元发射极的多个副本可以获得简单的整数比。常用的比例包括 4∶1、6∶1 和 8∶1。由于面积要求以及大型器件对热梯度的敏感性，需要超过 8 个或 10 个单元器件的比率就会变得越来越不切实际。

工作在相同集电极电流下的两个完全相同的晶体管理论上应该产生完全相同的基极-发射极电压。实际上，饱和电流的微小变化会引起集电极电流的相应变化。如果我们将饱和电流的所有变化建模为发射极面积的变化，则有效发射极面积分别为 A_E 和 $N \cdot A_E$ 的两个晶体管的基极-发射极电压 V_{BE1} 和 V_{BE2} 之间的差为

$$\Delta V_{BE} = V_{BE2} - V_{BE1} = V_T \ln N \tag{10.5}$$

式中，V_T 为热电压，在 25 ℃时约为 26 mV。发射极面积 1% 的失配($N = 1.01$)在两个晶体管之间产生的失调电压 ΔV_{BE} 仅为 0.25 mV。该失调电压的幅度很小，这表明双极型晶体管应该能够为放大器和比较器提供出色的低失调输入差分对。

10.2.1 随机变化

基区掺杂浓度、基极-发射极结面积和基极-发射极结周长的随机涨落造成了双极型晶体管中观察到的大部分随机失配。其他不太重要的来源包括发射极掺杂浓度、发射极-基极耗尽区内的复合以及中性基区表面复合的涨落。简单的模型通常将所有变化分配给有效发射极面积 A_E，则埃伯斯-摩尔(Ebers-Moll)方程中使用的饱和电流 I_S 变为

$$I_S = J_S A_E \tag{10.6}$$

式中，饱和电流密度 J_S 不是随机变化的；有效发射极面积 A_E 服从正态分布，其标准差 s_A 由下式给出：

$$s_A = A_E \sqrt{\frac{k_A^2}{2A_E} + \frac{k_P^2}{2P_E}} \tag{10.7}$$

式中，A_E 和 P_E 分别代表发射极的有效面积和外围周长；k_A 和 k_P 分别代表面积和周长的匹配系数。除了最小的晶体管之外，面积波动是造成所有失配的主要原因，因此周长匹配系数通常可以忽略不计[⊖]。如果所有器件都使用多个相同的单元发射极，则周长效应可以再次被忽略，因为它们将随面积效应线性缩放，因此周长效应可以与面积效应相组合。

考虑一对在相同基极-发射极电压下工作的同样尺寸的匹配双极型晶体管。它们的集电极电流比 I_{C2}/I_{C1} 的标准偏差则变为

$$s_{I_{C2}/I_{C1}} = \frac{k_A}{\sqrt{A_E}} \tag{10.8}$$

现在假设这些相同的晶体管在相同的集电极电流下工作。基极-发射极电压差的标准偏差 $\Delta V_{BE} = V_{BE2} - V_{BE1}$ 为

⊖ 很大一部分起伏涨落起源于饱和电流而不是发射区面积。饱和电流与古穆尔数成反比，而古穆尔数又取决于掺杂剂浓度的波动。由于古穆尔数仅微弱地取决于温度，因此无论发射极面积、饱和电流还是两者都发生变化，本书中的论点都基本成立。

$$s_{\Delta V_{BE}} = \frac{k_A V_T}{\sqrt{A_E}} \qquad (10.9)$$

由于双极型晶体管的高跨导,基极-发射极电压之间的失配远小于集电极电流之间的失配。k_A 的典型值为 2 % · μm。因此,一对发射极为 6 μm×6 μm 晶体管的标准偏差 $s_{I_{C2}/I_{C1}}$ 为 0.33%。这些相同的晶体管在 25 ℃时的标准偏差 $s_{\Delta V_{BE}}$ 约为 86 μV。

大多数双极型晶体管的 k_A 值基本上与发射极电流密度无关。一些采用较新的 BiCMOS 工艺制造的器件,使用浅的倒掺杂阱作为基区,在低发射极电流密度下表现出 k_A 的增加。这种效应的确切原因尚不清楚,尽管可能部分是由于发射极电流在较低电流密度下优先跨过发射区侧壁注入。k_A 作为发射极电流密度的函数而变化的器件只有在恒定发射极电流密度下工作时才符合式(10.8)和式(10.9)。换句话说,如果发射极电流也增加 4 倍,那么将这种晶体管的面积增加 4 倍只会使其失配减半。如果发射极电流保持恒定,则失配不会减少一半,而是减少更少的量。

使用埃伯斯-摩尔(Ebers-Moll)模型对随机变化进行全面分析需要添加正向和反向有源 β 值的标准差,也就是 β_F 和 β_R 的标准差。除非晶体管工作在反向有源模式,否则其反向 β 值对晶体管的端口特性影响很小。正向有源 β 值的变化很少会引起问题,除非电路对基极电流的误差非常敏感,或者晶体管的正向 β 值相对较低,或者两者兼而有之。易受攻击的一个应用实例是修调的布洛卡(Brokaw)带隙电压源,它在布洛卡(Brokaw)晶体管的上方使用了 PNP 型晶体管电流镜。修调几乎完全消除了镜像晶体管发射极面积随机变化的影响,但是无法补偿其基极电流的随机变化。如果镜像晶体管的最坏情况 β 值降至大约 10 以下,那么带隙电压源的精度就会受到影响。唯一明显的解决方案是避免使用此类低 β 值的 PNP 型晶体管。

尽管较大的发射极比较小的发射极表现出更少的随机失配,但是还有其他因素需要考虑。热梯度和应力梯度会在双极型晶体管之间产生严重的失配,因此匹配的阵列应尽可能紧凑。这种考虑不仅限制了发射极的面积,而且还鼓励使用紧凑的发射极几何形状。流行的选择包括圆形、正方形和八边形,如图 10.19 所示。发射极接触孔的几何形状应匹配发射极本身的几何形状,因此只能制造小的方形接触孔阵列的工艺应当使用方形发射极来匹配器件。最小尺寸的发射极比大尺寸发射极更容易受到周长效应的影响,并且具有小发射极的垂直器件比具有较大发射极的垂直器件拥有更低的 β 值。因此,设计人员通常将匹配晶体管的发射极宽度设置为最小宽度的 2~10 倍。单个匹配的发射极通常具有最小允许面积的 4~100 倍。

图 10.19　设计采用圆形、正方形和八边形发射极的 NPN 型晶体管示例

10.2.2　发射极简并

有时人们无法通过增加发射极面积来改善匹配,对于横向 PNP 型晶体管来说通常就是这样,因为在不降低 β 值的情况下无法增加单个发射极面积,并且多个横向晶体管的阵列非常大。一种称为发射极简并的技术可以将匹配的负担从一组双极型晶体管转移到一组相关的电阻。发射极简并的工作原理是降低双极型晶体管的跨导,从而减小基极-发射极电压变化对集电极电流的影响。一种常见的应用涉及横向 PNP 型晶体管电流镜,如图 10.20 所示。该电流

镜由三个匹配的晶体管 $Q_1 \sim Q_3$ 组成，它们从 $25~\mu A$ 的参考电流源产生出 $50~\mu A$ 和 $75~\mu A$ 的电流。晶体管 Q_4 最大限度地减少 $Q_1 \sim Q_3$ 基极电流的影响(因此，该晶体管通常称为 β 辅助晶体管)。添加发射极简并电阻 $R_1 \sim R_3$ 以改善 $Q_1 \sim Q_3$ 的匹配。Q_1 和 Q_3 的发射极面积以单位发射极给出，因此，"1X"表示一个单元发射极，"3X"表示三个单元发射极。发射极简并电阻的大小被设定为在电流不相等的情况下产生相等的电压降。因此，1X 晶体管 Q_1 具有 $4~k\Omega$ 简并电阻 R_1，而 2X 晶体管 Q_2 具有 $2~k\Omega$ 简并电阻 R_2。

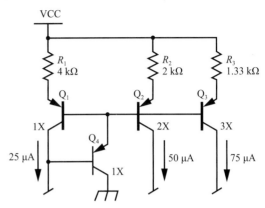

图 10.20 包含发射极简并电阻的横向 PNP 型晶体管电流镜

发射极简并的好处取决于电阻两端产生的简并电压 V_d 的大小。将有简并的集电极电流比 $\Re_d$ 与无简并的集电极电流比 $\Re$ 进行比较：

$$\frac{\Re_d}{\Re} = \frac{V_T}{V_T + V_d} \tag{10.10}$$

$50~mV$ 的简并电压将使双极型晶体管的匹配误差降低大约 3 倍，而 $100~mV$ 的简并电压则可以使双极型晶体管的匹配误差降低大约 6 倍。

发射极简并还可以改进双极型晶体管的输出电阻，其改善的程度与其改善匹配的程度相同。考虑两个晶体管 Q_1 和 Q_2，预计在相等的集电极电流 I_{C1} 和 I_{C2} 下工作，但是它们承受不同的集电极-发射极电压 V_{CE1} 和 V_{CE2}。它们的集电极电流之比为

$$\frac{I_{C1}}{I_{C2}} \approx 1 + \left(\frac{V_{CE1} - V_{CE2}}{V_A}\right)\left(\frac{V_T}{V_T + V_d}\right) \tag{10.11}$$

式中，V_A 为晶体管的厄立电压。如果两个晶体管必须在极不相同的集电极-基极电压下工作，则可以通过使用发射极简并来最小化由厄立效应引起的系统失配。

发射极简并对横向 PNP 型晶体管的好处似乎小于对垂直 NPN 型晶体管的好处，因为横向失配的很大一部分源于未受简并影响的 β 变化。实际上，横向 PNP 型晶体管的发射极经常是简并的，因为它们使用最少的发射极来维持高 β 值，因此它们在发射极面积上存在相对较大的失配。横向 PNP 型晶体管还受益于增加的输出电阻，因为它们通常具有相当低的厄立电压。发射极简并无法改善分离集电极晶体管的匹配，因为不可能为每个分离的集电极提供单独的发射极简并电阻。

发射极简并经常用于改善必须位于具有很大的热梯度区域的双极型晶体管的匹配。电阻也会受到热梯度的影响，但是叉指结构可以最大限度地减少这种不匹配的来源。

有时使用较大的发射极简并电阻来获得晶体管之间的非整数比。当存在 $250 \sim 500~mV$ 的简并电压时，晶体管的尺寸就变得相对不重要。例如，通过将 3X 晶体管和 $10~k\Omega$ 电阻与 1X 晶体管和 $34~k\Omega$ 电阻进行比率计算，可以获得 $3.4 : 1$ 的比率。该技术同样适用于 NPN 型和 PNP 型晶体管。

10.2.3 热梯度

双极型晶体管对热梯度极其敏感。基极-发射极电压 V_{BE} 表现出大约 $-2~mV/℃$ 的温度系数，对应于大约 $80~000~ppm/℃$ 的集电极电流温度系数。通常期望匹配的双极型晶体管实现小于 $\pm 1~mV$ 的失调电压，对应于温差仅为 $\pm 0.5~℃$。这种程度的局部温度变化几乎可以发生在任何集成电路中。

匹配的双极型晶体管通常用于构造差分放大器，也称为差分对、发射极耦合对或(对于英国人来说)长尾对。差分对的概念最初是使用真空三极管时提出的，但是它也适用于双极型或

MOS 晶体管。图 10.21 显示了采用两个相同的匹配 NPN 型晶体管 Q_1 和 Q_2 构建的差分对。尾电流 I_1 偏置这两个晶体管。施加在基极端口上的输入电压 V_{IN} 产生互补的输出电流 I_{C1} 和 I_{C2}。理论上，两个集电极电流在零输入电压时彼此相等。实际上，需要一个小的输入电压来抵消晶体管内的失配并使得它们的集电极电流达到平衡。实现这种平衡所需的电压称为差分对的输入失调电压。输入失调电压由两个分量组成，一个是随机分量，另一个是系统分量。随机输入失调是由晶体管特性中单元与单元之间的随机波动引起的[参见式(10.9)]。系统输入失调则主要是由热梯度和机械应力梯度引起的，尽管有限的增益和厄立效应的影响也可能发挥作用。

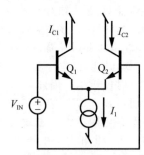

图 10.21　采用两个相同的匹配 NPN 型晶体管 Q_1 和 Q_2 构建的差分对

可以通过增加发射极面积或采用修调技术来最小化差分对的随机输入失调。一种修调方案是将调整后的电流添加到两个输出中的一个或另一个以补偿失配。该微调电流应该能够在整个温度范围和全过程中跟踪尾电流。如果确实如此，并且梯度引起的失配仍然可以忽略不计，那么微调输入失调电压也会最大限度地减少其随温度的变化。由于 13.2.5 节中讨论的原因，对于 MOS 晶体管差分对而言，这样的说法并不成立。

除了产生失调之外，高增益放大器电路上的热梯度还会引起一种称为热反馈的现象。当电路的一部分通过热相互作用而不是电相互作用影响另一部分时，就会发生这种类型的反馈。通过放大器输出级的信号会产生局部的温度波动，该波动在芯片上传播，从而在输入级的器件之间产生小的失调。然后，电路放大这个随时间变化的失调，就好像它是一个输入信号一样。由于许多放大器的电压增益超过 10 000，因此即使是非常弱的热相互作用也会导致显著的热反馈。许多商用运算放大器的频率响应包含由热反馈引起的低频极点和零点。

通过增加输入级和输出级的间隔以及通过适当的布局、取向和共质心版图结构降低输入级的热灵敏度，可以最大限度地减少热反馈。大多数运算放大器版图设计将输入电路放置在芯片的一侧，将输出电路放置在另一侧。由于存在额外的输出级，这种布局方式在双运放或四运放中更难做到。此类器件不仅在一个放大器上表现出热反馈，而且在放大器之间表现出热交叉耦合。在包含许多热源和很多脆弱电路的大规模"片上系统"器件中，这个问题会变得更加严重。

一个比率对由两个工作在不同集电极电流密度下的双极型晶体管组成。两个晶体管的基极-发射极电压 V_{BE1} 和 V_{BE2} 之差 ΔV_{BE} 为

$$\Delta V_{BE} = V_{BE1} - V_{BE2} = V_T \ln\left(\frac{I_{C2}}{I_{C1}} \cdot \frac{A_{E2}}{A_{E1}}\right) \tag{10.12}$$

式中，V_T 代表热电压；I_{C1} 和 I_{C2} 分别为 Q_1 和 Q_2 的集电极电流；A_{E1} 和 A_{E2} 分别为它们的有效发射极面积。最常见的比率对由两个晶体管 Q_1 和 Q_2 组成，其发射极面积分别为 A_{E1} 和 $A_{E2} = N \cdot A_{E1}$，它们在相同的集电极电流下工作，此时式(10.12)与式(10.5)相同。将热电压的定义式(9.1)代入，可以得到

$$\Delta V_{BE} = \frac{kT}{q} \ln(N) \tag{10.13}$$

式中，k 代表玻耳兹曼常数；T 为绝对温度；q 为电子的电荷。在这个公式中，唯一与温度有关的量是 T，因而电压 ΔV_{BE} 与绝对温度成线性比例关系。因此，ΔV_{BE} 被称为与绝对温度成比例的电压(Voltage Proportional To Absolute Temperature，VPTAT)。

由一个垂直 NPN 型晶体管比率对产生的 VPTAT 在极宽的工作条件范围内保持与温度呈线性关系，并且与电流无关。然而，式(10.12)和式(10.13)依赖于工作在小注入条件下的比

率晶体管。如果集电流变得过大，那么其中一个或两个晶体管就会进入大注入状态，此时 ΔV_{BE} 就会开始明显偏离公式预测的数值。通过检查集电极电流与基极-发射极电压的半对数图（换句话说，是集电极电流的对数值与基极-发射极电压的关系图），就可以确定大注入效应开始出现的点。在较低电流下，该半对数图呈直线形式。在较高电流下，由于大注入效应，它开始偏离线性。比率对的工作电流应该远低于曲线开始偏离直线的点，因为该点会受到工艺变化的影响。即使有此限制，标准的双极型 NPN 比率对晶体管仍然可以工作在电流变化高达 8 个数量级的范围内，而不会明显地偏离式(10.12)和式(10.13)。没有其他基本的器件关系能展现出这种程度的对偏置条件的独立性。因此，比率对经常被用作电压和电流的基准源。

由于发射极-基极耗尽区内的复合，双极型晶体管也会表现出低电流下的 β 值滚降。耗尽区内的肖克莱-霍尔-里德（Shockley-Hall-Read，SHR）中心可以支持载流子的产生和复合。零偏置耗尽区内的产生率和复合率彼此相等。施加偏置电压后将使两种速率不平衡。反向偏置导致产生超过复合，而正向偏置导致复合超过产生。萨支唐（Sah）、诺伊斯（Noyce）和肖克莱（Shockley）首先解释了这种效应，每当基极-发射极结外加正向偏置时，这种效应就会导致多数载流子的电流从双极型晶体管的基极流入其发射极。这种所谓的产生-复合电流通常比载流子穿过结扩散到基极所产生的电流小得多。然而，在低电流水平下，产生-复合电流会导致基极电流超过维持基极中少数载流子复合所需的值，由此造成 β 表现出低电流滚降。这种低电流滚降对由式(10.12)所预测的 ΔV_{BE} 电压没有影响，因为该公式仅取决于集电极电流，而集电极电流与注入基极的少数载流子成正比。产生-复合电流导致多数载流子电流从基极流向发射极，因此不影响集电极电流。然而，如果晶体管以一定的发射极电流比而不是一定的集电极电流比工作，则一对晶体管产生的 ΔV_{BE} 将受到低电流 β 滚降的影响。当尝试对二极管连接的晶体管进行比率化时，通常就会发生这种情况（参见 11.3.1 节）。图 10.22a 显示了一个比率对的典型示例。图中未显示附加电路，假设晶体管 Q_1 和 Q_2 工作在相等的集电极电流下。由于 Q_2 的有效发射极面积是 Q_1 的 8 倍，因此这两个晶体管之间产生的 ΔV_{BE} 在 25 ℃时等于 54 mV。该电压出现在电阻 R_1 上，产生与绝对温度成比例的电流 (IPTAT)。电阻的非零温度系数将影响所获得电流的温度依赖性，这可能导致该电流不再是真正的 IPTAT。电路设计人员通常不考虑电阻温度系数的大小，仍然会使用 IPTAT 这个术语。

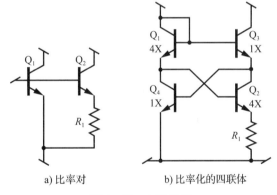

a) 比率对　　　b) 比率化的四联体

图 10.22　电路实例

一个比率化的四联体实质上是比率对的一种变体。四联体中的四个晶体管产生一个 VPTAT 电压，该电压通常被施加在一个电阻上以产生一个 IPTAT 电流，如图 10.22b 所示。那么，在电阻两端出现的 VPTAT 电压 ΔV_{BE} 为

$$\Delta V_{BE} = V_T \ln\left(\frac{A_{E1} A_{E2}}{A_{E3} A_{E4}}\right) \tag{10.14}$$

式中，$A_{E1} \sim A_{E4}$ 分别是 $Q_1 \sim Q_4$ 的有效发射极面积。比率化的四联体能够提供比普通相等面积的比率对更大的 ΔV_{BE}，因为 Q_1 和 Q_2 的面积相乘。一个使用两个 4X 晶体管和两个 1X 晶体管的配置可以产生 72 mV 的 ΔV_{BE}。

为了使 VPTAT 和 IPTAT 电路能够正常工作，它们包含的比率对或比率化的四联体必须非常精确地匹配。例如，一个 8∶1 的比率对可以产生的 ΔV_{BE} 为 54 mV。在此类电路中，1 mV

的失配将导致所得到的电压或电流产生大约2%的误差。仅0.5℃的温度差异就足以引发这样的误差。

双极型晶体管的极端热敏性要求匹配器件通过版图设计来消除热梯度。关键的匹配双极型晶体管几乎总是采用类似于8.2.7节讨论的共同质心布局技术。差分对通常采用二维共同质心布局，如图10.23所示。这种配置通常被称为交叉耦合四联体。在设计交叉耦合四联体版图时，不仅发射极必须具有共同质心，而且基极接触孔也必须如此。如果忽视了这个预防措施，那么基极接触孔的热电势就可能会产生显著的失配。集电极接触孔对匹配几乎没有影响，因而不需要对称排列。

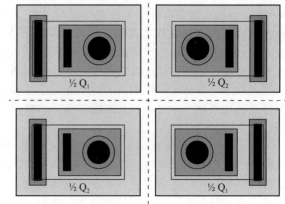

图10.23　交叉耦合双极型晶体管的示例

由于双极型晶体管的集电极电流与其基极-发射极电压呈指数关系，即使是线性的热梯度也会对集电极电流产生非线性影响。共同质心布局可以消除失配的线性分量，但是不能消除非线性分量。因此，匹配的双极型晶体管版图布局应当尽可能紧凑。例如，图10.23中晶体管的取向设置，要使其集电极接触孔位于匹配阵列的外部，而不是内部。这使得发射极和基极接触孔更加靠近。此外，由于V_{BE}的温度系数大于基极接触电势的温度系数，因此要使用CBE的版图布局而不是CEB的版图布局。

比率对产生的VPTAT电压随着发射极面积比的对数而增大。同时，线性梯度的大小近似随着发射极面积比的平方根而增大(假设为二维阵列)。因此，梯度的二次残差与发射极面积比大致线性地增加。由于ΔV_{BE}的失配与发射极之间的温差呈线性缩放关系，梯度对VPTAT的影响也大致与发射极面积比呈线性缩放关系。随着发射极面积比的增加，最终会达到一个临界点，超过该点，失配的线性增加将超过VPTAT的对数增加。对于任何给定的设计，都存在一个能够提供最佳匹配的比例。这个最佳比例取决于许多因素；然而，在大多数情况下，它可能介于6:1和16:1之间。偶数比例极大地简化了构建共同质心阵列的任务，并且较小的阵列占用更少的面积，因此比率对的常见选择是4:1、6:1和8:1。在这些选择中，8:1可能是最受欢迎的。比率化的四联体最受欢迎的排列可能是4:1:1:4。

构建紧凑的比率对和比率化的四联体面临着重大挑战。通过将1X晶体管设置在阵列的中心，并将4X晶体管的两个部分设置在两侧，可以构建一个4:1的比率对，如图10.24a所示。应当旋转4X晶体管的各个部分，使得它们的发射极尽可能靠近，并且这些发射极应该对称地设置在穿过1X晶体管的对称中心线周围。基极接触孔与所需的共同质心布局略有偏差，但是偏差很小。通过在3×3的阵列中设置9个单元晶体管，可以构建出一个8:1的比率对。中心晶体管形成1X器件Q_A，周围8个并联的晶体管形成8X器件Q_B，如图10.24b所示。这个二维阵列的跨度仅为其一维阵列的三分之一，将梯度的二次残差减小了近一个数量级。在这个八环绕一的图案中，基极接触孔形成了它们自己的共同质心布局。然而，基极接触孔的质心与发射极质心之间存在着微小的偏移。横跨这个偏移距离的热梯度将会影响ΔV_{BE}，但是偏移距离相对较小，因此对ΔV_{BE}的影响也相对较小。

将并联连接的晶体管合并到一个共同的隔离岛或隔离阱中通常可以创建一个更紧凑的阵列。多个垂直晶体管可以位于一个共同的集电区内，这不会影响电流的流动，因为控制电流流动的是基区而不是集电极。图10.25a显示了不同基区位于同一隔离岛中的示例。

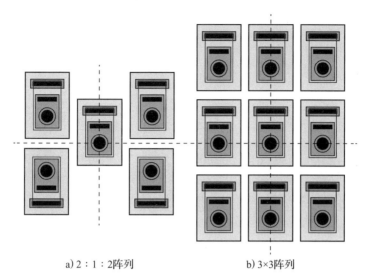

a) 2 : 1 : 2阵列　　　　　　　　b) 3×3阵列

图 10.24　由单个单元晶体管构建比率对的两种技术

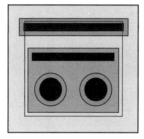

a) 不同基区位于同一隔离岛中　　　　b) 不同发射区位于同一基区中

图 10.25　两种风格的多发射极 NPN 型晶体管

　　一个更大胆的合并不仅结合了晶体管的集电区,还结合了它们的基区,如图 10.25b 所示。由每个发射极注入的一小部分电流将横向流动,而不是垂直流动。相邻的发射极会干扰彼此的电流流动,这会稍微降低它们的有效发射极面积。为了最小化这种影响,发射极之间实际的(未绘制)中性基区宽度应当至少等于基极结深的 2 倍。基区覆盖发射极的部分也应该增加,以提供类似的未耗尽基区宽度。这些要求通常可以通过将发射极-发射极之间的间距以及基区对发射极的覆盖区域增加几微米来满足。

　　某些版图设计规则包含一个针对相互连接的发射区(即连接到相同电路节点的发射极)的特殊间距规则。相互连接的发射极可以比未连接的发射极更相互彼此靠近,因为发射极之间的穿通不会导致不同电路节点之间的短路。因此,连接的发射极间距被缩小到两个发射极周围的耗尽区合并的程度。匹配的发射极不得使用相互连接的发射极间距规则,因为耗尽区的合并会严重干扰电流的流动。

　　匹配的横向 PNP 型晶体管也可以占据一个共同的隔离岛。多个发射极不应占据一个单独的集电极开口,因为每个发射极会严重干扰相邻发射极的少数载流子流动。每个发射极应占据自己的集电极开口,所有这些开口应具有相同的尺寸(或至少具有相同的集电极-发射极间距)。集电极几何结构的外部尺寸、隔离岛的尺寸和形状对匹配的影响要小得多。因此,匹配的横向晶体管通常由最小发射极构成的矩形阵列放置在一个共同的集电极区域中,具体详情可以参阅图 9.25b。

　　器件合并经常用于创建共同质心的比率对。在这样的比率对中,一个晶体管通常具有单个单位发射极,另一个则具有偶数个的单位发射极。单个发射极器件可以位于多个发射极器件的两半之间。最简单的这种排列方案是一个遵循 ABA 模式的一维共同质心阵列,如图 10.26a 所示。这种类型的阵列必然是细长的,因此最好将其较长的对称轴 S_2 与预期的等温线平行放置。在具有单个功率器件的设计方案中,最好的方式是将功率器件放在芯片一端的中心,同时将比率对设置在芯片的另一端附近,并进行定向,使其对称轴 S_1 与芯片的一个对称轴重合。

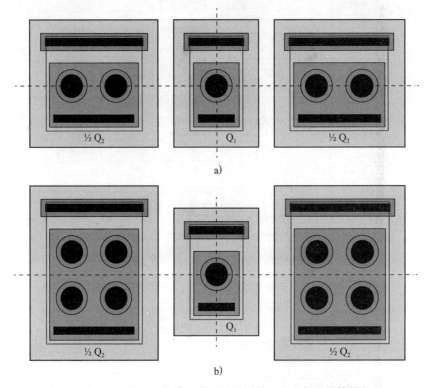

图 10.26 两种常用于构建比率对的共同质心多发射极晶体管版图

对于发射极面积比为 4:1 的倍数,可以实现更紧凑的排列。较大晶体管 Q_2 的发射极围绕一个对称轴 S_2 排列成两行,如图 10.26b 所示。对称轴 S_2 还应通过单个发射极晶体管 Q_1 的中心。这种排列对于大的比率特别适用(例如 16:1),否则会产生非常细长的版图。与之前一样,阵列应该被定向,使得辅助对称轴 S_2 平行于预期的等温线。

图 10.26b 的排列有一个缺点:基极接触孔本身没有按照共同质心的模式排列。一个解决方案是使用双基极晶体管,其中一个基极的接触孔位于发射极之上,另一个基极的接触孔位于发射极之下。另一个潜在的解决方案是扩展晶体管 Q_1,使其基极接触孔与晶体管 Q_2 的两个基极接触孔在同一直线上。

比率化四联体的版图布局就好像它们是由两个比率对组成一样。上半部分的比率对(即图 10.22b 中的 Q_1 和 Q_3)和下半部分的比率对(即图 10.22b 中的 Q_2 和 Q_4)都可以采用类似于图 10.26 的版图布局。理想情况下,这两个比率对应该彼此重叠,使得它们的主对称轴(S_1)重合。这将整个排列转化为一个二维的共同质心阵列。如果由于某种原因无法实现这一点,那么可以独立处理这两个比率对中的每一个。即使比率对之间相隔一段距离,也可以达到合理的匹配程度。

10.2.4 机械应力

机械应力能够改变双极型晶体管的饱和电流或 β 值,从而在晶体管之间产生失配。在这两种影响中,饱和电流的改变通常更受关注。这种压电结效应于 1951 年被人们首次认识到,随后就被许多研究人员研究过。可以用与压电效应相似的关系式来描述这种效应。对于电流沿着一个特定方向流过管芯的横向晶体管情形，该方程可以写成以下形式：

$$\Delta I_S = -I_S(\zeta_L\sigma_L + \zeta_T\sigma_T + \zeta_{LT}\sigma_{LT}) \tag{10.15}$$

式中，I_S 为无应力晶体管的饱和电流；ΔI_S 为施加应力引起的饱和电流的变化。纵向应力 σ_L 等于与电流流动方向平行的法向应力，横向应力 σ_T 等于与电流流动方向垂直的法向应力，σ_{LT} 等于电流流动平面内的剪切应力。压电结系数 ζ_L、ζ_T 和 ζ_{LT} 分别量化了这三个应力分量对饱和电流的影响。位于管芯平面之外的应力场分量通常非常小，因此可以忽略不计。

在实际中，横向双极型晶体管通常构建为具有圆对称性的器件，必须对所有方向的电流流动的贡献进行平均以获得最终结果。假设沿着管芯坐标轴的法向应力 σ_x 和 σ_y 是主应力的合理近似，则平均结果为

$$\Delta I_S = -I_S\zeta_R(\sigma_x + \sigma_y) \tag{10.16}$$

式中，径向压电结系数 ζ_R 的值见表 10.3。

表 10.3 压电结系数 （单位：10^{-11}Pa^{-1}）

类型	(100)硅	(111)硅	类型	(100)硅	(111)硅
纵向系数，ζ_L，NPN 型晶体管	−28.4	28.2	径向系数，ζ_R，PNP 型晶体管	11.6	29.7
纵向系数，ζ_L，PNP 型晶体管	8.9	81.5	横向系数，ζ_T，NPN 型晶体管	43.4	15.1
径向系数，ζ_R，NPN 型晶体管	7.5	21.7	横向系数，ζ_T，PNP 型晶体管	13.3	−22.2

垂直结构的双极型晶体管可以采用类似的方式进行分析。假设所有面外的应力分量都相对较小，并且沿着芯片坐标轴的法向应力 σ_x 和 σ_y 是主应力的合理近似，则压电结方程采用以下形式：

$$\Delta I_S = -I_S\zeta_T(\sigma_x + \sigma_y) \tag{10.17}$$

表 10.3 给出了横向压电结系数 ζ_T 的数值。通过观察这张表格，可以发现一些器件比其他器件对机械应力更加敏感。特别是，采用模拟 BiCMOS 工艺制造的垂直 NPN 型晶体管的机械应力敏感度几乎是横向 PNP 型晶体管器件的 4 倍。这一观察结果导致一些研究人员建议设计师意识到他们对使用横向 PNP 晶体管的长期偏见，因为相对于 NPN 型晶体管，PNP 晶体管的性能较差。然而，在设计电路时仍然必须考虑到横向晶体管的其他局限性，比如其明显的小电流条件下的 β 值滚降。

式(10.17)可以用来获得各种类型晶体管 V_{BE} 对机械应力敏感度的一些指示。假设对一个工作在恒定集电极电流条件下的晶体管施加 100 MPa 的面内应力，制造在(111)硅晶圆片上的垂直结构 NPN 型晶体管会给出 0.4 mV 的 V_{BE} 偏移，而制造在(100)硅晶圆片上的垂直结构 NPN 型晶体管则会给出 0.9 mV 的 V_{BE} 偏移。对于横向 PNP 型晶体管，相应的 V_{BE} 偏移数值在 (111)硅晶圆片上为 0.8 mV，而在(100)硅晶圆片上则为 0.3 mV。这些数值只是近似值，因为式(10.17)忽略了非线性应力效应。只要两个晶体管经受相同的应力水平，机械应力对 ΔV_{BE} 几乎没有影响。实验测量已经证实了这一预期。

组装的集成电路几乎总是会受到一定程度的机械应力。塑料封装的器件在 $150\sim200$ ℃ 的温度下就会固化。塑封材料的热膨胀系数(CTE)明显大于硅的热膨胀系数。当组装的单元冷却时，塑料会发生弹性变形，并对管芯施加压缩的机械应力。最小主应力的指向是径向朝内的，并在管芯的中心变得最强。该应力在低温下增加，在高温下减小(参见 8.2.8 节)。这种残余机械应力会导致封装偏移，使得基极-发射极电压随着温度的降低而下降。封装偏移在低温下会变得更大(更负)，而在高温下则变得更小(不那么负)。

一个著名的封装偏移影响的例子涉及带隙基准电路，该电路使用双极型晶体管产生一个能够在整个温度变化范围内保持近似恒定的电压。图 10.27 显示了一个布洛卡(Brokaw)带隙基准电路的基本元件。NPN 型晶体管 Q_1 和 Q_2 形成一个比率对。放大器 A_1 通过调节电压 V_{bg}，直到集电极电流 I_{C1} 和 I_{C2} 彼此相等。在这些条件下，基准电压 V_{bg} 为

$$V_{bg} = V_{BE1} + \frac{2R_1}{R_2} \ln N \tag{10.18}$$

当调节电阻 R_1 和 R_2 以最小化 V_{bg} 的线性温度系数时，该电压约等于 1.23 V。该数值取决于绝对零度下硅的带隙宽度，这就解释了为什么这个电路被称为带隙基准。

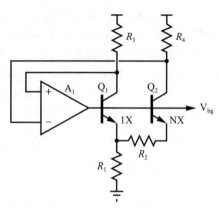

图 10.27　一个布洛卡带隙基准电路的基本元件

在 20 世纪 90 年代，有一系列商用的带隙基准电路，这些电路组装在 SOT-23 封装中，其在 25 ℃时封装偏移的平均值为 -1.1 mV，标准偏差为 2.3 mV。其中大部分的封装偏移源自基极-发射极电压 V_{BE1}。在这些用 SOT-23 封装的带隙基准电路中，其封装移位可能主要(如果不是完全)是由填充物引起的应力造成的。

上述提到的填充物引起的应力是由填充物颗粒对管芯垂直向下的压力造成的，因此这些应力的重要分量是垂直于管芯表面的压应力，这是意料之中的。对于作用在垂直晶体管上的法向力 σ_z，其压电结方程为

$$\Delta I_S = -I_S \zeta_L \sigma_z \tag{10.19}$$

式中，纵向压电结系数 ζ_L 的取值由表 10.3 给出。在标准的双极型 NPN 晶体管中，垂直压应力进一步使晶体管的 V_{BE} 向下移动。在模拟 BiCMOS 工艺中，垂直压应力部分抵消了由该应力的横向分量引起的 V_{BE} 向下移动。无论哪种情况，对整个封装和管芯而言，填充物引起的应力很可能会产生比热膨胀影响更大的局部梯度。

通过使用 10.2.3 节讨论的共同质心版图布局技术，可以最小化由应力梯度引起的双极型晶体管的失配。版图设计师还应当注意将双极型晶体管放置在管芯上的最佳位置。应力梯度的幅度在管芯中心最小。随着越靠近管芯边缘，特别是管芯拐角，其幅度逐渐增加。主要的最小应力是径向指向管芯中心的压应力(参见 8.2.8 节)。匹配双极型晶体管的最佳位置位于管芯的 X 轴或 Y 轴上。最佳位置位于管芯中心附近，前提是不存在显著的热源。如果中央位置可行，晶体管仍应位于距离管芯边缘至少 250 μm 的地方，以避免边缘附近的局部应力梯度。图 10.28 显示了在(100)和(111)管芯上放置双极型晶体管阵列的推荐位置。图中的阵列被描述为一个 ABA 交错的比率对，但是相同的位置同样适用于其他类型的共同质心阵列。一些文献报道提出，围绕(111)管芯的〈211〉轴，应力场更对称，但是硅的压电结特性似乎并不支持这一建议。此外，将关键匹配阵列围绕着(111)管芯的〈211〉轴而不是〈110〉轴进行布置似乎没有害处。

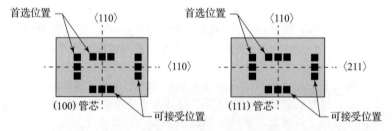

图 10.28　在(100)和(111)管芯上放置双极型晶体管阵列的推荐位置

图 10.29 显示了当管芯同时包含显著热源和关键的匹配双极型晶体管时所需的折中方案。因为晶体管对热梯度比应力梯度更敏感，增加热源与匹配晶体管之间的距离可以改善匹配。匹配晶体管仍然应当距离与热源相对的管芯边缘至少 125～250 μm，并且最好放置在管芯的对称轴上。这个位置将提供比靠近管芯中心位置更好的整体匹配，尽管应力梯度在管芯中心最小。有限元分析表明，填充物引起的应力幅度不会因管芯位置而发生显著变化。因此无法通过将关

键匹配器件放置在管芯的任何特定区域来减小填充物引起的封装偏移。填充物颗粒的直径通常不会超过几百微米，填充物颗粒与底层管芯之间的接触面积甚至更小。填充物引起的应力非常局部化，以至于共同质心版图布局技术无法对抗这些应力。因此必须采用替代封装材料（参见8.2.8 节）。厚铜金属化层在这方面已经被证明是一种宝贵的资源。例如，通过在具有压应力的氮化物保护覆盖层顶部添加一层 15 μm 厚的铜，可以将一个带隙基准源中的封装偏移从平均值 -5.06 mV 和标准偏差 2.64 mV 改变为平均值 -2.26 mV 和标准偏差 1.38 mV。厚功率铜（参见 2.7.6 节）技术可以有效地将这个封装偏移减小一半。相对较大的标准偏差值表明，大部分的封装偏移是由填充物引起的应力造成的。

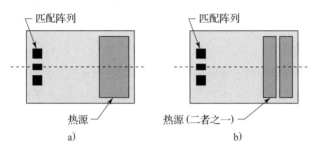

图 10.29   在包含一个或多个功率器件的管芯上，推荐的匹配双极型晶体管阵列版图布局

缓解应力的聚合物覆盖层，包括滴涂式的聚酰亚胺和图案化的聚酰亚胺，极大地减少了填充物引起的应力对管芯的影响。有限元分析表明，10 μm 厚的聚合物薄膜基本消除了由直径为25 μm 的颗粒填充物引起的应力。然而，聚合物覆盖层还是无法降低因封装整体收缩而引起的应力水平。一些证据还表明，当聚合物被困在相邻的比较高的几何图形之间时，如厚的功率铜引线之间时，这些聚合物覆盖层实际上也可能会产生局部应力。这些应力可能是由聚酰亚胺的热膨胀系数大于管芯或塑封材料的热膨胀系数而引起的。因此，虽然聚合物覆盖层可能有助于减少填充物引起的应力，但是它们并不能被视为解决所有与应力相关问题的灵丹妙药。

与 20 世纪 90 年代使用的配方相比，新型的塑料封装材料往往具有更高的填充物含量和较低的热膨胀系数。使用这种低应力的化合物将减小所有封装偏移的幅度。

塑料封装的器件不仅在从其包装中取出时会表现出封装偏移的初始值，而且随着时间的推移，各种因素也会改变它。例如，将器件安装在印制电路板上就可能会引起封装偏移。对于无铅回流焊接，印制电路板的温度可以达到 240～250 ℃。在焊接后，随着组装冷却，印制电路板和器件的不同热膨胀系数就会产生机械应力。没有突出引脚的封装（例如 QFN 封装）对这种效应特别敏感，因为突出的引脚提供了一定程度的机械顺从性。印制电路板本身提供了一些机械顺从性，但是其机械顺从性的数量随着板材厚度的增加而减少。

封装偏移的两个特别棘手的方面是长期漂移和热滞后。长时间高温会导致封装材料逐渐收缩，可能是由于持续的聚合物交联作用。因此，将器件暴露在长时间高温下会导致封装偏移逐渐改变，这种现象称为长期漂移。同样，当温度恢复正常时，塑料封装中由温度偏离额定值产生的应力可能需要几分钟甚至几小时的时间才能消散。这种效应被称为热滞后。

尽管封装后的修调可以消除器件的初始封装偏移，但是对于减轻长期漂移和热滞后几乎无能为力。以模拟器件（Analog Devices）公司 ADR4520 的 B 级电压基准为例，其最坏情况下的初始精度为 $\pm 0.02\%$。数据手册给出了最坏情况下的温度漂移为 2 ppm/℃，因此天真的设计师可能会认为该器件在 -40～125 ℃ 的范围内都可以保持 $\pm 0.04\%$。然而，数据手册还指定了 25 ppm 的标称长期漂移（在 60 ℃ 条件下 1000 h）。将其转化为 6-σ 限制值需要乘以大约8.5，得到 $\pm 0.02\%$。数据手册中的图表显示，回流引起的热滞后标准偏差为 0.016%，这表示6-σ 偏移量为 0.1%。很难说这种偏移在几小时或几天内会放宽多少。综合考虑，ADR4520在 -40～125 ℃ 的范围内能够达到约 $\pm 0.1\%$ 的精度，这对于塑料封装的带隙基准源来说是非常高的精度。

电路设计师已经尝试了许多方法来最大限度地减小长期漂移和热滞后。采用低应力封装材料和刚性较低的管芯黏结材料可能是显而易见的。一个更有趣的方法是在紧邻关键结构的地方构建一个应力传感器。然后，电路可以利用来自该应力传感器的信号对受影响的电路施加适当的校正信号。这种技术的一个已经发表的示例使用 N 型外延层电阻来创建应力传感器。一个电阻相对较短，另一个电阻则较长。两个电阻都包含 N 型埋层。在较短的电阻中，部分电流横向流过接触孔之间的 N 型外延层区域，部分电流垂直流过接触孔和 N 型埋层之间的 N 型外延层。在较长的电阻中，电流主要在接触孔和 N 型埋层之间垂直流动。假设应力主要存在于管芯平面内，而且径向朝内，则电阻比的变化就会跟踪关键匹配器件之间的应力。这种感知技术可能无法准确测量填充物引起的应力，因为这些应力是高度局部化的并且包含显著的面外分量。

10.2.5　N 型埋层影像

N 型埋层退火期间由氧化引起的表面不连续性会在外延生长过程中向上发展，形成一个称为 N 型埋层影像的表面不连续性。一种称为"图案偏移"的机制可以将 N 型埋层影像横向移动最多大约两倍外延层厚度的距离(参见 8.2.5 节)。如果 N 型埋层影像与垂直 NPN 型晶体管的发射极相交，则可能发生失配。具有多发射极的 NPN 型晶体管阵列特别容易受到与其对称轴垂直的图案偏移的影响。考虑图 10.30a 中的两个晶体管，图案偏移使得 N 型埋层影像向右偏移，导致其与每个器件的最左侧发射极相交。假设对于受影响的发射极，其发射极面积减少 1%。Q_A 的两个发射极中只有一个受到影响，因此其发射极面积变为 1.99。Q_B 的唯一一发射极也受到影响，其发射极面积变为 0.99。两个器件之间新的比例为 1.99∶0.99，即大约为 2.01∶1。这表示失配为 0.5%，或失调电压大约为 0.13 mV。

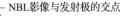

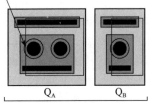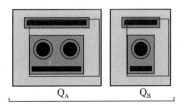

a) N 型埋层影像导致两个　　　　b) 通过加大 N 型埋层尺寸以防止其与
　　晶体管之间的失配　　　　　　　发射极相交来消除这种失配

图　10.30

存在几种方法可以防止图案偏移导致的失配。一种方法是用两个与 Q_B 相同的单发射极晶体管来替换多发射极晶体管 Q_A。N 型埋层影像现在以完全相同的方式与所有三个发射极相交，因此产生的系统性变化应该会相互抵消。但是，图案扭曲还可能会产生不互相抵消的随机变化。只有确保 N 型埋层影像不与晶体管的有源区相交才能避免这些随机变化，即对于 NPN 型晶体管，其有源区由发射极扩散区定义，如图 10.30b 所示。

如果图案偏移的方向已知，那么晶体管可以按照 CEB(集电极-发射极-基极)的版图布局方式进行设计，其中主对称轴平行于图案偏移的方向。然后，偏移会将 N 型埋层影像移入集电极接触孔或基极接触孔。这些接触孔所需的面积通常足以防止 N 型埋层影像到达发射极。

图案偏移的方向和幅度取决于许多参数。在(111)硅衬底中，通过将晶圆片表面的平面围绕⟨110⟩轴倾斜大约 4°左右，可以最小化图案偏移(参见 8.2.5 节)。图案偏移沿着⟨211⟩轴在与倾斜方向相反的方向上发生。根据气体成分、生长速率和温度，图案偏移通常等于外延层厚度的 50%～200%。在(100)硅衬底中，使用沿轴切割的晶圆片(即没有刻意倾斜的晶圆片)就可以最小化图案偏移。然而，在低的沉积压强下，即使对准偏差小至 10'，也会产生出与外延层厚度相等的图案偏移。因此，有时会将晶圆片沿着⟨110⟩轴方向倾斜 1°～2°，以稳定图案偏移的量和方向。在较高温度下，(100)硅衬底上的图案偏移会变得可以忽略不计，因而不需要倾斜。采用浅沟槽隔离(STI)的工艺不会产生 N 型埋层影像，因为紧随 STI 回填沉积工艺的化学机械抛光(CMP)会消除微小的表面不连续性。此类工艺需要另外依赖一种特殊的刻蚀对准标记，其深度可以确保 CMP 工艺不会完全消除它。

如果一个工艺存在 N 型埋层影像，工艺工程师就会知道图案偏移的方向和幅度。设计的 N 型埋层几何图形应该充分覆盖设计的发射极几何图形，以便处理图案偏移的影响，以及发射极向外扩散和两张光刻掩模未对准的容差。

在通常情况下，横向 PNP 型晶体管不会受到由 N 型埋层影像引起的失配的影响，因为集电极的宽度足以防止影像侵入基区。如果 N 型埋层 BL 影像确实落在发射极和集电极扩散区之间中性基区的裸露表面上，它可能会通过干扰载流子的横向流动而引起失配。通过重新定向晶体管或增大设计的 N 型埋层图形对裸露基区的覆盖以应对图案偏移，可以消除这种失配。同样，使用浅沟槽隔离的工艺也不存在 N 型埋层影像的问题。

10.2.6　双极型晶体管系统失配的其他原因

许多其他机制可以导致双极型晶体管之间的系统失配。例如，由于晶体管的厄立电压或集电极效率限制，不平衡的集电极-发射极电压会产生系统失配。合并的横向 PNP 型晶体管中的交叉注入，以及多发射极 NPN 型晶体管中耗尽区侵入基区，都会引起严重的系统失配。本节将简要讨论它们的机制。

两个双极型晶体管的集电极-发射极电压之间的差异就会在它们之间产生系统失配。这种失配可能来源于以下两种机制中的其中一种，一种是由厄立效应导致的，另一种是由集电极效率引起的。双极型晶体管的厄立电压 V_A 量化了集电极-发射极电压 V_{CE} 对集电极电流 I_C 的影响：

$$I_C = I_S e^{V_{BE}/V_T} \left(1 + \frac{V_{CE}}{V_A}\right) \tag{10.20}$$

式中，I_S 为饱和电流；V_{BE} 为基极-发射极电压；V_T 为热电压。在集电极-发射极电压 V_{CE1} 和 $V_{CE2} = V_{CE1} + \Delta V_{CE}$ 下工作的两个晶体管将会产生一个系统失配 M，其计算如下：

$$M = \frac{\Delta V_{CE}}{V_A + V_{CE1}} \tag{10.21}$$

如果集电极-发射极电压 V_{CE1} 远远小于厄立电压，则可以忽略不计。举个例子来说明厄立效应可能导致的失配情况：厄立电压为 150 V 的两个 NPN 型晶体管在 $\Delta V_{CE} = 1$ V 下工作，它们之间就会产生 0.7% 的失配。

横向 PNP 型晶体管的集电极效率也会随着集电极-发射极电压的变化而变化。一个饱和的横向 PNP 型晶体管的集电极效率会明显地出现大幅度的下降，因此不能指望一个处于饱和状态的横向 PNP 型晶体管会与一个工作在正向有源区的晶体管相匹配。更微妙的是，由于基极-发射极耗尽区深度的变化，即使在正向有源区内，集电极效率也会发生变化。较高的集电极-发射极电压会将集电极-基极耗尽区进一步推进到基区中，从而提高了集电极效率。集电极效率的改变会转化为集电极电流的变化。除非是工作在相同集电极-发射极电压下匹配的横向 PNP 型晶体管，否则这种效应就会导致集电极电流的系统失配。集电极效率的失配通常小于由厄立效应引起的失配，因此经常被忽略。

合并的横向 PNP 型晶体管之间的交叉注入也可能会在器件之间产生集电极效率的差异，从而导致集电极电流的失配。交叉注入的最极端情况涉及将多个横向 PNP 型晶体管合并到一个公共的隔离岛中，且其中一个晶体管发生饱和。饱和的晶体管会将载流子注入公共的隔离岛中，其中一些载流子被其他晶体管收集。这种类型的交叉注入可能会引起极大的失配。由于在正向有源区的器件之间的交叉注入，晶体管可能会发生更细微的失配。一些载流子会从每个器件集电极的下方逸出，并且这些载流子可能潜在地流向合并在同一基区中的其他器件。消除交叉注入最简单且最可靠的方法是将每个横向 PNP 型晶体管都设置在其自身的隔离岛中。一些设计师已经使用 P 型条带(参见 5.4.4 节)以稍微少一些的面积来实现大致相同的目标。

耗尽区是垂直结构双极型晶体管中另一种系统失配机制的原因,这些晶体管在一个公共基区中集成了多个发射极(例如图 10.25 所示的情况)。基极-发射极耗尽区主要延伸到掺杂较低的基区中。如果两个发射极设置得非常近,以致它们周围的耗尽区融合在一起,那么少数载流子从这些发射极向外的流动将受到限制,它们的有效发射极面积将小于彼此远离放置的相同发射极器件的有效发射极面积。如在 10.2.3 节所讨论的那样,发射极与发射极之间的间距不应该基于"相互连接的发射极"间距规则,如果存在这种规则的话。它们应遵循独立发射极之间距离的规则,并且在此基础上再增大几微米,以进一步最小化两个发射极之间的相互作用。

10.3 双极型晶体管匹配规则

上一节解释了导致双极型晶体管之间失配的机制。本节试图将这些信息浓缩成一组定性的规则,这些规则将使得设计师能够有一定的信心来构建出相互匹配的双极型晶体管,即使没有定量的匹配数据可以使用(通常情况下就是如此)。

以下规则使用术语"最小""适度""出色"来表示不断增加的匹配精度。这些术语应当做如下解释。

最小匹配:基极-发射极电压的失配为 $\pm 2\,\mathrm{mV}$,或集电极电流的失配为 $\pm 8\%$。这些数值假设了 $6\text{-}\sigma$ 统计数据、10 年的使用寿命、$-40 \sim 125\,℃$ 的结温以及常规的塑料封装。这种匹配水平足以满足通用运算放大器和比较器的输入级要求。对于偏置非关键电路的电流镜,只要在产生电流的电阻与使用该电流的电路之间存在不超过 $3 \sim 4$ 个这样的电流镜,这种匹配水平也足够了。

适度匹配:基极-发射极电压的失配为 $\pm 0.5\,\mathrm{mV}$,或集电极电流的失配为 $\pm 2\%$。这种匹配水平足以满足 $\pm 1\%$ 的带隙基准源以及必须在没有修调的情况下满足几毫伏失调电压的运算放大器和比较器要求。由于封装偏移的影响,双极型晶体管在塑料封装条件下难以达到这种匹配水平。

出色匹配:基极-发射极电压的失配为 $\pm 0.1\,\mathrm{mV}$,或集电极电流的失配为 $\pm 0.5\%$。这种匹配水平几乎总是需要封装后的修调或增加精确匹配的发射极简并电阻。适当的版图布局仍然至关重要,因为简并和修调并不能完全补偿热梯度和封装偏移的影响。在没有重度简并和一定程度上抵消基极电流的情况下,横向双极型晶体管不可能达到这种匹配水平。即便如此,基极电流的失配也可能阻止电路达到这种匹配水平,除非在低温下最小的电流放大倍数 β 超过 20。长期漂移和热滞后也可能会阻碍双极型晶体管达到出色匹配的程度。

10.3.1 垂直晶体管匹配规则

垂直晶体管在本质上比横向晶体管更好匹配,因为它们不太容易受到表面传导的影响。大多数工艺都会以牺牲横向 PNP 型晶体管性能为代价来优化垂直 NPN 型晶体管的性能,这进一步加强了使用 NPN 型晶体管的理由。以下的规则为设计匹配的垂直双极型晶体管提供了指导。

1) 使用相同的发射区几何结构。发射区具有不同大小或形状的晶体管匹配非常差。即使是最小匹配要求,也需要使用相同的发射区几何结构。因此,比率对和比率化的四联体被限制为小的整数比率。与发射区的几何结构相比,基区和集电区的几何结构相对不太重要。多个发射区可以位于共同的基区内,但是,还必须满足第 11 条规则。

2) 发射区宽度应至少等于最小允许宽度的两倍。发射区的最小允许宽度等于最小接触孔宽度加上发射区对接触孔最小覆盖的两倍。例如,一个具有最小接触孔宽度为 $2\,\mu m$ 和最小覆盖为 $1\,\mu m$ 的工艺可以制造出最小设计的发射区宽度为 $4\,\mu m$。遵循此规则构造的匹配发射区通常具有 $8 \sim 40\,\mu m$ 的发射区宽度。在该范围下限的发射区面积足够实现最小匹配。发射区宽度在此范围内,通常可以达到适度匹配的水平。过大的发射区宽度会使晶体管对非线性梯度过于敏感。因此,最好使用中等尺寸的发射区阵列,而不是单个非常大的发射区来获得出色匹配的要求。这一点在管芯包含明显的热源时尤为重要,因为双极型晶体管对热梯度非常敏感。

注意，此规则仅适用于电流主要从发射极垂直流向集电极的晶体管，具有显著横向电流流动的晶体管通常在使用最小宽度发射区时性能表现最佳，详情可以参见 10.3.2 节中的第 2 条规则。

3) 使用圆形或正方形的发射区。允许使用圆形接触孔的工艺应该使用圆形的发射区和接触孔图形。这些圆形的几何图形应该设计为多边形的近似形式，其中的线段数能够被 4 整除。推荐的选择是 32 或 64 个线段。只允许使用正方形接触孔的工艺应该使用正方形的发射区图形。圆形和正方形具有较大的面积与周长比，这有助于最大化 β 值并且最小化随机变化。在使用正方形或圆形发射区的规则中，一个潜在的例外情况涉及低 β 值和高基区薄层电阻的器件，在这种情况下，细长的发射区实际上可以通过减少基极电流失配的影响来改善匹配性能。

4) 将匹配的晶体管设置在紧密的位置。双极型晶体管对热梯度极其敏感，对机械应力梯度也相当敏感。如果可能的话，最小程度匹配的双极型晶体管应该相邻设置，绝不应该相隔超过几百微米。对于最小匹配，强烈建议使用公共质心的版图布局；对于适度或出色的匹配，公共质心布局则是强制性的。

5) 使得匹配晶体管的版图布局尽量紧凑。匹配的阵列越紧凑，非线性梯度作用的距离就越短。将发射极排列成紧密团簇的版图布局通常要比将它们排列成长条的版图布局提供更好的匹配效果。将多个发射极设置在共同的基区内可能会造成轻微的失配，参见第 11 条规则，但是通过增加紧凑性获得的好处往往会远超过补偿。相同尺寸的晶体管对在版图上往往会设计成交叉耦合对。为了达到出色的匹配，通常需要使用多个交叉耦合对，将它们排列成一个二维的公共质心阵列。

6) 使用介于 4∶1 到 16∶1 之间的偶数整数比例来构建比率对和比率化的四联体。比率过小或过大的匹配效果都不如那些比率在特定范围内的匹配效果，对于比率对，最好选择在 4∶1 到 16∶1 之间的比例范围，对于比率化的四联体，比率通常是 4∶1∶1∶4 到 8∶1∶1∶8。较小的比率(例如 2∶1)会产生较小的 ΔV_{BE} 电压，这可能会加剧其他失配源的影响，而较大的比率(例如 64∶1)需要较大的阵列，而这又非常容易受到非线性梯度的影响。2∶1 的比率对或 2∶1∶1∶2 比率化的四联体有可能足以满足最小匹配的要求，但是对于适度匹配，还是建议选择 8∶1 的比率对和 4∶1∶1∶4 比率化的四联体。在比率对或比率化的四联体中要实现出色的匹配则是一件非常困难的事情。

7) 将匹配的晶体管远离功率器件。双极型晶体管对热梯度极其敏感，因此应将它们设置在远离显著热源的地方。最小匹配的晶体管应该距离主要功率器件(功耗达到 250 mW 或以上)至少 250 μm，并且不应该与任何功耗超过 50 mW 左右的器件相邻。适度匹配的器件则应该距离功耗超过 50 mW 左右的器件至少 100~250 μm，并且它们应该位于管芯上与主要功率器件相反的一侧。出色匹配的双极型晶体管则应该尽可能地远离主要的热源。可以考虑将管芯拉长为 1.5∶1 甚至 2∶1 的宽长比，以便获得更远的隔离距离。散热器的使用会增大热源附近的热梯度，但是可以降低远离功率器件处的热梯度。因此如果可以实现充分的隔离(至少达到 1 mm)，则带散热器的封装有时可以有益于双极型器件的匹配。功耗达到 1 W 或更多的功率源通常会妨碍实现出色的匹配，除非对晶体管使用重度并的电阻。

8) 将匹配的晶体管设置在低应力梯度区域。传统塑料封装管芯的中心承受最高的压应力，但是也承受最小的应力梯度。因此只要有可能，就应将关键的匹配器件设置在管芯的中心附近。如果设计中包含明显的热源，则应将其设置在管芯的一侧，并将匹配的双极型晶体管设置在另一侧。管芯的边缘，尤其是角落，会承受很大的应力梯度。如果可能，匹配的晶体管不应位于距离管芯边缘大约 250 μm 的范围内。在任何情况下，适度或出色匹配的晶体管都不应当设置在芯片角落附近的任何位置。随着管芯尺寸的增加，这些考虑因素会变得越来越重要。刚性的管芯封装技术，如焊接安装，同样会加剧应力梯度。使用焊球或铜柱的芯片级封装提出了一系列截然不同的挑战。靠近管芯中心的柱或球比靠近管芯周边的柱或球表现出更小的应力。应力梯度在每个焊球或铜柱的印迹中心处降至最低，并且大致围绕该点呈圆形对称性。在相邻的焊球或柱子之间，应力和应力梯度均在其中点附近达到最小值。在这种情况下，应力梯度围绕穿过球或柱的对称轴对称。在一组四个柱子或球的中心，应力梯度会进一步下降。应力梯度在球或柱的外围达到最大值，而那些更靠近管芯边缘的球或柱在其外围表现出更严重的梯度。考虑到所有这些因素，对于应力敏感的匹配器件，其最佳的位置可能是位于管芯中心附近的一组四个柱或球的中心。该阵列的取向应该利用应力分布的对称轴，该对称轴穿过相邻球或柱的中心。在任何情况下，应力敏感的器件都不应该位于球或柱的角落附近(或其下方)，因为这些区域会承受极大的应力。

9) 将适度或出色匹配的晶体管设置在管芯对称轴上。在传统的塑料封装集成电路中，适度或出色匹配的双极型晶体管阵列在理想情况下都应设置得使其主对称轴与管芯的对称轴之一重合。这个预防措施利用了应力分布通常是关于管芯轴对称的事实。

10) 不要让 N 型埋层影像与匹配的发射区相交。适度或出色匹配的晶体管的 N 型埋层区域应当覆盖其发射区足够的距离，以确保 N 型埋层影像不会与它们相交。如果 N 型埋层偏移的方向未知，则应允许 N 型埋层充分覆盖发射区的所有侧边。如果 N 型埋层偏移的幅度未知，则可以假定它等于外延层厚度的 150%。最小匹配的晶体管可以放弃此项预防措施，因为 N 型埋层影像的作用相对较小。此外，在 N 型埋层退火过程中没有氧化气氛的工艺不会产生 N 型埋层影像，因此不需要增加间距来容纳它。这种工艺通常使用由额外的光刻掩模步骤创建的刻蚀对准标记。

11) 将同一基区内包含的发射区设置得彼此足够远，以避免相互影响。如果多个发射区位于一个共同的基区内，那么应当将它们的距离安排得足够远，使得它们耗尽区最外边缘之间的距离等于或大于基区的结深。如果这个间距未知，则使用发射区-发射区之间的距离加上基区结深的总和。如果针对已连接和未连接发射区都存在版图设计规则，则不论这些匹配发射区是否实际连接在一起，都应使用未连接发射区的间距规则。

12) 对于适度匹配或出色匹配的晶体管，增大基区对发射区的覆盖。如果基区对发射区勉强覆盖，那么未对准将导致横向晶体管 β 值的变化，这足以引起显著的基极电流失配。对于适度匹配或出色匹配的晶体管，其设计的基区对发射区的覆盖应比设计规则的要求多 $1\,\mu m$ 或 $2\,\mu m$。这种额外增加的覆盖将最大限度地减小 β 值的变化。

13) 匹配的晶体管应工作在远低于大注入的条件下。大注入会导致比率对和比率化的四联体产生比预期要小的 VPTAT 电压。除非晶体管工作在深度的大注入状态，否则其影响会随着基区掺杂浓度的变化而不同。因此，比率对和比率化的四联体绝对必须工作在电流远低于大注入起始点对应的电流上。即使工作在相同电流密度下的匹配晶体管也会在大注入状态下表现出增大的失配，因为增大了基极电流并引入了另一种潜在的基极电流失配来源。因此，所有匹配的双极型晶体管理想情况下就应该工作在远低于大注入起始点的电流水平下。要确定小注入和大注入之间的分界线，可以观察集电极电流与基极-发射极电压之间的半对数坐标曲线图。在大注入起始点以下，这个关系图将保持线性。将一个尺子或索引卡放在该图上将使人们可以轻松确定曲线开始偏离线性的点。匹配的双极型晶体管应工作在不超过大注入起始点对应电流的三分之一至一半的范围内。

14) 接触孔的几何结构应与发射区的几何结构相匹配。圆形的发射区应当包含圆形的接触孔，八边形的发射区则应当包含八边形的接触孔，而正方形的发射区则应当包含正方形的接触孔。如果工艺只允许最小尺寸的正方形接触孔，那么应使用正方形的发射区和最小尺寸接触孔的正方形阵列。接触孔(或接触孔阵列)应当与发射区同心。在具有相对薄发射区的 BiCMOS 工艺中，应当考虑减小发射区接触孔的尺寸，以最大限度减小在接触孔界面处增加的复合速率引起的 β 值降低。在发射区形成金属硅化物的工艺中，应当考虑使用硅化物阻挡掩模将硅化物限制在发射区接触孔的正下方区域。在这种情况下，硅化物的几何结构也应当与发射区的几何结构相匹配。

15) 考虑使用发射极简并电阻。最小匹配的晶体管通常不会受益于发射极简并电阻。而对于适度匹配的晶体管，如果管芯上存在较大的热梯度，则可能会从中受益。出色匹配的晶体管通常会受益于发射极简并电阻，特别是在管芯上存在大的热梯度时。发射极简并电阻不适用于比率对或比率化的四联体。对于适度匹配的要求，简并电阻上的电压降应至少为 50 mV，而对于出色匹配的要求，则应至少为 100 mV。发射极简并电阻还可以用于创建不同于发射极面积比的集电极电流比。例如，两个发射极面积相等的晶体管可以通过简并电阻来创建一个 1.2：1 的集电极电流比。电阻比率与发射极面积比率的变化越大，就需要越大的简并电压来获得所需的匹配。在大多数情况下，200 mV 就足够了。

16) 适度或出色匹配的晶体管需要相等的集电极-发射极电压。厄立效应可能会给工作在不同集电极-发射极电压下的器件带来系统性的集电极电流失配。该失配的大小取决于器件的厄立电压。垂直结构晶体管的厄立电压通常为 100～300 V，对应的失配为 0.3%/V～1%/V。各种电路设计技术，最引人注目的是插入级联放大电路，可以确保匹配的晶体管工作在几乎相等的集电极-发射极电压下。

17) 不要让匹配器件的基极-发射极发生雪崩。基极-发射极结的雪崩击穿会降低垂直结构晶体管的 β 值。热载流子注入实际上在远低于表观击穿电压的电压下就开始了。匹配的晶体管不应工作在其基极-发射极结的反向偏置电压超过其 V_{EBO} 额定值 50% 的条件下。连接到外部引脚的器件应该包括二极管钳位或其他保护结构，以限制在 ESD 冲击和瞬态事件过程中反向的发射极-基极偏置电压。

18) 考虑在 (100) 硅衬底上使用基于垂直结构 PNP 型晶体管的电路。在 (100) 硅衬底上，垂直结构 PNP 型晶体管的横向压电结系数约为垂直结构 NPN 型晶体管相应系数的三分之一。因此，在使用 (100) 硅衬底的工艺中设计双极型电路时，应考虑使用垂直结构的 PNP 型晶体管以减小封装偏移。带隙基准源是这类电路最明显的例子，还有许多其他的电路应用。需要注意的是，这一建议不适用于使用 (111) 硅衬底的工艺，因为在 (111) 硅衬底上，垂直结构 NPN 型晶体管的横向压电结系数实际上略优于垂直结构 PNP 型晶体管的相应系数。

10.3.2　横向晶体管匹配规则

横向晶体管通常不像垂直晶体管那样匹配得好，部分原因是因为表面效应，还有部分原因是由于它们使用小的发射极。发射极简并电阻经常用于改善横向 PNP 型晶体管电流镜的匹配性能。对于其他电路，如果能够容忍发射极简并电阻的存在，它也可能会被使用。以下总结了设计匹配横向晶体管的规则。

1) 使用相同的发射极和集电极几何结构。发射极和集电极的几何结构都会影响横向晶体管中的电流传导。具有不同发射极或集电极几何结构的晶体管匹配非常差。为了实现最小匹配，只有朝向发射极的集电极内侧周边的大小和形状是重要的。为了获得更高的匹配精度，每个发射极都应当由一个单独的集电极几何结构所包围，而且所有的这些几何结构都是相同的。对于集电极效率小于 0.999 的晶体管，为了获得出色匹配，或者为了使具有浅集电区的器件实现适度匹配，每个集电极都应位于其自己单独的但是相同的基区内。饱和的匹配晶体管应各自位于其自己的基区内。对于匹配器件，不推荐使用 P 型条带或 N 型条带隔离，因为仍有可能发生一些载流子的交叉注入。

2) 对匹配的晶体管使用最小尺寸的发射区。在横向晶体管中，较大的发射区会产生较低的 β 值。通常 β 值减小对匹配的影响大于增加面积带来的帮助。匹配的晶体管通常会使用最小发射区单元的多个副本。在允许任意形状接触孔的工艺中，圆形发射区可能会比正方形发射区提供稍高的 β 值。即使规则要求圆形接触孔的宽度比正方形接触孔的宽度更宽，只要圆形发射区的半径小于正方形发射区中心到其四个顶点之一的距离，仍然应该优先选择圆形发射区。

3) 集电极内围的几何结构应与发射极相匹配。具有圆形发射区的横向晶体管应当使用内侧边为圆形的集电区。具有八边形发射区的横向晶体管应当使用内侧边为八边形的集电区，而具有正方形发射区的晶体管则应当使用正方形的集电区内侧边。在每种情况下，发射区应当同心地设置在集电区内,以便使得发射区所有侧面的基区宽度都相同。集电区外侧边的几何结构则相对不太重要,对于最小匹配器件可以忽略。适度匹配和出色匹配的晶体管通常需要使用完全相同的集电区几何结构,参考第 1 条规则。

4) 为匹配晶体管的基区设置场板。设置场板可以确保静电荷不会干扰穿过中性基区的电流流动。在远低于厚场阈值的电压作用下,电导率调制可以影响横向双极型晶体管中的传导电流。因此,所有横向双极型晶体管都应当包含一个场板,该场板完全覆盖中性基区的表面,并且延伸甚至稍稍扩展到设计的集电区表面。此场板应该与发射极连接。通常采用最底层的金属来构建场板,但是如果可以使用多晶硅,它也可以形成有效的场板。采用模拟 BiCMOS 工艺构建的横向 PNP 型晶体管,在中性基区上引入了沟道终止注入,通常就不需要设置场板了,因为沟道终止注入抑制了表面的电流传导。大多数设计师仍然会使用场板,以便能够确保抑制电导率调制。

5) 分离集电极横向 PNP 型晶体管可以实现适度匹配。分离集电极 PNP 型晶体管可以实现适度匹配,前提是所有分离的集电极都是彼此完全相同的副本,并且没有一个是处于饱和状态的。集电极之间的间隙使得我们无法准确预测不同尺寸分离集电极之间的电流分配。任何一个进入饱和状态的分离集电极都会破坏设置在同一发射极周围的所有其余分离集电极之间的匹配。分离集电极横向 PNP 型晶体管可以用于形成非常紧凑的交叉耦合晶体管,这些晶体管表现出令人惊讶的良好匹配。

6) 将匹配的晶体管紧密放置。即使是最小匹配的横向晶体管也应该彼此靠近,以尽量减少热梯度的影响。如果适度匹配的晶体管永远不会进入饱和状态,则将其设置在用作共享基区的公共隔离岛或阱中可能是有益的。出色匹配的晶体管可以合并在一个共同的基区中,其前提是集电极效率必须超过大约 0.999,而这种情况只有当作为集电极的扩散区几乎穿透到晶体管下方的埋层时才会发生。

7) 将匹配的晶体管远离热源设置。最小匹配的晶体管应当至少距离主要热源 250 μm,并且不应放置在任何功率大约 50 mW 以上的器件旁边。适度匹配的器件应当距离任何功率大约 50 mW 以上的器件至少 250 μm,并且应当放置在管芯中远离任何主要热源的另一端。出色匹配的晶体管则应当尽可能远离热源放置;可以考虑将管芯的长宽比拉长至 1.5∶1 甚至 2∶1,以便增加晶体管与热源之间的距离。消耗 1 W 或更多功率的电源通常会妨碍出色匹配,除非晶体管是重度简并的。

8) 将匹配的晶体管设置在管芯的低应力梯度区。尽管压应力在管芯中心附近达到最大值,但是在这个区域内的应力梯度是最小的。因此,在没有主要热源的情况下,适度匹配和出色匹配的晶体管应该位于管芯的中心附近。如果存在主要热源,则适度匹配和出色匹配的晶体管应该被放置在管芯中与热源相反的一端。然而,它们仍然应当距离管芯边缘至少 250 μm,以避免在边缘处出现异常大的应力梯度,并且不应该位于管芯角落的任何地方。

9) 将适度匹配或出色匹配的晶体管设置在管芯的对称轴上。只要有可能,适度匹配或出色匹配的晶体管阵列就应当这样来设置,即必须使得阵列的主轴与管芯的两个对称轴之一发生重合。这种预防措施有助于确保晶体管阵列经受对称的应力分布,因为应力梯度通常关于管芯的轴对称。

10) 不允许 N 型埋层影像与横向晶体管的基区相交。表面不连续性的存在会扭曲电流穿过发射极和集电极之间的中性基区的流动。横向晶体管对 N 型埋层影像的存在特别敏感,因为它们大部分的传导电流都出现在紧靠表面的横向位置。如果不知道 N 型埋层偏移的方向,就应当确保 N 型埋层在晶体管的所有侧面都对集电极的内边有足够的覆盖,以便考虑图案偏移。如果图案偏移的幅度未知,那么设计的 N 型埋层对设计的集电极内边的覆盖至少应当等于外延层厚度的 150%。如果 N 型埋层影像仅仅与横向晶体管的集电极相交,而不是实际侵入发射极和集电极之间中性基区的裸露表面,那么 N 型埋层影像对匹配的影响将很小。在 N 型埋层退火过程中没有氧化气氛的工艺就不会产生 N 型埋层影像,因此也不需要针对其存在采取任何特殊的预防措施。这种工艺通常会将后续的光刻掩模与刻蚀形成的对准标记对齐。

11）匹配的横向晶体管应当工作在远低于大注入起始点的电流水平上。横向晶体管尤其容易受到大注入的影响，因为它们使用的是相对较低掺杂浓度的基区。因此，它们的 $\beta\text{-}I_C$ 曲线通常表现出明显的隆起而不是平坦的平台。这个隆起源于由复合引起的低电流 β 滚降与由大注入引起的高电流 β 滚降发生相交重叠。我们无法通过查看这样的图来确定大注入的起始点。相反，我们应当查看集电极电流与基极-发射极电压的半对数坐标曲线图。在低电流下，集电极电流的对数与基极-发射极电压呈线性变化。大注入导致曲线弯曲并且变得不再线性。晶体管的工作电流应当不超过最初开始偏离线性时对应集电极电流的 $30\%\sim50\%$。这个电流水平可能非常小（例如，每个最小发射极 $1\,\mu A$），若是这样的话，泄漏电流在较高温度下就会成为一个重要问题。在这种情况下，我们可以考虑使用细长的或"热狗"形的发射极，以便获得更大的电流，而不会按比例地增大集电极-基极结和基极-衬底结的尺寸。

12）发射极接触孔的几何图形应当与发射极的几何图形相匹配。如果晶体管使用圆形的发射极几何图形，那么它就应该使用一个圆形接触孔，并且同心地放置在发射区中。如果晶体管使用正方形的发射极几何图形，那么它可以使用一个单独的正方形接触孔，或者一个正方形接触孔的阵列，也同心地放置在发射区中。如果一个工艺对用来构建发射极的扩散区进行金属硅化物处理，那么可以考虑使用硅化物阻挡层，将硅化物处理限制在发射极接触孔的正下方区域。如果这样做，那么硅化物阻挡层的几何图形也应当与发射极的几何图形相匹配。

13）考虑使用发射极简并电阻。由于横向 PNP 型晶体管的厄立电压较低，且我们不建议增加其发射极面积，因此它们通常可以从发射极简并电阻中获得更多的益处，而垂直 NPN 型晶体管则获益较少。对于最小匹配或适度匹配，简并电阻应当产生至少 $50\,mV$ 的电压，而对于出色匹配，简并电阻则应当产生至少 $100\,mV$ 的电压。发射极简并电阻还可以用于匹配具有不同尺寸或形状发射极的晶体管。例如，如果希望创建一对比率为 $10:1$ 的最小匹配的横向 PNP 型晶体管，可以通过将一个细长发射极的晶体管与一个最小发射极的晶体管匹配，使得它们设计的面积比为 $10:1$。添加 $200\sim300\,mV$ 的发射极简并电阻将确保实际的集电极电流比接近 $10:1$。分离集电极之间不能相对于彼此进行简并，因为它们共享一个公共的发射极。

14）适度匹配或出色匹配的晶体管需要相等的集电极-发射极电压。厄立效应有可能给工作在不同集电极-发射极电压下的器件造成系统性的集电极电流失配。这些失配的幅度取决于器件的厄立电压。横向晶体管的厄立电压通常为 $50\sim200\,V$，对应于 $0.5\%/V\sim2\%/V$ 的系统失配。除了厄立效应之外，集电极效率随着集电极-发射极电压的变化也可能引起晶体管之间的失配。这些失配的幅度随着集电极-发射极电压的下降而增加，而且当一个或两个晶体管开始进入饱和状态时，这种影响会变得极其严重。通过各种电路设计技术，比如插入级联电路，可以确保匹配的晶体管在几乎相等的集电极-发射极电压下工作。

10.4　本章小结

双极型功率晶体管的设计要比 MOS 功率晶体管困难得多。V_{BE} 的负温度系数使其容易受到热烧毁的影响。在关断过程中的电流集聚可能会通过电流成丝和二次击穿来破坏本来坚固的结构。双极型功率晶体管会消耗大量基极电流，而且无法实现非常低的集电极-发射极电压。如果双极型功率晶体管进入饱和状态，其开关速度非常慢。基于所有这些原因，MOS 晶体管已经在大多数现代功率应用中取代了双极型晶体管。

然而，垂直结构的双极型功率晶体管在几个关键方面表现出色，超越了 MOS 功率晶体管。双极型晶体管的跨导将始终超过 MOS 器件。垂直晶体管的脉冲功率处理能力也将超过横向 MOS 晶体管，这要归功于其拥有更大的硅体积来耗散功率，以及从该区域到热敏感的接触孔和金属化层之间的更大距离。因此，双极型功率晶体管非常适合用作脉冲功率驱动器，包括 MOS 器件的栅极驱动器。它们还可以构造出特别紧凑而且坚固耐用的 ESD 器件。实际上，几乎所有 ESD 结构都依赖于双极型器件的导电，即使它们表面上类似于 MOS 晶体管。尽管饱和状态的双极型晶体管开关速度很慢,但是非饱和的 SiGe 双极型晶体管实际上比硅 MOS 器件的开关速度更快。因此,SiGe 双极型功率晶体管经常用于数千兆赫兹的射频功率放大器。

双极型晶体管对热梯度和应力梯度非常敏感,这种脆弱性似乎限制了它们作为匹配器件的用途。然而,适当的公共质心布局极大地减少了梯度的影响。高的跨导和没有表面效应使得双极型晶体管能够比类似尺寸的 MOS 晶体管实现更好的电压匹配。假定晶体管有足够的 β 值,大部分的失配与集电极电流成正比,因此可以通过修调来抵消这些失调。此外,垂直双极型晶体管比 MOS 晶体管产生更少的 $1/f$ 噪声。这些优点使得双极型晶体管成为高增益放大器和精确比较器输入级的绝佳选择。通过适当的电路设计,可以最大限度减小基极电流对输入偏置电流的影响,否则这些影响可能会妨碍双极型晶体管的使用。

比率对和比率化的四联体提供了一种电压产生方法,其产生的电压值仅取决于基本物理常数和绝对温度。VPTAT 电压的精度和它们保持精确的集电极电流范围几乎是无与伦比的。由于这些器件具有极高的跨导,双极型晶体管的基极-发射极电压对工艺的涨落非常不敏感。通过将具有精心偏置的双极型晶体管的基极-发射极电压与比率对相结合,可以形成所谓的带隙电压基准,该电压基准可以在 $-40 \sim 125\ ℃$ 的温度范围内轻松地达到±1%的精度。使用出色匹配的晶体管、设计良好的电路和精心挑选的封装,可以制造出精度优于±0.2%的带隙基准源。仅仅使用 MOS 晶体管几乎不可能复制出如此出色的精度。

尽管 MOS 器件在许多应用中取代了双极型器件,但是现代的电路设计师们仍然在继续寻找双极型晶体管的用途,同时现代的工艺开发人员也在继续制造它们。因此,即使在最新的模拟电路设计中,双极型晶体管也继续得到了应用。

习题

有关版图设计规则和工艺规范,请参阅本书的附录 B。对于所有的功率晶体管,除非另有说明,否则假设其最小 β 值(全额定电流下)为 10。线性模式器件的发射极电流密度不得超过 $8\ \mu A/\mu m^2$,开关模式器件的发射极电流密度不得超过 $15\ \mu A/\mu m^2$。

10.1 一个长度为 $100\ \mu m$、金属化层宽度为 $12\ \mu m$ 的发射极指条所能流过的最大电流是多少?假设该金属化层是由厚度为 $10\ k\text{Å}$(即 $1\ \mu m$)的铝薄膜构成的,并掺有 2%的铜和 0.5%的硅,并且发射极的自偏置电压不得超过 $5\ mV$。

10.2 采用标准的双极型版图设计规则构建一个叉指状发射极的功率晶体管。该晶体管旨在用作线性稳压器中输出 500 mA 电流的串联传输晶体管。围绕一个宽度为 $40\ \mu m$ 的深 N+ 中心脊来构建该晶体管,并且将成排的发射极指条设置在该中心脊的两侧。发射极指条的宽度设定为 $20\ \mu m$。使用 $12\ \mu m$ 宽的金属将基极指条连接在一起,使用 $40\ \mu m$ 宽的金属将发射极指条连接在一起。使用发射极镇流电阻,在满额定电流时产生 $50\ mV$ 的压降。包括所有必要的金属化层。

10.3 采用标准的双极型版图设计规则构造一个用于灯驱动器的宽发射区窄接触孔的功率晶体管。该开关晶体管必须能够处理 150 mA 的集电极电流。深 N+ 下沉区应该采用围绕基区的环形结构,其宽度为 $16\ \mu m$。所有发射极指条的宽度均设定为 $24\ \mu m$。使用基极引线将基极指条连接在一起,该引线宽度为 $12\ \mu m$。

10.4 采用标准的双极型版图设计规则,构造一个用于继电器驱动器的十字形发射极功率晶体管。该开关晶体管必须能够处理 700 mA 的集电极电流,且必须被一个宽度为 $20\ \mu m$ 的深 N+ 下沉区所环绕,最大限度地连接到集电极。十字形发射极截面的宽度为 $80\ \mu m$,并通过直径为 $12\ \mu m$ 的圆形发射极接触孔实现连接。将连接基极指条的引线宽度设置为 $20\ \mu m$。

10.5 采用模拟 BiCMOS 工艺的版图设计规则,构造一个宽发射区窄接触孔的晶体管。该栅极驱动晶体管必须能够传导 500 mA 的脉冲电流。假设该晶体管工作在峰值发射极电流密度为 $100\ \mu A/\mu m^2$ 的条件下。发射区对发射极接触孔的覆盖为 $8\ \mu m$,并使用宽度不少于 $10\ \mu m$ 的深 N+ 下沉区将该晶体管完全环绕。最大化发射极和集电极的金属化层。由于版图设计规则不允许使用细长的接触孔,因此改为使用成行的最小宽度接触孔。包括所有必要的金属化层。

10.6 使用标准的双极型版图设计规则构造出图 10.20 所示的电路。晶体管 Q_1、Q_2 和

Q_3 分别是具有一个、两个和三个发射极的最小面积横向 PNP 型晶体管，晶体管 Q_4 是最小面积的衬底 PNP 型晶体管。电阻 R_1、R_2 和 R_3 是由 8 μm 宽的基区电阻构成的，它们放置在一个连接到 V_{CC} 的隔离岛中。

10.7 使用模拟 BiCMOS 版图设计规则构造出图 10.22b 所示的电路。晶体管 Q_1、Q_2、Q_3 和 Q_4 应当使用宽度为 6 μm 的正方形发射极。为 4X 晶体管选择适合的版图布局；如果发射极合并在公共的基区中，将不同发射极之间的距离在规则允许的最小值基础上增大 2 μm。假设电阻 R_1 的阻值为 20 kΩ，并使用宽度为 6 μm 的第 2 层多晶硅电阻进行版图设计。采取各种必要的预防措施，以达到至少适度匹配的水平。

10.8 使用标准的双极型版图设计规则，设计出图 10.31a 所示的布洛卡（Brokaw）带隙单元电路。晶体管 Q_1 和 Q_2 应当采用直径为 12 μm 的圆形发射区。电阻 R_1 和 R_2 应当构建为一个基极电阻的叉指阵列，该阵列位于偏置到节点电压 V_{bg} 的一个公共隔离岛中。为比率对选择一个适当的布图方式。如果发射极合并在公共的基区内，将不同发射极之间的距离在规则允许的最小值基础上增大 2 μm。采取各种必要的预防措施，以获得最佳匹配效果。

10.9 使用模拟 BiCMOS 工艺的版图设计规则，设计出图 10.31b 所示的简单运算放大器的版图。晶体管 $Q_1 \sim Q_5$ 应当使用 5 μm×5 μm 的发射极，晶体管 Q_6、Q_7 和 Q_8 则应当使用 8 μm×8 μm 的发射极。Q_4 和 Q_5 交叉耦合连接。版图需要包括所有必要的互连引线，并使用合适的非掩模层标记所有器件。该示意图上的数值表示发射极面积，单位为 μm²。

10.10 使用模拟 BiCMOS 工艺的版图设计规则，设计出如图 10.32 所示的吉尔伯特（Gilbert）乘法器核心电路的版图。该示意图上的数值表示发射极面积，单位为 μm²。晶体管 $Q_1 \sim Q_4$、Q_6、Q_7、Q_9 和 Q_{10} 使用 8 μm×8 μm 的发射极。晶体管 Q_5、Q_8 和 Q_{11} 使用 6 μm×6 μm 的发射极。设计出所有晶体管的版图并实现最佳匹配。集电极连接在一起的晶体管可以共用同一个隔离岛。版图需要包括所有必要的金属互连引线，并标记所有器件。

10.11 假设习题 10.10 中的吉尔伯特乘法器核心电路构成了一个面积为 7.6 mm² 管芯的一部分（不包括划片道和密封区）。假设该管芯中还包括一个面积为 4.3 mm² 的功率 NPN 型晶体管。为该管芯选择一个长宽比，并在图示中用矩形标出该管芯和功率晶体管的轮廓。功率晶体管不应靠近管芯边缘 10 μm 以内。将乘法器核心电路放置在管芯上的最佳位置，以满足最佳匹配的要求。

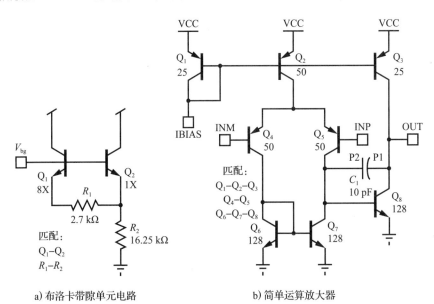

a) 布洛卡带隙单元电路　　　　b) 简单运算放大器

图 10.31　习题 10.8 和习题 10.9

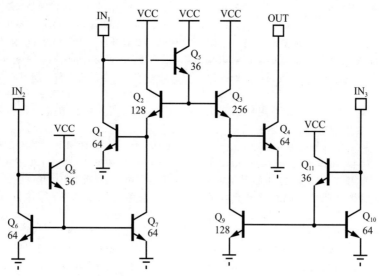

图 10.32　习题 10.10 的吉尔伯特乘法器核心电路

10.12 一对匹配的 NPN 型晶体管的发射极面积相等,厄立电压为 175 V。假设这两个晶体管的集电极-发射极电压分别为 1 V 和 2 V,流过两个晶体管的集电极电流相等。这两个晶体管的基极-发射极电压之间存在多大的系统失配(以 mV 为单位)?

10.13 对 1000 个带隙基准电压源进行了晶圆片级的探针测试,它们的带隙电压平均值为 1.233 V,标准偏差为 1.8 mV。在封装后,相同器件的平均值为 1.231 V,标准偏差为 3.1 mV。封装偏移的平均值和标准偏差分别是多少?

10.14 假设沿着(100)管芯上的⟨110⟩轴线方向施加了一个 100 MPa 的压应力。该应力会使垂直 NPN 型晶体管的 V_{BE} 产生多大的偏移? 对于横向 PNP 型晶体管,该偏移值有多少?

10.15 使用(100)晶向硅晶圆片的 BiCMOS 工艺可以同时制造出横向 PNP 型晶体管和垂直 NPN 型晶体管。假设这两种晶体管的电学参数均满足给定的应用,那么应该使用这两类晶体管中的哪一种来最小化应力敏感性?

参考文献

［1］ W. F. Davis, *Layout Considerations,* unpublished manuscript, 1981.

［2］ F. Fruett and G. C. M. Meijer, *The Piezojunction Effect in Silicon Integrated Circuits and Sensors* (New York: Kluwer Academic Publishers, 2003).

［3］ F. W. Trafton, "High current transistor layout," unpublished manuscript, 1988.

第11章

二　极　管

二极管是一种具有两个引出端的电子元件，它能够在一个方向上表现出优先导电的特性，也称为整流特性[⊖]。费迪南德·布劳恩(Ferdinand Braun)于 1874 年发现，金属与某些金属硫化物的点接触表现出整流特性。贾格迪什·博斯(Jagadish Bose)于 1894 年使用方铅矿(硫化铅，一种Ⅱ-Ⅵ族化合物半导体)制造了第一个无线电晶体检波器。格林利夫·皮卡德(Greenleaf Picard)于 1906 年用硅代替方铅矿对这一检波器进行了改进。罗素·奥尔(Russell Ohl)于 1939 年在研究硅时发现了 PN 结。贝尔实验室的研究人员在二战期间开发了用于微波雷达的坚固可靠的固态二极管。后来的研究人员基于这项技术发明了双极型晶体管和集成电路。

二极管在集成电路中扮演各种角色。例如，由双极型晶体管构建的 PN 结二极管用于电流镜、偏置网络和钳位电路。工作在反向击穿状态的 PN 结二极管可以用作电压基准和电压钳位元件。肖特基二极管可以用作高速开关和抗饱和的钳位器。

二极管方程决定了流经 PN 结二极管中的电流，类似于双极型晶体管的模型方程，因为这两种器件都依赖于相同的基础物理原理。不太明显的是，这个方程也适用于肖特基二极管。二极管方程表明了电流 I_F 为

$$I_F = I_S \left(\exp \frac{V_F}{nV_T} - 1 \right) \tag{11.1}$$

式中，电压 V_F 为二极管两端上的电压，V_F 为正值表示阳极电压高于阴极电压；同样，I_F 为正值表示电流从阳极流向阴极；饱和电流 I_S 取决于各种因素，包括两个电极的性质以及它们之间界面的面积；当 PN 结二极管工作在相对比较低的电流条件下，其理想因子 n 通常非常接近 1。在大电流下工作的结型二极管和某些肖特基二极管的理想因子也可以显著地超过 1。热电压 V_T 由下式给出：

$$V_T = \frac{kT}{q} \tag{11.2}$$

式中，k 为玻耳兹曼常数(1.381×10^{-23} J/K)；q 为电子带的电荷量(1.602×10^{-19} C)；T 为绝对温度，以开尔文(K)为单位。

二极管方程预测通过二极管的反向泄漏电流等于其饱和电流。然而，该方程不包括雪崩击穿和量子隧穿效应的影响。当二极管两端上的反向电压接近或超过其击穿电压时，这两种效应中的一种或两种将变得显著。二极管方程还不包括阳极和阴极终端的欧姆电阻。如果需要，可以通过在方程中添加一个电阻项来对其进行建模。

假设理想因子接近 1，正向偏置二极管两端上的电压 V_F 可以表示为

$$V_F \cong V_T \ln\left(\frac{I_F}{I_S}\right) \tag{11.3}$$

正向电压的温度系数取决于热电压 V_T 和饱和电流 I_S 的温度变化。饱和电流的温度系数占主导地位，因此正向电压的整体温度系数是负的。当 PN 结二极管导通相对较小且恒定的正向电流时，其正向电压的温度系数约为 -2 mV/℃。肖特基二极管表现出较小的负温度系数，通常约为 -1 mV/℃。

⊖　1919 年，W. H. 埃尔克斯(W. H. Eccles)根据希腊词根 di(二极)和 ode(来自 hodos，管)将二极管命名为 Diode。

11.1　标准双极型工艺二极管

标准双极型工艺可以构建各种类型的二极管。其中，最常见的是连接成二极管形式的晶体管、基极-发射极齐纳二极管和肖特基二极管。前两种器件都是基于双极 NPN 型晶体管的变种，而肖特基二极管则依赖于金属(或金属结合的化合物，如硅化物)和轻掺杂硅之间形成整流接触。并非所有版本的标准双极型工艺都提供肖特基二极管，因为这些器件需要使用适当的硅化物和额外的光刻掩模步骤。

11.1.1　连接成二极管形式的晶体管

连接成二极管形式的晶体管由一个双极型晶体管组成，其集电极和基极连接在一起，如图 11.1 所示。大部分电流通过晶体管的作用从集电极流向发射极，但是在相对较低电流水平下，二极管方程仍然准确地模拟了器件的行为。如果该器件在较高电流下工作，还必须考虑串联电阻 R_S，该电阻为

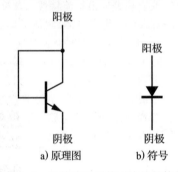

$$R_S = \frac{R_B}{\beta_F} + R_E \qquad (11.4)$$

式中，R_B 和 R_E 分别为晶体管的内部基极电阻和发射极电阻；β_F 为其正向放大倍数。只要跨越内部集电极电阻上的电压降不会导致基极-集电极结产生显著的正向偏置电流，就可以忽略这个内部集电极电阻。在实际应用中，连接成二极管形式的晶体管可以在 25 ℃下耐受大约 400 mV 的欧

图 11.1　连接成二极管形式的晶体管

姆集电极压降，或在 150 ℃下耐受大约 200 mV 的压降。当连接成二极管形式的晶体管必须传导超过几百微安的电流时，就应该包含一个深 N+下沉扩散区，以降低其内部集电极电阻。传导 10 mA 或更多电流的晶体管则应当采用具有围绕集电极的深 N+环的功率晶体管版图布局。

内部电阻 R_B 和 R_E 通常是通过曲线拟合技术从物理数据中提取的。一般而言，基极电阻远大于发射极电阻，但是由于晶体管的作用，基极电阻的影响被减小了 β_F 倍。对于采用标准双极型工艺制造的连接成二极管形式的最小尺寸晶体管，其串联电阻通常为 10~20 Ω。该电阻非常小，对于几百微安或更小的电流水平通常可以忽略不计。

连接成二极管形式的晶体管最严重的限制是其较低的反向击穿电压，这由晶体管的发射极-基极击穿电压(V_{EBO})所限制。标准双极 NPN 型晶体管的 V_{EBO} 根据基极掺杂和发射极结深度而变化，通常范围在 6~12 V 之间，具体值取决于工艺。V_{EBO} 的典型值为 6.8 V。为了避免雪崩引起的 β 值退化，施加在连接成二极管形式的晶体管上的反向电压不应超出其 V_{EBO} 额定值的三分之二左右。在连接成二极管形式的晶体管中，我们不希望 β 值降低，因为它会增大正向偏置器件的串联电阻。

连接成二极管形式的晶体管通常采用 CBE 配置而不是 CEB 配置，如图 9.12 所示。尽管 CBE 配置的集电极电阻比 CEB 配置略高，但是它简化了基极和发射极端口的连接。许多工艺允许合并集电极-基极接触孔，从而节省了额外的空间，如图 11.2 所示。在合并的集电极-基极接触孔中，围绕集电极接触孔的发射极扩散区与基极扩散发生重叠，以便单个接触孔就可以同时接触两者。该接触孔必须延伸到基极扩散区中足够深的地方，以应对未对准和向外扩散，同时仍然允许足够的基极接触孔面积以利于传导。该接触孔还必须延伸到集电极中足够远的地方，以应对未对准，同时允许足够的集电极接触孔。即使有这些重叠区域，合并的结构仍然会比传统的 NPN 型晶体管版图面积小。

连接成二极管形式的晶体管可以用作方便的电压基准。在 $1\,\mu A/\mu m^2$ 的电流密度和 25 ℃的温度时，基极-发射极结表现出大约 0.65 V 的正向电压。连接成二极管形式的晶体管的正向电压对电流的小波动相对不敏感。即使通过二极管的电流加倍，25 ℃时正向电压仅增加 18 mV。如前所述，连接成二极管形式的晶体管的正向电压具有约 $-2\,mV/℃$ 的温度系数。可以将多个二

极管串联堆叠以获得较大的电压，但是温度和电流的变化与堆叠中二极管的数量成比例地增加。

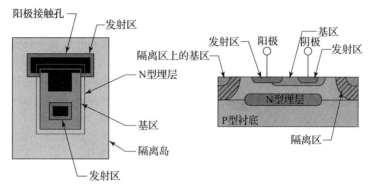

图 11.2　标准双极型工艺中连接成二极管形式的晶体管的版图和剖面图

衬底 PNP 型晶体管也可以连接成二极管形式的晶体管来使用。注意，该器件的集电极电流会直接流向衬底。远远超过 1 mA 的电流还可能会导致衬底发生自偏置，足以使得晶体管进入饱和状态。在标准的双极型器件中，很少使用连接成二极管形式的衬底晶体管，但是在某些缺乏其他构建二极管方法的 CMOS 工艺中，有时也会使用类似的结构(参见 11.2.1 节)。

横向 PNP 型晶体管制造连接成二极管形式的晶体管时性能较差。它们需要大的隔离岛，不仅占用管芯面积，还会增加不需要的寄生电容。无论集电极区的深度如何，集电极电流的某些部分总是会流向衬底。该电流的一小部分实际上会穿过 N 型埋层，因此甚至可以绕过空穴阻挡保护环。因此，连接成二极管形式的横向 PNP 型晶体管的阴极电流始终小于其阳极电流。这种损失通常介于 $0.1\%\sim1\%$ 之间，这就阻止了在需要准确电流匹配的应用中使用连接成二极管形式的横向 PNP 型晶体管。连接成二极管形式的 PNP 型晶体管的优点在于其击穿电压等于该工艺的 V_{CBO} 电压，该电压通常超过集成电路中其他地方的任何电压。因此，连接成二极管形式的横向 PNP 型晶体管有时用作高压钳位器件。连接成二极管形式的横向 PNP 型晶体管的版图有时会使用合并的阴极接触孔，构造方式与图 11.2 中合并的阳极接触孔大致相同。

11.1.2　齐纳二极管

反向偏置 PN 结二极管仅导通微小的泄漏电流，直到反向电压超过一定的阈值。超过这一点后，反向电流呈指数增加，直到最终接近由二极管的串联电阻定义的线性渐近线，如图 11.3 所示。按比例缩放电流-电压曲线图，将会展示出一个相当明确的拐点，该拐点通常被用来表示二极管的击穿电压。或者，可以将击穿电压定义为给定的反向电流(例如 10 μA)产生的反向电压。

PN 结中存在两种不同的机制导致反向击穿。其中哪一种机制占主导地位取决于耗尽区的宽度，而耗尽区的宽度又取决于 PN 结两侧的掺杂浓度。如果较低掺杂浓度的一侧不超过大约 $1\times10^{18}/cm^3$，那么雪崩击穿占主导地位。在更高的掺杂浓度下，则齐纳击穿起着越来越重要的作用。

雪崩击穿涉及热载流子渡越耗尽区域时产生的电子-空穴对。跨越这个耗尽区的电场强度大约按反向偏压的平方根增加。大的反向偏压会产生强烈的电场，将任意的自由载流子加速到很高的速度。

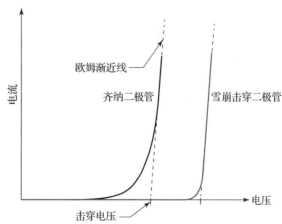

图 11.3　反向击穿特性的比较

热产生确保总是至少有一些自由载流子可以加速。由此产生的热载流子会撞击硅晶格。一个足够高能量的撞击将撕裂一个价电子并产生一个电子-空穴对。电场加速这些新产生的载流子，使它们能够繁衍出更多的载流子。这个过程称为雪崩倍增。J. S. 汤森德（J. S. Townsend）于 1910 年首次在气体中认识到这一现象。总之，当反向偏置结两端的电场变得足够强烈（在硅中大约为 200 kV/cm），雪崩倍增导致反向电流随着电压的进一步增加而呈指数级增加。

随着掺杂浓度的增加，耗尽区变窄。当结的较轻掺杂一侧超过约 $10^{18}/cm^3$ 时，耗尽区的宽度降低到约 4 nm 以下，开始发生直接电子隧穿（参见 5.1.4 节）。由此产生的隧穿电流增加了流过结的反向电流。当掺杂浓度为 $10^{18}/cm^3$ 时，隧穿只贡献了总电流的一小部分，但在更高的掺杂水平下，隧穿电流主导了反向传导。这个机制被称为齐纳击穿，以克拉伦斯·齐纳（Clarence Zener）的名字命名，他在 1947 年首次解释了这一现象。

击穿电压小于约 5～6 V 的硅 PN 结二极管主要通过隧道效应传导，被称为齐纳二极管。具有更高击穿电压的二极管主要通过雪崩击穿来导电，被恰当地称为雪崩二极管。一些作者使用"击穿二极管"这个术语来包括齐纳二极管和雪崩二极管，但设计人员并没有广泛采用该名称。同样，他们也不经常使用"雪崩二极管"这个术语。他们通常将所有在击穿状态下工作的结型二极管称为"齐纳二极管"，而无论二极管涉及何种击穿机制。隧穿电流随温度升高而增加，因为可用于隧穿的价带电子数量随温度升高而增加（更精确地说，价带顶部的态密度随温度上升而增加）。这个效应导致齐纳击穿电压表现出负温度系数，约为 $-2～-3$ mV/℃。此外，雪崩击穿表现出正温度系数，因为较高的温度会增加晶格散射，从而阻碍了载流子加速到高速。7 V 的击穿电压的温度系数约为 $+3.5$ mV/℃。击穿电压越高，温度系数越大；在 50 V 以上，温度系数接近 $+0.1$ ％/℃ 的渐近线。

击穿电压在 5～6 V 范围内的齐纳二极管具有非常小的温度系数。这些二极管有时用于构建与温度无关的电压基准，但它们有几个缺点限制了它们的实用性。首先，齐纳击穿呈现出比雪崩击穿更加平缓的过渡区域。这种所谓的软击穿特性使得必须精确调节二极管的电流以获得精确的参考电压。其次，大多数平面结都表现出表面击穿，使它们容易受到齐纳蠕变和齐纳逆转的影响（参见 5.3.2 节）。这些机制会导致击穿电压随时间漂移。这种漂移很容易达到 $200～300$ mV，在特殊情况下可能超过 1 V。不同的器件漂移量和漂移速率不同。防止这种漂移的唯一方法是采用击穿发生在表面下方的二极管。在集成电路上创建这种掩埋的齐纳二极管通常需要额外的掩模步骤。

雪崩击穿产生大量的器件噪声。击穿不是均匀发生的，而是在缺陷强化电场或降低击穿电压的离散点发生的。在这些点上会出现称为微等离子体的亚微观导电路径。局部的自热增加了导电微等离子体的击穿电压，潜在地将电流转移到另一个微等离子体。这经常导致雪崩电流在两个离散值之间来回跳动，产生所谓的突发或随机电报信号（Random Telegraph Signal，RTS）噪声。微等离子体在较高的电流密度下倾向于合并在一起，从而减少 RTS 噪声。因此，用作电压基准的齐纳二极管通常工作在相对较高的电流密度下。

击穿电压低于 5 V 的 PN 结表现出不断增加地软击穿特性。设计人员通常将软击穿归咎于"漏电"，但实际上，这是量子隧穿的概率性质不可避免的结果。软击穿严重限制了击穿电压低于 5 V 的齐纳二极管在低电流情况中的应用。其中一种应用涉及将 MOS 晶体管的栅-到-源电压钳位，以保护其栅极氧化物。软击穿使得几乎不可能为额定电压低于 5 V 的氧化物构建栅极钳位齐纳二极管。目前尚未找到完全令人满意的低电压替代品用于栅极钳位齐纳二极管。

1. 发射极-基极齐纳二极管

NPN 型晶体管的发射极-基极结形成了一个齐纳二极管。其击穿电压等于 NPN 型晶体管的 V_{EBO}，而 V_{EBO} 又取决于基区掺杂和发射区结深。具有基区薄层电阻为 160 Ω/□，发射区结深为 2 μm 的标准双极型工艺，通常表现出的 V_{EBO} 约为 6.8 V，温度系数为 $+3～4$ mV/℃。新的标准双极型工艺变种通常使用较轻的基区掺杂，因此其 V_{EBO} 电压接近 8 V，温度系数为 $+4～5$ mV/℃。

大约在 1990 年之前，标准双极型工艺使用旋涂玻璃、硼氮化物盘片以及其他控制不良的基区掺杂剂源。这些掺杂剂源的差异很大，以至于每个晶圆批次都需要定制的发射区推进过程。基区掺杂的变化和发射区结深的补偿偏移都影响了 V_{EBO} 的初始值。因此，该参数的变化幅度可能高达 $\pm 1\ \mathrm{V}$。离子注入极大地改善了基区掺杂的控制，从而将初始击穿电压的变化降低到大约 $\pm 0.25\ \mathrm{V}$。

标准双极型发射极-基极齐纳二极管的击穿电压通常随着注入其中的电荷量的增多而增加。增长速率最初相对较快，然后减慢下来。击穿电压最后会接近最终值，比初始值高出约 $250\ \mathrm{mV}$。这种现象被称为齐纳走出(Walkout)，历史上一直被归因于热载流子注入通过沿表面界面破坏受外加应力的硅-氧键或相对较弱的硅-氢键而产生正表面态电荷(参见 5.3.2 节)。由此产生的界面陷阱带正电荷。这些正电荷的积累加宽了表面处的发射极-基极耗尽区，从而增加了发射极-基极击穿电压。从断裂的硅-氢键中释放的氢也可能起作用，因为氢在硅中具有一定的迁移性，并且可以与硼杂质原子形成弱的复合物，从而导致硼杂质不能够被激活，这使得结的 P 型一侧显得掺杂更轻。这个机制称为硼补偿，也增加了耗尽区宽度。

发射极-基极齐纳二极管采用与 NPN 晶体管基本相同的布局，如图 11.4 所示。发射极充当齐纳二极管的阴极，基极充当阳极。该隔离岛仅用于将齐纳二极管与周围的隔离区分隔开。它可以连接到阳极、阴极或始终等于或大于阳极电压的某个其他电压。一些设计人员不喜欢将隔离岛连接到阳极，因为这会将 NPN 晶体管置于 V_{ECS} 配置中，理论上可以经历快速恢复(Snapback)。实际上，反向 β 值是如此之低，以至于在用于偏置小信号齐纳二极管的电流水平上不会发生快速恢复。如果可能发生电子注入衬底，则隔离岛应连接到

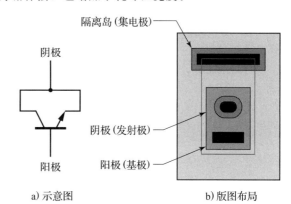

图 11.4 采用标准双极工艺构造的典型发射极-基极齐纳二极管

能够容忍电子收集引起电流损失的节点。无论如何，隔离岛不应保持未连接状态，以免电子注入或泄漏电流激活了齐纳二极管固有的寄生衬底 PNP 管。这种寄生晶体管在升温时会释放出大量的阳极电流。该隔离岛不需要深 N+下沉扩散区，因为它仅传导泄漏电流。NBL 对齐纳二极管的影响很小，因此可以省略，前提是基极到衬底的电压差足够小，不会发生穿通击穿。

发射极-基极齐纳二极管传统上使用圆形或椭圆形发射区，如图 11.4 所示。这些圆形几何结构旨在防止发射区的拐角处电场强度增强。并非所有工艺都在拐角处表现出优先击穿，但如果确实发生这种情况，则会增加击穿电压的可变性。在暗室中使用显微镜观察工作在低电流雪崩状态的正方形或矩形发射区，可以确定特定的工艺是否表现出这种效应。对处于雪崩击穿状态的结，从其结周围的散射点发出微弱的白光。如果这种光仅出现在拐角，那么电场强度增强将导致在这些点处发生优先击穿，因此齐纳二极管器件受益于使用圆形发射区。很多设计人员习惯使用圆形发射区，因为即使在没有任何益处的情况下，它们也不会造成明显的伤害。

基区掺杂分布导致基极-发射极耗尽区在表面附近变窄。耗尽区变窄，电场强度增加，导致在表面(或附近)发生雪崩击穿。一些设计人员尝试通过扩大发射极金属，使其覆盖在基极-发射极结上以形成场板来抑制表面击穿。但是，位于基极区域上的场氧化物的厚度阻止了该场板产生预期的效果。然而，如果该工艺包括可以从绘制的发射区外围向外延伸几微米进入基区的薄氧化层，那么覆盖在该薄氧化层上面的场板可以耗尽基区的表面，并迫使击穿退回到表面以下区域。可用于此目的的氧化示例包括模拟 BiCMOS 工艺的栅极氧化物，或者某些标准双极工艺的变体中提供的薄电容氧化物。场板应该由第 1 层金属组成，也可由多晶硅组成。场板

必须偏置为正电位以加宽耗尽区,所需的确切偏压取决于基区掺杂和氧化物厚度。传统上,场板连接到齐纳二极管的阴极,但在某些情况下,这种连接实际上可能会使硅表面反型并迫使氧化物边缘发生击穿,从而破坏了场板的预期效果。如果出现这种情况,则必须使用更低的偏置电压或更厚的氧化物。

发射极-基极齐纳二极管是相对脆弱的器件,因为它们在靠近发射极接触孔附近的发射极-基区耗尽区的小体积内耗散能量。极端过载可能会将薄的金属导电细丝从基极接触孔拉向发射极接触孔。这种机制是所谓的齐纳击穿结构的基础,有时可以用作熔丝的替代品(参见 6.6.2节)。用作电压基准的发射极-基极齐纳二极管不应该导通超过每微米绘制发射区外围的 $10\ \mu A$。因此,一个 $5\ \mu m \times 5\ \mu m$ 的发射区可以安全地导通至少 $200\ \mu A$ 的电流。齐纳二极管可以安全地在几微秒内传导一个数量级以上的电流。如果某个应用需要的电流超过了齐纳二极管所能处理的电流,可以始终使用功率晶体管来放大通过齐纳二极管的电流。

一些电路将发射极-基极齐纳二极管的阳极连接到与衬底相同的电压上。那么,由于齐纳二极管的基极扩散区在衬底电位下工作,因此这两个扩散区可以重叠在一起。这种做法节省大量的面积,因为它消除了从基极扩散区到隔离区的大间距,如图 11.5 所示。位于发射极下方的一个隔离岛防止了隔离扩散区降低齐纳电压和由此导致的软击穿。尽管该隔离岛保持浮空,但其周围的扩散区都被偏置到相同的电位。这种结构固有的寄生 PNP 晶体管不能放大泄漏电流,因此是无害的。

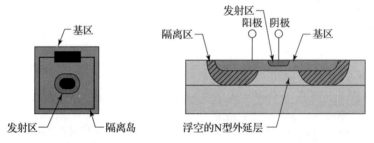

图 11.5　采用标准双极工艺构造的非隔离型发射极-基极齐纳二极管的布局和横截面图

非隔离型的发射极-基极齐纳二极管对衬底自偏置和衬底噪声耦合都很敏感。非隔离型的齐纳二极管不应该靠近会注入数百微安的衬底电流的结构附近。保守的设计人员通常完全避免使用非隔离型的齐纳二极管,而更愿意接受传统发射极-基极齐纳二极管所需的额外芯片面积,以避免不可预见的自偏置或噪声耦合问题。

2. 掩埋型齐纳二极管

热载流子与晶格碰撞,并在一定距离内降低到热速度,这个距离被称为热化距离。硅中电子和空穴的热化距离分别不超过 $140\ nm$ 和 $60\ nm$。因此,如果击穿发生在距离硅表面以下超过 $140\ nm$ 的地方,则热载流子将无法达到氧化物界面,因此不会发生齐纳蠕变和齐纳逆转。实际上,$60\ nm$ 的距离可能就足够了,因为氢的解吸附主要涉及空穴,而不是电子。雪崩结位于热化距离下方的齐纳二极管被称为亚表面齐纳二极管,或者更通俗地称为掩埋型齐纳二极管。本节将介绍与标准双极工艺兼容的几种不同类型的掩埋型齐纳二极管。类似的结构也可以采用模拟 BiCMOS 工艺制造(参见 11.2.2 节)。

掩埋型齐纳二极管可以由某些标准双极工艺的发射区和隔离扩散区构造。该二极管的结构类似于发射极-基极齐纳二极管,唯一的区别是发射区被扩大,并且内部有一个 P+隔离区的插塞,如图 11.6 所示。这个隔离区插塞的存在增加了发射区中心正下方的硼掺杂,导致击穿优先发生在这一点处。这种结构有时被称为位于隔离区中的发射区的掩埋型齐纳二极管,或者简称隔离区中发射区齐纳管。该结构的一个变种则省略了 N 型埋层和基极扩散区,此时这个器件的阳极连接到衬底。

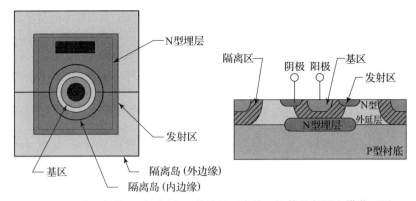

图 11.6 采用发射区-在-隔离区的掩埋型齐纳二极管的版图和横截面图

隔离扩散区的掺杂越重，发射区-在-隔离区齐纳二极管的击穿电压越低。采用中等掺杂隔离扩散区的工艺有时可以制造击穿电压为 5～6 V 的发射区-在-隔离区齐纳二极管。击穿电压在此范围的掩埋型齐纳二极管表现出非常低且非常稳定的温度系数。然而，这些齐纳二极管还表现出相当的软击穿特性，或者换句话说，它们的击穿电压作为电流密度的函数而变化。通过在中等电流密度（例如，$1～2\ \mu A/\mu m^2$）下操作齐纳二极管并尽可能严格地调节流经二极管的电流，可以最大限度地减少这种变化。

许多标准双极工艺的常规 P＋隔离区的掺杂浓度太高，无法获得有用的掩埋型齐纳二极管。传统 P＋隔离区的掺杂浓度也在晶圆与晶圆之间以及批次与批次之间有较大的变化。采用上-下隔离的工艺通常可以制造出更有用的掩埋型齐纳二极管，因为隔离区的上部分既不像传统 P＋隔离区那样深，也没有那么重的掺杂。此外，在这种掩埋型齐纳二极管中，基极扩散区不需要与发射极扩散区重叠，因为 P 型埋层可以用来桥接发射极下方的隔离区插塞和阳极接触下方的类似插塞。

人们已经提出了许多用于掩埋型齐纳二极管的替代设计，其中大多数需要一个或多个额外的加工步骤。图 11.7 显示了一种在隔离区之后和基极之前插入一个额外的深 P＋扩散区的结构。在这个深 P＋扩散区中，其掺杂浓度明显高于基极扩散区的浓度。掩埋型齐纳二极管是通过在发射极扩散区的中间放置一个深 P＋插塞，并将发射区封闭在基极扩散区中而形成的。击穿发生在发射极扩散区的底部，即 P＋插塞掺杂最高的区域。齐纳二极管的阴极由发射极扩散区组成。阳极由 P＋插塞组成，通过采用基区将其封闭起来而进行接触。整个结构被一个隔离岛包围着，该隔离岛提供了与衬底的隔离。这个隔离岛可以采用与发射极-基极齐纳二极管中隔离岛相同的连接方式。图 11.7 的结构包括了 N 型埋层，但这个埋层在器件的工作中不起作用。因此，只要深 P＋扩散区没有深入使穿通击穿进入衬底成为问题的地步时，则可以省略 N型埋层。但是，请注意，省略 N 型埋层可能会略微改变齐纳二极管击穿区域的掺杂浓度，从而略微偏移其击穿电压。

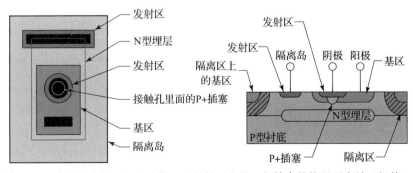

图 11.7 采用特殊的深 P＋扩散区与发射区和基区相结合的掩埋型齐纳二极管

发射区/深 P＋齐纳二极管的击穿电压可以通过改变深 P＋扩散的分布轮廓来进行调整。为了确保不会在发射极扩散区的边缘发生表面击穿，击穿电压应该比发射极-基极齐纳二极管的击穿电压至少低数百毫伏。在实际应用中，通常将击穿电压定位在最小化温度变化的目标上。零温度系数(OTC)的击穿电压通常介于 5.0～5.4 V 之间。发射区结深、基区扩散和深 P＋掺杂的不确定性将导致击穿电压在此目标值内变化约±200 mV。尽管存在这种变化，此类齐纳二极管的温度系数很少会超过±1 mV/℃。这种类型的掩埋型齐纳二极管已经与片上的热稳定电路结合使用，创建出了非常精确的电压基准。

另一种样式的掩埋型齐纳二极管采用高能量的离子注入替代发射极-基极齐纳二极管中的发射极扩散，如图 11.8 所示。在相对高的注入能量下，杂质分布的峰值远低于硅表面。通常通过一个薄氧化层进行注入，以最小化沟道效应。埋层与基区扩散插塞的交汇处形成了一个掩埋型齐纳二极管。击穿电压主要取决于基区扩散和结深，这两者都可以通过使用离子注入结合短暂的热退火来精确控制。因此，击穿电压可以控制在大约±100 mV 的范围内。

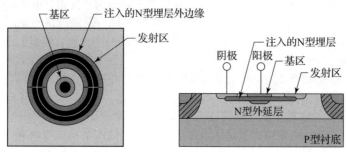

图 11.8　采用离子注入的 N 型埋层与基区扩散相结合的掩埋型齐纳二极管

3. 高压齐纳二极管

到目前为止讨论的所有齐纳二极管的击穿电压都在 5～9 V 之间。某些应用(包括 ESD 保护和一些 MOS 栅极钳位电路)需要更高击穿电压的齐纳二极管。通常，这些齐纳二极管是通过将多个发射极-基极齐纳二极管串联堆叠而构成的。有时候，一个或多个连接成二极管形式的晶体管被添加到该堆叠当中，稍微增加了击穿电压，同时部分或完全补偿了齐纳二极管的正温度系数。

人们已经提出了几种更高电压的齐纳二极管作为串联堆叠的替代品。其中一种可以采用标准双极工艺制作的结构是将 P＋隔离区的插塞扩散进入 N 型埋层，如图 11.9 所示。这个隔离区-N 型埋层齐纳二极管被封闭在一个通过发射极扩散区连接的隔离岛中。如果需要，深 N＋下沉扩散区可以在该隔离岛接触孔和 N 型埋层之间桥接，以减小串联电阻。隔离区-N 型埋层齐纳二极管的击穿电压随不同的工艺而变化很大，典型值为 20 V。即使在同一个给定的工艺

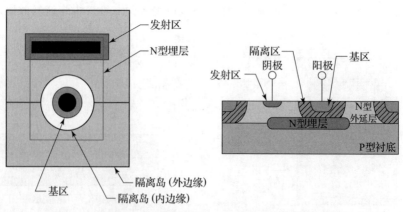

图 11.9　隔离区-N 型埋层齐纳二极管的布局及其横截面图

中，该击穿电压也可能变化 1 V 甚至更多，因为它取决于许多不同因素，包括 N 型埋层和隔离区掺杂、隔离区推进时间和外延层厚度等。隔离区-N 型埋层结位于表面下方很远的位置，因此该结构不会表现出齐纳蠕变。结与表面之间的硅具有很大的深度，这使得该结构能够比相似尺寸的发射极-基极齐纳二极管耗散高得多的功率水平。

11.1.3　肖特基二极管

肖特基二极管依赖于在导体和半导体之间形成整流的肖特基势垒。这些器件以威廉·肖特基（William Schottky）的名字命名，他和内维尔·莫特（Nevill Mott）在 1939 年提出了一种解释其行为的理论。同年，鲍里斯·达维多夫（Boris Davydov）也提出了类似的理论。然而，这些研究人员都没有能够正确地预测其导电机制的细节，这些细节在 1942 年由汉斯·贝特（Hans Bethe）澄清。有人建议将该器件改名为贝特二极管，但是这个术语从未得到广泛的接受。

正向偏置的肖特基二极管的电流-电压关系与 PN 二极管相同。然而，肖特基二极管的饱和电流 I_S 取决于用来构造肖特基势垒的材料性质。根据热电子发射理论，有

$$I_S = AKT^2 e^{-\phi_B/V_T} \tag{11.5}$$

式中，K 为有效的理查逊常数；T 为绝对温度（以 K 为单位）；A 为肖特基势垒的面积；ϕ_B 为肖特基势垒高度（以 V 为测量单位）。由 N 型硅形成的肖特基二极管主要通过电子传导，其有效的理查逊系数约为 110 A/(cm²·K²)；由 P 型硅形成的肖特基二极管主要通过空穴导电，其有效的理查逊系数约为 30 A/(cm²·K²)。势垒高度取决于导体的化学成分和硅的掺杂极性。表 11.1 列出了一些常见金属和金属硅化物的典型肖特基势垒。这些电压值可能会有所变化，取决于制造肖特基势垒时使用的确切方法。

表 11.1　常见金属和金属硅化物的典型肖特基势垒

金属和金属硅化物	N 型硅	P 型硅	金属和金属硅化物	N 型硅	P 型硅
铝	0.72 V	0.58 V	硅化镍（NiSi）	0.67 V	0.43 V
二硅化钴（CoSi₂）	0.65 V	0.45 V	硅化钯（Pd₂Si）	0.75 V	0.35 V
金	0.80 V	0.34 V	硅化铂（PtSi）	0.87 V	0.23 V
钼	0.68 V	0.42 V	二硅化钛（TiSi₂）	0.61 V	0.45 V

将式(11.1)和式(11.5)结合起来，可以得到肖特基二极管的正向电压与其势垒高度之间的关系为

$$V_F = \phi_B + V_T \ln\left(\frac{I_F}{AKT^2}\right) \tag{11.6}$$

作为使用该方程的示例，一个由 N 型硅形成的肖特基二极管，在温度为 25 ℃，导通电流密度为 1 μA/μm² 时，其正向电压比其势垒电势低 300 mV。因此，在轻掺杂 N 型硅上形成的硅化铂肖特基二极管在 1 μA/μm² 和 25 ℃下将表现出约为 0.47 V 的正向电压。

势垒高度小于约 0.6 V 的肖特基二极管在高温下表现出过多的漏电。表 11.1 中的所有材料，除了硅化钛之外，都可以由轻掺杂 N 型硅形成有用的肖特基二极管，但由 P 型硅无法形成可用的肖特基二极管。

N 型硅的表面掺杂浓度应低于大约 10¹⁷ 个原子每立方厘米，以免与肖特基势垒相邻的耗尽区变得太薄，以至于电子可以隧穿通过该耗尽区。由此产生的隧穿电流会增加到式(11.5)所预测的泄漏电流中。当掺杂水平高于约 10¹⁹ 个原子每立方厘米时，隧穿电流变得如此之大，以至于它有效地使得整流的肖特基势垒发生短路，从而产生欧姆接触。工艺设计人员利用这一现象，使用本来会形成整流肖特基势垒的导体来获得对 N 型硅的欧姆接触。

在 N 型硅上构建实用肖特基二极管的最佳势垒高度约为 0.75~0.80 V。此势垒高度所产生的肖特基二极管的正向电压比在相同电流密度下偏置的典型基极-发射极结低了数百毫伏。这种肖特基二极管非常适用于构建抗饱和钳位电路（参见 9.1.3 节）。

铝似乎是构建肖特基二极管的理想材料。许多早期的标准双极工艺提供了铝肖特基二极管，但是它们的正向电压在批次与批次之间的变化不可预测，甚至在同一管芯上制造的二极管通常也存在显著的变化。这个问题的原因最终追溯到了接触烧结步骤。工艺工程师很早就知道，通过将完成的晶圆在大约 450～500 ℃ 的温度下加热几分钟，可以大大降低沉积铝的接触电阻。这种所谓的接触烧结通常是通过在合成气体(氮气中含有百分之几的氢气)的气氛中加热完成的晶圆来进行的。接触烧结去除了铝和硅之间不可避免存在的自然氧化物。但是，在高温下硅变得稍微溶解于铝。当晶圆冷却时，这些溶解的铝优先沉积在硅界面上。沉积的硅带有少量铝，起到了施主作用。沉积在接触表面的 P+ 硅干扰了通过肖特基势垒的导电。P+ 硅覆盖的接触开口越大，肖特基结的正向电压就变得越高。研究人员发现，通过在低于 300 ℃ 的温度下进行接触烧结，可以将这种溶解和沉积过程最小化。这样的低温烧结生产出优异的肖特基二极管，但它不会像更高温度的烧结那样降低接触电阻。因此，铝肖特基二极管逐渐不再受欢迎。

欧姆接触在接触烧结过程中也遇到了难题。最值得注意的是，硅溶解并不均匀，有些情况下，溶解过程能够通过浅扩散完全穿透，这种现象称为结尖峰(参见 2.7.1 节)。工艺工程师最终通过在铝和硅之间插入一层难熔阻挡金属来消除了结尖峰(参见 2.7.2 节)。但是，难熔阻挡金属即使在高温烧结后仍然具有较大且相当可变的接触电阻。为了解决这个问题，工艺设计师随后在难熔阻挡金属和硅之间引入了硅化物层(参见 2.7.3 节)。这最终解决了长期以来从铝金属化层到硅形成可靠、低电阻欧姆接触的问题。如果选择合适的硅化物，就可以将肖特基二极管重新引入该工艺。首选的材料是硅化铂和硅化钯，这两种硅化物都表现出良好的势垒电压。一些现代版本的标准双极工艺在接触中使用铂或钯硅化物，并且这些工艺通常提供了制造肖特基二极管的扩展功能。

1. 场板肖特基二极管

肖特基二极管的平面击穿电压通常超过对应 NPN 型晶体管的 V_{CBO} 额定值。另外，肖特基接触的陡峭边缘大大增强了电场强度。因此，肖特基接触外围的击穿电压只占平面击穿电压的很小部分。在许多情况下，反向击穿变得非常软，在只有几伏的反向偏压下就能观察到泄漏电流显著地增加。

减小肖特基接触开口边缘处的电场强度的一种简单方法是将金属化层延伸到开口以形成一个场板。完整的反向偏压施加在该场板和下面的硅之间。由此产生的垂直电场将电子从表面排斥。在高压肖特基二极管中，该电场变得如此强烈，以至于它实际上在场板下方产生了一个扩展的耗尽区。经过适当设计的场板可以极大地提升高压肖特基二极管的击穿电压。在低压肖特基二极管中，场板变得不那么有效，因为较小的反向电压产生了较弱的电场，而且硅表面掺杂更重。标准双极肖特基二极管的场板下方通常不会形成耗尽区。然而，增加场板仍然会导致肖特基接触开口边缘处现有的耗尽区略微扩展。这将整个结构的击穿电压提高了几伏，并且有助于抵消软击穿。

图 11.10 显示了采用标准双极工艺构造的场板肖特基二极管的版图和横截面图。金属系统由铂硅化物、钛钨难熔阻挡金属和铜掺杂铝的叠层组成。肖特基势垒形成在铂硅化物和轻掺杂的 N 型外延层之间。肖特基接触必须穿过厚的场氧化物才能达到硅。如果同时刻蚀该接触开口以及基区接触和发射区接触，那么前者会在被清除前会受到严重的过刻蚀。因此，该工艺包括一个额外的回刻步骤，用于在常规接触氧化物去除之前减薄肖特基接触开口上的氧化物。这一步骤使用所谓的肖特基接触掩模。实际的回刻发生在隔离区推进之后，但在基区图案化之前。将回刻放在整个流程中的这一点处确保了当将肖特基接触覆盖在基区上方时不会去除基区上的氧化物，这一点在构建具有保护环的肖特基二极管和肖特基晶体管时变得很重要。

肖特基接触的几何结构与常规接触结构的重叠区域要比考虑未对准所需的尺寸多几微米。增加的重叠区域有两个目的。首先，它确保金属爬过两个连续的浅氧化物台阶，而不是直接从场氧化物下降到硅表面。其次，覆盖在接触孔边缘的金属又覆盖了薄氧化层，从而形成了场板。薄氧化层增加了场板下方的电场强度，因此极大地增加了其有效性。

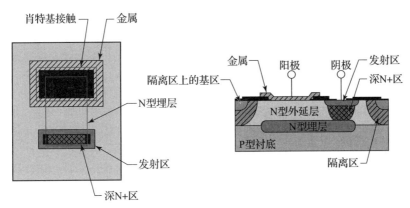

图 11.10　采用标准双极工艺构造的场板肖特基二极管的版图和横截面图

　　肖特基的阴极包括 N 型埋层和深 N＋区，以最小化阴极串联电阻。低电流的肖特基二极管可以省略深 N＋下沉扩散区。对于最高达几毫安的电流，一个小的深 N＋插塞就足够了。更高电流的二极管通常会受益于围绕隔离岛外围的完整深 N＋环。这样的环不仅可以进一步减小串联电阻，还可以作为阻挡空穴的保护环。尽管肖特基二极管的传导主要涉及多数载流子，但是，一小部分电流由注入硅中的少数载流子组成。空穴阻挡保护的存在可以防止这些少数载流子到达衬底。

　　肖特基接触开口的形状对低压场板肖特基二极管特性的影响相对较小。因此，版图布局设计人员经常扭曲大型肖特基二极管，以填充放置好其他组件后留下的可用空间。

2. 具有保护环的肖特基二极管

　　图 11.11 显示了一种能够承受比场板肖特基二极管高得多电压的器件。该结构将肖特基接触开口的边缘封闭在一个狭窄的基区扩散环中，该基区扩散环称为场缓解保护环。场缓解保护环的存在完全消除了肖特基接触开口边缘的横向电场增强。具有场缓解保护环的肖特基二极管的击穿电压等于基区/外延层 PN 结的击穿电压，即等于 NPN 型晶体管的 V_{CBO}。注意，用于肖特基二极管的场缓解保护环与 5.4.4 节讨论的少数载流子保护环毫无关联。

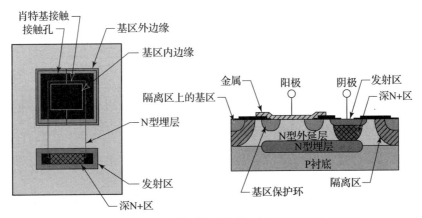

图 11.11　具有基区保护环的肖特基二极管的版图和剖面图

　　引入场缓解保护环无疑会增大肖特基二极管的尺寸。为了避免保护环与隔离区之间的穿通击穿，必须增加隔离岛与肖特基接触之间的间距。向外扩散还使得肖特基接触开口在所有的侧面上紧缩了几微米。这些考虑因素对小型肖特基二极管的面积影响较大，而对大型肖特基二极管的影响较小。许多设计人员通常在大型肖特基二极管中添加保护环，因为它们可以使这些二极管的击穿特性变得更加可预测，而消耗相对较小的面积。另外，这些设计人员经常在小型肖特基二极管中使用场板以节省面积。

3. 肖特基晶体管

　　理查德·贝克(Richard Baker)在 1956 年首次提出将 NPN 型晶体管的基极-集电极结进行钳位以防止其发生正向偏置。詹姆斯·比亚德(James Biard)在 1964 年建议使用肖特基二极管作为钳位元件。传统上,这种肖特基钳位 NPN 型晶体管通常称为肖特基晶体管。为了使肖特基二极管发挥有效的抗饱和钳位作用,在相同的电流密度下,它的正向偏置电压必须比基极-集电极结的电压至少低 150 mV。比亚德(Biard)建议使用钼肖特基二极管。1971 年,德州仪器公司推出的原始 74S00 系列肖特基钳位晶体管-晶体管逻辑(STTL)门使用了场板钼肖特基二极管。此后,此类肖特基晶体管的使用逐渐扩展到模拟集成电路中。

　　图 11.12a 显示了一个采用标准双极型工艺构造的场板肖特基晶体管。基极接触孔延伸横跨过基极扩散区并延伸到周围的隔离岛。肖特基接触几何结构包围了整个接触孔开口。因为由肖特基接触掩模图案化形成的氧化物回刻发生在基区图案化之前,所以它减薄了延伸超出基区的接触孔部分上方的氧化物,但是它不会去除随后在基区上生长的氧化物。覆盖接触孔几何结构的金属将拓展覆盖到基极扩散区外面的肖特基接触几何结构部分,以形成一个场板。该场板通常足以满足工作电压为 10～20 V 的晶体管,但是不适用于工作电压更高的晶体管。

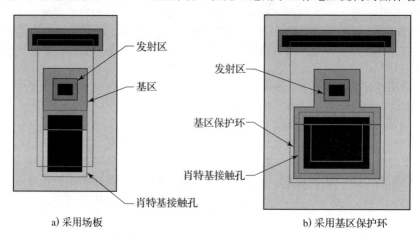

a) 采用场板　　　　　　　　　　　　　　　b) 采用基区保护环

图 11.12　采用标准双极型工艺构造的肖特基钳位 NPN 晶体管

　　图 11.12b 显示了一个包含基区保护环的肖特基晶体管。该基区保护环围绕肖特基接触开口的外围向外延伸。它的存在显著扩大了最小尺寸的晶体管,这就解释了场板肖特基晶体管在低电压应用中的普及。

　　肖特基二极管作为抗饱和钳位器的有效性取决于多个因素。用于制造它的材料必须产生适当的正向电压,正向电压过低会导致泄漏电流过多,电压过高会使抗饱和钳位器失效。最早的肖特基晶体管使用了钼,但像所有沉积的金属-硅肖特基二极管一样,这些晶体管表现出相当大的可变性。钯硅化物提供了非常相似的正向电压,但可变性要小得多。事实证明,这些材料非常适合那些电流水平相对较大而且小泄漏电流不重要的数字逻辑电路。

　　铂硅化物具有比钯硅化物更大的势垒高度。这个特性极大地降低了铂硅化物肖特基二极管的饱和电流,使其即使在电流相对较低的电路中也能在高达 150 ℃ 左右的温度下正常工作。然而,这些二极管较大的正向电压降低了它们用作抗饱和钳位器的有效性。这个问题在高温下变得最为严重,因为铂硅化物肖特基二极管的温度系数约为 $-1\,\text{mV/℃}$,而基极-集电极 PN 结二极管的温度系数约为 $-2\,\text{mV/℃}$。即使接触开口相对较大,铂硅化物肖特基晶体管在远高于150 ℃ 的温度下也开始饱和。

　　在肖特基晶体管中,肖特基二极管通过分流掉不需要维持晶体管导通的基极驱动部分来工作。对于给定的晶体管几何结构、集电极电流和结温,存在一个最大基极驱动量,即肖特基晶体管可以在饱和到足以减慢其开关速度之前能够吸收的最大基极驱动量。该允许的最大基极驱动量可以通过实验测量，也可以通过晶体管的有限元分析推导出来。对于钼和钯硅化物，在 125 ℃时，允许的最大基极驱动量占了集电极电流的相当大一部分，它不仅取决于肖特基二极管的性质，还取决于晶体管内的寄生电阻(尤其是基极电阻)。对于铂硅化物来说，允许的最大基极驱动量要小得多，并且晶体管内的电阻不太重要。

11.1.4 基极-集电极功率二极管

基础的标准双极工艺只提供了两个与衬底隔离的结。基极-发射极结具有相对较低的击穿电压，通常约为 6.8 V。另外，基极扩散区和 N 型外延层之间的结具有与 NPN 型晶体管 V_{CBO} 额定值相等的击穿电压。该击穿电压实际上超过了工艺的工作电压，因为这是由 NPN 型晶体管的 V_{CEO} 决定的，而不是由 V_{CBO} 决定(参见 9.2.4 节)。深 N+ 区和 N 型埋层的添加产生了一个可以同时承受大反向电压和大正向电流的二极管。该二极管的结构类似于 NPN 型功率晶体管的基极和集电极，因此通常被称为基极-集电极功率二极管，或简称功率二极管。图 11.13 显示了典型功率二极管的版图和横截面图。阳极由单个正方形或矩形的基极扩散区组成。这个基区几何结构的尺寸可以变得相当大，而不会损害二极管的操作。基区下面的 N 型外延层具有较高的电阻率，稳定了结构并防止了热点形成。在高电流下，功耗主要发生在 N 型外延层的深处，远离热敏感的接触。由叉指型的基极和发射极指条组成的结构可能会减小串联电阻，但是其代价是降低了鲁棒性，因为此时大部分导电将发生在表面附近。

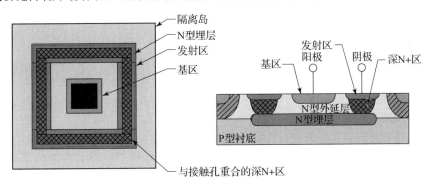

图 11.13　典型功率二极管的版图和横截面图

功率二极管的基区可以包含一个大的接触或一组较小的接触阵列。即使工艺允许使用一个大的接触，有时考虑到电迁移因素倾向于使用多个较小的接触以增加接触的外围面积。无论哪种方式，基区的几何结构应该填充尽可能多的接触，以最大限度地减小金属与基区-外延层结的底表面之间的电阻。

功率二极管的阴极由基极扩散区下方的 N 型外延层(称为漂移区)和与其接触的 N 型埋层和深 N+ 下沉扩散区组成。串联电阻的很大一部分位于漂移区内。忽略外扩散和边缘效应，漂移电阻 R_v 为

$$R_v = \rho_{epi} \left(\frac{t_{epi} - x_b - x_u}{A_D} \right) \tag{11.7}$$

式中，ρ_{epi} 为外延层的电阻率；t_{epi} 为外延层的厚度；x_b 为基区结深；x_u 为 NBL 向上扩散进入外延层中的距离；A_D 为阳极(基极扩散区)的绘制面积。该式忽略了耗尽区延伸到 N 型外延层中的情况，在正向偏置二极管中，这个延伸的耗尽区在中等电流下相对较小。如果需要的话，可以估算这个距离并添加到 x_b 中。典型的标准双极工艺可能使用 10 μm 厚的 1 Ω·cm 外延层，具有 2 μm 深的基区和一个向上扩散了 2.5 μm 的埋层。一个边长为 100 μm 的正方形阳极的功率二极管将具有 5.5 Ω 的漂移区电阻。式(11.7)不适用于高电流操作，其中高水平注入通过电导率调制降低了电阻。

漂移区由 N 型埋层作支撑，并且被深 N+ 区环绕。N 型埋层和深 N+ 区提供了从漂移区底部到阴极接触之间相对低电阻的路径。这条路径不仅减小了串联电阻，还确保了 N 型外延层

提供的镇流效果。

人们可能会期望从阳极的中心到其外围通过 N 型埋层的横向电阻随着阳极变大而增加。这种情况并没有发生，因为电流通过的有效宽度随着从阳极中心到其外围而增加。对于最简单的情况(即圆形阳极)，横向电阻 R_L 为

$$R_L = \frac{R_S}{4\pi} \tag{11.8}$$

式中，R_S 为 N 型埋层的方块电阻。从 N 型埋层中心到其外围的压降等于通过二极管的电流乘以横向电阻 R_L。然后，电流通过深 N+ 下沉区的垂直电阻流向阴极接触。通过增加深 N+ 环的宽度可以最大限度地减少该垂直电阻。功率二极管总的正向压降等于上述电阻压降及其结的本征正向电压之和，其中结的本征正向电压由式(11.3)给出。

N 型埋层和深 N+ 区还形成了一个阻挡空穴的保护环。如果二极管传导的电流超过几毫安，那么这个保护环是绝对必要的。如果没有这个保护环，由阳极注入 N 型外延层的大部分空穴将流向隔离区。标准双极工艺中的隔离在没有经历显著自偏置的情况下无法处理超过几十毫安的衬底电流。

当功率二极管传导的电流超过 100 mA 时，空穴阻挡保护环的功效就会成为一个问题。此时，深 N+ 环的宽度应增加到至少为外延层厚度的两倍，以最大限度地提高深 N+ 下沉区内的掺杂浓度。这不仅减少了空穴穿过该保护环的可能性，还最小化了通过深 N+ 下沉区的垂直电阻。深 N+ 与 N 型埋层形成大量的重叠区域也是可取的。作为最低限度，绘制的 N 型埋层应当延伸到绘制的深 N+ 环的外侧边缘。

功率二极管的阴极接触位于深 N+ 环上方的发射极扩散区内部。发射极扩散区不仅减薄了场氧化物，还增加了表面掺杂浓度，从而降低了接触电阻。发射极扩散区应覆盖尽可能多的深 N+ 下沉区。只要版图规则允许，它应该向内延伸至基区，并且向外延伸至隔离区。对于绝对最小的情况，绘制的发射区应覆盖绘制的深 N+ 区。发射极扩散区应包含尽可能多的接触面积，遵循与上述讨论的基极接触相同的考虑因素。

功率二极管存在两个显著的缺点，都是由注入阴极漂移区的少数载流子泛滥造成的。首先，大量的少数载流子代表着显著的储存电荷，必须将其去除才能关闭该二极管。因此，功率二极管不适用于高速开关应用。其次，随着电流水平的提高，空穴阻挡保护环的效果会降低。这可能是大注入侵蚀了 N 型外延层/N 型埋层界面的内建电势的后果。当大量空穴被注入集电极时，N 型外延层中的电子数量必须增加以维持电荷中性。这反过来降低了内建电势，因此允许更多的空穴越过 N 型外延层/N 型埋层界面。

功率二极管相对于肖特基二极管具有多种优势。首先，构建功率二极管所需的层次在基础工艺中几乎总是可用的，而贵金属硅化物可能可用，也可能不可用。即使存在合适的硅化物，标准双极型工艺中的肖特基二极管需要额外的掩模步骤来减薄厚的场氧化物。其次，功率二极管的结位于远低于硅表面的地方，而肖特基接触则位于金属化层的正下方。因此，功率二极管可以比肖特基二极管安全地耗散更多的功率。

11.2 CMOS 及 BiCMOS 工艺二极管

MOS 晶体管中的 PN 结通常被认为应当保持反向偏置。因此，CMOS 工艺很少或根本不会采取措施来抑制少数载流子注入或者优化其 PN 结的正向偏置特性。尽管存在这些限制，设计人员已经找到了一些方法，将现有的工艺元素组合起来创建出了几种类型的 CMOS PN 二极管。

模拟 BiCMOS 工艺差异很大，但都包括足够的层次来构建多种类型的二极管。例如，经典的集电极扩散区隔离(CDI)模拟 BiCMOS 工艺可以制造连接成二极管形式的晶体管、发射极-基极齐纳二极管和基极-集电极功率二极管，它们都与标准双极型工艺中的二极管非常相似。此工艺还可以制造 P 型有源区功率二极管和其他几种类型的齐纳二极管(选择特定的硅化物可以制造肖特基二极管)。

所有的 MOS 工艺也可以制造连接成二极管形式的 MOS 晶体管。图 11.14 显示了六种连接成二极管形式的 MOS 晶体管。依据具体工艺细节的不同，这些配置中的某些或全部也可能在实践中无法实现。

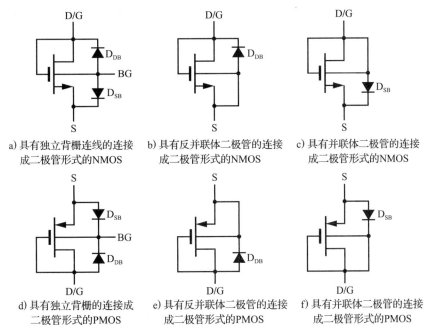

图 11.14 六种连接成二极管形式的 MOS 晶体管

图 11.14a 显示了具有独立背栅连线的连接成二极管形式的 NMOS 晶体管，其漏极和栅极连接在一起形成阳极，源极形成阴极，背栅连接到衬底（或者可能连接到某个其他节点，如果该二极管可以被隔离的话）。当连接成二极管形式的晶体管导通时，NMOS 晶体管工作在饱和状态；当它阻断导通时，NMOS 晶体管工作在截止状态。体二极管 D_{DB} 和 D_{SB} 通常在两种工作模式下都保持反向偏置。这种连接成二极管形式的晶体管用于电流镜和泄漏电流钳位器。

图 11.14b 显示了一个连接成二极管形式的 NMOS 晶体管，其背栅连接到阴极。此配置将漏极/背栅体二极管 D_{DB} 与连接成二极管的 NMOS 晶体管反向并联。这种连接方式经常在电流镜中看到。在隔离工艺中，它们偶尔用作反并联电压钳位。根据 N 型隔离扩散区的连接方式，体二极管可以形成双极型晶体管的一部分，或者它可以简单地充当一个 PN 结二极管。

图 11.14c 显示了一个连接成二极管形式的 NMOS 晶体管，其背栅连接到阳极。这种配置将源极/背栅体二极管 D_{SB} 与连接成二极管形式的 NMOS 晶体管并联。这通常要求连接成二极管形式的 NMOS 位于一个隔离的 P 型隔离岛内。当器件导通时，一部分电流流经 NMOS，一部分电流流经体二极管。这两个电流的比值取决于 NMOS 的阈值电压和流过该器件的电流水平。如果阈值电压较高或电流较大，体二极管将传导大部分电流。对于低电流和小阈值电压，NMOS 将传导大部分电流。体二极管通常形成寄生 NPN 晶体管的发射极-基极结。包围隔离岛的 N 型区充当此晶体管的集电极。如果正确连接了这个 N 型区，那么通过体二极管分流的电流可以从器件的漏极端口引出。

连接成二极管形式的 PMOS 晶体管既可以具有独立的背栅连接（见图 11.14d），也可以构成反并联体二极管（见图 11.14e）或并联体二极管（见图 11.14f）。大多数 P 型衬底 CMOS 工艺可以构造连接成二极管形式的 PMOS 晶体管三种可能的配置，但是，当体二极管导通时它们通常无法防止发生衬底注入。因此，电路设计人员在使用连接成二极管形式的 PMOS 晶体管之前必须考虑衬底注入的影响。最常见的应用是 PMOS 晶体管电流镜的参考器件，通常使用图 11.14e 中的连接方式。此时，电流镜被偏置成可以防止体二极管导通的形式。

11.2.1 CMOS 工艺结型二极管

传统的 N 阱 CMOS 工艺可以制造至少三个单晶 PN 结:一个位于 N 型源漏区和 P 型外延层之间,一个位于 N 阱和 P 型外延层之间,还有一个位于 N 阱和 P 型源漏区之间。其中任何一个都有可能作为 PN 结二极管的基础,但是所有三个在作为正向偏置器件方面存在严重的限制。前两者要求阴极偏压低于衬底电位,第三者则构成了衬底 PNP 型晶体管的一部分(参见9.3.1节)。尽管存在这些限制,N 型源漏区/P 型外延层和 P 型源漏区/N 阱二极管都被用作ESD 保护器件和天线二极管。P 型源漏区/N 阱二极管还可以用作很有用的齐纳二极管。在双阱工艺中,N 型源漏区/P 阱二极管取代了 N 型源漏区/P 型外延层二极管。在三阱工艺中,设计人员可以在 N 型源漏区/P 型外延层和 N 型源漏区/浅 P 阱二极管之间进行选择。同样,四阱工艺提供了 N 型源漏区/深 N 阱二极管和 N 型源漏区/浅 N 阱二极管之间的选择。

模拟 CMOS 工艺还可以通过创造性地使用硅化物阻挡掩模、栅极掺杂阻挡掩模,或两者结合,潜在地制造多晶硅 PN 结二极管,更为人熟知的是多晶二极管。尽管多晶二极管比单晶硅二极管表现出更大的漏电和更多的可变性,但是它们确实偶尔被用作整流器和齐纳二极管,因此值得讨论。

在某些 CMOS 工艺中可能存在其他 PN 结。放置在 N 阱内部的 P 型沟道终止注入可以创建一个轻掺杂的 PN 结。同样,放置在 P 型外延层(或 P 阱)中的 N 型沟道终止注入也可以形成轻掺杂结。将一个浅的重掺杂阱放置在掺杂类型相反的深的轻掺杂阱内,将形成另一种类型的PN 结。但是,这些组合都没有提供作为 PN 二极管引人注目的优势。因此,为了便于讨论,我们只考虑三种类型的 CMOS 工艺 PN 结二极管,即 N 型源漏区/P 型外延层二极管、P 型源漏区/N 阱二极管和多晶硅二极管。

1. N 型源漏区/P 型外延层二极管

简化为最简单的形式,N 型源漏区/P 型外延层二极管的基本结构只包括一个 N 型源漏区方块,内部放置一个接触孔。N 源漏区形成二极管的阴极,而 P+衬底充当其阳极。管芯上其他地方的衬底接触提供了阳极连接。这个简单的 N 型源漏区/P 型外延层二极管实际上已经被用作天线二极管(参见 5.1.6 节)。

N 型源漏区/P 型外延层二极管还可以用于某些 ESD 保护结构,将负极性冲击接地。2 kV 的人体模型(HBM)冲击产生的峰值电流约为 1.3 A,衰减时间常数约为 220 ns. 为了将施加在正向偏置二极管上的峰值电压限制在约 5 V 以下,其串联电阻不能超过 3 Ω。ESD 器件设计人员传统上将 N 型有源区和 P 型有源区的窄带条相互交叉,形成了密集的矩形阵列,如图 11.15所示。用于 2 kV 人体模型(HBM)保护的典型设计占据大约 1000 μm^2 的面积。这种 ESD 器件的紧凑性部分归功于其较低的钳位电压,部分归功于 N 型源漏区/P 型外延层二极管固有的稳健性。

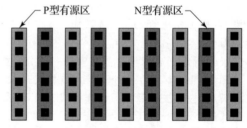

图 11.15　N 型源漏区/P 型外延层二极管的版图

要理解为什么 N 型源漏区/P 型外延层二极管如此强大,首先考虑流过其结上的电流几乎完全由从重掺杂的 N 型源漏区注入轻掺杂的 P 型外延层(或 P 阱)的电子组成。这些电子在复合之前向下扩散至外延层和衬底之间的 P+/P-界面,同时横向扩散了数十微米。这些少数载流子的扩散不仅提供了重要的分布式镇流,而且还将大部分热功耗从表面和热敏感的金属系统中散发出去。

因为 N 型源漏区/P 型外延层二极管具有固有的分布式镇流,所以不需要(也不应该)使用硅化物阻挡掩模来增加额外的镇流。对有源区进行完全的金属硅化处理将有助于最小化串联电阻。增加尽可能多的接触孔和金属将进一步提高器件性能。

正向偏置的 N 型源漏区/P 型外延层二极管将少数载流子电子注入 P 型外延层中。大多数

N 型源漏区/P 型外延层二极管应用的设计者并没有预见到它们在正常工作期间会出现正向偏置。例如,人体模型(HBM)和带电器件模型(CDM)ESD 事件被假定发生在没有连接电源的器件上。然而,任何连接到引脚的 N 型源漏区/P 型外延层二极管仍然必须通过闩锁测试,因此仍然需要常见的保护措施。

低压 NMOS 晶体管通常不占用 P 型外延层,而是通过注入和推进在该 P 型外延层中形成 P 阱。要将 N 型源漏区/P 型外延层二极管转化为 N 型源漏区/P 阱二极管,只需要在其结构周围包围上适当的 P 阱。在某些情况下,设计人员必须编写所需的 P 阱几何结构,而在其他情况下,图案生成算法会自动生成它。三阱工艺提供了 N 型源漏区/P 型外延层二极管和 N 型源漏区/P 阱二极管,而四阱工艺提供了两种类型的 N 型源漏区/P 阱二极管。引入 P 阱降低了电阻,因此潜在地减小了结构的尺寸。这种做法将自热集中到较小体积的硅中。许多浅 P 阱注入采用了倒掺杂分布,进一步限制了少数载流子。所有这些效应共同降低了二极管结构的稳健性,阻止了充分利用 P 阱的较低电阻。作为一般规则,不管结构的确切细节如何,要实现给定的 ESD 保护级别所需的 N 型源漏区二极管面积变化不大。

N 型源漏区/P 型外延层二极管也可以用作齐纳二极管,但是很少这样做,因为更通用的 P 型源漏区/N 阱齐纳二极管通常表现出大约相同的击穿电压。

2. P 型源漏区/N 阱二极管

P 型源漏区/N 阱二极管由放置在 N 阱内的一个或多个 P 型源漏区组成。当正向偏置时,这个结构变成了衬底 PNP 型晶体管的基极-发射极结。在高电流密度下,该结构在 β 值滚降后的行为特性更像一个二极管。ESD 二极管工作在极端电流密度下,因而最好视为二极管来处理。当以反向击穿方式操作时,P 型源漏区/N 阱二极管也表现为真正的双端二极管。

ESD 器件设计人员将 P 型源漏区/N 阱二极管用作反并联二极管钳位器的一部分(参见 14.4.1 节)。典型的布局类似于图 11.15,不同之处在于一个 N 阱矩形包围了 N 型有源区和 P 型有源区条带阵列。由此得到的结构具有与 N 型源漏区/P 型外延层二极管相似的稳健性,其原因在于:低钳位电压、对于给定的表面积具有较大的硅体积,以及分布式镇流。尽管用于 ESD 保护的 P 型源漏区/N 阱二极管在器件工作过程中通常不会正向偏置,但在闩锁测试条件下它可能会正向偏置。因此,只要 P 型源漏区/N 阱二极管连接到封装引脚,就需要采取适当的措施防止闩锁。

P 型源漏区/N 阱二极管也可以用作齐纳二极管。在早期使用相对较轻掺杂阱的工艺中,击穿电压超过了 20 V。具有更重掺杂阱的新工艺表现出较低的击穿电压,但在任何情况下都不会降低到 7 V 以下,因为在 PMOS 晶体管中,与真正的齐纳传导相关的软击穿特性导致不可接受的"泄漏"。因此,所有的 P 型源漏区/N 阱"齐纳"二极管实际上都是雪崩击穿二极管。

图 11.16 显示了采用 P 型源漏区/N 阱二极管击穿电压约为 16 V 的工艺构建的一个 P 型源漏区/N 阱齐纳二极管的版图和横截面图。该齐纳二极管的阳极由 P 型有源区几何结构组成。阴极由一个封闭的 N 阱组成,并由一个 N 型有源区环作为接触引出。放置在 P 型源漏区/N 阱结之上的一圈多晶硅环充当场板。将这个多晶硅环连接到阳极会产生一个垂直电场,该电场加宽了耗尽区并迫使雪崩击穿发生在表面下方。该场板的有效性取决于 P 型源漏区/N 阱结的击穿电压以及场氧化物侧壁的锥度。金属场板几乎不会那么有效,因为它下方的氧化层明显要厚得多。如果没有起作用的场板,则毫无疑问会发生某种程度的齐纳蠕变(也可能还有齐纳逆转)。

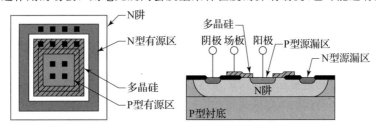

图 11.16 模拟 BiCMOS 工艺 P 型源漏区/N 阱齐纳二极管的版图和横截面图

P 型源漏区/N 阱齐纳二极管通常在每线性微米阴极外围不超过 $1\sim2\ \mu A$ 的连续电流下工作。更高的电流最好通过交叉排列一组 P 型源漏区和 N 型源漏区条带。该阵列最外面的条带应该始终由 P 型源漏区组成，以确保所有的 N 型源漏区指条均匀导通。

P 型源漏区/N 阱齐纳二极管甚至可以被相对较短的大电流脉冲毁坏。能量在反向偏置结周围相对有限的耗尽区体积内耗散。耗尽还消除了 N 阱本来可以提供的大部分镇流作用。在有源区表面形成金属硅化物则消除了大部分剩余的微弱镇流作用。

通过将分布式镇流引入其结构中，P 型源漏区/N 阱齐纳二极管通常可以变得更加坚固。如果该工艺对源/漏区进行了硅化处理，则可以通过使用硅化物阻挡掩模去除 P 型源漏注入区边缘周围的硅化物来实现镇流。对硅化物阻挡掩模进行编码，以便在接触孔和绘制的有源区边缘之间至少存在 $1\sim2\ \mu m$ 的非硅化物注入。

如果该工艺没有完全对源/漏区进行硅化处理，则可以通过简单地将有源区对接触孔的覆盖区增加 $1\sim2\ \mu m$ 来插入额外的分布式镇流。整个几何结构的所有侧边都应该接受这个增加的覆盖区。

3. 多晶硅二极管

人们可以在多晶硅中创建 PN 结，就像在单晶硅中一样容易。然而，多晶硅和单晶硅之间的差异导致这些 PN 结的行为有所不同。因此，本小节首先回顾了多晶硅的相关特性。

与所有多晶材料一样，多晶硅由称为晶粒的单个晶畴的集合组成，这些晶粒在称为晶界的表面处彼此相邻。多晶的晶粒表现出这样一种倾向，即将它们自身定向在大致相同的方向，但没有两个晶粒呈现完全相同的取向。相邻晶粒的原子彼此之间无法形成规则的键合排列，从而产生大量的悬挂键。多晶硅通常是通过硅烷气体的热分解沉积而成的。该反应产生的氢钝化了一些(但是并非全部的)悬挂键。

可以将硅烷气体与掺杂剂气体(例如乙硼烷)混合。这种技术被称为原位掺杂，只能产生 P 型硅，因为 N 型掺杂剂会极大地降低薄膜的沉积速率。因此，大多数的数字 CMOS 工艺首先沉积本征的多晶硅栅，然后通过沉积或注入对其进行掺杂。一些工艺对所有的多晶硅栅使用单一的整片 N+注入。其他工艺使用图案化的 N+和 P+注入来分别创建 N 型和 P 型金属硅化物多晶硅栅。原位掺杂或轻度的整片注入通常可以确保多晶硅中没有真正的本征区域。这样做有两个原因。首先，它提供了一种创建高薄层电阻值的简单方法，而无须添加额外的掩模步骤。其次，它确保了如果缺陷出现在没有接受栅掺杂剂区域上方的硅化物当中，多晶硅的电阻不会高到形成开路缺陷的程度。在执行所有的离子注入之后，热推进或快速热退火将使该掺杂剂在多晶硅中重新分布。所有常见的掺杂剂都会优先沿着晶界扩散，导致它们在类似的退火条件下比在单晶硅中移动更远。人们熟知砷和磷也会在晶界处析出，而硼似乎不会这样。

威廉·肖克莱于 1949 年首次提出了成功的 PN 结工作原理理论。这个理论将 PN 结的反向传导分为两个主要分量，一个由空穴组成，空穴从阴极扩散来，一直到阳极再复合；另一个由电子组成，电子从阳极扩散来，一直到阴极再复合。还存在第三个分量，它源于耗尽区内存在肖克莱-霍尔-里德(Shockley-Hall-Read，SHR)复合中心。这些中心也可以产生载流子。当 PN 结处于零偏压时，产生和复合的速率相等。将 PN 结反向偏置导致产生超过复合；将 PN 结正向偏置则导致复合超过产生。无论是正偏还是反偏，都会有一个净电流流过 PN 结。该电流有时称为萨支唐-诺伊斯-肖克莱(Sah-Noyce-Shockley，SNS)电流，这是以其三位发现者的名字来命名的，更常见的称呼则是产生-复合电流。

晶界内存在的陷阱可以充当 SHR 中心。在耗尽区内存在的晶界导致耗尽区内 SHR 中心的数量极大增加，因此导致产生-复合电流增大。多晶硅二极管确实展示了这种效应的证据，但其他一些机制进一步导致高掺杂浓度下的泄漏电流增大。这一附加机制的性质仍然不清楚。研究人员提出了多晶硅晶粒内部陷阱的热发射，但是他们也承认隧道效应可能发挥了作用。对于由较轻侧为 $1\ k\Omega/\square$ 多晶硅组成的二极管，测得的反向泄漏电流约为 $10\ pA/\mu m$；而对于由较轻侧为 $100\ \Omega/\square$ 多晶硅组成的结，测得的反向泄漏电流约为 $10\ nA/\mu m$。在这两种情况下，多晶硅的厚度均为 0.5 μm。尽管这些电流比等效单晶硅结的电流大几个数量级,但是它们仍然足够小,允许在许多应用中使用多晶硅二极管。多晶硅结的另一个问题是,它们很容易出现由掺杂剂沿晶界扩散而导致的凹凸不平。考虑通过将重掺杂的磷扩散进入较轻的原位掺杂硼背景中创建二极管的情况。假设一个晶界穿透冶金结。磷就会沿着晶界快速扩散,并深入结的硼掺杂一侧,形成一个尖峰状的突起(或尖刺)。包围着该尖刺的耗尽区急剧弯曲就会显著降低击穿电压。

通过将 PN 结替换为 PIN 结构,可以在很大程度上克服结尖刺的问题。这种结构在 P 型阳极和 N 型阴极之间夹着一层本征硅。虽然无法始终如一地制造真正的本征硅,但是任一极性的非常轻掺杂硅也能发挥同样的作用。本征(或几乎本征)层几乎不需要电压就可以完全耗尽,因此耗尽区的宽度等于类似 PN 结耗尽区的宽度加上本征区的宽度。通过添加适当宽度的本征区,可以充分降低耗尽区内的电场,从而容纳可能存在于其边界处的任何尖刺。

包含一个本征区将带来两个困难。首先,耗尽区体积的增加导致了产生-复合泄漏电流与之成比例地增加。其次,本征区内部的电荷存储会引起几微秒的开关延迟。

研究人员已经研究了多晶硅 PIN 二极管作为射频电路可能的静电放电(ESD)器件,这类 ESD 器件不能容忍传统 PN 结隔离结构的寄生电容。这些 PIN 二极管使用了设计的相对窄的本征区,因此,随着本征区宽度增加,反向电流似乎异常减小,这种现象可能是掺杂剂沿着晶界的扩散能力增强而产生在实际结的界面处有效掺杂减少所导致的。

图 11.17a 显示了采用单掺杂多晶硅工艺构建的多晶硅二极管的布局。厚度为 5 kÅ(0.5 μm)的多晶硅通过原位掺杂硼,以获得大约 500 $\Omega/\square$ 的薄层电阻。随后进行的大剂量重掺杂磷注入将多晶硅栅极的薄层电阻降低到大约 20 $\Omega/\square$。一个可选的栅极掺杂阻挡掩模允许构建 500 $\Omega/\square$ 的高值薄层电阻。该工艺不需要硅化物阻挡掩模,因为该工艺仅对接触孔区域形成金属硅化物。该二极管由一个矩形多晶硅组成,两端各有一排接触孔。在掺杂阻挡层(即高值电阻层,HSR)上绘制的矩形包围了阳极接触孔。在高值电阻层几何图形内部放置一个较小的同心矩形 P 型源漏注入区,以增加接触孔下方的掺杂,从而确保欧姆接触。掺杂阻挡层几何图形对绘制的 P 型源漏注入区的覆盖设置了轻掺杂阳极的绘制宽度。由于掺杂剂沿着晶界的扩散增强,因此,该绘制宽度必须远大于实际所需宽度,通常绘制宽度需要至少 2 μm 才能产生最小反向击穿电压为 6 V 的结构。由于泄漏过大,更低的电压是不实际的。

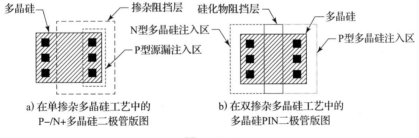

a) 在单掺杂多晶硅工艺中的　　　　　b) 在双掺杂多晶硅工艺中的
　P–/N+多晶硅二极管版图　　　　　　　多晶硅PIN二极管版图

图　11.17

图 11.17b 显示了双掺杂多晶硅 PIN 二极管的版图。双掺杂多晶硅工艺沉积本征硅,并且使用两次独立的注入分别为 NMOS 和 PMOS 晶体管创建 N+ 和 P+ 多晶硅。随后对栅极多晶硅进行硅化处理。多晶硅 PIN 二极管的主体由一块矩形多晶硅组成。横跨多晶硅区域中心设置一个矩形硅化物阻挡层(SiBlk)将限制钛硅化物进入该结构的有源部分。N 型多晶硅注入区(NGate)和 P 型多晶硅注入区(PGate)的矩形图形表示分别接受 N 型掺杂剂和 P 型掺杂剂的多晶硅区域。某些工艺使用 N 型源漏区(NSD)和 P 型源漏区(PSD)来实现此目的。未接受任何注入的区域则形成 PIN 二极管的本征区域。本征区的设计宽度等于 NGate 和 PGate 几何图形之间的间距。掺杂剂沿着晶界扩散导致掺杂剂侵入本征区域,因此,本征区域的绘制宽度必须比所需的本征区宽几微米。较小的绘制本征区域宽度实际上会产生多晶硅 PN 结二极管而不是多晶硅 PIN 二极管。与真正的 PIN 二极管相比,这种 PN 结二极管表现出更低、更可变的击穿电

压以及更大的泄漏电流。

尽管多晶硅二极管已成功用作 ESD 元件，但是它们是热脆弱的器件，因为它们包含少量被场氧化层和多层氧化物热绝缘的硅。过多的功率耗散可能会因为熔化和合金化而产生短路，或者因为多晶硅本身的破裂或蒸发而产生开路。

11.2.2 模拟 BiCMOS 工艺结型二极管

任何模拟 BiCMOS 工艺都可以制造与其衍生的 CMOS 工艺相同的结型二极管。所有这些模拟 BiCMOS 工艺还可以制造出至少一种连接成二极管形式的晶体管。大多数这些工艺还提供隔离的功率二极管和某种形式的齐纳二极管，通常是使用 DMOS 工艺中的阱（DWell）掩模的掩埋型齐纳二极管。以下部分描述了这些器件的制造，并讨论了它们的优点和缺点。

1. 连接成二极管形式的双极型晶体管

任何模拟 BiCMOS 工艺都可以制造出连接成二极管形式的晶体管。大多数这种工艺提供至少两种双极型晶体管，其中一种是 NPN 型晶体管，另一种是 PNP 型晶体管。NPN 型晶体管在 β 值和开关速度方面通常都优于 PNP 型晶体管。高 β 值减小了基极电阻对连接成二极管形式晶体管的电流-电压特性的影响。高 f_T 最大限度地减小了二极管的反向恢复延迟。因此，连接成二极管形式的晶体管通常更多地是由 NPN 型晶体管而不是 PNP 型晶体管来构建的。连接成二极管形式晶体管的最佳配置仍然是集电极和基极连接在一起形成阳极，发射极形成阴极。

采用单独基极扩散的模拟 BiCMOS 工艺可以制造具有合并集电极-基极结构的连接成二极管形式的晶体管，类似于图 11.2 所示的结构。然而，BiCMOS 工艺的尺寸更加紧凑，这使得这种合并的好处具有争议性。因为此类合并不是绝对必要的，所以许多现代验证工具不支持它们。这种不支持在设计高电流结构时可能会最为明显。

也可以使用扩展基区、浅阱基区、甚至 DMOS 阱（DWell）基区来构建连接成二极管形式的晶体管，这些器件的发射极-基极击穿电压范围为 6～20 V，温度系数为 +2～+10 mV/℃。扩展基区和浅阱基区器件会出现表面击穿，而使用 DMOS 阱的器件可能会经历表面击穿或亚表面击穿，具体取决于所使用的确切结构。表面击穿通常意味着一定程度的齐纳蠕变。一些 BiCMOS 表面齐纳二极管还会出现一种称为齐纳逆转的现象，其中击穿电压的时间变化速率减慢，达到零，然后反转。击穿电压渐近地接近最终值，该最终值可能低于初始值多达 250 mV（在一些极端情况下甚至高达 1 V）。单个二极管击穿电压的变化速率及其最终值之间通常存在相当大的差值。

有几种理论旨在解释齐纳逆转（参见 5.3.2 节）。考虑到 BiCMOS 齐纳二极管通常可以在几秒钟内经历从蠕变状态转换到逆转状态，最有可能的机制涉及热电子中和正电荷界面陷阱。齐纳逆转在模拟 BiCMOS 中普遍存在，但是在标准的双极型晶体管中则不然，这一点还有待解释。齐纳逆转可能与使用（100）硅而不是（111）硅有关$^{\ominus}$。

多晶硅发射极晶体管因表现出严重的雪崩诱导的 β 衰退而臭名昭著。这种衰退的发生似乎是因为热载流子沿着多晶硅和单晶硅之间的界面产生陷阱位置。这些陷阱位置充当肖克莱-霍尔-里德（SHR）复合中心。其中一些复合中心位于距离发射极底部表面足够接近的地方，实际上渗入了发射极-基极耗尽区，导致产生-复合电流增加（参见 11.2.1 节）。同样的效应还导致反向饱和电流增加几个数量级。众所周知，多晶硅发射极结构的器件比其同类的扩散发射极结构器件的热脆弱性要高得多。如果有选择的话，最好不要使用多晶硅发射极来构建齐纳二极管。

2. BiCMOS 功率二极管

许多模拟 BiCMOS 工艺包括 N 型埋层和深 N+ 下沉扩散区。如果 N 阱向下延伸至 N 型埋层，就可以创建一个横截面类似于图 11.18a 的功率二极管。一个矩形 P 型有源区形成该二极管的阳极。阴极由一个封闭的 N 阱组成，该 N 阱由 N 型埋层作为铺底，并且被深 N+ 区环绕。埋层和下沉扩散区提供了从 P 型源漏注入区下方的 N 阱到阴极接触孔的低电阻路径。这个低电

$\ominus$　例如，（100）硅和（111）硅中的悬挂键在能级上有所不同。

阻路径的存在允许使用紧凑和节省空间的 P 型源漏注入区阳极，而不是 CMOS 二极管所特有的窄 P 型有源区指条阵列。深 N＋区和 N 型埋层还形成了一个空穴阻挡保护环，最大限度地减少了衬底注入。该保护环的存在允许二极管在没有对衬底进行自偏置的情况下传导几安培的电流。因此，该功率二极管可以提供系统级的 ESD 保护，在 ESD 冲击期间不会干扰电路的正常运行。

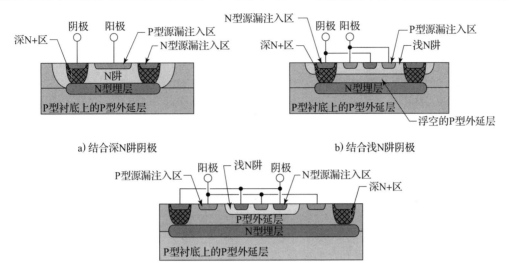

图 11.18　模拟 BiCMOS 功率二极管使用 PSD 阳极

在构建一个横截面类似于图 11.18a 所示的功率二极管时，将绘制的 N 型埋层边缘至少延伸到绘制的深 N＋区的外边缘。这种重叠不仅最小化了两个区域之间的电阻，还有助于确保少数载流子不能从空穴阻挡保护环的薄弱点中溜过。

一些模拟 BiCMOS 工艺使用浅 N 阱，该 N 阱不能一直延伸到 N 型埋层。如果深 N＋下沉区的掺杂浓度仍然远远高于浅 N 阱，那么可以构建一个类似于图 11.18b 所示的功率二极管。一些设计人员担心，在浅 N 阱和 N 型埋层之间存在一个浮空的 P 型外延层会损害空穴阻挡保护环的有效性。然而，这种情况并不会发生，因为相比于更重掺杂的 N 型埋层和 P 型外延层之间的结，浅 N 阱和 P 型外延层之间的结具有更低的正向电压。因此，当空穴注入浮空的 P 型外延层中使其发生自偏置时，由此产生的大部分空穴电流会向上流入浅阱中，而不是向下流入 N 型埋层中。

尽管浮空的 P 型外延层不会损害空穴阻挡保护环，但是它确实阻止了 N 型埋层提供一个连通到阴极接触孔的低电阻路径。相反，该二极管必须使用一组交错排列的 N 型有源区和 P 型有源区指条，类似用于 CMOS 二极管的叉指指条。这种结构的空间利用效率要比图 11.18a 所示的结构低得多。

现代半导体制造工厂几乎完全放弃了沉积工艺，而更多地采用离子注入工艺。但是，离子注入机很难产生具有足够掺杂浓度的深 N＋下沉区，以用作相对较重掺杂的浅倒梯度掺杂阱的有效空穴阻挡保护环。如果没有有效的空穴阻挡保护环，就不能使用图 11.18b 所示的结构。

图 11.18c 显示了一个版图布局，试图用一个零偏置的空穴收集保护环来取代空穴阻挡保护环。浅 N 阱已经从深 N＋区处被拉回，以便在两者之间插入一个 P 阱的环。P 型源漏注入区的窄条形带与 P 阱接触，通过这个接触连接到 P 型外延层。深 N＋区、P 阱和浅 N 阱都连接在一起，形成这个二极管的阴极。P 阱和 P 型外延层形成了一个零偏置的空穴收集保护环，在高电流下会饱和。然后，P 阱将空穴注入深 N＋区。尽管这些空穴中有很多会在深 N＋区内部发生复合，但是还有相当一部分空穴会渡越该深 N＋区。因此，大电流工作会导致大量的衬底注入。图 11.18c 的结构足以满足几毫安的电流，但是尚不能满足数百毫安的电流。

图 11.19 显示了另一个隔离功率二极管的版图和横截面图。该器件本质上只不过是一个由隔离岛构建的深 N+区/P 型外延层二极管。深 N+环顶部上的接触孔应当连接到二极管的阴极。下沉区和埋层的重掺杂浓度非常高,以致于流过正向偏置二极管的绝大多数电流由注入 P 型外延层的电子组成,而不是注入 N 型区域的空穴。因此,该结构在正向偏置时注入相对较小(但非零)的衬底电流。

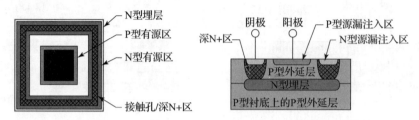

图 11.19　模拟 BiCMOS 工艺中一个隔离岛构建的深 N+区/P 型外延层二极管的版图和横截面图

最佳的功率二极管版图布局可能是如图 11.18a 所示的布局,因为该结构将非常紧凑的阳极与低电阻的阴极接触系统相结合,该系统同时也充当高效的空穴收集保护环。图 11.18b 和图 11.19 所示的结构实际上是 P 型源漏注入区/N 阱和 N 型源漏注入区/P 阱二极管的隔离版本。由于零偏置的空穴收集保护环可能会发生饱和,图 11.18c 所示的结构只建议用于低电流应用。

3. DMOS 掩埋型齐纳二极管

一些模拟 BiCMOS 工艺提供掩埋型齐纳二极管。其中一种结构使用了制造双扩散 MOS (Double-diffused MOS,DMOS)晶体管的工艺扩展。该扩展使用 DMOS 阱(DWell)掩模来图案化氧化层开口,通过这些开口可以进行砷和硼的离子注入。随后的热推进使得硼扩散到砷之外。最终的结构由一个浅的、重掺杂的 N 型区域组成,该区域被包围在一个稍微更深而且掺杂更轻的 P 型区域内。N 型区域形成 DMOS 晶体管的源极,而周围的 P 型区域充当背栅衬底。

图 11.20 显示了使用 DMOS 阱区掩模构建的掩埋型齐纳二极管。一个圆形 DMOS 阱插塞设置在 P 型隔离岛内。一个 N 型源漏注入区几何结构包围整个 DMOS 阱区。N 型源漏注入区形成掩埋型齐纳二极管的阴极,而 DMOS 阱区注入的 P 型部分形成阳极。一个或多个 P 型有源区条带被放置在 N 型源漏注入区几何结构之外,同时位于隔离的 P 阱内部,以便实现与掩埋型齐纳二极管阳极的电接触。击穿发生在 N 型源漏注入区和 P 型 DMOS 阱区之间。这种击穿发生在 DMOS 阱注入区的中心还是周围,取决于 N 型 DMOS 阱注入去比 N 型源漏注入区更深还是更浅。无论哪种情况,该二极管器件都表现出亚表面击穿。击穿电压取决于 DMOS 阱注入区 P 型部分的掺杂水平;击穿电压值通常介于 6~9 V 之间。

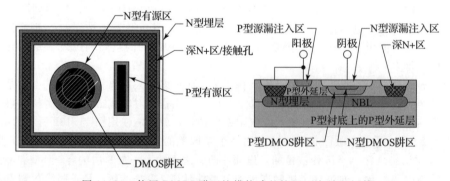

图 11.20　使用 DMOS 阱区掩模构建的掩埋型齐纳二极管

用于隔离掩埋型 DMOS 齐纳二极管的深 N+区和 N 型埋层结构可以连接到其阳极或阴极,或者连接到其电压始终高于阳极电压的任何电路节点。它们通常连接到阳极,如图 11.20 所示。应当特别注意避免将深 N+区和 N 型埋层连接到高电阻的电路节点,特别是当电路在非常低的电流水平下工作时。一个模拟 BiCMOS 集成电路的故障正是因为这个原因而追踪到的。该电路向一个齐纳二极管的阳极馈入了微安级别的电流，其阴极接地。围绕齐纳二极管的深 N+区和 N 型埋层连接到阳极。相邻电路中的开关瞬变将少量的电子电流注入 P 型外延层中。电子电流从齐纳二极管的阳极中流出，并导致其电压降低到低于该齐纳二极管的击穿电压。将深 N+区和 N 型埋层的连接更改为接地解决了这个问题。

11.2.3 CMOS 及模拟 BiCMOS 工艺肖特基二极管

早期的金属栅 MOS 工艺使用铝接触。随着源/漏区变得更浅以减小重叠电容，结尖峰成为一个日益严重的问题。工艺设计人员通过有选择地对接触孔进行金属硅化处理解决了这个问题。铂硅化物和钯硅化物经常被选择用于此目的。使用这些贵金属硅化物的 CMOS 工艺现在可以制造出肖特基二极管。模拟电路设计人员很快就发现了这些器件的用途。

用多晶硅栅替代金属栅显著地提高了 CMOS 工艺的阈值电压控制。起初，多晶硅的电阻几乎不受关注。然而，随着沟道长度减小和开关速度增加，由多晶硅电阻引起的栅延迟开始限制时钟速度。显而易见的解决方案是对栅极多晶硅进行金属硅化处理。不能使用贵金属硅化物，因为它们在对源/漏区进行必要的退火时所需的温度下会发生分解。工艺设计人员转而使用难熔金属硅化物，特别是钛硅化物。但是钛硅化物的势垒高度太低，无法制造低漏电的肖特基二极管。工艺扩展可以有选择地在接触孔中重新引入贵金属硅化物，但是这种扩展的成本阻碍了其普遍采用。因而，肖特基二极管基本上从模拟设计中消失了。

随着器件栅长降至 1 μm 以下，实现低电阻的钛硅化物所需的退火条件成为了一个大问题（参见 2.7.3 节）。因此，工艺设计人员开始寻求替代方案。他们最初青睐二硅化钴（$CoSi_2$），因为它具有低电阻、热稳定性和低形成温度。这种硅化物恰好表现出有利的势垒高度，因此不需要在昂贵的工艺扩展情况下制造肖特基二极管。

与钛不同，钴不容易与二氧化硅发生反应。因此，自然氧化物的存在会干扰硅化反应，并产生表面不规则性，被称为尖刺，这些尖刺可能会导致结穿刺。这些尖刺还会导致肖特基二极管中的电场增强，从而导致正向电压的涨落增加。工艺工程师也不喜欢二硅化钴，因为它对硅表面的侵蚀深度相对较大。最近，硅化镍（NiSi）已经成为二硅化钴的有吸引力的替代品。硅化镍不会受到尖刺问题的影响，但是它仍然具有对 N 型硅合理的势垒高度。使用硅化镍代替二硅化钴的工艺也可以制造出可用的肖特基二极管。

图 11.21 展示了采用 CMOS 工艺构造的肖特基二极管的版图和横截面图。该工艺可以使用贵金属硅化物（如铂硅化物）或者难熔金属硅化物（如二硅化钴或硅化镍）。在接触孔上编码的有源区几何形状确保接触孔穿透薄氧化层。接触孔边缘周围的 P 型源漏区扩散环充当场缓保护环。该肖特基二极管的反向击穿电压受 P 型源漏注入区/N 阱结的雪崩击穿电压的限制，而不是受到肖特基二极管的平面击穿电压的限制。如果需要更高的击穿电压，可以用更轻掺杂的 P 型区域（如浅 P 阱或 P 型沟道终止注入区）替代 P 型源漏注入区。或者，场缓保护环可以替换为简单的场板。需要注意的是，场板肖特基二极管通常比保护环肖特基二极管具有较低的击穿电压和较高的反向泄漏电流。

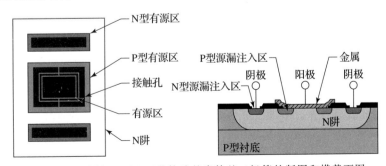

图 11.21　采用 CMOS 工艺构造的肖特基二极管的版图和横截面图

由于没有 N 型埋层和深 N+区，采用 CMOS 工艺制造的肖特基二极管具有相对较高的串联电阻。通过拉长肖特基接触并且用阴极接触孔将其四周包围，可以最大限度地减小该电阻。较大的肖特基二极管通常采用叉指式阳极和阴极接触孔。这些步骤不会像 N 型埋层和深 N+区那样降低串联电阻。支持几毫安的电流是很容易的事情，但是数百毫安的电流通常需要非常大的版图布局，这通常是令人望而却步的。

高正向电流还会产生一些空穴注入。保护环肖特基二极管特别容易出现这个问题，因为由保护环创建的 PN 结在高电流水平下呈正向偏置。然而，场板肖特基二极管在高电流水平下也表现出较低水平的空穴注入。CMOS 肖特基二极管难以控制空穴注入，因为它们缺乏构建空穴阻挡保护环所需要的层次。

许多 CMOS 和 BiCMOS 工艺需要使用小尺寸接触孔的阵列，而不是单个的大尺寸接触孔。小尺寸接触孔的阵列不适用于构建肖特基二极管，因为它们无法形成保护环。只有在源/漏区完全形成硅化物时，才能在此类工艺中构建出肖特基二极管。在这种情况下，未被 P 型源漏注入区或 N 型源漏注入区覆盖的有源区也将接受硅化物沉积。整个形成硅化物的有源区成为肖特基二极管的阳极。设置在这个有源区上的小尺寸接触孔阵列仅提供与硅化物的电接触。

采用贵金属硅化物或高势垒高度难熔金属硅化物的模拟 BiCMOS 工艺也可以制造肖特基二极管。N 型埋层和深 N+区的引入可以大大降低寄生电阻。图 11.22 显示了 BiCMOS 工艺 P 型源漏注入区保护环肖特基二极管的版图和横截面图。这种特殊的二极管旨在工作在低电流水平下，其中衬底注入不会造成问题。如果关注衬底注入，深 N+下沉区可以延伸到其结构周围以形成空穴阻挡保护环。配备这种保护环的大尺寸肖特基二极管可以轻松传导几安的电流，而不会产生过度的衬底注入。

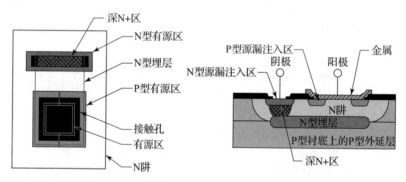

图 11.22　BiCMOS 工艺 P 型源漏注入区保护环肖特基二极管的版图和横截面图

11.3　匹配二极管

本章讨论的器件分为三大类：PN 结二极管、齐纳二极管和肖特基二极管。不同类别的二极管不会彼此匹配，因为它们依赖于根本不同的传导机制。同一类别的二极管在可能的情况下可以相互匹配，但是前提是它们使用相同的扩散工艺并且版图布局正确。本节简要讨论每种类型匹配二极管的优点和缺点，以及优化其匹配所需的技术。

11.3.1　匹配 PN 结二极管

采用双极型和 BiCMOS 工艺构建的大多数二极管实际上是连接成二极管形式的晶体管。在许多情况下，它们的版图布局与传统的双极型晶体管非常相似。10.3.1 节和 10.3.2 节中给出的规则也适用于这些器件。纯 CMOS 工艺可以制造出一个衬底 PNP 型晶体管，通常可以用作连接成二极管形式的晶体管。10.3.1 节的规则也适用于此器件，不管将其视为衬底 PNP 型晶体管还是 P 型源漏注入区/N 阱二极管。

一些连接成二极管形式的晶体管使用合并的集电极-基极接触孔，如图 11.2 所示。这种版图布局技术允许合并接触孔下方的发射极扩散区，以便非常接近实际的发射极。这两个发射极扩散区必须遵守发射极与未相互连接发射极之间的距离规则(参见 10.2.3 节)。对于匹配的器件,应当将这个间距增加几微米,以提供额外的空间供少数载流子扩散到基区。限制少数载流子的流动减小了器件的有效尺寸,这可能会影响器件的匹配(特别是比率对之间的匹配)。

包含连接成二极管形式晶体管的比率对电路通常试图控制它们的发射极电流而不是集电极电流。这使得比率对产生的电压差很容易受到低电流 β 滚降和高电流 β 滚降引起的变化的影响。连接成二极管形式的晶体管应该工作在低电流 β 滚降的阈值以上和高电流 β 滚降的阈值以下。这只有在两个滚降区不相交的情况下才有可能。β 随集电极电流变化特性表现出一个明显的适中电流平台的晶体管符合这一要求,而没有这种平台的晶体管则不符合。标准的双极型垂直结构 NPN 型晶体管通常表现出一个宽阔且明确的 β 平台。采用 CMOS 和 BiCMOS 工艺制造的大多数双极型晶体管很少或没有呈现出 β 平台的迹象。如果晶体管的 β 值不足以满足预期的应用,且基极电流补偿技术确实存在的话,则应该考虑该技术。

如果必须使用不表现出 β 平台的连接成二极管形式的晶体管来构建比率对,并且无法进行基极电流补偿,则这些器件应当工作在峰值 β 处或接近峰值 β 处。这些器件之间的电压差随加工工艺的变化会比它们在 β 平台内工作时的情况更大。

P 型源漏注入区/N 阱二极管实际上是连接成二极管形式的晶体管,而这些晶体管几乎从不表现出明显的 β 平台。如果可能的话,应当尽量避免构建这些二极管的比率对。模拟 BiCMOS 工艺可以将 P 型源漏注入区/N 阱二极管封闭在空穴阻挡保护环内,以迫使它们表现为真正的 PN 结二极管,但是添加这些保护环并不能消除导致低电流和高电流 β 滚降的机制。这些机制仍然会扭曲由比率对二极管产生的电压差。简而言之,我们不可能简单地通过将比率对二极管连接的晶体管包封在空穴阻挡保护环中来解决它们之间的问题。

P 型源漏注入区/N 阱二极管还存在由 N 阱电阻引起的失配问题。β 值的任何变化都会导致流过 N 阱电阻的电流发生相应的变化。接近单位电流增益的 β 值加剧了这种影响。许多使用浅重掺杂阱构建的 P 型源漏注入区/N 阱二极管表现出接近单位电流增益的 β 值。随机 β 失配可能会在 N 阱电阻上产生显著的随机电压变化。通过将 P 型有源区几何形状延长为细长条,并将其放置在 N 型有源区接触孔之间(见图 11.23),可以最大限度地减少 N 阱电阻及其带来的问题。

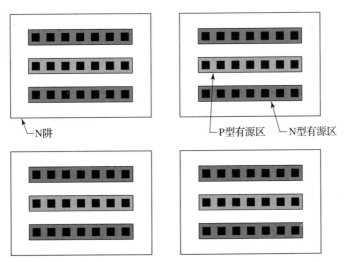

图 11.23　一对匹配的 P 型源漏注入区/N 阱二极管的版图布局

多晶硅二极管绝不能用于需要精确匹配的应用中。这些器件表现出比单晶硅 PN 结二极管大得多的随机变化。和 PN 结比较起来,这些变化源于多晶硅晶粒数量和排列的随机波动。这些随机波动相应地又引起了产生-复合电流的巨大变化。

11.3.2　匹配齐纳二极管

　　齐纳二极管很难匹配，因为它们的击穿电压非常依赖于电场强度。PN 结几何结构中的任何弯曲都会增强电场并导致击穿电压局部降低。设计人员经常会尝试消除匹配的齐纳二极管结的拐角，希望借此消除在这些点处的优先击穿。然而，向外扩散通常会使正方形或矩形结构的拐角变得足够圆滑，以确保这些点处的横向曲率小于结侧壁的垂直曲率。如果是这种情况，拐角的存在或不存在都不会影响雪崩行为。

　　佩尔格罗姆定律（Pelgrom's Law）并不适用于低电流密度下工作的齐纳二极管，因为反向偏置和雪崩电流之间的指数关系会产生一种"赢者通吃"的情况。在最低电压处发生雪崩击穿的点确定了整个器件的雪崩电压。理论上，在更高的电流密度下可以通过插入镇流电阻来解决这个问题。但是，发射极-基极齐纳二极管的发射极薄层电阻太小，无法提供有效的镇流。较大的基极薄层电阻可能提供足够的镇流，但是简单的计算就会显示出这样做的困难。假设电流完全从环形基极接触孔的内边缘横着流向圆形发射极的外边缘。该结构上产生的电压降为

$$V = J R_S r_1 \ln\left(\frac{r_2}{r_1}\right) \tag{11.9}$$

式中，J 为发射极周边的电流密度（单位为 $\mu A/\mu m$）；R_S 为基极扩散区的薄层电阻；r_2 为基极接触孔内边缘的半径；r_1 为发射结扩散区的半径。将一个小尺寸的发射极-基极齐纳二极管的典型值（$J = 10\ \mu A/\mu m$，$R_S = 160\ \Omega/\square$，$r_1 = 4\ \mu m$，$r_2 = 8\ \mu m$）代入该式，得到镇流电压为 4 mV。在实际应用中，沿着垂直方向的电流集中会使这个镇流电压略有增加，但是仍然不足以达到有效镇流所需的 50 mV 左右。

　　匹配的齐纳二极管通常采用大的圆形几何结构，目的是消除在拐角处的优先击穿并减少失配的随机变化（有可能是徒劳的）。因而，阳极接触孔和阴极接触孔都应当是圆形对称的，或者接近圆形对称。图 11.24 展示了交叉耦合发射极-基极齐纳二极管的四瓣花形版图。阳极接触孔的形状类似于四叶草（或称为四瓣花形），以允许引线将阴极互相连接，而无需在接触孔上方堆叠通孔。四个单独的齐纳二极管占据一个共同的隔离岛，以最小化它们之间的间距。隔离岛将齐纳二极管与衬底隔离开来，但是它不包括 N 型埋层和深 N+区，因为它不需要传导任何大电流。

　　即使是图 11.24 中精心设计的的四瓣花形版图布局，也可能无法提供表面齐纳二极管之间最粗略的匹配，因为这些器件会遭受齐纳蠕变（也可能还有齐纳逆转）。电压偏移的幅度取决于通过该器件的电荷。单个齐纳二极管在齐纳蠕变的速率和渐近接近的最终电压等方面表现出很大的差异。图 11.24 的版图布局通过将发射极金属覆盖在结的上方，以确保每个齐纳二极管的结都具有相同的垂直电场，但是这最多只能最大限度减少齐纳蠕变的差异。发射极-基极齐纳二极管上的场氧化层通常过厚，因此此场板产生的电场太小，无法迫使其发生次表面击穿。设计人员应该能够预见到，从表面上看相似的齐纳二极管之间的齐纳蠕变将相差可能高达 50～100 mV，甚至高达 1 V。掩埋型齐纳二极管不会出现这种严重的不匹配，但是传导中"赢者通吃"的特性仍然阻碍了佩尔格罗姆定律在这些器件上的普遍应用。

　　总之，不应该指望表面齐纳二极管提供优于 50～100 mV 的匹配，即使是掩埋型齐纳二极管也可能表现出较小但是却令人困扰的失配。PN 结二极管或 MOS 晶体管的堆叠表现出比齐纳二极管更大的温度变化，但是它们将匹配得更加准确。

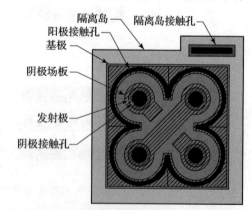

图 11.24　交叉耦合发射极-基极齐纳二极管的四瓣花形版图，该版图假定使用双层金属

11.3.3 匹配肖特基二极管

与齐纳二极管一样，肖特基二极管本质上难以匹配。肖特基势垒的特性取决于许多因素，包括金属成分、硅掺杂、边缘效应、粗糙度、退火条件以及表面污染物的存在与否。因为这些因素中的大多数都很难控制，所以肖特基二极管通常表现出比 PN 结二极管更大的失配。

在所有可用的肖特基二极管类型中，使用铝制造的肖特基二极管表现出迄今为止最差的匹配。在烧结过程中，当接触被加热时，铝会溶解，随后铝重新沉积在肖特基接触孔的边缘。这些沉积物在位置和范围上表现出随机变化，从而导致严重失配。即使在仅仅需要适度匹配的应用中，也不应当使用铝肖特基二极管。

使用贵金属硅化物制造的肖特基二极管具有比使用铝金属制造的二极管更好的匹配特性。贵金属硅化物是贵金属（如铂或钯）与硅发生化学反应的产物，是一种具有确定的化学成分和恒定的势垒高度的材料。匹配的肖特基二极管应该使用场缓保护环，以消除肖特基接触边缘处的电场增强。场板肖特基二极管不会像保护环肖特基二极管那样匹配良好，因为在场板接触的边缘仍然会发生一些电场增强，这反过来扭曲了肖特基二极管的电流-电压特性。一个配置了适当保护环的贵金属硅化物肖特基二极管的理想因子非常接近于 1。例如，对于一个面积为 $250~\mu m^2$ 的硅化铂肖特基二极管，其理想因子的测量值为 1.02。

理想因子大于 1.1 左右的肖特基二极管可能会遭受肖特基势垒内部一定程度不均匀性的影响。小尺寸肖特基二极管似乎比大尺寸肖特基二极管更容易受到这些不均匀性的影响。对于金与 P 型硅形成的肖特基二极管，当直径为 $100~\mu m$，其理想因子为 1.006；对于直径小于 $20~\mu m$ 左右的情况，其理想因子就会急剧增大；对于直径为 $5~\mu m$ 的情况，理想因子达到了 1.41。令人担忧的是，随着直径从 $100~\mu m$ 减小到 $5~\mu m$，这些二极管的势垒高度从 $0.791~V$ 降低到了 $0.623~V$。贵金属硅化物肖特基二极管是否会表现出类似的变化尚不清楚，但是任何此类效应都将干扰到肖特基二极管比率对的精度。因此，避免尝试去匹配肖特基二极管的比率对似乎是明智的。具有相等面积的一个肖特基二极管的匹配对不会表现出相同的对理想因子和势垒高度变化的敏感性，但是导致这些效应的不均匀性无疑会增加它们的随机变化。研究人员还发现，当理想因子明显偏离 1 时，通常表现出温度依赖性，并遵循如下经验公式：

$$n = 1 + T_0/T \tag{11.10}$$

式中，T 为绝对温度；T_0 为称为超额温度的常数。一个非理想因子为 1.1 的肖特基二极管将表现出大约 $30~K$ 的超额温度。如果非理想因子遵循这种关系，那么由一个比率对产生的电压差将呈现一个与超额温度的幅度成比例的恒定偏移电压。

二硅化钴肖特基势垒由于残留的自然氧化层对硅化过程产生了干扰而出现尖刺现象。高温退火导致硅化物晶粒边界处尖刺的生长，从而进一步加剧了这种效应。由于这种机制，当退火温度从 $900~℃$ 上升到 $1100~℃$ 时，理想因子从 1.06 增加到了 1.50。硅化镍不会出现与自然氧化层相同的困难，因此可能比二硅化钴表现出更好的匹配。

总之，使用贵金属硅化物创建的肖特基二极管应该匹配得相对良好，前提是它们的尺寸超过 $10 \sim 15~\mu m$，它们使用相同的几何结构，并且在相同的电流密度下工作。对于二硅化钴和硅化镍肖特基二极管，可能也是如此，尽管支持这些结论的实验数据确实有限。匹配的肖特基二极管应当始终采用场缓保护环，以防止在肖特基接触边缘处电场增强，并且它们应该在足够低的电流下工作，以确保此保护环不导电。肖特基接触应为正方形、圆形或其他紧凑的几何形状，以尽量减少周长的变化。如果二极管必须传导超过几十微安的电流，则应当考虑减小其串联电阻。位于二极管下方的 N 型埋层和深 N+ 区的插塞将提供低电阻的阴极连接。如果这些层不可用，或者在 BiCMOS 工艺中 N 阱不能向下延伸到 N 型埋层，那么可以拉长肖特基接触，并用一个环形的阴极接触孔包围着它。

11.3.4 匹配二极管规则

由垂直或横向双极型晶体管构建的二极管应该使用 10.3.1 节和 10.3.2 节中给出的匹配规

则。以下规则适用于所有其他类型的二极管,它们总结了前面几节中讨论的一些概念,并重申了第 8 章中介绍的匹配器件版图布局的基本原则。术语"最小""适度"和"出色"表示匹配精度的逐渐提高,类似于第 10 章中为双极型晶体管给出的术语。这些术语的解释如下。

最小匹配: 工作在相同电流下的二极管之间的失调电压为 $\pm 2\,\text{mV}$,或者工作在相同电压下的二极管之间的电流失配为 $\pm 8\%$。这些数字基于 $6\text{-}\sigma$ 统计、10 年工作寿命以及从 $-40\sim 125\,^\circ\text{C}$ 的结温和传统的塑料封装的假设。这种匹配水平通常足以满足通用运算放大器和比较器电路的需求。

适度匹配: $\pm 0.5\,\text{mV}$ 的失调电压或 $\pm 2\%$ 的电流失配。这种匹配水平适用于 $\pm 1\%$ 的带隙基准源电路,以及必须在没有修调的情况下达到 $\pm 1\sim 2\,\text{mV}$ 的运算放大器和比较器电路的要求。

出色匹配: $\pm 0.1\,\text{mV}$ 的失调电压或 $\pm 0.5\%$ 的电流失配。这种匹配水平是极其困难的,只有具有明显的 β 平台的垂直结构双极型晶体管作为连接成二极管形式的晶体管才有可能实现。即使如此,也可能需要在封装后进行修调。长期漂移和热滞后对塑料封装中出色的匹配提出了严峻的、甚至难以克服的挑战。

除非另有特别说明,以下给出的规则适用于所有类型的二极管。

1) 多晶硅二极管和表面击穿齐纳二极管匹配效果不佳。多晶硅二极管遭受到大量且极端变化的产生-复合电流以及由晶粒引起的饱和电流变化的影响。表面击穿齐纳二极管受到齐纳蠕变的影响,可能还受到齐纳逆转的影响。这些机制阻止了多晶硅二极管和表面击穿齐纳二极管实现甚至最低程度的匹配。

2) 具有较高理想因子的二极管不适合在比率对中使用。二极管的理想因子随工艺的不同而变化。这些变化限制了二极管比率对实现可预测和可重复的电压差的能力。对于大多数最小匹配的应用,理想因子不应超过 1.1,因为是理想因子的变化而不是理想因子本身的大小引起了电压差的不良变化。适度的匹配将需要理想因子小于 1.05,最好小于 1.03。

3) 没有 β 平台的连接成二极晶体管形式的晶体管不适合在比率对中使用。如果晶体管进入低电流或高电流 β 滚降区,则由连接成二极管形式的晶体管构成的比率对以固定比例的发射极电流工作时产生的电压差将偏离理想情况。因此,为了获得最小的匹配,连接成二极管形式的晶体管必须工作在明确的 β 平台范围内。β 补偿技术可以补偿低电流 β 滚降,但是不能补偿由大注入引起的高电流滚降。

4) 使用相同的 PN 结或肖特基接触几何结构。PN 结的几何结构定义了 PN 结二极管的面积,而肖特基势垒的几何结构则定义了肖特基二极管的面积。在场板肖特基二极管结构中,肖特基接触孔决定了肖特基势垒的几何结构,而在保护环肖特基二极管中,保护环的内周定义了肖特基势垒的几何结构。在所有情况下,决定二极管面积的几何结构应该彼此精确复制。包围二极管隔离扩散区的几何结构远不如实际定义二极管面积的几何结构重要。例如,包围肖特基二极管的隔离岛的几何结构对其匹配性能影响很小。多个二极管可以位于共同的隔离区域中,前提是只有多数载流子流过该区域。

5) 定义二极管面积的几何宽度应至少为最小值的 $2\sim 10$ 倍。由于周长效应,过小的几何结构可能会遭受增大的随机变化。此外,当某些肖特基二极管的宽度降至大约 $10\sim 15\,\mu\text{m}$ 以下时,其势垒高度和理想因子会发生显著变化。最合理的情况是,大尺寸二极管遵循佩尔格罗姆定律,该定律指出一对相同器件之间的失配与其有源区面积的平方根成反比。适度匹配的连接成二极管形式的晶体管通常需要 $10\sim 50\,\mu\text{m}^2$ 的有源区面积。非常大的宽度使得二极管对温度和压力的非线性梯度过于敏感。因此,最好使用中等大小的器件阵列而不是非常大的单个器件来获得出色的匹配。如果管芯上包含可能产生非线性热梯度的重要热源,那么这一点尤为重要。齐纳二极管将不遵守佩尔格罗姆定律,因为这些器件的传导具有"赢者通吃"的性质。

6) 使用圆形或正方形几何结构。圆形和正方形具有较大的面积与周长比,有助于最大限度地减少由周长效应引起的随机变化。允许圆形接触孔的工艺应该使用有 32 或 64 条边的圆形几何结构。需要最小尺寸正方形接触孔阵列的工艺应该使用正方形或略呈矩形的几何结构。此规则的唯一例外是在相对较高的电流下工作的具有较大串联电阻的器件。在这种情况下，阳极接触孔和阴极接触孔之间具有最小间距的细长几何结构实际上可能通过减少二极管内部电阻的串联电压降来改善匹配。

7) 将匹配的二极管紧邻摆放。与双极型晶体管一样，二极管对热梯度极其敏感。由于压电结效应，PN 结二极管的正向电压对机械应力也非常敏感（参见 10.2.4 节）。肖特基二极管和齐纳二极管对应力的敏感度低于 PN 结二极管。如果可能的话，最小匹配的二极管应该彼此相邻放置，并且在任何情况下，它们绝不应该相隔数百微米以上。对于最小匹配，建议使用公共质心的版图布局，而对于适度匹配或出色匹配，则必须使用公共质心版图布局。

8) 保持匹配二极管的版图布局尽可能紧凑。二极管阵列越紧凑，非线性梯度作用的距离就越短。将二极管排列成紧密团簇的版图布局通常比将它们排成一行的布局能够提供更好的匹配性能。相同尺寸的二极管对经常被构造为交叉耦合对。出色的匹配通常需要使用并联连接的多个交叉耦合对，以生成一个具有比单个交叉耦合对更多分散的二维公共中心阵列。

9) 将匹配的二极管放置在远离功率器件的位置。大多数二极管对热梯度极其敏感，因此必须将它们放置在远离任何热源的地方。唯一的例外是击穿电压约为 6 V 的齐纳二极管，其温度系数相对较小。这种齐纳二极管仍然不应该放置在存在大热梯度的区域，因为它们的接触具有接触电势，而接触电势本身就是温度的强烈函数。最小匹配的二极管应该距离主要功率源（功耗 250 mW 或以上）至少 250 μm，并且不应当靠近任何功耗超过大约 50 mW 的功率器件。适度匹配的器件应当距离任何功耗超过大约 50 mW 的器件至少 100～250 μm，并且应当放置在管芯上远离任何主要热源的另一侧。在包含主要功率器件的管芯上构建出色匹配的二极管非常困难。二极管和热源应当位于管芯上相对的两端，并且设计人员应当考虑将管芯拉长至1.5：1甚至 2：1 的长宽比，以增加它们之间的间距。

10) 将匹配的 PN 二极管放置在低应力梯度区域。管芯中心承受最强烈的压应力，但是应力梯度也最低。PN 结二极管对机械应力相对敏感。如果可能，请将关键匹配的 PN 结二极管放置在管芯中心附近。如果管芯中包含重要的热源，则应当将其放置在管芯的一侧，而适度匹配或出色匹配的二极管则应该位于另一侧。匹配的 PN 结二极管不应当放置在距离管芯边缘大约 250 μm 范围内，因为那里会出现异常的应力梯度。匹配的 PN 结二极管切勿放置在管芯的角落，因为那里会出现很大的应力梯度。

11) 将适度匹配或出色匹配的 PN 结二极管放置在管芯对称轴上。在设置和定向出色匹配的 PN 结二极管阵列时，应当使其主对称轴与管芯的对称轴之一重合。这种预防措施利用了这样一个事实，即管芯上的应力分布通常相对于它的轴是对称的。

12) 不允许 N 型埋层影像与匹配二极管的有源区相交。如果存在的话，则应该扩大适度匹配或出色匹配二极管的 N 型埋层几何结构，以确保 N 型埋层影像不会与二极管的有源区相交。PN 结二极管的有源区由其 PN 结定义，而肖特基二极管的有源区则由其肖特基势垒组成。肖特基二极管特别容易受到 N 型埋层影像的影响，因为肖特基势垒位于硅表面，而不是像 PN 结那样位于其下方一定距离。因此，即使是最小匹配的肖特基二极管，N 型埋层影像也不应该与有源区相交。请注意，采用浅沟槽隔离的工艺不会出现 N 型埋层影像。

13) 将合并的 PN 结二极管放置得足够远，以避免少数载流子相互作用。在正向偏置的 PN 结二极管中有少数载流子穿过其结区。这些载流子的很大一部分是从结侧壁横向发射的。如果两个二极管共享一个公共的阳极或阴极区域，则从一个结流出的少数载流子可能与从另一结流出的少数载流子相互作用。合并的 PN 结的间距应该比版图布局规则要求的多 1～2 μm，以便为少数载流子扩散离开该结提供空间。如果版图布局规则同时指定了用于未连接扩散区的规则和用于连接扩散区的规则，则始终使用适用于未连接扩散区的规则。例如，两个电气上相通的匹配发射极位于一个公共的基区内，不应当使用发射极与已连接发射极的间距规则，而应当使用发射极与未连接发射极的间距规则，并增加 1～2 μm 的额外裕量。

14) 对于适度匹配或出色匹配的二极管,增加 PN 结的扩散区重叠。如果定义 PN 结二极管的扩散区之一几乎不与结重叠,那么未对准可能会导致横向电流的变化,足以引入小的失配。因此,对于通过将发射区放在基区内部形成 PN 结的情况,基区覆盖发射区的重叠应该比版图布局规则所要求的多 $1\sim2~\mu m$。

11.4　本章小结

术语"二极管"理论上包括所有只有两个端子的非线性电子器件。数十种器件符合这个定义,包括固态整流器、真空整流器、充气整流器,甚至现在被遗忘了的 20 世纪初期的电解液"湿式"整流器。固态整流器本身是一组多样化的器件,包括金属-氧化物整流器、硒整流器、PN 结二极管、肖特基二极管、隧道二极管、耿氏二极管和双向触发二极管等。在如此众多的器件中,大多数集成电路仅仅使用 PN 结二极管、连接成二极管形式的晶体管以及肖特基二极管。

标准的双极型和模拟 BiCMOS 工艺可以制造优秀的连接成二极管形式的 NPN 型晶体管,其失配仅为几毫伏或更小。如果版图布局适当,这些连接成二极管形式的晶体管还可以处理几安的电流。单纯 CMOS 工艺提供的选择较少,但是它们仍然可以构建出 PN 结二极管,作为有用的 ESD 保护器件。所有使用贵金属硅化物或高势垒高度的难熔金属硅化物的工艺可以制造肖特基二极管。

尽管二极管的应用与晶体管相比受到更多限制,但是它们仍然可以满足许多有价值的功能,应用示例包括功率整流器、高频混频器、电流舵器件、抗饱和钳位器件、电压基准源、ESD 保护器件、栅极氧化层保护钳位器和非易失性存储元件(齐纳熔丝器件)。这个应用范围充分证明了模拟电路和版图布局设计人员的独创性。

习题

11.1　设计一个标准的双极型连接成二极管的晶体管版图,使用最小尺寸的发射极。将该器件的面积与一个不包含深 N+区的最小尺寸 NPN 型晶体管的面积进行比较。用于构建连接成二极管的晶体管的集电极-基极接触孔的附加规则如下:

　　a) 接触孔(CONT)延伸至发射　　$4~\mu m$
　　　 极(EMIT)

　　b) 接触孔(CONT)延伸至基　　　$6~\mu m$
　　　 极(BASE)

　　c) 基极(BASE)延伸至发射极　　$2~\mu m$
　　　 (EMIT)

11.2　将使用发射极和 $2~k\Omega/\square$ 的高阻值多晶硅制成的齐纳二极管的可能击穿电压与传统的发射极-基极齐纳二极管的击穿电压进行比较。

11.3　一个串联组合由一个 6.8 V 的发射极-基极齐纳二极管和两个连接成二极管的 NPN 型晶体管组成,其近似的温度系数是多少?

11.4　构建一个标准的双极型场板肖特基二极管,其面积为 $256~\mu m^2$。将场板覆盖接触孔上 $4~\mu m$。不使用深 N+区。包括所有必要的金属化层。

11.5　构建一个标准的双极型基区保护环肖特基二极管,其有效面积约为 $200~\mu m^2$。假设基区向外扩散超出绘制的基区几何结构边界 $1.2~\mu m$,按比例减小肖特基二极管的尺寸。有关基区保护环的版图布局规则如下:

　　a) 基区(BASE)延伸出接触孔　　$4~\mu m$
　　　 (CONT)

　　b) 基区(BASE)延伸至接触孔　　$4~\mu m$
　　　 (CONT)

11.6　构建一个标准的双极型功率肖特基二极管,其有效面积为 $15~000~\mu m^2$。再假设基区向外扩散超出绘制的基区边界 $1.2~\mu m$。按照习题 11.5 的规则构建一个基区保护环。用深 N+区环绕阴极隔离岛区域,并提供尽可能多的金属化层,为 $12~\mu m$ 宽的阴极引线留出一个间距。阳极金属化层应当在所有位置上至少为 $10~\mu m$ 宽,并应通过一个与阴极引线相对的 $12~\mu m$ 宽的阳极引线离开器件。

11.7　为什么附录 B 中的模拟 BiCMOS 工艺不支持肖特基二极管?需要做哪些修改才可以实现它们的构建?

11.8　采用 CMOS 工艺设计一对 P 型源漏注入区/N 阱二极管的版图以实现最佳匹配。这两个二极管的绘制面积应该分别为 $60~\mu m^2$ 和 $120~\mu m^2$。

11.9 设计一个采用 P 型有源区阳极结构的模拟 BiCMOS 功率二极管的版图，其绘制面积为 1000 μm^2，将其放置在一个由深 N＋区环绕的 N 阱内。版图需包括所有必要的金属化层。

11.10 某个模拟 CMOS 工艺通常在所有的多晶硅和有源区上形成金属硅化物，以降低它们的薄层电阻。硅化钛用于此目的，但是金属硅化物阻挡掩模可以用来制造高阻值的电阻。描述一种工艺扩展方案，它将保留硅化钛，但是允许形成硅化铂肖特基二极管。需要增加多少个新的光刻掩模版，它们应该在哪些现有的光刻掩模版工艺步骤之间使用？

11.11 标准的双极型工艺可以制造出具有 7.2 V 标称击穿电压的发射极-基极齐纳二极管。该二极管表现出严重的齐纳蠕变。该工艺还包括电容的氧化层掩模，该掩模可以在发射区上编码，以便将氧化层厚度减少到 450 Å。有人建议在齐纳二极管的发射极上编码这种电容的氧化层掩模，然后用发射极金属对发射极-基极结设置场板。

a) 解释为什么此修改可能会消除齐纳蠕变。

b) 接触孔不能设置在薄的电容氧化层上，因为它们可能会严重过度蚀刻。建议对拟议的结构进行修改，以消除这一弱点。

参考文献

［1］ L. T. Harrison, *Current Sources & Voltage References* (Burlington, MA: Elsevier, 2005).

［2］ B. L. Sharma, ed., *Metal-Semiconductor Schottky Barrier Junctions and Their Applications* (New York, NY: Plenum Press, 1984).

第12章
场效应晶体管

场效应晶体管(Field-Effect Transistor，FET)有着漫长而曲折的历史。它的最初发明比双极型晶体管早了 17 年，但是早期制造场效应晶体管的所有尝试最终都由于工艺问题而以失败告终。其中许多困难与生长薄的、高质量的绝缘介质薄膜有关。当这些困难最终都被克服后，巴丁(Bardeen)和布拉顿(Brattain)成功地研制出了一种可以工作的双极型晶体管。

由于薄的介质薄膜的生长被证明非常困难，威廉·肖克莱(William Shockley)于 1952 年提出使用反偏 PN 结代替薄膜介质。由此形成的器件称为结型场效应晶体管(Junction Field-Effect Transistor，JFET)。尽管这些早期的 JFET 相当笨拙，但是它们的输入电流远低于双极型晶体管。因此，某些类型的运算放大器会采用 JFET 作为输入级。JFET 运算放大器至今仍然在销售，因为它们产生的器件噪声比类似的 MOSFET 放大器要小得多。适用于栅极氧化层的绝缘薄膜终于在 1960 年成功生产出来。这使得金属-氧化物-半导体场效应晶体管(MOSFET)的制造成为可能，通常将其简称为 MOS 晶体管。早期的 MOS 器件仍然存在一些它自身的问题。它们的阈值电压不容易精确控制，而且它们的薄栅极氧化层很容易被静电放电(ESD)破坏。一旦确认并解决了这些问题，MOS 晶体管就开始挑战已经建立起来的双极型技术，特别是在数字手表和便携式的袖珍计算器等低功耗的数字应用领域中。

最早的 MOS 工艺只提供 PMOS 晶体管。这些工艺很快就被可以生产增强型和耗尽型 NMOS 晶体管的工艺所取代。对更低电流消耗和更大设计灵活性的需求促使了能够同时制造 NMOS 晶体管和 PMOS 晶体管的工艺开发。尽管最初是为数字电路应用而设计的，但是这类互补-金属-氧化物-半导体(Complementary Metal-Oxide-Semiconductor，CMOS)工艺也可以用来制造模拟集成电路。它们很快开始在某些应用中取代双极型模拟集成电路，但是尚不能复制双极型电路的所有功能。许多较新的工艺将双极型晶体管和 CMOS 晶体管合并到同一个硅衬底上，以生产双极型-CMOS(简称 BiCMOS)集成电路。

本章介绍 MOS 晶体管的工作原理和结构，特别是那些采用自对准多晶硅栅技术的晶体管。其他的主题还包括高性能数字 CMOS 电路、用作非易失性存储元件的浮栅晶体管以及 JFET 的构造和工作原理。第 13 章将介绍高压大功率 MOS 晶体管的设计和工作原理，以及 MOS 晶体管的匹配。这两章合在一起概述了目前在硅基模拟和混合信号集成电路中使用的大多数类型的场效应晶体管。

12.1 MOS 晶体管工作原理

大多数入门教材中描述的 MOS 晶体管模型最初是由希奇曼(Shichman)和霍奇斯(Hodges)于 1968 年推导出来的。该模型忽略了 MOS 晶体管工作原理中许多微妙的方面，尤其是那些在亚微米器件中才变得突出的方面(参见 12.1.3 节)。尽管存在一些局限性，希奇曼-霍奇斯(Shichman-Hodges)方程仍然为模拟电路中使用的大量 MOS 晶体管提供了令人惊讶的精确模型。

希奇曼-霍奇斯(Shichman-Hodges)模型首先假定 MOS 晶体管表现出三个截然不同的工作区，分别是截止区、线性区和饱和区。表 12.1 总结了 NMOS 晶体管和 PMOS 晶体管的偏置条件。定义 NMOS 晶体管和 PMOS 晶体管工作区的不等式在极性上有所不同。除非另有说明，以下的讨论均假定为 NMOS 晶体管。

表 12.1　NMOS 晶体管和 PMOS 晶体管的偏置条件

工作区	NMOS 晶体管	PMOS 晶体管
截止区	$V_{GS} \leqslant V_t$	$V_{GS} \geqslant V_t$
线性区(或三极管区)	$V_{GS} > V_t$，$V_{DS} \leqslant V_{gst}$	$V_{GS} < V_t$，$V_{DS} \geqslant V_{gst}$
饱和区	$V_{GS} > V_t$，$V_{DS} > V_{gst}$	$V_{GS} < V_t$，$V_{DS} < V_{gst}$

如果 NMOS 晶体管的栅-源电压 V_{GS} 小于一个称为阈值电压 V_t 的模型参数，那么该晶体管就工作在截止区，其漏极电流仅由泄漏电流构成，通常假定这些泄漏电流非常小，可以忽略不计。

一旦栅-源电压 V_{GS} 超过阈值电压 V_t，沟道就开始形成。栅-源电压和阈值电压之间的差值称为有效栅极电压 V_{gst}：

$$V_{gst} = V_{GS} - V_t \tag{12.1}$$

有效栅极电压越高，沟道越深，流过晶体管的漏极电流也就越多。然而，漏极电流还取决于漏-源电压 V_{DS} 的大小。如果 NMOS 晶体管的漏-源电压小于有效栅极电压，则漏极电流随漏-源电压近似线性变化，该晶体管被称为工作在线性区或欧姆区。早期的文献有时也将其称为三极管区，因为其低输出电阻特性让人想起真空电子管中的三极管$^\ominus$。在线性区中，漏极电流的希奇曼-霍奇斯方程为

$$I_D = k\left(V_{gst} - \frac{V_{DS}}{2}\right) V_{DS} \tag{12.2}$$

式中，k 是一个称为器件跨导的参数。如果 NMOS 晶体管的漏-源电压大于有效栅极电压，则漏极电流几乎与漏极电压无关，此时该晶体管被称为工作在饱和区。早期的文献有时也将其称为五极管区，因为它的高阻输出特性类似于真空电子管中的五极管。此时漏极电流的希奇曼-霍奇斯方程为

$$I_D = \frac{k}{2} V_{gst}^2 \tag{12.3}$$

NMOS 晶体管的希奇曼-霍奇斯方程不适用于漏-源电压小于零的情况。严格来说，这种情况是不可能发生的，因为 MOS 晶体管的源极和漏极是由电气偏置而不是由任意端口标记决定的。如果试图使 NMOS 晶体管的漏-源电压为负值，那么漏极和源极就会交换角色。以前称为漏极的引出端就变成了源极，以前称为源极的引出端则变成了漏极。希奇曼-霍奇斯方程仍然适用于新配置的晶体管。如果要坚持保留不再与实际角色相对应的引出端名称，那么在应用希奇曼-霍奇斯方程之前必须将引出端条件转换为实际的偏置条件。

电路设计人员经常希望了解一个电路如何响应叠加在比其大得多的直流(DC)信号上的交流(AC)小信号。这种情况可以使用小信号近似来分析，即假设交流信号是无穷小的，而且电路的非线性元件被线性化的等效元件替代。图 12.1 显示了一个在饱和状态下工作的 NMOS 晶体管的简化小信号等效模型，忽略了背栅衬底引出端和输出电阻。栅极引出端通过栅极氧化层与器件的其余部分隔开，而栅极氧化层由

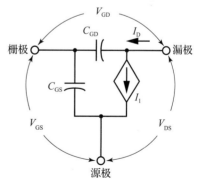

图 12.1　在饱和状态下工作的 NMOS 晶体管的简化小信号等效模型，忽略了背栅衬底引出端和输出电阻

$\ominus$　真空电子管通常以其包含的电极数量命名：二极管有两个电极，三极管有三个电极，四极管有四个电极，五极管有五个电极。

非线性电容器 C_{GD} 和 C_{GS} 建模。线性小信号跨导 g_m 将电流从漏极传输到源极。该跨导为

$$g_m = \sqrt{2kI_D} \tag{12.4}$$

式中，I_D 是漏极电流的直流分量。该跨导可以与双极型晶体管的跨导进行比较：

$$g_m = \frac{I_C}{V_T} \tag{12.5}$$

式中，I_C 为集电极电流的直流分量；V_T 为热电压。注意，MOS 晶体管的小信号跨导反过来又取决于其器件跨导。正如稍后我们将要解释的那样，这个量取决于晶体管的沟道宽度和长度。这意味着设计人员不仅可以通过改变漏极电流来改变 MOS 晶体管的跨导，还可以通过调整其宽度和长度来改变跨导。看起来似乎可以通过简单地选择相应的 k 值来将 g_m 增加到任何所需的数值。然而，如果 k 太大，晶体管就会离开饱和状态并进入亚阈值工作模式(参见 12.1.3 节)。在亚阈值区，g_m 的数值变成恒定值。在相同的直流偏置电流下，MOS 晶体管的亚阈值 g_m 总是小于双极型晶体管的 g_m。因此，MOS 晶体管的跨导要比双极型晶体管低。这是在模拟电路应用中使用它们的缺点之一。

12.1.1 器件跨导

器件跨导 k 是一个模型参数，它量化了 MOS 晶体管的尺寸，其方式与发射极饱和电流 I_S 量化了双极型晶体管的尺寸非常相似。器件跨导 k 不应当与小信号跨导 g_m 相混淆，因为两者是完全不同的物理量。

器件跨导与 MOS 晶体管尺寸的关系如下：

$$k = k'\left(\frac{W_e}{L_e}\right) \tag{12.6}$$

式中，k' 是一个称为工艺跨导的常数，它取决于工艺制造中的某些参数，详见下文讨论。晶体管的有效宽度和有效长度 W_e 和 L_e 与设计(或绘制)的宽度和长度 W_d 和 L_d 的关系式为

$$W_e = W_d + W_b \tag{12.7}$$

$$L_e = L_d + L_b \tag{12.8}$$

式中，W_b 和 L_b 分别为宽度工艺偏差和长度工艺偏差。这些偏差考虑了过刻蚀和电边缘效应等因素(参见 2.3.2 节)。宽度和长度工艺偏差是通过制造一组具有不同宽度和长度的晶体管并测量其漏极电流作为有效栅极电压的函数来确定的。然后可以将这些测量结果与式(12.3)以及式(12.6)~式(12.8)进行拟合，以确定阈值电压 V_t、工艺跨导 k'、宽度偏差 W_b 和长度偏差 L_b。宽度和长度偏差很少超过十分之几微米，因此对于尺寸相对较大的晶体管来说，它们的贡献通常可以忽略不计。如果尚无测量得到的工艺跨导，则可以使用以下公式来获得该参数的估计值：

$$k' = \frac{\mu\varepsilon_0\varepsilon_r}{t_{ox}} \tag{12.9}$$

式中，μ 代表载流子(NMOS 晶体管中的电子，或者 PMOS 晶体管中的空穴)的有效迁移率；常数 ε_0 代表一个称为自由空间介电常数的通用物理常数，等于 8.85×10^{-14} F/cm；常数 ε_r 代表栅极绝缘介质的相对介电常数，对于纯二氧化硅来说，该相对介电常数约为 3.9，氧化层的实际介电常数可能与该理论值略有不同(参见表 7.1)；t_{ox} 代表栅极绝缘介质的厚度。式(12.9)中使用的氧化层厚度通常是通过电容测量方法得出的，从而产生略大于氧化层真实物理厚度的所谓电容等效厚度。造成这种差异的因素有两个：量子力学效应增加大约 0.4 nm 的物理厚度，(多晶硅)耗尽区进入了栅电极的下表面。

表面散射效应降低了限制在 MOS 晶体管沟道内的载流子迁移率，因此有效迁移率小于 1.1.1 节中讨论的体迁移率。在 25 ℃时，(100)硅上的表面沟道 MOS 晶体管中电子和空穴的有效迁移率可以近似表示为

$$\mu_n \approx \frac{540}{1 + \left(\dfrac{V_{GS} + V_t}{0.54 t_{ox}}\right)^{1.85}} \tag{12.10}$$

$$\mu_p \approx \frac{180}{1 - \left(\dfrac{V_{GS} + 1.5V_t}{0.34t_{ox}}\right)} \tag{12.11}$$

当 t_{ox} 以 nm(纳米)为单位给出时,这些公式中的迁移率单位是 $cm^2(V \cdot s)$。对于增强型 PMOS 晶体管,式(12.11)中 V_{GS} 和 V_t 的数值为负数。有效迁移率取决于栅-源电压,这就解释了为什么线性区和饱和区具有不同的有效迁移率数值。

MOS 工艺使用薄的栅极氧化层以获得尽可能大的器件跨导。栅极氧化层的介电强度大约为 10 MV/cm。随着时间变化的介电击穿(参见 5.1.4 节)要求降低该数值。栅极氧化层厚度大于 30 nm 的晶体管通常限制电场强度不得超过 3.5 MV/cm。更薄的栅极氧化层可以承受稍微更高的电场强度,因此栅极氧化层厚度为 15 nm 或更薄的晶体管可以在 5 MV/cm 的电场下安全工作。

为了构建一个具有与给定 NMOS 晶体管相同跨导的 PMOS 晶体管,PMOS 晶体管的 W/L 比值必须接近 NMOS 晶体管的三倍。这种差异在功率晶体管中尤为显著,但是即使是最小尺寸的逻辑门通常也要使用加大的 PMOS 晶体管来提供相对对称的驱动电流。

MOS 晶体管的器件跨导随着温度升高而减小。这种变化主要是由于载流子迁移率的温度系数造成的。随着温度升高,晶格振动变得更加活跃,从而导致载流子的散射增强。电子的有效载流子迁移率大致与 $T^{-1.7}$ 成正比,而空穴的有效载流子迁移率大致与 $T^{-1.5}$ 成正比,其中 T 是绝对温度。因此,在 150 ℃ 时的器件跨导大约为在 25 ℃ 时的 60%。这个关系导致 MOS 晶体管不太容易出现热失控烧毁,但是这忽视了阈值电压的负温度系数(参见 13.1.3 节)。

式(12.9)中给出的器件跨导对应于大多数工程教材中定义的跨导,以及电路模拟程序 SPICE 第一级(Level-1)MOS 模型中使用的跨导。由于 SPICE 是在加利福尼亚大学伯克利分校编写的,因此器件跨导的这种定义有时也称为伯克利 k 值。有些作者使用另外一种定义,它等于伯克利 k 值的一半,并要相应地调整希奇曼-霍奇斯(Shichman-Hodges)方程。

12.1.2 阈值电压

阈值电压 V_t 等于当背栅衬底连接到源极时,在栅极绝缘介质下方恰好建立反型沟道时所需的栅-源之间的电压。增强型 MOS 晶体管需要施加一个非零的栅-源电压来形成沟道。增强型 NMOS 晶体管的沟道由带正电荷的栅电极吸引到 P 型背栅衬底表面的电子组成,如图 12.2a 所示。因此,增强型 NMOS 晶体管的阈值电压为正值。增强型 PMOS 晶体管的沟道由带负电荷的栅电极吸引到 N 型背栅衬底表面的空穴组成,如图 12.2b 所示。因此,增强型 PMOS 晶体管的阈值电压为负值。另一类 MOS 晶体管在栅-源电压为零时也具有沟道。这种耗尽型晶体管通常处于导通状态,它们需要施加一个外部的栅-源电压才能将其关断,如图 12.2c 和 d 所示。耗尽型 NMOS 晶体管的阈值电压为负值,而耗尽型 PMOS 晶体管的阈值电压为正值。

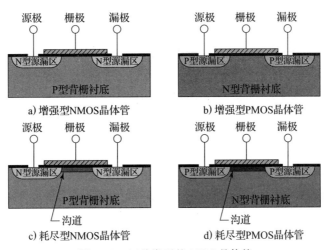

图 12.2 四种类型的 MOS 晶体管

MOS 晶体管通常被描述为电控开关。增强型 MOS 类似于一个常开(Normally Open,NO)的开关,因为它在默认情况下处于关断状态,需要施加外部栅极偏置才能打开。耗尽型 MOS 类似于一个常闭(Normally Closed,NC)的开关,因为它在默认情况下处于开启状态,需要施加外部栅极偏置才能关断。大多数工艺都被优化用于制造增强型晶体管,因为许多经典电路(例如电流镜和 CMOS 逻辑门)都需要用到它们。耗尽型器件在模拟电路设计中确实有其用途,因此许多模拟工艺提供至少一种极性的耗尽型器件。MOS 晶体管的阈值电压取决于多个因素,包括栅极材料、背栅衬底的掺杂浓度、栅极绝缘介质厚度、背栅偏压以及栅极氧化层内部或紧邻栅极氧化层的各种电荷来源。我们将分别讨论每一个因素,然后将这些因素综合起来,得出阈值电压的定量方程。

MOS 晶体管的栅极和背栅衬底之间存在一个接触电势。该接触电势仅仅取决于栅极和背栅衬底的组成,而与将它们分隔开的栅极绝缘介质无关。早期的 MOS 晶体管采用金属栅,现代的晶体管通常采用重掺杂的多晶硅栅。N+ 和 P+ 多晶硅栅均存在。将 P+ 栅替换为 N+ 栅会导致接触电势降低大约 1.2 V,且与背栅衬底的掺杂浓度无关(见表 12.2)。类似地,将 N+ 栅替换为 P+ 栅会导致接触电势增加大约 1.2 V。接触电势的这些变化将会使得阈值电压产生相等的变化。

表 12.2 计算得到的多晶硅栅与背栅衬底的接触电势(多晶硅栅掺杂浓度为 10^{20} cm^{-3},25 ℃)

背栅衬底材料	N+ 多晶硅栅	P+ 多晶硅栅	背栅衬底材料	N+ 多晶硅栅	P+ 多晶硅栅
N 型,$N_D=10^{14}$ cm^{-3}	−0.36 V	0.82 V	P 型,$N_A=10^{14}$ cm^{-3}	−0.82 V	0.36 V
N 型,$N_D=10^{16}$ cm^{-3}	−0.24 V	0.94 V	P 型,$N_A=10^{16}$ cm^{-3}	−0.94 V	0.24 V
N 型,$N_D=10^{18}$ cm^{-3}	−0.12 V	1.06 V	P 型,$N_A=10^{18}$ cm^{-3}	−1.06 V	0.12 V

举几个例子可能有助于解释交换多晶硅栅掺杂极性带来的影响。假设某个 NMOS 晶体管使用 N+ 多晶硅栅,其阈值电压为 0.7 V。如果改用 P+ 多晶硅栅制造相同的晶体管,则它的阈值电压将大约为 1.9 V。再假设一个增强型的 PMOS 晶体管使用 N+ 多晶硅栅,其阈值电压为 −0.7 V。如果该晶体管改用 P+ 多晶硅栅,则它将变成一个耗尽型的器件,其阈值电压大约为 +0.5 V。

背栅衬底的掺杂浓度也会影响阈值电压。为了形成沟道,必须吸引足够多的载流子到达表面以使得硅发生反型。重掺杂的背栅衬底需要栅极施加一个更强的电场来聚集足够多的载流子。表 12.3 显示了典型 NMOS 晶体管阈值电压与背栅衬底掺杂浓度以及栅极氧化层厚度的函数关系。

表 12.3 典型 NMOS 晶体管阈值电压与背栅衬底掺杂浓度以及栅极氧化层厚度的函数关系
(N+ 多晶硅栅掺杂浓度为 10^{20} cm^{-3},25 ℃)

背栅衬底掺杂浓度	100 Å	250 Å	10 kÅ
10^{14} cm^{-3}	−0.35 V	−0.33 V	0.77 V
10^{15} cm^{-3}	−0.26 V	−0.20 V	3.71 V
10^{16} cm^{-3}	−0.10 V	0.11 V	13.7 V
10^{17} cm^{-3}	0.30 V	1.01 V	47.5 V
10^{18} cm^{-3}	1.50 V	13.5 V	161 V
10^{20} cm^{-3}	18.1 V	45.3 V	1810 V

栅极绝缘介质的厚度和成分也在决定阈值电压方面发挥着重要作用。吸引沟道电荷所需的电压与介质层的厚度成正比,与介质层的介电常数成反比。大多数模拟集成电路工艺使用二氧化硅作为栅极绝缘介质。栅极氧化层较厚的晶体管比栅极氧化层较薄的晶体管更难反型,可以通过查看表 12.3 中的某一行来证实。最大工作电压小于 1.5 V 的晶体管的栅极氧化层变得足

够薄，以至于由隧道效应而导致的栅极泄漏电流成为一个问题。用氮氧化物栅极介质代替纯的栅极氧化层可以提高介电常数，从而允许使用较厚的绝缘介质，可以大大降低泄漏电流。氮氧化物栅介质在额定电压为 1.8 V 和 1.5 V 的栅极绝缘介质中变得很常见，但是有证据表明氮化会增大偏压温度不稳定性问题（参见 5.3.4 节）。

氧化铪（HfO_2）的相对介电常数约为 23。英特尔在 2007 年发布的 45 nm 节点 CMOS 工艺中引入了氧化铪栅介质。氧化铪随后被用于许多先进的数字集成电路工艺，但是它与多晶硅不兼容，使用氧化铪的工艺通常将其替换为铪金属栅。氧化铪中含有会产生高水平偏压温度不稳定性的缺陷。添加其他元素（例如硅和氮）可以部分减轻这种脆弱性，但是代价是降低了介电常数，可能会降到 16～19 左右。毫无疑问，模拟集成电路工艺在未来几年也将开始过渡到氧化铪和其他所谓的高 k 栅介质，但是目前在绝大多数模拟集成电路工艺中仍然继续使用氧化层和氮氧化物栅介质。

CMOS 工艺中的场区提供了一个示例，说明氧化层厚度和背栅衬底掺杂浓度如何控制阈值电压。金属和多晶硅引线必须跨越场区而不致引发寄生沟道。增加场区氧化层的厚度可以提高厚场区的阈值电压，但是对于背栅衬底掺杂浓度相对较低的工艺，仅靠氧化层厚度自身还不能保证足够的阈值电压。考虑表 12.3 中关于 10 kÅ 氧化层的条目，如果背栅衬底掺杂为 10^{16} cm^{-3}，那么 NMOS 厚场区阈值电压仅为大约 14 V。沟道终止注入可以选择性地增加场区的掺杂浓度。将 10 kÅ 场区氧化层下的掺杂浓度提高到 10^{17} cm^{-3}，可以使厚场区阈值电压接近 50 V。大多数具有相对轻度掺杂背栅衬底的工艺采用硼和磷沟道终止注入的组合，以确保 NMOS 和 PMOS 的厚场区阈值电压都远高于标称工作电压。采用重掺杂背栅衬底且仅制造低电压 NMOS 晶体管和 PMOS 晶体管的工艺通常则不需要沟道终止注入。

MOS 晶体管的背栅-源极电压 V_{BS} 也会影响其阈值电压。这种效应称为背栅调制，其发生是因为背栅-沟道的电压差调节了耗尽区的厚度，从而调节了其中包含的电荷量。源-背栅结的反向偏压越大，则耗尽区越宽，晶体管反型也就变得越困难。表 12.4 显示了背栅-源极电压对阈值电压的影响。在调整阈值之后的晶体管中也会发生同样的变化。电路设计人员通常使用背栅调制效应来有选择性地增加阈值电压的幅度。然而，背栅调制也会增大阈值电压的随机变化（参见 13.2.1 节）。

表 12.4 背栅-源极电压 V_{BS} 对阈值电压 V_t 的影响（N+ 多晶硅栅掺杂浓度为 10^{20} cm^{-3}，背栅衬底掺杂浓度为 5×10^{15} cm^{-3}，栅氧化层厚度为 450 Å，25 ℃）

NMOS 晶体管		PMOS 晶体管	
V_{BS}/V	V_t/V	V_{BS}/V	V_t/V
0	0.17	0	−1.35
−1	0.43	1	−1.60
−2	0.61	2	−1.79
−4	0.89	4	−2.07

在栅极氧化层内部或氧化层界面处存在的电荷也会影响阈值电压。正电荷会降低阈值电压，而负电荷则会增加阈值电压。有多种机制可以产生影响阈值电压的电荷。下面我们将讨论其中一些较重要的机制。

氧化层中的固定电荷（Q_f）由硅表面附近氧化层中的正电荷组成。这些电荷的性质尚不完全清楚，但是它们似乎与氧化层中过量的硅原子有关。固定氧化层电荷的大小取决于晶体取向，(111)晶面产生的固定氧化层电荷要比(100)晶面大约高一个数量级。高温惰性气氛退火几乎可以消除固定氧化层电荷。

氧化层陷阱电荷（Q_{ot}）由完成制造后陷落在氧化层内部的电荷组成。这些电荷聚集在陷阱处，而陷阱则是由多种形式的应力产生的，包括电离辐射、热载流子注入、强电场和福勒-诺德海姆（Fowler-Nordheim）隧穿等。由此产生的陷阱可以捕获电子或空穴。俘获电子通常占主导地位，导致负的氧化层陷阱电荷。氧化层陷阱电荷一般要比界面陷阱电荷少得多(详见下文)。

氧化层中的可动电荷(Q_m)由带正电荷的可动离子组成，包括钠、钾、锂、以及可能的氢(氧化层中大部分的氢是不带电的分子氢)。由可动离子引起的阈值电压偏移取决于它们在氧化层中的分布。可动离子会在电场的作用下发生移动。考虑一个 NMOS 晶体管的栅极氧化层受到钠离子污染的情况。正的栅-源电压导致钠离子远离栅极并朝向背栅衬底移动。当它们接近沟道时，这些离子对沟道产生越来越大的影响，从而使阈值电压降低。采用多晶硅栅、在氧化过程中注入含氯的化合物以及使用更纯净的化学品已经将栅极氧化层中的可动电荷降低到可以忽略不计的水平。

界面陷阱电荷(Q_{it})由沿着氧化层/硅界面存在的电荷组成。这些电荷是由硅晶格与无定形氧化层之间不完美成键所产生的陷阱捕获的电子或空穴所组成的。这种不完美成键使得硅表面的一些硅原子无法与周围原子形成第四个也是最后一个共价键，这就造成了所谓的悬挂键。界面陷阱电荷的数量取决于硅表面的取向，(111)晶面的界面陷阱电荷要比(100)晶面大得多。所有现代的 CMOS 工艺都使用(100)硅，以便最大限度地减小界面陷阱电荷。可以通过氢退火来进一步减少这种电荷，氢会与悬挂键发生反应(并因此消除它们)。现代工艺技术会在层间氧化物中留下一定数量的氢，但是必须加热晶圆片才能使这些氢运动并允许其与悬挂键发生反应。先进的 CMOS 工艺通常使用快速热退火，这种方法不能够使氢充分地运动，因此会留下较高水平的悬挂键。不完全退火的症状包括阈值电压的随机变化和器件 $1/f$ 噪声的增大。

尽管氢钝化可以将界面陷阱电荷降至最低，但是热载流子注入(HCI)可以破坏硅-氢键并重新产生界面陷阱(参见 5.3.1 节)。然后，这些陷阱会捕获热载流子。在 NMOS 晶体管中，由此产生的电荷主要由电子组成，因此阈值电压随着 HCI 应力的增加而升高。在 PMOS 晶体管中，既可以发生电子的俘获又可以发生空穴的俘获，因此这类器件的阈值电压可能增大也可能减小。界面陷阱还会降低空穴和电子的表面迁移率。总之，这些效应会导致 NMOS 晶体管的漏极电流随着 HCI 应力的增加而减小。遭受 HCI 应力的 PMOS 晶体管的漏极电流则既可能会增加也可能会减小。

界面陷阱电荷和氧化层固定电荷历来被合并在一起，称为表面态电荷 Q_{ss}。但是现在不再提倡这种做法，因为这两种电荷的表现行为非常不同。氧化层固定电荷始终为正，并在器件工作过程中不会变化，而界面陷阱电荷则既可以是正的，也可以是负的，并且由于热载流子注入、偏压温度不稳定性和其他机制，它可以随时间的推移而发生变化。

氢补偿也可能在某些 MOS 晶体管中产生出界面电荷，这个过程涉及氢使得受主杂质失活。在硅 MOSFET 中，只有在背栅衬底含有硼的情况下才会发生氢补偿。对带负电硼离子的补偿会导致表面态电荷变得更加正，从而降低了阈值电压。

影响阈值电压的最后一个电荷来源是有意进行的离子注入，以便提高或降低阈值电压。这些阈值电压调整注入将杂质原子注入紧挨着栅极氧化层下方的一个很薄的硅层中。由于这些注入非常浅，它们有效地增加了表面电荷，从而提高或降低阈值电压。例如，表 12.4 中描述的 NMOS 晶体管和 PMOS 晶体管的阈值电压分别为 0.17 V 和 -1.35 V。这些器件称为原始晶体管，因为它们不包含任何阈值电压调整注入。NMOS 晶体管阈值电压的数值太小，而 PMOS 晶体管阈值电压的数值太大，都是不方便使用的。硼阈值调整注入向两种器件中注入负电荷，从而提高 NMOS 晶体管阈值电压的幅度并降低 PMOS 晶体管阈值电压的幅度。如果这两个器件具有相同的栅极氧化层厚度，则这两个器件偏移的幅度相等。产生 $+0.55V$ 阈值电压偏移的阈值调整注入将形成器件最终的阈值电压，分别为 0.72 V 和 -0.80 V。这个例子解释了为什么许多早期的 CMOS 工艺，尤其是那些具有相对低掺杂背栅衬底的工艺，会使用单一的阈值调整注入以及 N+ 多晶硅栅。

上述讨论的每种机制都对阈值电压产生少量的变化。通过谨慎处理，可以将阈值电压的工艺制造变化保持在大约 ±0.1 V 左右。阈值电压也会随着温度发生变化。一个典型的 20 V 工作电压 CMOS 晶体管通常会经历大约 $-2\,\text{mV/℃}$ 的阈值电压变化，导致在 $-40\sim125\,℃$ 范围内阈

值电压变化大约为 $\pm 0.2\ V$。将该变化与工艺变化相结合，总共产生大约 $\pm 0.3\ V$ 的阈值电压变化。一个标称阈值电压为 $0.7\ V$ 的晶体管实际上可能具有低至 $0.4\ V$ 或高至 $1.0\ V$ 的阈值电压 V_t。阈值电压的数值不应低于大约 $0.3\ V$，否则即使在 $V_{GS}=0\ V$ 时，该器件也会发生显著的亚阈值导电(参见 12.1.3 节)。

综合上述讨论的各种因素，可以得到

$$V_t = \Phi_{MS} + 2\phi_B + \frac{(Q_B - Q_{SS})t_{ox}}{\varepsilon_{ox}} \tag{12.12}$$

式中，Φ_{MS} 为栅极和背栅衬底之间的接触电势；ϕ_B 为体电势；Q_B 为单位面积的耗尽区电荷；Q_{SS} 为单位面积的表面态电荷(包括阈值电压调整)；t_{ox} 为氧化层厚度；ε_{ox} 为介电常数(对于高质量的热氧化二氧化硅，其数值为 $3.45 \times 10^{-13}\ F/cm$)。上式中每一项的准确方程随着掺杂极性而发生变化。对于 $N+$ 多晶硅栅的 NMOS 晶体管，各项的表达式为

$$\Phi_{MS} = V_T \ln\left(\frac{n_i^2}{N_D N_A}\right) \tag{12.13}$$

$$\phi_B = V_T \ln\left(\frac{N_A}{n_i}\right) \tag{12.14}$$

$$Q_B = \sqrt{2q\varepsilon_{Si}N_A(2\phi_B - V_{BS})} \tag{12.15}$$

式中，V_T 为热电压(25 ℃ 时为 26 mV)；n_i 为硅单晶材料中的本征载流子浓度(25 ℃ 时为 $1.45 \times 10^{10}\ cm^{-3}$)；$N_A$ 为背栅衬底中的掺杂浓度(单位为 cm^{-3})；N_D 为多晶硅栅的掺杂浓度(单位为 cm^{-3})；q 为电子电荷($1.60 \times 10^{-19}\ C$)；ε_{Si} 为硅的介电常数($1.04 \times 10^{-12}\ F/cm$)；$V_{BS}$ 为 NMOS 晶体管的背栅-源极电压(通常为零或负值)。这些公式以及其他极性组合的类似公式可以用来计算出表 12.2~表 12.4 中的数据。

由于 ϕ_B 和 Φ_{MS} 随温度的变化，MOS 晶体管的阈值电压表现出显著的温度系数。因此，温度系数取决于掺杂水平和氧化层厚度。在所有的情况下，V_t 的大小都会随着温度的升高而减小。对于厚度为 100 Å 的二氧化硅，其典型值约为 $-1.5\ mV/℃$；对于厚度为 500 Å 的二氧化硅，其典型值约为 $-2.5\ mV/℃$。

12.1.3 器件建模的其他考虑

希奇曼-霍奇斯模型为许多器件提供了相当精确的结果，但是现代的亚微米晶体管揭示了它的局限性。本节将简要讨论其中一些较为重要的限制，包括沟道长度调制、速度饱和效应、短沟道效应、窄沟道效应和亚阈值导电，以及栅致漏极泄漏电流。更复杂的模型(例如 BSIM 系列模型)则包括了所有这些效应以及更多的内容。

1. 沟道长度调制

根据前面讨论的最基本的希奇曼-霍奇斯模型，饱和状态下的漏极电流与漏-源电压无关。这只是近似正确的。随着漏-源电压的增加，夹断区上的横向电场增强，导致夹断区展宽并且沟道长度减小。沟道长度的减少增加了器件跨导，从而增大了漏极电流。这种现象称为沟道长度调制，类似于双极型晶体管的厄立效应。

希奇曼(Shichman)和霍奇斯(Hodges)通过引入一个称为沟道长度调制参数 λ 的额外项来对沟道长度调制效应进行建模。于是，饱和状态下的漏极电流方程变为

$$I_D = \frac{k}{2} V_{gst}^2 (1 + \lambda V_{DS}) \tag{12.16}$$

式中，V_{DS} 为漏-源电压。沟道长度调制效应导致其饱和区特性曲线略微向上倾斜，如图 12.3 所示。如果将这些曲线延长并与 X 轴相交，则所有交点都大致相互对齐。交点出现的位置对应于其大小等于 $1/\lambda$ 的电压处。将该特性曲线图与双极型晶体管对应的特性曲线图(即图 9.3)进行比较，可以确认沟道长度调制效应与厄立效应的密切对应关系。电压 $1/\lambda$ 对应于双极型晶体管的厄立电压 V_A。

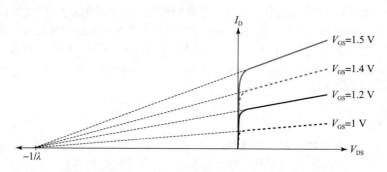

图 12.3　不同栅-源电压 V_{GS} 条件下，漏极电流 I_D 与漏-源电压 V_{DS} 的关系图，显示了沟道长度调制效应和曲线外推求出 λ 的过程

沟道长度调制效应导致 MOS 晶体管表现出有限的输出电阻。在小信号模型中，输出电阻变为从漏极连接到源极的电阻 r_o，其数值为

$$r_o = \frac{1}{\lambda V_{DS}} \tag{12.17}$$

由于输出电阻限制了电压增益，电路设计人员更喜欢具有较小 λ 值的器件。减小 λ 的方法之一是增加背栅衬底的掺杂浓度以减小夹断区的宽度。另一个方法是增大沟道长度。只要背栅衬底的掺杂浓度不随沟道的变化而变化，输出电阻与绘制的沟道长度呈近似线性关系。模拟电路设计人员通常会延长某些晶体管的沟道长度以增大其输出电阻。长度为 $20 \sim 40\ \mu m$ 并不罕见。需要注意的是，带有口袋注入的晶体管在沟道长度增加时并不表现出预期的输出电阻增加（参见 12.2.7 节）。因此，此类晶体管不适用于许多模拟电路应用。

2. 速度饱和效应

希奇曼-霍奇斯方程假设载流子迁移率与横向电场无关。这一假设通常适用于沟道长度超过几微米的 MOS 晶体管。在短沟道器件中，电场会变得如此强烈，以至于载流子速度将达到饱和。在线性模式下，可以通过假设有效沟道长度 L_e 增加一个 ΔL 来模拟这种效应，其中 ΔL 为[⊖]

$$\Delta L = \left| \frac{V_{DS}}{E_c L_e} \right| \tag{12.18}$$

式中，E_c 为临界横向电场，超过该值表面载流子速度就会饱和。由于上式分母中包含 L_e，因此该校正因子对于短沟道器件会增大。使用索迪尼(Sodini)论文中给出的电子临界横向电场值 $E_c = 1.1 \times 10^4\ V/cm$，并假定 $V_{DS} = 1\ V$，ΔL 会使 10 μm NMOS 晶体管的长度增加 1%，使 1 μm NMOS 晶体管的长度增加 90%。这个例子支持了这样一个观点，即速度饱和效应对于沟道长度超过几微米的器件几乎没有影响。

在饱和状态下，速度饱和效应可以通过将有效栅极电压 V_{gst} 替换为饱和电压 V_{sat} 来进行建模，饱和电压 V_{sat} 为

$$V_{sat} = E_c L_e \left(\sqrt{1 + \frac{2 V_{gst}}{E_c L_e}} - 1 \right) \tag{12.19}$$

这种替换导致漏极电流随着有效栅极电压的变化小于其平方关系。该方程实际上说明：对于非常短的沟道长度，漏极电流将线性依赖于 V_{gst} 并且与沟道长度无关。

总之，速度饱和效应在沟道长度小于几微米时变得较为重要，它降低了漏极电流，并使饱和电流随有效栅极电压的变化小于其平方关系。这些效应有助于解释为什么基本的希奇曼-霍奇斯模型无法准确地预测亚微米器件的特性。此外，亚微米器件的阈值电压也会因为接下来两小节所描述的效应而发生变化。

　⊖　式(12.18)和式(12.19)基于相对简单的索迪尼(Sodini)模型。

3. 短沟道效应

通过式(12.15)计算的耗尽层电荷 Q_B 仅对于相对的长沟道器件来说是严格准确的,因为它假设栅极和沟道下方的耗尽区之间存在一个完全垂直的电场。这种假设称为渐变沟道近似,当沟道长度接近耗尽层厚度时,这种假设就不再成立。在这种短沟道器件中,源极-背栅结和漏极-背栅结横向电场的贡献就会变得显著。这种所谓的短沟道效应(Short-Channel Effect,SCE)降低了将沟道反型所需阈值电压的大小。这相应地又导致阈值电压的幅度随着沟道长度的缩短而减小。有多种经验性的近似方法来模拟这种效应。对于超过几微米的沟道长度,短沟道效应通常就可以忽略。

与短沟道效应相关的另一个现象涉及漏极横向施加到背栅衬底上的电场。当漏极-背栅和源极-背栅的耗尽区彼此接近,然后合并在一起时,漏极施加的电场开始补充栅极施加的电场。因此阈值电压就会发生减小,减小的幅度取决于漏-源电压。这种效应称为漏致阈值电压漂移(Drain-Induced Threshold Shift,DITS),它构成了称为漏致势垒降低(Drain-Induced Barrier Lowering,DIBL)效应的更为广泛现象中的一个方面。与短沟道效应一样,DITS 主要影响沟道长度小于两微米的晶体管。

在足够高的漏极电压作用下,DIBL 效应变得非常强,以至于栅极不再需要施加任何电场来维持导通。这种情况称为源漏穿通,它代表了 MOS 晶体管的击穿模式之一(参见 12.1.4 节)。

4. 窄沟道效应

式(12.15)还假设了沟道宽度足够大,可以忽略边缘电场的影响。如果沟道宽度并没有大大超过耗尽层厚度,这些边缘电场就会减弱栅极施加到背栅衬底上电场的影响,并增加阈值电压的大小。这种现象称为窄沟道效应,对于沟道宽度小于几微米的晶体管来说很重要。电路设计人员很少将模拟电路中的晶体管做得这么窄,因此很少会遇到窄沟道效应的问题。

5. 亚阈值导电

当一个 NMOS 晶体管的栅-源电压接近其阈值电压时,希奇曼-霍奇斯方程预测的晶体管漏极电流等于零。测量结果显示,这并不严格正确。与之相反,仍然会有一小部分电流继续在晶体管中流过。考虑当 NMOS 晶体管的栅-源电压接近其阈值电压时,其源端实际发生的情况。该器件的栅极-背栅电压已经设置为平带电压,因此栅极不会在栅介质上产生电场,所以我们就可以忽略它的存在。此外,背栅已连接到源极,如图 12.4a 所示。这意味着源/背栅 PN 结工作在零偏置下,不会传导电流。此时 NMOS 晶体管工作在截止状态下。现在我们假设在保持平带条件的情况下,施加一个小的正的背栅-源极电压,如图 12.4b 所示。在这种条件下,我们可以忽略栅极的影响,源/背栅 PN 结处于正向偏置状态。电子从 N+源极注入 P-背栅衬底中。其中一些电子横向扩散到漏极并产生漏极电流。在这种条件下,MOS 晶体管仍然处于截止状态,但是寄生的双极型晶体管已经开始导通。

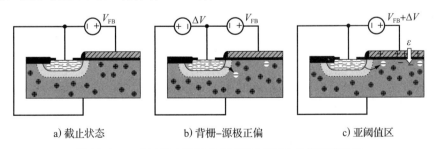

a) 截止状态　　　　　b) 背栅-源极正偏　　　　　c) 亚阈值区

图 12.4　一个工作在不同状态下的 NMOS 晶体管横截面

现在考虑图 12.4c 中所示的偏置条件。背栅-源极电压已经恢复为零,因此该 PN 结再次回到零偏压。然而,栅极-背栅电压已经升高到平带电压以上。现在,栅极向背栅衬底施加了一个电场。该电场必须终止于背栅衬底内的负电荷。如果电场足够强烈,它将在栅极氧化层下方形成一个耗尽区。然而,即使电场不足以使背栅耗尽,它仍然必须终止于背栅内的负电荷。这些负电荷的存在会改变靠近源极的背栅衬底表面处的电势,使其相对于背栅较深的区域变得略微为正。这就意味着表面附近的源极/背栅结两端的电压小于内建电压,因此这就必然会减小漂移电流,该漂移电流抵消电子从源极到背栅衬底的扩散电流。因此电子就会扩散流入背栅衬底,并成为驻留在那里的负电荷的一部分。这种情形类似于图 12.4b 中正向偏置结的情况,只是将电子注入背栅衬底的电压差不是来自施加的背栅-源极电压,而是来自栅极施加的电场吸引到表面的电荷。

只要栅极电压保持在阈值电压以下,注入背栅衬底中的少量电子就主要是通过扩散而非漂移来移动。决定电子电流的方程类似于适用于正向偏置 PN 结的方程,因此漏极电流随着栅-源电压呈指数形式增大。器件物理学家称这种工作模式为弱反型。随着栅-源电压的增加,漂移开始逐渐变得显著,器件就进入了中等反型状态。在更高的栅-源电压下,漂移超过了扩散,器件则进入了强反型状态。电路设计人员通常将弱反型称为亚阈值区,并将中等反型视为亚阈值区和饱和区之间的过渡区。

图 12.5 显示了 NMOS 晶体管的漏极电流与栅-源电压的关系图。漏极电流按对数刻度绘制。呈指数级增加的亚阈值漏极电流在所绘制的半对数图上显示为一条直线。该亚阈值区左下角以结的泄漏电流为界,右上角以沟道中等反型为界。

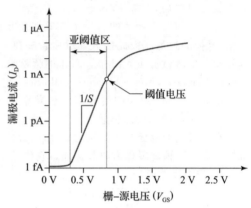

图 12.5 NMOS 晶体管的漏极电流与栅-源电压的关系图

工作在亚阈值状态下的晶体管漏极电流遵循以下方程:

$$I_D = I_0 e^{\frac{V_{GS} - V_x}{n V_T}} \tag{12.20}$$

式中,I_0 为比例常数(类似于双极型晶体管中的饱和电流);V_x 为偏移电压;V_T 为热电压;n 为亚阈值斜率因子,有

$$n = 1 + \frac{\varepsilon_{Si} t_{ox}}{\varepsilon_{ox} w_d} \tag{12.21}$$

式中,ε_{Si} 和 ε_{ox} 分别为硅和氧化层的介电常数;t_{ox} 为栅极氧化层的厚度。栅极氧化层下方耗尽区的厚度 w_d 为

$$w_d = \sqrt{\frac{4\varepsilon_{Si}\phi_B}{qN_A}} \tag{12.22}$$

式中,ϕ_B 为式(12.14)给出的体电势;q 为电子的电荷;N_A 为背栅衬底的掺杂浓度。

设计人员感兴趣的关键参数是所谓的亚阈值摆幅 S,有

$$S = 2.30 \cdot n V_T \tag{12.23}$$

式中,n 为由式(12.21)给出的亚阈值斜率因子。亚阈值摆幅通常以 mV/dec 为单位进行测量,它表示将亚阈值导通电流改变一个数量级所需要的栅-源电压的变化量。亚阈值摆幅一定不会低于 60 mV/dec,通常大约为 80 mV/dec。对于沟道长度小于 0.2 μm 左右的器件,刚开始的穿通效应会增大其亚阈值摆幅。因此对于 0.15 μm 的沟道长度,亚阈值摆幅通常约为 90 mV/dec。

电路设计人员通常希望 MOS 晶体管在零栅-源电压下导通可以忽略不计的电流。对于小尺寸晶体管,这通常意味着最小阈值电压必须至少等于亚阈值摆幅的 4 倍,也就是 300 mV 左右。再加上考虑到工艺变化(通常为 50~100 mV)和高温工作(通常为 200~300 mV)的裕量,即可得到 NMOS 晶体管标称阈值电压为 550~700 mV。PMOS 晶体管标称阈值电压等于 -550~-700 mV。功率晶体管具有极高的器件跨导,因此需要额外的裕量以避免过大的漏电。该额

外余量通常等于亚阈值摆幅的 3 倍左右，即 200 mV 左右。这有助于解释为什么通常用作功率器件的横向 DMOS 晶体管通常要设计成具有至少 900 mV 的标称阈值电压。正如 12.2.5 节所述，这限制了模拟集成电路和功率集成电路的最小电源电压。

　　模拟电路设计人员有时会故意将晶体管偏置到亚阈值区。亚阈值漏极电流和栅-源电压之间的指数关系让人联想到集电极电流和基极-发射极电压之间的关系。因此，许多最初为双极型晶体管开发的模拟集成电路也可以使用工作在亚阈值区的 MOS 晶体管来实现。然而，亚阈值电流要远小于相应的饱和电流，因此许多亚阈值电路在远高于 70 ℃ 的温度下就无法正常工作了。

　　亚阈值区包括介于平带电压和阈值电压之间的栅-源电压。包括亚阈值区在内，MOS 晶体管共有四个工作区(见表 12.5)。

表 12.5　MOS 晶体管的偏置条件，包括亚阈值区

工作区	NMOS 晶体管	PMOS 晶体管
截止区	$V_{GS} \leqslant V_{FB}$	$V_{GS} \geqslant V_{FB}$
亚阈值区	$V_{FB} \leqslant V_{GS} \leqslant V_t$	$V_{FB} \geqslant V_{GS} \geqslant V_t$
线性区(或晶体管区)	$V_{GS} > V_t$，$V_{DS} \leqslant V_{gst}$	$V_{GS} < V_t$，$V_{DS} \geqslant V_{gst}$
饱和区	$V_{GS} > V_t$，$V_{DS} > V_{gst}$	$V_{GS} < V_t$，$V_{DS} < V_{gst}$

6. 栅致漏极泄漏电流

　　栅致漏极泄漏电流(Gate-Induced Drain Leakage，GIDL)描述了 MOS 晶体管中观察到的另一种泄漏机制。沿着氧化层-硅界面的悬挂键可以充当福勒-诺德海姆(Fowler-Nordheim)隧穿的陷阱。栅电极产生的电场的垂直分量与漏-源电压产生的电场的水平分量相叠加，如果总的电场强度超过福勒-诺德海姆隧穿开始发生所需的值(其本身取决于陷阱密度)，则泄漏电流开始流过漏极-背栅衬底的耗尽区。该电流随总电场强度呈指数形式增大，这意味着它对漏-栅电压或漏-源电压的增加呈指数形式响应。与其他形类型的隧道效应一样，GIDL 泄漏电流也会随着温度呈指数形式增长。

　　实际上，GIDL 通常发生在当温度升高，晶体管在高的漏-源电压下工作于截止状态时。将晶体管开启会降低漏-栅电压差，从而降低 GIDL 的幅度。同样，降低温度也会降低隧穿概率，从而最大限度地减少 GIDL 泄漏电流。与 PMOS 晶体管相比，NMOS 晶体管更不容易受到 GIDL 效应的影响，因为热载流子注入问题限制了 NMOS 晶体管夹断区上允许的电场强度。

　　GIDL 效应还取决于氧化层界面上的陷阱密度，尤其是在漏极附近。因此，任何产生额外陷阱点的机制都会增大 GIDL 泄漏电流。特别是，热载流子注入和由天线效应引起的电荷注入都会增大 GIDL 泄漏电流。不完全的氢退火也会增大 GIDL 泄漏电流。

　　栅致漏极泄漏电流可以通过减少受到该效应影响的晶体管上的电场应力来消除，这又可以通过降低工作电压或减少背栅衬底的掺杂浓度以加大漏极-背栅耗尽区宽度来实现。

12.1.4　MOS 晶体管的击穿

　　MOS 晶体管的工作电压通常是由漏-源电压(V_{DS})和栅-源电压(V_{GS})来量的。这些电压受到各种击穿机制的限制，包括雪崩击穿、源漏穿通、碰撞电离、介质击穿和热失控。

　　当栅极接地时从漏极到源极测量的击穿电压 BV_{DSS} 等于晶体管在截止状态时可以承受的漏-源电压。该击穿电压通常是通过测量漏-源电压时迫使一个小的漏极电流流过该器件来确定的。传统上，对于分立的功率晶体管使用 250 μA 的电流。以下两种机制之一决定了晶体管 BV_{DSS} 的额定值：雪崩击穿或源漏穿通。当强烈的漏极-背栅电场将热产生的载流子加速到足以引起碰撞电离的速度时，就会发生雪崩击穿。雪崩倍增将一个很小的热泄漏电流放大为一个很大的击穿电流。而当漏极-背栅耗尽区完全穿透沟道并接触到源极-背栅耗尽区时，就会发生源漏穿通。器件中经历穿通的部分，其行为类似于一个处于夹断状态的 JFET(参见 12.3.1

节),无论其栅极电压如何,器件都会传导电流。雪崩击穿会导致从截止状态到击穿导通的非常陡峭的转变,而源漏穿通击穿则会导致更加平缓或"软"的转变,如图 12.6 所示。软击穿特性会增大泄漏电流并降低高漏-源电压下的输出电阻,因此器件设计人员通常都会努力构建出表现为雪崩击穿而不是源漏穿通击穿的 MOS 晶体管。

短沟道晶体管通常表现出一种雪崩击穿形式,其中漏极电流与漏-源电压的特性曲线自行折回,这种现象称为骤回,当 MOSFET 结构中固有的寄生双极型晶体管开始导通时就会发生。考虑图 12.7 中 $V_{GS}=0\ V$ 的曲线。在低的漏-源电压 V_{DS} 作用下,漏极电流基本上为零。当 V_{DS} 电压接近 BV_{DSS} 时,就会出现由雪崩倍增效应引起的一个小的漏极电流。当漏-源电压 V_{DS} 超过 BV_{DSS} 时,该漏极电流呈指数增加。碰撞电离不仅产生流向漏极的电子,而且还产生通过背栅衬底流向背栅接触点的空穴。该背栅电流对背栅进行自偏置,其偏置量取决于雪崩电流。最终,与源极相邻的背栅衬底达到足够高的自偏置,足以将寄生的双极型晶体管偏置到正向放大区中。该晶体管为电流从漏极流向源极提供了一个替代的路径,由此形成的漏极电流增大会导致更多的碰撞电离和更高的衬底自偏置。一旦在某个点上,正反馈变成自我维持,器件特性就会迅速折回。引起骤回所需的漏-源电压称为触发电压。I_D-V_{DS} 曲线的斜率在触发电压处变为垂直。超过触发电压,曲线就会自行折回以形成负电阻区域。当电压变得太低以至于碰撞电离无法维持双极型传导时,该负电阻区域结束,并且特性曲线的斜率再次变为垂直,该点称为维持电压。尽管可以在超过其维持电压的截止状态下运行 MOS 晶体管,但是如果电路可以提供足够的电流来维持骤回,就会带来一定的风险。一个瞬态脉冲就可能会触发骤回,然后晶体管就可能会因为过热、形成导电细丝或二次击穿而遭到损坏(参见 13.1.2 节)。

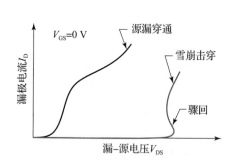

图 12.6　两个 MOS 晶体管的典型击穿特性,一个　　图 12.7　呈现骤回现象的晶体管击穿特性
　　　　表现为雪崩击穿,另一个表现为源漏穿通

上述讨论假设栅-源电压为零,仅产生微小的泄漏电流来启动雪崩倍增。如果一个非零的栅-源电压产生额外的漏极电流,这也会促进雪崩倍增。因此,对于一个给定的漏-源电压,总的衬底电流随着栅-源电压的增加而增加。因此,触发电压在栅-源电压较高时会减小。一个称为碰撞电离下的漏-源击穿电压 BV_{DII} 的参数可以量化此行为。BV_{DII} 通常是在产生最大衬底注入时的栅-源电压下测量得到的,通常其约为最大栅-源工作电压的一半。较低的电压会减少促进碰撞电离的沟道电流,而较高的电压则会降低雪崩倍增速率。漏极电流是在此栅-源电压和相对较低的漏-源电压(例如 2 V)下测量的。BV_{DII} 等于将漏极电流增加一定的量(也许是 20%)所需要的漏-源电压(参见 13.1.2 节)。BV_{DII} 既可以大于也可以小于 BV_{DSS},对于 BV_{DII} 小于 BV_{DSS} 的传输门晶体管,当其漏-源电压接近或超过 BV_{DII} 时,它们很容易受到热短路故障的影响,此类故障可能会出现在线性稳压器和功率开关器件中。适合此类应用的功率器件的 BV_{DII} 额定值应当至少等于其应用的最大工作电压。这需要最小化背栅衬底电阻。各种形式的集成背栅衬底接触(参见 12.2.8 节)通常用于此目的。倒梯度掺杂阱和埋层也可以减少背栅衬底电阻的横向分量。

MOS 晶体管同样也会遭受栅极-源极的介质击穿。如果施加过高的栅-源电压,这种击穿几乎会瞬间发生，或者在较小的栅-源电压下，这种击穿可能会在很长一段时间内缓慢地发生（参见 5.1.4 节）。这两种类型的击穿最终都会导致栅极和背栅衬底之间的短路故障。

12.2 构造 CMOS 晶体管

大多数现代 CMOS 工艺和 BiCMOS 工艺都需要制造自对准的多晶硅栅晶体管。图 12.8 展示了一个简单的自对准多晶硅栅 NMOS 晶体管的版图和剖面图。该晶体管的背栅衬底由淀积在 P＋衬底上的 P－外延层构成。相邻晶体管之间的区域称为场区。在图示的工艺中，硅的局部氧化(LOCOS)采用厚的场区氧化层覆盖场区。在 LOCOS 氧化期间未氧化的区域就形成了 MOS 晶体管所在的有源区。在去除掉氮化硅和预栅氧化层之后，清洗有源区表面并重新氧化以便形成真正的栅极氧化层(参见 2.3.4 节)。然后，沉积掺杂的多晶硅，并对其进行图形化处理以便形成栅电极。在完成多晶硅栅的图形化处理之后，进行低能量的砷离子注入以便形成晶体管的源极和漏极区域。这个 N 型源漏区注入(NSD)并没有足够的能量来穿透多晶硅栅或厚的场区氧化层。接下来，进行 P 型源漏区注入(PSD)，这个注入得名于它在构建 PMOS 晶体管中的作用。与 NSD 注入对应的 PSD 注入，同样也没有足够的能量来穿透多晶硅栅或场区氧化层。NMOS 晶体管同时还采用 PSD 注入区来接触轻掺杂的 P 型外延层背栅。最后经过短暂的退火激活源漏注入区，就完成了晶体管的制作。

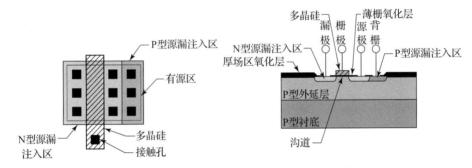

图 12.8　一个简单的自对准多晶硅栅 NMOS 晶体管的版图和剖面图

早期的 MOS 工艺采用铝栅，但是由于多种原因，铝栅器件的性能不如多晶硅栅。铝栅无法承受源/漏注入退火所需的温度，因此必须在离子注入和退火后，对其进行沉积和图形化操作。这将导致源/漏区无法与栅极形成自对准结构，从而大大增加了栅极-源极和栅极-漏极之间的重叠区电容。要开启和关断 MOS 晶体管，就必须对这些电容进行充电和放电。这些电容变得越大，CMOS 逻辑门的工作速度就越慢。铝栅工艺还会受到可动离子污染过多导致的阈值电压控制不良问题的困扰。因此，铝栅目前已经几乎全部被多晶硅栅所取代。

金属栅在先进的数字集成电路工艺中已经复出，因为直接电子隧穿会导致通过薄栅氧化层介质过多的漏电。具有高介电常数的绝缘介质可以做得比氧化层介质更厚，从而抑制隧道穿透效应。然而，多晶硅栅与氧化铪等高介电常数(High-k)材料并不兼容，因此需要使用难熔金属栅。通常使用的金属是铪，它可以承受源/漏区退火所需要的温度。

迄今为止，很少有模拟集成电路工艺会采用高介电常数介质所要求的既复杂又昂贵的工艺技术。与之相反，这些工艺普遍采用多晶硅栅 CMOS 技术。因此，本节将讨论这些晶体管的构建，包括它们的编码操作、用来改善其性能的各种特色工艺、以往用于等比例缩小其尺寸的原理，以及模拟集成电路中采用的各种替代的版图布局设计方案。

12.2.1 对 MOS 晶体管进行编码操作

最简单的 N 阱 CMOS 工艺只需要八张光刻掩模版，它们分别是 N 阱(N-Well)、场区或有源区的反版、多晶硅、N 型源漏注入区(NSD)、P 型源漏注入区(PSD)、接触孔、金属和钝化保护层去除窗口(Protective Overcoat Removal，POR)。版图数据库包含了生成每一张光刻掩模所需要的几何图形信息。在最简单的情况下，版图中包含了用于直接生成这八张光刻掩模的几何图形结构。图 12.9a 展示了按照这种方法制作的一个 NMOS 晶体管的版图结构。

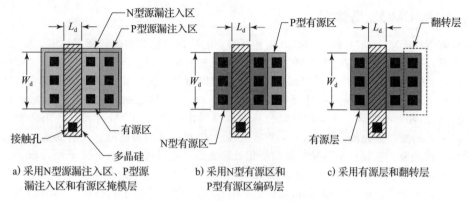

图 12.9　NMOS 晶体管的编码方式

a) 采用N型源漏注入区、P型源漏注入区和有源区掩模层　　b) 采用N型有源区和P型有源区编码层　　c) 采用有源层和翻转层

图 12.9b 显示了绘制同一个晶体管的另一种方法。两个名为 N 型有源区(NMoat)和 P 型有源区(PMoat)的新绘图层用于生成 N 型源漏注入区(NSD)、P 型源漏注入区(PSD)和有源区光刻掩模。设置在 N 型有源区层上的几何结构会在有源区和 N 型源漏注入区的光刻掩模上生成相应的几何图形。在图形生成过程中，要将 N 型源漏注入区的几何图形扩大，以应对未对准带来的偏差。在 P 型有源区图层上绘制的几何结构也会在有源区和 P 型源漏注入区的光刻掩模上创建出相应的几何图形。同样，也要将 P 型源漏注入区的几何图形扩大，以应对未对准带来的偏差。

图 12.9c 展示了另外一种用于编码 CMOS 晶体管的方法。将有源层(Active)编码为有源区(Moat)，有源层和有源区在这里是同义词。如果有源层位于 N 型外延层或 N 阱内部，则图形生成算法会将 P 型源漏注入区覆盖有源层；如果有源层位于 P 型外延层或 P 阱内部，则图形生成算法会将 N 型源漏注入区覆盖有源层。将有源层的一部分区域编码为翻转层(Tap，也称为翻转区)会改变其极性，从而允许插入背栅衬底的接触孔。

用于构建图 12.9a 所示版图中的 N 型源漏注入区、P 型源漏注入区和有源区的层次称为光刻掩模层，因为它们包含的信息会直接传递到相应的光刻掩模上。N 型有源区、P 型有源区、有源层和翻转层则称为绘图层或编码层，因为它们构成绘制器件的一部分，但是它们与光刻掩模层之间并没有一一对应的关系。编码层上的数据必须在图形生成期间进行转换以便创建出实际的光刻掩模数据。

编码层通过多种方式简化了版图设计。使用几何图形来创建晶体管需要更少的时间，因为需要的几何图形更少，显示和绘图也变得更整洁，并且数据库占用的空间也更少。另外，将编码层转换为 N 型源漏注入区、P 型源漏注入区和有源区可能具有相当的挑战性。正如我们在 4.2.3 节中所述，将 N 型有源区和 P 型有源区转换为光刻掩模数据的一组几何运算代码为

```
PSD        = PMoat oversized by 1.0
NSD        = NMoat oversized by 1.0
Moat       = NMoat + PMoat
InvMoat    = Moat\
```

这些操作将 N 型有源区和 P 型有源区层上的几何图形扩大 $1\ \mu m$，以生成 N 型源漏注入区和 P 型源漏注入区光刻掩模上的图形。所需的确切尺寸增加量将取决于工艺。该增加量必须超过最大单层的未对准偏差，以确保源/漏注入区完全覆盖定义晶体管宽度的有源区。

上述的增大尺寸操作会导致相邻的 P 型有源区和 N 型有源区生成重叠的 P 型源漏注入区和 N 型源漏注入区，如图 12.10a 所示。必须从最终的光刻掩模图像中去除这些重叠区，以防止它

们阻碍邻近接触孔下方的传导。这需要实施所谓的源/漏剪切算法，其中一种算法代码如下：

```
PSD         = PSD not common to NMoat
NSD         = NSD not common to PMoat
```

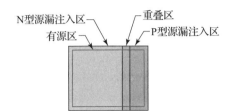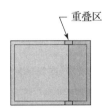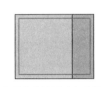

a) 未去除重叠区而生成的N型源　　　b) 去除有源区内重叠区后生成的N型　　　c) 去除所有重叠区后生成的N型源
漏注入区和P型源漏注入区　　　　　源漏注入区和P型源漏注入区　　　　　漏注入区和P型源漏注入区

图　12.10

该算法消除了有源区内重叠的 N 型源漏注入区和 P 型源漏注入区，但是在有源区之外留下了很小的重叠区，如图 12.10b 所示。更复杂的算法使用选择性增大尺寸的操作来消除所有的重叠区，如图 12.10c 所示。但是这些算法的详细信息已经超出了本书的讨论范围。即使是最复杂的剪切程序有时也会产生出令人质疑的结果。

如果使用有源层和翻转层编码，那么可以通过编码翻转层，使其延伸超出有源层的距离大于源/漏区尺寸的增加量，从而消除了剪切操作的需要。例如，以下代码采用有源层和翻转层编码生成了一个 N 阱 CMOS 工艺中的 N 型源漏注入区和 P 型源漏注入区：

```
SD          = Active oversized by 1.0
SDTap       = SD * Tap
SDNoTap     = SD - Tap
NSD         = (SDNoTap - NWell) + (SDTap * NWell)
PSD         = (SDNoTap * NWell) + (SDTap - NWell)
```

许多设计人员欣赏采用编码层所带来的简化，但是很少理解它们产生的问题，比如涉及剪切重叠区的 N 型源漏注入区和 P 型源漏注入区。负责编写验证和图形生成方案的人员必须最终决定是否使用编码层。本书使用 N 型有源和 P 型有源区是因为它们显著简化了插图，而不是因为它们一定代表最佳的编码策略。

12.2.2 阱区与隔离岛

CMOS 工艺要求在一块公共的衬底上构建出 NMOS 晶体管和 PMOS 晶体管。有三种可能的衬底选择：绝缘体、P 型硅或 N 型硅（见图 12.11）。由于难以将高质量的单晶硅设置在其他材料之上，因此绝缘体衬底总是成本高昂。几乎所有大批量生产的 CMOS 工艺都采用 P 型衬底或 N 型衬底，并结合使用结隔离技术。无论那种情况，半导体衬底都必须实现电连接以便确保隔离扩散区保持反向偏置。P 型衬底天然适用于负的接地系统，因为它可以连接到地线上。N 型衬底则适用于正的接地系统，但是这种系统远不如负的接地系统普及。因此，绝大多数 CMOS 工艺使用 P 型衬底。

图 12.11b 展示了一个使用 P 型衬底但是没有外延层的 CMOS 工艺。NMOS 晶体管位于衬底中，而 PMOS 晶体管则占据在一个称为 N 阱的深度较大、N 型轻掺杂的扩散区中。这个工艺存在两个严重缺点。第一，没有外延层意味着衬底充当 NMOS 晶体管的背栅，这需要一个比抑制闩锁效应的最佳掺杂浓度低得多的衬底。第二，采用切克劳斯基（Czochralski）直拉法生长的硅单晶中含有影响 CMOS 晶体管工作的氧沉淀物。虽然通过氢退火的方式可以去除氧沉淀物并减小硅薄层的掺杂浓度，但是该技术仅适用于非常浅的层，例如用于低电压数字集成电路中晶体管的层。图 12.11c 展示了一个使用 N 型衬底但是也没有外延层的 CMOS 工艺。同样，缺少外延层也导致了需要采用一个低掺杂的衬底，并使晶体管暴露在氧沉淀物中。N 型衬底要求所有 PMOS 晶体管的背栅连接到一个公共的电源端。虽然这也是可行的，但是不如将

所有 NMOS 晶体管的背栅连接到一个共同的接地端,因为大多数模拟集成电路系统具有一个单一的负极接地端和多个不同的正电源端(其中一些是内部产生的)。在具有多个负电源的正极接地系统中,N 型衬底可能要比 P 型衬底更可取,但是此类系统相对较少。几乎所有模拟 CMOS 和 BiCMOS 工艺都使用某种形式的外延层。

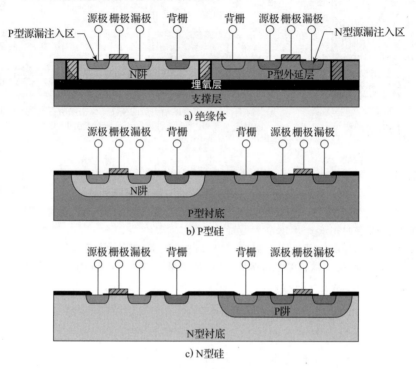

图 12.11　三种衬底选择

图 12.12a 显示了一个在 P+衬底上沉积 P 型外延层的工艺流程。NMOS 晶体管构建在 P型外延层上,而 PMOS 晶体管位于一个部分或全部推进到 P 型外延层中的 N 阱内。该工艺使用单一的 N 阱,因此称为 N 阱 CMOS 工艺。它并非这类工艺中的唯一,但是它是迄今为止最受欢迎的。因此设计人员通常认为术语 "N 阱 CMOS" 就是指的这种工艺流程。从历史上看,这种 N 阱 CMOS 工艺广泛用于构建工作电压为 10~30 V 的 CMOS 器件。

图 12.12b 展示了另一个工艺流程,该流程采用在 P+衬底上沉积一层 N 型外延层。PMOS 晶体管构建在 N 型外延层中,而 NMOS 晶体管则位于一个完全推进到 N 型外延层中并与 P+衬底相接触的 P 阱中。由于这个工艺使用单一的 P 阱,因此它是 P 阱 CMOS 工艺的一个示例。它的主要缺点是 P 阱的底部掺杂浓度较低,这意味着 P 阱中的衬底接触与实际衬底之间的电阻明显高于对应的 N 阱工艺。这个问题并非无法克服,P 阱工艺已经用来构建工作电压为 10~30 V 的 CMOS 晶体管。然而如前所述,对于负极接地系统,N 型衬底不如 P 型衬底理想,因为它不能够使用多个电源,其中每个电源都会对部分 PMOS 晶体管的背栅进行偏置。

图 12.12a 和图 12.12b 所示的工艺流程都是单阱工艺的示例。随着 CMOS 晶体管等比例缩小至更短的沟道长度,工作电压会降低,背栅衬底的掺杂浓度也会增加。工艺设计人员还开始精心设计阱的掺杂分布以便获得更好的器件工作特性。因此工作电压为 5 V 或更低的 CMOS 工艺通常采用两个阱:一个用于 NMOS 晶体管的 P 阱,另一个用于 PMOS 晶体管的 N 阱。这些所谓的双阱工艺允许独立地优化两个背栅衬底的掺杂分布。

存在两种可能的 P 型衬底双阱工艺,一种使用沉积在 P+衬底上的 P 型外延层,而另一种使用沉积在 P+衬底上的 N 型外延层。在实际应用中,这两种选择都是同样可行的,因为所有的有源器件都是位于阱内而不是在外延层中。图 12.12c 显示了一个使用 P 型外延层的双阱工艺。

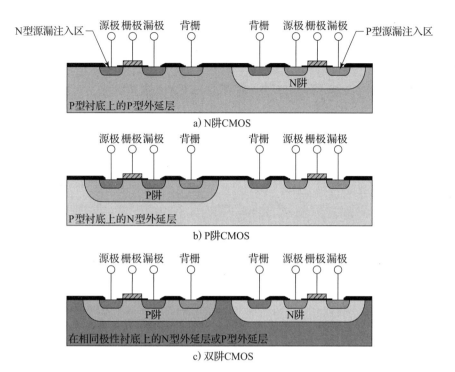

图 12.12　使用 P 型衬底的三种外延 CMOS 工艺

　　许多双阱工艺要求版图设计人员只绘制其中一个阱，然后在图形生成过程中自动生成另一个阱。通常在两个绘制的阱之间引入一个小的间距，以提高它们之间形成的 PN 结的击穿电压。因此如果编码了 N 阱，则 P 阱将通过类似以下的语句来生成：

```
Pwell        = Nwell\ undersized by 2.0
```

　　这个缩小操作在绘制的 N 阱和生成的 P 阱之间插入了两微米的间距。如果需要使用工作在多个不同电压级别的阱，那么通常每个电压级别都需要其自身的间距。这个要求可以通过为每个 N 阱电压级别使用单独的绘图层，并分别调整每个层的尺寸来满足：

```
NwellLVOS    = NwellLV oversized by 2.0
NwellHVOS    = NwellHV oversized by 3.0
Nwell        = NwellLV + NwellHV
PWell        = (NwellLVOS + NwellHVOS)\
```

　　数字集成电路工艺设计人员致力于制造出尽可能最小和最快的晶体管。为了做到这一点，他们将电源电压从大约 15 V 逐渐降低到 1 V 以下。然而，用于集成电路芯片之间的互连电压并没有按比例减小。因此现代的数字集成电路通常将大量低电压的内核晶体管与少量高电压的输入/输出(I/O)晶体管结合在一起。混合信号电路设计通常包含足够多的数字电路，以便充分利用内核 CMOS。模拟电路设计人员也发现了内核晶体管的用途，因此大多数模拟和混合信号工艺都会制造两类 CMOS 晶体管，其中一类的工作电压高于另一类。这需要使用两种不同厚度的栅极氧化层，一种用于内核晶体管，另一种用于 I/O 晶体管。此类工艺称为采用双栅极氧化层(参见 12.2.5 节)。

　　早期的双栅极氧化层模拟 CMOS 工艺通常结合 5 V 内核和 15～20 V 的 I/O 器件，其中一个 I/O 晶体管可以位于外延层中，从而将所需阱的数量减少到三个。图 12.13a 显示了此类三阱工艺最流行的安排方式，P 型外延层沉积在 P＋衬底上，I/O 中的 NMOS 晶体管就位于该 P 型外延层中，I/O 中的 PMOS 晶体管则设置在既深且相对低掺杂的 N 阱中，通常称为深 N 阱(DNWell)。内核 NMOS 晶体管和 PMOS 晶体管各自需要其自身的更浅且更重掺杂的阱，通常称为浅 P 阱(SPWell)和浅 N 阱(SNWell)。

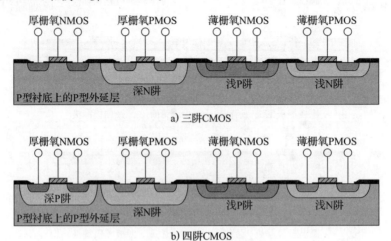

厚栅氧NMOS　　厚栅氧PMOS　　薄栅氧NMOS　　薄栅氧PMOS

深N阱　　浅P阱　　浅N阱

P型衬底上的P型外延层

a) 三阱CMOS

厚栅氧NMOS　　厚栅氧PMOS　　薄栅氧NMOS　　薄栅氧PMOS

深P阱　　深N阱　　浅P阱　　浅N阱

P型衬底上的P型外延层

b) 四阱CMOS

图 12.13　采用 P＋衬底的两个双栅极氧化层工艺(图中未显示背栅引出端)

在 20 世纪 90 年代,模拟 CMOS 工艺的 I/O 电压从 15～20 V 下降到 5 V。三阱工艺随后被使用深 N 阱、深 P 阱、浅 N 阱和浅 P 阱的四阱工艺所取代,如图 12.13b 所示。为了降低四阱工艺成本,内核和 I/O 晶体管集成在同一个阱中,但是这会使得性能略有下降。因此,当前大多数模拟 CMOS 工艺都是采用双阱双栅极氧化层工艺。

仅仅使用阱尚无法为两种极性的 MOS 晶体管提供相互隔离的背栅衬底。在一个具有 P 型衬底和一个或多个阱的工艺中,NMOS 晶体管必须通过衬底共享一个公共的背栅连接。此限制不会影响数字集成电路的设计,但是它阻止了模拟集成电路设计人员使用背栅调制来改变NMOS 晶体管的阈值电压。幸运的是,模拟 BiCMOS 工艺通常包含一个 N 型埋层,它可以用来制造 P 型隔离岛。这些隔离岛可以用来为 NMOS 晶体管提供隔离的背栅。

阱和隔离岛经常容易混淆。这两种结构都能够提供结隔离,但是它们是通过不同的方式实现的。阱是由一个深的扩散区构成的,它对周围的硅进行反型掺杂。隔离岛是由一个硅区域组成的,该区域通过围绕其构建的反偏结或氧化层实现隔离。通过比较阱的剖面图(见图 12.12 和图 12.13)与隔离岛的剖面图(见图 12.14),可以了解两者之间的区别。但是,并非每个人都对这些术语达成一致,诸如岛(Island)、隔离岛(Tank)、桶(Tub)和阱(Well)等词汇经常被不加区分地应用于各种类型的结构。如果有疑问的话,我们应当通过检查剖面图来确定该结构的真实性质。

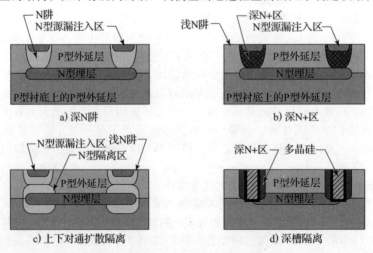

N阱
N型源漏注入区

P型外延层

N型埋层

P型衬底上的P型外延层

a) 深N阱

浅N阱
深N+区
N型源漏注入区

P型外延层

N型埋层

P型衬底上的P型外延层

b) 深N+区

N型源漏注入区　浅N阱
N型隔离区

P型外延层

N型埋层

c) 上下对通扩散隔离

深N+区　多晶硅

P型外延层

N型埋层

d) 深槽隔离

图 12.14　形成 P 型隔离岛的四种方法

　　采用 N 型埋层来创建一个 P 型隔离岛有四种方法。最简单的方法是使用一个深 N 阱，将其向下推进到与 N 型埋层相交，如图 12.14a 所示。这种方法的明显优点是 PMOS 晶体管可以位于隔离扩散区中，从而节省空间。另外，沿着深 N 阱向下到达 N 型埋层的垂直电阻相当大。如果 N 型埋层收集了大量的电子电流，它可以对 N 阱建立自偏置，并使得该隔离岛容易发生闩锁效应。因此很多模拟 BiCMOS 工艺提供了一个深 N＋下沉区，它可以形成与 N 型埋层的低电阻连接。即使是一个小的深 N＋插塞也会大大降低垂直电阻，并提高抗闩锁能力。这样的插塞可以设置在一个环形的深 N 阱内部，以构建一个隔离岛，该隔离岛比一个完全由深 N＋区环绕的隔离岛占用的空间更小。

　　某些工艺只制造浅 N 阱，它不会完全穿透到 N 型埋层处。因此这些工艺就必须依赖于专门的深 N＋扩散区来形成它们的 P 型隔离岛，如图 12.14b 所示，这种方法需要相对比较大的隔离间距。更紧凑的解决方案是在生长最上面的外延层之前通过磷注入来代替深 N＋扩散区，在后续的推进过程中，该注入区会向上扩散到与浅 N 阱相交，形成上下对通扩散隔离系统，如图 12.14c 所示。上下对通扩散隔离的垂直电阻大于通过深 N＋扩散区的垂直电阻，但是小于通过深 N 阱的垂直电阻。造成这种差异部分是由于低电压浅阱的掺杂浓度较大，部分是由于存在一个从外延层/衬底界面向上扩散的相对重掺杂磷的区域。上下对通扩散隔离允许将 PMOS 晶体管合并到 P 型隔离岛的侧壁隔离扩散区中。

　　第四种方法采用深槽隔离(DTI)来取代结隔离，此时 P 型隔离岛的侧壁由从表面向下一直刻蚀到 N 型埋层的沟槽组成。采用倾斜的离子注入将砷或锑沉积到沟槽的侧壁上，这种注入提供了一个从表面到 N 型埋层的低电阻通路，由此实现了深 N＋下沉区的功能，但是却不会受到相同程度的外扩影响。随后对这些沟槽进行氧化处理，并用多晶硅回填以便完成隔离系统，如图 12.14d 所示。图 12.14 中所示的这四种方法都能够创建出具有隔离背栅连接的 NMOS 晶体管，这样的晶体管实际上有五个引出端，分别是栅极、源极、漏极、背栅和隔离区。为了保持结隔离，隔离区引出端的偏置电压必须大于或等于背栅的电压。隔离区通常连接到背栅或电源上。

　　提供浅 N 阱和 P 型隔离岛的工艺可以创建 PMOS 晶体管，其背栅独立于环绕隔离岛的隔离区，如图 12.15 所示。这种双重隔离的晶体管具有七个引出端，分别是栅极、源极、漏极、背栅、隔离岛、隔离区和衬底。虽然背栅不需要连接到隔离区，但是如果两个电压相差太大，就会发生穿通击穿。最大允许的电压差通常等于 5～10 V，但是如果采用 P 型埋层来增大隔离岛底部的掺杂浓度，则还可以达到更高的值。用来形成 P 型埋层的硼可以和用来形成 N 型埋层的砷或锑同时沉积，因为硼的外扩散速度比砷或锑都要快。或者，也可以采用高能离子注入将 P 型埋层定位在 N 型埋层的上方。这些技术中的任何一种都可以将穿通电压提高到 20 V 或更高。

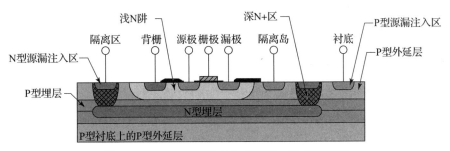

图 12.15　一个双重隔离的 PMOS 晶体管剖面图

　　具有双重隔离的 PMOS 晶体管可以工作在背栅-衬底电压差远远超过浅 N 阱击穿电压的情况下，浅 N 阱的侧壁曲率通常会将其击穿电压限制在 20～30 V。图 12.14a～c 所示的更深的隔离扩散区也可以轻松地设计出来，它能够处理 40～80 V 的电压。图 12.14d 所示的深槽隔离消除了侧壁曲率的顾虑，因而可以处理更高的电压。随着更低电压的内核 CMOS 器件要求越来越浅和更重掺杂的 N 阱，双重隔离的 PMOS 晶体管也会变得越来越有价值。

横跨隔离岛的横向电阻可能很大，这在 N 阱 CMOS 工艺中尤为明显，因为其中的隔离岛是由轻掺杂的外延层构成的。在使用这些高阻的隔离岛时，设计人员必须特别注意闩锁问题。在开始进行版图设计之前，必须识别出任何可能将电子注入其隔离岛的隔离 NMOS 晶体管。每个这样的晶体管都应该放置在其自身的隔离岛中，或者与在相同条件下也会注入电子的其他晶体管一起放置在同一个隔离岛中。例如，如果两个 NMOS 晶体管的漏极连接到同一个引脚，那么当该引脚被下拉到低于地电位时，这两个 NMOS 晶体管都会向隔离岛中注入电子。因此这两个 NMOS 晶体管可以共享同一个隔离岛。现在考虑两个连接到不同引脚的 NMOS 晶体管，一个引脚可能被拉到地电位以下，而另一个则没有。从一个晶体管到另一个晶体管的交叉注入可能会干扰电路的正常运行。除非我们能够证明这不是一个问题，否则这两个晶体管就不应该位于同一个隔离岛中。

电路设计人员还应该识别出那些会快速开关的隔离 NMOS 晶体管，这些晶体管能够通过漏极-背栅电容将噪声注入一个共享的隔离岛中。这种"嘈杂"的晶体管绝对不能与构成敏感模拟电路一部分的晶体管进行合并。噪声和敏感电路的合并几乎总是会降低电路的性能，有时它们还会通过一种称为寄生整流的机制导致灾难性的故障。某些模拟电路中会包含一些表现出高度非线性特性的节点，在这样的节点上即使施加很小的交流电流也会改变电路的直流工作点，电容耦合的噪声就注入了这样的交流电流。众所周知，带隙电压基准源就极易受到寄生整流机制的影响，其他很多熟知的电路也是如此。

在每个 P 型隔离岛中应分散设置大量隔离岛的接触点，以帮助避免意外的自偏置，因为这种自偏置可能会触发闩锁或导致其他电路故障。传统上，版图设计规则规定了一个隔离的 NMOS 晶体管与最近的背栅接触点之间的最大距离。版图设计人员通常会在每个隔离晶体管的旁边设置一个背栅接触点，甚至用背栅接触孔环绕每个这样的晶体管。这些预防措施会消耗额外的空间，但是它们也降低了发生闩锁和寄生整流效应的风险。

12.2.3　沟道终止注入

任何出现多晶硅跨越有源区的地方就会形成一个自对准的多晶硅栅 MOS 晶体管。在某些情况下，MOS 晶体管还可以在厚的场区氧化层下面形成。除非我们以某种方式抑制其形成，否则这些不需要的寄生 MOS 晶体管就会干扰集成电路的正常工作。

可以通过在生长厚的场区氧化层之前对场区进行适当的注入掺杂来提高寄生晶体管的阈值电压。在 $10\text{ kÅ}(1\ \mu\text{m})$ 厚的场区氧化层下方掺杂浓度达到 $10^{17}/\text{cm}^3$ 时，可以产生接近 50 V 的厚场区阈值电压（见表 12.3）。该厚场区阈值电压为 30 V 的工艺提供了足够的安全裕度。用于提高场区掺杂浓度的离子注入称为沟道终止注入。

增加厚场区阈值电压也可以通过故意引入表面态电荷来实现。标准双极型工艺中使用的 (111) 硅晶向比 CMOS 和 BiCMOS 工艺中使用的 (100) 硅晶向产生的表面态电荷大约多一个数量级。与 (111) 硅晶面相关的正表面态电荷提高了寄生 PMOS 晶体管厚场区阈值电压的大小，足以消除对 N 型衬底的沟道终止注入需求。寄生 NMOS 厚场区阈值电压的大小不太受关注，因为标准双极型工艺使用相对重掺杂的 P+ 隔离扩散区。如果在长时间的隔离扩散区推进过程中，硼的分凝吸收成为一个问题，则可以通过向隔离扩散区中添加基极扩散区（基区叠加隔离扩散区）来补充 P+ 隔离扩散区。

CMOS 工艺很少使用 (111) 硅，因为较大的表面态电荷会使得阈值电压的控制和阈值匹配变差。CMOS 工艺通常使用 (100) 硅，并结合氢钝化，以最大限度地减少表面态电荷，因此它们必须依赖其他方法来提高厚场区阈值电压。如果场区氧化层厚度和背栅衬底的掺杂浓度不足以满足要求，那么就需要进行沟道终止注入。

如果某个工艺需要采用沟道终止注入来抑制寄生 NMOS 沟道，那么它很可能还需要另一个沟道终止注入来抑制寄生 PMOS 沟道。因此沟道终止注入通常都是成对出现的。传统上，它们是通过将大面积的硼注入与图形化的磷注入相结合来实现的，反之亦然。图 12.16 展示了向 N 阱 CMOS 工艺中添加一次大面积的硼沟道终止注入和一次图形化的磷沟道终止注入后的结果。在长时间的高温场区氧化过程中，这两种沟道终止注入都会向下扩散。最终的结果是形成了两

个相反极性的中等掺杂区，它们在 N 阱边缘附近的 PN 结中相交。该交汇点的位置可以通过缩小或放大图形化磷注入区的尺寸来移动。在图示中，它正好落在 N 阱之外。这个结限制了 N 阱/P 型外延层界面的击穿电压。幸运的是，15 V 工艺所需的沟道终止注入通常具有超过 30 V 的击穿电压。

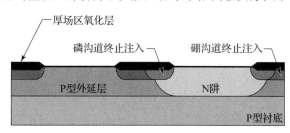

图 12.16　N 阱 CMOS 晶圆片的剖面图，显示了硼和磷的沟道终止注入

通常情况下，沟道终止注入是在有源区图形化步骤中去除光刻胶之前完成的。因此这些注入被阻挡在有源区之外。图形化的沟道终止注入需要一个额外的光刻掩模步骤，通常是将光刻胶旋涂在已有的有源区光刻胶之上，然后进行图形化操作。假设对此步骤的光刻掩模编码为 N 型沟道终止注入，以下算法代码将生成所需的光刻掩模图形：

```
NwellOS    = Nwell oversized by 4.0
MoatOS     = Moat oversized by 1.0
PChst      = NwellOS - MoatOS
```

第一条语句中执行的扩大尺寸操作将 P 型沟道终止注入和 N 型沟道终止注入的交汇点移到绘制的 N 阱之外。在有源区上执行的扩大尺寸操作将两个沟道终止注入之间的交汇点移到超出绘制的有源区边界足够远的地方，以尽量减小其对 MOS 晶体管特性的影响。这两个操作中实际使用的扩大尺寸显然取决于具体的工艺细节。

创建沟道终止注入的另一种可能方法涉及重复使用原本用于其他用途的注入。一个显而易见的选择是用于创建轻掺杂漏区的注入（参见 12.2.7 节）。以这种方式重复使用注入可以降低工艺的复杂性和成本，但是其中所涉及的妥协也可能会降低性能。

亚微米 CMOS 通常无须沟道终止注入即可获得足够的厚场区阈值电压。随着沟道长度的不断缩小，背栅衬底的掺杂浓度逐渐升高，工作电压也随之降低。因此亚微米工艺的阱就可能会将厚场区阈值电压提高到其相对较低的工作电压之上。

沟道终止注入应该将 NMOS 和 PMOS 的厚场区阈值电压提高到该工艺的最大工作电压之上。许多版图设计人员认为这些注入可以无条件地防止寄生沟道的形成，但是这并不总是正确的，多种因素的共同作用导致了这一结果。每个沉积的导体都有自己的厚场区阈值电压，多晶硅的厚场区阈值电压最低，依次为第 1 层金属、第 2 层金属，以此类推。工艺总结中通常引用第 1 层金属的厚场区阈值电压，并假定设计人员不会在多晶硅中传输高电压信号。这并不是一个安全的假设。低成本的产品可能只会使用 1～2 个金属层，在这种情况下，多晶硅布线就变得非常有用。即使版图设计人员没有刻意在多晶硅中传输各种信号，他们也可能会无意中将多晶硅栅延伸到阱区之外，从而形成了所谓的多晶硅短截线，使得其下方的硅发生反型。

谨慎使用已公布的厚场区阈值电压的第二个原因是：即使电压差尚未超过已公布的厚场区阈值电压，亚阈值导电、边缘杂散电场和可动离子污染都可能会导致泄漏电流。通常应将已公布的厚场区阈值电压降低至少 30%。因此，如果某个工艺宣称具有 40 V 第 1 层金属 PMOS 厚场区阈值电压，那么第 1 层金属引线与下方 N 阱之间的电压差就不应超过 25 V 左右。5.3.5 节中讨论了可用于安全传输超过该限制的信号的技术。

12.2.4　调整阈值电压注入

正如 12.1.3 节中所述，CMOS 晶体管需要至少 0.55 V 的标称阈值电压，以避免过多的亚阈值导通。同时，阈值电压也不能过大，以免过度限制有效的栅极电压。工艺设计人员通常将

增强型 CMOS 晶体管的标称阈值电压设定为 $0.60\sim0.85$ V 之间。事实证明，这往往是一个相当具有挑战性的目标。

考虑一个采用 N+多晶硅栅的 15 V 工作电压 N 阱 CMOS 工艺的情况。N 阱和 P 型外延层的表面浓度可能导致 0.2 V 的标称 NMOS 阈值电压和-1.4 V 的标称 PMOS 阈值电压。这些原始的或天然的阈值电压大大超出了所需的电压范围。工艺工程师必须以某种方式修改工艺，以便将这些原始的阈值电压调整到期望的目标值。

MOS 晶体管的阈值电压可以通过将掺杂剂注入其沟道区来改变。掺杂剂会在沟道中形成电荷，从而改变式(12.15)中的 Q_B 项。P 型注入将阈值电压偏移到更正的数值(或更小的负值)，而 N 型注入则将阈值电压偏移到更小的正值(或更大的负值)。NMOS 晶体管和 PMOS 晶体管将表现出几乎相同的阈值电压偏移，但是这种偏移将增强一个晶体管并削弱另一个晶体管。用于调整阈值电压的注入称为阈值电压调整注入。

我们再次考虑一个原始 NMOS 晶体管阈值电压为 0.2 V 和原始 PMOS 晶体管阈值电压为-1.4 V 的工艺。将硼注入两个晶体管的沟道区会提高 NMOS 晶体管阈值电压的数值，并降低 PMOS 晶体管阈值电压的数值，0.6 V 的调整量将导致调整后的 NMOS 晶体管阈值电压为 0.8 V，而调整后的 PMOS 晶体管阈值电压则为-0.8 V，这两个数值均位于所需的阈值电压范围内(见表 12.6)。

表 12.6　一个典型 N 阱 CMOS 工艺的原始阈值电压和调整后的阈值电压

最坏情况角	原始 NMOS	调整后 NMOS	原始 PMOS	调整后 PMOS
最小值	-0.06 V	0.54 V	-1.66 V	-1.06 V
标称值	0.20 V	0.80 V	-1.40 V	-0.80 V
最大值	0.46 V	1.06 V	-1.14 V	-0.54 V

注：表中的数字假定±0.1 V 的阈值控制电压、-2 mV/℃的温度变化以及$-55\sim150$ ℃的结温范围。

接受阈值电压调整注入的晶体管称为调整晶体管，而那些没有接受阈值电压调整注入的晶体管则称为原始晶体管或天然晶体管。阈值电压调整注入不一定需要光刻掩模步骤。如果在去除 LOCOS 氮化物之后(或在浅槽隔离平坦化之后)立即在整个晶圆片上进行注入，那么它就会出现在每个有源区中。这种大面积的注入可以同时将每个 MOS 晶体管的阈值电压调整到目标值。采用这种大面积注入的方法就无法制造出原始晶体管了。

如果电路设计人员能够方便地使用原始晶体管和调整晶体管这两种器件，他们通常能够更好地改进电路的性能。因此许多工艺都提供原始晶体管作为一个工艺选项，该选项仅需要一次光刻掩模，其准确的名称为阈值电压调整注入掩模，但是更经常称其为原始阈值掩模。相关的编码层有很多名称，在本书中称其为原始阈值层(NatVt)，该层必须围绕每个原始晶体管的栅极区域进行编码，如图 12.17 所示。原始阈值层的图形应当将沟道区略微多覆盖一些，以容忍对准偏差和横向外扩散。如果电路设计中并没有使用任何原始晶体管，则通常可以省略原始阈值层的光刻掩模。有些工艺还会使用此掩模来制造某些其他类型的器件，例如肖特基二极管。

低压 CMOS 晶体管不能使用单一的阈值电压调整注入。这种注入降低了 PMOS 晶体管阈值电压的大小，但是它也会产生一个不良的效果，即形成了一个埋入的沟道。为了获得足够大的阈值电压偏移，必须注入如此多的硼，以致于它实际上已经使得 N 阱表面很薄的一层区域发生反型，该反型层位于表面下方，因为这是注入峰值掺杂浓度出现的地方。埋入的沟道距离表面非常近，因此栅极施加的电场就会将其反型，只要背栅衬底的掺杂浓度不要变得太大，晶体管就仍然可以正常工作。低压短沟道晶体管需要重掺杂的背栅衬底来控制沟道长度调制效应。随着掺杂水平的升高，反型层上的耗尽区就会吸收越来越多栅极发出的电力线，最终使得栅极无法影响反型层。这种效应会导致晶体管在原本应该处于截止状态时产生了泄漏电流(由于亚阈值导通)。

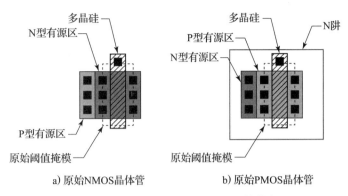

图 12.17　使用原始阈值层的原始晶体管版图

可以通过对 PMOS 晶体管使用磷阈值电压调整注入来消除上述掩埋沟道。由于磷会引起负方向的阈值电压漂移，因此 PMOS 晶体管的阈值电压在初始状态时必须相对较低。实现这一要求的最好方法是使用硼掺杂的多晶硅栅极，如图 12.18 所示。

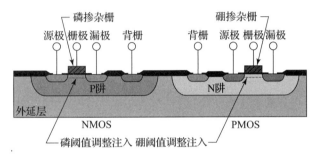

图 12.18　双掺杂多晶硅栅 CMOS 晶体管的剖面图

在硅的局部氧化(LOCOS)工艺中生产双掺杂多晶硅 CMOS 晶体管所需的工艺如下：在去除 LOCOS 氮化物后，使用 P 型阈值电压调整(PVT)掩模对晶圆片进行注入。这种低能量的硼注入可以调节 NMOS 晶体管的阈值电压。接下来使用 N 型阈值电压调整(NVT)掩模对晶圆片进行图形化，这种低能量的磷注入可以调节 PMOS 晶体管的阈值电压。完成栅氧化之后，以接近本征的状态沉积栅极多晶硅。在刻蚀多晶硅栅之前，使用 P 型多晶硅栅(PPoly)光刻掩模进行图形化的硼注入，然后使用 N 型多晶硅栅(NPoly)光刻掩模进行图形化的磷注入。

如上所述，双掺杂多晶硅工艺需要 4 个新的光刻掩模(PVT、NVT、PPoly 和 NPoly)。如果不需要原始晶体管，P 阱光刻掩模就可以重复应用于 PVT 工艺步骤，N 阱光刻掩模也可以重复应用于 NVT 工艺步骤。如果需要原始晶体管，则不能以这种方式重复使用阱的光刻掩模，而需要采用单独的 PVT 和 NVT 光刻掩模。光刻掩模工艺步骤的数量也是可以减少的，但是代价是要牺牲性能。例如，多晶硅栅极可以采用大面积全晶圆片的硼注入和图形化的磷注入来进行掺杂，由此形成的多晶硅栅的掺杂浓度不如使用两个单独的光刻掩模工艺步骤形成的那么大。由于大多数先进工艺都会对多晶硅进行金属硅化物处理，因此薄层电阻的增大并不像最初看起来那样令人难以接受。该工艺还可以采用一次大面积全晶圆片的阈值电压调整注入，然后再进行一次相反极性的图形化阈值电压调整注入，以此节省一次光刻掩模工艺步骤。受到两次注入的晶体管将比仅受到一次注入的晶体管表现出更多的阈值电压变化。在某些情况下，可以通过精心设计倒梯度掺杂阱来完全消除对阈值电压调整注入的需求，这通常仅适用于相对较浅的注入，因为长时间的高温推进会使掺杂浓度重新分布，此时就必须采用阈值电压调整注入。

双栅极掺杂还会形成不需要的多晶硅二极管，除非多晶硅完全形成金属硅化物。PN 结出现在 P 型多晶硅与 N 型多晶硅彼此接触的任何地方。只要版图设计人员没有阻挡这些区域形成金属硅化物，就会使这些不需要的二极管发生短路。然而，形成金属硅化物也会大大增加掺杂剂通过多晶硅扩散的速率，因此 P 型多晶硅和 N 型多晶硅的交界面必须与邻近的 MOS 晶体管栅极区保持足够的距离。去除 N 型多晶硅/P 型多晶硅结上的金属硅化物就会形成多晶硅二极管，在某些情况下，这也可能是一个有用的元件(参见 11.2.1 节)。

如果以接近本征状态沉积多晶硅，那么就有可能通过省略 N 型多晶硅栅注入和 P 型多晶硅栅注入来形成接近本征的区域，这种做法允许构建出多晶硅 PIN 二极管。另外，如果不小心在多晶硅引线中留下了接近本征的区域，事实证明它们可能会造成不良的后果。如果任何缺陷破坏了金属硅化物的完整性，多晶硅引线实际上就会变成开路，这可以通过在设计规则检查(DRC)工具中进行检查来防止，以确保引线的所有部分都受到了 N 型或 P 型多晶硅掺杂注入。

大多数模拟工艺都提供原始的 NMOS 晶体管和 PMOS 晶体管，作为基准工艺的一部分或者作为工艺扩展。某些工艺还提供额外的阈值电压选项，例如耗尽型晶体管。每个这样的附加选项都需要其自身的阈值电压调整注入，通常需要使用额外的光刻掩模工艺步骤。使用这些注入的晶体管的编码方式与原始晶体管非常相似，只是原始阈值层需要被一个用于特殊注入的层所取代。

12.2.5 多种栅氧化层厚度

正如 12.2.1 节中所述，大多数现代 CMOS 工艺制造两种类型的 CMOS 晶体管：用于高速核心逻辑的低压内核晶体管，以及用于外部数据总线接口的高压 I/O 晶体管。这两种类型的晶体管通常具有不同的栅极电压额定值，因此需要采用不同的栅氧化层厚度。

可以使用分阶段氧化工艺或者刻蚀-再生长技术来制造多种栅氧化层厚度。分阶段氧化工艺需要对每一种栅氧化层厚度进行单独的多晶硅沉积。首先生长最薄的栅氧化层，然后沉积第一个多晶硅层，如图 12.19a 所示。一旦通过光刻完成了图形化，该多晶硅就充当继续进行栅极氧化的屏蔽掩模，如图 12.19b 所示。在栅氧化层充分增厚之后，再沉积第二个多晶硅层并进行图形化，如图 12.19c 所示。任何具有第 1 层多晶硅栅极的晶体管都会获得薄的栅氧化层，而任何具有第 2 层多晶硅栅极的晶体管则获得了厚的栅氧化层。

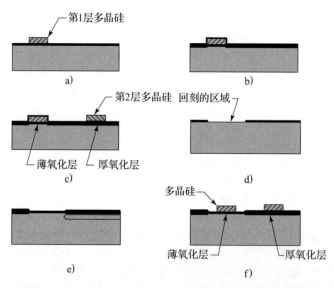

图 12.19　采用分阶段氧化(a、b、c)和刻蚀-再生长(d、e、f)技术生长多种不同厚度氧化层的工艺步骤

分阶段氧化的缺点是需要多次淀积多晶硅。刻蚀-再生长工艺则需要一次额外的光刻掩模工艺步骤，但是不需要多次淀积多晶硅层。这个额外的光刻掩模对旋涂在薄栅氧化层顶部的光刻胶进行图形化，然后将裸露的氧化层刻蚀掉(见图 12.19d)，去胶后再继续进行栅极氧化。在被回刻的区域形成薄栅氧化层，而在初始氧化层未受到刻蚀的区域则形成较厚的栅氧化层，如图 12.19e 所示。现在，单层多晶硅就可以形成薄栅氧晶体管和厚栅氧晶体管这两种器件的栅

极，如图 12.19f 所示。

图 12.20 显示了通过分阶段氧化和刻蚀-再生长工艺制备的薄栅氧和厚栅氧晶体管的版图。这两种工艺都使用围绕栅极区设计的有源区 2(Moat-2)几何图形，但是该层对于分阶段氧化和刻蚀-再生长工艺执行不同的功能。对于前者，它为厚栅氧器件定义了接受阈值电压调整注入的区域；而对于后者，它定义了被保护不受回刻影响的区域，该区域也将接受厚栅氧阈值电压调整注入。如果仅仅需要单次厚栅氧阈值电压调整注入，则可以使用同一层光刻胶来进行阈值电压调整注入并刻蚀初始的栅氧化层。

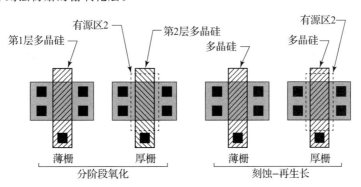

图 12.20 分阶段氧化和刻蚀-再生长工艺制备的版图对比

12.2.6 等比例缩小晶体管尺寸

1965 年戈登·摩尔(Gordon Moore)预测数字集成电路的复杂度将每年翻一番，这个预言后来演变为摩尔定律，该定律预测数字集成电路中的晶体管数量将每 18 个月翻一番。从 1965 年持续到 2012 年前后，这种现象一直存在，此后随着半导体技术接近基本物理极限，其发展速度开始放缓。

CMOS 晶体管推动了摩尔定律背后的大部分进展。晶体管的沟道长度从 1973 年的 8 μm 持续缩小到 2012 年的 20 nm 左右。从那时起，尺寸缩小的速度有所放缓，但是并未停止。国际半导体技术路线图(ITRS)预测，平面 CMOS 将在 2020 年左右达到其最终极限，届时在先进数字逻辑集成电路中使用的所谓鳍式晶体管(FinFET)的最小宽度将达到大约 6 nm 的有效尺寸。直接电子隧穿效应排除了更短沟道的可能性。

器件尺寸的缩小提高了数字逻辑集成电路的性能。罗伯特·登纳德(Robert Dennard)和他的同事是最先认识到器件尺寸与其性能之间的关系可以简化成一套等比例缩小定律的人之一。

存在两种基本的等比例缩小定律，两者均假定晶体管的沟道宽度和长度都乘以一个比例因子 S。恒定电压等比例缩小是指在等比例缩小器件尺寸的同时保持晶体管的工作电压恒定，这导致晶体管夹断区内的电场随着其尺寸缩小而增大，最终这个电场会变得如此强烈，以至于热载流子的产生变得难以忍受。恒定电场等比例缩小是指无论比例因子多少，可以通过降低电源电压来保持晶体管内电场恒定，从而避免上述问题。表 12.7 列出了恒定电压和恒定电场的等比例缩小定律。

表 12.7 恒定电压和恒定电场的等比例缩小定律

物理量	恒定电压	恒定电场	物理量	恒定电压	恒定电场
最小沟道长度	S	S	电场强度	$1/S$	1
最小沟道宽度	S	S	传输延迟时间	S^2	S
栅极氧化层厚度	1	S	功耗	$1/S$	S^2
背栅衬底掺杂浓度	$1/S^2$	$1/S$	功耗-延迟积	S	S^3
电源电压	1	S			

人们经常使用三个优质因子来量化数字逻辑门的性能：传输延迟、功耗和功耗-延迟积。传输延迟等于数字信号传输通过给定 CMOS 逻辑电路（例如 NAND 门）所需的时间。随着晶体管的等比例缩小，传输延迟会减小，因为跨导增大，电容减小。功耗等于以恒定频率运行特定 CMOS 逻辑电路所需的功率。采用恒定电压等比例缩小来减小器件尺寸实际上会增大功耗，而利用恒定电场等比例缩小来减小器件尺寸则会显著降低功耗。功耗-延迟积等于传输延迟与功耗的乘积。功耗-延迟积越小，数字逻辑门的整体性能就越好。恒定电压等比例缩小导致功耗-延迟性能线性地改善，而恒定电场等比例缩小则导致功耗-延迟性能按照更为激进的立方关系改善。

在 20 世纪 70 年代，恒定电压等比例缩小被应用于数字逻辑集成电路，以便改善电路性能并将更多电路集成到给定的管芯面积中。这种类型的等比例缩小保持电源电压恒定，允许内核逻辑电路可以直接与将数字集成电路连接在一起的总线进行对接。到了 20 世纪 80 年代，晶体管内部的电场已经超过 200 kV/cm，热载流子注入导致严重的阈值电压漂移和跨导降低。因此工艺设计人员转而对内核逻辑电路采用恒定电场等比例缩小。内核逻辑电路的工作电压开始以比外部总线电压快得多的速度下降，因此需要引入双栅极氧化层工艺，即在同一衬底上制造低压内核 CMOS 晶体管和高压 I/O 晶体管。

在 20 世纪 70 年代和 80 年代期间，CMOS 集成电路的所有尺寸都以大致相同的速度减小。因此，只需对数据进行光学缩小，就可以重复使用现有的版图布局。光学缩小由比例因子来表示，用于将原始尺寸（即绘制尺寸）转换为最终尺寸（即缩小尺寸）。该比例因子通常用百分比表示。因此 80% 的光学缩小就是将最终尺寸设置为绘制尺寸的 80%。

正如我们在 3.2.3 节中所讨论的，林恩·康威（Lynn Conway）在 1977 年提出，可以通过一个 "λ" 缩放因子来规定最小尺寸，从而在多个工艺技术代中重复使用一组版图设计规则。这些可扩展的设计规则实际上只不过是以另一个名称表示的光学缩小。它们的优点是不会在器件的实际尺寸方面误导设计人员。

在 20 世纪 80 年代，工艺设计人员发现，以与栅极尺寸相同的速度来等比例缩小金属系统的尺寸变得越来越困难。于是，人们建立了两种单独的等比例缩小方案，一种用于包括多晶硅工艺在内的前道生产线（Front End Of Line，FEOL）各个层次，另一种用于金属化层的后道生产线（Back End Of Line，BEOL）各个层次。这一分歧标志着光学尺寸缩小和可扩展设计规则时代的结束。

模拟集成电路的版图设计从来都不太适用于光学尺寸缩小或可扩展的设计规则。模拟电路性能取决于许多参数，但是并非所有参数都能够同步缩放。例如，如果我们忽略长度和宽度偏差，电阻值不会随着尺寸等比例缩小而改变。另外，电容则会以 S^2 的倍数减小。在没有彻底重新模拟其性能以验证其能够正常工作的情况下，决不能简单地等比例缩小模拟集成电路的尺寸。

平面数字 CMOS 集成电路预计将在 2020 年达到其沟道长度约为 6 nm 的最终极限。人们可能会合理地提出疑问，模拟 CMOS 集成电路将在什么时候会遇到类似的极限？目前答案有些模糊，因为这取决于设计实践和各种规范。假设我们选择以下内容：

1) 工作结温范围介于 $-40 \sim 125$ ℃。

2) 单电源电压，电源电压容差为 $\pm 10\%$。

3) 125 ℃ 时待机电源电流小于 10 μA。

4) 所有设计参数均完全符合 $6\text{-}\sigma$ 标准。

如果我们假设器件亚阈值摆幅为 70 mV/dec，最小阈值电压为亚阈值摆幅的 4 倍，以最大限度地减少亚阈值泄漏电流，工艺控制为 ± 50 mV，温度系数为 -2 mV/℃，则标称阈值电压等于 0.53 V，且最大值等于 0.71 V。允许 0.2 V 的裕量会产生 0.91 V 的最小电源电压，这反过来也表明标称的电源电压不能降至大约 1 V 以下。栅极氧化层泄漏电流代表另一个限制；小于

30 Å(3 nm)的绝缘薄膜在模拟电路应用中会表现出过大的隧穿电流[⊖]。通过使用高度氮化的绝缘栅介质,可以在高达 1.5 V 的电压下操控此类绝缘薄膜。因此我们可以预期使用传统多晶硅栅极构建的纯模拟晶体管技术将停留在大约 65 nm 节点,数字集成电路工艺已于 2006 年达到该节点。当然,没有什么可以阻止人们将更先进的数字晶体管与这些末代模拟器件集成在一起。数字集成电路需要的裕量非常小,并且它们通常比模拟集成电路能够承受更多的亚阈值泄漏电流。此外,金属化系统可以继续改进超越 65 nm 节点。

大多数模拟集成电路设计很可能会继续使用 1.2～1.5 V 的标称电源电压,但是超低电压设计方案可能会在低至大约 1 V 的标称电源电压下工作。模拟 CMOS 设计人员的聪明才智不应该被低估,他们仍然有可能会突破这个 1 V 的限制。然而,硅基双极型模拟集成电路在 1970年左右就停滞在这个极限电压值上[⊖]。

12.2.7　CMOS 晶体管的漏区工程

最早的 CMOS 工艺使用金属栅极,源区和漏区是在栅极图形化之前形成的,由此产生的多晶硅与扩散区之间的未对准偏差导致了过多的重叠电容。通过采用多晶硅作为掩蔽来进行源/漏区注入,可以消除这些未对准偏差,这样形成的自对准源区和漏区在多晶硅栅极下方仅有很少的扩散,从而形成小的重叠电容。通过添加氧化层侧墙,甚至能进一步减少这些重叠电容,如图 12.21 所示。这些器件称为单掺杂漏(SDD)晶体管,因为它们的漏区是由单次注入形成的。NMOS 晶体管采用 N 型源漏区注入,PMOS 晶体管采用 P 型源漏区注入。

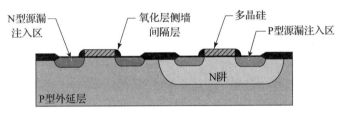

图 12.21　单掺杂漏自对准多晶硅栅 NMOS 晶体管和 PMOS 晶体管的
剖面图,采用氧化层侧墙间隔层来最大限度地减少重叠电容

随着工艺设计人员使用恒定电压等比例缩小方法不断地微缩单掺杂漏晶体管,持续增强的电场最终开始产生热载流子(参见 5.3.1 节)。NMOS 晶体管首先遇到这个问题,因为电子迁移率较高,但是 PMOS 晶体管不久也遇到了这个问题。器件设计人员很快就找到了一种对策,即减少紧邻沟道的漏区掺杂。该区域中较轻的掺杂浓度允许耗尽区进一步延伸到漏区中,从而降低峰值电场强度,使得进一步的恒定电压等比例缩小成为可能。因此,虽然 5 V 单掺杂漏NMOS 晶体管需要 2～3 μm 的最小沟道长度,但是减少漏区掺杂可以使得沟道长度能够缩短至 0.5 μm。

漏区掺杂浓度降低的单掺杂漏晶体管会表现出过大的漏极电阻。因此工艺设计人员开发了一种漏区结构,该漏区结构由邻近沟道的轻掺杂区和漏极接触孔下方的重掺杂区共同组成。轻掺杂部分称为漂移区,重掺杂部分称为非本征漏区(参见 13.1.5 节)。为了最小化器件尺寸和最大化器件性能,漂移区应与多晶硅栅自对准。

轻掺杂漏(LDD)使用氧化层侧墙间隔层来定义漂移区的宽度,如图 12.22a 所示。该结构需要对每种极性的晶体管实施两次单独的源/漏区注入,一次在间隔层形成之前进行,另一次在间隔层形成之后实施。第一次注入形成一个与多晶硅栅自对准的浅的、轻掺杂的漂移区。第二次注入形成与氧化层侧墙间隔层对齐的、更深且掺杂浓度更重的非本征漏区。只要给定极性

⊖　栅极面积为 10 mm² 的大功率器件泄漏电流不应超过 1 μA,这对应于栅介质厚度大约为 20～30 Å,具体值取决于陷阱密度。

⊖　例如,R. A. 赫希菲尔德(R. A. Hirschfeld)声称他开发的 LM3909 发光二极管闪光灯驱动电路芯片−25 ℃时的最低电源电压为 1.15 V。

的所有晶体管都接受两次漏区注入,则这两次注入就可以使用相同的源/漏区注入掩模。如果只有一小部分晶体管需要接受 LDD 注入,则需要两个单独的源/漏区注入掩模。无论如何,都需要进行两次光刻掩蔽操作,因此加工成本保持不变。唯一的区别是额外的光刻掩模版成本。因此大多数模拟集成电路设计使用四个单独的掩模:N 型源漏注入区(NSD)、P 型源漏注入区(PSD)、N 型轻掺杂注入区(NMSD)和 P 型轻掺杂注入区(PMSD),其中最后两个掩模名称中的"M"指的是传统上用于表示轻掺杂的减号。

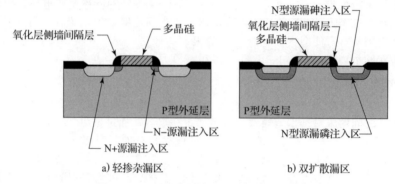

a) 轻掺杂漏区　　　　　　b) 双扩散漏区

图 12.22　两种降低掺杂浓度的漏区结构

双扩散漏区(DDD)采用驱使穿过同一氧化层窗口的两种注入来形成一种复合的漏区结构,如图 12.22b 所示。这两种注入需要扩散系数差别较大的掺杂剂,最常见的是砷和磷。短暂的推进导致磷向外扩散到砷之外,形成漂移区。氧化层侧墙间隔层可以防止漂移区扩散到多晶硅栅极的下方,从而将重叠电容降至最低。

PMOS 晶体管不能使用双扩散漏区,因为缺乏具有不同扩散系数的掺杂剂。NMOS 晶体管有时会优先使用 DDD 结构而不是 LDD 结构,因为它可以高精度地制造非常窄的漂移区。DDD 结构还通过对漂移区和背栅之间的结进行分级,来进一步降低电场强度。然而,很难创建宽的 DDD 漂移区,因为在足够宽的侧墙下方迫使磷扩散所需的高温推进也会影响阈值电压控制。因此,LDD 结构适用于较宽的漂移区,而 DDD 结构适用于较窄的漂移区。这两种技术的成本和复杂性相当,因为两者都需要氧化物侧墙间隔层和两次漏区注入。

产生热空穴所需的电场强度比产生热电子所需的电场强度要大两到三倍,因此许多工艺将 LDD 或 DDD 结构的 NMOS 晶体管与 SDD 结构的 PMOS 晶体管结合使用,以实现 5~20 V 的工作电压。在早期的单一掺杂多晶硅栅工艺中,单掺杂漏区(SDD)PMOS 晶体管还采用了氧化层侧墙间隔层。这种单掺杂漏区 PMOS 晶体管实际上是一种埋沟器件,N+掺杂多晶硅栅的接触电势使其下方的掩埋沟道部分发生反型。然而,氧化层侧墙间隔层下方的掩埋沟道部分并未反型,因为它们并没有承受由栅电极施加的全部电场,而是仅仅承受了一些边缘杂散电场,这两个掩埋沟道的"残根"就起到了两个轻掺杂 P 型漏区的作用,如图 12.23 所示。这种类型的结构有时称为埋沟轻掺杂漏区(Buried-Channel Lightly Doped Drain,BCLDD)。埋沟晶体管在现代低压 CMOS 工艺中的性能不能令人满意,因此需要使用双掺杂多晶硅栅。某些这样的工艺仍然继续使用单掺杂漏区 PMOS 晶体管,但是必须使用某种技术确保硼注入达沟道的边缘。最简单的方法是在形成氧化层侧墙间隔层之前执行单掺杂 P 型源漏区(SDD PSD)的注入。

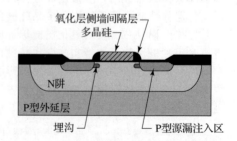

图 12.23　PMOS 埋沟轻掺杂漏区晶体管

LDD 和 DDD 漏结构均是漏区工程的示例。这个术语还涵盖了用于扩展 MOS 晶体管电压能力和器件性能的各种其他技术。在深亚微米 CMOS 工艺中常见的一种漏区工程使用了口袋注入，也称为晕环注入。这些方法用于增加紧邻源/漏注入区的背栅掺杂浓度，如图 12.24 所示。构建口袋注入的一种技术依赖于所谓的倾斜注入，其中离子束倾斜地轰击晶圆片表面。通常需要旋转晶圆片，以尽量减小对准困难。高能倾斜注入能够穿透到源区和漏区两边氧化层侧墙间隔层的下方，以增加轻掺杂漏极延伸区周围的沟道掺杂。

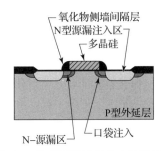

图 12.24　具有通过倾斜注入构建口袋注入区的 CMOS 晶体管

口袋注入有助于抑制漏致势垒降低效应和源漏穿通。但是，它们的存在阻止了 MOS 晶体管的输出电阻随着沟道长度线性增加。这个效应经常通过将 MOS 晶体管建模为三个串联的器件来解释，一个代表漏极口袋区，一个代表未调整的沟道区，还有一个代表源极口袋区。漏致阈值漂移 (DITS) 效应实际上会将漏极口袋晶体管的阈值电压降低到未调整沟道晶体管的阈值电压以下。对组合器件的仔细分析表明，输出电阻现在大约正比于沟道长度的平方根，而不是沟道长度，这使得模拟集成电路的设计人员无法获得长沟道器件的许多预期好处。

口袋注入器件的另一个问题是，由于随机阈值电压变化而引起的失配不会像佩尔格罗姆定律所指出的那样与长度的平方根成反比。这种缩放异常对模拟集成电路设计是非常有害的，因为电流镜匹配主要依赖于沟道长度，而不是沟道宽度。如果不采用电阻简并技术，就不能使用口袋注入的晶体管来构建精确的电流镜，但是这肯定会浪费面积和设计裕量。

长沟道晶体管不需要口袋注入，因此我们可以通过增加额外的光刻掩模步骤，来阻止它们用于模拟晶体管。通常需要两个掩模，一个用于 NMOS 口袋注入，另一个用于 PMOS 口袋注入。更加简约的解决方案涉及使用定向的倾斜注入。假设用于形成口袋的倾斜注入只向左和向右轰击。沟道长度方向为水平取向的晶体管将接受口袋注入，而沟道长度方向为垂直取向的晶体管就不会接受口袋注入。因此，该工艺既可以制作出带有口袋注入的短沟道数字晶体管，又能够制作出不带口袋注入的长沟道模拟晶体管，而无需额外的光刻掩模步骤。这种方法要求版图设计人员仔细考虑电路模块的摆放。一个电路模块可以安全地镜像或旋转 180°，但是不能旋转 90°，因为这会将数字晶体管转化为模拟晶体管，反之亦然。

12.2.8　不同类型的 CMOS 版图设计

最简单类型的自对准多晶硅栅晶体管是由一个被一条多晶硅一分为二的矩形 N 型有源区或 P 型有源区构成的。这种类型的器件结构非常适合宽长比小于 10 左右的情况。具有较大宽长比的晶体管就会变得越来越笨拙，除非它们被分割成多个并联连接的相同部分。图 12.25a 就显示了一个三节晶体管的版图。并联指条不仅能产生更方便的宽高比，而且还节省面积，因为相邻的节可以共享源区和漏区指条。这种合并还可以将寄生源区/背栅和漏区/背栅电容减少高达 50%。

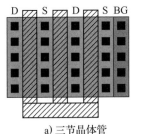

a) 三节晶体管

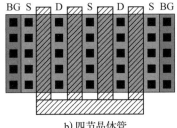

b) 四节晶体管

图 12.25　具有紧邻背栅接触孔的多节晶体管。指条标记分别为 S(源极)、D(漏极)和 BG(背栅)，为了清晰起见，省略了阱

将一个晶体管划分成若干节会影响其匹配,因此电路设计人员通常会为重要的晶体管指定节的数量。分节晶体管最常见的符号是 $N(W/L)$,它表示有 N 节,每节的绘制宽度为 W,绘制长度为 L。每节晶体管包含一个栅极指条。以这种方式标注的晶体管应该完全按照规定进行版图设计。

如果一个晶体管被指定为具有 W/L 尺寸,并且电路原理图注释没有说明它要与其他晶体管匹配,那么通常可以将它划分为多个指条。指条的数量与每个指条绘制宽度的乘积必须等于最初指定的宽度。例如,假设原理图指定尺寸为 $1000/0.5$,将这个晶体管的版图设计为一个单独的节会产生一个非常长又很细的器件。若将其尺寸更改为 $20(50/0.5)$ 则会产生一个更加紧凑的器件。所有这样的更改都应该与电路设计人员详细沟通,因为在某些情况下晶体管不可以被细分。例如,某些特定 MOS 晶体管的 ESD 鲁棒性取决于每个单独指条的宽度,而不是所有指条的组合宽度(参见 14.4.2 节中有关 RW 乘积的要求)。因此将 $20/0.5$ 的晶体管更改为 $2(10/0.5)$ 的晶体管就可能会使其 ESD 鲁棒性减半。

对于那些要求匹配的晶体管,如果要想实现精确匹配,就必须使用相同宽度的节。假设两个匹配晶体管 M1 和 M2 的尺寸分别为 $100/0.5$ 和 $2(100/0.5)$。这些晶体管具有相同的节宽度,因此可以精确地匹配,但是由此产生的阵列不够紧凑。更好的版图设计方案是将每个晶体管分成 25 μm 宽的节,使其尺寸分别为 $4(25/0.5)$ 和 $8(25/0.5)$。这些器件的总宽度与最初确定的值相同,而且它们都使用相同宽度的节,因此它们可以互相精确地匹配。与影响电路原理图的所有更改一样,这个修改也必须得到电路设计人员的许可。

被划分为两个或更多节的晶体管可以共用源/漏指条,以形成更加紧凑的版图布局。如果这种器件的节数为奇数,那么它将包含相同数量的源极和漏极指条(见图 12.25a),因此寄生的源极和漏极结电容相等。另外,如果器件的节数为偶数,则它所包含的源极和漏极指条数量将不相同(见图 12.25b),要么多出一个漏极指条,要么多出一个源极指条。具有多出一个指条的电极,其寄生结电容会稍大一些。因此许多参数化的基本单元(PCell)允许设计人员选择是"最小化漏区"还是"最小化源区"。这种选择经常被指定为电路原理图输入的一部分。电路设计人员通常倾向于最小化漏区,因为漏区电容对电路性能的影响通常大于源区电容。当对单节晶体管和双节晶体管进行比较时,这种影响最为明显。在超高速电路中,电路设计人员通常会有意地将小尺寸的晶体管划分为两节,以便尽量减小漏区电容。

许多 MOS 晶体管的背栅与其源极相连。如果这样的晶体管仅由一节组成,则可以将一个背栅衬底的长条接触孔设置在紧邻源极的位置并与其连接。这种背栅接触孔称为邻接背栅接触孔或对接背栅接触孔。如果多节晶体管包含奇数个节,则可以将邻接的背栅接触孔设置在晶体管的一端,但是不能设置在另一端,如图 12.25a 所示。如果这样的晶体管包含偶数个节,并且版图设计最大限度地减少了漏极,则可以将邻接的背栅接触孔设置在晶体管的任一端或两端,如图 12.25b 所示。如果具有偶数个节的晶体管选择最小化源极版图设计方案,则无法使用邻接的背栅衬底接触孔。

共享一个公共源极或漏极连接的晶体管通常会被合并以节省面积,即使它们的沟道宽度并不相同。这需要使用带有凹槽的有源区几何结构,如图 12.26 所示。多晶硅与有源区之间的距离 S_{PM} 迫使共享源/漏区域的面积略有增加,但是这种配置方式仍然比两个单独的晶体管占用更少的面积。此外,共享电极的面积(因此也就意味着电容)要小于两个单独晶体管电极的组合面积。

图 12.26 中的晶体管 M_1 和 M_2 共享一个公共源极,因此漏极指条必须占据在阵列的

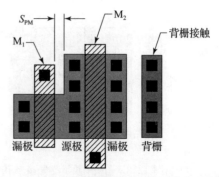

图 12.26 合并的晶体管 M_1 和 M_2 共享一个公共源极。为了清晰起见,省略了阱

两端，这种版图设计方案妨碍了使用邻接的背栅接触。取而代之的是，一个单独的背栅接触设置在距离器件不远的地方。背栅接触与合并晶体管之间的距离似乎抵消了合并带来的面积减小，但是该背栅接触孔也可以用于其他晶体管。

CMOS 版图设计广泛使用合并的器件以节省空间并最大限度地减小电容。图 12.27b 显示了采用 N 阱 CMOS 工艺实现的两输入与非门（NAND）的版图，其中展示了许多常见的技术。PMOS 晶体管 M_1 和 M_2 占据了版图顶部的一个公共阱。这两个晶体管共享一个公共的漏极区域，不仅减小了单元的宽度，还最大限度地减小了输出节点 Z 的漏极电容。两个 PMOS 晶体管还共用了阱右侧的一个背栅接触。NMOS 晶体管 M_3 和 M_4 位于版图底部附近，并且彼此相邻，这两个晶体管被设置成串联连接方式，其中 M_3 的源极同时充当 M_4 的漏极。节点 N_1 不需要接触孔，因为电流直接从一个晶体管流向下一个晶体管。一根多晶硅条构成了晶体管 M_2 和 M_3 的栅极，另一根多晶硅条构成了晶体管 M_1 和 M_4 的栅极。M_3 和 M_4 之间的间距略大于最小值。如果需要的话，可以通过使用短的 90°（或 45°）转角将栅极引线彼此靠近来减小这个间距。

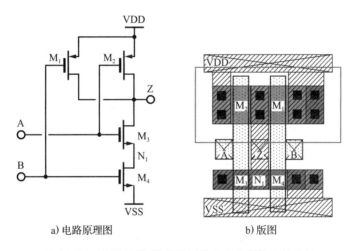

a) 电路原理图　　　　　　　　　b) 版图

图 12.27　采用 N 阱 CMOS 工艺实现的两输入与非门

图 12.27 所示的版图设计遵循在 P 型衬底上构建 N 阱 CMOS 工艺的数字标准单元布局的一般准则。电源线和地线轨道分别穿过单元的顶部和底部。对于所有的标准单元来说，这些引线的宽度以及它们之间的间距都应该相同，以便它们可以端到端堆叠以形成所谓的数字逻辑棒。PMOS 晶体管占据在跨越单元顶部的一个公共 N 阱内。当各种标准单元被组装成一个数字逻辑棒时，它们的阱互相重叠，以形成一个贯穿整个逻辑棒长度的单个连续区域。这种版图设计方案避免了相邻单元之间原本会出现的阱与阱之间的间距，从而形成了更加紧凑的版图布局。

图 12.27 所示的两输入与非门包含连接至电源（VDD）和地线（VSS）的背栅接触孔。许多标准单元库都遵循此约定，但是包含这些背栅接触孔会阻止 VSS 连接到除衬底电位之外的任何东西。因此，某些单元库并不包括合并到各个单元中的背栅接触孔，而是提供可以沿着逻辑棒以一定间隔摆放的特殊背栅接触孔单元。图 12.28a 显示了以此方式构建的两输入与非门版图，图 12.28b 显示了将这些接触孔连接到 VDD 和 VSS 的背栅接触孔单元。如果背栅接触孔不需要连接到 VDD 和 VSS，则可以替换成另一种背栅接触孔单元，该单元将这些节点连接到标准单元上方和下方的单独总线上，如图 12.28c 所示。遵循这种方法的标准单元库称为无抽头库，而包含背栅接触孔的单元称为抽头单元。这些术语指的是图 12.28c 中的接地与有源区的编码方法。在无抽头库中，抽头层出现的唯一位置是在抽头单元的内部。

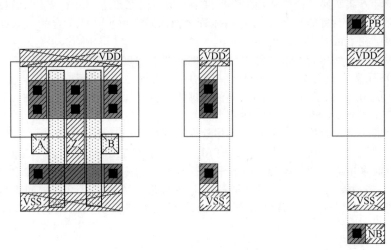

a)无抽头的两输入与非门   b)连接VDD和VSS的抽头单元   c)连接到单独总线的抽头单元

图 12.28

标准单元的输入和输出连接通常设计成在第2层金属上的垂直走线。为了适应这些连接，这些标准单元中不包含第2层金属。一些特殊的版图元素，称为引脚(Pin)，设置在需要与单元进行连接的地方。一个引脚由一个信号名称和一个几何结构组成。在图 12.27 和图 12.28 中，引脚的几何结构用粗虚线轮廓标出。引脚用于识别电路的输入和输出，供各种版图设计工具使用，包括自动布线和验证软件。引脚的几何图形代表自动布线程序可以连接到单元的位置，既可以通过采用第1层金属来相互连接各个单元，也可以通过第2层金属往下打通孔连接。引脚名称必须与电路原理图中的引脚名称相对应，以便验证程序能够正确运行版图与电路原理图一致性的检查。引脚名称通常是区分大小写的，因此必须仔细地将引脚名称的大小写与其等效原理图相匹配(参见 15.1.1 节)。

1. 蛇形晶体管

有些设计可能会需要沟道很长的晶体管。此类器件最方便的版图布局是将长条状的 N 型有源区或 P 型有源区设置在一块多晶硅平板的下方。如果将有源区折叠成蛇形图案，就能获得非常紧凑的版图布局，如图 12.29 所示。总的沟道长度可以通过类似于蛇形电阻所使用的方法来计算。沟道每弯曲 $90°$，晶体管总的绘制长度都会增加其绘制宽度的一半。因此，图 12.29 中晶体管的绘制长度等于 $2L_X+L_Y+W$。蛇形晶体管不会非常准确地匹配，除非它们采用完全相同的版图布局，即相同版图结构的多次重复。这类器件最常应用于涓流电流源，其精度并不十分重要。

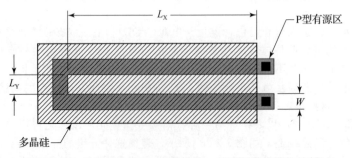

图 12.29 蛇形晶体管(为清晰起见，省略了阱和背栅接触)

2. 环形晶体管

MOS 晶体管的漏极电容限制了其开关速度和频率响应。降低漏极电容可以使许多电路受益。较小的晶体管具有较小的电容，但是它也仅能提供较小的跨导。这些因素相互抵消，因此小尺寸的晶体管通常并不一定比大尺寸的晶体管工作速度快。为了真正提高开关速度，必须减小漏极电容与晶体管沟道宽度的比值 C_D/W。由于叉指结构的晶体管每个漏极都被两个栅极指条包围，因而将其 C_D/W 比值降低了大约一半。通过采用环形栅在所有四个侧面包围漏极（见图 12.30），可以实现相同的效果。环形晶体管可以提供尽可能小的 C_D/W 比值，但是漏极电容的降低是以源极电容增加为代价的。增加的源极电容不一定有害，因为源极通常会连接到某个低阻抗的节点，例如电源线或接地轨。

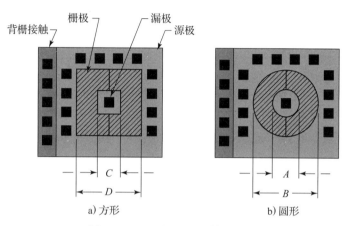

图 12.30　环形 MOS 晶体管结构

　　环形晶体管可以分为两类，一种采用栅极几何形状为方形环状的晶体管（见图 12.30a），另一种采用栅极几何形状为圆形环状的晶体管（见图 12.30b）。理论上，圆形结构可以提供最高的 C_D/W 比值。流过该结构的电流是相当对称的，因为只要不处于各向异性的应力下，硅就是一种各向同性材料，因此晶体管的有效宽度很容易计算。流经方形栅极的电流不太均匀，并且晶体管的有效宽度不太容易计算。方形环状栅极还具有尖角，电场增强可能会导致过早的雪崩击穿，这一点对于高压器件来说变得很重要。

　　以下方程（其推导过程详见本书的附录 C）给出了圆形环状栅极晶体管的沟道宽度和长度，用环状栅极内环直径 A 和外环直径 B 表示为

$$W = \frac{\pi(B-A)}{\ln(B/A)} \tag{12.24}$$

$$L = \frac{B-A}{2} \tag{12.25}$$

　　这些方程假设绘制的栅极定义了晶体管的沟道，因此不仅忽略了宽度和长度偏差，而且还忽略了饱和晶体管中存在的夹断区。一些设计人员将圆环形晶体管的沟道宽度近似为在源极和漏极中间位置处绘制的圆的周长，由此给出 $W \approx \pi(A+B)/2$。该近似稍微高估了晶体管的真实宽度，但是其误差影响不大，因为精确的电路总是依赖于相同器件之间的匹配，而不是单个器件的尺寸。

　　方形环状栅极晶体管的沟道宽度和长度分别由以下公式近似给出，该近似公式并未校正拐角效应：

$$W \approx 2(C+D) \tag{12.26}$$

$$L \approx \frac{D-C}{2} \tag{12.27}$$

　　环形晶体管通常会被拉长，以形成类似于图 12.31 所示的栅极几何形状。细长环形晶体管的 C_D/W 比值并不会比传统叉指型晶体管小很多，因此为了最大限度地减小漏极电容，并不建

议使用细长结构。然而这种类型的结构通常会应用于高压晶体管。图 12.31a 所示的细长圆形环状栅极晶体管的 W 和 L 大致可以近似为

$$W \approx \pi \frac{(B-A)}{\ln(B/A)} + 2U \qquad (12.28)$$

$$L \approx \frac{B-A}{2} \qquad (12.29)$$

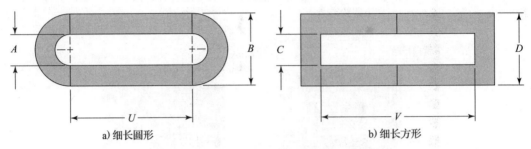

a) 细长圆形　　　　　　　　　　　　b) 细长方形

图 12.31　细长环形晶体管的栅极几何形状

类似地，图 12.31b 所示的细长方形环状栅极晶体管的 W 和 L 可以近似为

$$W \approx 2V + C + D \qquad (12.30)$$

$$L \approx \frac{D-C}{2} \qquad (12.31)$$

图 12.30 和图 12.31 所示的结构假设接触孔可以设置在有源栅极区的上方。许多工艺流程不允许这种做法。因此需要采取一些手段将栅极多晶硅延伸到厚场区氧化层上。图 12.32a 展示了实现此目标的一种方法。首先构造细长的环形栅极，其中外部源/漏区仅占据器件的长边。细长栅极的末端穿过有源区边界并延伸到场区氧化层上。该环形器件的沟道宽度等于 $2W_s$，其中 W_s 是通过测量有源区边缘得到的。现在可以将栅极接触孔设置在厚场区氧化层上的多晶硅延伸区中。环形 LDMOS 晶体管通常采用该结构的某种变体。图 12.32b 展示了一个方形环状晶体管，其中四个多晶硅条相互交叉，就像井字形网格一样。每个多晶硅条的末端延伸超过有源区进入场区，并且栅极接触孔可以设置在其中任意一个多晶硅条的延伸区上。四个源/漏区嵌套在这些扩展区之间。该晶体管的宽度大约等于 $4W_s$。不均匀的电流使得准确地计算宽度变得复杂，但是该单元完全相同的副本之间可以彼此匹配。

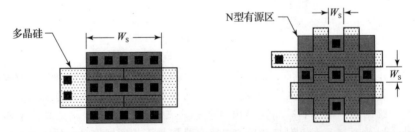

a) 栅极末端延伸到场区氧化层上的细长环形晶体管　　　b) 使用网格栅极的方形环状晶体管

图 12.32　允许在厚场区氧化层上设置栅极接触孔的环形晶体管版图

12.2.9　背栅接触

所有 MOS 晶体管都需要与其背栅衬底进行电学连接，即使通常很少或没有电流流过这些连接。缺少背栅接触孔或表现出过大的背栅电阻的 MOS 晶体管很容易发生闩锁。每个 PMOS 晶体管包含一个寄生的横向 PNP 型晶体管，而每个 NMOS 晶体管也包含一个寄生的横向 NPN 型晶体管。这些双极型晶体管构成一个正反馈环路，其中每个晶体管为另一个晶体管提供基极驱动(见图 5.30)，这种正反馈机制称为 CMOS 闩锁(参见 5.4.2 节)。背栅接触使得这些寄生

晶体管的基极-发射极结短路，相关的背栅电阻成为了基区的关断电阻。除非这两个电阻两端上的电压变得足够大，使得它们各自的晶体管形成了正向偏置而导通，否则就不会发生正反馈。在 25 ℃时，正反馈发生的电压大约为 0.65 V；而在 150 ℃时，正反馈发生的电压大约只有 0.4 V。在高温下，触发电压不仅会降低，而且双极型晶体管的 β 值也会增大。因此集成电路在高温下更容易出现 CMOS 闩锁。

大多数集成电路都必须通过标准化的闩锁测试。当器件保持通电状态时，将正电流脉冲和负电流脉冲施加到每个引脚上。根据参数规格的不同，这些电流脉冲的幅度范围可以从小至 $\pm$100 mA 到高达 $\pm$250 mA，并且闩锁测试可以在标称温度或高温下进行。在施加每个测试脉冲之前和之后测量电源的供电电流，供电电流的任何显著变化表明发生了闩锁，除非此类电流变化可以用正常的电路工作过程来解释（例如，状态发生改变）。尽管可能发生各种不同类型的闩锁，但是 CMOS 闩锁是迄今为止最常见的。

CMOS 闩锁可以进行数学建模。假设测试电流 I_T 流过 MOS 晶体管 M_1 的漏极/背栅结。为了防止 M_1 与其互补 MOS 晶体管 M_2 之间发生闩锁，必须至少满足以下两个不等式之一：

$$\beta_{12}\beta_{21}(1-\eta_{c12})(1-\eta_{c21})<1 \tag{12.32}$$

$$I_T R_{B2}(1-\eta_{c12})\left(\frac{\beta_{12}}{\beta_{12}+1}\right)<V_{\text{trig}} \tag{12.33}$$

式中，β_{12} 表示在没有保护环的情况下，少数载流子从 M_1 的源极或漏极流向 M_2 的背栅所形成的寄生双极型晶体管的 β；β_{21} 代表少数载流子从 M_2 的源极或漏极流向 M_1 的背栅所形成的寄生双极型晶体管的 β，同样也是在没有保护环的情况下；η_{c12} 表示从 M_1 流向 M_2 的少数载流子被保护环拦截的比例；η_{c21} 代表从 M_2 流向 M_1 的少数载流子被保护环拦截的比例；R_{B2} 为 M_2 的背栅电阻；V_{trig} 为维持正反馈所需的正向电压（150 ℃时约为 0.4 V）。

这些不等式为理清有关保护环和背栅接触在抑制 CMOS 闩锁中的作用提供了一些见解。式(12.32)考察了反馈环路的增益。通过增加间距来最小化寄生的 β_{12} 和 β_{21}，并且通过添加保护环来降低收集效率，可以将增益降低到小于 1。如果满足式(12.32)，则无论测试电流的大小如何，晶体管都不会受到 CMOS 闩锁的影响。实际上，大多数 CMOS 集成电路无法满足式(12.32)，但是如果能够满足式(12.33)，它们仍然可以获得有条件的闩锁免疫能力。该不等式中的四项分别表示测试电流的大小、背栅电阻、保护环的有效性以及寄生 β 的大小。保护环提高了背栅接触的有效性，反之亦然。将保护环与背栅接触相结合通常可以防止闩锁，即使两者单独都无法做到这一点。保护环需要很大的空间，因此只能设置在少数器件周围（通常就是那些可能会注入少数载流子的器件）。背栅接触需要少得多的面积，因此每个晶体管可以有自己的背栅接触，或者至少可以与邻近的晶体管共享背栅接触。这些预防措施通常足以防止闩锁。

设计师通常连接背栅，以便使得寄生双极型晶体管在正常工作期间永远不会正向偏置。数字电路通常将 NMOS 晶体管的背栅接地，并将 PMOS 晶体管的背栅连接到电源。模拟电路使用更广泛的背栅偏置连接方式，包括连接到源极的背栅和连接到特殊偏置电路的背栅。某些电路会故意正向偏置源极-背栅结，一个常见的例子是漏电泄放器，其中一个 MOS 晶体管被连接到一个节点，否则当某个电路仍处于禁用状态时，该节点电位可能会向上或向下漂移。MOS 晶体管通常连接泄放晶体管，以便 MOS 晶体管及其背栅二极管都可以泄放漏电，这样一来两者都将被定向为阻止正常工作中的电流流动。如果背栅二极管的导通电流超过几百微安，则应该添加保护环以防止少数载流子注入导致自偏置和闩锁。对于小于几百微安的电流，通常就不需要这些保护环。

许多版图设计人员都认为每个 MOS 晶体管必须有一个与之紧邻放置的背栅接触孔，如果实现不了，背栅接触孔也必须距离它很近。正如 5.4.3 节中所述，对于背栅位于重掺杂亚层上方的器件来说，情况并非如此。此类的示例包括在 P＋衬底上方构建的 NMOS 晶体管以及在 N 阱中构建的 PMOS 晶体管，其中 N 阱向下扩散到重掺杂 N 型埋层处。在这些情况下，背栅电流可以向下流至重掺杂亚层,也可以横向流至相邻的背栅接触孔。因而晶体管可以受益于与亚层有电学连接的所有背栅接触,而不仅仅是与其相邻的背栅接触孔。考虑在 P+衬底上构建 NMOS 晶体管的情况,除非晶体管非常小,否则向下到衬底的垂直传导比到邻近衬底接触孔的横向传导更占主导地位。该器件实际上更加受益于距离较远的大面积的衬底接触,而不是较小的邻近衬底接触孔。

尽管存在低电阻亚层,但是确实出现过背栅接触孔应该设置在晶体管附近的情况。考虑在 P+衬底上 P 型外延层中构建的 NMOS 晶体管 M_1 的情况,如图 12.33a 所示。PMOS 晶体管 M_2 紧邻该 NMOS。假设 M_2 的源正向偏置到其背栅,空穴将被注入该 N 阱中。通常,版图设计人员会部署空穴阻挡或空穴收集保护环,以防止这些空穴到达衬底和相邻的 P 型外延层。然而,并非所有的工艺都能构建有效的少数载流子保护环。在没有这种保护环的情况下,从 M_2 横向注入两个晶体管之间 P 型外延层的空穴会向下漂移到衬底。考虑到晶体管之间的 P 型外延层很窄,该电流流过一个相对较大的垂直电阻。因此自偏置效应可能会正向偏置 M_1 的源极-背栅结,并触发闩锁。

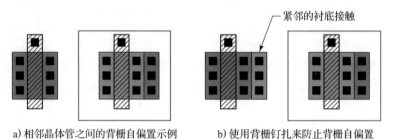

紧邻的衬底接触

a) 相邻晶体管之间的背栅自偏置示例　　b) 使用背栅钉扎来防止背栅自偏置

图　12.33

现在考虑图 12.33b 的版图设计方案。一个衬底接触条被设置在 M_1 和 M_2 之间的 P 型外延层中。由 M_2 注入 P 型外延层的空穴现在可以流向这些衬底接触孔或衬底。这些衬底接触孔的存在最大限度地减少了在 M_1 和 M_2 之间 P 型外延层表面的自偏置,从而使其更加难以触发闩锁。这是背栅钉扎的一个示例。

假设我们将向背栅注入多数载流子电流的晶体管称为注入源,并将通过此作用形成自偏置的晶体管称为受害者。那么,为了采用背栅钉扎来最大限度地减少闩锁的可能性,我们需要在受害者面向注入源的一侧(或多侧)添加背栅接触孔。衬底接触孔应当横跨从注入源到受害者的所有直接路径上,并且它还应当被设置在尽可能靠近受害者的地方。

大多数模拟 CMOS 工艺不需要创建有效少数载流子保护环,采用这些工艺来设计的集成电路广泛使用背栅钉扎。有时版图设计人员实际上用背栅接触孔环绕着受害者晶体管。这些环形的背栅接触孔通常也称为保护环。更准确地说,它们是多数载流子保护环,致力于降低背栅电阻以满足式(12.33)。另外,少数载流子保护环通过降低增益来满足式(12.32)。这两种方法是互补的,设计人员可以在同一设计中同时使用这两种方法。当面临异常大的注入少数载流子电流时,这种看似冗余的保护通常是必要的,例如大注入有时就会发生在开关转换器和栅极驱动器中,其中的开关电感负载会从衬底拉出大电流。

当没有重掺杂亚层来降低横向背栅电阻时,就会出现完全不同的情况。此类示例包括在 P-型衬底上的 P-外延层中构建的 NMOS 晶体管,以及在没有 N 型埋层的 N 阱中构建的 PMOS 晶体管。即使存在亚层,但是如果背栅没有接触到该亚层,则也会出现同样的情况。例如,在一个 P 型隔离岛内的 NMOS 晶体管就无法从 P+衬底中受益。类似地,如果 PMOS 晶体管的 N 阱没有向下触及到 N 型埋层,则它也无法从 N 型埋层中获益。对于所有这些情况,最安全的策略是给每个 MOS 晶体管添加背栅接触。为此目的,通常使用两种类型的背栅接触。一种是紧邻的背栅接触,也称为对接背栅接触,如图 12.34a 所示。仅当背栅连接到与源极相同的电位时才能使用紧邻的背栅接触。紧邻的背栅接触通过省略 N 型有源区和 P 型有源区之间正常情况下需要的间隔来节省空间。更近的间距还使得紧邻背栅接触能够更有效地固定背栅电位。如果背栅接触并不连接到与源极相同的电路节点，则两者必须之间必须满足合适的 N 型有源区与 P 型有源区的间距，如图 12.34b 所示。

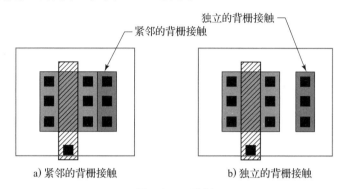

图 12.34　示例

　　对于图 12.34 所示的这种较小的晶体管，只需要一个背栅接触。随着节数的增加，横跨晶体管的距离就会越来越大。到了一定程度，这个距离就会变得如此之大，以致于需要在晶体管的另一侧同时设置第二个背栅接触。需要增加背栅接触的距离大小取决于背栅薄层电阻和预期的背栅电流。该距离通常介于 $25\sim250\ \mu m$ 之间，它是从晶体管内的任意位置到最近的背栅接触的距离。如果背栅与类似于 N 型埋层的低电阻亚层存在电学上的接触，或者晶体管工作在无法注入背栅电流的条件下（例如，晶体管始终保持在线性工作区），则可以忽略这一最大允许间距的要求。

　　具有多个指条的大型晶体管有时候需要在其内部嵌入衬底接触，这可以通过在晶体管中按规则的间隔插入背栅接触条来实现，如图 12.35a 所示。虽然这些叉指型的背栅接触缩短了到最近背栅接触孔的距离，但是也大大增加了晶体管的尺寸。某些设计规则允许使用另一种背栅接触，即在晶体管源极指条内部的孔中设置小的方形或长方形接触，如图 12.35b 所示。这些分布式背栅接触孔会略微增大源极电阻，但是却大大减少了背栅接触所消耗的面积。即使在扩大晶体管以补偿增大的源极电阻后，仍然可以节省大量面积。分布式的背栅接触孔可以设置在每个源极指条上，也可以只放在晶体管上规则间隔的几个源极指条上。用于分布式背栅接触的源极/漏极扩散区插塞必须足够大，以确保在经受横向外扩散和光刻掩模之间对准偏差之后仍然能与背栅连接上。如果版图设计人员必须在没有参数化的基本单元（PCell）辅助的情况下进行分布式的背栅接触孔版图设计，则应该认真遵守合适的版图设计规则。

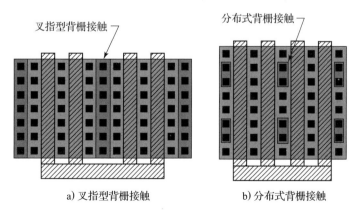

图 12.35　其他实现背栅接触的方式

　　模拟 BiCMOS 工艺通常包括额外的扩散区，这有助于减少发生闩锁的漏洞。例如，许多模拟 BiCMOS 工艺包括 N 型埋层和深 N+层，可以用来形成空穴阻挡保护环。

与 PMOS 晶体管相比，NMOS 晶体管更难防止闩锁。隔离的 NMOS 结构(参见 12.2.2 节)可以完全抗 CMOS 闩锁，但是其代价是大大地增加了背栅电阻。隔离的 NMOS 晶体管不需要较低的背栅电阻来抑制 CMOS 闩锁，但是寄生的横向 NPN 型晶体管作用仍然是一个问题。如果晶体管在相对较高的电压下工作，它们也可能很容易受到寄生 NPN 型晶体管作用导致的骤回现象的影响，分布式背栅接触可以最大限度地减少这一问题。在 P+衬底上制造的 NMOS 晶体管采用一个深 N+区电子收集保护环将自身包围起来，也能很好地防止闩锁效应。

12.3　非易失性存储器

几乎所有的数字电路都包含存储元件。一旦断电，存储在易失性存储器中的信息就会丢失，而存储在非易失性存储器(Non-Volatile Memory，NVM)中的信息则保持完好无损，并且可以在恢复供电后重新读取。模拟电路通常使用非易失性存储器来存储修调和配置的数据。

存储器的容量以比特(bit)为单位。每个比特代表一位二进制的数值，即 0 或 1。人们通常将存储器组织成以八个比特为一组，称为字节(byte)。现代的数字存储器容量非常大，通常以千字节(KB)、兆字节(MB)，甚至千兆字节(GB)为单位。1 千字节等于 2^{10} 个字节，即 1024 个字节。1 兆字节等于 1024 个千字节，1 千兆字节等于 1024 个兆字节。模拟集成电路所需的存储器容量通常比数字电路少得多。大多数模拟电路只需要几个字节的非易失性存储器(NVM)，极少数需要超过 100 个字节的存储容量。因此，用于创建高密度数字存储器的高度专业化架构和专用存储工艺通常并不适合模拟集成电路应用，相反，设计人员更倾向于使用基准 CMOS 工艺来制造出器件结构稍大一些的存储单元。将大量数字电路与模拟功能相结合的所谓混合模式电路则是另一回事，其数字部分通常包括需要数十千字节(甚至兆字节)非易失性存储单元的微控制器，此类器件中通常采用高密度闪存来实现该目标，本章将不对这种类型的存储器进行分析。

只读存储器(Read-Only Memory，ROM)是最简单的但同时也是最不灵活的非易失性存储器。ROM 中存储的内容由用于制造集成电路的光刻掩模决定。一旦集成电路制作完成，存储的数据就无法重写。更改数据的唯一方法是创建新的光刻掩模和新的集成电路。ROM 通常用于存储嵌入处理器中的固件程序，它在纯模拟集成电路的设计中几乎没有应用。

ROM 的不灵活性导致了可编程只读存储器(Programmable Read-Only Memory，PROM)的发展。早期的 PROM 存储器使用熔丝作为存储元件。熔丝刚制造出来的时候是完好无损的状态。然后通过大电流可以将选定的熔丝烧断，这个过程是不可逆的，因此熔丝被视为一次性可编程(One-Time Programmable，OTP)存储器件。完好的熔丝可以表示为 0，烧断的熔丝则可以表示为 1。或者，完好的熔丝表示为 1，烧断的熔丝则表示为 0。无论哪种情况，每根熔丝都只能存储一位信息。

PROM 可分为工厂可编程和现场可编程两种。工厂可编程 PROM 只能由其制造商写入。许多模拟集成电路使用某种形式的工厂可编程熔丝 PROM 进行修调(参见 6.6.2 节)。最简单的方案是使用与单个熔丝相连的探针焊盘。要烧断熔丝，需要使用探针将电流通过熔丝，而探针则接触到与熔丝相连的探针焊盘上。以这种方式编程的最大位数受限于管芯上可容纳的探针焊盘数量。很少有设计使用超过 10 位的这种 PROM。另一种探针级别的编程技术采用激光来切断金属或薄膜连线。这种技术消除了笨拙的探针焊盘，但是其编程过程较慢，而且还需要特殊的设备。因此很少有设计使用激光编程的 PROM，而且即使采用了该技术，也很少会采用超过几个字节的 PROM。

另一种编程技术采用晶体管来烧断熔丝。这种方法允许制造商出售未编程的器件，供客户进行现场配置。这种现场可编程 PROM 在历史上曾用于存储早期数字系统中的固件，它们通常只能保存几千字节的数据，而且很快就被淘汰了。不过，同样的采用晶体管来烧断熔丝的技术仍然被用于在最终测试时修调某些模拟集成电路。由于模拟集成工艺中可用的熔丝技术没有针对低编程电流进行优化，因此编程的晶体管尺寸相当大，这种类型的 PROM 很少能够存储超过几个字节的数据。

早在 1967 年，贝尔实验室的研究人员就提议采用 MOS 晶体管充当非易失性存储器元件。他们提出了所谓的浮栅晶体管，即栅电极完全被氧化层包围。二氧化硅是一种很好的绝缘体，因此存储在浮栅上的电荷可以持续保留数十年甚至上百年。

利用热载流子注入方法可以给浮栅晶体管的栅电极充电，由此就能对其进行编程。通过将该器件暴露在紫外线（UV）照射下，浮栅上存储的电荷还可以被擦除掉。可擦除可编程只读存储器（Erasable Programmable Read-Only Memory，EPROM）由浮栅晶体管阵列组成，其封装管壳的上方有一个对紫外线透明的窗口。这些器件可以放在高强度汞蒸气灯下进行擦除操作。一次性可编程的 EPROM 则使用便宜得多的塑料封装出售，由于没有对紫外线透明的窗口，这些器件实际上就变成了现场可编程 PROM。对于数字系统的数据存储而言，这种一次性可编程的 EPROM 已经完全过时了，但是它仍然被广泛地应用于修调模拟集成电路。

浮栅晶体管也可以通过福勒-诺德海姆（Fowler-Nordheim）隧穿进行编程。这个过程既可以将电荷注入浮栅上，也可以将浮栅上的电荷去除掉，由此形成的器件称为电可擦除可编程只读存储器（Electrically Erasable Programmable Read-Only Memory，EEPROM 或 E^2PROM）。EEPROM 不需要用紫外线擦除，这不仅省去了昂贵的紫外线透明封装，而且还允许器件在工作期间进行擦除。数字系统广泛使用的闪存，其本质上也是一种高密度、高速、按页面可擦除（Bank-erasable）的 EEPROM。大多数形式的闪存都需要增加几个额外的光刻掩模来制造，因此对模拟集成电路应用而言不具有成本效益。其他类型的 EEPROM 可以在基线的模拟 CMOS 和 BiCMOS 工艺中创建，这些类型的 EEPROM 经常用于在模拟集成电路中实施修调和用户可配置性。闪存广泛应用于大型的混合信号片上系统（System-on-Chip，SoC）产品，但是这些产品已经超出了传统模拟集成电路设计的范围，因此不在本书讨论的范围之内。

下一节我们将讨论浮栅器件的理论基础，包括对其进行编程和擦除的方法，以及限制其使用寿命的机制。12.3.2 节介绍用于模拟集成电路应用的 EPROM 晶体管的构造，12.3.3 节介绍与模拟集成电路工艺相兼容的 EEPROM 的构造。

12.3.1 浮栅晶体管

浮栅器件的编程和擦除需要产生具有足够能量的载流子以便穿越氧化层-硅界面（大约 3.2 eV）。产生此类载流子的四种过程分别是加热、电离辐射、热载流子注入和福勒-诺德海姆隧穿。

在足够高的温度下，电子可以通过电场辅助的热电子发射，也称为肖特基发射，穿越氧化层-硅界面。由此产生的电流与温度成指数关系。从浮栅中泄漏出足够多的电荷从而使得晶体管失效所需的时间称为保持时间，保持时间服从阿列尼乌斯（Arrhenius）方程（参见 5.1.1 节）。无缺陷的氧化层表现出的激活能大约为 1.7 eV，这意味着在 25 ℃ 时的保持时间超过一亿年。将温度升高到 400 ℃ 左右则会导致电荷在几分钟内就全部泄漏掉，因此加热提供了一种便捷的手段，能够去除制造过程中可能积累在浮栅上的任何电荷，最终的退火处理通常就完成此项功能。已经完成制造和封装的成品器件一般不能通过烘烤来擦除电荷，因为其所需的温度会损坏塑料封装。

电离辐射也能够产生出高能载流子。汞蒸气灯可以产生出短波长的紫外线，其光子能量大约为 4.9 eV $^{\ominus}$。一个高强度的汞灯可以在几分钟内就擦除掉浮栅器件的电荷。然而，紫外线产生的光电流也会干扰器件的正常工作。因此，紫外线只能作为擦除未上电器件的一种手段。此外，封装必须包括对紫外线透明的石英窗口，而且管芯也必须采用紫外线透明的钝化保护层。具有压应变的氮化物对紫外线相对不透明，而具有张应变的氮化物和氮氧化硅则是对紫外线足够透明的，因此可以允许进行擦除操作。总之，这些因素叠加在一起，将紫外线擦除方法的使用限制在专门为此目的而设计的器件，例如 EPROM 存储器。由于特殊封装成本高昂，几乎没

$\ominus$　该能量对应 253.7 nm 处的汞光谱线。

有模拟器件使用这种紫外线擦除技术。

强电场同样能够产生具有足够能量的热载流子,以穿越氧化层-硅界面。早期的 EPROM 就是通过热载流子注入来实现编程操作的,而这些热载流子来自一个处于雪崩状态的结。在那些 EEPROM 中使用的浮栅器件则被称为浮栅雪崩注入金属-氧化物-半导体(Floating-gate Avalanche-injection MOS, FAMOS)晶体管,图 12.36 展示了该器件的剖面图。

FAMOS 晶体管类似于栅极未连接的普通 PMOS 晶体管,它可以通过加热或暴露于紫外线辐射来进行擦除,这两种方法中的任何一种都会导致栅极上存在的电荷泄漏掉。擦除后的器件栅-源电压为 0 V,因此工作在截止状态。FAMOS 晶体管是通过使其漏极-背栅结发生雪崩来编程的。掺杂梯度和侧壁曲率确保了雪崩击穿主要发生在表面处或表面附近。处于雪崩状态的结产生的热电子中有一小部分被注入了栅极氧化层中。浮栅逐渐地积累了一定量的负电荷,由此产生的负栅-源电压导致在浮栅下方形成沟道。因此 FAMOS 晶体管起到了一个常开型开关的作用,只有通过编程操作之后才会闭合。

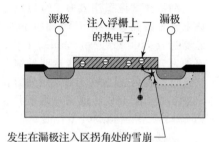

图 12.36　一个 FAMOS 晶体管的剖面图,展示了从雪崩漏区/背栅结注入的电子进行编程

强电场也会出现在饱和状态 MOS 晶体管的漏极末端,这些电场同样可以产生能够越过氧化层界面的热载流子。由于电子的迁移率相对比较高,NMOS 晶体管尤其容易出现热载流子注入现象。图 12.37a 就展示了通过热载流子注入编程的双层多晶硅栅 EPROM 晶体管的剖面图。

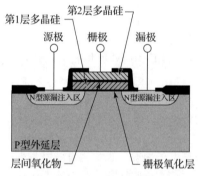

a) 双层多晶硅栅EPROM晶体管的剖面图

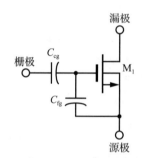

b) 双层多晶硅栅EPROM晶体管的等效电路

图　12.37

该晶体管有两个栅电极,一个下层的浮栅和一个上层的控制栅。图 12.37b 显示了该器件的等效电路。NMOS 晶体管 M_1 代表由浮栅、源极和漏极构成的器件。浮栅通过栅极氧化层电容耦合到背栅衬底,形成电容 C_{fg}。浮栅还通过层间氧化物电容耦合到控制栅,形成电容 C_{cg}。相对于背栅衬底而言,施加在浮栅上的电压 V_{fg} 为

$$V_{fg} = \left(\frac{C_{cg}}{C_{cg} + C_{fg}}\right)V_{cg} + \frac{Q_{fg}}{C_{cg} + C_{fg}} \tag{12.34}$$

式中, Q_{fg} 等于浮栅上的电荷。如果晶体管已经因受热或暴露于紫外线辐射而被擦除,则该电荷为零。在这些条件下,如果浮栅下方恰好形成了反型沟道,则此时施加到控制栅上的电压 $V_{t(cg)}$ 则恰好为

$$V_{t(cg)} = \left(\frac{C_{cg} + C_{fg}}{C_{cg}}\right)V_{t(fg)} \tag{12.35}$$

式中, $V_{t(cg)}$ 为必须施加到浮栅上以使其下方的硅恰好发生反型所需的电压。因此,双层多晶硅栅晶体管最初就像一个 NMOS 晶体管,只是其阈值电压略大于预期值。

双层多晶硅栅晶体管的编程操作是首先使其工作在较高的漏-源电压下，使晶体管处于饱和状态。夹断区中产生的一小部分热电子就会被偏转到栅极氧化层中，并逐渐积聚在浮栅上，由此产生的负电荷 Q_{fg} 有效地增大了双层多晶硅栅晶体管的阈值电压，如式(12.36)所示：

$$V_{t(cg)} = \left(\frac{C_{cg} + C_{fg}}{C_{cg}} \right) V_{t(fg)} + \frac{Q_{fg}}{C_{cg}} \tag{12.36}$$

因此，编程操作增加了开启双层多晶硅栅晶体管所需施加的控制电压。因此该器件起到了一个常闭型开关的作用，只有在经过编程操作之后才会断开。

对 EPROM 晶体管进行编程需要产生沟道热载流子，这些热载流子从晶格中散射出来，并进入栅极氧化层中。建立在夹断区上的横向电场会加速这些载流子，因此较高的漏-源电压会产生更多的热载流子，其能量足以穿越氧化层界面。然而，如果栅-源电压小于漏-源电压，则栅极投射的垂直电场实际上会排斥载流子远离氧化层界面。因此，为了产生显著的栅极电流，栅-源电压必须大致等于漏-源极电压。同时施加大的栅-源电压和漏-源电压就会产生较高的漏极电流。因此，编程操作需要施加大约 $100\,\mu A$ 的漏极电流，其持续时间可能为 $10\,\mu s$。虽然对一个比特的存储器进行编程所需的电流还不是很大，但是如果同时对许多比特进行编程就会消耗过多的电流，所需的电压也要高于晶体管正常的工作电压。用于产生高电压的常用片上解决方案(即电荷泵)将无法提供足够的电流，因此必须从外部引脚将编程电压馈入芯片。尽管已经找到了该问题的部分解决方案，但是另一种编程技术则可以将编程所需的电流降低到可以忽略不计的水平。

福勒-诺德海姆隧穿能够将电子注入浮栅上，也可以将电子从浮栅上移除。图 12.38 展示了浮栅隧穿氧化物(Floating gate Tunneling Oxide，FLOTOX)晶体管的剖面图，它可以通过福勒-诺德海姆隧穿效应进行编程和擦除。该器件类似于图 12.37 中的双层多晶硅栅晶体管，不同之处在于浮栅下方的部分氧化层做得特别薄，这个隧穿氧化层位于晶体管漏区扩展部分的上方。将漏极保持接地，同时向控制栅施加高电压，即可实现对晶体管进行编程操作。电子从漏极隧穿越过很薄的隧穿氧化层到达浮栅。

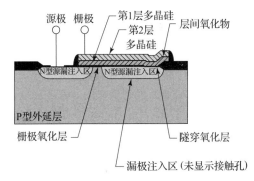

图 12.38　FLOTOX 晶体管的剖面图

根据式(12.36)，由此产生的负电荷增大了器件的有效阈值电压。通过将控制栅保持接地，同时在漏极上施加高电压，则可以擦除 FLOTOX 晶体管，此时电子从浮栅隧穿到漏极，由此消除了负的浮栅电荷并降低了器件的有效阈值电压。

FLOTOX 晶体管或其某些变体已经构成了所有现代 EEPROM 存储器的基础。基本的 FLOTOX 器件需要几个特殊的工艺步骤来制造其扩展的漏区、隧穿氧化物和控制栅，如图 12.38 所示。几乎没有哪个模拟工艺可以证明引入这些工艺扩展仅仅为了支持几个字节的非挥发性存储单元是合理的。12.3.3 节描述了另外一种可以与传统 CMOS 工艺相兼容的替代性 EEPROM 单元。

所有的浮栅器件在经过反复编程和擦除后其性能都会发生退化。热载流子穿过氧化层会产生陷阱位点，最终形成渗透通路(参见 5.1.4 节)。这种渗透通路的存在会使得浮栅上的电荷快速泄漏，并且晶体管也不再具有存储元件的功能。只有当一定量的电荷通过栅极氧化层之后，才会形成渗透通路，该电荷量因不同的器件而随机变化。我们可以应用统计技术来确定失效概率，它是编程-擦除循环次数(也称为写入循环次数)和存储器位数的函数。EEPROM 存储器可以安全执行的写入循环次数称为写入耐久性。小型 EEPROM 存储器的写入耐久性通常都会超过 100 000 次。在实际应用中，验证如此大量耐久性所需要的时间和成本往往超出了预期应用所能承受的范围。因此在模拟电路应用中我们通常认为 EPROM 具有大概 1000 次的写入循环次数，尽管其可以执行更多的写入循环次数。

编程或擦除一个 EEPROM 晶体管的隧穿电流是电压的敏感函数。流过面积为 A_T 的隧穿氧化层的电流 I_T 为

$$I_T = \left(\frac{\alpha E_T^2}{A_T}\right) e^{-E_C/E_T} \tag{12.37}$$

式中，速率常数 α 通常约为 $1.15\ \mu A \cdot V^{-2} \cdot m^2$；临界电场 E_C 约为 254 MV/cm。一般使用大约 10 MV/cm 的外加电场 E_T 来对晶体管进行编程，产生大约 $0.1\ \mu A/\mu m^2$ 的隧穿电流。薄的栅极氧化层通常在大约 4 MV/cm 的最大电场下工作，因此编程/擦除电压大约等于其最大工作电压的 250%。例如，5 V 栅极氧化层需要大约 12.5 V 的编程/擦除电压。隧穿氧化层的厚度不能低于大约 60 Å(即 6 nm)，否则陷阱辅助隧穿就会限制其数据保留时间，这意味着额定电压低于大约 3 V 的氧化层不能用作隧穿氧化层。大多数现代的模拟 CMOS 工艺都使用 5 V 的栅极氧化层作为 I/O 晶体管，这种氧化层就适合用作隧穿氧化层。

EEPROM 晶体管的写入耐久性是隧穿电流的敏感函数。较大的隧穿电流可以实现更快的编程操作，但是会减少允许的写入循环次数。这意味着编程电路不应该仅仅在给定的时间段内施加给定的电压，而是应该以特定的上升速率(例如 100 V/μs)线性地抬升电压，直至达到完整的编程电压。如果不遵循这个预防措施，写入耐久性可能就会降低至只有几个循环。这对于一次性可编程应用来说可能没有问题，但是对于在工作期间内要经历频繁重新编程的存储器来说就远远不够了。

12.3.2　单层多晶硅栅 EPROM

最简单的 EPROM 单元仅由单个 PMOS 晶体管组成，可以采用大多数基线模拟 CMOS 工艺制造。该工艺必须拥有至少 60 Å(即 6 nm)厚的栅极氧化层，因为比之更薄的氧化层会表现出过多的陷阱辅助隧穿效应。它还必须可以制造出至少能在所需的编程电压下短暂工作的晶体管。典型的 120 Å、5 V 栅极氧化层需要大约 7.5 V 电压才能完成编程操作。具有漏极扩展的晶体管可以轻松地处理此类电压，但是它们确实会消耗相当大的管芯面积。

大多数模拟集成电路产品都使用不透明的模塑料进行封装，以便最大限度地减小可能扰乱器件正常工作的光生电流。这种类型的封装无法进行紫外线擦除，因此塑料封装的 EPROM 实际上变成了一次性可编程(OTP)的存储器。

图 12.39a 显示了一个单层多晶硅 EPROM 晶体管的典型版图布局，该器件只不过是一个小型的 PMOS 晶体管，其栅极没有任何连接。最终的退火处理一般足以去除制造期间积累在浮栅上的任何电荷。如果对于浮栅上是否仍然存在电荷还有任何疑问的话，那么在大约 400 ℃ 的温度下进行几分钟的擦除烘烤就会确保器件已经被完全擦除，已擦除的器件保持在截止状态，为了对该晶体管进行编程，首先要提高其漏-源电压，直到漏极-背栅结发生雪崩。被偏转进入栅极氧化层中的热电子将导致负电荷逐渐积累在栅电极上，该负电荷就会在 PMOS 晶体管中感应形成了一个沟道。一旦完成了编程操作，该晶体管就可以工作在饱和模式或线性模式下。

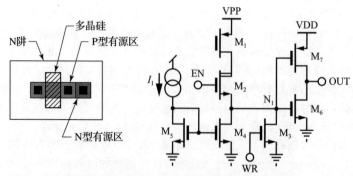

a) 单层多晶硅EPROM单元的版图　　　b) 使用该单元的典型电路

图　12.39

图 12.39b 显示了在模拟电路应用中通常用于单个比特 EPROM 存储器的电路。该电路包括一个 EPROM 晶体管 M_1、一个漏区扩展 NMOS 管 M_2、一个编程晶体管 M_3 和一个读取晶体管 M_4。读取晶体管构成了由参考晶体管 M_5 和电流源 I_1 偏置的电流镜的一部分。晶体管 M_6 和 M_7 构成一个简单的比较器，用于确定在读回过程中晶体管的状态。相当数量的这些单元通常被连接到 VPP 电源轨上。

对单元进行编程操作时，VPP 电源轨被升高到编程电压，并且 EN 和 WR 输入也都被升高至高电平。编程晶体管 M_3 和使能晶体管 M_2 都导通，从而在 EPROM 晶体管 M_1 上施加了一个大的漏极-背栅电压。晶体管 M_2 是一个漏区扩展晶体管，其额定值可承受全部的编程电压，因为一旦 EPROM 晶体管开始导通，该编程电压就会出现在 M_2 的漏极处。通过同时将 WR 和 EN 输入端拉高，可以同时对任意数量的存储单元进行编程操作。然而，每个单元都会消耗大量的编程电流，通常约为 $100\,\mu A$。因此同时写入 128 个单元将需要超过 10 mA 的电流。如果 VPP 电源无法处理这么大的电流，则可以按照更小的存储单元分组进行写入，甚至每个存储单元单独写入。

为了读取存储单元中的内容，VPP 电压被设置为相对较低的数值，也许就是 2 V。使能输入端 EN 处于高电平，但是写入输入端 WR 保持低电平。电流源 I_1 被启用，导致电流镜 M_4-M_5 试图从 EPROM 晶体管 M_1 中拉出一个小电流。如果该晶体管已经被编程，它将导通该电流并且节点 N_1 将保持高电平。如果该晶体管已经被擦除，则其将不会导通并且节点 N_1 将被拉低。M_6 比 M_7 宽得多（或短得多），使得这两个晶体管形成的反相器的阈值电压向地电位倾斜。如果该单元未被编程，节点 N_1 将为高电平，输出端 OUT 将变为低电平。如果该单元已被编程，则 N_1 将为低电平，输出端 OUT 将变为高电平。

读取过程中施加在 VPP 上的电压称为读取电压，该电压必须相对较小，以确保器件内部绝对不会产生热载流子。典型情况下，读取电压不会超过 EPROM 晶体管工作电压的一半。因此，5 V 的 EPROM 晶体管可能需要大约 8 V 的编程电压和大约 2 V 的读取电压。尽管读取电压值比较低，但是良好的设计实践是仅在读取模式下瞬间操作单元，并将结果存储在易失性存储器元件中，例如存储在置位-复位（SR）锁存器中。

通过用两个并联连接的 EPROM 晶体管代替单个 EPROM 晶体管 M_1 可以增加 EPROM 单元的可靠性。这两个 EPROM 晶体管的栅电极必须不能相互连接。现在这两个晶体管提供了冗余。如果一个晶体管的栅极氧化层包含了导致其电荷泄漏的缺陷，而另一个晶体管则几乎肯定不会受到影响。该技术极大地提高了可靠性，但是代价是编程电流增大了一倍。这是一个相对较小的代价，因此许多设计人员通常都会采用冗余的 EPROM 晶体管来最大限度地提高可靠性。

版图设计人员通常应当避免将金属设置在 EPROM 晶体管的上方。这种金属的存在会产生寄生电容，可能会稍微改变存储单元的保持时间。金属还会妨碍紫外线擦除其下方的器件。即使对于最终采用塑料封装的器件，使用紫外线擦除方法对经过晶圆片级探针测试之后的器件进行擦除也是有用的。设计人员有的时候也会对安装在合适封装管壳（例如开腔的陶瓷双列直插式封装）中的实验性器件进行紫外线擦除。即使工艺使用了具有压应变的氮化物钝化保护层，如果愿意采用几个小时的曝光时间，紫外线擦除也仍然是可能的。

12.3.3 单层多晶硅栅 EEPROM

EEPROM 存储器既可以电编程又可以电擦除。与 EPROM 相比，EEPROM 所需的编程电流也低得多，并且可以使用集成电荷泵轻松地产生出编程电压。因此，对于大多数现场可编程器件来说，EEPROM 比 EPROM 更受青睐。

通常用于数字集成电路产品中的 EEPROM 存储单元类型需要几个附加的光刻掩模工艺步骤。模拟集成电路一般所需的非挥发性存储单元位数很少，因此很难证明额外的工艺制造成本是合理的。因此模拟集成电路产品通常使用与基线模拟 CMOS 和 BiCMOS 工艺相兼容的、相对较大的单层多晶硅栅 EEPROM 存储单元。

　　图 12.40a 显示了一个单层多晶硅栅 EEPROM 单元的版图，该存储单元包含一个隧穿电容 C_T、一个控制电容 C_C 和一个感测晶体管 M_s，这三者共享一个公共浮栅。隧穿电容和控制电容在版图上都按照 PMOS 晶体管来进行设计，它们都位于自己独立的 N 阱中。隧穿电容做得尽可能小，而控制电容则被刻意放大。感测晶体管类似于普通的 NMOS 晶体管，只是其栅极仅连接到控制电容和隧道电容上。图 12.40b 显示了采用该单元的等效电路，控制电容 C_C 连接到控制输入端 C，隧穿电容 C_T 则连接到隧穿输入端 T，C_C 与 C_T 的比值通常至少为 20。

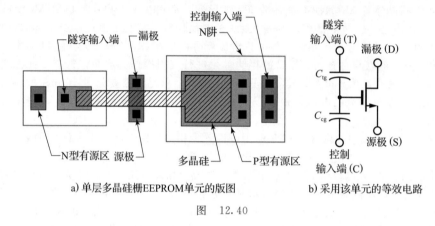

a) 单层多晶硅栅EEPROM单元的版图　　　　b) 采用该单元的等效电路

图　12.40

　　单层多晶硅栅 EEPROM 单元可以通过在隧穿输入端 T 上施加编程电压 VPP 并同时将控制输入端 C 接地来进行编程，如图 12.41a 所示。感测晶体管的源极和漏极可以接地或浮空。因为控制电容 C_C 大大超过隧穿电容 C_T，所以隧穿输入端与控制输入端之间的大部分电压差出现在隧穿电容的介质上，电子从浮栅隧穿到隧穿输入端。为了最大化存储单元的写入耐久性，编程电压 VPP 不应该由阶跃波形组成，而应该是一个从接地到全电压的线性斜坡，该斜坡的上升速率决定了栅极电流。较慢的斜坡产生较小的栅极电流，因而可以提高写入耐久性；而较快的斜坡则产生较大的栅极电流，从而允许更快速的编程。由于模拟集成电路应用很少需要快速编程，因此通常采用仅仅大约为 $10\ \mathrm{V/\mu s}$ 的斜坡速率来最大限度地提高写入耐久性并改善综合的产品可靠性。

　　通过将隧穿输入端和控制输入端都接地，可以读取单层多晶硅栅 EEPROM 单元的信息。在编程过程中注入穿过隧穿氧化层的电子会在浮栅上留下正电荷，从而在感测晶体管内产生一个沟道，如图 12.41b 所示。因此单层多晶硅栅 EEPROM 单元表现为一个常开型开关，在编程期间闭合。

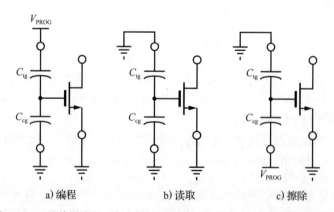

a) 编程　　　　　　b) 读取　　　　　　c) 擦除

图 12.41　对单层多晶硅栅 EEPROM 单元进行操作所需要的连接方式

　　通过在控制输入端上施加高电压，同时将隧穿输入端接地，可以擦除该存储单元，如图 12.41c

所示。感测晶体管的源极和漏极可以再次接地或浮空。施加在隧穿电容介质两端的电压导致电子隧穿到浮栅上，这个过程消除了对晶体管进行编程产生的正电荷，取而代之的是负电荷。当再次读取该单元时，上述负电荷抑制了感测晶体管中的沟道形成。

单层多晶硅 EEPROM 单元的许多变体已经被开发出来了，有些消除了隧穿电容，改用感测晶体管作为隧穿元件。这种变化虽然节省了空间，但是会使得对单元进行编程、擦除和读取所需的电路变得更加复杂。

提供冗余可以提高 EEPROM 单元的可靠性，通常这是通过互连两个 EPROM 元件形成所谓的锁存结构 EEPROM 单元来实现的，如图 12.42 所示。两个感测晶体管 M_{S1} 和 M_{S2} 共享一个公共源极连线，该公共源极连线通常接地。它们具有各自独立的漏极连线，通常连接到一个未在图 12.42 中显示的锁存器上。该单元两半的控制电极和栅极电极是按照这样的方式连接的，当对一个晶体管进行编程操作时，就会同时擦除另一个晶体管，反之亦然。该技术最大限度地减少了锁存单元占用的面积及其编程操作的复杂性，同时保留了冗余提供的大部分可靠性优势。锁存单元的完整电路相当复杂，对其工作原理的全面讨论已经超出了本书论述的范围。

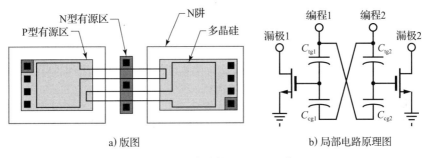

图 12.42　锁存结构 EEPROM 单元

EEPROM 单元的性能往往取决于其版图设计的细微之处，因此工艺设计人员要为其中的关键元件开发出可供参考的版图设计方案，如图 12.39a 和图 12.40a 所示。然后他们再对这些版图设计方案进行广泛的可靠性测试，以确保其具有足够的保持时间和写入耐久性。为了使这些规范得以付诸施行，这些核心器件的版图设计必须与已经完成可靠性测试的器件版图完全匹配。

EEPROM 存储单元的设计还有很多其他重要的方面必须考虑，这些措施包括仔细调节编程电压、适当控制该编程电压的上升速率、正确构造上述讨论中未涉及的 EEPROM 单元的其他部分，以及针对瞬态和静电放电事件做好防护。这些论题涉及电路设计而非版图设计，因此也不在本书讨论的范围之内。

12.4　结型场效应晶体管

威廉·肖克莱(William Shockley)于 1952 年提出了结型场效应晶体管(Junction Field-Effect Transistor，JFET)，作为一种可以规避困扰 MOS 晶体管表面态问题的潜在方法。第一个能够正常工作的 JFET 器件于次年发布。模拟集成电路的设计人员很快就意识到 JFET 的性能可能会优于双极型晶体管，因为后者必须提供基极电流以支持载流子复合。因此，涉及高输入电阻的应用如果使用 JFET 而不是双极型晶体管，将表现出更小的输入失调和器件噪声。早期的单片 JFET 输入级放大器表现出了较大的输入失调电压。1974 年，通过引入工艺扩展制造出的离子注入型 JFET 就克服了这个问题，由此产生的 BiFET 工艺在 20 世纪 70 年代和 80 年代已经用于制造具有低输入失调电压、低输入偏置电流和极低输入参考噪声的放大器。采用 CMOS 和 BiCMOS 工艺的设计方案后来取代了许多此类产品，但是目前针对某些低噪声应用仍然在设计和制造 BiFET 放大器，其性能要优于所有的替代产品。

12.4.1 结型场效应晶体管的建模

图 12.43 展示了一个理想化的三端 JFET,器件的源区和漏区通过一个掺杂极性相同但是掺杂浓度低得多的沟道连接。该沟道的上方、下方和(在实际器件中)两侧均以相反掺杂极性的区域(称为栅极)为界。沟道长度 L 是从源极端到漏极端测量得到的距离,沟道宽度 W 则是在垂直于长度方向上横跨整个沟道测量得到的距离。沟道还具有厚度 t,是在限制沟道顶部和底部的冶金结之间垂直测量得到的距离,通常假设沟道的厚度远小于其宽度和长度,这就是为什么我们不需要考虑沟道两侧确切性质的原因。

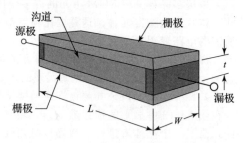

图 12.43 理想化的三端 JFET,图中显示了沟道宽度 W、长度 L 和厚度 t

JFET 的源极端和漏极端是由其电学偏置而不是物理特性定义的。在一个 N 型沟道 JFET(NJFET)中,源漏两个电极中电位更正的为漏极,较负的为源极。而在一个 P 型沟道 JFET(PJFET)中,则是源漏两个电极中电位更负的为漏极,较正的为源极。因此,NJFET 的漏-源电压 V_{DS} 始终大于或等于 0,而 PJFET 的 V_{DS} 始终小于或等于 0。

JFET 栅极和沟道之间的 PN 结必须保持反向偏置,以便将沟道与栅极隔离,因此 NJFET 的栅-源电压 V_{GS} 将小于或等于 0,而 PJFET 的 V_{GS} 将大于或等于 0。

结型场效应晶体管类似于耗尽型 MOS 晶体管,因为在栅-源电压为零时,沟道已经存在。因此 JFET 默认是导通的,需要施加非零的栅-源电压来阻止其导通。将漏极电流降至零所需的栅-源电压称为 JFET 的夹断电压 V_P。NJFET 的夹断电压为负,而 PJFET 的夹断电压为正。夹断电压在 JFET 中的作用与阈值电压在 MOSFET 中的作用相同。

JFET 具有与 MOS 晶体管相同的三个工作区(见表 12.8)。考虑 PJFET 的情况。如果栅-源电压 V_{GS} 大于夹断电压,则位于上层栅极下方和下层栅极上方的耗尽区会合并在一起,阻止漏极电流流动。此时称晶体管工作在截止状态。如果栅-源电压小于夹断电压,则源极和漏极之间就会存在沟道,漏极电流能够流动。如果漏-源电压保持相对较小,则沟道的行为非常类似于电阻,漏极电流随着漏-源电压近似线性变化,这种工作模式称为线性区,该工作区的其他术语还包括欧姆区和三极管区。

表 12.8 JFET 的偏置条件

工作区	NJFET	PJFET
截止区	$V_{GS} \leqslant V_P$	$V_{GS} \geqslant V_P$
线性区(或三极管区)	$V_P < V_{GS} < 0,\ V_{DS} \leqslant V_{GS} - V_P$	$0 > V_{GS} > V_P,\ V_{DS} \geqslant V_{GS} - V_P$
饱和区	$V_P < V_{GS} < 0,\ V_{DS} > V_{GS} - V_P$	$0 > V_{GS} > V_P,\ V_{DS} < V_{GS} - V_P$

随着漏-源电压变得更负,靠近晶体管漏极末端附近的耗尽区展宽。当 V_{DS} 足够负时,沟道的漏极末端就会发生夹断。载流子沿着沟道漂移,直至到达夹断区,随后被强烈的横向电场快速吸入漏极。漏-源电压的任何进一步增加都只会施加在夹断区上,而不是沟道上。一旦 JFET 夹断,其漏极电流将在很大程度上与漏-源电压无关,因而此时该晶体管被称为工作在饱和状态下。

JFET 建模的关键参数就是其夹断电压 V_P。如果沟道区是均匀掺杂的并且被突变结终止,则其夹断电压的大小为

$$|V_P| = \frac{qN_C t^2}{8\varepsilon_o \varepsilon_{Si}} - V_T \ln\left(\frac{N_C N_G}{n_i^2}\right) \tag{12.38}$$

式中,q 为电子电荷(1.60×10^{-19} C);N_C 为沟道区中的掺杂浓度;N_G 为栅极的掺杂浓度;t 为沟

道厚度；$\varepsilon_\circ$ 为自由空间的介电常数（8.85×10^{-12} F/m）；ε_{Si} 为硅的相对介电常数（大约为 11.7）；V_T 为热电压（25 ℃时大约为 26 mV）；n_i 为硅中的本征载流子浓度（25 ℃时为 1.45×10^{10} cm^{-3}）。在实际应用中，非均匀掺杂等因素会使夹断电压的计算变得更加复杂，因而一般通过测量来确定。

虽然人们可以通过用夹断电压代替阈值电压，将希奇曼-霍奇斯方程应用于 JFET，但是结果的准确性还有很多不足之处。器件物理学家通常更喜欢肖克莱（Shockley）的原始推导。在线性区，漏极电流 I_D 的大小为

$$|I_D| = \frac{Wt}{\rho L}\left[|V_{DS}| - \frac{2}{3}\frac{(|V_{GS} - V_{DS}| + \phi_B)^{3/2} - (|V_{GS}| + \phi_B)^{3/2}}{(|V_P| + \phi_B)^{1/2}}\right] \tag{12.39}$$

式中，ϕ_B 为栅极-沟道 PN 结的内建电势；ρ 是沟道的电阻率。由于公式中存在绝对值运算符，该方程适用于 PJFET 和 NJFET。在饱和状态下，漏极电流的大小为

$$I_D = I_{DSS}\left(1 - \frac{V_{GS}}{V_P}\right)^2 \tag{12.40}$$

式中，饱和电流 I_{DSS} 的大小为

$$|I_{DSS}| = \frac{Wt}{\rho L}\left[|V_P| - \frac{2}{3}\frac{(|V_P| + \phi_B)^{3/2} - \phi_B^{3/2}}{(|V_P| + \phi_B)^{1/2}}\right] \tag{12.41}$$

12.4.2 结型场效应晶体管的结构

理想情况下，JFET 应该具有大约 2～5 V 的夹断电压。较小的夹断电压难以控制，而较大的夹断电压则要求用到不太方便的大电源电压。如果没有某种专用的工艺扩展，很少有工艺能够产生合适的夹断电压。那些不需要此类工艺扩展即可制造出来的器件通常具有超过 20 V 的夹断电压。

1. 外延层-场效应晶体管（Epi-FET）

标准双极型工艺中的外延层夹断电阻实际上就是一个 N 型沟道 JFET，其夹断电压介于 $-20\sim -50$ V 之间。传统的版图设计将基区夹持板延伸到隔离区，形成一个三端晶体管，其栅极接地，如图 6.17 所示。只要该器件工作在相对较低的电压下，它就可以充当一个线性电压系数为 3％/V～6％/V 的电阻。在较高的电压下，它可以更准确地建模为 JFET。然而，衬底向上扩散进入沟道中会产生实质性的分层，从而使肖克莱方程的实用性受到质疑。一个常用的夹断电阻经验模型为

$$R = \frac{R_0(1 - D\sqrt{\phi_B})}{1 - D\sqrt{\phi_B + (V_1 + V_2)/2}} \tag{12.42}$$

式中，V_1 和 V_2 为电阻两端的电压；零偏置电阻 R_0 为当 $V_1 = V_2 = 0$ 时的电阻；D 为根据经验确定的因子，用于量化耗尽区进入电阻体内的影响。该模型假设电阻的栅极和背栅都接地，或者 V_1 和 V_2 是相对于栅极和背栅测量得到的。零偏置电阻为

$$R_0 = R_{S0}\left(\frac{W_d + \delta W}{L_d + \delta L} + \frac{N}{2}\right) \tag{12.43}$$

式中，R_{S0} 为零偏置外延层-场效应晶体管（Epi-FET）的有效薄层电阻；W_d 为其绘制宽度；δW 为宽度的修正因子；L_d 为沿着器件中心线测量的绘制长度；δL 为长度的修正因子；N 为器件中 90°拐角的数量。Epi-FET 的隔离岛几何结构决定其绘制宽度，而基区夹持板决定其绘制长度。由于隔离区向外扩散，Epi-FET 的有效宽度远小于其绘制宽度。由于沟道相对侧壁之间的扩散相互作用，有效宽度和绘制宽度之间的关系在宽度较小的时候变得非线性。长度修正因子 δL 对沟道长度超过 50 μm 的器件影响很小。

Epi-FET 的设计目标是为了紧凑而不是为了精度。这些晶体管通常使用最小绘制宽度，即使较宽的器件表现出较小的可变性。沟道经常是蜿蜒呈蛇形，以适应版图设计中未使用的区

域。接触孔通常被设置在基区夹持板的上方,并连接到衬底电位。虽然不是绝对必要的,但是这些接触孔有助于最大限度地减少由衬底自偏置引起的 Epi-FET 电流的变化。与基区夹持板的任何接触其本身也可充当衬底接触,并有助于抽取在 Epi-FET 附近流动的杂散衬底电流。一些设计人员在蛇形 Epi-FET 中使用圆形弯曲,认为这些圆形弯曲可以通过防止电场增强来提高击穿电压。虽然这种做法不会造成任何损害,但是它能够提供的好处很少或根本没有,因为基区夹持板的裸露边缘通常会比隔离区的侧壁更早击穿。

2. N 阱 JFET

模拟 CMOS 和 BiCMOS 工艺可以通过采用 N 阱代替隔离岛、用 P 型有源区代替基区夹持板,构造出类似于标准双极型 Epi-FET 的 N 阱 JFET,如图 12.44 所示。该器件的夹断电压将取决于阱的性质。如果阱具有倒梯度掺杂分布,则夹断电压的幅度将变得非常大,并且该器件最好被视为非线性电阻,而不是 JFET。

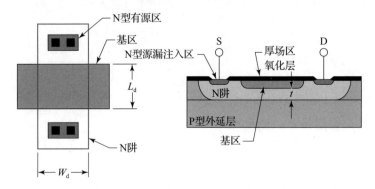

图 12.44　采用模拟 BiCMOS 工艺构建的一个 N 阱 JFET 的版图和剖面图。为清晰起见,省略了
与 P 型有源区的接触孔(译者注: 此图有误,图中基区应为 P 型有源区)

在某些工艺中,P 型有源区(PMoat)夹持板可以采用基极扩散区或浅 P 阱扩散区来代替,以减小夹断电压的幅度并增大零偏置电阻。N 阱 JFET 的夹持板必须比 Epi-FET 的夹持板更多地延伸进入隔离区中,因为阱是向外扩散的,而在标准的双极型工艺中隔离扩散区却是向内扩散的。

相比于具有较宽沟道的器件,具有最小沟道宽度的 N 阱 JFET 拥有更低的夹断电压,因为阱区向外扩散减轻了有效沟道掺杂。在最极端的情况下,具有最小沟道宽度和相对较深的夹持板的 N 阱 JFET 可能会表现出极低的夹断电压。因此这种 JFET 的绘制宽度可能需要增大到超出允许绘制的最小 N 阱宽度。

3. 双扩散型 JFET

标准双极型工艺中的基区夹断电阻(参见 6.5.3 节)实际上是一个 P 型沟道 JFET。该 JFET 的沟道由发射极下方的基极扩散区部分组成。发射区充当顶部栅极,N 型外延层充当底部栅极,如图 12.45a 所示。由于被夹持的基区比最佳区域更宽且掺杂更重,因此夹断电压为 $10 \sim 15\,V$,这通常高于该结构的击穿电压(大约为 $7\,V$)。为了构造出真正有用的 JFET,必须将夹断电压降低到 $5\,V$ 以下,并将击穿电压提高,理想情况下达到 $20\,V$ 以上。这些目标可以通过下述两种方法中的任何一种来实现,这两种方法都需要增加额外的光刻掩模。第一种方法采用更深、更轻掺杂的 N 型扩散区代替发射区夹持板,如图 12.45b 所示。这种扩散区渗透到基区的深度越深,沟道就会变得越薄而且掺杂浓度越低。这相应地就会降低该结构的夹断电压。夹持板的较轻掺杂允许耗尽区侵入其中,从而增大击穿电压。第二种方法保留普通的发射极扩散区作为夹持板,但是采用更浅且掺杂更轻的 P 型扩散区代替基极扩散区,如图 12.45c 所示。这再次减少了沟道区的厚度和沟道掺杂浓度,从而降低了夹断电压,此时发射区夹持板周围的耗尽区可以进一步延伸到掺杂浓度更低的 P 型区,从而提高了该结构的击穿电压。据报道,一个使用这种结构的 PJFET 实现了 $2 \sim 5\,V$ 的夹断电压和 $50\,V$ 的击穿电压。

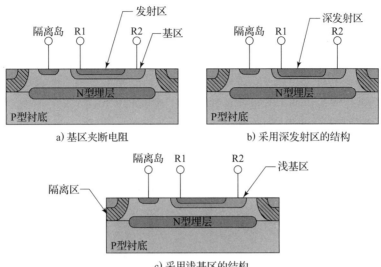

a) 基区夹断电阻

b) 采用深发射区的结构

c) 采用浅基区的结构

图 12.45　双扩散型 PJFET 结构

尽管双扩散型 PJFET 已经应用于多种早期的 BiFET 运算放大器中，包括仙童公司(Fairchild)的 μA740，但是这些器件并未受到广泛欢迎。PJFET 的夹断电压极其依赖于基区和夹持板的精确结深，并且 20 世纪 70 年代初期的工艺制造技术尚无法保持足够严格的控制精度，以防止夹断电压从管芯的一侧到另一侧变化数十毫伏。即使是采用共同质心的版图设计技术也只能提供有限的帮助。在引入了离子注入型 JFET 后，双扩散型 PJFET 就变得彻底过时了。

4. 离子注入型 JFET

与表面源的热扩散相比，离子注入可以实现对结深和掺杂浓度更精确的控制。P 型沟道 JFET 可以通过首先注入相对深且轻掺杂的 P 型区以形成器件主体，然后注入极浅且重掺杂的 N 型区以形成顶部栅极来构建。由于该顶部栅极非常薄，基本上 P 型区的全部注入剂量都进入沟道中，因此可以相当精确地控制该区域的电导率和夹断电压。第一个离子注入型的 PJFET 被应用于 1974 年发布的 LF155 运算放大器中。

图 12.46 展示了一个离子注入型 PJFET 的版图和剖面图。该器件需要两个额外的光刻掩模步骤，通常不包括在标准的双极型工艺中。第一个步骤是构建用作 PJFET 沟道的 P 型区，位于沟道两端的两个基区确定了器件的源极和漏极。第二个附加掩模步骤构建了用作顶栅的非常浅且重掺杂的 N 型区。N 型栅极向外延伸并进入 N 型外延层隔离岛中，因此它使该结构的栅极和背栅短路，从而形成了一个三端的 PJFET。由于存在接触孔穿刺的风险，栅极接触孔没有设置在 N 型注入区内，而是将其设置在发射极扩散区内。

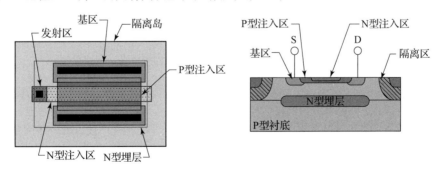

图 12.46　离子注入型 PJFET 的版图和剖面图

图 12.46 的版图显示了一个宽而短的 PJFET，该器件通常用于构建 BiFET 放大器的输入

差分对。这种特殊的晶体管只有一个栅极指条,具有并行放置多个栅极指条的器件通常用于创建紧凑而且比较宽的器件,由此形成的结构很容易让人联想到多个指条的 MOSFET 版图。

在迄今为止讨论的所有版图布局中,顶栅都要延伸出 JFET 主体之外,进入背栅。将栅极和背栅短接在一起就形成了一个三端晶体管。有一些应用可能会受益于栅极和背栅的独自连接。例如,PJFET 的背栅与衬底之间具有寄生电容,而顶栅则没有,因此将输入连接到顶栅并将背栅连接到一个参考电压,可以使得需要最小漏电和最小输入电容的电路因此而受益。JFET 的顶栅和背栅可以使用如图 12.47 所示的环形双扩散型 JFET 版图来分隔。环形 JFET 的沟道宽度和长度可以采用环形 MOS 晶体管的公式来计算(参见 12.2.8 节)。

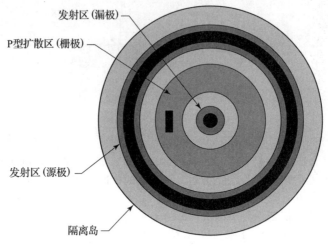

图 12.47　环形双扩散型 JFET 版图

12.5　本章小结

本章介绍了传统小信号多晶硅栅 CMOS 晶体管和结型场效应晶体管的构造。下一章将介绍各种更为专用的晶体管,包括扩展电压晶体管、功率晶体管和双扩散 MOS(DMOS)晶体管。这些器件将 MOS 晶体管的应用扩展到更高的电压、电流和功率水平。MOS 晶体管随后已经成为了一种几乎通用的有源元件,能够支持几乎所有类型的模拟集成电路设计。

习题

12.1 假设一个增强型 NMOS 晶体管的阈值电压为 0.7 V,跨导为 220 μA/V^2。请确定其工作区,并计算以下每个偏置条件的漏极电流:

　　a) $V_{GS}=1.2$ V, $V_{DS}=2.3$ V

　　b) $V_{GS}=1.2$ V, $V_{DS}=0.2$ V

　　c) $V_{GS}=-1.0$ V, $V_{DS}=4.4$ V

12.2 假设习题 12.1 中给出的增强型 NMOS 晶体管外加的端口电压为 $V_{GS}=1.2$ V, $V_{DS}=-2.3$ V。已知其源极和漏极已经交换角色,请确定真实的偏置条件、工作模式和漏极电流。

12.3 一个具有复合栅介质的 NMOS 晶体管的工艺跨导是多少?该复合栅介质由夹在两层厚度为 50 Å(即 5 nm)氧化物(其 $\varepsilon_r=3.9$)之间的 150 Å(即 15 nm)氮化物(其 $\varepsilon_r=$

6.8)组成。提示:参见 7.1 节。

12.4 估计最大工作电压为 15 V 的硅 NMOS 晶体管和 PMOS 晶体管的工艺跨导。

12.5 假设一个具有 N＋多晶硅栅的增强型 PMOS 晶体管的标称阈值电压为－0.95 V,如果该晶体管使用 P＋多晶硅栅,则其标称阈值电压会变成多少?

12.6 一个标称阈值电压为－0.4 V 的增强型 PMOS 晶体管是否可以作为构建数字逻辑门电路的有用器件?请解释原因。

12.7 采用附录 B 中列出的多晶硅栅 CMOS 版图设计规则,画出图 12.48a 所示的反相器的版图。在 PMOS 晶体管周围设置一个空穴收集保护环,在 NMOS 周围设置一个电子收集保护环。连接保护环以提供最佳保护。包括足够的背栅接触孔。

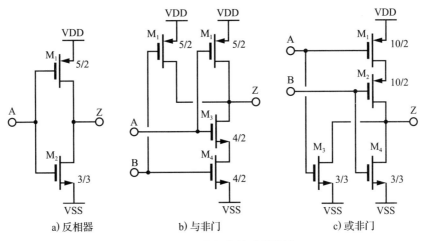

a) 反相器　　　　b) 与非门　　　　c) 或非门

图 12.48　三个标准单元逻辑门

12.8 使用附录 B 中的模拟 BiCMOS 版图设计规则，构造一个隔离的 NMOS 晶体管，晶体管的 W/L 比值应为 10/5，包括单个紧邻的背栅接触孔。

12.9 一个 3 μm 的 CMOS 工艺可以承受 12 V 的最大工作电压，并提供 2.3 ns 的门延迟。假设应用恒定电场等比例缩小准则来生产 2 μm 工艺，请预测缩放后新工艺的最大工作电压和门延迟。

12.10 使用多晶硅栅 CMOS 版图设计规则，设计以下晶体管的版图。版图需要包括紧邻的背栅接触孔、栅极互连线和阱区的几何图形。
a) NMOS 晶体管，3(5/15)。
b) NMOS 晶体管，12(20/5)。
c) PMOS 晶体管，7(10/25)。
d) PMOS 晶体管，4(10/3)。

12.11 设计一个尺寸为 3(10/4) 的原始 NMOS 晶体管和一个尺寸为 25/25 的原始 PMOS 晶体管的版图。根据需要，包括紧邻的背栅接触孔、栅极互连线和阱区几何图形。有关原始阈值层(NATVT)的版图设计规则如下：
a) 原始阈值层(NATVT)的宽度　　4 μm
b) 原始阈值层(NATVT)覆盖栅区　2 μm (GATE)
c) 原始阈值层(NATVT)与多晶硅　4 μm (POLY)距离
d) 原始阈值层(NATVT)之间的距离　2 μm
注：栅区(GATE)定义为多晶硅(POLY)与 N 型有源区(NMOAT)或 P 型有源区(PMOAT)的交集。

12.12 构建图 12.48 中三个逻辑门的标准单元版图。与非门(NAND)的版图应当类似于图 12.27b 所示的版图。VDD 和 VSS 引线应为 4 μm 宽，每个单元应至少有一个衬底接触孔和一个阱接触孔。设计这些单元的版图，以便可以通过对接其 VDD 和 VSS 的引线将它们堆叠在一起。无论单元堆叠的顺序如何，都不应发生违反版图设计规则的情形。

12.13 使用附录 B 给出的多晶硅栅 CMOS 版图设计规则构造一个蛇形 PMOS 晶体管，使其标称器件跨导为 0.1 $\mu A/V^2$。根据需要多次折叠栅极图形，以形成近似正方形的版图。

12.14 采用多晶硅栅 CMOS 版图设计规则，设计以下环形晶体管的版图。版图需要包括紧邻的背栅接触孔和阱区几何图形。假设接触孔可以设置在有源栅极的上方。
a) 圆形 NMOS 晶体管，33/4。
b) 方形 PMOS 晶体管，48/4。
c) 细长圆形 PMOS 晶体管，51/4。

12.15 重做习题 12.14b 的器件版图设计，使接触孔未被设置在有源栅极的上方。

12.16 采用多晶硅栅 CMOS 版图设计规则，构建一个宽长比为 5000/3 的 PMOS 晶体管。根据需要将晶体管划分为多个节，以便形成近似正方形的版图。设计足够多的叉指背栅接触孔，以便确保晶体管的任何部分距离最近的背栅接触孔不超过 50 μm。

12.17 图 12.40 所示的单层多晶硅 EEPROM 也可以通过从感测晶体管沟道注入的热载流子进行擦除。请描述执行此操作所需的端口偏置条件。

12.18 采用附录 B 给出的多晶硅栅 CMOS 版

图设计规则，构建一个类似于图 12.40 所示的单层多晶硅 EEPROM 版图，使得隧穿电容和感测晶体管尽可能小。假设多晶硅（POLY）延伸进入 P 型有源区（PMOAT）中的最小长度为 2.0 μm。请设计出控制电容的版图，使其栅电容比隧穿电容的栅电容大 20 倍（忽略边缘杂散电容的影响）。

12.19　设计一个标准双极型工艺中的外延层-场效应晶体管（Epi-FET）的版图，其绘制的沟道尺寸为 30/8。假设绘制的基区夹持板必须延伸进入绘制的隔离区中至少 4 μm。

12.20　采用基区（BASE）的版图设计规则作为 P 型注入区的版图设计规则，构建一个最小尺寸的圆形对称的外延层-场效应晶体管（Epi-FET）的版图。版图需要包括所有必要的金属化层。该器件沟道的绘制宽度和长度分别是多少？

参考文献

[1]　W. D. Brown and J. E. Brewer, eds., *Nonvolatile Semiconductor Memory Technology* (New York: IEEE, 1998).

[2]　D. A. Pucknell and K. Eshraghian, *Basic VLSI Design*, 3rd ed. (Englewood Cliffs, NJ: Prentice-Hall, 1994).

[3]　E. Takeda, C. Y. Yang, and A. Miura-Hamada, *Hot-Carrier Effects in MOS Devices* (San Diego, CA: Academic Press, 1995).

[4]　R. R. Troutman, *Latchup in CMOS Technology: The Problem and Its Cure* (New York, NY: Springer Science, 1986).

[5]　Y. P. Tsividis, *Operation and Modeling of the MOS Transistor* (New York, NY: McvGraw-Hill, 1988).

[6]　"IC latch-up test," EIA/JEDEC Standard EIA/JESD 78E (Arlington, VA: Joint Electron Device Engineering Council, 2016).

第13章
MOS 晶体管的应用

MOS 晶体管不需要栅极电流来维持导通,其表现近乎是理想的电子开关。采用恰当的器件结构,它们可以工作于高电压、大电流和高功率场合。MOS 器件尤其适合高速开关应用,如开关模式电源。

研究人员已开发出各种特定的 MOS 结构来满足不同应用需求。将大量常规的 CMOS 晶体管并联,以便在低电压和最小功耗下处理大电流。漏极扩展 MOS 晶体管(Drain-Extended MOS,DEMOS)允许基准 CMOS 工艺处理 $30\sim80$ V 的电压。双扩散 MOS 晶体管(Double-diffused MOS,DMOS)则可同时处理高电压和大电流。

MOS 晶体管也可以相当精确地相互匹配,不过前提是要仔细考虑器件版图、摆放方向和位置等细节。本章后半部分将介绍使用 MOS 晶体管精确匹配电压和电流的技术。

13.1 功率 MOS 晶体管

直到 20 世纪的 80 年代,双极型功率晶体管还主导着功率电子器件。这些晶体管非常适合线性功率应用,但不太适合用于电力开关。对于饱和双极型晶体管而言,少数载流子的复合限制了其开关速度。电压越高,要求集电极的掺杂浓度越低,后者则会造成少数载流子复合时间的增加。在早期离线开关变换器中用到的 $400\sim800$ V 双极型晶体管,器件的开关速度很难超过 100 kHz。

低压双极型晶体管的开关速度可达几兆赫,但是这些器件仍然存在这样那样的问题。饱和双极型晶体管的集电极-发射极电压不能低于 250 mV,否则会产生过大的基极电流损耗。现代数字逻辑要求的电源电压低于 1 V,双极型晶体管是无法用于此处所要求的大电流、低电压开关电源的。

MOS 晶体管的工作不依赖于少数载流子,其开关的频率仅受内部电容的限制。现代离线 MOSFET 开关变换器的工作频率高达几兆赫。低压 MOS 电源,例如用于数字逻辑系统中的低压 MOS 电源,工作频率可达几十兆赫。开关变换器中电感和电容部件的体积与频率成反比。用 MOSFET 代替双极型晶体管,使开关电源的体积得以大幅缩小。

工作于线性模式下的 MOS 晶体管,其表现行为与电阻器件类似。晶体管所占面积越大,导通电阻就越小。低压 MOS 晶体管的导通电阻可降至 1 mΩ 以下。这种晶体管可以开关控制数十安培的电流,而器件上的压降不超过几十毫伏。这样的晶体管令数字微处理器所用的高效率、低电压、大电流电源得以实现。较高电压的 MOS 晶体管会占用更大的硅片面积,不过即使是用于构建离线开关模式电源变换器的 $400\sim800$ V 器件,要获取十分之一欧姆级的导通电阻也是很轻松的。使用这些晶体管可以制造出能效超过 95% 的离线电源。

对于离线变换器中的电压和功率水平,电能处理优选使用分立的功率晶体管。不过,若是工作于 100 W 和 100 V 以内,这样的功率器件通常会与模拟控制电路和数字逻辑集成在同一管芯中。本节将讨论这些集成功率晶体管的性能和结构。

13.1.1 导通损耗

理想的电气开关有两种工作状态。在导通(开)状态,它能传导电流,但其上不会有明显的压降;在阻断(关)状态,则几乎不导通任何电流。足够大的增强型 MOSFET 可近似于成为这样的理想开关。施加较大的栅-源电压可驱使晶体管进入线性区,而施加零偏的栅-源电压则会使其进入截止区。这两个工作区域对应于理想开关的导通(开)和阻断(关)状态。

设计人员将 MOS 晶体管的功耗分为导通损耗和开关损耗两类。当晶体管处于线性区时，产生的是导通损耗，而工作状态转换期间所产生的则是开关损耗。导通损耗不随开关频率变化，开关损耗随开关频率线性增加。

当漏极电流 I_D 流过 MOS 晶体管，同时晶体管两端有非零的漏-源压降 V_{DS}，就会造成导通损耗。在线性区，压降 V_{DS} 随漏极电流 I_D 近似线性地变化，因此可以定义漏-源间的开态电阻为

$$R_{DS(on)} = \frac{V_{DS}}{I_D} \tag{13.1}$$

于是晶体管耗散的功率 P_D 为

$$P_D = R_{DS(on)} I_D^2 \tag{13.2}$$

例如，一个 $10\ m\Omega$ 的功率晶体管如导通的是 10 A 电流，其功耗为 1 W。从这个例子可以看出，即使是很小的导通电阻，在高电流水平下也会产生很大的导通损耗。

1. 导通电阻

虽然希奇曼-霍奇斯公式对于现代短沟道晶体管来说并不十分准确，但是仍能为我们了解其行为提供有价值的信息。线性区公式表明

$$I_D = k\left(V_{GS} - V_t - \frac{V_{DS}}{2}\right)V_{DS} \tag{13.3}$$

式中，V_{GS} 是栅-源电压；V_t 是阈值电压；k 是器件跨导(参见 12.1 节)。在低电压时，该公式中的二次项可以忽略，可得到漏极电流与漏-源电压之间的线性关系

$$I_D \approx k(V_{GS} - V_t)V_{DS} \tag{13.4}$$

因此，晶体管的沟道电阻 R_{ch} 为

$$R_{ch} \approx \frac{1}{k\ |V_{GS} - V_t|} \tag{13.5}$$

器件的跨导大致随电子温度按 $T^{-1.7}$ 比例变化，随空穴温度按 $T^{-1.5}$ 变化，此处 T 为绝对温度(参见 12.1.1 节)。在正常工作条件下，阈值电压温度系数的影响相对较小，因为栅-源电压远大于阈值电压。因此，在 25 ℃时，沟道电阻呈现约 5000 ppm/℃的线性温度系数，这意味着温度从 25 变为 125 ℃时，沟道电阻会增加约 50%。

尽管式(13.5)揭示了沟道电阻的本质，但其精确度不足，不能用来计算实际的导通电阻。精度不够的主要原因包括：短沟道效应、源/漏电阻、金属化层的电阻和封装电阻。

大多数的功率晶体管沟道是相当短的，短沟道使希奇曼-霍奇斯公式产生了问题。此外，这些方程也没有考虑源/漏区域的电阻。已有一些更精确的模型，它们将这些因素考虑在内，不过却很难得出一个 $R_{DS(on)}$ 的简单公式。作为替代方案，电路设计人员运行模拟仿真，计算漏电流对漏-源电压的关系曲线，并根据所得数据得到一个等效的 $R_{DS(on)}$。该项技术可以准确预估晶体管的硅材结构的电阻，即沟道电阻、源电阻和漏电阻之和。

任何实际的晶体管都会有确定的金属化层相关的电阻。每个金属化层都会产生电阻，接触孔和过孔也是如此。版图设计人员通常会将多个金属化层与介质层间夹布置，很多的工艺也都会提供较厚的顶层金属。尽管采取了这些对策，一个低压功率晶体管的金属化电阻仍可轻易地超过其硅电阻。

功率晶体管一般都要连接到封装引脚，如此情形下，等效的 $R_{DS(on)}$ 将包括一定的封装电阻。传统封装依赖于直径为 $20\sim75\ \mu m$ 的键合引线。大型功率器件通常使用数十根键合丝来降低电阻，同时满足抗电迁移的要求。一些封装采用焊球或凸点取代键合丝。这些结构的电阻要小于键合丝，不过没有一种传统封装技术能完全消除封装电阻。

金属化电阻和封装电阻呈现出正温度系数，为 $3000\sim4000\ ppm/℃$。根据硅、金属化层和封装电阻的相对大小，低压 MOSFET 的总导通电阻的有效温度系数在 $4000\sim6000\ ppm/℃$。

要准确计算导通电阻，首先要针对晶体管采用适当的反映工艺变化、栅-源电压和温度的最坏情况的数据，进行仿真。然后，分析版图并计算金属化层电阻。如果器件连接到封装引

脚, 则还必须计算封装电阻。将硅电阻、金属化电阻和封装电阻相加, 就是总导通电阻。

2. 比导通电阻

导通电阻的计算可能相当具有挑战性, 尤其是对于使用复杂金属化图案的版图。有一种方法是测量实际导通电阻, 并对结果进行缩放, 从而估算出所提及的功率器件的电阻。缩放过程使用的优值称为比导通电阻 R_{SP}, 为

$$R_{\text{SP}} = A_{\text{d}} R_{\text{DS(on)}} \tag{13.6}$$

式中, A_{d} 表示给定晶体管版图的绘制面积; $R_{\text{DS(on)}}$ 为实测的导通电阻。比导通电阻通常采用 $\Omega \cdot \text{mm}^2$ 为单位, 或者更为常见地, 采用 $\text{m}\Omega \cdot \text{mm}^2$。

由于封装电阻不随器件面积变化而变化, 设计人员通常将其排除在用于计算比导通电阻的 $R_{\text{DS(on)}}$ 值之外。因此, 测试结构中需要包含开尔文测试的焊块引线(参见 15.3.4 节), 以便测量金属化图案上的压降, 而不是封装引脚上的压降。根据此数据计算出的 R_{SP} 值将只是反映硅电阻和金属化电阻, 而不反映封装电阻。如有必要, 可计算出所提的晶体管的封装电阻, 并将其加到导通电阻估值中。

金属化电阻并不精确地与器件面积成反比。因此, 如果外推至相距实际测量的器件非常远, 则基于比导通电阻的估计值将越来越不准确。如果可能, 应避免面积的外推超过 2~3 倍。

3. 计算金属化电阻

MOS 晶体管分为垂直器件和横向器件。垂直 MOS 晶体管的一个端子(源极或漏极)是从芯片背面引出的。垂直 MOS 晶体管被称为源极在下或漏极在下的晶体管, 取决于哪个电极从背面引出。横向 MOS 晶体管的两个电极(源极/漏极)都是从芯片的顶面引出的。分立晶体管通常是垂直器件, 而集成晶体管通常是横向器件。有两个原因使我们倾向于采用横向器件进行集成。首先, 低电压的横向晶体管, 其导通电阻通常小于垂直的晶体管, 因为电流不必流经衬底。其次, 集成在一个公共芯片上的多个垂直晶体管必须共用一个源极/漏极, 否则就只能通过合适的隔离系统来将它们分开, 例如穿透晶圆片的沟槽蚀刻, 再用适当的聚合物回填。

垂直晶体管相对容易金属化。考虑源极在下的 NMOS 管的情况。源极连接由焊接到引线框架上的背面金属化层组成。源极电阻包括向下穿过衬底的垂直电阻、穿过焊接层的电阻以及铜引线框架的电阻。通过使用高掺杂衬底和尽可能薄的背面减薄, 典型为片厚 $50 \sim 75\,\mu\text{m}$, 可将垂直向的衬底电阻降至最低。垂直晶体管的漏极与一个相对较厚的单层金属接触。传统封装采用引线键合的阵列与顶部金属层连接。所谓的倒装芯片封装则是将芯片翻转过来, 用焊接凸点取代引线键合焊块。

横向 MOS 晶体管的金属化难度要大得多, 因为源极和漏极都从芯片的顶端引出。这两个引出端必然会争夺空间。最常见的单层金属的布局由相互紧邻的源/漏区叉指条组成, 如图 13.1 所示。

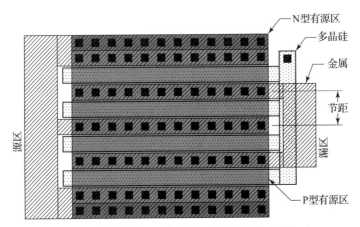

图 13.1　带源/漏区叉指条的横向 MOS 晶体管版图

除了器件两端的两个栅叉指外，每一个源区或者漏区的叉指都位于两个栅叉指条之间。鉴于大多数功率晶体管都包含大量的源区/漏区叉指，我们一般可以忽略最末端的叉指，并认为每个源区/漏区叉指条是与相邻器件的两个源区/漏区相连接的。

叉指型晶体管的节距等于相邻器件两等同点之间的距离。例如，我们可以测量相邻的栅极叉指条条中心之间的距离，如图 13.1 所示。硅晶体管的结构将节距 P 限制为

$$P \geqslant L_d + W_C + 2S_{PC} \tag{13.7}$$

式中，L_d 为所绘制的最小沟道长度；W_C 为最小接触孔宽度；S_{PC} 为最小的多晶到接触孔间距。金属化系统将节距限制为

$$P \geqslant W_C + 2E_{MC} + S_{M1} \tag{13.8}$$

式中，E_{MC} 为 M-1 层金属对接触孔的最小覆盖；S_{M1} 为两相邻 M-1 图形间的最小间距。工艺设计人员试图确保金属化系统的限制不会迫使节距大于硅结构限制的节距，但是这在低压器件中通常很难实现。

图 13.2 显示了叉指型横向 MOS 晶体管的双层金属化图形。每个源区/漏区叉指条上都有一条 M-1 金属。一行尽可能紧密排布的接触孔将 M-1 指与源/漏区域相连。两条 M-2 总线在垂直于源区/漏区叉指方向上走线。一旦源区叉指处在了源总线的下方，它们就会通过过孔连接在一起。类似地，一旦漏区叉指位于漏总线的下方，它们也是通过过孔连接在一起。

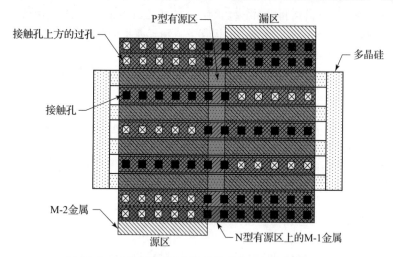

图 13.2　叉指型横向 MOS 晶体管的双层金属化图形

该图形对晶体管的节距施加了第三种限制：

$$P \geqslant W_V + 2E_{M1V} + S_{M1} \tag{13.9}$$

式中，W_V 为最小过孔宽度；E_{M1V} 为 M-1 金属对过孔的最小覆盖。工艺设计人员还是会努力阻止金属系统限制引起的节距增大。

图 13.3 显示了图 13.2 中晶体管的剖面，该剖面是沿着一条漏叉指条的中线下切的。电流从 M-2 金属的漏总线垂直向下，经由其下方的过孔流向 M-1 金属层。电流继续向下，通过这些过孔正下方的接触孔流入硅化物层，并由此进入硅结构体。因此可见，右半部分的漏叉指条在 M-1 上几乎没有横向压降。漏叉指条的左半部分上方没有对应的过孔，这是因为此处漏叉指条是在源区总线的下方通过。此时电流只能是沿着 M-1 叉指横向流动，到达接触孔。在 M-1 金属叉指的左半部分，会产生明显的横向压降。

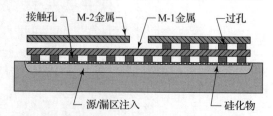

图 13.3　漏叉指条纵切剖面，过孔放置于接触孔的正上方。为清晰起见略去了氧化层

晶体管的源叉指是漏叉指的镜像。电流沿硅片向上流动,再沿 M-1 金属叉指条从右至左,最后由过孔进入 M-2 源总线。

图 13.3 的剖面假定过孔直接位于接触孔上方。这只是在使用钨塞接触孔时才可行的排列方式。如果使用的是铝接触孔,则过孔位置须处于各接触孔之间,如图 13.4 所示。通过过孔流下的电流会横向流过 M-1 金属一小段的距离,才能到达最近的接触孔。M-1 中会出现一个小的横向电压降,由于电流较小,流过的距离也很短,此电压降远小于叉指左半部分的压降。

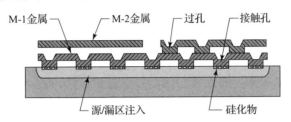

图 13.4 漏叉指条纵切剖面图,过孔与接触孔交错放置。为清晰起见略去了氧化层

图 13.2～图 13.4 使用的是双层金属化方案。多数现代工艺还提供可用于降低金属化电阻的更多的金属层。多个金属层可以一个一个地叠加起来,以降低源/漏叉指的金属化电阻。图 13.5 显示了由 M-1 金属和 M-2 金属组合而成的漏叉指条纵切剖面图。

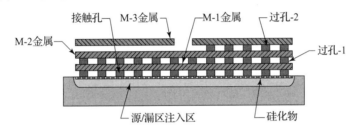

图 13.5 由 M-1 金属和 M-2 金属组合而成的漏叉指条纵切剖面图。使用通孔和接触孔叠层的三层金属化方案,为清晰起见略去了氧化层

放置在接触孔上方的过孔可确保电流在 M-1 金属和 M-2 金属之间重新均匀分布。因此,我们可以将二者视为单层,其薄层电阻 R_{S12} 为

$$R_{S12} = R_{S1} \| R_{S2} = \frac{R_{S1} R_{S2}}{R_{S1} + R_{S2}} \tag{13.10}$$

式中,R_{S1} 和 R_{S2} 分别为 M-1 金属和 M-2 金属的薄层电阻。

源/漏区叉指的金属化电阻由两部分组成,一个是电流流经金属叉指时产生的横向分量,另一个是电流流经接触孔和过孔时产生的纵向分量。垂直分量远小于横向分量,通常被忽略。

源/漏区叉指金属化电阻的横向分量通常可以用"三分之一律"来估算。该规则设定,一个单端接总线的源/漏叉指,其横向的金属化电阻等于该叉指条自身(将其与晶体管的连接断开)端到端电阻的三分之一,用公式表示为

$$R_M = \frac{R_S W}{3 W_M} \tag{13.11}$$

式中,R_M 是长度为 W、宽度为 W_M、薄层电阻为 R_S 的叉指的金属化电阻。"三分之一律"是计算金属化电阻的一个非常有用的工具,但它不适用于长度 W 大大超过穿透距离 d_{pen} 的金属叉指,穿透距离为

$$d_{pen} = \frac{R_{Si} W_M}{R_S} \tag{13.12}$$

式中,R_{Si} 为叉指的硅电阻(指叉指在未进行金属化时的导通电阻)。如果叉指长度不超过穿透距离,"三分之一律"的精确度为 $\pm 1.5\%$;如果叉指长度不超过穿透距离的 180%,"三分之一

律"的精确度为±10％。较长的叉指会产生高度不均匀的电流传导模式。因此,设计人员应尽量避免设计叉指长度超过180％穿透距离的版图。如果无法避免,则可以求助于导出"三分之一律"的完整方程(参见附录D)。

考察图13.2中的漏叉指。每条M-2金属总线都覆盖了晶体管总宽度W的一半(忽略两条总线之间的微小间隙)。横向电流只在漏叉指位于源总线下方的部分流动,此流动的距离为$W/2$。漏叉指未连接的这一部分,端到端的电阻R_F为

$$R_F = \frac{WR_{S1}}{2W_M} \tag{13.13}$$

式中,W_M为漏金属叉指的宽度;R_{S1}为M-1金属的薄层电阻。只要$W/2$不超过穿透距离的180％,我们就可以应用"三分之一律"。这样,源总线下方的漏叉指其电阻就是$R_F/3$。如果我们假设功率晶体管的每个栅叉指都对应有一个源/漏指条,那么具有N组宽度为W的M-1金属叉指的晶体管,其所有M-1金属叉指的总M-1金属电阻R_{M1}为

$$R_{M1} = \frac{WR_{S1}}{6NW_M} \tag{13.14}$$

式(13.14)不包括M-2金属总线的任何贡献。因此,当M-2金属总线很少或者没有偏置损失时,对于这样的叉指型晶体管,式(13.14)提供了总体金属化电阻的一个很好的近似。M-2金属无影响,可能是由于使用了很厚的M-2金属层,也可能是因为将总线向外连接时,采用了以一定周期排布的多组键合丝或焊块。

应用式(13.14)时,相应的穿透距离为

$$d_{pen} = \frac{NR_{Si}W_M}{R_{S1}} \tag{13.15}$$

式中,R_{Si}为整个晶体管的硅电阻。分子中的因子N与R_{Si}相乘,得到的是单个叉指条的硅电阻。初看起来我们似乎应该使用二分之一个叉指条的硅电阻,不过每个源/漏叉指条都是位于两个栅叉指之间的,这两个栅叉指下的硅都对硅电阻有贡献,所以还是用完整的一条叉指。对于每一条叉指,横向的电流只是流过该叉指的一半,因此应使用半个叉指条长度(即$W/2$)来与穿透距离进行比较,以确定"三分之一律"是否能提供准确的结果。

作为"三分之一律"应用的示例,假设我们要计算一个功率晶体管的金属化电阻,晶体管尺寸为50(100/0.7)、硅电阻为100 mΩ。假定该晶体管的源和漏叉指条通过1 μm宽的M-1金属叉指条相连接,M-1薄层电阻为50 mΩ/□。式(13.15)给出100 μm的穿透距离。一个源/漏叉指条长度的一半等于50 μm,这只是穿透距离的一半。因此,"三分之一律"可得出准确的结果。应用式(13.14)得出M-1金属图形的电阻为17 mΩ。因此,包括M-1金属在内的器件导通电阻等于117 mΩ。

功率晶体管的M-2金属总线通常会产生很大的金属化电阻。图13.6显示了对这些总线进行端接的两种常见方法。

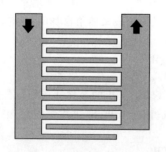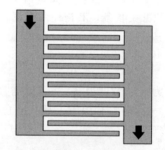

a) 两条总线端接在晶体管的同一端　　　　b) 两条总线端接在晶体管相对的两端

图13.6　对总线进行端接的两种常见方法

图 13.6a 中两条总线是端接在晶体管同一端的，而图 13.6b 则是将两条总线端接在晶体管相对的两端。只要总线长度不超过穿透长度的 180%，"三分之一律"对于这两种形式就都适用。

跨过晶体管的 M-2 金属总线，长度等于晶体管节距 P 乘以所含的节数 N。每条总线的宽度等于 $W/2$（忽略总线间很小的间隙）。一条未端接的总线，端到端电阻为

$$R = \frac{2NPR_{S2}}{W} \tag{13.16}$$

式中，R_{S2} 为总线的第二层金属的薄层电阻。考虑到晶体管包括两条总线，总的总线电阻为

$$R_B = \frac{4NPR_{S2}}{3W} \tag{13.17}$$

计算总线相对应的穿透距离 d_{pen} 时，使用以下公式：

$$d_{pen} = \frac{(R_{Si} + R_{M1})W}{4R_{S2}} \tag{13.18}$$

式中，R_{Si} 为整个晶体管硅结构的电阻；R_{M1} 为该晶体管 M-1 金属图形的金属化电阻。式(13.18) 分母中的因子 4，是考虑了总线宽度等于 $W/2$，以及电阻 $(R_{Si} + R_{M1})$ 由两条总线共享，每条总线实际上的电阻为 $(R_{Si} + R_{M1})/2$。每条总线的长度等于 $N \cdot P$，应将其与式(13.18)计算的穿透距离进行比较，以确定"三分之一律"是否能提供准确的结果。

继续以 50(100/0.7) 的功率晶体管为例，假定该器件的节距为 $2\ \mu m$，使用的 M-2 金属薄层电阻为 $25\Omega/\square$。式(13.18)得到穿透距离为 $117\ \mu m$。总线的长度只有 $100\ \mu m$，因此"三分之一律"可以得到精确结果。式(13.17)给出两总线的 M-2 金属电阻为 $33\ m\Omega$。因此，晶体管的总导通电阻为 $150\ m\Omega$，其中 $100\ m\Omega$ 为硅电阻，$17\ m\Omega$ 为 M-1 金属电阻，$33\ m\Omega$ 为 M-2 金属电阻。此计算不包括封装电阻。

许多设计人员凭直觉认为端接在晶体管两端的总线比端接在晶体管同一端的总线电阻要小。如附录 D 所示，事实并非如此。对于较短的总线，两种形式的总线具有相同的总线电阻。如果总线长度大大超过了穿透距离，那么从晶体管同一端接出总线的方式实际上电阻最小。然而，这并不一定是好事。这种结构电阻较小的原因是：大部分电流流经离终端最近的叉指部分，避开了大部分的总线电阻。这导致整个晶体管的电流分布非常不均匀。总线从晶体管相对两端流出的形式可能会呈现出更大的整体金属化电阻，但能提供更均匀的电流分布。

理想情况下，设计人员应努力作出长度不超过穿透距离两倍的总线，但如果没有较厚的低电阻总线的金属化方案，这一点一般而言很难实现。如果设计必须使用长度超过约两倍穿透距离的总线，那么设计人员应倾向于使用总线从晶体管两相对端接出的结构（见图 13.6b），因为这样可以使电流分布更均匀。

如上面例子所示，功率晶体管的总线电阻往往大于叉指的电阻。使用厚层低电阻总线的金属化方案，将有助于最大限度地降低总线电阻。另一种方案是对每个源/漏总线进行双端的端接，而不仅仅是单端的端接。这样做可将总线电阻降低 4 倍。同时，由于每个半器件的导通电阻是整器件的两倍，因此式(13.18)计算的穿透距离也增加了 2 倍。将总线长度的一半与这一穿透距离进行比较，以确定"三分之一律"是否适用于双端端接的晶体管。

针对特定应用还开发了许多其他金属化方法。13.1.4 节讨论了几种较常见的变例。"三分之一律"不适用于这些变例中的大多数。因此，我们必须测量测试结构或使用有限元分析法来获得这些结构导通电阻的准确估计值。Silicon Frontline 的 R3D 是一款有限元分析软件包，除其他功能外，它还可以计算金属化电阻。

13.1.2 开关损耗

为了开通或关断 MOS 晶体管，必须对其栅电容进行充电或放电。因此，开关过程需要一段有限的时间。在此期间，漏极电流和漏-源电压会从一组值过渡到另一组值。电流和电压变化的具体轨迹取决于负载的性质。图 13.7a 显示了开关电源中一个典型功率 MOS 晶体管的漏极电流和漏-源电压的理想波形。由于功率级的感性负载，漏极电流只有在栅-源电压几乎完成

转换后才开始变化。因此，每个开关转换过程中耗散的功率，曲线呈三角形，如图 13.7b 所示。转换过程中耗散的总能量 E_D 等于三角形下的面积，即

$$E_D = \frac{I_D V_{DS} t_s}{2} \tag{13.19}$$

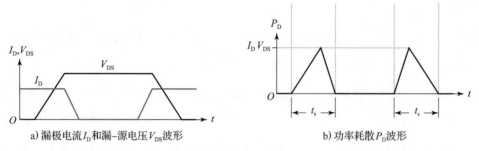

a) 漏极电流 I_D 和漏-源电压 V_{DS} 波形   b) 功率耗散 P_D 波形

图 13.7   开关电源变换器中所用功率 MOS 晶体管开关转换的理想波形

如果晶体管以 f_s 的频率开关，则在所有开关转换过程中耗散的平均功率 P_{avg} 为

$$P_{avg} = I_D V_{DS} t_s f_s \tag{13.20}$$

这种功率耗散构成了晶体管的开关损耗。开关损耗随频率的升高而增加。缩短开关时间 t_s 可以将开关损耗降至最低，但这会增大栅极电容充放电所需的栅电流脉冲。实际上，开通开关时间（电感电流将上升）与关断的开关时间（电感电流将下降）不一定相等；在这种情况下，式（13.20）中所用的 t_s 应是两者的均值。

举例说明开关损耗的严重程度。假设一个晶体管在 10 ns 内以 5 V 的电压开关 10 A 电流。1 MHz 的开关频率将产生 0.5 W 的开关损耗。这个例子说明了为什么在高速应用中必须将开关时间缩短至纳秒级。如此快速的开关需要强大栅极驱动器，可对栅电容进行快速的充电和放电。此外，还需要仔细关注功率晶体管中栅叉指条的设计，这将在下面进行讨论。

栅传输延迟

在高速开关应用中，功率 MOS 晶体管向下至各栅指条的传输延迟是一个值得关注的问题。考察叉指型功率晶体管中的一个栅叉指条，见图 13.8a。该栅指条的长方向尺寸习惯上称作宽度 W，因为它垂直于沟道中的电流流动的方向。栅驱动电路向栅指的一端施加非常快速的阶跃电压跳变，由于分布电阻和电容的影响（见图 13.8b），这种电压变化不会立即到达栅指的另一端。相反，另一端的电压上升相当慢。传输延迟 $t_p(f)$ 为栅指另一端的电压上升到其终值的某一分数比 f 所需的时间：

$$t_p(f) = k(f) RC \tag{13.21}$$

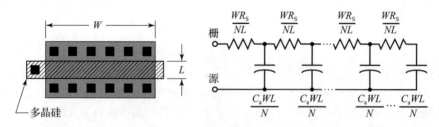

a) 叉指型功率MOS晶体管中   b) 其等效电路显示为一个电阻-电容的梯形网络，其中 R_s 是
一个栅叉指条的版图   多晶硅薄层电阻，C_a 是单位面积栅电容，N 是模型的节数

图   13.8

式中，R 为栅指条从一端到另一端的电阻；C 为总的栅电容。比例系数 $k(f)$ 当 $f = 0.90$ 时为 1.0，当 $f = 0.95$ 时为 1.3，当 $f = 0.99$ 时为 2.0。栅电容很难计算，但对于低压 CMOS 类型

的晶体管，可以保守地估计它不超过栅氧电容的 2 倍[⊖]。选择 $f = 0.95$，这是因为在高跨导晶体管中，即使栅指条上的电压变化很小，也会导致不均匀导通，则

$$t_p \approx \frac{2.6 W^2 R_S \varepsilon_{ox}}{t_{ox}} \tag{13.22}$$

式中，W 为栅叉指的宽度；R_S 为栅指的薄层电阻；ε_{ox} 为栅介质的介电常数（对于栅氧为 3.5×10^{-17} F/μm）；t_{ox} 为栅氧厚度。

请注意，传输延迟 t_p 依赖于宽度的平方，而与长度无关。对这个等式进行重新排列，就可以得出在最大预期传输延迟 t_{pmax} 条件下允许的最大叉指条宽度 W_{max} 为

$$W_{max} \approx \sqrt{\frac{t_{ox} t_{pmax}}{2.6 R_S \varepsilon_{ox}}} \tag{13.23}$$

考虑如下晶体管情形，晶体管使用 90 Å 厚度的栅氧，与之结合的多晶硅化物栅，薄层电阻为 10 Ω/□。1 MHz 的开关变换器通常在几纳秒内开通和关断其中的功率器件。为避免严重影响电路性能，栅传输延迟不应超过约 1 ns。这就要求叉指条的最大宽度在 90 μm 左右。

上述计算假设栅极驱动电路只连接到每个栅叉指的一端，如图 13.9a 所示。如果每个栅叉指的两端都如图 13.9b 所示连接，那么最大宽度就为式(13.23)所示值的 2 倍。版图设计人员通常将开关功率晶体管栅叉指的两端连接起来，原因就在于此。

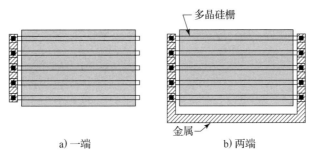

a) 一端   b) 两端

图 13.9　连接每个栅叉指的栅金属化图形

大型开关功率晶体管通常非常宽，以至于单个栅叉指无法完全跨越整个晶体管而不引起额外的栅传输延迟。在此情况下，功率晶体管可分为多个组。每组的宽度由所允许的最大栅叉指宽决定。很多这样的分组并排放在一起，就构成了整个的功率晶体管，如图 13.10 所示。对于高速开关电路来说，这种排布方式通常是必要的，尽管这种排布会给电源的金属化布线和器件封装带来困难。

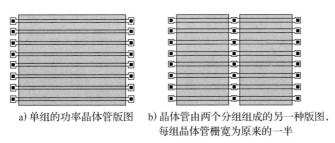

a) 单组的功率晶体管版图　　b) 晶体管由两个分组组成的另一种版图，
　　　　　　　　　　　　　　　每组晶体管栅宽为原来的一半

图　13.10

过宽的栅叉指在开关转换过程中会导致不均匀的导通。栅叉指最靠近接触孔的部分最先导通，而最远的部分则最后才关断。因此，开关转换期间的热耗散集中在这些点上。在开关频率

⊖ 等效栅电容与栅氧电容之比大致等于驱动晶体管越过米勒台阶所需的栅电荷与将栅氧电容充电至相同栅–源电压所需的电荷之比。模拟计算得到，一个具有 130 Å 栅氧化层的 5 V NMOS 晶体管，比率为 1.85：1。

较高的情况下，这种热耗散会变得相当严重，在极端情况下会导致晶体管局部过热。因此，高频开关晶体管应使用宽度符合式(13.23)的栅极。另外，很少切换状态的晶体管可以使用宽度大得多的栅叉指条。

13.1.3 安全工作区

尽管 MOS 晶体管与双极型晶体管相比具有许多优势，但它们也有一些相同的限制，特别是在安全工作区(Safe Operating Area，SOA)方面。这些限制的性质和严重程度直到近些年才完全显现出来。尤其是高密度、高电压的 MOS 晶体管，通常会表现出严重的 SOA 受限。本节将讨论这些限制的性质、问题的根源以及将其最小化的一些方法。

理想的功率 MOS 晶体管会呈现如图 13.11a 所示的安全工作区图形。晶体管的击穿电压（无论是雪崩还是穿通）决定了其漏到源的最大额定电压 $V_{DS(max)}$。电迁移限制决定了其最大漏极电流 $I_{D(max)}$。所允许的最高结温和封装决定了其最大稳态功耗 $P_{D(max)}$（参见 5.1.1 节）。由于管芯在达到最大允许结温之前可以吸收一定的能量，因此它可以在短时间内（通常少于 10 ms）内以更高功率工作。许多分立的功率 MOS 晶体管，SOA 图均与图 13.11a 类似。这些图中没有显示二次击穿的迹象，而二次击穿限制晶体管的性能在双极型晶体管中更为常见（参见 10.1.1 节）。

图 13.11b 显示了典型的现代集成功率 MOS 晶体管的 SOA 图形。虚线表示如果晶体管具有前述理想特性时的 SOA 边界，实线轮廓表示实际适用于该器件的缩小了的 SOA，可以看到两个不同的缩小区，分别由不同的机制所导致。研究人员将 SOA 边界的这两部分分别称为电SOA 和电热 SOA。并非所有 MOS 晶体管都同时表现出这两种 SOA 缩小。

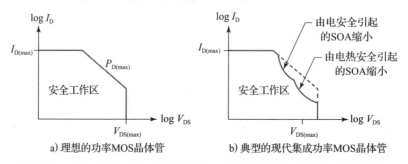

a) 理想的功率MOS晶体管　　　　b) 典型的现代集成功率MOS晶体管

图 13.11　安全工作区(SOA)图形对比，表明集成器件的 SOA 通常会缩小

1. 电安全工作区

功率晶体管的电安全工作区（电 SOA）最终要受限于碰撞电离。在较高的漏-源电压下，通过夹断区注入的热载流子会撞击硅原子并产生电子-空穴对。根据其极性，这些载流子要么增加到漏极电流上，要么是移动到背栅接触处。高压功率晶体管具有相对较宽，掺杂程度较轻的背栅区。足够的自偏置效应可以导致源-背栅结产生正偏，并向背栅区注入少数载流子，如图 13.12 所示。这些少数载流子穿过背栅到达漏区。少数载流子的输运实际上是将一个寄生的双极型晶体管与 MOS 晶体管并联在了一起。这个寄生双极型晶体管的集电极电流会进一步促进撞击电离。由此产生的正反馈导致漏极电流失控增大。栅无法控制寄生的双极型晶体管，因此除非晶体管外部有某种机制限制功耗，否则器件将在几毫秒（甚至数微秒）内过热并自毁。这种机制与发生 V_{CER} 击穿的双极型晶体管中的雪崩倍增过

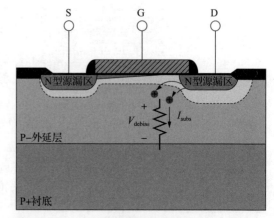

图 13.12　功率晶体管的剖面图，显示了撞击电离和背栅区的自偏置效应

程非常相似(参见 9.1.2 节)。

MOS 晶体管的电安全工作区通常以碰撞电离下的漏-源击穿(BV_{DII})来量化。BV_{DII} 测量时需采用脉冲测试以减少自热。每个脉冲都应将栅-源电压驱动至能产生最多的碰撞电离,这种电离的量以背栅电流测量。这通常发生在最大栅-源工作电压的一半左右。在测量漏电流的同时,增加漏-源电压,得到与图 13.13 类似的曲线图。晶体管首先通过线性区,漏电流会快速上升。然后,随着器件进入饱和,漏电流趋于平稳。当器件接近击穿时,漏电流在高电压下恢复上升。当漏电流增大为饱和电流的1.2 倍时,此时的漏-源电压即作为 BV_{DII}。由于沟道长度调制会导致饱和电流略微向上倾斜,因此通常是相对于某个指定电压(如 2 V)下的漏电流来衡量这个 20% 增幅。或者,也可以根据低电压下的曲线斜率,将漏电流进行线性外推至上升 20%,此点取作 BV_{DII}。

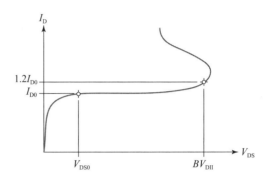

图 13.13　栅-源电压偏置为最大化碰撞电离时,漏电流随漏-源电压变化的曲线图,图中显示了与 BV_{DII} 相对应的测量点,该点由电流超过 I_{D0} 的20% 确定(I_{D0} 在 V_{DS0} 处测得)

不受电安全工作区限制的晶体管,其BV_{DII} 值实际上会超过其 BV_{DSS}。出现这种情况的原因是栅-源电场增宽了漏附近的耗尽区,从而降低了给定漏-源电压所产生的峰值电场。如果 BV_{DII} 的值小于 BV_{DSS},则晶体管会因碰撞电离而受到电安全工作区限制。

电路设计者通常使用 MOS 晶体管的 BV_{DSS} 来确定其最大工作电压。如果晶体管的 BV_{DII} 低于其 BV_{DSS},则在晶体管用于传输较大电流时,应采用更低的额定电压。即使 BV_{DII} 低于 BV_{DSS} 仅发生于短路等故障情形下,也应如此。这种预防措施有助于限制热载流子引起的参数偏移。当晶体管不进行频繁的开关转换时,器件可以工作于较高的电压下电流曲线折返的那一点。

降低 MOS 晶体管背栅电阻可改善其电安全工作区。可以通过在晶体管结构中加入分布式背栅接触来降低有效的背栅电阻,如果已经存在此类接触,可通过增加接触的数量及改变接触的位置来使其更加有效。例如,将分布式背栅接触置于每个源叉指条的两端,通常可以消除在这些点上发生的电场增强,从而改善电安全工作区。

如果向典型功率 MOS 晶体管的漏区注入电流,其漏-源电压将一直上升,直至达到一个触发电压的值,此后电压快速返回到一个较低的值,此值称作维持电压。当碰撞电离使MOSFET 结构中固有的寄生双极晶体管产生正向偏置时,就会发生电压的折返。器件一旦触发,流经漏-背栅耗尽区的大电流可产生强烈的局部加热。除非存在某种外部机制来限制漏电流,局部结温很快会达到器件损毁的水平。危险点通常在 400~600 ℃ 之间。雪崩 MOS 晶体管在瞬时过载期间可安全吸收的最大能量称为其额定雪崩能量。这个额定值越大,晶体管就越耐用。

电安全工作区受限的晶体管通常具有令人吃惊的低额定雪崩能量。在某些情况下,仅漏-栅电容中存储的能量就足以摧毁晶体管。如果漏-源电压超过击穿电压(更严格地说,超过触发电压),这种器件就会立即自毁。这种故障是由雪崩注入(参见 5.1.2 节)引起的导电细丝造成的。导电细丝的尺寸极小,因此只需很小的能量就能将其加热到失效点。对晶体管进行减轻雪崩注入现象的任何调整,都可以抑制导电细丝的形成。可以简单地增加轻掺杂漏的杂质。这种方法会降低 BV_{DSS} 的额定值,因为漏-背栅结耗尽区无法再延伸到轻掺杂漏区。更好的解决方法是便利电流在垂直方向上散开。这种解决方案要求轻掺杂漏区延伸至相当的深度。在栅和漏区接触引线间有间隙的晶体管,即通常用来构成场板抑制结构(参见 13.1.5 节)的方法,就能达到这一目的。不过,这种调整也往往会增加结构的导通电阻。第三种方法是在轻掺杂漏区中设置额外的扩散,以延迟柯克效应扩展至外漏区,同时又不过分限制耗尽区进入轻掺杂漏区。这种方法最大限度地降低了导通电阻的增加，同时保持了较高的 BV_{DSS}。13.1.5 节中的自适应 RESURF(Reduced Surfsce Field)器件就采用了这种技术。

2. 电热安全工作区

MOS 结构中的寄生双极晶体管具有其他任何双极管一样的缺点。特别是，它可能出现热失控(参见 10.1.1 节)。由此引起的电流局部积聚可在 1 ms 级的时间延迟后，造成处在雪崩状态的 MOS 晶体管损毁。这种机制被称为电热安全工作区(电热 SOA)。

电热安全工作区故障起始的方式与电安全工作区故障完全相同，如图 13.14 所示。MOS 晶体管上的漏-源电压上升过高，以至于在夹断区内开始发生碰撞电离。注入背栅区的载流子抵消了原有偏置，这种自偏置效应使得寄生的双极型晶体管导通。通过源-背栅结注入的少子电流经由背栅区流至漏区。这些载流子增加了流过 MOS 晶体管的漏电流，导致栅极失去控制和雪崩触发。如果没有导电细丝，晶体管可在这种情况下持续工作数百微秒。夹断区内的功耗会带来器件的局部加热。热量从漏-背栅区扩散到源-背栅结，而源-背栅结同时也是寄生双极管的基-射结。这种加热从来不是完全均匀的。源-背栅结中最热的那个区域会分担不成比例的大电流。这一过程导致电流逐渐集中到一个热点。在许多情况下，热点内的峰值温度会变得非常高，可能会发生硅材料熔化，也可能有金属化合金融入硅中。无论何种情形都会导致不可逆的灾难性短路故障。这种故障通常被称为热失控。

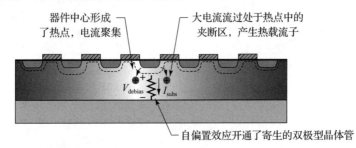

图 13.14　出现电热安全工作区故障的 MOS 晶体管截面图，显示了该故障机制的主要特征

在少数情况下，热点的形成不会立即损毁器件。相反，热点内的温度由于负反馈会趋于稳定。造成这种负反馈的最常见原因，是热点中大量的注入所导致的器件 β 值衰减。尽管形成所谓的稳定热点可能不会立即损毁器件，但该区域内的高温会加速各种失效机制，包括电迁移。因此，形成稳定热点几乎与热失控一样是无法接受的。

防止电热安全工作区失效的通常方法是调整晶体管的设计，尽量减小其等效的背栅区电阻。该电阻的任何减小都会增加将寄生双极管偏置至开通态的难度。增加分布式的背栅区接触孔或修改现有的分布式背栅接触孔的图形，往往可以降低背栅电阻，从而显著扩大晶体管的安全工作区。

电热安全工作区失效通常需要几百微秒才能发生，而电安全工作区失效只需几纳秒。晶体管可能在安全工作区边界的不同部分出现这两种失效模式，如图 13.11b 所示。

3. Spirito 效应

随着高集成度低压功率 MOS 晶体管的开发，出现了一种称为 Spirito 效应的新型电热 SOA 故障，这种故障不涉及寄生双极晶体管的作用。如果以下不等式成立，则饱和 MOS 晶体管的漏电流 I_{D} 将随着温度升高而增大：

$$TC_{\mathrm{Vt}} < TC_{\mathrm{k}}\left(\frac{V_{\mathrm{GS}} - V_{\mathrm{t}}}{2V_{\mathrm{t}}}\right) \tag{13.24}$$

式中，TC_{Vt} 为阈值电压的温度系数；TC_{k} 为器件跨导的温度系数(见附录 C)。注意 TC_{Vt} 和 TC_{k} 两者都是负值，现代集成低压 MOS 晶体管具有很高的跨导，因此其有效的栅极电压($V_{\mathrm{GS}} - V_{\mathrm{t}}$)可以取足够小，能够满足式(13.24)。这样，MOS 晶体管就呈现出与双极晶体管相同的热失控趋势。然而，要真正发生热失控，电热反馈回路的增益 S 必须超过 1。这个增益通

常称作是 Spirito 稳定系数，理论上为

$$S = \theta_{JC} V_{DS} \left(\frac{dI_D}{dT_J} \right) \tag{13.25}$$

式中，I_D 为漏电流；V_{DS} 为漏-源电压；T_J 为结温。就本式来说，结温是功率器件管芯的最高温度。焊盘至外壳(Junction-to-case)的热阻 θ_{JC}，计算公式为

$$T_J - T_C = \theta_{JC} P_D \tag{13.26}$$

式中，T_C 为器件外壳温度，定义为大部分热量流过的那个封装表面的温度；P_D 表示管芯总的功耗。如果 S 大于 1，则器件易发生热失控。这种分析方法的主要问题是：θ_{JC} 这个数据几乎是无法计算得到的。它不仅取决于芯片的厚度、封装基板的厚度、管芯连线时可能存在的孔隙或分层等，还取决于从封装流出的三维热流，这种热流很难进行量化，并不像 θ_{JC} 定义的那样简单。简而言之，稳定因子 S 是存在的，但无法可靠地量化和计算。无论如何，上面的式子确实揭示出，较低的热阻有助于以这种 Spirito 效应的方式抑制热失控。

早几代的 MOS 晶体管缺乏必要的高跨导和更小器件面积，因此不会出现 Spirito 效应。

4. 背栅区电阻

要防止 MOS 晶体管中的寄生双极管起作用，可以减小注入至背栅区电流的大小，或减小背栅区的电阻。器件设计人员可以通过尽量减小饱和态晶体管漏端的电场来降低背栅电流。器件设计人员还可以通过变化掺杂浓度或插入重掺杂层来降低背栅电阻。在某些情况下，版图设计人员还可以通过插入相间排布的或分布式的背栅接触区来降低背栅电阻。

一些 MOS 晶体管已经享受到背栅区插入低阻层的好处。例如，构建于 P 型外延层中的 NMOS 晶体管的外延层处于 P＋衬底之上，PMOS 晶体管的 N 阱中设置了较低方阻的 N 型埋层(NBL)。对于多数的功率晶体管，只要重掺的插入层薄层电阻不超过约 10 Ω/□，就可提供足够好的背栅接触通路。这当然足以满足闩锁测试的要求，但可能无法应对硬短路故障。另外，如果在硬短路情形下，插入层不能阻止自偏置效应，则相间布置或者分布式的背栅接触区也很难做到更好。唯一真正有效的解决方案是用碰撞电离更少的晶体管来替换有问题的晶体管。

如果功率晶体管的背栅下方存在低阻层，那么就可以省略掉相间布置或分布式的背栅接触区，转而将重点放在建立至该插入层的低电阻连接上。要与 P＋衬底相接触，可在管芯的任意非占用区中设置大面积的衬底接触区。要与 PMOS 管下方的 NBL 接触，可在器件周围环绕一圈深 N＋环。该环不仅能与 NBL 接触，还能起到空穴阻断的保护环作用，防止注入背栅区的空穴传输至衬底。如果预计会有非常大的背栅电流，则可以在晶体管中增加深 N＋条，以尽量减小横向 NBL 的电阻。

一些 MOS 晶体管并不受益于低电阻子层的存在。例如，在 P 型的隔离区中制作的 NMOS 管和在没有 NBL 的 N 阱中的 PMOS 管。杂质浓度分布呈倒梯形的阱通常不能提供足够低的薄层电阻，因此不能有效替代 NBL。

如果功率晶体管没有低阻插入层，则必须在整个器件中放置叉指型的或分布式的背栅接触区(参见 12.2.9 节)。分布式背栅接触通常比叉指型的背栅接触占用更少的器件面积。但是，仅当背栅与源在电气上相连通，以及版图规则允许此类结构的情况下，分布式背栅接触才可能实现。如果不符合这些要求，版图设计人员就必须依赖于叉指型的背栅接触。

13.1.4 功率 CMOS 晶体管

CMOS 工艺和 BiCMOS 工艺总会提供用于数字逻辑 CMOS 晶体管。这些晶体管通常分为两类：用于低电压数字内核的晶体管和用于较高电压输入/输出(I/O)电路的晶体管。内核和 I/O 晶体管都可以比例放大，形成功率晶体管。然而，将微小型晶体管比例放大到功率器件所需的尺寸，会带来一些问题。这些问题包括金属化限制、金属化替代图形的可取性，以及使用感测场效应晶体管(senseFET)。

1. 金属化

CMOS 晶体管通常采用叉指型源和漏的版图。通常采用 13.1.1 节中讨论的金属化图形，因为这些图形易于构建，且简单的公式就能准确计算其金属化电阻。

功率 MOS 晶体管版图所要求的设计规格包括：最大导通电阻、最大连续工作结温、最大连续工作漏电流和预期工作寿命。另外，还可以提供使用曲线(Usage Profile)，来指明在每种温度和电流组合下工作寿命消耗的占比。

晶体管版图所要求的工艺规格包括：可用金属层数、每层的薄层电阻和每层允许的电迁移电流密度。薄层电阻是工艺和温度的函数。由于金属电阻率具有正温度系数，因此通常使用最高连续工作温度下的最大薄层电阻来计算最大导通电阻。

如果没有使用曲线，则必须假定器件在整个工作寿命期间都用于最高温度下导通最大的电流。这通常会严重夸大所需的金属线条宽度。应用正确的使用曲线，通常有助于将不可能完成的设计任务转化为相对简单的任务。

晶体管的硅电阻既可以通过模拟得到，也可以从测量数据中提取。除非器件规格另有明确规定，模拟应在最小栅驱动电压、最高结温和最坏情况工艺角下进行。提取硅电阻值也是在类似的条件下进行测量或外推。

封装和布线也可能会增加整体的导通电阻。如果源或漏的连线必须走很长的路径，或者是使用键合线将芯片与引线框架相连接，导通电阻会大幅增加。封装和布线电阻都是金属电阻，因此其阻值会随温度升高而增大。键合线的温度通常取为与管芯温度相同，但如果有大量电流流过键合线，它的温度实际上可能会高于管芯温度(参见 5.1.1 节)。

大型晶体管通常根据键合线的位置分为多个部分(多个分组)。图 13.15 显示了一个大功率晶体管版图，其源总线上有三个键合压焊块，漏总线上也有三个压焊块。由于器件的对称性，在垂直虚线方向上的总线电流等于零。因此，整个晶体管可细分为六个相同的部分，以这些虚线为界。计算总线电阻时可假定总线终止于压焊块的中心(这实际上是一个略显保守的假定)。整个晶体管的电阻等于其六个部分电阻的并联。

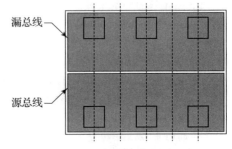

图 13.15　大功率晶体管版图，有三个源压焊块和三个漏压焊块

金属化电阻的优化是一个反复迭代的过程。开始时要估计金属化电阻的贡献占比。一般假设金属化电阻等于总导通电阻的三分之一。对于高压晶体管，这个数值取小一些；对于低压晶体管，这个数值可以取大一些。从总导通电阻中减去金属化电阻，即可得出硅电阻。计算满足这一硅电阻所需的晶体管总栅宽，并将其分配给足够数的栅叉指条，以产生具有合适形貌比的版图。如果晶体管的开关速度很快，则应考虑栅电阻的影响(参见 13.1.2 节)。

下一步，将可用的金属层分配到叉指和总线上。在双层金属设计中，叉指使用 M-1 金属，总线使用 M-2 金属。在三层金属的设计中，叉指可能使用 M-1 金属，而总线可能使用 M-2 金属与 M-3 金属并行组合。或者，叉指可能使用 M-1 金属和 M-2 金属的并行组合，而总线只使用 M-3 金属。

接下来，使用式(13.14)~式(13.18)计算金属化电阻。将此值与初始的假设进行比较，并进行迭代以找到合适的解决方案。其后，检查电迁移电流的密度。源/漏叉指在连接各自总线的位置传导的电流是最大的。如果晶体管的栅条数 N 相对较大(例如 $N>10$)，则源/漏叉指的最大电流 I_{max} 约为

$$I_{max} \approx \frac{I_D}{N} \tag{13.27}$$

式中，I_D 为流过晶体管总的漏电流。总线在流出晶体管处，或在键合焊块处，传导最大的电流。

13.1.1 节中描述的金属化图形一般是最容易制作和分析的。图 13.16 显示了总线未覆盖晶体管整个宽度的双层金属化图形。每条总线取宽度为 B，总线之间间隔一段距离 A。在总线的间隔区，两层金属叠合起来组成独立的叉指。

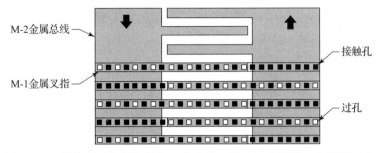

M-2金属总线

M-1金属叉指

接触孔

过孔

图 13.16　总线未覆盖晶体管整个宽度的双层金属化图形。为清晰起见，省略了顶部三个 M-1 金属叉指

"三分之一律"并不严格适用于该器件的各叉指，因为它们的薄层电阻会随位置而变化。如果整个叉指条全由 M-1 金属构成，或者全由 M-1 金属和 M-2 金属叠合夹层构成，我们是可以应用该规则的。这两种情形构成了金属化电阻的上限和下限，只要叉指的长度 $(A+B)$ 不超过各自穿透距离的 180%，这两个上限和下限就是有效的。将"三分之一律"应用于混合式的叉指，可得到介于这两个界限之间的金属化电阻。该值是真实值的一级近似。于是，晶体管的金属化电阻可以估计为[⊖]

$$R_{\rm M} \approx \frac{AR_{\rm S12} + BR_{\rm S1}}{3NW_{\rm M}} \tag{13.28}$$

式中，$R_{\rm S1}$ 为 M-1 金属的薄层电阻；$R_{\rm S12}$ 为 M-1 金属和 M-2 金属并行叠合的薄层电阻；N 为栅叉指数；$W_{\rm M}$ 为源-漏金属叉指的宽度。如果 $A+B$ 不超过穿透距离 $d_{\rm pen}$ 的 180%，则该式保持近似有效，穿透距离为

$$d_{\rm pen} = \frac{NR_{\rm Si}W_{\rm M}}{R_{\rm S12}} \tag{13.29}$$

图 13.16 金属化图形的主要优点是，它放宽了电迁移的限制。一条叉指现在有两个潜在的最大电流点，一个出现于对面总线的下方附近，另一个则是连接本方总线处。必须对这两个点进行检查，确保都满足电迁移的要求。

另一种常用的金属化图形是将 MOS 晶体管的各部分按对角线布置，这样总线就呈现为梯形形状，如图 13.17 所示。两条总线分别从晶体管的两端引出。每条总线在传导电流最小的一端最窄，在传导电流最大的一端最宽。这种排列方式使总线引出处的宽度超过了整个晶体管宽度的一半，可以比通常的矩形总线承载更多的电流，推迟了电迁移问题的出现。

由于总线宽度并不恒定，"三分之一律"并不适用于这样的晶体管。不过，我们还是可以应用该规则来对总线电阻设限。假设每条总线的窄端宽度为 C，宽端宽度为 $C+D$。如果总线的长度不超过相关的穿透距离，则总线电阻应介于宽度为 C 的总线和宽度为 $C+D$ 的总线之间。对梯形金

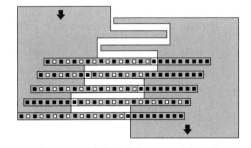

图 13.17　对角型功率 MOS 晶体管的金属化图形

⊖　此处原文有误，对原文和式 (13.28) 进行了订正。——译者注

属的端到端电阻应用"三分之一律"得出的电阻值(参见附录 D),介于上下限之间,是对实际总线电阻的一级估计:

$$R_\text{B} \approx \frac{2NPR_\text{S2}}{3D}\ln\left(\frac{C+D}{C}\right) \tag{13.30}$$

式中,R_S2 为 M-2 金属的薄层电阻;N 为晶体管的节数;P 为节距。节距等于两相邻栅条中心线之间的距离。只要总线的长度 NP 不超过穿透距离的 180%,该式就适用。穿透距离为

$$d_\text{pen} = \frac{(R_\text{Si}+R_\text{M1})(C+D)}{2R_\text{S2}} \tag{13.31}$$

式中,R_M1 是晶体管所有叉指的总金属化电阻,R_Si 是整个晶体管的硅电阻。

对角型晶体管的主要缺点是很难在器件的对角线边缘放置电路图形。在大多数情况下,梯形总线下方存在大量的废置空间。可考虑将这些空间用于旁路电容器或附加的衬底接触区。

2. 替代性版图

传统的自对准多晶硅栅晶体管由一系列源区和漏区的叉指构成。虽然这种排列方式具有简单的优点,但并不能产生最密集的版图。其他的设计可以通过密排精巧形状的源/漏区的阵列来降低硅电阻。图 13.18a 中的华夫晶体管(Waffle Transistor)就体现了这一概念。它使用纵、横方向的栅条网格,将源/漏注入区划分为由一个个方形构成的阵列。每个方形包含一个接触孔。通过将这些接触孔交替连接到源和漏的金属化图形,可以在每个源区周围放置四个漏区,在每个漏区周围放置四个源区。图 13.18b 显示了这种晶体管的金属化图形。M-1 金属叉指条以对角线方式贯穿整个器件。源叉指与漏叉指交替排列。M-2 金属总线垂直于 M-1 金属指条。这种叉指和总线的排列方式在概念上与传统的叉指型晶体管相同,但叉指的长度并不完全一致,因此在计算总线电阻时无法应用"三分之一律"。

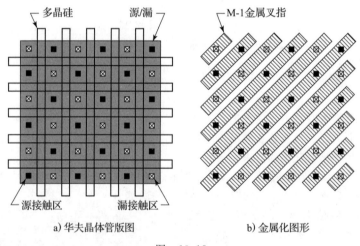

a) 华夫晶体管版图　　　　　　　　　　b) 金属化图形

图　13.18

华夫晶体管所增加的集成密度为

$$\frac{(W/L)_\text{w}}{(W/L)_\text{c}} = \frac{2S_\text{d}+0.55L_\text{d}}{L_\text{d}+S_\text{d}} \tag{13.32}$$

式中,华夫晶体管的 $(W/L)_\text{w}$ 和传统叉指晶体管的 $(W/L)_\text{c}$ 是根据两个管芯面积相同的器件测得的。只要栅叉指间绘制的间距 S_d 超过所绘制栅长 L 的 45%,华夫晶体管就能提供比传统晶体管更大的集成密度。几乎所有的工艺都满足这一要求。假定栅长 L_d 为 $1\ \mu\text{m}$,而栅叉指间距 S_d 为 $3\ \mu\text{m}$。式(13.32)表明,华夫晶体管的宽长比 W/L 将比传统晶体管大 64%。换句话说,华夫晶体管只需要传统晶体管 61% 的面积,就能获得相同的硅电阻。在六边形的栅网格内相间地排布源区和漏区,可以提供更密集的版图,不过这种版图使用大多数的版图编辑器都是很难绘制的。

华夫晶体管有三个关键缺陷。首先,上述分析不包括金属化电阻的影响。在晶体管的总导

通电阻中，金属化总是占了相当大的比例，在比较薄的 CMOS 金属化系统中，金属化电阻有时会成为主导因素。如果假设金属化造成的导通电阻约为总导通电阻 $R_{DS(on)}$ 的一半，那么华夫版图带来的改进就会减半。实际情况比这更糟，因为华夫晶体管很难金属化。对角线叉指比简单的水平叉指更长，而且这些叉指的长度也不尽相同。一些老式的工艺中，没有采用化学机械抛光（CMP）来平面化层间氧化物，金属叉指在跨越多晶硅栅时会明显变细。其次，华夫晶体管的沟道中包含了大量的折转。这些折转在源/漏区域产生尖角，可能会在比晶体管其余部分电压更低的情况下发生雪崩。局部的雪崩限制了晶体管在静电放电（ESD）冲击时可耗散的能量，使其不如传统的叉指型版图耐用。在源/漏区正方形的边角上使用内圆（圆弧）或倒角（截角线）可最大限度地减少这一问题。再次，华夫晶体管没有为背栅接触预留空间。在没有高掺杂衬底或埋层的情况下，华夫晶体管非常容易出现背栅自偏置效应和闩锁（Latchup）。目前还没有一种简单的方法来集成相间的或分布式的背栅接触区。显而易见的方法是用背栅接触区来取代几个源区，但这不仅会降低版图密度，还会影响电流流动的均匀性。与分布式背栅接触对传统叉指型晶体管的影响相比，替换掉源区的背栅接触对器件性能的影响要严重得多。

图 13.19a 显示了一种弯折栅晶体管，它克服了华夫晶体管的大部分缺陷，同时还具有一些自身的独特优势。弯折栅增加了总的栅宽，同时使栅条的排布也更为紧密。这种版图可以在不牺牲芯片面积的情况下，轻松实现分布式的背栅接触。此外，它还避免了使用 90° 转角的栅条，代之以较缓和的 135° 的弯折栅，不易发生局部雪崩击穿。源和漏接触孔的对角排列还提供了额外的源/漏稳定性，可提高极端条件下的耐用性，例如在 ESD 测试中遇到的情形。这些优点，加上易于插入分布式背栅接触的扩展网络，令该型器件对经常经历瞬态过载的应用（如线路驱动器）极具吸引力。

图 13.19b 显示了弯折栅晶体管的金属化图形。该图形由垂直的 M-1 金属叉指和水平的 M-2 金属总线（图 13.19 中未显示）组成。它与传统的叉指型晶体管所用的图形完全相同，其电阻可以用"三分之一律"计算。这种图形的主要缺点是 M-1 金属条反复跨越多个栅极。在没有进行 CMP 平坦化的情况下，这就成了问题，因为 M-1 金属对台阶的覆盖会限制电迁移性能。CMP 平坦化在很大程度上消除了这一问题。

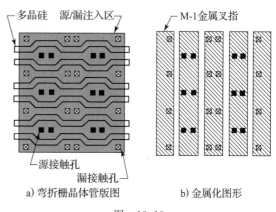

图　13.19

3. 感测场效应晶体管

许多应用都需要某种方法来检测流经功率晶体管的电流。最直接的方法是在功率器件的源极或漏极引线上放置一个电阻器。通过测量感测电阻上产生的电压，可以推断出流过该电阻的电流。应尽量减小感测电阻，因为它会增加功率器件的导通电阻。大多数检测电路的精度很难达到 ±1 mV 以上。这意味着感测电阻至少应产生 10 mV 的电压。实际上，通常使用 15～50 mV 的感测电压。假设我们希望使用 18 mV 的感测电压来实现 2 A 的电流限制。则感测电阻的值应为 9 mΩ。能够产生如此小的电阻的材料只有金属，且即使是采用金属感测电阻，也必须将其做得很宽，以满足电迁移的要求。有些设计尝试使用键合线作为感测电阻，但这需要额外的键合线来感应感测键合线远端的电压。纯铜键合线会因氧化而导致电阻增加，因此必须使用金键合线或钯铜键合线（Palladium-Coated Copper，PCC）。

另一种完全不同的电流检测方法是使用小晶体管来检测流经大晶体管的电流。这种型晶体管被称为感测场效应晶体管（senseFET）。与使用感测电阻相比，这种方法有两个优点。首先，senseFET 不会增加主 FET 的导通电阻。如果它足够小，通过它分流的电流只占总电流的很小一部分，可以忽略不计。其次，senseFET 所占面积通常小于感测电阻。

　　理想情况下，感测场效应晶体管应由分散在功率晶体管中的多个部分组成，以尽量减少失配。不过这种分布式的感测场效应晶体管并不是很适用，因为很难用功率金属化图形进行布线连接。此外，任何对栅叉指规则图形的偏离还会引起刻蚀工艺的变化。

　　另一种方法是取功率器件的一个完整的源或漏叉指作为感测场效应晶体管。这个叉指应当位于晶体管的中间，因为叉指条正是处在器件高温和低温部分分界的地方。因为整个叉指条用作感测器件，所以可将叉指条的金属横向向外引出，形成感测电路。对该方法主要的反对意见是：感测场效应晶体管会占用功率晶体管较大的一部分。例如，如果功率器件有 100 个栅叉指区，则单个源/极叉指与其中的两个栅条相联系，从而令主 FET 与 senseFET 的比例为 49：1。

　　图 13.20 显示了嵌入式部分叉指感测场效应晶体管的版图。多个矩形开窗将单个漏叉指分割成多个部分，沿叉指条按一定间隔排列的多个部分，将它们并联在一起就形成了感测场效应晶体管。未使用的部分通过省略其接触孔而保持不连接的状态。感测场效应晶体管的多个部分在不同的温度下工作，综合在一起大致反映了功率器件的工作温度。以这种方式使用多个分段还能最大限度地减少相邻的源叉指沿金属条电压变化的影响。这种设计有两个缺点。首先，senseFET 相对较小的尺寸会增加随机失配。其次，在 N 或 P 型有源区中刻孔必须要符合有源区对多晶覆盖的设计规则，而在多晶之间间距非常小的现代工艺中，这是不可能实现的。

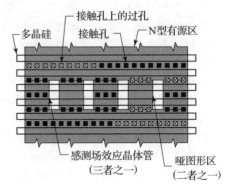

图 13.20　嵌入式部分叉指感测场效应晶体管的版图

　　图 13.20 所示的嵌入式部分叉指感测场效应晶体管可以达到比全叉指感测场效应晶体管更大的面积比(Sense Ratio)。假设功率器件有 100 个栅叉指。如果将十分之一的漏叉指条用作感测场效应晶体管，则面积比达到 490：1。不过，经常要求电路设计师实现超大的面积比，例如 10 000：1，此种感测场效应晶体管是无法获得的。

　　在不引入过多随机失配的情况下产生大面积比的唯一方法是串联多个小型感测场效应晶体管。图 13.21a 显示了使用五个串联的小型 senseFET 的版图示意。如果每个 senseFET 的宽度为 W，长度为 L，那么串联的五个 senseFET 的宽度为 W，长度为 $5L$。长度方向按比例缩小不会带来任何不匹配，但如果器件在很大的漏-源电压下工作，则沟长调制会造成失配。这种版图在感测场效应晶体管栅条的两侧各使用一个保留但无效的栅条(Dummy Gate，即哑栅)，以改善匹配。要获得更大的面积比，还要进一步增大 senseFET 的面积，则可以插入若干行的此种 senseFET(见图 13.21a)，将它们串联起来。

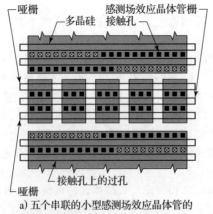 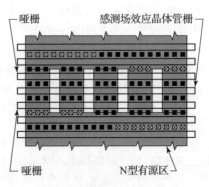

a) 五个串联的小型感测场效应晶体管的版图，单独的感测场效应晶体管

b) 集成到主场效应晶体管中的感测场效应晶体管

图　13.21

图 13.21b 显示了另一种方案,即在 N 型或 P 型有源区上开孔,形成 senseFET 的分部。这种安排的好处是整个晶体管多晶之间的间距保持完全相同,从而提高了匹配度,超过了单个的哑器件所能达到的水平,特别是在短沟长的情况下(参见 13.2.2 节)。不过,在 N 型或 P 型有源区上开孔仍需遵守有源对多晶最小覆盖的规则,而这并非所有工艺都能做到。

由于多个部分串联在一起,图 13.21 中的方案可以实现非常大的面积比。例如,如果晶体管由 100 个栅指组成,用 5 个分部串联起来构成 senseFET,其中每一个只消耗栅条长度的 10%,则面积比将为 4850:1。将多个分部相串联,与只使用单个分部相比,有效栅面积要大得多,因而随机失配的现象更少。

也可以在横向功率 DMOS 晶体管中制作 senseFET,但不能用单个栅叉指或是其中的一段,而必须使用成对的栅叉指(或成对栅叉指的一段),才能设计出传统的环形器件的版图。由不均匀的叉指间距造成的离散性,使得感测场效应晶体管和主场效应晶体管之间可能会出现不匹配,这在 DMOS 版图中是一个特别值得关注的问题(参见 13.2.2 节)。

13.1.5 高压晶体管

20 世纪 80 年代的模拟 CMOS 和 BiCMOS 工艺所制造的 CMOS 晶体管的漏-源工作电压为 15～20 V。NMOS 晶体管通常位于相对较厚、掺杂较少的 P 型外延层中,而 PMOS 管则位于较深的、掺杂较少的 N 阱中。这些晶体管非常适合于各种模拟应用。但是,晶体管的尺寸大、开关速度慢,受此限制数字电路只有几千个门规模,以不超过几十兆赫兹的速度工作。混合信号应用开始要求有更多更快的数字处理,因此这些工艺通过增加双栅氧和浅阱结构进行了扩展。这种策略在 2000 年前后达到了极限。于是,工艺设计人员放弃了深的轻掺杂 N 阱,转而将数字核与 I/O 都制作于同样的浅的、重掺杂的阱中。这种方法节省了一个掩模步骤,并消除了深 N 阱所需的大间距。不过,I/O 晶体管的工作电压通常会降至 5 V。现在,工作电压超过 5 V 的晶体管将需要特殊的版图。几乎所有的模拟设计都至少会包含几个这样的晶体管。

漏-源额定电压受到三种机制的限制:穿通、雪崩击穿和热载流子注入。这三种机制都是由漏-背栅结耗尽区的扩展而触发的。因此,耗尽区在电压升高时的表现非常引人关注。

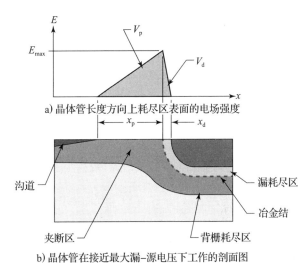

a) 晶体管长度方向上耗尽区表面的电场强度

b) 晶体管在接近最大漏-源电压下工作的剖面图

图 13.22 SDD 结构 NMOS 晶体管

图 13.22b 显示了单掺杂漏(SDD)结构 NMOS 晶体管在接近最大漏-源电压下工作的剖面图。由于 N 型源漏(NSD)注入的浓度很高,耗尽区几乎是完全在晶体管的背栅侧扩展的。

图 13.22a 显示了图 13.22b 中晶体管长度方向上耗尽区表面的电场强度。该图假定突变结,以及背栅区均匀掺杂,对于传统 SDD 器件来说,这两个假设都是合理的。电场在冶金结处达到最大 E_{max}。耗尽区宽度 w_d 为

$$w_d \approx \sqrt{\frac{2\varepsilon_{Si}V_{DS}}{N_B}} \tag{13.33}$$

式中,N_B 为背栅区掺杂浓度;V_{DS} 为漏-源电压;ε_{Si} 为硅材料介电常数(1.04×10^{-12} F/cm)。式(13.33)忽略了 PN 结处的内建电压,该电压不会超过 1 V。相应的最大电场强度公式为

$$E_{max} \approx \sqrt{\frac{2qN_BV_{DS}}{\varepsilon_{Si}}} \tag{13.34}$$

请注意，耗尽区宽度和最大电场都随施加的漏-源电压的平方根而增加。

如果耗尽区宽度 w_d 为或超过了沟道长度，就会发生穿通。只需增加沟道长度即可避免这种情况。如果峰值电场 E_{max} 超过临界值(在硅中约为 3×10^5 V/cm)，就会发生雪崩击穿。热载流子注入发生在稍低的峰值电场下，因此往往是限制性的因素。式(13.34)似乎表明，更高的漏-源电压要求有更轻的背栅掺杂和更长的沟道长度。对于功率晶体管来说，这不是一个好的解决方案，因为较长的沟道会增加比导通电阻。更糟糕的是，当器件关断时，器件漏端的栅氧层须承受大约是 V_{DS} 的电压。这意味着一个 100 V 的晶体管需要 100 V 耐压的栅氧化层，而这一电压大到无法承受。因此，高压功率晶体管的设计取决于如何在不增加耗尽区向背栅推进的情况下，降低峰值电场的强度。传统的方法是降低漏区掺杂，让耗尽区也延伸进漏区。

减少整个漏的掺杂不仅会大大增加漏电阻，而且还会阻碍形成欧姆接触。因此，漏区最终由一个称作非本征漏(Extrinsic Drain)的重掺杂区嵌埋在一个较大的轻掺杂区(称作漂移区)中来构成。图 13.23b 显示了采用这种结构的理想化晶体管的剖面。掺杂程度较低的漂移区与掺杂程度较高的背栅区，这样的结合迫使大部分的压降处于漏区而不是背栅区。栅电极终结于漏/背栅冶金结处，可以极大降低栅介质上的电场，从而允许使用较薄的低压栅氧层。图 13.23a 显示了晶体管漏端的电场强度，假定漂移区掺杂是均匀的。实际上，漂移区很少是均匀掺杂的，整个漂移区的电场呈非线性变化。然而，无论漂移区是否均匀掺杂，所涉及的原理都是一样的。

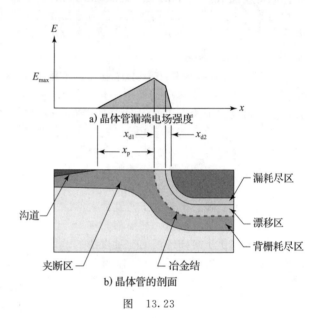

a) 晶体管漏端电场强度

b) 晶体管的剖面

图 13.23

在晶体管中插入漂移区会增加其导通电阻。事实上，漂移区占了设计合理的高压 MOSFET 硅电阻的绝大部分。额定电压越高，漂移区越宽，晶体管的电阻就越大。因此，雪崩击穿电压 BV_{DSS} 与比导通电阻 R_{SPD} 存在着数量上的联系。比导通电阻不是锚定晶体管的表面积，而是锚定面向沟道的漏-背栅 PN 结的面积。这种联系的常用公式为：

$$R_{SPD} \geq 6.0 \cdot 10^{-9} (BV_{DSS})^{2.5} \text{(对硅 NMOS 晶体管)} \tag{13.35}$$

$$R_{SPD} \geq 1.6 \cdot 10^{-8} (BV_{DSS})^{2.5} \text{(对硅 PMOS 晶体管)} \tag{13.36}$$

在这两种情况下，BV_{DSS} 的单位都是 V，R_{SPD} 的单位是 $m\Omega \cdot mm^2$。这些公式为传统 MOS 晶体管所能达到的导通电阻设定了下限。不过，器件设计人员已经找到了三种规避这些限制的方法。第一种也是最直接的一种方法是用另一种半导体代替硅。所选材料最好具有更高的载流子迁移率和临界电场。某些宽禁带化合物半导体同时具备这两种特性。目前，氮化镓似乎是这些材料中最有前途的一种。虽然理论上可以将氮化镓薄膜集成到硅集成电路上，但这种技术尚处于起步阶段。将硅集成电路和氮化镓功率晶体管一起封装，则更为可行。

规避传统 R_{SPD} 限制的第二种方法涉及一种名为 RESURF(REduced SURface Field)的技术。这个首字母缩写词的意思是"降低表面电场"，可以说是用词不当，因为这种技术既能降低横向场，也能降低纵向场。已经提出了几种 RESURF 结构，其中最简单的称为单 RESURF。图 13.24 显示了单 RESURF 应用于漏漂移区的示例。该结构假定 P 型外延层和 N 型外延层相继生长于 P+衬底上(未显示)。P 阱推进向下透过了 N 型外延区，形成了晶体管的背栅区，而 N 型外延本身则构成漂移区。

设置于 N 型外延层中的 N 型区构成了非本征漏。

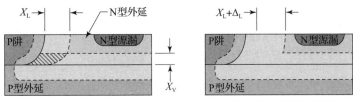

a) 图中未考虑横向和纵向电场之间的相互作用　　　b) 考虑了这种相互作用

图 13.24　NMOS 晶体管中单 RESURF 漂移区的剖面图

　　漂移区的图示部分以两个耗尽区为边界：一个在左侧，一个在下方。只要 N 型外延很厚，我们可以每次只考虑一个耗尽区，分别计算出耗尽距离 X_L 和 X_V。左侧耗尽区必须向漂移区扩展 X_L 的距离，才能暴露出足够的施主原子，以抵消背栅区所暴露的受主原子上的电荷。同样，底部耗尽区也必须延伸 X_V 的距离，以抵消 P 型外延层所暴露的受主原子的电荷。如果如图 13.24a 所示，P 阱的掺杂浓度高于 P 型外延层，则 $X_L > X_V$，击穿首先发生在漂移区和耗尽区边界处。这就是之前结合图 13.23 讨论过的情况。但是，如果漂移区非常薄，我们就必须考虑两个耗尽区之间的相互作用。试想一下，底部耗尽区以某种方式首先形成，然后是左侧耗尽区。当左侧耗尽区形成时，图 13.24a 中阴影的部分已经耗尽了。因此，左侧耗尽区就必须进一步延伸向漂移区，才能暴露出足够的施主原子电荷来抵消耗尽区中已暴露出来的那些受主原子的电荷。图 13.24b 显示了效果：左耗尽区现在向漂移区延伸了 $X_L + \Delta_L$ 的距离。由于这个距离变大了，因此在峰值场强达到临界强度之前，PN 结现在可以承受更高的电压。因此，横向（或表面）的电场减小了，于是就有了术语"减小表面电场"或 RESURF。由于只存在一个相互作用区（图 13.24a 中的阴影区），因此被视为单 RESURF 的方案。

　　我们可以用下式估算单一 RESURF 结构的收益：

$$E_R = E_L \left(1 - \frac{X_V}{t_d}\right) \tag{13.37}$$

式中，E_R 为实际的横向表面场；E_L 为没有 RESURF 时的横向场；t_d 为漂移区的厚度。该式假定漂移区是均匀掺杂的，且 $X_V < t_d$。显然，我们可以想象漂移区在高电压下完全耗尽的情况，在这种情况下，横向耗尽距离 X_L 由漂移区对非本征漏区的覆盖程度来决定。许多器件实际上就是在这种完全耗尽的状态下工作的，以获得单 RESURF 结构的最大效益。在最极端的情况下，漂移区的横向电场几乎恒定，结构可承受的电压接近于传统 MOS 晶体管理论值的两倍。另外，我们也可以在不增加电场强度前提下将漂移区的掺杂浓度增至原来的两倍。

　　虽然 RESURF 结构能为高压晶体管的设计者带来明显的好处，但它也有缺点。该技术依赖于控制耗尽的漂移区、耗尽的背栅区和耗尽的外延区之间的电荷平衡。这些区域中任何一个区域的掺杂或漂移区厚度发生变化，都会导致击穿电压的相应变化。因此，与传统的非 RESURF 器件相比，RESURF 器件的击穿电压不确定性更大。对于 RESURF 器件，硅材料上方结构有关的电场（来自金属引线或电荷扩散）也会造成击穿电压变化。在器件设计中加入合适的场板可以消除这些变化源，但接下来又必须考虑场板所产生的电场的影响。

　　通过加入额外的水平耗尽区，可以进一步推动 RESURF 概念的发展。图 13.25a 显示了一个所谓的双重 RESURF 器件，在该器件中，漂移区顶部增加了一个浅 P 型扩散区，从而形成了第二个横向的耗尽区。图 13.25b 显示了一个三重 RESURF 器件，其中 MeV 级的硼离子注入产生了一个 P 型埋层（PBL），引入第二个和第三个横向的耗尽区。这些耗尽区的引入进一步降低了横向电场，从而允许进一步提高工作电压或进一步降低导通电阻。双重和三重 RESURF 的主要缺点是：随着水平耗尽区的增加，电荷平衡越来越难以控制，由此导致的击穿电压不确定性增加。

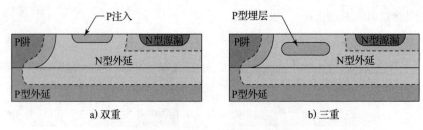

图 13.25　RESURF 器件的剖面

介质 RESURF(Dielectric RESURF)依赖于电场在硅和相邻氧化层之间的重新分配。图 13.26 显示了这一技术的一个实例,其中浅槽隔离(STI)的线条与漂移区条构成了叉指,将漂移区分成一系列从背栅延伸到非本征漏的窄条。沿着这些条的电场不会突然终止于氧化物界面,而是会进入氧化物内部。这反过来又降低了漂移区条内的电场强度。由于大多数先进的 CMOS 和 BiCMOS 工艺已经包含了一个合适的 STI 层,因此只需要放置这种跨漂移区的 STI 条,即可实现介质隔离。然而,插入这些 STI 条终究会增加漂移区的整体电阻,这最终限制了介质 STI 可达成的优势。

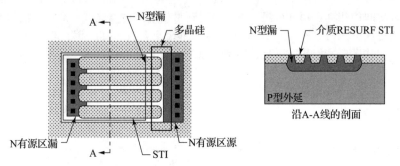

图 13.26　介质 RESURF NMOS 晶体管的版图和剖面

超结器件可能是 RESURF 概念最彻底的扩展。图 13.27 显示了采用超结漂移区的横向 NMOS 晶体管版图。这种结构中以漂移区和掺杂极性相反的窄条做叉指排布。理想情况下,这些窄条应具有非常高的高宽比,换句话说,它们应表现出近乎垂直的竖直边界。传统的离子注入或扩散技术无法实现这一目标,但可以通过一系列的注入或一系列的多个埋层堆叠起来而近似实现。高宽比越

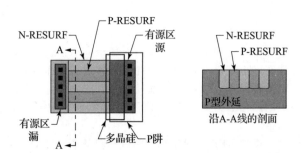

图 13.27　采用超结漂移区的横向 NMOS 晶体管版图

大,超结的扩散条就越细,掺杂浓度也越高。超结结构实际上变成了一 RESURF 器件,其中包含了许多耗尽区,以这些耗尽区为边界的漂移区是非常窄的,在器件达到最大工作漏-源电压之前这些漂移区都会完全耗尽掉。由于窄漂移区的掺杂浓度比较高,超结结构的导通电阻远低于传统漂移区的器件。事实上,理论上超结器件的导通电阻可比传统漂移区器件小 100 多倍。实际上,在低压集成横向器件中很难制作足够窄的扩散层来实现超结。无论如何,一些高压分立器件(如英飞凌的 CoolMOS™ 晶体管)确实采用了超结的技术。

1. 漏扩展晶体管

12.2.7 节讨论的轻掺杂漏(LDD)和双扩散漏(DDD)晶体管,都利用自对准漂移区来减少热载流子注入。这两种技术都不适合制作很宽的漂移区。要支持更高的漏极电压,就必须使用非自对准的复合漏区。最简单的此类结构称为漏区扩展(Drain Extension)。它由一个较浅的重

掺杂非本征漏和一个较深的轻掺杂漂移扩散区组成，前者完全包含在后者之中。这两个扩散区并不自行对准。非本征漏区通常使用源/漏注入，漂移区则是使用阱。

使用漏扩展的器件称为漏扩展晶体管（Drain-extended Transistor）。这些器件的缩写包括DEMOS（Drain-Extended MOS）、DENMOS（Drain-Extended NMOS）和 DEPMOS（Drain-Extended PMOS）。

最简单的漏扩展类型不包含厚的场氧化层。使用这种漏扩展的器件被称为平面漏扩展晶体管，因为其漂移区上方没有形貌起伏。图 13.28 显示了非对称平面 DENMOS 晶体管的版图和剖面图。这种器件被称为非对称的 DENMOS，因为它的两个源区，漏区中只有一个获得了扩展。当器件工作在较高的漏-源电压下时，只有具有漏扩展的端子可作为器件的漏极。

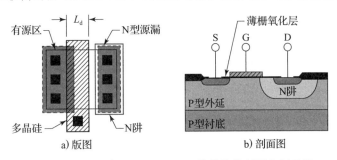

图 13.28　非对称平面 DENMOS 晶体管的版图和剖面图

图 13.28 中的晶体管采用 P+衬底的单阱工艺制造。P 型外延层构成了器件的背栅，而 N 阱起到漏扩展的作用。晶体管的背栅须连接到衬底电位。这一特定器件采用了简单的线性版图，与传统的 MOS 晶体管类似。如果需要，可以在源区旁放置一个背栅接触。如果源极连接到衬底电位，则可使用对接孔来节省空间。

图 13.28 中的结构可以在双阱工艺中实现，方法是用一个合适的 P 阱代替 P 型外延的背栅区。器件的所有其他方面保持不变，但间距和覆盖会因结深和掺杂而异。

栅极必须对 N 阱有覆盖，以确保所形成的沟道无论如何跨越背栅区，如图 13.28b 的剖面所示。多晶硅对冶金结的覆盖要超过多晶硅与 N 阱之间的最坏套刻偏差。然而，N 阱存在很大的横向扩散，这就造成所绘制版图中多晶硅几何图形实际上与 N 阱并不会重叠。这两层之间的间距必须完全为器件设计人员所指定的值。如果间距过大，栅极可能无法使邻近漂移区的背栅区反型，器件将无法导通电流。如果间距太小，栅极会进入漂移区过远。漂移区的表面电压是随着远离冶金结位置而增加的，这反过来会增加栅氧化层上的压降。因此，将栅极向漂移区延伸太远会对栅氧化层施加过大的电应力。器件设计人员可以使用二维器件模拟确定适当的间距。然后把比较有把握的不同间距的器件构成一个阵列，制作出来并进行，以确定出最优化的版图。

使用 N 阱作为漂移区的漏扩展晶体管，版图的绘制长度必须考虑该阱的外扩散。因此，实际沟道长度比绘制的长度要短得多，器件的跨导比看上去要高。类似地，取最小长度的漏扩展晶体管，尽管版图中绘制的漏长度显得比较长，却往往会出现短沟道效应。

DENMOS 晶体管可以有多个栅叉指。图 13.29a 显示了一个简单的示例，其中两个栅叉指紧靠一个漏叉指条纹的两侧。这种排列方式只是有限地增加了器件的尺寸，却提供了两倍的沟道宽度。更巧妙的是，它还能最大限度地减少多晶与 N 阱套刻偏差所引起的跨导变化。假设图 13.28 器件的多晶栅相对于 N 阱向左偏移，这种套刻的偏差会令沟道变长。相反方向的偏差则会缩短通道。图 13.29a 的版图就不容易出现这种问题，因为偏差导致一个沟道缩短的话，就会导致另一个沟道伸长，反之亦然。

具有两个以上栅叉指的 DENMOS 晶体管很容易制造。只要有可能，就应使用偶数个栅叉指的分部，并将源接触区于阵列的两端，如图 13.29b 所示。这种排列方式不仅比其他排列方式占用更少的空间，而且还能最大限度地减少套刻偏差所引起的跨导误差。

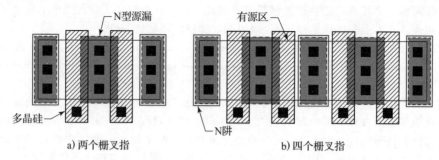

a) 两个栅叉指　　　　　　　　　b) 四个栅叉指

图 13.29　具有多个栅叉指的平面 DENMOS 晶体管

在模拟 BiCMOS 工艺中,DENMOS 晶体管的背栅区可以通过在其下方放置 NBL 并且环绕晶体管以深 N+或深 N 的阱(向下扩散至与 NBL 层相连),将其与衬底隔离。在大多数情况下,N 阱更适用于这一目的,因为器件的最外层两个叉指可以做成与隔离环合并一处的漏叉指,如图 13.30 所示。

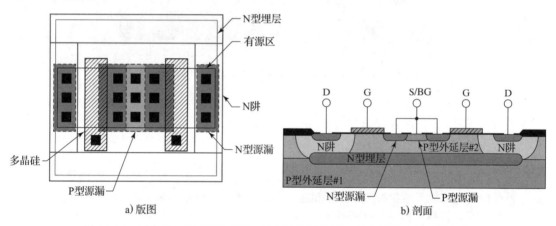

a) 版图　　　　　　　　　　　　　b) 剖面

图 13.30　隔离的平面 DENMOS,其中最外侧的漏叉指也是隔离环的两个边

图 13.31 显示了平面 DENMOS 晶体管的另一种形式。这种器件被称为对称 DENMOS,因为它的两个源/漏区域采用了相同的结构。这种版图需要更多空间,但源/漏区均可承受高压。晶体管不能同时承受较大的源-背栅和漏-背栅电压,因为这意味着较大的栅对沟道的电压,会对栅氧化层造成过大的电应力。对称器件也具有自对准的优点。沟道的两端都由漂移区的边缘定义,而不是一个由多晶硅栅定义,另一个由漂移区定义。对称 DENMOS 晶体管的最小绘制沟道长相对较长(通常为 3~10 μm),但其中大部分的长度都被横向外扩散消耗掉了。

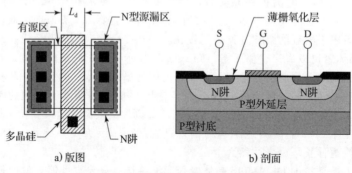

a) 版图　　　　　　　　　　　　　b) 剖面

图 13.31　对称的平面 DENMOS 晶体管

漏扩展的 PMOS 晶体管也是有的。一些 PMOS 晶体管用到轻掺杂 N 阱的老工艺,有时会

使用 P 型的沟道阻止注入来形成 DEPMOS 漂移区。4.2 节介绍了这种工艺的一个实例。设想一下有源区反转刻蚀之前的晶圆片。最终成为有源区的部分被光刻胶覆盖，而成为场区的部分则被暴露出来进行刻蚀。此时，对晶圆片进行硼离子注入。所有的场区都要接受这种注入。接下来，在晶圆片上旋转涂覆另一层光刻胶，并使用 N 型沟道阻止（N-type Channel stop，NChst）的掩模版进行图形化。注入窗口通常只出现在 N 型场区。晶圆片现在接受磷离子注入，其剂量约为之前硼注入的两倍。与 LOCOS 场区氧化相关的热循环会将注入的离子向下推进几微米。所完成的晶圆片将在 N 型场区有 N 型沟道阻止区，在 P 型场区有 P 型沟道阻止区。NChst 掩模数据可在图形生成时通过几何操作来创建：

```
NChst = NWell oversized by 3.0
```

外扩的操作可确保 N 型和 P 型沟道阻止注入区之间的边界，与实际 N 阱/P 外延层的 PN 结位置大致吻合。要制作 P 型漂移区，只需对 N 阱的一部分不进行 NChst 注入即可。这可以通过名为 Chstop 的数据层和如下的几何操作来实现：

```
NChst = (NWell oversized by 3.0) xor Chstop
```

几何图形的 XOR 运算会使沟道阻止的极性在 Chstop 有定义的地方发生反转。因此，要在 N 型阱内制作 P 型沟道阻止区，只需在所需位置定义 Chstop 几何结构即可。P 型沟道阻止的掺杂浓度足以使 N 阱反型，从而形成一个掺杂适度的区域，用作 DEPMOS 的漂移区。

图 13.32 显示了非对称平面 DEPMOS 晶体管的版图和剖面，它使用 P 型沟道离子注入停止层作为漂移区。N 阱构成了该晶体管的背栅区。该器件的 BiCMOS 版本将包括 NBL，以降低背栅电阻。无论如何，4.2 节中介绍的是不含 NBL 的纯 CMOS 工艺。该器件的漏区由一个矩形的 Chstop 图形包围了一个较小矩形的 P 有源区构成。Chstop 图形形成漂移区，P 型有源区形成非本征漏。

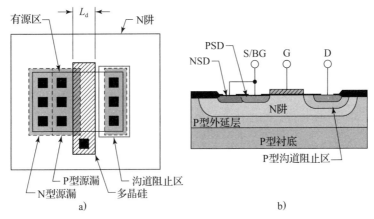

图 13.32 非对称平面 DEPMOS 晶体管的版图和剖面

三阱和四阱的工艺可支持另一种制作 DEPMOS 晶体管的方法。浅 P 阱的掺杂浓度高于深 N 阱，于是此区域被反掺杂，形成了一个适度掺杂的 P 型扩散区，为周围的 N 阱所环绕。该浅 P 阱可作为 DEPMOS 的漂移区。

双阱模拟 BiCMOS 工艺可以用于制作另一种的漂移区扩展 PMOS 晶体管。该器件的背栅由一个 N 阱构成。相邻的 P 阱构成晶体管的扩展漏区。为了防止该区域与衬底短路，整个晶体管被隔离在应用 N 型埋层所形成的 P 型隔离岛中。人们对这种结构提出了许多变化方案。

2. 场隙漏扩展晶体管

平面 DEMOS 栅极在漏端下方的电场，限制了其漏-源的额定电压。为了支持更高的电压，可以在该区域下方放置一个厚场氧区域，以形成缓解场的结构，也称为场隙（Field Gap）。

LOCOS 场氧尤其适用于这一目的,因为鸟嘴引入了从薄栅氧到厚场氧的渐进过渡。STI 场氧也可用于制造场隙器件,但在 STI 边缘,氧化层厚度的急剧变化会造成导通电流的突然变化,电路设计师会对此感到不满。

图 13.33 显示了采用 N 阱工艺制作的非对称场隙 DENMOS 晶体管的版图和剖面。该晶体管的背栅区由 P 外延层构成。N 阱作为漏扩展区,而 N 型源漏则构成了源区和非本征漏区。在图 13.33 所示器件中,将绘制版图的有源区终止于 N 阱边缘,即可形成场隙。N 阱的横向外扩散形成了漏扩散区,一直延伸至薄栅氧的下方。N 阱扩散的确切位置决定了该区域的电场分布。取决于器件的设计,所绘制的有源区可在接近所绘制的 N 阱图形时终止,也可以稍稍越过边界进入 N 阱区。二维工艺模拟用于优化给定工作电压下的版图。即使是微小的变化也可能会显著改变器件的特性。

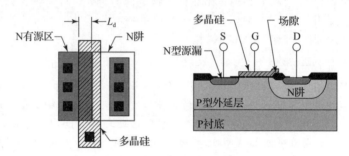

图 13.33　采用 N 阱工艺制作的非对称场隙 DENMOS 晶体管的版图和剖面

流经漏扩展区的电流向下弯曲,从场氧化层下方通过。因此,增加场隙可将最大热载流子产生处从表面移至场氧化层底部大致相当的深处。这样可减少表面态的产生,最大限度地降低器件跨导的衰退。因此,与平面晶体管相比,场隙晶体管可以承受更多的热载流子注入。

上述场隙 DENMOS 不需要额外的工艺步骤,可支持接近阱-外延层(或阱-阱)击穿电压的工作电压。不过,这种器件的导通电阻相对较高。由于轻掺杂漏扩展区在高压下形成导电细丝,一些场隙晶体管还受到电 SOA 的限制。

场隙 DEPMOS 晶体管对设计具有一定的挑战性,因为需要将漏扩展部分与衬底隔离。漏扩展部分(通常由 P 型外延层或 P 阱构成)与 NBL 间的 PN 结击穿往往会限制 BV_{DSS}。一种可行的对策是绘制小间隔的窄条或矩形图形来“稀释”NBL。各间隔的 NBL 区横向的外扩散会降低掺杂浓度,使耗尽区进一步深入 NBL 层中。扩展栅电极,在漏扩展区上方形成一个场板,这进一步增强了“稀释”的效果,可以显著增加 DEPMOS 的工作电压,而不会带来任何额外的工艺复杂性。

高电压漏扩展晶体管通常采用所谓的“漏中心”的版图,即采用一个环形的栅极,其完全包围了晶体管的漏区,如图 13.34 所示。这种结构消除了寄生沟道到达漏区的任何可能性。圆形的漏区几何图形还消除了可能导致电场增强和击穿电压降低的拐角区。图 13.34 中的结构被拉长成香肠状,以增加器件宽度。这种拉长漏的结构通常比圆形结构阵列有更高的面积效率。多个拉长的漏区与源区构成叉指,形成更大的器件。

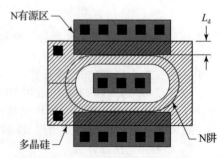

图 13.34　漏中心的环形场隙漏扩展 NMOS 晶体管

3. DMOS 晶体管

早期的 MOS 晶体管使用单掺杂漏区和金属栅。这种器件的沟道长度由源区和漏区扩散之间的间距决定,而源区和漏区扩散使用相同的掩模进行图形化。因此,套刻偏差对沟道长度没有影响。另外,漏扩展晶体管的源区和漏区是用不同的掩模制作的,因此套刻偏差会影响 DEMOS 的沟道长度。由于早期的投影光刻产生 1 μm 或更大的套刻偏差，因此不可能制造出短沟道的漏扩展晶体管。

人们开发了几种技术来规避偏差问题。其中的一个就是 V 形槽 MOS（V-groove MOS，VMOS）晶体管。图 13.35 显示了典型 V 形槽 MOS 晶体管的剖面。初始材料包括一个 N＋衬底，在其上首先生长一个 N 型外延层，然后再生长一个 P 型外延层。浅层 N＋扩散形成源极，P 型外延层形成了背栅区，N 型外延层形成漂移区，N＋形成非本征漏区。与晶向相关的刻蚀（参见 2.5.3 节）会产生一个 V 形槽，穿过 N＋扩散层和 P 型外延层进入 N 型外延层。凹槽侧壁的氧化形成栅介质。然后在凹槽上覆盖金属或回填多晶硅，形成栅极。沟道长度由 N＋扩散的深度和 P 型外延层厚度之间的差值控制，这两者都不会受到光刻套刻偏差的影响。分立功率 MOS 晶体管很快就采用了 VMOS 概念，但这种结构固有的纵向器件特性使其难以实现集成。另一种减轻对准误差的尝试最初被称为扩散自对准晶体管。单个掩模窗口定义了源和背栅区域。早期的研究人员设想使用与氧化层窗口相同的掩模板，在不同的操作中生成这两个区域。图 13.36 显示了制作简单扩散自对准 NMOS 的基本步骤。初始材料包括沉积在 P＋衬底上的 N 型外延层。在晶圆片上生长氧化层，并对其进行图形化，以形成随后定义的源区的窗口。硼首先沉积在这些窗口中。在惰性气氛中进行推进，驱使硼向下和向外形成晶体管的背栅区，如图 13.36a 所示。在此特定晶体管中，硼扩散一直延伸到衬底，衬底用作背栅接触。另一个掩模步骤会产生额外的窗口，这些窗口将成为器件的非本征漏区。磷现在通过这些漏区窗口和已经存在的源区窗口沉积下来。较短时间的推进驱使磷向下扩散，形成源和非本征漏，如图 13.36b 所示。推进过程中生长的氧化层覆盖了源区/漏区窗口。随后的掩模工艺将去除栅极区上的氧化物，然后重新氧化形成栅介质。金属栅极的沉积完成了器件的制作，如图 13.36c 所示。晶体管的沟道长度等于硼和磷扩散的外扩散距离之差。由于这两种扩散都是通过同一窗口沉积的，因此它们可以相互自对准，沟道长度不受对准偏差的影响。

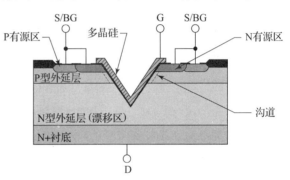

图 13.35　典型 V 形槽 MOS 晶体管的剖面

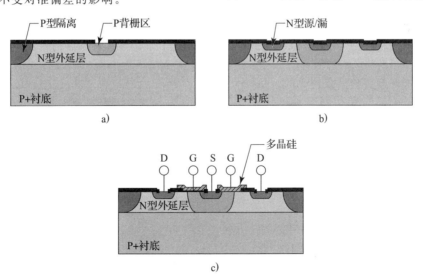

a)

b)

c)

图 13.36　制作简单扩散自对准 NMOS 的步骤

图 13.36 中的结构现在称为双扩散 MOS（DMOS）晶体管。更具体地说，它是横向双扩散

MOS(LDMOS)的一个例子,因为电流是横向流至非本征漏接触区的。这种结构最初用于制造集成逻辑晶体管,但器件设计人员很快意识到它也可用于功率晶体管。

现代 N 沟道 DMOS 晶体管通常采用砷和硼的不同扩散性来建立源区和背栅区。图 13.37 显示了制造现代 DMOS 晶体管的步骤。DMOS 占用一个 N 阱作为漂移区。在推阱工艺之后,使用 DWell 掩模在 N 阱内建立一个氧化物掩蔽的开窗。硼和砷通过这个窗口注入。在 LOCOS 场氧化过程中,这两种掺杂剂都会向下和向外扩散。由于硼的扩散速度比砷快,因此形成的结构是在较深的硼扩散区内有一个较浅的砷扩散区,如图 13.37a 所示。这两个扩散区合在一起称为双扩散阱(DWell)。这个术语有点名不副实,因为只有硼扩散区的深度足以称为阱。去除氮化物和生长栅氧化层后,沉积多晶硅并进行图形化,形成栅电极,如图 13.37b 所示。NSD 掩模用于选择性沉积砷,以形成 N 型源/漏区,如图 13.37c 所示。这些 N 型源漏区(NSD)中的一个用作非本征漏,而另一个则置于 DWell 的砷扩散区,以便在此处设置源接触孔。P 型源漏区(PSD)穿过 DWell 中较轻掺杂的砷扩散区以提供背栅接触。沟道长度等于 DWell 注入杂质中硼和砷的横向外扩散的距离之差。

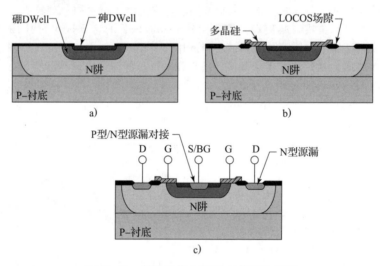

图 13.37　制造现代 DMOS 晶体管的步骤

图 13.37 中的器件包含一个场隙,用于缓解漏端的栅电极下方可能出现的高电场。通过适当选择 DWell 掺杂和版图尺寸,可以优化这种结构,使其工作电压达到 N 阱的击穿电压。与漏扩展晶体管一样,场隙结构的精确尺寸至关重要,必须完全按照器件设计人员的指定来实施。

DMOS 的源和背栅区是同心的。在横向晶体管中,这种结构通常被拉长,以形成源/背栅的叉指结构。图 13.38 显示了由单个拉长的源/背栅指组成的 DMOS 晶体管版图。叉指条的两端设计成圆形,以消除可能会增强电场和降低击穿电压的尖角。在源/背栅指的中心,交替排列着 NSD 和 PSD 注入的矩形图形。PSD 注入的掺杂浓度高于 DWell 的砷,因此会产生反型。因此 PSD 掺杂

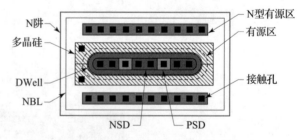

图 13.38　由单个拉长的源/背栅指组成的 DMOS 晶体管版图

区就可以实现背栅的接触。放置在 PSD 注入区之间的 NSD 注入可用于源区接触。所绘制的 DWell 图形与 NSD 和 PSD 充分重叠,以确保 DWell 的砷掺杂在源/漏叉指周围形成一个不间断的环。这个砷环就是晶体管真正的源区,其周长定义了器件的宽度。这种版图被称为"以源为

中心的"，因为源区占据着结构的中心。

PSD 区占据源/背栅叉指的比例决定了结构的背栅区电阻。背栅区电阻必须保持足够低的水平，以防止 DMOS 结构中固有的寄生双极晶体管导通，否则 DMOS 的 BV_{DII} 额定值将很低。源/背栅叉指两端的曲率往往会促进这些点上热载流子产生，因此经常在叉指的两端放置 PSD 注入区。PSD 的具体样式、尺寸和位置都是器件设计的关键因素。如果有 PCell（与 PSD 注入有关的版图单元）可用于生成晶体管的这些元素，则应使用它来确保这些关键元素版图设计合理。如有必要，可将 PCell 进行分解（还原为多边形和宽度线条），以对 PCell 本身的其他方面做出更改。例如，如果晶体管被封闭在深 N＋槽的保护环中，则可以省略掉多叉指的横向 DMOS 末端的非本征漏叉指。这一点很容易做到，只需要将 PCell 图形解组合，去掉多余的漏叉指即可。

DMOS 晶体管的绘制宽度并不等同于源/背栅叉指下的距离。实际上，它等于绘制的 DWell 几何图形的周长。图 13.39a 显示了一个典型的长香肠形 DWell 的几何图形。如果叉指两端的曲率半径为 R_{F}，叉指两端弯曲中心点之间的距离为 W_{F}，则绘制的晶体管宽度 W_{D} 为

$$W_{\text{D}} = 2W_{\text{F}} + 2\pi R_{\text{F}} \tag{13.38}$$

图 13.39b 显示了一种不同类型的源/背栅叉指，其中叉指两端的 PSD 注入区被放大了，以完全抑制结构在弯曲部分的沟道。这种预防措施进一步减少了这些点上热载流子的产生，对于避免从晶体管两端开始触发寄生双极作用可能是必要的。这种改进结构的绘制宽度为

$$W_{\text{D}} = 2W_{\text{F}} \tag{13.39}$$

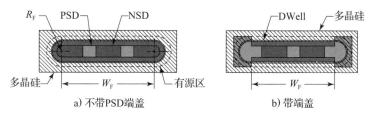

a) 不带PSD端盖　　　　　　　　b) 带端盖

图 13.39　典型源/背栅区标注有尺寸的版图

NBL 通常是 DMOS 晶体管的一部分，但它的存在并不总是有益的。考虑一下没有 NBL 的 DMOS 晶体管。随着漏极电压增加，漏-背栅和漏-衬底的耗尽区都是扩大的。如果阱足够浅，耗尽区会穿通阱区，远早于阱-背栅 PN 结发生雪崩击穿。如果源极与衬底电位相连，这种穿通不会造成任何问题。添加 NBL 层可以防止穿通，但这样做会增强电场，降低阱-背栅结的雪崩击穿电压。因此，LDMOS 晶体管有两种类型。源极与衬底电位相连的器件可以省略 NBL，从而获得更高的工作电压。源极连接到衬底电位以外电压的器件需要 NBL，因此工作电压较低。这两种器件通常分别称为低压侧驱动（Low-Side Drive，LSD）的和高压侧驱动（High-Side Drive，HSD）的。LSD 版图要求源极连接到衬底电位，这意味着晶体管位于负载和接地回路之间，即负载的低端。HSD 版图允许源极工作于衬底电位之上。因此，HSD 器件可以位于负载和正电源之间，即负载的高电平侧。HSD 晶体管也称为隔离晶体管。

如前所述，LSD DMOS 晶体管的漏-源工作电压通常高于与之相对的 HSD 晶体管。造成这种差异的原因有两个。首先，HSD 器件中 NBL 的存在限制了漏/背栅的耗尽区。漏/背栅冶金结处的电场增强，降低了击穿电压。去掉 NBL 后，漏/背栅结的耗尽区可以完全穿通 N 阱，与漏/衬底耗尽区相连。一旦出现这种情况，两个冶金结处的峰值电场就不再增加。其次，漏/衬底结耗尽区可以向上耗尽到场氧化物，从而有效地将漏扩展区转化为 RESURF。在某些情况下，也有可能制作出受益于 RESURF 效应的 HSD DMOS 晶体管。

早期的高压 RESURF 器件，由于柯克效应（参见 9.2.1 节）将最大电场强度位置从漏/背栅结附近迁移到了漂移区和非本征漏之间的界面上，而受到电 SOA 的限制。在场隙下方添加适度掺杂的扩散可以阻止这种效应。在早期的 CMOS 工艺中，场氧化层下方通常会有抑制 N 沟

道形成的场注,其深度和掺杂浓度通常足以实现这样的功能。由于大多数高压晶体管都包含一个场隙,因此这种 N 沟道抑制的场注区自然而然地成为晶体管的一部分。利用场区注入来延迟柯克效应并增强电 SOA 性能,被称为自适应 RESURF。

传统的 DMOS 结构使用相邻的 PSD 和 NSD 区来连接源极和背栅极。由此产生的 P+/N+ 结的击穿电压很低,而且漏电流过大,因此源极和背栅极是用金属和接触孔连接在一起的。不过,也可以将 DMOS 晶体管的源极和背栅极分开连接。图 13.40 显示了一个具有独立源极和背栅极的 LSD LDMOS 晶体管的剖面。该器件的 N 阱漂移区包含一个位于 DWell 下方的缝隙(左右两个 N 阱之间,DWell 下方的 P 外延部分)。该缝隙左侧和右侧的 N 阱用作晶体管的漂移区。DWell 中的硼扩散通过 N 缝隙的 P 型外延连接到衬底,而不是通过向 DWell 的砷扩散区注入的 PSD 来连接。这种安排允许源在衬底电位以上工作,但受到

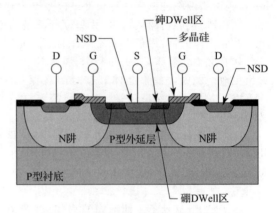

图 13.40 具有独立源极和背栅极的 LSD LDMOS 晶体管的剖面

NSD/P 外延击穿电压的限制。不过,P 外延的垂直电阻使其更容易受到寄生双极作用的影响,从而可能降低这种结构的 SOA。

P 沟道 DMOS 晶体管比较少见,因为空穴的迁移率较低,这使得这些晶体管比 N 沟晶体管要更大。不过,一些应用确实需要 P 沟道功率晶体管,而 P 沟道 DMOS 显然是此类应用的不二之选。由于硅通常使用的唯一受主是硼,因此无法通过使用不同扩散度的掺杂剂来制作 P 沟道 DMOS 晶体管。铟在硅中是一种扩散速度较慢的受主,但它在室温下只能部分电离,因此很难获得较高的有效掺杂水平。用于制造早期扩散自对准晶体管的技术如同用于 N 沟道器件一样,也是可以用于 P 沟道器件的。要制作 P 沟道 DWell,首先要通过共享的源/背栅区的氧化层开窗,进行磷扩散,将其向下推进,然后通过同一开窗沉积硼,对磷进行反掺杂。这样就在磷背栅区内部形成了一个同心嵌套的硼源区。

DMOS 晶体管的发明者认为短的自对准沟道是它的主要优势。光刻技术的改进使这一特点变得不那么重要,不过 DMOS 晶体管还是会具有渐变掺杂沟道的优点。与大多数其他 MOS 晶体管不同,DMOS 沟道的掺杂浓度并不均匀,而是从靠近源的最大值递减到漏/背栅冶金结处的零值。随着漏-源电压的增加,夹断区的扩展速度会越来越慢,因为它会遇到渐变沟道中掺杂浓度更高的部分。这种特性允许高压晶体管使用相对较短的沟道。与 DEMOS 晶体管相比,短的沟道反过来又提高了高压 DMOS 晶体管的跨导特性。

如果对工艺进行扩展来制作漏扩展区,并对其掺杂和结深进行优化以利用 RESURF 效应,DEMOS 晶体管有时可以成功地与 DMOS 晶体管相竞争。这种晶体管有时被称为 RESURF 晶体管,尽管其他器件(包括 DMOS 晶体管)也利用了 RESURF 原理。

13.2 匹配 MOS 晶体管

各种模拟电路都使用匹配的 MOS 晶体管。有些电路(如差分对)依赖于栅-源电压匹配,而其他电路(如电流镜)则依赖于漏电流的匹配。优化电压匹配所需的器件尺寸与优化电流匹配所需的器件尺寸不同。

考虑两个 MOS 晶体管 M_1 和 M_2,假定它们完全相同,以相同的漏电流 I_D 工作于饱和区的情况。如果没有失配,这两个器件将具有相同的栅-源电压。如果存在失配,则两个器件的栅-源电压会不同,彼此相差 $\Delta V_{GS} \equiv V_{GS1} - V_{GS2}$。这个电压差为

$$\Delta V_{GS} \approx \Delta V_t - V_{gst1}\left(\frac{\Delta k}{2k_2}\right) \tag{13.40}$$

式中，ΔV_t 为阈值电压之差($\Delta V_t \equiv V_{t1} - V_{t2}$)，$\Delta k$ 为器件跨导之差($\Delta k \equiv k_1 - k_2$)，$V_{gst1}$ 是 M_1 器件的等效栅电压($V_{gst1} \equiv V_{GS1} - V_{t1}$)，以及 k_2 是 M_2 器件的跨导。

式(13.40)揭示了电压匹配取决于阈值电压和跨导的变化。此外，还可以通过降低有效栅电压 V_{gst} 来尽量减小跨导变化的影响。对于固定面积的晶体管，改善其电压匹配可以使用较大的 W/L 比、较低的漏极电流，或同时采用两者。但是，如果 W/L 比过大或漏电流过小，晶体管就会脱离饱和状态，进入亚阈值开启区。这就排除了通过增大 W/L 或减小电流来进一步改善匹配的可能性。实际上，将 V_{gst} 标称值降低到 $100\ mV$ 以下几乎没有什么好处。此外，短沟道器件的面积利用效率也不高，因为源/漏终端并不会随着沟道长度的缩短而缩小。

依靠漏电流进行匹配的 MOS 电路，表现则截然不同。两个 MOS 晶体管，假定它们完全相同，且工作于相同栅-源电压下，其漏电流 I_{D1} 和 I_{D2} 之间的失配可以用以下比率表示：

$$\frac{I_{D2}}{I_{D1}} \approx \left(1 - \frac{\Delta k}{k_1}\right)\left(1 + \frac{2\Delta V_t}{V_{gst1}}\right) \tag{13.41}$$

该式表明，漏电流的匹配取决于跨导和阈值电压的变化。阈值变化项除以等效栅电压，表明较大的等效栅压应能改善匹配。这反过来又表明，可以通过降低 W/L 比或增加漏电流，在不增加器件面积的情况下改善电流的匹配。这些考察结果都是正确的，但还有其他因素在起作用，只有在研究了几何效应对阈电压匹配的影响后，这些因素才会变得清晰。

失配通常用标准方差表示。假定 s_{Vt} 表示 ΔV_t 的样本标准方差，s_k 表示 Δk 的样本标准方差。这两个量在统计上并不是相互独立的，因为它们都取决于一些相同的基本变化源，例如栅氧化层的厚度。不过，这种共同的变化源通常要小于独立的变化源，因此将 s_{Vt} 和 s_k 视作独立的量并非完全不合理。这样做会略微高估失配。

对于在相同漏电流下工作的两个假定完全相同的晶体管，它们之间电压失配 ΔV_{GS} 的样本标准差以 s_V 表示为

$$s_V \approx \sqrt{s_{Vt}^2 + \left(\frac{V_{gst}}{2} \cdot \frac{s_k}{k}\right)^2} \tag{13.42}$$

对于在相同栅-源电压下工作的两个假定相同的晶体管，它们之间电流失配 ΔI_D 的样本标准差以 s_I 表示遵循下式：

$$\frac{s_I}{I_D} \approx \sqrt{\left(\frac{s_k}{k}\right)^2 + \left(\frac{2}{V_{gst}} \cdot s_{Vt}\right)^2} \tag{13.43}$$

电路设计人员通常认为阈值电压失配比跨导失配更重要，模拟 CMOS 电路通常就是这种情况。于是，式(13.42)和式(13.43)简化为

$$s_V \approx s_{Vt} \tag{13.44}$$

$$s_I \approx g_m s_{Vt} \tag{13.45}$$

式中，g_m 是小信号跨导。这些是电路设计师通常用于手算的公式。

13.2.1 几何结构对匹配的影响

MOS 晶体管的尺寸、形状和方向都会影响其匹配。大晶体管的匹配比小晶体管更精确，因为栅面积增大可将器件参数局部波动的影响降至最低。长沟道晶体管比短沟道晶体管受到的沟道长度调制更小。同方向的晶体管因掩模对准误差和应力引起的晶圆片各向异性而产生的失配更少。本节将讨论这些因素和其他几何因素对 MOS 晶体管匹配的影响。

1. 阈值电压匹配

佩尔格罗姆定律表明，两个集成器件之间的失配应与有源区面积的平方根成反比。大多数 MOS 晶体管的阈值电压失配都遵循这一关系。考虑两个晶体管，它们有效的栅尺寸为 W_e 和 L_e。根据佩尔格罗姆定律，阈值电压的标准方差为

$$s_{Vt} = \frac{c_{Vt}}{\sqrt{W_e L_e}} \tag{13.46}$$

式中，比例常数 c_{Vt} 通常以 mV·μm 为单位。c_{Vt} 的值可通过测量不同尺寸的成对晶体管之间的随机失配，并对所得数据进行最小二乘回归来确定。由于此类测量总是在样本上进行，因此式(13.46)得到的是样本标准差。电路设计人员通常假定对于绝大多数的电路单元，误差落于 $-6s_{Vt}$ 至 $+6s_{Vt}$ 的区间。

理论研究表明，阈值电压的变化主要源于背栅杂质分布的统计波动。受主与施主的浓度之和越大，造成的阈值电压失配也越大。这一观察结果解释了为什么未做调开启注入的晶体管，其 c_{Vt} 值通常要低于调开启的晶体管。

随着工艺向更小的尺寸和更低的工作电压发展，c_{Vt} 的值也在稳步降低。根据经验，栅氧化层厚度每增加 1 nm，c_{Vt} 值就会增加约 1 mV·μm。例如，栅氧化层为 150 Å(15 nm)的工艺，c_{Vt} 值可能为 15 mV·μm 左右。我们不应太过相信这一规则，因为它只是根据对少数工艺中少数类型器件的观察得到的。

c_{Vt} 值还取决于背栅-源电压 V_{BS}，对于 MOS 晶体管，通常引用的值假定 $V_{GS} = 0$。c_{Vt} 的值随着背栅偏压的增加而增加，因为背栅调制会给阈值电压增加一个附加项，而这个附加项本身也会发生变化。对一个 5 V 的晶体管施加 2 V 的背栅偏置通常会使其 c_{Vt} 增加约 30%。电路设计人员通常会尽量避免对关键性的已匹配晶体管施加非零的背栅偏压。

只要 MOS 晶体管保持饱和，电流匹配将取决于沟道长度，而不是沟道宽度。小信号跨导 g_m 为

$$g_m = kV_{gst} = \sqrt{2I_D k} = \sqrt{2I_D k'\left(\frac{W_e}{L_e}\right)} \tag{13.47}$$

式中，k' 是工艺决定的跨导(工艺跨导)。将式(13.46)和式(13.47)代入式(13.45)得到

$$s_I = \frac{c_{Vt}\sqrt{2I_D k'}}{L_e} \tag{13.48}$$

g_m 宽度依赖性抵消了佩尔格罗姆定律的宽度依赖，因此长度是影响电流匹配的唯一器件尺寸。这就解释了电路设计师经常引用的规则："电压匹配取决于面积，电流匹配取决于长度。"这也有助于解释为什么经验丰富的电路设计师坚持将低电流镜晶体管做得如此之长。

佩尔格罗姆定律可扩展适用于不同尺寸的晶体管。例如，两个 MOS 晶体管的尺寸分别为 (W_{e1}/L_{e1}) 和 (W_{e2}/L_{e2})，其阈值电压失配为

$$s_{Vt} = c_{Vt}\sqrt{\frac{1}{2W_{e1}L_{e1}} + \frac{1}{2W_{e2}L_{e2}}} \tag{13.49}$$

通常情况下，两个器件中较小的器件在总失配中有不成比例的更大贡献。如果试图制作一对具有较大 W/L 比值的器件，这将成为一个严重问题。一般来说，最佳的解决方案是用相同 W/L 值的分部来构建两个器件，将几个这样的分部串联堆叠为较小的器件，再将另外几个这样的分部并联堆叠为较大的器件。图 13.41 显示了一个电流镜的原理图，通过在参考侧串联四个单元器件和在输出侧并联五个单元器件来实现 20：1 的比率。

MOS 晶体管并不总是遵循佩尔格罗姆定律。亚微米器件表现出短沟道和窄沟道效应，使其阈值电压畸变，引起的失配要超过佩尔格罗姆定律预计的值。要解决这个问题，可以使匹配晶体管的两个尺寸都大大超过最小值，或至少达到 1 μm。对于大多数模拟电路来说，这并不是一个苛刻的限制。

据观察，带有口袋注入(参见 12.2.7 节)的 MOS 晶体管也违反了佩尔格罗姆定律。这些器件近似服从佩尔格罗姆定律的修正形式，根据该修

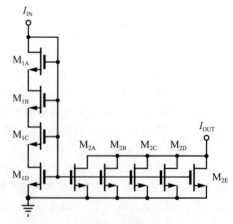

图 13.41　电流镜的原理图，电流比为 20：1，未占用额外的面积

正，两个完全匹配的晶体管表现出的阈值电压失配，其值为

$$s_{Vt} = \frac{c_{Vt}}{\sqrt{W_e \min(L_e, L_c)}} \tag{13.50}$$

式中，$\min(a, b)$ 为两个参数中较小的一个。临界沟道长度 L_c 通常不超过几微米。换句话说，一旦沟道长度达到 L_c，进一步加长沟道并不能提高匹配度（至少不会提高很多）。出现这种现象的原因是口袋注入的浓度大于 pocket 之间背栅区的掺杂程度，如图 13.42a 所示。此时晶体管可以建模为三个晶体管的串联堆叠，如图 13.42b 所示。当沟道长度大于 L_c 时，漏诱导阈值偏移（Drain-Induced Threshold Shift，DITS）会降低漏端晶体管（M1）的阈值电压，以至于其主导了器件的整体行为。鉴于口袋注入对漏区的覆盖不随总体上的沟道长度 L_e 变化，匹配就成

为 W_e（而非 L_e）的函数了。电压匹配的晶体管只需使用等于或小于 L_c 的沟道长度，就能避免这个问题。于是通过增大 W_e 就可以获得满意的 s_{Vt}。带有口袋注入的晶体管并不适合电流匹配，因为增加宽度并不能改善电流匹配，增加长度至超过 L_c 同样也不能。带有口袋注入的晶体管获得精确电流匹配的唯一方法，是用足够大的电阻来劣化短沟道晶体管，以产生出大于有效栅压的电压。实际上，这种大电阻通常会消耗过多的芯片面积。因此，采用口

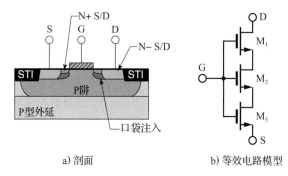

a) 剖面　　　　　　b) 等效电路模型

图 13.42　口袋注入的 NMOS 晶体管

袋注入的模拟工艺通常会提供省去这些注入的替代器件。这些"模拟友好型"晶体管所采用的沟道长度不会短到要采用口袋注入；生成"不太短沟道"并非十分困难，因为电流匹配通常需要超过 $5\mu m$ 的长度。

2. 跨导匹配

对于大多数 MOS 晶体管，器件跨导也遵循佩尔格罗姆定律。考虑两个有效尺寸为 W_e 和 L_e 的器件，两器件跨导之差的标准差 s_k 服从如下关系：

$$\frac{s_k}{k} = \frac{c_k}{\sqrt{W_e L_e}} \tag{13.51}$$

式中，c_k 为比例常数。该常数通常以 %·μm 为单位。在这种情况下，应将其除以 100 后再用于式(13.51)。

一些次要因素也可能导致跨导失配。这些所谓的边缘效应在尺寸超过 $1\ \mu m$ 的器件中很少起重要作用，但它们会显著增加短沟道或窄沟道器件之间的失配。事实上，跨导失配会主导这类器件的行为。一般来说，应避免使用亚微米尺寸的匹配晶体管，但如果必须使用此类器件，需使用佩尔格罗姆定律的完全形式来计算跨导失配：

$$\frac{s_k}{k} = \sqrt{\frac{c_k^2}{W_e L_e} + \frac{c_{kp1}^2}{W_e^2 L_e} + \frac{c_{kp2}^2}{W_e L_e^2}} \tag{13.52}$$

式中，c_k 是表示面积失配的量，c_{kp1} 和 c_{kp2} 表示次要因素的失配。对于尺寸相对较大的器件，式(13.52)实际上简化为式(13.51)，因此出现在两个公式中的常数 c_k 是同一个量。我们还可以将式(13.46)扩展为与式(13.52)类似的形式。

3. 取向

MOS 晶体管的跨导取决于载流子迁移率，而载流子迁移率又表现出与方向相关的应力敏感性。因此，沿不同晶轴取向的 MOS 晶体管在应力作用下会表现出不同的跨导。由于所有封装器件都会承受一定的机械应力，因此只有将匹配的晶体管定向在同一方向，才能避免这些不匹配现象。图 13.43a 中的器件方向相同，其匹配度比图 13.43b 和 c 中的器件都要好，后两者器件的取向不一致。应力引起的迁移率变化可导致彼此转开一定角度的器件之间，出现百分之

几的电流匹配误差。使用倾斜定位边的晶圆会加剧这一问题，导致原本看似同族的晶向(见图 13.43c)可出现高达 5% 的电流失配。

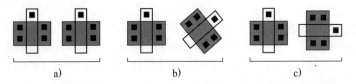

图 13.43　取向相同的器件比取向不同的器件有更精确的匹配

如果设计没有经过深思熟虑的规划，则版图的编辑很容易引入取向差错。考虑一个包含两个匹配晶体管的电路：其中 M_1 在单元 X_1 中，M_2 在 X_2 中。编辑顶层版图时，设计人员决定将单元 X_1 旋转 90°。虽然这一操作看似无害，但实际上却在 M_1 和 M_2 的取向上引入了 90° 的差异。将匹配的器件组合到相同的单元中，是防止此类错误的最佳方法。如果 M_1 和 M_2 位于同一单元，旋转它就不会造成与方向有关的不匹配。

不是由自对准边缘定义的 MOS 晶体管的沟道尺寸，必须遵循正确的取向规则，才能实现较高程度的匹配。请看图 13.44a 中的非对称漏扩展 NMOS 晶体管 M_1 和 M_2。每个晶体管都是另一个晶体管的镜像。M_1 和 M_2 的沟长均通过将多晶栅在各自 N 阱区的上方伸长且超出阱区范围来确定。假设光刻对准偏差导致多晶栅向右偏移。这种偏移会增加 M_1 的沟道长度，并减少 M_2 沟道长度。只要允许匹配的器件叠加后重合，就可以轻松消除这种偏移。两个叠加重合的器件，只需平移操作就可令一个与另一个重合，而不需要旋转或反映。M_3 和 M_4 是叠加重合的器件，而 M_1 和 M_2 则不是。然而，由于源/漏注入角度上的偏移(参见 13.2.5 节)，即使是完全叠加重合的器件仍可能会出现轻微的取向失配。

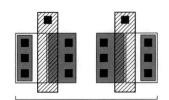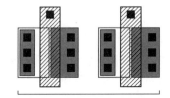

a) 互为镜像的漏扩展NMOS晶体管会出现失配　　b) 但不会影响叠加后重合的晶体管

图　13.44

13.2.2　扩散、注入、刻蚀及沟槽的影响

上一节研究了完全取决于几何形状的失配源。某些其他类型的不匹配是由匹配晶体管附近的其他结构引起的。例如，匹配晶体管附近存在的多晶硅几何图形会导致多晶硅蚀刻率的细微变化。这反过来又会导致匹配晶体管在有效宽度和长度上失配。同样，在沟道附近放置其他扩散区也会影响背栅区掺杂浓度，从而导致阈值电压和跨导的变化。类似的机制还有很多。本节将讨论其中较为常见的一些。

1. 多晶硅刻蚀速率变化

多晶硅刻蚀速率至少在一定程度上取决于周围表面的几何图形。这种效应有时被称为微负载(参见 8.2.3 节)。对微负载的传统解释是，较大的窗口为刻蚀剂提供了更大的接触面，也为去除刻蚀反应的副产物提供了更多机会。在干法刻蚀工艺中，刻蚀反应聚合物副产物的再沉积也是一个原因。

刻蚀速率的变化会导致多晶栅 MOS 晶体管栅长(沟道长度方向的尺寸)的变化。请看图 13.45a 的版图。晶体管 M_2 的栅条两侧都有相邻的栅条，而晶体管 M_1 和 M_3 的栅条只有一侧有相邻栅条。晶体管 M_1 和 M_3 的外边缘受到的侵蚀略大于 M_2 栅条的相应边缘。因此，M_1 和 M_3 的栅长将比 M_2 的略短。

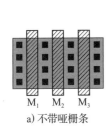
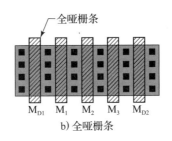
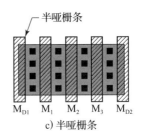

a) 不带哑栅条　　　　　　b) 全哑栅条　　　　　　　c) 半哑栅条

图 13.45　MOS 晶体管阵列

通过确保每个有源栅条的两侧都面对另一个多晶栅条，可以最大限度地减少刻蚀速率变化造成的失配。图 13.45b 展示了实现这一目标的一种方法。假设晶体管 M_1、M_2 和 M_3 必须相互匹配。晶体管 M_2 的多晶栅条两侧分别是 M_1 和 M_3 的栅条。在阵列的左端再放置一个晶体管 M_{D1}，以确保 M_1 的栅条两侧都有相同的多晶几何图形。另一个晶体管 M_{D2} 位于阵列的右端，以确保 M_3 的栅条两侧也都有相同的多晶图形。晶体管 M_{D1} 和 M_{D2} 没有任何电气功能(即"保留但无效"的哑图形)；它们的加入只是为了确保多晶几何图形出现在阵列的两端。M_{D1} 和 M_{D2} 被称为哑管、哑栅或 dummy。应连接哑管的栅，使其处于截止状态，因为这样可以最大限度地减少它们对有源电路贡献的电容。最常见的做法是将哑栅连接到背栅极电位。哑管朝外的源/漏终端不需要电气连接，事实上，我们可以移除这些区域的接触孔和金属，而不会影响哑管的性能。然而，设计规则检查(DRC)和版图-电路对比(LVS)的工单(Deck)，可能会错误地将缺少源/漏终端的哑管识别为无效结构。如果出现这种情况，添加接触孔和金属通常可以消除错误诊断，而不会大大增加结构的尺寸。如果哑栅要发挥其预期功能，它与相邻有源栅之间的间距必须等于两个有源栅极之间的间距。此外，哑栅的宽度应与相邻的有源栅条相同。请记住，MOS 栅的宽度是由有源区决定的。哑栅的两端超出有源区的距离应与有源栅相同。这些预防措施确保了刻开的哑栅和有源栅之间的多晶缝隙，与有源栅之间的缝隙完全一致。

虽然许多设计人员会让哑栅长度等于相邻有源栅的长度，但这并不总是必要的。微负载的影响随着距离的增加而呈指数级下降，超过 $3\sim5\,\mu m$ 时就很少有影响了。因此，除非需要非常精确的匹配，否则哑管一般不需要超过 $3\sim5\,\mu m$ 的栅长。如果有源栅的长度短于 $3\sim5\,\mu m$，那么哑栅必须具有完全相同的长度。之所以需要这样，是因为整个哑栅，包括其外缘，都与有源栅极非常接近，足以影响有源栅。极为精确匹配的晶体管可能需要考虑微负载效应至 $10\,\mu m$ 的距离。如果此类晶体管的沟道长度相对较短，则可能需要在阵列的两端放置多个哑管，以确保规则的多晶几何图形能够延伸必要的距离，将微负载效应降低到可接受的水平。

对于沟道长度超过 $3\sim5\,\mu m$、匹配精度要求较低的晶体管，通常可以用类似图 13.45c 所示的结构来取代完全的哑管，从而节省空间。这些所谓的半哑管只有一个源/漏终端，场氧部分地进入多晶几何图形区。半哑栅条的最小长度(多晶条边到边)必须至少等于有源区对多晶区的最小重叠长度加上多晶悬伸越过有源区最小长度之和。除非是最不重要的匹配应用，所有应用的半哑栅条宽度不应小于 $2\sim3\,\mu m$，因为在这个距离上通常会观察到明显的微负载效应。半哑图形的一个问题是：许多 DRC 和 LVS 工单会将其标记为无效结构。可以通过重写工单来消除这些错误诊断。这在版图设计人员自己编写工单时非常容易，但现在可能需要公司不同部门之间，甚至两家公司之间的协调努力。如果所需的时间和精力过多，我们可以使用全哑图形来代替半哑图形。半哑图形的另一个问题是，它们可能会使有源区或阱的边缘非常接近有源栅，以至于邻近效应变得非常明显(见下文)。如果这些都是需要考虑的问题，那么可以将半哑图形做得更宽，或者用全哑图形代替。

在制造过程中，多晶图形的边角往往会变圆。出现这种情况的原因可能是光的波动本性使其无法清晰分辨像尖角这样的短程的空间变化，也可能是边角附近的多晶刻蚀的速率变化。亚微米的工艺通常采用光学邻近校正(OPC)技术(参见 3.3.4 节)来最大限度地减少边角的圆弧化，但 OPC 并非完美无缺。圆角的影响范围很少超过 $1\sim 2\ \mu m$，因此只需要将多晶栅(包括哑栅)延伸到有源区外 $1\sim 2\ \mu m$ 处，就能消除由此产生的任何不匹配。要实现非常精确的匹配，所有栅极都应具有完全相同的伸长量。这就排除了用多晶硅将多个栅条互连的可能性，这种结构有时被称为多晶硅梳，如图 13.46 所示。除了要求最精确匹配的晶体管，其他晶体管都可以使用多晶硅梳，但互连的多晶硅必须离开有源区至少 $1\sim 2\ \mu m$。

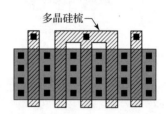

图 13.46　采用多晶硅梳的多分部 MOS 晶体管

现代工艺使用化学机械抛光(CMP)来平坦化层间的氧化物介质。必须满足最低图形密度的规则以避免碟形坑(参见 2.7.5 节)。图形生成(Pattern Generation，PG)工单通常会生成额外的无功能的金属和多晶几何图形，以帮助实现足够的密度。这些无功能的多晶或金属几何图形通常称为哑几何图形。多晶层上的几何图形称为哑多晶图形，金属层上的称为哑金属。这些几何图形不应与图 13.45b 和 c 中的哑栅条相混淆。哑图形的目的不是用作哑栅条，其几何图形和间距很少与有源晶体管的栅相匹配。对于非常精确匹配的晶体管，通常最好在匹配晶体管的 $10\sim 15\ \mu m$ 范围内阻止哑多晶图形的产生，并且除了 MOS 晶体管阵列的有源栅和哑栅外，不在此区域内放置其他的多晶硅图形。

在涂覆光刻胶时，如果邻近的形貌干扰了光刻胶的径向流动，也会造成刻蚀速率的变化。对于图 13.47 所示的工艺，在去除预栅氧之前，在整个晶片上沉积一层多晶硅，然后使用 poly-0 掩模进行刻蚀。由此产生的多晶硅图形将构成多晶-多晶电容的下极板，如图 13.47a 所示。接下来，去除预栅氧并进行栅氧化。这种氧化也会在 poly-0 几何结构的顶部形成氧化物介质层，如图 13.47b 所示。接下来，在整个晶片上沉积另一层多晶硅，并使用 poly-1 掩模进行刻蚀，如图 13.47c 所示。刻蚀后产生的多晶硅几何图形构成了电容器的上极板和 MOS 晶体管的栅。

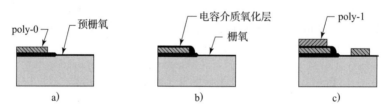

图 13.47　使用 poly-0 和 poly-1 组成多晶-多晶电容

现在，我们来看看在进行 poly-1 图形化之前，在晶圆片上涂覆光刻胶时的旋转操作。poly-0 几何图形的存在会扰动晶圆上的液流。事实证明，这些扰动会造成 MOS 晶体管之间高达 12% 的失配。这种不匹配可能发生在距离 poly-0 几何结构超过 $30\ \mu m$ 之处。如果将匹配的晶体管放置在距离 poly-0 图形至少 $150\ \mu m$ 的地方，则几乎可以消除这种现象。

2. 多晶硅扩散穿透

大多数工艺都是以本征或接近本征的形态沉积栅多晶硅的。在随后的退火步骤中，通过离子注入加入的掺杂杂质会在整个多晶硅层中重新分布。大多数掺杂杂质沿着晶粒边界的扩散很快，而穿过单个晶粒内部的扩散要慢得多。因此，掺杂杂质首先是在晶粒间界与氧化物/多晶界面的交汇处抵达栅氧化层的，如图 13.48a 所示。如果在扩散的这一阶段终止退火，那么晶体管就会因为要部分地耗尽未完全掺杂的多晶晶粒，而出现额外的阈值电压变化。继续退火可充分令掺杂杂质再分布，以防止由耗尽引起的失配，如图 13.48b 所示。但是，如果退火持续时间过长，掺杂杂质可能会穿透薄氧化层并扩散到背栅区。掺杂杂质穿透栅氧层首先发生在多晶晶粒间界位置附近，因为掺杂杂质是在这些点处首先抵达栅氧层的，如图 13.48c 所示。这种机制会再次导致器件失配。

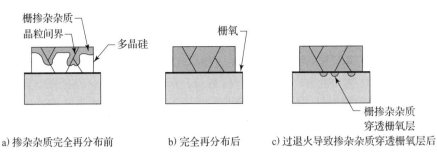

a) 掺杂杂质完全再分布前　　　b) 完全再分布后　　　c) 过退火导致掺杂杂质穿透栅氧层后

图 13.48　栅掺杂杂质扩散的三个阶段的多晶硅栅的剖面

3. 沟道附近扩散

深扩散会影响附近 MOS 晶体管的匹配。这些扩散的尾部超出其冶金结位置相当长的距离，它们引入的过量掺杂杂质会移动阈值电压并改变附近晶体管的跨导。模拟 BiCMOS 工艺的深 N+阱（deep-N+sinker）就是深扩散的一个例子。所有深 N+阱和类似的扩散都应远离匹配晶体管的有源栅区。一般来说，应将版图规则允许的最小间距增加几微米，以防止扩散相互作用。

常规的阱也属于深扩散。N 型阱不应靠近匹配的 NMOS 晶体管，以防止 N 阱掺杂分布的尾部与匹配晶体管的沟道相接。匹配的 PMOS 晶体管应放置在包围该管的 N 阱区中，与阱边缘相距适当的距离，以防止外扩散导致背栅区掺杂变化，如图 13.49 所示。在大多数情况下，阱到有源栅区间距的最小设计规则应增加数微米。如果设计规则支持多个工作电压，则间距应比最低电压的规则所规定的间距增加数微米。如果实际栅压要求更大的间距，则可使用该间距，不需要任何增加量。

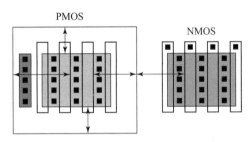

图 13.49　绘制的阱边缘与有源栅区之间的间距

4. 阱邻近效应

现代 CMOS 工艺通常采用倒梯度阱来增强抗闩锁能力和抑制穿通。倒梯度阱的掺杂浓度峰值出现在硅表面下一定距离处。高能离子注入（也即通常所说的兆伏特注入）可用于将掺杂杂质打入至所需深度。现代工艺还使用浅沟槽隔离（STI）。阱注入是在 STI 平坦化后进行的，以消除横向外扩散。理想情况下，阱掺杂应保持为大致恒定，向上至 STI 的场氧化区边缘。在实践中，最靠近 STI 的阱，此部分的掺杂程度通常高于较远的区域。这种现象被称为阱邻近效应（Well Proximity Effect，WPE）。

研究人员已经确定，阱邻近效应是相邻光刻胶区域的掺杂原子折转撞击造成的，如图 13.50 所示。理想情况下，光刻胶会吸收所有撞击到它的离子。然而，兆伏特注入中使用的离子能量非常高，即使在与光刻胶中的原子碰撞后也会保留很大的能量。其中一些离子会横向偏折，撞击裸露的硅表面。由于其巨大的残余能量，这些离子可以穿透硅，增加阱边缘附近的掺杂浓度。减小离子注入的角度可以最大限度地减少 WPE，但不能完全消除。

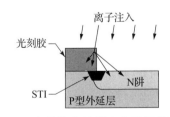

图 13.50　离子注入过程中的晶圆片剖面，显示打在光刻胶外周的离子折散开，导致相邻的阱掺杂增加（阱邻近效应）

阱邻近效应会在阱边缘附近产生掺杂梯度。这种梯度的具体跨度取决于光刻胶厚度和离子注入电压。在距离阱边缘 3～5 μm 处就能观察到这种效应，但在 1～2 μm 范围内受到的影响最大。最严重的失配发生在一个靠近阱边缘的晶体管和另一个远离阱边缘的晶体管之间。在一个具体的案例中，当较近器件的有源栅距阱阱边缘 $1.8\,\mu m$ 时，观察到的电流失配为 5%。当间距为 $0.95\,\mu m$ 时，电流失配增加到 25%。

为确保精确匹配，阱几何图形的边缘应距离匹配晶体管的有源栅区至少 $3\sim5\,\mu m$。应在匹配晶体管阵列的两端放置哑栅极，如图 13.51a 所示。这些哑器件下方的有源区会将阱边缘推离有源器件。这种预防措施可消除阵列两端的有源晶体管与中间晶体管之间严重的系统性失配。但是，这并不能防止折转的离子增加阵列中每个晶体管侧边的背栅区的掺杂。任何此类背栅区掺杂的增加，都会导致随机失配的相应增加。与窄器件相比，宽器件失配的增加幅度较小，因为在背栅掺杂增加的区域内，较宽沟道的器件落于此区域的部分更少。因此，只要使用更宽沟道的晶体管，就能最大限度地减少随机失配的增加。另外，也可以将晶体管侧面的阱边缘向场氧区移动更远一些，如图 13.51b 所示。

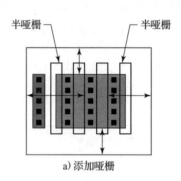 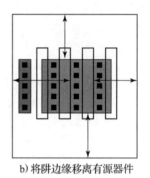

半哑栅　　半哑栅

a) 添加哑栅　　　　b) 将阱边缘移离有源器件

图 13.51　阱邻近效应的解决方法

具有相对较深 N 阱的 BiCMOS 工艺通常需要在 N 阱下方设置 NBL，以抑制闩锁和穿通。表面的不连续性称作 NBL 阴影(参见 2.5.1 节)，通常用于将后续工艺步骤与 NBL 套刻对准。为了防止图案变形，初始晶圆通常会略微偏离晶轴切割，这反过来又会导致 NBL 阴影横向移动。这种图案偏移很容易将 NBL 阴影移到位于 NBL 上方的 PMOS 晶体管的有源区。由于 MOS 晶体管是表面器件，NBL 阴影与有源栅极的交叉会干扰流经沟道的电流，并带来失配。因此，如果工艺出现 NBL 阴影，版图设计人员应充分扩大阱及其包含的 NBL，以便将阴影移至 PMOS 晶体管有源栅区域之外。制程设计人员应了解图案偏移的大小和方向，因为要将后续掩模与 NBL 阴影对准，就需要这些信息。通常图形偏移不会超过外延层厚度的 150%。

采用浅槽隔离的制程不会出现 NBL 阴影，因为 STI 沉积后的 CMP 平坦化会消除任何此类的表面不连续性。因此，在 STI 工艺中不必担心 NBL 阴影带来的失配。

在包含许多独立叉指的 LDMOS 晶体管中也观察到了与 WPE 类似的现象。由于离子注入散射折转和微负载效应，最外层的叉指与其他叉指并不相同。这可能会导致最外层叉指与内层叉指之间的差异高达 10%。这种现象有时被称为"第一指效应"(First-finger Effect)。它会导致感应场效应晶体管(senseFET)出现严重失配。增加哑叉指条以确保 senseFET 不是最外层的叉指，可以在很大程度上消除"第一指效应"。

5. 扩散区长度效应

浅槽隔离(STI)会在相邻硅区域产生压应力。这些应力主要是由使沉积氧化物致密化的高温退火造成的。在退火过程中，沟槽侧壁上会生长出额外的氧化物。由于这些氧化物的体积约为被其取代的硅体积的 2.2 倍，因此沟道和相邻硅都会出现横向压应力。一个小 MOS 管会同时受到沟道中纵向和横向压应力的影响。这些应力会降低 NMOS 的跨导，而将 PMOS 的跨导提高 10% 或更多。此外，还观察到应力引起的阈值电压偏移达到或超过 10 mV。阈值电压的偏移可能是应力引起的掺杂杂质扩散速率发生变化造成的。当离开 STI 侧壁时，压应力会迅速减小。拓宽源/漏终端可使 STI 侧壁远离沟道，从而将应力引起的变化降至最低。源/漏区域有时也称为

"源/漏扩散区",因此拓宽它们后的影响被称为扩散区长度(Length Of Diffusion,LOD)效应。

LOD 效应会在阵列两端的和中间的晶体管之间产生失配,因为末端器件承受的 STI 引起的横向应力更大。只需要伸长阵列两端的有源区,通常伸长 $3\sim5\ \mu m$,即可将 LOD 引起的失配降至最低,如图 13.52a 所示。具有足够宽有源区的哑晶体管可最大限度地减少 LOD 和 WPE 引起的失配,以及刻蚀速率变化的失配。要实现优化的匹配,有源区至少要比最末端的有源晶体管超出 $3\sim5\ \mu m$。如果阵列晶体管的沟道长度至少为 $3\sim5\ \mu m$,则只需要一个哑晶体管即可,如图 13.52b 所示。否则,阵列的两端可能需要两个或更多哑管。精度较低的匹配不需要这么大的尺寸,$2\sim3\ \mu m$ 的距离就足够了。

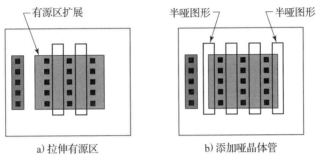

a) 拉伸有源区   b) 添加哑晶体管

图 13.52　扩散区长度效应的修复方法

由于浅槽隔离产生的局部应力梯度可跨越数微米,因此沟槽的宽度也会对晶体管的跨导产生影响。这种效应有时被称为 OD-OD 应力,其中 OD 代表"Oxide Definition"(描述有源区的另一术语)。在匹配晶体管阵列的两端进行有源区扩展或放置哑器件,也有助于最大限度地减少 OD-OD 应力对器件匹配的影响。

6. 卡口与亚阈值驼峰

在某些低压 CMOS 工艺中,与场氧相邻的 MOS 沟道部分,阈值电压略低于器件的其余部分。这些区域被称为"卡口晶体管"或"卡口"(Stringer)。这些卡口不应与某些双多晶工艺(参见 7.1.3 节)中出现的残余多晶的卡口混淆。卡口晶体管与晶体管的其他部分,阈值电压相差很小,因此只要有效栅电压 $V_{GS}\text{-}V_t$ 等于 100 mV 左右,卡口晶体管就不会产生明显的失配。但是,随着流过晶体管的电流减小,器件接近到亚阈值区域,卡口造成的失配就会越发严重。含有卡口的电流镜在亚阈值区工作要比在饱和区工作表现出大得多的失配,这是众所周知的。

在漏电流与栅-源电压的半对数曲线图上,卡口的存在会导致亚阈值电流超过亚阈区工作的线性趋势线。这种增加被称为"亚阈值驼峰"(Subthreshold Hump),因为漏电流曲线现在是向下凹的,而不是线性的,从而使曲线呈现出"驼峰"的形状。亚阈区增加的导通并不一定意味着更差的匹配,但亚阈值驼峰的出现通常意味着卡口晶体管的存在,而且相对于没有卡口的器件而言,这些器件的尺寸非常小,几乎总是会导致随机失配的增加。

图 13.53a 显示了一个含有卡口的 NMOS 晶体管。卡口形成于图中沟道的带阴影线的部分。形成卡口的原因可能有几种。在某些工艺中,紧邻浅槽隔离的栅氧层会稍微变薄。NMOS 晶体管可能会出现硼偏析到浅槽隔离区的现象。这会降低背栅区,从而降低阈值电压。

图 13.53b 显示了一种可减少卡口影响的结构。器件两端的多晶硅栅的扩展部分,称作"鳍"(Fin),抑制了源和漏终端之间的低 V_t 沟道区(图中的阴影区)。这大大延长了低 V_t 器件的长度,从而减少了通过该器件的电流。

环形晶体管(参见 12.2.8 节)是避免卡

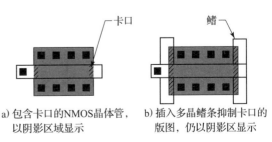

a) 包含卡口的 NMOS 晶体管,　　b) 插入多晶鳍条抑制卡口的
以阴影区域显示　　　　　　　　版图,仍以阴影区显示

图　　13.53

口的另一种可行方法。格子栅本质上则是把图 13.53b 所示的鳍概念用到了极致。

7. PMOS 与 NMOS 晶体管比较

NMOS 晶体管通常比 PMOS 晶体管匹配得更精确。在许多不同的工艺中都观察到了这种现象。一些研究人员报告说,PMOS 晶体管的跨导失配比同类 NMOS 晶体管多 30%~50%。一些研究还发现,PMOS 晶体管的阈值电压失配也有所增加,但似乎不如跨导失配那么显著。

造成 PMOS 和 NMOS 晶体管之间差异的机制尚不十分清楚。在某些工艺中,NMOS 晶体管实际上比 PMOS 晶体管表现出更多的随机失配。设计人员在选择匹配电路中使用的晶体管类型之前,应检查实际匹配数据。

13.2.3 偏置相关的失配

MOS 晶体管经常会因偏置条件的不同而出现系统性失配。许多不同的机制都会产生这种失配,包括沟道长度调制、热载流子产生和偏置-温度不稳定性。本节将介绍这些机制,并说明如何将其对匹配 MOS 晶体管的影响降至最低。

1. 沟长长度调制

沟道长度调制会导致在不同漏-源电压下工作的短沟道晶体管之间出现严重失配。晶体管之间的系统性失配与它们的漏-源电压之差成正比。考虑两个晶体管 M_1 和 M_2 工作于漏-源电压 V_{DS1} 和 V_{DS2} 的情况,令 $\Delta V_{DS} \equiv V_{DS2} - V_{DS1}$,则漏电流 I_{D2} 与 I_{D1} 之比为

$$\frac{I_{D2}}{I_{D1}} = 1 + \frac{\lambda \Delta V_{DS}}{1 + \lambda V_{DS1}} \approx 1 + \lambda \Delta V_{DS} \tag{13.53}$$

式中,沟道长度调制因子 λ 大致为

$$\lambda = \frac{1}{BL_e \sqrt{N_b}} \tag{13.54}$$

式中,N_b 是背栅区掺杂浓度;B 是比例常数,通常为 $0.1 \sim 0.2 \, V \cdot \mu m^{1/2}$。该式仅适用于具有至少几微米长的均匀掺杂沟道的器件。对上述公式的研究表明,沟道长度调制引入的系统误差与沟道长度成反比;对于低电压的工艺,如果背栅区的掺杂浓度较高,则沟长调制引入的误差变得更小。这些条件仅在偶然情况下才会满足,因为 c_{Vt} 的持续下降也允许在低电压工艺中电流镜采用更短的沟道长度。模拟设计人员因而已经将电流镜沟道长度从 20 V 晶体管的 $15 \sim 30 \, \mu m$ 缩减到 2 V 晶体管的 $5 \sim 10 \, \mu m$。

除了简单地增加沟道长度外,电路设计人员还可以通过限制偏置网络中连续电流镜的数量以及战略性地使用级联来匹配漏-源电压,从而降低沟长调制的影响。MOS 电路设计人员很少使用源负反馈来对抗沟长调制,因为 MOS 晶体管的跨导较低,如果不采用大的电压和同样大的电阻,就很难获得足够的负反馈。

2. 热载流子产生

如 5.3.1 节所述,横跨饱和 MOS 晶体管夹断区的强电场可将载流子加速到远超热扩散所能达到的速度。这些所谓的热载流子会通过几种不同的机制,导致在不同漏-源电压下工作的 MOS 晶体管之间出现失配。

碰撞电离会增大在相对较高的漏-源电压下工作的饱和晶体管的漏电流。热载流子撞击晶格原子并撞出价电子,产生电子-空穴对。每对载流子中的一个会增大漏电流,而另一个则会增大背栅电流。例如,在 NMOS 晶体管中,电子会增大漏电流,而空穴则会增大背栅电流。漏电流的增大随漏-源电压的变化而变化,从而导致在不同电压下工作的器件之间出现系统性失配。

碰撞电离的大小取决于几个不同的因素。电子比空穴更具移动性,而且电子电离硅原子的效果也略好于空穴。因此,在类似的电场强度下工作时,NMOS 晶体管比 PMOS 晶体管受到更多的碰撞电离影响。夹断区的实际电场不仅取决于漏-源电压,还取决于栅-源电压以及器件的漏工程是否有效。因此,不可能给出"安全"漏-源电压的一般规则。取而代之的是,我们必须参考碰撞电离与漏电压关系曲线的测量或模拟的数据。

令关键性的匹配器件工作于相同的和相对较低的漏-源电压下,可以在很大程度上避免碰

撞电离造成的漏电流失配。这可以通过在每个匹配晶体管的漏通路中放置一个称为级联管 (Cascode)的附加晶体管来实现。图 13.54 显示了两个匹配的 PMOS 晶体管 M_1 和 M_2 由一对级联管 M_3 和 M_4 保护的示例。级联晶体管由适当尺寸的长沟道 PMOS 管 M_5(连接成二极管形式)进行偏置。要确保 $V_{DS1} = V_{DS2}$，只需要设置

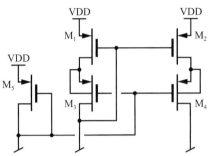

$$\frac{W_1/L_1}{W_2/L_2} = \frac{W_3/L_3}{W_4/L_4} \tag{13.55}$$

实际上，沟长 L_1 和 L_2 通常是相等的，L_3 和 L_4 也是相等的。因此，器件的宽度必须满足下式的要求：

$$\frac{W_1}{W_2} = \frac{W_3}{W_4} \tag{13.56}$$

注意，级联管 M_3 和 M_4 的背栅连接到各自的源极。即使其中一个晶体管发生了碰撞电离，其源电流和背栅电流之和仍等于漏电流。这种预防措施可确保碰撞电离不会导致 M_3 和 M_4 漏电流的系统性失配。级联可充分降低晶体管 M_1 和 M_2 的漏-源电压，使其产生的热载流子几乎可以忽略不计。

图 13.54　采用级联管 M_3 和 M_4 来均衡 M_1 和 M_2 漏-源电压的 PMOS 电流镜示例

热载流子注入也会导致阈值电压逐渐偏移。如 5.3.1 节所述，与晶格原子碰撞的热载流子偏折向上到达氧化层界面。这些偏折的载流子中，少量会具有足够的能量来越过氧化层界面。这些载流子可通过多种机制产生氧化层电荷，其中最常见的机制是脱氢(Dehydrogenation)。在晶圆制造过程中，氢原子沿氧化层界面钝化缺陷点。连续多次的热载流子撞击会破坏硅氢键，并重新生成陷阱点。其他机制包括应变的硅氧键断裂和氧化层内的电子捕获。器件物理学家无法确定哪种机制占主导地位，但是最终结果是氧化层电荷逐渐累积。一般来说，累积的电荷为正，阈值电压要么变为较小的正值，要么变为较大的负值。NMOS 和 PMOS 晶体管都会受到影响，但由于空穴的移动性低于电子，因此需要更高的电场来产生热空穴。这意味着 NMOS 晶体管的阈值电压偏移通常大于 PMOS 晶体管。在某些情况下，持续的热载流子注入会导致阈值电压停止下降并重新开始上升。最初的阈值电压降低可能是由于产生了捕获空穴的界面陷阱。随后的增加可能是通过氧化层界面注入的热电子中和了这些捕获的空穴，然后这些陷阱又开始捕获电子。

在不同漏-源电压下工作的 MOS 晶体管会逐渐积累高达几十毫伏的系统性失配。消除这些失配的最佳方法是使用级联，充分降低匹配晶体管的漏-源电压，从而防止热载流子的产生。级联还迫使匹配晶体管在相同的漏-源电压下工作，因此即使产生少量热载流子，它们对晶体管的影响或多或少也是相同的。

热载流子注入也会降低 MOS 的跨导性能。脱氢再生的界面陷阱会干扰沿硅表面的载流子流动。由此导致的表面迁移率下降会使器件的跨导率相应下降。这种机制会导致在不同漏-源电压下工作的器件之间出现失配。在某些情况下，这些失配可能会超过阈值电压偏移造成的失配。同样，最佳解决方案是使用级联来降低匹配器件的漏-源电压。这些级联管还能迫使匹配晶体管在相同的漏-源电压下工作，因此即使跨导降低，它们对晶体管的影响或多或少也是相同的。

3. 偏置-温度不稳定性

使 MOS 晶体管的栅极相对于其背栅和源极呈负偏置，会逐渐使其阈值电压向较低的正值或较高的负值移动(参见 5.3.4 节)。高温会加速这种机制，称作负偏置-温度不稳定性 (Nnegative-Bias Temperature Instability，NBTI)。PMOS 晶体管受到的影响更大，因为它们通常是在栅-源负电压下工作。在负栅-源电压下工作的 NMOS 晶体管也可能出现 NBTI 偏移，但通常比 PMOS 晶体管受到的影响要小。此外，人们还观察到跨导下降。研究人员认为，NBTI 过程涉及空穴冲撞氧化层界面后的脱氢和陷阱再生。这些陷阱的位置会引起阈值电压偏移和跨

导的降低。栅氧化层较薄的晶体管往往会出现较大的偏置-温度不稳定性，这更多是受到器件设计人员通常所允许的、在极薄栅介质层中增加的电场的影响。

一些 PMOS 晶体管在栅-源或栅-背栅电压差为正值的情况下工作时，也会出现阈值偏移。这些正偏压温度不稳定性(Positive-Bias Temperature Instability，PBTI)偏移的幅度通常比NBTI 小得多。研究人员认为，PBTI 产生的原因是与 NBTI 类似的空穴注入机制导致了多晶硅-氧化层界面陷阱再生。PBTI 的幅度通常比 NBTI 小得多。使用氮氧化物或 ONO 叠层介质也与 NBTI 和 PBTI 的大幅增加有关。在这些器件中，PBTI 甚至可能上升到等于或超过 NBTI。

NBTI 和 PBTI 合在一起称为偏置-温度不稳定性(Bias Temperature Instability，BTI)。与热载流子注入不同，即使漏电流没有流动，BTI 也会导致系统失配累积。两个匹配晶体管只需在不同的栅-源电压下工作，其中至少有一个电压为负即可。这样的条件最常见于匹配的 PMOS 晶体管。其中一个例子是具有 PMOS 输入差分对的比较器。比较器的输入通常是不平衡的，两个晶体管的栅-源电压均为负值。很多的电路设计技术，例如增加钳位二极管，可以最大限度地减少NBTI 引起的失配。或者，也可以用较强抗性的器件代替较弱的器件。在许多工艺中，NMOS 晶体管比 PMOS 晶体管更不易受 BTI 影响，因此可以(例如)用 NMOS 差分对取代 PMOS 差分对。

13.2.4　氢化反应

工艺设计人员很早就知道，在氢气环境中退火的 MOS 晶体管随机阈值电压变化较小。研究人员已经证明，氢会扩散穿过栅氧化层到达硅表面，并在那里与表面陷阱发生反应。这些陷阱位置，正式名称为 P_b、P_{b0} 和 P_{b1} 界面点，非正式名称为悬挂键，会捕获空穴或电子。由此产生的电荷积累会导致阈值电压偏移。氢化可消除陷阱电荷，及其引起的随机阈值电压变化。

有些氢是多晶硅沉积反应的副产品。通过等离子体增强化学气相沉积(Plasma-Enhanced Chemical-Vapor-Deposition，PECVD)生成的压应力性的氮化硅保护层也含有大量松散结合的氢。氢离子在氧化物中具有流动性，允许其在退火过程中扩散，远至数微米。

匹配 MOS 晶体管金属化图形的差异会使原本相同的器件之间产生较大的阈值电压失配。一些工程师曾认为这些失配是由结构上方的金属引起的应力梯度造成的。这种应力梯度无疑是存在的，但对阈值电压的影响很小，对跨导的影响也不大。相反，不完全氢化才是金属化引起失配的真正罪魁祸首。

现代 CMOS 集成电路中普遍存在不完全氢化现象，这是由多种因素造成的。其中最重要的是在栅氧化层和其上方保护介质之间存在的金属几何图形。氢不易在铝或铜中扩散(尽管氢在多晶硅中移动性很强)。金属化系统的某些成分，如钛硅化物和钛钨难熔阻挡层金属，实际上可能会吸收氢，这种现象被称为"氢吸杂"(Hydrogen Gettering)。即使管芯其他地方存在过量的氢，它也必然会在金属几何图形下横向扩散而被吸收。这就需要长时间的制造后退火，就像以前铝接触的合金工艺那样。大多数现代 CMOS 工艺都没有足够长时间的退火来中和金属几何结构下的所有表面电荷。

在覆盖金属的 MOS 晶体管与未覆盖金属的 MOS 晶体管之间，已观察到高达 20% 的系统漏电流失配。无论所涉及的是何种金属层，这些失配都会出现。一些设计人员试图通过在晶体管上面完全覆盖一层金属来消除金属化引起的失配。金属各边缘下方的氢扩散所产生的阈值电压梯度仍会造成明显的失配。即使不是这种情况，悬挂键氢化失效也会导致随机阈值电压变化显著增加。为确保最佳匹配，设计人员不应在关键匹配晶体管的有源栅区上方放置金属化层。另外，设计人员应尽量减少与此类器件相邻的金属图形，对于匹配晶体管周围的金属图形，要进行最大可能的匹配。一种不太理想的配置是用金属覆盖两个晶体管的有源栅极区。这样，更高层的金属就可以在此金属板的上方自由布线通过了。仅在此情形下，匹配的晶体管才能允许在其上的不同金属图形布线。

哑金属与 MOS 匹配

现代金属化系统采用化学机械抛光(CMP)技术，以获得精细线条光刻所要求的高平坦化表面。CMP 加工通常需要插入额外的金属几何图形，以保持大致恒定的金属图案密度(参见

2.7.5 节）。这些额外的金属几何图形称为哑金属（参见 13.2.2 节）。其形式通常是在图形生成时自动插入若干重复的简单几何图形（如矩形或十字形）。这一过程称为自动填充生成，会在匹配晶体管上方放置哑金属几何图形。

大多数自动填充生成算法都支持屏蔽哑金属生成的伪数据层。版图设计人员可以在匹配晶体管上编码这些屏蔽层数据。然后，他们自己负责，来确保这些伪数据区域内金属密度符合版图设计规则。这些规则通常规定，在任何特定尺寸的正方形区域内必须存在一个确定的金属密度。例如，规则可能要求边长为 $250\ \mu m$ 的任何窗口内，金属密度至少为 25%。设计规则检查（DRC）工单通常使用所谓的"窗口游走"算法来验证是否符合要求。试想一下，在版图的左上角绘制一个指定尺寸（例如 $250\ \mu m \times 250\ \mu m$）的正方形"窗口"。在检查确保该窗口内的金属密度符合版图规则后，试想将窗口稍稍向右移动并重复该过程。当窗口"横穿"整个芯片后，想象将窗口稍稍向下移动并再次在芯片上横向游走。如果游走窗口移动的步长是无限小的，那么该算法就能有效地检查每个可能窗口中的金属密度。在实践中，游走窗口必须采取相对较大的步长，以减少计算负担。这样，算法就不会检查每一个可能的方形窗口，而只会对其中的一部分进行抽样检查。这可能会导致矛盾的结果。例如，一个子单元的某些实例可能会通过检查，而其他实例则可能因为窗口落在了实例的不同位置而无法通过检查。这些问题会使金属密度的处理变得很困难，需要反复尝试。但是，如果要屏蔽关键性匹配晶体管上的自动填充生成，就必须这样做。一般来说，应尽可能减少使用哑金属屏蔽块位置的数量，并尽可能限制每个位置屏蔽块的大小。一个实现该目标的方法是使用金属板覆盖非关键性的匹配晶体管，这样金属屏蔽块的区域就不需要再包含它们了。

据报道，被不同金属填充图案包围的晶体管之间漏电流的失配可达 1%，即使晶体管本身上方并没有填充金属图形。这些失配可能是由相邻金属几何形状产生的氢浓度梯度造成的。因此，我们应尽量在关键性匹配晶体管周围使用定制的哑金属图案，使每个晶体管在向外的数微米范围内，接触相同的相邻金属图形。对于关键性匹配器件，不太相似金属图形的出现应在至少 $10\ \mu m$ 的距离以外，因为即使在这样的距离尺度，金属几何图形似乎仍会产生影响。

13.2.5 梯度效应

如果要使两个器件相互匹配，它们不仅必须具有完全相同的物理几何形状，而且还必须表现出完全相同的器件特性，工作于相同的条件下。比方说，如果两个器件的栅氧化层厚度或温度不同，那么就会出现失配。许多器件特性（包括栅氧化层厚度）和许多工作条件（包括温度）在整个管芯中是逐渐且持续变化的。由此产生的失配取决于器件之间的距离以及器件特性或工作条件随位置变化的速度。

半导体器件占据的不是离散的点位置，而是有限的区域。更确切地说，它们占据的是有限的硅体积，不过大多数器件的纵向范围很小，可以忽略不计。因此，器件的等效位置就是器件有效区域所有部分的加权平均。假设感兴趣的参数随距离线性变化（这对小的距离来说是一个安全的假设），则等效位置等于有效区域内所有点位置的几何平均值。这个量被称为有源区域的中心点。正如 8.2.7 节所述，应用中心对称原理可以找到几何图形的中心点，该原理指出几何图形的中心点位于其所有对称轴上。因此，只需找到两条对称轴，中心点就会位于它们的交点上。例如，MOS 晶体管中一个单节，其有源区是一个矩形，由多晶和有源区几何图形的交义区域定义，如图 13.55a 所示。因此，该晶体管的中心点即垂直对称轴和水平对称轴的交叉点，图中这两条对称轴以虚线表示。图 13.55b 显示了由四个叉指节组成的晶体管。虚线再次表示水平对称轴和垂直对称轴，中心点位于这两条轴的交点处。

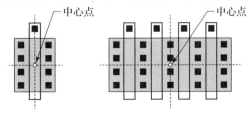

a) 单节 MOS 晶体管中心点　　b) 由四个叉指节组成的
　　　　　　　　　　　　　　　　MOS 晶体管中心点

图　13.55

器件参数或运行条件随位置的变化率称为其梯度。例如，温度随位置的变化率称为温度梯度。如果我们将结温 T 作为符号，那么温度梯度就表示为 ∇T。

假设我们感兴趣的是梯度（例如温度梯度）对两个匹配器件 M_1 和 M_2 电气参数 P 的影响。两个器件之间的失配 ΔP 为

$$\Delta P = \alpha P_{12} d_{CC} \nabla T_{CC} \tag{13.57}$$

式中，α 是参数 P 的线性温度系数；d_{CC} 是 M_1 和 M_2 的中心点之间的距离；P_{12} 是任一器件参数 P 的值（温度取两中心点中点处测得的温度）；∇T_{CC} 是沿通过两个中心点的轴线的热梯度。注意，失配等于梯度与中心点间距的乘积。匹配器件之间的距离越近，它们之间由梯度引起的失配就越小。影响 MOS 匹配的梯度包括氧化层厚度梯度、应力梯度和温度梯度。

1. 氧化层厚度梯度

生长的氧化膜厚度取决于氧化气氛的温度和组分。现代氧化系统的控制非常精确，但温度和气氛组分会有轻微变化。厚氧化层有时会因薄膜干涉而呈现出同心色环的图案。这些色环表明存在径向的氧化层厚度梯度。栅氧化层太薄了，无法呈现干涉颜色，但其他测量通常也会显示整个晶圆片存在径向的厚度梯度。在一次实验中，$250\,\text{Å}$（$25\,\text{nm}$）的干氧化层从晶片边缘到中心有 5% 的径向变化，最薄的氧化层在圆片中心。产生这种梯度的原因是向炉管中注入了氯化氢，这种技术通常用于最大限度地减少金属沾污。在 $200\,\text{mm}$ 晶圆上 5% 的线性径向梯度仅相当于 $0.5\,\text{ppm}/\mu\text{m}$，这表明晶圆级氧化层梯度不会对正确版图的匹配器件产生重大影响。

2. 应力梯度

机械应力对 MOS 晶体管的阈值电压影响很小，但会导致器件跨导的显著变化。如果只考虑管芯表面上的平面应力，未受应力影响时器件跨导为 k 的 MOS 晶体管，在应力下的偏移量 Δk 为

$$\Delta k = -k \left(\frac{\pi_L \sigma_L + \pi_T \sigma_T + \pi_{LT} \tau_{LT}}{1 + \pi_L \sigma_L + \pi_T \sigma_T + \pi_{LT} \tau_{LT}} \right) \approx -k (\pi_L \sigma_L + \pi_T \sigma_T + \pi_{LT} \tau_{LT}) \tag{13.58}$$

经线方向应力 σ_L 为沿沟道长度方向的应力，垂线方向应力 σ_T 为垂直于沟道方向的应力，表面剪应力 τ_{LT} 代表作用在管芯表面的平面剪应力。这三个应力分量对器件跨导的影响可通过三个压阻系数来量化，即 π_L、π_T 和 π_{LT}。这些系数随晶轴和掺杂极性的不同而变化。表 13.1 列出了 MOS 沟道的压阻系数。

表 13.1 MOS 沟道的压阻系数（$25\,^\circ\text{C}$，单位为 $10^{-11} \cdot \text{Pa}^{-1}$）

经线方向	PMOS		NMOS	
	π_L	π_T	π_L	π_T
〈100〉表面〈100〉晶向	-15	30	-90	40
〈100〉表面〈110〉晶向	65	-50	-30	-20

表 13.1 中列出的数值与表 8.7 中的体硅数值并不完全一致。沟道将载流子限制在紧邻氧化层界面的薄层中。载流子自此界面散射出去，导致有效迁移率降低和各种体硅压阻系数混合。栅电压也会影响压阻系数，因为垂直电场的变化会调节载流子散射的强度。实验表明，与 PMOS 系数相比，NMOS 压阻系数受到的影响更大，并且对于沟道沿〈100〉晶向的晶体管，较高的栅电压，可使 π_L 和 π_T 减小高达 50%。一些研究人员还认为与长沟道器件相比，短沟道器件的应力灵敏度更低，但是这可能主要是源/漏终端电阻对短沟道器件影响更大的缘故。

当 NMOS 晶体管的沟长沿〈100〉晶轴时，其应力灵敏度最大；当沟长沿〈110〉晶轴时，应力灵敏度最小。晶圆片（100）表面上的一个〈110〉晶轴是平行于晶圆片主定位边的，而另一条晶轴则垂直于定位边。由于管芯芯片是相对于该定位平边布局的，版图的 X 轴和 Y 轴就都对应于〈110〉晶向。因此，水平或垂直方向的 NMOS 晶体管表现出最小的应力灵敏度。

当 PMOS 晶体管的沟长沿〈110〉晶轴时，其应力灵敏度最大；当沟长沿〈100〉晶轴时，其应力灵敏度最小。〈100〉晶轴与晶圆片主定位边成 45° 角。因此，PMOS 晶体管取向为对角线方

向而非垂直或水平时，应力敏感性最小。实际上，由于对角线晶体管难以绘制，因此很少有版图利用这一事实。大多数现代版图编辑器只支持八种正交变换（参见 3.1.4 节），因此无法将 PCell 旋转 45°。虽然我们仍然可以通过仔细定位原始图形来构建对角晶体管，但是这需要花费相当大的功夫。此外，版图设计规则很少考虑到晶体管对角放置的可能性。因此，一般不推荐采用对角取向的版图。

匹配 MOS 晶体管可采用与电阻器和双极型晶体管相同的放置规则（参见 8.2.8 节）。特别是，它们不应放置在管芯的边缘或转角附近。靠近管芯中心的位置应力梯度最小，对应力引起的失配具有最大的抗扰性。如果可能，关键性匹配晶体管应位于管芯的对称轴上。强烈建议采用共中心的版图技术。

3. 温度梯度

MOS 晶体管的电压匹配主要取决于阈值电压匹配。阈值电压随温度降低的速度与基-射极电压大致相同，约为 $-2\,\mathrm{mV/℃}$。这一温度系数的大部分原因是栅和背栅材料的功函数随温度变化而变化。阈值电压的温度系数几乎与偏置无关。

MOS 晶体管和双极型晶体管输入差分对对于失调精修的反应截然不同。请看图 13.56 所示的比较器电路。图 13.56a 中的双极型晶体管电路由输入差分对 Q_1-Q_2 和电流镜 Q_3-Q_4 组成。两个双极型晶体管之间的失配几乎完全由其发射极区域之间的失配构成。于是，输入失调电压的标准偏差 $s_{V\mathrm{io}}$ 为

$$s_{V\mathrm{io}} = \frac{V_\mathrm{T}}{I_\mathrm{C}}\sqrt{s_{I\mathrm{c}12}^2 + s_{I\mathrm{c}34}^2} \tag{13.59}$$

式中，V_T 是热电压；I_C 是通过 Q_1 的集电极电流；$s_{I\mathrm{c}12}$ 是 Q_1 和 Q_2 之间电流失配的标准偏差；而 $s_{I\mathrm{c}34}$ 是 Q_3 和 Q_4 之间电流失配的标准偏差。如果集电极电流 I_C 是常数，则输入失调与绝对温度成正比（Proportional To Absolute Temperature，PTAT）。

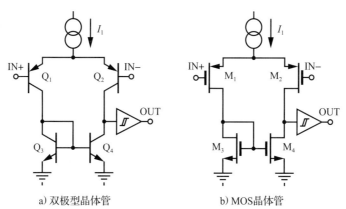

a) 双极型晶体管　　　　　　b) MOS晶体管

图 13.56　比较器电路

在晶体管 Q_3 和 Q_4 下方插入射极负反馈电阻，可对电流失配进行精修。这样，输入失调不仅在一个温度点处消减到零，而且在一定温度范围内也都是零。

图 13.56b 中的 MOS 晶体管电路由输入差分对 M_1-M_2 和电流镜 M_3-M_4 组成。阈值电压和漏电流失配都会导致输入失调。输入失调电压的标准偏差 $s_{V\mathrm{io}}$ 为

$$s_{V\mathrm{io}} = \sqrt{s_{V\mathrm{t}12}^2 + \left(\frac{s_{I\mathrm{d}12}}{g_{\mathrm{m}1}}\right)^2 + \left(\frac{g_{\mathrm{m}3}}{g_{\mathrm{m}1}}s_{V\mathrm{t}34}\right)^2 + \left(\frac{s_{I\mathrm{d}34}}{g_{\mathrm{m}1}}\right)^2} \tag{13.60}$$

式中，$s_{V\mathrm{t}12}$ 是 M_1 和 M_2 的阈值电压差的标准偏差；$s_{I\mathrm{d}12}$ 是它们的漏电流差的标准偏差；$s_{V\mathrm{t}34}$ 是 M_3 和 M_4 的阈值电压差的标准偏差；$s_{I\mathrm{d}34}$ 是它们的漏电流差的标准偏差。假定 $s_{I\mathrm{d}12}$ 和 $s_{I\mathrm{d}34}$ 不包括任何阈值电压变化的贡献。$g_{\mathrm{m}1}$ 和 $g_{\mathrm{m}3}$ 是 M_1 和 M_3 的小信号跨导。注意，式(13.60)包括取决于小信号跨导的项和不取决于小信号跨导的项。由于小信号跨导本身就是强依赖于温度的

函数，这意味着在某一温度下对输入失调进行精修，并不能使其在一定温度范围内都达到最小化。相反，精修只能消除大约三分之二的温度的过分变化。这与双极电路形成鲜明对比，在双极电路中，精修几乎可以消除所有的温度过分变化。在实践中，最好的办法是尽可能增大 g_{m1}，减小 g_{m3}。这样，输入失调将主要由 s_{Vt12} 项组成，然后可以在其中一个输入端串联一个小的压降来进行精修。总之，与 MOS 电路相比，双极电路的精修更为简单有效。

包含显著的功率电源的集成电路会产生较大的热梯度。放置与功率器件有关的匹配电阻器、双极晶体管，所适用的预防措施(参见 8.2.7 节)同样也适用于匹配 MOS 晶体管。匹配晶体管不应放置在功率器件附近，如有可能，应放置在跨管芯上主要热源的对称轴上。再次强烈建议采用共中版图技术。

13.2.6 MOS 晶体管的共心版图设计

通过减少受影响器件中心点之间的距离，可以最大限度地减少梯度引起的失配。有些版图实际上可以将中心点置于同一位置。如果失配是纯线性的，则这些共心的版图可以完全消除梯度引起的失配。实际上，梯度对电气参数的影响从来不是完全线性的。不过，在短距离内，它们会变得近似线性。因此，最好的版图不仅是共心的，还是非常紧凑的。

MOS 晶体管的有源区通常呈长方形。与电阻器一样，这些晶体管通常被分为若干分部，通常称为"(叉)指"，它们排列起来构成紧凑的阵列。最简单的阵列类型是将多个器件指并排放置。如果这些指适当地交错嵌合，则匹配器件的中心点将在阵列对称轴的中点重合。图 13.57 举例说明了一对相互交错嵌合的匹配 MOS 晶体管。

属于嵌合匹配器件的分部通常用字母表示，然后将交错的模式指定为文本字符串。例如，图 13.57 中的两个匹配晶体管各包含两个分部。如果用 A 和 B 表示这两个分部，则图 13.57 阵列的交错模式为 ABBA。

电流横向流过 MOS 晶体管。电流可以从右向左流动，也可以从左向右流动。这两种方向的特性可能不完全相同，因此有必要在交错模式中指明源和漏的位置。为此，可以在适当的位置插入字母 S 和 D 作为下标。图 13.57 中的交错模式为 $_DA_SB_DB_SA_D$。

为了理解为什么方向性如此重要，请想象一对匹配晶体管，其中一个完全由漏区在左侧的分部组成，另一个完全由漏区在右侧的分部组成。如果漏区在左侧的器件与漏在右侧的有任何差异，就会出现失配。为了防止靶材料中形成注入通道，源/漏的注入需要偏斜一定的角度进行，这是造成取向效应的一个可能的原因。偏斜角度的注入导致栅极一侧的源极/漏区域比另一侧的源/漏区域，其在栅侧墙下方的部分会穿透更远的距离，如图 13.58 所示。这种影响可以通过在注入过程中旋转晶圆片来最小化，但不均匀现象可能仍然存在，尤其是在晶圆片以稍微偏离晶轴线切割时。当 NBL 阴影用作对准标记时，这种偏离晶轴的切割可以防止图案变形。造成与方向有关的差异

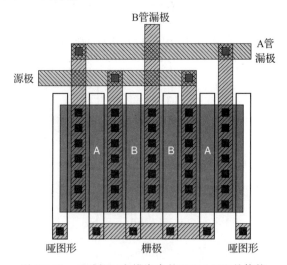

图 13.57　一对相互交错嵌合的匹配 MOS 晶体管

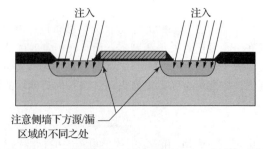

图 13.58　由于使用了一定倾角的注入，源/漏区域发生了对角方向的偏移。为清晰起见，夸大了注入偏角

还有许多其他原因,其中有些原因比其他的更为重要。例如,漏扩展器件的源和漏边界由不同的图层定义。因此,各层之间的光刻套刻偏差会产生与方向相关的失配,其影响可能相当严重。每个晶圆片都会出现不同的对准误差,单个晶圆片上的不同位置也会出现对准误差。

我们必须更正式地定义方向,以便全面分析其对匹配的影响。考虑一个由相同 MOS 分部(或区段、节)组成的阵列,使漏电流水平地向左或向右流动。如果电流流向右侧,则给定区段的取向 Φ 等于$+1$;如果电流流向左侧,则取向 Φ 等于-1。由多个区段组成的晶体管的方向等于各区段方向之和除以区段数 N,即

$$\Phi = \frac{1}{N} \sum_{i=1}^{N} \Phi_i \tag{13.61}$$

两个方向相同的晶体管不会出现方向失配。例如,一个晶体管由三个向右的区段和一个向左的区段构成,其取向为$(3-1)/4=1/2$。类似地,一个晶体管有九个向右的区段和三个向左的区段,其取向为$(9-3)/12=1/2$。这两个晶体管的取向相同,因此不会出现取向失配。请注意,只有当两个取向的大小和符号都相等时,它们才是相等的;取向$+1/2$不等于取向$-1/2$。大多数设计人员倾向于使用零取向的晶体管,换言之,左取向和右取向区段的数量相等。然而,具有相同非零取向的晶体管也可以匹配。二维阵列可以用水平取向 Φ_H 和垂直取向 Φ_L 来分析。匹配晶体管的 Φ_H 和 Φ_L 必须都相同。加入方向要求后,MOS 晶体管共心版图的匹配规则增至五条(见表 13.2)。

表 13.2　MOS 晶体管共心版图的五条匹配规则

序号	规则内容
1	重合:匹配 MOS 晶体管的中心点应至少大致重合。理想情况下,中心点应完全重合
2	对称:阵列应围绕水平轴和垂直轴对称
3	分散:在可能的情况下,应将大阵列细分为尽可能多的小阵列,每个小阵列都应满足重合和对称规则。如果能做到这一点,那么大阵列就不需要满足前述规则,只需满足组成大阵列的子阵列满足即可
4	紧凑:阵列(或其每个子阵列)应尽可能紧凑
5	取向:匹配 MOS 晶体管应具有相同的取向

表 13.3 列出了具有共源连接的 MOS 晶体管的交错嵌合模式,在这些模式中,相互交错嵌合是平行于器件沟长方向进行的,器件的源极连接至同一节点。源和漏叉指用下标表示,可能重复的分部序列用括号括起来,后面用上标表示重复的次数。上标相同的序列必须重复相同的次数。某些交错模式包含了源/漏叉指不能合并的位置,这些位置用"一"表示。

表 13.3　具有共源连接的 MOS 晶体管的交错嵌合模式

序号	示例	序号	示例
1	$(_DA_SB_DB_SA)_D^i$	4	$(_SA_DA_SB_D -_SA_DA_S -_DB_SA_DA)_S^i$
2	$(_SA_DA)^i(_SB_DB)^j(_SA_DA)_S^i$	5	$(_SA_DA_SB_DB_SC_DC)_S^i(C_DC_SB_DB_SA_DA_S)^i$
3	$(_SA_DA_SB_DB_SA_DA)_S^i$		

表 13.3 中所列各项都符合重合、对称和取向的规则,但并非所有项都是尽可能分散或紧凑的。如果器件不共享共同的源连接,则必须在一个器件的分部邻接另一个器件分部之处插入隔离空间。或者,也可以将器件排列起来,使其在器件宽度方向上相互交错。这种排列方式允许源极和漏极完全自由地连接。宽度方向的交错嵌合通常用于电流镜,因为器件不仅可能长于其宽度,而且它们是共享相同的栅条的,这可以通过延伸栅条通过所有的晶体管而实现。

二维共心阵列比一维交错阵列具有更好的匹配效果,但前提是它们必须更加紧凑。如上所述,共中心版图可以消除梯度所引起失配中的线性分量,但不能消除高阶的分量。这些高阶项中最大的通常是二次项,因此未被共中心版图布局抵消的、梯度所引起失配的残差,往往会随

着阵列间距离的平方而增加。如果可以将阵列划分为更小的共中心的子阵列，则只需考虑这些子阵列的尺寸。因此，如果表 13.3 中的第 3 项需要重复 6 次，则只需针对这 6 次重复中的 1 次进行考虑，来确定残差的大小。这就解释了为什么紧凑型阵列比不紧凑型的匹配效果更好。有限元分析表明，由方图形构成的二维阵列 AB/BA 与由相同图形构成的线性阵列 ABBA 相比，其梯度引起的残余失配约为后者的 60%。这意味着，宽度与长度相近的晶体管最好排列成二维阵列的形式。最简单的此类阵列如图 13.59 所示，通常称为交叉耦合对(Cross-coupled Pair)。

交叉耦合对只有在存在明显梯度的情况下才能提高匹配度。用作测试的器件通常不会显示交叉耦合器件对与交错排列器件之间的任何差别，因为测试芯片不包括热源，也没有以加剧机械应力的方式进行封装。

图 13.59 是最简单的二维共中心阵列。这种版图符合交错嵌合模式 $_DA_SB_D/_DB_SA_D$，其中斜线将占据上行的区段与占据下行的区段分隔开来。这种版图不仅相对紧凑，而且还符合取向规则，因为属于每个匹配器件的两个区段的取向方向相反。这种交叉耦合对尤其适用于相对较小的 MOS 晶体管。

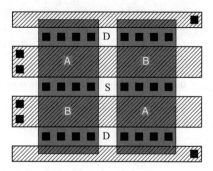

图 13.59 带有公共栅和半哑图形的交叉耦合对

面对包含两个以上区段的晶体管，大多数设计人员只需将每个晶体管的区段分为两组，然后将这些组排列起来，形成一对交叉耦合对。例如，如果每个晶体管包含四个区段，则产生的交错嵌合模式为 $_SA_DA_SB_DB_S/_SB_DB_SA_DA_S$。只要产生的阵列大致呈正方形，这种排列方式就能很好地发挥作用。如果阵列变长，则最好将区段排列成多个较小的交叉耦合子阵列。下面三个示例展示了这种排列方式逐渐放大的过程：

$_DA_SB_DB_SA_D$ $_DA_SB_DB_SA_D$ $_DA_SB_DB_SA_DA_SB_DB_SA_D$

$_DB_SA_DA_SB_D$ $_DB_SA_DA_SB_D$ $_DB_SA_DA_SB_DB_SA_DA_SB_D$

                    $_DA_SB_DB_SA_D$ $_DA_SB_DB_SA_DA_SB_DB_SA_D$

                                          $_DB_SA_DA_SB_DB_SA_DA_SB_D$

                                          $_DA_SB_DB_SA_DA_SB_DB_SA_D$

                                          $_DB_SA_DA_SB_DB_SA_DA_SB_D$

这种较为复杂的模式很难实现互连，尤其是当两个器件的栅极不连接在一起时。一般来说，除了最大的器件外，其他器件都可以使用较简单的模式，因此也更容易连接。

13.3 MOS 晶体管的匹配规则

上一节讨论了导致 MOS 晶体管之间失配的机制。本节试图将这些信息浓缩成一套定性的规则，使设计人员在无法获得定量匹配数据的情况下(通常是这种情况)，也能以一定的把握设计出匹配的 MOS 晶体管。

MOS 晶体管可以针对栅-源电压或漏电流的匹配进行优化，但不能同时针对这两种进行优化。下面给出的一些版图规则只适用于电压匹配或电流匹配，其他规则则同时适用于两种类型。如果给定的规则没有特别说明匹配的类型，则是同时适用于两者。

以下规则使用"最小""适度"和"精细"来表示匹配的精确程度。

1) 最小匹配：电压失配为 ±10 mV，或电流失配为 ±10%。这些数据假定如下的条件：采用 6σ 统计、10 年工作寿命、−40~125 ℃结温和传统塑料封装。对于非关键性的电路中用作偏置的电流镜，只要在产生电流的电阻和使用电流的电路之间有不超过 3~4 个这样的电流镜，这种匹配水平就足够了。

2) 适度匹配：电压失配为 ±3 mV 或电流失配为 ±3%。对于通用运算放大器和比较器的输入差分对来说，这种匹配水平是令人满意的。

3) 精细匹配：电压失配为 ±1 mV 或电流失配为 ±1%。要达到这种匹配水平，需要由许多分部来组成超大共心阵列，或进行封装后的精修微调。室温下的精修不能完全消除过温变化。如果没有精确的信息，则假定精修可消除三分之二的 −40～125 ℃ 的初始温漂。由于精修无法弥补热梯度，因此适当的版图布局仍然非常重要，尤其是在含有大量热源的器件中。高精度运算放大器和比较器的输入级通常需要精细的匹配。使用自动归零和斩波稳定等电路设计技术，可以实现令人惊喜的精确电压匹配效果。不过，这些技术也有自身的局限性，电路设计人员有时更倾向于使用匹配良好的较大器件。

以下总结了 MOS 晶体管匹配的最重要规则。

1) 使用相同的分部。不同宽度和长度的晶体管匹配度很低。不仅晶体管的实际尺寸与绘制尺寸不同，而且短沟道和窄沟道效应也会产生严重的系统性失配。电压匹配的器件通常较宽且相对较短，最好通过并联多个器件分部来构建。每个器件分部的宽度和长度都应与其他器件分部相同。相邻区段通常可以共享源或漏连接。电流匹配器件的长度通常大于宽度，因此可通过串联多个器件分部来实现。这种串接会产生少量的固有失配，因此不适合需要精细匹配的应用。无论器件分部是串联还是并联，各个分部的器件尺寸须完全相同。

2) 对于电压匹配，应使用较大器件。根据佩尔格罗姆定律，两个晶体管之间的电压失配程度是其有源区面积的平方根的倒数。有源区面积翻两番，电压失配就会减半。栅氧化层更薄的低压工艺可减少随机变化，因此实现相同的精度所需的面积可以小一些。表 13.4 列出了达到不同匹配精度所需的典型面积。电路设计人员通常会因为在关键匹配电路中使用低电压晶体管而遇到大量问题。

表 13.4　不同额定工作电压的晶体管在不同电压匹配精度下所需的典型有源区面积

精度	12 V	5 V	3.3 V	1.8 V
最小	423 μm^2	56 μm^2	19 μm^2	5.8 μm^2
适度	4700 μm^2	630 μm^2	220 μm^2	64 μm^2
精细	42 000 μm^2	5600 μm^2	1900 μm^2	580 μm^2

注：假设栅氧化层每纳米的 $c_{Vt} = 1$ mV，12 V 时 $E_{max} = 3.5$ MV/cm，5 V 时为 4.0 MV/cm，3.3 V 和 1.8 V 时都为 4.5 MV/cm。

3) 电流匹配时，使用长器件。对于在固定电流下工作的 MOS 晶体管，增加宽度并不能显著改善电流匹配，但能降低在饱和状态下工作所需的最小漏-源电压。对于固定尺寸的晶体管，电流越大，匹配性越好，但也会增加保持饱和状态所需的漏-源电压。栅氧化层越薄，匹配性越好，这意味着低电压工艺的电流匹配性更好。表 13.5 列出了电流为 1 μA 时达到不同匹配精度所需的典型沟道长度。表中的数值是假定阈值电压失配大于跨导失配而计算得出的。也许，电流匹配最令人惊讶的地方在于，在低电流条件下要获得高精度的匹配，需要非常长的沟道长度，特别在较厚栅氧化层的情形下。

表 13.5　在 $I_D = 1$ μA 条件下，不同额定栅-源工作电压的晶体管实现不同程度电流匹配所需的典型沟道长度

类型	精度	12 V	5 V	3.3 V	1.8 V
NMOS	最小	24 μm	15 μm	11 μm	8.1 μm
	适度	79 μm	48 μm	37 μm	27 μm
	精细	240 μm	140 μm	110 μm	81 μm
PMOS	最小	14 μm	8.6 μm	6.6 μm	4.9 μm
	适度	47 μm	29 μm	22 μm	16 μm
	精细	142 μm	86 μm	66 μm	49 μm

注：假设栅氧化层每纳米的 $c_{Vt} = 1$ mV，12 V 时 $E_{max} = 3.5$ MV/cm，5 V 时为 4.0 MV/cm，3.3 V 和 1.8 V 时都为 4.5 MV/cm。

4) 避免电流匹配晶体管工作于亚阈区。有些 MOS 晶体管(尽管不是全部)在脱离饱和状态进入亚阈值区时,电流失配会急剧增加。这种现象是卡口晶体管(Stringer Transistor)造成的。浅槽隔离的晶体管很容易形成卡口,除非对工艺进行调整以防止该问题的出现。可以通过查看漏电流与栅-源电压的半对数曲线图,来检测是否存在亚阈区驼峰,从而确定卡口的存在。如果已知或怀疑存在卡口,则有最小电流匹配及以上要求的晶体管,应在所有工艺角下有效栅压 $V_{GS}-V_t$ 保持在至少 100 mV 以上,或者采用不易受卡口影响的晶体管设计。抗卡口晶体管的例子包括环形器件和设置了抑制卡口鳍条的器件。

5) 除非沟道长度较短,否则避免使用口袋注入的晶体管。使用口袋注入(也称为 halo 注入)的器件,在沟道长度较短时服从佩尔格罗姆定律。然而,一旦沟道长度达到 $1\sim2~\mu m$,阈值电压失配就会与沟道宽度的平方根成反比,而与沟道长度无关。因此,沟道长度远大于 $1~\mu m$ 时,匹配效果不会有任何改善。这意味着带口袋注入的器件不适合于电流匹配。

6) 尽可能使用薄氧化层的,而不是厚氧化层的器件。MOS 晶体管的阈值电压失配与栅氧化层厚度呈线性关系。因此,具有较薄氧化层的晶体管往往具有更好的匹配特性(见表 13.4 和表 13.5)。只要电路配置允许,就应考虑使用尽可能薄的栅氧化层来改善匹配。薄栅氧可实现更高的小信号跨导,这对于最大限度地降低电流失配对放大器和比较器输入失调的影响也很有用。级联的低压晶体管通常可以替代高压晶体管。

7) 匹配的晶体管应具有相同的取向。晶体管各分部如果沟道不平行,则容易受到应力和取向引起的失配影响。如果器件的沟道长度由两个独立的版图层定义,这些失配会变得非常严重,漏扩展晶体管就是这种情况。调整晶体管区段的方向通常只消耗很少或根本不需要额外的面积,因此设计人员应始终确保匹配晶体管的取向一致。在器件包含多区段的情况下,使用式(13.61)计算的每个晶体管的取向 Φ 值,要求精细匹配时应当相等;对于非自对准栅的器件(如大多数非对称漏扩展晶体管),则无论何种匹配要求,取向 Φ 值均应相等。对于用于适度匹配的自对准器件,取向 Φ 值应保持相等或至少接近相等。

8) 将匹配的晶体管靠近放置。MOS 晶体管容易受到温度梯度、应力、氧化层厚度和其他参数的影响。即使是匹配度极低的晶体管也应尽可能相互靠近。适度匹配的晶体管至少应相邻放置,最好是相互交错嵌合,至少使其中心点大致对齐。精细匹配的晶体管应始终使用精心设计的共中版图。

9) 使匹配晶体管的版图尽可能紧凑。MOS 晶体管通常适合细长型的版图。这种版图很容易受到来自各种梯度的非线性成分的残余梯度失配的影响。匹配阵列应尽可能紧凑。因为选择了在最小匹配、适度匹配和精细匹配下较为合理的设计值,此时是否紧凑对于电流匹配的影响,与电压匹配相比不那么紧要。使用宽长比为 10∶1 或更大的阵列可以轻松实现最小电流匹配。适度电流匹配一般应使用宽长比为 3∶1 的阵列。精细电流匹配应使用尽可能接近正方形的阵列。需要注意的是,如果整体的阵列包含多个较小的共心子阵列,由所有匹配晶体管的分部构成,那么只有这些子阵列的宽长比是重要的,而整个阵列的宽长比并不重要。最小电压匹配一般应使用宽长比为 3∶1 或更高的阵列,而适度和精细电压匹配则应使用正方形或接近正方形的阵列。与电流匹配一样,如果阵列由较小的共心子阵列组成,则只需考虑子阵列的宽长比。如果一组匹配器件的可用面积较长,将整个阵列划分为多个紧凑的子阵列仍可实现出色的匹配。

10) 在可行的情况下,使用二维共中版图。二维共心阵列(如交叉耦合对)通常比仅沿一条轴线采用交错嵌合分部的类似阵列具有更好的匹配性,尤其是在二维共心阵列比一维共心阵列更为紧凑的情况下。只要有可能,就应采用二维共中的版图,例如交叉耦合对。电压匹配晶体管通常很容易做到这一点,因为这些器件可以分成许多并联的分部。分部可以组合在一起,形成近似正方形的子器件,然后将这些子器件放置在一起,形成二维共心的版图。

11) 在可行的情况下,避免使用极短或极窄的匹配晶体管。具有亚微米尺寸的晶体管可能会因周边效应而增加随机失配。除非有数据显示周边效应的相对重要性,否则在适度和精细匹配的晶体管中应避免使用亚微米级的尺寸。避免采用这种小尺寸的另一个原因是：它们对可用空间的利用效率非常低。源/漏终端占短沟道晶体管总面积的比例过大，而这些终端对提高匹配度毫无帮助。同样，在窄沟道晶体管阵列中，各分部之间的间距也占据了过多的空间，晶体管各分部之间的空间并不能改善匹配。

12) 在阵列匹配晶体管的两端放置哑图形。最小匹配晶体管不需要哑图形，但如果空间允许，最好还是加上。适度匹配的晶体管一般应包含哑图形，而精细匹配的晶体管则应始终使用哑图形。对于沟道长度小于约 3 μm 的适度匹配晶体管的阵列，最好在阵列两端使用完整的哑晶体管。对于沟道长度大于 3 μm 的适度匹配晶体管阵列，可在阵列两端使用半哑晶体管，其多晶宽度不必超过 3 μm。如果工艺采用浅槽隔离，则有源区应延伸到阵列最后一个有源栅区之外至少 5 μm 处，这可能要求有源区延伸到半哑器件之外。在这种情况下，版图设计规则可能会使具有 2~3 μm 沟长的全哑器件成为放置在阵列两端的最佳选择。沟道长度小于约 10 μm 的精细匹配晶体管应采用一个或多个全哑晶体管，以确保最外侧哑器件的外多晶边缘距离任何有源器件的最近边缘至少 10 μm。沟道长度超过约 10 μm 的精细匹配晶体管可采用半哑晶体管，只要这些半哑晶体管的多晶条宽至少等于 10 μm。如果工艺采用浅槽隔离，有源区应至少超出最外侧有源栅区 10 μm。在这种情况下，版图规则可能会使栅条为 8~10 μm 的全哑器件成为比半哑器件更好的选择。应该对哑器件的栅极做电学连接，以抑制这些器件中沟道的形成，因为这样可以最大限度地减少漏电和寄生电容。需要注意的是，正确使用哑器件还能防止扩散长度效应(LOD)造成的失配。

13) 将晶体管放置在应力梯度较低的区域。在传统的引线塑封封装内，管芯中部的应力梯度最小。从管芯中心向边缘的很大范围内应力梯度也是落于最小值附近的。这些是放置匹配晶体管的最佳位置。管芯的最边缘和拐角的位置应力梯度最大，因此是放置匹配晶体管的最差位置。最小匹配晶体管不应放置在管芯的拐角处，也不应放置距管芯边缘 50~100 μm 范围内。适度匹配晶体管最好放置在管芯内部，但也可以放置在管芯某一边的中点附近，距离该中点至少 100~250 μm。精细匹配晶体管应始终位于管芯内部。对于使用凸焊点或铜柱的芯片，在这些结构的周边附近应力梯度达到最大。梯度将在每个凸点或立柱的中心点降到局部最小值。在相邻的凸点或立柱之间，梯度也会下降到局部最小值。凸点或立柱下方的梯度通常围绕凸点或立柱的中心点呈现对称。凸点或立柱之间的梯度通常围绕两个凸点或立柱间的对称轴呈现对称。适度匹配的晶体管可以位于凸点或立柱的下方，只要它们离开凸点或立柱的外围，处于内部即可。晶体管也可以位于凸点或立柱之间，放置在凸点或立柱间的对称轴上。精细匹配的晶体管通常体积过大，无法放置于凸点或立柱的下方，因此最好放置在凸点或立柱之间的对称轴上。

14) 将匹配的晶体管放置在远离功率器件的位置。功率集成电路通常指耗散功率至少为 1 W 的电路。在这类集成电路上很难甚至不可能实现精细匹配。如果必须做此种尝试，功率器件应放置在管芯的一端，最好在管芯的对称轴上。匹配晶体管则位于管芯的另一端，同样也最好位于管芯的对称轴上。必须在热梯度和应力梯度之间做出折中，最佳位置可能是从管芯中心到距离功率器件最远边的四分之三处。考虑将芯片拉长到 2∶1 甚至 3∶1 的长宽比，可以进一步将匹配晶体管与功率器件分开。使用排列成共心子阵列的较多的小分部，以尽量减少非线性梯度的作用距离。适度匹配的 MOS 晶体管应远离数瓦的功率器件，最好将它们放置在管芯的另一端附近。使用精心交错嵌合的晶体管，或者更好的二维共心阵列，如交叉耦合对。最小匹配的晶体管可以放置在距离数瓦功率器件几百微米的以内，只要它们经过精心嵌合或以交叉耦合对的形式做版图设计。应避免将晶体管放置在功率器件的边角附近，因为这些位置的梯度既不是水平的，也不是垂直的。即使是 250 mW 的功率器件，要集成精细匹配的 MOS 晶体管，也需要较大的间距、相对于对称轴的仔细布局，以及精心构建的共中心版图。适度匹配的晶体管可以与较小的功率器件靠得很近，前提是这些晶体管以某种共心阵列的方式排列。如果可能，应保持至少 1 $\mu m/mW$ 的间距，但在实践中，保持这一距离的一半甚至四分之一通常就足够了。最小匹配晶体管可以与小功率器件相邻放置，但必须使用设计合理的共心阵列。无论如何，在不损害版图其他方面的情况下，将匹配器件与功率器件分开是谨慎且合适的。

15) 理想情况下，匹配 MOS 晶体管应放置在芯片的对称轴上。在传统引线塑封封装中，管芯的应力梯度围绕其对称轴对称。因此，精细匹配的 MOS 晶体管阵列应放置在管芯的对称轴上。适度匹配的 MOS 晶体管不是必须放置在对称轴上(尤其是在包含许多匹配元件的大型设计中)，将其放置在接近对称轴的位置，也是可以从中获益的。最小匹配度的晶体管可以放置在远离芯片轴线的位置。

16) 不要在有源栅区上方放置接触孔。大多数设计规则不允许在匹配 MOS 晶体管的有源栅区的上方放置接触孔。NMOS 晶体管的有源栅区由 NMoat 和 poly 两图层的交叉区域构成，而 PMOS 晶体管的有源栅区由 PMoat 和 poly 的交叉区域构成。即使设计规则没有禁止，也应避免在匹配晶体管的有源区上放置接触孔。对于环形器件，可考虑使用允许多晶栅条延伸至场区的布局，以便在那里放置栅极接触孔。

17) 不要在匹配 MOS 晶体管的有源栅区任意铺设金属。金属导线可以跨过最小匹配的晶体管，只要跨过每个 MOS 分部的金属图形与跨过其他 MOS 分部的金属图形相同即可。更好的方法是在晶体管的整个有源区上放置一块金属场板。如果使用 M-1 金属场板，则只要场板 M-1 与源/漏金属化 M-1 之间的距离满足最小金属-金属间距，就是可以接受的。然后，较高金属层引线就可以跨过该场板布线了。适度匹配的晶体管不应使用金属场板，也不得有金属引线跨过其有源区。精细匹配的晶体管不得使用金属场板，也不得有金属引线跨过其有源区。此外，还应尽量减少精细匹配晶体管有源区 $5 \sim 10~\mu m$ 范围内不必要金属的量。理想情况下，任何必须在此类晶体管有源栅区 $5 \sim 10~\mu m$ 范围内通过的引线，都应使每个晶体管分部接触到类似的相邻金属化图形。

18) 阻止在匹配晶体管上产生哑金属图形，除非下方有场板。使用金属场板的最小匹配晶体管可以容忍在场板上方的金属层上存在哑金属几何图形。如果没有场板，则要在整个匹配阵列上绘制哑金属禁用区的图形，禁用区包围所有匹配晶体管的有源区。对于精细匹配的晶体管，禁用区应在所有方向上超出有源栅区域 $5 \sim 10~\mu m$。确保在钝化层下面的每层金属都包括了禁用区。

19) 使所有的深扩散结远离有源栅区域。阱边界与精细匹配晶体管之间的最小间距应至少为 $5 \sim 10~\mu m$ 或至少为阱结深的两倍，以较大者为准。类似的考虑也适用于深 N+ 和其他深度扩散。最小匹配和适度匹配晶体管只需遵守适用的版图设计规则即可，但容易产生阱邻近效应(WPE)的低压工艺例外，在这种情况下，绘制的阱边界应与适度匹配晶体管的有源栅区保持至少 $3~\mu m$ 的距离，与最小匹配器件的有源栅区保持至少 $2~\mu m$ 的距离。

20) 不要让 NBL 阴影区与匹配晶体管的有效区域相交。在出现 NBL 阴影的工艺中，应确保这种表面不连续性不会落在任何适度或精细匹配晶体管的有源区上。如果不知道 NBL 偏移的方向，则应在晶体管有源区的四边留出足够的套刻距离或间距。如果 NBL 偏移的幅度也不确定，则套刻距离或间距至少应为最大外延层厚度的 150%。使用 CMP 平坦化的工艺不会出现 NBL 阴影。

21) 将栅几何图形从有源区向外延伸到比规则要求更远的距离，至少远 $1 \sim 2~\mu m$。将适度或精细匹配阵列的所有栅几何图形向外延伸，超出版图设计规则所要求距离以外至少 $1 \sim 2~\mu m$。哑多晶也是延伸同样的距离。确保适度或精细匹配晶体管的栅条不会比其两侧的栅条延伸得更远，因为多晶延伸量的变化会造成刻蚀速率变化，进而产生细微的失配。最小匹配晶体管无需遵守这些限制。

22) 用金属带连接栅指。使用金属而非多晶硅连接适度或精细匹配晶体管的栅指，这样可以防止因晶体管附近多晶硅几何形状的不同而导致刻蚀速率的变化。这一要求不必适用于最小匹配的晶体管。

23) 让无关的多晶几何图形远离匹配晶体管。不要在精细匹配晶体管的 $5 \sim 10~\mu m$ 范围内穿行未连接的多晶硅条。如果处理过程会产生哑多晶硅几何图形，则应限制在精细匹配晶体管 $5\sim10~\mu m$ 范围内。适度匹配的晶体管也可从同样的考虑中获益，但其适用距离变为 $3\sim5~\mu m$。最小匹配晶体管是可以与任何的多晶硅几何图形紧邻的，只要在阵列的两端放置哑图形即可。如果最小匹配晶体管阵列不使用哑图形，则多晶硅几何图形应与匹配晶体管保持至少 $3\sim5~\mu m$ 的距离。

24) 考虑是否将高精度的 PMOS 晶体管定向成 45°。当 NMOS 晶体管的沟道沿水平或垂直方向排列时，其应力灵敏度最小，这也是这些器件的通常布局方式。而当 PMOS 晶体管的沟道旋转 45° 时，应力灵敏度最小。这类器件很难布局，而且可能会导致 DRC 违规警告。因此，只有在精细匹配情况下，而且只有在预计存在较大机械应力的情况下，才考虑使用斜向 PMOS 晶体管。非常大的管芯，以及使用焊料电镀或金共晶键合进行封装的管芯颗粒，尤其容易受到高水平的机械应力。如果器件使用斜角注入，比如有时用于形成口袋的注入，则不能使用对角取向的 PMOS 晶体管。在尝试使用对角取向之前，请向工艺设计人员咨询，以确保特定工艺允许使用对角取向。

13.4　本章小结

虽然 MOS 晶体管在构建数字逻辑时不可或缺，但是它们在模拟和电源设计中也发挥着重要作用。事实上，现代 BiCMOS 设计中几乎所有的晶体管都是 MOS 晶体管。由于双极型晶体管通常比 MOS 晶体管大得多，而且通常消耗更多的电流，因此大多数此类设计只包含最低限度的双极型晶体管。

MOS 功率器件彻底改变了功率开关。现代低压集成 MOS 晶体管的导通电阻可达 $1~m\Omega$ 或更低。这种超低电阻允许集成的功率器件处理数十安的电流，而不会产生过多热量。目前，含集成功率器件的开关变换器已经能够处理数百瓦的功率。由于 MOS 晶体管中缺乏少数载流子，因此开关频率可达数十兆赫。如此高的开关频率大大缩小了制造开关变换器所需的无源元件的尺寸。

随着工艺中使用越来越薄的栅氧化层和更高掺杂浓度的背栅，MOS 晶体管匹配性稳步提高。虽然 MOS 晶体管的匹配度可能永远比不上双极型晶体管，但是在许多应用中，MOS 晶体管的匹配度已提高到可与双极型晶体管相媲美的程度。现代 BiCMOS 模拟设计充满了 MOS 电流镜、差分对和其他类型的匹配 MOS 晶体管。

总之，CMOS 晶体管已在集成电路设计的所有领域占据主导地位。展望未来，似乎没有理由相信这种状况会很快改变。

习题

13.1 假设一个漏耗尽宽度 x_d 等于夹断区宽 x_p 的 10% 的晶体管，可承受 $10~V$ 的漏-源电压。如果 x_d 增加到 x_p 的 50%，类似器件可承受的漏-源电压是多少？

13.2 请提出一种具有轻掺杂扩展漏区的自对准 PMOS 晶体管结构。绘制一个代表性的采用此种结构晶体管的剖面图。

13.3 如果漏扩展型 NMOS 没有场缓解的结构，其薄栅氧可以承受 $10~V$ 电压，那么下列哪些偏置条件是允许的，为什么？哪些是不允许的，为什么？

a) 非对称 NMOS，$V_{GS}=6~V$，$V_{DS}=10~V$。

b) 非对称 NMOS，$V_{GS}=7~V$，$V_{DS}=16~V$。

c) 非对称 NMOS，$V_{GS}=3~V$，$V_{DS}=16~V$。

d) 对称 NMOS，$V_{GS}=-13~V$，$V_{DS}=-16~V$。

e) 对称 NMOS，$V_{GS}=20~V$，$V_{DS}=0~V$。

13.4 绘制非对称和对称的漏扩展 NMOS 晶体管的版图，每个晶体管的绘制尺寸均为 2(15/20)。除基本 CMOS 工艺规则外，还应用如下的漏扩展 NMOS 晶体管的特定规则：

a) NMOAT 图形扩展进入 POLY 区（在非对称器件的源端）：$1.5~\mu m$。

b) NWELL 延伸进入 POLY 区（漏扩展端）：精确值 $2~\mu m$。

c) NMOAT 与 NWELL（栅极下方）的间距：精确值 $0.5~\mu m$。

还有，非对称晶体管使用对接的背栅接触。为什么对称晶体管不能使用对接背栅接触？

13.5 一个 50 000/2 的 NMOS 晶体管，计算其最大 $R_{DS(on)}$ 的理论值，该器件工作于 5 V < V_{GS} < 15 V 和 −40 ℃ < T_j < 150 ℃ 条件下。假设器件在 25 ℃ 时的阈值电压为 (0.7 ± 0.2) V，温度系数为 −2 mV/℃；在 150 ℃ 时的工艺跨导为 35 × (1 ± 20%) μA/V²。

13.6 确定一个 $R_{DS(on)}$ 为 165 mΩ、面积为 2.26 mm² 的功率器件的比导通电阻(单位为 Ω·mm²)。利用这些信息确定 100 mΩ 功率晶体管所需的面积。假设两个 $R_{DS(on)}$ 值均不包括键合线或引线框架的电阻。

13.7 使用模拟 CMOS 规则设计一个功率 NMOS 晶体管版图。假设要求总沟道宽度等于 5000 μm，沟道长度为 4 μm。将器件分成足够多的叉指，以实现大致正方形的长宽比。包含足够多的背栅接触叉指，以确保晶体管的任何部分距离最近的背栅接触均不超过 50 μm。用 M-1 金属条对源/漏叉指进行金属化，并用 M-2 金属条制作垂直于源/漏叉指的总线。计算该晶体管的总金属化电阻(使用附录 B 中给出的标称温度 25 ℃)。

13.8 修改习题 13.7 的版图，使用厚电源铜层，版图规则如下：
a) 铜宽度：15 μm。
b) 铜与铜间距：15 μm。
c) 铜对 POR 的覆盖：5 μm。
d) 铜与 POR 间距：15 μm。

铜几何图形下方的 POR 开窗起过孔的作用，将 M-2 金属与铜相连接。假定铜的标称厚度为 8 μm，25 ℃ 下的标称薄膜电阻率为 1.7 μΩ·cm。源/漏区叉指使用 M-1 金属，总线使用 M-2 金属和铜的组合。这种结构 25 ℃ 下标称金属化总电阻是多少？

13.9 假设习题 13.8 中晶体管的两个铜总线用金键合线进行压焊，位置在总线长度方向的中心，金丝长度 600 μm、直径为 1 密耳 (25 μm)。假设晶体管被焊球中心线分成两部分，重新计算铜总线电阻。加上金键合丝的电阻，以得到晶体管的总金属化电阻。

13.10 设计与图 13.38 类似的横向 DMOS 晶体管。使源/背栅叉指的 NSD 区足够长，以容纳两个接触孔；使 PSD 区足够长，以容纳一个接触孔。晶体管叉指应包含三个 NSD 区和四个 PSD 区，晶体管叉指的两端均应为 PSD。除了附录 B 中模拟 BiCMOS 规则外，还应用以下规则：

a) DWELL 宽度：5 μm。
b) MOAT 对 DWELL 覆盖(在 DMOS 中)：精确值 2 μm。
c) POLY 与 DWELL 间距：精确值 0 μm。
d) POLY 延伸超过 DWELL：4 μm。
e) NMOAT 与 DWELL(漏接触孔)间距：6 μm。
f) DWELL 对 PSD 覆盖：2 μm。
g) DWELL 对 NSD 覆盖：2 μm。
h) NWELL 对 DWELL 覆盖：4 μm。
i) PSD 与 NSD(在同电位下)间距：0 μm。
j) PSD 对 CONT 覆盖：1 μm。
k) NSD 对 CONT 覆盖：1 μm。

13.11 一对交叉耦合的 NMOS 差分晶体管(每个尺寸为 100/10)，6-σ 随机失配为 5.7 mV。请估算一对类似差分对的 6-σ 随机失配，其中每个晶体管的尺寸为 1000/5。

13.12 设计 NMOS 差分对版图，每个晶体管的尺寸为 1000/5，优化以获得最佳的匹配。晶体管可根据需要分成多段或少段。假设只需要沿阵列的两个外边缘进行背栅接触。版图需要包括所有必要的金属化，以及连接各独立源/漏叉指的连线和连接栅叉指的连线。附录 B 中的模拟 CMOS 工艺不使用哑金属图形。

13.13 图 13.60 展示了折叠级联 CMOS 运算放大器的版图，要求对 MP₄ 和 MP₅ 在给定尺寸下进行尽可能的最佳匹配，对其他的器件进行适度的匹配。版图需要包括所有必要的背栅和衬底接触孔。假设所有 PMOS 晶体管的背栅极都连接到 VDD。

C/C 表示"交叉耦合"。～ 表示"在给定的不一致器件尺寸情况下尽可能匹配"。如果一组匹配器件中的某器件列在括号中，则这些器件比括号外的器件更重要。因此，符号 MN_1-(MN_2-MN_3) 的意思是，MN_2 和 MN_3 应处于最佳匹配的地位，而 MN_1 处于次佳匹配。交替分布的图形 MN_1-MN_2-MN_3-MN_3-MN_2 相对 MN_2-MN_3-MN_1-MN_3-MN_2，更符合这一要求。

13.14 比较下列相互交错图形的匹配程度：
a) $_SA_DA_SB_D-_DA_SA_D-_DB_SA_DA_S$。
b) $_DA_SA_DA_SB_DB_SA_DA_SA_D$。
c) $_DB_SA_DA_SA_DA_SA_DA_SB_D$。

13.15 在下列每种交错图形中，晶体管 A 和 B 的取向 Φ 分别是多少？
a) $_DA_SB_DB_SA_D$。

b) $_{S}A_{D}-_{D}B_{S}B_{D}B_{S}-_{D}A_{S}$。

c) $_{S}A_{D}A_{S}-_{S}B_{D}-_{D}A_{S}A_{D}$。

哪些图案会出现取向失配?

13.16 假设在 (100) 硅制程上设计一个 PMOS 晶体管,其栅极的长度方向为水平。再假设沿垂直轴施加 3.0 MPa 的压应力。计算该应力对晶体管跨导的影响。

13.17 在查看图 13.60 的电路时,一位设计人员建议将晶体管 MP_4 和 MP_5 的背栅连接到它们的源而不是 VDD。设计者认为这将"改善匹配"。这是真的吗? 如果是的话,为什么?

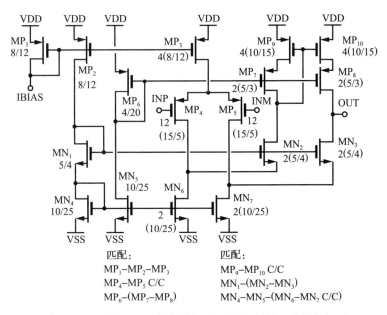

图 13.60　习题 13.13 的折叠级联 CMOS 运算放大器的版图

参考文献

[1] B. El-Kareh and L. N. Hutter, *Silicon Analog Components: Device Design, Process Integration, Characterization, and Reliability* (Springer: New York, 2015).

[2] J. A. Croon, W. M. C. Sansen, and H. E. Maes, *Matching Properties of Deep Sub-Micron MOS Transistors* (Springer: Norwel, MA 2005).

[3] M. Pelgrom, *Analog-to-Digital Conversion, 3rd ed.* (Switzerland: Springer International, 2017).

第14章
专题讨论

前面几章讨论了电阻器、电容器、二极管和晶体管的构造和匹配细节。集成电路中还包含一些更特殊的结构，如器件合并、保护环、隧道和 ESD 保护器件等。

合并器件在电路原理图中是分别出现的，但是在版图中则是合并在一起的。合并不仅能节省面积，在某些情况下还能提高器件性能。设计师必须在面积和性能优势，与创建合并所需的时间和精力，还有合并可能带来意想不到的器件相互作用可能性之间进行权衡。多年来，设计师使用的合并器件种类有所减少，但是即使是最谨慎的设计师也总会使用某些类型的合并器件。因此，成功的合并所要求的那些考虑因素，在今天依然具有现实意义。

少数载流子保护环（通常简称为保护环）可以防止一个器件注入的少数载流子干扰到其他器件的工作。保护环不仅能降低发生闩锁的可能性，还能阻止噪声耦合，后者可能会干扰电路的正常工作。标准的双极型和 BiCMOS 工艺中都广泛使用了保护环。在纯 CMOS 工艺中，由于缺乏深扩阱和埋层，因此很难构建保护环。

隧道，也称为交叉穿越（Crossunder），是用在信号交叉场合的低值电阻器。单层金属设计几乎总是需要隧道。加入低薄层电阻的多晶硅或其他金属层后，对隧道的需求大大降低，但是隧道偶尔也会提供一种方法，使得引线可以连接到管芯中其他方法无法到达的区域。隧道引入的寄生效应可能会降低电路性能，因此设计人员必须研究每条隧道的影响。

集成在裸片上的静电放电（ESD）保护结构有助于避免在制造、运输、存储和组装过程中因静电放电而造成的损坏。不引出到封装管壳之外的芯片-芯片间的连接，一般不需要 ESD 保护，仅在晶圆级测试过程中可能会遇到的精修压焊块或者测试压焊块，也不需要 ESD 保护。

14.1　器件合并

传统扩散区在横向的扩散约为其结深的 80%。因此，两个相邻的 $10\ \mu m$ 深的扩散区必须至少相隔 $16\ \mu m$。考虑到耗尽区占用空间，这一间距可能会增加到 $20\ \mu m$。因此，可以通过尽量减少版图中所用的深扩散区的数量来节省空间。特别是，设计人员可以将多个器件合并入共同的隔离区中。在标准的双极型工艺中，这意味着将多个器件合并到一个共同的隔离岛中。在 CMOS 工艺中，多个器件可以占据一个共同的阱。同时制造阱和隔离岛的 BiCMOS 工艺有可能从这两种类型的合并中受益。

图 14.1 显示了标准双极型器件合并的面积优势。图 14.1a 中的三个最小几何尺寸 NPN 型晶体管是绘制成并排形式版图的。所绘制的隔离岛几何图形必须远远超过基区，以便为隔离扩散区向外扩散留出空间。如果所有三个晶体管的集电极都连接到同一个电路节点上，那么它们就可以放置于同一个隔离岛中，如图 14.1b 所示。合并的三个器件所需面积仅为三个独立器件的 70% 左右。

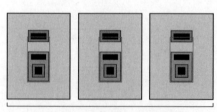
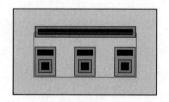

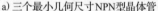

　　　a) 三个最小几何尺寸NPN型晶体管　　　　　b) 合并入一个隔离岛中的相同晶体管

图　14.1

图 14.2 说明了将 MOS 晶体管合并到单个阱中的好处。图 14.2a 显示了三个独立的最小尺寸 PMOS 晶体管，每个晶体管都放置在自己的阱中，并各自有背栅接触。只要这些晶体管共享一个共同的背栅极连接，它们就能占据同一个阱，如图 14.2b 所示。图中的晶体管还共享共同的栅极连接，这样就可以用一条多晶硅作为所有三个合并器件的栅极。这种合并可将所需面积减少一半以上。

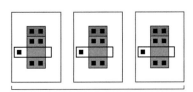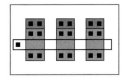

a) 三个独立的PMOS晶体管有各自的N阱图形　　b) 合并在一个阱中的晶体管

图　14.2

当器件以意想不到的方式相互作用时，器件合并会出现问题。发生这些相互作用的原因可能是少数载流子、多数载流子或电场的作用。这三种类型的相互作用都可能产生问题，但少数载流子历来造成的麻烦最大。

1. 少数载流子注入

注入公共区域的少数载流子可能会扩散到其他的器件。在电路原理图中添加寄生双极型晶体管可以模拟由此产生的器件相互作用，但是寄生晶体管很少是能够精确建模的，因此模拟可能会产生误导。防止意外相互作用的唯一可靠方法是避免向公共区域注入少数载流子。这意味着公共区域内的任何 PN 结或肖特基结都不能处于正向偏置，这在实践中并非总能实现。考虑集电极连接至 IC 引脚的标准双极型 NPN 晶体管。将该引脚拉到地电位以下，就会使集电区-隔离区 PN 结形成正偏，并将电子注入共享的衬底中。

如果无法隔离注入少数载流子的器件，就必须依靠其他解决方案。一个显而易见的办法是用少子保护环包围问题器件(参见 5.4.4 节)。然而，在特定制程中可能不存在构建保护环所需的图层，即使存在，所形成的保护环也可能无法拦截所有的少数载流子。例如，电子就能够在标准双极型工艺的电子收集保护环下面扩散。还可以通过增加器件之间的距离，以及在某些情况下通过增加流经易受影响器件的电流，来最大限度地削弱少数载流子的相互作用。

2. 多数载流子自偏置

电路通常被模拟为由零电阻导线相互连接的分立器件。现实世界中的导体总是会呈现出电阻[⊖]。电流流过导体，令导体上出现电压降，此时就会产生自偏置。考虑用作共用接地连接的铝导线。假设该导线包含了 1000 方的 50 mΩ/□ 的金属。100 μA 的电流流过导线时会产生 5 mV 的电压。这似乎是一个很小的电压，但是仍然足以破坏某些类型的电路。

与共用金属引线相比，共用半导体区域更容易发生自偏置，因为半导体比金属电阻更大。考虑两个横向 PNP 型晶体管共用一个基极连接且基区无深 N+ 扩散的情况。如果一个晶体管的基极电流为 2 μA，而共用基极连接的电阻为 500 Ω，则共用基极连接上就会出现 1 mV 的自偏置电压，这同样也足以破坏某些类型的电路。

连接到引脚的合并器件可能会向公共区注入完全闩锁的测试电流(通常为 100 mA)。即使公共区的电阻相对较低，也会发生足够的自偏置现象，从而使 PN 结产生正向偏置，导致少数载流子注入。考虑两个器件占用一个公共隔离岛的情况，隔离岛带有 5 Ω 的深 N+ 下沉扩散区。如果其中一个器件注入 100 mA 电流，那么 N 型埋层上可能的自偏置电压就会高达 0.5 V。

不应将连接到封装引脚的器件与其他可能因自偏置而受影响的器件合并。如果有可能在关键信号路径中产生自偏置，则也不应合并必须精细匹配的器件。例如，一对用作匹配射极跟随

器的 NPN 型晶体管，通常可以合并到同一个隔离岛中，因为集电极电压对基极–发射极压降的影响很小，但是这类器件不应共享公共的基区，因为任何基极自偏置都会直接影响 V_{BE} 的大小。

3. 电容耦合

快速突变的电压可以通过极小的电容耦合。假设寄生电容 C_P 将 SV/s 的突变信号耦合到电阻为 R 的节点上，则该节点上产生的电压 V_P 为

$$V_P = RSC_P \tag{14.1}$$

在实际集成电路中遇到的一个例子是，最小宽度的 M-2 金属引线与最小宽度的 M-1 金属引线成直角交叉。这两条引线各宽约 $1\,\mu m$，分隔它们的层间氧化物厚约 $10\,k\text{Å}$，因此寄生电容 C_P 约为 $0.05\,fF$。其中一条引线携带一个时钟信号，其边沿的电压升降速度约为 $1\,V/ns$，另一条引线的电阻约为 $200\,k\Omega$。根据式(14.1)，电容耦合将产生大约 $50\,mV$ 的电压尖峰。然而，所述信号的幅度只有约 $100\,mV$。正如本例所示，不断切换状态的数字信号绝对不能穿过对此敏感的模拟电路。此外，还要谨防通过大幅电压波动所形成的模拟信号的快速突变。一个实际例子涉及自举电荷泵(其内部节点的突变电压超过 $20\,V$)中的信号和微安级电流镜所携带的一个关键的模拟信号，两信号通过约 $1\,fF$ 电容发生寄生耦合，包含该电路的开关变换器呈现出次谐波振荡，不过实际上是噪声耦合。通过对寄生进行后标注(Back Annotation)，有助于找出问题所在并加以纠正。

合并器件容易受到电容耦合的影响。衬底耦合就是一个众所周知的例子。快速突变电压会向反向偏置隔离结的结电容注入交流电流。该电流通过衬底电阻流向封装引脚，封装引脚会有额外的电阻和电感。自偏置效应会在衬底中产生交流电压，然后在其他反向偏置的隔离结上形成电容耦合。很多研究者已经在尝试量化这种现象。衬底耦合会随着频率的升高而增强，因此它主要影响集成了高速数字逻辑、快速开关的功率器件或高频率射频电路的集成电路。

研究人员已经提出了很多技术将衬底耦合效应降至最小。第一种也是最直接的一种方法是在噪声注入器件周围放置衬底接触区。这些接触区可在容性注入的信号造成自偏置效应并耦合到其他的电路节点之前，将其中的一部分吸收掉。在易受影响的器件周围增加衬底接触区，可以通过局部锁定外延层的电位，而进一步降低衬底耦合。一些设计人员将这些衬底接触区称为"P+保护环"。

有限元计算表明，放置在噪声注入器件周围的衬底接触区，通常比放置在易损器件周围的衬底接触去能提供更强的噪声衰减。加宽衬底接触的环只能稍微改善衰减效果，因此大多数设计人员都使用最小宽度的衬底接触环。我们可以将注入器件和易损器件同时环接起来，但是从注入器件附近提取的噪声电流可能会通过连接线，耦合到易损器件附近的 P 型外延层中。为了防止这种情况发生，两组衬底接触的接地连接应使用各自单独的引线，导回到最终的接地参考点，或者尽可能地靠近该参考点。在大多数设计中，最终接地参考是外部印制电路板上的一个接地平面，或者更准确地说，是接地平面上的一个点。这就意味着，理想的接地方案应当为易受影响器件周围的衬底接地预留一个引脚，该引脚独立于注入器件附近衬底接触的接地引脚。一种可能的折中方案是将信号通过单独的键合线连接到公共接地引脚。

另一种对抗衬底耦合的技术是用 N 型扩散区的环包围注入器件。在 CMOS 和 BiCMOS 工艺中，这些环可以由 N 型源漏注入区或 N 阱扩散区构成。它们与干净的电源或地相连接。这些 N 型环的工作原理是部分阻断导电路径，从而降低相邻器件之间的耦合。它们还通过电容耦合吸收掉一些噪声能量。N 型区越深，对被封闭器件的遮蔽就越有效。因此，N 阱环有时是用于此目的的，尽管它比 N 型有源区要占用更多面积。这些结构有时被称为"N+保护环"，但是鉴于它们的目的是衰减衬底噪声，因此称之为噪声屏蔽保护环更为恰当。使用这些结构并不能消除对传统衬底接触区的需求。

图 14.3 展示了一个 CMOS 管芯中的局部版图，其中包含一个向衬底注入噪声的 NMOS 晶体管。该器件被衬底接触区环绕，而衬底接触区本身则被封闭在一个 N 阱的噪声屏蔽保护环中。

还有一种方法是，对重掺杂的衬底设立一个低阻的背面接触，以此抑制衬底噪声。填充银的环氧树脂并不能提供足够低的电阻，因此需要使用金共晶键合、银烧结或焊料安装（Solder Mounting）。其中，焊料安装是最常用的一种方法。金过于昂贵，而银烧结技术则是刚刚开发出来。

一些设计人员认为，轻掺杂衬底比重掺杂的更能抑制衬底耦合。在没有背面接触的情况下，这可能是正确的。这样，噪声器件就可以与易损器件尽可能远地隔开，而且两者可以用衬底接触和噪声抑制保护环包围。如果能与这些结构建立低阻的连接，实现高度的衰减就是可能的。

最后一种方法是利用 N 型埋层和深 N+ 下沉扩散将区域与衬底隔离。这种技术可以实现极高程度的噪声衰减。在一种模拟 BiCMOS 器件中，麦克风前置放大器直接与工作电流接近 1 A 的开关模式变换器

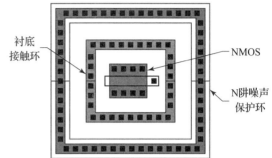

图 14.3　一个 CMOS 管芯中的局部版图，该晶体管包围在衬底接触和 N 阱噪声屏蔽保护环中，以最小化衬底耦合

紧邻地放置。即使变换器以音频频率工作，前置放大器的输出端也听不到噪声，这表明噪声衰减至少达到了 120 dB。前置放大器使用 PMOS 晶体管，这些晶体管被放置在一个深阱中，阱底铺有 N 型埋层并环绕着深 N+ 下沉扩散；NMOS 晶体管被放置在 P 型外延层部分、由 N 型埋层和深 N+ 下沉扩散区隔离出的一个隔离岛中。前置放大器和开关变换器通过独立的封装引脚，将二者对地的接触分别引出。在深 N+/N 型埋层连接和外部地平面之间存在键合线和引脚的电感，因此这种方法对于千兆赫的频率效果较差。

电容耦合也可能存在于衬底之外的其他公共区域。不合并噪声元件和敏感元件，通常可以避免这种耦合。敏感元件可以与其他敏感元件合并。噪声元件可以与非敏感元件合并，因此（例如）可以将属于数字逻辑门的多个 PMOS 晶体管合并到一个共用阱中。在无法分离噪声元件和敏感元件的情况下，大量的多数载流子接触孔至少可以令噪声耦合最小化。

14.1.1　有问题的器件合并

众所周知，一些器件合并会导致问题，通常是通过少数载流子注入造成的。图 14.4a 显示了标准双极型版图中经常出现的这样一种合并。这种分离集电区的横向 PNP 型晶体管，实际上是由一对合并的横向 PNP 型晶体管构成的，它们共享相同的发射区和基区。

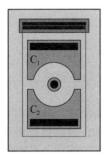

a) 分离集电区的横向 PNP 型晶体管　　　b) 合并在同一隔离岛中的两个横向 PNP 型晶体管

图 14.4　易受交叉注入影响的并联横向 PNP 结构

在正常工作条件下，集电区 C_1 和 C_2 都保持反向偏置。空穴从共享发射区径向流出，流向两个集电区，每个集电区收集总注入电流的一半左右。现在假设集电区 C_1 饱和。本应由 C_1 流走的空穴现在又从其表面重新注入回来。这些重新注入的空穴大部分流向隔离区的侧壁，但是也有一些从集电区 C_1 流向集电区 C_2。这种交叉注入增加了流出 C_2 的电流。大多数标准双极型

设计人员都知道，使分离集电区 PNP 的一个集电区饱和会导致其他集电区出现交叉注入，但是有些人却忽视了共用同一隔离岛的、分开的横向 PNP 型晶体管之间也会出现交叉注入的可能性。图 14.4b 显示了一个包含两个横向 PNP 型晶体管 Q_1 和 Q_2 的隔离岛。通常情况下，集电区会拦截几乎所有由封闭的发射区注入的少数载流子。现在假设 Q_1 饱和，而 Q_2 继续工作在正向有源区。由 Q_1 发射区注入的空穴会转移到其集电区，然后重新注入周围的隔离岛中。由于 Q_1 和 Q_2 的集电区相对放置，仅隔着相对较窄的间隙，因此从 Q_1 向 Q_2 发射的大部分载流子都能到达 Q_2。因此，当 Q_1 饱和时，它本应收集的电流约有四分之一流向 Q_2。即使横向 PNP 型晶体管未饱和，也会发生少量的交叉注入，因为有少量空穴会从横向晶体管的集电区下方溜走。以这种方式漏出的载流子比例通常小于 1%，但是随着基区-集电区结的反向偏压减小，漏出的比例会增加。适度匹配的侧向 PNP 型晶体管一般都能占据同一个隔离岛，只要它们不工作在接近于零的基-集偏压下。当两个晶体管以相等的发射极电流和基-集偏置工作时，情况尤其有利。如果晶体管对称排列，两个交叉注入电流就会完全平衡。在这种情况下，即使是精细匹配的晶体管也可占用一个公共的隔离岛。

防止横向 PNP 型晶体管之间交叉注入的最简单方法是将晶体管置于各自的基区。在标准双极型工艺中，这意味着每个晶体管必须有自己的隔离岛。这浪费了大量空间，因此设计人员设计了其他方法来防止（或至少尽量减少）合并器件之间的交叉注入。例如，两个横向 PNP 型晶体管之间可以用 P 型条或 N 型条隔开（参见 5.4.4 节）。这些扩散条阻挡了大部分（但并非全部）交叉注入的少数载流子。设计者应当考虑，例如如果饱和器件注入电流的 1% 到达了相邻器件，此时电路中可能会发生什么情况。如果这样的电流可能导致故障，则应将晶体管置于不同的隔离岛中。还要注意的是，N 型条是一种空穴阻止的保护环，为此需要足够高浓度的掺杂，以尽量减少空穴的渗透（参见 5.4.4 节）。在采用相对较浅和掺杂较重 N 阱的模拟 BiCMOS 工艺中，这可能会成为一个问题。

另一个易受交叉注入影响的著名合并器件示例，是用一个 NPN 型晶体管 Q_2 驱动一个横向 PNP 晶体管 Q_1，如图 14.5 所示。Q_2 的集电极与 Q_1 的基极在电气上是相连的。只要横向 PNP 型晶体管 Q_1 不饱和，这个合并器件就能正常工作。如果出现了 Q_1 饱和，其集电区再注入的空穴就会流向 NPN 型晶体管 Q_2 的基区。额外的基极电流会使 Q_2 集电极电流成比例地增加。增加的集电极电流又馈入 Q_1，使其发射极电流增加。这种正反馈回路是典型的闩锁；实际上，NPN 型和 PNP 型晶体管共同构成了一个硅可控整流器（Silicon-Controlled Rectifier，SCR）。一旦触发了闩锁，它将一直持续到电

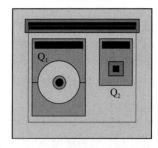

图 14.5　另一种器件合并示例，由于少数载流子交叉注入而容易发生闩锁

源中断。如果器件较大且电源电压足够高，管芯可能会过热并自毁；更有可能的情况是，电路发生故障且消耗过大的电源电流。即使设计人员认为 PNP 型晶体管在正常工作期间永远不会饱和，潜在的闩锁效应仍会使这种合并充满风险。

对于合并器件中 NPN 型晶体管驱动横向 PNP 型晶体管的情况，P 型扩散条和 N 型扩散条可能不足以防止闩锁发生。发生闩锁的必要条件为，寄生 PNP 型晶体管的贝塔值 β_P 和 NPN 型晶体管的贝塔值 β_N，二者的乘积要超过 1。在两个晶体管之间增加一个扩散条，会带来第三项，即 η_C，它表示被扩散条收集（或阻挡）的少数载流子的占比分数。因此，发生闩锁的条件变为

$$\beta_N \beta_P (1 - \eta_C) > 1 \tag{14.2}$$

标准双极型 NPN 晶体管的 β 值可能超过 300。寄生横向 PNP 型晶体管的 β 值稍低，但是通常超过 10。为了防止在这些 β 值下发生闩锁，扩散条的效率必须超过 0.997，即 99.7%。扩散区条能不能达到这个水平是不确定的。横向 PNP 型晶体管哪怕是有很小的可能进入饱和，

也不应将其与驱动它的 NPN 型晶体管合并。将模拟 BiCMOS 中横向 PNP 型晶体管和 NPN 型晶体管合并到一个共用的 N 阱中，也存在同样的问题。

图 14.6 展示了另一对可能导致闩锁（Latchup）的人所熟知的合并器件。这个例子尤其值得注意，因为闩锁源于两种不同机制，即自偏置效应和少数载流子注入的相互作用。

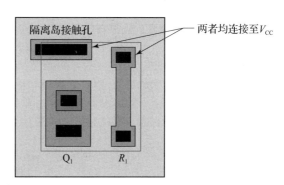

图 14.6　少数载流子注入导致器件合并后容易发生闩锁的另一个例子

这种结构将一个 NPN 型晶体管 Q_1 与一个基区电阻 R_1 合并在同一个隔离岛中。NPN 型晶体管配置为射极跟随器，基区电阻的一端连接电源。同一个接触孔既与 Q_1 管的集电区接触，又与 R_1 下方隔离岛接触。Q_1 的基区-集电区结和 R_1 的基区-隔离岛结通常保持反向偏置，如果 Q_1 通过隔离岛接触抽很大电流，这种情况可能会发生改变。如果在隔离岛接触和 Q_1 本征集电区之间的压降足够大，R_1 的正端就会进入对隔离岛的正向偏置。R_1 注入的一些少数载流子会到达 Q_1 的基区，从而提供额外的基极驱动。此时晶体管 Q_1 通过隔离岛接触抽取出更大的电流。额外的电流增加了自偏置。由此产生的正反馈导致电路闩锁。与上一个示例一样，发生闩锁的原因是存在 NPN 和 PNP 晶体管的耦合。基区电阻 R_1 的正端充当 PNP 晶体管的发射极，隔离岛成其基区，NPN 型晶体管的基区充当了其集电区。

在 150 ℃ 温度条件下，触发闩锁所需的自偏置电压约为 300 mV。如果 NPN 晶体管导通 100 μA 电流，则隔离岛区电阻必须等于 3 kΩ 才能产生 300 mV 的自偏置。如果晶体管没有深 N+ 下沉扩散，则隔离岛接触和 N 型埋层之间的垂直电阻可能达到数百甚至数千欧姆。加入哪怕是一个最小的深 N+ 下沉扩散，也能将隔离岛区电阻限制在 100 Ω 以内。因此，图 14.6 的结构在没有深 N+ 情况下很可能闩锁，如果存在深 N+，则不太可能发生闩锁。

图 14.7 显示了另一对有问题的合并器件：一个 NPN 型晶体管 Q_1 和一个肖特基二极管 D_1，Q_1 的集电区通过共同的隔离岛连接到 D_1 的阴极。许多肖特基二极管都包含一个由 P 型扩散区构成的场释放（Field-Relief）保护环。一旦肖特基二极管两端的压降增大，保护环 PN 结就会成为正向偏置，保护环就会开始向隔离岛区注入少数载流子。小型肖特基二极管的串联电阻可达数百甚至数千欧姆，因此其保护环很容易因自偏置效应而导通。

图 14.7 中所示的结构使用了带场板的肖特基二极管，而不是带保护环的。这就消除了保护环对隔离岛正向偏置的可能性，但是肖特基势垒本身仍会出现低水平的少数载流子注入。这种少子电流通常小于多子电流的 0.5%，但是如果 NPN 型晶体管的 β 值超过 200，仍然足以导致闩锁。

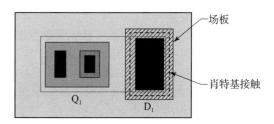

图 14.7　一种容易出现少数载流子注入问题的结构，由一个 NPN 型晶体管 Q_1 和一个肖特基二极管 D_1 组成

常规的 NPN 型晶体管在某些条件下也会出现这种故障。如果重掺杂扩散区没有完全包围集电区接触，接触轻掺杂 N 型外延的那个部分就会形成肖特基二极管。这个肖特基二极管可将少数载流子注入隔离岛中，从而流向 NPN 型晶体管的基区。在标准双极型工艺历史上曾观察到此问题，其原因是不良的版图或掩模严重套偏，导致集电区接触的一部分投影到了包围发射区之外。

14.1.2　成功的器件合并

本节将举出几个双极型版图设计人员所欣赏的器件合并实例。通过研究现有的标准双极型版图，我们还可以找到许多其他的例子。

图 14.8 中的达林顿组对晶体管由一个功率 NPN 晶体管 Q_2，和一个较小的预驱动晶体管 Q_1 组成，这两个晶体管共用一个集电极连接。每个晶体管都有一个附属的基极关断电阻，此处显示为高方阻的电阻。隔离岛接触由深 N＋扩散区条构成，沿着隔离岛的左侧边放置。只有饱和 NPN 型晶体管和大功率器件才需要完整的深 N＋扩散区环。Q_2 不太可能进入饱和，因为其外部的集电极-射极电压 V_{CE2} 不可能低于 V_{BE2} 和 $V_{CE(sat)1}$ 之和，V_{BE2} 是 Q_2 管外部基极-射极电压，$V_{CE(sat)1}$ 是 Q_1 管外部集电极-射极饱和电压。在高电流水平下，V_{BE2} 可能接近 1 V，因此在 Q_2 饱和之前，这个 1 V 偏压大部分会用来对隔离岛接触进行自偏置。深 N＋扩散条的垂直电阻可能不超过 5～10 Ω，因此它可以承受几百毫安的电流而不会使 Q_2 饱和。

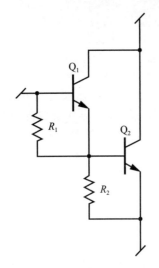
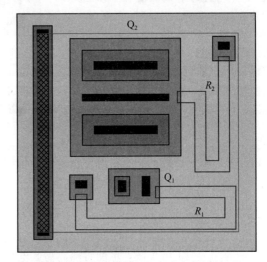

a) 合并达林顿组对晶体管的示意图　　　b) 标准双极型版图（为清晰起见省略了金属部分）

图 14.8　达林顿组对晶体管

Q_1 只有在试图尽可能强地驱动 Q_2 时才会饱和。Q_1 注入公共隔离岛的空穴将被 R_1、R_2、Q_2 或衬底收集。R_1 收集的空穴要么返回到 Q_1 的基极，即其来源处，要么流向 Q_2 的基极，对 Q_2 基极驱动提供补充。R_2 收集的空穴要么会增加 Q_2 基极驱动，要么会无害地流入 Q_2 发射极引线。Q_2 基极收到的空穴会增加其基极驱动。至于衬底收集的空穴，只要衬底电流不超过几毫安，是不会造成问题的。

每个 NPN 型晶体管的基极接触也是各自基极关断电阻的接触端。这种合并可以节省大量面积，但是高阻值电阻（HSR）注入必须与发射区保持足够的距离，以防止两者相互影响。在基极接触的后方将 HSR 连入晶体管，通过这样的方法，在不增大晶体管情况下实现了必要的分离。图 14.8 中器件的版图允许使用单层金属进行互连。读者可在头脑中想象跟踪接触孔之间的连接。集电极引线从左边进入隔离岛，发射极引线从右边引出。这些引线的宽度可根据需要而定，仅受结构高度的限制。连接 Q_1 发射极和 Q_2 基极的引线从隔离岛的接触区和 Q_2 本体之间穿过。

图 14.9a 展示了另一个可从器件合并中显著受益的电路示例。晶体管 Q_1 和 Q_2 组成了差分对。Q_1 和 Q_2 四分之三的发射极电流是丢弃的，以降低电路的跨导，从而最大限度地减小补偿电容（未显示）的尺寸。剩余的四分之一电流将馈入一个电流镜 Q_5-Q_6。该电路的输出通过一个衬底 PNP 型晶体管射极跟随器 Q_4 取出。一个相同的衬底 PNP 型晶体管射极跟随器 Q_3，用于平衡电路的负载，并消除 Q_4 的基极电流所产生的系统漂移。

Q_1 和 Q_2 均绘制成分离集电区的横向 PNP 型晶体管版图。较大的集电区向外伸出进入了隔离区，以节省空间。通过对齐较小的集电区，使其能填入更窄的隔离岛中（见图 14.9b），可进一步缩小晶体管的尺寸。N 型埋层是晶体管有源区的铺底层，较窄的集电区隔离岛是不足以容纳完全铺底 N 型埋层的；即便不是完全铺底，N 型埋层的外扩散仍可防止流向较小者集电区少数载流子的大量损失。

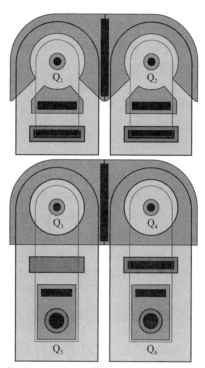

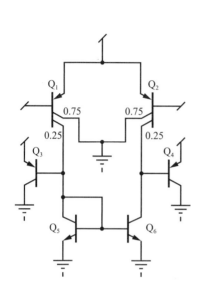

a) 合并的运算放大器输入级电路示意图　　　　b) 标准双极型版图。为清晰起见，省略了金属化部分[○]

图　14.9

　　Q_3-Q_5 和 Q_4-Q_6 的合并带来了更大的挑战。每种结构都将衬底 PNP 型晶体管置于 NPN 型晶体管相同的隔离岛中。衬底 PNP 型晶体管会注入空穴，如果空穴到达合并的 NPN 型晶体管，就会触发闩锁。图中的版图用横向 PNP 型晶体管代替了通常起此作用的衬底 PNP 型晶体管，从而避免了这一问题。横向 PNP 型晶体管的集电区起到了 P 型扩散条的作用。这些集电区的图形也是引出来进入器件的隔离区，以节省空间。P 型条可能无法完全阻断少数载流子的流动，但一些标准双极型设计已成功采用了这样的版图。由于 Q_5 和 Q_6 相互平衡，电路本质上可以容忍 Q_3-Q_5 和 Q_4-Q_6 间低水平的交叉注入。

　　Q_3-Q_5 与 Q_4-Q_6 合并并不完全相同，因为 Q_4-Q_6 需要隔离岛接触区，而 Q_3-Q_5 则不需要。两种合并器件都采用了相同的发射区条以确保匹配，但只有 Q_4-Q_6 包含隔离岛接触区。这种接触及其相关的金属化对匹配几乎没有影响。

14.1.3　低风险的器件合并

　　有些器件合并很容易进行，而且风险很小。只要有可能，就应该采用这些合并方式，因为它们带来的好处远远大于其弊端。这类低风险合并的例子如下。

　　1) 单个匹配器件的多个分部。匹配器件通常由串联或并联的多个分部。这些分部通常会共用一个隔离岛或阱，有时还可能共用其他的扩散区。例如，一个匹配的 NPN 型晶体管可以由多个独立的发射区构成，这些发射区有共同的基区，放置在共同的隔离岛中。与多个独立器件相比，合并器件结构紧凑，对梯度的敏感性较低。但在构造这些合并器件时仍需谨慎。合并

―――――――――――

　　[○]　该版图类似于 UC3842 电流模式脉宽调制(PWM)控制器中的误差放大器版图。

在一个公共隔离岛中的分部可能容易受到隔离岛调制的影响。具有公共基区的多个 NPN 发射区，之间的距离必须足够远，这样不仅能确保它们的耗尽区不会合并，还能为少数载流子留出空间，使其通过准中性基区从发射区向下扩散到集电区。

2) 多分部功率器件。功率器件通常由多个分部或叉指组成。这些叉指通常共用一个隔离岛或阱，也可能共用其他扩散区。例如，功率 NPN 型晶体管通常由多个发射区叉指构成，它们有共同的基区，放置在共同的隔离岛中。类似地，合并式 DMOS 晶体管通常由多个源/背栅区指，与漏区交错叉接而构成，均置于同一个阱中。合并功率器件比多个独立器件更紧凑，这通常是一个理想的特性。不过，如果器件耗散的功率很大，更分散的结构可能会降低器件内的峰值温度。因此，一些标准的双极型版图将功率器件分为多个区段，并在其间插入其他电路。其他双极型版图则是在发射区叉指区段之间加入深 N＋下沉扩散区条，可以降低集电区电阻，同时将热量分散到更大的面积。

3) 感测晶体管及其相关功率晶体管。小型感测晶体管有时与较大的功率晶体管集成在一起。在某些情况下，这两个器件可以共用同一个隔离岛或阱。例如，功率 LDMOS 晶体管和匹配的感测晶体管，它们共用相同的漏区。感测晶体管可以与 LDMOS 位于同一阱内。尽管存在较大的热梯度，两个器件必须相当精确地进行匹配。理想情况下，感测晶体管由两个相同的分部组成，它们位于穿过功率器件的对称轴上。每个分部大致位于功率器件中心到侧边的中点处，使其温度与整个功率晶体管的平均温度大体上相同。许多设计者则倾向于将功率晶体管分成两半，并将感测晶体管嵌入两个半晶体管之间。这种布局不如前面讨论的双感测晶体管方案理想，因为单感测晶体管现在位于功率晶体管最热的部分。就单感测晶体管的方案而言，如果不能将功率晶体管分成若干部分，以便将感测场效应晶体管嵌入其中，那么感测晶体管应位于功率器件的一条对称轴上，与功率器件相邻。这种放置方式远不如嵌入功率器件内部的方式理想。

4) 具有公共漏极连接的背靠背 LDMOS 晶体管。一些使用 LDMOS 晶体管作为电源开关的电路会背靠背连接两个此类晶体管，以提供双向阻断。如果这两个器件共用一个漏极连接，那么通常可以将它们合并到一个共用的阱中。这样，一个晶体管的源/背栅区叉指可以与另一个晶体管的源/背栅叉指交错叉接，漏叉指则可以完全消除。这种策略大大缩小了合并晶体管的尺寸。

5) 肖特基钳位 NPN 型晶体管。肖特基钳位 NPN 型晶体管通常以合并器件的方式构建(参见 11.1.4 节)。合并的肖特基钳位管可以与 NPN 型晶体管使用相同的深 N＋下沉扩散，必要时还可以使用 NPN 型晶体管基区扩散的扩展部分作为保护环。这种版图在肖特基钳位的晶体管-晶体管逻辑中得到广泛应用，例如 74S 和 74LS 系列的双极型逻辑器件。

6) 工作于反向模式下的多发射区 NPN 型晶体管。集成注入逻辑(Integrated Injection Logic, I²L)开发于 20 世纪 70 年代，是一种与标准双极型工艺相兼容的低功耗高密度数字逻辑技术。I²L 后来被密度更大、功耗更低的 CMOS 逻辑所取代，但是它仍然是与标准双极型工艺相兼容的最紧凑的逻辑。I²L 大量使用以反向模式工作的多发射区 NPN 型晶体管。这些器件实际上成为低增益的多集电区 NPN 型晶体管。虽然这些器件之间的匹配性相对较差，但是构建数字逻辑仍是足够的。

7) 达林顿 NPN 型晶体管。达林顿晶体管可以使用与图 14.8 类似的版图。许多达林顿晶体管都是需要版图定制的功率器件，只需要花费少量额外的时间和精力，就能将预驱动晶体管合并到与功率晶体管相同的隔离岛(或阱区)中。

8) NPN 型晶体管的基极关断电阻。NPN 型晶体管通常需要基极关断电阻。如果这些电阻器是 P 型扩散区电阻(标准双极型设计中通常采用这种电阻)，则它们可以与其所附属的 NPN 型晶体管共用相同的隔离岛。如果基极关断电阻连接到衬底电位，那么电阻的一端就可以伸出，进入隔离扩散区。这种技术可以节省一个电阻端接所需的面积，但是应在电阻的此端就近放置衬底接触，以尽量减少自偏置。

14.1.4　中风险的器件合并

有些器件合并很容易进行,并能节省大量面积,但是并非没有风险。如果了解并能避免风险,设计人员就应考虑使用合并。中等风险的器件合并例子如下。

1) 共用背栅区的 MOS 晶体管。设计人员通常会将 MOS 晶体管并入共用的背栅区中。这种做法非常普遍,以至于设计人员有时会忘记,如果其中一个源/漏区对于共同的背栅区呈正向偏置,将会发生交叉注入。违规的源/漏区通常属于输出晶体管,这意味着晶体管的源/漏区所连接的既不是电源引脚,也不是衬底接地引脚。引脚上瞬态或故障的条件会将 N 型源漏区拉低到背栅电位以下,或将 P 型源漏区抬升到背栅电位以上。无论哪种情况,注入公共背栅区的少数载流子都会扩散到其他晶体管上。在可能的情况下,大多数设计人员倾向于将输出晶体管置于其自己专门的背栅区。不过,只要认识到交叉注入的可能性并减轻其影响,输出晶体管仍然可以安全地与其他晶体管合并。少数载流子注入也会使相邻的 CMOS 晶体管的背栅自偏置,并触发 CMOS 闩锁。例如,输出 NMOS 晶体管注入的电子可能会被相邻的 N 阱收集,令其中所含 PMOS 晶体管的源-背栅结自偏置。通过使用少数载流子保护环,在少数载流子到达相邻器件之前将其拦截或阻断,并确保相邻器件具有低电阻背栅接触,可以最大限度地降低这种风险。

在构建合并 MOS 晶体管时,应当始终努力为公共背栅区提供低电阻的连接,以最大限度地减少自偏置现象,并提供防止 CMOS 闩锁的保护。当晶体管不位于低电阻的亚层之上时,这种预防措施就变得尤为重要,此时需要将背栅接触分散到整个结构中。大型 MOS 晶体管可受益于此种对众多背栅接触的集成。

有些电路包含的 MOS 晶体管,其背栅结会被刻意正向偏置。例如电荷泵和某些类型的钳位晶体管。这些器件不一定连接到外部引脚,而且并非总是容易识别。电路设计人员应清楚地标记这些器件。每个器件都应占据自己的背栅区域,或者仅与其他可容忍交叉注入晶体管合并。如果注入电流足够大,这些器件可能还需要添加少数载流子保护环。

2) 公共隔离岛中的扩散电阻。为了节省空间,扩散电阻经常并入共用隔离岛中。这种做法还允许构建紧凑的电阻阵列,其不易受到应力和热梯度的影响。只要没有电阻对公共隔离岛形成正向偏置,就不会发生交叉注入。与引脚相连的电阻应使用自己的隔离岛区。此类电阻可能还需要少数载流子保护环。某些电路可能会使电阻-隔离岛 PN 结产生正向偏压,即使该电阻并未连接到引脚。电路设计人员应明确识别所有此类器件,以便将其置于单独隔离岛中,并(如有必要)用保护环加以保护。合并在同一隔离岛中的电阻之间也可能发生电容耦合,因此敏感性电阻不应与较大噪声的电阻合并。

3) 横向 PNP 型晶体管。共用相同基极连接的横向 PNP 型晶体管可以占用相同的隔离岛。许多双极型设计人员广泛使用合并的横向 PNP 型晶体管,特别是用于电流镜。只要合并的晶体管都不饱和,它们的集电区就会起到 P 型扩散条的作用,将晶体管相互隔离。如果任何一个晶体管饱和,就会发生少数载流子交叉注入。P 型条和 N 型条(参见 5.4.4 节)可部分地阻断交叉注入,但是最安全的策略是将饱和晶体管置于各自的隔离岛中。

4) 分离集电区横向 PNP 型晶体管。分离集电区横向 PNP 型晶体管,实际上是一种合并的横向 PNP 型晶体管。单个分离集电区晶体管可以起到多个普通横向晶体管的作用,而占用的芯片面积却小得多。只要没有一个集电区达到饱和,分离集电区器件的组段之间就很少有空穴漏出。任何一个分离集电区饱和,都会导致流过其余集电区的电流增大。没有办法阻断分离集电区晶体管集电区之间的交叉注入。如果顾虑饱和,则应将分离集电区横向晶体管分成两个或更多个器件,并将饱和器件置于自己的隔离岛中。

5) 齐纳二极管。只要隔离岛电压始终等于或超过齐纳二极管阴极上的电压,发射极-基极齐纳二极管就可以与其他元件合并在一个公共隔离岛中。这一条件可以确保齐纳二极管中固有的寄生 NPN 型晶体管无法导通。串联齐纳二极管也可以占用相同的隔离岛,其偏置电位等于或大于整个齐纳管串阴极端的电位。

6) 共集电极的双极型晶体管。标准双极型电路大量使用衬底 PNP 型晶体管，这些晶体管共享一个连接到衬底的公共的集电极。我们还可以将多个共集电极连接的 NPN 型晶体管合并到一个共用隔离岛中。只要合并后的晶体管没有一个因集电极自偏置而进入饱和，这两种合并都能令人满意地工作。对于 NPN 型晶体管，通常可以通过在隔离岛接触区下方添加一个小的深 N+区来防止饱和。电容耦合也是一个问题。如果一个 NPN 晶体管的集电极电流波动变化，则隔离岛电压也会轻微发生波动，而电容耦合会将此信号注入其他合并的 NPN 型晶体管的基区。

14.1.5 构造新的器件合并

富有想象力的设计人员还会发现许多合并器件的机会。在实施拟议的器件合并之前，请考虑以下问题。

1) 合并后的器件是否会将少数载流子注入公共区域？少数载流子交叉注入会导致各种电路故障。虽然有可能成功合并注入少数载流子的器件，但是除非绝对必要，一般最好避免这种合并。少数载流子可能的来源包括：双极型晶体管饱和、肖特基二极管正偏以及连接器件引脚的扩散区。设计人员在将 NPN 型晶体管与其他可将少数载流子注入隔离岛的器件合并时应特别小心，因为由此产生的 PNPN 结构可能会出现闩锁效应。

2) 合并后的任何器件会对公共区形成自偏置吗？从公共区域抽取大量电流的器件可能会在该区域中产生不必要的压降。自偏置可能会引发少数载流子注入或将噪声电容耦合到其他电路中。可以通过降低隔离岛电阻或阱电阻来尽量减少自偏置现象。例如，如果几个 NPN 型晶体管合并在一个公共隔离岛中，则深 N+的扩散区可以提供低电阻的隔离岛连接。这种深 N+扩散通常可以承受几十毫安的电流，而不会出现明显的自偏置效应。

3) 噪声耦合是否会损毁电路？如果共享区域包含噪声器件和噪声敏感器件，那么这些器件之间的电容耦合会降低电路性能。如果无法对共享区域建立稳固的低电阻连接，噪声耦合问题就尤为严重。例如，P 型外延层隔离岛中的合并 NMOS 晶体管具有较高的背栅电阻；即使这些器件完全由背栅接触环绕起来，它们之间也很容易发生电容耦合。如有疑问，应将噪声器件置于各自的隔离岛或阱中。

总之，标准双极型设计人员历来采用各种器件合并来节省芯片面积。CMOS 和 BiCMOS 设计人员广泛使用具有公共背栅接触的 MOS 晶体管，但是一般会避免使用其他类型的合并器件，因为它们通常无法节省太多面积。

14.2 少数载流子保护环

在所有困扰集成电路的故障中，没有一种故障能像闩锁一样令人沮丧或难以捉摸。在一种应用中正常工作的器件，在另一种应用中可能会发生闩锁。有时，一个器件正常工作数百或数千小时后才出现闩锁。仿真很少能发现这些问题，大多数测试方法也是如此。

器件闩锁最常见的原因是外部瞬态，它将器件引脚电压拉到电源以上或地电位以下。此类瞬态的常见来源包括低电平 ESD 事件、瞬间电源中断、继电器、电机和螺线管的电感回跳，以及快速开关信号的电感尖峰。当引脚超过电源电压或低于地电位时，直接连接到引脚的每个扩散区都会注入少数载流子。如果串联电阻小于约 $50~\text{k}\Omega$，则通过沉积的电阻连接到引脚的扩散区也会造成问题。较大的电阻可以通过 ESD 保护器件将瞬态做重新定向，从而限制注入电流。某些未连接到外部引脚的电路类型也会产生能够触发闩锁的瞬态。许多此类电路都包含一个与扩散区相连的电容。在电容另一端上的较大电压突变可能会使与该扩散区相邻的 PN 结产生正向偏置。电荷泵通常会包含可触发闩锁效应的电容。

用合适的少数载流子保护环包围每个注入少数载流子的器件，可以抑制闩锁效应。或者，也可以用保护环包围所有易受影响的器件；不过，易受影响的器件可能比注入器件数量上多得多。位于管芯外围的 ESD 器件通常可以共用一个保护环，将芯片核心与 ESD 器件和压焊块隔开。5.4.4 节解释了少数载流子保护环的工作原理。以下各节将介绍各种工艺中可用的保护环类型。

14.2.1　标准双极工艺中的电子保护环

任何与引脚相连的隔离岛都能向衬底注入电子。标准双极型工艺不包括构建电子阻挡保护环（Electron-Blocking Guard Ring，EBGR）所需的层，但是可以构建电子收集保护环（Electron-Collecting Guard Ring，ECGR）。图 14.10a 显示了这种结构的剖面。它由放置于 N 型隔离岛中的一个条状的深 N+ 扩散区构成，并通过 N 型埋层和发射区进行增强。这种扩散组合形成了最深的保护环，因此能收集到最大部分的电子。深 N+ 扩散区的加入，还有助于防止自偏置。该保护环最好连接到可用的最高电源电压上，以驱动耗尽区尽可能深入衬底，并最大限度地减少自偏置现象。如果将保护环接地，它也能发挥作用，但是会变得更浅些、更容易出现自偏置。在高电压、大电流设计中，接地保护环有时可用于尽量减少少数载流子注入造成的功率损耗。如果担心接地的 ECGR 可能会饱和，可以将其用与电源相连的第二个 ECGR 包围起来。

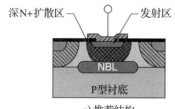

深N+扩散区　发射区　　发射区

　　　　　N型外延层
NBL　　　　　　　NBL
P型衬底　　　　　　P型衬底

a) 推荐结构　　　　b) 不使用深N+扩散区进行设计的替代结构

图 14.10　标准双极型工艺的电子收集保护环

有时，我们可以利用连接到电源的相邻隔离岛。如果将这些隔离岛策略性地放置在少数载流子注入区和敏感电路之间，它们就会成为非常有效的保护环。所有用于此目的隔离岛都应包含尽可能多的 N 型埋层，如果可能的话，至少还应包含一小块深 N+ 扩散区，以最大限度地减少自偏置。如果电子收集保护环紧靠注入载流子源，则其效率会提高，因为这样可以在载流子扩散到轻掺杂衬底之前将其收集起来。

图 14.10b 的保护环只能在没有深 N+ 扩散区的情况下使用。将 N 型埋层与发射极扩散区分开的外延层的垂直电阻会使得这种保护环极易发生自偏置。这种结构在与电源连接时会收集很大的电流，但是在与地连接时则不会。

由于缺少 P+ 衬底，标准双极型工艺的电子收集保护环只能起到较小的作用。许多设计人员为了节省空间而省去了这些保护环，而是依靠较大的间距和几个策略性布置的空穴保护环来防止闩锁。对于运算放大器和稳压器等线性电路，这些措施通常就足够了。电感负载的开关器件则更难保护。即使电感瞬态不会导致闩锁，它们仍会向敏感电路注入噪声。MOSFET 栅极驱动器也很难保护，因为栅极引线上的寄生电感会与栅电容形成共振。这种共振可以通过增加串联电阻来抑制，但是这会降低开关速度。栅极驱动器和电感负载驱动器的输出电路应当使用电子收集保护环进行屏蔽，保护环应尽可能靠近容易出问题的晶体管。

如果在制程中加入 P+ 衬底，电子收集保护环就会变得更加有效。在 P+/P- 交界处会产生一个电场，将大部分注入的电子捕获在 P 型外延层中。少量的确会穿透至重掺杂衬底的电子则会迅速地复合掉。P+ 衬底使得深保护环极为有效（见图 13.10a），尤其是当它们与电源相连时，电源会使耗尽区向下延伸，更加靠近 P+ 衬底。5.4.4 节中有电子收集保护环理论的进一步详细讨论，并有几种可能偶尔用到的特殊结构的介绍。

14.2.2　标准双极工艺中的空穴保护环

任何对隔离岛形成正向偏置的 P 型区都会注入空穴。空穴保护环可以防止这些载流子流向相邻的 P 型区或隔离区。现有两种类型的空穴保护环：空穴收集保护环（Hole-Collecting Guard Ring，HCGR）和空穴阻挡保护环（Hole-Blocking Guard Ring，HBGR）。图 14.11a 显示了一个典型的空穴收集保护环，用于防止空穴到达隔离岛侧壁。N 型埋层的存在可以防止空穴流向衬

底，这是通过插入了一个 N＋/N－界面，此处内建电势排斥空穴而实现的。保护环由反偏的
基区扩散区构成，它充当横向 PNP 型晶体管的集电区。任何到达该保护环周围耗尽区的空穴
都会被吸入其中。空穴收集保护环通常接地或连接到负电源。更大的基区-外延层 PN 结反偏
压，会使耗尽区更深，使其能够拦截更多的空穴。注意，图 14.11 中的剖面在垂直方向上被夸
大了，因此即使没有反偏电压，收集效率也接近于 1。接地的保护环与隔离区均连接到相同的
电位，因此可以将它们合并以节省空间。这种合并保护环的例子包括图 5.38 中的 P 型扩散区
条和图 14.9 中晶体管 Q_3 和 Q_4 接地的集电区。预期将收集较大电流的保护环不应与隔离区合
并，因为很可能发生自偏置效应，即便将接触孔放置在保护环上也是如此。如果保护环收集的
电流不超过几毫安，则可以与隔离区合并，只要保护环中包含衬底接触即可。空穴收集保护环
也可与隔离岛电位相连，但是这样做会降低其效果，也不会节省太多空间。

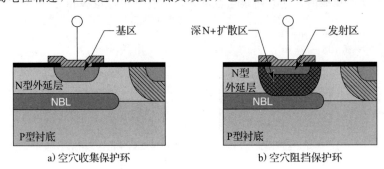

图 14.11　标准双极型工艺的空穴保护环

　　图 14.11b 显示了一个在标准双极型工艺中构建的空穴阻挡保护环的示例。该保护环用重
掺杂的 N 型区包围注入点。N＋/N－界面处产生的电场可阻止空穴流入，并迫使空穴在 N 外
延层中复合掉。维持复合所需的电子则是从接触区流入至保护环。图 14.11b 的结构依靠 N 型
埋层阻止空穴向下扩散，而深 N＋扩散区则阻止其横向扩散。空穴阻挡保护环必须用一圈深
N＋扩散区完全环绕注入区才能起效果。绘制的 N 型埋层应当延伸到所绘制深 N＋区的外边
缘，以最大限度地提高两个区域交界处的掺杂程度。空穴阻挡保护环的效率取决于相邻 N＋和
N－区域的相对掺杂浓度（参见 5.4.4 节）。由于标准双极型使用掺杂相对较轻的 N 型外延层，
因此其空穴阻挡保护环的效率几乎总是超过 95％，通常超过 98％。如果需要更高的效率，可
以在空穴阻挡保护环内放置一个空穴收集保护环。这种结构的效率可以超过 99％。

　　标准双极型设计很少出现因空穴注入至衬底而导致的闩锁，因为元件之间的深 P＋隔离和
大的间隔有助于降低寄生晶闸管的 β 值（参见 5.4.2 节）。只有在衬底接触系统不堪重负时，空
穴注入衬底才会成为问题。这种情况不太可能仅仅因为 100 mA 的闩锁测试电流而发生，因为
P＋隔离扩散的网格可以保证整个芯片上许多位置处的衬底接触。因此，通常空穴保护环仅用
来防止合并元件之间的交叉注入，从而在 NPN 型晶体管或横向 PNP 型晶体管饱和时，防止空
穴注入衬底。当与引脚相连的 P 型区暴露在 100 mA 左右的电流下时，应当将 P 型区放置在自
己的隔离岛中，并将衬底接触放置在这些隔离岛的旁边，以最大限度地减少衬底自偏置。

14.2.3　CMOS 工艺中的电子保护环

　　CMOS 工艺通常比标准双极型工艺更容易发生闩锁。单阱 CMOS 使用掺杂相对较轻的背
栅区。低电压双阱工艺的背栅掺杂较重，但是元件排布得非常紧密。在这两种情况下，闩锁都
是一个严重的问题。

　　大多数 CMOS 工艺都采用 P＋衬底，以减少衬底电阻的横向分量。那些使用 P 阱的工艺通
常采用兆伏特离子注入来创建所谓的倒梯度阱浓度分布（Retrograde Well Profile），即阱底部的
掺杂浓度高于顶部。这与插入埋层的效果相同，不需要额外的外延沉积成本。

　　CMOS 设计人员经常用衬底接触区将 NMOS 晶体管环绕起来，这些结构有时也称为保护

环，这会让设计人员误以为它们会阻挡或收集空穴。实际上，背栅接触提供多数载流子以支持复合，因此这些环被称为多数载流子保护环更为恰当。无论名称如何，它们确实有助于抑制 CMOS 闩锁效应，因为它们将背栅电位钉扎在 NMOS 晶体管附近，有助于防止其源-背栅结形成很强的正向偏置。

由于缺乏合适的深层低电阻扩散区，在 CMOS 工艺中很难构建少数载流子保护环。图 14.12a 显示了使用 N 型有源区实现的电子收集保护环。N 型源漏区注入很浅，在现代工艺中，它实际上会向上反扩散进入场区氧化层中。因此，电子可以从保护环下方钻入。CMOS 的电源电压一般很低，无法使耗尽深入背栅区较远距离。因此，提高收集效率的唯一方法就是拓宽用于构建保护环的 N 型带状有源区。如果工艺不包括倒梯度掺杂的 P 阱，则 N 型带状有源区的宽度至少要与 P 型外延层的厚度相当；如果工艺中使用倒梯度掺杂的 P 阱，则 N 型有源区的宽度至少与 P 阱的深度相当。

图 14.12b 显示了一个使用 N 阱构建的电子收集保护环。N 阱中有一个 N 型有源区条，用作 N 阱的接触。应添加尽可能多的 N 型有源区，以减少通过 N 阱的垂直电阻。保护环还应连接到电源而不是接地，以帮助将自偏置的影响降至最低。即使采取了这些预防措施，深的轻掺杂 N 阱的垂直电阻仍然很大，因此作为保护环的用途值得怀疑。现代低压 CMOS 工艺中使用的更浅、更重掺杂的 N 阱更有用，但是自偏置仍然是一个令人担忧的问题。如果电路方面的考虑只允许使用接地的电子收集保护环，则应优先使用较宽的 N 型有源区形式的环，而不是 N 阱形式的环。

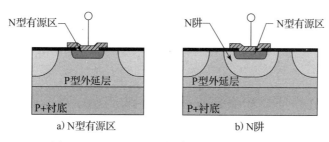

a) N 型有源区　　　　　　　　b) N 阱

图 14.12　CMOS 工艺构建的电子收集保护环

在 CMOS 工艺中，电子收集保护环的效率相对较低，这往往导致设计人员省略保护环，而依赖于背栅接触和增大间距。不过，如果有足够的空间，较宽的 N 型有源区电子收集保护环可以显著地提高闩锁的免疫特性。

14.2.4　CMOS 工艺中的空穴保护环

较早的 CMOS 工艺缺乏很强的倒梯度掺杂分布的阱，没有任何东西可以限制空穴向衬底扩散，因此无法构建空穴保护环。较新的低压 CMOS 工艺通常采用足够浅的 N 阱，以便通过兆伏特离子注入来创建倒梯度掺杂分布。如果阱底部的掺杂程度至少是中间的 10 倍，那么就可以实现对少数载流子空穴的足够限制，从而构建出有用的空穴保护环。

纯 CMOS 工艺不包括深 N＋下沉扩散或深槽。没有这些特性，就无法阻止空穴向 N 阱侧壁扩散。这种限制使得在纯 CMOS 工艺中无法构建空穴阻挡保护环。不过，我们仍然可以通过在注入区域的周围放置一圈 P 型有源区来创建空穴收集保护环，如图 14.13 所示。这种保护环的效果有限，因为 P 型有源区无法深入阱的重掺杂部分。可以通过提高 P 型有源区/N 阱结上的反向偏压，使该结附近的耗尽区深入阱中，从而提高其效率。这通常是通过将保护环连接到地来实现的。还可以通过增加环的宽度使其更加有效。理想情况下，P 型有源区环的宽度至少应等于 N 阱扩散深度。

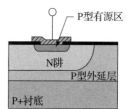

图 14.13　CMOS 工艺的空穴收集保护环

在许多情况下，CMOS 设计人员并不依赖于空穴收集保护环，而是用 N 型有源区的背栅接触的环，将 PMOS 晶体管包围起来。这些背栅接触环有助于钉扎背栅区电位，最大限度地减少源-背栅 PN 结产生正向偏置的机会。因此，这些环是多数载流子保护环的另一个例子。

14.2.5　BiCMOS 工艺中的电子保护环

BiCMOS 工艺可以制造与 CMOS 工艺相同的电子收集保护环。不过，许多 BiCMOS 工艺还能制造其他更有效的结构。可用保护环的确切性质取决于工艺的细节。图 14.14 显示了两个代表性工艺的示例，其中一个采用集电区扩散隔离(Collector-Diffused Isolation，CDI)，另一个采用深槽隔离(Deep Trench Isolation，DTI)。

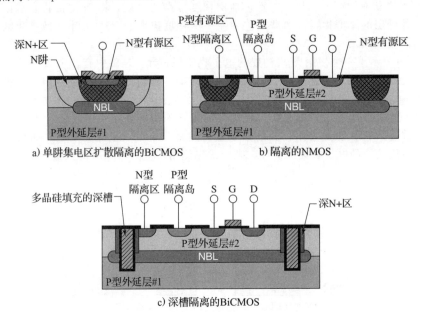

图 14.14　各种 BiCMOS 工艺中的电子收集保护环

图 14.14a 显示了采用传统单阱 20 V 的 BiCMOS 工艺制造的电子收集保护环。在 P+衬底上沉积了两层 P 型外延层。在两外延层之间注入一个图形化 N 型埋层(NBL)。制作一个深的轻掺杂 N 阱，并向下推进至 N 型埋层。电子收集保护环由一圈 N 型埋层组成，通过深 N+扩散制作其接触。N 型埋层无论如何也不可能完全穿透到达 P+衬底，但是衬底中硼的上扩散可以部分地压缩 P 型外延层的厚度，即使采用最小的 N 型埋层环宽度，通常也能产生合理的电子收集效率。研究人员已经观察到超过 90%的效率。保护环会含有 N 型有源区，以确保形成欧姆接触。此外，还包括了 N 阱，因为它的存在可略微降低纵向的电阻，而不会相应增加结构的尺寸或成本。由于深 N+扩散区的存在，保护环是可以接地的，即便出现闩锁测试中通常会遇到的电流水平(100～200 mA)，我们也不用担心会发生自偏置。如果没有深 N+区，只要将保护环连接到电源而不是接地，仍然可以使用这种结构。自偏置现在成了问题，应当计算该结构的纵向电阻，以确定给定的电源电压是否足以处理预期的电子收集电流。

图 14.14b 显示了采用前述集电区扩散隔离的 BiCMOS 工艺制造的隔离 NMOS 结构的一个示例。由 N 型埋层和深 N+扩散区截取一段 P 型外延层后形成了隔离岛，该 NMOS 晶体管即位于隔离岛中。N 型埋层和深 N+区有效地在 NMOS 管周围形成了一个 100%高效率的电子收集保护环。在许多其他 BiCMOS 工艺中也可以制作类似的结构。例如，双阱集电区扩散隔离的 BiCMOS 工艺可以采用完全相同的结构，只是在 NMOS 晶体管周围的是增加的 P 阱。

图 14.14c 显示了用深槽隔离 BiCMOS 工艺制造的隔离 NMOS 晶体管的示例。这种特殊工

艺使用沉积在 P＋衬底上的两层 P 型外延层。在两个外延层之间注入了图形化的重掺杂 N 型埋层。深槽向下穿透 N 型埋层，截取了一段 P 型外延的区域，形成一个隔离岛。沿着沟槽侧壁的砷倾角注入，向下延伸至 N 型埋层。N 型埋层和砷的倾角注入在 NMOS 晶体管的周围形成了一个 100％高效率的电子收集保护环。如果无法将注入少子的器件置于隔离岛中，仍然可以使用深槽接触的 N 型埋层条来作为电子收集的保护环。

模拟 BiCMOS 工艺有时使用 P－衬底，以回避所必需的两次外延生长。在 P－衬底上构建的设计比在 P＋衬底上构建更容易发生闩锁，因为前者相对容易发生自偏置。更糟糕的是，在 P－衬底上，电子收集保护环的效果会大打折扣，因为之前将电子限制在 P 型外延层中的 P＋/P－界面已不复存在。许多设计都是在 P－衬底上制造的，但是其中很大一部分在推出之前都需要经过一次或多次额外的检查，以解决闩锁问题。此外，再多的保护环和衬底接触也无法保证 P－设计在受到严重的电感反冲或共振时还能正常工作。尽管会增加成本，此类设计还是构建在 P＋衬底上为更好。不熟悉介质隔离工艺的设计人员可能会错误地认为这些工艺不会发生闩锁。如果每个器件都放置在自己的隔离岛中，这种说法可能是正确的。不过实际上，为了节省空间，多个低压晶体管通常是会合并到同一个隔离岛的。如果 PMOS 晶体管和 NMOS 晶体管都放到了同一个隔离岛中，那么闩锁就会成为一个严重的问题。隔离岛下方的埋层可将隔离岛中的 NMOS 晶体管与衬底相隔离，并确保隔离岛的 N 阱区和 P 阱区都具有较高的横向电阻。已知会注入少数载流子的器件应隔离在自己的隔离岛中，即使没有明显的触发闩锁的因素，也应在含有 PMOS 晶体管和 NMOS 晶体管的隔离岛的 N 阱和 P 阱区中散布大量的背栅接触。

14.2.6 BiCMOS 工艺中的空穴保护环

BiCMOS 工艺有很多层，因此可以制作多种类型的空穴保护环。特定工艺的细节决定了它可以制作哪些护环。图 14.15 显示了三种代表性工艺的示例。

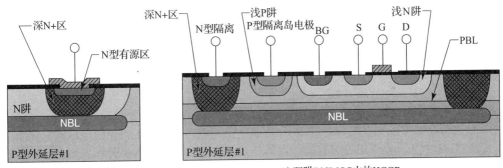

a) 单阱CDI BiCMOS中的HBGR　　　　b) 双阱BiCMOS中的HCGR

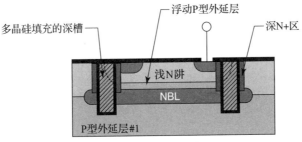

c) DTI BiCMOS中的HBGR

图 14.15　三种 BiCMOS 工艺中的空穴保护环

图 14.15a 显示了采用集电区扩散隔离（CDI）BiCMOS 工艺制造的空穴阻挡保护环。该工艺使用了在两层 P 型外延之间的重掺杂 N 型埋层。深 N 阱和重掺杂深 N＋下沉扩散区都向下扩

散穿透至 N 型埋层。在 N 阱下方的 NBL 和环绕 N 阱的深 N＋扩散区构成了空穴阻挡保护环。在绘制的版图中，N 型埋层应延伸到深 N＋区边缘以外，以最大限度地提高这两个区域交界处的掺杂浓度；N 阱也应至少延伸到深 N＋边缘外，提高与 N 型埋层交界处的掺杂。这种结构的有效性取决于保持 N＋/N－界面两侧的 N＋和 N－区具有足够的掺杂比。理想的掺杂比约为 100∶1 或更高。浅 N 阱与深 N＋区交接处 N 阱的表面浓度有时会带来问题。现代低压浅 N 阱的表面掺杂可能超过 10^{18} 原子/cm³，这就使得深 N＋核心区的掺杂要超过 10^{20} 原子/cm³。这样的掺杂超出了传统离子注入和推进的范围，可通过 $POCl_3$ 扩散来实现。如果没有足够的掺杂浓度比，空穴就会从深 N＋区的侧壁漏出到达衬底。研究人员针对工作电压低于 3 V 的晶体管采取了优化的阱与深 N＋下沉扩散区(由离子注入制作)相结合的工艺，在其中已经观察到了这一问题。

某些 BiCMOS 工艺使用的埋层掺杂浓度不足，因此对于该工艺有 N 型埋层空穴渗漏性的报道。添加空穴阻挡保护环实际上可能反而会增加衬底通过渗透性 N 型埋层的注入。这种看似矛盾的行为可能是由 N 阱的有效容积减小造成的。这种容积减小效应会降低空穴阻挡保护环(HBGR)的效率，但是不会影响空穴收集保护环(HCGR)的效率。

图 14.15b 显示了双阱 BiCMOS 工艺中被证明成功的空穴收集保护环。该工艺使用 P＋衬底上沉积的两个 P 型外延层。在这些外延层之间插入了两个埋层。第一个是中度掺杂的硼 P 型平铺埋层(PBL)，第二个是重度掺杂的图形化锑 N 型埋层。硼的外扩散速度快于锑，从而在 N 型埋层上方形成了一个中度掺杂的 P＋区域，如图 14.15b 的剖面所示。深 N＋下沉扩散一直延伸到 N 型埋层，建立了一个隔离岛。浅层的 N 阱和 P 阱并没有向下延伸至 N 型埋层。由于浅 N 阱和 N 型埋层之间存在 P 型埋层，因此两个区域可以工作于很大的电压差下，而不会造成穿通击穿。两个浅阱都采用倒梯度浓度分布。这种工艺可以制造双隔离的 PMOS 晶体管，如图 14.15b 所示。晶体管位于浅 N 阱中，通过其与 N 型埋层之间的 P 型埋层与 N 型埋层相隔离。这种结构允许设计一些新颖的电路结构，也允许构建一个 100％效率的空穴收集保护环。保护环结构由浅 N 阱下方的 P 型埋层和环绕浅 N 阱的 P 阱组成。从浅 N 阱向外注入的任何空穴都会被 P 型埋层或 P 阱收集。放置在 P 阱中的 P 型有源区环建立了 P 阱的接触。该有源区环通常与地电位相连，以最大限度地减少结构内自偏置的影响。不过，由于 P 阱和 P 型埋层可以最大限度地减小保护环的纵向电阻，即使保护环连接到深 N＋隔离环而不是接地，其效果也不会太差。P 型有源区应尽可能宽些，以进一步减小纵向电阻。深 N＋区与被围起来的浅 N 阱之间的间距也可加大，以减少纵向电阻。

图 14.15c 显示了采用深槽隔离(DTI)BiCMOS 工艺制作的空穴阻挡保护环示例。该工艺使用沉积在 P＋衬底上的两个 P 型外延层。在外延层之间插入了一个重掺杂的 N 型埋层。深槽向下穿透了 N 型埋层，建立了一个隔离岛。深槽侧壁的砷倾角注入，可作为深 N＋下沉扩散的替代物，结构上更为紧凑。空穴阻挡保护环由深槽隔离和 NBL 组合而成。浅 N 阱周边的深槽环可防止空穴横向漏出。N 型埋层图层数据是跨整个隔离岛的。在绘制的版图中，N 型埋层的边缘应至少延伸到深槽边缘以外，以确保隔离岛边缘的 N 型埋层掺杂浓度足够高，从而阻挡空穴渗出。将浅 N 阱与 N 型埋层分隔开来的 P 型外延层，对于空穴通过 N 型埋层的渗漏没有影响。空穴穿过浅 N 阱向下扩散到 P 型外延层时，会使 P 型外延层自偏置。P 型外延层/N 阱和 P 型外延层/N 型埋层两个结正偏的量是相同的，但是更多的空穴是流过 P 型外延层/N 阱界面而不是 P 型外延层/N 型埋层的界面，因为 N 阱比 N 型埋层的掺杂浓度更低。一个含有浮动 P 型区的空穴阻挡保护环，空穴渗漏率不到 5％。在其他工艺中这种保护环的有效性取决于浅 N 阱和 N 型埋层的相对掺杂浓度。

14.3　单层金属互连

大多数现代工艺至少提供两层金属化。由于不同金属层上的引线可以自由地相互交叉，元件的摆放将只受到匹配和密集度的限制。只要花点时间，即使是设计新手也能从这种双层金属的版图中压缩出浪费的空间，设计出相当紧凑的产品。自动布线工具甚至可以对模拟功能块进行布线，前提是必须为它们提供足够的布线规则，如保留区（不可用于布线）的规则、金属线宽度的规则，以及某些引线由于噪声敏感性问题而需要特殊屏蔽这样的规则。

如果工艺只提供单层金属化，互联就会变得相当困难。由于缺少第二层金属，因此很难处理交叉的引线。虽然可以在金属引线下方插入低阻值电阻来建立交叉，但这些"隧道"会占用芯片面积，增加电阻和电容，从而降低电路性能。一个好的单层金属（SLM）版图要采用多种策略，以尽量减少隧道的数量，最大限度地提高密集度。

单层互连已经不再常用，实际上已成为一门失传的艺术。不过，该技术仍有其应用价值。例如，在有源电路上放置由 M-2 金属／M-3 金属构成的电容器，导致此处的电路部分需要局部的单层单金属布线。在这种情况下，本节所包含的信息是有价值的。

14.3.1　预排版图设计

单层布线的最大挑战在于如何排列元件以尽量减少隧道。匹配的元件通常会使这项任务变得非常复杂，即使是熟练的设计人员也必须尝试几种排列方式才能找到合适的版图。这些尝试通常采用粗略草图或预排版图（Mock Layout）的形式，类似图 14.16。晶体管画成矩形，发射极、基极和集电极用字母标出。电阻器以条形显示，两端有连接。由于不影响布线，因此未画出哑图形和电阻隔离岛。隔离岛的接触（Tank Contact）标记为"TC"。占用同一个公共隔离岛的合并器件画成彼此相邻，如 Q_3 和 Q_4。虽然画得很粗糙，也没有按比例，但这幅草图说明了拟议版图的所有重要特征，至少在布线方面是如此。

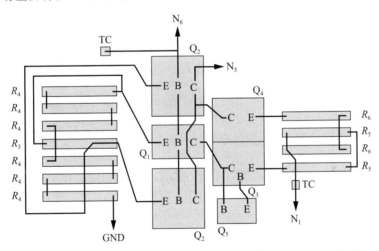

图 14.16　图 15.2 所示部分电路的预排版图。下列元件必须相互精确匹配：R_3-R_4、R_5-R_6、Q_1-Q_2 和 Q_3-Q_4

该特定版图包含大量匹配器件。为获得最佳匹配效果，每组匹配元件都围绕版图的一条轴对称排列（参见 8.2.8 节）。该对称轴水平穿过草图中部。

电阻 R_3 和 R_4 由 160 Ω/□ 的基极扩散区构成，其值分别为 621 Ω 和 4 kΩ。这些值不是简单的整数比（$R_4/R_3=6.441$），这就使分部叉指阵列的构造变得复杂。假设将 R_3 作为阵列的单元电阻。那么 R_4 至少需要七段。遗憾的是，共中心排布的一段电阻，其中心不可能与共中心排布七段电阻的中心完全一致（参见 8.2.7 节）。为了得到一个共同的中心，R_4 需要由八个段来组成。这种排列方式包含的线段过短（R_3 为 3.88 方，R_4 则更短）。更好的安排是 R_4 由六段各为 666.7 Ω 的图形构成，R_3 由一段构成。R_3 的接触位置还可以稍做变化以调整电阻的比例。以 R_3 占据阵列的中心。电阻 R_5 和 R_6 各有 18.75 方，也是由 160 Ω/□ 的基极扩散区来制作的。预排版图将每个电阻分成两段，每段 9.375 方，相互叉接形成一个紧凑的阵列。

晶体管 Q_1 和 Q_2 组成了 6∶1 比例的对管。这种晶体管的版图通常是将较大的晶体管分成两半，并置于较小晶体管的两侧，如图 10.25a 所示。晶体管 Q_3 和 Q_4 是匹配的最小尺寸横向

PNP 型晶体管。这些器件可以并排放置在一个公共隔离岛中，因为它们共用一个公共的基极。并排放置提高了匹配度，简化了互连。两个晶体管在正常工作时都不会饱和，因此合并带来的风险可以忽略不计。

虽然该版图包含多个交叉，但是都不需要隧道。对 Q_2 两分部发射极的连接可穿过电阻阵列 R_3-R_4 来布线。集电极引线可以采用相同的路径，但是这需要将电阻段分开。替代方案是，设想将晶体管 Q_1 和 Q_2 拉长，以便让 Q_2 的集电极引线在 Q_1 的基极和集电极之间穿过。这种配置在实际上几乎不需要真的拉长晶体管的隔离岛，因为 Q_1 和 Q_2 中的深 N+ 区已经增加了基极到集电极的间距。

图 14.16 中的预排版图没有按比例绘制，但是代表各元件的矩形可以使我们对这些元件的占比有个概念。有时，设计人员会使用画有实际元件的纸片来进一步进行这类草图的设计。这些元件可以放置在版图中，并按照方便的比例绘制，通常为 100：1 或 250：1。他们将单个的元件剪下来，在一张更大的纸张上进行摆放，直到找到合适的摆放方式。然后他们将纸片粘在大纸上，并画线将它们连接起来。这种剪切-粘贴式的预排版图也被称为纸玩偶（Paper Doll），在历史上曾经被用来计算困难版图的可连接性。使用现代版图编辑器的 PCell 和飞线功能，也可以完成大致相同的工作，不过大多数 PCell 实现对于单层金属布线的应用来说不够灵活。

14.3.2 交叉布线技术

无论如何努力去避免，大多数单层金属版图还是会需要一些引线交叉。以下总结了仅使用单层金属进行引线交叉的可用技术。

1）引线与电阻交叉。横穿电阻区的引线提供了一个交叉点，它不会消耗额外的面积，不过并不是每条引线都能安全地穿过每个电阻。有些电阻需要设置场板，这就限制甚至禁用了引线交叉。还有一些电阻携载敏感信号，是特别容易受到噪声耦合影响的。轻掺杂电阻材料，如 $2\ \mathrm{k}\Omega/\square$ 的高阻值电阻，可能会出现不理想的电压调制效应。氢化效应很少引起单晶电阻的明显变化。

2）重新排布器件的端接。通常可以通过改变器件端接的排布来消除交叉点。例如，NPN 型晶体管的 CEB 版图将发射极置于集电极和基极之间，而 CBE 版图则将基极置于集电极和发射极之间，如图 9.12 所示。CBE 版图的集电极电阻略大于 CEB，但是这种差异很少影响电路的工作。

3）拉伸器件，使得引线可从器件穿过。多数类型的器件都可以拉伸，以便在端接之间容纳一条或多条引线。图 9.13 显示了三个拉伸 NPN 型晶体管的示例，图 6.16 显示了一个拉伸高阻值电阻的示例。拉伸器件通常比未拉伸器件具有更大的寄生电阻和电容，因此器件拉伸有时会降低电路性能。如果一组匹配器件中的一个被拉伸，那么所有其他器件也应同样拉伸。

4）通过合并的器件连接信号。某些类型的器件适合用作隧道。例如，图 9.15b 中的 NPN 型晶体管包含一个带有两个接触的拉伸基区。这种元件实际上是将 NPN 型晶体管和基区隧道合并到了同一个隔离岛中。类似的合并使用了多个隔离岛接触，而非多个基区接触。这些合并的隧道有寄生电阻和寄生电容，会影响到电路工作。特别是，流经合并隧道的大电流可能会导致自偏置化，从而干扰其他器件的工作。

5）插入隧道。隧道，也称为下穿通道（Crossunder），是在电路版图中加入的低值电阻，可使引线相互交叉。隧道有多种类型，但是各有缺点。所有隧道都会消耗面积并增加寄生电阻和电容。在大电流引线上插入隧道可能会导致过度的自偏置和功率损耗。隧道还可能由于引入了不期望的压降而破坏匹配。隧道引线上的电压也不得超过隧道反偏结的工作电压。由于隧道会影响电路运行，因此电路设计师须对每个建议的隧道最终是否留用作出决定。一旦放置了所有隧道，电路设计人员应将这些器件添加到电路图中，并重新模拟，以查看是否有任何关键参数发生了变化。

6）重新排布压焊块。如果大电流导线必须相互交叉才能到达各自的压焊块，则应考虑重新排列这些压焊块。有时，一种压焊块的排布可能比其他排布更容易实现互连。当然，重新排列压焊块通常需要重新排列封装引脚的顺序。系统设计人员(可能还包括封装设计人员)必须就所有此类更改进行裁决。

　　版图设计师通常需要电路设计师提供规则,以确定允许哪些类型的拉伸和隧道。传达这一信息的一个简单方法是电路设计师编制一份带标注的原理图。标注最初是用彩色铅笔添加的,但是现代的电路原理图编辑器通常允许改变线段的颜色并添加文字标注。表 14.1 显示了一种连线标注方案。附加标注通常会列出匹配元件和需要保护环的器件。

表 14.1　连线标注方案

类别	预防措施	标注
电源引线	不允许有隧道。引线须达到或超过一定的宽度	线条高亮,红颜色;引线上标注宽度
噪声引线	不要与敏感引线或者敏感引线所连接的器件进行交叉	高亮,黄颜色
敏感引线	不允许隧道。不要在敏感的接地引线上放置衬底接触	高亮,绿颜色
非关键引线	无特殊措施	无

14.3.3　隧道的种类

　　隧道可以由任何相对低阻的扩散区构建。在标准双极型工艺中,候选者包括基区、发射区、深 N＋区和 N 型埋层。基区扩散的薄层电阻通常为 $100\sim200\ \Omega/\square$,其他三种材料的薄层电阻约为 $10\ \Omega/\square$。在这些材料中,只有基区扩散能与其他元件共用一个隔离岛且不需要合并信号。因此,大多数标准双极工艺的隧道都是由基区扩散区制成的。

　　隧道总是会增加一些串联电阻。在基区隧道的情况下,串联电阻通常为几百欧姆。虽然这看起来并不大,但是仍足以干扰器件的匹配,并导致特定精微平衡的电路出现故障。典型的隧道还具有几十到几百飞法的寄生结电容。某些高速电路中的节点甚至会受到这种微小电容的严重影响。任何通过加宽隧道来降低串联电阻的尝试都会增加其寄生电容。较大的隧道也更容易受到结漏电和少数载流子收集的影响。

　　发射区扩散的薄层电阻比基区扩散区小一个数量级。典型的发射区隧道由置于隔离岛中的一个发射区扩散条构成,如图 14.17 所示。隔离岛-衬底结将信号与衬底隔离。除了隧道本身提供的接触外,隔离岛不需要其他接触。加入 N 型埋层不会显著降低隧道电阻,但是会增加寄生电容。因此,发射区隧道很少包括 N 型埋层。

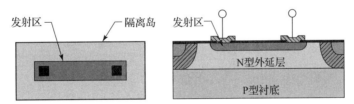

图 14.17　典型的发射区隧道的版图和剖面图

　　图 14.18 中的隔离区内嵌发射区(Emitter-in-iso)的隧道取消了隔离岛,从而节省了大量面积。发射区扩散可对隔离区进行反型的掺杂,由此产生的 N＋/P＋结击穿电压通常只有几伏。击穿电压如此之低的结容易漏电,因此,内嵌的发射区隧道多用于接地的引线。内嵌式发射区隧道击穿电压为 6 V 或更高的工艺,可以采用这样的隧道来传输接地之外的其他信号,但是其电容相对较大(通常约为 $1.5\ \mathrm{fF}/\mu\mathrm{m}^2$)。

　　有些应用要求的电阻值低于发射区单独所能提供的电阻值。将所有可用的 N 型材料(N 型外延、N 型埋层、深 N＋区和发射区)组合在一起,就能产生比单独的发射区稍低一些的薄层电阻。图 14.19 显示了包含发射区、深 N＋区和 N 型埋层的叠层隧道的版图和剖面图。叠层的薄层电阻通常为 $3\sim5\ \Omega/\square$。如果不添加深 N＋,N 型埋层几乎不会带来任何好处,因此不使用深 N＋的器件无法构建叠层隧道。

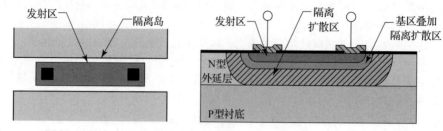

图 14.18　隔离区内嵌发射区隧道的版图和剖面图。基区叠加隔离扩散区(BOI)是工艺形成的，而非设计绘制

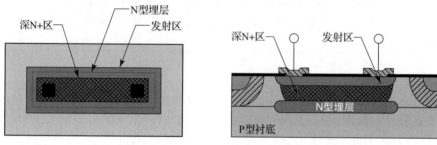

图 14.19　包含发射区、深 N+区和 N 型埋层的叠层隧道的版图和剖面图

图 14.20 显示的是 N 型埋层隧道的版图和剖面图。这种隧道连接两个相邻的隔离岛。隔离岛之间的隔离条起到高效 P 型阻挡区的作用，可以防止从一个隔离岛向另一个隔离岛的交叉注入。希望使用这些隧道的设计人员应了解 N 型埋层-隔离区 PN 结的击穿电压，该电压必须超过 6 V 左右，以确保齐纳击穿不会导致过量漏电流。大多数标准的双极型工艺都能满足这一要求。

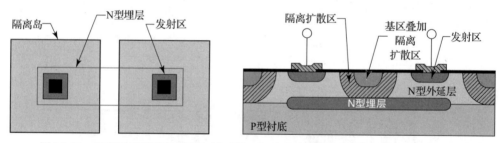

图 14.20　N 型埋层隧道的版图和剖面图，必要时可添加深 N＋下沉扩散以减少电阻

14.4　静电保护

早期的集成电路对防止静电放电(ESD)未做任何特殊规定。标准的双极型集成电路偶尔会出现静电放电故障，但是数量不多，不足以迫使业界采取应对措施。而早期的 MOS 集成电路则经常出现静电放电引起的故障。电子行业不得不采用特殊的 ESD 封装和处理过程。这些措施减少了但是并未完全消除静电放电损害。为量化特定静电放电事件的严重程度，研究人员开发了标准化测试(参见 5.1.5 节)，客户开始要求集成电路通过特定级别的测试。

目前的行业标准要求集成电路能够经受 1 kV 人体模型(Human-Body Model，HBM)和 250 V 带电器件模型(Charged-Device Model，CDM)的冲击。许多客户仍然要求器件满足 2 kV 的 HBM 和 500 V 的 CDM 的旧标准。为了通过这些测试，大多数模拟集成电路需要在其许多引脚上连接特殊的 ESD 保护器件。这些结构必须能处理短暂的大电流脉冲。图 14.21a 显示了典型的 2 kV 的 HBM 测试仪产生的电流波形。该波形的上升时间约为 15 ns，峰值电流约为

1.3 A。电流以指数形式下降，时间常数约为 230 ns。大电流持续的时间足够长，自加热可导致产生热点。因此，热失控成为一个重大的问题（参见 10.1.1 节）。带电器件模型的波形因封装的尺寸和形状而异，但是典型的 500 V 冲击产生的波形与图 14.21b 类似。电流在 0.25 ns 内上升到超过 5 A 的峰值，然后在 1~2 ns 内消失。这一时间尺度非常短，因此不可能发生热失控，但仍可能出现电流成弧现象。

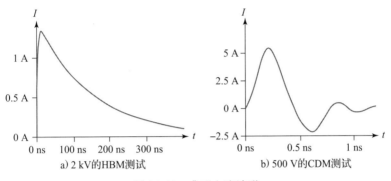

a) 2 kV的HBM测试 b) 500 V的CDM测试

图 14.21　典型电流波形

集成电路本身很少设计成能承受系统级的静电放电冲击，因为这种冲击只有在器件焊接到系统中之后才会发生。此时，在板的电容器和瞬态保护器等外部元件可针对系统级 ESD 事件所产生的极高电流提供稳健的保护。在少数情况下，模拟集成电路可能需要在特定引脚上承受系统级 ESD 脉冲。由于涉及大电流，要满足这一要求极为困难。例如，IEC-61000-4-2 的 8 kV 接触放电会产生一个峰值电流约为 30 A、上升时间小于 1 ns 的初级脉冲，随后是一个上升至约 16 A、衰减时间为 50~100 ns 的次级脉冲。

大多数集成电路本身无法承受静电放电冲击。由 NMOS 反相器组成的输入级如图 14.22a 所示。一个 5 V NMOS 晶体管 M_1 的栅极连接到输入引脚，而其源极连接到接地引脚（VSS）。假设从输入引脚到接地引脚施加了 2 kV 的 HBM 冲击。5 V 栅氧上的 2 kV 电压几乎会瞬间将其击穿。因此，该器件不能通过 ESD 测试。

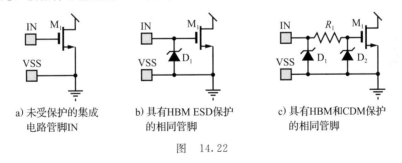

a) 未受保护的集成 b) 具有HBM ESD保护 c) 具有HBM和CDM保护
电路管脚IN   的相同管脚   的相同管脚

图　14.22

假设我们可以集成一个击穿电压为 7 V、内部串联电阻为 2 Ω 的大型齐纳二极管 D_1，如图 14.22b 所示。现在，当 2 kV 的 HBM 冲击发生时，齐纳二极管会发生雪崩击穿，并钳位 M_1 栅氧化层上的电压。2 kV 的 HBM 冲击产生的电流约为 1.3 A，因此 D_1 上的电压峰值达到 9.6 V。这确实超出了 M_1 栅氧化层的额定值 5 V，但是瞬态仅持续几百纳秒。栅氧化层可以在这短暂的时间内轻松承受 10 V 的电压，因此该器件现在可以通过 2 kV 的 HBM。齐纳二极管 D_1 充当了 HBM ESD 的保护装置。

现在，假设我们从图 14.22b 电路的输入引脚对地施加 500 V 的 CDM 电压。这一冲击产生的电流可能是 12 A。齐纳二极管 D_1 现在会产生 31 V 的峰值电压，对于 M_1 栅氧化层来说，哪怕只有几纳秒的时间也是无法承受的。因此，仅靠 D_1 无法保护集成电路免受 500 V 的 CDM 的冲击。

现在，假设我们用一个 500 Ω 的电阻 R_1 和第二个较小的齐纳二极管 D_2（内部串联电阻为

50 Ω)来辅助齐纳二极管 D_1,如图 14.22c 所示。施加 500 V 的 CDM 冲击再次在 D_1 上产生 31 V 的电压,但是电阻 R_1 将流入二极管 D_2 的电流限制在 44 mA,M_1 栅氧化层上仅出现 9.2 V 的电压。栅氧化层可在几纳秒的时间内轻松承受这一电压,因此该器件现在可以通过 500 V 的 CDM 测试。电阻 R_1 和齐纳二极管 D_2 充当了次级 ESD 保护装置,也称为 CDM 钳位。二极管 D_1 有时被称为初级 ESD 保护装置,以区别于次级保护装置。

　　因此,ESD 保护装置可分为两类:一类是初级保护装置,用于承受静电放电的全部冲击;另一类是次级保护装置,用于为特别脆弱的电路提供补充保护。下文将详细介绍这两类器件。

14.4.1 初级 ESD 保护器

　　初级 ESD 保护器必须具备两个功能。首先,它必须将 HBM 冲击产生的峰值电压限制在易受冲击的 PN 结的反向击穿电压以下。其次,它必须将 CDM 冲击产生的峰值电压限制在层间介质和场区氧化层的击穿电压以下。

　　含有足够大 PN 结的器件通常可以作为其自身的初级 ESD 保护器。这类器件被称为是自保护器件。许多大型功率晶体管符合这一标准,因此不需要任何额外的初级 ESD 保护器。不过,某些器件非常容易形成导电细丝,无论其尺寸如何,都无法安全地吸收掉 HBM 电流。

　　一般来说,初级 ESD 保护器并不能防止使 PN 结雪崩的 CDM 冲击。大多数结可以在几纳秒的雪崩中存留,因为热失控不可能在如此短的时间尺度内发生。不过,也存在例外情况。这些情况通常涉及易受导电细丝影响的结构,例如具有轻掺杂漂移区的高压 MOS 晶体管。

　　有一种 ESD 保护装置(见图 14.22b 中的齐纳管)只是对瞬态电压进行消峰。图 14.23a 显示了这种消峰器件(Clipping Device)的理想化电流-电压波形。在其两端的电压超过导通电压 V_c 之前,它基本上不抽取。V_c 一般定义为保护器电流为 1 μA 时的电压,不过某些引脚可能只要求更低的电流,例如 100 nA。这种要求可能是很难满足的,因为大多数保护结构都包含大型的 PN 结,而 PN 结在高温时本身的漏电流就已经很大了。更糟糕的是,PN 结在吸收静电放电冲击后的漏电流往往会变得更大。热载流子撞击后沿着氧化层界面处会产生一些缺陷点,漏电流即归因于这些缺陷间形成的隧道效应。

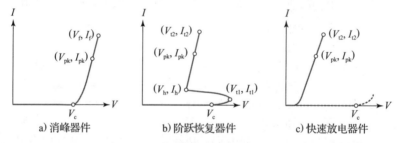

图 14.23　理想化电流与电压关系曲线

　　一旦开始导电,通过消峰器件的电流就会呈指数增长,直到串联电阻成为其限制因素。此后,电流或多或少地成为电压的线性函数。峰值钳位电压 V_{pk} 等于 HBM 冲击达到峰值电流(对于 2 kV 人体模型为 1.3 A)时产生的电压。如前所述,峰值电压不得超过任何易损 PN 结的击穿电压。

　　图 14.23a 中的电流与电压关系轨迹以失效电流 I_f 点为终点。大于 I_f 电流会损坏保护装置。故障通常是一个电热过程,因此 I_f 与时间密切相关。使用一种称为传输线脉冲(Transmission-Line Pulse,TLP)测试的技术,施加精确定义的脉冲电流,可以获得与 HBM 测试下的耐受性相关的失效电流。失效电流应显著超过 HBM 测试产生的峰值电流。

　　总而言之,一个成功的消峰器件必须满足以下要求:

1) 导通电压 V_c 须超过最大工作电压。
2) 峰值电压 V_{pk} 不得超过 PN 结击穿电压。

3）峰值电压 V_{pk} 不得超过场氧或层间氧的击穿电压。

4）故障电流 I_f 须显著超过 HBM 峰值电流。

图 14.23b 显示了另一种初级保护装置的 I-V 图，此即所谓的阶跃恢复器件（Snapback Device）。解释该图的最佳方法是想象电流在稳步增加。从导通电压 V_c 开始，电流的增加会导致电压的相应增加。最终，电压在电流 I_{t1} 时达到最大值 V_{t1}，电流的进一步增加实际上会导致电压下降。当电流达到 I_h 时，这个负阻区域结束，此时电压下降到一个最小值，称为维持电压 V_h。从触发电压 V_{t1} 到维持电压 V_h，这种骤降称为阶跃跳变（Snapback），它的存在使得这种结构被定义为阶跃恢复器件。电流的进一步增加会使器件两端的电压大致呈线性上升。曲线经过峰值钳位电压 V_{pk}，此时电流 I_{pk} 等于 HBM 冲击电流峰值。电压继续上升，直到达到第二触发电压 V_{t2}，此时的第二个触发电流为 I_{t2}。在这一点处，产生了第二次阶跃突变。这种所谓的二次击穿通常是由热失控引起的，而且几乎总是破坏性的。I_{t2} 的值因而要远远超过 I_{pk}。由于二次击穿通常是一个热过程，因此电流 I_{t2} 会随时间变化。在每个短时间间隔内，例如与 CDM 事件相关的时间间隔内，I_{t2} 的电流非常大。当热不稳定性产生导电细丝的时间足够长时，它将会趋于消失。因此，要准确测定 I_{t2}，还是需要进行 TLP 测试。

如果保持电压超过最大工作电压，则阶跃跳变对电路的正常运行不会产生影响。另外，如果保持电压低于最大工作电压，保护装置可能会在正常工作期间触发。这有可能会损坏保护装置，进而损坏集成电路。防止这种情况发生的方法有两种。首先，如果能保证保护装置两端的电压永远不超过第一触发电压 V_{t1}，那么就不会出现阶跃跳变的现象。其次，如果电路（内部和外部）无法提供维持跳变所需的保持电流 I_h，那么即使在某一瞬间触发了阶跃跳变，其持续时间也不会长到足以损坏器件。

总而言之，一个成功的阶跃恢复器件必须满足以下要求：

1）导通电压 V_c 须超过最大工作电压。

2）峰值电压 V_{pk} 不得超过 PN 结击穿电压。

3）峰值电压 V_{pk} 不得超过场氧或层间氧的击穿电压。

4）第二触发电流 I_{t2} 必须大大超过 HBM 的最大电流。

5）以下三项中至少有一项必须为真。① 保持电压 V_h 必须超过最大工作电压；② 触发电压 V_{t1} 超过正常工作电压，且可用于维持跳变的电流小于保持电流 I_h；③ 保护装置两端电压绝不能超过触发电压 V_{t1}。

请注意引脚不能超过触发电压（要求 5 的③）的假设，因为很难预测特定应用中可能发生的瞬态性质。具有低保持电压的阶跃恢复器件最好限制在电流不足以维持的引脚上（要求 5 的②）。

图 14.23c 显示了第三种初级保护装置的 I-V 图，即所谓的快速放电器件（Rate-Fired Device）。当这种保护装置受到普通电压波形的影响时，其行为遵循虚线轨迹，在其两端电压超过导通电压 V_c 之前不会传导大的电流。但是，如果其两端电压快速变化，如发生静电放电时，其行为会遵循实线轨迹。此时器件上的电压要低得多。该曲线经过峰值钳位电压 V_{pk} 时的电流等于 HBM 冲击电流的峰值。该曲线一直延伸到更大的电流 I_{t2} 处，此时发生二次击穿，保护装置被损坏。

快速放电器件包含所谓的触发电路，可对快速跳变电压做出响应。这些电路必须在大约 50 ns 的时间内响应 V_{pk} 的电压跳变，以便 HBM 事件能触发快速放电器件。典型的触发电路会对跳变速度超过约 1 V/ns 的信号做出响应。无论如何，触发的阈值可能会随着工艺和温度的变化而变化。因此，在电压跳变速度超过 100 V/μs 时，就不应再使用快速放电器件了。

某些快速放电器件包含一个禁用电路，目的是防止它们在正常工作时被激活。禁用电路通常监测引脚上的电压。在禁用信号出现几微秒后，电路会禁用快速放电 ESD。这是允许的，因为 HBM 和 CDM 测试模拟的是制造、运输、存储和封装过程中发生的事件。系统级 ESD 事件对组装产品的冲击通常会被集成电路外部的元件（如电容器和瞬态抑制器）吸收。因此，集成电路可以在运行期间禁用自身的内部保护电路。如果集成电路需要在没有外部辅助的情况下保护自身免受系统级静电放电(ESD)的冲击,情况就并非如此。需要内部系统级 ESD 保护的引脚不能依赖具有禁用功能的快速放电的 ESD 电路。

总而言之,成功的快速放电器件必须满足以下要求:

1)导通电压 V_c 须超过最大工作电压。

2)峰值电压 V_{pk} 不得超过 PN 结穿电压。

3)峰值电压 V_{pk} 不得超过场区氧化层或层间氧化物的击穿电压。

4)第二触发电流 I_{t2} 必须显著超过 HBM 的最大电流。

5)以下两项声明中至少有一项为真:① 引脚的最大压摆率不得超过大约 100 V/μs;② 保护装置包含禁用电路。

请注意引脚不得超过特定压摆率(要求 5 的①)的假设。客户通常会以意想不到的方式使用器件,有时还会省略电容器等保护器件。应尽可能使用禁用电路(要求 5 的②)。

1. 缓冲齐纳二极管

理想的削峰器件是串联电阻为几欧姆的齐纳二极管。大多数双极型和 BiCMOS 工艺中都有发射区-基区齐纳二极管,但是它们的串联电阻过大。图 14.24a 中的电路被称为缓冲齐纳管或功率齐纳管,它通过使用一个 NPN 型晶体管 Q_1 来放大流过齐纳二极管 D_1 的电流,从而解决了这一问题。该电路有效地将齐纳二极管的电阻除以双极晶体管的 β 值,从而实现了几欧姆的等效串联电阻。多个齐纳二极管可以叠加,以获得更高的钳位电压,唯一的要求是钳位电压必须低于 NPN 型晶体管的击穿电压 V_{CER}。

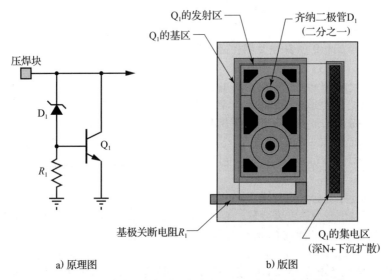

a) 原理图   b) 版图

图 14.24   缓冲齐纳管钳位(为清晰起见,省略了金属化部分)

基极关断电阻 R_1 的阻值应相对较小,如 1 kΩ。这个电阻有三个作用。首先,它的存在可以防止双极型晶体管 Q_1 放大漏电流,从而将消峰器件的漏电流降至最低。其次,该电阻可提高 NPN 型晶体管的击穿电压 V_{CER}。最后,它有助于防止瞬态电压通过基区-集电区结电容上的电流耦合而开通晶体管 Q_1。R_1 的值越小,开通 Q_1 所需的电压突变就越大。

缓冲齐纳管可以防止正的和负的 ESD 放电冲击。正的冲击将电流注入被测引脚,而负的冲击则将电流从引脚拉出。缓冲齐纳管可以在其较大的集电区-基区 PN 结的耗尽区内耗散掉正冲击的大部分能量。300~600 μm² 的 NPN 型发射区应能提供 2 kV 的 HBM 保护。更大的晶体管可以吸收成比例的更高电压冲击。缓冲齐纳管在其正向偏置的集电区-衬底结上传导负的电冲击。负冲击被钳位在比正冲击低得多的电位上,因此能承受正冲击的晶体管也能承受负的冲击。

图 14.24b 显示了缓冲齐纳管的一种可能版图。所有元件都位于同一个隔离岛中。晶体管

Q_1 的发射区由整块的包含多个圆孔的扩散区构成。每个孔内都有一个较小的圆形发射区接头。这些发射区接头共同构成了齐纳二极管 D_1 的阴极。Q_1 的发射极和 D_1 的阴极都被封闭在一个共同的基区内，其中一部分延伸至隔离区，形成基极关断电阻 R_1。所有这些合并器件都共用一个具有单个公共深 N＋下沉扩散的隔离岛。由于静电放电时间很短，这种结构的特殊发射极几何图形不易发生热失控。

虽然图 14.24b 展示的是标准双极工艺构建的缓冲齐纳管，但是许多 BiCMOS 工艺都可以采用相同的结构。历史上，这种结构曾在 20 V 的 BiCMOS 工艺中成功实现，并取得了远远超过 2 kV 人体模型和 200 V 机器模型的性能。缓冲齐纳会将电子注入衬底，因此应使用电子收集保护环将其与管芯的其他部分隔开。

虽然缓冲齐纳管通常被认为是一种消峰器件，但是它实际上会因集电区-基区结的电容耦合而产生一定程度的快速放电。这种现象在静电放电时实际上是有帮助的，但是会干扰高速电路的正常工作。通过减小基极关断电阻 R_1 可以令快速放电现象最小化。

2. V_{CES} 和 V_{CER} 钳位

阶跃恢复器件的一种明显的选择是工作于 V_{CES} 或 V_{CER} 模式下的 NPN 型晶体管。图 14.25a 和 b 显示了 V_{CES} 钳位和 V_{CER} 钳位的原理图。两者之间的唯一区别是，V_{CER} 钳位包括一个基极关断电阻 R_1，而 V_{CES} 结构则不包括。该电阻将触发电压 V_{T1} 从 V_{CES} 降至 V_{CER}，其中 V_{CER} 的值取决于电阻的值。这两种结构的保持电压 V_{H} 等于晶体管的维持电压 $V_{\mathrm{CEO(sus)}}$。一个典型的 40 V 标准双极型 NPN 晶体管的 V_{CES} 值约为 65 V，$V_{\mathrm{CEO(sus)}}$ 值约为 45 V。V_{CER} 的值介于两者之间。

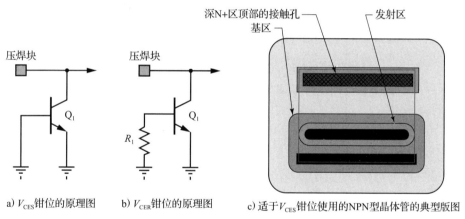

a) V_{CES} 钳位的原理图　　b) V_{CER} 钳位的原理图　　c) 适于 V_{CES} 钳位使用的 NPN 型晶体管的典型版图

图　14.25

V_{CES} 和 V_{CER} 钳位可提供正的和负的 ESD 放电冲击。正冲击会触发 V_{CES} 或 V_{CER} 击穿，而负冲击则会使集电区-衬底 PN 结正偏。集电区-衬底结的正向电压远小于 V_{CES} 或 V_{CER}，因此如果器件能承受正冲击，那么它也应该能承受负向的冲击。

图 14.25c 显示了用作 V_{CES} 钳位的 NPN 型晶体管的典型版图。基区扩散区的圆角化设计可防止可能出现的场增强和随后的电流局部聚集。许多设计人员还将发射区扩散的两端设计成圆形，目的是要避免电流的局部聚集，不过这样做是否能带来真正的好处值得怀疑。

设计人员通常会设计基极扩散区对基极接触孔的覆盖，要比设计规则的要求多 1～2 μm。这种额外的覆盖量使接触孔更远离基区-集电区 PN 结耗尽区所产生的高温。考虑到接触孔是 ESD 器件中最易受热影响的部分，这种预防措施似乎是合理的。

有时设计人员会将发射区扩散对接触孔的覆盖增加几微米，以提供一些发射区镇流作用（Emitter Ballasting），希望这样能防止不均匀的传导。这种做法的实际效果令人怀疑。

发射区面积为 300～500 μm^2 时，通常可提供 2 kV 人体模型能力。更大的发射区可以承受成比例的更高冲击电压。这种结构不仅可以用标准的双极型工艺制作，也可以用 BiCMOS 工艺制作。在 20 V 的 BiCMOS 工艺中，它已成功用作主保护器件，实现了超过 2 kV 的人体模型保护能力。

3. V_{ECS} 钳位

如果双极型晶体管的发射极和集电极对调,它将继续作为双极型晶体管工作。以这种方式偏置时,晶体管被称为工作在反向有源模式。集电区-基区 PN 结正向偏置并向基区注入少数载流子。这些载流子被发射区-基区结收集。在反向有源模式下工作的 NPN 型晶体管具有极低的 β 值,这是因为用轻掺杂的集电区代替重掺杂的发射区会大大降低发射极注入效率。此外,重掺杂发射区-基区 PN 结的击穿电压要远低于轻掺杂集电区-基区结的击穿电压。基区接地的双极型晶体管工作在反向有源模式下的击穿电压用 V_{ECS} 表示。由于 V_{ECS} 远低于 V_{CES},因此该器件成为保护低电压电路的不二之选。

V_{ECS} 钳位可提供正的和负的 ESD 冲击保护。正冲击会将晶体管偏置到反向有源模式。负冲击会使其进入正向有源区,在此表现为二极管连接的一个晶体管。能在正向 HBM 冲击中幸存下来的 V_{ECS} 钳位,几乎肯定能在相应的负 HBM 冲击中存活下来。

图 14.26a 显示了 V_{ECS} 钳位的原理图。该装置的版图与图 14.25 中的 V_{CES} 钳位是等同的。图 14.26b 的版图与图 14.25c 的 V_{CES} 钳位的不同之处仅在于它有两个发射区而不是一个,这种版图特别紧凑,因为两个发射极共用一个基区接触。由于集电极接地,V_{ECS} 晶体管很少需要封闭在电子收集保护环中。N 型埋层的存在和一个大的深 N+ 下沉扩散区通常可以防止自偏置将电子注入衬底。

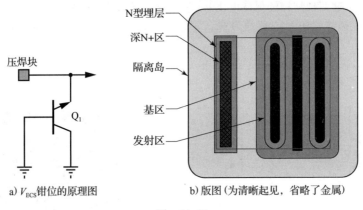

a) V_{ECS} 钳位的原理图　　　　b) 版图(为清晰起见,省略了金属)

图　14.26

由于晶体管的 β 值较低,V_{ECS} 钳位不会出现明显的阶跃恢复现象。其触发电压 V_{T1} 约为 NPN 型晶体管的 V_{EBO},保持电压通常为 V_{EBO} 的 $60\% \sim 80\%$。发射区面积小于 $600~\mu m^2$ 的器件可以提供 2 kV 的人体模型(HBM)和 200 V 的机器模型(MM)保护,更大的器件可以承受 10 kV 的 HBM 冲击。

在许多 BiCMOS 工艺中,V_{ECS} 钳位是保护低压引脚的常用选择。$2 \sim 3$ 个 V_{ECS} 钳位堆叠可以保护较高电压的引脚,但是堆叠的串联电阻会随着钳位管增加而增大。这通常会迫使设计人员使用更大的钳位管,而不是仅仅承受特定水平的 ESD 冲击所需的钳位管。与堆叠式 V_{ECS} 钳位相比,缓冲齐纳钳位或 V_{CES} 钳位消耗的面积更小。

4. 反并联二极管

许多集成电路需要多个接地引脚。这些引脚有时在管芯中连接在一起,有时则不连接。如果它们没有连接在一起,那么没有连接到衬底的引脚就需要 ESD 保护。这通常由反并联二极管(Anti-Parallel Diode,APD)提供。图 14.27 显示了采用 N 阱 CMOS 工艺制作的一对反并联二极管。二极管 D_1 由放置在 P 型外延层中的 N 有源区和 P 型有源区叉指条组成,而二极管 D_2 则由放置在 N 阱中的类似叉指条阵列组成。D_1 是一个简单的 N 型有源区/P 型外延层二极管,其电阻已通过将衬底接触与阴极指相互交错排布降至最低。D_2 实际上是一个衬底 PNP 型晶体管。P 型有源区叉指构成其发射区,N 型有源区叉指构成其基区,而衬底则是其集电区。该器件的增益并不重要，因为它有最小的基区电阻。

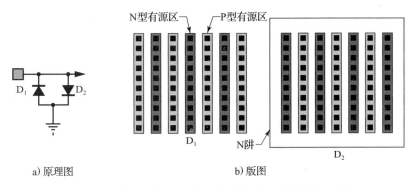

a) 原理图   b) 版图

图 14.27 采用 N 阱 CMOS 工艺制作的一对反并联二极管

反并联二极管的 P 型有源区和 N 型有源区叉指通常做得尽可能窄，以节省空间。同样，N 型有源区和 P 型有源区叉指之间的间距也要尽量减小。各叉指条不应做得太长，以避免金属化电阻过大。要做到这一点，最好的办法是构建方形或接近方形的叉指阵列。

反并联二极管保护装置的总体尺寸主要取决于结构所允许的串联电阻，通常不超过几欧姆。APD 结构具有令人羡慕的耐受性，因为它们的低钳位电压可以最大限度地减少功率损耗。这些结构会向衬底注入电子，因此应在它们与电路的其余部分之间放置电子收集保护环。

5. 双二极管

反并联二极管只能防止工作在相同或接近相同电位的引脚之间发生放电冲击。图 14.28 显示了一种更通用的双二极管保护结构。二极管 D_1 和 D_2 在 E_2 的辅助下保护引脚 P_1，E_2 是另一个引脚 P_2 的保护器件。二极管 D_1 通过钳位 P_1 相对于衬底接地的电位来保护引脚 P_1 免受负的 ESD 冲击。二极管 D_2 通过钳位 P_1 相对于 P_2 引脚的电位，保护 P_1 引脚免受正的 ESD 冲击。保护装置 E_2 钳位 P_2 引脚上的电压，因此二极管 D_2 将 P_1 引脚钳位在 E_2 两端电压加上一个二极管压降。

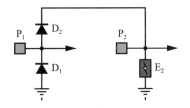

图 14.28 双二极管 D_1 和 D_2 在 E_2 辅助下保护引脚 P_1 的原理图，E_2 是保护另一个引脚 P_2 的 ESD 器件，P_2 引脚通常是供电电源

二极管 D_1 是一个 N 型有源区/P 型外延层二极管，与反并联二极管结构中的相同。二极管 D_2 是一个 P 型有源区/N 阱二极管，与反并联二极管结构中的二极管近似，只是其阴极与引脚 P_2 连接，而不是与衬底接地相连。从 D_2 到 P_2 的连接必须使用宽的低阻金属导线，该导线能够传导 ESD 冲击的大电流，而不会产生过大的压降。一般来说，任何两个引脚之间的静电放电电流所产生的金属电阻不应超过 2 Ω。

使用双二极管的主要缺点是，如果 P_1 上的电压超过 P_2 上的电压，D_2 在正常工作时会是正偏的。双二极管最常用于保护数字集成电路的输入和输出。如果像通常的情况一样，D_2 通常连接到电源引脚，则输入和输出电压不得超过电源电压。某些情况下会违反这一要求。考虑双二极管保护由另一个集成电路驱动的输入引脚的情况。如果另一个集成电路的电源电压超过 D_2 的供电电压，二极管 D_2 将变成正向偏置。这种情况可能发生在电源依序启动或关断的过程中。如果馈电 D_2 的电源在低功耗模式下断电，也可能发生这种情况，这在许多数字系统中很常见。

不依赖于其他引脚（衬底接地除外）电压的 ESD 器件称为故障安全（Failsafe）器件。V_{CES}、V_{CER} 和 V_{ECS} 钳位，以及缓冲齐纳二极管和反并联二极管都是故障安全器件。双二极管是非故障安全器件，因此必须谨慎使用。另外，双二极管也有其优点。它们是纯粹的钳位，既不会出现阶跃恢复，也不会出现快速放电的行为。对于微型集成电路或引脚较多的电路而言，双二极管的小巧体积是一大优势。此外，双二极管为其保护的引脚所增加的寄生电容相对较少。因此，双二极管可用于保护高速数据引脚，因为这些引脚不能容忍超过几 pF 的插入电容。

如果将保护引脚拉到地电位以下，双二极管结构中的 N 型有源区/P 型外延二极管 D_1 就会向衬底中注入电子。因此，应在双二极管和管芯上的任何其他电路之间设置一个电子收集保护环。

6. 厚场氧 NMOS 晶体管

所谓的厚场氧 NMOS 晶体管是最早为 CMOS 集成电路开发的 ESD 保护器件之一。图 14.29 显示了这种器件的原理图和版图。晶体管的源区和漏区由放置在 P 型外延层中的 N 型有源区条构成。栅极由一块连接到漏区的 M-1 金属板构成，它覆盖了位于源区条和漏区条之间的厚场氧的区域。

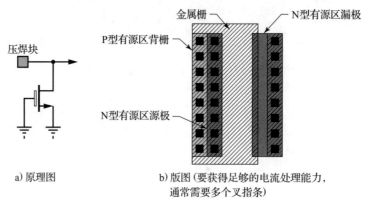

a) 原理图　　　　b) 版图 (要获得足够的电流处理能力，
　　　　　　　　　　　通常需要多个叉指条)

图 14.29　采用 N 阱 CMOS 工艺的单叉指厚场氧 NMOS 晶体管

厚场氧 NMOS 晶体管的工作取决于其中的寄生横向 NPN 型晶体管。正的静电放电会使厚场氧 NMOS 的漏极相对于源极产生正偏压。由于厚场氧晶体管的阈值电压通常超过 N 型有源区/P 型外延层结的击穿电压，故不会形成沟道。取而代之的是，漏-背栅结会发生雪崩击穿。注入 P 型外延层背栅区的空穴使得 PN 结自偏置，并将寄生 NPN 型晶体管偏置到正向有源区域。源极注入的电子穿过背栅区到达漏极。当电流流过漏-背栅结的耗尽区时，雪崩倍增进一步发生，产生额外的基极驱动。于是，NPN 型晶体管发生阶跃恢复，跳变至其维持电压，通常大约为 N 型有源区/P 型外延层结击穿电压的 50% 左右。

厚场氧 NMOS 管的金属栅极通过向漏-背栅结的耗尽区施加纵向电场来降低该结构的触发电压。纵向电场与漏至背栅电压所产生的横向电场矢量相加。因此，与没有金属板的情况相比，该结构会在更低的电压下发生雪崩。与普通的、栅极离漏-背栅冶金结只有很短距离的 NMOS 晶体管相比，上述特性可以确保厚场氧 NMOS 晶体管在更低的电压下发生雪崩。

应扩大漏叉指中 N 型有源区对接触孔的覆盖，以提供镇流作用，并将热脆弱的接触孔与漏-背栅结耗尽区产生的热量隔开。漏对接触孔覆盖通常要比版图规则所允许的范围大几微米。漏 N 型有源区几何图形的顶角处有时会被削平或倒角，以最大限度地降低这些位置的电场强度。如果对 N 型有源区制作硅化物，则应使用硅化物阻挡掩模屏蔽除了接触孔本身之外的所有硅化物。

金属栅极通常与漏区有交叠，以确保即使 M-1 金属和有源区之间存在光刻对准误差，栅极还是能够覆盖漏-背栅冶金结。这种交叠对于获得一致的触发电压至关重要，因为耗尽区中电场的峰值就在冶金结位置。

厚场氧器件容易发生二次击穿。在正的 ESD 冲击期间，漏-背栅结的某些部分会在比其他部分更低的电压下发生雪崩。这一部分开始导电，进而触发局部的双极型阶跃恢复。在此位置，源和漏之间会出现电流细丝。当这个导电细丝穿过漏-背栅结耗尽区时，会产生强烈的局部加热。这种加热会降低导电细丝核心内的载流子迁移率，减少雪崩倍增系数，并促使导电细丝扩散。然而，漏与源之间的较大距离通常会削弱这种扩散效应，以至于如果不提供额外的镇流，将会出现热失控。晶体管漏端 N 型有源区对接触孔的覆盖提供了这种镇流，这也解释了为什么该尺寸对于成功制作厚场氧器件是如此之重要。假定这种镇流机制按照预期工作，那么传导就会沿着漏区面向源区的整个外圈扩散开。漏-背栅区域的温度开始上升，如果温度上升过快，就会再次发生热失控。这一考虑因素决定了需要多少漏区的外圈尺寸才能成功耗散掉 HBM 冲击的能量。

有些厚场氧器件在漏叉指条中间有一 N 阱条。增加这种 N 阱的目的是用来使双极型传导在漏-背栅结区的更大范围内扩散，但是可以说，只需要增加厚场氧晶体管的版图绘制宽度，就能获得同样的好处。

厚场氧晶体管通常包含多个漏叉指。这可能会造成问题，因为一个漏叉指可能会先于其他叉指发生雪崩。此漏叉指将传导大部分的电流，直到(除非)其电阻导致其两端的电压超过另一个漏叉指的触发电压。如果导电叉指的第二阶跃恢复电压 V_{t2} 低于非导电叉指的第一阶跃恢复电压 V_{t1}，那么导电叉指将在其他叉指开启之前自毁掉。通过在每个叉指上串联镇流电阻，可以缓解这一问题。其中一种方法是增大 N 型有源区对接触孔的覆盖距离。

厚场氧器件还能防止负的 ESD 冲击。这种冲击会使漏-背栅结产生正偏，从而开通反向工作的横向 NPN 型晶体管。在这种工作模式下，结构上产生的低电压大大降低了内部发热，因此厚场氧器件通常更能抵御负的 ESD 冲击。厚场氧器件的漏会向衬底注入电子，因此应在漏和管芯的其他电路之间设置电子收集保护环。

厚场氧器件成功地保护了许多早期的 MOS 集成电路，但是随着工艺的发展，其性能也在不断下降。更重掺杂的 N 型源漏区注入和漏硅化物降低了漏区对接触孔覆盖所提供的镇流作用的重要性，而器件几何尺寸的缩小则加深了阶跃恢复现象。大多数现代集成电路都放弃了厚场氧器件，转而采用栅极接地的 NMOS 晶体管和栅极耦合 NMOS 晶体管。

7. 接地栅 NMOS 晶体管

接地栅 NMOS(Grounded-Gate NMOS，GGNMOS)可能是所有 CMOS 电路 ESD 保护结构中最著名的一种。人们很早就开始使用它，但是直到今天，研究人员仍然在争论其结构和工作细节。图 14.30 显示了采用多晶硅栅 N 阱工艺的接地栅 NMOS 晶体管的电路原理图和版图。该器件看似只是一个大型的多叉指 NMOS 晶体管，但是实际上它的工作取决于其结构中固有的寄生横向 NPN 型晶体管。

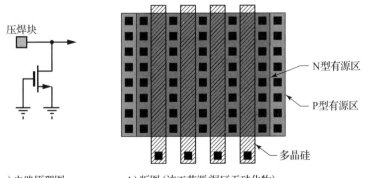

a) 电路原理图   b) 版图(该工艺源/漏区无硅化物)

图 14.30 采用多晶硅栅 N 阱工艺的接地栅 NMOS 晶体管(GGNMOS)

正的静电放电会使接地栅 NMOS 晶体管的漏极相对于源极呈正偏压。由于栅极接地，沟道无法形成。取而代之的是，漏-背栅结发生雪崩击穿。击穿开始于叉指上的某一点，通常在叉指的末端。注入背栅区的空穴偏置寄生 NPN 型晶体管进入正向有源工作区。双极型导通产生了从源到漏的电流细丝。在该导电细丝穿过漏-背栅结耗尽区时，会产生强烈的局部加热。导电细丝内部的加热会降低载流子的迁移率，从而减弱碰撞电离，促使导通电流沿着叉指横向扩散。即使整根叉指都导电，其电阻也足以迫使器件两端的电压上升，直到另一根叉指发生雪崩，最终整个器件都导通。

增加 N 型有源区对接触孔的覆盖通常会提高 GGNMOS 的耐受性。传统上将这种效应归因于是镇流作用促进了均匀传导，但是一些研究人员并不这么认为，他们引用了一个令人惊讶的事实，即较低的 N 型源漏区薄层电阻实际上提高了器件的耐受性。使用轻掺杂漏极（LDD）注入的器件通常比没有这种注入的器件耐受性差，这可能是由于在极浅的 LDD 注入区边缘的电流增强。除非使用硅化物屏蔽掩模，令绘制的硅化物距离 N 型有源区的边缘数微米，否则具有硅化物源/漏区的器件会非常脆弱。更多的 N 型有源区对硅化物覆盖会产生更坚固的结构。这些观察结果表明，导电细丝在许多 GGNMOS 结构的失效中起着主导作用。

为了使 GGNMOS 器件正常工作，器件中的所有叉指必须一起雪崩和开通。这就要求发生次级击穿时的电压 V_{t2} 大大超过 V_{t1}，这样第一个导通的叉指才不会在其他叉指开始导通之前被损坏。即使采取了这种预防措施，GGNMOS 也可能无法均匀地激活，而其他结构（如 GCNMOS 或 BTNMOS）可以证明是具有更强耐受性的。

GGNMOS 晶体管的栅长通常等于具有相同样式和额定电压的普通 NMOS 管所允许的最小值。不过，有些 GGNMOS 器件的沟道长度更短，这是为了将雪崩击穿转变为穿通。这种改变降低了阶跃恢复的深度，但是增加了触发电压的可变性。

必须仔细选择 N 型有源区对接触孔的覆盖量，以优化性能。较大的覆盖量能提高耐受性，但是也会增加串联电阻。最佳性能通常要求覆盖量比最小值大 $1 \sim 3 \ \mu m$。对于有源区制作硅化物的工艺，需要优化硅化物屏蔽图形延伸进入 N 型有源区图形的距离。较大的距离同样可以提高耐受性，但是会增加串联电阻。优化结构的典型值为 $1 \sim 3 \ \mu m$。实现 $2 \ kV$ 人体模型性能所需的总器件宽度通常约为 $600 \ \mu m$。ESD 设计人员通常会绘制一系列结构的版图并对其进行测试，以找到最佳的结构。如果器件性能没有一个令人满意，可能的替代结构包括 GCNMOS 和 BTNMOS。

接地栅 NMOS 可以防止正的和负的 ESD 冲击。负冲击会使漏-背栅结正向偏置，迫使寄生的横向 NPN 型晶体管进入反向有源工作模式。由于在这种工作模式下，结构两端只出现低电压，因此通常耐受性很强。需要注意的是，GGNMOS 可以将电子注入衬底中，因此应当在其与管芯上的任何其他电路之间设置电子收集保护环。

8. 栅极耦合 NMOS 晶体管

接地栅 NMOS 晶体管的触发电压 V_{t1} 略高于该器件的 BV_{DSS}，这是因为雪崩导通必须向背栅区注入足够的电流才能使其自偏置并开通寄生的 NPN 型晶体管。这意味着 GGNMOS 无法可靠地保护具有相同一般性结构的其他 NMOS 晶体管，至少在不插入限流电阻的情况下是如此。这极大地限制了 GGNMOS 的实用性。

当沟道形成时，NMOS 晶体管的触发电压 V_{t1} 会下降。流过沟道的电流会在夹断区产生碰撞电离。注入背栅区的碰撞电离电流有助于偏置寄生的双极型晶体管，使其导通。因此，触发电压会随着栅-源电压的增加而降低，当栅-源电压约等于栅-漏电压的一半时达到最小值。这个最小值对应的偏压条件能最大限度地提高碰撞电离。此时，触发电压通常约等于栅-源电压为零时的一半。这种效应可用于制作低电压 ESD 器件。图 14.31a 显示了这种器件的电路原理图，它通常被称为栅极耦合 NMOS（Gate-Coupled NMOS，GCNMOS）。这个传统的原理图中没有显示结构中固有的寄生 NPN 型晶体管，而这种双极型晶体管是器件的关键部分。

电容 C_1 与 M_1 的栅-源电容形成一个分压器。M_1 的栅-漏电容略微增强了 C_1。这种结构的触发电压可以通过改变 C_1 来调节，而 C_1 的改变又会改变施加到 M_1 的栅-源电压的峰值。这一电压应保持在尽可能低的水平，以最大限度地减少流过沟道的电流，因为过大的沟道电流会导致夹断区表面附近局部过热。降低栅电压会迫使更多电流流经双极型晶体管。通过双极型晶体管的少数载流子传导电流不会像通过 MOS 晶体管的多数载流子那样局部化，因此增加的双极型传导增强了耐受性。

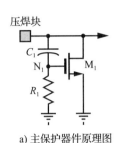

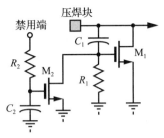

a) 主保护器件原理图　　　　b) 带禁用电路的同一器件原理图

图 14.31　栅极耦合 NMOS(GCNMOS)

在正常工作期间，电阻 R_1 将 M_1 的栅极保持在低电平。该电阻越小，启动导通所需的电压摆幅越大。显然，我们希望这个电阻越小越好，以防止 M_1 在正常工作时意外导通。不过，过小的电阻，在 C_1 将 M_1 的栅电压抬升到触发 ESD 器件所需的值之前，会吸收电容器 C_1 注入的部分电荷。实际结构通常采用 20～50 ns 的 $R_1 C_1$ 时间常数。

如果在正常工作期间电压摆幅可能会接通 GCNMOS，则可以添加一个由 M_2、R_2 和 C_2 组成的禁用电路，如图 14.31b 所示。该电路可使 M_1 在正常工作期间保持关闭状态，但是允许其在 ESD 冲击期间导通。电阻 R_2 连接到正常工作时有电压的器件引脚(可以是 GCNMOS 保护的同一引脚，也可以是电源等其他引脚)。R_2 和 C_2 组成一个滤波器，其典型时间常数至少为 1 μs。HBM 和 CDM 事件通常发生在集成电路产品应用于实际的电路之前。漏电会使 C_2 放电并关闭 M_2。当发生 ESD 冲击时，C_1 可接通 M_1。在正常工作期间，无论施加到受保护引脚上的电压是多少，R_2 都会给 C_2 充电，开通 M_2 并关闭 M_1。

栅极耦合 NMOS 的一个优点是，沟道导通可充分降低触发电压，使该结构无须插入限流电阻即可保护具有相同的一般性结构的 NMOS 晶体管。因此，GCNMOS 结构是保护 CMOS 电路的常用选择。

GCNMOS 的主要缺点是面积大。主晶体管 M_1 的尺寸与 GGNMOS 器件大致相当，但是 GCNMOS 还需要电容 C_1 和电阻 R_1，以及可能的禁用电路。电容 C_1 通常由一个 PMOS 晶体管构成，该晶体管的漏极、源极和背栅都与引脚相连，栅极则与节点 N_1 相连。C_1 工作于反型区，其单位面积电容等于栅氧化层电容。该电容必须等于 M_1 栅电容的很大一部分，这就需要很大的面积。R_1 通常是一个相对较小的多晶硅电阻。R_2 和 C_2 相对较大，但是可用于禁用多个 GCNMOS 器件。

如果 C_1 由 PMOS 晶体管构成，则必须将其置于 M_1 的电子收集保护环之后，以确保注入衬底的电子不会触发闩锁。如果使用禁用电路，则晶体管 M_2 通常也要置于该保护环之后，因为它与引脚之间存在电容耦合，因此其漏极可能会被负的瞬态电压拖到地电位以下。

9. 背栅触发 NMOS 晶体管

虽然在栅极耦合 NMOS 中产生的栅-源电压会促进均匀的双极型传导，但是它也会在沟道附近的夹断区形成局部发热。这就解释了为什么 GCNMOS 的 I_{t2} 额定值通常与类似尺寸和结构的 GGNMOS 差不多。促进双极型传导的另一种方法是有意使 NMOS 晶体管背栅自偏置。这种技术可产生衬底触发或背栅触发 NMOS(Backgate-Triggered NMOS，BTNMOS)晶体管。这种器件不仅 V_{t1} 比 GGNMOS 低，而且如果构造得当，还能显示出更高的 I_{t2}，从而有可能减小 ESD 结构的尺寸。

人们提出了许多背栅触发的 ESD 结构。一些结构通过在背栅和衬底接触之间插入电阻来对背栅自偏置，还有一些结构则是向背栅区注入额外的电流。无论是在哪种情况下，背栅自偏置都能够降低触发电压，促进多叉指器件的均匀传导。与 GCNMOS 相比，衬底自偏置实际上能促使电流流过更大体积的硅，从而得到耐受性更强的器件。BTNMOS 通常比相应的 GCNMOS 更小。

一种流行的背栅触发 NMOS 被称为衬底泵浦 NMOS 晶体管。图 14.32a 显示了这种器件的原理图。在正向 ESD 放电冲击期间，M_1 和 M_2 的漏-背栅结会发生雪崩。电容 C_1 为这两个晶体管提供栅极耦合。这种栅极耦合降低了结构的触发电压 V_{t1}，有助于在初始阶段形成均匀的导通。在正常工作期间，电阻 R_1 保持晶体管 M_1 和 M_2 关断。到目前为止，这种结构的行为与栅极耦合 NMOS 管完全相似。然而，当晶体管 M_2 中的寄生 NPN 型晶体管开始导通时，电流并不直接通过金属流向地，而是通过环绕 M_1 和 M_2 的 P 型有源区环注入衬底中，如图 14.32b 所示。电阻 R_{SUB} 代表了该 P 型有源区环和衬底之间的分布电阻。当 M_2 的电流流过 R_{SUB} 时，会产生一个施加到 M_1 和 M_2 的背栅-源电压。这一压降进一步使 M_1 和 M_2 中的寄生横向 NPN 型晶体管正偏。这种结构的发明者将这种自偏置作用称为"衬底泵"。

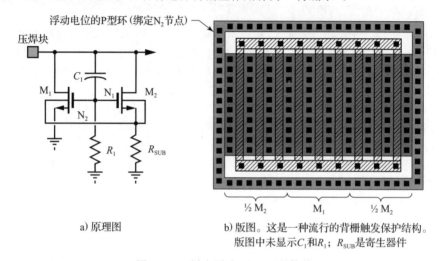

a) 原理图

b) 版图。这是一种流行的背栅触发保护结构。版图中未显示 C_1 和 R_1；R_{SUB} 是寄生器件

图 14.32　衬底泵浦 NMOS 晶体管

图 14.32b 显示了采用 CMOS 工艺制作的衬底泵浦 NMOS 晶体管版图。由于从晶体管到衬底的垂直电阻相对较小，预驱动晶体管 M_2 几乎与主晶体管 M_1 一样大。预驱动晶体管被分成对称的两半，分别置于主晶体管的两侧。M_2 的源极连接到包围两器件的 P 型有源区环。C_1 由一个小型 PMOS 晶体管的栅氧电容构成，电阻 R_1 是一个普通的多晶硅电阻，多晶硅具有高薄层电阻值。图 14.32 的版图中没有显示 C_1 和 R_1，但是它们可以放置在晶体管旁边的任何位置。如果需要，可以在衬底泵浦 NMOS 晶体管上设置与图 14.31b 类似的禁用电路。

与 GCNMOS 类似，衬底泵浦 NMOS 晶体管，如果它必须保护一个在正常工作期间受到较大电压摆幅影响的引脚，则需要禁用电路。BTNMOS 器件(包括衬底泵浦 NMOS)也可以向衬底注入电子。因此，应在 BTNMOS 和管芯上的易损电路之间设置电子收集保护环。这种保护环还有助于防止 BTNMOS 内产生的衬底自偏置影响到附近的器件，因为它切断了来自 BTNMOS 的横向多数载流子的流动。即使保护环仅由一条与电源相连的 N 阱构成，情况也是如此。

10. 有源 FET

有一种 ESD 器件完全依靠 MOS 传导放电电流。这种所谓的有源 FET 的原理图与栅极耦合 NMOS 的原理图完全一致，如图 14.31a 所示。不过，耦合电容 C_1 的尺寸增大了，以充分增强通路晶体管 M_1。该通路晶体管的尺寸也增大，使得在正向 ESD 冲击期间产生的峰值电压不足以触发阶跃恢复。因此，寄生 NPN 型晶体管仍处于截止状态，所有电流都流经 M_1 的沟道。

接地栅 NMOS、栅极耦合 NMOS 和有源 FET 可以看作是可能性空间连续体上的三个点。GGNMOS 和有源 FET 位于该连续体的两端，而 GCNMOS 则位于中间。换一种说法，GGNMOS 是一种纯粹的阶跃恢复器件，有源 FET 是一种纯粹的快速放电器件，而 GCNMOS 则是这两种器件的混合体。

有源 FET 晶体管保护器件的工作电压等于用于构建该器件的 NMOS 管的漏-源工作电压。只要有合适的 NMOS 晶体管，就能制作出功能正常的有源 FET 保护装置。非常方便的是，有源 FET 晶体管提供的保护水平与其通路晶体管的宽度呈线性关系。如果某种结构可以通过 1 kV 的 HBM，那么将通路晶体管宽度增加一倍，就可以处理 2 kV 的 HBM。因此，有源 FET 器件很容易设计。不过，它们几乎总是比其他保护器件更大。有源 FET 晶体管是出了名的大，以至于被俗称为大尺寸场效应晶体管。它们的大尺寸是电流被限制在非常浅的硅层中传导的必然结果。

有源 FET 晶体管是一种快速放电器件，因此如果用于保护快速变化的信号，则需要禁用电路。有源 FET 还会向衬底中注入电子，因此应当在它们与管芯上的其他电路之间设置电子收集保护环。

11. 中压晶闸管整流器

晶闸管整流器(SCR)是一种阶跃恢复器件，其保持电压仅为 1 V。这种深度阶跃恢复特性大大降低了器件内的功率耗散。因此，基于 SCR 的保护结构是已知最小的 ESD 解决方案之一。但是，晶闸管的深度阶跃恢复特性经常会干扰电路的正常工作。大多数引脚的工作电压都高于典型晶闸管的保持电压。与许多引脚相连的电路还可以提供晶闸管特有的低保持电流，通常只有几毫安。即使这样的引脚无法提供足以毁坏晶闸管的电流，当晶闸管跳回原始状态时，一切也都不会恢复原状。换句话说，晶闸管是被有意设计成闩锁性的。

设计人员有时会认为，基于晶闸管的 ESD 器件永远不会闩锁，因为引脚的工作电压远远低于结构的触发电压。这种假设不对，因为很难预测实际操作中可能出现的瞬态。除非最大工作电压小于其保持电压，或者向晶闸管提供的最大电流小于其保持电流，否则设计人员一般不应使用基于晶闸管的 ESD 器件。

目前研究人员已经提出了多种基于晶闸管的 ESD 器件，每种器件都使用不同类型的触发电路。其中最简单的是使用 N 型有源区/P 型外延层的齐纳二极管触发器。由此产生的结构传统上被称为中压晶闸管整流器(Medium-Voltage Silicon-Controlled Rectifier，MVSCR)，因为它的触发电压比大多数其他解决方案要大一些。事实上，MVSCR 的触发电压大致相当于接地栅 NMOS 晶体管的触发电压。图 14.33a 是采用 N 阱 CMOS 工艺制作的 MVSCR 原理图，图 14.33b 则是由 N 阱 CMOS 工艺制作的沿着该器件一个叉指下切的剖面图。

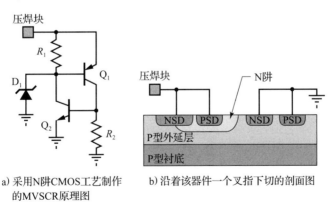

a) 采用N阱CMOS工艺制作的MVSCR原理图

b) 沿着该器件一个叉指下切的剖面图

图　14.33

晶闸管包含一个横向 PNP 型晶体管 Q_1 和一个横向 NPN 型晶体管 Q_2。Q_1 的发射区由 N 阱区域内的 P 型有源区构成，N 阱作为其基区。N 阱周围和下方的 P 型外延层构成 Q_1 的集电区。Q_2 的发射区由邻近 N 阱的 N 型有源区构成。该发射区周围的 P 型外延层构成 Q_2 的基区，N 阱构成其集电区。这两个横向双极型晶体管正是 CMOS 发生闩锁的主因。

电阻 R_1 模拟与 Q_1 有关的阱电阻，而电阻 R_2 模拟与 Q_2 有关的衬底电阻。这些电阻在正常工作器件令晶闸管保持关断。R_1 和 R_2 的值还决定了结构的保持电流。

齐纳二极管 D_1 触发晶闸管导通。齐纳管的阴极由一个 N 型有源区条构成,它从构成 Q_1 基区的 N 阱内部延伸到外围的 P 型外延区中。MVSCR 的触发电压约等于 N 型有源区/P 型外延层结的击穿电压。

研究人员还提出了许多其他触发电路:有的降低了触发电压,有的则将该结构转换为一个快速放电器件,还有一些则构建了两个反并联的晶闸管结构,以提供对称钳位能力。所有这些结构都具有相同的基本优点:低保持电压。它们也有相同的弱点:低保持电压和低保持电流。

许多研究人员都试图降低基于晶闸管的 ESD 结构的闩锁效应。显而易见的方法是通过减小阱电阻 R_1、减小衬底电阻 R_2 或同时减小两者来增加保持电流。这比想象中要难得多,因为围绕着 Q_1 和 Q_2 所形成环路的电流增益会阻碍任何关断该结构的尝试。研究人员构建了一种调整过的 SCR,显示保持电流只有 70 mA。这一保持电流仍然小于许多引脚在正常工作时所能提供的电流。

另一种方案是提高晶闸管的保持电压,例如将 2~3 个晶闸管结构串联起来。这在某些应用中可能会令人满意,但是同时也会增大结构的尺寸,从而抵消了基于晶闸管的 ESD 器件的主要优点。

与大多数 ESD 器件一样,基于晶闸管的结构会在引脚被拉到地电位以下时向衬底中注入电子。因此,应在 ESD 结构和管芯上的其他电路之间放置电子收集保护环。

12. 横向 PNP 型晶体管

长期以来,纵向 NPN 型晶体管一直被用作 ESD 保护的阶跃恢复器件。纵向 PNP 型晶体管并不像纵向 NPN 型晶体管那样表现出深度阶跃恢复。造成这种差异的原因是空穴的迁移率较低,使得雪崩注入和由此产生的集电区电导调制更难以实现。另外,采用 CMOS 工艺制作的横向 PNP 型晶体管显示出与纵向 NPN 型晶体管类似的深度阶跃恢复特性。这种相对较深的跃变似乎是器件基区而非集电区内电导调制的结果。它的出现使 CMOS 横向 PNP 型晶体管成为高压 ESD 保护的一项有吸引力的选择。

图 14.34a 显示了横向 PNP 型晶体管的 ESD 保护器件的剖面图。发射区由放置在 N 阱区域内的 P 型有源区构成。N 阱是器件的基区。现代 CMOS 工艺特有的倒梯度的阱浓度分布抑制了纵向的传导,增强了横向传导。有源基区的掺杂程度越低,阶跃恢复现象就越明显。器件的集电区由周围的 P 阱构成,阱中嵌埋着衬底接触。集电区的掺杂程度越高,柯克效应就越有限,基区内的电导调制就越大。图 14.34b 显示了此类器件的典型版图。

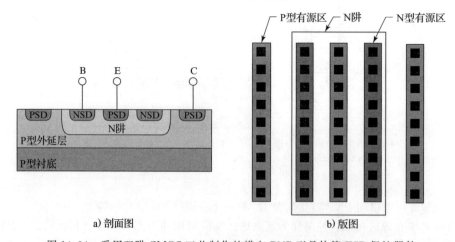

a) 剖面图　　　　　　　b) 版图

图 14.34　采用双阱 CMOS 工艺制作的横向 PNP 型晶体管 ESD 保护器件

最短的电流传导路径是从面向集电区的发射区外周横向延展至集电区本身。发射区外周越大,越靠近集电区,增益就越高,而基极压降就越低。因此,最佳结构是发射区和集电区的窄叉指条紧密排列。PNP 型晶体管通常不需要镇流，因为它们比 NPN 型晶体管更不容易出现导电细丝现象。这种差异主要是由于空穴的碰撞电离率低于电子。

对横向 PNP 型晶体管的一种修改建议是省略基区接触。由于省略了基区接触，集电区到发射区的间距减小，因此结构更小，饱和电压更低。这种基区浮动电位的晶体管触发电压大约等于其 V_{CEO}，而前一种基区和发射区短路的结构触发电压等于 V_{CES}。因此，基区浮动电位晶体管的触发电压更低，阶跃恢复也更浅（见表 14.2）。实验制作的基区浮动晶体管几乎完全不显现阶跃恢复特性。基区浮动结构还消除了压焊块与 N 阱之间的连接，因此当引脚被拉到地电位以下时，可以防止电子注入衬底。不过，由于电容耦合，仍然可能会出现小的脉冲式电子注入，因此谨慎起见，建议用一个电子收集保护环将该结构与管芯的其他部分隔开。

表 14.2　各种 ESD 器件的比较

器件	特性	典型电压	面积	ECGR
缓冲齐纳管	钳位	$V_c = 0.7 V_{EBO}$	中	是
V_{CES} 钳位	阶跃恢复	$V_{t1} = V_{CES}$，$V_h = V_{CEO(sus)}$	中	是
V_{ECS} 钳位	阶跃恢复	$V_{t1} = V_{EBO}$，$V_h = 0.8 V_{EBO}$	中	否
反并联二极管	钳位	$V_c = 0.3 \text{ V}$	小	是
双二极管	钳位	$V_c = V_{DD}$	小	是
厚场氧 NMOS	阶跃恢复	$V_{t1} \approx 0.9 BV_{DSS}$，$V_h \approx 1/2 BV_{DSS}$	中	是
GGNMOS	阶跃恢复	$V_{t1} = BV_{DSS}$，$V_h \approx 1/2 BV_{DSS}$	中	是
GCNMOS	快速放电	$BV_{DSS} > V_{t1} > 1/2 BV_{DSS}$，$V_h \approx 1/2 BV_{DSS}$	中到大	是
BTNMOS	阶跃恢复	$BV_{DSS} > V_{t1} > 1/2 BV_{DSS}$，$V_h \approx 1/2 BV_{DSS}$	中	是
有源 FET	快速放电	$V_c \approx 0.9 BV_{DSS}$，$V_{c2} \approx 2 \text{ V}$	大	是
MVSCR	阶跃恢复	$V_{t1} = BV_{DSS}$，V_h 很低	小	是
横向 PNP	阶跃恢复	$V_h \approx 1/2 V_{t1}$	小	是

14.4.2　二次静电防护

某些器件特别容易受到 ESD 损害。如果不增加第二级保护，初级保护器件可能无法保护这些结构。易损结构的例子包括双极型晶体管的发射区-基区结、某些 MOS 晶体管的漏极和 MOS 栅氧。下文将介绍可保护这些脆弱器件的二级 ESD 保护结构。

1. 发射极-基极钳位

某些类型的双极型晶体管存在一种称为雪崩诱导 β 衰减的失效机制（参见 5.3.3 节）。在此类晶体管的基区-发射区结上注入反向电流会永久性地降低其低电流 β 值。许多双极型电路都依赖于双极型晶体管之间的精确匹配。如果 ESD 冲击降低了一个匹配器件的 β 值，那么由此产生的基极电流失配会导致非理想性的参数偏移。标准的双极 NPN 型晶体管容易受到雪崩引起的 β 衰减的影响，而相应的 PNP 型晶体管则不会。造成这种差异的主要原因是 NPN 型晶体管表面处会发生发射区-基区结雪崩击穿，而 PNP 型晶体管却不会。大多数使用扩散发射区的 BiCMOS 工艺也表现出类似的两极分化。所有多晶硅发射极的双极型晶体管都容易受到雪崩引起的 β 衰减的影响。

到 20 世纪 70 年代中期，标准的双极型设计人员已经认识到发射区-基区结的易损性。为此，他们增加了 PN 结二极管，以钳位易损结上的反向偏压。这些钳位是模拟集成电路中最早使用的一些 ESD 保护器件。更新一些的标准双极型设计通常采用 V_{CES} 初级保护。典型的 V_{CES} 器件具有 60 V 的触发电压，并可阶跃恢复至 40 V。显然，这种器件无法保护在低于 10 V 时发生雪崩的发射区-基区结，因此需要某种形式的二级保护。

图 14.35a 显示了一个需要二级保护的发射区-基区结。NPN 型晶体管 Q_1 和 Q_2 构成一对差分晶体管，由电流源晶体管 Q_3 偏置。Q_1 的基极管连接到一个引脚。负的 ESD 冲击会将该引脚拉到地电位以下，使 Q_1 的发射区-基区结雪崩，并使 Q_3 的集电区-基区结形成正偏。电流

从衬底经 Q_3 和 Q_1 流向引脚。该电流会导致 Q_1 管出现雪崩诱导的 β 值衰减,这降低了其低电流 β 值。足够的 ESD 应力可能导致部件超出输入偏置电流的规格。虽然这是参数变化而非功能性故障,但是仍被视为 ESD 失效。

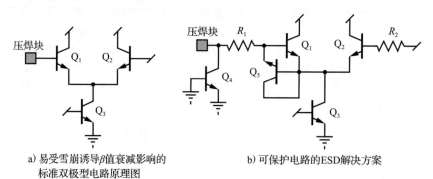

a) 易受雪崩诱导β值衰减影响的 标准双极型电路原理图

b) 可保护电路的ESD解决方案

图　14.35

图 14.35b 显示了一种保护晶体管 Q_1 的方法。初级保护包括 V_{CEO} 器件 Q_4。连接成二极管的晶体管 Q_5 可钳位 Q_1 发射区-基区结上的反向电压。电阻 R_1 限制了流经 Q_5 的电流,从而允许该晶体管的尺寸缩小到最小值。负 ESD 放电会使 Q_3 的集电区-衬底结产生正向偏置,导致电流通过 Q_5 和 R_1 流向引脚。Q_1 发射区-基区结上的反向偏压永远不会超过 1~2 V,因此该 PN 结不会发生雪崩,晶体管的 β 值也不会降低。需要使用电阻 R_2 来平衡 Q_1 的基极电流流过 R_1 时所产生的压降。假设在差分对平衡时 Q_1 和 Q_2 的集电极电流相等,则 R_1 的电阻值应等于 R_2。根据 R_2 所连接电路的性质,晶体管 Q_2 可能还需要一个保护二极管。

2. 漏极镇流电阻

标准的数字 CMOS 输出电路只不过是一个超大的反相器。该电路包含一个从引脚连接到地的 NMOS 输出晶体管。引脚上的正 ESD 放电冲击与晶体管的栅漏电容 C_{GD} 耦合,使其像栅耦合 NMOS 晶体管一样工作。遗憾的是,输出晶体管很少大到足以自我保护。试图通过增加一个接地栅 NMOS 晶体管来保护输出晶体管是徒劳的,因为输出晶体管是在较低电压下触发并吸收 ESD 放电冲击的。即使是栅极耦合 NMOS 管也不一定能保护输出晶体管,因为两者的触发电压大致相同。一种解决方案是使用在相对较低电压下触发的快速放电 ESD 器件来保护输出。另一种解决方案是增大输出晶体管的尺寸,并通过加宽叉指条(必要时使用硅化物屏蔽)来镇流。还有一种解决方案是将传统的 GGNMOS 或 GCNMOS 与串联限流电阻结合使用,图 14.36a 显示了这种方案的原理图。M_1 是放置在靠近引脚处的接地栅 NMOS。R_1 是串联限流电阻,用于保护输出 NMOS 晶体管 M_2。假设该电路受到正 ESD 冲击。由于 M_2 的栅极电位被其栅漏电容拉高,因此它首先触发阶跃恢复。然而,流过它的电流也必须流过 R_1,这就导致引脚电压超过 M_1 的阈值电压。这个栅极接地的 NMOS 晶体管触发后的保持电压与 M_2 大致相同,而此时电阻会将流过 M_2 的电流限制在安全值。

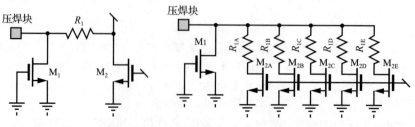

a) 应用于NMOS输出晶体管的镇流电阻　　　b) 分别应用于NMOS输出晶体管各叉指的镇流电阻

图　14.36

考虑一下具有硅化物源极/漏极区的输出晶体管的情况。如果晶体管包含多个叉指，那么其中一个叉指会先于其他触发阶跃恢复，并传导所有的电流。保护晶体管的镇流电阻必须足够大，以便将通过该叉指的电流限制在安全值。所需的电阻与叉指宽度成反比。ESD 设计人员规定了保护晶体管所需的所谓 RW 乘积。"R"指必要的串联镇流电阻（Resistance），"W"指一条叉指的宽度（Width）。因此，如果某个 NMOS 需要 5 mm·Ω 的 RW 乘积，晶体管分成 50 μm 宽的分部，则需要 100 Ω 的镇流电阻。

图 14.36b 显示了一种大大降低保护多叉指输出晶体管所需的有效镇流电阻的方法。不是将单个镇流电阻与整个晶体管串联，而是将用镇流电阻分别串联各漏极叉指。因此，如果输出晶体管由五个 50 μm 的分部组成，则每个漏极叉指串联一个单独的 100 Ω 电阻。5 个并联的电阻可提供 20 Ω 的有效电阻，仍然能够满足所需的 RW 乘积值。

3. RC 滤波器

CDM 事件仅持续 1～2 ns。热失控需要更长的时间，因此初级保护器件通常能经受住将其远推至二次阶跃恢复电压的 CDM 冲击。大多数（但不是全部）PN 结也是如此，CDM 冲击持续的时间不足以对它们造成伤害。栅氧化层则完全是另一回事。当然，临界电场确实会随着脉冲持续时间的缩短而增加。例如，50 Å(5 nm) 的氧化层可承受约 24 MV/cm 电场 100 ns，失效率不会超过 100 ppm。这通常足以使栅氧化层承受 HBM 冲击，但是不能承受 CDM 冲击。要了解其中的原因，请看一个由 GCNMOS 保护的 5 V 栅氧化层。该栅氧化层的厚度约为 90 Å(9 nm)，在 ESD 放电事件期间可承受大约 22 V 的电压。一个 2 kV 人体模型脉冲可产生 1.3 A 的峰值电流。典型 5 V 的 GCNMOS 器件的保持电压约为 6 V，内阻约为 4 Ω。金属化可能会增加 2 Ω 电阻，算得总压降为 13.8 V。栅氧化层可轻松承受该电压。

现在考虑一下同样的栅氧化层和保护结构在 10 A 的 CDM 冲击下的情况。现在的总压降为 46 V，远远超出了 22 V 的最大允许电压。注定会发生氧化层毁伤。

二级保护可以保护栅氧化层免受 CDM 事件的影响，但放置的位置很重要。请记住，上例中多达 2 Ω 的电阻是由金属化形成的。10 A 的 CDM 冲击可在金属层上产生 20 V 的电压。这足以危及栅氧化层，因此二级保护结构不应位于压焊块旁边，而应靠近其保护的栅氧化层。此外，它还应连接包含该栅氧化层的电路的电源和地。

由于 CDM 冲击只持续几纳秒，因此时间常数为 10 ns 或更长的简单 RC 滤波器可提供二级保护。图 14.37 展示了如何使用 RC 滤波器保护 NMOS 栅氧化层。用作 GGNMOS 的 M_1 位于键合压焊块附近。NMOS 晶体管 M_2 的栅氧层需要本地 CDM 保护，由连接在其栅极和源极之间的电容 C_1 提供。该电容应放置在 M_2 附近，以尽量减少连接两者的接地线的自偏置。电阻 R_1 与 C_1 构成了滤波器。大多

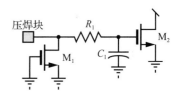

图 14.37　如何使用 RC 滤波器保护 NMOS 栅氧化层

数设计人员将 R_1 放在 C_1 附近，但这并非必要，因为 R_1 限制的是电流而非电压。因此，R_1 实际上可以放置在连接 M_2 和压焊块的金属线上的任何位置。R_1C_1 的乘积必须等于或超过 10 ns。假设 $C_1 = 0.25$ pF，则 R_1 必须至少等于 40 kΩ。

4. CDM 钳位

CMOS 输入级包含 NMOS 晶体管和 PMOS 晶体管，它们的栅极与输入引脚相连。要保护这样的电路，需要两个独立的 RC 滤波器，即在 NMOS 晶体管栅极和源极之间连接一个电容，在 PMOS 晶体管栅极和源极之间连接另一个电容。图 14.38a 显示了一个简单的 CDM 钳位电路，接入该电路几乎不会带来时间延迟。GGNMOS 结构 M_1 管位于压焊块附近。在压焊块与 NMOS 晶体管 M_2 和 PMOS 晶体管 M_3 的易受伤害的栅极之间，有一个串联限流电阻 R_1。一个小的 GGNMOS 器件 M_4 连接在 M_2 的栅极和源极间。第二个小的 GGNMOS 器件 M_5 连接 M_3 的源极和栅极。如果发生正的 CDM 冲击，电阻 R_1 将限制电流，GGNMOS 器件 M_4 将钳位

所产生的电压,从而保护 M_2 的栅氧化层(栅到地击穿)。PMOS 晶体管 M_3 承受的电压应力甚至比 M_2 更小,因为晶体管 M_5 在正向放电时是导通的。如果发生负的 CDM 冲击,电阻 R_1 还是会限制电流,GGNMOS 器件 M_5 将钳位所产生的电压,从而保护 PMOS 晶体管 M_3 的栅氧化层(到 VDD 的击穿)。NMOS 晶体管 M_2 承受的电压应力更小,因为 M_4 在负放电冲击时是导通的。构成 GGNMOS 晶体管 M_4 和 M_5 的叉指需要足够的宽度,以满足适用的 RW 乘积。当引脚电位被拉到地以下时,M_4 的漏极和 M_5 的源极会向衬底注入电子。除非 R_1 足够大,能将注入电流限制在无害的水平,否则应围绕 M_4 和 M_5 放置电子收集保护环。如果 R_1 大于 25 kΩ 左右,则可以省去这个保护环。

图 14.38a 中的 CDM 钳位不是故障安全型的。如果输入引脚上的电压高于电源电压 VDD,M_5 将导通。这将造成不必要的电流消耗或干扰连接到该引脚的电路的工作。增加一个额外的接地栅 NMOS 晶体管可以将 CDM 钳位转变为故障安全型结构,如图 14.38b 所示。尽管失效保护结构的尺寸稍大,但是大多数设计人员还是倾向于在各处使用这种结构。

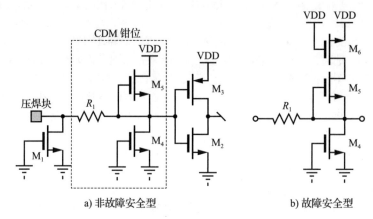

图 14.38　CDM 钳位

图 14.38 所示的 CDM 钳位可同时保护 NMOS 晶体管和 PMOS 晶体管的栅极。如果引脚仅连接 NMOS 晶体管栅极,则可省略晶体管 M_5 和 M_6。同样,如果引脚只连接 PMOS 晶体管的栅极,则可以省略 M_4。

晶体管 M_4、M_5 和 M_6 应位于其保护的栅氧化层附近。将这些晶体管与电源和地总线连接的金属线应在总线连接受保护晶体管之处的附近连接它们。这些预防措施有助于最大限度地减少 CDM 冲击产生的大电流所造成的金属线自偏置。将 CDM 钳位连接回其输入引脚的引线也应足够宽,以承受 CDM 冲击时流过 R_1 的瞬时电流。

14.4.3　管芯级静电保护策略

管芯级 ESD 保护需要初级和次级 ESD 保护两者。初级保护器件可充分降低 ESD 冲击产生的峰值电压,使大多数元件能够存留。增加必要的二级保护,可保护 MOS 晶体管栅氧化层等特别脆弱的结构。

大多数集成电路使用基于压焊块网络(Pad-based Network)的主保护器件。每个引脚(衬底接地除外)都需要独立的初级保护装置。所有这些器件都连接到衬底返回总线。图 14.39a 显示了这种网络是如何保护 CMOS 运算放大器的。标为 VSS 的负电源引脚与衬底相连。一条宽的低电阻衬底引线环绕管芯的边缘,并连接到 VSS 压焊块。独立的初级保护器件 $E_1 \sim E_4$ 从每个其他压焊块连接到这个衬底环。

假设 2 kV 的 HBM 冲击使 INP 引脚相对于 INM 引脚正偏。电流流经保护器件 E_2、衬底回流引线和保护器件 E_3。于是,INP 引脚和 INM 引脚之间的电压差 ΔV 为

$$\Delta V = V_{E2}(I_{pk}) + V_{E3}(-I_{pk}) + I_{pk} R_{VSS} \tag{14.3}$$

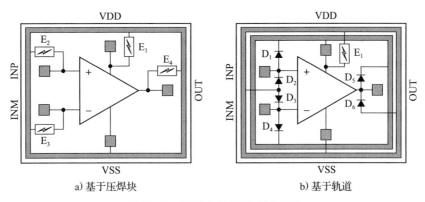

a) 基于压焊块　　　　　　　b) 基于轨道

图 14.39　两种初级 ESD 保护网络

式中，I_{pk} 为 HBM 冲击时的峰值电流，约为 1.3 A。器件 E_2 的电流从压焊块流向衬底环，构成正的冲击。器件 E_3 的电流从衬底环流向压焊块，构成负的冲击。大多数初级保护器件在受到负冲击时产生的电压相对较低。式(14.3)中的第三项表示连接两个 ESD 器件的衬底环的那一部分上所产生的电压，假定该部分具有电阻 R_{VSS}。大多数 ESD 设计人员希望 R_{VSS} 不超过 2 Ω，这将在 2 kV 人体模型冲击下产生 2.6 V 电压。

图 14.39b 显示了基于轨道的初级保护网络。该网络需要两条宽的低电阻导线（轨道）围绕管芯布线，一条用于衬底回流 VSS，另一条用于电源 VDD。主保护装置 E_1 连接在这两条轨道之间。双二极管将其他每个焊块连接到这两条轨道上。

假设 2 kV 的 HBM 冲击使 INP 相对于 INM 为正偏。该电流从 INP 引脚流经二极管 D_1 到达 VDD 轨道。然后，电流通过该轨道流向保护装置 E_1。电流通过 VSS 轨道回到 D_3。最后，电流通过 D_3 流向 INM 引脚。两个引脚之间产生的总电压差为

$$\Delta V = V_{D2}(I_{pk}) + I_{pk}R_{VDD} + V_{E1}(I_{pk}) + I_{pk}R_{VSS} + V_{D3}(I_{pk}) \tag{14.4}$$

$V_{D2}(I_{pk})$ 和 $V_{D3}(I_{pk})$ 是二极管 D_2 和 D_3 在导通峰值电流 I_{pk} 时产生的正向电压。通常是相对较小的电压，每个电压可能为 2~3 V。R_{VDD} 模拟 D_2 和 E_1 之间 VDD 总线的电阻，而 R_{VSS} 模拟 E_1 和 D_3 之间 VSS 总线的电阻，这些电阻必须保持相对较低，通常各不超过 1 Ω。$V_{E1}(I_{pk})$ 是初级保护器件 E_1 上产生的峰值电压，E_1 通常为有源钳位等快速放电器件。

基于轨道的 ESD 保护网络通常用于数字集成电路，但是不适用于模拟集成电路。原因之一是模拟器件通常有多个电源，其应用的次序不可预测，故双二极管无法避免故障。另一个原因是，模拟工艺一般都能制造出适合与基于焊块的网络一起使用的阶跃恢复或钳位的器件，而数字工艺则不一定能做到这一点。

许多模拟集成电路使用定制的初级保护网络，这些网络既不是严格基于压焊块的，也不是基于轨道的。请看图 14.40 的例子。GND 引脚连接集成电路的衬底接地，为大部分电路提供地电位参考。PGND 引脚为连接到 OUT 引脚的大电流输出级提供接地回路。GND 和 PGND 独立连接可防止流经输出级的接地回流使衬底接地系统自偏置以及扰乱输入电路。该电路使用传统的衬底环。反并联二极管 D_1 和 D_2 连接在 PGND 引脚和衬底环之间。保护装置 E_1~E_3 用于保护电源和输入引脚，并返回到衬底接地。保护输出的保护器件 E_4 返回到 PGND 引脚，而不是 GND 引脚，以确保输出上的负瞬态电压不会干扰衬底接地回路，电流主要是流经 E_4 内部的 PN 结二极管返回 PGND 的。

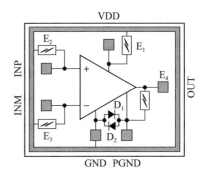

图 14.40　带有两个接地引脚的功率集成电路的初级 ESD 保护网络

1. 大电流金属化

大电流流经初级保护网络。这些电流不仅会产生较大的压降，还会熔化甚至蒸发掉窄金属引线。适当的版图预防措施可以减轻这两种影响。

大多数 ESD 设计人员倾向于将 HBM 冲击期间的金属化压降保持在 3 V 以下。2 kV 的 HBM 冲击会产生约 1.3 A 的电流，因此最大的金属化电阻不应超过 2.3 Ω。对于基于压焊块的网络，传统上将总电阻中的 2 Ω 分配给衬底接地环，其余的分配将初级保护器件器件连接到焊块和衬底接地环的引线。最大电阻出现在对角的键合压焊块之间。要使衬底接地环的电阻为 2 Ω，所需的最小接地环宽度 W_G 大约为

$$W_G \approx \frac{R_s(W_D + L_D - 4d_c + 2\sqrt{d_c})}{4\ \Omega} \tag{14.5}$$

式中，R_s 是总线金属的薄层电阻，W_D 是管芯的宽度，L_D 是管芯的长度，d_c 是角禁用区沿管芯两边延伸出来的距离，如图 14.41 所示。

基于轨道的保护网络比基于压焊块的网络更易发生自偏置效应，因为 ESD 电流必须沿着两条轨道而不是单条轨道流动。最简单的解决方案是加宽两条轨道，直到它们的组合最坏情况电阻为 2 Ω。或者，也可以将两条轨道围绕管芯布线，并在管芯外围不同位置处的轨道之间放置多个初级保护器件。这样可以减少电流必须流过的距离，从而减少所需的轨道宽度，但是代价是需要额外的初级保护器件。

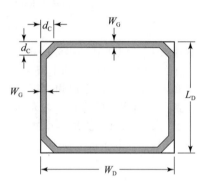

图 14.41　衬底接地环总线版图，标注了尺寸 W_D、L_D、W_G 和 d_c

式(14.5)中使用的薄层电阻 R_s 应为环境温度（通常为 25 ℃）下的工艺最大值。无须考虑极端温度，因为 HBM 和 CDM 事件发生在搬运和组装过程中，而不是在运行的过程中。通常会堆叠所有可用的金属层，以降低衬底接地环的薄层电阻。

ESD 事件产生的大电流会导致严重的自热效应。过窄引线中的温度实际上会上升到金属的熔点甚至沸点，从而导致开路故障。为了防止此类故障，人们提出了各种规则。最简单的规则只是将满足电迁移要求的金属宽度乘以一个固定系数，通常为 20 或 40。这种"20X"或"40X"的规则没有什么道理，因为电迁移和金属熔化依赖于不同的物理机制。更精确的规则是将金属内部的温升限制在一个特定值，通常为 50 ℃。温升通常被视为绝热过程，因为在几百纳秒内发生的热交换非常少。在传导 HBM 峰值电流为 I_{pk} 的金属引线中，绝热温升 ΔT 为

$$A = \sqrt{\frac{\rho \tau I_{pk}^2}{2C_V \Delta T}} \tag{14.6}$$

式中，ρ 是金属电阻率；τ 是 HBM 冲击的时间常数（225 ns）；A 是金属引线的横截面积；C_V 是金属的定容（体积）比热。表 14.3 列出了 25 ℃ 时几种材料的电阻率和定容比热。不同金属将温升限制在 50 ℃ 所需的金属横截面积不同，铝为 6.5 μm^2，铜为 4.3 μm^2。因此，厚度为 5 kÅ（0.5 μm）的铝引线需要至少 13 μm 的宽度才能承受一次 HBM 冲击而不产生超过 50 ℃ 的温升。

表 14.3　25 ℃ 时几种材料的电阻率和定容比热

材料	$\rho/(\mu\Omega \cdot cm)$	$C_V[J/(℃ \cdot cm^3)]$
铝（Al）	2.7	2.42
二硅化钴（CoSi$_2$）	15	0.56
铜（Cu）	1.7	3.45
一硅化镍（NiSi）	10.5	3.45
硅（Si）	可变	1.66
二硅化钛（TiSi$_2$，C54 相）	15	0.85

　　电流向金属线的内角聚集，导致这些点过度发热。在受影响的金属导线内角添加 45°倒角可以很容易地纠正这种情况，如图 14.42a 所示。这些倒角的横向距离 d_{cf} 至少要等于引线厚度的一半。

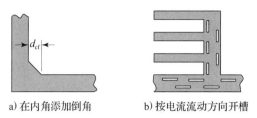

a) 在内角添加倒角　　　　b) 按电流流动方向开槽

图 14.42　布图承载 ESD 电流的引线时特别注意事项

　　在对携带 ESD 电流的金属线进行布线时遇到的另一个问题是，为了尽量减少应力造成的金属脱层，通常需要开槽。这些槽应平行于管芯的边缘，但是这会干扰从衬底接地环到 ESD 器件的金属连接中的电流。此类连接应尽可能短，如果绝对需要开槽，则其方向必须不妨碍电流流动，如图 14.42b 所示。请注意，本示例中的槽经过了精心设计，不会阻碍电流从各个水平叉指流向垂直引线，也不会阻碍电流从垂直引线流向横跨管芯底部的水平接地线。如果出现违反诊断规则的情况，可以用多条并联的较窄引线来代替开槽引线，以产生大致相同的效果。

　　大电流引线有时必须通过通孔（Via）从一个金属层传输到另一个金属层。这就带来了连接引线需要多少通孔的问题。由于铝过孔的侧壁会变薄，而钨比铝更为坚实，因此答案多少会因通孔是铝还是钨而有所不同。大多数设计人员只需将两条引线相互交叉延伸，并在交叉区域尽可能多地布满通孔。这几乎总能提供足够数量的通孔。

2. 大电流电阻

　　次级保护电路中使用的电阻通常会传导很大的电流。过窄的电阻可能会过热并毁伤。式（14.6）可用来计算多晶硅或单晶硅电阻的绝热温升。薄膜的电阻率等于其薄层电阻和厚度的乘积。因此，厚度为 5 kÅ（0.5 μm）、薄层电阻为 50 Ω/□ 的多晶硅的电阻率为 2.5 mΩ·cm。将电阻两端产生的峰值电压除以电阻，即可计算出式（14.6）中的 I_{pk} 值。例如，假设一个由 2.5 mΩ·cm 的多晶硅制成的 200 Ω 电阻，将峰值电压为 8 V 的 GGNMOS 结构的 CDM 钳位器件连接到峰值电压为 12 V 的 GGNMOS 初级 ESD 器件。电阻两端的峰值电压为 4 V，流过电阻的峰值电流大约为 20 mA。假设允许的温升是 50 ℃，电阻需要 3.7 μm^2 的面积，相当于 7 μm 的宽度。

　　硅化物电阻的情况比较特殊，因为几乎所有的电流都流经硅化物，而不是硅化物下方的硅。如果上述示例中的电阻是由多晶硅化物制作的，并有 2 kÅ（0.2 μm）厚的一层硅化钛，那么绝热温升 50 ℃ 所需的硅化物面积为 0.40 μm^2，对应的电阻宽度为 2.0 μm。

3. 为基于压焊块的网络选择主 ESD 器件的指导规则

　　大多数模拟集成电路都使用某种基于压焊块而有所变化的初级保护。这种方案要求几乎每个压焊块都有一个单独的主 ESD 保护器件。以下指导规则将帮助设计人员针对不同情况选择主保护器件。

　　1）衬底接地压焊块不需要初级保护装置。在基于压焊块的保护网络中，所有其他引脚都是以衬底接地环为参考的。与所有这些其他引脚相关的 ESD 器件共同为衬底接地提供保护。不需要额外的结构，但是衬底接地环的宽度必须足以防止过热且使接地电阻降为最低。

　　2）通过大电流金属引线连接的两个压焊块可共用一个初级保护装置。许多集成电路使用多根键合丝线来传输大电流信号。通过足够多片上金属所连接的压焊块可以共用一个初级保护器件。金属必须足够宽，不仅能安全地传导 ESD 电流，还能处理封装和电路板电阻差异造成的电流不平衡。考虑两根键合线分别连接两个压焊块到同一个封装引脚的情况。如果这些键合线的长度不完全相同，它们的电阻就会略有不同。流过每根键合线的电流会产生略微不同的压降，由此产生的电压差会驱动电流流过连接压焊块的金属。如果电流过大，最终会导致电迁移失效。当键合线连接到独立的封装引脚时，会出现类似但可能是更严重的问题。理想情况下，客户会将这些引脚连接到印制电路板上的一整块的铜区域，但是有时会对各引脚分别布线。如果这些引线具有不同的电阻，那么压焊块之间就会出现电压差，并驱动电流通过连接它们的金属。如果连接到不同引脚的压焊块之间必须连接，则它们之间的金属应尽可能坚实。理想的情况是，连接处由一块巨大的金属板构成，将两个压焊块都围住。

3) 应使用反并联二极管将不同的地线相互连接起来。许多集成电路都有多个接地引脚。有时，这些接地引脚会连接到集成电路上在电气上不共通的压焊块。例如，一个接地引脚可能连接到衬底接地，而另一个则连接到功率晶体管。这两个接地信号应保持分离，以防止电流流经功率晶体管时将噪声耦合到衬底而导致自偏置效应。必须在两个地线之间连接一个初级 ESD 器件，以保护电源地。由于不同地线之间的电压差值很少超过几百毫伏，因此使用反并联二极管就足够了。

4) 连接到公共封装引脚的各独立压焊块需要单独的初级保护。许多模拟集成电路包含多个电气上独立的压焊块，这些压焊块与同一封装引脚相连。这种安排通常用于建立所谓的开尔文连接(参见 15.3.4 节)。虽然键合线似乎可以在压焊块之间提供足够的连接，但是 CDM 冲击的情况并非如此。键合线具有很大的电感，通常大约为 1 nH/mm。在 CDM 冲击中，每个纳亨的电感都会产生几伏的电压降。因此，一个键合线末端的 ESD 保护器件装置不一定能保护另一个键合线末端的电路，即使两根键合线都终止于同一个封装引脚。每个压焊块都需要自己的初级保护。最常见的方法是用初级保护器件连接每个压焊块到衬底的接地总线。或者，也可以用一个初级 ESD 保护器件将压焊块连接到衬底总线，且在压焊块之间连接反并联二极管。

5) CMOS 输入可使用 GGNMOS 初级保护器件，并辅以 CDM 钳位。CMOS 输入通常比较容易保护，因为驱动它们的外部电路很少能提供足够的电流来维持阶跃恢复。最常用的初级保护包括 GGNMOS 和 GCNMOS 器件，这些器件由类似输入级的晶体管构成。如果外部电路能够提供足够的电流来保持这些器件处于阶跃恢复状态，则需要采用保持电流更大的结构，例如 BTNMOS。栅氧化层需要次级保护，通常由故障安全型的 GGNMOS 结构 CDM 钳位器组成，这些金属引线连接到输入晶体管上，尽可能靠近这些晶体管。GGNMOS 结构 CDM 钳位有时无法保护低电压的栅氧化层，在这种情况下，可能需要使用双二极管结合电阻的 CDM 钳位。不过，这种器件并非故障安全的。

6) BiCMOS 器件中的 CMOS 输入有时可使用 V_{ECS} 初级保护器件。很多 BiCMOS 工艺都可以制作 V_{ECS} 器件，触发电压为 7~12 V。对于工作电压在 5 V 左右的引脚，这些钳位是非常有吸引力的初级保护结构，因为它们不仅非常紧凑，而且不需要电子收集保护环。在某些情况下，V_{ECS} 钳位的保持电压可能会低于引脚的最大输入电压，但是这只有在外部电路能够提供足够的电流以维持阶跃恢复时才会成为问题。V_{ECS} 钳位可用于较低电压的 CMOS 输入，但是 CDM 钳位必须能够处理 V_{ECS} 钳位所产生的峰值电压。这可能需要增加串联限流电阻的值或宽度。

7) 大的 MOS 输出晶体管通常能够自我保护。足够大的 MOS 晶体管通常能够作为自己的初级保护器件。CMOS 输出级通常采用有意设计的超大 NMOS 晶体管作为初级 ESD 保护器件。这些输出晶体管通常表现出 GGNMOS 或 GCNMOS 器件行为，具体取决于栅到漏耦合的程度。过强的栅-漏耦合会将输出 NMOS 晶体管转变为有源 FET，从而使面积大幅增加。自保护输出 NMOS 晶体管通常与相应的初级保护器件采用相同的版图。因此，如果 ESD 器件需要禁用硅化物，那么自保护输出 NMOS 晶体管也需要禁用硅化物。输出 NMOS 晶体管还必须包括足够的闩锁保护，通常包括一个电子收集保护环加上大量的衬底接触孔。

8) 大型 NPN 或 PNP 型晶体管的集电区-基区结可以自我保护。大多数双极型输出级都将双极型晶体管的集电极连接到引脚。大型 NPN 和 PNP 型晶体管的集电区-基区结可以自我保护，因为晶体管实际上成了 V_{CES} 或 V_{CER} 器件。将发射极连接到引脚的输出级问题更大。PNP 型晶体管发射区如果做得足够大，就能自我保护，但是 NPN 型晶体管发射区通常需要反并联二极管钳位形式的额外保护。

9) CMOS 电源引脚通常使用 GCNMOS 或有源 FET 器件进行保护。由于存在次级保护，CMOS 输入引脚可以承受较高的触发电压。另外，CMOS 电源直接连接到 MOS 晶体管的源极/漏极。这些晶体管会在与触发 GGNMOS 的电压大致相同的电压下发生雪崩击穿。因此，GGNMOS 器件通常无法保护电源引脚。GCNMOS 晶体管的触发电压通常要低得多。GCNMOS 器件可以保护 CMOS 电源引脚，前提是该引脚尺寸足够大，且峰值电压小于受保护晶体管的 BV_{DSS}。此外，GCNMOS 的保持电压必须超过最大工作电压。如果无法确保这一点，则可能需要使用有源 FET 等替代保护类型。为了帮助确保瞬态不会触发有源 FET，应将禁用电路连接回电源轨道。该电路将防止有源 FET 在引脚突然接通电源时被触发。

10) 高压引脚可使用 PNP、功率齐纳管、V_{CES} 或 V_{CER} 初级保护。高压引脚通常很难保护，因为往往没有成熟的 ESD 保护器件。即使存在合适的器件，它们通常也比低压器件大得多。制作真正小型的高压 ESD 器件的唯一方法是采用深度阶跃恢复，例如在晶闸管中出现的情况。这通常是不切实际的，因为内部或外部电路可以提供足够的电流来维持阶跃恢复，从而破坏保护器件。最佳的通用高压初级保护器件可能是 PNP 型晶体管，因为它相对较小，不会发生快速放电，而且其阶跃恢复通常比 NPN 型器件低很多。功率齐纳管的结构有时可用于 BiCMOS 工艺。只要引脚电压不超过用于构建这些结构的 NPN 型晶体管的 $V_{CEO(sus)}$，这些结构就不会出现阶跃恢复现象。不过，功率齐纳管可能会出现一定程度的快速放电，使其成为高电压摆幅引脚的非最优的选择。V_{CES} 或 V_{CER} 钳位也是可能的选择，前提是电路不能提供足够的电流来维持这些情况下的阶跃恢复。

11) 考虑初级保护装置的堆叠。如果单个初级保护器件无法承受所需的电压，那么两个或三个串联的保护或许可以。一个常见的例子是串联堆叠的两对反并联二极管，用于保护电源的接地总线，其瞬态电压足以使一个 PN 结发生正偏。另一个例子是两个串联的 V_{ECS} 钳位，用于保护一个 12 V 引脚。还可以有许多其他组合。为了将串联电阻降至可接受的水平，通常必须增大堆叠式初级保护器件的尺寸。因此，串联堆叠的两个器件中，每个器件的尺寸通常会是单个独立器件的 2 倍，整个堆叠器件的尺寸是单个器件的 4 倍。

12) 如果其他方法都不奏效，可以使用有源 FET。有源 FET 保护器件几乎可以用任何类型的 NMOS 晶体管构建，包括高压横向 DMOS 晶体管。因此，我们可以很容易地构建有源 FET，使其能够处理任意电压，最高达到工艺制作的最高电压 LDMOS 的 BV_{DSS}。这些结构有两个主要缺点。首先，它们体积庞大，额定电压越高，体积就越大。其次，不能将它们放置在会出现大电压摆幅的引脚上，除非包括了禁用电路。这在有许多不同电源的集成电路中有时会成为问题。无论如何，有源 FET 可能是某个额定电压下唯一可用的初级保护器件。当然，我们也可以开发新的 ESD 解决方案，但是这往往需要冒很大的风险并花费大量的时间。

14.5　本章小结

本章重点讨论了集成电路设计的几个方面。器件合并、保护环和隧道都是二级和三级文献中很少涉及的主题。最近出版了一些讨论 ESD 保护的专著，但是这些专著大多面向设计和分析保护结构的专家，而不是面向使用这些结构的版图设计人员。

下一章(也是最后一章)将前面各章的信息整合在一起，设计一个完整的集成电路。将介绍以前未详细讨论过的各个方面，如管芯密封、压焊块和焊料凸点技术，以及平面布局规划和面积估算。

习题

14.1　设计三个最小尺寸的标准双极型(不含深 N＋下沉扩散区)NPN 晶体管的版图。将晶体管并排放置，如图 14.1a 所示。测量包围所有三个器件的最小矩形的面积。现在设计一个与图 14.1b 类似的合并器件的版图。假设合并后的器件消耗的面积等于其隔离岛的面积。合并器件与三个独立器件的面积之比是多少？

14.2 请说明以下每种合并带来的风险：

   a) 两个 HSR 电阻置于同一隔离岛中，其中一个连接到压焊块。

   b) 一个基区电阻与肖特基二极管合并在同一隔离岛中。

   c) 一个横向 PNP 型晶体管与一个 NPN 型晶体管合并。

   d) 一个结电容与一对达林顿 NPN 型晶体管合并。

   e) 两个衬底 PNP 型晶体管合并在同一隔离岛中。

14.3 提出措施，最大限度地降低习题 14.2 中每种合并的相关风险。

14.4 设计一个合并的达林顿 NPN 型晶体管的版图，它能传导 100 mA 电流。使用标准的双极型版图设计规则，并假设最大发射区电流密度为 8 μA/μm^2。对于功率管，使用宽发射区、窄接触孔的结构，发射区对接触孔的覆盖为 6 μm，并在其发射极和集电极之间连接一个 4 kΩ 的基极关断电阻。假定功率晶体管在 100 mA 电流下的最小 β 值为 20，确定预驱动晶体管的尺寸。假设预驱动晶体管不需要基极关断电阻。版图需要包括所有必要的金属化。

14.5 假设习题 14.4 中的达林顿晶体管必须在超过该工艺的厚场区氧化层晶体管阈值的电压下工作。修改版图以包含所有适当的场板和沟道终止注入区，假定场板须在基区上方伸出 8 μm。

14.6 使用标准的双极型版图规则设计图 14.43 所示图腾柱输出级电路的版图。对于 Q$_1$、Q$_2$ 和 D$_1$，使用宽发射区、窄接触孔的结构，发射区对接触孔的覆盖为 6 μm。连接 VCC、OUT 和 PGND 的引线宽度必须至少为 15 μm。包括所有必要的金属化，并对所有的引线和器件做出标记。

14.7 修改习题 13.13 中的 MOS 运算放大器以提供闩锁保护，假设只有输出引脚（OUT）通过一个 1 kΩ 的多晶硅电阻连接到键合压焊块。在不使用深 N＋扩散区或 N 型埋层的情况下，尽可能使电路坚实耐用，同时不大幅增加电路的面积。

14.8 设计图 14.44 中 D 触发器的版图。使用单条横跨单元顶部的 VDD 总线和单条横跨单元底部的 GND 总线。所有 NMOS 晶体管宽长比均为 4/4，所有 PMOS 晶体管均为

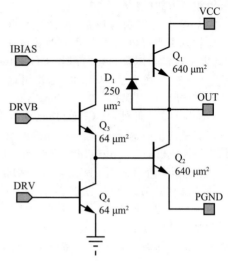

图 14.43　图腾柱输出级电路，所有尺寸均为发射区面积

7/3。不要在单元内使用任何 M-2 金属。栅极引线可以使用多晶硅，源和漏引线可以使用短的多晶硅跳线。在适当的地方添加阱和衬底的接触，以便在相邻电路向 P 型外延层注入电子或使衬底自偏置时，最大限度地降低电路闩锁的可能性。

14.9 构建模拟 CMOS 版图的压焊块环。包括划片道在内，管芯的宽度应为 2750 μm，高度 2150 μm。管芯的左下角必须位于原点 $(0,0)$。在名为"BOUNDARY"的图层（如果没有该图层，可使用其他合适的伪图层）上用矩形表示管芯区的范围。划片道位于管芯的左侧和底边。每条划片道的宽度精确地为 75 μm。在"BOUNDARY"图层上绘制两个矩形，表示划片道的位置。在管芯左侧和底边绘制与划片道密封内边缘重合的衬底金属，在管芯右侧和顶边绘制与管芯边缘重合的衬底金属。金属应包括一条 12 μm 宽的 M-1 金属和一条 12 μm 宽的 M-2 金属，它们完全重合。将 P 型有源区放在衬底金属下面。在衬底金属层和 P 型有源区之间提供一个连续的接触孔环，在两层衬底金属之间提供一个连续的过孔环。每个环宽度 1 μm，并尽可能靠近管芯的外边缘。在相对稀疏的阵列中添加额外的衬底接触孔和过孔（相邻接触孔之间或相邻过孔之间的间距可为 5～10 μm）。

14.10 为习题 14.9 中的压焊块环构建焊块。假设焊块需要一个边长为 75 μm 的方形氮化硅开孔，并且必须包含 M-1 金属和 M-2 金属。两种金属的几何图形完全重合。在

氮化硅开孔处放置一个 75 μm 边长的单个的大过孔。用适合的伪图层，绘制以压焊块开孔中心为圆心，直径 90 μm 的圆，表示金属禁用区。在习题 14.9 的焊块环中的以下位置放置 8 个这样的键合压焊块：左上角、中上边（2 个压焊块，中心到中心的距离为 150 μm）、右上角、左下角、中下边（2 个压焊块，中心到中心的距离为 150 μm）和右下角。

14.11 使用 CMOS 版图规则构建一对反并联二极管。P 型外延层中 N 型有源区的二极管应包含八个 N 型有源区叉指，每个叉指长 40 μm；N 阱中 P 型有源区的二极管应包含八个 P 型有源区叉指，每个叉指长 40 μm。版图需要包括所有必要的金属和衬底接触。

14.12 使用 CMOS 版图规则构建接地栅 NMOS 晶体管。晶体管应有 10 个分部，每个分部的栅宽为 40 μm。包括所有必要的金属和衬底接触。

14.13 使用 BiCMOS 版图规则构建自保护的 CDM 结构。每个 NMOS 晶体管应由 20 μm 宽的单叉指构成。多晶电阻的值应为 2 kΩ，宽度为 6 μm。电阻的两端应包括两排接触孔。将 CDM 结构置于有深 N＋扩散、N 阱和 N 型埋层构成的电子收集保护环中。假设该保护环接地。包括所有必要的金属。

14.14 使用模拟 BiCMOS 版图规则构建 V_{ECS} 钳位。假设钳位所需的发射区面积为 350 μm²。发射区使用两排接触孔。发射区对这些接触孔的覆盖 4 μm，并将发射区的两端圆角化，形成半圆形的端帽。深 N＋下沉扩散区应完全环绕该结构，形成一个空穴阻止保护环。将绘制的 N 型埋层至少延伸到所绘制深 N＋扩散区的外边缘。

14.15 一个八引脚集成电路包含一个采用 CMOS 工艺制作的比较器。表 14.4 列出了比较器的引脚。请为所有有需要的引脚提出适当的 ESD 解决方案（忽略无连接的引脚）。

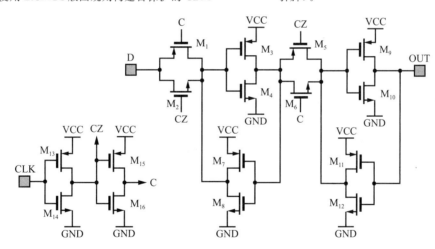

图 14.44　D 触发器原理图

表 14.4　比较器的引脚

引脚	名称	功能	工作电压/V
1	NC	无连接	—
2	INM	反相输入（连到 PMOS 管栅极）	0～5.5
3	INP	同相输入（连到 PMOS 管栅极）	0～5.5
4	VSS	地	0
5	NC	无连接	—
6	OUT	输出（连到 NMOS，PMOS 管漏极）	0～5.5
7	NC	无连接	—
8	VDD	电源	2.7～5.5

参考文献

［ 1 ］ W. F. Davis, *Layout Considerations,* unpublished manuscript, 1981.

［ 2 ］ C. Iorga, *Noise Coupling in Integrated Circuits: A Practical Approach to Analysis, Modeling, and Suppression* (NoiseCoupling.com: 2008).

［ 3 ］ O. Semenov, H. Sarbishaei, and M. Sachdev, *ESD Protection Device and Circuit Design for Advanced CMOS Technologies* (New York: Springer Science, 2008).

［ 4 ］ V. A. Vashchenko and A. Shibkov, *ESD Design for Analog Circuits* (New York: Springer Science, 2010).

第 15 章

组 装 管 芯

版图设计的第 1 步是计算所需的管芯面积。对于模拟单元，可以通过快速自动布局或将单个元件的面积相加来估算。对于功率 MOS 晶体管，可以通过计算导通电阻和金属电阻来进行粗略估算，或通过初步的版图设计进行更精确的估算。功率双极型晶体管一般需要进行初步布局。对于自动布线逻辑，可通过逻辑门的数量进行粗略估算。总管芯面积等于所有这些子部分的面积和再加上布线、压焊块、划片道密封（Scribe Seal）、划片道和足够的安全冗余。

一旦知道管芯面积，就可以选择管芯的长、宽尺寸。管芯必须装在合适的封装中，压焊块必须与引线框架对齐。这些封装问题得到处理后，就可以创建平面规划图了。好的平面规划图包括管芯轮廓，并预留划片道和边角禁区、接地环、压焊块、ESD 器件和保护环。主要的子分区（包括所有功率器件）应当使用适当大小的多边形标示出来。关键的金属走线，特别是电源金属和大型数字总线，应当予以显示。平面规划中需要考虑的其他问题包括关键匹配器件的位置、噪声耦合、金属化电阻以及模块之间的信号流。

完成的平面规划图可以作为版图的模板。通常首先创建划片道密封和接地环。接下来是 ESD 器件、压焊块和相关的保护环。完成这些工作并通过审核后，就可以构建、放置、布线和审核实际的功率器件。现在可以对模拟单元进行版图绘制、验证、审核，并将其添加到平面图中。使用自动布线逻辑（不断推出升级版本），可以将这些单元放入平面规划图中，并审查引脚对齐是否正确。

将所有元件放入平面规划图并审核后，就可以开始顶层布线了。拥有成百上千个顶层信号的大型设计可以从自动布线中获益，而只有几十个顶层信号的小型设计则最好采用手工布线。布线完成后，即可开始最终验证和审查。完成这些工作并做出必要的修改之后，就可以开始生成图形和制作光刻掩模版了。

15.1　管芯面积估算

管芯面积估算通常被认为非常不精确，但是如果系统架构师和电路设计师投入足够的规划时间，精确到 ±20% 以内的估算通常是可以实现的。这种精确度有助于报价、选择封装类型和执行规划阶段的其他方面工作。

管芯面积估算的关键先决条件是要对设计数据库进行正确的分割和填充。这些任务通常由首席电路设计师完成。对这一过程的简要回顾将提供一些考察视角。

15.1.1　对数据库进行分割和填充

版图编辑器将数据存储在单元中。单元可以包含多边形、路径条和其他原始图形（参见3.1.3 节）。它还可以包含对其他单元的引用。每个此类引用称为实例（例化），由位置、转换和单元的名称构成。版图编辑器在绘制版图遇到实例时，会引用被例化的单元，并使用指定的转换在指定位置处绘制其内容。实例化的那个单元称为父单元，而被例化的单元则称为子单元。

数据库的层次结构可以可视化为树形图，如图 15.1 所示。该图由一行或多行组成，每一行代表层次结构的一个层级。顶行代表层次结构的顶层。顶层总是包含一个且只有一个单元，称为顶层单元。顶层单元通常代表整个集成电路。一个数据库可以包含多个顶层单元。

树形图的第二行表示层次结构的第二级。在顶层单元中的每个实例化单元，在第二层中显示为单独的条目。子单元的名称出现在第二行中，并有一条线将其连接回父单元。

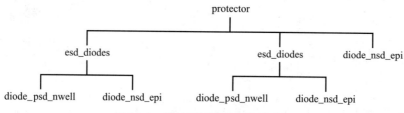

图 15.1　简单版图数据库的树形图

第三行表示层次结构的第三级。放在第二级单元中的每个实例在第三层中显示为一个单独的条目，并通过一条线与其父级相连。数据库可以包含设计者认为方便的任意多级层次结构。不过，很少有实际设计需要超过 10 或 12 级的层次结构。

我们可以从最顶层的单元开始，沿着层次结构的路径向下追溯，每追溯一层就会遇到一个实例化单元，其所参照的单元位于其下层，直到最后到达一个不包含任何实例的单元。该单元被称为叶子单元。

图 15.1 的树形图表示一个极其简单的集成电路，其中包含一个静电放电二极管阵列。最上面的单元称为 protector。该单元包含两个 esd_diodes 单元实例和一个 diode_nsd_epi 单元实例。esd_diodes 单元包含一个 diode_psd_nwell 实例和一个 diode_nsd_epi 单元实例。单元的后代包括所有子单元、子单元的子单元，如此递推。因此，protector 的后代是 esd_diodes、diode_psd_nwell 和 diode_nsd_epi。

版图-电路原理图(Layout-Versus-Schematic，LVS)一致性验证通常假定版图的层次结构与原理图的层次结构完全一致。但是，LVS 可以容忍单元及其所有子单元仅包含版图数据的情况。此类单元通常用于构建功率器件分部、接地环和类似的其他结构。

1. 分割

首席电路设计师通常负责定义数据库的层次结构。这一过程称为分割(Partitioning)，需要相当的技能和经验。分割越合理，设计就越容易理解。因此，适当的分割可以加快设计速度，减少出错的机会。

电路设计师通常会考虑如何进行仿真，据此对设计进行分割。他们从施密特触发器和比较器等小型电路块开始。在将其放入更复杂的模拟子系统之前，先将每个电路块在自身单元中进行仿真。这一过程反复进行，以形成设计的完整层次结构。

将过多的电路装入单元会导致电路原理图难以辨认。一般来说，任何给定电路原理图的所有细节都应在一张 A3 纸上清晰可见。这通常会将单元的元件数量限制在 50～100 个。更复杂的单元应当细分为若干区段，这些区段可以放置在各自子单元中。

构成阵列的匹配元件应当位于同一单元中。如果阵列的所有元件都在一个单元中，而不是分散在多个不同的单元中，那么绘制阵列的版图就会容易得多。此外，这样的阵列也更容易在后续设计中修改或重复使用。

单元的命名需要深思熟虑。单元名称要有实际意义且尽可能简短。某些程序对允许使用的单元名有额外限制。许多 SPICE 版本对大小写不敏感，因此最好使用全部小写或全部大写的单元名。大多数设计人员倾向于使用全部小写的名称。大多数 SPICE 版本还要求名称以字母开头。GDSII 的原始版本要求单元名称由字母、数字、下划线、问号和感叹号组成。问号和感叹号很少使用。此外，原始版本的 GDSII 定义限制单元名称长度不得超过 32 个字符。现代程序一般允许更长的单元名称，但是不必要地延长单元名称似乎没有什么意义。考虑到所有这些因素，我们得出以下单元名称命名的一般规则：

- 名称的第一个字符应为小写字母。
- 后面的字符可以是小写字母、数字或下划线(_)。
- 名称长度不得超过 32 个字符。

2. 设计填充

设计分割完成之后，首席电路设计师应当建立数据库。这需要建立一个空数据库，然后在其中填入构成层次结构的各种单元。首先输入的单元是叶子单元，除了引脚外通常是空的。然后将这些单元的实例放入下一级单元的示意图中。这个过程不断重复，直到顶层单元完成。由此产生的层次结构是"空"的，因为它不包含任何基本器件，但是它仍然显示了设计的分割和连接不同单元的信号。

引脚名称需要仔细考虑。与单元名称一样，引脚名称应当相对简短且有实际意义。某些程序还会对引脚名称设置额外的限制，如 SPICE。该程序的早期版本要求用数字而不是名称来标识引脚。新版本允许使用字母、数字的字符串，但是与所有 SPICE 结构一样，这些字符串不区分大小写。因此，最好将信号名称限制为全部大写或全部小写。普遍接受的命名规则如下：

- 名称的第一个字符应为小写字母或数字。
- 后面的字符可以是小写字母、数字或下划线(_)。

大多数电路原理图编辑器都支持总线。总线通常绘制为单根导线，可连接到单个引脚，但是它代表了整个信号组。总线中的每个信号都由一个索引来区分，索引是一个整数。传统上，索引放在信号名称末尾的括号中，因此 data(0) 是总线 data(7：0)中最低有效位的信号。有些电路原理图编辑器要求用角括号或方括号而不是圆括号来放置索引。

总线索引与计算机语言中的数组索引有很多相同之处。索引范围应该从 0 开始，还是从 1 开始？是先列出索引范围的上限，还是最后列出？大多数数字电路设计者倾向于以 0 开始的范围，并将范围的上限列在前面，例如 data(7：0)。几乎所有人都认同 0 代表一个数字字的最小有效位。无论团队确定了哪种约定，团队成员都应严格遵守，以避免混淆和错误。

大多数的电路原理图编辑器还为引脚分配了一个称为方向的属性。方向通常有三种选择：输入、输出和输入/输出。电路原理图编辑器使用以下两条规则来检查每个单元的电路原理图：

- 仅连接输入引脚的网络标记为浮动(并非所有编辑器都执行)。
- 连接两个输出引脚的网络标记为短路。

在 CMOS 逻辑中，这些规则是显而易见的。仅与 CMOS 输入端相连的网络不会呈现确定的逻辑状态。连接在一起的两个 CMOS 输出端如果处于不同的状态，就会相互冲突。模拟电路包含一些明显属于输入或输出的引脚；其余所有引脚都可以是输入/输出。

许多设计人员喜欢在信号名称后附加后缀，以传递更多的信息。一种流行的做法是在负逻辑信号的末尾添加"z"或"b"。因此，enable 是在高电平时使能某物，而 enableb 则在低电平时使能某物。另一个例子是使用后缀来表示电压域。例如，可以在 1.5 V 逻辑信号后加上"1p5"，在 3.3 V 逻辑信号后加上"3p3"。这种约定俗成的做法让用户一眼就能看出 enable3p3 位于 3.3 V 域，而不是 1.5 V 域。

在开始填充数据库之前，首席设计师应当考虑上述所有的问题。所做的选择应当传达给团队的其他成员，以便每个人都能遵守相同的约定。

一旦填充了层次结构，电路设计师就必须检查每个单元，并大致勾勒出其包含的电路。多年前这项工作是在纸上完成的，但是如今大多数设计人员更喜欢使用电路原理图编辑器。熟练的设计人员一般都能大致猜出特定功能需要哪些电路。这些电路原理图是版图设计师估算单元面积的基础。因此，设计人员应当尽量为可能消耗大量管芯面积的元器件分配合理的数值。此类元器件的例子包括大电容、高阻值电阻、匹配元件和功率器件。

15.1.2　计算单元面积

模拟单元面积的传统计算方法是估算各元件的面积，然后加起来，再乘以一个经验系数，以计入元件放置密度不理想的因素。如今，大多数设计人员更倾向于使用自动布局工具来估算面积。熟练的设计人员可以在几分钟内为一个单元生成元件，并将它们组合成一个版图的雏形。这一过程通常能给出令人惊讶的精确面积估算。

传统的方法仍然适用于尚未将电路图输入数据库的情况。这种情况有时会出现在规划阶段的早期。单元的面积 A_{cell} 可以利用下式估算：

$$A_{\text{cell}} \approx P_{\text{f(cell)}} \sum A \tag{15.1}$$

式中，$\sum A$ 为所有单个元件的面积总和，由下面所给出的规则确定。单元级的密集系数 (Packing Factor) $P_{\text{f(cell)}}$ 考虑了隔离和器件互连所消耗的面积，以及不完美密集排布所浪费的面积。使用单层金属的标准双极型设计的密集系数通常为 1.5～3.0。该范围的下限值代表使用大量定制器件和大量器件合并的紧密排布设计。该范围的上限值代表使用标准化元件创建的版图，仅仅粗略地将元件紧密排布在一起。双层金属的标准双极型设计的密集系数为 1.3～2.5。使用双层金属的 CMOS 和 BiCMOS 设计，密集系数通常为 1.2～1.8。对于典型的模拟电路，额外的金属层并不能显著地提高排布的密集度。

1. 电阻

构造一个或多个电阻所需的面积 A 可以利用下式估算：

$$A \approx \frac{1.2 R W_r (W_r + S_r)}{R_S} \tag{15.2}$$

式中，R 为所需的电阻值；R_S 为适用的方块电阻；W_r 为电阻的宽度；S_r 为相邻电阻组段之间的间距。1.2 的经验系数考虑了哑电阻、端接头和非理想版图所占用的空间。例如，采用 200 Ω/□ 的多晶硅制作 500 kΩ 的电阻，宽度为 2 μm，间距为 2 μm，将消耗 24 000 μm^2 或 0.024 mm^2 的面积。不同材料或宽度的电阻必须分别计算。

2. 电容

一个或多个平行板电容的面积 A 可以利用下式估算：

$$A \approx \frac{1.1 C}{C_a} \tag{15.3}$$

式中，C 为所需电容；C_a 为层间介质的单位面积电容；1.1 的经验系数计入了两端的接触区。对于均质电介质，C_a 值以 $pF/\mu m^2$ 为单位，其结果为

$$C_a = \frac{0.885 \varepsilon_r}{t} \tag{15.4}$$

式中，ε_r 为层间介质的相对介电常数；t 为介质层的厚度，以 Å 为单位(1 Å=0.1 nm)。干氧氧化层的相对介电常数约为 3.9(参见 7.1 节)。因此，200 Å 氧化层电介质的单位面积电容为 0.017 F/m^2($pF/\mu m^2$)，由这种电介质制成的 100 pF 电容将消耗约 6400 μm^2 或 0.0064 mm^2 的面积。

3. 双极型晶体管

双极型晶体管的面积很难根据发射区面积来估算，因为双极型晶体管的面积更多地取决于各种间隔和层间覆盖，而不是发射区面积。最好的方法是绘制有代表性的器件版图并记录其面积。模拟 BiCMOS 工艺的一组典型样本器件可能包括：

- 最小面积纵向 NPN 型晶体管。
- 匹配电路中使用的单发射区纵向 NPN 型晶体管。
- 匹配电路中使用的四发射区纵向 NPN 型晶体管。
- 最小面积横向 PNP 型晶体管。
- 最小面积衬底 PNP 型晶体管。

4. MOS 晶体管

典型 CMOS 晶体管所需的面积 A 可以通过下式估算得出：

$$A \approx 1.3 W_g (L_g + S_{gg}) \tag{15.5}$$

式中，W_g 为栅条宽度；L_g 为栅条长度；S_{gg} 为多分部晶体管相邻栅条之间的间距；1.3 的经验系数有助于计入晶体管阵列两侧端接所消耗的空间、阱间距以及非理想的密集排布等影响因素。

5. 功率晶体管

目前还没有简单的方法来估算双极型功率晶体管所需的面积，因为已经出现了许多不同的结构，但是没有任何一种结构是与电流处理能力成比例的。另外，MOS 晶体管通常采用交错叉指的版图，版图合理地与导通电阻成比例。获得给定导通电阻 $R_{DS(on)}$ 所需要的面积 A 为

$$A \approx \frac{R_{SP}}{R_{DS(on)} - R_P} \tag{15.6}$$

式中，R_{SP} 为所考虑的那一种类型 MOSFET 的比导通电阻；封装电阻 R_P 考虑了功率晶体管外部的电阻，包括金属化电阻、键合线和引线框架。

式(15.6)的准确性取决于目标晶体管与用于计算比导通电阻的参考器件的相似程度。目标晶体管应当与测试器件具有相同的一般类型、相同的栅长和相同的栅-源工作电压。此外，还应当考虑温度和工艺变化对比导通电阻的影响。导通电阻通常随工艺的改变而变化，变化幅度大约为 $\pm 25\%$，从 25 ℃~125 ℃ 的变化幅度约为 50%。因此，最坏情况下的高温 $R_{DS(on)}$ 导通电阻可能是标称 $R_{DS(on)}$ 的近两倍。

大型功率器件不应当作为任何特定单元的一部分进行估算，而应当独立存在。单元版图的面积要乘以单元的密集系数 $P_{f(cell)}$，以计入不规则形状元器件的不完美密排所浪费的空间。另外，大型的矩形功率器件则表现出近乎完美的密排特性。

假设图 15.2 的带隙基准源将采用单层金属化的标准双极型工艺来设计版图，其中三个晶体管需要单独绘制草图来计算其面积：Q_1、Q_2 和 Q_{10}。前两个构成布洛卡(Brokaw)带隙源的比例差分对，而 Q_{10} 是一个小型的功率器件。其他器件的面积可以通过前面讨论过的程序来进行估算，表 15.1 显示了该计算的细节。由于高估面积远比低估面积要好，因此保守地取 2 作为密集系数。

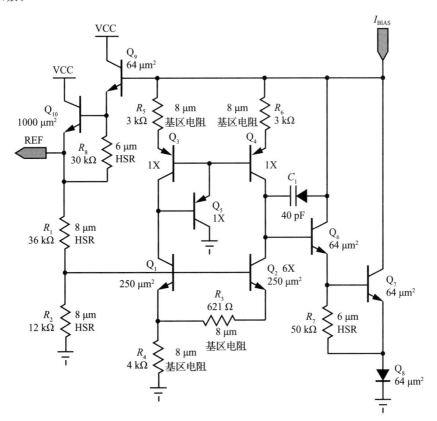

图 15.2　标准双极带隙基准源电路图

表 15.1　图 15.2 带隙基准源的面积估算

元器件	数量	面积/μm^2
8 μm，160 Ω/□基区电阻	10.621 kΩ	14 200
8 μm，2 kΩ/□高阻值电阻	48.0 kΩ	4600
6 μm，2 kΩ/□高阻值电阻	80.0 kΩ	5200
结电容(又指电容，1.8 fF/μm^2)	40 pF	22 200
最小尺寸 NPN 型晶体管(每个 2200 μm^2)	4 个	8800
最小尺寸 PNP 型晶体管(每个 4100 μm^2)	3 个	12 300
带隙源 NPN 型晶体管(每个 3100 μm^2)	7 个	21 700
输出级 NPN 型晶体管(每个 6600 μm^2)	1 个	6600
元器件总面积	—	95 400
预估单元面积($P_f=2$)	—	0.19×10^6

15.1.3　估算管芯面积

　　决定传统引线键合集成电路芯片面积的因素有三个：管芯包含的电路、环绕管芯周边的压焊块以及将芯片与相邻芯片分隔开的划片道。电路位于管芯中间，形成核心电路(Core)。压焊块位于管芯的周边，形成压焊块环(Padring)。理想情况下，核心电路和压焊块环都不应当包含浪费的区域。在面积主要受限于核心电路的设计中，核心密集地填入了压焊块环内部的空间，而压焊块的数量则不足以填满焊块环，如图 15.3a 所示。压焊块之间的空隙通常用于 ESD 保护结构和非关键的电路。在面积主要受限于压焊块的设计中，有很多的压焊块，以至于压焊块环内的空间超过了核心电路所需，如图 15.3b 所示。有时可以在第一个环内再设置第二个压焊块环，移动内部的压焊块，与外部焊块环对应。这种布局必须在组装/测试的现场仔细审核，以确保其可制造性。在面积的估算过程中，我们可以确定设计是受限于核心电路还是受限于压焊块。

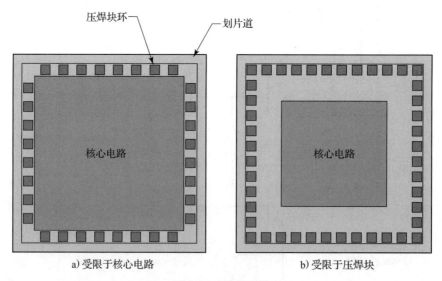

a)受限于核心电路　　　　　　　　b)受限于压焊块

图 15.3　管芯比较

　　估计管芯面积的第一步是计算核心电路的面积 A_c：

$$A_c \cong R_f P_{f(die)} \sum A_{cell} + P_{f(die)} \sum A_{pwr} \tag{15.7}$$

式中，$\sum A_{cell}$ 表示所有单个单元的面积总和；$\sum A_{pwr}$ 表示所有主要功率器件的面积总和。核心电路不包括压焊块环中的各种组件，例如引线压焊块、电路精修压焊块、ESD 器件、划片道密封和划片道。布线系数 R_f 代表顶层布线所消耗的面积，而 $P_{f(die)}$ 代表芯片级封装系数。封装系数表示了单元之间浪费的面积，当电路复杂性和面积意外增加时，该系数还提供了安全边界。一个管芯包含 20 或 30 个中等大小的单元，这些单元并没有定制为相互适配的，其封装系数通常可达到 $1.1\sim1.2$。定制的"紧凑"版图可以使封装系数小于 1.05。无论如何，紧凑堆积单元的版图设计比松散的版图设计所需要的时间要长得多，而且极难修改。实际上，只有非常少的设计才会采用紧凑堆积，而且只有在成本高于所有其他设计目标的情况下才采用。

有两种顶层布线方式。通道布线将顶层布线放置在单元之间的指定区域内，这些区域被称为通道。这些通道会占用额外的空间，但是却大大简化了互连任务。迷宫布线（Maze Routing）则是在现有电路上布线或穿过现有电路进行布线。迷宫布线节省了空间，但是需要的设计时间比通道布线多得多。设计人员还必须要考虑快速电压突变的节点与敏感模拟电路之间的寄生电容耦合问题，因为快速突变的节点正是穿过这些敏感的模拟电路在走线。经验表明，小到 1 fF 的寄生电容都有可能导致电路故障。寄生参数的提取和反向标注都是非常有用的工具。

单层金属（SLM）布线传统上用于标准的双极型设计，但是其布线非常困难且耗时。通道布线是不可能的。与之相反，引线必须强行通过各个定制元器件。有经验的设计人员一般能以 1.2 或更低的布线系数对 $50\sim100$ 个元器件进行互连。较大的设计如果采用双层金属布线通常会更经济。如果版图设计人员不熟悉 SLM 布局，则最好使用双层金属布线。

单层金属加多晶硅是早期 CMOS 工艺的传统选择，俗称"一层半的金属"。大多数信号可以容忍插入短的多晶硅跳线，特别当这些跳线是金属硅化物时。有些信号可以承受更多的多晶硅接续跳线。这类设计大多采用通道布线，通过策略性地设置多晶硅跳线，以允许水平和垂直方向的信号相互交叉通过。多达数千个元器件的模拟电路设计也能够以 $1.2\sim1.4$ 的布线系数实现互连。

双层金属（DLM）允许快速、轻松地进行通道布线。一层金属用于水平信号，另一层用于垂直信号。水平信号和垂直信号可以自由交叉，不需要跳线。几个晶体管的电路版图设计能够以 $1.1\sim1.3$ 的布线系数相互连接。迷宫式布线也是可行的，前提是在构建单元时使用尽量少的第二层金属，并且所有 M-2 金属的长走线都朝向相同。完全依赖迷宫布线的模拟电路设计可以达到接近于 1 的布线系数。更常见的是将迷宫布线和通道布线相结合，可达到大约 1.1 的布线系数。

三层金属（Triple-Level Metal，TLM）允许对包含数万个元器件的设计进行轻松的通道布线。第一层和第三层金属沿一个方向布线，第二层金属与其他两层金属呈直角布线。对于具有数千个元器件的设计，通道布线可实现 $1.1\sim1.2$ 的布线系数。迷宫式布线也是可行的，前提是单元中含有少量或不含 M-3 金属。理想情况下，单元还应固定 M-2 金属在一个方向上。迷宫布线允许接近 1 的布线系数，但是通道布线仍然更快、更容易，因为迷宫布线的信号不可能自由地交叉。

四层金属（Quad -Level Metal，QLM）允许相对容易的迷宫布线，前提是单元中含有极少（或没有）M-3 金属和 M-4 金属。第三层金属可用来在一个方向上对信号进行迷宫布线，第四层金属可用来在另一个方向上对信号进行布线。迷宫布线主要的障碍是在匹配元器件上设置的哑金属块区域、使用所有四层金属的功率器件以及使用所有金属层自动布线的逻辑电路。在这些区域周围对信号进行布线可能需要通道。四层金属还允许对信号进行全面屏蔽。这样的信号需要三个布线层：一个用于信号和信号两侧的屏蔽线，两个用于信号上方和下方的屏蔽。通常情况下，这样的信号会在 M-2～M-4 金属上布线，而 M-1 金属和多晶硅则用于下方的布线。

基于长宽比为 1 的方形，计算出预计的管芯面积 A_{die}：

$$A_{die} \approx (\sqrt{A_C} + 2W_{pr} + W_s)^2 \tag{15.8}$$

划片道宽度 W_s 取决于装配场所的能力。用线切割方法切割的管芯通常需要 $50\sim75\ \mu m$ 的划片道宽度，而激光切割允许的划片道宽度仅为 $25\ \mu m$。压焊块环必须能够容纳划片道密封、接地环、压焊块和任何可能环绕核心电路的保护环。传统的引线键合通常要求压焊块的宽度为

键合线直径的 $2\sim3$ 倍。因此,$1\ mil(25\ \mu m)$ 的键合线需要 $50\sim75\ \mu m$ 宽的压焊块。接地环和划片道密封合在一起宽度一般为 $20\sim50\ \mu m$。保护环所需的空间各不相同,但是很少小于 $25\ \mu m$。因此,典型的压焊块环的宽度为 $100\sim150\ \mu m$。

上述计算假定压焊块环有足够的空间容纳所有所需的压焊块。容纳 N_p 个压焊块所需的最小的压焊块环周长 P_{min} 为

$$P_{min} \approx (N_p + 4)(W_p + S_p) + 4W_s \tag{15.9}$$

式中,W_p 为压焊块的宽度;W_s 为划片道、划片道密封和接地环的宽度;S_p 为压焊块之间的最小间距(在相邻压焊块相对的两个边之间测量)。该式假定压焊块可以相当靠近管芯的四个角放置。如果版图规则规定了从管芯的四个角到最近压焊块边缘的最小距离,则在使用式(15.9)计算出的 P_{min} 估计值上,需要再加上 8 倍的最小距离。

周长利用系数 P 等于压焊块在可用管芯周长中占用的比例。假设管芯的长宽比为方形,则

$$P = \frac{P_{min}}{4\sqrt{A_{die}}} \tag{15.10}$$

如果 $P<1$,则设计受限于核心电路;如果 $P>1$,则设计受限于压焊块,此时管芯的面积只能相应地增加。长宽比为方形的设计受限于压焊块的芯片,总的管芯面积 A_{die} 为

$$A_{die} = \frac{P_{min}^2}{16} \tag{15.11}$$

受限于压焊块的管芯所浪费的面积为式(15.11)和式(15.8)的面积估计值之差。通过拉长管芯可以略微增加芯片的可用周长,但是合理的长宽比很少能提供足够的额外周长,从而将受限于压焊块的设计转变为受限于核心电路。更好的解决方法是在外圈的压焊块环内增加压焊块,其放置的位置选择为键合线不会相互交叉或过于接近。

15.1.4 成本估算

管理人员和营销人员利用管芯面积估算来确定设计的盈利能力。毛利率(Gross Profit Margin, GPM)是最常用的优值因子,其定义是销售价格减去制造成本后剩余部分的百分比。用于确定 GPM 的过程值得研究,因为它提供了对集成电路制造经济性的一些见解。

第一步是计算从一个晶圆片中可能获得的可用管芯的数量 N_d。传统上用于此目的的计算公式为

$$N_d = \frac{\eta \pi d^2}{4A_{die}} \tag{15.12}$$

式中,d 为晶圆片的直径;A_{die} 为管芯的面积(包括划片道);晶圆片利用系数 η 代表晶圆片表面被潜在的可用管芯覆盖的部分。晶圆片边上的一些管芯是不完整的,因为它们超出了实际晶圆片的边缘,又或者因为它们不在曝光场的阵列内。晶圆片利用系数为 $0.85\sim0.95$,取决于管芯尺寸、光刻技术以及是否存在晶圆片定位平边。考虑在晶圆片利用系数为 0.95 的 $200\ mm$ 晶圆片上制造 $10\ mm^2$ 的管芯。该晶圆将产生 2980 个潜在可用的管芯。不同的研究人员对晶圆片上的管芯数量做出了更精确的估计,不过这个简单的公式已经足以满足目的。

功能正常管芯的成本 C_d 可以通过下式确定:

$$C_d = \frac{C_m + C_p}{N_d Y_p} \tag{15.13}$$

式中,C_m 为晶圆片的制造成本(包括背面研磨和划片);C_p 为晶圆片探针测试成本;Y_p 为探针测试良率,定义为潜在可用管芯中能够通过晶圆片探针测试者所占的比例。探针测试良率取决于管芯面积、工艺复杂性和设计稳健性。模拟集成电路的探针测试良率通常在 $0.8\sim0.95$ 之间。继续前面的例子,假设每个进行过探针测试的 $200\ mm$ 晶圆片成本为 750 美元,探针测试良率为 90%。假设每个晶片上有 2980 个潜在可用的管芯,则每个探测晶粒的成本为 28 美分。在某些情况下,晶圆片探针测试的成本超过了其价值,因此可以省略掉。在这种情况下,$C_p=0$,$Y_p=1$。

集成电路的总成本 C_f 为

$$C_f = \frac{C_d + C_a}{Y_a} \tag{15.14}$$

式中，C_a 代表组装成本（包括封装、打标、终测、存储和运输）；组装良率 Y_a 通常超过 0.95，因为绝大多数有缺陷的晶粒已在晶圆片探针测试时被剔除。如果不进行晶圆片探针测试，则 Y_a 将比有探针测试的良率低几个百分点。继续前面的例子，如果每个可用的管芯成本为 28 美分，组装成本为 15 美分，组装良率为 98%，那么一个成品集成电路的成本为 44 美分。

毛利率（GPM）由总成本 C_f 和销售价格 S 计算得出：

$$\text{GPM} = \frac{S - C_f}{S} \cdot 100\% \tag{15.15}$$

如果一个集成电路产品的生产成本为 44 美分，售价为 1 美元，那么它的毛利率就是 56%。毛利率必须涵盖与大公司运营相关的所有成本，包括销售和分销、工程、研发、固定管理费用和行政费用。如果一个设计产品的 GPM 达不到至少 50%，则大多数公司都会对该设计的可行性提出质疑。

15.2 布图规划

规划流程的最后阶段是绘制版图的草图，称为平面规划图，显示压焊块的位置以及主要子单元的形状和位置。该平面图是构建和放置管芯各部分的指南。如果任何部件所需的空间大大超出或低于所分配的空间，则应当相应地修改平面规划图。

构建平面规划图所需的信息包括每个单元的估算面积以及整个管芯的估算面积。设计人员还必须获得一份所有压焊块的清单，以及它们的放置顺序。表 15.2 显示了一个平面规划图工作表，其中包含绘制简单模拟集成电路平面规划图所需的各种信息。

表 15.2 平面规划图工作表

器件：	双运算放大器
工艺：	标准的双极型工艺，双层金属布线
尺寸单位：	μm
封装类型：	8 引脚小型集成电路封装（SOIC）
估算管芯面积：	1.33 mm^2（$P_f = 1$，$R_f = 1.2$）
键合丝：	25 μm 镀钯铜
压焊块宽度：	75 μm
焊块环宽度：	100 μm
划片道宽度：	75 μm

电路模块	面积	专用引脚	共用引脚
AMP1	0.32 mm^2	in1p, in1m, out1	vdd, vss
AMP2	0.32 mm^2	in2p, in2m, out2	vdd, vss
BIAS	0.13 mm^2	无	vdd, vss

引脚编号	引脚名称	引脚描述
1	out1	第一个运算放大器的输出端
2	in1m	第一个运算放大器的反相输入端
3	in1p	第一个运算放大器的同相输入端
4	vss	负电源（接衬底）
5	in2p	第二个运算放大器的同相输入端
6	in2m	第二个运算放大器的反相输入端
7	Out2	第二个运算放大器的输出端
8	vdd	电源

注：AMP1 和 AMP2 为同一单元放置在两处。

　　获得了所有必要的信息后，下一步就是绘制压焊块环的草图。假设管芯呈正方形，则 1.33 mm² 芯片的尺寸为 1153 μm×1153 μm。根据光刻掩模版供应商的规定，这样的尺寸必须四舍五入为光刻设备所允许的最小刻度量。现代设备的最小刻度量通常为 1 μm 或其几分之一，因此边长为 1.153 mm 的芯片应该没有问题。

　　一旦知道了芯片的尺寸，就可以选择引线框架了。图 15.4 是典型的 8 引脚小型集成电路 (Small-Outline Integrated Circuit，SOIC) 封装的引线框架图。该图中间部位的大矩形称为安装管座 (Mount Pad)。典型的 8 引脚 SOIC 封装包含一个约 2.5 mm×1.9 mm 的安装管座。裸芯片必须略小于管座，为对准偏差和从裸芯片下方挤出一些粘合剂等情况预留空间。假设每边预留 125 μm，则安装管座可容纳 2250 μm×1650 μm 的管芯。在有多个引线框架可供选择的情况下，选择能容纳芯片的最小引线框架，并留出合理的余量，以便应对芯片尺寸的意外增大（例如，在 X 和 Y 方向上增大 10％～20％）。过大的引线框架容易因铜引线框架和塑料封装之间的热膨胀系数差异而产生脱层 (Delamination) 问题。减小安装管座的外露面积，或在必要时使用粗糙的引线框架，可以将这一问题降至最低。

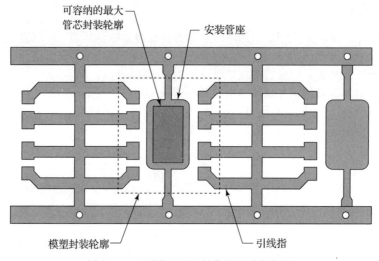

图 15.4　8 引脚 SOIC 封装的引线框架图

　　平面规划图还应当显示划片道的位置。有些工艺制程要求在管芯的底边和左侧边放置划片道，有些则要求在上边和右侧边，还有一些制程要求在管芯的所有四边放置半宽的划片道。所有这些安排都会在晶圆片上形成相同的划片道图案，但是每种安排所要求的版图略有不同。在本示例中，假设划片道出现在管芯的上边和右侧边，而版图的原点则位于顶层单元的左下角。

　　平面规划图包括一个矩形，标示出芯片的范围，以及另一个较小的矩形，划定了核心电路的预留区域，如图 15.5 所示。沿着芯片的上边和右侧边的矩形条显示了划片道的位置。各个单元由相应面积的矩形来表示。由于该设计包含两个完全相同的放大器，因此对单个放大器单元作镜像的版图是合理的。这不仅能节省版图设计工作，还能够确保两个放大器具有相似的电气特性。放大器的位置必须允许键合引线能连接到相应的引脚。单元 AMP1 连接到引脚 2、3 和 4，而 AMP2 则连接到引脚 6、7 和 8，因此 AMP1 应位于管芯的左侧，而 AMP2 则应位于管芯的右侧。BIAS 模块位于两个放大器的中间。这种排列方式会产生相当长的单元，但是并没有理由说这种方式会造成问题。事实上，放大器的拉长有助于将敏感的输入电路与输出级所产生的热量隔开，从而改善匹配。偏置电路的形状虽然不好看，但也并非不可行。

　　根据管芯面积的估算，核心电路区预留了 20％ 的布线空间。这部分空间以两条纵向贯穿整个管芯的窄条形式纳入了平面规划图中。引线的实际位置将在以后确定，这些矩形条只是为它们预留空间。

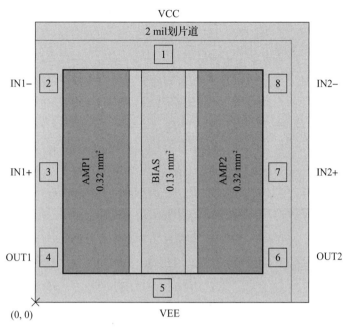

图 15.5　8 引脚双运算放大器平面规划图

接着是放置压焊块。这需要将平面规划图叠加到引线框架图的副本上。最初应将压焊块放置在各自引线框架的金属指的旁边，如图 15.6a 所示。这种排列方式可以使键合引线最短，引线间距最大，但是并不一定能提供压焊块和电路功能块之间的最佳互连。压焊块随后可以稍微移动以适应版图。但是，键合引线不应相互交叉，甚至不应相互靠近。图 15.6b 显示了可接受的压焊块位置，而图 15.6c 则显示了不可接受的压焊块位置。在这里，2 号引脚的键合引线太靠近 1 号引脚的焊球。同样，3 号引脚的引线也过于靠近 2 号引脚的焊球。这些故障使得要在不损坏某些引线的前提下压焊键合管芯变得难以进行。大多数组装场所都有验证程序，可以准确确定哪些排列是可以接受的，哪些是不可接受的。一旦选择了压焊块排列，设计人员应当使用这些工具进行验证，或将设计信息提交给组装场所，以获得相应的批准认可。

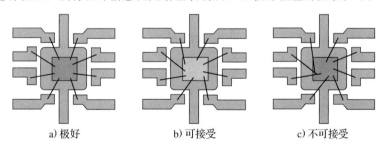

a) 极好　　　　　　b) 可接受　　　　　　c) 不可接受

图 15.6　8 引脚引线框架三种可能的压焊块放置

图 15.5 的平面规划图使用了图 15.6b 所示的压焊块排列。AMP2 的三个输入/输出压焊块正对 AMP1 的三个输入/输出压焊块。这种对称布置有助于简化这些压焊块与各自放大器的连接。两个电源压焊块分别位于管芯的顶部和底部。这些位置不仅可以最大限度地减少相邻键合线之间的干扰，还有助于确保电源可以连接到所有三个功能块。

大多数管芯都会在管芯的边缘设置一个金属环，与衬底电位相连。保护各种压焊块的 ESD 器件会返回到这个衬底接地环。大多数集成电路使用 P 型衬底，并与管芯上的最低电位相连。在单电源设计中，最低电位通常是接地。不过，某些类型的器件(如运算放大器)使用双电源，其中一个相对于地为正，另一个则为负。这样，负电源就成为管芯上的最低电位。表 15.2 中描述的运算放大器使用 VDD 和 VSS 双电源,该管芯的衬底连接至 VSS。

如果设计中包含大电流电路,设计人员应检查所有大电流引线的布线。电迁移对大电流引线的宽度设定了下限,但是金属电阻往往要求使用更宽的引线。大电流引线应尽可能短,以便减少不必要的金属电阻。应当在平面规划图上标出每条大电流引线的预计位置,以及它们必须传导的等效直流电流和最大的允许电阻(如果适用的话)。由此绘制的图表将显示是否存在拙劣或不必要的过长引线。

图 15.7 显示了双运算放大器的布局示意图,其中突出显示了大电流引线的位置。VCC 引线直接穿过了偏置单元顶部。这对于双层金属布线设计来说是可以接受的安排,因为该引线可以在 M-2 金属中布线,其他信号可以利用 M-1 金属穿过。如果 BIAS 模块必须使用 M-2 金属横向走线,则电源引线可移至两侧预留的布线通道。

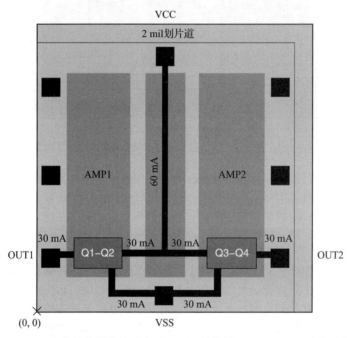

图 15.7　双运算放大器布局示意图,显示晶体管 Q1~Q4 上电引线的布线

尽管图 15.7 的平面规划图明确显示了 VSS 引线连接至每个放大器,但是这些引线实际上是与划片道密封的金属化层合并在一起的。大多数管芯的电源回路模式都是为了实现这种合并,本设计也不例外。

双运算放大器的平面规划图现在已经完成。虽然这个例子非常简单,但是同样的原则也适用于更大和更复杂的电路设计。复杂电路的子电路模块的排列会变得更加困难,往往像拼图一样,如图 15.8 所示。这时,布线通道的位置和宽度就变得更为关键。如果不是仔细放置子电路模块的话,就很容易使布线通道受限,由此产生的阻塞点会不必要地使布线复杂化,尤其是在布线开始后才发现的情况下。图 15.8 的平面规划图中就包含了两个明显的阻塞点。

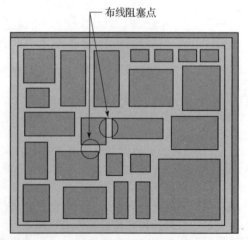

图 15.8　复杂管芯的平面规划图,显示布线通道中的两个潜在布线阻塞点

15.3 构建焊块环

传统的金属引线键合管芯由一个核心电路和一个压焊块环组成。压焊块环由划片道、划片道密封、接地环、压焊块、ESD 结构和保护环组成。传统管芯的版图通常从构建压焊块环开始。有些封装方案不使用引线键合，而是使用焊球、焊料凸点或铜柱。这些结构并不仅仅存在于管芯的外围，而是在整个管芯的表面布成阵列。ESD 器件及其保护环既可以位于管芯的外围，也可以策略性地放置在焊球、焊料凸点或铜柱的旁边。非引线键合的管芯版图通常从构造划片道、划片道密封和接地环开始，然后添加下凸点金属（Under Bump Metal，UBM）和焊球、凸点或铜柱，最后添加 ESD 器件和必要的保护环。

15.3.1 划片道

要了解划片道的需求，就必须考虑晶圆片是如何分离成一个个的单颗管芯的。处理过程的第一步是将晶圆片减薄到所需要的最终厚度。这种所谓的背面研磨（Backgrind）使用研磨浆液去除晶圆片背面的硅。200 mm 晶圆片的初始厚度大约为 725 μm，300 mm 晶圆片的初始厚度约为 775 μm。传统上，管芯被研磨至大约 250 μm，但是一些现代封装要求更薄的管芯。背面研磨可以将晶圆片厚度降至 50 μm。

将晶圆片分割成单个晶粒的过程称为颗粒化或划片。最初的做法是用金刚石刻刀在晶圆片上划出刻痕，然后按压晶圆片使其沿着解理面裂开。留给划片刀通过的空间称为划片道。

目前，切割晶圆片最常用的方法是使用金刚石磨锯。厚度为 20～30 μm 的旋转锯片会切割出一条称为切口的缝隙，其宽度与锯片厚度相当。现代磨锯可以将锯片定位在几微米的范围内，但是崩碎和微裂纹要求切口两侧留有 15～25 μm 的保留边缘。因此，不可能使用比 50 μm 窄得多的划片道密封切割出管芯，75 μm 是一个比较合理的宽度。这种划片道对于较大的管芯来说是可以接受的，但是对于小的管芯来说就很不经济了，因为它们消耗的面积太大。

目前已开发出几种激光划片技术。其中一种被称为隐切技术，其原理是硅对长波长的光相对透明，但是在加热后则变得不那么透明。适当的脉冲激光聚焦在划片道表面之下几十微米处，形成一个在表面下方的不可见的损伤区。然后对晶圆片施加机械应力，使其沿着损伤区裂开。这一过程几乎没有切口，损伤区仅有大约 6 μm 宽。

现代的划片道通常会包含晶圆片代工厂所使用的测试结构。但是情况并非总是如此。回到光刻机采用步进排布的工作版的情况，步进可以跳过工作版上的一些位置（参见 3.3 节）。然后将包含测试结构的另一母版的图形步进排布在空缺位置。一个典型的步进工作版包含五个这样的测试插花图形。

随着光刻公差控制越来越严格，制造商放弃了步进排布的工作版，开始直接把母版图形步进排布到晶圆片上。步进本身就是一个缓慢的过程。曝光次数越少，工艺就越快，成本越低。因此，制造商放弃了包含单个管芯图形的旧式母版，转而开始使用包含管芯阵列的最大化矩形图像的阵列式母版。与此同时，测试插花图形也被放弃，测试结构转移到了划片道。只要这些结构不包含过多的金属，就不会影响划片锯切。

在使用步进工作版的时代，版图设计人员将划片道作为顶层单元的一部分绘制。顶层单元的单个副本被放置在母版上。步进式地排布图像建立了一个矩形的管芯阵列，管芯之间由划片道分隔。

随着步进式母版的引入，这种情况发生了变化。与任何一个管芯相邻的划片道部分都不够大，无法包含所有的测试结构。通常的解决方案是使用所谓的组合式母版。这种母版是利用多个独立数据库中的数据创建的。需要两个数据库，一个用于主管芯，另一个用于划片道。主数据库的顶层单元包含从 $(0,0)$ 到 (X_{die}, Y_{die}) 矩形范围内的数据。尺寸 X_{die} 和 Y_{die} 定义了一个矩形，该矩形的边界是划片道密封的外边缘，但是不包括划片道。划片道数据库的顶层单元包含所谓的划线框架。其中包含放置在整个母版阵列的所有划片道中的所有数据。划片道框架包含的矩形框，其大小精确地可容纳主管芯的实例。掩模车间将主数据库的顶层单元排列到划片道框架的空白矩形框中，创建出组合式母版，如图 15.9 所示。

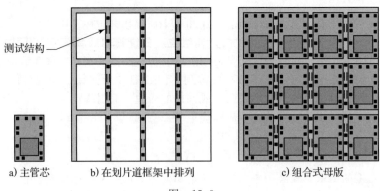

测试结构

a) 主管芯   b) 在划片道框架中排列   c) 组合式母版

图　15.9

划片道框架由图案生成工单(PG Deck)基于主管芯尺寸和母版阵列的行数和列数创建。这种所谓的划片道工单通常由专业人员而不是版图设计人员来运行。这样，设计人员就可以在不看到划片道的情况下，设计出管芯版图、运行主 PG 工单和检查输出。在某些时候，应将主数据和划片道数据加载到掩模数据查看器中，以确认两者正确对齐，形成组合式母版。

15.3.2　划片道密封与接地环

在有源管芯和划片道之间总是存在着划片道密封区，以防沾污物从层间氧化物暴露出来的边缘部分扩散进去。水蒸气和可动离子都是令人担忧的问题。划片道密封还有助于防止脱层和裂纹渗入管芯的有源区域。晶圆片厂规定了每种工艺制程所需的划片道密封区的确切结构和尺寸。如 5.2.2 节所述，密封区通常包括了所有金属层的长条，叠层的金属条由连续的接触孔条、各层过孔连接在一起。保护性的涂层沿着管芯的侧边覆盖下来，可以对侧边裸露的硅添加一层保护，以阻止侧边处污染物通过顶层金属和保护性覆层之间的氧化物扩散。在保护性覆层上使用大功率厚铜层或 UBM 层的工艺，可以用一个去除保护性覆层的连续的环来代替这种翻边覆盖。

传统的做法是在划片道密封区的接触孔条的下方放置一个扩散区，将其转换为衬底接触。在标准的双极型工艺中，使用隔离扩散区；在 CMOS 和 BiCMOS 工艺中，使用的是 P 型有源区。衬底接触将划片道密封区的金属与衬底电位连接起来。ESD 器件通常是参考衬底电位的。为尽量减少 ESD 冲击时产生的电压，任何两个压焊块之间通过 ESD 器件的总金属化电阻不得超过一定值，通常为 2 Ω。因此，连接 ESD 器件的衬底金属线必须相当宽。最常见的做法是扩展划片道密封区的金属层，形成衬底金属环。由于大多数管芯都将衬底接地，因此这种金属环俗称为接地环。

机械应力通常会使接地环的构建复杂化。由于硅的热膨胀系数和模塑化合物不同，塑封的管芯会产生应力。由于管芯和周围模料之间的材料不同，管芯边缘会产生很高的应力。管芯四角的问题更大，因为管芯此处剪切应力达到了最大值。较大的管芯会承受更大的应力。足够大的塑封管芯可能会受到应力引起的金属化失效。

管芯四角的宽金属可能会出现脱层故障。温度漂移产生的压应力会迫使金属进入脱层所形成的裂隙中。这种金属挤压会导致相邻金属引线之间的短路。有时，裂隙会从金属几何形状的拐角处向上或向下斜向扩展，可能导致相邻金属层的引线间短路。

许多组装场所都要求当塑封管芯大于一定尺寸时，须设置四个三角形的角部禁用区，如图 15.10a 所示。组装场所对哪些管芯需要禁用区的规定各不相同。一个典型的规定是，长边超过 2.5 mm 的塑封管芯需要有角部禁用区。这些禁用区的确切尺寸也因组装场所而异，通常从管芯顶角开始向两边测量的距离 d 至少等于管芯长边尺寸的 5%。因此，边长为 5 mm 的管芯需要沿管芯边缘延伸 250 μm 的禁用区。

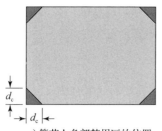

a) 管芯上角部禁用区的位置　　b) 角部禁用区周围划片道　　c) 划片道密封区一直延伸
　　　　　　　　　　　　　　　密封和接地环的布线　　　　　到顶角的替代设计

图 15.10

顶角禁用区内不能有任何有源电路(包括接地环)。有些晶圆片制造厂要求在这些区域设置特殊的防脱层结构。这些结构通常由纵横交错的金属线和过孔阵列组成。其他晶圆片厂则不要求防脱层结构,而是允许在角部禁用区内放置测试结构和管芯标识。有些晶圆片厂要求划片道密封区沿对角线斜穿角部禁用区所定义的边,如图 15.10b 所示。还有一些晶圆片厂希望划片道密封区(但是不包括接地环)一直延伸到管芯的顶角处,如图 15.10c 所示。小管芯和不使用塑封的管芯一般不需要角部禁用区。

脱层也会影响到靠近塑封芯片边缘的宽金属导线。许多晶圆片厂都制定了金属开孔规则,以尽量减少此类脱层问题。这些开孔与用于抑制应力迁移和最小化金属密度的开孔非常相似,但是其目的却截然不同。防脱层开孔的目的是防止层间氧化物(ILO)和金属之间的相互滑动。ILO 填满开孔区并锁定金属的边缘,防止了滑动。为使开孔发挥预期作用,其长边必须与剪切应力梯度正交。对于沿着管芯边缘的金属线,开孔的长边应与边缘平行。对于沿着角部禁用区对角线延伸的金属线,开孔的长边应与角部禁用区的斜线平行。不遵守这一方向要求将大大降低开孔防止脱层的效果。

防脱层开孔应遵循自己的版图设计规则,这可能会变得相当复杂。图 15.11a 显示了单个金属层的金属开孔图案。开孔必须具有特定的宽度 W_{S} 和长度 L_{S}。它们在长度方向上的间距不得超过 S_{L},在宽度方向上的间距不得超过 S_{W}。如图 15.11a 所示,每隔一列开孔必须偏移,使其位于两侧开孔之间。相邻金属层上开孔的位置也要移动,使得相邻金属层上的开孔不相重合,如图 15.11b 所示。

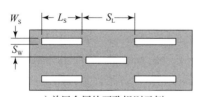 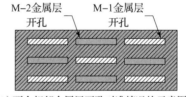

a) 单层金属的开孔规则示例　　b) 两个相邻金属层开孔对准情况的示意图

图 15.11

版图设计师可以将开孔的引线绘制成多边形(其上开孔),但是这种多边形的绘制需要一定的工作量。作为替代,许多设计规则都定义了金属开孔层。在金属开孔层上绘制的几何图形将在对应的金属层上开孔。这可以在图形生成过程中使用简单的逻辑操作来完成。例如,以下操作利用 MET1SLOT 在 MET1 层上开孔:

```
FINAL_MET1 = MET1 - MET1SLOT
```

由于电流沿接地环流下的方向与开孔的排列方向相同,因此不会大幅增加金属电阻。粗略估计,开孔造成的电阻增加为

$$\frac{R_{\mathrm{slot}}}{R_{\mathrm{unslot}}} \approx \left[\frac{WL_{\mathrm{S}}}{(S_{\mathrm{L}}+L_{\mathrm{S}}) \cdot (W-N_{\mathrm{S}}W_{\mathrm{S}})}\right] + \frac{S_{\mathrm{L}}}{S_{\mathrm{L}}+L_{\mathrm{S}}} \tag{15.16}$$

式中，R_{slot} 为开孔后金属的电阻；R_{unslot} 为无开孔的等效金属引线电阻；W 为金属引线的宽度；N_{s} 为金属引线上的平均开孔数(在图 15.11 中，有些部分有 2 个开孔，有些有 3 个，引线上平均有 2.5 个开孔)。

15.3.3　压焊块

尽管引入了其他互连技术，但是大多数集成电路仍在使用引线键合技术。最初的焊线技术称为热压焊接，是贝尔实验室在 1957 年左右开发出来的。这项技术是将管芯加热到大约 350 ℃，然后以大约 50 MPa 的压力将金线或铝线压在裸露的铝表面上。第一台商用焊线机由 Kulicke 和 Soffa 于 1959 年推出。这些机器使用一种称为楔形键合的技术，将金属丝通过楔形工具上的一个小孔送入。操作员将该工具置于每个压焊块上，机器将楔形的工具压向管芯，形成一种楔形粘合。这些键合的形状通常是在导线方向上以约 3∶1 比例拉长，因此它们通常使用拉长的矩形压焊块。这就要求操作人员将管芯旋转到每个键合的正确方向，从而大大降低了手动键合的速度。20 世纪 60 年代初开发出了另一种称为球焊键合的技术。其最初的形式是从称为毛细管的尖头陶瓷管中伸出金丝，使用小的氢气焰将金丝的末端熔化，熔化的金丝向上拉成一个球状，然后毛细管将球体压向压焊块，形成热压键合。球焊产生的是圆形而不是拉长的键合，因此在键合过程中无须旋转管芯。

金丝热压焊接所需的温度会导致金与铝发生反应，形成各种金属间化合物。这些物质易碎且导电性差，因此它们的形成会严重降低键合效果。由于形成的金属间化合物之一 $AuAl_2$ 呈深紫色，因此金铝金属间化合物的形成被俗称为紫疫。通过降低管芯温度并用超声波能量补充压力，最终消除了紫疫。不需要加热的技术称为超声波键合，需要加热的技术称为热超声键合。

使用氢焰火炬的技术，又被称为氢打火技术，它产生的焊球的尺寸很难控制。20 世纪 70 年代，氢焰火炬被电打火(Electric Flame Off，EFO)技术取代。电打火技术现在得到了普遍使用。全自动 EFO 焊接设备可以稳定地形成仅略大于金属丝直径的球。现代精细节距的球焊键合设备可使用 20 μm 的线材实现 60 μm 的节距，实现 50 μm 节距也是可能的。楔形键合的间距可达 40 μm 或更小。大多数模拟集成电路不需要如此小的节距。典型的模拟球焊键合技术使用 25 μm 的丝线，压焊块节距为 125 μm。

21 世纪初，黄金价格迅速上涨，导致人们对其他键合丝材料重新产生兴趣。铜具有较高的导电性和与现有键合设备的兼容性，因此受到青睐。铜甚至可以在合成气体(氮和氢的不可燃混合物)的保护气氛下通过 EFO 进行焊球键合。然而，铜易受水蒸气和氧气的腐蚀，因此直径较窄的铜线通常要镀钯。如今，大多数模拟集成电路都使用铜线或镀钯铜线(Palladium-Coated-Copper，PCC)进行球焊键合。

图 15.12 显示了球焊键合模拟集成电路的压焊块的版图和剖面图。压焊块开孔是在保护性覆盖移除层(Protective Overcoat Removal，POR)上绘制的正方形。在该层上有绘制图形的任何位置，都会形成一个穿过保护性覆盖层的开孔，露出顶层金属的表面。顶层金属可以是铝或铜；在适当的条件下，两者均可键合。顶层金属的几何形状必须与 POR 的几何形状有足够的重叠，以确保对准偏移和过腐蚀不至于暴露压焊块开孔区域内的任何层间氧化物。这种预防措施可以确保污染物无法通过压焊块开孔进入层间氧化层中。

典型的版图设计规则规定，压焊块开孔为键合引线直径的 3 倍，压焊块中心到中心的最小间距为键合引线直径的 5 倍。最常见的丝线直径为 1 mil(25 μm)，因此需要 75 μm×75 μm 的压焊块开孔和 125 μm 的间距。版图规则通常要求不与压焊块相连的金属几何图形，要与压焊块保持一定距离，以尽量减少机械损伤的可能性。传统上，这一规则是通过定义一个以压焊块为中心、直径大于压焊块开孔宽度约 50 μm 的圆形禁用区来实现的。许多版图规则还规定，连接到压焊块的引线在到达压焊块之前要加宽一定的尺寸，以防机械损伤切断引线。一个典型的规则要求距离压焊块 25 μm 以内的引线，宽度至少为 10 μm。这里给出的所有数值都只是示例；根据工艺技术、设备和封装类型，每个装配场所都有自己特定的要求。

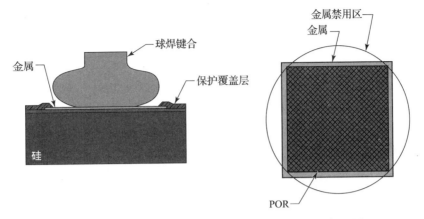

图 15.12　球焊键合模拟集成电路的压焊块的版图和剖面图

　　一直以来，许多装配场所都要求连接到 1 号引脚的压焊块必须与所有其他压焊块有明显的区别。这一要求最初是由于自动键合设备中使用的早期机器视觉系统的局限性而产生的。虽然大多数现代的键合设备不需要唯一的 1 号压焊块标识，但是对于那些需要目视检查已经安装管芯的操作员，1 号压焊块标识提供了一个方便的参考点。有多种技术可以用于标记 1 号压焊块，其中最简单的技术是在压焊块的四个角上开凹槽，如图 15.13a 所示。POR 图层上的凹槽深度通常约为 10 μm。如果可能，金属图案也应在压焊块的至少两个角上包含与 PO 层相对应的凹槽。另一种技术是用八角形的 PO 开孔标记 1 号压焊块，如图 15.13b 所示。还有一种技术是用圆形开孔标记 1 号压焊块，如图 15.13c 所示。设计者需要依据装配场所的要求在这些方案中选择一种，或者遵循以前设计中的惯例。

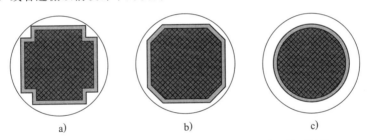

a)　　　　　　　　　　　b)　　　　　　　　　　　c)

图 15.13　压焊块的三种独特样式，用于识别 1 号压焊块

　　早期工艺使用单层金属布线。SLM 工艺的版图规则通常禁止将有源区几何图形置于压焊块下方，甚至禁止将其置于压焊块周围的禁用区中，因为位置不当或过量驱动的引线键合可能会造成机械损伤。在 20 世纪 80 年代初引入全自动引线键合之前，此类问题非常普遍。早期的晶圆片探针也经常过度驱动探针，造成金属划伤。有时，由此产生的探针疤痕实际上会穿透很厚的场区氧化层，使金属与下方的硅短路。一些标准的双极型工艺要求将压焊块置于浮动电位的隔离岛内，希望反向偏压的隔离岛-衬底 PN 结能防止短路。这种做法相当可疑。反向偏置的隔离岛-衬底 PN 结不仅会增加压焊块的电容，而且如果压焊块被驱动到地电位以下，隔离岛将会向衬底注入电子。其中一项改进建议是将压焊块封闭在一个浮动电位的基区中，而基区自身又封闭在一个浮动电位的隔离岛内。这种结构在一定程度上减少了压焊块与硅的短路电容，并在很大程度上消除了衬底注入。现代晶圆片探针测试设备对驱动探针的力控制得足够精确，因此不需要这些有问题的做法。

　　双层金属（DLM）的引入引发了一场新的争论，即哪些结构可以或应该位于压焊块下方？大多数晶圆片制造厂一致认为，有源电路不应置于 M-2 金属压焊块之下，但是对于是否应当使用任何特定的结构来缓冲键合受力，则意见不一。图 15.14 显示了用于球焊键合的双层金属压焊块的剖面图和版图。绘制重叠的 M-1 金属与 M-2 金属，以及重叠的过孔与保护覆盖层开孔，形成了由 M-1 金属和 M-2 金属叠层组成的压焊块。双层厚度的铝金属有助于吸收键合引起的应变，从而最大限度地减小对下方硅施加的应力。

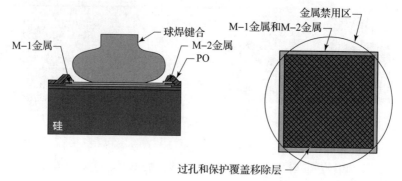

图 15.14　用于球焊键合的双层金属压焊块的剖面图和版图

三层金属(TLM)的引入再次引发了有源电路是否可以位于压焊块下方的争论。晶圆片制造厂和装配场所对这一问题意见不一，但是许多集成电路都成功地采用了某种形式的有源电路上键合(Bond Over Active Circuitry，BOAC)。大多数形式的 BOAC 需要在次顶层金属层上采用某种形式的特殊金属结构，以防止裂纹穿透层间氧化物(ILO)到达下面的有源电路。最简单的方法是完全省略次顶层金属层，但是允许信号在焊块下方的最底层金属和器件中走线。例如，在 TLM 工艺中，顶层的金属专用于压焊块，中间层金属被省略，而底层金属可在压焊块下方自由布线。

另一种 BOAC 形式是利用一个大的过孔将上两层金属结合在一起，共同构成压焊块金属。这种技术与图 15.14 中的双层金属压焊块基本相同。另外，该工艺还可以采用一个适用于这一目的的厚的顶层金属。较厚的金属层有助于提供机械兼容性，从而有望最大限度地减少 ILO 裂纹。

还有一种 BOAC 方案是在压焊块下的次顶层金属上使用特定的哑金属图形。其中一种方案是采用纵横交错的窄金属线组成网状结构。这种金属结构与电路没有电气连接，因此是浮动电位的。

一组研究人员对一些铝制 BOAC 结构进行了评估，并提出了 BOAC 版图的一般性指导原则，其结论的简化摘要如下：

- 将最顶层金属分配给压焊块。
- 在压焊块下方设置最少(如果有的话)的最顶层过孔。
- 尽量减小次顶层金属的密度，并使该层上的任何金属线保持较细。
- 鼓励低层过孔的密集排列。

铜线的应用使得 BOAC 的设计变得复杂，因为铜比金更硬，因此会产生更大的机械应力。不过，使用直径 2 μm 的铜线已成功实现了 BOAC。使用较厚的顶层金属可以大大降低底层金属所承受的机械应力，通常可以自由使用所有底层金属层，而无须考虑密度或布线问题。不过，设计人员在将匹配电路放置在压焊块下方时则应始终小心谨慎。如果 BOAC 金属叠层仅由几层薄铝组成，最好避免在压焊块下放置任何匹配的模拟电路，因为很难预测由此产生的应力梯度。如果 BOAC 金属叠层包括一个非常厚的顶层金属，如用于电源的铜，则键合产生的应力相对来说就会变得微不足道。但是，厚金属层本身产生的应力会成为一个问题。在这种情况下，匹配电路要么应很好地放置在厚金属几何图形边缘以内，要么应远离厚金属。使厚金属层边缘与匹配器件有交叠是不明智的，因为此处会产生应力。

金键合线和铜键合线的直径 12.5～50 μm 不等。也有直径高达 250 μm 的铝线，但是这种线主要用于键合分立的功率晶体管，而非集成电路。目前最常用的键合线直径为 25 μm。直径小于 20 μm 的键合线不受欢迎，因为它们难以处理，而且电阻很大。同质键合线的电阻可以通过下式估算得出：

$$R_w = \frac{4\rho L}{\pi D^2} \tag{15.17}$$

式中，D 为键合线的直径；L 为线的长度；ρ 为电阻率。金键合线通常由两种金中的一种制成：4N(99.99％金，$\rho = 2.2 \sim 2.4\ \mu\Omega \cdot cm$)和 2N(99％合金，$\rho = 3.0 \sim 3.3\ \mu\Omega \cdot cm$)。纯铜的电阻率为 $1.7\ \mu\Omega \cdot cm$。镀钯铜的电阻率更高一些，尤其是小直径的细丝。键合线的长度因封装而异，短至 0.1 mm，长至 5 mm 或更长。长度为 1 mm 的 4N 级 25 μm 金键合线的电阻为 47 mΩ。金的电阻率温度系数约为 3700 ppm/℃，铜的电阻率温度系数约为 4000 ppm/℃。因此，当温度从 25 ℃升至 125 ℃时，金键合线的电阻将增加约 37％。集成电路封装中的一个引脚通常可以容纳两根或三根 25 μm 的键合线。作为替换，也可以用直径更大的键合线来键合管芯。然而，这样做的副作用是增加了所有压焊块的尺寸，甚至是那些不需要低电阻的压焊块。我们可以使用两种不同直径的线进行键合，但是这会增加组装成本和复杂性。

许多管芯都包含一些仅用于晶圆级探针测试的压焊块。这些用于探针测试或者精调的压焊块不需要 ESD 保护，因为它们在封装的管芯中是触碰不到的。探针测试压焊块的尺寸、形状和间距取决于构建探针卡所使用的技术。目前，大多数模拟集成电路都使用刀片卡(Blade Card)或环氧树脂环卡(Epoxy Ring Card)进行探针测试。刀片卡使用刚性陶瓷探针，这些探针单独焊接在电路板上，其金属针尖从卡中央的开口伸出。刀片卡坚固耐用，但是无法处理超过大约 88 个探针，而且探针焊盘需要至少 100 μm 的节距。环氧树脂环卡使用嵌入环氧树脂环中的长的线状探针，探针环绕卡的中央开口排布。这些探针可以单独弯曲，以固定到适当的位置处。环氧树脂环卡较为脆弱，但是可容纳多达 2000 个探针，探针焊盘节距最小至 50 μm。

探针通常要求压焊块的最小保护覆盖移除层(POR 图层)开孔为针尖直径的两倍，或者所允许的最小压焊块节距的 75％，以两者中较大者为准。探针卡传统上使用针尖直径为 1.5 mil (38 μm)、最小节距约为 100 μm 的探针。这种探针卡可以使用 POR 开孔为 75 μm 的探针焊盘。随着压焊块开孔缩小，探针卡开始使用 1.0 mil(25 μm)的针尖头，后来又改用 0.7 mil(18 μm)的。这些较小的针尖允许探针压焊块窄至 65 μm，在仔细对准以及尽量减少过度驱动的情况下，可能窄至 50 μm。现代的自动探针测试设备比早期的手动探针测试更加稳定，因此探测很少会损坏 ILO，电路也可以位于探针测试压焊块的下方。

探针压焊块通常放置在管芯周围，中间夹杂着键合压焊块，如图 15.15a 所示。这种布置方式对于大多数不需要大量探针压焊块的设计来说已经足够。但是，有些设计需要的探针压焊块数量超出了压焊块环所能容纳的范围。在这种情况下，通常允许将两排或多排探针压焊块一前一后地排列，只要其中一排与另一排相对偏移开，使探针能够穿过外排到达内排的探针压焊块，如图 15.15b 所示。两排之间至少应相隔最小探针压焊块的节距。如果双排仍然无法容纳足够的探针压焊块，那么最好重新设计电路，取消探针压焊块。使用 EPROM 或 EEPROM 进行封装级精调是一个显而易见的解决方案，只要具备必要的存储元件即可。

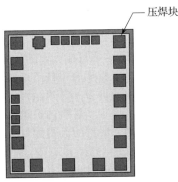
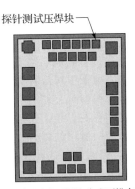

a) 探针测试压焊块与管芯外围的压焊块排布在一起　　　　b) 探针测试压焊块分成两排布置

图　15.15

15.3.4　焊料凸点与铜柱

1961 年，IBM 为其 IBM System 360 计算机发明了一种革命性的新组装技术。该技术被称为固态逻辑技术(Solid Logic Technology，SLT)，包括在集成电路或混合模块等器件的顶部设置涂有焊料铜球的阵列。首先加热器件，使铜球黏附其上。然后将器件翻转过来，放置在印制电路板上。再通过另一个加热步骤使焊料回流，将器件固定到电路板上。SLT 是球栅阵列(Ball Grid Array，BGA)封装的第一个实例，也是最早的表面贴装技术之一。1965 年，IBM 开发出 SLT 的后续，称为可控坍塌芯片连接(Controlled Collapse Chip Connection，C4)。这项技术取消了涂有焊料的铜球，而是将 95/5 的铅锡焊料通过钼丝网掩模蒸发到器件的表面。后续的热处理中，热量熔化焊料，而表面张力令其成为焊球。完成的器件被倒置并放置在印制电路板上。再次加热令焊料回流。除器件上的凸点下金属化层(UMB)和印制电路板上相应的焊块外，焊料无法润湿其他的任何表面，因此焊料最终塌陷呈薄饼状，将器件与电路板连接起来。C4 是所有现代球焊技术的鼻祖。

带有焊料凸点的集成电路有多种安装方法。最简单的方法是将芯片倒置在印制电路板上，然后回流焊料凸点，如图 15.16a 所示。这种方法通常称为芯片级封装(Chip Scale Packaging，CSP)，它可以最大限度地减小封装尺寸，尤其是厚度。它还可能比任何替代的方法更节省成本。

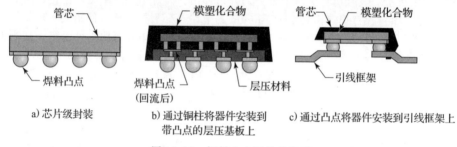

　　a) 芯片级封装　　b) 通过铜柱将器件安装到　　c) 通过凸点将器件安装到引线框架上
　　　　　　　　　　带凸点的层压基板上

图 15.16　焊料凸点组件的类型

另一种方法是将芯片放置在层压基板上，这种基板基本上是一块微型印制电路板，上面有两层或多层铜布线。基板底部有焊球阵列。芯片和基板使用传统的模塑化合物包覆成型，如图 15.16b 所示。然后将制成的器件放置在印制电路板上，并进行回流焊接。这种方法导致封装体积更大、成本更高，但是却具有芯片级封装所不具备的若干优势。首先，连接集成电路和基板的焊料凸点或铜柱不必与连接基板和印制电路板的凸点或铜柱相匹配。集成电路的凸点或铜柱一般可以使用更细的节距，而且可以根据电路版图进行排列。基板底部的凸点则可以采用不同的分布模式，以方便印制电路板上的布线。其次，使用基板可以在单个封装内集成多个芯片，这就是通常所说的多芯片模块(Multi-Chip Module，MCM)。MCM 中的每个集成电路都可以使用不同的工艺技术，以实现性能最优和成本最小。然后，MCM 可以包括分立元件，如表面贴装电容，从而将其转化为微小型的混合电路。最后，基板上的铜线可用于制作空气芯的电感、变压器和平衡器(巴伦)等元件。

还有一种方法是将集成电路安装在引线框架上，而不是基板上，如图 15.16c 所示。然后将组件封装起来，就像引线键合的芯片一样。不同的是，粗短的焊料凸点取代了细长的键合丝线。因此，凸点引线框架芯片组件的封装电阻远低于引线键合的芯片组件。另外，由于集成电路和引线框架之间存在焊料，它们的电迁移性能会受到影响。材料的抗电迁移能力往往与其熔点成正比，而封装中所用的焊料，其熔点是相对较低的。典型的无铅焊料只能承受铝金属大约 2% 的电流密度，因此焊点是具有潜在的电迁移问题的。

为了在集成电路芯片上形成焊料凸点，研究人员已经开发出了多种不同的工艺。最简单的工艺称为 I/O 上凸点，它是直接在传统的薄顶层金属所形成的 I/O 压焊块上制作焊料凸点。这种顶层金属层通常由约 $0.5\ \mu m$ 的铝或大马士革铜组成。为了便于讨论，假设使用的是铝。标准的晶圆片制造工序的最后一步是使用保护覆盖移除层(POR)掩模(即通常俗称的钝化层掩模)，在顶层金属压焊块上方的压应力氮化硅覆层上刻蚀出圆形的开孔，如图 15.17a 所示。这些开孔中暴露的铝成了焊料凸点的基础。凸点工艺的第一步是在整个晶圆片上沉积一薄层钛。这层钛既能提高铜与铝的黏合，又能防止两种金属相互扩散，而相互扩散有可能导致材料空洞。

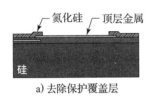

a) 去除保护覆盖层

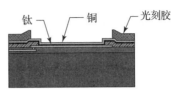

b) 钛黏附层和铜种子层沉积

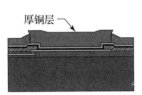

c) 凸点下金属 (UBM) 铜沉积

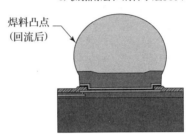

d) 去除光刻胶、种子层和黏附层后的最终回流

图 15.17　I/O 上凸点工艺

　　然后，在钛上溅射约 $0.5\ \mu m$ 的铜，形成电迁移的种子层，如图 15.17b 所示。在晶圆片上旋涂一层厚光刻胶，并使用凸点下金属(UBM)掩模做图形化。在铝 I/O 压焊块上方的光刻胶开孔处沉积一层厚约 $6\sim10\ \mu m$ 的铜，如图 15.17c 所示。下一步，在铜上电镀焊料。早期的工艺使用锡铅焊料，但是现在通常使用无铅焊料，以符合欧盟议会和欧盟理事会 2003 年通过的《在电子电气设备中限制使用某些有害物质指令》(RoHS 指令)。然后剥离光刻胶，将非焊料区的铜种子层和钛刻蚀掉。最后，对管芯进行加热以回流所沉积的焊料。表面张力将熔化的焊料张成焊料球，位置在铜 UBM 之上，如图 15.17d 所示。此工艺通常形成直径约 $100\ \mu m$ 的焊料球，最小节距约 $200\ \mu m$。UBM 开孔为圆形，典型直径约为 $100\ \mu m$。

　　作为晶圆级封装(Wafer Level Packaging，WLP)的一部分，I/O 上凸点的工艺被普遍采用。这种技术类似于传统的芯片级封装，但是在组装操作前并不对晶圆片进行划片分割。取而代之的是，先是一次性处理整个晶圆片，然后再切割成单个的器件。I/O 上凸点的主要问题是，硅芯片和印制电路板的热膨胀系数差异所造成的机械应力会将焊料凸点从脆弱的顶部金属焊块上撕扯下来。出于应力方面的考虑，I/O 上凸点最多只能使用 6×6 阵列的焊料凸点。这对于小型模拟集成电路来说已经足够，但是对于较大的混合信号器件或数字器件来说却远远不够。

　　第二种凸点技术称为保护覆盖层上凸点(Bump-on-Protective-Overcoat)，即在保护覆盖层(即俗称的钝化层)上直接镀上一层厚的铜再分布层(Re-Distribution Layer，RDL)。这种 RDL 类似于之前为大电流引线键合集成电路开发的厚的功率铜金属化层(参见 2.7.6 节)。其厚度通常为 $6\sim10\ \mu m$。沉积过程通常从制作穿过保护覆盖层(PO)的钨塞过孔开始。依次溅射钛黏附层和铜种子层到芯片上，如图 15.18a 所示。

　　接着，将光刻胶旋转涂覆到芯片上，并使用 RDL 掩模进行图形化。通过传统的电镀法，或者依赖化学反应而非电化学反应的所谓化学镀技术，在光刻胶开孔处沉积一层厚铜。然后剥离光刻胶，刻蚀钛和铜种子层，形成 RDL 金属层，如图 15.18c 所示。将一层绝缘的聚合物旋转涂覆到晶圆片上。苯并环丁烯(Benzocyclobutene，BCB)在组成上可以进行光敏化，这使得其能够有效地充当自身的光刻胶，因此在此用途中备受青睐。BCB 薄膜使用凸点掩模进行图形化，在需要焊料凸点的地方形成开孔。然后在这些位置将焊料镀到 RDL 上，回流后形成最终的球形焊球，如图 15.18d 所示。

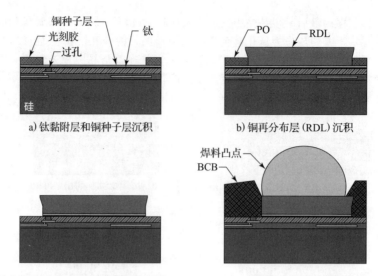

a) 钛黏附层和铜种子层沉积

b) 铜再分布层(RDL)沉积

c) 去除光刻胶、种子层和黏附层后的RDL

d) 最终回流后的管芯

图 15.18　保护覆盖层上凸点工艺

虽然保护覆盖层上凸点的工艺允许更大的布线灵活性，但是它也存在与 I/O 上凸点相同的机械应力问题。诚然，厚铜 RDL 比传统薄金属更厚实，但是由于缺乏任何机械兼容性的层，在热循环过程中很难创建大型的凸点阵列而不发生顶角处焊球被剪切移除的情况。

第三种凸点技术是在 RDL 下面添加一层 BCB，从而最大限度地减少机械应力问题。这种工艺被称为聚合物上凸点(Bump-on-Polymer)。它的起始处理与保护覆盖层上凸点类似，都是在保护覆盖层上制作顶层过孔，以暴露出 PO 下方的顶层金属。不过，下一步是旋转涂覆苯并环丁烯，形成第一层的 BCB，即 BCB1。该层经固化和曝光后，在已经刻穿保护层的过孔之上形成图形化开孔，如图 15.19a 所示。然后在聚合物薄膜上溅射出钛黏附层和铜种子层，并在这些层上旋涂光刻胶。在光刻胶开孔处所露出的铜种子层上镀厚的铜再分布层(RDL)。剥离光刻胶并刻蚀铜种子层和钛，留下 RDL 金属图形，如图 15.19b 所示。将第二层苯并环丁烯旋涂到晶圆片上，固化后使用 BCB2 掩模进行图形化。刻穿 BCB 层的开孔，在有需要焊料凸点之处露出 RDL 表面。在这些位置镀上焊料并回流，从而形成焊球，如图 15.19c 所示。

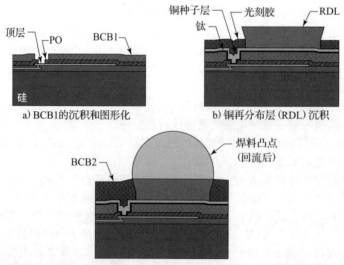

a) BCB1的沉积和图形化

b) 铜再分布层(RDL)沉积

c) 去除光刻胶、种子层和黏附层之后的最终回流，以及BCB2和焊料的沉积和图形化

图 15.19　聚合物上凸点工艺

聚合物上凸点工艺的主要优点是相对柔性的 BCB 层具有相当大的机械兼容性。目前已成功制作出大至 12×12 的凸点阵列，其节距为 0.5 mm。聚合物上凸点工艺的主要缺点是凸点的尺寸。在尝试制作节距小于约 125 μm 的焊料凸点时遇到了一些问题。这样的节距既不能满足具有大量互连的器件，也不能满足非常小的 CSP 或 WLP 器件。这些细节距应用的最佳解决方案看来要涉及铜柱技术了。该封装技术最初由 IBM 于 2005 年开发，并称之为金属柱焊料芯片连接（Metal-Post Solder Chip Connection，MPS-C2）。从那时起，各种铜柱技术迅速发展起来，其中包括 I/O 上柱、保护覆盖层上柱和聚合物上柱的版本。图 15.20 显示了 I/O 上铜柱的剖面图。这种结构与 I/O 上凸点相似，但是 6~10 μm 厚的铜再分布层被更厚的铜沉积层取代，从而形成了铜柱。铜柱通常高 25~75 μm。铜柱上盖有沉积的焊料。铜柱提供了管芯到基板的间距。因此，只需在每个柱顶部涂上够用的焊料，就能将其与下面的电路板或者基板连接起来。

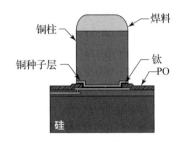

图 15.20　I/O 上铜柱的剖面图

再加上铜柱的直径相对较窄，这种技术可以实现比焊料凸点更精细的节距。铜柱的直径通常约为 50 μm，但是也有直径仅为 25 μm 的细铜柱投入商业使用，并能可靠地实现小至 50 μm 的节距。铜柱并不是非圆形不可的，因此比焊料凸点用途更广。拉长的椭圆形铜柱适用于大电流应用。与焊料凸点相比，铜柱的另一个主要优势是铜的导热性是焊料的 5 倍。这一点在功率集成电路中非常重要，因为在功率集成电路中可以策略性地放置铜柱，将热量从功率器件中带走。目前，许多公司都在开发铜柱技术的各种版本，未来几年肯定还会有许多新的开发成果问世。

15.4　人工顶层互连

随着模拟集成电路规模的增大和其中数字内容的增多，自动布线变得越来越有吸引力。然而，小型模拟集成电路顶层的人工互连仍然比自动布线更快。

单层金属设计需要其自身独特的人工互连策略，14.3 节对此进行了简要讨论。必须人工处理各个独立的器件，以尽量减少相互交叉信号的数量。在无法消除信号交叉的地方，必须插入隧道交叉。正确的规划至关重要，因为一个被忽视的信号可能会导致对整个芯片进行版图重绘。随着元件数量的增加，单层布线变得越来越困难。隧道成倍增加，走线也在管芯中占据越来越大的比例。对于超过 50 个元件的设计，双层金属实际上是降低了成本，因为节省面积的收获要超过双层金属化所需额外加工的成本。现在很少有设计使用单层金属布线，即使这样做可以节省成本。部分原因是缺乏具备必要技能的设计人员，另一部分原因是单层金属化版图设计需要额外的时间。

具有两个或更多金属层的设计可以采用两种顶层互连策略中的任何一种。迷宫布线在独立的电路块之上或者穿过独立电路块来对信号布线。通道布线则通过放置在独立电路块之间的专用通道来对信号布线。迷宫布线可以将管芯面积减少 5%~10%，但是速度较慢，难以修改，而且更容易在导线和底层元件之间产生意外的信号耦合。下文将主要介绍通道布线。

15.4.1　过孔

当信号从一个金属层移动到另一金属层时，就必须插入过孔（或称之为通孔）。多年来，已经开发出几种不同的过孔技术。其中第一种是制作铝的过孔。每个铝过孔由层间氧化物（ILO）中的一个孔构成，ILO 处于下层的金属几何图形之上。上层金属是沉积在 ILO 上方的，如图 15.21a 所示。上层金属层包括一薄层的难熔金属阻挡层（Refractory Barrier Metal，RBM），以确保足够的侧壁台阶覆盖，其后是较厚的溅射铝合金层，以便降低电阻（参见 2.7.5 节）。大多数工艺都要求所有过孔具有相同的尺寸，以便尽量减少刻蚀这些孔的难度。大电流信号必须使用最小尺寸过孔（而不是大尺寸的过孔）的阵列。划片道密封和压焊块结构通常会有特殊例外。

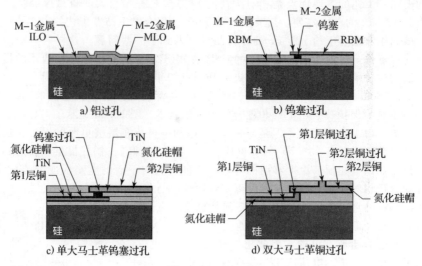

图 15.21 剖面图

铝过孔和接触孔的上表面是非平坦化的，因此不能堆叠。因而，VIA2 不能位于 VIA1 之上，VIA3 也不能位于 VIA2 之上。不过，层间氧化物的平坦化程度通常是足以允许 VIA2 位于接触孔之上，或 VIA3 位于 VIA1 之上的。铝过孔上方和下方的金属几何图形，尺寸必须足够大，以便确保过孔不会落到任一金属几何图形以外。这通常要求两个金属层都覆盖过孔至少十分之几微米。这种覆盖通常是对称的，即过孔的四边都是一样的。

铝很难填充亚微米的孔，因此随着工艺尺寸缩小，晶圆片制造厂被迫过渡到钨塞过孔，如图 15.21b 所示。钨塞过孔的形成方法是在 ILO 层开孔，并沉积足够的钨以完全填满该孔。然后使用化学机械抛光(CMP)将晶圆抛光至 ILO 的顶部，形成一个高度平坦化的表面，使之非常适合沉积顶部的金属层(参见 2.7.5 节)。

由于采用了 CMP 平坦化步骤，钨塞过孔和接触孔可以堆叠。因此，我们可以将第二个过孔直接置于第一个过孔之上，而第一个过孔本身又位于一个接触孔之上。此外，由于钨塞过孔的顶部与 ILO 表面共面，因此上层金属无须在四边都覆盖过孔。从而，版图规则通常支持不对称的顶层金属覆盖。通常的版图允许过孔两相对边的覆盖小于其余两边。有时，较小的覆盖甚至可以减小到零。

单大马士革工艺铜金属化系统使用钨塞过孔，如图 15.21c 所示。不过，下层金属的 CMP 平坦化消除了下层金属几何图形完全包围过孔的要求。这反过来又允许在单大马士革工艺的过孔，在其上方和下方使用不对称的金属覆盖。双大马士革铜过孔也是如此，如图 15.21d 所示，尽管其制造工艺不同(参见 2.7.6 节)。单大马士革过孔和双大马士革过孔通常都可以堆叠。表 15.3 总结了四种不同类型过孔技术的特点。

表 15.3 四种不同类型过孔技术的特点

技术	是否可重叠	底层金属对过孔覆盖	顶层金属对过孔覆盖
铝过孔	否	必须	必须
钨塞过孔	是	必须(两侧边)	可选
单大马士革过孔	是	可选	可选
双大马士革过孔	是	可选	可选

硅、层间氧化物和金属的热膨胀系数不同会产生机械应力。热循环会加大这些应力，以至于在过孔内金属层之间的界面处形成空洞。空洞形成是一个概率过程，每个过孔都有很小(但是并不为零)的概率被空洞切断。因此，许多晶圆片制造厂要求设计人员使用成对的过孔，而

不是单过孔。使用多个相邻过孔，其保护的作用似乎超过了单纯的冗余，这可能是因为一个过孔形成空洞可减轻相邻过孔的应力。

15.4.2 布线节距与网格

金属系统通常以节距来指定，节距等于引线条中线到下一引线条中线的距离。设计人员通常关心的是在给定金属层上并排布线信号的最小节距。根据版图规则和设计人员的偏好，布线节距可以有三种取值。

引线到引线布线节距 P_{LTL} 为在最小宽度引线可容纳过孔的情况下可以实现的最小布线节距，如图 15.22a 所示。该节距为所绘制的最小金属条宽 W_m 和最小金属-金属间距 S_m 之和：

$$P_{LTL} = W_m + S_m \tag{15.18}$$

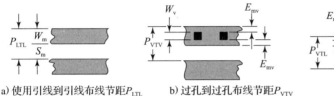

a) 使用引线到引线布线节距P_{LTL}　　b) 过孔到过孔布线节距P_{VTV}　　c) 过孔到引线布线节距P_{VTL}

图 15.22　布线示例

最小宽度的金属引线通常很窄，无法容纳过孔。试图在过孔周围推挤金属引线往往会带来更多问题，因此设计人员通常会将金属引线宽度增加到能容纳过孔的最小宽度。过孔到过孔的布线节距 P_{VTV} 为

$$P_{VTV} = W_v + 2E_{mv} + S_m \tag{15.19}$$

式中，W_v 为绘制的过孔宽度；E_{mv} 为所绘制金属对过孔的最小覆盖量（见图 15.22b）。在金属对过孔覆盖不对称的情况下，E_{mv} 是两相对边所允许的最小覆盖量。如果设计人员亟需空间，可以将过孔交错排列，以便使用过孔到引线的布线节距 P_{VTL}，其值为

$$P_{VTL} = \frac{W_v + W_m}{2} + E_{mv} + S_m \tag{15.20}$$

交错排列过孔会在布线通道交叉处造成严重拥塞（见图 15.22c），因此大多数设计人员倾向于使用过孔到过孔的布线节距，而不是过孔到引线的布线节距。

无论设计人员选择哪种布线节距 P_R，容纳 N 条最小宽度引线所需的通道宽度 W_C 为

$$W_C = NP_R + S_m \tag{15.21}$$

假设某金属系统使用表 15.4 所列的版图设计规则，该工艺的引线到引线布线节距为 $0.6\ \mu m$，而过孔到过孔布线节距为 $0.65\ \mu m$。

表 15.4　钨塞-铝金属系统的版图设计规则

参数	数值	单位	参数	数值	单位
MET1 线宽	0.3	μm	MET2 线宽	0.3	μm
MET1 到 MET1 间距	0.3	μm	MET2 到 MET2 间距	0.3	μm
VIA1 宽度	0.25	μm	MET2 对 VIA1 覆盖（两相对边）	0.05	μm
MET1 对 VIA1 覆盖（两相对边）	0.05	μm	MET2 对 VIA1 覆盖（另外两边）	0.1	μm
MET1 对 VIA1 覆盖（另外两边）	0.1	μm			

引线通常使用路径线绘制，但是这会导致意想不到的复杂情况。例如，表 15.4 中列出的所有版图规则都是 $0.05\ \mu m$ 的倍数，金属宽度是 $0.1\ \mu m$ 的倍数，因此工艺的数据编码增量很可能是 $0.05\ \mu m$（参见 3.1.3 节）。然而，金属线必须增加到 $0.35\ \mu m$，才能容纳过孔。$0.35\ \mu m$ 路径线的边缘落在 $0.025\ \mu m$ 网格的线上，而不是 $0.05\ \mu m$ 网格的线上。如果工艺的编码增量确实是 $0.05\ \mu m$，那么就不允许有 $0.025\ \mu m$ 网格的输入数据，因为在图形生成过程中会出现

舍入误差(参见 3.3.1 节)。因此,路径线宽度必须增加到 0.4 μm,过孔到过孔的布线节距变为 0.7 μm。

在使用三层或更多金属层进行布线时,一个复杂问题是不同金属层的宽度和间距不同。通常情况下,第一层金属比其他金属薄,因此允许的宽度和间距值较小。有时顶层金属比其余金属层厚,因此需要更大的宽度和间距值。如果试图在规则不同的两层金属上沿通道来布线信号,引线就会彼此不对齐,从而使它们之间的互连变得更加困难。如果规则差异相对较小,通常在所有金属层上使用较大的规则是合理的。如果差异较大,这就变得不切实际。

设计人员通常会增加数据编码网格,以便尽量减少布线过程中的缩放和平移。布线过程中使用的网格增量必须等于编码增量的整数倍。理想情况下,无论选择何种布线网格,金属导线的水平和垂直边缘都应落在网格上。假设金属引线的宽度为 0.4 μm,间距为 0.3 μm,则布线网格增量为 0.1 μm 即可。网格是编码增量的两倍。

人们可以选择一种布线网格,使路径的中心线落在网格上,而路径线的边缘不落在网格上。这种网格有时被称为不相容网格,而路径线边缘落在网格上的则被称为相容网格。同样,假设金属引线的宽度为 0.4 μm,间距为 0.3 μm,则可以使用 0.7 μm 的布线网格。两条相距一个网格增量的路径线将以最小布线节距相隔。熟练的版图设计人员有时会使用不相容的布线网格来快速通过布线通道,然后恢复到较小的相容网格来连接其他几何图形。这种技术需要大量练习才能掌握。

仅由水平和垂直引线段组成的布线称为正交布线,或曼哈顿布线。这是顶层互连中常用的布线方式。不过,在某些情况下,信号最好以 45°方向布线。其中一个例子是信号穿过角禁用区的对角。如果以对角线方式布线,这些信号可以更紧密地贴在禁止上。使用路径线进行这种八角形布线会带来一些额外的挑战。虽然路径中心线的转折点可能位于编码网格上,但是路径轮廓的某些顶点却不在网格上,如图 15.23 所示。这就令人担心在生成图形时出现舍入误差,导致路径线宽度小于允许的最小值,或路径线间距小于允许的最小值。间距很少会成为问题,因为在实践中不可能保持对角布线的引线之间的最小间距。宽度也很少会成为问题,因为图形生成器通常会将坐标向下舍入,而不是舍入最接近的整数。不过,有些版图设计规则会强制要求对角的引线线段宽度大于水平和垂直线段的宽度。如果必须在这种版图设计规则下使用八边形布线,通常最好使用较宽的对角线尺寸来计算布线节距。

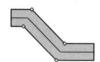

图 15.23　锁定八边形角绘制路径;网格外的顶点用菱形标记

15.4.3　通道布线

通道布线至少需要两个互连层。这些层至少由一层金属和一层多晶硅组成,这种组合有时被称为一层半金属。未硅化物的栅多晶硅通常具有 20~50 Ω/□的薄层电阻,而硅化物多晶硅的电阻可小于 5 Ω/□。大多数信号都能承受短的多晶硅跳线的插入,尤其是在这些跳线是硅化物的情况下。另外,许多信号不能承受较长多晶硅跳线的电阻,尤其是在这些跳线未经过硅化物处理的情况下。因此,大多数现代的设计都至少使用双层金属。多层金属大大减少了对多晶硅走线的需求,但是使用有限的多晶硅布线仍有助于清理拥挤的布线通道。混合信号芯片中的许多顶层信号都是无须快速改变状态的数字线路。这些静态信号可以承受多晶硅跳线的插入,而工作特性几乎不会下降。

通道布线双层金属时,M-1 金属引线应沿一个方向(水平或垂直)布线,M-2 金属引线应沿另一个方向。例如,如果 M-1 金属水平放置,则 M-2 金属应垂直放置。如果通道布线使用了额外的金属层,则每个金属层的方向都应与其下方的金属层垂直。这种方向选择应在整个芯片上执行。

图 15.24 显示了两个通道布线的局部以及它们之间的交叉。灰色显示的 M-1 金属垂直布线。带斜线的 M-2 金属(见图 15.24)则是水平布线。信号可以从任何布线通道离开,跳转到适当的金属层。

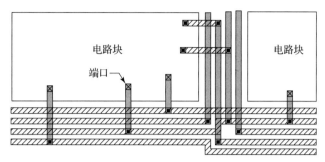

图 15.24　通道布线版图的局部

在利用通道布线信号时，应当首先对比最小引线更宽的信号进行布线。此类信号最常见的例子是电源线和地线。如果可能，应当使用布线节距整数倍的宽度，这种做法允许用几条最小宽度的引线来代替宽引线（当宽引线没有布满整个布线通道时）。因此，宽引线的最佳宽度 W_N 为

$$W_N = NP_R + S_m \tag{15.22}$$

式中，P_R 为布线节距；S_m 为金属间距；N 为整数。因此，如果布线节距为 $0.7\ \mu m$，间距为 $0.3\ \mu m$，则宽引线的宽度可为 1.0，1.7，$\cdots$，$0.7N + 0.3$，单位为 μm。

在布线一个通道时，首先将第一个信号放在外边缘，然后向内布线。确保所有信号之间的间距保持在为布线所选择的最小间距。如果不注意这一点，就会浪费空间，并可能要求信号在通道内横向推挤，以便与布线的其他部分对齐。通道布线中的推挤是非常不可取的，因为它们会随着通道的填充而横向传输，因此会导致在距离推挤初始位置一定距离之外的地方发生拥塞。

每当宽引线换层时，应将两条金属引线延伸，使之完全交叉，以形成一个正方形或长方形的交叉区域。在这一区域内填充尽可能多的过孔阵列，如图 15.25a 所示。虽然严格来说并无必要，但是许多设计人员从较宽的引线上分支出较窄引线时也遵循同样的规则，如图 15.25b 所示。毕竟，多余的过孔不会占用引线尚未占用的空间。

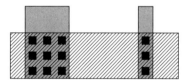

a) 宽引线变金属层　　b) 窄引线从宽引线分支

图 15.25　过孔阵列示例

设计人员经常会发现某些布线通道空间不足。有时，我们可以通过备用通道重新布线一些信号，以便腾出更多空间。另一种方法是"通道超载"，即在不用来沿通道方向运行的金属层上布线信号。例如，假设某个通道可以容纳 10 根 M-1 金属引线，但是我们需要将 12 根引线塞入其中。我们可能会在通道中间的 M-2 金属上运行剩余的两条引线，来回蜿蜒，以避免与从通道分支到相邻区块的引线相冲突。或者，我们可以将这些信号向下推送到多晶硅层。由于从通道分支出来的引线很少在多晶硅上布线，因此几乎不会出现堵塞。然而，并不是每条引线都能在多晶硅上布线。为了用多晶硅来超载通道，最好先将所有必须使用金属线的信号布线，而将可以在多晶硅上布线的信号保留到最后。

电路设计人员可以通过对模块之间的信号进行颜色编码，使手动布线更快更简单。如果电路原理图没有使用所谓的"空气线"，即原理图上没有明确连线但是标有相同信号名称的信号，那么这种技术就能发挥最佳效果。虽然电路设计人员觉得这样做很方便，但是空气线会使得颜色编码系统的可读性大打折扣。表 15.5 显示了顶层布线的颜色编码方案。

表 15.5　顶层布线的颜色编码方案

信号类型	颜色	标注	信号类型	颜色	标注
高压信号	红	电压	噪声数字信号	紫	
大电流信号	黄	宽度	静态数字信号（可多晶硅布线）	灰	
高压、大电流信号	橙	电压，宽度	其他信号（必须金属布线）	亮蓝	
敏感模拟信号	绿				

在大多数设计中，2~3个布线通道承载了相对较大比例的信号。这些主要布线通道通常在管芯中心附近某处相交。除非将通道设计得相当宽，否则这些交叉处很容易成为阻塞点。保守起见，每个主布线通道应容纳约10%~20%的顶层信号。一个包含100个顶层信号的设计需要在每个主布线通道中为约20个信号留出空间。当主布线通道接近管芯的边缘时，其宽度可以减小。同样，主通道分支的次级或支路通道也可在逐步远离主通道时按比例变窄。最终形成的布线通道模式类似于水道穿过平原的路径。即使是最窄的馈线通道，也应始终允许至少5个信号的容量，因为很难确定引线可能需要布线到哪里，而且一旦顶层布线启动，就几乎不可能再增加通道宽度了。

15.4.4 特殊布线技术

某些引线在布线时需要特别考虑。有些信号对压降或噪声耦合特别敏感。还有一些信号由于工作电压或传导电流的原因，必须遵守特殊的版图规则。本节将简要讨论用于处理这些问题的一些技术。

1. 星形节点和开尔文连接

金属引线的电阻虽然很小，但是并非总是可以忽略不计。考虑一个放大器电路，其中包含一对匹配的双极型晶体管，其发射极连接到电流为1mA的接地回路上，如图15.26a所示。假设A点和B点之间的接地回路包含10方的30mΩ/□的金属。流过0.3Ω的1mA电流会产生0.3mV的电压。虽然这个电压很小，但是却足以破坏敏感电路。

接地引线上的压降大小取决于A点到B点之间的距离。图15.26b显示了经过修改的相同电路：两根发射极引线现在都返回到一个公共点C。由于引线返回到同一点，接地电流不会在它们之间产生任何电压差。沿着引线其他地方的接地压降会导致两个发射极上的电压同步变化，而大多数电路对这种共模变化具有很高的抗扰性。

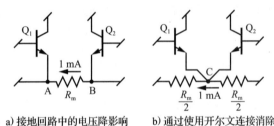

a) 接地回路中的电压降影响　　b) 通过使用开尔文连接消除

图 15.26

公共点C被称为星形节点，因为所有引线都是从该点分支出来的，就像从中心点发出的射线一样。这些引线通常以45°角从原理图的焊点分支绘出。

星形节点源于一种名为"开尔文连接"的著名装置，传统上用于检测低值电阻上的压降。这种连接方式的名称源于威廉-汤普森(William Thompson)，也就是人们熟知的开尔文勋爵，他于1861年发明的双电桥电路中首次使用了开尔文连接。图15.27a显示了用于检测低值电阻R_1的开尔文连接示意。引线F_1和F_2携带较大的电流流过电阻，而引线S_1和S_2则将电阻连接到小电流的传感电路。F_1和F_2称为力引线，S_1和S_2称为感测引线。图15.27b显示了集成金属电阻的版图示例，该电阻使用感测引线和力引线来准确测量电阻上的微小压降。由于感测引线只携带极小的电流，因此沿线几乎不会产生压降。在精度极高的电路中，即使极小的电流也会产生足以导致误差的压降。对流经两根感测引线的电流进行匹配，并仔细调整引线的布线，使其具有相同的电阻，就可以在很大程度上消除这种误差。于是，两根感测引线上产生的电压会相互抵消。

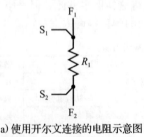

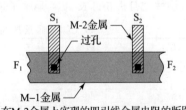

a) 使用开尔文连接的电阻示意图　　b) 在M-2金属上实现的四引线金属电阻的版图

图 15.27

2. 噪声信号和敏感信号

广义上讲，电气噪声包括任何非预期或非期望的信号。由于载流子流动的本质上是粒子性的，以及各种陷阱捕获现象，大多数电子器件都会产生一定程度的噪声，但是这种器件噪声非常小，只影响非常敏感的电路。集成电路中的大多数噪声问题都是由电路的一部分信号与另一部分信号之间电容耦合引起的。这种噪声耦合有时被称为干扰，以区别于器件噪声，但是大多数设计人员只是简单地将其称为"噪声"，读者需要根据上下文推断出他们谈论的是器件噪声还是干扰。

如果任何两个相对的表面之间为绝缘间隙，那么就会形成电容。金属引线彼此相邻，或一个在另一个上方走线，很容易产生数十或数百飞法的电容。虽然这个电容看起来小得离谱，小至 1 fF 的电容也会产生干扰。假设一个每秒变化 $\mathrm{d}V/\mathrm{d}t$ 伏特的信号，通过电容 C 耦合到电阻为 R 的敏感节点上，则敏感节点上的电压偏移 ΔV 为

$$\Delta V = CR \frac{\mathrm{d}V}{\mathrm{d}t} \tag{15.23}$$

现代逻辑门的开关时间小于 0.1 ns，这相当于 1 GV/s 以上的压摆率。这样的信号通过 10 fF 电容耦合到 100 kΩ 的节点，将产生 1 V 的电压。

电压极快变化的信号被称为(含)噪声信号。高频数字时钟线就是噪声信号的典型例子，因为它在每次切换状态时都会产生突变噪声。不过，即使是切换频率不高的数字信号，如果在其他信号无法处理任何扰动的时刻切换状态，也会被视为噪声信号。

不能承受电容噪声注入的信号被称为噪声敏感性的信号，例如：

1）高增益放大器和精密比较器的输入端。

2）模/数转换器(ADC)的输入端。

3）精密电压基准的输出端。

4）精确模拟电路的模拟接地线。

5）高值模拟电阻网络。

6）极低电压信号，无论表观阻抗如何。

7）进入低电流精确模拟电路的电流偏置线。

8）任何类型的极低电流。

很少有版图设计人员具备准确识别噪声信号和敏感信号所需的知识和经验。电路设计人员必须通过编制受影响信号列表、标注原理图或修改受影响信号的名称，来传达这些知识。一种常见的策略是将噪声信号附后缀 "_n"，将敏感信号附后缀 "_s"。

噪声信号不应在敏感信号上方走线，反之亦然。如果必须发生交叉，则应令二者相互垂直来尽量缩小两类信号的交叉区域。然后，电路设计人员必须确定，这种直角交叉的微小电容是否会使电路无法承受。要做到这一点，可以使用所估计的耦合电容的值和式(15.23)手动计算噪声注入，或使用仿真工具从版图中提取寄生电容并反向标注到原理图中。此类寄生反向标注工具可以对噪声耦合进行相当精确的仿真，但是其前提必须在实际的电路版图上运行，版图需要包含顶层金属布线以及哑金属和多晶几何图形。遗憾的是，所生成电路的复杂性往往会导致模拟运行非常缓慢。有时，最好是检查寄生参数提取的运行结果，并且仅通过人工插入噪声信号和预选关键节点之间的寄生电容。从其他节点到预选节点的寄生电容总和可表示为对地的单个集总电容。这种策略不仅能快速模拟，还能准确确定哪些寄生电容导致问题产生。

如果两个信号之间的电容耦合过大，则必须对信号进行重新布线或在它们之间放置静电屏蔽。图 15.28a 举例说明了如何在三层金属的工艺中创建静电屏蔽。M-3 金属层上的噪声信号垂直穿过 M-1 金属层敏感信号。静电屏蔽由夹在噪声信号和敏感信号之间的正方形 M-2 金属构成。为了使该屏蔽正常工作，它必须连接到一个静态的低阻抗节点，如模拟接地点。理想情况下，这个低阻抗节点应该是敏感节点所参照的参考节点。因此，如果敏感信号是精确电压基准的输出，并且以模拟地为参考，则屏蔽层应返回该模拟接地点。屏蔽应超出噪声信号和敏感

信号的交叉区域 2~3 μm，以最大限度地减少由边缘场所引起的电容耦合。

通过在多晶硅上布线一路信号，可以在双层金属工艺中构建出与图 15.28a 类似的静电屏蔽。

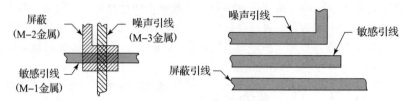

a) 屏蔽置于噪声信号下方和敏感信号上方　　b) 屏蔽引线位于噪声信号和敏感信号之间

图 15.28　静电屏蔽技术

许多模拟设计都包含大量数字信号，用于启用和禁用各种电路块、选择工作模式以及调整各种参数。这些信号的状态切换并不频繁，也不需要快速转换。如果这些信号的状态变化可能会干扰模拟电路，一个简单的解决方法就是在驱动信号线的数字门上串联电阻。即使是几十千欧的电阻也会降低信号的转换率，从而大大减少噪声注入。例如，假设数字信号的传输距离很长，因此总寄生电容为 1pF。在信号线的驱动门上串联接入 100 kΩ 电阻，可以将压摆率降至大约 10 MV/s。这比没有电阻时的压摆率要小得多。当然，时钟和数字子系统之间的数据总线等高速数字信号中不能插入此类电阻。此外，电阻的必要值取决于信号线的长度，因此必须计算必要的电阻值，利用寄生参数反向标注来找出所要求的值，或者有意地添加小电容以设置压摆率。

显然，噪声信号不应在敏感信号的上方或下方的相邻层上传输。噪声信号也不应与敏感信号相邻，因为在现代的高密度金属系统中，横向的寄生电容可能与纵向的寄生电容一样大。如果这种安排不可避免，那么版图设计人员应当在两者之间布线另一个信号，如图 15.28b 所示。一个相对的低噪声、低阻抗信号(如静态数字线或额外的电源线/接地线)就可以用作屏蔽线。

3. 高电压信号

在现代工艺中，金属与金属之间的间距非常小，以至于两个相邻引线之间的横向电场有可能导致层间氧化物(ILO)击穿。由于 ILO 并非特别优质的氧化物，因此允许的最大电场远远小于栅氧。典型值为 2 MV/cm，即 200 V/μm，这似乎足以满足大多数设计的要求。然而，实际的最小金属间距会因邻近效应(微载荷)、光学邻近效应纠正、大马士革工艺的侧壁渐变拖尾以及其他因素而变化。0.25 μm 的金属间距可能无法支持超过 25 V 的电压。另一个问题出现在更先进的 CMOS 工艺中，这些工艺采用低介电性或低 k 的电介质，以便尽量减少数字逻辑的电容负载。大多数低 k 介质依靠孔隙率来降低介电常数，但是孔隙率越大，介电强度就越低。因此，与完全致密氧化层相比，低 k 介质可能只能承受其耐压的一小部分。

因此，许多较新的模拟工艺都包含了与电压相关的金属和多晶硅的间距规则。将这些规则纳入设计规则检查(DRC)工单是极为困难的，因为各种信号上的电压取决于电路的状态，而且经常随时间而变化。最简单的方法是识别所有"高压"引线，并对其应用较大的间距。例如，我们可以对所有高压引线分配以独特的后缀(如"_hv")结尾的信号名，并利用这一信息来确定哪些几何图形必须使用更高的电压间距规则。这类方案的问题在于：间距取决于相邻两条导线之间的电压差，而不是一条导线与某个任意接地参考点之间的电压。两根远高于地线的导线之间可能几乎没有电压差，因此可以使用低电压的间隔规则。如果设计中只包含少量高压引线，且管芯面积不是关键问题，那么标记高压引线这种概念是足够的。

某些设计规则检查的程序已经扩展到包括电压相关性。例如，Mentor Graphics 的 Calibre 程序试图从网表中提取电压差，以便应用这些信息来实现与电压相关的间距检查。这种方法对于可以通过简单算法预测单个门的行为的数字电路非常有效，但是对于具有复杂的时间相关行为的模拟电路则不是那么容易。

4. 大电流信号

大电流引线通常要求大于最小宽度，以满足电迁移或电阻方面的限制。这两个问题对引线的限制有所不同。电迁移故障往往发生在应力最大的地方。因此，导线必须在其沿线的每一点都符合电迁移规则。不能为了"绕过这个障碍物"而缩小导线宽度。另外，电阻是引线上所有点的平均值。因此，只要有空间，就可以通过有选择地拓宽导线来减少电阻。短的细线部分对于长导线电阻的影响不大。因此，在设定引线宽度时，必须同时考虑电迁移和电阻两个因素。

电迁移遵循布莱克定律（Black's Law，参见 5.1.3 节）。可靠性工程师可以利用布莱克定律计算给定温度下给定金属层所允许的最大电流密度。最大电流密度 J_{max} 假定了电流和温度保持不变的条件。最著名的 J_{max} 值可能是 MIL-M-38510 所规定的值，即在玻璃钝化条件下为 5×10^5 A/cm^2。该规范声称，该值适用于"纯铝或掺杂铝"，在"最坏情况所指定的工作条件"下。目前还不清楚具体是什么温度，有人认为是 85 ℃，也有人认为是 105 ℃。在实际应用中，通常认为 5×10^5 A/cm^2 适用于 105 ℃ 时氮化硅压应力条件下的掺铜铝。

如果知道所允许的电流密度 J_{max}，那么允许的最小引线宽度 W_{min} 为

$$W_{min} = \frac{I_{max}}{J_{max} t} \tag{15.24}$$

式中，I_{max} 为流过引线的最大直流电流；t 为金属层的最小厚度。例如，使用 10 kÅ（1 μm）厚金属层构建 50 mA 引线，金属层 $J_{max} = 5 \times 10^5$ A/cm^2，则最小引线宽度为 10 μm。

通常情况下，先计算参考温度下各金属层的宽度，然后应用降额系数确定其他温度下所要求的宽度。假设参考结温为 T_0，期望工作温度为 T_j，均以开尔文表示。那么降额系数为

$$D = \exp\left(\frac{E_a}{nk}\left(\frac{1}{T_j} - \frac{1}{T_0}\right)\right) \tag{15.25}$$

式中，E_a 是活化能，单位为电子伏特（eV）；k 是玻耳兹曼常数（8.62×10^{-5} eV/K）；n 是电流指数。纯铝中电迁移诱导的空洞，典型活化能为 0.5 eV，而掺铜铝的活化能接近 0.7 eV。铝的电流指数约为 2。假设我们希望计算 125 ℃（398 K）下的降额系数，而最初的电流密度计算是在 105 ℃ 下进行的。假设 $E_a = 0.7$ eV，降额系数 D 为 0.58。那么，在 105 ℃ 时能安全承受 25 mA 电流的引线，在 125 ℃ 时只能安全承受该电流的 58%，即 15 mA。

在相对较低的温度（如 85 ℃ 或 105 ℃）下，铜金属化的 J_{max} 值通常比铝高很多。然而，铜的电流指数通常约为 1，这就削弱了铜在较高温度下相对于铝的优势。这两种金属系统在约 175 ℃ 时达到相等，在更高温度下，铝的特性实际上比铜更好。铜的电流指数较低，主要是由于铜的上表面无法钝化，因此人们花费了大量精力，试图通过修改铜上的封盖层来解决这一问题。

引线中的某些点会比其他点经历更多的电迁移。当电流在引线弯曲处流动时，会向内角聚集。因此，90°弯角的内角受到的电流应力要比引线的其余部分大得多。用成对的135°内角代替90°角，可将这一问题降至最低。同样，放置在引线 90°拐角处的过孔阵列也会遇到极大的不均匀电流密度，内角处的过孔（如图 15.29a 中的"1"受到的应力最大，而外角处的"8"受到的应力最小。将过孔置于引线的直线部分可以减少不均匀性，如图 15.29b 所示。在这种情况下，每列过孔的电流密度基本相等。

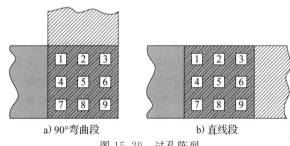

a) 90°弯曲段　　　　　　b) 直线段

图 15.29　过孔阵列

有一些程序可以通过对电路仿真来检查电迁移规则，找出电流的波形，然后分析版图，看引线的宽度是否足以承受这些电流。更复杂的此类程序还能将基于布莱奇（Blech）效应的规则应用于短引线。与通常的设计自动化一样，这些程序在处理数字电路时难度较低。不过，随着算力的提高和算法的复杂化，模拟集成电路的动态电迁移验证无疑会成为越来越有用的工具。

15.5 最终版图检查

大多数设计团队都会在设计定案(Tape Out)之前进行最终的版图审查。该项审查是设计人员在代价高昂的工艺制造流程开始之前捕获错误的最后机会。下面给出的检查清单示例提出了一系列问题,设计人员应能在定案前自信地回答这些问题。本检查表并非详尽无遗,但是涉及了许多要点。

1) 是否已审查和弃置了所有遗留的 DRC 诊断问题?大多数模拟集成电路版图至少会产生一些可疑的设计规则检查(DRC)的诊断问题。版图设计人员通常会咨询工艺工程人员,以确定这些诊断是否代表真正的问题。如果特定的版图做法会产生大量的错误诊断,那么设计人员就可以要求编写人员修改 DRC 工单。不过,如果版图中只有少数几个错误诊断,通常就比较容易处理,弃置这些诊断即可。这样做是合理的,但是必须注意不要弃置任何真正的问题。因此,在版图完成后和定案前,首席版图设计师应与工艺工程人员一起检查所有剩余的诊断问题,以确保可以安全地弃置这些诊断。

2) LVS 拓扑报错是否为零?版图-电路原理图一致性检查(LVS)的报错信息分为两类。拓扑报错涉及哪些器件连接到哪些节点,而参数报错涉及器件尺寸和模型名。拓扑错误的典型例子是未识别的器件、未识别的网络、未匹配的器件和未匹配的网络。最终的 LVS 运行必须不存在拓扑报错,因为一个拓扑错误的存在可能扰乱 LVS 算法,导致其忽略其他拓扑错误的存在。拓扑报错无论看起来多么微小,都不能弃之不理。必须更改版图或 LVS 工单以消除这些错误。

3) 是否所有的 LVS 参数报错都已审查和弃置?某些器件可能会产生不可避免的参数报错。一个著名的例子是在电路原理图中将保护环表示为具有特定面积的二极管。当 LVS 在子单元层级运行时,它会根据子单元中包含的几何图形报告一块面积。当 LVS 在顶层运行时,几个子单元中的保护环部分可能相互重叠,因此整个电路报告的面积可能不等于各个子单元报告的面积之和。一种解决方案是在顶层电路原理图中插入一个面积为负数的二极管,但是负数面积往往会带来意想不到的困难。例如,SPICE 无法正确模拟负数面积的二极管。因此,我们可能不得不放弃某些 LVS 参数报错。应当与首席电路设计师一起审查所有这些遗留在顶层的报错,以确保它们确实可以被弃置。

4) 是否检查过所有电源线的宽度,使其符合电迁移要求?最近推出的软件工具可以帮助验证电迁移合规性,但是由于难以确定实际的模拟电流波形,这些工具对模拟集成电路设计人员的实用性值得怀疑。大多数模拟集成电路设计人员都要手动验证关键的电源布线,以确保足够的宽度。这通常涉及使用特殊的 DRC 工单来生成特定线网的视图。随后检查这样的电源图,以发现意外的夹断点、过孔数量不足之处以及类似的问题。电源和接地线网始终是需要关注的问题,而大电流电路中的引线也至关重要。有限元分析工具如 Silicon Frontline 的 R3D 等,对于分析功率晶体管金属化图形中的电流密度非常有用。

5) 是否计算并验证了关键大电流引线的电阻?大电流电路通常需要特殊布线,以便尽量减少金属电阻。如果是这种情况,电路设计人员应在开始顶层布线之前将要求传达给版图设计人员。不过,首席版图设计师应当与首席电路设计师一起审查这些电阻,以确保所有具有特定电阻要求的引线都经过检查,其电阻符合设计指标。同样,有限元分析工具可帮助计算功率晶体管的金属电阻,尤其是无法应用"三分之一律"的不规则器件。

6) 是否所有违反天线规则的行为都已纠正?在跨管芯连接顶层信号时,经常会出现违反天线规则的情况。所有此类违规都应当通过插入跳线或添加天线二极管来纠正。顶层验证完成后,不应再出现违反天线规则的情况。

7) 是否已对所有引脚检查潜在的 ESD 违规?应当检查连接到每个引脚的主要 ESD 结构,以便确保每个引脚都有适当和充分的保护。应当检查每个主要 ESD 保护结构的版图,确保有充分的金属化。检查任何两个 ESD 器件之间的电阻,确保其符合 ESD 规则要求。检查直接或通过电阻与引脚连接的所有栅氧层，以便确保存在合适的 CDM 钳位。应当检查每个此类钳位的版图，确保其位置相对靠近其所要保护的栅氧，并确保其与接地和电源总线有足够宽的直接连接，这些总线同时也为所保护的电路供电。检查从一个电源或接地域交叉到另一个电源或接地域的任何信号，以便确保添加了适当的 CDM 钳位且进行了正确的版图设计。

8）是否对所有连接到引脚的扩散区检查了闩锁问题？任何直接或通过小于约 50 kΩ 的电阻与易受影响引脚相连的扩散区，都有可能触发闩锁。与衬底接地相连的引脚不易发生闩锁。正电源引脚不会出现低于地电位的瞬变，负电源引脚也不会出现高于地电位的瞬变。输入/输出（I/O）引脚可能会出现正向或者反向的瞬变。所有易受影响的扩散区均要求保护，一般是倾向于采用适当的少数载流子保护环。如果工艺不允许构造少数载流子保护环，则应当策略性地增加衬底和阱的接触孔，以便最大限度地减少自偏置效应。

9）是否已按要求对哑金属禁用区给出了适当的图层数据？使用化学机械抛光（CMP）平坦化的现代 CMOS 工艺通常需要生成哑金属几何图形，以便确保金属密度在可接受的范围内。这些哑金属几何图形会干扰某些类型器件的匹配，其中最主要的是 MOS 晶体管。如果此类匹配器件没有金属场板保护，则应当使用适当的哑金属禁用区几何图形来覆盖。确保已在所有适当位置使用了所有必要的哑金属禁用图层。

10）噪声线是否与敏感线分开布线？检查所有噪声信号（如数字时钟）的布线，确保它们不在敏感信号（尤其是高阻抗敏感信号）的上方、下方或附近走线。如果此类走线不可避免，则应当确保已经正确地使用静电屏蔽来隔离噪声信号和敏感信号。各种工具可帮助检查噪声和敏感信号的分离情况；例如，寄生参数提取程序可以确定任意两个信号之间寄生电容的大致大小。这些信息有助于确定哪些信号需要重新布线或屏蔽。

11）是否存在所有必要的压焊块和探针测试压焊块，且位置正确？组装/测试场所人员应审查压焊块的位置和尺寸，以便确保管芯能够正确组装。探针测试压焊块的情况也是如此，因为这些压焊块的尺寸和位置必须适当，以便探针卡能可靠地落在其上。常见的错误包括：使用尺寸过小的键合压焊块和探针压焊块，压焊块的放置方式使得键合设备无法在不损坏其他压焊块的情况下放置某些键合线，探针压焊块的放置距离过近。如果版图规则要求电路或布线远离压焊块，则应检查是否做到了这一点。检查引线和压焊块之间的连接处是否有足够的宽度，以满足键合的要求。如果 #1 号压焊块需要特殊的标识，请确保这些标识存在。

12）所有开尔文连接和星形节点的位置是否恰当？确认所有开尔文连接和星形节点都已经正确地实现。特别是要验证需开尔文连接到压焊块的信号是否确实如此。插入金属电阻以确保开尔文感测引线和力引线具有独立的信号名称，可以防止力引线和感测引线之间短路，但是仅仅在电路原理图中存在这些电阻并不能确保开尔文连接已经放置在正确的物理位置。

13）如果需要角禁用区和金属开槽，它们是否存在？某些工艺要求大于一定尺寸的管芯在顶角附近不包含有源的几何图形。如果已经定义了这样的角禁用区，请检查确保它们已经被正确实现，并且这些区域中的任何结构都已经为此目的获得许可。

14）如果需要划片道密封区和/或划片道，它们是否存在？有关划片道密封区和划片道的规定因工艺而异。不同的装配/测试场所对划片道的要求也可能不同。检查以确保如果管芯要求放置划片道密封区，则该结构已经存在并与相邻的接地金属正确连接。如果版图还要求有划片道，则应确保这些划片道存在、构造正确，并且宽度适合所选的装配/测试场所。

15）在 P＋ 衬底管芯，是否用衬底接触区填充了空闲的管芯区域？使用 P＋ 衬底的管芯可以通过对版图中未使用的区域填充额外的衬底接触区而获益。具有大量数字逻辑电路的设计也可受益于利用这些区域构建额外的旁路电容，因此可能需要在分配给旁路电容的空闲面积与填充衬底接触区的空闲面积之间做出折中。

16）是否已将适当的管芯符号放在合适的位置？不同的公司对管芯上应当放置哪些符号有不同的要求。常见的例子包括器件编号、公司徽标和掩模工作通知。掩模工作通知由置于圆圈内的字母"M"和版图设计完成日期组成。该通知与版权通知有些类似，只是它适用的是版图数据而非文本。

17）版图设计是否已妥善归档？大多数成熟公司都有正式的存档程序。但是，小型创业公司可能没有。在没有正式存档程序的情况下，负责项目的经理应当监督存档过程。档案应当包括所有的相关文件，包括：

a）版图数据库的副本。

b）访问数据库所需的任何库的副本。

c）DRC、LVS 和 PG 工作单的副本。

d）版图的交换文件（例如 GDSII 文件）。

e）读取交换文件所需的任何控制文件（例如图层映射文件）。

f）掩模数据文件的副本（如果这些文件的格式与交换文件不同）。

g）所有可用的文档资料。

大多数版图工作都是在 UNIX 系统上进行的。通常情况下，在多个适当文件上运行 tar 命令将其合并为单个连续的文件，从而创建一个归档。然后可以使用 gzip 命令对该文件进行压缩，并将其传输到合适的物理介质上，如光盘或磁带盒。线上存储不适合用于存档，因为存在系统故障和恶意入侵的风险。存储的映像应通过比较其校验和（由 sha256sum 等程序生成）与原始文件的校验和来验证。校验和应当写在装有物理介质的套子或盒子上，同时注明存档日期、内容说明、用于创建介质的操作系统说明以及所有者声明。至少应制作两份副本。每份都应当存放在单独的物理安全位置。例如，公司可以在两家不同的银行租用保险箱。存储的档案应当每年至少检查一次，检验校验和。某些介质（如磁带盒）的设计寿命有限，因此必须定期将存档数据转移到新介质上。当硬件接近过时，也有必要进行此类转移。只要存档数据所描述的器件仍然在生产，存档数据就一直是必不可少的；只要该器件的任何实例仍在使用，存档数据就有价值。

15.6　本章小结

版图设计人员不仅要了解如何设计单个元件，还要了解如何将这些元件互连起来以形成完整的管芯。本章介绍了估测管芯尺寸和结构所需的技能，以及实际组装管芯时所需的技能。这些可能是版图设计人员必须掌握的所有技能中最难的。它们具有所有模拟版图的基本特征，即它们在很大程度上是艺术而非科学。因此，它们需要一定程度的直觉和正确判断，而这只能通过经验来学习。这里提供的信息只是一个基础，设计者必须通过实际体会模拟集成电路版图设计的艺术来不断地学习。

习题

15.1　估算标准双极型工艺中下列元件的面积（显示所有计算结果并说明估算中使用的所有假设）：

a）250 kΩ 的 8 μm 宽 HSR 电阻。

b）最小尺寸横向 PNP 型晶体管。

c）100 pF 结电容（假设 1.8 fF/μm^2）。

d）25 μm 直径球键合金丝的压焊块。

15.2　估算一个使用单层金属的标准双极型电路的总面积，该电路包含 410 kΩ 的 6 μm 宽的 HSR 电阻、55 kΩ 的 8 μm 宽基区电阻、50 pF 的结电容（假设 1.8 fF/μm^2）、11 个最小尺寸 NPN 型晶体管、7 个最小尺寸横向 PNP 型晶体管、2 个分离集电区横向 PNP 型晶体管和 1 个 4X 横向 PNP 型晶体

管。请说明你选择封装系数的理由。

15.3　计算包含以下面积的六个单元设计的核心面积：0.35、0.27、0.21、0.18、0.10 和 0.08（mm^2）。该设计还包括两个功率晶体管，每个占用 0.77 mm^2。该设计使用双层金属版图，包含约 50 个顶层信号。说明您选择的布线和封装系数的理由。

15.4　假设键合压焊块宽度为 75 μm，压焊块间距为 50 μm，划片道宽度为 100 μm，计算下列每个设计的预估管芯面积：

a）核心面积为 10.1 mm^2，23 个压焊块。

b）核心面积为 1.49 mm^2，42 个压焊块。

c）核心面积为 8.8 mm^2，11 个压焊块。

15.5　使用习题 15.4 中指定的参数，估算总面积

为 3.9 mm² 的正方形管芯，其外围可放置的压焊块数量。如果管芯的长宽比（宽与高之比）为 1.5∶1，可以增加多少压焊块？

15.6 在直径为 150 mm 的晶圆片上制造一个管芯面积为 7.6 mm² 的器件。假设晶圆片的利用率为 0.85，则：

a) 每个晶圆片估计能产出多少个管芯？

b) 如果每个探针测试过的晶圆片成本为 650 美元，而有功能的管芯良率为 77%，那么单个有功能管芯的成本是多少？

c) 如果每个器件的封装和最终测试成本为 11.5 美分，而 97% 的器件通过了最终测试，那么最终完成的单个集成电路的成本是多少？

d) 如果器件的售价为 38 美分，那么 GPM 是多少？

15.7 假设一种改进的测试技术能将习题 15.6 中器件的探针测试良率提高到 92%。这种技术会使每个管芯的探针测试成本增加 4 美分。请问是否值得采用新技术？为什么？

15.8 一个集成电路包含四个运算放大器，每一个的单元面积为 0.41 mm²。管芯中还包含一个偏置电路，其面积为 0.30 mm²。该电路需要 14 个压焊块：VCC、VEE、IN1＋、IN1－、OUT1、IN2＋、IN2－、OUT2、IN3＋、IN3－、OUT3、IN4＋、IN4－ 和 OUT4。VCC 和 VEE 分别为电源引脚和接地引脚。假设键合压焊块的 POR 开孔为 75 μm。其余引脚分别是四个运放的输入端和输出端。封装有 14 个引脚，其中 1 号引脚键合于管芯顶层的中心，其余引脚按逆时针方向排列。

a) 对此器件建议一个合理的引脚排布。

b) 绘制管芯的平面规划图，显示该设计中五个单元的位置。

c) 每个放大器包含两个功率晶体管，一个从 VCC 到输出，另一个从输出到 VEE。VCC、VEE 和输出引线都必须携带大电流。假设该设计只使用单层金属，请绘制一张图，说明合适的布线样式。

15.9 电压基准电路包含一个占 0.13 mm² 面积的

基准单元和一个占 0.16 mm² 面积的小型功率晶体管。

a) 假设管芯采用单层金属和人工排布版图，请估算管芯核心的面积。

b) 估算整个管芯的面积，假设沿着管芯的两侧边有 110 μm 宽的划片道，共有三个压焊块，每个压焊块的总面积为 9000 μm²（压焊块加 ESD 保护）。

c) 绘制该器件管芯的平面规划图。功率晶体管必须连接到 VIN 和 VOUT 焊块，它们分别位于管芯的右上和右下方。基准单元必须连接到 GND 引脚，该引脚必须位于管芯左侧的某处。

d) 指出关键匹配器件的首选位置。

15.10 一个八进制缓冲器电路包含八个缓冲器，每个缓冲器的面积为 0.09 mm²。每个缓冲器都有一个输入和一个输出，都需要与 VCC 和 GND 连接。

a) 假设管芯使用双层金属且必须快速组装，请估算管芯核心的面积。

b) 假设沿管芯两侧边有 80 μm 宽的划片道，共有 18 个压焊块，每个焊块需要 9000 μm² 的面积，估算管芯的总面积。

c) 绘制该器件的管芯平面规划图。9 号引脚必须是 GND，18 号引脚必须是 VCC；建议合理安排八个输入和八个输出。假设 1 号引脚必须位于管芯的左上角，其余焊块按逆时针排列。

15.11 使用附录 B 中的 CMOS 版图规则，计算构建一个可容纳 12 根引线的布线通道所需的宽度。

15.12 假设缓冲器的输出引线传输占空比为 50% 的数字信号。当输出接通时，它的电流为 360 mA，当输出断开时，电流可忽略不计。

a) 如果金属化层由 10 kÅ(1 μm) 的掺铜铝构成，在 85 ℃ 下能承受 5×10^5 A/cm² 的稳恒电流 100 000 h，那么输出引线必须做成多宽才能承受 100 000 h 的电迁移？

b) 如果器件要在 125 ℃ 的结温下连续工作，引线必须多宽？假设活化能为 0.7 eV。

附　录

附录 A　立方晶体的米勒指数

晶体是由有序排列的原子或分子组成的，组成晶体的这些原子或分子在各个方向上无限延伸。这种排列是周期性的，因为原子或分子相同的排列模式以规则的间隔沿着某些特定的轴重复出现。人们可以想象，晶体是由大量称为晶胞的亚微观结构模块组成的。在属于立方系统的晶体情况下，晶胞是按行和列堆叠起来的微小立方体，最终形成一个直线晶格，如图 A.1 所示。从图 A.1 中可见，所得晶体的形状并不总是立方结构。在任何情况下，晶体基本的周期性结构都是保持不变的，无论其外部形式或尺寸如何改变。

硅晶锭就是一个立方晶体，从硅晶锭上切割下来的每个晶圆片都构成了从这个晶体上切割下来一个片状晶体。晶圆片的性质取决于切割时相对于晶轴的角度。一组称为密勒（Miller）指数的数字可以用来标记硅晶圆片的各种切割，同时还可以用来表示晶圆片表面的方向。本附录讨论了用于立方晶体（包括单晶硅）的米勒指数体系。

与立方晶体相交的平面可以通过指定一组三个米勒指数来表示，这些指数共同确定了该平面相对于晶轴的方向。为了计算出这些指数，必须首先确认三个晶轴，它们彼此正交，并对应于笛卡尔坐标系中的 X 轴、Y 轴和 Z 轴。立方晶胞以整齐的行和列重复堆叠，并与这三个晶轴对齐。

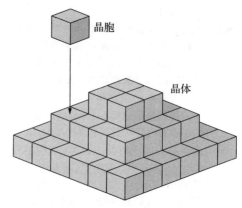

图 A.1　立方晶体与其晶胞之间的关系

任何一点的位置都可以沿着三个晶轴的方向以晶胞宽度的倍数给出。因此，与晶格相交的平面可以用其与 X 轴、Y 轴和 Z 轴的截距来描述。例如，图 A.2a 中平面的截距分别为 $X=1$、$Y=3$ 和 $Z=3$。类似地，图 A.2b 中平面的截距为 $X=3$、$Y=2$ 和 $Z=2$。

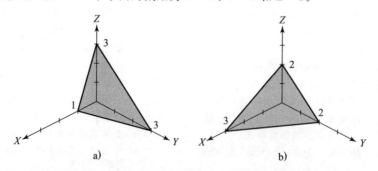

图 A.2　与立方体晶格相交的两个平面的实例，坐标轴刻度线代表晶胞尺寸的倍数

晶面也可以平行于一个或多个晶轴，在这种情况下，它与这些晶轴的截距即为无穷大。例如，某个水平面的截距分别为 $X=\infty$、$Y=\infty$ 和 $Z=1$。密勒指数通过使用截距的倒数而不是截距本身来避免出现无穷大的指数。例如，水平面的截距倒数分别为 $X=0$、$Y=0$ 和 $Z=1$。一组密勒指数是由三个整数组成的，分别对应于 X 轴、Y 轴和 Z 轴截距的倒数。这三个截距倒数总是采用尽可能小的整数值来表示，并用圆括号括起来。例如，水平面的密勒指数为（001）。

任何一个随机指定平面的密勒指数都可以采用以下规则来进行计算：

1) 确定该平面的在 X 轴、Y 轴和 Z 轴上的截距。图 A.2a 中平面的截距分别为 $X=1$、$Y=3$ 和 $Z=3$。

2) 求出三个截距的倒数。如果其中一个或多个截距是无穷大，则它们的倒数等于零。图 A.2a 中平面三个截距的倒数分别为 $X=1$、$Y=1/3$ 和 $Z=1/3$。

3) 将三个截距的倒数乘以它们的最小公分母，得到三个整数。图 A.2a 中平面三个截距倒数的最小公分母为 3，因此新的截距倒数分别为 $X=3$、$Y=1$ 和 $Z=1$。

4) 将得到的截距倒数放在圆括号中，就构成了密勒指数。图 A.2a 中平面的密勒指数为 (311)。图 A.2b 中平面的密勒指数为 (233)。如果其中的一个或多个数字恰好是负数，那么在密勒指数中，会在这个数字上方设置一个短横线。

密勒指数彼此互换的平面是完全等价的，例如 (001)、(010) 和 (100) 平面都是完全等价的，但是这并不意味着这些平面都是同一个平面。事实上，这三个平面彼此成直角，但是这三个平面都具有相同的晶体学性质，这也意味着它们具有相同的化学、机械和电学性质。完全等价的平面由三个用大括号括起来的密勒指数来表示。因此，等价平面 {100} 的集合包括 (001)、(010) 和 (100) 平面。请记住，包含在大括号中的密勒指数表示的是一组平面，而不是任何一个特定的平面。不存在一个 {100} 晶圆片——晶圆片的表面可能是 (001) 平面、(010) 平面或 (100) 平面，但是绝不可能同时是这三个平面！

密勒指数也可以用来描述相对于晶格的方向。垂直穿过平面 (ABC) 的直线具有的密勒指数为 [ABC]。X 轴、Y 轴和 Z 轴的密勒指数分别为 [100]、[010] 和 [001]。密勒指数彼此互换的方向也被认为是完全等价的方向。例如，[100]、[010] 和 [001] 方向就是彼此完全等价的。彼此完全等价的方向由置于尖括号中的三个密勒指数来表示。例如，完全等价的 <100> 方向的集合就包括 [100]、[010] 和 [001] 方向。

附录 B　版图设计规则范例

本附录中给出的版图设计规则是为完成正文中给出的各种习题而制定的。这里给出的数值与任何单个工艺都不对应，但是它们广泛代表了 20 世纪 80 年代和 90 年代使用的一般工艺类别。我们并没有试图使这些设计规则与当前的工艺技术水平保持一致，因为这将会在不提供任何额外见解的情况下大大增加其复杂性。出于同样的原因，许多很少使用的设计规则也已经被完全省略了，或者被简化为单独的问题描述。

B.1　标准双极型工艺版图设计规则

这里介绍的标准双极型工艺是 20 世纪 80 年代一个典型的 30 V 制造工艺。该工艺的隔离间距明显比正文中各个插图所提示的要宽。标准双极型工艺更现代的改进型版本通常采用上下对通隔离来减小这些间距，也使得它们更加符合插图所示的情形。表 B.1 列出了 25 ℃ 时标准双极型工艺的器件参数。

表 B.1　25 ℃ 时标准双极型工艺的器件参数

参数	最小值	平均值	最大值	单位
NPN 型晶体管 β	100	200	300	—
NPN 型晶体管 V_{EBO}	6.4	6.8	7.2	V
NPN 型晶体管 V_{CBO}	40	—	—	V
NPN 型晶体管 V_{CEO}	30	—	—	V
基区薄层电阻	130	160	190	$\Omega/\square$
发射区薄层电阻	5	7	10	$\Omega/\square$
基区夹断薄层电阻	1.5	3	4.5	$k\Omega/\square$
高值电阻薄层电阻	1.6	2	2.4	$k\Omega/\square$

(续)

参数	最小值	平均值	最大值	单位
金属薄层电阻	25	30	35	$m\Omega/\square$
厚场区阈值电压	35	—	—	V

基线工艺使用了八个编码层,分别为 NBL(N 型埋层)、TANK(隔离岛)、DEEPN(深度 N＋下沉区)、BASE(基区)、EMIT(发射区)、CONT(接触孔)、METAL1(第一层金属)和 POR(钝化层窗口)。TANK 和 POR(钝化保护层的去除)编码层分别代表隔离扩散区包围的有源区和钝化保护层上的窗口。基叠加隔离扩散区(BOI)是在图形生成过程中自动创建的。另外还描述了两个工艺扩展:一个用来形成 $2\,k\Omega/\square$ 的高值电阻,另一个用来制备肖特基二极管。表 B.2 列出了标准双极型基线工艺的版图设计规则,而表 B.3 和表 B.4 则分别列出了高值电阻和肖特基器件这两个工艺扩展的版图设计规则。所有的版图设计规则都是以 μm 为单位的,假设编码层的增量为 $1\mu m$。

表 B.2 标准双极型基线工艺的版图设计规则

参数	数值/μm	参数	数值/μm
1)N 型埋层宽度	8	14)隔离岛对发射区的覆盖	18
2)隔离岛宽度	8	15)基区对发射区的覆盖	4
3)隔离岛与隔离岛间距	6	16)接触孔宽度	4
4)隔离岛对 N 型埋层的覆盖	22	17)发射区与接触孔间距	6
5)深度 N＋下沉区宽度	8	18)接触孔与接触孔间距	4
6)隔离岛对深度 N＋下沉区的覆盖	24	19)基区对接触孔的覆盖	2
7)基区宽度	6	20)发射区对接触孔的覆盖	2
8)基区与深度 N＋下沉区间距	18	21)第一层金属宽度	6
9)基区与基区间距	14	22)第一层金属与第一层金属间距	4
10)隔离岛对基区的覆盖	22	23)第一层金属对接触孔的覆盖	2
11)发射区宽度	6	24)钝化层窗口宽度	10
12)基区与发射区间距	12	25)钝化层窗口与钝化层窗口间距	10
13)发射区与发射区间距	6	26)第一层金属对钝化层窗口的覆盖	4

表 B.3 标准双极型基线工艺中包含高值电阻扩展的版图设计规则

参数	数值/μm	参数	数值/μm
27)高值电阻区宽度	6	32)高值电阻区与高值电阻区间距	12
28)高值电阻区与深度 N＋下沉区间距	16	33)基区延伸出高值电阻区	2
29)高值电阻区与基区间距	14	34)高值电阻区延伸入基区	2
30)高值电阻区与发射区间距	10	35)隔离岛对高值电阻区的覆盖	20
31)高值电阻区与接触孔间距	4		

表 B.4 标准双极型基线工艺中包含肖特基器件扩展的版图设计规则

参数	数值/μm	参数	数值/μm
36)肖特基接触区与深度 N＋下沉区间距	12	41)肖特基接触区与肖特基接触区间距	4
37)肖特基接触区与基区间距	6	42)隔离岛对肖特基接触区的覆盖	18
38)肖特基接触区与发射区间距	4	43)肖特基接触区对接触孔的覆盖	2
39)肖特基接触区与高值电阻区间距	4	44)第一层金属对肖特基接触区的覆盖	2
40)肖特基接触区与接触孔间距	4		

B.2 多晶硅栅 CMOS 工艺版图设计规则

本节描述了 20 世纪 90 年代早期典型的 10 V 电源电压 N 阱多晶硅栅模拟 CMOS 工艺，其中的轻掺杂漏（LDD）结构 NMOS 晶体管的最小允许沟道长度为 4 μm，而单一掺杂漏（SDD）结构 PMOS 晶体管的沟道长度则可以短至 3 μm。两种晶体管使用相同的 N 型掺杂多晶硅栅极，并且采用同一次调阈值硼离子注入工艺同时设置两种晶体管的阈值电压。采用硼和磷组合的沟道终止注入确保了寄生 NMOS 和 PMOS 厚场阈值电压都安全地位于该工艺的工作电压之上。只有接触孔的位置形成了金属硅化物。通过使用 P＋衬底以及作为模拟 BiCMOS 工艺扩展的一部分的 N 型埋层可选项，实现了 CMOS 工艺闩锁效应的最小化。表 B.5 列出了 25 ℃时多晶硅栅 CMOS 工艺的器件参数。表 B.6 列出了多晶硅栅 CMOS 基线工艺的版图设计规则。

表 B.5　25 ℃时多晶硅栅 CMOS 工艺的器件参数

参数	最小值	平均值	最大值	单位
NMOS 晶体管的 V_t	0.5	0.7	0.9	V
NMOS 晶体管的 k[①]	50	70	90	μA/V^2
NMOS 晶体管的 V_{DS}	—	—	10	V
NMOS 晶体管的 V_{GS}	—	—	12	V
厚场 NMOS 晶体管的 V_t[③]	40	—	—	V
PMOS 晶体管的 V_t	-0.9	-0.7	-0.5	V
PMOS 晶体管的 k[①]	17	25	33	μA/V^2
PMOS 晶体管的 V_{DS}	-12	—	10	V
PMOS 晶体管的 V_{GS}	-12	—	12	V
厚场 PMOS 晶体管的 V_t[③]	—	—	-40	V
第一层多晶硅薄层电阻	20	30	40	$\Omega/\square$
第二层多晶硅薄层电阻	450	600	750	$\Omega/\square$
第二层多晶硅薄层电阻[②]	40	50	60	$\Omega/\square$
N 型源漏区薄层电阻	24	30	36	$\Omega/\square$
P 型源漏区薄层电阻	40	50	60	$\Omega/\square$
N 阱薄层电阻	1.4	2	2.6	k$\Omega/\square$
基区薄层电阻	400	500	600	$\Omega/\square$
第一层金属薄层电阻	32	40	48	m$\Omega/\square$
第二层金属薄层电阻	32	40	48	m$\Omega/\square$
栅氧化层电容	0.85	0.95	1.05	fF/μm^2
两层多晶硅之间电容	1.3	1.5	1.7	fF/μm^2
NPN 型晶体管 β	40	80	120	—
NPN 型晶体管 V_{EBO}	7	8	9	V
NPN 型晶体管 V_{CBO}	15	—	—	V
NPN 型晶体管 V_{CEO}	12	—	—	V

① $V_{GS}-V_t=0.1$ V。
② 采用 P 型源漏区注入掺杂。
③ 采用第一层金属作为栅电极的厚场寄生 MOS 晶体管的阈值电压。

表 B.6　多晶硅栅 CMOS 基线工艺的版图设计规则

参数	数值/μm	参数	数值/μm
1) N 阱宽度	5.0	22) 接触孔与 P 型有源区间距	1.0
2) N 阱与 N 阱间距	15.0	23) 接触孔与第一层多晶硅间距	2.0
3) N 型有源区宽度	3.0	24) 接触孔与接触孔间距	2.0
4) N 型有源区与 N 阱间距	9.5	25) N 型有源区对接触孔的覆盖	1.0
5) N 型有源区与 N 型有源区间距①②	5.5	26) P 型有源区对接触孔的覆盖	1.0
6) N 阱对 N 型有源区的覆盖	1.0	27) 第一层多晶硅对接触孔的覆盖	1.0
7) P 型有源区宽度	3.0	28) 第一层金属宽度	2.0
8) P 型有源区与 N 阱间距	7.0	29) 第一层金属与第一层金属间距	2.0
9) P 型有源区与 N 型有源区间距③	4.0	30) 第一层金属对接触孔的覆盖	1.0
10) P 型有源区与 P 型有源区间距①	5.5	31) 通孔宽度④(准确值)	1.0
11) N 阱对 P 型有源区的覆盖	2.0	32) 通孔与接触孔间距⑤(准确值)	1.0
12) 第一层多晶硅宽度	2.0	33) 通孔与通孔间距	2.0
13) 第一层多晶硅与 N 型有源区间距	2.0	34) 第一层金属对通孔的覆盖	1.0
14) 第一层多晶硅与 P 型有源区间距	2.0	35) 第二层金属宽度	2.0
15) 第一层多晶硅与第一层多晶硅间距	2.0	36) 第二层金属与第二层金属间距	2.0
16) 第一层多晶硅延伸出 N 型有源区	1.0	37) 第二层金属对通孔的覆盖	1.0
17) 第一层多晶硅延伸出 P 型有源区	1.0	38) 钝化层窗口宽度	4.0
18) N 型有源区延伸出第一层多晶硅	3.0	39) 钝化层窗口与通孔间距	2.0
19) P 型有源区延伸出第一层多晶硅	3.0	40) 钝化层窗口与钝化层窗口间距	4.0
20) 接触孔宽度(准确值)	1.0	41) 第二层金属对钝化层窗口的覆盖	2.0
21) 接触孔与 N 型有源区间距	1.0		

①　若二者具有相同电压,则其间距为 3 μm。
②　仅适用于 N 阱外的 N 型有源区,对于 N 阱内的 N 型有源区,则其间距为 4.0 μm。
③　若二者已经通过第一层金属连接,则允许 P 型有源区邻接 N 型有源区。
④　焊盘除外。
⑤　通孔不得与接触孔相触碰。

该工艺支持两个扩展,第一个扩展通过采用 POLY2 光刻掩模版将第二层多晶硅添加到该工艺中。对该层多晶硅大面积的注入低剂量的硼离子,随后的 P 型源漏区注入掺杂形成低阻的端头。在两层多晶硅层之间通过淀积一层薄的 ONO(氧化物-氮化物-氧化物)介质层形成多晶硅电容;在这种情况下,可以利用 P 型源漏区注入来对第二层多晶硅进行掺杂。表 B.7 列出了引入第二层多晶硅扩展工艺的相关版图设计规则。

表 B.7　引入第二层多晶硅扩展工艺的相关版图设计规则

参数	数值/μm	参数	数值/μm
42) 第二层多晶硅宽度	2.0	48) 第一层多晶硅对第二层多晶硅的覆盖	1.5
43) 第二层多晶硅与第二层多晶硅间距	2.0	49) N 型源漏注入区延伸出第二层多晶硅	1.5
44) N 型源漏注入区与第二层多晶硅间距	2.0	50) P 型源漏注入区延伸出第二层多晶硅	1.5
45) P 型源漏注入区与第二层多晶硅间距	2.0	51) P 型源漏注入区与 N 型有源区间距	2.0
46) 接触孔与第二层多晶硅间距	2.0	52) N 型源漏注入区与 P 型有源区间距	2.0
47) 第二层多晶硅对接触孔的覆盖	1.0		

第二个工艺扩展采用三个额外的光刻掩模版增加了双极型晶体管的制备,这三个光刻掩模版分别是 N 型埋层(NBL)、深度 N+下沉区(DEEPN)和基区(BASE)。在基区(BASE)绘图图层上设计的几何图形会在有源区(MOAT)和基区(BASE)这两层光刻掩模版上生成几何图形。

增加了 N 型埋层要求该工艺必须使用第二外延层以便将 N 型埋层与 P＋衬底分离开。该工艺能够形成垂直 NPN 型晶体管、横向 PNP 型晶体管和衬底 PNP 型晶体管。NPN 型晶体管采用 N 型源漏注入区作为发射区。表 B.8 列出了模拟 BiCMOS 工艺扩展引入的相关版图设计规则。

表 B.8　模拟 BiCMOS 工艺扩展引入的相关版图设计规则

参数	数值/μm	参数	数值/μm
53) N 型埋层宽度	5.0	65) 基区与深度 N＋下沉区间距	10.0
54) N 型埋层与 N 型埋层间距	13.0	66) 基区与基区间距	6.5
55) N 阱与 N 型埋层间距	15.0	67) N 型有源区与 P 型有源区间距[①]	3.0
56) N 阱对 N 型埋层的覆盖	1.0	68) 基区对 N 型源漏注入区的覆盖	1.5
57) 深度 N＋下沉区宽度	5.0	69) P 型源漏注入区延伸出基区	1.0
58) 深度 N＋下沉区与 N 型有源区间距	10.0	70) N 阱对基区的覆盖	3.0
59) 深度 N＋下沉区与 P 型有源区间距	8.0	71) N 型源漏注入区与接触孔间距[①]	2.5
60) 深度 N＋下沉区与深度 N＋下沉区间距	15.0	72) N 型源漏注入区与 N 型源漏注入区间距[①]	4.5
61) N 阱对深度 N＋下沉区的覆盖	2.0	73) N 型源漏注入区与 P 型源漏注入区间距[①]	4.0
62) 基区宽度	3.0	74) N 型源漏注入区对接触孔的覆盖	1.0
63) 基区与 N 型有源区间距	4.5	75) P 型源漏注入区对接触孔的覆盖	1.0
64) 基区与 P 型有源区间距	6.0	76) 基区对接触孔的覆盖	1.0

①　P 型源漏注入区(PSD)和 N 型源漏注入区(NSD)均包含在基区(BASE)内。

附录 C　数学推导

本附录包含有各种公式推导过程的细节，这些推导过程由于过于复杂，因此无法列入正文中。正文中相关讨论涉及的参考文献将为各种推导提供额外的背景。

1. 式(5.7)

该式是从热传导的基本方程导出的：

$$\Delta T = \frac{Pt}{\kappa A} \tag{5.7.1}$$

式中，ΔT 是由恒定功率 P 流过面积为 A、厚度为 t、热导率为 κ 的片状材料所引起的温度上升。假设矩形电阻的面积 A 等于其宽度 W 和长度 L 的乘积。应用欧姆定律可以得到

$$P = V \cdot I = (IR)I = I^2 R \tag{5.7.2}$$

式中，V 为电阻 R 两端的电压；I 为流过电阻 R 中的电流。宽度为 W、长度为 L、厚度为 t_R、电阻率为 ρ 的矩形薄膜电阻的阻值为

$$R = \frac{\rho L}{t_R W} \tag{5.7.3}$$

将式(5.7.2)和式(5.7.3)代入式(5.7.1)，可以得到

$$\Delta T = \frac{I^2 t \rho}{\kappa W^2 t_R} \tag{5.7.4}$$

式中，t 为电阻下方绝缘层的厚度。假设该绝缘层是厚度为 t_{ox} 且热导率为 κ 的二氧化硅层，因此式(5.7.4)变为

$$\Delta T = \frac{I^2 t_{ox} R_s}{\kappa W^2} \tag{5.7}$$

2. 式(5.9)

该式是从热容的基本方程导出的：

$$\Delta T = \frac{Q}{m c_H} \tag{5.9.1}$$

式中，ΔT 是由具有比热 c_H 的质量 m 中的热能 Q 耗散引起的温升。具有宽度 W、长度 L、厚度 t_R 和密度 d 的矩形电阻器的质量 m 为

$$m = dWLt_R \tag{5.9.2}$$

假设绝热条件，热能 Q 为

$$Q = P \cdot \tau \tag{5.9.3}$$

式中，P 为电阻器在时间 τ 内耗散的恒定功率。应用欧姆定律可以得到

$$P = V \cdot I = (IR)I = I^2 R \tag{5.9.4}$$

式中，V 为电阻 R 两端的电压；I 为流过电阻 R 中的电流。电阻 R 为

$$R = \frac{\rho L}{W t_R} \tag{5.9.5}$$

式中，ρ 为电阻率。将式(5.9.4)和式(5.9.5)代入式(5.9.3)，可以得到

$$Q = \frac{I^2 \rho L \tau}{W t_R} \tag{5.9.6}$$

将式(5.9.2)和式(5.9.6)代入式(5.9.1)，可以得到

$$\Delta T = \frac{I^2 \rho \tau}{d c_H W^2 t_R^2} \tag{5.9.7}$$

通过求解宽度 W 可以得到

$$W = \frac{I}{t_R} \sqrt{\frac{\rho \tau}{d c_H \Delta T}} \tag{5.9.8}$$

因此，对应最大电流 I_{max} 的最小宽度 W_{min} 为

$$W_{min} = \frac{I_{max}}{t_R} \sqrt{\frac{\rho \tau}{d c_H \Delta T}} \tag{5.9}$$

3. 式(5.31)

该式由有效表面复合速度 S 导出，其值为

$$S = \frac{D_H N_L}{L_H N_H} \coth\left(\frac{W_H}{L_H}\right) \tag{5.31.1}$$

式中，D_H 为重掺杂区域中少数载流子的扩散系数；N_H 为重掺杂区中的掺杂浓度；L_H 为重掺杂区中载流子的扩散长度；W_H 为重掺杂区的宽度。假设 $W_H < L_H$，我们可以利用近似公式 $\coth(x) \approx 1/x$，得到

$$S = \frac{D_H N_L}{W_H N_H} \tag{5.31.2}$$

通过高-低结的电流 I_{out} 为

$$I_{out} = q n_L A S \tag{5.31.3}$$

式中，q 为电子上的电荷；n_L 为轻掺杂区中的少数载流子浓度；A 为高低结的面积。将电荷守恒定律应用于轻掺杂区中可以给出

$$I_{in} = I_{out} + I_{rec} \tag{5.31.4}$$

上式中的复合电流 I_{rec} 为

$$I_{rec} = \frac{q n_L V_L}{\tau_L} \tag{5.31.5}$$

式中，τ_L 为轻掺杂区中少数载流子的寿命；V_L 为轻掺杂区的体积。假设 $I_{in} \gg I_{out}$，则 n_L 为

$$n_L = \frac{I_{in} \tau_L}{q V_L} \tag{5.31.6}$$

将式(5.31.6)和式(5.31.2)代入式(5.31.3)，可以得到

$$I_{out} = \frac{I_{in} A D_H \tau_L N_L}{W_H V_L N_H} \tag{5.31.7}$$

根据这个方程可以求解出 $P = I_{out}/I_{in}$ 的结果，由此给出

$$P = \frac{AD_H\tau_L}{W_HV_L}\left(\frac{N_L}{N_H}\right) \tag{5.31.8}$$

或者，如果 $W_H > L_H$，那么我们也可以应用近似公式 $\coth(x) \approx 1$，得到

$$S = \frac{D_H N_L}{L_H N_H} \tag{5.31.9}$$

由上式最终可得

$$P = \frac{AD_H\tau_L}{W_HV_L}\left(\frac{N_L}{N_H}\right) \tag{5.31}$$

4. 式(7.6)

斯洛格特(Sloggett)、巴顿(Barton)和斯宾塞(Spenser)给出了半径为 R 的无限薄圆形电极的边缘电容 C_F 的近似值，该电极悬浮在一个无限大的导电平面上方距离 d 处，二者都浸没在介电常数为 ε 的电介质中：

$$C_F = 2\varepsilon R\ln\left(\frac{2e\pi R}{d}\right) \tag{7.6.1}$$

式中，e 为欧拉数(2.718…)。将圆的周长 $P = 2\pi R$ 代入该式，给出了作为周长 P 的函数的边缘电容的粗略但是有用的估算公式：

$$\frac{C_F}{P} \approx \frac{\varepsilon}{\pi}\ln\left(\frac{eP}{d}\right) \tag{7.6.2}$$

通过代入 $d = t/2$，可以将该式转换为两个平行圆盘电极的方程，其中 t 是两个圆盘电极之间的距离。由此可以得到

$$C_F \approx \frac{\varepsilon P}{\pi}\ln\left(\frac{2eP}{t}\right) \tag{7.6.3}$$

该式只适用于厚度极小的电极。勒乌斯(Leus)和埃拉塔(Elata)给出了基于杨(Yang)的工作的公式，其中将校正因子 C_C/L 应用于一对厚度为 t_e 的无限长的条形电极：

$$\frac{C_C}{L} \approx \frac{\varepsilon}{\pi}\ln\left(1 + \frac{2t_e}{t} + 2\sqrt{\frac{t_e}{t} + \frac{t_e^2}{t^2}}\right) \tag{7.6.4}$$

假设 $t_e \gg t$，则上式可以简化为

$$\frac{C_C}{L} \approx \frac{\varepsilon}{\pi}\ln\left(1 + \frac{4t_e}{t}\right) \tag{7.6.5}$$

由于该结构具有增量周长 $P = 2L$，因此

$$C_C \approx \frac{\varepsilon P}{2\pi}\ln\left(1 + \frac{4t_e}{t}\right) \tag{7.6.6}$$

将此校正系数添加到式(7.6.3)中，由此得出

$$C_F \approx \frac{\varepsilon P}{\pi}\left[\ln\left(\frac{2eP}{t}\right) + \frac{1}{2}\ln\left(1 + \frac{4t_e}{t}\right)\right] \tag{7.6}$$

5. 式(8.27)

假设由于工艺偏差导致具有预定值 R_0 的电阻片段，其实际电阻值 R 为

$$R = \alpha R_0 + \beta \tag{8.27.1}$$

式中，α 和 β 为量化工艺偏差的系数。现在假设一个预期具有阻值 R_M 的电阻由 M 个片段组成，并且一个预期具有阻值 R_N 的电阻由 N 个片段组成。预期的电阻比值 $\mathfrak{R}_0$ 为

$$\mathfrak{R}_0 = \frac{R_N}{R_M} \tag{8.27.2}$$

将式(8.27.1)应用于每个电阻的每个片段，就可以得出实际的电阻比值 $\mathfrak{R}$ 为

$$\Re = \frac{N\left(\dfrac{\alpha R_N}{N} + \beta\right)}{M\left(\dfrac{\alpha R_M}{M} + \beta\right)} = \frac{\alpha R_N + \beta N}{\alpha R_M + \beta M} \tag{8.27.3}$$

由工艺偏差系数 α 和 β 引起的误差为

$$\frac{\Re}{\Re_0} - 1 = \left(\frac{\beta}{R_N}\right)\left(\frac{R_M N - R_N M}{\alpha R_M + \beta M}\right) \tag{8.27.4}$$

由于非比率的工艺偏差系数 β 应该比片段电阻小得多,因此上式分母中的第二项可以去掉,变为

$$\frac{\Re}{\Re_0} - 1 = \frac{\beta}{\alpha}\left(\frac{R_M N - R_N M}{R_N R_M}\right) \tag{8.27.5}$$

上式括号中的数值决定了给定的分段排列相对于其他可能的排列产生的误差。因此,分段灵敏度 S 就等于该数值的绝对值,即

$$S = \left|\frac{N}{R_N} - \frac{M}{R_M}\right| \tag{8.27}$$

6. 式(8.29)

假设由于工艺偏差导致具有预定值 R_0 的电阻片段,其实际电阻值 R 为

$$R = \alpha R_0 + \beta \tag{8.29.1}$$

式中,α 和 β 为量化工艺偏差的系数。现在假设一个具有预期阻值 R_M 的电阻是由 M 个具有预期阻值 R_0 的片段和一个具有预期阻值 jR_0 的片段组成,其中 $0 < j < 1$,并且一个具有预期阻值 R_N 的电阻是由 N 个具有预期阻值 R_0 的片段和一个具有预期阻值 kR_0 的片段组成,其中 $0 < k < 1$。预期的电阻比值 $\Re_0$ 为

$$\Re_0 = \frac{N + k}{M + j} \tag{8.29.2}$$

将式(8.29.1)应用于每个电阻片段(包括部分电阻片段),就可以得出实际的电阻比值 $\Re$ 为

$$\Re = \frac{\alpha R_0(N + k) + \beta(N + 1)}{\alpha R_0(M + j) + \beta(M + 1)} \tag{8.29.3}$$

由工艺偏差系数 α 和 β 引起的误差为

$$\frac{\Re}{\Re_0} - 1 = \frac{\beta\left(\dfrac{M + j}{N + k}\right)(N + 1) - \beta(M + 1)}{\alpha R_0(M + j) + \beta(M + 1)} \tag{8.29.4}$$

由于非比率的工艺偏差系数 β 应该比片段电阻小得多,因此上式分母中的第二项可以去掉,变为

$$\frac{\Re}{\Re_0} - 1 = \frac{\beta}{\alpha R_0}\left(\frac{N + 1}{N + k} - \frac{M + 1}{M + j}\right) \tag{8.29.5}$$

上式括号中的数值决定了给定的分段排列相对于其他可能的排列产生的误差。因此,分段灵敏度 S 就等于该数值的绝对值,即

$$S = \left|\frac{N + 1}{N + k} - \frac{M + 1}{M + j}\right| \tag{8.29}$$

7. 表8.7

多晶硅的压阻率可以利用下述方程通过纵向应变系数 G_L 和横向应变系数 G_T 导出:

$$\pi_L = \frac{G_L - 2v - 1}{E} \tag{8.T7.1}$$

$$\pi_T = \frac{G_T + 1}{E} \tag{8.T7.2}$$

式中,E 为杨氏模量;v 为泊松比。对于多晶硅来说,其杨氏模量约为 169 GPa,泊松比大约

为 0.22。多晶硅的应变系数已经由不同的研究人员进行了实验测量和理论分析。它们的掺杂浓度峰值为 $10^{19}\,\mathrm{cm}^{-3}$。由于在单晶硅中看到的相同的掺杂依赖性，它们在更高的掺杂水平下会迅速下降。它们在较低的掺杂水平下也会减小，因为此时大部分电阻率来自晶粒边界效应，而晶粒边界效应对机械应力的敏感性不如单晶硅。在它们的峰值处，P 型硅的 G_L 和 G_T 分别约为 42 和 -18，而 N 型硅的相应数值分别约为 -25 和 15。应用式 (8.T7.1) 和式 (8.T7.2)，可以计算出 P 型硅的 π_L 和 π_T 峰值分别为 $24\times10^{-11}\,\mathrm{Pa}^{-1}$ 和 $-10\times10^{-11}\,\mathrm{Pa}^{-1}$，而 N 型硅的 π_L 和 π_T 峰值分别为 $-16\times10^{-11}\,\mathrm{Pa}^{-1}$ 和 $9.5\times10^{-11}\,\mathrm{Pa}^{-1}$。

8. 式(8.40)补充信息

如果我们忽略剪切应力，各向同性材料的弹性本构关系可以简化为下述方程组：

$$\varepsilon_x = \frac{1}{E}\left[\sigma_x - v(\sigma_y + \sigma_z)\right] \tag{8.40.1}$$

$$\varepsilon_y = \frac{1}{E}\left[\sigma_y - v(\sigma_x + \sigma_z)\right] \tag{8.40.2}$$

$$\varepsilon_z = \frac{1}{E}\left[\sigma_z - v(\sigma_x + \sigma_y)\right] \tag{8.40.3}$$

式中，x、y 和 z 为相互正交的三个方向；σ_x、σ_y 和 σ_z 为这些方向上的法向应力；ε_x、ε_y 和 ε_z 为这些方向上的应变；E 为测量得到的沿着三个垂直方向中任何一个方向的杨氏模量（在这三个方向上也是相等的）；v 为测量得到的在这些方向中任何一个方向的泊松比（在这三个方向上也是相等的）。正应力是拉伸的，正应变延长了相关的尺寸。如果我们只考虑管芯表面的平面应力，那么硅中的应变则为

$$\varepsilon_x = \frac{1}{E_{Si}}(\sigma_x - v_{Si}\sigma_y) \tag{8.40.4}$$

$$\varepsilon_y = \frac{1}{E_{Si}}(\sigma_y - v_{Si}\sigma_x) \tag{8.40.5}$$

式中，E_{Si} 为硅的杨氏模量；v_{Si} 为硅的泊松比；两者都在适当的晶体方向上。一个淀积在硅表面上的薄膜电容将会看到与其表面下方相同的横向应变。假设它没有受到垂直应力，那么则有

$$\varepsilon_{xd} = \frac{1}{E_{Si}}(\sigma_x - v\sigma_y) = \frac{1}{E_d}(\sigma_{xd} - v_d\sigma_{yd}) \tag{8.40.6}$$

$$\varepsilon_{yd} = \frac{1}{E_{Si}}(\sigma_y - v\sigma_x) = \frac{1}{E_d}(\sigma_{yd} - v_d\sigma_{xd}) \tag{8.40.7}$$

$$\varepsilon_{zd} = \frac{-v_d}{E_d}(\sigma_{xd} + \sigma_{yd}) \tag{8.40.8}$$

式中，E_d 为电介质的杨氏模量；v_d 为电介质的泊松比；σ_{xd} 和 σ_{yd} 为电介质在 x 和 y 方向上的应力。通过求解电介质中有关垂直应变 ε_{zd} 的这些方程，可以得到

$$\varepsilon_{zd} = -\left[\frac{v_d(1-v_{Si})}{E_{Si}(1-v_d)}\right](\sigma_x + \sigma_y) \tag{8.40.9}$$

介质材料中的电致伸缩效应可以通过以下方程来建模：

$$\Delta\varepsilon = 2M_{12}(\sigma_{xd} + \sigma_{yd}) \tag{8.40.10}$$

式中，$\Delta\varepsilon$ 为由应力 σ_{xd} 和 σ_{yd} 引起的介电常数变化，M_{12} 为电介质的电致伸缩系数。代入 σ_{xd} 和 σ_{yd} 的数值，可以得到

$$\Delta\varepsilon = 2M_{12}\left[\frac{E_d(1-v_{Si})}{E_{Si}(1-v_d)}\right](\sigma_x + \sigma_y) \tag{8.40.11}$$

总的电容变化 ΔC 为

$$\Delta C = C\left(\varepsilon_{xd} + \varepsilon_{yd} - \varepsilon_{zd} + \frac{\Delta\varepsilon}{\varepsilon_r\varepsilon_0}\right) \tag{8.40.12}$$

式中，C 为初始电容(在没有硅应力的情况下)；ε_r 为电介质的相对介电常数；ε_0 为自由空间的介电常数(8.85×10^{-12} F/m)。将式(8.40.4)、式(8.40.5)、式(8.40.9)和式(8.40.11)代入式(8.40.12)，得到压电电容系数 ξ 为

$$\xi = \frac{(1-v_{Si})}{E_{Si}}\left[1 + \frac{1}{(1-v_d)}\left(\frac{2M_{12}E_d}{\varepsilon_r\varepsilon_0} + v_d\right)\right] \tag{8.40.13}$$

表 8.45 中给出了硅和二氧化硅的弹性参数。高质量氧化层的相对介电常数为 3.9，其电致伸缩系数为 -2.1×10^{-22} m²/V²。

表 8.45　弹性参数

	杨氏模量 E/GPa	泊松比 v		杨氏模量 E/GPa	泊松比 v
位于(100)硅表面的⟨110⟩晶向	169	0.064	位于(111)硅表面的任意晶向	169	0.262
位于(100)硅表面的⟨100⟩晶向	130	0.279	位于氧化层表面的任意方向	75	0.17

根据这些数据，氧化层电容的压电电容系数对于(111)晶面的硅来说是 4.6×10^{-13} Pa⁻¹，而对于(111)晶面的硅来说则是 5.8×10^{-13} Pa⁻¹。

9. 式(9.14)

将式(9.2)和式(9.3)结合起来就给出了埃珀斯-摩尔(Ebers-Moll)方程中的基极电流 I_B 为

$$I_B = \frac{I_S}{\beta_F}(e^{V_{BE}/V_T} - 1) + \frac{I_S}{\beta_R}(e^{V_{BC}/V_T} - 1) \tag{9.14.1}$$

如果我们现在定义一个等于饱和状态下集电极电流和发射极电流之比的强制 β_{force}，我们就可以得到

$$I_C = \beta_{force} I_B \tag{9.14.2}$$

将式(9.14.1)代入式(9.14.2)，可以得到 I_C 的另一个表达式，令其与式(9.2)相等，就可以得到

$$I_S\left[e^{V_{BE}/V_T} - e^{V_{BC}/V_T} - \frac{1}{\beta_R}(e^{V_{BC}/V_T} - 1)\right] = \frac{I_S}{\beta_F}(e^{V_{BE}/V_T} - 1) + \frac{I_S}{\beta_R}(e^{V_{BC}/V_T} - 1) \tag{9.14.3}$$

将上述方程两边的 I_S 消除并忽略"-1"项，就可以简化为

$$e^{V_{BE}/V_T} - e^{V_{BC}/V_T} - \frac{e^{V_{BC}/V_T}}{\beta_R} = \frac{e^{V_{BE}/V_T}}{\beta_F} + \frac{e^{V_{BC}/V_T}}{\beta_R} \tag{9.14.4}$$

合并同类项，最后得到

$$\frac{e^{V_{BE}/V_T}}{e^{V_{BC}/V_T}} = \frac{1 + \dfrac{\beta_{force}}{\beta_R} + \dfrac{1}{\beta_R}}{1 - \dfrac{\beta_{force}}{\beta_F}} \tag{9.14.5}$$

将上式两边取自然对数并简化后即可得到

$$V_{CE(sat)} = V_T \ln\left(\frac{\beta_F}{\beta_R} \cdot \frac{\beta_R + \beta_{force} + 1}{\beta_F - \beta_{force}}\right) \tag{9.14}$$

10. 式(10.2)

假设金属引线从 $x=0$ 开始，到 $x=L$ 结束，并且从金属引线中流出的总电流等于 I_E，那么在位置 x 处流过金属引线的电流为

$$I(x) = \frac{I_E}{L}x \tag{10.2.1}$$

在具有微分长度 dx、宽度 W 和薄层电阻 R_S 的指状发射极金属引线上产生的增量电压 $dV(x)$ 即为

$$dV(x) = \frac{R_S I(x)}{W} \tag{10.2.2}$$

将上式积分就可以得到

$$V(L) = \int_0^L \frac{R_s I_E}{WL} x\,\mathrm{d}x = \frac{LR_s I_E}{2W} \tag{10.2.3}$$

电压 $V(L)$ 就等于去偏置电压 ΔV_{BE}，因此就得到

$$\Delta V_{BE} = \frac{LR_s I_E}{2W} \tag{10.2}$$

11. 式(10.8)

该式由式(10.7)给出的发射极面积的标准偏差 s_A 导出。假设 $k_P = 0$，则该式可以简化为

$$s_A = k_A \sqrt{\frac{A_E}{2}} \tag{10.8.1}$$

一个双极型晶体管的集电极电流 I_C 为

$$I_C = A_E J_s e^{V_{BE}/V_T} \tag{10.8.2}$$

现在假设两个匹配的晶体管 Q_1 和 Q_2 的有效发射区面积分别为 A_{E1} 和 A_{E2}，应用式(10.8.2)，可以得到两个晶体管集电极电流的比值 I_{C2}/I_{C1} 为

$$\frac{I_{C2}}{I_{C1}} = \frac{A_{E2}}{A_{E1}} \tag{10.8.3}$$

如果 A_{E1} 和 A_{E2} 的标准偏差分别是 s_{A1} 和 s_{A2}，那么根据误差传播理论，I_{C2}/I_{C1} 的标准偏差则为

$$s_{IC1/IC2} = \frac{A_{E2}}{A_{E1}} \sqrt{\left(\frac{s_{A1}}{A_{E1}}\right)^2 + \left(\frac{s_{A2}}{A_{E2}}\right)^2} \tag{10.8.4}$$

将式(10.8.1)代入式(10.8.4)，并令 $A_E \approx A_{E1} \approx A_{E2}$，由此得到

$$s_{I_{C1}/I_{C2}} \approx \frac{k_A}{\sqrt{A_E}} \tag{10.8}$$

12. 式(10.9)

该式是从下面这个基本的双极型晶体管特性方程推导出来的：

$$I_C = A_E J_s e^{V_{BE}/V_T} \tag{10.9.1}$$

如果两个晶体管具有相同的集电极电流 I_C、相同的饱和电流密度 J_s 和发射区面积 A_{E1} 和 A_{E2}，则其发射结电势差值 $\Delta V_{BE} = V_{BE2} - V_{BE1}$，其值为

$$\Delta V_{BE} = V_T \ln\left(\frac{A_{E1}}{A_{E2}}\right) \tag{10.9.2}$$

如果 $A_{E1} \approx A_{E2}$，那么我们可以在 $x \approx 1$ 时应用近似公式 $\ln(x) \approx x - 1$，由此得到

$$\Delta V_{BE} = V_T \left(\frac{A_{E1}}{A_{E2}} - 1\right) \tag{10.9.3}$$

如果 A_{E1} 和 A_{E2} 的标准偏差分别是 s_{A1} 和 s_{A2}，则通过误差传播可以得到

$$s_{\Delta VBE} = V_T \frac{A_{E1}}{A_{E2}} \sqrt{\left(\frac{s_{A1}}{A_{E1}}\right)^2 + \left(\frac{s_{A2}}{A_{E2}}\right)^2} \tag{10.9.4}$$

假设周长的贡献可以忽略不计，发射区面积的标准偏差可以由式(10.7)给出：

$$s_A = k_A \sqrt{\frac{A_E}{2}} \tag{10.9.5}$$

如果满足 $A_E \approx A_{E1} \approx A_{E2}$，则可以将式(10.9.5)代入式(10.9.4)，由此得到

$$s_{\Delta V_{BE}} = \frac{k_A V_T}{\sqrt{A_E}} \tag{10.9}$$

如果 A_{E1} 和 A_{E2} 的分布是正态分布，则 ΔV_{BE} 的分布是偏斜的。偏斜分布的性质已经超出了本书讨论的范围。

13. 表 10.3

根据苏林(Suhling)和耶格(Jaeger)对(100)硅晶面离轴压阻系数的推导,我们可以定义一个离轴的压电结方程为

$$\frac{\Delta I_\text{s}}{I_\text{s}} = -(B_1\sigma'_{11} + B_2\sigma'_{22})\cos^2\phi - (B_2\sigma'_{11} + B_1\sigma'_{22})\sin^2\phi \qquad (10.\text{T1})$$

式中,ΔI_s 为应力引起的饱和电流变化;I_s 为无应力时的饱和电流;σ'_{11} 和 σ'_{22} 分别为沿着平行于主晶片基准边和垂直于主晶片基准边坐标轴的法向应力。假设剪切应力相对于该坐标系是比较小的,因此可以忽略它们。电流相对于该坐标系旋转了角度 φ。其中的常数 B_1 和 B_2 分别为

$$B_1 = \frac{\zeta_{11} + \zeta_{12} + \zeta_{44}}{2} \qquad (10.\text{T2})$$

$$B_2 = \frac{\zeta_{11} + \zeta_{12} - \zeta_{44}}{2} \qquad (10.\text{T3})$$

对于(100)硅晶圆片上的一个圆形对称的横向晶体管来说,其实际的 $\Delta I_\text{s}/I_\text{s}$ 可以通过对所有可能的角度 φ 进行积分来求得:

$$\frac{\Delta I_\text{s}}{I_\text{s}} = \frac{-1}{2\pi}\int_0^{2\pi}\left[(B_1\sigma'_{11} + B_2\sigma'_{22})\cos^2\phi + (B_2\sigma'_{11} + B_1\sigma'_{22})\sin^2\phi\right]\text{d}\phi \qquad (10.\text{T4})$$

求解上述积分式可以得到

$$\frac{\Delta I_\text{s}}{I_\text{s}} = -\left(\frac{B_1 + B_2}{2}\right)(\sigma'_{11} + \sigma'_{22}) = -\left(\frac{\zeta_{11} + \zeta_{12}}{2}\right)(\sigma'_{11} + \sigma'_{22}) \qquad (10.\text{T5})$$

式(10.T1)也适用于(111)晶面的晶圆片,但是在这种情况下:

$$B_1 = \frac{\zeta_{11} + \zeta_{12} + \zeta_{44}}{2} \qquad (10.\text{T6})$$

$$B_2 = \frac{\zeta_{11} + 5\zeta_{12} - \zeta_{44}}{6} \qquad (10.\text{T7})$$

此时求解式(10.T5)可以得到

$$\frac{\Delta I_\text{s}}{I_\text{s}} = -\left(\frac{2\zeta_{11} + 4\zeta_{12} + \zeta_{44}}{6}\right)(\sigma'_{11} + \sigma'_{22}) \qquad (10.\text{T8})$$

用来计算表 10.3 中数据的压电结系数见表 10.T1。

表 10.T1　压电结系数(单位为 10^{-11}Pa^{-1})

系数	PNP	NPN
ζ_{11}	8.9	-28.4
ζ_{12}	14.3	43.4
ζ_{44}	103.5	13.1

14. 11.1.2 节

热化距离 x_t 等于热载流子在其能量下降到与正常室温下载流子相似的水平之前必须行进的距离。雷德利(Ridley)指出热化距离的上限等于平均自由程 x_m 的三倍。平均自由程为

$$x_\text{m} = \tau_\text{m}v_\text{t} \qquad (11.\text{S1})$$

式中,τ_m 为晶格发生连续两次碰撞之间的平均时间(也称为平均自由时间);v_t 为载流子的热运动速度。平均自由时间为

$$\tau_\text{m} = \frac{\mu m_\text{eff}}{q} \qquad (11.\text{S2})$$

式中,μ 为载流子的迁移率;m_eff 为载流子的电导率有效质量;q 为电子的电荷。根据能量均分定理,载流子的平均热运动能量 E_t 为

$$E_t = \frac{3kT}{2} \tag{11.S3}$$

式中，k 为玻耳兹曼常数；T 为绝对温度。考虑到动能的表达式 $E = mv^2/2$，因此平均热运动速度 v_t 为

$$v_t = \sqrt{\frac{3kT}{m_{eff}}} \tag{11.S4}$$

将式(11.S2)和式(11.S4)代入式(11.S1)并乘以 3，就可以得到热化距离 x_t 为

$$x_t \leqslant \frac{3\mu}{q}\sqrt{3kTm_{eff}} \tag{11.S5}$$

假设电子的迁移率为 $1400~cm^2/(V \cdot s)$，空穴的迁移率为 $470~cm^2/(V \cdot s)$，硅中电子和空穴的电导率有效质量分别为 $0.26m_0$ 和 $0.39m_0$（其中自由电子的静止质量 m_0 等于 $9.11 \times 10^{-31}~kg$），则电子的热化距离不会超过 $140~nm$，而空穴的热化距离则不会超过 $60~nm$。

15. 式(11.8)

考虑一个具有均匀薄层电阻 R_S 且半径为 r_A 的圆盘，假设电流以均匀的电流密度 J 流入这个圆盘的上表面，并从圆盘的周边流出。假设 r 是从圆盘中心到宽度为 dr 的环形区域的径向距离，该环形区域内周边与外周边之间的径向电阻 $R(r)$ 为

$$R(r) = R_S \frac{dr}{2\pi r} \tag{11.8.1}$$

流过该环形区域内周边的电流 $I(r)$ 为

$$I(r) = J\pi r^2 \tag{11.8.2}$$

该环形区域的电压降等于乘积 $R(r) \cdot I(r)$。因此，从圆盘的中心点到圆盘周边的电压降 V 为

$$V = \int_0^{r_A} \frac{R_S J}{2} r\,dr = \frac{R_S J}{4} r_A^2 \tag{11.8.3}$$

流入圆盘的总电流 I 为

$$I = J\pi r_A^2 \tag{11.8.4}$$

因此，圆盘的电阻 R 即为 V/I，也就是

$$R = \frac{R_S}{4\pi} \tag{11.8}$$

16. 式(11.9)

假设电流 I 均匀地径向流过具有薄层电阻 R_S 且内半径为 r_1、外半径为 r_2 的环形圆盘，则在半径 $r(r_1 \leqslant r \leqslant r_2)$ 处流过圆盘径向的电流密度 J 为

$$J = \frac{I}{2\pi r} \tag{11.9.1}$$

式中，I 为流过环形圆盘的总电流。沿着从该结构中心向外射线方向的电压梯度 dV/dr 为

$$\frac{dV}{dr} = R_S J = \frac{R_S I}{2\pi r} \tag{11.9.2}$$

通过分离变量并进行积分可以得到

$$V = \frac{R_S I}{2\pi} \int_{r_1}^{r_2} \frac{dr}{r} = \frac{R_S I}{2\pi} \ln\left(\frac{r_2}{r_1}\right) \tag{11.9.3}$$

将在 $r = r_1$ 时将式(11.9.1)计算的结果代入式(11.9.3)，就可以得到

$$V = J R_S r_1 \ln\left(\frac{r_2}{r_1}\right) \tag{11.9}$$

17. 式(12.24)

在一个圆形对称的 MOSFET 中，电流从源极径向流向漏极。因此，沟道长度等于沟道的外边缘半径与内边缘半径之差，即 $L = (B - A)/2$，其中 B 是沟道外边缘的直径，而 A 则是沟

道内边缘的直径。我们可以根据线性区中的希赫曼-霍奇斯(Shichman-Hodges)方程来确定线性区中的沟道宽度 W。将该式重新整理可以得到沟道长度 L 的表达式为

$$L = k' \frac{W}{I_D} \left(V_{gst} - \frac{V_{DS}}{2} \right) V_{DS} \tag{12.24.1}$$

通过微分运算可以得到

$$\frac{dL}{dV_{DS}} = k' \frac{W}{I_D} (V_{gst} - V_{DS}) \tag{12.24.2}$$

对于沟道中的任意无穷小长度 dL，对应的沟道宽度 W 等于 $2\pi L$，其中 $L = 0$ 时表示环形结构的中心。通过分离变量和积分运算可以得到

$$\int_0^{V_{DS}} (V_{gst} - V_{DS}) dV_{DS} = \frac{I_D}{k'} \int_{A/2}^{B/2} \frac{dL}{2\pi L} \tag{12.24.3}$$

上述积分的上下限假设源极在沟道的内边缘($L = A/2$)处，漏极在沟道的外边缘($L = B/2$)处，通过积分运算得到

$$V_{gst} V_{DS} - \frac{V_{DS}^2}{2} = \frac{I_D}{2\pi k'} \ln(B/A) \tag{12.24.4}$$

由此可以得到

$$I_D = \frac{2\pi k'}{\ln(B/A)} \left(V_{gst} - \frac{V_{DS}}{2} \right) V_{DS} \tag{12.24.5}$$

该式类似于线性区中的希赫曼-霍奇斯方程，只是其沟道的宽长比 W/L 为

$$\frac{W}{L} = \frac{2\pi}{\ln(B/A)} \tag{12.24.6}$$

将之前已经确定的 L 值代入，即可得到

$$W = \frac{\pi(B-A)}{\ln(B/A)} \tag{12.24}$$

如果与沟道长度相比，夹断区的长度很小，则可以假设相同的方程也适用于饱和区。

18. 式(13.24)

饱和区中 MOS 晶体管的希赫曼-霍奇斯方程为

$$I_D = \frac{k}{2} (V_{GS} - V_t)^2 \tag{13.24.1}$$

式中，I_D 为漏极电流；V_{GS} 为栅-源电压；k 为器件跨导；V_t 为阈值电压。假设阈值电压与温度之间的函数关系 $V_t(T)$ 可以表示为如下形式：

$$V_t(t) = V_t(T_{nom}) \cdot [1 + TC_{Vt}(T - T_{nom})] \tag{13.24.2}$$

式中，T_{nom} 为某个标称温度；TC_{Vt} 为 V_t 的线性温度系数。类似地，假设 $k(T)$ 可以表示为如下形式：

$$k(t) = k(T_{nom}) \cdot [1 + TC_k(T - T_{nom})] \tag{13.24.3}$$

式中，TC_k 为 k 的线性温度系数。然后，通过将式(13.24.2)和式(13.24.3)代入式(13.24.1)，并对 T 进行微分，就可以求出 I_D 的线性温度系数值 TC_{ID} 为

$$TC_{ID} = k(V_{GS} - V_t) \cdot \left[\frac{TC_k(V_{GS} - V_t)}{2} - TC_{Vt} \right] \tag{13.24.4}$$

考虑到 TC_k 和 TC_{Vt} 都为负值，如果满足以下条件，则 TC_{ID} 为正值：

$$TC_{Vt} < TC_k \left(\frac{V_{GS} - V_t}{2V_t} \right) \tag{13.24}$$

19. 式(13.40)

该式是从饱和区的希赫曼-霍奇斯方程导出的。假设晶体管 M_1 具有漏极电流 I_{D1}、跨导 k_1 和有效栅极电压 V_{gst1}。同时假设晶体管 M_2 具有漏极电流 I_{D2}、跨导 k_2 和有效栅极电压 V_{gst2}。由于 $I_{D1} \equiv I_{D2}$，则有

$$k_1 V_{\text{gst1}}^2 = k_2 V_{\text{gst2}}^2 \tag{13.40.1}$$

重新整理后得到

$$\frac{k_1}{k_2} = \left(\frac{V_{\text{gst2}}}{V_{\text{gst1}}}\right)^2 \tag{13.40.2}$$

假设 $\Delta V_{\text{GS}} \equiv V_{\text{GS1}} - V_{\text{GS2}}$ 和 $\Delta V_{\text{t}} \equiv V_{\text{t1}} - V_{\text{t2}}$，则式 (13.40.2) 可以改写为

$$\frac{k_1}{k_2} = \left(\frac{V_{\text{gst1}} - \Delta V_{\text{GS}} - V_{\text{t1}} + \Delta V_{\text{t}}}{V_{\text{gst1}}}\right)^2 \tag{13.40.3}$$

通过求解 ΔV_{GS} 可以得到

$$\Delta V_{\text{GS}} = \Delta V_{\text{t}} - V_{\text{gst1}} \left(\sqrt{1 + \frac{\Delta k}{k_2}} - 1\right) \tag{13.40.4}$$

利用二项式展开可以得到

$$\sqrt{1+x} = \sum_{n=0}^{\infty} \binom{1/2}{n} x^n = 1 + \frac{x}{2} - \frac{x^2}{8} + \cdots \tag{13.40.5}$$

如果 x 足够小，那么只有前两项是有效的，将上述展开式应用于式 (13.40.4)，就可以得到

$$\Delta V_{\text{GS}} \approx \Delta V_{\text{t}} - V_{\text{gst1}} \left(\frac{\Delta k}{2k_2}\right) \tag{13.40}$$

20. 式 (13.41)

该式是从饱和区的希赫曼-霍奇斯方程导出的。假设晶体管 M_1 具有漏极电流 I_{D1}、跨导 k_1 和有效栅极电压 V_{gst1}。同时假设晶体管 M_2 具有漏极电流 I_{D2}、跨导 k_2 和有效栅极电压 V_{gst2}。两个晶体管漏极电流之比 $I_{\text{D2}}/I_{\text{D1}}$ 为

$$\frac{I_{\text{D2}}}{I_{\text{D1}}} = \frac{k_2}{k_1} \left(\frac{V_{\text{gst2}}}{V_{\text{gst1}}}\right)^2 \tag{13.41.1}$$

假设 $\Delta V_{\text{t}} \equiv V_{\text{t1}} - V_{\text{t2}}$，将其代入式 (13.41.1)，得到

$$\frac{I_{\text{D2}}}{I_{\text{D1}}} = \frac{k_2}{k_1} \left(\frac{V_{\text{GS2}} - V_{\text{t1}} + \Delta V_{\text{t}}}{V_{\text{gst1}}}\right)^2 \tag{13.41.2}$$

由于 $V_{\text{GS1}} \equiv V_{\text{GS2}}$，上式可以重新改写为

$$\frac{I_{\text{D2}}}{I_{\text{D1}}} = \frac{k_2}{k_1} \left(\frac{V_{\text{gst1}} + \Delta V_{\text{t}}}{V_{\text{gst1}}}\right)^2 \tag{13.41.3}$$

展开后得到

$$\frac{I_{\text{D2}}}{I_{\text{D1}}} = \frac{k_2}{k_1} \left(\frac{V_{\text{gst1}}^2 + 2\Delta V_{\text{t}} V_{\text{gst1}} + \Delta V_{\text{t}}^2}{V_{\text{gst1}}^2}\right) \tag{13.41.4}$$

只要 $\Delta V_{\text{t}} \ll V_{\text{gst1}}$，上式就可以简化为

$$\frac{I_{\text{D2}}}{I_{\text{D1}}} \approx \frac{k_2}{k_1} \left(1 + \frac{2\Delta V_{\text{t}}}{V_{\text{gst1}}}\right) \tag{13.41}$$

21. 式 (14.6)

来自人体模型 (HBM) 冲击的电流波形从初始峰值 I_{pk} 开始按指数规律衰减，衰减的时间常数 $\tau = 1.5 \text{ k}\Omega \times 150 \text{ pF} = 225 \text{ ns}$，因此，作为时间函数的电流 $I(t)$ 可以表示为

$$I(t) = I_{\text{pk}} \text{e}^{-t/\tau} \tag{14.6.1}$$

电阻 R 上流过的电流所消耗的总能量则为

$$E = \int_0^{\infty} R I_{\text{pk}}^2 \text{e}^{-2t/\tau} \text{d}t = \frac{R I_{\text{pk}}^2 \tau}{2} \tag{14.6.2}$$

将 $R = \rho L/A$ 代入上式，就可以得到

$$E = \frac{\rho L I_{\text{pk}}^2 \tau}{2A} \tag{14.6.3}$$

式中，ρ 为导体的电阻率；A 为导体的横截面积；L 为导体的长度。该导体的能量 E、温升 ΔT 和体积比热 C_V 之间的关系可以表示为

$$E = A L C_V \Delta T \tag{14.6.4}$$

将式(14.6.3)代入式(14.6.4)并求解 A，即可得到

$$A = \sqrt{\dfrac{\rho \tau I_{pk}^2}{2 C_V \Delta T}} \tag{14.6}$$

附录 D　三分之一律

三分之一律指出，单端接源极/漏极的指状金属电极的横向电阻等于从晶体管断开后的同一指状金属电极端到端电阻的三分之一。存在几种不同的情况，但是所有这些情况都会得出相同的结论。

1. 一个向单侧延伸的源区/漏区指状金属电极

考虑一个局部沟道宽度为 W 的 MOSFET 器件，假设该 MOSFET 的漏区与宽度为 W_M 且薄层电阻为 R_S 的指状金属电极接触，该指状金属电极仅在一端终止，如图 D.1a 所示。同时我们进一步假设该器件的源区以几乎不增加金属化电阻的方式实现了与外部的连接。

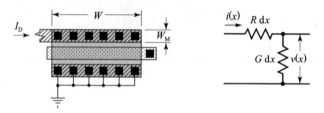

a) 具有单端连接源区/漏区指状　　　b) 该晶体管的微分电阻模型
电极的MOSFET版图

图　D.1

图 D.1b 展示了具有无穷小宽度 $\mathrm{d}x$ 的局部晶体管的电气模型，其中的 R 和 G 分别为

$$R = \dfrac{R_S}{W_M} \tag{D.1}$$

$$G = \dfrac{1}{W R_{Si}} \tag{D.2}$$

式中，R_{Si} 为晶体管的沟道电阻，意味着除了源漏区金属导线之外的晶体管导通电阻。电压 $v(x)$ 和电流 $i(x)$ 服从以下相互耦合的齐次线性微分方程组：

$$\mathrm{d}v(x) = -R i(x) \mathrm{d}x \tag{D.3}$$

$$\mathrm{d}i(x) = -G v(x) \mathrm{d}x \tag{D.4}$$

该微分方程组的解为

$$v(x) = c_1 \mathrm{e}^{-\gamma x} + c_2 \mathrm{e}^{\gamma x} \tag{D.5}$$

$$i(x) = \dfrac{G}{\gamma} (c_1 \mathrm{e}^{-\gamma x} + c_2 \mathrm{e}^{\gamma x}) \tag{D.6}$$

式中，c_1 和 c_2 为由一组给定的边界条件确定的常数，并且

$$\gamma = \sqrt{RG} \tag{D.7}$$

对于图 D.1a 中所示的器件来说，其边界条件为 $v(0) = V_{DS}$ 和 $i(W) = 0$。将这些边界条件代入式(D.5)和式(D.6)，即可求得 I_D 为

$$I_D = i(0) = \dfrac{\gamma V_{DS}}{G} \tanh(\gamma W) \tag{D.8}$$

式中，$\tanh(x)$ 是双曲正切函数。晶体管总的导通电阻 $R_{DS(on)}$ 则可以表示为

$$R_{\text{DS(on)}} = \frac{V_{\text{DS}}}{I_{\text{D}}} = \frac{\gamma}{G}\coth(\gamma W) \tag{D.9}$$

式中，$\coth(x)$ 是双曲余切函数。该函数在零点附近的泰勒级数展开为

$$\coth(x) = \frac{1}{x} + \frac{x}{3} - \frac{x^3}{45} + \frac{2x^5}{945} + \cdots \tag{D.10}$$

对于 $x < 1$ 的情形，只取该级数的前两项带来的误差不会超过 1.5%，因此有

$$R_{\text{DS(on)}} \approx \frac{\gamma}{G}\left(\frac{1}{\gamma W} + \frac{\gamma W}{3}\right) = \frac{1}{GW} + \frac{RW}{3} \tag{D.11}$$

将式(D.1)和式(D.2)代入式(D.11)，就可以得到

$$R_{\text{DS(on)}} \approx R_{\text{Si}} + \frac{R_{\text{S}}W}{3W_{\text{M}}} \tag{D.12}$$

金属化电极引线的电阻 R_{M} 等于 $R_{\text{DS(on)}} - R_{\text{Si}}$，即

$$R_{\text{M}} \approx \frac{R_{\text{S}}W}{3W_{\text{M}}} \tag{D.13}$$

可见金属化电极引线的电阻就等于金属线端到端的电阻 $R_{\text{S}}W/W_{\text{M}}$ 的三分之一。这个结果的精确度取决于 γW 的大小，其数值为

$$\gamma W = \frac{R_{\text{S}}W}{R_{\text{Si}}W_{\text{M}}} \tag{D.14}$$

如果该数值小于 1，则式(D.13)的精确度将在 1.5% 以内。这可以转化为要求指状金属电极的长度 W 不得超过穿透距离 d_{pen}，其中的穿透距离 d_{pen} 可以表示为

$$d_{\text{pen}} = \frac{R_{\text{Si}}W_{\text{M}}}{R_{\text{S}}} \tag{D.15}$$

如果指状金属电极长度 W 不超过穿透距离 d_{pen} 的 180%，则式(D.13)的精确度将在 10% 以内。即使不满足此条件，也可以使用式(D.9)来获得准确的结果，由此可以得到金属化电极的电阻为

$$R_{\text{M}} = \frac{R_{\text{S}}W^2}{W_{\text{M}}}\coth\left(\frac{R_{\text{S}}W}{R_{\text{Si}}W_{\text{M}}}\right) \tag{D.16}$$

2. 两个向同侧延伸的晶体管源区/漏区指状金属电极

接下来，我们来考虑局部沟道宽度为 W 的 MOSFET，其源区和漏由终止在晶体管同一侧的宽度为 W_{M} 的指状金属电极接触引出，如图 D.2a 所示。

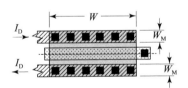

a) MOSFET的版图，它具有两个源区/漏区指状金属
电极，分别终止在晶体管的同一侧

b) 该晶体管的微分电阻模型

图　D.2

图 D.2b 展示了具有无穷小宽度 $\text{d}x$ 的局部晶体管的电气模型，其中 R 和 G 分别由式(D.1)和式(D.2)给出。该器件的耦合齐次线性微分方程组为

$$\text{d}v(x) = -2Ri(x)\text{d}x \tag{D.17}$$
$$\text{d}i(x) = -Gv(x)\text{d}x \tag{D.18}$$

采用与上一节中给出的分析方法相类似的分析可以得到总的导通电阻为

$$R_{\text{DS(on)}} = \frac{\gamma}{G}\coth(\gamma W) \tag{D.19}$$

式中，

$$\gamma = \sqrt{2RG} \tag{D.20}$$

将式(D.19)在零点附近按照泰勒级数展开，并取该级数的前两项就可以得到金属化电极引线的电阻为

$$R_M \approx \frac{2R_S W}{3W_M} \tag{D.21}$$

这个结果与通过将三分之一律应用于每个源区/漏区指状金属电极并对结果进行求和所获得的电阻值相同。这种情况下的穿透距离 d_{pen} 为

$$d_{pen} = \frac{R_{Si} W_M}{2R_S} \tag{D.22}$$

3. 两个向异侧延伸的晶体管源区/漏区指状金属电极

接下来，我们来考虑局部沟道宽度为 W 的 MOSFET，其源区和漏区由终止在晶体管相对两侧的宽度为 W_M 的指状金属电极接触引出，如图 D.3a 所示。

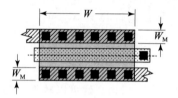
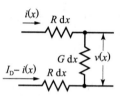

a) MOSFET的版图，它具有两个源区/漏区指状金属　　　　b) 该晶体管的微分电阻模型
电极，分别终止在晶体管相对的两侧

图　D.3

图 D.3b 展示了具有无穷小宽度 dx 的局部晶体管的电气模型，其中 R 和 G 分别由式(D.1)和式(D.2)给出。该器件的耦合非齐次线性微分方程组为

$$dv(x) = [RI_D - 2Ri(x)]dx \tag{D.23}$$

$$di(x) = -Gv(x)dx \tag{D.24}$$

上述方程组的完整解为

$$v(x) = c_1 e^{-\gamma x} + c_2 e^{\gamma x} \tag{D.25}$$

$$i(x) = \frac{G}{\gamma}(c_1 e^{-\gamma x} + c_2 e^{\gamma x}) + I_D/2 \tag{D.26}$$

式中，

$$\gamma = \sqrt{2RG} \tag{D.27}$$

利用 $i(0) = I_D$ 和 $i(W) = 0$ 这两个初始条件可以确定上面完整解中的两个待定常数 c_1 和 c_2。将这两个常数代入式(D.25)，就可以求出 $v(W)$ 为

$$v(W) = \frac{\gamma I_D}{2G}\left(\frac{2 + e^{\gamma W} + e^{-\gamma W}}{e^{\gamma W} - e^{-\gamma W}}\right) \tag{D.28}$$

于是就可以求得电压 V_{DS} 为

$$V_{DS} = v(w) + \int_W^0 i(x)dx \tag{D.29}$$

将式(D.26)给出的 $i(x)$ 代入上式并积分就可以得到 V_{DS}，将此结果除以 I_D 就可以得到总的导通电阻为

$$R_{DS(on)} = \frac{\gamma}{2G}[\operatorname{csch}(\gamma W) + \operatorname{coth}(\gamma W)] + \frac{RW}{2} \tag{D.30}$$

式中，$\operatorname{csch}(x)$ 为双曲余割函数；$\operatorname{coth}(x)$ 为双曲余切函数。式(D.10)给出了双曲余切函数在零点附近的泰勒级数展开式，而双曲余割函数相应的级数展开式则为

$$\operatorname{csch}(x) = \frac{1}{x} - \frac{x}{6} + \frac{7x^3}{360} - \frac{31x^5}{15\,120} + \cdots \tag{D.31}$$

只需要取每个泰勒级数展开式的前两项，并将其代入式(D.30)，即可得到

$$R_{\mathrm{DS(on)}} = \frac{1}{GW} + \frac{2RW}{3} \tag{D.32}$$

因此，其中的指状金属电极电阻 R_M 即为

$$R_\mathrm{M} \approx \frac{2R_\mathrm{S}W}{3W_\mathrm{M}} \tag{D.33}$$

这个结果与通过将三分之一律应用于每个源区/漏区指状金属电极并对结果求和所获得的电阻值相同。这种情况下的穿透距离 d_pen 为

$$d_\mathrm{pen} = \frac{R_\mathrm{Si}W_\mathrm{M}}{2R_\mathrm{S}} \tag{D.34}$$

如果指状金属电极的长度 W 等于穿透距离，则仅使用泰勒级数展开式的前两项来近似双曲余割函数和双曲余切函数的固有误差等于 1.3%。如果指状金属电极的长度等于穿透距离的 180%，则上述误差将增大到 7.7%。